Introduction to Architecture

건축학개론

제임스 C. 스나이더 · 안토니 J. 캐터니즈 저

윤일주 조창한 조대성 강희주 김유일
심우갑 임창복 김용부 정시춘 권택진 공역

기 문 당

머리말

이 책은 건조환경(乾造環境, built environment)에의 입문을 위한 개설서이다. 그 환경을 부수적으로 형성하는 사회적, 경제적, 정치적 요소가 있다는 사실의 인식과 더불어, 주로 유의한 점은 물리적인 여러 요소에 관한 것이다. 이 점 너무 제한되어 있다고 생각할지 모르겠으나, 어떤 교육적 목표를 달성하기 위하여 가해진 현실적인 제약일 뿐이다. 설계(design)와 계획(planning)은 이러한 물리적인 관점에서 고찰되었는데, 그 이유는 건축 및 도시계획의 초급학생과 또 이 분야의 초보적인 지식을 갖기 원하는 사람들에게도 건조환경의 여러 국면을 소개하기 위함이다.

건축과 도시계획은 전문적인 실무로서는 매력적인 분야이다. 이 두 분야는 이전에는 건축(architecture) 또는 '대건축술' (master building)이라고 불리는, 한 분야였다. 지난 세기 동안에 우리 사회의 전문화 증가 추세에 따라 연구와 실무에서 두 개의 확연한 분야가 형성되기에 이르렀다. 하나의 주요한 구별은 규모에 따른 것이다. 건축은 일차적으로 세 가지 규모에서 건조환경과 관련된다. 즉 건물보다 작은 것(smaller-than-buildings), 건물 자체(buildings), 건물보다 큰 것(larger-than-buildings)이 그것이다. 때로 이 마지막 규모에서 서로 중복되기도 하지만 도시계획은 '건물보다 큰 것' 에서부터 지역적인 또한 국가적인 규모까지의 건조환경에 관련된다. 건축이 주로 설계의 물리적 표현에 관련되고 도시계획이 정책형성과 운영에 더 관련이 깊지만, 두 분야는 모두 문명의 사회적, 경제적, 정치적 맥락에서 자연환경과 관련을 가지고 있다.

그동안 이 두 분야에 관한 유용한 교과서가 거의 없었다. 특히 건조환경의 전반적인 영역이나 각기의 전문적인 영역 사이의 관계를 다룬 교과서는 없었다. 이 두 자매편* — '건축학 개론' (Introduction to Architecture)과 '도시계획 개론' (Introduction to Urban Planning) — 의 목표는 두 분야의 갖가지 요소를 두 개의 상호 관련된 교과서로 통합함으로써 이러한 문제를 해결하고자 하는 데 있다. 인위적으로 제약된 교훈적인 시야를 받아들이기보다 건축과 도시계획의 넓은 시야와 깊이를 강조함으로써 이러한 욕구가 충족되기를 바란다.

이 두 책의 구성과 요점은 대부분 1976년과 1977년에 편집자들에 의해 수행된 조사결과에 의하여 이루어졌다. 공인되고 인정된 대학들에 있는 건축 및 도시계획 분야의 과정의 모든 멤버들에게 설문지가 보내졌었다. 이 설문지에서는 건축 및 도시계획의 입문적(入門的)인 과정의 내용, 접근방법 및 문헌들을 다루었다.

건축에서의 입문적 수준의 과정은 갖가지 레벨에서 개설되고 있음이 드러났다. 건축을 처음 배우는 학생의 학급은 여러 가지여서,** 전문적, 보조전문적 또는 비전문적인 2년제 과정의 1학년생인 경우도 있고, 4년제나 5년제의 전문적 또는 비전문적 학부과정의 1, 2학년 생인 경우도 있고, 5년제나 6년제의 전문과정의 3, 4학년 학생인 경우도 있고, 2년제나 3년제의 전문과정 대학원 1학년생인 경우도 있고, 심지어 박사과정의 1학년 학생인 경우도 있었다. 입문적 수준의 과정은 2~3시간의 강의에서부터 9시간의 '스튜디오' 작업까지 그 범위는 넓었다. 이렇게 다양한 수순이 있다는 것은 입문적인 과정을 위한 교과서가 거의 없었던 이유를 알게 해 준다.

이러한 과정을 위한 대부분의 교재목록은 여러 개로 분산된 교과서와 또한 유사한 주제와 일련의 포괄적인 논제를 다룬 잡지들로 짜여져 있었다. 주제와 요점을 충분히 한 곳에 집중할 수 있어서, 우리는 논제의 전반적인 윤곽을 종합할 수 있었다.

도시계획에서의 입문적 수준의 과정은 때로 비전문적인 학부과정(전문적 학부과정은 극히 적다)의 1학년 또는 2학년에서 나타난다. 도시계획에 관한 좀더 전형적인 개론은 2년제 석사과정의 1학년에서 이수된다. 건축과정과 마찬가지로, 도시계획에서도 입문적 과정의 내용과 요점의 윤곽을 종합하기가 가능하였다. 도시계획 실무를 위한 지침서를 제공하고자 하는 시도뿐만 아니라, 도시계획의 어떤 분야(예를 들면 방법론)에 관한 교과서를 만들고자 하는 많은 노력이 있었으나 기초입문 학생들에게 가르쳐지고 있는 주제의 범위를 통합하는 영역을 포괄적으로 다룬 것은 없었다. 이 책이 그러한 요구를 충족시키라 라고 기대한다.

대부분의 건축교과 과정은 도시계획의 입문적인 과정을 포함하고 있으며, 많은 도시계획의 교과과정에서는 건축의 설계와 개발의 측면을 다루는 과정을 선택하도록 하고 있다. 최근에는 비전공자, 특히 경제학, 경영학, 재정학, 정치학, 사회사업, 법학, 역사학 그리고 인류학과 관련된 분야의 학생들이 건축과 도시계획과정 모두에 관심을 갖고 있다. 건축 및 도시계획에 관한 입문적 수준의 교과서의 부족은 비전공자를 위한 그 과정의 발전을 저해해 왔고, 그러한 과목의 수강신청을 한 학생들에게 좌절감을 갖게 하는 원인이 되었으리라고 믿는다. 다시 한번, 이 두 권의 책이 이러한 학생들에게 건축과 도시계획에 관한 지식의 보급에 도움이 되길 바란다.

지침의 세 가지 원칙이 조사결과의 해석(우리자신의 경험과 판단에 의하여 조절된)에서 떠올랐다. 건축과 도시계획의 입문적인 교과서에 대한 요구사항은 다음과 같다.

1. 건축학부의 입문적 과정과 도시계획에서의 프로그램에서 정규적으로 다루고 있는 주제를 포함할 것.
2. 옹색한 개별적인 쟁점보다는 두 분야의 광범위한 전망과 폭을 강조할 것.
3. 두 분야 중 어느 분야에서도 경험이 적거나 경험이 없는 학생을 대상으로 할 것.

그렇게 하여 이 두 권의 자매편은(분리되거나 함께 사용되거나 간에) 대학수준에서 개설되는 다양한 입문적 수준의 과정을 위한 유용한 교재가 되도록 고안되었다. 각 권은 한 학기 강의의 전형적인 주당 3시간 과목에 충분하다. 이 두 책은 또한 '스튜디오' 형식의 수업에서 더 광범위한 입문적 과정을 위한 교재의 기초로 사용할 수도 있다. 게다가 취급범위의 넓이, 종합적인 특질 및 현대적인 주제의 취급 등은 전문적인 실무자에게도 호감이 갈 것이다.

최고의 학술적이고 실무적인 전통에서 함께 일해온, 이 책의 많은 기고자(寄稿者)들에게 큰 영예를 돌려야겠다. 또한 이 책이 나오기까지 수많은 협조를 아끼지 않은 메어리 아이히슈다트와 브루스 톰슨, 그리고 McGraw-Hill 출판사의 데이빗 댐스트라에게도 큰 영예를 돌려야겠다. 이 교과서에 대한 모든 책임은 편집자에게 있다. 각 장은 구성, 명확성, 다른 장과의 관련성, 의미, 문제 등을 감안하여 편집되었다. 그뿐 아니라, 각 장의 저자들은 질의 전반적 수준과 통일성을 확실히 하기 위하여 편집자들과 긴밀히 협조하여 작업하였다.

제임스 C. 스나이더
안토니 J. 캐터니즈

역자주: * 여기 번역하는 'Introduction to Architecture' 이외에 자매편으로 'Introduction to Urban Planning'이 별도로 있으나, 이번에 함께 번역하지 못하였다.
** 미국에서 건축을 이수하는 과정이 다양함을 알게 한다.

차 례

제 **1** 편

기원 · 이론 · 행태

고적의 보존 : 중세초기 및 성기의 수도원 ; 헬레니스틱 시대의 게오르기아 수도(首都)인 므츠케타 (소련) 근처

ACTIVITY NODES

(30 ACTIVITY NODES**)

by Mike McGeen

1 장
건축문화의 기원

Amos Rapoport
윤 일 주　역

대부분의 사람은 건축은 볕과 비바람을 막는 은신처(shelter)로서 시작되었다고 말할 것이다. 아무튼, 최초의 건물은 주거였으며, 사람에게는 생존하기 위한 은신처가 필요하다. 그렇다고 사람을 수용한다는 일만이 단 하나의 또는 으뜸가는 은신처의 기능은 아니다. 추운 지방 — 거기서는 은신과 보호가 필수적이다 — 에서는 은신처도 각양각색임을 알 수 있다. 예를 들면, 티에라 델 푸에고(Tierra del Fuego)의 동물용 헛간을 비롯하여 위스콘신과 미네소타의 아메리카 인디언의 상당히 낮은 수준의 주거가 있는가 하면 에스키모의 매우 발달된 오두막집까지 있어 그 범위는 넓다.

건조환경(建造環境, built environment)에는 여러 가지 목적이 있다. 즉 그 목적은 비바람, 적대시하는 인간과 동물, 그리고 초자연의 힘, 이런 것들로부터 사람과 사람의 활동과 그 소유물을 보호하기 위한 것이며, 장소를 마련하기 위한 것이며, 세속적이고 위험성 있는 세계 속에 고상하고 안전한 영역을 만들기 위한 것이며, 사회적 신분을 강조하고 지위를 나타내기 위한 것 따위이다. 따라서 가장 광범위한 뜻에서 더 넓은 시야를 가지고 기후, 기술, 재료 및 경제보다 사회문화적인 요인(要因)들을 더 중요하다고 생각할 때, 건축의 기원은 가장 잘 이해할 수 있다.

어느 상황에서나 건물의 형태를 가장 잘 알게 해주는 것은 위의 여러 요인들의 상호작용이다. 하나만의 설명으로는 만족스럽지 못하다. 왜냐하면, 건물들은 — 분명 초라한 주거라 하더라도 — 물체나 구조체 이상의 것이기 때문이다. 그것들은 제도(制度)이며, 기본적인 문화적 현상이다.

■ 공간의 구분

동물에 관하여 연구할수록 그들의 행태(行態)가 복잡함을 알게 된다. 동물들은 공간을 구분하여서, 그것을 이용하는 무리들에게 저기 아닌 여기임을 지적하는 장소들을 만들기 조차한다. 동물들은 서로 그러한 여러 장소를 알고 또 가려낼 수 있다. 거기에는 서식(棲息) 범위가 있고, 핵심구역이 있고, 담당영역이 있으며, 보금자리와 먹는 곳과 애무의 구역이 있다. 이와 같이 동물들은 장소를 꾸민다. 이런 특성에 대하여 우리가 느끼는 경이감(驚異感)의 일부는 우리가 야생동물에 대하여 아는 것이 거의 없다는 사실과 가축(家畜)은 보금자리 만들기, 장소 만들기, 의식(儀式) 행하기, 시간 짜기, 심지어 집짓기 등의 특질을 거의 잃고 있다는데 기인한다[1]. 동물들은 또한 도식(圖式 - shemata)을 추려내고 만들어냄으로써 환경에 질서를 주기도 한다[2].

그렇다면 인간은 태초로부터 동물보다 더욱 더 공간과 장소에 구분을 지어 왔다고 우리는 짐작할 수 있다. 인류와 인간은 만나는 장소와 식사를 나누는 장소와 개인의 영역으로 차지할 장소를 필요로 한다. 그와 같이, 공간적 관계 및 사회적 관계는 제멋대로인 것이 아니라 질서가 잡힌 것이다[3]. 구별은 맨 먼저 인식된다. 그런 다음에 인간은 그것들을 언어로 나타내고 건물을 통하여 실현한다. 이런 뜻에서 언어와 건축은 서로 관계가 있다. 언어와 건축은 둘다 장소들 간의 구별에 대한 인지과정(認知過程, cognitive process)을 표현한다.

장소들을 특정 짓게 하는 일은 최초의 인류가 그들의 수목을 떠나 나무 없는 대초원을 가로질러 이동하기 시작하면서, 그리고 나중에는 인지(認知)의 요구와 상징의 요구, 그리고 능력이 커짐에 따라서 더욱 중요하게 되었다. 이 과정에서의 도구와 언어의 역할은 연구되어 왔지만, 인지도식(認知圖式 - cognitive schemata)과 장소를 물리적인 형식으로 부호화(encoding)하는 방법으로서의 건물의 역할은 아무 주의도 거의 끌지 못했다.

우리는 건조 환경이 갖는 그런 역할의 증거를 발견할 수 있을까? 그것을 발견하지 않기란 어렵다는 것이 그 질문에 대한 대답이다. 별로 집을 짓지 않았던, 오스트레일리아의 원주민과 같은 집단을 살펴보면, 그들은 장소간의 차이를 잘 앎으로써 또 그런 장소들에 차별 있는 중요성을 부여함으로써 아무 특색도 없는 사막속의 장소로 서로를 구분한다는 사실을 알게 된다. 그들은 또 여러 가지 방법 — 즉 그 장소들에 신화를 곁들이거나, 식전(式典)의 마당에 의식(儀式)을 제정하거나, 바위 위에나 동굴 속에 (25,000년 전에 유럽 사람들이 했듯이) 성스러운 그림과 조각을 베풀음으로써 장소들에 특징을 준다. 그들은 또 일시적이거나 영구적인 표시물과 기념 건조물을 세웠고, 의식이나 식전의 터전을 공들여 건설했고, 표시물로서 불을 사용했으며, 그 밖에 여러 가지 방법을 썼다. 여러 가지 주거가 장소와 장소를 더 잘 구분하는데 도움이 될 것이지만, 우리가 알고 있는 방식인 건물은 별로 지어지지 않았고, 그리 중요하지 않았다. 원주민들은 다른 방법도 썼다. 예를 들어 여인들은 주거를 둘러싼 직경 30척의 땅을 자주 쓸어 놓는다. 이렇게 지면의 성질에 변화를 줌으로써 서로 다른 종류의 장소간의 중요한 경계를 짓는다. 이 경우는 공적(公的)인 야영지(野營地)와 사적인 가족 공간과의 사이의 경계가 된다. 사막의 "외부" 공간에서부터(그리고 여러 특정 집단에 "속하는" 사막의 여러 부분에서부터) "반(半) 내부"의 장소라고 할 수 있는 야영지에 들어가고 다시 가족단위의 "내부" 공간으로 옮겨가는 동안, 벽이나 울타리는 볼 수 없다. 그렇지만, 이러한 변이(變移)는 중요하며, 보이지 않는 울타리는 쉽게 통과할 수 없고 여러 가지 통과 규칙이 적용된다[4].

우리는 그러한 고안(考案)은 원주민들만 사용한다고 생각해서는 안 된다. 라틴 아메리카(컬럼비아)에 있어서, 이주민 정착지의 주거에는 사람에 따라 어디까지 통과할 수 있는가에 관한 명확한 규칙이 있다. 그 경계는 반드시 견고한 벽으로 표시되는 것이 아니라 때로는 주렴(珠簾)이나

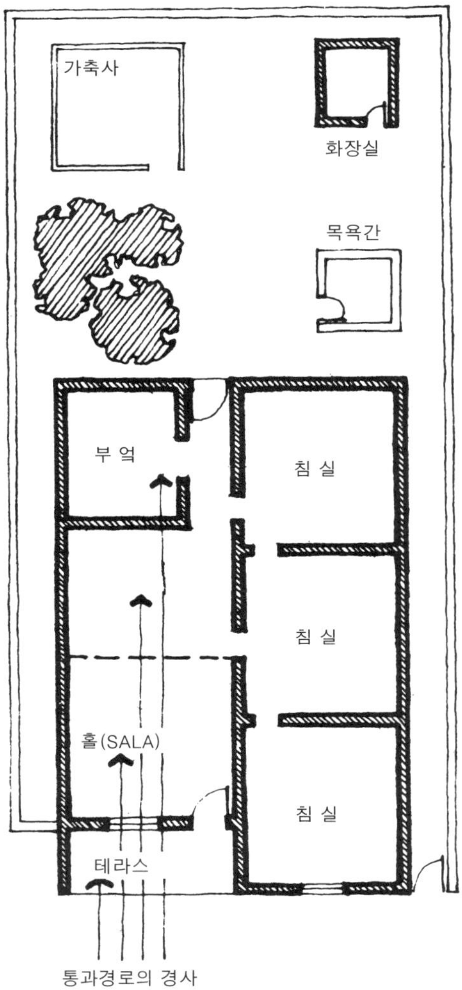

컬럼비아, 바란퀼라의 정주민 주택의 평면도 통과경로의 경사는 방문객의 홀의 출입을 제한한다(Foster, 1972에 따름).

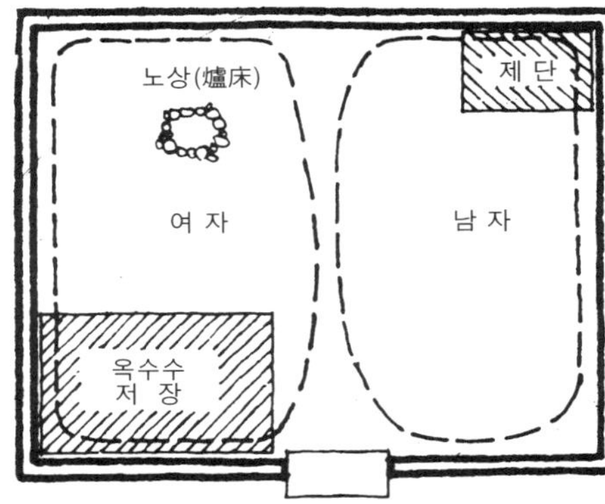

근대마야주택의 남녀 영역 실제대로 표현된 것이 아님(Voat, 1969에 따름).

바닥 차이로 표시될 뿐이다[5]. 노르웨이와 스웨덴의 오래된 농가의 천장에서 유별난 들보(梁)를 흔히 볼 수 있는데, 그것은 방문객이 일단 멈춰 서서 양해를 구해야 할 지점의 표시이다. 실제로 방안에 있으면서도, 그 지점 밖에 있는 방문객은 외부에 있는 것으로 간주된다. 이러한 "입장(入場) 허가의 대기(待機)"는 한 원주민 야영지나 베두인(Bedouin) 천막이나, 심지어 비비족(狒狒族) 사이에서 행해지는 일과 매우 흡사하다.

거주하는 공간들 속에 차이가 있다면, 변이(變移)는 뜻있는 것임을 짐작할 수 있다. 우리는 바로 앞에서 입장 허가의 의식(儀式)에 관하여 이야기하였다. 사회적으로는 사회적 변이를 표시하는 통과의례(通過儀禮)들이 있으며, 그것들은 흔히 공간적으로 동등한 비중을 갖는다. 건축은 사회적인 그리고 개념적인 의의를 당연히 갖는 명백한 공간적인 변이를 만든다. 그리하여 벽, 대문, 문, 문지방 따위는 흔히 내부와 외부, 신성(神聖)과 세속(世俗), 남성과 여성, 공(公)과 사(私), 그 밖의 영역 간의 변이를 표시한다. 결과적으로 그 여러 가지의 중요성을 표시한다. 그러나 더욱 중요한 것은 구분의 실태, 바로 그것이다.

예를 들면, 마야의 20피트×23피트 크기의 1실 주거는 물리적으로 분리되어 있지는 않지만 남자의 영역과 여자의 영역이 꽤 복잡하게 개념적으로 분리되어 있다. 텐트조차도 개념적으로 매우 복잡하게 되기도 한다. 그리하여 터키의 어떤 부족에 있어서는 여자의 영역인 둥근 텐트(즉 Yurt)와 남자의 영역인 크고 네모진 흑색 텐트 사이에 중

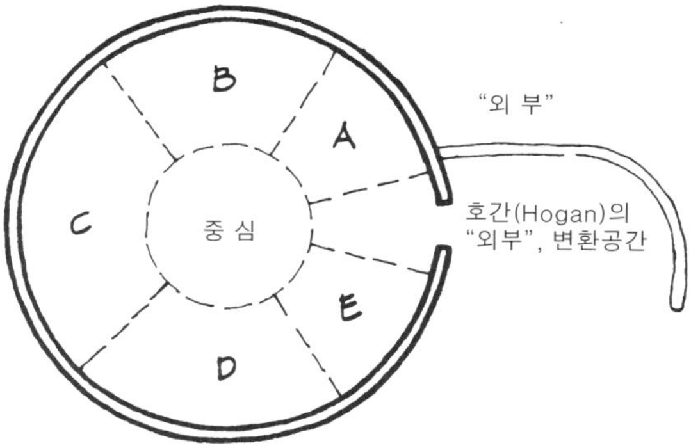

A 북쪽의 작은 구석
B 북쪽 구석
C 서쪽 구석
D 작은 구석
E 동쪽의 작은 구석

나바호 호간의 전형적인 내부배치도

요한 인식상의 구별이 있다. 그와 동시에 — 그리고 우리는 이런 특색을 보편적인 것으로 보겠지만 — Yurt 자체는 그 연기 구멍에서 나오는 연기가 muna 축(세계의 軸)이 되는, 우주의 한 모델이다. 그와 흡사하게, 나바호(Navaho) 호간(hogans)의 작은 1실 주거는 개념상 극히 복잡하고 몇 개의 영역으로 분리되어 있다[6]. 두 가지 예를 더 들면 충분하겠다. 코주멜(Cozumel)의 마야의 일부, 그리고 푸툰(Putun) 지배하의 유카탄 전체에서는 예술은 중요하지 않았지, 깊은 인상을 주려는 욕구는 있었다. 집들은 미끈하게 회칠하고 밝게 색칠한 위엄 있는 석조의 정면을 갖고 있는데, 그 정면에는 그늘진 초가지붕 주랑(柱廊) 아래로 컴컴한 내부로 통하는 문이 있다. 이 위장(僞裝)의 정면 뒤쪽에 핵심벽이 있다[7]. 여기서의 구별은 앞과 뒤이다. 그와 비슷하게 구별되지만 다르게 취급된 것은 프릴란즈무세트(Frilandsmuseet), 즉 코펜하겐 가까이에 있는, 덴마크 토착건축 전시의 야외 박물관에서 볼 수 있는데, 거기에는 북해안의 아거(Agger)에서 옮겨온 하나의 어부의 집이 있다. 그 집의 주거부분(전체의 작은 부분)을 잠깐 살펴보면, 쓸 수 있는 공간의 반은 난방할 수 없었고 흔히 쓰지 않다가 의례적(儀禮的)인 경우에만 사용하는, 격식 갖춘("가장 좋은")방이 있다. 다른 모든 활동 — 살림, 식사, 취침 등 — 은 그 집의 나머지 반쪽에서 이루어졌다. 이런

마야판, 산 제르바시오의 위장된 정면을 가진 주택의 개략 단면도
(Sabloff 및 Rathje, 1975에 따름).

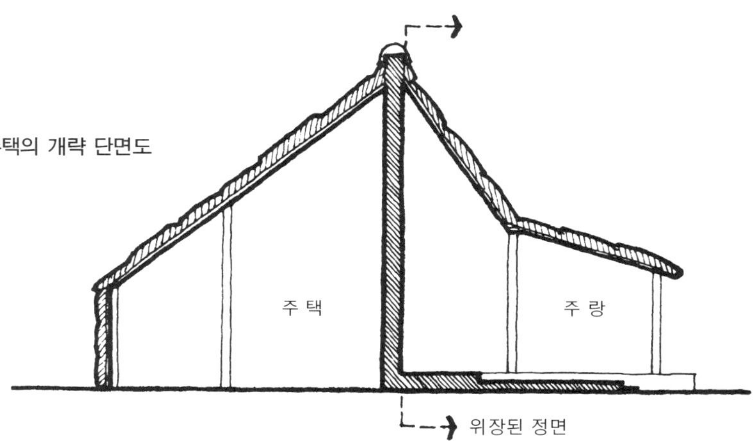

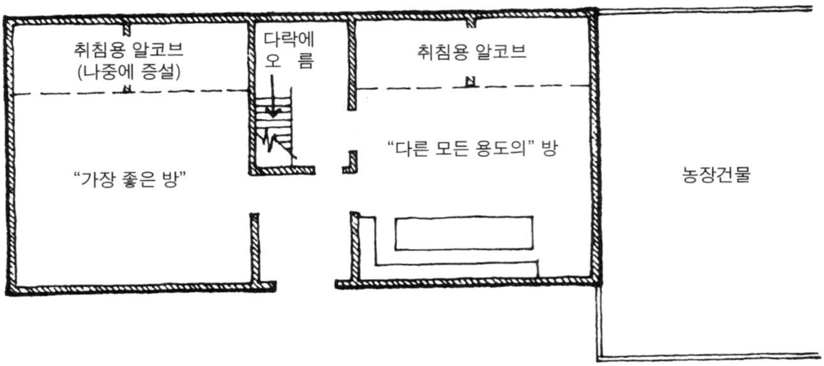

덴마크 북해안, 아거의
어부의 집의 개략 평면도

앞 · 뒤의 구별은 위엄을 나타내며, 이것은 세계의 다른 여러 곳에서도 볼 수 있었다.

건축의 고대(古代)

건물의 형적(形迹)으로서 발견할 수 있는 것은 인류 역사상 얼마나 오래된 것일까? 구분의 형적으로 볼 수 있는 것은 얼마나 오래된 것일까?

고고학자들은 오랜 시기에 걸쳐 사용되었던 야영지 터나 때로 낱개의 오두막 터조차 확인할 수 있지만 오스트레일리아의 원주민에 의하여 채용되었던 방식과 같은 것은 분명히 흔적을 남기기 어려울 것이다. 그와 매우 다른 문화를 예를 든다면, 에스키모 역시 건물 없이, 그리고 흔적을 남기지 않는 방법으로 장소들 간에 구분을 짓는다. 그들이 쓰던 구분의 방식은 여러 가지 형식의 악령과 유령에 대한 신앙에 바탕을 두고 있어서 여러 가지 규칙에 따라 사용, 기피, 여행, 주거 등을 위한 여러 영역으로 토지를 구분한다[8]. 더 일반적으로 말하면, 인간의 마음에는 장소 간에 구분을 짓자는 — 분류, 명명, 구별 등 — 욕구가 있다고 말할 수 있다. 분류와 영역은 인식의 기본이며 세계를 의미 깊게 하는 것의 기본이다[9].

근년에는 인간의 기원이 시대적으로 더 거슬러 올라가 있다. 건물 역시 최근까지 모두가 생각했던 것보다 더 오랜 시대로 거슬러 올라간 듯하다. 후기 선신세(鮮新世)의 오스트랄로피데신족(Australopithecines)과 같은 인종이 어떤 은신처를 갖고 있었다는 증거는 하나의 두드러진 예이다. 탄자니아의 올두바이협곡(Olduvai Gorge)에서는 약 180만 년 전의 바람막이었거나 오두막의 기초였을 직경 2미터의 반원의 석조 부재들이 발견되었다. 그 터들은 그때까지 충분히 확립되어온 것으로 보인다. 그렇게 생각되는 것은 자기 본거지 조성의 형태는 다른 영장류(靈長類)와 반대되는 인간행태의 근본적인 특성이기 때문이다. 그러한 구조물의 은신처가 아닌 것으로서의 기능 — 표시로서의 집 — 은 적어도 은신처로서의 역할과 마찬가지로 (그 이상은 아니더라도) 중요하리라[10].

그 다음의 예는 그보다 훨씬 후대의 것 — 겨우 30만 년 전의 것이다! 그것은 남부 프랑스의 니스에 가까운 테라 아마타(Terra Amata)에 있는 한 야영지이다. 거기에서 21채 덧붙여 지은 한 무리의 오두막들과 11채의 또 다른 무리의 오두막들이 발견되었다. 그 주거들은 길이 26~49피트, 너비 13~20피트 되는 기다란 계란형이었다. 그것은 각기 한 가족 이상을 수용했음에 틀림없으며 그 수로써 일단(一團)의 혈족임을 암시하고 있다. 몇 개의 혈족을 수용

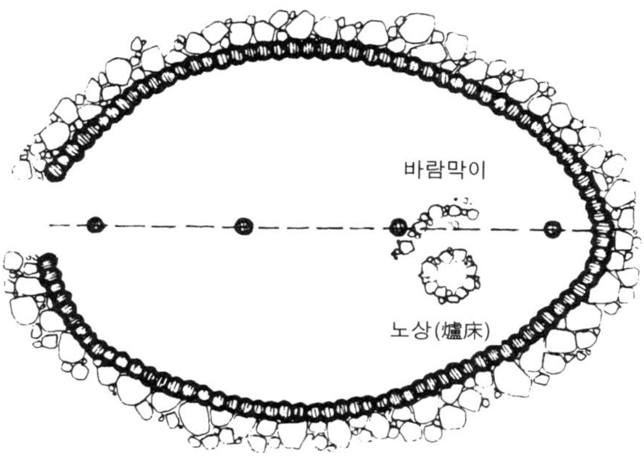

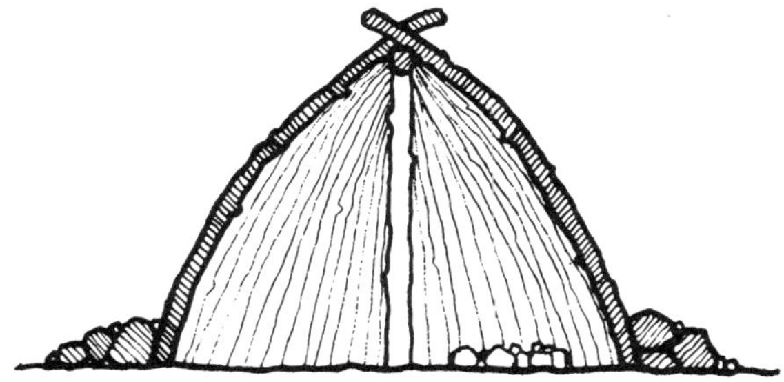

테라 아마타(프랑스 니이스)의 주택의 복원 평면 및 단면
(Lumley, 1969에 따름)

할 주거시설은 하나의 복잡한 사회조직을 뜻한다. 많은 도구, 채색용 적토(赤土)토막 그리고 여러 종류의 물품이 발견되었고, 그 사실이 암시하는 것은 꽤 고도로 발전된 의식적(儀式的) 생활이 있었다는 사실이다. 그 주거들을 세우는 방법은 이러하였다. 즉 지름 3인치의 긴 막대들을 고른 순서로 땅속에 박아 넣고, 그것들을 안쪽으로 휘어서 중앙에 있는 한 줄의 기둥에 맞대놓았다(용마루를 썼는지는 확실치 않다). 벽의 밑뿌리 부분에는 돌을 쭉 늘여놓았다. 내부 중심축 가까이에는 노상(爐床)이 있었는데, 그것은 얕은 구덩이 이거나 자갈을 깐 표면이었다[11].

미대륙(美大陸)에 있어서도 주거와 마을과 그 밖의 인지되는 사적의 연대가 추적되어 왔다. 세인트 루이스(St. Louis)의 50마일 북쪽에 있는 일리노이의 코스터(Koster) 주거지에서, 스튜어트 스트루에버 씨가 최근에 행한 발굴은 7,000 B.C.E(Before Common Era)시대 이후의 마을을 주택, 도구 및 인간의 묘지와 개의 묘지와 더불어 밝혀냈다. 개들은 의식(儀式)의 불에 둘러싸여서 매장되었다. 대략 8,000 B.C.E에 이 지역에서 빙하가 물러갔으므로, 영구 주택과 마을이 매우 급속히 발전했다는 것은 의미심장하다. 위에 말한 지층 밑에는 아직 미 발굴의 층이 있으므로, 그곳의 기원은 더욱 오래된 것이다.

마지막 예로서 영국지방(Britain)을 생각해 보자. 최근까지는 그것에 대한 초기의 관념은 오히려 조야한 미개적 문화로서의 그것이었다. 그렇지만 이미 대략 4,000 B.C.E인 신석기시대에 걸친 돌로 포장한 직경 1,000피트의 매우 복잡한 야영지를 발견하였다. 길이가 490피트나 되는 "장총(長塚 - long barrows)"이라고 불리는 무덤들이 또한 발견되었는데, 그것들은 때로 300피트 상거의 양쪽 둑을 가진 "대로"(大路 - avenues)와 관계가 있었다. 스톤헨지(Stonehenge)에서는 그러한 대로는 길이가 1.75마일이 되고 도르세트(Dorset)의 다른 대로는 길이가 6마일에 이른다.

행진을 위해 쓰여졌을 220에이커의 대로를 에워싼, 300피트 상거의 두둑을 쌓기 위하여, 평행되는 두 줄의 도랑에서 650만 입방피트의 백악(白堊)을 굴착할 필요가 있었다. 대략 2,500 B.C. E의 것으로서, 흙 울타리 속에 있는 직경 130피트에 이르는 일련의 거대한 목조 건물이 발견되었는데, 그 건물들은 동심원으로 늘어선 기둥들로 지지되고 아마도 원추형 지붕과 중정(中庭)이 있었을 것이다. 그 중의 가장 큰 것들은 260톤에 달하는 재목을 필요로 했으며, 한 건물을 위하여 9에이커의 숲을 벌채해야 했었다.

그 때 인공의 언덕도 축조되었다. 130피트 높이의, 실버리 언덕(Silbury Hill)은 그저 쌓아 올리기만 한 것이 아니라 주의 깊게 공사계획되어 층층이 단이 지도록 건설되었다. 그 언덕은 900만 입방피트의 자갈을 사용하였는데, 그 중 600만 입방피트는 도랑을 형성하면서 파낸 것이었다. 마지막으로 여러 가지 거석(巨石)들이 원형배치, '부채꼴', 그리고 석조나 목조 헨지(henge)로 영국 전역(그리고 브리타니 지방)에 건설되었는데, 그 모두는 표준화된 '거석용 척(巨石用 尺)'을 사용하여 신중히 설계되고 먼 거리에서 가져온 재료를 사용하였다. 그 구조물들은 꽤 복잡한 과학으로써 해와 달을 관찰하는데 쓰인 것 같이 생각된다. 그것들은 경관(景觀)의 특색과 — 묘지와 은신굴(隱身掘) 따위의 경우 — 주요 도로에 관계가 있었다. 그리하여 그것들은 경관 속의 이정표(里程標)로 쓰일 수 있었다. 역시, 오크네이의 스카라 브라에(Skara Brae, Orkneys)와 같은 마을들을 발견할 수 있는데, 그 마을들은 내부에 석조 가구(家具)를 갖춘 일련의 원형 석조주택들이 줄지은 가로(街路)를 갖고 있지만, 바로 앞에서 언급한 기념건조물보다는 분명히 훨씬 "원시적"인 것이었다. 이와 같이, 이들 복잡하고 거대한 구조물을 세운 사람들은 대체로 작은 오두막이나 천막에서 살았다[12].

이렇게 주거와 기념적인 건조물이 일찍이 그리고 널리 분포되어 있음을 알 수 있고, 따라서 주요한 인식활동의 증거가 되고 있다. 그 두 가지는 서로 관계가 있는 것으로 보인다. 우리는 은신처 이외의 건설에 바쳐진 막대한 자재와 노동과 노력을 알 수 있으며, 또한 탐구된 계획과 건설 및 경제적 어려움 사이에 갈등이 일어났을 때, 전자(前者)가 우세함을 알 수 있다. 그리하여 벨리이즈(Beliese)에 있는 루바안툰(Lubaantun)의 마야의 식전(式典) 중심의 경우에는 약간의 계획상의 수정으로 회피할 수 있었음에도 불구하고, 매우 복잡하고 막대한 비용의 현장공사를 치루고 계획은 성취되었다. 그 성과는 여러 가지 규모에 따라서, 또 매우 복잡한 여러 방법으로 구별된 하나의 발전이었다[13].

건축이란 무엇인가?

사람들은 오랫동안 계획하고 지어왔다. 그렇지만 그것은 건축이었던가? 극히 최근까지 건축과 "그냥 건물"과를 구별하는 것이 보통이었지만 그 문제는 더욱 어렵게 되어가고 있다. 최초의 건축가는 이집트의 단형(段形) 피라미드를 설계한 사람이라고 관례적으로 여겨져 왔는데 건축의 기원은 확실히 그보다 앞선다. 일정한 추장의 주택이나 의식용 건물을 짓는 전문적인 건설 기술자(builder)를 셈에 넣더라도, 지어진 것의 대부분은 전문가에 의하여 설계된 것이 아닌데도 오히려 과도한 양식의 디자인 (설계가에 의하여 이루어진)을 유발하는 것과 동일한 건축적 충동의 표현이었다. 그리하여 건축의 기원이나 건축의 의의(意義)의 이해를 다룸에 있어서 우리는 민속(民俗) 또는 대중의 전통 — 즉 "원시적" 또는 "토착적" (vernacular) 이라고 불리는 건물들에 관심을 가져야 한다. 그것들은 항상 건조환경의 대부분을 이루어왔으며, 모든 확실한 세대에 있어 필수적이며, 기원(起原)에 대한 논의(論議)에 있어 확실히 중대하다.

그것들이 인간으로서의 결정과 선택, 그리고 사물을 행하는 특수한 방법을 구현한다는 뜻에서 모든 인공물과 마찬가지로, 그런 환경은 모두 설계된 것이다. 숲을 제거하거나 도로가에 판매대(販賣台)를 세우거나 야영장을 배치하는 사람은 건축가 못지 않은 설계가이며 — 그러한 활동은 지구 표면을 변화시키고 건조환경을 만들어 낸다.

모든 환경은 모든 가능한 대안(代案) 중에서 선택한 결과이다. 특정한 선택들은 거기에 관련된 대중의 문화를 반영하는 합법적인 것이 되는 경향이 있다. 사실상 문화를 관찰하는 하나의 방법은 최대한의 공동 선택으로 이루어진 것으로 보는 일이다. 장소를 — 그리고 건물을 — 알아볼 수 있을 정도로 서로 다르게 하는 것은 타당성 있는 결정이다. 결정의 타당성은 또한 의복, 행동, 음식 따위의 특정한 관습에 이르게 한다. 그것은 대중이 상호 작용하는 방식과 그들이 공간과 시간을 구성하는 방식에 영향을 미친다. 이러한 일관된 선택은 건조환경의 양식이거나 생활양식이거나 간에, 양식(樣式 - style)에 이르게 하는 결과가 된다.

그러한 선택을 함에 있어서는 일정한 가치, 표준, 기준, 가정(假定) 등이 요구된다. 그것들은 흔히 이상적인 도식(schemata)에 따라 구현된다. 환경은 어느 면에 있어서는 그런 도식들과 그것들이 대표하는 질서를 반영하고 부호화(符號化, encode)한다[14]. 선택의 과정, 부호화될 이미지 및 주어진 형식 등을 통하여 표현된 질서는 건조환경들이 불완전하게라도 표현하는 하나의 이상적 환경에 대한 어떤 비전(vision)이다. 그러한 환경은 하나의 특정한 문화가 규범적이라고 보는 종류의 대중을 위한 장치물(setting)로, 그리고 그 집단의 중요하고 전형적인 것으로 간주되고 다른 집단과는 구별되는 생활양식을 위한 장치물로 파악된다. 사실상 우리가 문화라고 부르는 것은 세 가지 주요한 방향에서 볼 수 있는데,(그 중 두 가지는 위에 포함되어 있다) 그것은 즉 한 집단을 대표하는 생활의 방식으로서, 상징, 의미 및 인지도식(認知圖式, cognitive schemata)의 체계로서, 그리고 생태학과 자원에 관계가 있는 생존을 위한 일련의 적합한 계략으로서이다.

그리하여 문화는 일련의 가치와 믿음을 가진 일단의 대중에, 그리고 이상을 구현하는 하나의 세계관에 관련한다. 이러한 규칙은 또한 체계적이고 일관된 선택에 이르게 한다. 건축은 기본적으로 사회문화적 요인의 결과라는 앞에서의 언급에 비추어, 그리고 물리적인 환경에 가장 의도적인 변화를 포함한다는 디자인의 정의에 비추어, 건축은 어떤 정돈된 도식에 따라 물리적 환경을 의도적으로 변화시키는 어떤 건조물로 생각할 수 있다. 건물과 정착지와의 차이는 하나의 스케일이다. 알도 반 아이크가 이미 말했듯이 "하나의 건물은 작은 도시이며, 하나의 도시는 커다란 건물이다."

사람들은 왜 환경을 조성하는가 하는 물음에 대답하기 위해서는 인간의 이성이 어떻게 작용하는가를 이해할 필요가 있다. 도식은 세계에 의미를 부여하려 하고 또 그 세계에 질서 — 흔히 분류와 명명 또는 구분 짓기를 통하여 정취되는 인식상의 질서 — 를 부과함으로써 세계를 인간에 적응시키려는 인간 이성의 기본적인 과정으로 보이는 것의 하나의 결과를 나타낸다. 세계는 혼돈되고 무질서하다. 인간의 이성은 분류하고 구분하고 그리고 질서화 한다. 질서는 세워지기 전에 예기된다고 우리는 말할 수 있을지도 모른다. 정착지들, 건물들, 그리고 경관(景觀)들은 우리가 이미 보아온 대로 아주 오래된 그런 활동의 일부이다. 네안데르탈인이 그들의 죽은 자를 꽃과 함께 묻었을 때, 그들은 생명과 죽음을 조화시키는 하나의 질서를 부과하려고 시도했던 것이다. 유럽의 동굴 벽화는 복잡한 질서화의 방식을 나타내고, 그림 그리지 않은 주거용 동굴 따위의 여타 공간과 다른, 신성한 공간으로서의 동굴로 규정짓는다. 상직적인 기호화의 방식은 예컨대 달의 관측의 경우 매우 오래전에 발견되었고, 분명히 시간과 자연현상에 하나의 질서를 부과하려는 시도를 나타내고 있다[15].

사람들은 환경을 만들기 전에 먼저 그 환경을 생각한다. 사고(思考)는 공간, 시간, 활동, 신분, 역할 및 행태에 질서를 준다. 그러나 이상(理想)에 물리적인 표현을 부여하는 일은 가치 있는 일이다. 이상을 부호화하는 일은 그 이상을 유용한 기억이 되게 한다. 이상은 사람들에게 어떻게 활동하고 어떻게 행동할 것이며, 그 이상에서 무엇을 기대할 수 있을 것인지를 일깨움으로써 행동에 도움을 준다. 모든 건조환경 — 건물, 정착지, 경관 — 은 질서화의 체계를 가시화(可視化) 함으로써 세계를 질서 있게 하는 한 가지 방법이라는 것을 강조하는 일, 그것은 중요한 일이다. 따라서 필수적 단계는 환경의 질서화 또는 조직화이다.

■ 환경의 조직

우리는 위에서 동물들이 공간을 구성한다는 것을 보았

다. 동물은 또 시간을 조직한다. 예를 들어 수유영역이 없는 고양이들은 그들의 움직임을 예정함으로써 서로를 피한다[16]. 공간과 시간을 구성하는 목적은 의사소통(communication)을 조직하고 구성하는 일이다(상호작용 · 회피 · 지배 등). 의식화(儀式化)된 행태와 영역을 표시하는 여러 가지 방법을 통하여 장소와 행태에 의미가 주어진다. 의미는 그렇게 조직된다.

더욱이 그런 경향이 짙은 인간의 경우에 있어서 환경이 조직되어지는 과정에서 조직되어지는 것은 다음 네 가지 요소 — 즉 공간, 의미, 의사소통 그리고 시간이다. 다시 말해 환경은 사물과 사물 사이의, 사물과 사람 사이의, 그리고 사람과 사람 사이의 일련의 관계라고 볼 수 있다. 이들 관계에는 질서가 있다. 그것에는 패턴과 구조가 있다. 환경은 사물의 제멋대로의 집합체가 아니다. 이들 관계는 또한 전적(全的)으로는 아니라도 주로 공간적이다. 물체와 사람은 공간 속에서 공간에 의한 여러 가지 정도 차의 간격을 통하여 서로 관련된다.

그러한 조직은 영역(domains)의 물리적 표현이라고 볼 수도 있다[17]. 사실상 거대한 지역으로부터 가구(家具)의 정돈에 이르는 모든 스케일의 계획과 설계는 그 조직을 행하는 집단이나 개인의 필요, 가치, 욕구를 반영하는 여러 가지 규칙에 따라 여러 가지 목적의 공간을 조직하는 일이라고 볼 수 있다. 규칙은 또한 물리적 공간과 사회적, 개념적 그 밖의 종류의 공간 사이의 일치(또는 그 결여)를 나타내는 이상적인 이미지를 구체화한다.

이것은 의미의 조직의 한 예이기도 하며, 이 두 가지는 개념적으로 그리고 사실상에서 분리될 수 있다. 공간 자체의 조직이 의미를 표현하고 의사소통의 특성을 갖고 있다면, 의미는 흔히 상징, 소재(素材), 색채, 형태, 크기, 장식품, 조경(造景) 및 그와 유사한 것들로 구체화된다. 그리하여 의미는 공간의 조직과 일치하기도 하며, 그것은 보통 가장 관습적인 장치물에서 이루어졌었다. 그렇지만 의미는 또 분리되고 일치하지 않는 상징의 체계를 나타내기도 하는데 그것을 통하여 각가지 상황은 사회적 지위를 표시하게 된다. — 그것은 즉 자기와 남과의 사회적 신원을 확립하는 방법, 예상되는 행동을 암시하는 방법, 그 밖의 유사한 방법이다. 의미는 그것이 고도로 풍요할 때, 즉 공간적인 의미상의 그리고 활동의 체계들이 일치되고 따라서 서로 강화될 때 자연히 가장 명백하고 가장 강렬하다.

그러한 일치의 중요한 이유는 환경의 의미와 환경 속의 여러 장치물의 의미가 사람들 간의 사회적 의사소통을 돕는다는 사실이다(의미는 또한 환경에서 인간에게의 의사전달이다). 이렇게 하여 환경은 공간적으로, 그리고 의미를 통하여 의사소통의 조직에 영향을 주고 그것을 반영한다. 누가 누구와 어떤 조건에서 어떻게 어디서, 그리고 어떤 맥락(脈絡)에서 의사소통을 하는가 하는 것은 건조환경과 사회적 조직이 연계(連繫) 되고 관련되는 과정에서 중요한 요인이다. 환경은 상호작용, 자체의 성질, 강도, 정도, 방향 및 그와 유사한 것들을 반영하고 조종한다. 만일 특정한 종류의 장치물임을 인정케 하는, 환경 속의 실마리(cues)를 사람들이 눈치 채고 이해한다면, 그들은 어떻게 알맞게 행동할지를 알게 된다. 사회적 맥락이 설정된 것이다. 물론, 사람들은 알맞게 행동할 태세를 갖출 필요도 있게 된다. 그러나 그 실마리가 보이지 않고 이해되지 않는다면 알맞은 행동은 불가능해진다.

마지막으로, 사람들은 공간과 마찬가지로 시간 속에서 산다. 환경은 시간적인 것으로서, 시간의 조직으로 보여지거나 시간 속에서의 행동을 반영하고 또 그것에 영향을 주는 것으로 보여질 수 있다. 이것은 두 가지 방면에서 이해할 수 있으리라. 첫째는 시간에 대한 큰 스케일의 인지구조(認知構造, cognitive structure)의 방면이다. 예컨대 선적(線的) 흐름 대(對) 주기적 시간, 미래의 방향 대 과거의 방향, 현재의 전적(全的)인 개량으로서의 미래 대 불행하게 될지도 모를 시간으로서의 미래, 시간은 어떻게 평가될 것이며, 따라서 금후 시간은 어떻게 세밀한 단위로 재분할 될 것인가 따위이다. 이 마지막 고찰은 시간의 조직을 고찰할 수 있는 둘째 방면에 영향을 준다. 둘째, 방면이란 템포 즉 단위시간마다의 사건의 횟수, 그리고 리듬, 즉 시간 속에서의 활동의 분포, 예컨대 밤과 낮 따위이다. 템포와 리듬은 서로 일치될 수도 있고 안 될 수도 있다. 그래서 사람들은 공간 속에서 뿐 아니라 또는 공간과 관계없이 시간 속에서 격리되기도 한다. 서로 다른 리듬을 가지면서 같은 공간을 차지하고 있는 집단들은 결코 만나지지 않을지 모르며, 서로 다른 템포를 가지는 집단들은 결코 서로 의사소통이 되지 않을지 모른다. 분명히 공간적인 국면과 시간적인 국면은 상호 작용하고 서로 영향을 준다. — 즉 사람들은 시 — 공(時-空) 속에 산다.

전통적인 상태에서는 이 네 가지 조직 — 공간의, 의미의, 의사소통의, 시간의 — 은 더 일정하고 더 일치하였었다. 예를 들어, 시간적인 조직은 자연의 주야(晝夜)나 계절적인 주기에 근거하여 더 일정한 것이었다. 그렇지만, 대부분의 사람들은 의식적(儀式的)이고 종교적인 역법(曆法)에 따랐다. 시간적인 조직과 공간적인 조직은 또한 함께 작용한다. 예를 들어 오스트레일리아 원주민 사이에는 각 가족의 주거지역 앞에 불을 두어 그것과 어둠으로 하여 밤에는 서로 볼 수 없게 되었다. 이 사실은 언어적 수단을 통하여 충돌을 해소하는 특수한 방식을 만들게 하였는데, 그것은 긴박할 때와 공격 때에 당연히 더해지는 조명(照明)이 도입될 때 소용없게 된다[18].

의미에 관하여 말하면, 상징의 역할과 그것을 전하는 실마리의 역할이 더욱 더 컸었다. 대부분의 사람은 그 사실에 관하여 수긍하였으며, 환경 — 의미의 일치는 강하고 분명하였다. 공간적 조직은 또한 분명히 의미와 관련되었다. 의사소통은 고정되고 규정되면서 더욱 더 예측 가능하게 되었으며, 여러 가지 집단의 구성원과 관련되었다.

따라서 전통적인 환경의 경우에 있어서, 현재 가능한 것보다 더 큰 범위로 다른 모든 것을 반영하고 영향을 주는 공간적 조직에 주력하는 일은 가능해진다. 그것은 다행한 일이다. 왜냐하면 우리의 초기 건물의 형적의 많은 것은 고고학적이며 질서화의 방식을 드러내는 공간적 조직으로서 대부분 존재하기 때문이다.

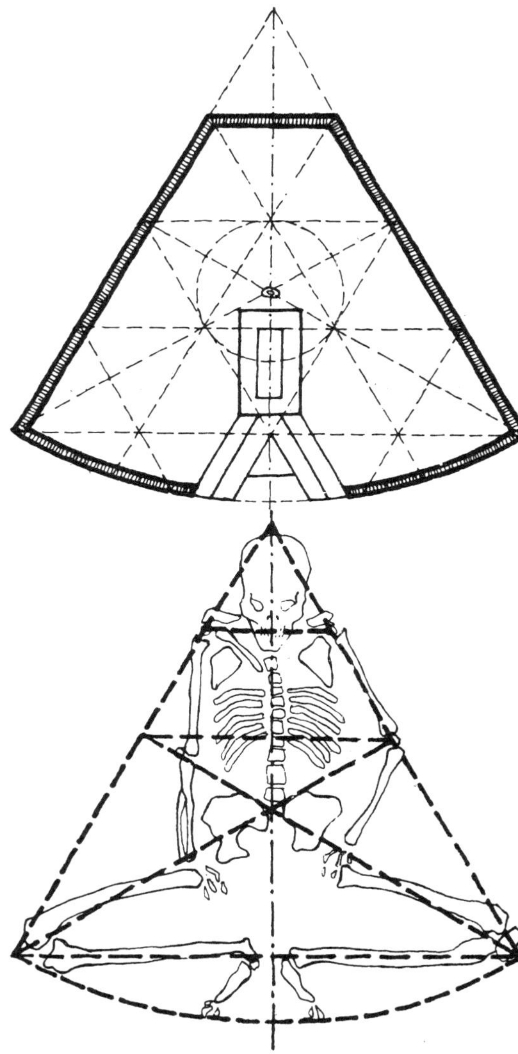

유고슬라비아, 레펜스키 비르의 주거 밑에 매장된 인체 골격 위치에 따른 주거평면의 개략도(Srejovic, 1974에 따름)

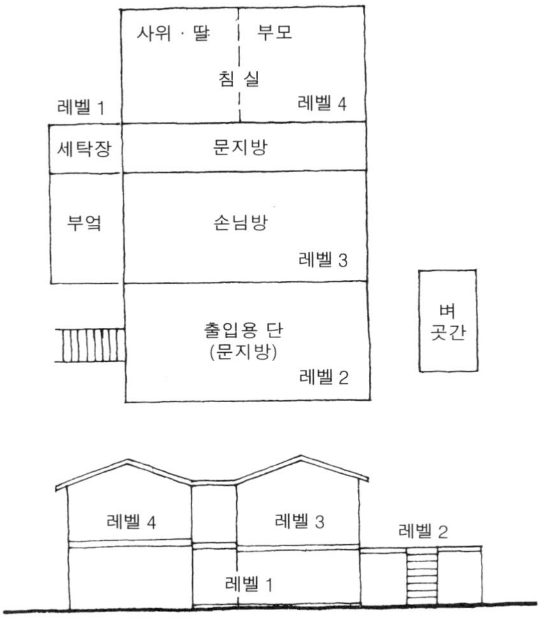

타일랜드, 매콩강의 주택의 개략 평면 및 단면(Tambiah, 973)

질서화의 방식

건조환경은 인간의 이성의 한 기본 속성인, 질서화의 방식과 도식(schemata)의 물리적 표현을 나타낸다. 그 과정은 질서화의 특정한 형식과 그것을 물리적으로 표현하는데 쓰인 수단이 문화적으로 특수한 것이라 하더라도 늘 동일하다.

모든 전통적인 상태에서는, 특히 건축의 시초의 상태에서는 질서화의 도식은 흔히 신성(神聖)에 바탕을 두는데, 그것은 종교와 의식(儀式)이 중심적인 것이기 때문이다(다른 도식도 역할을 했지만). 건조환경이 인간에 맞는 환경이라면, 살 만한 환경, 그것은 가장 전통적인 사람들에게 어김없이 신성하거나 신에 바쳐져야 하는 것이었다. 전통적 사회의 세계관은 종교적이므로 건조환경 — 그것은 이상을 부호화한다 — 은 신성(神聖)을 부호화해야 한다. 그것이 가장 뜻 깊은 의미를 나타내기 때문이다.

그리하여 아프리카의 템네(Temne)인의 집은 물리적인 용어나 기하학적인 용어로 완전히 묘사할 수 없다. 템네의 집을 지으려는 결정은 계획의 소산에 따른 것이 아니라 그들의 축복을 확보하기 위한 조상들과의 영적 교섭에 따른 것이었다. 만들어진 그 공간은 근대 서방의 질서화의 방식과는 전혀 다른, 둥글고 칸타(Kanta - 폐쇄된 것)였다. 템네의 공간은 기하학이나 산수를 통해 분절하는 것이 아니라 의미를 통해 분절한다. 폐쇄된 공간은 격리되고 인간화되고, 그리고 마녀와 악마에 대하여 빗장이 걸린다. 주요 방향(특히 동쪽)은 이 과정에서 큰 의미를 가진다. 가장 전통적인 주거와 그 밖의 건물은 이런 방법 — 신성한 것과 세속적인 것을 분리하는 일반적 과정의 일부로서의 방법 — 으로만 이해할 수 있다[19].

정착지와 마찬가지로, 가장 전통적인 건물은 세계의 축, 세계의 중심, 주요방향, 원 또는 사각형 등을 통합하는 천상의 이미지가 지상에 나타내어진 것인데, 그 모두는 신성한, 따라서 인간적이고 살 만한 영역을 주위에 세속적인 혼돈으로부터 구분하려는 시도이다. 이 과정의 일부로서, 건물의 착공, 공사도중, 그리고 완성 시에 복잡하고 특유한 의식(儀式)이 수반되는데, 그것은 정착지가 설정될 때의 그것과 매우 흡사하다. 사실상, 위에서 말한 모든 특성은 도시건설의 특성과 비슷하다. 모든 경우, 건물과 정착지는 도식과 의식(儀式)을 통하여 현실화한다. 예를 들어, 7000 B.G.E의 유고슬라비아 부락인 레펜스키 빌(Lepenski Vir)의 집들은 그 정착지의 모양과 같은 부등변 사변형에 근거를 두고 있었다. 그 정착지는 하나의 거대한 집으로서 생각되었고, 집의 평면은 실제로 매장(埋葬)할 때의 특수한 자세의 인간의 골격 위에 겹쳐질 수 있었다. 이런 방법으로, 그 집은 인간의 신체에 바탕을 둔 의미를 표현한다[20].

모든 상징은 인간 신체에 바탕을 두고 있다는 설이 있어 왔는데, 건축은 어느 면에서는 인간 신체의 은유(隱喩)이며, 따라서 건축은 다시 한번 우리의 동물적인 기원(起源)

과 관계있다는 것은 당연하다[21].

어느 경우에나, 건물은 확실히 사회적인 상황, 맥락, 도식에 대한 은유이다. 그리하여 북아프리카의 버버(Berber)의 집은 평면상에서 직방형이며 아주 단순하게 보인다. 그렇지만 그것을 설명하고 분석하기는 무엇보다 복잡하다. 그 집은 우주와 같은 방법으로 조직된 하나의 소우주이며 극도로 복잡한 창조물이다. 그것을 이해하기 위하여서는 우리는 종교와 상징과 도식에 관하여 — 즉 문화에 관하여 많은 것을 알 필요가 있다. 그것의 방위, 남녀의 구별, 문지방의 중요성, 이 모든 것은 그 집을 깊은 뜻으로 충만한 장소로 만든다[22].

그와 비슷하게, 타이(Thai)의 집은 동물의 식용 여부(食用與否)에 관한 규칙의 구성, 혼인과 성(性)에 관련된 개념 및 그와 유사한 것들에 대하여 극히 긴요한 요소이다. 그 집의 공간적인 질서화는 다른 영역의 개념화와 밀접하게 관련된 하나의 개념화의 영역이다. 그것은 대체로 인식상의 질서화의 핵심이다. 이 공간적인 질서화는 구역과 방들, 방향, 방위, 바닥의 고저차, 가옥 사용의 규칙 등의 물리적인 배열로 확실해진다[23]. 하지만 첫눈에 그 집은 단순하게 보인다.

여러 가지 제례(祭禮)와 의식이 행해지는 북아메리카의 롱하우스(longhouse)는 이러쿼이(Iroquois)인의 우주의 상징이다. 신성한 춤이 그 롱하우스에서 생겨났으며 그 속에서의 식사는 성사(聖事)였다. 롱하우스는 동맹관계를 상징하였으며, 그 배열은 가맹자의 지리적인 구분에 흡사하였다. 롱하우스 내에서 사람들이 위치 잡는 방법은 그 연맹의 여러 부족과 국가가 지리적으로 관련되었던 방법을 나타내었다. 이러한 대응성은 세 가지 상징적인 요소를 말해주고 있다. — 즉 롱하우스 가맹자의 고향의 지세(地勢)(길이 200마일의 바닥 넓이를 가지는), 대중이 살고 있는 롱하우스들, 그리고 그들의 롱하우스 내의 인척 관계의 가족들처럼 가맹원들을 결속하는 단결정신 등이 그것이다. 그 동맹의 "5족연합"(The Five Nations)의 5족은 오늘날 롱하우스 의회(議會)에서 스스로 그런 방식으로 앉는다. 오늘날, 많은 세대가 단독주택에 옮겨 갔지만 의식(儀式)을 위한 롱하우스는 존속되고 있다. 그것과 매우 흡사한 의식으로서의 기능이 나바호의 흙집(Navaho hogan)에 지속되고 있으며, 때로 새로운 건물들이 문화를 존속시키는데 도움이 되도록 실제로 설계되고 건설되고 있다. 아프리카의 팡(Fang)의 경우에는 새로운 하나의 건물과 거기 관련된 여러 의식은 인지의 도식(認知圖式)을 표현하던 전통적인 환경이 점점 사라져 가는 그 집단의 그 도식을, 이를테면, 소형화 한다[24].

시간이 흐름에 따라 그러한 상징성은 점점 더 비주거용 건물에 한정되고 주거에서는 사라지거나 약화되는 경향에 있다. 그러나 그렇다 하더라도 표현된 새로운 도식과 질서화의 방식을 알아내기는 가능하다. 그리하여 우리는 미국의 주거에서 태양, 조망, 공간 그리고 건강이 신성(神聖)이라는 흐름에 대체된다고 말 할 수 있다[25]. 그러나 우리는 몇 가지 비주거용 건물의 실례에 눈을 돌려보자.

고대 이집트에서는 생명은 대우주적 진행을 반영하는 소우주로 간주되었다. 물리적인 세계는 영원한 나라를 반영하였다. 공간과 시간의 구성단위는 더 심오한 공간과 시간의 축소판이었다. 신전은 "신의 저택", 즉 신의 영원한 주거에 대한 지상에서의 복사품이었다. 왕들의 분묘신전은 "수백만 년의 저택" 이라 불렸고, 따라서 다른 건물들 — 궁궐을 포함하여 — 이 벽돌로 지어졌어도 그것은 돌로 지어졌다. 각 주요 신전의 지성소(至聖所)는 창조가 이루어졌다는 원시의 섬에 있던 우주의 중추에 개념상으로 존재하였다. 그 신전은 창조자의 주택이었다[26].

전통적인 힌두 건축에서는 공간, 시간 및 물질은 창조자의 현시(顯示)였다. 물질적인 공간과 물질적인 사물은 가시적(可視的)인 관념형성의 공간을 만든다. 건축적인 환경에 대하여, 이것은 세 가지 중요성을 가진다. 첫째, 그것은 통제의 한계성을 강조한다. 즉 사람은 환경을 변화시키기보다 오히려 스스로가 변한다. 그리하여 건물 — 그것은 환경의 주된 수식(修飾)이다 — 은 적절한 우주론적 모델에 엄격히 합치해야 하며, 또한 그 장치물 속에서의 의식(儀式)의 순수성을 강조해야 한다. 둘째, 우주론적 모델은 중심을 강조하며, 구심성(求心性)은 사회적으로 그리고 건축적으로 가장 중요하다. 셋째, 관념 형성으로서의 공간은 상징을 통해서만 명백하게 될 수 있다. 공간은 상징과 의식에 의하여 변형되어 신성(神聖)이 가시적(可視的)인 것으로 되며, 건축은 Vastu-Vidya, 즉 "신의 주거의 과학"이라고 불렸다. 건축을 알기 위해서 우리는 경관(景觀), 거리, 마을, 신전 그리고 가옥 속에 깔린 성스러운 우주론적인 모델을 알아야 한다[27].

그러면 비주거용 건물은 주거와 어떤 점에서 다른가? 그것은 두 가지 점에서 다르다. 즉 비주거용 건물은 영구하고 지속적이며, 그것의 이상적인 모델과의 일치는 더 정확하다. 신전 설계의 세세한 부분은 다음 사실만큼 중요하지 않다. 즉 건축은 미(美) 또는 행태에의 적합성에 관련되기보다 신성한 모델에 조화되는 형식에 더 많이 관련된, 하나의 "상징의 기술(技術)"이라는 것이다.

인도에서 르네상스로 눈을 돌리면 매우 다른 모델을 볼 수 있을 것이라고 상상할지 모른다. 그리고 그것은 한때 일반적인 견해였다. 그렇지만 지금은 르네상스 건축은 미학에만 바탕을 두었던 것이 아니라 실제는 신성시되었던 이상적인 모델을 표현하려고 시도하였다는 것은 명백한 것으로 보여지고 있다. 그렇게 함으로써만 구심성(求心性)과 산수적(算數的) 비례가 설명될 수 있다. 건축의 조화는 더 근본적으로 성스러운 조화의 가시적인 표현이었다. "구심적으로 계획된 교회당*은 신의 우주에 대한 인공적인 반영이거나 이미지이며, 신의 유일성, 영원한 존재, 불변성 및 정의(正義)가 드러나는 것은 바로 그 형태이다." — 그리고 이 완전성은 플라톤적 우주론에 근거하고 있다[28]. 우리는 이제 힌두적인 건축관(建築觀)이나 템니적인 건축관에서 그리 멀리 있지 않다. 그와 비슷하게 고딕성당, 비잔틴 교회, 이란의 모스크는 모두 우주적 모델이나 낙원의 비전의 특유한 표현이다. — 즉 특별히 성스럽게 함으로써 구별된 장소들이다. 마지막 예로서, 로마의 하드리안 황제의 판테온(Pantheon)은 건축과 조각과 빛으로 표현된 우주론이었다. 그 곳에는 우주의 힘, 지배자, 신하(臣下) 서로간의 친밀한 연결이 있었다. 판테온은 관습적인 의미로서의 신전이 아니었다. 그것은 분명히 보편성이라고 할, 어떤 이상들을 여러 가지 면에서 표현하였다. 그것은 지상에 반영된 한 우주적 제국(帝國)을 표현하였다. 그것은 하나의 제국에 대한 권리주장, 로마의 권리와 임무의 상(像), 신에 의하여 인정되고 돌봐지는 제국의 질서였다[29].

신성한 건물과 세속적인 건물

만일 전통적인 사회에 있어서의 모든 건물과 건조환경이 신성한 것이라면 많은 또는 대부분의 문화에는 왜 특별히 성스럽게 한 건물이 있는가? 그것에 대한 대답은 이미 암시되어 왔다. 즉 그 구별은 등급의 하나이다. 그러한 구조물은 별다르며, 이상적인 도식에 더 가깝게 접근하려고 시도한다. 예를 들어 원주민은 특별히 성스럽게 한 터를 가지고 있었는데, 그것은 세속적인 터(자원을 포함하고 있는)보다 더 잘 보호되었고, 그곳에의 접근은 더 제한되었었다. 질서화와 구분의 과정은 신성(神聖)에는 위계성(位階性, hierarchy)이 있다는 것을 암시한다. 이것이 여러 장소 사이에 구분을 짓는 하나의 뚜렷한 방법이다. 나바호 호간(Navaho Hogan)**은 성스러운 것이지만 어떤 특수한 호간은 치유(治癒)의 예식(禮式)을 위하여 지어졌으며, 특수한 의식, 모래그림 등에 의하여 신성화되었다. 한 마야의 장착지는 전체로서 의식을 통하여 신성화되었지만, 그 의식들은 특별히 신성화된 터, 건물, 기념건조물에 대하여

각주

* Centrally Planned Church : 평면이 원, 正十字刑 또는 정다각형으로 되고 그 중앙에 돔을 얹은 교회당.

** Navaho Hogan : Navaho 족 북미 토인의 흙으로 덮은 집

그 정착지가 어떤 관계에 있는 가에 달려있다. 우리가 이미 본 대로, 그러한 구별은 고급 양식(樣式)의 설계에서도 볼 수 있다.

그런 건물과 장소는 어떻게 구별되는가? 이미 지적했듯이 그 구별의 목적은 이상(理想)에 더 가깝게 접근하기 위한 것이며, 또한 그 차이를 강조하기 위한 것이다. 그리하여 공간의 조직이 동일할 때라도 고정된 상태의 구성부분, 반고정된 상태의 구성부분, 그리고 고정되지 않은 상태의 구성부분들 서로간의 차이를 이용해서 그것을 특별한 상징으로 흔히 사용한다[30]. 고정된 상태의 구성부분들은 변함없지만 반고정된 상태의 구성부분들은 장소의 특별한 성질을 가리키는데 쓰인다. 예를 들어 아나톨리아의 8000 B.C.E의 정착지인 사탈 휴유크(Catal Huyuk)에서는 사당(寺堂)들은 평면상에서는 일반 가옥과 차이가 없으나 훨씬 더 풍부하게 장식되어 있다. 가옥도 장식되었지만 사당의 장식은 더 공들인 것이었다. 여러 색채의 더 많은 그림과 조각이 있으며, 동쪽과 서쪽 벽의 상징적 의미가 존재하는 듯이 보인다[31]. 그것들은 분명히 반고정의 구성부분들이다. 그와 비슷하게, 크기와 위치는 특별한 성격을 강조하기 위하여 쓰여졌는지도 모른다. 북부 그리스의 7000 B.C E. 의 정착지인 네아 노코메디아(Nea Nokomedia)에서는 성스러운 건물은 더 크고(40피트 평방 대 25피트 평방), 지역의 중심 가까이 위치해 있다[32]. 체코슬로바키아의 25,000년 전의 정착지인 달니 베스토니스(Dalni Vestonice)의 경우에는 성스러운 건물은 정착지 울타리 밖에 위치해 있다. 이 두 가지 경우, 그 수단은 서로 반대이지만, 둘 다 장소간의 차이를 강조하고 있다.

그리스, 페루 등의 마을과 같은 많은 토착적인 상황에서는 특수 건물은 크기(크거나 작거나), 색채, 형태, 재료, 십자가나 탑의 유무 등에 의하여 구별되기도 한다. 구별되는 특색은 위치, 크기, 색채 및 장식과 같은 요소들의 결합일 수도 있다. 예컨대 뉴기니아의 세피크(Sepik)강 마을의 초가집들 위로 탑이 솟은, 남성의식(男性儀式)의 장소로서, 공들여 장식한 60척 높이의 하우스 탐바란(Haus Tambaran)의 경우와 같다. 또한 구별되는 특색은 형태일 수도 있다. 예컨대 키바(Kiva)* 가 보통 지하에 있고 둥글게 되어 있어서 지상의 사각형 주거와 구별되는 서남지방의 프에블로(pueblos)** 의 경우와 같다. 또한 구별되는 특색은 물리적인 암시(cue)로는 거의 알려지지 않는, 공간 속의 위치에 불과할 수도 있다. 예컨대 뉴질랜드의 마오리족의 마라에(Mori Marae)*** 의 경우와 같다. 교회당에서처럼, 구별되는 특색은 크기, 정교성(精巧性) 및 재료일 수도 있다. 이 경우 재료가 가장 중요하다. 즉 교회는 새로운 재료를 쓰고 주거는 인습적인 재료를 쓴다[33]. 그리하여 새로움(modernity)은 성스러운 건물을 강조하기 위하여 사용된다. 그런 건물은 새로운 재료와 기술을 써서 더 속히 변화한다. 키바(Kiva)는 그 보다 더디게 변화한다. 그것은 주거의 고대 형식이다. 수단은 서로 다르나 목표는 같다 — 그 장소들은 서로 차이가 있다. 그리하여 어느 경우에나 중요한 것은 지어진 구별, 즉 구분 그 자체이다.

다시 말해, 당초에는 신성(神聖)이 그 기본이었다 하더라도 분명 모든 구별이 신성이란 면에서 이루어지는 것은 아니다. 재료에 대하여 다시 살펴보면 초기 중앙아메리카 마을에 있어서 흙벽돌(adobe)은 처음 공공건물에 사용되었고, 다음에 높은 신분의 개인주거에, 그 다음에 모든 주거에 사용되었음을 알게 된다[34]. 우리는 이미 전면과 후면을 구별하기 위하여 사용 된 재료를 보아왔다. 라틴 아메리카 전반에서는(그 밖의 곳에서도), 재료와 배열방식은 신분에 관련되고, 또 인종특성에조차 관련된다.

그리하여 콜롬비아의 산 페드로(San Pedro)에서는 바둑판처럼 배열된 가옥의 구성, 그리고 기와, 벽돌, 콘크리트 등과 같은 공장생산 재료의 사용은 높은 신분과 비인디

각주

* Kiva : Pueblo족의 예배당으로서 일부 또는 전부를 지하에 만든다.

** Pueblo : 미국 서남지방 토인의 돌이나 adobe로 집을 지은 집단부락.

*** 마오리족의 집회건물 앞에 공적인 행사의 목적으로 만든 사각형 또는 그에 준한 개방된 공간.

언 족임을 가리키지만 불규칙적인 주거 배열, 그리고 초가지붕, 흙, 외(椳) 등과 같은 천연재로는 낮은 신분과 인디언 족임을 가리킨다. 그와 비슷한 구별은 2층집과 단층집의 차이로도 알려진다[35].

■ 건축의 목적

당초의 질문에 되돌아가 보자. 왜 인간들은 그렇게 공들여서 건조환경을 만들어내는가? 건축의 있음직한 목적은 무엇인가? 우리가 이제까지 해온 간단한 분석만으로도 건축의 목적은 지방 기후를 완화하는 은신처로서의 기능 이상의 것임을 짐작케 한다. 건축은 어떤 활동을 위한 장치물을 마련할 수 있다. 건축은 사람들에게 그 활동이 어떤 것인지 깨닫게 하며, 권력과 사생활과 신분을 나타내며, 우주론적인 신앙을 표현하고 뒷받침하며, 정보를 전달하며, 개인이나 집단의 특징의 설정에 도움이 되며, 그리고 평가 방식을 부호화(符號化)한다. 건축은 또한 영역을 분리하며, 이곳과 저곳, 신성과 세속, 남성과 여성, 표면과 이면, 개인과 공공, 거주가능과 불가능 등을 구분할 수 있다. 장소간의 구분이 가장 중요하다고 해도 그것이 이루어지는 목적과 그렇게 하기 위하여 채용된 수단은 매우 다를 수도 있다.

우리는 땅 표면의 성질이나 그 처리(쓸기, 모래 덮기 따위)의 변화를 통하여, 또는 들보나 주렴(珠簾)과 같은 상징적 장치를 통하여 영역이 개념적으로 분리될 수도 있다는 것을 이미 보아왔다. 낮은 담 또는 주춧돌조차 같은 효과를 가지기도 한다. 후자의 예는 아프리카 이주민 정착지가 보여주고 있는데, 그 정착지에서는 그 지역의 모서리 표시인 흰 칠한 돌들이 소유지 전반에의 침입을 막아 사람들을 지켰다. 고저의 차이 또는 견고한 울타리가 쓰이기도 한다. 견고한 울타리와 같은, 하나의 특정한 장치는 반드시 배타적이라고 할 수는 없는 여러 가지 목적을 가지기도 한다. 그런 울타리는 시야에 대한 가리개, 움직임 차단, 그늘 주기, 바람막이, 영역 나누기, 구별되는 활동을 위한 일련의 식별 가능한 장치물 설정 따위의 역할을 하기도 한다. 그리하여, 건물은 인간과 그리고 자연적인 장치물과 어떤 관계에 있는가, 그리고 그 관계는 문화와 시대에 따라 어떻게 변하는가 하는 입장에서 건물을 이해할 수 있다.

또한, 은신(隱身)이 단 하나의 또는 심지어 으뜸가는 건축의 기능이었다면 우리는 형태에서 그리 많은 다양성을 볼 수 없을 것이다. 우리는 기후의 냉혹성에 따라서 다양성이 규칙적으로 증가할 것이라고 예측했을 것이다. 온도계 눈금의 가장 냉한 끝부분을 택했다 해도 그렇게 되지 않는다. 더구나 서로 다른 기후권(氣候圈)에서 동일한 가옥들을 볼 수 있고, 마찬가지로 동일한 기후권에서 형태와 재료가 서로 다름을 볼 수 있다. 그런 차이는 흔히 공적(公的)인 신분과 지위에 관계가 있다[36].

다시 말하면, 은신이 건축의 으뜸가는 기능이었다면, 주거 이외의 특수화된 건물의 발전이 그렇게 일찍 일어나리라고 우리는 짐작하지 않을 것이다. 그렇지만 우리가 이미 보아 온대로 그 반대의 경우도 있으며, 시대에 따라 변하는 것은 건물 종류의 분화가 점점 더해진다는 사실이다.

그리하여 올드바이(Olduvai)에서는 오두막들은 서로 비슷하다. 테라 아마타(Terra Amata)에서는 오두막들은 크기는 서로 다르지만 그것으로 용도상의 구별을 가리키지는 않는다. 달니 베스토니스(Dalni Vestonice)와 네아 노코메디아(Nea Nokomedia)에서는 성스러운 것임에 틀림없는 건물을 발견할 수 있는데, 그런 건물은 사탈 휴유크에 오면 명백히 다른 것과 구분된다. 후대에 오면, 더 많고 더 큰 범위로 구분됨을 볼 수 있다. 즉 여러 가지 목적에 따라서 일실(一室)에서 다실(多室)로 분리되고 결합됐던 주거와 작업공간이 서로 분리되고 결합했던 가옥과 가게가 서로 분리되고, 다음에는 특수화된 작업장과 가계의 장치물 따위로 구분된다. 이렇게 여러 가지 장치물에 따라 활동이 분리되는 것이 일반적인 경향이다. 그와 비슷하게 우리는 재료는 그 입수 가능성에 따라 사용되는 편이라고 예상하기도 하지만 반드시 그렇지는 않다. 우리는 또 재료는 의미를 가지게 된다는 것, 의사전달의 기능(Communicative function)을 가진다는 것을 보아왔다.

건축은 실제적인 의미를 만든다. 건축은 한 집단의 이상과 신앙에 대한 구체적인 은유(隱喩 – metaphors)를 지어낸다. 건축의 어떤 형태들은 모방적이란 사실과 피라미드, 신전, 돔, 탑 등은 인간에게 익숙하게 되고, 또 그것들은 소멸될 재료에서 관념론적이고 상징적인 가치를 얻어 영구적인 모양이 된다는 사실이 제기되기조차 하였다. 그것들은 중요한 경관(景觀)이 되기도 한다. 따라서 성스러운 장소는 건축되는 신전을 통하여 그 신성(神聖)과 분명히 합치되어져서 경관과 신의 관계를 강화하고 인간에게 그것을 깨닫게 한다[37]. 그런 건축은 행동을 위해서도 그렇게 하는데, 사람들에게 전후 상황과 예측된 적절한 행동을 깨닫게 하는 하나의 장치물을 뚜렷하게 함으로써 그렇게 한다.

연극으로서의 행동을 생각한다면, 적절한 장치물과 소품은 알맞은 역할을 쉽게 연출하게 한다는 것을 알게 된다. 그리하여 사람들에게 어떻게 행동할 것인지 일깨워 주기 위해서는 장치물을 물리적으로 표현하는 것이 유익하다. 의식(儀式)으로서나 연극으로서나 하나의 연기를 생각해 보라. 그것은 분명 관중과 연기자를 위한 충분한 자리만 있으면 아무 곳에서도 이루어질 수 있다. 그렇지만 어떤 방법으로나 그 장소를 표시하는 것이 유리하다. 그래서 오스트레일리아의 원주민들은 의식(儀式)의 마당을 계획하고 마련하며 배경의 역할을 하는 부재(部材)들을 세우고 "가동성(可動性) 건축"처럼 자신의 몸을 장식한다. 다음 단계는 관중과 연기자 사이에 적절한 관계가 있는 영구한 장소를 한쪽에 두어 연기는 어떻게 이루어지며 사람들은 어떻게 행동할 것인지 알아차리게 하는 일이다.

이렇듯 건물들은 알려지고 예상되었던 행동과 역할 등을 하지 않을 수 없게 하는, 구별되고 식별되는 장소와 장치물 속에 행동을 배치함으로써 행동에 질서를 주는 수단이 되는 것이다. 그리하여 사제(司祭), 상인, 배우 및 통치자들은 종교건물, 시장이나 상점, 극장이나 궁궐을 필요로 한다. 가족은 주거가 필요하다.

고대 이집트에 있어서의 왕궁의 설계는 서양식 건물의 관점에서 생각하지 않아야만 이해할 수 있다. 그것은 바티칸, 햄프턴 코드, 또는 베르사유 궁(그것들이 분명히 비주거적인 의미를 가졌었다 해도)과 같은 하나의 큰 주택이 아니다. 고대 이집트의 궁궐은 근본적으로 통치자의 권력을 강조하는, 즉 신하들의 마음에 두려운 감정을 만들어 줌으로써 권력을 높이는 장치였다. 이것은 재료와 국가 경영을 통하여 실행되었다. 도착, 들어감 그리고 움직임은 조직된 공간과 장치 속에서 이루어진다. 장소는 하나의 "통치하는 기계"이다[38].

되풀이 하지만 이 모든 예는 한 가지 공통되는 것을 가지고 있다. 즉 그것들은 여러 장소와 그에 관련된 여러 행태 사이에 뚜렷한 차이를 만든다는 것이다. 이 사실이 오스트레일리아 원주민이 자기들 최소 단위의 주거주위를 쓸어 놓는 일의 의미이며, 이쿵(Ikung) 정착민의 행동의 의미이다.

이쿵의 여인이 하나의 오두막을 짓는데 불과 45분밖에 걸리지 않는다. 그러나 그들은 오두막을 지을 마음이 전혀 내키지 않을 때가 자주 있다. 그럴 때 그들은 오두막에의 입구를 상징하는 두 개의 막대기를 세우고 오두막은 전혀 짓지 않는다. 이것은 가족들에게 스스로의 방향을 잡게 하고, 불의 위치의 어느 쪽이 남자 쪽인지 또는 여자 쪽인지 알게 한다. 그것은 또한 다른 사람들로 하여금 야영지에 대한 주거들의 관계를 알게 한다[39]. 이것은 분명히 본질적인 것도 아닌 기억작용이다. 왜냐하면 이따금 여성들은 그 막대기를 걱정조차 하지 않기 때문이다. 정보의 중복이 클수록 아무리 사회적 행태가 쉽게 되어지더라도 물리적 행태와 활동이 쉽게 일치되어지고, 또 아이들에게 적절한 행태를 가르치기 쉬워진다. 그리하여 피그미(pigmy) 야영지에서는 오두막들은 문(門) 서로의 관계(및 "원한의 울타리"의 유무)가 사람간의 연고관계, 그리고 친교의 유무를 나타내게 하도록 주위에 변화를 주었었다[40]. 그 집단은 누가 누구에게 화를 내고 누가 누구와 친한가를 알 수 있을 정도로 작기도 하지만 건조환경은 사람들에게 그런 일을 알게 한다. 그것은 기억으로서 작용한다.

건조환경은 이렇듯 사회적인 목적에 이바지할 의미를 전한다. 그것은 인간활동과 적절한 행동을 위하여 시・공간적(時 - 空間的)인 틀, 즉 장치물의 체계를 마련한다. 따라서 건조환경에서는 구별은 결정적이다. 그것은 다른 사물을 이해하기 위한 실마리로서 존재한다. 이 사실은 왜 숨겨진 기능이 드러난 기능보다 더 중요하게 되기 마련인가 하는 것을 설명하는데 도움이 된다. 대부분의 사람들은 비슷한 활동을 하지만 각기 다른 것을 의도한다. 또한 집단이 더 복잡하고 더 구분될수록 건조환경의 도움은 커진다. 장치물이 충분한 줄 알고 있는, 작고 동떨어진 집단에 있어서도 나중에는 장치들은 특정지어지고 구분될 필요가 있게 된다. 결국에는 그것으로도 충분치 않아 사람들은 언어로서의 그리고 형상으로서의 기호(記號), 즉 의미의 체계를 찾아내는데, 그것은 건축과는 별개이며 그 건축에 첨가된 체계이다.

물건 사는 활동을 생각해 보자. 작은 집단에 있어서는 시장은 하나의 장소일 뿐이다. 그것은 사용될 때에만 무엇인가 이루어진다. 그 다음에는 시장은 특정한 위치에 말끔하게 해놓은 지면으로서 항구적인 것이 된다. 그 다음에는 그늘이나 판매대가 보태어질 것이다. 이것은 상거래와 거기 잠재해 있는 여러 가지 기능을 전한다. 우리는 흥정이 이루어지는 시장과 특매장과 상점을 볼 수 있고, 다음으로 흥정행위가 없는 백화점과 슈퍼마켓을 볼 수 있다. 그곳들에서는 각기 행태는 서로 달라서 장치는 전후 상황과 행태를 알게 하는데 도움을 준다.

그와 같이 건축은 장소들에 시각상(視覺上)의 구별을 지음으로써 사회를 질서 있게 하는 공간적, 사회적, 시간적, 그 밖의 여러 수단에 관한 정보를 전한다. 건축은 기호(嗜好), 위계(位階), 생활양식 등을 알게 한다. 건축은 세속적인 성질과 구별되는 신성한 인간영역(문화)을 설정하고, 또는 후에는 신성한 성질과 구별되는 세속적인 인간영역을 설정한다[41]. 건축은 집단, 문화 및 생활양식과 일치하게 되기 때문에 마음 편하기 위해서는 필수적이다. 이주자(移住者)는 건축의 형식을 지니고 와서 그것을 재창조하려고 시도하며, 새로운 환경에 대한 그들의 성공여부는 그렇게 할 수 있는 능력 여하에 달려 있다.

이 모든 사실은 기본적인 논점, 즉 환경은 건조되기 전에 사고(思考)된다는 것을 강조한다. 도구(道具) 역시 의당 사전에 사고되었다. 원주민은 자연에서 도구를 발견했지만 그 물체는 마음속의 원형에 맞을 때에만 도구가 되었다. 도구가 만들어질 때는 도식에 일치되게 만들어졌다. 이렇게 모든 인공물은 아무리 간단하더라도 그것이 만들어질 수 있기 전에 하나의 관념으로 반드시 존재한다. 일단 만들어지면 인공물은 우리에게 그 관념을 일깨워 주는데 도움이 되며, 이 사실은 또 인공물을 중요하게 한다.

그 관념의 일관성은 문화 변천의 상황 속에서 볼 수 있다. 그래서 북북 아프리카와 이스라엘의 베두인(Bedouin)족에서는 주거로서 텐트가 존속되고 있는 동안 제일 먼저 건축되는 건물이 저장실일 때가 흔히 있다. 주거가 건축될 때 그들은 텐트의 공간적인 구성을 재생하는 경향에 있고, 더 큰 규모의 그러한 배치는 주거 자체의 형태와 공간구성이 변경된 후에도 존속된다. 일정한 핵심적인 가치는 그것이 이미 건물에 부호화되지 않게 된 때에도 정착지 구성의 수준에서 부호화된다. 이렇듯 주거를 다른 건물과 분리할 수 없으며 건물을 정착지와 분리할 수 없다. 주택 정착지의 체계는 하나의 장치물의 체계이며 건물을 정착지에서 분리하여 논하는 것은 독단적이다. 이 두 가지는 함께 고찰해야 한다.

주택 – 정착지의 체계

주택 – 정착지의 체계의 중요성은 또한 구분에 관한 우리의 논의 즉 서로 다른 목적에 따른 서로 다른 장치의 발전이란 점에서도 당연한 것이다. 차이점을 물리적으로 표현하는 것은 사람들에게 행태를 포함한 중요한 많은 사물을 깨닫게 하는 유용한 기억작용이란 것을 상기하라. 전체적 체계는 사람들에게 여러 행태의 적절한 관계와 결과를 깨닫게 한다. 이 사실 역시 인간은 시공(時空) 속에 살고 있고, 타 활동과 타 인간과 연계된 복잡한 활동체계를 가진다는 점에서 당연하다. 그리하여 문화의 차이는 여러 활동이 여러 가지로 결합되는 경과가 되고, 따라서 그 활동들을 위한 여러 가지 장치물의 체제를 이루는 결과가 된다. 모슬렘 도시에서는 커피 하우스는 남성의 중심인 반면, 우물은 여성의 중심이다. 한국에서는 다방은 남성에게 필수적인 요소이다. 영국의 남성 노동자층의 중심은 선술집(pub)이다. 어떤 헝가리의 마을에서의 그것은(모든 중요한 결정이 이루어지는) 마구간이다. 서로 관련된 여러 장소와 장치물을 고려치 않고서는 특정한 장치가 어떠하며 무엇을 하는지 도무지 분명해지지 않는다. 사실상 그런 체계적인 견해를 취함은 건물을 규정하기가 복잡하다는 것을 나타낼지도 모른다. 가장 친근한 예 — 주거 — 를 든다면, 활동의 많은 부분은 주택-정착지 체계속의 또 다른, 예기치 않았던 부분에서도 이루어지는데, 주거를 활동의 면에서 생각할 때, 어떻게 규정지을 것인지는 매우 분명치 않아진다.

주택 – 정착지 체계 속의 여러 차이, 고급 양식(樣式)의 요소와 토착적인 기반과의 관계 및 도식 간의 차이 등은 결국 사물을 상호교차 문화적(cross-cultural)으로 보는 것이 매우 중요하다는 것을 알게 한다. 사실상이 사실은 사물을 상호교차 문화적으로 그리고 역사적으로 보는 일이 왜 중요한가, 또는 왜 건축문화의 기원을 관찰해야 하는가 하는 논의와 더불어, 우리를 이 책의 처음으로 되돌아가게 한다.

■ 상호교차 문화적인 학습과 역사적인 학습

우리는 이제까지 건축의 개념의 의미를 밝히고 그것으로 디자인의 기초를 마련하려고 노력해 왔다. 우리가 마련하려고 노력한 것은 특히 건조환경과 상호작용하는 인간 행태의 완전하고 정당한 이해에 입각한 디자인의 더 적절한 기초이다. 우리들 대부분이 장래의 문제와 관련이 있는 이때에, 우리는 왜 먼 과거와 모든 종류의 "원시"인을 공부해야 하는가 라는 질문이 있을 법하다. 대답은 간단하고 가장 중요하다.

정당하게 분석하고 정당하게 결정하는 능력은 정당한 이론의 효력에 달려 있다. 즉 건축에 관하여 온갖 종류의 관점에서 너무나도 많은 것이 쓰여진 까닭에 전문적인 연구자라 할지라도 이론 없이는 그 일부부분도 읽어낼 사람은 없을 것 같다. 대부분 많은 출판물과 많은 언어로 흩어진 이 자료의 무더기를 다루는 또 하나의 방법은 이 자료가 더 큰 요소들에 알맞을 듯한 이론을 전개하는 일이다. 그런 이론들은 다른 곳들 — 아프리카, 중동, 전(前) 컬럼비아, 라틴 아메리카 — 을 무시하고 서양 전통에서의 형적에 입각하는 경향이 있다. 그 이론들은 또 최근의 발달에 근거를 두고 역사적 차원, 특히 먼 과거와 유사(有史) 이전의 과거와 비서국적인 전통을 무시하는 경향이 있다. 그리하여 건조환경을 시대를 통하여 그리고 상호교차 문화적으로 고찰하는 것은 매우 중요하다.

그렇지만 가까운 과거의 서양 고급 양식(樣式)의 전통에 입각한 개념이 무엇이 잘못인가 라고 여전히 당당히 질문할 사람이 있을 법하다. 그에 대한 대답 — 그것은 이 장(章) 전체의 기본이며, 이 장이 밝히려는 관점이다. — 은 그런 국한된 실례에 입각한 일반론은 허약하리라는 것이다. 공간적으로나 시간적으로나 그 실례의 범위가 더 넓을

수록 우리는 중대한 여러 차이를 더 잘 이해함과 동시에 명백한 혼돈 속에서 규칙성을 더 잘 알 수 있을 듯하다. 그리하여, 우리는 패턴과 상호관계와를 더 잘 알 수 있을 듯하며, 그것들은 찾아내야 할 가장 중대한 것들이다.

그런 패턴의 존재를 입증할 수 있음은 불변성과 변화성의 문제를 다루어서 환경 디자인의 길잡이가 될, 일정한 기본선을 설정하려는 우리에게 도움이 된다. 특별한 경우 동물조차 이런 패턴을 나타낸다고 하더라도 인류가 특징을 가졌다면, 그리고 매우 오랜 시간 어떤 사물을 이루어 놓았다면, 거기에는 매우 충분한 동기(動機)가 있었을 것이다. 일관성 못지 않게 변화성을 이해한다는 것은 매우 중요하다. 왜냐하면 우리의 문화는 엄청난 정도로 변화를 강조하기 때문이다. 또한 명백한 변화와 변덕이 불변의 과정의 표현이라면, 위의 사실은 극히 중요하다. 왜냐하면 명백히 서로 다른 사물을 행하는 여러 동기(動機)는 여전히 동일하기 때문이다.

만일 그 동기들과 그 동기들이 나타내는 과정을 이해할 수 있다면 우리는 다음의 사실을 알게 될 것이다. 즉 명백히 서로 무관한 형태들과 명백히 차이나는 행위의 방식들은 같은 목표를 성취한다는 뜻에서 동등하거나, 유사한 정신적 과정의 결과이거나, 또는 상호간의 변형이라는 것이다. 이 사실은 건축의 무엇인지, 그 다양한 목적(그리고 그것을 달성하는 방법)은 무엇인지, 건축은 어떻게 설계될 것인지를 규정하는데 도움이 된다.

여기서 전개한 견해는 모든 환경이 도식과 질서화, 즉 집단의 반(反) 엔트로피적(antientropic) 과정을 반영한다는 것이다. 이 과정은 문화 — 즉 가족구성, 생활양식, 위계 또는 그 결여, 의식(儀式) — 와 고도로 일치하는 환경을 만들어내는 경향을 보여 왔다. 그렇지만 오늘날, 바로 그 기본적인 과정은 그러한 가변적인 것들과 일치하지 않는 장치를 초래하고 있다.

일치하는 환경은 직접적으로나(그것을 건조함으로써) 개념적으로나(도식을 공유함으로써) 그 창조물 속에 사용자를 감싸 넣는 경향이 있다는 것을 우리는 알게 된다. 사람이 환경에 순응하지 않을 수 없을 때보다 환경이 사람에게 순응될 때, 그 적합성은 더 좋을 뿐 아니라, 긴장 역시 일반적으로 덜해진다. 이 사실은 자유해답(open-endedness)의 사고(思考)에 이르게 하는데 그 사고는 건축의 복합적인 목적에 관한 논의에 의하여, 그리고 영역의 정의 및 인격화를 통한 의미의 구성과 같은 관념을 밝힘에 의하여 보강되었던 것이다.

인간이 건설해온 수천 년 이상의 기간동안 환경을 창조한 과정을 이해하면 건물과 정착지의 시각적인 특성에 대한 암시도 얻게 된다. 많은 설계자들이 토착적인 건축과 그것의 타당성과 윤택함과 복잡성을 좋아한다. 그렇지만 모방은 그것이 시도됐을 때 대체로 성공적인 때가 없었다. 질 좋고 효과적인 환경의 성취는 그 과정들(한 환경의 어떤 도식을 공유하고, 행동을 위한 계기 및 도식 모두에 물리적 표현을 주는 여러 개체의 선택)을 사용함으로써 이루어진다. 그와 동시에 우리는 도식과 수단은 반드시 같을 필요는 없다(모방할 필요가 없다)는 것을 보아왔다.

그리하여 사실상 희미하고 먼 과거의 건축의 기원에 대한 토론은 건축이 무엇인가 하는 사고 — 행동과 환경의 관계, 설계과정, 문화와 형태의 관계 — 에 대한 최근의 변화의 일부를 밝히는 듯이 보인다. 동시에 그것은 새로운 관념을 깊게 하고 분명하게 하는데 도움이 되고, 그 관념을 인간의 마음이 작용하는 가장 기본적인 방법으로 굳혀 놓는데 도움이 된다. 요컨대 동물조차도 도식을 추려내고 만듦으로써 환경을 질서 있게 한다.

건축은 은신처 이상의 것으로, 그리고 나타난 기능에 대한 반응 이상의 것으로 볼 때 가장 잘 이해될 수 있다. 그렇게 하여, 건물과 건조환경이 이루고 뜻하는, 그 밖의 모든 것의 표현은 필수적인 것이 되어 실현을 요하게 된다. 우리 모두 이렇게 생각하면 할수록, 그것은 더욱 쉽게 실현될 듯하다.

주

1. H. Hediger, Studies in the Psychology and Behavior of *Animals in Zoos and Circuses* (London: Butterworth, 1955);V. C. Wynne-Edwards, *Animal Dispersion in Relation to Social Behavior* (Edinburgh and London: Oliver & Boyd, 1962); and Karl Von Frisch, *Animal Architecture* (New York: Harcourt Brace Jovanovich, 1974)
2. J. J. Von Uexkull, "A Stroll through the World of Animals and Men", *in Instinctive Behavior*, ed. Claire H. Scholler (New York: International Universities Press, 1957); and Roger Peters, "Cognitive Maps in Wolves and Men", in EDRA 4, Vol. 2, ed. W. Preiser (Stroudsburg, Pa.: Dowden, Hutchinson & Ross, 1973), pp. 247-53.
3. Wynne-Edwards, Animal Dispersion; and A. H. Esser, ed., *Behavior and Environment* (New York: Plenum Press, 1971).
4. Amos Rapoport, "Australian Aborigines and the Definition of Place", in *Shelter*, *Sign*, and *Symbol*, ed. Paul Oliver (London: Barrie & Jenkins, 1975).
5. Donald W. Foster, "Housing in Low Income Barrios in Latin America: Some Cultural Considerations", Paper presented at the seventy – first annual meeting of the American Anthropological Association, 1972.
6. Evon Z. Vogt, *Zinacantan*: *A Maya Community* in the *Highlands of Chiapas* (Cambridge: Belknap Press of Harvard University, 1969): Jean Cuisenier, "Une Tente Turque d'Anatolie Centale", L'Homme 10(April-June 1970): 59-72; and Amos Rapoport, "The Pueblo and the Hogan: A Cross-cultural Comparison of Two Responses to an Environment", in *Shelter and Society*, ed. Paul Oliver (London: Barrie and Rockliff, 1969).
7. J. A. Sabloff and W. L. Rathje, "The Rise of a Maya Merchant Class", *Scientific American* 233 (October 1975):72 – 83
8. Ernest S. Burch, Jr., "The Nonempirical Environment of the Arctic Alaskan Eskimos", *S. W. Journal of Anthropology* 27 (1971): 148-65.
9. Amos Rapoport, "Environmental Cognition in Cross-cultural Perspective", in *Environmental Knowing*, ed. G. T. Moore and R. G. Golledge (Stroudsburg, Pa.: Dowden, Hutchinson & Ross, 1976), pp. 220-34.
10. L. B. Leakey, "Adventures in the Search of Man", *National Geographic* 123 (January 1963): 132-52; and Glynn Li. Isaac, "Comparative Studies of Pleistocene Site Locations in East Africa", in *Man*, *Settlement and Urbanism*, by Peter J. Ucko et al. (London: Duckworth, 1972), pp. 165-76.
11. H. de Lumley, "A Paleolithic Camp at Nice", *Scientific American* 220 (May 1969):42-59.
12. Evan Hadingham, *Circles and Standing Stones* (London: Heinemann, 1975).
13. Norman Hammond, "The Planning of a Maya Ceremonial Center", *Scientific American* 226 (May 1972):82-91.
14. Amos Rapoport, *Human Aspects of Urban Form* (Oxford: Pergamon Press, 1977).
15. R. S. Solecki, *Shanidar, The First Flower People* (New York: Knopf, 1971); Ander Leroi-Gourhan, *The Art of Prehistoric Man in Western Europe* (London: themes & Hudson, 1968); and Alexander Marshack, *The Roots of Civilization; The Cognitive Beginnings of Man's First Art, Symbol and Notation* (New York: McGraw-Hill, 1972).
16. P. Leyhausen, "The Communal Organization of Solitary Mammals", in *Environmental Psychology*, ed. H. M. Proshansky et al. (New York: Holt, Rinehart & Winston, 1970), pp. 183-95.
17. Rapoport, *Human Aspects of Urban Form*.
18. P. Hamilton, "Aspect of Interdependence between Aboringinal Social Behavior and Spatial and Physical Environment", paper presented at the RAIA Seminar on Low-cost Self-help Housing for Aboringines in Remote Areas, Canberra, Australia, February 1972.
19. James Littlejohn, "The Temne House" in *Myth and Cosmos*, de. John Middleton (Garden City, N. Y.: Natural History Press, 1967); and Mircea Eliade, *The Sacred and the Profane* (New York: Harper & Row, 1961).
20. D. Srejovic, "Lepenski Vir, Yugoslavia: The First Planned Settlement in Europe", *Ekistics* 38 (November 1974):364-67.
21. Mary Douglas, *Natural Symbols* (New York: Random House, Vintage Books, 1973).
22. P. Bourdieu, "The Berber House", *in rules and Meanings*, ed. Mary Douglas (Harmondsworth, England: Penguin Books, 1973), pp. 98-110.
23. S. J, Tambiah, "Classification of Animals in Thailand", in *Rules and Meanings*, ed. Mary Douglas, pp. 127-66.
24. Frank G. Speck, *The Iroquois*, 2d ed., Cranbrook Institute of Science Bulletin No. 23 (Bloomfield Hills, Mich.: Cranbrook Institute of Science, 1955); and J. W. Fernandez, *Fang Architectonics*, Institute for the Study of

Human Issues Working Paper No. 1 (Philadelphia: Institute for the Study of Human Issues, 1976).

25. H. G. West, "The House Is a Compass", *Landscape* 1 (Autumn 1951):24-27.

26. H. S. Smith, "Society and Settlement in Ancient Egypt", in *Man, Settlement and Urbanism*, ed. Ucko et al., pp. 705-19.

27. Richard Lannoy, *The Speaking Tree: A Study of Indian Culture and Society* (London: Oxford University Press, 1971); and David Sopher, "Landscape and Seasons", *Landscape* 13 (Spring 1964): 14-19.

28. R. Wittkower, *Architectural Principles in the Age of Humanism* (London: Alec Tiranti, 1962), P.23.

29. William L. MacDonald, The *Pantheon: Design, Meaning and Progeny* (Cambridge: Harvard University Press, 1976).

30. E. T. Hall, *The Hidden Dimension* (Garden City, N. Y.: Doubleday, 1966).

31. James Mellaart, *A* "Neolithic City in Turkey", *Scientific American* 210 (April 1964):94-104; and lan A. Todd, Catal Hüyük in Perspective (Menlo Park, Ca.: Cummings, 1976).

32. Robert J. Rodden, "An Early Neolithic Village in Greece", *Scientific American* 212 (April 1965):82-92.

33. Michael Austin, "A Description of the Maori Marae", and A. Stahl and P. H. Stahl, "Peasant House Building and its Relation to Church Building: The Rumanian Case", both lin Amos Rapoport(ed.) *The Mutual Interaction of People and Their Built Environment* (The Hague: Mouton, 1976), pp. 229-41 and 243-54.

34. Kent V. Flannery, ed., *The Early Mesoamerican Village* (New York: Academic Press, 1976).

35. Miles Richardson, "The Spanish-American (Colombian) Settlement Pattern as a Societal Expression and as a Behavioral Cause", in Geoscience and Man, vol.5: *Man and Cultural Heritage*, gen. ed. Bob F. Perkins (Baton Rouge: School of Geoscience, Louisiana State University, 1974), pp. 35-51.

36. Flannery, *The Early Mesoamerican Village*.

37. Vincent Scully, *The Earth*, *The Temple and the Gods* (New Haven: Yale University Press, 1962).

38. E. Uphill, "The Concept of the Egyptian Palace as a 'Ruling Machine'", *in Man, Settlement and Urbanism*, ed. Ucko et al., pp. 721-34.

39. L. Marshall, "!Kung Bushman Bands", *Africa* 30 (1960): 325-55.

40. Colin M. Turnbull, *The Forest People* (London: Reprint Society, 1961).

41. See, for example, Yi-fu Tuan, *Topophilia*: *A Study of Environmental Perceptions, Attitudes and Values* (Englewood Cliffs, N.J.: Prentice-Hall, 1974).

권장도서

Douglas, Mary. *Natural Symbols*. New York: Random House, Vintage Books, 1973.

Eliade, Mircea. *The Sacred and the Profane*. New York: Harper & Row, 1961.

Esser, Aristide H., ed. *Behavior and Environment: The Use of Space by Animals and Men*. New York: Plenum Press, 1971.

Oliver, Paul, ed. *Shelter, Sign, and Symbol*. London: Barrie and Jenkins, 1975.

Rapoport, Amos. *House Form and Culture*. Englewood Cliffs, N. J.: Prentice-Hall. 1969.

——, ed . *The Mutual Interaction of People and Their Built Environment*: *A Cross-cultural Perspective*. The Hague: Mouton, 1976.

——, *Human Aspects of Urban Form*. Oxford: Pergamon Press, 1977.

Ucko, Peter J., Tringham, Ruth, and Dimbleby, G. W., ed. *Man, Settlement and Urbanism*. London: Duckworth, 1972.

2 장
건축의 이론과 비평과 역사

Wayne O. Attoe
조 창 한 역

이론과 역사는 항상 건축의 연구와 이해에 필수적인 것이 되어 왔다. 건축의 이론은, 건축은 무엇이며, 건축은 무엇을 해야 하고, 또 어떻게 설계할 것인가 하는 문제를 다룬다. 이론과 밀접하게 연관되어 있는 역사는 이론들과 사건들과 설계방법들 그리고 건물들을 다룬다. 이것들이 상호작용 되어서 건축의 미래에 주는 영향은 과소평가되어질 수 없다. 이론과 역사와는 달리, 건축비평은 건조환경(built environment)에 대한 반응의 과정과 기록으로서 이론과 역사에 직접적으로 연관되어져 있다. 사실, 역사는 비평의 한 형태로 간주되어질 수 있다. 이 장(章)은 이론과 비평 그리고 역사를 통합하며, 이로써 건축의 연구와 실무를 위한 필수적인 기초의 하나를 마련할 것이다.

■ 이 론

이론이란, 건축은 무엇인가, 건축은 무엇을 이룩해야 하는가, 어떻게 하면 가장 좋은 설계를 할 것인가와 같은 문제들을 다루는 일반적인 성명서이다. 이론은 설계과정의 여러 가지 점에서 건축가에게 유용하고 여러 가지 건물형태에 적용되어진다. 건축가가 건물에서 구조체계를 드러내어 강조할 것인가, 아니면 마감된 벽 속에 숨겨야 할 것인가 하는 선택의 기로에 섰을 때, 이것들을 결정하는데 있어서 건축의 이론은 도움이 될 수 있다.

건축의 이론은 과학의 이론처럼 그렇게 엄격하거나 정확하지는 않다. 과학적 이론은 경험으로부터 추출된 일련의 법칙이든가, 또는 원리형태의 명백한 진리, 아니면 원인이 되는 사건의 서술을 전형적으로 제시한다[1]. 과학적 이론의 중요한 한 가지 형태는 건축에서 찾아볼 수 없는 엄격한 증명이다. 과학자들에게서 폭넓은 인정을 받기 위해서는 명확한 증거로 뒷받침되어져야 하고, 그 증거의 추출은 상세히 설명되어져야 한다. 건축설계는 분석하는 작업이라기보다는 대부분이 종합하는 작업이다. 설계는 부분을 분석하는 일이 아니라, 새로운 방법과 새로운 상황 속에서 광범위하고 다양한 요소를 흡수하고 통합하는 작업이다. 그래서 결과들은 완전하게 예측되어지지 않는다. 건축의 이론은 방향을 제시하지만 결과를 보장할 수는 없다.

건축에서 어떤 것들은 과학적인 감각에서 인식된다. 예를 들면, 우리는 덥고 습한 방에서 생리학적인 반응을 측정할 수 있다. 우리는 일정한 하중하에서 시간의 경과에 따라 변형도가 증대하는 현상의 범위를 콘크리트 구조에서 예측할 수 있다. 또 좋지 못한 형태로 만들어진 강의실에서의 음향문제는 예상할 수 있다. 이런 몇 가지 건축적 지식은 인간생리학, 건축구조, 음향 전달과 같은 이론으로 설명되어질 수 있다. 그러나 부분적으로나 전체적으로나 그러한 것들은 건축의 이론을 구성하지는 않는다. 건축의 이론은 건물의 부분을 구성하는 모든 요소들이 특별한 방법과 장소와 시간에서 종합될 때 무엇이 일어나는가에 관한 가설이고 희망이며 추측이다. 건축은 과거의 고립된 사건들을 설명하는 것보다는 미래에 영향을 끼치는데 중점을 둔 통합적인 활동이다. 건축은 엄격한 이론을 가지고 있지는 않다. 왜냐하면 건물들과 건물의 사용자들은 너무나 복잡해서 알 수 없고 예측하기가 어렵기 때문이다.

예를 들면, 지하주택에서 거주자의 만족감을 예측해 줄 건축의 법칙은 없다. 세인트 루이스에서 건축상을 받은 주택계획안이 20년 도안을 사용한 후에 계획과 설계에서 잘못된 것의 상징으로 비난 받을 것이며 또, 헐려질 것이라는 사실을 미리 아는 방법은 없었다. 처음에는 파리의 경관에서 흠으로 보이던 에펠탑이 후일에 와서 도시의 지속적이고 필수적인 상징이 되리라는 것을 미리 예측하는 방법도 없었다.

건축에서 이론이 비과학적이고 사색적인 성격을 지녔다고 할 수 있는 한 가지 징표는 그 이론적인 논술이 선언서적이고 환기적 언어를 사용하려는 경향에 있다. 만일 독자는 조심스럽게 논의되고 잘 입증된 논술로서 과학의 특성을 납득할 수 없다면, 아마도 독자들은 언어에 매혹 당할 수 있을 것이다.

사회라는 기계는 몹시도 원활하지 못하여 역사적 중요성을 지닌, 개선과 파멸 사이에서 흔들리고 있다. 모든 인간은 은신처를 가지려는 근본적인 본능이 있다. 오늘날 사회의 여러 계층의 근로자들은 이미 그들의 필요에 알맞은 집을 가지고 있지 못한 지 오래다. 이러한 일은 장인(匠人)도 그렇고 지식인도 그러하다. 그것은 오늘날 사회 불안의 근원이 되는 건물의 문제이다. 즉 건축이냐, 아니면 혁명이냐 [2].

아니면 다음과 같이 생각한다.

공간의 본성 중에는, 하나의 어떤 방법으로 정신과
존재의지가 있다.
설계는 이 의지를 잘 따라야 한다.
그러므로 줄무늬를 그린 말은 얼룩말이 아니다.
철도역은 하나의 건물이기 이전에
하나의 통로가 되길 원한다.
그것은 통로의 필요성에서부터 자라나온다.
움직임의 질서에서부터
유리 끼운 윤곽의 만남[3].

건축이란 무엇인가

무엇이 건축이냐에 관한 이론은 각 건물이 보여져야 하고 평가되어져야 하는 관점에서, 여러 가지 확인할 수 있는 열쇠 — 즉 공간, 구조, 사회과정과 같은 것에 관계되어 있다. 예를 들면, 브르노 제비(Bruno Zevi)는 건축에서 공간은 기본적인 요소이다. 라는 건축의 이론을 주장한다. "즉 공간을 파악하는 것, 그것을 어떻게 보는가를 아는 것은 건물을 이해하는 열쇠이다."[4]

인간과 건축의 유기적인 통합체 속에서, 더욱 복잡한 연구를 시작하는 사람들은 그들의 출발점을 건축의 종합적이고 포괄적인 전망에 대한 공간의 해석으로 삼을 것이다. 그리고 그들은 건물을 둘러싸고 있는 공간에 의해서 건물로 통하는 모든 요소를 측정할 것이다.[5]

건축을 보는 특별한 방법을 주장함에 있어서, 이론가들

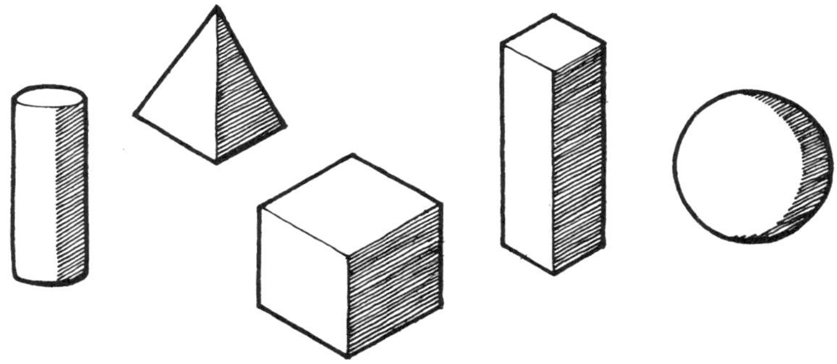

순수한 건축의 형태

은 가끔 유추에 의존한다. 예를 들면, 어떤 이들은 건축은 "유기적인 것" 으로 볼 수 있다고 말한다. 또 어떤 이들은 건축은 "언어다", 또는 "기계와 같은 것"이라고 말한다. 이와 같은 유추는 위계적인 질서 속에서 설계과업을 계획하는 하나의 방법을 제공한다. 그래서 건축가는 설계과정에서 처음 생각할 것과 다음 단계에 남겨놓을 수 있는 것에 관해서 알 수 있게 된다.

다음은 건축을 설명하기 위하여 이론가들에 의하여 적용된 몇 가지 제기된 유추들이다.

수학적 유추 어떤 이론가들은 숫자들과 기하학이 건축의 결정과정에서 중요한 근거를 제공한다고 생각한다. 그들은 순수한 행태와 기본적이거나 상징적인 숫자들과 일치되어 설계되어진 건물들은 보편적인 질서와 조화를 이룰 것이라는 신념을 가지고 있다.

건축은 빛 안에서 모여진 덩어리들로서 훌륭하고 정확하며 웅대한 연극이다. 우리의 눈은 빛에서 형태를 보기 위해 만들어져 있다. 빛과 그림자는 이들 형태를 보여준다. 입방체, 원추형, 구형, 원통형, 피라미드형들은 빛의 장점을 보여주는 위대하고 기본적인 형태이다. 이것들의 영상은 우리에게 뚜렷하고 실체적이고 애매하지 않다. 왜냐하면, 이것들은 아름다운 형태, 아니 가장 아름다운 형태를 가지고 있기 때문이다.[6]

"황금분할"이나 "황금 수"는 매우 자주 건축설계를 위한 적절한 기준으로 인용되어 왔다. 그것은 1 : 1.618의 비례이다.

이 세상의 구조에서나 소우주에 있어서 시간, 공간, 운동, 미덕, 연설, 예술, 자연, 지식, 간단히 말해서 성스러운 모든 것과 인간을 구성하고, 자라게 하고, 완전하게 하는 중량과 숫자와 척도의 특성보다 더욱 광범위하고 위엄이 가득 찬 것은 없다고 사람들은 말할 수 있다.[7]

조화 있게 비례가 잡힌 건물은 어떤 방식으로 우리의 생활에 영향을 미치는가? 그 건물들은 우리의 미적 감각에 영향을 끼치고 우리를 빈곤하게 하거나 풍요롭게 한다. 외부형태나 내부공간이 우리의 눈을 즐겁게 하는 건축은 우리의 마음을 품위 있게 하고 부유하게 하며 우리의 정신을 고상하게 한다. 그것은 우리의 내적 존재를 위한 자양물이며 우리 생활에 지속되는 인상을 남긴다[8].

생물학적 유추 "건물은 생물학적 과정이다…… 건물은 미학적인 과정이 아니다."[9] 생물학적 유추에 근거한 건축 이론들은 두 가지 입장을 취하고 있다. 하나는 아주 일반적인 것으로 건물의 부분들 또는 건물과 그 환경과의 관계에 초점을 맞추고 있다. 프랭크 로이드 라이트(Frank Lloyd Wright)의 조언에 따른다면, 그것은 전형적으로 "유기적"이라 불린다. 유추의 다른 형태는 더욱 상세하다. 소위 "생물 형태적"이라 하는, 이것은 유기체와 연관된 성장 과정과 운동능력에 초점이 맞추어진다.

라이트의 유기적 건축은 네 가지 특성을 가지고 있다.

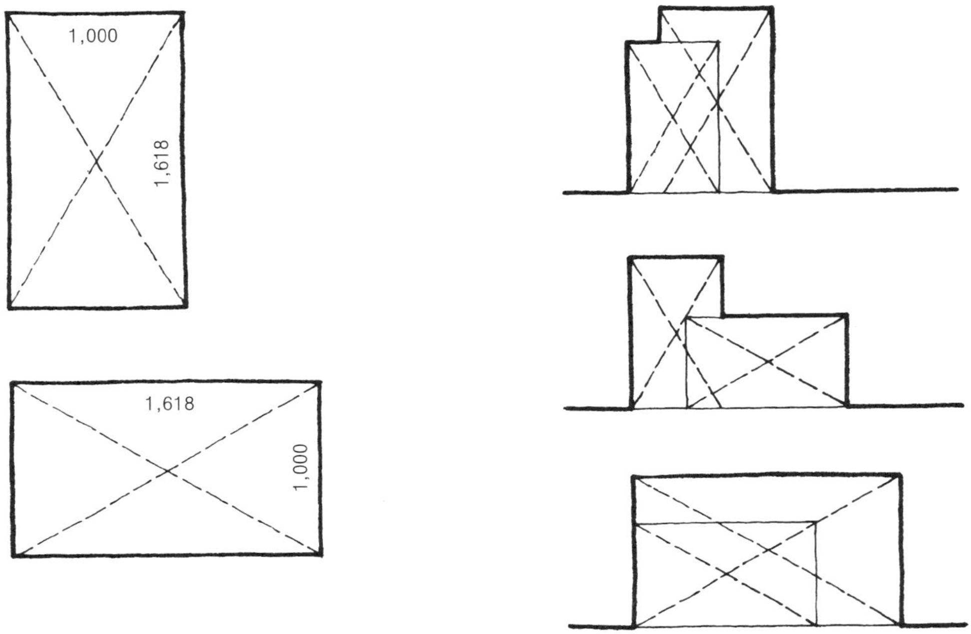

황금분할

첫째, 그 존재의 조건과 조화되어 안에서 밖으로 발전한다. 그러나 응용되지는 않는다. 둘째, 시공은 재료의 특성에 맞추어 행해져야 한다. "유리는 유리로서, 돌은 돌로서, 나무는 나무로서 사용되어져야 한다."[10] 셋째, 건물의 요소들은 통합적이어야 한다.

> 유기적이란 단어는 실재와 관련되어 있다. 그러므로 아마 통합적 아니면 본질적이라는 말이 쓰기에 더욱 좋은 단어일지 모른다. 건축에서 최초부터 사용되는 것으로서, 유기적이란 전체에 대한 부분, 부분에 대한 전체를 의미한다. 그래서 실체가 통합적이라 함은 유기적이라는 낱말에 의해서 무엇이 의미되어지는가 이다.[11]

그리고 마지막으로, 시간과 장소와 목적을 반영한다. "사람들에 의해 시간과 장소와 환경 그리고 목적에 맞게, 그들이 고안한 방법에 따라 땅에서부터 만들어지는 것, 우리는 그것들을 민속 건물이라 부를 수 있다."[12]

생물 형태적인 건축은 1960년대 유행했고, 건물과 환경과의 관계보다는 유기체 내의 성장과 변화에 관련된 동적인 과정에 더 중점을 두고 있다. 생물형태적인 건축은 확장, 증가, 분할, 재생과 상쇄를 통해서 자라고 변화할 능력을 가지고 있다. 그것은 환경변화와 내적 요구에 응해서 변형될 수 있다. 생물형태적 유추와 관련하여 제창된 계획중에는 다음과 같은 것들이 있다. 식용도시(Rudolf Doernach), 다세포적 기압구조(Fisher, Conolly, Neumark), 사용자의 등에 짊어지고 다닐 수 있는 cushicle이라고 하는 자기 자신을 담을 수 있는 생활단위(Mike Webb), 살아있는 꼬투리(David Greene), 여행하는 넓은 방(A. Stinco), 그리고 걷는 도시(Ron Herron)등.

Taliesin West 설계 : Frank Lloyd Wright

낭만적 유추 낭만적 건축의 주요 특성은 그것이 환기(喚起)적이라는 점이다. 그것은 관찰자의 감정 반응을 이끌어 내고 풀어준다. 이것은 두 가지 방법에서 이루어진다. 즉 연상들을 상기시키거나 과장을 통해서이다. 연상들을 사용하게 될 때에, 낭만적인 설계는 자연(자연적 장치들의 형태 속에 또 자연적 과정의 형태 속 두 곳에 다 있는, 부패와 같은 것), 과거 이국적인 장소, 원시적인 것과 어린 시절의 연상과 관계될 것이다. 캘리포니아에 있는, 한 모텔은 이러한 연상을 가장 잘 이용한 20세기 중엽의 한 예이다.

109개의 객실은 하나하나가 극적인 고안과 좋은 재료와 세련됨으로 가득 차 있다. 즉 인디언실에 있는 가죽 침대 덮개와 커튼, 어떤 곳에는 정교하게 만든 벽난로들, 이곳에는 특허품인 가죽 벽지와 저곳에는 수놓은 벽지, 스틸 오두막에 있는 손으로 만든 통나무 소파, 빅토리아식의 정원에 있는 골동품과 똑같은 모조품들, 데이지 메이, 그리고 케이브 메나를 짝으로 변하게 한 4피트나 기어가는 우주터널, 프링스톤 실에 있는 스테인드글라스로 이르는 프레드 그리고 이르마 프링스톤.[13]

예일대학교에서 주거문제에 대한 에로 사리넨(Eero Saarinen)의 중세풍의 해결은, 낭만적 유추와 일치되어 더욱 미묘하다.

우리는 이 대학 건물들을 흙과 하나의 돌로 된 석조의 성들로 생각했다 — 이 건물의 석조벽은 아주 두드러지게 보이며, 돌과 참나무와 회반죽으로 된 내부는 힘과 단순성의 정신을 실현하고 있다.[14]

비평가는 이 대학 건물들을 "정당하게 인공적인 수도원들" 그리고 "아이반호를 위한 무대장치" 라 부른다.[15]

다른 장소와 시간에 특별한 관계를 관찰하는 것 이외에, 이것들이 과장되거나 과잉 사용되었을 때 우리는 엄격하게 전형적인 장치들을 통해 영향 받을 수 있다. 우리는 건축가의 대조와 지나친 자극과 친숙하지 않은 규모와 형태의 사용을 통해서 친밀하고, 놀랍고, 두렵게 될 수 있다.[20] 세기 초 유럽의 표현주의 운동은 관찰자에게 감각적인 반응을 불러일으키기 위한 이러한 기법들을 사용하였다.

예일대학교 Stiles and Morse 대학 설계 : Eero Saarinen

그들은 보지 않았다.
그들은 상상했다.
그들은 사진 찍지 않았다.
그들은 환상을 가지고 있었다.
그들은 로켓 대신에 흥분의 영원한 상태를 창조했다.[16]

언어학적인 유추 언어학적 유추는 건물을 다음 세 가지 중의 어떤 방법으로든 관찰자에게 정보를 전달하고자 하는 의도를 갖는다.

문법적인 모델 때로는 건축이란 주어진 문화권에서 건물이 말하는 것을 쉽게 이해하게 하고 해석하게 하는 법칙들(문법과 구문 규칙)에 따르는 정리된 요소들(단어들)로 구성되어진 것으로 생각된다.

훌륭한 건축은 법칙에 따르는 결과이다. 그러나 훌륭한 건축이 자동적으로 엄지손가락의 법칙에 의해 생산되는 것을 의미하지는 않는다. 다만 건축가의 상상력과 미적 감각은 보편적인 건축언어에 의해 설정된 한계 안에서 역할을 한다는 것을 의미한다.[17]

하나의 예술작품으로 생각할 만한 가치가 있는 모든 주택들은 그 나름의 문법을 가져야 한다. 이런 의미에서, "문법"은 — 그것이 단어들로, 아니면 돌이나 나무로 구성되었든지 간에 — 어떤 건설에서 같은 것임을 의미한다. 그것은 사물의 구성에 들어가는 여러 요소들 간에 형상 — 관계인 것이다. 주택의 "문법"은 그 모든 부분의 분명한 접합성에 있다. 이것은 사용하는 "연설"일 수 있다. 이것을 달성하기 위해서는 건설은 문법적이어야 한다.[18]

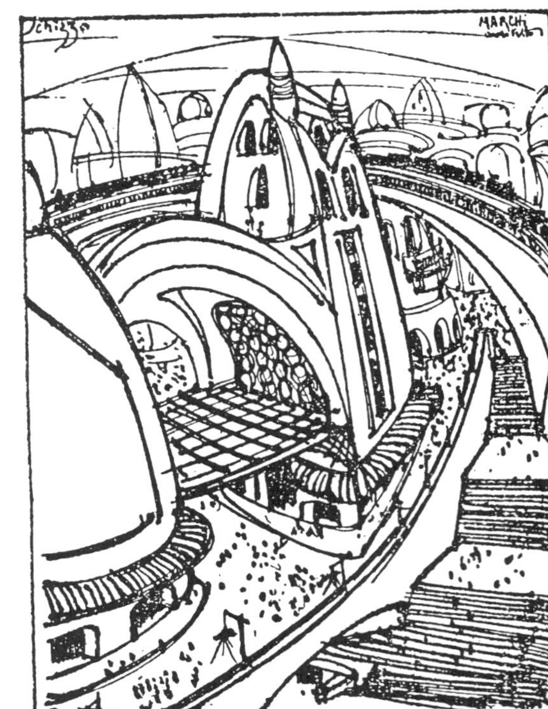

미래의 새로운 도시 설계 : Virgilio Marchi(발췌 : Architecttura Fututrista, Franco Campitelli, 1924)

덜레스 국제공항 터미널
설계 : Eero Saarinen

표현주의자의 모델 여기서 건물은 건축가가 건물계획에 대한 그의 자세를 표현함으로써 얻어지는 수단으로 보게 된다.

건물들은 상황에 대하여, 그것들의 대지에 대하여, 외부를 내놓고 내부를 끌어들이는 문제에 대하여, 그 건축물 자체를 지어진 것으로 만드는 문제에 대하여, 건물을 사용하거나 만든 사람에 대하여, 즉 재미있다든가, 슬프다든가, 어리석다든가, 말이 없다든가, 벙어리가 될 수 있는 모든 것들에 대하여 논평들을 할 수 있다.[19]

에로 사린넨이 설계한 워싱턴 D.C 근교의 덜레스 국제공항의 터미널 건물은 여러 가지 표현적 관심을 나타내고 있다.

또한 아름답게 평탄한 평원인 부지에 문제가 있었다. 어쨌든 건축은 땅과 하늘 사이에 어떤 것을 실제로 위치하게 하는 것이다. 우리는 평원으로부터 솟아오르는 것과 동시에 떠다니는 것처럼 보이게 하는 두 가지의 강력한 형태가 가장 보기에 좋은 것이라는 결론에 도달하였다. 수평적인 요소, 또는 지붕은 가장 중요한 요소가 될 수 있을 것이다. 건물이 보여지기 위해선 앞으로 기울어져야만 할 것이다. 또한 그 공항 건물은 조경과 거대한 공중의 광대함 속에서 기념비적 척도를 지녀야 할 것이다.[20]

기호학적 모델 기호학은 부호의 과학이다. 건축의 기호학적 해석은, 건물이 무엇이고 무슨 기능을 하는가에 관한 정보를 전달하는 부호가 곧 건축이라고 주장한다. 이와 같은 것이 생겨날 수 있는 두 가지 방법은 로버트 벤츄리(Robert Venturi)와 데니스 스콧트 브라운(Denise Scott Brown)과 스티븐 이제누어(Steven Izenour)에 의해 분명하게 되었다. 그들은 어떤 건물들은 "오리들"이고, 다른 것들은 "장식된 가축의 우리들"이라고 지적했다. "오리들"은 그것들이 팔고 있는 것과 담고 있는 것의 형태를 취하는 건물들이다. 이러하여 방문객에게 무엇일까를 예측하게 한다. 오리 형태의 건물은 가금(家禽)을 팔 것이라 예측하게 할 수 있다. 피아노 형태의 건물은 피아노를 팔 것이다. 다른 경우에 있어서는 건물은 그들의 의미를 설명하는 부호를 가진다. 그런 부호들은 다른 방법으로 구별되지 않는 헛간과 접해 있게 되고 또 건물의 정면이 된다. 그 부호들은 의미를 전달하기에 충분할 따름이다. 건물은 어떤 특별한 형태로 수정할 필요는 없다. 첨탑은 건물이 교회라는 부호이다. 페디먼트와 원주를 보여주는 그림은 건물이 은행이라는 부호이다.[21]

피아노를 파는 건물

세큐리티 마린 은행 지점 Madison, Wisconsin 소재

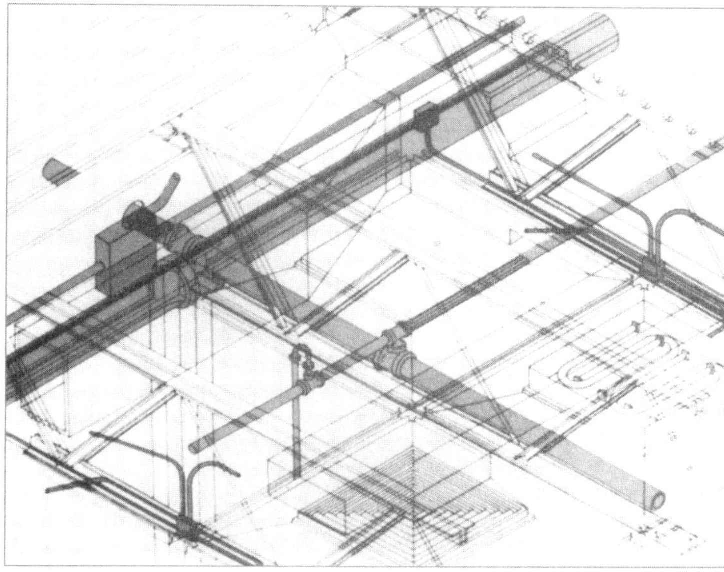

신콘체계 설계 : Joe White
(Joe White와 Doug Ryhn의 제공)

기계적인 유추 주택은 삶을 위한 기계라는 르 코르뷔지에(Le Corbusier)의 주장은 건축에서 기계적인 유추를 사용한 좋은 예가 된다. 그의 논술과 유추의 다른 사용은 기계와 같이, 건물이 무엇이고 무엇을 하여야 하는가 하는 것만을 표현해야만 한다는 것을 뜻한다. 건물들은 양식의 형태로서 그것들과 무관한 장식으로 이런 사실들을 숨겨서는 안 된다. 현대 건물은 "기계화되고 급속히 변화하는 현재의 우리 세계를 직접적으로 긍정함으로써 그 자체에 진실해야 하고 논리적으로 분명하고 거짓과 사소한 일에 순결해야 한다."[22]

아름다움은 기능의 약속을 가정한다. 즉 솔직한 것들, 단순히 그것이 무엇이고 무엇을 하는가를 표현한 것들은 자동적으로는 아름다울 수 있을 것이다. 기관차, 자동차, 배, 비행기들은 이런 증거들이다.

우리는 만일 우리 선박에 부과된 책임을 우리의 공공 건축에 옮길 수 있었다면, 우리도 오래지 않아서 현대 전함이 아르고나우트의 군함들보다 우수한 것과 같이, 파르테논보다 뛰어난 건조물을 가질 수 있을 것이다… 내적 분배 없이, 여러 종류의 건물의 기능들을 한 가지 일반적인 형태에 가용하고, 그리고 보는 눈과 연상을 위해 외형을 채택하는 대신에 진실된 마음가짐으로 일을 시작하고 분명히 일을 하자.[23]

문제 – 해결의 유추 "건축은 영감보다는 합리성, 정력보다는 실제적 지식을 더욱 요구하는 예술이다"[24] 가끔 건축설계에 대한 접근은 합리주의자적, 논리적, 체계적, 매개변수적 이라고들 하지만, 문제 — 해결의 방법은 환경적 요구가 신중한 분석과 세심한 과정을 통해서 해결될 수 있는 문제들이라고 가정한다. 설계는 단순히 영감에 의해 형성되는 직관적인 과정이 아니라 충실한 정보에 기초를 둔 단계적인 과정이라고 생각되어진다. 그런 신중한 설계 방법들의 한 가지 필요조건은 문제가 잘 되어야 하고 특별히 서술된 것이어야 한다는 것이다. 설계에 있어 문제 — 해결 방법들의 다른 하나의 특성은 신중하고 통합적인 과정이다. 합리적으로 간주되기 위해서는, 과정은 적어도 세 가지 단계를 포함해야 한다. 그것은 바로 분석과 종합 그리고 평가이다.

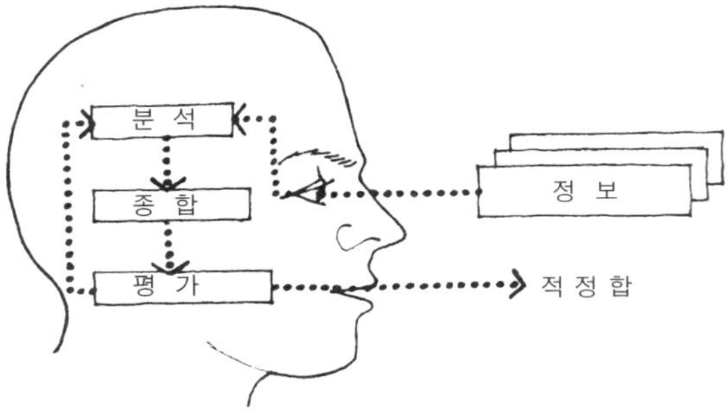

컴퓨터로서의 설계자 Christopher Jones 저 Design Methods에서 발췌.

합리적이거나 체계적인 설계자의 상(像)은 인간 컴퓨터, 즉 그에게 주어지는 정보에만 작용하고, 그리고 그가 모든 가능한 해결을 알 때까지 분석적이며 종합적이고, 또 평가적 단계들과 순환들의 계획된 결과를 통해서 따라가는 사람이다.[25]

애도키스트(Adhocist) 의 유추 건축의 전통적인 견해에서는 적절한 요소들을 선택하고 그것들을 이상(理想)에 가깝게 만들어 내는 것이 설계자의 임무라고 생각되어져 왔다. 그러나 반면 애도키스트의 접근은 이상에는 관계없이 즉각적으로 이용할 수 있는 재료를 사용해서 즉각적인 필요에 반응하는 것이다. 여기에는 설계를 측정할 수 있는 아무런 기준도 없다. 어떤 이는 다음과 같이 생각하기도 한다.

대부분의 건축가들이 새로운 형태를 고안하는 것은 시간과 에너지의 낭비이다. 차라리 이미 존재했던 것으로부터 가장 좋은 것을 만드는 것이 건축가의 기본적인 의무이다. 왜냐하면 창조는 우리의 산업적 풍요에 직면해서는 불필요한 것이기 때문이다. 발명은 뚜렷한 낭비다. 시간은 차라리 우리의 자원을 목록화 하고 우리의 선택의 영역을 아는데 쓰여야 한다. 애도키스트 설계자는 "훌륭한 설계"나 "현대건축"의 주창자들이 하는 것처럼 하나의 공간 캡슐을 만드는 혁신적인 발명을 거부한다. 그들이 목적으로 하는 것은 활기가 넘치고 향기가 나는 절충주의이다.[26]

이러한 접근방법의 좋은 예가 될 수 있는 벽이 샌프란시스코에 있다. 즉 그것을 만든 예술가는 두 개의 기존 창을 숨기려하거나, 그곳에 없는 것처럼 꾸미려 하지 않고 하나의 새로운 벽의 부분으로 그 두 개의 창들을 통합했다. 로스앤젤레스에 있는 찰스 이임(Charles Eame)의 유명한 시험주택은 애도키즘의 자격이 충분히 있는 건축적인 에세이이다. 그것은 카탈로그에서부터 쉽게 손에 넣을 수 있는 요소들로 구성되어 있다.

어떻게 보면 모든 건축적 설계자는 애도키스트라 할 수 있다. 왜냐하면 대부분의 경우에서 건축가의 도구는 현존하는 구성재들에 한정되어 있기 때문이다. 사람들이 선택할 수 있는 아주 많은 표준화된 창이 있을 따름이다. 그리고 알루미늄판들은 모양과 두께와 크기와 색깔을 설정하는데 이용할 수 있다. 그러나 진정한 애도키스트의 설계자는 가장 쉽고 값싸게 얻을 수 있는 것을 채택하면서 그 자체를 더욱 한정시킨다.

모형 언어 유추 사람들은 생물학적으로 유사하다는 사실과, 또 주어진 문화권 속에서는 형태와 건물에 대한 여러 가지 관습이 있다는 사실을 우리가 인정할 때, 건축설계는 단순히 요구사항들의 표준 모형들과 필요사항들을 만족시키기 위한 장소들의 표준 모형들을 동일시하는 임무일 수 있다고 결론을 내리는 일은 논리적인 것이다. 환경 — 행태관계들은 설계자가 건물이나 도시환경을 만들기 위해 합계하는 단위들로 환산해서 보일 수 있다는 사실은 유형학적이거나 모형적 접근방법에서는 당연한 것으로 받아들여진다.

각각의 모형은 우리 환경에서 자주 일어나는 문제를 설명하고, 다음에 문제 해결의 핵심을 설명한다. 이러한 방법은 같은 방법을 두 번 되풀이 하는 일 없이 이 해답을 백만 번 이상 사용할 수 있다.[27]

크리스토퍼 알렉산더(Christopher Alexander)와 몇몇 사람들은 그러한 모형의 예로 옛 시골집을 설정하였다.

벽화 샌 프란시스코

애드키즘 Charles Eames 주택

나이 많은 사람들은 특별히 그들이 외로울 때 무서운 궁지에 빠지게 된다. 그러나 한편으로 그들은 독립심을 갖게 하는 불가피한 힘들을 가지게 된다. 즉 자녀들이 떠나고, 이웃이 변하고, 그들의 친구와 남편과 부인이 죽는 그런 일들이다. 다른 한편으로는, 나이를 먹어감에 따라 자연히 노인들은 단순한 편리함, 즉 그들에 대한 사회와의 단순한 관계에 의존하게 된다. 노인들을 위해 아주 작은 시골집과 같은 집을 짓자. 조부모를 위해서 큰 집을 땅위에 몇 채를 지어보자. 또 보통 대지보다 더 작은 개인 대지에 다른 집을 짓자. 이 작은 집들은 모두 땅에 직접 닫게 하고 사람들이 걸어 다니는 길가에 세우자. 그리고 편의시설과 공공지역 가까이에 짓자.[28]

각본 연출적 유추 인간의 활동은 자주 극장("세계는 하나의 무대다")으로써 성격지어진다. 그리고 결과적으로 건조환경은 하나의 무대로 보일 수 있다. 사람은 각자의 역할을 하고, 그래서 건물들은 생활이라는 연극을 보좌하는 무대배경들과 받침대들이 된다. 어떤 이는 각본 연출적인 몇 개의 전문용어로만 목록화하여야 할 것이라고 생각한다. 그 용어는 건축가와 비평가가 얼마나 그 유추가 퍼지는가를 보기 위하여 적용하는 것들로, 행동장치, 배경, 역할, 실마리, 무대 위, 배경막, 시선과 같은 것들이다.

각본 연출적 유추는 두 가지 입장을 취한다. 즉 하나는 연기자의 입장이고 다른 하나는 극작가의 입장이다. 첫 번째의 실례에서, 건축가는 특별한 역할을 연출하는데 필요한 받침대와 배경을 이용자에게 제공해주는데 관심을 가진다. 예를 들면, 공공단체의 행정관은 그의 외모를 돋보이게 하는 복장을 갖출 필요가 있다. 그 행정관은 또한 무대를 떠난 "그 자신"이 되려는 어떤 장치를 필요로 한다. 왜냐하면 계속해서 무대에 있다는 사실은 싫증나는 일이기 때문이다. 가구는 정돈되어 있을 필요가 있다. 그래서 멀고 접근할 수 없는 것(책상 뒤)이나 동등하게 보이는 것(나란히 있는 의자들과 노출된 무릎) 사이에서 선택은 가능하다. 닫힌 문과 개인용 세면실은 무대로부터 떨어져 있는 어떤 장치를 제공한다.

또 다른 각본 연출적 유추는 극작가의 관점에서이다. 여기에서 건축가의 관심은 성격들의 필요성들을 특별한 방법으로 나타내거나 성격에 맞지 않을 수 있도록 하는 것이 아니라, 행동을 지시하는 것이라 하겠다. 예를 들면, 건축가는 시각적 실마리를 제공함으로써 한 방향 아니면 다른 방향으로 사람들을 움직이게 할 수 있다. 어두운 환경에서 빛을 받는 부분은 사람들을 매혹시킬 것이다. 비슷하게 광장의 가장자리에 있는 아케이드는 사람들의 발길을 유인한다고 말한다. 아니면 공연장에 이르는 입구의 정확한 위치를 통해서, 건축가는 청중들이 공간을 꽉 채울 수 있게 특별한 방식으로 유도할 수 있다. 어린이놀이터 가까이 약간 높은 곳에 있는 공원 벤치는 사람들의 주의를 끌 것이다. 이런 각본 연출적 유추의 사용은 건축가를 거의 꼭두각시놀이 하는 사람과 같이 행동하게 한다. 건축가는 행동을 지지할 뿐아니라 행동의 방향을 제시한다.

건축은 무엇을 해야 하는가

건축이 무엇을 성취해야 하는가에 관한 이론은 설계자와 건물이 충족시켜야 하는 목표를 설정하는 것과 관련이 있다. 그러한 이론들은 건물을 보는 방법이나 해석하는 방법이 아니라, 의견을 말해야 하는 목적에 관련이 있다. 건축에 관한 목적들은 전형적인 두 가지 형태를 가지고 있다. — 즉 건축의 과제에 관한 일반적인 서술들과 건축과 기타 현상 간의 관계에 요구되어지는 서술들이다.

일반적인 목표 비트루비우스(Vitruvius)는 널리 알려진 바와 같이 가장 일찍이 건축의 목적에 관해 논술했다. 즉 "건축은 질서, 정리, 조화된 동작, 대칭, 타당성, 그리고 경제에 따라 좌우된다"[29]라고. 그 후의 이론가들은 건축설계에서 목적들을 확인하기 위해 그의 체계를 변화 발전시켜왔다. 예를 들면, 헨리 우톤(Hennry Wotton)은 비트루비우스의 용어를 적나라하게 번역하였다. (즉 내구성과 편의와 아름다움) 그리고 그것을 더욱 친숙하게 바꾸어 놓았다. 즉 "편리함, 견고함, 즐거움" 이라고. 존 러스킨(John Ruskin)은 더욱 광범위하게 변화시켰다.

> 우리는 다음과 같은 건물을 요구한다. 즉 (1) 그것은 여러 가지 일을 잘 수행하고, 최선의 방법으로 일하도록 의도되어졌던 일을 하는 것. (2) 그것은 잘 말하고 또 가장 좋은 말로 말하려 한 것을 말하는 것. (3) 그것은 예쁘게 보이는 것, 그리고 무엇을 말하고 행동하든 간에 그것의 존재가 우리를 즐겁게 하는 것.[30]

알버트 부쉬 브라운(Albert Bush-Brown)은 비트루비우스의 건축에 대한 목적들의 체계를 부정적으로 말했다. 즉 "그것은 넘어질 수 있다. 그것은 그 목적에 적응하지 않을 수도 있다. 그것은 한 예술품이 되지 못할 수도 있다"라고.[31]

19세기와 20세기의 사회 과학의 발전은 건축의 대상들을 확인하는데 다소 다른 체계를 촉진시켰다. "건물이란 조직하는 것에 지나지 않는다. 즉 사회적, 기술적, 경제적, 심리학적 조직이다."[32] 환경에 대한 사람과의 관계를 이해하는데 있어서 중요한 변화가 일어났기 때문에, 이에 대한 서술은 수정되어야 하든지, 그렇지 않으면 본질적으로 새로운 통찰력들과 명령들에 적응하도록 다시 쓰여야 할 것이다. 에너지 효율성과 환경의 영향은 건축에 대한 목적들을 논술하는 데에 꼭 쓰여야 할 새로운 관심사들이다.

건조환경과 다른 현상들과의 관계 건물들 간의 관계보다 다른 현상을 더 중시하는 목적의 서술은 건축에서 정기적으로 되풀이되는 난관을 반영하는 두 가지 중요 관심사를 명백히 한다. 하나는 건축은 본질적으로 기술적인 영역이라는 견해이다. 건물들은 구조와 생산체계에 있어서 논리적이어야 한다. 그 중에서도, 특히 이것은 특수한 지역과 기후에서 적절한 재료와 시공 방법을 채택한다는 것을 의미한다.

> 만일 개인주택을 위한 우리의 설계들이 옳게 평가 받으려면 우리는 처음부터 건물이 지어지는 나라와 기후를 중시해야 한다. 어떤 양식의 집은 이집트에 세워지는 것이 알맞게 보인다. 그렇다면 또 하나의 양식의 것은 스페인에, 다른 양식의 것은 폰투스에, 또 다른 것은 로마에, 이렇게 다른 성격을 지닌 땅과 나라에 따라 각기 다른 양식의 것이 세워지는 것이 적절한 것처럼 생각된다. 지구의 한쪽은 태양 운항 궤도 바로 밑에 있고, 다른 곳은 좀 떨어진 곳에, 또 다른 곳은 이 두 지역간의 중간에 있기 때문이다.[33]

또 다른 견해는 건축의 기본적인 목적이 사회적이라는 것이다. 건축은 진행중인 생활과정을 향상시키는 배경과 받침의 체계이다.

> 건축가는 건물을 기념물로서가 아니라 그것들이 이바지해야 할 생활의 흐름을 받아들이는 것으로서 생각해야 한다. 그리고 건축가의 생각은 우리 현대생활의 동적인 양상들을 흡수하기에 알맞은 배경을 창조할 만큼 융통성이 충분히 있어야 한다.[34]

건축은 목적에 있어서 본질적으로 기술적이거나 본질적으로 사회적이라는 견해들은 가끔 타협할 수 없는 것으로 논술되어지지만, 사실 이 둘은 건축의 어떤 이론이나 다른 현상과의 관계에서는 필수적인 요인들이다. 또 둘 다 필요한 관심사들이기도 하다. "새로운 세계의 건축의 문제는 다음과 같다. 즉 기계적인 유한성에 삶의 무한성을 더하는 것이다"[35] 강하게 편견을 가진 이론이 할 수 있는 최선의 것은 관심사들 중 처음 다루어져야 할 순서를 설정하는 것이다.

정기적으로, 건축의 다른 목적 논술들은 한 시대의 특별한 요구에 반응하며 나타난다. 그 논술들은 너무 특수하고 시간에 묶여 있기 때문에 장기간의 기초 위에서 행동의 방향을 제시하지는 못한다. 그러나 그것들은 최근의 긴급한 요구들에 관심을 수정하고 방향을 전환하는 기능을 다할 수 있다. 예를 들면, 1920년대에 르 코르뷔지에는 주택과 그 생산방법의 널리 알려진 개념을 수정할 필요를 느꼈다.

> 주택의 문제는 시대의 문제이다. 오늘날 사회적 안정은 주택문제에 달려 있다. 오늘날 재생의 시대에 있어서, 건축의 첫째의 의무는 주택의 구성요소들의 수정과 가치들의 개선을 성취하는 것이다. 대량생산은 분석과 실험에 근거를 두고 있다. 웅대한 규모의 산업은 그 자체가 건물에 종사해야 하고 대량생산에 근거를 둔 주택의 요소들을 정해야 한다.[36]

어떻게 설계할 것인가

건축가가 설계를 어떻게 시작해야 하는가에 관한 이론은 적절한 운영방법을 설정하는 것과 관련되어 있다. 그 이론은 항상 건물들이 특별한 목적을 수행할 것이라는 확신으로 향하게 되어져 있다.

직원의 조직 이들 관심 중의 하나는 설계과정 중 개개인과 그룹들간의 관계와 관련되어 있다. 설계가 개인의 사적이며 영감을 받는 행동인가, 아니면 일단의 전문가들의 논리적이고 눈에 보이는 노력인가? 또 설계는 개인적인 영감의 결합과 검증 그리고 노력의 결합인가?

월터 그로피우스(Walter Gropius)는 20세기 초에 건축의 임무에 관한 토론에서 두 가지 의견을 통합하려고 시도했다.

> 창조적 활기는 항상 개인으로부터 생겨난다는 것은 사실이지만, 공

통의 목표를 향해 다른 사람들과 밀접한 협동을 함으로써, 그는 상아탑에서 머무르는 것보다 그의 팀 동료들의 자극과 도전적 비평을 통해서 더욱 높은 수준의 성과를 달성할 것이다.[37]

협동작업의 접근방법은 설계과정에 관한 20세기 이론의 되풀이되는 양식이었다. 대부분 건물이 수행해야 할 일들이 너무 복잡해서 개인으로는 그런 건물을 이해하고 주도할 수는 없다는 것이었다. 전문가들의 팀은 — 각각의 전문적 지식의 영역 그리고 아직 전채의 광범위한 이해로서 — 비록 능력 있는 개인일지라도 한정된 개인보다는 복잡한 건물의 문제를 해결하는데 더욱 좋은 것이다.

절 차 누가 설계하느냐는 개의치 말고, 어떤 설계과정이 가장 좋으냐? 어디서 시작할 것이냐? 어떤 구조체계를 선택할 것이냐? 어떤 행태모형을 설정할 것이냐? 어떤 특수한 공간 모형과 형태 관계들을 추구할 것이냐?

설계의 진행은 전형적으로 두 가지의 선입견을 가지고 있다. 그것은 귀납적이든가 연역적인 것이다. 귀납적인 과정은 세부로부터 시작한다. 세부의 첨가나 부분의 해결을 통해서 결국 완전한 건물형태를 이룬다. 예를 들면, 주택개발사업에서 어떤 이는 다음에서 지적하는 세부적인 것이 일어나리라는 것을 확신하기를 원할 수 있다. 즉 그것은 어린이 놀이터가 부엌에서 볼 수 있게 되는 것, 부엌은 서비스 통로(쓰레기를 모으고 식료품을 가져오기 위한)와 밀접해 있어야 한다는 것, 서비스 통로는 현관과는 떨어져 있어야 한다는 것, 현관은 사적인 장소로 이어진다는 것, 건물 비용은 상징적인 접합들의 숫자와 범위를 제한함으로써 최소화 한다는 것, 배관벽(부엌과 욕실)을 돌봄으로써 비용을 줄이는 것, 개인권의 위협은 사람이 다니는 길에 침실 창의 설치를 피함으로써 줄일 수 있는 것 등이다. 이런 세부 해결들의 수집은 점차적으로 완전한 건물형태를 이룰 수 있게 한다.

연역적인 설계 절차는 건물에 관한 전체적인 의도나 착상으로부터 시작하며 중심적 주제로부터 세부를 추출하게 한다. 예를 들면, 한 학교의 학습자료 센터는 "아이디어를 위한 시장"으로 봄이 마땅하다. 만일 전체적인 개념이 주어지면, 세부는 다음과 같이 설계되어짐이 마땅하다. 즉 책과 그림과 비품(설비)들이 저장되는 것보다 전시되게 한다. 동선은 가능한 자료의 많은 항목을 사용자가 지나가며 볼 수 있게 형성시킨다. 구조체계는 항목들과 전시물들, 그리고 사람들을 보이기 쉽게 하기 위해 중량적인 것보다는 골격적이 되게 한다. 그리고 아이디어들의 시장을 다루는 미학은 단순히 반복되는 구조적 또는 기하학적 체계의 단순한 미를 보여주는 것이 아니라, 부유함과 다양성, 그리고 복잡성으로부터 나와야 한다.

귀납적이고 연역적인 절차는 건물을 설계하는데 있어서 좀처럼 전적으로 따르게 되지 않는다. 어떤 유일한 과정도 현대 건물의 복잡함을 요구하는 성격을 충족시킬 수는 없다. 그러나 설계하는데 기초가 되는 편견이라 할지라도, 그거들은 영향을 줄 수 있다. 기본 아이디어로부터 건물을 지어낼지 또는 작은 결정의 수집이 될지는 대개 명백한 것이다.

문제의 여러 양상들 속에서의 우선순위 건축의 문제들은 전형적으로 복잡하다. 그것들은 기술적(예를 들면, 구조와 기계적 체계를 요구하는), 사회적(건물을 위하여 위임하고 지출을 하는 건물의 의뢰인 뿐만 아니라 다양한 사용자의 필요와 요구에 주의를 필요로 하는), 그리고 미적이고 생태적일 뿐만 아니라 정치적이다. 한스 포엘지그(Hans Poelzig)가 다음과 같이 말했듯이 건축의 어떤 이론들은 이들 필요한 관심들 중에서 우선순위를 설정했다.

모든 참다운 축조적인 건축형태는 하나의 절대적인 핵을 가지고 있는 것이다. 거기에 한도 내에서 변할 수 있는 장식이 가해짐으로써 여러 가지 매력을 부여하는 것이다. 그러나 우선적으로 비록 아직 불완

전하며 거친 형태일지라도 절대적인 요소가 발견되지 않으면 안된다. 오직 외면적이고, 장식예술적인 입장에서 구조요소의 계획을 접근하는 예술가는 순수한 핵의 형태를 발견하는 길에서 주의가 멀어지는 것이다.[38]

이 문장에서 포엘지그는 어떤 건물의 형태에서도 장식적인 보충물이 첨가되기 전에 구조나 형태에서 표현되어져야 하는 근원적인 절대적 요소가 있다고 주장한다. 미스 반 데어 로에(Mies van der Rohe)에게는, 건물형태란 주의력이 내부적으로 살아 있는 요구들에게 주어진 후 결정되어져야 한다는 것이다.

나는 형태에 반대하는 것은 아니다. 다만 목적으로서의 형태에 반대하고 있을 뿐이다. 그리고 나는 일련의 경험의 결과와 거기서 얻는 통찰을 토대로 해서 그것을 행하는 것이다. 목적으로서의 형태는 항상 형식주의에로 귀결된다. 왜냐하면 이런 노력은 내부로 향하는 것이 아니고 외부로 향하는 것이기 때문이다. 그러나 오직 생명력 있는 내부만이 생명력 있는 외부를 갖는다. 단지 강력한 삶만이 강력한 형태를 갖는다.[39]

많은 이론가들이 한 요소나 다른 요소의 탁월을 옹호하는 반면에, 다른 이들은 설계과정은 순서지어져서는 안 되고 변증법적 형태를 취해야 한다고 주장한다. 이 절차에 있어서 각각의 관심은 반복되는 과정에서 다른 것에 영향을 끼치도록 간주되고 허락된다. 그러나 설계문제에서 모든 관심들 가운데 진정한 동등함이 가능한 것은 어떤 것에 의해 의문시 되는 것이다.

■ 비평

건축에서의 비평은 건조환경에 대한 반응들의 기록이다. 이것은 바로 부정적인 것이 아닌, 모든 반응들을 포함한다. 비평은 본질적으로 특징들을 채로 거르고 분명히 하는 것을 의미한다. 판단보다는 차라리 식별하는 것이 비평의 특징이다.

매개체(Medium)

반응이 기록되는 매개체는 분명히 중대하게 고려해야 할 문제이다. 기록된 글이 역사적으로 건축비평에 대한 가장 친숙한 매개체가 되어 오는 반면에, 다른 매개체들도 똑같이 유용하다. 사진, 만화 또는 측정장치들은 비평가의 견해나 관심사를 반영하는 기록으로 효과적일 수 있다. 사실, 기록된 글에 대한 우리의 역사적인 의존은 불행한 것이다. 왜냐 하면 어떤 종류의 비평은 매개체에 의해 잘 전달되지 못하기 때문이다. 공공주택의 설계에 대한 거주자의 반응들은 전형적으로 인쇄물로 표현되는 것이 아니라 구두(口頭)의 형태나 건물들의 스스로 방향을 잡은 변경을 통해서, 또는 심지어는 반달리즘을 통해 표현된다. 우리가 비평을 넓은 의미에서 보기 시작할 때, 즉 일간 신문에 한 주에 한번 쓰는 저널리스트의 의견보다 더 무엇인가 있음을 알 때, 우리의 반응을 기록하는 다른 방법을 찾고 개발해야 할 필요를 느낄 것이다. 비평과 반응을 전달하는 방법의 광범위한 개념은 더 긴 범위와 더 넓은 영향을 가질 것이다.

방 법

방법을 비평에 있어 매개체만큼 중요하다. 채택한 방법들을 혼합한다든지 아니면 방법의 본성과 잠재력을 이해하지 못한 비평가는 아주 효율적으로 일한다 할 수 없다. 다음의 것들은 비평가가 건조환경에 대한 그들의 반응을 기록하는데 사용한 전통적인 방법들이다.

규범적 비평 규범적 비평은 원칙이나 체계나 형식 또는 측정의 어느 쪽이든 그것을 기초로 삼고 있다. 이 비평은 물리적 환경 자체의 외부의 어떤 곳에 있는 우리의 믿음과 건물이나 도시의 설계를 평가하기 위한 기준으로서 우리들이 사용하는 것에 근거한다. 왜냐하면, 규범적 기준은 복잡성, 추상성, 전문성에서 다양하기 때문에, 그것은 원칙, 체계, 형식, 그리고 측정에서 구별될 필요가 있다.

원칙은 원리의 추상적인 논술이다. 예를 들면, "형태는 기능에 따른다." 와 같은 것이다. 비평이 근거로 삼을 수 있는 최근의 원칙은 다음과 같다. 즉 기능은 형태에 따라야 한다. 적은 것이 많은 것이다. 적은 것은 지루한 일이다. 건물은 그것들이 원해지는 대로 되어야 한다. 그것들은 구조, 기능, 영감, 이데올로기, 시공방법, 지역의 기후, 재료 등을 표현하여야 한다. 건물은 그것이 위치한 언덕의 꼭대기에 있어야 되는 것이 아니라 위치할 언덕에 있어야 한다. 그리고 장식은 죄이다. 원칙에 기초를 둔 비평의 특별한 경우에 있어서, 아다 루이스 헉스타블(Ada Louise Huxtable)은 현대의 공공건물은 "건물 위원회가 라이너스의 담요처럼 움켜잡는 고전적인 과거에 점잖을 피우는 실패"를 피해야 한다고 주장한다.[40] 이와 같은 원칙에 근거를 두었기에 보스턴 시청사에 대한 여사의 비평은 칭찬할 만하다. "그것은 고딕이 아니다… 그것은 이 순간과 이 시대의 산물이다. 즉 어느 시대의 성공적인 예술이라 말할 수 있는 어떤 것이다."[41]

체계는 상호 연관된 요소나 원리들의 집합이다. 예를 들면, 비트루비우스의 원칙 같은 것이다. 체계적 비평은 원칙에 근거한 것보다 더욱 이해하기 쉽다. 건물들은 거의 하나나 두 가지의 지령의 항목에서 평가 받을 수는 없다. 왜냐하면 그 건물들은 복잡하게도 여러 가지 방향성을 갖기 때문이다. 20세기의 비트루비우스의 체계의 해석은 건물을 "기후 수정자, 형태 수정자, 문화 수정자, 자원의 수정자" 로 본다. 이러한 일련의 상호 연관된 관심은 철저한 비평적 평가를 위한 기반을 마련한다.[42]

형식은 사물의 특수한 등급을 위한 일반화된 모델이다. 그것은 마치 15세기의 영국교회들과 같은 것들인데, 그 교회들은 퓨긴(A. W. M. Pugin)이 교회 건축을 요약할 필요가 있다고 느끼고 당시(19세기) 교회들을 위한 모델로 삼아야만 했던 것이다. 전형적인 비평은 건물의 3가지 측면에서 비평한다. 그 구조, 기능적 조직, 또는 그 형태에서이다. 퓨긴은 19세기의 교회형태를 15세기의 전례들에 관련시켜 평가되어진 형태에서 얻으려고 애썼다. 기능적 조직과 관련되어지는 전형적인 비평의 예에서, 필립 소오여르(Philip Sawyer)는 저축은행의 독특한 요구사항과 계획들을 정립했고 특별한 은행을 유형에 근거한 "으뜸가는 예"라고 판단했다.

> 저축은행계획의 기본적 요건은 사람들의 붐빔을 조절하기 위한 준비이다. 상업은행은 그 사업의 성격에서 저축기관에 접근하는 것처럼…, 저축은행의 것과 닮을 수 있게 그 계획을 찾을 것이다… (하나의)관점은, 비록 대중이 적은 부분에 머물러 있고, 몇 안되는 사람들하고만 직접적인 접촉을 가진다 하더라도 건물의 방은 최대한 넓어야 할 필요가 있다. 그리고 고객이 사무실 안에 있는 모든 사무원을 볼 수 있는 편리한 곳이나 화랑이 마련될 수 있다면, 부기 계원들의 책상의 긴 열이 고객에게 인상을 줄 수 있게 또 고객이 여러 부서를 훑어보고 큰 기관의 모든 부서의 잡음을 들을 수 있게 해야 할 것이다. 이런 것 중에서 뉴욕의 미국 저당신탁은행은 으뜸가는 예이다.[43]

측정은 잘 정의된, 대개는 숫자의 기준들에 의한 건조환경의 평가이다. 각 방에서 100피트의 거리 안에 비상구가 있느냐? 이것은 쉽게 자로 측정해서 결정될 수 있고, 그 다음 판단될 수 있다. 측정되어진 비평에 근거한 규범들은 최소한의 것이냐, 평균이냐, 좋은 조건이냐로서 논술되고 기술적, 기능적, 그리고 행태의 고려사항들을 포함하며, 건물의 다양한 목적들을 반영한다. 기술적인 비평은 건물조직의 내구성에 중점을 둘 것이다. 기능적인 비평은 특수화된 특별한 활동들을 위한 배경으로서 건물의 좋은 결과를 볼 것이다. 행태적인 비평은 개인의 시각인식, 일반적 태도, 그리고 관찰적인 행태에서 건물에 대한 영향을 조사할 것이다.

해석적 비평 규범적 비평과 대조적으로 해석적 비평은 아주 개인적이다. 비평가는 그 자신의 시각이 어떤 외부의 기준보다 더 중요한 해석자인 것이다. 비평가의 목적은 다른 사람들을 그들처럼 건조환경을 보게 하는 것이다.

비평가가 해석하는 한 가지 방법은 우리가 건물이라는 대상을 통해서 일반적으로 변화하는 은유와 유추에 의해서 상상력을 가지고 대상을 보는 새로운 방법이다. 예를 들면, 몽고메리 슈일러(Montgomery Schuyler)는 1893년 시카고에서의 콜롬비아 만국 박람회 설계가 도시나 전통적 건축으로서가 아니라 하나의 무대세트로 보여야 한다고 주장했다. 이것은 주창적인 비평이라 부를 수 있다.

하얀 도시(박람회의 주요 산책지에 붙인 대중적인 이름)는 지금까지 보아온 극적인 건축의 가장 통합적이고 가장 광범위하며, 가장 환상적인 단편이다. 그것은 건설업자들에게 현재의 건축의 발전과 미래의 건축을 위한 준비에 있어서 유용하고 중요하게 기여할 더 이상의 칭찬을 요구하지 않으면서, 그 건설자들을 위한 충분한 찬사가 된 것이다… 19세기의 미국도시가 그렇게 되어서는 안 된다는 사실이 박람회 도시의 환상에는 필수적인 것이다. 그것은 보헤미안 해변의 항구이고, '무인도'의 수도이다. 당신이 그것을 19세기의 어떤 미국의 도시라고 생각하지 않을 뿐 아니라, 그 건축이 그런 도시의 실질적이든가 가능하다든가 심지어는 이상적인 건축이라고 생각지 않는 한, 그것은 당신이 할 수 있는 바로 그것이다.[44]

환기적 비평은 비평가들이 건물이나 도시환경에 접했을 때, 청중의 느낌들과 감정들에서 경험한 사람들에게 같은 것을 상기하게 하는 것이다. 다음은 런던 지하철의 환기적 비평이다.

런던이여! 나는 당신의 창자로 들어갑니다. 당신의 입을 통해서 더러운 입술, 부서진 타일, 헝겊으로 쌓인 타르와 자갈의 혼합물을 통해서 끝없는 에스컬레이터 밑으로, 희미한 불빛 사이로 말입니다. 고통스러운 객실에서 흔들리는 가죽 끈을 잡고 도시를 건너 대륙을 건너가면서도 가죽 끈을 잡고 몸을 주체하며 한손으로 대문짝만한 신문을 보면서, 게다가 열 번이나 숨쉰 공기를 다시 마시면서 말입니다.[45]

인상적인 비평에서 비평가는 사실상 평가 받는 사물을 무시하고 대신에 또 하나의 예술 작품을 창조하기 위한 기준으로 비평을 사용한다. 여전히 해석의 요소는 있지만, 비평가의 노력의 초점은 새로운 어떤 것의 창조에 맞추어져 있다.

비평가에게 예술작품은 단순히 그 자신의 새로운 예술작품에 대한 암시이며, 그리고 그것은 반드시 비평하는 것과 어떤 유사성을 가질 필요가 없다. 단순히 그 자신의 새로운 작품을 위한 제안이다. 아름다운 형태의 또 하나의 성격은 그가 원하는 어떤 것이라도 거기에 부가할 수 있고, 그 안에서 그가 찾기를 원하는 것을 찾을 수 있다. 아름다움의 일반적이고 미학적 요소를 창조하는 아름다움은 비평가를 차례대로 창조자로 만든다. 그리고 그 곳에는 상(像)을 조각한 다든가, 판에 그림을 그린다든가, 보석을 조각한 사람의 마음에는 없던 수많은 다른 것들의 속삭임이 있다.[46]

사진 비평은 자주 인상적이고 유사하게 주제에 관해서 논평하고 그 자신의 것을 한 예술품으로 내세운다.

서술적 비평 서술적 방법은 특별한 환경에 직면하는 데에 적절한 사실들을 분별하는데 있다. 숨겨진 서술적 비평은 설계를 발전시키는 과정에서 실제로 일어난 것이 무엇이냐에 관해서, 그리고 그 건물이 실제로 무엇과 같은가에 관하여 충분히 알 수 있다면, 우리는 그 건물을 더 잘 이해할 것이다 하는 것을 가정한다. 서술적 비평은 판단하지도 해석하지도 않는다. 그것은 실제로 무엇이 존재하는가를 알도록 도와주는 것이다. 서술적 비평은 건물이 무엇으로 구성되어 있고 어떻게 조직되는가를 지적한다. 다음 것은 뉴욕시에 있는 포드 재단 건물에 관한 아다 루이스 헉스타블의 서술이다.

유리상자는 화강암 기둥에 의해 자리 잡았다. 그리고 12층에 160피트 높이, 천광(天光)에 공기조화된, 1/3에이커의 공원에 해당하는 커다란 실내 정원을 감싸고 있는 화강암의 측벽에 의해 부분적으로 둘러싸여 있었다.[47]

서술적 비평은 또한 건물이나 도시환경이 동적인 환경으로서 어떻게 작용하는가를 설명한다.

나는 금융가에서 보도들, 문들 그리고 복도들의 특별한 확장은 접촉, 조언, 제안, 반응, 관찰, 그리고 잡담과 같은 것에서 특별히 생산적이었다는 것을 발견했다… 정오에 큰 은행과 사무소 건물 밖에 있는 사람이 많이 모인 인도에 나가게 되면, 법원 건물과 두 번째로 큰 은행의 문, 더구나 시청사 가까이에서부터 길에 눈을 떼지 않고, 나는 적어도 20여 명의 뉴스 제공자들을 만날 것 같았다. 즉 그들은 식당이나 클럽으로 점심 식사하러 가는 공무원이나 기업인들로 자진하여 소문과 험담과 비싼 정보를 교환하려 하고, 하기를 원하는 사람들이었다.…… 도시 엘리트의 사무실들과 정오의 술 / 점심 / 교섭 장소들 사이에는 불가피한 "인디언의 길"이 있다는 것은 분명하다.[48]

마지막으로, 서술적 비평은 때때로 건물 설계가 생성되는 과정을 설명할 것이다. 이것은 채택된 설계방법들과 과정에서 사건들의 결과들의 설명을 포함할 수 있다.

할렘(Harlem)지역들의 판에 박힌 재개발은 그런 재개발이 다른 변두리의 근린지구들에서 일어난 것과 같이, 부동산투기자들에게 이득을 줄 수 있다면, 그것이 만드는 방법에서 토지의 잠재력을 "증진"시킨다. 그런데 그곳에서 일어난 것은 어떤 의미로는, "양도"였다. 거주자들을 완전히 다른 종류의 제도적, 상업적, 주거공동체를 위해서 불도저에 의해 밀려났다. 또 다시 그것을 흑이나 백으로 칠했다. 주 도시의 다른 변두리의 근린지구들의 어떤 곳에서 일어나는 것과 정확하게 같은 것이다.[49]

전기적 비평은 건축가들, 의뢰자들, 그리고 건설자들의 생애와 또 최후의 건물형태에 끼친 그들의 영향에 관해 적절한 사실들을 확인한다. 예를 들면, 프랭크 로이드 라이트의 작품에 대한 건더 프레벨(Gunther Frebel)의 게임들과 블록들의 영향은 라이트 자신뿐만 아니라 몇 비평가에 의해 인정되었다.

야하라 보트 클럽(Yahara Boat Club)은 의심할 수 없이 라이트에 의해서 계획된 단순하고 가장 엄격한 기하학적 설계이다.…… 아주 명백하게, 그것은 덩어리 같음은 프레벨의 게임에서 많이 본 따 왔다.[50]

다른 전기적 비평은 그런 해석을 피하고 독자에 영향을 줄 질문을 남겨놓으면서 다른 사실들을 제공한다.

제임스 해리슨 다킨(James Harrison Dakin)은 1806년 8월 24일에 코네티컷 주의 경계선 가까이에 네덜란드인들의 상류 계층의 마을과 비교되는, 뉴욕 주의 동북마을에서 태어났다.…다킨가(家)는 미국에서 오랜 역사를 가지고 있다.[51]

상황적 비평(contextual criticism)은 설계와 생산을 동반하는 압력들과 사건들을 기록한다. 경제적, 정치적, 상호 개인간의 압력들이 최종 설계에서 그것들을 어떻게 명백히 하는가?

수상은 낡은 전차창고가 있는 베네롱 포인트의 끝에 오페라 하우스를 짓는 공상적인 안을 가지고 있었다. 주 의회 노동당에서의 비공식 간부회의에서는 찬성이 24:17 이라는 얼마 안되는 대표들만 가지고 있었기 때문에(또한 연내당의 주 의회에서 과반수를 겨우 유지했다)그는 모든 설계의 상태와는 관계없이, 그가 찬성자들을 확보할 때까지 계속 밀고 나가는 것이 활력적이라고 판단했다. 이것은 일단 일을 시작하면 심지어 4명의 의원의 지지를 잃어서 그의 안이 천성에서 반대로 부결될지라도 밀고 나가자는 원칙이었다. 이것은 왜 웃죤(Utzon 건축가)과 그의 기술자의 반대의 충고에도 불구하고, 공사는 건물이 설계되기도 전의 1959년 3월에 오페라 하우스의 기초공사에 착수하였는가를 설명한다. 이러한 지독한 결정의 결과들은 후에 내려와야 되는 것을 올린다든가, 또는 많은 다음의 도면이 바뀔 때까지 오랜 기간동안 공사를 하지 못하여 수백만 불을 낭비할 뿐만 아니라, 사업에 관한 원칙들 간의 관계가 많은 도면의 변경에서 시작하여 뒤틀리게 하였다.[52]

독 자

결국 전달매체와 방법은 어느 특별한 비평의 독자와 관련하여 보아야 한다. 프랑스어나 영어로는 논쟁을 하면서 독일어를 사용하는 사람들을 납득시키려 하지 않는 것과 같이, 만화나 옹호적 논평형태의 비평으로 사회 과학자에게 말을 거는 것은 효과적이 아닐 것이다. 건축 비평의 독자는 아주 다양하다. 어떤 독자는 건물의 건축가일 수 있다. 이 경우 비평가는 아마 시공 후 피드백, 즉 건물이 사용된 후의 반응을 제공한다. 또 다른 독자는 일반건축가 일 수 있다. 이 경우 비평가는 특별한 원칙을 가르친다든가, 아니면 새로운 관점을 전진시키려는 희망에서 특별한 경우에서부터 일반화하기를 원할 것이다. 고객들, 즉 그들은 정부 관리들일 수도 있고, 장래의 주택건설업자들이며, 또는 단체의 책임자들일 수 있는데 이들은 역시 독자들이 된다. 신문의 일반 독자들, 건축사가들, 그리고 새로운 건물의 미래의 거주자들도 마찬가지이다. 대부분 비평가들은 개인적인 즐거움을 위한 글을 쓰지 않고 의견을 제공하고 형성하기 위해 글을 쓴다. 비평들의 방식은 영향을 끼칠 수 있는 어떤 계층의 독자와 관계될 필요를 형성한다.

■ 건축사

어떤 의미에서 건축사는 비평의 작은 범주라 불릴 수 있다. 왜냐하면 건축사는 지나간 시간의 건축의 업적들의 변화를 설명하는데 있어서 묘사적이고 해석적인 기법을 사용하기 때문이다. 그러나 역사는 전통적으로 건축교육에서 중요한 역할을 해왔기 때문에, 비평의 구조 밖에서 특별히 유의할 만한 가치가 있다. 여기에 주목할 만한 가치 있는 건축사의 3가지 측면이 있다. 첫째는 내용(무슨 자료가 포함될 가치가 있는가), 둘째는 방법(어떻게 자료가 형성되고 설명되는가), 셋째는, 역사의 지식이 건축교육에 어떤 영향을 미치겠는가 하는 것이다.

역사적 취급내용

역사가들이 이해할 만한 형태로 만든 역사의 다듬어지지 않은 자료는 이론의 형태에 있어서 추상적인 것에서부터 어떤 방을 측정하는 서술과 같은, 매우 전문적인 것에 이르기까지 그 범위가 넓다.

이론들 이론은 역사가에 의해 구별되고 해설될 필요가 있다. 왜냐하면 이론은 적어도 어떤 경우에 있어서는 건물의 형태를 이루는데 중요한 역할을 한다.

비트루비우스에 근거한, 알베르티(Aberti)의 유명한 수학적 정의에 따르면, 아름다움은 모든 부분이 그의 절대적으로 고정된 크기와 모양을 가지고 있으며 전체의 조화를 깨뜨리지 않고 아무것도 덧붙이거나 빼어낼 수 없다는 그런 방법으로 건물의 모든 부분들의 비례의 합리적 통합 속에서 있다. 이 비율들의 조화와 모든 부분의 일치, 즉 이런 유기적인 기하학은 모든 교회에서 관찰되어져야 한다.[53]

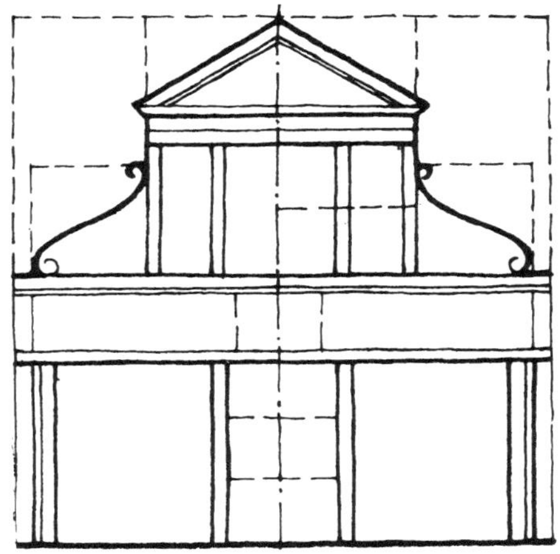

Santa Maria Novella의 정면 Florence, Rudolf Wittkower 저 Architectural Principles in an Age of Humanism에서 발췌

이 이론의 영향은 알베르티가 설계한 플로렌스에 있는 산타 마리아 노벨라(Santa Maria Novella)의 정면에서 분명하게 볼 수 있다.

이렇게 전체의 정면은 기하학적으로 진보적인 복제나 아니면 진보적인 비례의 2등분의 양자택일로 지어져 있다. 알베르티의 이론적 계율, 즉 건물 전체에 철저히 같은 비례가 지켜져야 한다는 계율은 여기서 명확해진다.[54]

건축이론의 역사는 다른 방법으로는 분명할 수 없는 건물들에서 닮은 점들과 다른 점들을 이해하는 방법을 제공한다.

사건들 사회적, 경제적, 정치적, 기술적 그리고 이외의 다른 사건들의 영향은 주요한 역사적 처리방법의 관심사이다. 예를 들면, 못 만드는 기계와 전기톱의 발명은 빠른 시공을 가능하게 하여 19세기 북미의 주택형태와 가격에

런던의 리버티 상점

영향을 주었다. 주택 소요자의 저당권의 정부 보조금은 2차 세계대전 후 도시근교의 성장을 강화시켰다. 16세기 중엽의 트렌트(Trent)의 평의회는 바로크 교회 설계의 발전에 도움이 되었다.

> 교회 그 자체와 그 안에서 행하여지는 예배들은 가능한 한 존엄하고 인상적이어야 한다. 그래서 교회의 화려함과 종교적 성격은 평범한 구경꾼이라도 압도할 수 있게 할 것이다.[55]

사실 어떤 이는 일련의 영향들과 결과들에 초점이 맞추어졌을 때 역사의 관점보다는 전기(傳記)의 관점에서 전후관계(context)와 건물의 상호관계를 조사할 수 있다. 앨리슨 애드버그햄(Alison Adburgham) 여사는 런던의 백화점, 리버티의 이야기인, 상점의 전기에서 이것을 해냈다.

> 상점은 — 런던의 리버티의 경우에 있어서 — 그 환경의 사회적 역사의 일부이다. 상점의 발전은 사회적 압력, 계층, 형태, 정부 정책들 속에서 변화에 의해 영향을 받는다. 상점은 전쟁과 공황에 의해서, 투기 붐과 적의 폭탄에 의해서, 그리고 유행과 취미의 변화에 의해서 영향을 받는다. 리버티 상점의 특별한 특성이 가져다 준 것은 단순히 이 변화를 반영한 것이 아니라, 그 자체로 예술적 운동들과 유행적인 취미의 발전에 기여해 왔다.[56]

설계 방법들 건축가가 설계들을 창안하는데 채택하여 온 절차들은 역사의 중요한 고려사항이 된다. 모듈러 체계들, 기하학들, 기준 유형학들이나 설계를 위한 어떤 몇몇 방법들은 중대하다. 왜냐하면 건물형태와 성격에 있어서 다른 결과를 가지고 있기 때문이다.

> 고딕 건축의 설계자가 중요하게 여기는 질문은 "기초의 힘과 전체구조의 가능성의 견지에서 건물이 얼마나 높이 올라갈 수 있는가?"가 아니라 "어떤 모습 안에서 건물을 설계할 것인가?" 였다. 이것은 건축가에 의해 결정된 알맞은 기하학적 공식을 가지고 건물의 미학적 그리고 구조적 정확성은 돕는 것이 아니라 보증할 수 있다는 믿음 때문이었다.[57]

개인의 설계운영과 조직의 규모는 역시 중요성들을 가진다.

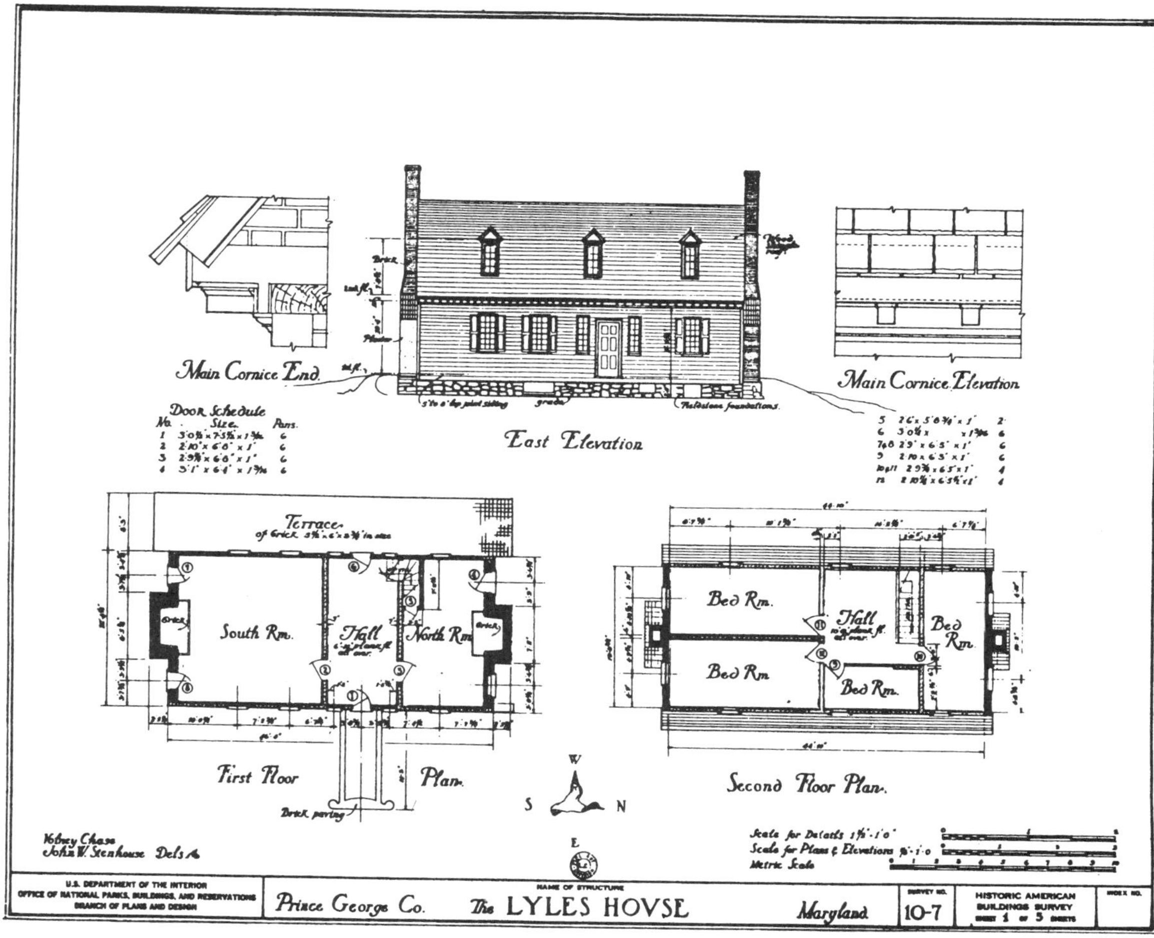

실측도 미국 역사적 건물 실측도

스키드 무어, 오윙스 그리고 메릴(Skidmore, Owings & Merrill)은 결국 미국의 가장 큰 사무소의 하나일 뿐 아니라, 직업적 견지에서 가장 신봉되는 곳의 하나였고 사업운영의 견지에서 가장 통합적인 것이 되었다. 수평적 통합은 그 나라를 네 개의 단위에 의해 제공됐고, 반면에 수직적인 통합은 설계와 관련된 서비스와 설계의 포괄적인 포장에 의해 성취되었다.[58]

건물들과 관련문서들 결국에는, 물론 건물 그 자체는 역시 역사적 취급의 내용이다. 평면들, 입면도들, 단면도들, 배치도들, 재료들, 구조와 설비체계들은 때때로 강조하는 것들이 변한다 할지라도 업적들, 세금기록들, 그리고 허가도서들과 같은 것들은 생생한 자료이다. 예를 들면, 레이너 번햄(Reyner Banham)은 기술적 · 기계적 고려사항을 강조하면서 현대건축의 양자택일의 역사를 썼다. 그는 이전의 역사가들은 건축적 전통의 이런 중요한 면을 무시하는 실수를 범하여 왔다고 주장했다.

현재까지 서술되어 왔던 바와 같이 건축역사는 아직까지 건물이 인류에 의해 사용되어지고 변상되어지는 방법에 의하여 이치에 맞지 않게 되는 부분을 사과하거나 잘 설명해 줄 이유가 없는 것이다. 이러한 사실은 가치 있고 논의할 수 있다고 생각되어지는 구조의 부분과 또 현재까지 역사적 논의에서부터 거의 완전히 제외되어 왔던 기계적 정비의 부분에서도 마찬가지이다. 그러나 좀더 생각해 보면, 건축역사는 거주할 수 있는 환경들을 만드는 기술적인 예술을 전체로 포괄할 수 있다는 사실은 명백하게 나타날는지 모르지만, 최근 쉽게 책에서 볼 수 있는 건축역사는 거의 모두가 거주할 수 있는 용적들을 그 자체를 감싸고 있는 구조들에 의해서 표현되는 외부형태들에 대하여 아직도 다루고 있는 실정이다.[59]

역사적 취급의 방법

서술적 취급 역사의 친숙한 처리는 사실의 요약에 있다. 이 접근은 해석을 피한다. 그것은 가능한 한 객관적으로 사건들을 기록하고 독자가 결론을 내리도록 유도한다. 예를 들면, 제임스 해리슨 다킨에 관한 사실들을 계속 이야기 하면,

다킨가(家)는 미국에서 오랜 역사를 가지고 있다. 거슬러 올라가서… 다킨의 소년시절에 자란 곳은 네덜란드인들의 마을 주변의 언덕 지역으로 산이 많은 곳이다.[60]

주창적(主唱的) 취급 주창적 비평가 같이, 역사적 자료의 주창적 취급은 사건이 해석되어지는 것을 통해서 특정한 관점을 부여할 것을 요구한다. 찰스 젱크스(Charles Jencks)는 비극적 모순의 입장에서 르 코르뷔지에의 생애를 본다.

모순들이 많이 있다. 그리고 지금까지 아마 명백한 것처럼, 그 모순들의 존재는 여기서 기본적 중요성을 띤 것으로 취급된다. 간단히 말하면, 그 해석은 다음과 같다. 즉 르 코르뷔지에는 그의 이중의 성격(일부는 농부 쟈네레Jeanneret로, 일부는 도회지 사람의 르 코르뷔지에) 또는 그의 해학적인 건물(일부는 기하학적으로, 일부는 생물 생태적으로)이나 그의 비극적 성격(일부는 악마, 일부는 인간)…으로 표현되는 이중의 관점으로부터 시작되었다. 아마도 가장 기본적인, 이 마지막 알력(모순)이 확실히 가장 중요하다. 왜냐하면 이것은 완전히 화해할 수 없는 사회와의 기본적인 반항심으로 르 코르뷔지에를 이끌게 하였기 때문이다.[61]

데이비드 게브하르드(David Gebhard)의 루돌프 쉰들러(Rudoph Schindler)의 작품의 성격묘사는 화해의 입장이다. 즉 20세기 건축에서 — 고급 예술과 저급 예술 — 여러 다른 운동의 결혼식, 즉 합성물의 입장이다.

첫째로, 그는 기계(고급 예술에서 표현된 것처럼)의 상징적인 형상을 저급 예술의 영향과 생동감을 가져야 하는 한 형태나 한 묶음의 형태로 변형시켰다. 이것을 달성하는 언어는 남부 캘리포니아에서 그의 주변에 사용된 일상의 건물 방법에서 찾아볼 수 있는 것이었다. 둘째로, 그는 저급 예술(건물 그리고 그것을 함께 하는 방법)을 고급 예술로 변형시키려고 하였다. 그리고 그에게는 건축의 고급 예술의 목적은 공간의 창조였다.……이런 혼합물을 섞어 만드는데 있어서, 그는 상징들의 각각은 전체에 기여해야 하지만 동시에 각 부분은 기본적인 독자성을 잃지 않아야 한다고 주장했다.[62]

표현주의파의 취급 표현주의파의 역사 취급은 인상주의적 비평과 비슷하다. 그것은 저자에게 상상과 예술적 기교를 위한 매체를 제공한다. 역사적 사실들을 대상의 생명보다는 저자의 감수성을 더 반영하는 형태로 되어진다. 이와 같은 것은 필립포 브루넬레스키(Filipo Brunelleschi)에 대한 조르지오 바사리(Giorgio Vasari)의 표현주의적 비평에서 볼 수 있다.

조물주가 창조한 작고 평범한 모습을 가진 많은 사람들은, 만일 그들이 거의 불가능한 어려운 일을 수행하지 않고서는 또 그것들을 보는 모든 사람들을 놀라게까지 하지 않고서는 쉴 수 없는 그런 끝없는 용감성을 가진 위대함과 정열로 가득 찬 영혼을 가지고 있다. 아무리 천하고 비열한 것일지라도, 그것들은 그들의 수중에서는 가치 있고 고상한 것이 된다. 이리하여 우리는, 조물주가 사람이 태어날 때 뛰어난

인간에 부여하기로 했던 축복한 인내를 소유하지 못한 사람들을 만났을 때 경멸해서는 안 된다. 왜냐하면 지구의 덩어리는 금의 암맥을 숨기고 있기 때문이다. 평범한 모습의 사람은 영혼의 위대한 관대함과 마음의 성실성을 가지고 있는 경우가 종종 있게 된다. 영혼의 고상함이 이런 성격들과 함께 했을 때에는 가장 위대한 경이스러운 일들을 기대할 수 있다. 왜냐하면 그들은 그들 마음의 덕에 의하여 그들의 신체의 약점을 극복하도록 노력하기 때문이다. 이것은 필립포 디 세르 브루르넬레스코(Filippo di ser Brunellescho)에서 나타난다.[63]

분명히 여기에는 브루넬레스키의 것이라기보다는 더욱 바사리적인 것이 있다.

교육에의 영향

역사를 안다는 것은, 18세기의 공식적인 프로그램들이 발전되어 온 이후로, 건축가 훈련의 한 부분이 되어 왔다. 이미 전에도, 이것은 올바른 건축가에 의해 만들어진 "대륙의 위대한 여행"의 형태로 알려져 왔다. 초보자에게 미칠 역사의 부정적 영향에 관심이 있었던 월터 그로피우스도 역사가 전체적 교육과정의 일부로서 유용하다는 것을 동의 했다.

성격상으로 지적이고 분석적인 예술사와 건축사의 연구들은 학생들을 여러 다른 시대의 시각적 표현을 성취시키게 한 조건들과 원인들을 알 수 있게 한다. 즉 새로운 발명이 가져다 준 철학에서 정치에서 그리고 생산수단에 있어서 변화들, 그런 연구들은 학생들 자신의 과제들을 통해서 스스로 발견한 원칙들을 확인할 수 있게 된다.[64]

지적 그리고 분석적 연구에 언급한다면, 그로피우스는 건축학교들에서 역사의 교육을 언제나 인정하지는 않았다. 그는 중요한 관심은 역사를 배운다는 사실이 아니라, 역사로부터 무엇을 배울 것인가 하는 것을 중요시했다.

■ 결 론

건축의 이론, 비평, 그리고 역사는 아주 전통적이고 안정된 사회에서는 별로 중요하지 않다. 그러나 변화를 겪고 있는 사회에서는 결정적인 것이 된다. 새로운 기술들이 의미심장하게 발전되어지고, 그리고 과거에 대한 불만족이 자연스럽게 일어나거나, 아니면 사회조직 속에서 널리 퍼지거나 하는 곳에는 이론과 비평과 역사는 관련 있게 마련이다. 그것들은변화하는 사회에서는 개인들로 하여금 결정하도록 강요당하기 때문에 결정적인 것이다. 이 적절한 결정들은 목적들의 확인 없이는, 그리고 사회 속에서 작용하고 있는 과정들의 이해 없이는 이루어질 수 없다. 분명히, 많은 건설은 변화하는 사회들 속에서조차도 목적들과 역사적 맥락들의 많은 고려 없이 일어난다. 사람들이 셋집에 그리고 교외 지역에, 또 현대의 모국어 쓰는 곳에서 살고 있는 한 반성할 필요는 없다. 그러나 기준들이 변하는 순간에 — 예를 들면, 1인당 범죄 숫자나 수질오염이 용납할 만한 숫자가 되는 그런 기준들 — 지방 고유의 것은 변해야 한다. 변화는, 이론, 역사, 그리고 비평에 대한 인식이 있을 때, 임의적이라기보다는 차라리 생산적으로 일어날 수 있는 것이다.

주

1. Paul Davidson Reynolds, *A Primer in Theory Construction*(Indianapolis: Bobbs-Merrill, 1971), pp. 10-11.
2. Le Corbusier, *Towards a New Architecture*, trans. Frederick Etchells (New York: Praeger, 1960), p.14.
3. Louis I. Kahn, quoted in Ulrich Conrads, ed., *Programs and*

Manifestoes on 20th-Century Architecture, trans. Michael Bullock (Cambridge: M.I.T. Press, 1970), p. 169.
4. Bruno Zevi, *Architecture as Space*, trans. Milton Gendel (New York: Horizon, 1957), p. 23.
5. Ibid., p. 224.
6. Le Corbusier, *Towards a New Architecture*, p. 31.
7. Daniele Barbaro, commentary to *Vitruvius*(1556), quoted in Rudolf Wittkower, *Architectural Principles in the Age of Humanism* (London: Alec Tiranti, 1952), p. 121.
8. Diana Faidy, "An Introduction to the Society", *Society of the Golden Section Newsletter* 1(No. 1. 1975):3.
9. Hannes Meyer, quoted in Conrads, *Programs and Manifestoes*, p. 117.
10. Frank Lloyd Wright, *Writings and Buidings*(Cleveland: World, 1960), p. 294
11. Frank Lloyd Wright, *The Future of Architecture*(New York: New American Library, 1963), p. 347
12. Frank Lloyd Wright , *An Organic Architecture*(Cambridge: M.I.T. Press, 1970), p. vii
13. Telethon, "Roadside Mecca", *Progressive Architecture* 54 (November 1973): 128
14. Eero Saarinen, *Eero Saarinen on His work* (New Haven: Yale University Press, 1962), pp. 83-84.
15. Allan Temko, *Eero Saarinen*(New York: George Braziller, 1962), pp. 177-18.
16. Kasimir Edschmid, quoted in Walter Sokel, *The Writer in Extremis* (Stanford, Calif.: Stanford University Press, 1959), p. 51.
17. J.M.Richards. *An Introduction to Modern Architecture* (Harmondsworth, England: Penguin Books, 1948), pp. 18-19
18. Wright, *Writings and Buildings*, p. 296.
19. Charles W. Moore, quoted in John W. Cook and Heinrich Klotz, eds., *Conversation with Architects* (New York: Praeger, 1973), p.219.
20. Saarinen, *On His Work*, pp. 192-96.
21. Robert Venturi, Denise Scott Brown, and Steven Izenour, *Learning from Las Vegas*(Cambridge: M.I.T. Press, 1972.)
22. Walter Gropius, *The New Architecture and the Bauhaus*, trans. P.Morton Shand (New York: Museum of Modern Art, 1936), p. 82.
23. Horatio Greenough, "American Architecture" in *The Literature of Architecture*, ed. Don Gifford (New York: Dutton, 1966), p. 147.
24. J.A. Borgnis, *Elementary Treatise on Construction*(1823), quoted in Peter Collins, *Changing Ideals in Modern Architecture*, 1950-1950(Montreal: McGill University Press, 1967), p.202.
25. John Christopher Jones, *Design Methods* (London: Wiley-Interscience, 1970), p. 50.
26. Charles Jencks, "Adhocism in the South Bank", *Architectural Review* 144(July 1969): 28-30.
27. Christopher Alexander et al., *A pattern Language* (New York: Oxford University Press, 1977), p.x.
28. Ibid., pp. 730-31.
29. Vitruvius Pollio, Vitruvius: *The Ten Books on Architecture*, trans. Morris Hicky Morgan (New York: Dover, 1960), p. 13.
30. John Ruskin, *The Stones of Venice*, Vol. 1(London: Routledge, 1851?), pp. 39-40.
31. Albert Bush-Brown, "Notes Toward a Basis for Criticism", *Architectural Record* 126 (October 1959): 184.
32. Hannes Meyer, quoted in Conrads, *Programs and Manifestoes*, p. 120.
33. Vitruvius, *Ten Books on Architecture*, p. 170.
34. Walter Gropius, *Scope of Total Architecture* (New York: Collier, 1962), p. 84.
35. Erich Mendelsohn, quoted in Conrads, *Programs and Manifestoes*, p. 106.
36. Le Corbusier, *Towards a New Architecture*, p. 12.
37. Gropius, *Scope of Total Architecture*, p. 78.
38. Hans Poelzig, quoted in *Conrads, Programs and Manifestoes*, p. 16.
39. Ludwig Mies van der Rohe, quoted in Conrads, *Programs and Manifestoes*, p. 102.
40. Ada Louise Huxtable, *Will They Ever Finish Bruckner Boulevard*?(New York: Macmillan, 1970), p. 170.
41. Ibid., p. 168.
42. Bill Hillier, John Musgrove, and Pat O'Sullivan, "Knowledge and Design," in *Environmental Design: Research and Practice*, Proceedings of the EDRA 3/AR 8 Conference, ed. William J.Mitchell (Los Angeles, 1972), p. 29-3-12.
43. Philip Sawyer, "The Planning of Bank Buildings", *Architectural Review* 12 (March 1905).
44. Montgomery Schuyler, "Last Words About the World's Fair", in *American Architecture, and Other Writings*, ed. William H.Jordy and Ralph Coe(New York: Atheneum, 1964), pp. 275~93.
45. Peter Green, *Impressions* (London: Architectural Association, 1974), p. 3.
46. Oscar Wilde, *Works* (London: W.J.Black, 1927), p. 567.
47. Huxtable, *Bruckner Boulevard*, p. 38.
48. Grady Clay, *Close-up: How to Read the American City* (New York: Praeger, 1973), p. 53.
49. Huxtable, *Bruckner Boulevard*, p. 38.

50. Peter Blake, *Flank Lloyd Wright: Architecture as Space* (Baltimore: Penguin Books, 1960), p. 46.
51. Arthur Scully, *James Dakin, Architect*(Baton Rouge: Louisiana State University Press, 1973), pp. 3-4.
52. Michael Baume, *The Sydney Opera House Affair*(Melbourne: Nelson, 1967), p. 9.
53. Rudolf Wittkower, *Architectural Principles in the Age of Humanism* (New York: Random House, 1965), p. 7.
54. Ibid., p. 47.
55. Anthony Blunt, *Artistic Theory in Italy*, 1450-1600(Oxford: Clarendon, 1962), p. 128.
56. Alison Adburgham, *Liberty's: A Biography of a Shop* (London: Allen & Unwin, 1975), p. 5.
57. Sprio Kostof, "The Architect in the Middle Ages, East and West", in The Architect, ed. Sprio Kostof (New York: Oxford University Press, 1977), p. 87.
58. Bernard Michael Boyle, "Architectural Practice in America, 1865-1965: Ideal and Reality," in *The Architect*, ed. Kostof, p.327.
59. Reyner Banham, *The Architecture of the Well-Tempered Environment*(London: Architectural Press, 1969), pp. 11-12.
60. Scully, *James Dakin*, pp. 3-4.
61. Charles Jencks, *Morden Movements in Architecture* (Garden City, N.Y.: Doubleday&Co.,Anchor Books, 1973), p. 142.
62. David Gebhard, *Schindler* (New York: Viking, 1971), p. 189.
63. Giorgio Vasari, *The Lives of the Painters, Sculptors, and Architects* Vol. 1, trans. A.B.Hinds (London: J.M.Dent, 1927), pp. 269-70.
64. Gropius, Scope of *Total Architecture*, p. 55.

권장도서

Attoe, Wayne, *Architecture and Critical Imagination*.

Chichester, England: John Wiley & Sons, 1978.

Broadbent, Geoffrey. *Design in Architecture*, London: John Wiley & Sons, 1973.

Collins, Peter. *Changing Ideals in Modern Architecture, 1975-1950*. London: Faber & Faber 1965.

Conrads, Ulrich, ed. *Programs and Manifestoes on 20th-century Architecture*. Translated by Michael Bullock.

Cambridge: M.I.T. Press, 1970.

Giedion, Sigfried Space, *Time and Architecture* 5th ed., rev. Cambridge, Mass.: Harvard University Press, 1967.

Huxtable, Ada Louise *Kicked a Building Lately?* New York: Quadrangle, New York Times Book Co., 1976.

-. Will They Ever Finish Bruckner Boulevard? New York: Macmillan Co., 1970.

Kostof, Spiro, ed. *The Archited: Chapters in The History of The Profession*. New York: Oxford University Press, 1977.

Maharaj, Jayant T. *The Nature of Architectural Criticism*.

Report No.36. Halifax: School of Architecture, Nova Scotia Technical College, 1977.

Pevsner, Nikolaus. *A History of Building Types*. Princeton, N.J.: Princeton University Press, 1976.

-. *An Outline of European Architecture*. 7th ed. Harmondsworth, England: Penguin Books, 1963.

Scott, Geoffrey. *The Architecture of Humanism*. 2d ed. London: Constable, 1924; reprint ed; Gloucester, Mass : Peter Smith, 1965.

Vitruvius Pollio Vitruvius: *The Ten Books on Architecture*.

Translated by Morris Hicky Morgan. New York: Dover Publications, 1960.

Whiffen, Marcus, ed. *The History, Theory, and Criticism of Architecture*. Cambridge: M.I.T. Press, 1965.

3 장
환경 - 행태 연구

Gary T. Moore
조 대 성 역

비트루비우스 시대 이래로 건축 목표는 튼튼함(firmness), 편리함(commodity), 기쁨(delight)이라는 말로 표현되어 왔다. 이 같은 가치기준은 좀더 최근의 용어로는 기술, 기능, 미학이라고 볼 수 있겠다. 건축은 하나의 종합 훈련으로서 위의 요건들은 각기 공학, 사회과학 그리고 예술에서 비롯되는 것이다. 이것들은 디자인 과정 내에서 건축가에 의해 통합되어 왔으며 훌륭한 건축은 언제나 그것에 호응하여 왔다. 세상이 더욱 더 복잡해지고 이 세 분야의 지식이 더욱 증대하고 전문화됨에 따라 건축가들은 이들 가치기준의 하나 또는 그 이상을 강조하여 왔고 훌륭한 건축가들은 이 세 가지를 모두 충족시켰던 것이다. 이 장의 주제는 편리성 또는 기능, 즉 근래에 이름 붙여진 바로는 건축에서의 환경 — 행태 연구에 관한 것이다.

"환경 — 행태 연구"란 말과 부분적으로 뜻이 같은 말이 많이 있는데 "사회 생태학" "인간요인", "행동건축", 또 때로는 그저 "프로그래밍"이라고도 한다. 그 연구의 측면은 흔히 "환경심리학"으로 불리는 반면, 응용의 측면은 "사용자의 요구" 혹은 "사회적 요인과 행태의 요인"으로 불리고 있다. 가장 포괄적 명칭은 "환경 — 행태 연구"이다. 그것은 종합학문의 전문분야로서 그 여러 부분을 심리학과 지리학의 여러 학과는 물론, 대부분의 건축학교와 일부 인류학과, 사회학과 그리고 도시계획학과에서도 가르치고 있다. 그 넓은 분야 중에서 이 장에서는 건축에 직접 관계되는 면만을 제시하기로 한다.[1]

건축에서의 환경 — 행태 연구는 환경과 인간행태 사이의 관련성을 체계적으로 조사하고 이것을 설계과정에 응용하는 것을 뜻한다. 기본 논제는 사람들이 어떻게 건조환경(建造環境, Built - Environment)과 상호작용하는가? 또 그들의 요구는 무엇인가? 그리고 우리는 그와 같은 이해를 설계과정에 어떻게 응용할 것인가? 라는 물음이다. 건축가는 연필을 놀릴 때마다 인간요구에 대해 가정을 하고 또 어떻게 건조환경이 이러한 요구들을 잘 충족시킬 수 있는가에 대해 결정을 내리게 된다. 대부분의 경우 이 같은 가정들은 무의식적이며, 그 결정과정은 분석적이 아니며 그 결과로 된 건물에 관하여 그것이 실제로 얼마나 쓸모가 있었는지를 알아내기 위한 평가는 행해지지 않고 있다.

건축에서의 환경 — 행태 연구는 비단 기능만이 아닌 그 이상의 것을 포괄한다. 흔히 건축에서의 기능은 건물의 본래의 의도대로 제구실을 다할 수 있게 하는 흑판의 높이나 벽 소켓의 배치 같은 치수적인 고려와 또 사람들이 수행해야 할 어떤 기능에서 또 다른 기능으로 쉽게 움직일 수 있게 하는 활동들 간의 근접성과 유통의 흐름 같은 계량적 고려를 뜻한다. 그러나 행태의 여러 요인은 환경 사용자인 그 또는 그녀가 건물형태, 사회적 상호작용 요구, 생활방식의 주변문화(subcultural)적 차이, 그리고 건물의 의미와 상징성을 어떻게 보는가 하는 사용자의 심리학에까지 깊이 도달하고 있다.

환경 — 행태 연구는 또한 미학(기쁨)을 포함한다. 기능이 사람들의 행태와 요구에 관련된 것처럼 미학은 그들의 기호, 경험 그리고 의당 세계에 대한 그들의 지각에 관련되는 것이다. 따라서 형식적 미학은 사용자에 기반을 둔 경험적 미학으로 보충된다.

환경 — 행태 연구는 또한 기술(견고성)에까지 확대한다. 왜냐하면, 어떤 건축적인 역할(단서)이 가볍거나 경쾌한 표현에 반해 견고함이나 방어의 강한 표현을 주는지 우리는 물을 수 있기 때문이다. 그 역할은 구조기사가 건물이 구조적으로 건전하다고 결론을 내리게 하는 요인과는 대단히 다를 수 있기 때문에 구조표현에 대한 지각(知覺)의 기반 문제는 건축가에게 또한 큰 이익이 되는 것이다.

고딕시대의 건축대가(大家)로부터 우리 시대의 휴머니스트에 이르기까지 훌륭한 건축가는 건축의 행태적 결정요소에 민감한 반응을 보여 왔다. 가장 훌륭한 건축물은 역사 이래 그것이 처한 시대뿐 아니라 발전된 사회적 생활

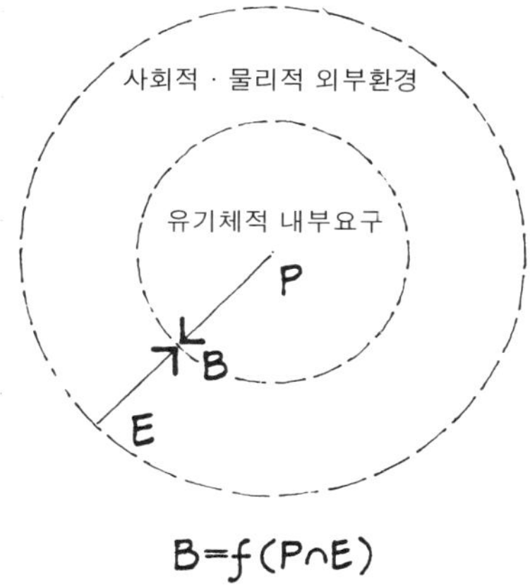

유기체적 내부요구와 사회적 - 물리적 외부환경의 기능으로서의 행태

양식으로서도 인간요구와 감정에 호응하였던 것이다. 그러나 기능적으로나 행태면에서나 제구실을 못하는 건축물이 많다. 그 밖의 건축물들이 제구실을 하고는 있어도 건축가들이 건축환경과 행태의 상호작용방식, 그리고 사용자 요구에 좀더 주의를 기울였다면 그 디자인은 더욱 성공적이었을 텐데 하는 아쉬움이 있다.

유용한 많은 정보들이 환경 — 행태 연구의 종합적 학문 교류에서 비롯되어 왔었다. 이 사실은 개인행태, 사회적 규약, 문화적 가치 그리고 물리적 환경간의 관계를 문서로 제공하기 시작하였다. 디자인 과정에서의 사회행태 정보의 사용과 행태기준에 따른 디자인 안(案)의 검토를 위한 여러 가지 방법이 또한 건축가와 그 밖의 전문가들에 대하여 제안되어 왔다.

■ 설계과정에서의 환경-행태

환경 — 행태 관계에 대한 뚜렷한 주의집중이 건축의

중요한 부분이 된 이유에는 여러 가지가 있다. 상당한 연구들이 보여준 것은 전문가들의 태도와 가치기준은 이들이 봉사하려고 하는 시민이나 사용자들의 그것과 매우 다르다는 사실이다. 전문적 디자이너와 사용자와의 상이점은 생소한 사용자 집단과 생소한 건물유형인 경우 더욱 현저하다.[2] 우리 사회는 전문적으로 더욱 분업화 되고 사회적으로 연령, 인종 그리고 특수 — 이해(利害) 집단으로 더욱 구별되어 왔다. 전문가로서의 훈련은 건축가로 하여금 건조환경을 대부분의 사람들과 전혀 다른 방식으로 보고 생각하게 하는 결과로 유도한다. 사용자 집단의 넓은 범위에 관한 지식과 또 그렇게 높은 수준의 훈련을 받지 않은 사람들이 환경을 생각하는 방식에 관한 지식을 우리들 훈련에 필수 불가결한 요소로 포함시킴으로써 어느 정도 그 간격을 좁힐 필요가 있게 되었다. 대부분의 사람들이 말에 의한 사고인(思考人)이라면, 건축가의 절대다수는 시각에 의한 사고인이다. 따라서 건물 사용자들이 우리가 존중하는 것과 동일한 시각적 미학을 존중할까? 아니면 이와 달리 디자인 결정을 사용자의 요구, 지각, 취향 및 가치기준에 의거할 수 있는 것인가? 네덜란드의 건축가 나일 스프락이 말한 것처럼 "건축가의 '상식'은 사용자의 '상식'이 아니다. 왜냐하면 한쪽은 전문적 훈련을 받아왔고 다른 한쪽은 그렇지 못하다는 단순한 이유에서이다. 그러므로 건축가의 직관을 신임하지 말고 사람들의 요구들이 어디에서 방해되고 있는지를 실험과 이론으로 찾아내도록 노력하자. 지식에의 직관적 지름길이란 없는 법이다."[3]

건축가가 어떤 건물이나 어떤 주거지역을 "아름답기" 때문에 좋아한다면 그것의 기능적 또는 사회적 결함에 대해선 변명하려 들 것이다. 그러나 연구에 의하면 이 미학적 "후광효과"는 대부분의 사용자 집단에게 통하지 않으며, 실상 건축가가 기능상의 요인보다 미학에 우선을 두는 것은 사용자들이 택하는 우선과 정반대일 수도 있다.[4]

건물 사용자들의 요구, 취향, 가치기준을 어느 정도 만족시키는가를 알아보기 위해서 또 이 정보들을 다시 새로운 연구와 프로그래밍 그리고 디자인에 반영하기 위해서 많은 연구들이 사용중인 건물들을 평가한 바 있다. 디자인상(賞)은 흔히 시공 전이나 입주 직후에 시행되고 있다. 미국 건축가협회(AIA)의 건축 우수상은 프로젝트 완공 후 10년이 지난 후에 주고 있으나, 사용자의 평가에 근거한 수상은 거의 없다. 오히려 상들은 그 시기에 유행하는 건축미학에 근거하고 있다. 그러나 입주 후 엄밀한 평가 연구는 이들 여러 수상 프로젝트에서의 단점과 실수를 밝혀내었다. 평가는 현재 주택계획, 주거지역, 근린주구 디자인, 병원, 학교, 사무실 어린이의 옥외 위락환경, 학생회관, 쇼핑거리(mall)에 걸쳐 광범위한 건축물을 대상으로 진행되고 있다. 이것은 디자인을 위해 값진 정보분야이며 건축 연구자들에 의해 더 확장될 수 있는 것이다.[5]

건축 — 형태상의 중대한 문제를 안고 있는 것으로 가장 잘 알려진 건물은 세인트 루이스에 있는 프루이트 이고(Pruitt - Igoe)주거집단이었다. 프루이트 이고는 평균 11층의 33동이나 되는 저소득층 주택 프로젝트이었다. 그것은 11,000명을 수용하기로 되었었다. 1950년대에 그 계획은 미국 공공주택의 탁월한 새로운 본보기의 하나로서 건축잡지에서 극구 칭찬됐던 것이다. 그것은 참신한 배치계획 건물 사이로 구비치는 강 같은 오픈스페이스, 그리고 매 3층마다의 어린이 놀이터와 어른들의 집회와 담화를 위한 개방된 회랑(gallery)을 포함한 여러 가지 기발한 디자인 특성을 갖도록 되어 있었다. 그러나 건물들 사이의 공간은 황폐해지고 회랑은 우범지역이 되고 말았다. 그 프로젝트를 개선할 목적으로 두 번째 건축설계 사무소가 계약을 맺었다. 그럼에도 많은 건물들이 폐기되고 범죄와 만행이 판을 쳤다. 결국, 1972년 프루이트 이고 주택단지의 상당부분이 건축주와 주택도시 개발성에 의해 폭파되었다. 이 상황을 연구해온 사람들 사이의 지배적인 결론은 그 단지에 거주하기로 되어 있었던 도시 빈민의 요구, 취향 및 생활양식에 대해 진지하고도 충분한 주의를 기울이지 못했다는 사실이다.[6]

이와 같은 상황은 세계 여러 곳에서 건축전문 직업의 중심이 되는 여러 가지 쟁점과 건축의 위기감을 유발하였다.[7]

1. 서양의 유대교 – 기독교적 적통은 물리적 환경과 조화를 이루는 인간을 강조하기보다 인간을 자연과 땅을 지배하는 입장에 이끌어왔다.
2. 건축 전문직업의 구조나 보상체계는 건축 서비스를 받을 여유가 없고 잊혀지고 있는 대다수 사람들, 가난한 사람, 젊은이, 노인, 신체장애인들을 일층 더 소외시켜 왔으며 한편 부유하고 정치적으로 권력이 있는 사람들은 사회의 열매를 거둬들이고 있다. 설계의뢰자 – 건물사용자에 관한 쟁점만큼 심각한 것은 없다. 그 쟁점이란 건축가가 도덕적으로 누구에게 책임을 지고 있는가? 하는 문제이다.
3. 청결과 질서에 대한 전문가적이고 국가적인 욕망은 – 효율적이라 하더라도 – 주민들의 요구와 욕망을 최우선으로 뒷받침하는 인정어린 환경보다는 오히려 메마른 환경에로 이끌어 왔다.
4. 양식(樣式)과 기계미(美)에 대한 건축적인 관심은 많은 건축가로 하여금 인간의 요구와 행태를 보지 못하는 장님이 되게 하였다.
5. 기술공학이 모든 환경문제를 해결할 수 있다는 건축의 전통과 확신은 겨우 부분적으로, 그것도 변변치 못하게 해결했을 뿐임을 드러내었다.
6. 1920년대와 1930년대의 건축의 선구자들이 예술에 기여는 했지만, 그들은 건축을 정치적 · 경제적 원칙에 의거하기를 원했다. 그들의 선언문은 정치적 · 경제적 선결조건이 충족되기만 한다면 현대건축이 인간요구를 만족시킬 수 있다고 제시하였으며, 인간요구의 완전하고 체계적인 조사와 개개의 건축문제들의 변함없는 재평가를 요청하였다. 그러나 실정은 달랐다. 사회적 · 경제적 이상(理想)은 시각적 미학과 형식주의에 주저앉았으며, 이것이 바로 프루이트 이고, 그리고 그보다 새로운 행태 건축에까지 이른 현대건축의 과정이었다.[8]

"현실세계를 위한 디자인" (Design for the Real World) 이란 책에서 빅터 파파네크는 우리는 자신을 현실 세계에서 고립시키고 인간의 현실문제와 감을 쌓고 인간 경험과 요구의 깊이를 재지도 않고 약간의 창문이나 정원을 교묘히 다루는 것에 만족하여 당면한 사회행태 환경문제들의 아주 작은 부분들을 고립시켜왔다고 하였다.[9] 건축교육의 최근의 변화가 있기까지 교육방식은 마치 "진리"인 것처럼 여겼던 근대양식의 도제적(徒弟的) 주입이었다. 다행이도 건축교육은 이제 더 넓어지고 건축환경에서의 인간요구의 깊이에 무언가 호소할 기회를 다시 얻게 되었다.

건축에서 환경 — 행태 연구를 고찰하기 위해 우리는 두 가지 개념의 윤곽을 이해해 하는데, 그 하나는 얻을 수 있는 환경 — 행태 정보의 범위를 예시(例示)하는 일이고, 또 하나는 디자인 과정 어디에서 환경-행태 정보가 건축의 결정행위에 가장 큰 영향을 미치는 가를 보여주는 일이다.

환경 — 행태 정보의 범위

얻을 수 있는 환경 — 행태 정보의 범위를 알아내는 유용한 모델은 건축심리학자인 어윈 알트만이 처음으로 제안한 것으로서, 거기에는 세 가지 주요부분, 즉 환경 — 행태 현상, 사용자 집단, 환경무대(setting)를 포함한다.

환경 – 행태 현상 이 현상은 각기 일상의 물리적 환경과 관계된 인간형태의 또 다른 측면으로서 공통된 예로 프록세믹스(proxemics-인간의 공간사용)와 프라이버시를 들 수 있다. 프록세믹스는 사회적 상호작용을 하기에 편하다고 생각되는 사람들 사이의 갖가지 거리이다. 프라이버시는 다른 사람들과 상호작용의 절도를 맞추고 조절하는 대인관계의 조정장치이다. 물리적 디자인 요소들은 우리가 대인관계의 상호작용을 조정할 수 있고 프라이버시와 공동사회간의 균형을 유지할 수 있는 정도에 영향을 미친다. 환경 — 행태 현상의 다른 예로는 환경의 의미와 상징성 그리고 사람들이 자신을 드러냄에 있어서 환경을 사용하는 방법 등을 들 수 있다. 이 같은 현상들의 어떤 것은 프록세믹스와 프라이버시와 같은 개인적 행태패턴에 관계된 것이며, 한편 또 다른 것들은 공동사회와 근린사회와 같은 사회적 패턴과 규칙을 다루고 있다. 다시 또 다른 일부, 특히 의미와 상징성은 문화에 바탕을 둔 중요한 디자인의 결

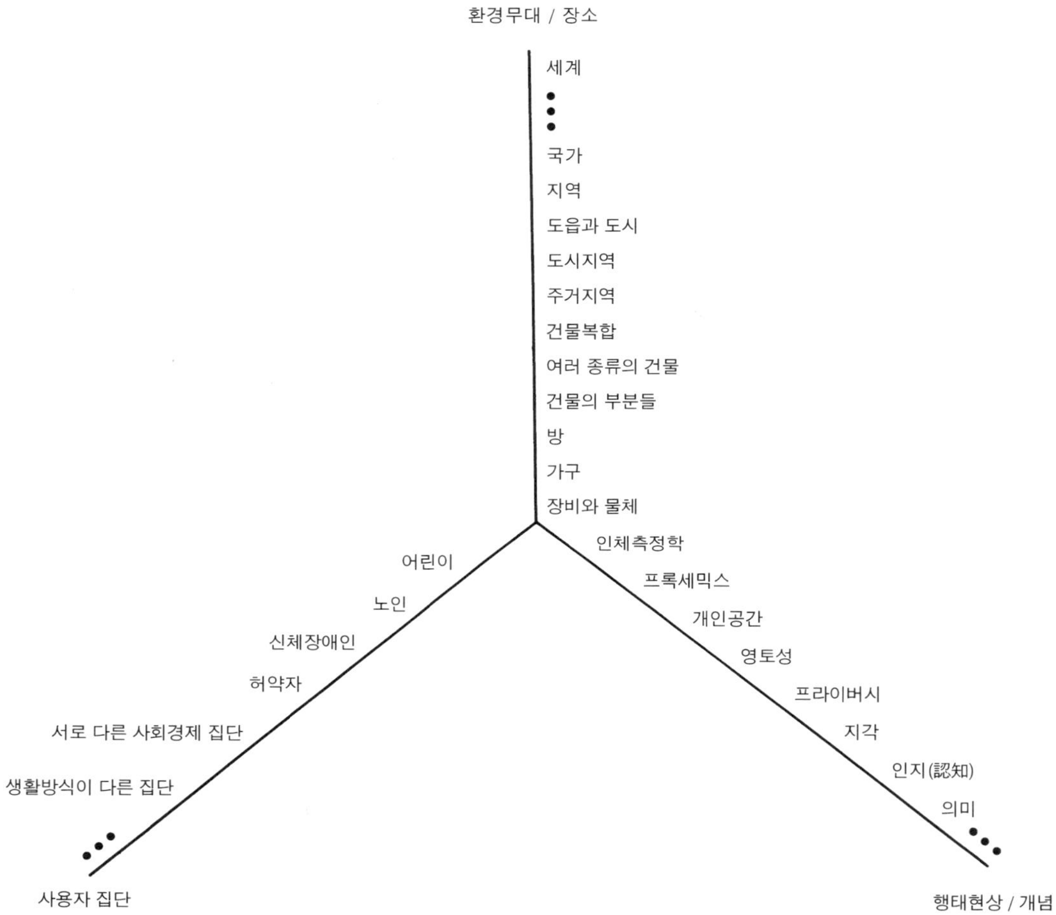

환경 – 행태 정보의 범위

정요소에 관련된다. 이 모든 환경 · 행태 현상이 디자이너들에게 중요한 까닭은 그 현상들은 서로 교류하고, 따라서 여러 가지 사용자 집단을 위한 여러 가지 건물형의 디자인에서의 고려대상으로 재등장하기 때문이다.

사용자 집단 서로 다른 사용자 집단은 서로 다른 요구와 사용패턴을 갖고 있으며, 환경특성에 의하여 서로 다른 방식으로 영향을 받는다. 현재 어린이와 환경, 상이한 인종집단, 신체장애인과 저능아와 같은 특수 사용자 집단에 관한 상당한 자료가 존재한다. 사용자의 입장에서 행태의 요인을 연구하는 것은 그 결과가 그와 같은 사용자들을 포함하는 어떤 프로젝트에도 응용될 수 있는 풍부한 이해를 건축가에게 마련해 주기 때문에 중요하다.

환경무대 환경 — 행태 모델의 이 마지막 구성요소는 방의 규모에서부터 지역, 국가 세계의 차원에 이르는 모든 스케일의 환경무대를 포함한다. 건물과 건물집단에 대한 방의 스케일은 건축가에게 대단한 관심사가 된다. 도시에 대한 건물의 스케일은 도시 디자이너의 관심사이다. 지역에 관련된 건물집단은 도시계획가와 지역 계획가를 매료한다. 그 밖에도 많다. 환경 — 행태 연구분야의 최근 발전은 서로 다른 건물형에 관한 행태연구와 기준에 초점을 맞추고 있음을 보게 된다. 그 예로서 어린이 주거환경, 노인주택, 그리고 여러 가지 사회문화 계층의 근린주거 지역 등을 들 수 있다. 건축에서의 이러한 행태에 대한 관심의 경향은 여러 가지 유형의 건물 디자인에서 고려할 필요가 있는, 행태적, 사회적, 문화적 요인에 전체적(holistic)인 초점을 맞추는데 그 특색이 있다.

설계 과정에서의 환경 — 행태 정보의 위치

디자인 과정에서의 환경 — 행태 정보의 위치는 건축사회학자인 존 자이셀이 처음 제안한 순환도식(cyclical diagram)으로 생각할 수 있다. 간단히 말해서, 디자인 과정에는 사용자에 대한 응용 연구, 정책결정, 프로그래밍, 예비설계안 선정, 디자인 개발, 환경관리, 입주 후 평가 등이 포함되고 또한 추가되는 연구, 결정행위, 프로그래밍, 그리고 향상된 일반적 디자인 지식에의 피드백(feed back)도 포함된다.

환경 — 행태의 정보와 개념은 디자인 과정 · 어디에나 넣을 수 있는 것이다. 오히려 그것들은 정책 결정, 프로그래밍, 그리고 전반적인 디자인의 종합을 고무하며, 그러한 결정과 디자인은 입주 후의 평가에 있어서 사회 — 행태기준에 따라 평가된다.

■ 환경 — 행태 : 현상(現象)과 설계

환경 — 행태 정보는 인체측정학에서 기호학에 이르는 광범위한 것이다. 인체측정학과 같은 일부 현상은 대부분 뚜렷하고 구체적이고 관찰할 수 있는 인간 조건에 관한 것이고, 한편 기호학과 같은 또 다른 현상은 잠재적이고, 아주 덧없고, 숨은 환경의 효과에 관한 것이다. 그 중 소수만이 드러날 수 있으나, 그것들은 민감한 디자인을 위해 건축가가 알아야 할 환경 — 행태요인의 유형을 반드시 암시한다.

행태의 환경 무대 : 맞음과 맞지 않음

건축에서의 인간행태 분석의 중심개념은 행태의 환경무대이다. 생태심리학자 로저 바커의 연구에 따르면, 행태-환경 무대는 건축의 목적을 위한 환경 — 행태 상호작용 분석의 기본단위로 규정될 수 있는데, 거기에는 다음 네 가지 특성이 포함된다.[10]

1. 친구와 스쳐 지날 때 말 걸기 위해 발을 멈추는 것 같은 행태의 고정패턴 혹은 행태의 공통된 반복적인 유형
2. 규범과 기대를 포함한다고 풀이되는, 행태를 지배하고 있는 사회적인 규율과 목적, 긴 담화는 노인들의 규범이고, 사회적 관습은 이야기하는 동안 접촉과 접근을 허용한다.
3. 환경 무대의 결정적인 물리적 특색, 즉 형태와 밀접하게 연결된 물리적 환경의 요소와 관련성, 예컨대 대화가 이루어지는 노인주거단지내의 사회적 공간의 크기와 모양, 혹은 사람들이 붐비는 번잡한 통로에서 벗어난 아늑한 구석진 곳 따위.
4. 행태의 발생시간 장소와 시간구조, 이는 많은 행태가 날마다의, 주마다의, 달마다의, 계절마다의 리듬을 갖기 때문이다.

그러므로 행태의 환경무대는 행태에 긴요한 물리적 환경의 모습만을 포함한다. 환경무대는 사진으로 찍기보다 스케치하는 편이 나을 때가 흔히 있다. 왜냐하면 사진으로 찍힌 건물의 모습은 모두 관찰하고자 하는 행태를 위한 환경무대의 긴요한 모습이 아니기 때문이다. 공통적인 관찰

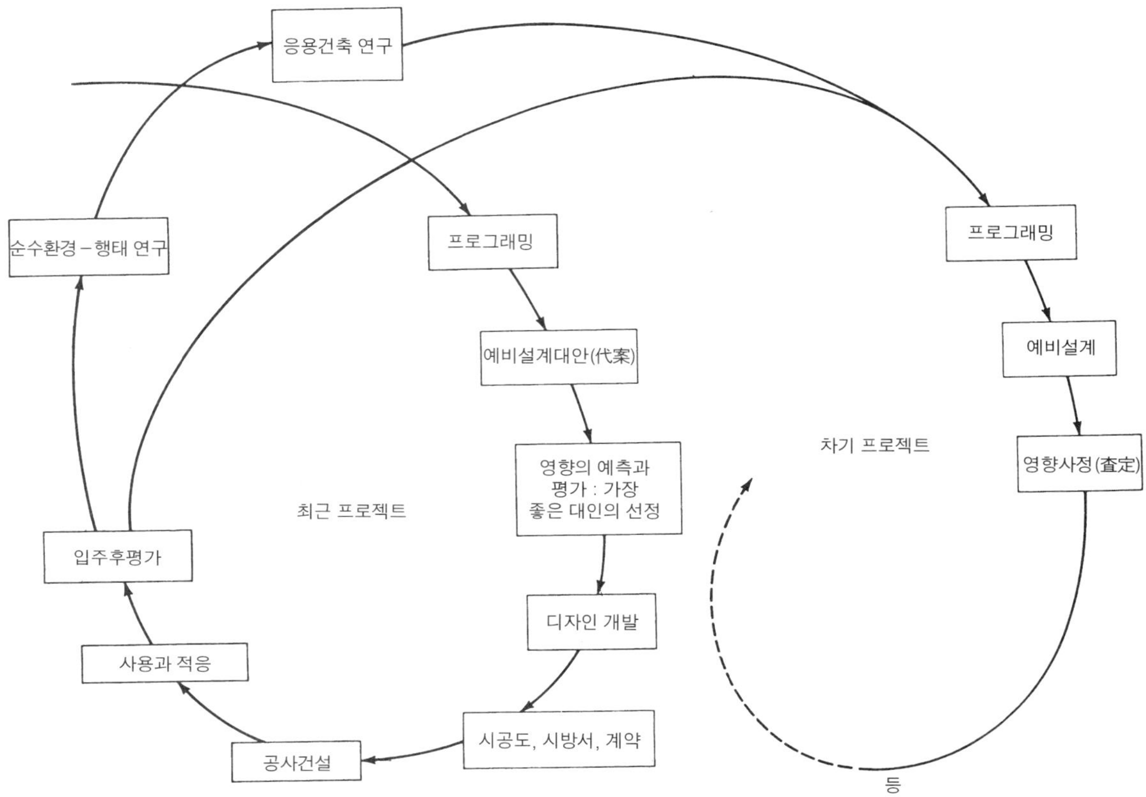

디자인 과정에서의 환경－행태 연구(1975 J.Ziesel의 연구에 의거)

에 따르면, 행태의 고정 패턴과 그 환경무대는 일체를 이루며, 연기자와 소도구는 다르거나 변할 수 있어도 행태패턴과 그 환경무대의 긴요한 관련성은 근본적으로 변하지 않는다. 교실에서의 행태와 그 환경무대는 학생이 변한다 해도 학기마다 동일한 학과정에 대해 크게 달라지는 것은 아니다. 그러나 사람과 물체는 강의실에서 커피숍으로 움직일 때처럼 한 환경무대에서 다른 환경무대로 옮김에 따라 변형된다.

설계의 궁극적인 목적은 행태를 만족시키는 형태를 창조하는 일이다. 형태의 정당성은 그것이 행태적, 사회적, 그리고 문화적 상황과 일치하는 정도에 달려있다. 만일 활동 무대의 구성요소가 행태와 행태규칙이나 목적과 조화를 이룬다면, 환경과 행태 사이에, 행태와 목적 사이에 일치함이 있어 행태와 환경무대는 시노모픽(synomorphic)이 된다. 만일 환경무대가 행태에 방해되는 것이라면, 그 두 가지는 시노모픽이 아니라고, 또는 환경무대와 그 속에서 일어나는 행태의 고정 패턴 사이에 불일치(안 맞음)가 존재한다고 말할 수 있다. 환경무대와 거기에 대한 행태는 대부분을 일치하게 하고 불일치를 적게 할 수 있다. 예컨대, 노인용 주거시설에서 사교공간은 사람들 사이의 상호작용을 돕겠지만 노인 거주자들이 앉아서 사람들이 들어오고 나가는 것을 바라보기 어렵게 하기도 한다. 그렇다면, 건축의 중심 목적은 환경무대를 다시 잘 맞는 것은 그대로 두고 잘 맞지 않는 것은 그 근원을 제거하게끔 환경무대를 다시 설계하는 일이다.

건축이론가인 크리스토퍼 알렉산더가 말했듯이 형태와 그 내용과를 잘 맞춰주는 과정은 잘 맞지 않는 것을 제거하거나, 잘 맞지 않게 하는 자극물을 중화시키는 부정적 과정이다.[11]

행태의 환경무대 개념과 맞음 — 맞지 않음의 이중 개념은 건축에서의 기본 블록재에 해당한다. 그 개념들은 형태 — 행태 관계의 분석, 사용중인 건물의 평가, 그리고 행태에 근거한 건축 프로그램 개발 등을 위한 기초를 이룬다. 이 같은 모든 디자인의 행태와 형태가 잘 맞도록 하는 방법에 관한 일련의 암시적 가설로 볼 수 있고, 결과적으로 모든 디자인은 거주 후 평가, 재 프로그래밍, 그리고 재설계를 면할 수 없다.

인체 측정학

인체 측정학이란 인체의 비례와 치수이며, 서로 다른 인간활동과 소(小, micro) 환경에 관한 인체의 생리적 특성과 능력을 말한다. 이것은 또한 "인간요인" 또는 그 응용에서 "인간공학(ergonomics)"이라고 불리우는데, 그것들은 여러 가지 활동을 위한 작업면의 높이, 아주 작거나 큰 키의 경우 이외의 모든 사람에게 편한 높이의 범위, 그리고 어린이, 남자, 여자, 노인들을 위한, 작은(micro) 또는 공간을 채우는 건축 구성 부분의 디자인에 영향을 주는 긴요한 치수 따위의 문제와 관련된다.[12]

프로세믹스(Proxemics, 인간공간 사용학) · 개인공간(Personal Space) · 영토성(Territoriality) 및 방어적 공간(Defensible Space)

사람은 자기의 생물학적, 개인적, 사회적, 문화적 요구를 환경에 나타낸다. 공간은 인간의 요구를 만족시키는 일 말고도 무언가를 말하고 있다. 이것이 곧 행태에서의 보이지 않는 차원(hidden dimension)이며, 이를 통해 우리는 서로 의사소통을 한다.

프로세믹스(proxemice)는 직접 대면의 상호 작용에서의 공간적 요인에 관한 상관된 관찰과 이론이라고 우리는 정의하였다. 1950년 초, 환경심리학자 로버트 소머는 사스카츄완에 있는 병원, 대중식당, 정신치료기관에서 여러 가지 유형의 직접 대면 상호작용에서의 공간적 요인을 연구하였다. 그는 설문서와 실험방법을 결합해 본 결과, 가장 편한 대화거리는 코에서 코까지 5피트 6인치임을 알아냈다. 그는 또 여러 가지 모양과 크기의 테이블을 조사해본 결과, 쾌적한 대화는 거의 사람들이 서로 직각으로 맞대어 자리잡을 때 이루어지고, 협동적인 작업은 서로가 나란히 자리하고 있을 때 이루어지고, 홀로 식사하는 것 같은 독자적 행동은 모퉁이에서 행해지고, 또 경쟁적인 작업이나 논쟁은 대개 사람들이 테이블이나 그 밖의 다른 공간 너머로 곧바로 짧게 마주대하고 있을 때 일어남을 알았다.

프로세믹스에 관한 또 다른 연구들이 이루어져왔다. 인류학자 에드워드 홀은 이를 가장 정교하게 잘 요약하고 있다.[13] 그의 연구에서 그는 네 개의 독특한 거리(친밀한, 개인적, 사회적 · 자문적, 대중적)와 각 거리에서 일어나는 특징적인 행태, 그리고 이들 거리에 수반하는 개인 상호간의 여러 가지 감각반응을 제시하고 있다. 통제된 조건하에서 홀의 관찰은 어느 정도 확인되어 왔다. 또한 서로 다른 물리적 환경이 이러한 거리들에 미치는 영향에 관한 연구가 더러 있어 왔다. 물리적 한경의 특성에 관련된 프록세믹스와 공간적 상호작용에 관해 건축 연구가 더 많이 이루어져야 할 것으로 본다. 그렇지만 그러한 추가적 연구가 완성되기 전에라도, 홀의 일반론은 여러 가지 친근한, 사람들 상호간의, 사회적, 대중적, 상호작용 등을 위한 방, 라운지, 집회실, 세미나실 등의 최소 최대 크기에 관한 디자인 결정의 근거로서 유용하다.

개인공간(personal space)은 하나의 특수한 환경 — 행

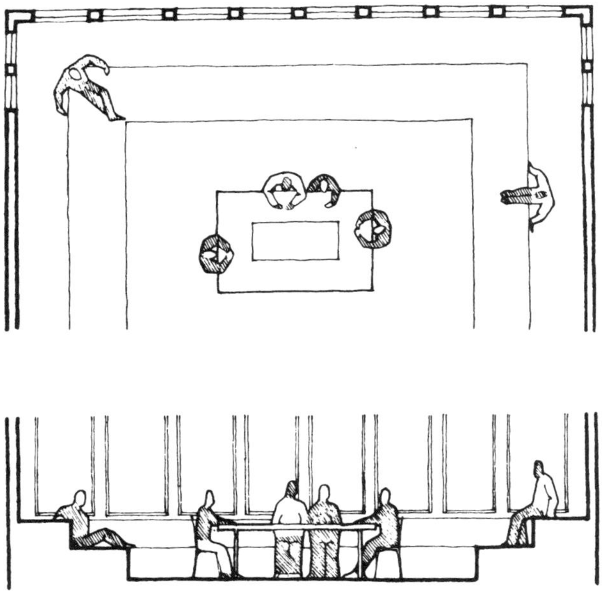

행태환경무대의 스케치

(C. Kronser와 J. Oertel의 연구에 의거한 것임)

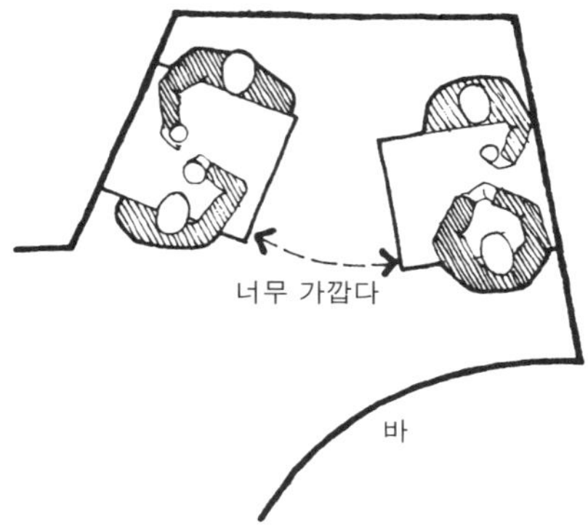

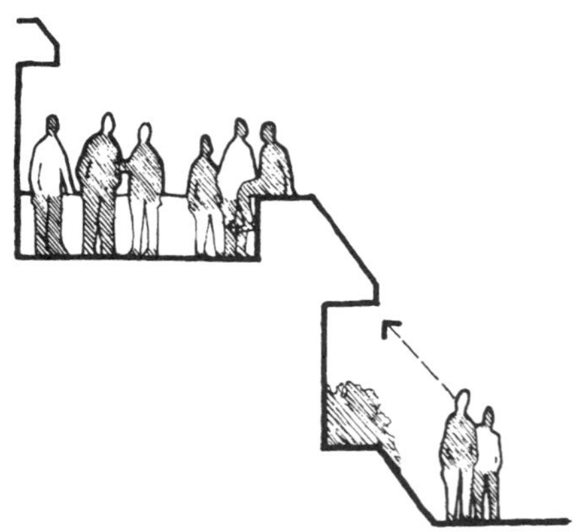

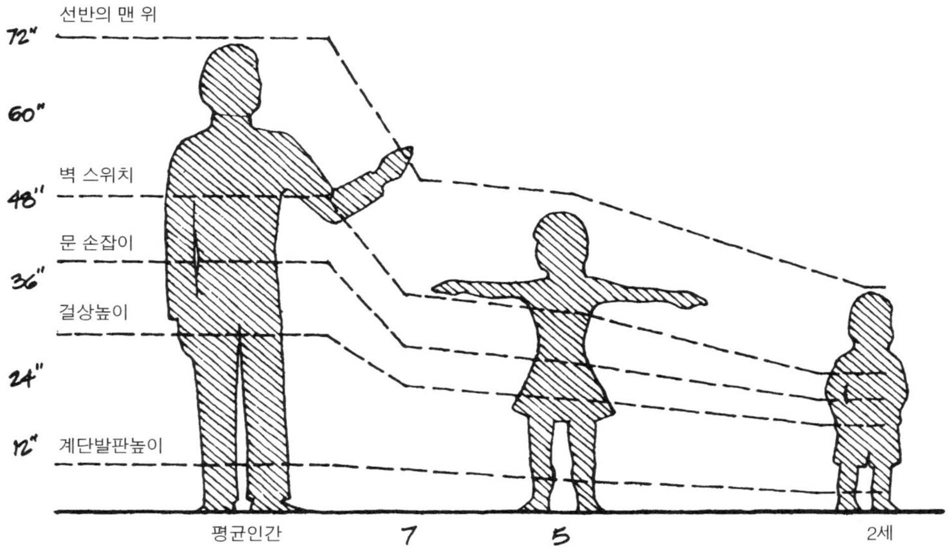

인체측정학 : 인체

태 개념이다. 그것은 작고 볼 수 없는 보호영역 혹은 기포(氣泡, bubble)로서 유기체가 가지고 다니며, 자기와 남 사이를 유지하는 것, 즉 공유되지 않은 개인공간의 완충지대라고 로버트 소머는 정의하였다. 각자의 개인공간은 동적(動的)이며, 그 치수는 변하며, 침해당할 때 긴장과 불안이 야기된다.

개인의 특성(개성, 기분, 성별, 연령)은 여러 가지 물리적 환경 상황과 관련된 사회규범과 문화규율과 더불어 개인공간에 영향을 미친다. 예컨대, 남자의 개인공간은 여자와 접촉할 때보다 남자와 접촉할 때 더 크지만, 여자의 개인공간은 나이와 더불어 증가하지만 아주 늙으면 다시 줄어든다. 미국의 초등학교 아동들은 다른 인종이나 종족의 아동들과 지낼 때보다 이성(異性)의 아동들과 지낼 때 더 큰 개인공간의 필요성을 느낀다. 그러나 이 경향은 사춘기에 접어들면 반대로 된다. 사람들은 파티나 피크닉 같은 비공식의 준공공(準公共) 환경무대에서보다 공원이나 광장(plaza) 같은 공식적인 공공 환경무대에서 더 큰 개인공간의 필요성을 느낀다.

자기영역(Territory)과 영토성(Territoriality)은 한 사람이 개인 전용화하고, 특징지우고, 소유하고, 또 지키는 일단의 행태 환경무대를 뜻한다. 개인공간과는 달리 자기영역은 움직이지 않는 정착된 것이다. 자기 영역은 다섯 가지 특징으로 규정된다. 즉 그것들은 공간적인 넓이를 가지며, 개인이나 집단에 의해서 소유되거나 지배되며, 신분이나 교배 같은 어떤 요구나 동기를 충족시키며, 구체적 또는 상징적인 방법으로 표시되며, 또 침입자에 의해 어떤 형식으로든 침해되면 사람들은 이를 방어하거나 적어도 불안을 느낀다. 영토성은 개념상 동물과 사람에 모두 해당되는 것으로 영장류, 고등척추동물 그리고 조류에 관한 광범위한 연구에서 비롯된 것이다. 인간영토성의 예로 가정, 사무실, 작업장과 그 주변공간, 주거단위의 앞뜰 혹은 정원, 깡패들의 "지배구역(turf)", 어린이들의 요새와 아늑한 장소, 더 나아가 이웃 동네와 주거지역 전부까지도 들 수 있다. 이들 자기 영역들은 때로는 싸움으로, 때로는 무언언의 암시로, 또 흔히 건축적, 상징적 방법으로 보호된다.

영토적 행태는 여러 건물을 환경무대로 해서 조사되어 왔다. 한 흥미 있는 연구는 정신병원에서 영토성을 관찰하였다. 이 연구에 의하면 독단성이 부족한 환자들은 작은 지역을 스스로의 자기영역으로 간주하고, 이것을 철저히 지키는데 반해, 아주 지배적인 환자는 병동 전체를 자유로이 돌아다니면서도 공간영토성을 별로 나타내지 않고 있었다.[14]

영토성의 개념은 주택이나 주거지역을 어떻게 범죄나 만행에서 지킬 수 있도록 디자인 할 수 있는가를 시사할 만큼 넓어져 왔다. 지킬 수 있는 공간(defensible space)은 건축디자이너이며 연구학자인 오스카 뉴먼(Oscar Newman)이 만든 용어이지만, 제인 제이코브(Jane Jacob)의 책 《위대한 미국 도시의 생과 사[15]》에서 이미 그 개념이 정립된 바 있다. 뉴먼은 침범, 파괴행위, 범죄로부터 잘 지켜주고 안전하게 해주는 공간의 네 가지 특성을 다음과 같이 확인하였다.

1. 감시, 이것은 제이코브가 말한 "거리의 눈"으로서, 복합적 토지이용, 거주인의 다양성, 개방적인 평면계획, 24시간의 가로(街路) 생활 등에 의해서 이루어진다.
2. 감지되고 지켜지는 자기영역, 거기에는 공공구역 대사적(私的) 구역의 분명한 식별과 구역간 "통용문(gate)"의 분명한 식별이 포함된다.
3. 이미지와 주위환경, 지역이 안전 또는 근린적 프라이드에 관한 전반적 이미지를 갖고 있다는 생각이다.
4. 안전구역, 이것은 활동이 많거나 위험한 지역으로부터 바람직한 안전공간을 분리시키고, 안전지역과 지킬 수 있는 지역을 나란히 두는 일이다.

소집단 생태학

소집단 생태학이란 소집단의 경우에 긴요한 환경 — 행태 관계에 대한 고찰에 붙여진 이름이다. 위에서 언급한 여러 가지 유형의 활동을 위한 프록세믹스적 거리들은 소집단 생태학의 일부이다. 그러나 거기 덧붙여, 공간의 크기, 모양, 특성이 어떻게 개인 상호간의 접촉에 영향을 주는가? 어떤 유형의 공간이 세미나, 회의, 사회보장 업무 종사자와 그 수혜자간의 만남, 그리고 비공식 토론 등에 가장 적합한가? 복도, 중정, 또는 광장의 구석 모퉁이에서 어떤 형태의 소집단 상호작용이 일어나고 있는가?

여러 연구는 세미나와 같은 집단적인 상황에서 사람들은 남들을 충분히 볼 수 있을 때 그들에게 더 잘 응답하는 경향이 있음을 밝혀냈다. 만족한 작업수행은 그룹 환경무대의 중심 위치에 있을 때에 직접적인 관련이 있음을 드러났다. 또 다른 연구에 의하면, 교실 활동의 참여도와 심지어 학업성적까지도 앉은 자리에 관계가 있다고 한다. 길고 폭이 좁은 세미나실에서는 상호작용이 잘 이루어지지 않지만, 방에 정사각의 중심구역과 "도피"지역이 있다면, 활발한 토론, 그리고 방을 떠나지 않고도 긴장을 피할 수 있는 기회가 모두 가능하게 된다.

그리하여 이런 점에서, 세미나실의 디자인은 주의 산만함이 없도록 창을 없앤 정사각형의 공간으로서 모임이 은밀한 성격임을 알려주도록 출입이 제한되고, 또 모든 참가자들에게 잘 보이고 상호작용이 잘 되도록 해야 할 것이다. 그런 방 옆에는 "휴식구역(break-out area)"이 있어야 하는데, 그것은 현관 모양의 공간으로서 참가자들로 하여금 빨리 옮겨가는 토론의 흐름에 끼기 전에 잠시 머물러 다른 사람들과 담소할 수 있게 한다. 이 휴식구역은 그 건물의 다른 부분에서 쉽게 접근할 수 있어야 하고, 주 통행공간에 가까워야 한다. 또 이 구역은 세미나실을 떠날 때 금방 눈에 띄어야 하고 집회동안과 집회 후에 모임지점의 구실을 다해야 한다.[16]

이러한 연구들은 공간요인이 집단 상호작용에서 얼마나 요긴한가, 또 사회적 상호작용이 일어나게 마련인 건축공간의 디자인에서 행태와 환경무대의 전체 생태학이 어떻게 고찰되어야 할 것인가, 그리고 이 정보는 행태에 바탕을 둔 디자인에 어떻게 전환될 수 있는가 하는 것을 제시

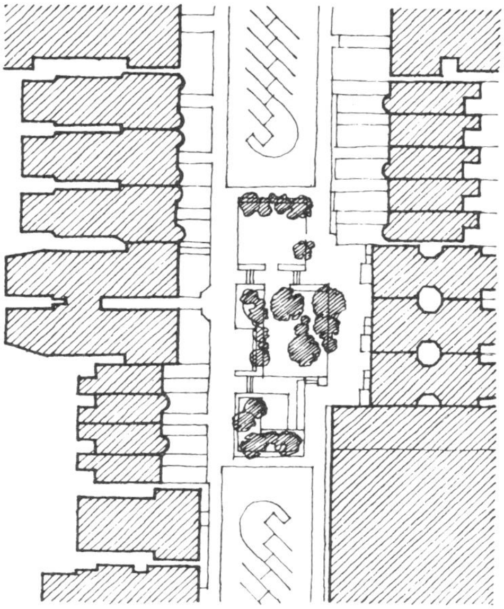

지킬수 있는 공간 : 설계 : 엠, 폴 프리드버그 협동 설계사무소 부르클린에 있는 성마가 광장의 자연적인 감시

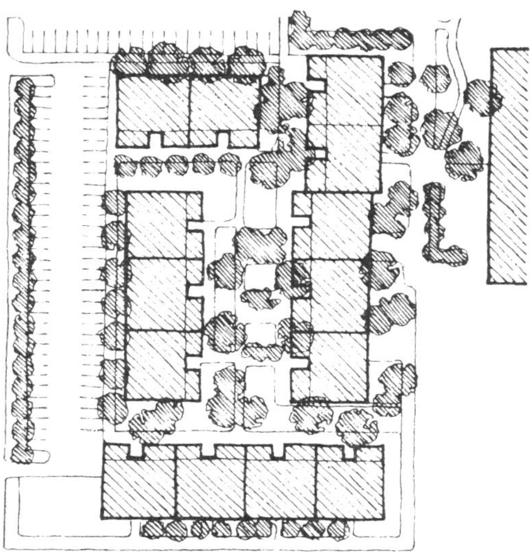

지킬수 있는 공간 : 건축가 마키와 스톨러가 디자인한 샌프란시스코의 성 프란시스 광장의 자연적인 감시, 영토적 통로, 울타리, 그리고 명료한 이미지와 주위환경, 설계 : 마키, 스톨러

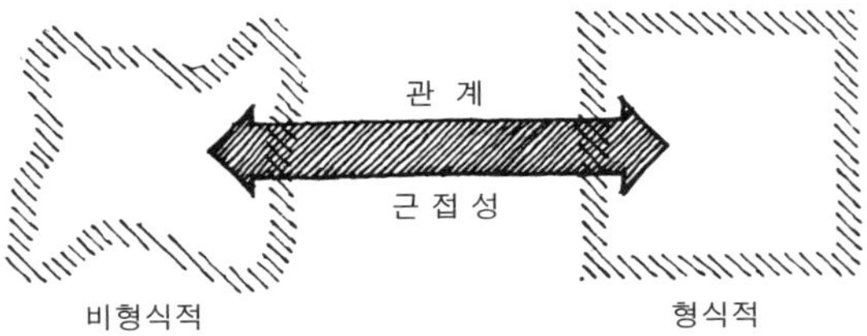

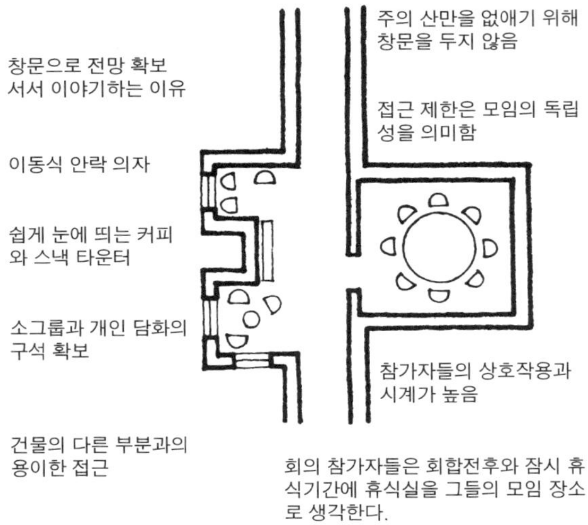

휴식구역을 갖는 그룹 상호작용 공간의 예

하고 있다.

프라이버시 · 밀도 · 과밀 · 스트레스

각기 다른 개인과 집단들의 프라이버시 대 사회적 상호작용에 대한 요구는 무엇인가? 밀도, 과밀 그리고 지각된(perceived) 밀도 사이에는 차이가 있는가? 이 같은 변수들과 스트레스와의 관계는 어떤 것인가? 즉 어떤 조건일 때 사람들은 과밀에서 스트레스를 받는가? 이와 같은 질문은 건축가가 특히 고밀도 집단주택의 경우뿐 아니라, 여러 종류의 공공건물 디자인에서도 반드시 물어야 할 질문의 일부이다.

프라이버시란 개인, 집단, 또는 단체에 있어 자신들에의 접근을 통제하고 자신들에 관한 정보를 언제, 어떻게, 어느 정도로 전달할 것인지 스스로 결정할 권리라고 정의할 수 있다. 따라서 프라이버시는 갖가지 사회적 단위에 적용된다.

사회적인 상호작용과 교제는 프라이버시와 반대된다. 세르마이에프와 알렉산더는 개인의 사적(私的)공간에서 도시 공공공간에 이르는 공동사회와 프라이버시의 여섯 가지 영역에 관한 안(案)을 전개하였다. 이 안은 기존주택의 분석과 새로운 주택의 디자인, 그리고 그 밖의 종류의 환경무대에도 응용될 수 있다. 이 영역이란 다음과 같다.

1. 개인의 사적구역(私的區域) : 개인에 관련된 것으로 예컨대 사람의 개인공간.
2. 가족 또는 소집단의 사적구역 : 기본 집단과 관련된 것으로, 예컨대 집이나 합숙소.
3. 대집단의 사적구역 : 2차집단과 관련된 것으로, 예컨대 한 아파트 건물의 모든 거주인을 대표한 프라이버시의 관리상의 통제.
4. 대집단과의 공공구역 : 대집단의 대중과의 상호작용을 수반, 예컨대 반통제(半統制)된 공공보도(步道)나 집단용 우체통 구역.
5. 도시의 준공공구역 : 목적근거가 확실할 때 정부나 기관이 통제하는 공중의 출입 · 예컨대 은행, 우편국, 공항, 시청.
6. 도시의 공공구역 : 공공소유인 점과 일반에게 완전히 공개되는 것이 특징. 예컨대 공원, 산책길, 거리 등.

가장 성공적인 도시의 공공공간은 이상과 같은 모든 영역을 공적 · 사적 공간의 서열체계로 자리 잡게 통합하고 있다. 도시의 훌륭한 준공공공간은 대집단 공공공간과 개개의 보다 작은 규모의 영역을 통합할 것이다. 훌륭한 주택이나 사무소 디자인 역시 그 속에 개인의 프라이버시를 위한 공간이 깃들게 할 것이다. 프라이버시를 위한 디자인은 쉬운 일이 아니다. 그러나 그것은 행복과 복지에 극히 중요하다.

프라이버시 — 공동사회 스펙트럼의 반대쪽 끝에 밀

도와 과밀이 있다. 밀도는 단위공간당 사람수의 수학적 측정치이다. 한편, 과밀은 심리적 혹은 환경 — 행동의 개념으로서 그것은 너무 많은 사람이 있음으로 인해 둘러싸이고, 갇히고, 혹은 좌절감에 빠진 경험을 뜻한다. 과밀은 고밀도에 연유할 것이다. 그러나 더 중요한 것은 과밀은 지각된 밀도의 함수이며, 이 지각(知覺)은 또한 기분, 개성, 물리적 상황의 영향에 좌우된다.

알트만은 프라이버시, 개인공간, 영토성 그리고 과밀을 잇는 하나의 모델을 발전시켰다. 그는 과밀을 바람직한 수준의 프라이버시를 얻는데 실패한 결과로 보고 개인공간의 방어와 영토적 행태의 표시는 과밀된 상황에서 부당한 스트레스를 피하기 위하여 바람직한 수준의 프라이버시를 얻으려고 사람들이 사용하는 두 개의 메커니즘이라고 주장한다. 위에서 언급한 바와 같이 다른 물리적 요인들도 과밀을 유발하며, 그 요인들은 유사한 방법으로 관찰할 수 있다. 사람들은 시차제(時差制) 스케줄을 짜고 과밀지역을 피하고 소리나 시야를 가리는 등의 다른 해결 메커니즘을 사용하기도 한다.[17]

환경지각(知覺)

건축가들은 한결 같이 건물의 시각적 특성에 관해 사람들이 어떻게 보고 기억하는가를 가정해 오면서도, 또 언제나 시각적인 디자인을 결정해 왔음에도 최근까지 건축환경의 시각인식에 관한 주제의 체계적 연구는 거의 없었다.

건축가는 자신들의 훈련을 통해 시각적으로 잘 다듬어져 있다고 볼 때 건물지각 연구의 필요성이 없을 것 같으나 사실은 이와 정반대이다. 여러 연구에 의하면 건축가의 건물을 지각하는 방식과 사용자들이 지각하는 방식과는 근본적으로 다르다고 한다. 예컨대 연구에서 밝혀진 대로 사용자는 목재, 콘크리트, 벽돌, 유리 등을 건축가와는 아주 다르게 지각하고, 또 사용자와 건축가는 이러한 재료에 대해 서로 다른 정서를 품는다. 건축가는 노출콘크리트에서 구조적 표현이나 정직성을 연상할 것이지만, 사용자는 그 무미건조한 회색과 미완성 또는 싸구려 겉모양에 부정적인 반응을 보일지도 모른다.

오늘날까지 게슈탈트(gestalt, 형태)이론이라고 불리는

독립성, 개인공간, 영토성 그리고 과밀들 사이의 관계(I. Altman의 1975년 저서 환경과 사회형태에서)

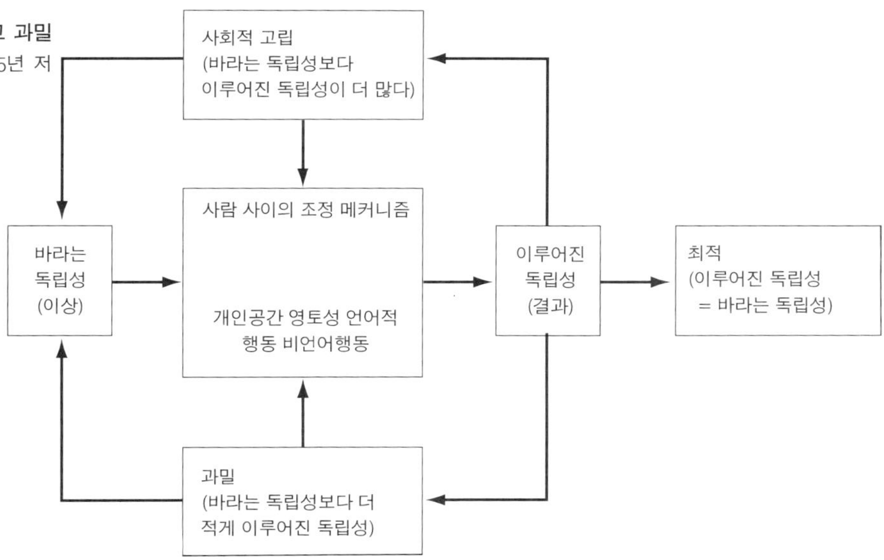

시지각의 원리는 건물지각 예측의 근거로서 건축이론가와 연구가들에 의해 가장 많이 이용되어 왔다. 가장 많이 응용되어 온 원리에는 도형(圖形)과 배경, 프라그난츠(pragnanz) 또는 완전성, 상대적 단순성, 접근성, 통일성, 연속성, 폐쇄성 등이 포함된다. 그 밖의 원리에는 심도지각(深度知覺, 또는 距離知覺)의 단서(端緖)에 관한 것들이 있다. 즉 중첩(interposition) 시각(視角)과 거리, 선형 원근법, 농담원근법, 빛과 그늘, 운동시차(parallax) 그리고 표면결의 기울기(texture gradient)이다.[18]

환경지각에 대한 중요한 의문은 일상의 사용자들이 현대건축과 도시 디자인에서 단순성 대 복잡성을 어떻게 지각하는가 하는 점이다. 1920년대에서 1940년대에 이르는 건축이론과 특히 국제주의 건축양식의 개념은 형태의 단순성과 고도의 규칙적인 기하학적 구성을 좋아하였다. 그러나 사용자들은 그러한 형태를 어떻게 지각하는가? 첫째로, 절대 다수의 사용자들은 기하학적 구성의 정교함을 지각하지 못하는데, 특히 그것이 평면에서나 겨우 눈에 띄어 지적 훈련의 큰 어려움 없이는 인식될 수 없을 때 더욱 그러하다. 뿐만 아니라, 사람들은 여러 현대건축물의 딱딱하고 거친 단순성을 좋아하지 않는다. 둘째로, 호기심, 놀이, 탐험적 행동, 그리고 인간개발은 환경의 복잡성과 다양성에 의해서 고무된다. 환경에의 수동적 노출은 실제로는 해가 될 수 있으며, 과잉은 발전을 막히게 할 수도 있는 반면, 다양성과 복잡성은 능동적인 교역, 탐험, 그리고 발전에 이르게 할 수도 있다.

19세기의 절충주의 건축가들(비오레-르 뒤크, 레뉘크, 스트리트)은 다음 세대들(설리반, 기능주의자, 그로피우스, 르 코르뷔지에 그리고 특히 미스와 국제주의 건축양식 주창자들)보다 더 높은 수준의 복잡성을 좋아하였다. 현대건축의 단조로움에 대한 반발로서 알도 반아이크, 에로 사리넨, 그리고 로버트 벤츄리 같은 건축가들은 1950년대 이후 건물의 복잡성과 의미의 수준을 의도적으로 높여왔다.[19]

환경인지(認知)

사람들은 건물의 물리적 환경을 보고 그 보는 것에 대해 반응을 일으킬 뿐 아니라 환경의 기억 이미지도 가지게 되며, 그들의 행태는 이러한 이미지에 의해 크게 영향을 받는다. 사람들은 만일 도심지가 교외 쇼핑센터보다 더 가깝고, 더 편리하고, 더 많은 다양성을 지녔다는 이미지를 갖는다면 교외 쇼핑센터보다 도심부에서 쇼핑을 하게 될 것이다. 그렇지만 대부분의 사람들의 이미지는 이와 반대이다. 도심지까지의 지리적 거리가 비록 짧다고 해도 그들은 쇼핑센터에 차를 몰고 나가는 것이 더 쉽다고 느끼고 있다. 왜 그럴까? 한 가지 이유는 시간이 짧게 걸리기 때문일 수도 있고, 또 다른 이유는 밖으로 여행하는 것이 안으로 여행하는 것보다 덜 긴장된다면 경험시간이 더 짧아질 수도 있기 때문이겠다. 이와 같이 쇼핑 행동은 부분적으로는 사람들의 심상 또는 이른바 "환경인지"의 함수이다.[20]

건물과 도시에 관한 사람들의 이미지는 세 가지 기능을 돕고 있는데, 그것은 다룰 만한 양의 기억 속에 세계를 단순화시키고 건물을 인격화하여 사실상 자기의 것으로 만들기 때문에 세계에 의미를 부여하며, 환경에 관한 경험과 감상(感像)을 함께 나눔으로써 그룹 교제의 틀을 마련한다. 사람들의 환경인식의 일부가 되는 이미지에는 네 가지 유형이 있다. 즉 도시의 공간적 배열이나 건물 특색에 관한 주관적 지식인 도시 인지도(認知圖), 여러 도시들 혹은 한 도시 내의 여러 건물들의 전반적 이미지나 특성의 인상들, 환경과 그 토지의 사람들에 관한 기본 사고방식인 언어학적 분류체계 또는 인지영역(아메리카 원주민과 호주의 원주민들은 토지를 하나의 공동 저장소로 생각하는 반면, 서구 이민자들은 토지를 다른 이익을 바라는 대로 사용하거나 남용할 하나의 경제적 상품으로 본다), 그리고 사람들이 환경에 부여하는 의미, 감상 그리고 상징성 등이다.

건물 심상에서 의미와 상징성에 이르는 환경인지의 연구와 응용의 기초는 초기의 언어인류학자인 벤자민 리훠

르프에서 인용한 다음 글로써 요약할 수 있다.

현상(現象)의 세계에서 우리가 분리한 범주와 유형을 그 세계에서 발견할 수 없는 것은 그것들이 모든 관찰자들의 바로 목전에 있기 때문이다. 그에 반해서 그 세계는 우리들의 마음으로 구성할 수밖에 없는 여러 인상의 끊임없이 변화하는 만화경으로 나타난다. 이것은 주로 우리 마음의 언어학적 세계에 의한 것임을 뜻한다. 우리는 자연을 조각내고, 그것을 개념으로 구상하고, 그리고 이렇게 하면서 의미를 붙이는데 이는 우리가 자연을 주로 이런 식으로 체계화하도록 하나의 합의를 본 당사자이기 때문이다. 이 합의란 우리들 언어를 사용하는 공동체 전반에 걸쳐 유효하며 우리의 언어패턴으로 요약되는 것이다. 이 합의는 물론 무언의 임시적인 것이지만 그 조건은 전적으로 필수적인 것이다. 우리는 그 합의가 선포하는 자료의 조직과 분류에 동의하지 않고서는 전혀 이야기 할 수 없다.[21]

지각(Perception)은 주로 자극의 물리적 특성에 기인하는 반응의 경우와 자극 후에 곧바로 일어나는 지각 경험의 경우를 뜻하며, 인지(cognition)는 외부자극과 행태적 반응의 전 영역 사이에 개입되는 감지(感知, awareness)나 앎(knowing)의 여러 가지 수단을 뜻한다. 그렇다면 환경인지는 환경의식이나 앎의 여러 가지 형태를 뜻하는 것이다. 건축가와 관계된 환경인지의 두 가지 면은 건물 심상과 도시 인지도이다.

건물심상(Building Imagery) 건물은 흔히 우리가 생각하는 식으로 기억되는 것이 아니라고 흥미 있는 여러 건축연구들이 지적하고 있다. 사람들은 건물이 기억할 때 무엇보다 먼저 건물 용도의 특성에 따라 기억하는 것이지 그 건축특성을 기억하는 것이 아니다. 또 사람들은 그 건물에다 언어적인 표시를 붙일 수 있으면 더 쉽게 기억한다. 사람들은 또한 물리적인 형태(윤곽, 크기, 모양)에 의거하기보다 가시성(可視性)(위치 선정의 고려)에 의거해서 건물을 기억한다.[22]

환경인지는 여러 가지 사회적, 인종적 집단에 따라 다르다. 최근의 한 학생의 연구가 그것을 잘 설명해 주고 있다. 이 연구에서 시카고의 어떤 건물들의 천연색 사진을 노무자 그룹과 상위 소득층의 전문직 그룹에게 보였다. 건물심상에 관한 52개의 특별히 마련된 설문에 각기 반응을 기록하고 또 건물들을 가장 좋아하는 것에서 가장 좋아하지 않는 것에 걸쳐 그 순위를 매기고 있다. 이 연구결과 가장 공통적인 건물 심상은 "값싸고 인상적이 못되는", "인상적이고 특이한", 그리고 "사교적이고 매력이 있는" 등으로 나타났다. 모든 그룹들이 가장 좋아하는 심상의 표현은 "사교적이고 매력이 있는" 것이었다. 바로 다음이 "특이하고 흥미있는" 것이었다. 그러나 두 그룹 사이에 큰 차이를 볼 수 있는데, 상위소득 그룹이 좋아하는 것은 더욱 더 형식적이고 고급의 건축이고 또 인상적이고 뜻있는 심상인데 반해, 노무자 그룹이 좋아하는 것은 그렇게 형식적이 아닌 대중적인 건축과 사교적이고 마음을 끄는 심상이었다. 이는 사회적으로 서로 다른 집단이 동일한 건물에 대해 어떤 반응을 갖는가 하는 별로 이해되지 않았던 건축의 한 측면을 밝히는 건축연구 형식의 한 예이다.

그것은 또한 "올바른" 양식이란 존재하지 않으며, 다만 서로 다른 사회집단은 서로 다른 건축양식을 좋아한다는 사실을 지적하고 있다.[23]

도시 인지도(都市認知圖, Urban Cognitive Mapping) 도시 인지도의 가장 오래되고 잘 알려진 연구의 하나로 케빈 린치(Kevin Lynch)의 "도시의 이미지"[24]가 있다. 그의 관심은 도시 속을 움직이는 사람들에게 도시를 읽게 해주는 것이 무엇인가 하는 것이었다. 그는 도시 이미지에 세 가지 구성요소가 있음을 제시하였는데, 그것은 즉 두드러진 요소의 분명한 구별, 요소들간의 공간관계, 그 요소들의 관찰자와의 관계에서 오는 의미 등이다. 그의 연구는 환경을 읽는데 아주 요긴한 구성요소와 관련성의 다섯 가지 종류, 즉 통로(paths), 가장자리(edges) 또는 울타리(barriers), 중심부(nodes), 기념물(lanelmarks), 구역(districts)을 제시하고 있다. 취학아동을 상대로 한 연구에서 그들의 도시에 관한 이미지는 주로 통로와 기념물・예컨대 집, 학교 근처의 늘 다니는 곳, 혹은 "고정된 조회점(照會点)"으로 불려지는 곳에 의거하고 있음을 밝히고 있다. 취학 전 아동의 이미지는 더 자기중심적이다. 즉 그것은 불안정하지만 그들이 특정시간에 어떤 활동을 하고 어디에 있었는가에 달려 있다. 한편 10대의 이미지는 대단히 안정되고 어른들의 이미지와 비슷하며, 추상적이고 조정된 좌표 기준체계에 근거하고 있다.[25]

우리는 또 건물의 위치에 따라 환경적 편리를 갖는 사람들의 이미지를 알고 있다. 예컨대 사회지리학자 로저 다운스(Roger Downs)에 의하면 영국 부녀들의 쇼핑센터에 관한 이미지는 8가지의 인지구분을 갖는다고 했다. 중요한 순서대로 살펴보면 서비스의 수준, 가격, 물리적 디자인, 쇼핑기간, 내부의 보행자들의 움직임, 상점의 범위와 수준, 시각적 외관, 교통조건 등이다. 이 부녀들은 어느 쇼핑센터를 방문할 것인가를 결정함에 있어 서비스를 가격보다 우위에 두고 가격을 디자인보다 우위에 두고 있다.[26]

의미와 상징성

환경인지의 또 다른 측면으로 의미와 상징성을 더 들 수 있다. 사람들은 환경이 자기들에게 주는 의미를 통해 환경에 반응을 보인다. 초기 근대 건축가들은 사용자의 의미가 아닌 자기들 건축가의 의미를 건축에 부여하려고 하였다. 환경 — 행태 연구의 최근 업적은 건축에서의 의미를 위해 사용자 위주의 경험 기반을 마련하기 시작하였고 건축환경의 언어를 구성하기에 이르렀다.

모든 건물들은 사용자 집단에 따라서 서로 다른 잠재적인 의미를 갖는다. 환경이란 사람들 간의 친교를 위한 환경무대이기도 하고 의미의 변환기이기도 하다. 사람들 사이의 친교는 공간조직의 영향을 받을지도 모른다. 그러나 그 밖에도 건물은 사람들에 대해 어떤 의미나 무언의 메시지를 갖는데 그들은 그 건물의 특성, 구성, 배치의 영향을 받고 있다. 여러 연구들이 보여주는 바는 사람들은 건축이 전달하는 의미를 알고 있으며, 또 때로는(의식적이든 무의식적이든) 그것을 사용하여 자신에 관해 무언가를 말하고, "일상생활에서의 자신의 표현"을 위해 환경, 집, 사무실, 그리고 단체기관 본부를 형성해 나간다.[27] 예컨대 상류 중산층 미국인은 흔히 이웃에게 좋은 첫인상을 주기 위해 실내장식을 완성하기 전에 그들의 잔디에 마음을 쓰게 된다. 교외에서도 사람들은 자기영역을 표시하고 주택임을 과시하는 한 방법으로 집에다 공상적인 문을 단다. 뉴욕시밖 웨스체스터 군에서 그리고 인도의 위쪽 이동성이 높은 지역에서조차 사람들은 신흥 부유층에 그들이 끼어들었음을 표시하기 위해서는 주거단지의 양식과 조망창(眺望窓)과 현대식 교외 양식을 채용한다.[28] 이러한 주택 메시지는 지나가는 자들과 이웃에 의해 분명한데, 그 연구에 의하면 아동들은 특정의 주택에 살고 있는 사람들의 인간성에 관해 그들 정원의 특성으로써 무언가를 알아낸다. 사람들은 자기들이 원하는 것과 다른 이미지를 전달하는 주거지역에 이동하려고 하지 않으며, 주택 선택에서 그들은 거리의 이름에 의해서도 영향을 받는다. 예컨대 계곡로(Valley Road)에 있는 집은 '유망대로(Prospect Avenue)에 있는 동일한 집보다 매매가 더 잘 된다.

근린과 지역공동사회

근린과 이와 관련된 사회적 상호작용, 사회조직망의 개념은 흔히 건축가와 도시계획가들이 제대로 이해하지 못하고 있다. 물리계획가와 건축가들이 주거지역, 교통망, 지역사회센터 그리고 오픈 스페이스를 다지인할 때 그들은 사람들이 서로 상관하는 방식과 또 이 상호작용에 영향을 주는 건축환경의 역할에 관해 여러 가지 가정을 세운다. 주민들 사이의 사회적 상호 작용을 고무하자는 설계의뢰자의 목표가 있는 다양한 소득계층의 공동주택 디자인을 생각해 보자. 어느 정도의 목표달성이 가능한가? 물리적 환경은 이웃과 친교형성 양식에 어느 정도의 영향을 줄 것인가? 더 작은 규모에서도 우리는 이와 유사한 질문을 하게 된다. 즉 사무실이나 대학 기숙사 방들의 물리적 접근성이 친교의 양식에 어느 정도의 영향을 주는가? 카사린 바우어와 독시아디스는 이 쟁점의 양극을 생생하게 표현하였다. 바우어는 논하기를 근린이라는 개념으로의 어떤 복귀도 성격상 보수적이고 개념상 감상적이며 변두리 집단과 작은 지방사회에서 멀어져가는 현대사회의 경향을 도외시하고 있다고 하였다. 한편, 독시아디스는 그가 자연스러운 공동사회로 본 근린이 인간다움의 어떤 척도를 마련하게 될 "세계 도시에서의 인간차원"을 호소한 바 있다.[29] 그러나 대단히 복잡한 주제를 심히 단순화 시킬 위험을 안고서 묻는 것이지만 쌍방 주장의 증거는 무엇인가?

1950년대 후기 이래로 실시된 수많은 연구가 보여준 것은 봉급자 집단의 개인 상호간의 접촉은 그들 주택의 위치나 인접성보다는 그들이 속해 있는 클럽과 그들이 함께 일하고 있는 사람에 의해서 더 큰 여향을 받는다는 사실이다. 한편 보스턴 시의 비콘 힐(Beacon Hill) 상류계층 주민들은 그들 이웃의 물리적 영역을 인식하고 있으며, 그것은 또 구분 가능한 도시공간의 구역으로 보았고, 이름이 알려지지 않은 사람일지라도 그 지역에 살고 있는 덕분에 사회적 신분과 지위가 인정되고 있음이 발견되었다. 이 모든 일은 거주자들의 활동과 사회적 접촉이 대부분이 근린지구 밖에서 생겨난다는 사실에도 불구하고 일어난 것이었다. 보스턴의 옛 웨스트 엔드(West End) 지역의 이민집단은 그들의 지역에 친숙하고, 이 정해진 근린지역은 기본적인 사회접촉 무대이며 더 확대된 가족과 친척관계 제도의 유대를 유지하기 위한 기반이고, 또 주민 일상생활의 중요한 감정의 일부이었음이 지적되었다.[30]

근린의 중요성은 우리가 고려하려는 사회계층 여하에 따라 바우어 여사의 입장에서 독시아디스의 입장에 이르는 전 영역에 걸치는 것이라고 보아진다. 사회적 상호작용에 미치는 건축적, 비(非) 건축적 영향 간의 차이에는 세 가지 차원이 있는데, 즉 인구의 동질성과 이질성; 친척관계와 전문직업상의 접촉, 그리고 거주기간과 교우관계의 기반이 되는 신분이 그것이다.

■ 사용자 집단과 설계

앞에서 살펴 본 대로 서로 다른 사용자 집단의 요구와 여러 가지 종류의 건물에 요구되는 행태 기준은 그 환경무대의 사용자 집단에게 중요하리라 기대되는 행태 현상과 개념의 범위에서 고려될 수 있을 것이다. 여기서는 잘 알려지고 또 덜 알려진 사용자 집단에 관해 또 여러 가지 건물 종류에 관해 알려져 있는 것의 그리 많지 않은 부분조차 요약하기란 불가능하다. 그러나 네 가지 경우, 즉 두 개의 사용자 집단과 두 개의 건물 종류에 관해 고려해 보자.

노쇠(老衰)와 환경

우리 사회에서 노인은 누구이며 디자인에서 이들을 고려하는 일이 왜 중요한가? 나이와 더불어 이들의 환경적 성은 어떻게 변하는가?

노인을 위한 디자인에서 우리는 어떤 점을 고려해야 하는가? 예상수명의 증가, 더 좋은 의술, 그리고 자녀의 수가 적은 가족의 증가와 더불어, 연령 피라미드는 현저히 위로 이동하고 있다. 즉 그 어느 때보다도 60세 이상이 우리 사회의 상당한 비율을 차지하고 있으며 이 비율은 계속 증가하고 있다. 조기은퇴의 가능성은 이전에 노인들을 위해 마련했던 오락활동의 일부를 더 많은 중년층이 추구하고 있음을 뜻한다. 그러나 후기은퇴의 의무화는 노동시장에서 어떤 노년들을 활발하게 해주고 있다. 많은 노인 시민들은 사회적 기술적 변화의 속도에 소외되고 있다.

오늘날 환경은 분명히 노인층에게 소홀해 왔던 반면에 중년층과 청장년층을 중심으로 형성되고 있다. 그러나 노인들, 그 중에서도 특히 나이 많은 노인들의 경우 가장 생리학적으로 연관된 기능들이 그들의 성장패턴을 뒤엎기 시작한다. 여기서 그 사람은 성장의 점진적 와해를 경험한다고 우리는 말한다. 얻을 수 있는 자원은 더 적어지고, 사회적인 역할은 더 좁게 한정되고 대다수의 건강은 아직 불충분하다. 사기(士氣)와 태도는 나이와 생리변화에 의한 것보다도 나이가 들면서 생길 수 있는 어떤 결과들, 예컨대 고독, 무위성, 사회에서의 뜻있는 역할의 거부, 불건강, 공공시설에의 수용, 혹은 이 같은 것들의 복합에 의해 더 영향을 받는다.

이 같은 변화가 일어남에 따라 다른 변화들도 노인들과 건조환경과의 관계에서 일어나고 있다. 예컨대, 환경적 보조물(손잡이, 난간, 램프 등)에 더 많이 의존하게 되고 서비스에 대한 접근과 요구가 더 커지게 되고 범죄로부터의 보호가 더 필요하게 된다. 또한 노인은 사회적 독립성이 약하며 더욱 제한된 생활양식을 가지고 있으면서도 공동체(community)와 긴밀한 상호작용의 공간을 더 요구하고 있다. 이런 것들과 노인들의 그 밖의 많은 특수 요구는 좋은 건축정책, 계획, 프로그래밍과 디자인에 의해서 충족될 수 있다.[31]

어린이와 환경

연령층의 또 다른 편에서 환경에 관한 어린이들의 특수 요구는 무엇인가? 어린이들은 특정 건물들과 전반적 도시(혹은 농촌)구조의 디자인에 의해 어떻게 영향을 받고 있는가?

스위스의 발달심리학자 장 피아제의 이론은 어린이 발달과 행태에 관한 유력한 이론으로 인정되고 있다. 피아제는 상호관계론자(interactionalist)이다. 다시 말해서 그는 주장하기를(그리고 꽤 많은 연구가 그를 지지하였다) 어린이는 외부적 환경조건과 내부적 충동 사이의 상호작용에서 발달한다고 주장한다. 피아제는 또 발달이란 환경을 능동적으로 다룰 수 있고 그 결과를 깨달을 수 있는, 어린이 환경과의 능동적 교제의 한 산물이라고 시사한다. 예컨대, 인지(認知)발달은 사물의 구체적 이해에서부터 추상적 이해에로 진행하며, 이 발달과정은 어린이가 능동적으로 환경을 탐구하고 실험할 수 있을 때 촉진된다. 아주 일반적인 수준에서 피아제의 이 같은 두 가지 통찰은 모두 물리적 환경과 자연적 야생환경 보존을 위한 디자인에 지대한 영향을 주어왔다.[32]

그러나 물리적 환경이 어린이에게 더욱 구체적으로 영향을 주는 것은 무엇인가? 어린이 시절의 풍부한 경험을 늘리기 위해서 조정 가능한 환경과 광범위한 환경자극을 마련하는 일반개념을 따르는 일 외에 디자이너는 무엇을 할 수 있는가? 그와 반대로 어쩌면 어린이에 해로울 최근의 디자인 아이디어와 이 전문분야의 일반지식은 어떤 것인가? 이 모두에 관해 일련의 예를 들 수 있으나, 어린이 — 환경 관계에 관한 관찰 결과의 작은 실례를 생각해 보자.

1. 다른 어린이에 비해 여타 조건은 같으나 과밀한 집에서 자란 7세 어린이는 글 읽는 연령이 9달 뒤지고 시끄러운 고속도로변 아래층에 사는 어린이는 청각분별과 독서력이 떨어짐이 발견되었다.
2. 가족이 과밀주택에서 과밀이 덜한 공영주택으로 이사했을 때, 부모와 어린이는 대인관계의 긴장이 감소되고 여러 가지 질병의 횟수가 줄어들었음을 경험했고 어린이들은 학교에 더 규칙적으로 나가게 되었다. 그러나 장기적인 대인관계나 지능과 학력시험 점수에는 변화가 없었다.
3. 디자인과 주택 연구에서 어린이를 위한 부적당한 외부시설에 대한 많은 불만이 기록되었다.
4. 동일한 밀도의 고층주택과 저층주택에 관한 몇 나라의 여러 연구결과 고층주택의 어린이들은 밖에서, 심지어 발코니와 복도에서조차 놀지 않음이 발견되었다. 고층건물에서 외부공간을 가장 자주 이용하는 자는 3. 4층 아래에 사는 어린이들이었다. 고층에 사는 어린이들은 자주 엄격한 감시 없이는 밖에 나가는 것이 허용되지 않고 있다.
5. 외부 공용공간을 가장 많이 사용하는 계층은 어린이임이 집계되었지만 놀이터나 공원은 이들의 요구의 태반에 대비하지 않고 있다. 어린이들은 여러 시간 밖에서 놀면서도 놀이터에서는 평균 15분도 보내지 않고 있음이 발견되었다. 반면에 어린이들은 안뜰, 보도, 발코니, 현관, 골목길, 가로(街路), 건물들 사이의 남은 공간, 그리고 자연적인 지형의 안과 주변의 애매한 공간들을 조

각적으로 만들어진 놀이터보다 훨씬 더 많이 이용하고 있다(모험적 놀이터의 예외도 있지만). 디자이너와 계획가는 여러 개의 주택집단, 가로, 통로, 자연지역, 그리고 남은 공간들을 잇는 안전하고 결속된 놀이터 공간을 마련해 주어야 한다.

재래식 어린이 놀이터 : 밀워키 주에 있는 대표적 학교운동장

건물의 종류와 설계

학교　벽 없는 학교라 불리는 개방 — 평면학교는 시선과 동선면에서 활동 중심을 개방하는 하나의 순전한 계획개념이다. 그러나 개방교육은 다음 사항 중 하나 이상을 포함하는 교육개념이다. 즉 팀 수업, 연령보다는 능력 분류에 의한 그룹, 실행에 기초한 진보, 교습의 개인화, 학생 솔선수범, 공간적 시간적 자유 등이다. 이리하여 개방교육의 철학을 따르지 않으면서도 개방평면의 학교를 가질 수 있고, 그와 반대로 폐쇄평면의 학교에서도 개방교육을 할 수 있다. 그러나 개방평면 학교가 개방교육 철학을 강화할 것으로 기대되었다.

어떤 사실이 드러났을까? 놀랍게도 개방평면 배치의 여러 양상을 시험적으로 평가하는 연구는 극히 소수에 지나지 않는다. 체계적 연구들이 행동의 환경무대 관찰, 교사들과의 면담, 학생들과의 면담을 이용하여 교육이념이 거의 같은 개방평면 학교와 폐쇄평면 학교들에서 이루어진 바 있다. 대체로 연구결과에 따르면 개방평면 학교에서 어린이들은 더 많이 수업무대에 들어가고 선생과 더 많이 접촉하고, 더 다양한 활동의 그룹 크기를 갖는다는 것이다.

현대식 조각 놀이터 : 엠 폴 푸리드버그 동업 설계 사무소가 고안한 워싱턴 시의 부카난 학교 놀이터와 리차드 와트너 협동 설계 사무실에서 고안한 뉴욕시의 헤크셔 놀이터.

모험 놀이터 : 윌리엄 로크가 창안한 토론토 시의 허버후론트 모험 놀이터와 빌 반스가 창안한 로스엔젤레스 시의 헌팅톤 비치 모험 놀이터

자연 놀이터 : 로빈 무어가 고안한 버클리 시의 워싱턴 초등학교 환경 뜰

교사들 간의 더 많은 관찰수업을 하게 되고, 교사들 간의 더 한층 개방감과 통일감을 얻는다. 학생들은 학교의 전체 감각을 더 갖게 되었다고 한다. 이 모든 것이 다 긍정적으로 보인다. 그러나 한편으로는 학생들이 비수업의 시간을 더 많이 허비하게 되고, 소음을 더 경험하게 되고, 더 많은 시각적 산만 때문에 짜증이 나게 된다. 학생들과 교사들은 자신들의 환경 조정이 더 어렵게 된다. 역설적으로 학생들은 개방평면 학교에서 선생들과 보조용구에 의해서 외부적으로 지도를 더 받게 된다고 한 연구에서 지적되었다.

일부 부정적인 결과와 교육 분위기의 변화 탓으로 현재 많은 개방평면 학교들이 그 같은 체재를 버리고 있다. 선생들은 벽이나 이동 칸막이를 세우고 가구를 사용하여 자기 영역을 구분하고 있다.

개방평면에서 야기되는 부적합성들(비학습 시간의 증가, 소음, 시각적인 산만)을 해결하면서 개방평면의 장점들(교사동류 간의 배움, 학생들의 전체의식, 학습시설의 다양성)을 결합시키도록 학교를 설계하거나 개조하는 등 디자인의 도전을 받고 있음이 분명하다.

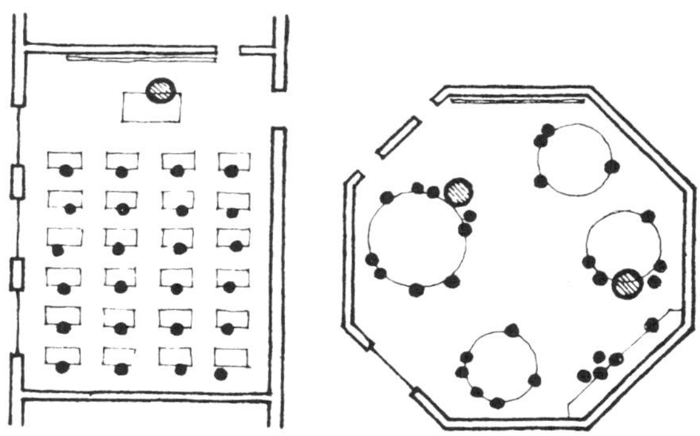

재래식 교실 개방 - 평면 교실

슈퍼마켓을 개조한 취학전 학교 : 새터라이트 아메리카나, 워싱턴 D, C, 설계 : 폴 커티스, 로저 스미드

사무실 사무실의 경우에도 학교의 경우와 다를 바 없다. 개방 — 사무실의 디자인 개념, 즉 사무실 조경(office landscaping)은 1950년대에 도입되어 큰 영향을 미쳤으나, 지금은 심한 비판을 받고 있다. 폐쇄평면과 개방평면 사무실을 비교하는 입주 후 평가가 많이 시행되어 왔다. 예를 들어 스웨덴에서의 한 연구는 1년간 사용해본 38개의 규모가 큰 것, 작은 것, 전통적인 것과 조경이 된 것, 개방식으로 개조한 것 등의 사무실을 다루고 있다. 이 연구진은 2,575명을 면담하였는데, 특히 개방평면 사무실의 두 가지 가장 큰 문제는 음향효과와 환기이고, 조명수준과 배치 또한 긴요한 요소임이 발견되었다. 1년간 사용해 본 후의 개방 사무실의 여러 형태에 관한 사원들의 선호 우선순위는 조경된 작은 사무실, 조경된 큰 사무실, 개조에 의한 개방사무실의 순으로 나타났다. 그러나 이와 같은 조경됐거나 개방 배치된 모든 사무실 행태보다도 전통적인 계획을 더 좋아하고 있음이 분명하였다. 또 다른 연구에 의하면, 폐쇄평면 사무실에 비해 개방평면 사무실에서는 (1) 대부분의 활동에 있어서 소요된 관리시간에는 뚜렷한 차이가 없으며 (2) 더 오랜 시간이 걸리는 활동은 회의뿐이며, (3) 근무자 능률의 전반적 개선은 없었으며, 그러나 (4) 근무자간에 협동과 대화가 증진되고, (5) 어떤 근무자는 더 많은 긴장과 조바심을 느꼈으며, (6) 어떤 근무자는 더 많은 감독과 감시를 느꼈으며, (7) 많은 경영인들이 영토적, 지위상의 이미지 상실로 권위의 감소를 느꼈고, 그 결과 (8) 시각과 청각의 가리개를 더 원하게 되었고, (9) 영토적 경계의 표시로서 물건과 공간조직을 더 사용하게 되었다. 그러나 (10) 여기서는 많은 개인차가 있었고, 어떤 고용인은 분명히 개방구조, 시각적으로 개방된 외간, 그리고 개방적인 정보접근을 더 좋아 하였음이 드러났다. 그렇지만 개방

적 사무실에서 전통적 배치의 사무실로 이동한 고용인 또한 불평과 재적응(再適應)의 문제들이 있음이 드러났다.

간추려 보건데, 개방평면 사무실은 개인적 프라이버시나 영토적 요구가 높지 않은 그룹과 비교적 내부적 결합이 충실하거나, 개성과 임무에 관해 동질성을 가진 그룹들에겐 가장 적절해 보인다. 한편, 개인 사무실과 재래식 배치는 대부분의 중역들, 자의식이 강한 사람들, 개성이 아주 강한 사람들, 독립성이나 분명한 경계의식을 요구하는 사람들, 그리고 여러 가지 상이한 임무를 추구하는 사람들에게 가장 좋아 보인다.[33]

재래식과 조경식 사무실 평면 비교

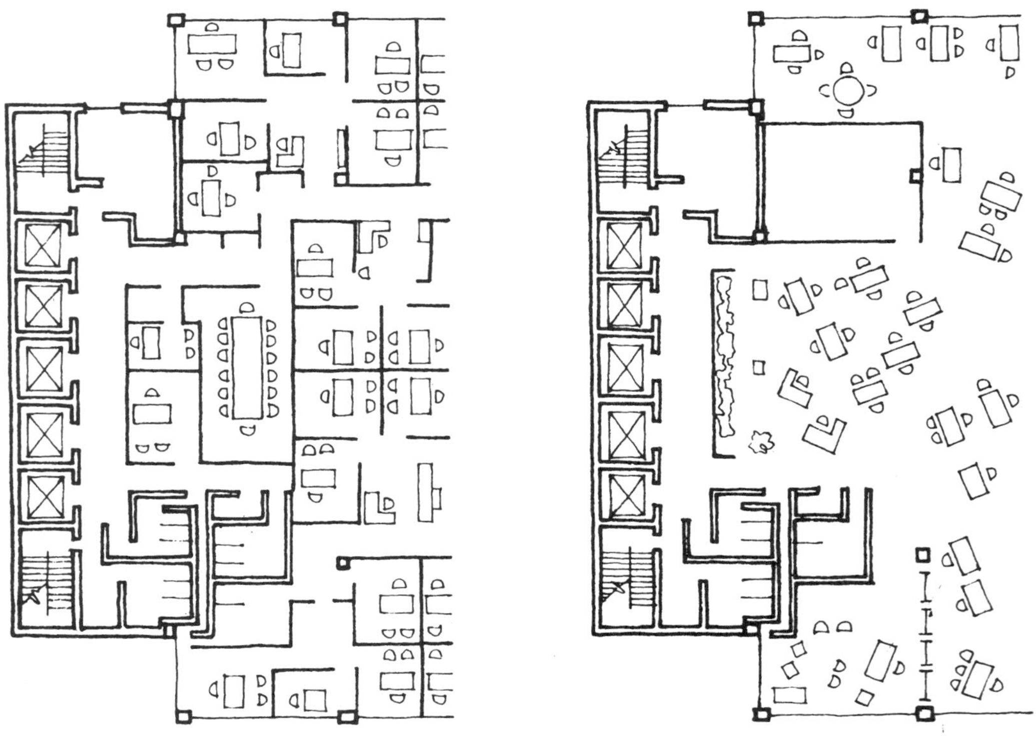

■ 요약

이 장은 건축가가 건물 디자인과 도시 디자인에서 고려하는 환경 - 행태 관계의 일부를 간단히 고찰하였다. 우리는 이것을 디자인의 책임성이라고 본다. 즉 건축가는 무엇보다 먼저 사람들에게, 사용자의 요구에, 그리고 환경 — 행태 관계에 책임이 있다. 우리는 또한 이것이 디자인 과정에서 행태적, 사회적, 문화적 고려를 앞세우는 디자인의 행태적 기반이라고 본다. 이 같은 태도의 건축은 건물 사용자의 복지와 만족을 그 목표로 하는 것이므로, 인간행태에서의 건축의 역할에 관한 정보를 디자인의 과정과 건축교육에 일찍 반영하여야 한다. 우리는 건축의 위기를 보아왔고, 또 형태의식이 강한 많은 건물의 실패의 일부 근원을 또 보아왔다. 여러 학문분야의 교류에 근거한 여러 개념들이 소개되어 왔다. 그 개념 중 일부를 사용한 네 개의 간단한 사례 연구의 예가 사용자 집단(노인과 어린이)의 요구와 여러 가지 건물 종류(학교와 사무실)에서의 행태상의 고려를 설명하기 위하여 제시되었다. 우리는 또한 디자인 과정에서의 행태상의 여러 고려가 행태와 건축실무에 지대한 영향을 미치게 하는 부분들을 보아왔는데 이것은 건축프로그래밍, 행태에 기초한 디자인 개념, 입주 후 평가들이다. 디자인에 행태적 요소들은 반영하는 여러 다른 방법들이 있지만, 이것들은 다른 장에 미루기로 한다.

디자인 과정에서의 환경 — 행태 고려의 적용은 인식과 지식과 숙련을 요하고 환경 — 행태 관계 연구 수행에는 인식, 지식, 그리고 숙련을 보다 더 요구한다. 건축은 다원적인 전문직업이다. 그것은 환경 — 행태 요인에 관한 연구의 능력을 발전시켜야 하고 그 지식을 더 밀접히 건축디자인 과정에 적용해야 한다.

주

1. The field of environment-behavior studies has exploded from modest beginnings in the mid-1960s. K.H. Craik's wide-raging review, "Environmental Psychology", in *New Diections in Psychology*, vol.4(New York: Holt, Rinehar t& Winston), 1970, cited some 350 sorces of information. The most recent review of the field counted some 500 new contributions between 1973 and 1978; see D. Stokols, "Environmental Psychology", *Annual Review of Psychology* 29 (1978).
2. For differences between professional and user attitudes toward buildings, see D. Appleyard, "Why buildings Are Known: A Predictive Tool for Architects and Planners", *Environment and Behavior* 1 (1969): 131-156; and J.B. Lansing and R.W. Marans, "Evaluation of Neighborhood Quality", *Journal of the American Institute of Planners* 35 (1969): 195-199.
3. N.L.Park, *The Visual Perception of the Built Environment* (Delft: Delft University Press, 1977), p.90.
4. R.Kaplan, S.Kaplan, and H.L.Deardorff, "The Perception and Evaluation of a Simulated Environment", *Man-Environment Systems* 4 (1974): 191-192; and C.C Cooper, *Easter Hill Village: Some Social Implications of Design* (New York: Free Press, 1975). Both discuss the differences between architects' priorities and users' needs.
5. Some of the best-known and most useful post-occupancy evaluations include C.C. Cooper, "St. Francis Square: Attitudes of Its Residents", *American Institute of Architects Journal* 66 (December 1971):22-27; Cooper, Easter Hill Village; R.B.Bechtel, *Enclosing Behavior*(Stroudsburg, Pa.: Dowden, Hutchinson&Ross, 1977); Building Performance Research Unit, *Building Performance*(London:Applied Science Publishers, 1972); H.Z.Rabinowitz, *Buildings in Use Study*, 2vols. (Milwaukee: University of Wisconsin-Milwaukee. Publications in Architecture and Urban Planning, 1975-1976); and J.Zeisel and M.Griffin, Charlesview Housing: *A Diagnostic Evaluation* (Cambridge: Harvard University, Graduate School of Design, Architecture Research Office, 1975).
6. For discussions of Pruitt-Igoe, see J.Bailey, "The Case History of a Failure: Pruitt-Igoe", Architectural forum 123(December 1965):22-25; "St.Louis Blues",

Architectural Forum 136 (May 1972): 18; and G.McCue, "$57,000,000 Later: An Interdisciplinary Effort Is Being Made to Put Pruitt-Igoe Together Again", Architectural forum 138 (May 1973):42-45. For sociological assessments, see L. Rainwater, "Fear and the House-as-Haven in the Lower Class", Journal of the American Institute of Planners 32(1966):23-31;and W.L.Yancey, "Architecture, Interaction, and social Control: The Case of a Large-Scale Housing Project", in *Environment and the Social Sciences*, ed. J.F.Wohlwill and D.H.Carson (Washington, D.C.: American Psychological Association, 1972), pp. 126-136.

7. M.MacEwen, *Crisis in Architecture*(London: Royal Institute of British Architects Publications, 1974); B.Brolin, *The Failure of Modern Architecture* (New York: Van Nostrand Reinhold, 1976)
8. C.Heimsath, *Behavioral Architecture*: Toward an *Accountable Design* Process (New York: McGraw-Hill, 1977).
9. V.Papanek, *Design for the Real World: Human Ecology and Social Change* (New York: Pantheon Books, 1971)
10. R.G.Barker and H.F. Wright, *Midwest and Its Children* (New York: Row,Peterson, 1955); Bechtel, Enclosing Behavior.
11. See C. Alexander, *Notes on the Synthesis of Form* (Cambridge: Harvard University Press, 1964); C.Alexander, S.Ishikawa, and M.Silverstein, *A Pattern Language: Towns, Buildings, Construction*(New York: Oxford University Press, 1977); case studies in *Emerging Methods in Environmental Design and Planning*, ed. G.T.Moore (Cambridge:M.I.T, Press, 1970).
12. Complete anthropometric charts are given in H.Dreyfuss, *The Measure of Man: Human Factors in Design* (New York: Whitney Library of Design, 1959).
13. E.T.Hall, *The Hidden dimension*; see also R.Sommer,Personal Space: *The Behavioral Basis of Design* (Englewood Cliffs,N.J. : Prentice-Hall, 1969); *and T.F. Saarinen, Envoronmental planning Perception and Behavior* (boston:Houghton Mifflin, 1976).
14. A.H.Esser, A.S.Chamberlain, E.D.Chapple, and N.S.Chein, "Territoriality of Patients on a Research Ward," in *Environmental Psychology*, ed. H.M. Proshansky, W.H.Ittelson, and L.G. Rivlin (New York: Holt, Rinehart, and Winston, 1970), pp.208-214.
15. J.Jacobs, *The Death and Life of Great American cities* (New York: Random House, 1961); and O.Newman, *Defensible Space: Crime Prevention through Urban Design* (New York: Macmillan, 1973)
16. M.Mead, "Conference Behavior", *Columbia University Forum* 10 (Summer 1967): 15-19; T. McGinty, G.T.Moore, and U.Cohen, "Developing Behavioral Accountability in Architects", in *The Behavioral Basis of Design*, book 2, ed. P.Suedfeld and J. A.Russell (Stroundburg, Pa.: Dowden, Hutchinson & Ross, 1977), pp.334-339.
17. For more information about privacy versus crowding, see I.Altman, *The Environment and Social Behavior: Privacy, Personal Space, Territoriality, and Crowding* (Monterey,Ca.: Brooks/Cole, 1976); W.Michelson, *Man and His Urban Environment: A Sociological Approch* (Reading, Mass.:Addison-Wesley, 1970); S.Milgram, "The Experience of Living in Cities", Science 167 (1970): 1461-1468; and S.Chemeyeff and C.Alexander, *Community and Privacy: Toward a New Humanism in Architecture* (Garden City, N.Y.: Doubleday, 1963)
18. An excellent book on architectural perception is N.Prak, *The* Visual Perception of the Built Environment.
19. R. Venturi, *Complexity and Contradiction in Architecture* (New York: Museum of Modern Art, 1966); and A. Rapoport and E. Kantor, "Complexity and Ambiguity in Environmental Design", *Journal of the American Institute* of Planners 33(July 1967) : 210-221.
20. R.M.Downs and D.Stea,eds., *Image and Environment: Cognitive Mapping and Spatial Behavior* (Chicago: Aldine, 1973);G.T.Moore and R.G.Golledge,eds., *Environmental Knowing*: *Theories Research, and Methods* (Stroudsburg, Pa.: Dowden, Hutchinson & Ross, 1976).
21. B.L.Whorf, *Language*, *Thought and Reality*, ed. J.B.Carroll (Cambridge, Mass.: M.I.T. Press, 1956), pp.213-214.
22. S.Carr and D.Schissler, "The City as a Trip: Perceptual Selection and Memory in the View from the Road", *Environment and Behavior* 1 (1969): 7-35; Appleyard, "Why Buildings Are Known."
23. This study is summarized in S.Verderber and G.T.Moore, "Building Imagery: A Comparative Study of Environmental Cognition", *Man-Environment Systems* 7 (November 1977): 332-341.
24. K.Lynch, *The Image of the City* (Cambridge: M.I.T. Press, 1961).
25. For information about children's images of cities, see chapter 12 of Moore and Golledge, *Enviromental Knowing*.
26. R.M.Downs, "The cognitive Structure of an Urban Shopping Center", *Environment and Behavior* 2 (1970): 13-39.
27. E.Goffman, *The Presentation of Self in Everyday Life* (Garden City,N.Y.: Doubleday, 1959); C.Cooper, "The House as Symbol of the Self", in *Designing for Human Behavior: Architecture and the Behavioral Sciences*, ed. J.Lang, C. Burnette, W. Moleski, and D.Vachon (Stroudsburg, Pa.:

Dowden, Hutchinson&Ross, 1974), pp. 130-149.

28. J.S.Duncan and N.G.Duncan, "Social Worlds, Status Passage, and Environmental Perpectives", and "Housing as Presentation of Self and the Structure of Social Networks", *in Environmental* Knowing, Moore and Golledge, eds., pp. 206-213, 247-253.
29. C.Bauer, *Social Questions in Housing and Town Planning* (London: University of London Press, 1952); C.A.Doxiadis, "The Ancient Greek City and the City of the Present", *Ekistics* 18 (no. 108, 1964).
30. For Beacon Hill, see W.Firey, "Sentiment and Symbolism as Ecological Variables", *American Sociological Review* 10 (1945): 140-148; H.L.Ross, "The Local Community: A Survey Appoach", *American Sociological Review* 27 (1962): 75-84. for the West End, see M. Fried and P.Gleicher, "Some Sources of Residential Satisfaction in an Urban Slum" *Journal of the American Institute of Planners* 27 (1967): 305-315; and H.Gans, *The Urban Villagers* (New York: Free Press, 1962).
31. For information on environments for the elderly, see M. Hoekstra, *The Aged and Housing in Perspective* (Sydney, Australia: University of Sydney, Ian Buchan Fell Research Project, 1976); and G.P. Rowles, *Prisoners of Space* (Boulder, Colo: Westview Press, 1978)
32. For information on the design of children's environments, see: R.A.Hart and G.T.Moore, "The Development of Spatial Cognition: A Review", in *Image and Environment*, Downs and Stea, eds., pp.246-288; F.L.Osmon, *Patterns for Designing Children's Centers* (New York: Educational Facilities Laboratories, 1971); Alternative Learning Environments, ed. G.J.Coates (Stoudsburg, Pa.:Dowden, Hutchinson & Ross, 1974); and G.T.Moore, U. Cohen, J.Oertel, and L.van Ryzin, *Environments for Exceptional Children* (New York: Educational Facilities Laboratories, forthcoming, 1979).
33. The study by B.Wolgers and K.Wielding is cited in Building Research and Practice (March-April 1973): 97-99. See also F.Duffy and C.Cave, "Burolandschaft Revisited", *Architect's Journal* 161:3 (26 March 1975); 665-675, and Office Design: *A Study of Environment*, ed. P.Manning (Liverpool: Pilkington Research Unit, University of Liverpool, 1965).

권장도서

Aexander, C., Ishikawa,S., and Silverstein, M.A *Pattern Language: Towns, Buildings, Construction*. New York: Oxford University Press, 1977.

Gutman, R., ed. *People and Buildings*. New York: Basic Books, 1972,

Jacobs, J. *The Death and Life of Great American Cities*. New York: Random House, 1961.

Lang, J., Burnette, C.H., Moleski, W. and Vachon, D., eds. *Designing for Human Behavior: Architecture and the Behavioral Sciences*. Stroudsburg, Pa.: Dowden, Hutchinson & Ross, 1974.

Lynch, K. *The Image of the City*. Cambridge, Mass.: M.I.T. Press, 1960.

Moore, G.T.,ed. *Emerging Methods in Environmental Design and Planning*, Cambridge: M.I.T. Press, 1970.

?, and Golledge, R. G., eds. Environmental

Knowing: Theories, Research, and Methods. Stroudsburg, Pa.: Dowden, Hutchinson&Ross, 1976.

Proshansky, H.M.,Ittelson, W.H., and Rivlin, L.G., eds. *Environmental Psychology*, 2d ed. New York: Holt, Rinehart & Winston, 1976.

Rapoport, *A.House Form and Culture*. Englewood Cliffs, N.J.: Prentice-Hall. 1968.

Saarinen, T.F. *Environmental Planning: Perception and Behavior*. Boston: Hougton Mifflin, 1976.

Sanoff, H. *Architectural Programming*. Stroudsburg, Pa.: Dowden, Hutchinson & Ross, 1977.

Sommer, R. *Personal Space*: *The Behavioral Basis of Design*. Englewood Cliffs, N.J.: Prentice-Hall, 1969.

Wapner, S., Cohen, S.B., and Kaplan, B., eds. *Experiencing the Environment*. New York: Plenum Press, 1976.

제 2 편

건축을 위한 배경분야

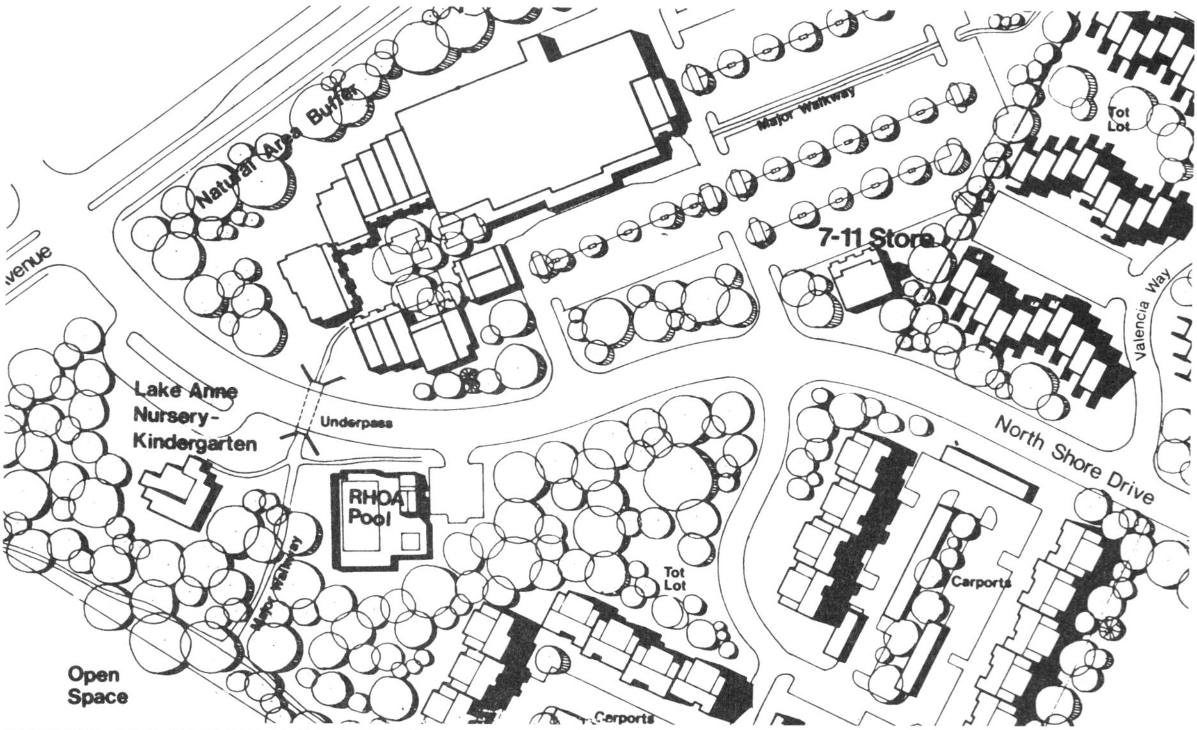

단면배치도 : 버지니아, 레스톤, 톨 옥스 마을 센터; Gulf Reston, Inc. 설계.

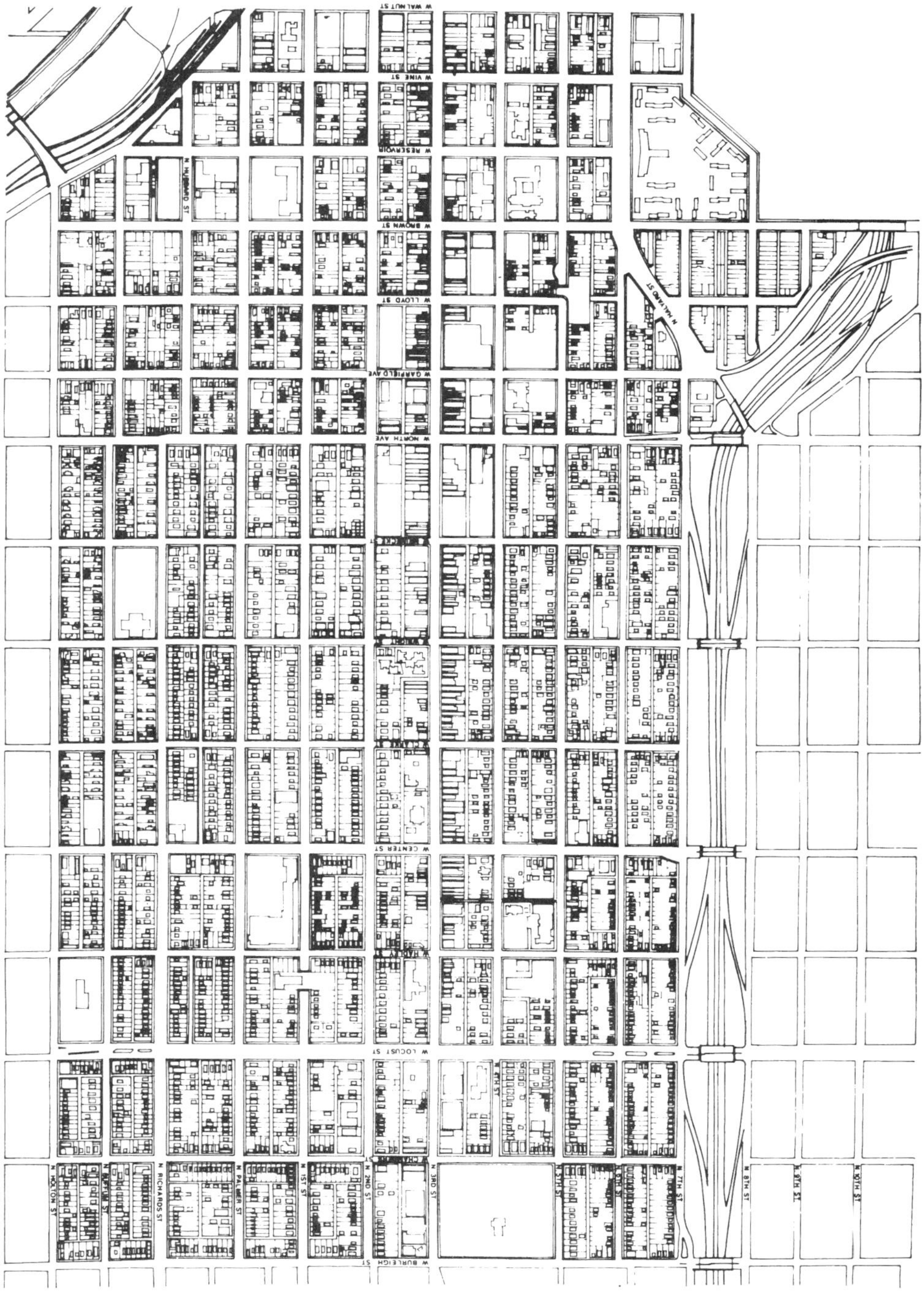

근린계획지도 Upper Third Street, Milwaukee.

4 장
건축산업

David J. Parsons
강 희 주 역

건축행위는 보다 큰 건축산업(builing industry)과의 구성관계 속에서 존재한다. 건축산업은 거대한 조직으로서 1972년도의 법인수익은 610억 불에 달하였고, 또한 건설분야에서만 3백만 명 이상을 고용하였다. 소수의 주요 자본집약적 기업들에 의해 지배되는 타 기간산업과는 달리, 건축산업은 다양한 현지(現地) 참여자를 규합하여 매 공사마다 하나의 새로운 사업으로 임한다. 대기업은 각 공사의 국면을 지배하지 않는다. 즉 노동투자는 높은 반면 자본투자는 낮다.

이러한 독특한 유형을 갖게 되는 데는 여러 가지 이유가 있다. 유동적이고 예측 불가능한 시장으로 말미암아 건축 산업은 경제적인 손실이 없이 신축이 될 수 있다. 더욱이 건설을 행하는 데는 현지상황, 즉 부동산 시장, 건축 및 용도지구제에 관한 연구 및 노동력과 자재 공급에 관해 광범위한 지식을 내포하고 있어야 한다. 건축은 대체로 현지작업이므로 장기대부의 이율과 같은 전국적인 변동사항뿐만 아니라 현지의 경제여건에도 적응해야 한다.

이 장에서는 건축산업의 참여자 및 그 조직과 더불어 건축산업의 특성과 그러한 구성관계 속에서의 건축가의 역할을 나타내고 있다.

■ 건축산업의 측면

현지산업

많은 건축재료들이 지역적으로 편재하거나 혹은 전국적으로 분포되어 있지만, 건물을 만드는 총체적 노력은 한 지역에서 소비된다[1]. 크고 무거운 제품의 운송비가 중앙집중식의 생산에서 비롯되는 비용절감을 정당화할 수 없기 때문에, 건축제품은 장거리로 운송될 수 없는 것이 많다. 조립화 제품들의 보다 큰 용량이 요구됨에 따라 이것은 점점 더 중요한 요인이 된다. 예를 들면 철판은 감은 형태로 해서 이 도시에서 다른 도시로 운반이 될 수 있지만, 철제의 배관작업은 그것이 설치될 장소에서 일어난다. 더욱이 건설에는 현지조건에 대한 세부지식이 자주 요구된다. 건축가는 소망 시점에서 공사에 입찰 가능한 현지 시공업자의 확보 여부를 알아야 하며, 현지 건축 및 용도지역에 관한 법규에 정통해야 한다. 마찬가지로, 시공업자는 현지의 하청업자와 노동력 공급상황에 정통하여야 한다. 많은 건축공사에 있어 그 중심인물은 토지개발업자이며, 또한 현지시장, 법규 및 건설조건의 전문가인 현지 기업가가 가끔 그 중심인물이 되기도 한다.

잠정적 관계

건축산업에 있어 각각의 공사는 흔히 주요 참여자들, 즉 건축주, 건축가, 기술자, 시공자 및 하청자들을 처음으로 결합시키는 독립된 사건이 된다. 이것은 원자재 납품자, 제조업자, 유통인 및 거래자들 사이의 지속적 관계에 의존하는 다른 주요산업과는 대조적이다. 이러한 잠정적 관계 체계가 가능한 것은 단지 여러 해를 통하여 협동작업이 상대적으로 표준화되었기 때문이다. 표준화된 방법에는 사용계약의 형식, 도면양식과 내용 및 일부 계약 당사자들의 행동방식에 관해 모든 계약 당사자들이 갖는 분화된 책임과 기대 등이 포함되어 있다. 미국 건축가협회(American Institute of Architects), 미국 시공자연합회(Associated General Contractors of America) 및 건설시방서협회(Construction Specifications Institute)같은 주요 산업단체는 이러한 관계들을 표준화 하는데 중요한 기여를 하였다.

단편성

1972년 센서스에 의하면, 미국 내에서 유력회사에 속하지 않는 건설회사 수는 13만이 넘었다. 18개의 가장 큰 시공회사들은 전체 건설공사액의 2.5%에 불과했다. 건축산업에 기본자재를 공급하는 유에스 스틸(U. S. Steel)과 같은 대규모 제조업자도 있지만, 그들은 어떤 단일 건축공사에서도 보통 전체액 중에서 작은 비율만을 점하고 있음을 보여주고 있다.

업무량의 유동성

건축산업에 종사하는 회사들은 규모가 영세하기 때문에 각각의 공사들은 가끔 주어진 기간 동안에 회사업무량의 대부분을 차지한다. 회사의 업무는 타 회사와 경쟁적 기반 위에서 한번에 하나 혹은 2~3개의 공사가 연속적으로 획득된다. 그러므로 한 공사의 재정적자는 소규모 회사에 대하여는 실패를 의미한다. 또한 건축주들은 공사의 참여자가 선택된 후 가능한 한 빠른 시일 내에 그 공사의 착수를 원한다. 이런 요소들은 함께 작용하여 건축산업 참여자들에게 광범위하게 변동하는 업무량을 낳아서 직원의 해고나 재고용을 번갈아 반복하게 한다. 많은 숙련공과 노동자들이 공사별 기준에 따라 고용되므로 노동력의 이동성은 하나의 생활양식으로 되어 있다. 물론 시공회사들은 보통 핵심 감독요원을 확보하고 있다.

건축업은 이러한 변동에 적응할 만큼 잘 조직되어 있지 않다. 건축회사들은 불경기에도 유능한 봉급사원을 계속 확보하고 있으며 호경기에는 인력부족을 실감한다. 그러나 대규모 공사에서 해고 및 직원증가는 흔한 일이다.

시장의 변동

개개의 회사 업무량은 전반적인 건축활동 변화에 의해 보다 큰 영향을 받는다. 계절적 변동은 비록 예측할 수 있는 것이라 해도 기후로 인해 건설이 어렵게 되는 지역에서는 모든 건축업종에 대해 지속적으로 문제를 야기시킨다. 한 지역의 경제변동은 예측하기가 어렵다. 지역적이거나 전국적 시장을 가지고 있는 다른 산업들은 그들의 상품을 국내 다른 지역으로 운송함으로써 지역적 변동으로 인한

손실을 상쇄시킬 수 있다. 건축산업은 지역적 경제변동에 적응할 수 있도록 생산의 비율을 변화시켜야 한다. 전국적인 경제변동은 지역적 조건에 영향을 미친다. 건축산업은 특히 이자율의 영향을 받는데, 이는 건축에 대한 대부는 근본적으로 상품구매를 위한 대부보다 기간이 길기 때문이다. 예를 들어 대규모 건축공사의 자금조달을 위해 25년간의 장기대부를 받는 결정은 1대의 차를 구입하는데 2~3년간의 대부를 받는 결정보다도 더 이자율의 상대적 위치에 좌우될 것이다.

저수준의 자본투자

건축산업은 노동집약형이다. 즉 노동자 1인당 자본투자는 미국내 다른 주요산업에 비하여 낮다. 물론 시공자들의 저 자본투자는 비생산적인 플랜트와 장비를 가질 여유가 없음을 의미한다. 시공자들은 융통성을 지니고 있다. 즉 일견에서 볼 때 그들은 효율성 있게 생산수준을 실질적으로 감소시킬 수 있다. 만약 주요 자동차 업체가 상당기간에 생산량이 1/2로 감소되었더라면 그들은 쓰이고 있지 않은 플랜트 시설의 비용으로 말미암아 활동적 조직으로서의 회사 존립에 위협을 받았을 것이다.

이러한 특성들, 즉 소규모의 현지조직, 변동하는 시장, 한번에 하나씩 다루는 공사, 유동적 노동력은 상호보완적으로 작용하여 어떠한 단일 요인도 다른 요인에 대한 고려 없이 변동될 수 없으며 또한 변해서도 안 된다. 그 결과 건설업은 융통성 있는 산업체로 본다. 그러나 경비, 건설시기, 그리고 예측 가능성으로 이러한 융통성에 따른 비용은 가끔 높을 때가 있다.

■ 건축산업의 참여자

건축주

건축주는 건설과정에 있어 중심인물이지만 주제의 토의에 있어 가끔 무시될 때가 있다. 건축주는 건축의 공사를 시작하며 각 단계마다 최종결과를 통제하는 결정을 내린다.

건축주의 부류는 건축에 대한 경험에 있어 매우 다양하다. 공사를 통해 볼 때 처음으로 건축을 행하는 건축주도 꽤 많이 있다. 그 공사는 개인주택과 같이 소규모일 수도 있고 산업시설, 학교, 본사 사옥과 같이 대규모일 수도 있다. 처음으로 건축을 해 보는 건축주는 보통 건설과정에서 자신들이 개입하는 범위의 정도에 놀란다. 예를 들어 본사 사옥 신축에 있어 낮은 입찰가격이 예산의 20%를 초과했다면 그 회사의 사장은 재입찰, 재설계 혹은 예산증액의 결정여부에 깊이 관여하게 된다. 건축산업에 대해 잘 모르는 상태에서 처음으로 건축을 해 보는 건축주는 "하면서 배운다"는 것을 강하게 실감한다. 건축주들은 거의 전문위원이나 시공자에게 중요결정을 맡기지 않는다. 왜냐하면 시간비용, 건물의 질에 관한 건축주의 목표는 매우 중요하기 때문이다.

건축에 경험이 없는 건축주는 건축의 공정을 거의 관리할 수 없고 다만 공정에서 야기된 난관에 대응할 수 있을 뿐이다. 건축에 경험이 있는 건축주는 보다 어려운 점을 잘 처리하고 피할 수가 있다. 대학, 정부기관 및 대규모 회사 같은 지속적 건축공사를 가지고 있는 건축주는 건축공사의 관리를 위해 전문가를 자기의 요원으로 완전히 고용한다. 이러한 공사 관리자는 건축과정과 건축주로서의 자기 역할의 중요성을 잘 알고 있다. 그들의 기능은 공사에 대하여 건축주의 의도에 가장 잘 맞는 접근방법을 선택하는 것이다. 예를 들어 공사의 조기완공이 우선시된다면 건축시공자가 설계와 시공을 하도록 약정하는 것이 설계를 위해 건축가를 고용하고 또 시공을 위해 하나하나의 시공자를 고용하는 것보다 더 적절할지 모른다.

총무부서와 같은 주요 건물 프로그램을 지닌 건축주는 전통적 건축공정을 대체할 수 있는 여러 대안들에 대해 지속적으로 실험하고 있다. 이러한 실험은 현재의 산업들이 시간 · 비용 및 시공 질의 목표들을 충족시키는 것이 어렵다는 불만 때문에 더욱 촉진되고 있다.

사용자

건물을 사용하는 사람으로 건물을 소유하고 있는 사람은 많지 않다. 사용자들이 지니고 있는 적절한 건축설계의 개념은 건축주와는 다르다. 건축주와 사용자가 항상 갈등을 겪는 것은 아니지만, 그들은 자주 합리성을 지닌 관점의 차이를 드러낸다. 예를 들면 대학기숙사 설계에 있어 대학측은 내구성을 원하여 콘크리트블록 벽과 붙박이 가구를 택할 수 있는 반면, 생활의 공간을 개인화하려는 학생 측은 부드러운 느낌을 주는 재료와 움직일 수 있는 가구를 더 좋아할지 모른다. 그러나 사용자는 직접 공사의 설계에 거의 참여하지 않는다. 그러므로 사용자는 그들의 이해를 고려할 건축가의 전문적인 식견에 의존하지 않으면 안 된다. 그러나 건축가는 장래의 사용자의 목적과 열망을 충분히 탐색하기에는 때때로 시간과 자금이 불충분하다.

연구자들이 인간행태에 미치는 환경의 제반효과를 발견함에 따라 건축가는 이러한 발견 사실들을 그들의 설계에 결부시켜 표현해 왔다. 노인 및 신체장애인과 같은 특수 사용자 집단을 위한 설계는 이러한 연구로부터 많은 혜택을 받았다. 건축공사의 초기단계에서 프로그램 전문위원들에 의한 참여가 또한 증대되고 있다. 교육, 보건, 수송 및 주택분야의 전문위원들은 면담 및 직접 관찰에 의하여 사용자 집단과 그들의 행태유형에 관하여 특수한 정보를 제공할 수 있다.

건축가

건축가의 전통적 역할은 고객과 공공의 이해를 반영하는 건물을 설계하는 데 있었다. 미국 건축가협회(AIA)의 윤리강령에 의하면,

> **AIA회원들은 인간환경을 개선함에 있어 공익을 제공 · 증진시켜야 하고, 고객을 위해 충분히 봉사해야 하며 편견 없는 전문적 판단을 해야만 한다[2].**

라고 되어 있다.

건축가는 보통, 건축공사비의 몇%로 계산되는 보수기준에 입각하여 건축주를 위해 일해 왔다. 표4-1은 기본 보수약정 아래 제공되는 서비스를 분류한 것이다. 기본적 서비스 외에 건축가는 예비연구, 프로그래밍, 부지조사, 특수 기술의 연구 및 건설관리를 포함하는 추가 서비스를 제공할 수 있다.

건축가가 자기의 경제적 이익을 고려할 때 건축주에게 편견이 없는 전문적 판단을 제공하는 것이 장애가 될 수 있기 때문에 건축과정에 있어 건축가의 경제적 개입은 비윤리적이라고 간주되어 왔다. 이런 문제에 관하여 AIA윤리강령은 다음의 강경한 표현을 쓰고 있다.

> **보상이 직접이든 간접이든 간에, 건축과정에서 제공되는 노동과 자재에 대한 이익에서 비롯되는 건축계약에 회원들은 관련되어서는 안된다[3].**

그러나 최근 10년간 건축가는 건축과정에서 새로운 역할을 가졌는데, 그중에는 가끔 건설에 있어서 경제적 이해를 갖는 것을 포함한다. 이는 지난 수년간 건축가의 윤리강령을 줄곧 재고하도록 하였다. 1978년 AIA연례회의에

표 4-1

기본가격 조정하에서 제공된 서비스

단계 가격 백분율	
도시적 계획	15
계획 개발	20
시공 서류	40
입찰 혹은 협의	5
시공20	

자료 : 미국 건축가협회, Owner-Architect Agreement, AIA문서, B131(워싱턴 D.C : 미국 건축가협회, 1970)

서 회원들은 건축가들이 건설에서 경제적 이익을 갖는 것을 금하는, 오랫동안 존속되어 왔던 윤리강령을 수정하기 위해 투표를 실시했다. 3년의 유예기간 후 발효되는 새로운 규칙은 건축가가 건축주에게 조심스럽게 노출되어 건설활동을 하는 것을 허용했다[3a].

전문위원(Consultants)

전문위원은 전문적 지식과 기술을 제공하여 건축가의 지식 및 기술을 보충해 준다. 그들은 통상 건축가에 의해 고용이 되며 건축가에 대해 책임을 진다. 그때, 건축가는 공사과정의 모든 측면을 조정・통제해야만 한다. 건축가에 의해 고용되어 있는 대부분의 전문위원들은 구조, 기계, 전기, 위생, 토목 등 제반 기술적 서비스를 행한다. 극장과 같은 공사에서는 음향 및 조명의 전문위원이 필요할 것이다. 설계회사에서는 자체 내에 하나 이상의 이러한 전문위원을 두어 여러 개별회사와의 작업을 조정하는 필요성을 줄이고 있는 곳이 많다.

건축관료

공공보건・복지・안전을 보호하는 책임의 일부분으로서, 지방정부는 최소한의 건설기준을 확립하는 건축법규를 관리하고 있다. 공사를 시작하기 위해 건축가는 최종도면과 시방서를 지방관료에게 제출하고 지방관료는 서류를 검토하여 건축허가서를 발행한다. 건물이 준공되면 최종 준공검사는 지방관료에 의해 행해지며, 지방관리는 입주허가서를 발행한다. 건축담당관리의 일차적 관심은 건물의 지역용도제나 토지이용조건을 충족할 뿐 아니라 보건과 안전기준, 특히 구조와 화재에 대한 안전기준에 적합한가 하는 것이다. 비록 건축법규가 지역에 국한되어 통용된다 할지라도 지방정부를 지도하기 위해 지역 또는 전국 규모에서의 모델법규가 발전되어 왔다. 이러한 표준법규의 시초로는 화재보험기구인 국립화재보험청에 의해 1905년 공포된 국립 건물법규기준이다. 그 후 동일 표준 건물법규가 발전되어 1927년 서부에서 광범위하게 채택되었다. 남부 건축법규는 남부 주에서 적용하기 위해 1945년에 발전되었으며, 기본건축법규는 1950년 초 중서부와 동부에서 널리 채택되었다. 이 세 법규는 건축 관료연합회에 의해 마련되었다. 한 시(市)구역에서 다른 시 구역에 이르기까지 임의적인 건축법규의 변동과 불일치를 감소시키기 위한 시도로서, 많은 주(州)정부들이 주 전체에 적용할 수 있는 건축법규를 제정하고 관리하는 데 능동적 역할을 해 왔다. 이러한 법규들은 캘리포니아주 전체를 통해 엄수되어야 하는 건축법규에서부터 지방정부의 판단에 따라 채택이 가능한 뉴욕 주의 모델 건축법규에 이르기까지 다양하다[4].

대부기관

건축비용의 중요한 부분은 차용금이다. 표4 –2는 장기저당 대부와 건설대부의 총액과 출처를 나타낸다. 1972년 건설시공자에 지급된 총액과 출처를 나타낸다. 1972년 건설시공자에 지급된 총액은 약 6억 2천만 불이다. 약 10%의 건설대부 이율은 이용하면서 건축주는 같은 기간 동안에 3억 5천만 불의 이자를 지불했을 것이다. 이와 같이 하여 건설 달라당 5내지 6센트가 건설대부금에 대한 이자로 들어간다. 이것은 시공업자나 하청업자가 운영을 위해 조달한 빌린 돈에 대해 지불한 이자는 포함되지 않은 것이다. 시공업자들은 건축주로부터 지불을 받기 전에 고용원, 때로는 하청업자나 자재 공급자에게 돈을 지불해야 하므로 그들은 경영자본을 가져야만 한다.

건설금융을 제공하는 기관은 보통 상업은행이며 시공전에 장기대부에 대한 담보설정을 요구한다. 이는 그 공사가 준공될 때 장기담보에 의해 건설대부가 상환됨을 보증해 준다. 그러므로 장기담보를 대여하는 기관은 공사의 재정적 건전성에 깊이 관심을 갖는다. 담보 제공자는 시공

표 4-3

대금업자에 의한 건설유지와 장기저당 대부 : 1972년과 1974년 (10억 달러)

			(1974년) 대금업자의 내역				
	총계 1972	총계 * 1974	저축과 배부	상업은행	상호저축 은행	생명보험 주식회사	연방신용 조사소
건설대부	35.7	42.8	9.0	17.1	1.0	0.4	
장기저당	498.6	616.9	237.7	109.8	73.7	83.2	63.6
1－4세대	326.4	394.0	196.5	66.6	48.8	18.4	34.7
다세대	61.2	76.8	21.7	3.3	12.4	18.9	11.4
비거주	87.5	115.8	19.1	34.0	12.4	39.6	3.6
농장자산	23.5	30.3	0.4	6.0	0.1	6.3	13.9

자료 : 미국 상무성, 인구조사국, Statistical Abstract of the United States : 1976(워싱턴 D.C. : 정보인쇄소, 1976). p. 489

* 따로 나타내지 않은 대금업자 포함

전에 그 공사가 비용에 상응하는 가격을 지닐 수 있는가를 확인하기 위해 조심스럽게 검토한다. 대여자로부터 공사의 승인을 얻는 것은 건설과정에 있어 중요한 한 단계가 될 수 있다.

보험기관

건설과정에 있어 모든 참여자는 건설(event)이 예측한 대로 진행이 안 될 것을 염두해 둔다. 그들은 예측 못할 상황에 대비하여 보험을 드는 경우가 많다. 일반적으로 건축주는 건설단계에서 화재보험 및 손해보험을 든다. 시공자나 하청자는 인명피해와 재산손실의 경우를 대비하여 보험을 든다. 건축주는 또한 시공자가 그들이 입찰계약에 서명할 것을 보증하는 입찰보증과 그들이 계약한 공사를 수행할 것을 보증하는 이행 보증을 체결할 것을 가끔 요구한다.

건축가 및 다른 전문위원들은 설계 또는 건설에 있어 실수가 그들에게 책임이 있다고 주장하는 법적소송으로부터 보호받기 위해 실수 및 누락보험을 든다. 1976년에 건축가 및 전문위원들은 실수 및 누락보험의 프리미엄으로 4천만 불에 달하는 금액을 지불하였다. 총 건축비용의 어느 정도가 보험으로 지불되어야 할지를 결정하는 것이 비록 불가능하다 하더라도 모든 참여자가 갖는 위험에 대한 우려는 상당한 경비로 전환되며, 이것은 궁극적으로 건축주가 지불하게 되는 것이다.

시공자

대부분의 주요 건축공사에 있어서 건설은 경쟁입찰 과정을 통해 선정된 단일 시공업자에 의해 운영된다. 시공자(원청자)는 통상 목공사, 콘크리트 공사와 같이 그들을 위해 직접 일하는 몇 가지 중요 업종을 갖고 있지만, 많은 건설공사를 배관공, 전공, 석공 및 건식벽체 시공자와 같은 전문시공자에게 하청을 준다. 평균적으로 한 공사에서 시공자가 모두 고용하여 관리하며 급료를 지불하는 25종의 하청자가 고용될 수 있다. 시공업자(원청자)의 일차적 기능은 특히 큰 공사에 있어서 다른 사람들에 의해 수행되는 건설작업을 관리하는 것이다. 이것은 최초의 입찰을 조정하고, 공사를 계획하고, 공사기관을 짜며, 현장작업을 감독하고, 하나 이상의 하청자가 관련된 작업을 조정하며, 품질관리의 감독을 포함한다.

많은 시공자들은 직접 상담(negotiation)을 통해 일을 얻기를 더 좋아한다. 이는 특히 10명 이상의 경쟁자를 상대로 입찰을 하려 하는 매우 경쟁적인 시장에서는 특히 그러하다. 건축주는 동시에 2~3명 이상의 시공자와는 거의 상담하지 않아, 이것은 시공자와의 입장에서는 아주 매력적인 과정이다. 시공자가 설계부터 시공까지 하는 작업방법에서 그들이 예비설계안을 개발하는 데는 상당한 시간을 투자하지만 그가 공사를 따낼 가능성은 상대적으로 높을 수가 있다. 이러한 약정은 시공자가 세부설계와 건설을 통제하는 것을 의미하므로 그에게는 매력적이다. 시공자 또는 건축자와 마찬가지로 보수기준에 의해 건축주를 위해 일하면서 건설관리의 서비스를 제공한다. 이 약정에 있어서는 시공자는 재정적 위험이 없이 건설과정을 조정한다.

전문 시공자

많은 시공자들은 건설의 특수한 분야를 전문으로 하고 있다. 표 4-3은 이들이 수행하는 전문성의 범위와 공사금액을 나타내고 있다. 1972년 전문 건설 공사금액 557억불의 절반은 직접 건축주에 의해 집행되었으며 나머지 절반은 시공자에 의해 하청이 나갔다.

공사가 경쟁입찰로 이루어질 때 하청자는 입찰서를 준비하며 그 입찰서를 시공자에게 제출한다. 계약체결 후 하청자는 원청자(시공자)에게 고용된다. 시공자는 공사를 계획 · 감독하고 완공 즉시 작업에 대한 보수를 지급한다. 하청자는 수행작업에 대한 분명한 정의, 그 작업의 완공시기에 관한 충분한 통고 및 완료작업에 대한 적절한 보수 지급시기에 관심을 갖는다.

조립업자

건축제품의 조립업자들은 통상 다른 사람들의 생산한 자재를 가공 · 조립하는 현지 회사들이다. 보통 그들의 업무는 개별적인 것으로 발생되며, 전문시공업자와 밀접한 관계를 가지고 일한다. 조립업자는 때로는 프리패브 트러스를 생산하는 목재상처럼 자재의 공급자가 되기도 한다. 또 어떤 제조업자들은 프리캐스트 콘크리트, 철골구조 부재, 지붕 바닥판 및 기타 형태, 그리고 기계 및 조명설비 부품(덕트, 천장격자 및 디퓨저와 같은)을 생산하기도 한다.

간접 참여자

앞서 논의된 참여자들은 건설공사에 있어 직접적 역할을 한다. 간접적인 방법으로서 건축산업에 상당히 공헌하는 사람들이 있다. 예를 들면 국립표준국과 같은 연구시험기관은 건축제품의 안전과 성능에 관해 중요한 정보를 제공한다. 환경-행태의 연구자들은 물리적 환경과 인간행태와의 관계에 대한 점증하는 지식을 다루고 있다. 정보산업은 건축사업 활동, 건축제품 및 건설비용에 관한 서적 및 잡지와 특수 정보서비스를 발간한다. 모든 건축산업 분야에서 교육자들 또한 중요역할을 하고 있다. 이러한 것들은 간접참여자의 일례에 지나지 않는다.

■ 건축과정의 조직

대부분의 산업에 있어 재화와 용역은 기존판로를 통해 분배된다. 건축산업에서 참여자 조직은 각각의 공사마다 새롭게 이루어진다. 그들은 가끔 처음으로 같이 일하게 되기도 한다. 이와 같은 이유로 참여자들과의 관계는, 각 참여자가 다른 참여자들의 행동양식에 대한 일련의 기대를 갖게 하는 관습과 습관에 의해 지배된다. 건축가들은 제조업자의 판매책임자가 생산을 촉진하기를 기대한다. 시공자들은 입찰준비의 기본으로서 특수한 내용 및 조직을 갖춘 도면을 받기를 기대한다. 전문기술자는 일련의 특수한 기술적 결정을 내릴 것을 기대한다. 하청자들은 수립된 한계에 따라 작업을 분할할 것을 기대한다.

전통적인 건축과정은 그 장점과 단점을 가지고 있다. 주

표 4-3

전문도급자 특수 매매 도급자	회사수	건설노동자	건설수입액(천불)
배관, 난방, 공기조화	53,301	371,113	15,321,135
도료, 도배, 장식	29,011	125,807	2,382,301
전기작업	32,455	271,441	9,488,881
조적, 석조장치, 기타 석조세공	23,896	156,395	3,085,759
회반죽, 비회반죽벽, 절연작업	13,415	151,825	4,084,687
테라초 타일 대리석과 쪽매붙음	4,270	26,600	703,114
목공	23,524	115,464	2,329,145
마루깔기	9,052	36,402	1,175,846
지붕잇기, 금속판잇기	18,535	134,189	3,940,243
콘크리트작업	17,772	135,041	3,650,338
우물파기	4,159	14,598	534,171
철골세우기	2,760	49,983	1,457,836
유리끼우기	2,459	14,175	593,658
기초파기와 지정	15,981	92,592	2,956,531
건물철거작업	1,027	7,544	219,412
건물설비가설, N.E.C	1,945	31,058	1,408,192
특수매매 도급자, N.E.C	15,420	82,899	2,440,265
총 계	268,982	1,817,216	55,731,514

자료 : 미국 상무성, 인구조사국, 1972 Census of Construction Industries
제1권 : Industry and Special(워싱턴 C.D. : 정보인쇄소, 1976). pp. 1-8

어진 공사에 대한 전통적 과정의 적합성 여부는 건축주의 목표에 따라 좌우된다. 만약 건축주가 품질에 대한 관리를 우선시한다면 전통적 과정이 적합할지 모른다. 만약 건축주가 단일 시공업자의 수중에 건설책임을 맡기기를 원한다면 전통적 과정이 또한 적합할 것이다. 반면에 만약 건축주가 공사의 조기완공에 지대한 관심을 갖고 있거나 건축가의 설계에 투자하는 비용에 우선하여 그 공사의 건설비용을 알고자 한다면 전통적 과정에 대한 대안이 고려되어야 한다.

더욱이 적절한 건설과정을 선택하기 위해서는 건축주는 건축산업의 구성관계에 대하여 문제를 제기해야만 한다. 즉 공사에 대하여 경쟁적으로 입찰할 준비가 되어 있는 시공자가 충분히 있는가, 하나 이상의 상담할 만한 시공자가 있어 건설계약을 충분히 신뢰할 만한가, 그 공사의 여러 부분들이 너무 전문화되어서 단지 하나의 시공자나 공급자만이 입찰할 수밖에 없어 결과적으로 경쟁입찰의 여지를 없애는 것은 아닌가? 이러한 질문에 대한 해답은 경쟁입찰을 통하여 건축주에게 품질에 대한 관리와 최선의 가격을 제공해 주는 데 있어 전통적 과정의 장점을 해칠 수 있다는 것이다.

건축공사가 시작되면서 건축주는 그 목표와 건축산업과의 맥락을 검토해야 하며 가장 적절한 접근방법을 선택해야만 한다. 이러한 이상에는 2가지 장애가 있다. 첫째는 건축과정에 관한 체계적 지식이 없다는 것이다[5]. 둘째는 각각의 새로운 공사에 대해서 그 참여자들이 함께 기능할 수 있게 하는 보수적인 상호 기대체계가 강한 힘을 갖고 있다는 것이다. 어떠한 개인도 다른 사람의 역할을 보완해주는 변동을 일으키지 않고서는 그 과정에서 자기의 역할을 변동할 수 없다. 한 시공자는 다른 시공자와 동시에 작업법위를 재규정함으로써만이 자기의 작업범위를 재규정할 수 있다. 일단의 참여자가 한 공사에서 다른 공사로 함께 공사를 했다면 상호합의에 의하여 새로운 관계를 이룰 수 있을 것이다. 그 팀은 책임범위를 규정할 수 있었으며 수년에 걸쳐 이를 시험할 수 있었을 것이다. 이러한 기회는 건축산업에서 거의 드물다.

전통적인 건축과정

전통적인 건축과정에서 주요 참여자들과의 관계는 그림에 나타나 있다. 건축주는 건축가를 고용하며, 다음 건축가는 기술자를 고용한다. 건축주는 경쟁입찰을 통해 시공자를 선정하며 그 시공자는 자기를 위해 직접 일하는 하청자를 선정한다. 건축가는 시공자와 하청자의 작업을 감독하지만 보수는 건축주를 통해 시공자에게 지불된다. 전통적 과정은 4단계, 즉 공사의 기획, 설계, 입찰, 건설이다(옆의 표 참조).

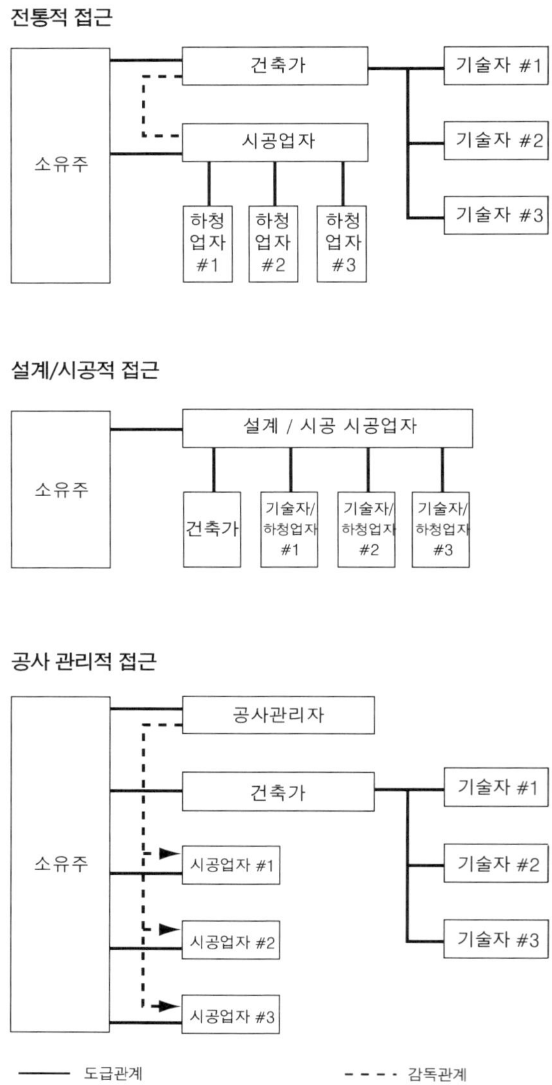

공사기획 공사기획의 단계는 그 공사의 궁극적인 성공에 매우 중요하다. 이 단계에서는 건축주가 지닌 최초의 아이디어는 공간, 건축의 질, 예산, 그리고 양도시기에 대하여 구체화된 목표로 변환된다. 이러한 변환을 하는 데는 예산수준을 결정하는 경제적 분석과 아울러 새로운 건물에 어떤 활동이 수용될 것인가를 결정하는 행태분석이 요구된다. 공사기획에 소비된 노력 수준은 집중적 프로그램 연구와 철저한 경제적 타당성 분석이 필요한 병원 공사의 경우처럼 매우 클 수도 있다. 개인주택처럼 보다 단순한 공사에서는 이런 문제들은 건축가를 고용하여 설계단계에서 고객과의 대화를 통해 건축가가 자세한 해답을 가지

전통적인 접근방법

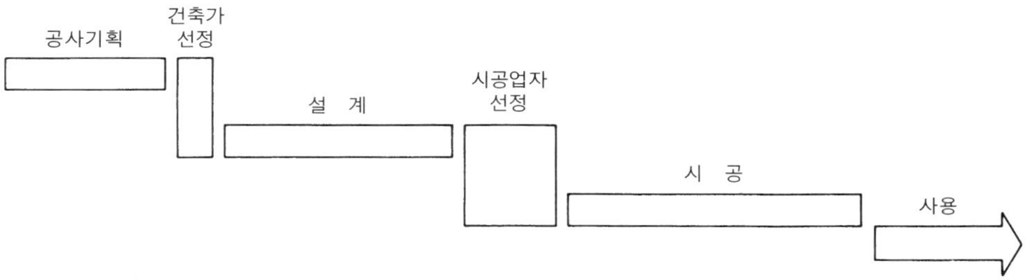

설계 / 시공을 시공자가 하는 접근방법

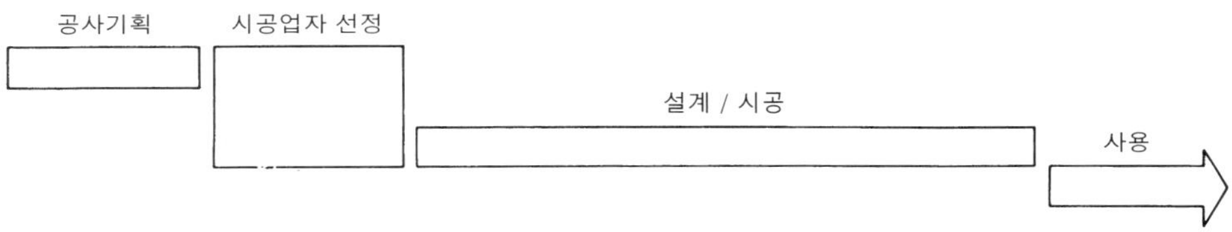

건설관리의 접근방법(단계적 시공)

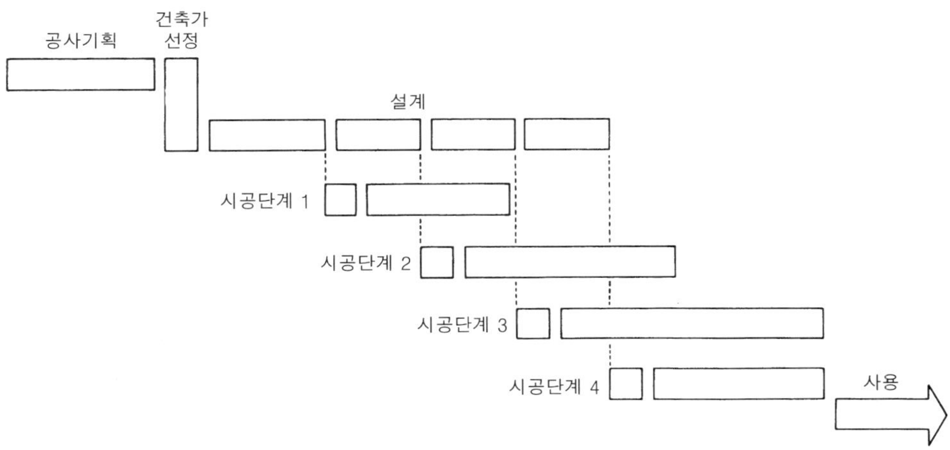

기 이전에, 단지 비공식적으로 미리 고려될 수도 있다.

공사기획 단계의 기간 동안 건축주는 건축과정의 접근방법에 개입한다. 건축주는 그 공사의 특성을 분석하고 적절한 접근방법을 선택하는 기회를 갖는다. 이와 같은 이유에서 공사기획의 단계는 전통적 건축방법에서 독특한 것이 아니라, 모든 접근방법에서 공통적인 시발점인 것이다.

전통적 건축과정에 있어 다음 단계는 건축가의 선정이

다. 이 단계는 개인들 간의 개별적 접촉을 포함한다는 점에서 비공식적이라 할 수 있으며, 몇 명의 건축가들이 학교 이사회나 병원건축위원회처럼 건축주를 대표하는 위원회(panel)에 설계를 제시하는 점에서 공식적이라 할 수 있다. 건축가가 선정되면 보수가 합의되고 건축서비스에 대한 계약이 체결된다. 계약에서는 건축가의 책임, 보수의 지급방법 및 지급횟수를 구정하고 있다. 보수는 보통 공사의 총 건설비용에 대한 비율에 기준을 두고 있으며 공사의 크기와 복잡성에 따라 약 5~10%에 이른다. 작은 공사는 크기에 비해 설계의 노력이 더 많이 요구되기 때문에 가끔 보다 높은 비율의 보수를 요구하기도 한다.

미국 건축가협회에서는 모든 공사의 유형과 크기에 따라 설계를 하는데 소요되는 시간에 관하여 데이터뱅크를 개발하고 있다. 이러한 데이터는 건축가와 고객이 일련의 특수한 설계 서비스에 대한 적정 보수를 산정하는데 체계적인 기준을 제공한다[6].

설계 공사의 설계단계에서 건축가와 전문기술자는 계획설계, 상세설계 및 공사서류를 작성한다. 기술자들은 건축가에 의해 고용되며 설계비에서 그들의 보수를 지급받는다. 각 설계단계의 마지막에서 설계내용은 고객에게 보여 주고 그 안을 발전시키도록 승인을 받는다. 이러한 승인으로 해서 건축가와 고객은 설계가 상호합의된 기반 위에서 진행되고 있다는 확신을 갖게 된다.

설계가 진행됨에 따라 제품 제조업체의 판매 대리인은 설계중인 공사에 특별히 적합한 제품에 대하여 그들의 상품 사용을 촉진하고, 보다 자세한 정보를 마련하기 위하여 정기적으로 건축회사를 출입한다. 이러한 의사교류는 거의 항상 상품 제조업자의 대리인과 직접 이루어지며 궁극적으로 그 제품을 설치하는 시공자나 하청업자를 통해서는 이루어지지 않는다. 건축가는 공사에 대하여 입찰예정자와 거의 교하지 않는다.

시공도면과 시방서가 완성되면 그것은 검토와 건축허가서의 발급을 위해 현지 건축담당 관리에게 제출된다. 이러한 서류들은 공사기간 동안의 금융 및 건물의 장기 소유권을 제공해 주는 대부기관에 의해 또한 검토된다.

입찰 입찰기간 동안 공사의 상세도면, 공사시방서, 입찰자에 대한 지시사항, 건설계약서로 구성되는 공사서류들이 해당 시공자들이 사용할 수 있도록 작성된다. 4~8주의 기간이 입찰 준비에 주어진다. 이 기간 동안 각 시공자들은 공사를 얻어 내기 위해 도면과 시방서의 여러 부문을 공사의 각 분야에서 하나 이상의 하청업자에게 준다. 101페이지 그림에 표시된 바와 같이 하청업자들은 하나 이상의 시공자로부터 교섭을 받게 되므로 그들은 건축주에게 하나 이상의 최종 입찰에 참여할 수도 있다.

입찰기간 동안 하청업자들은 조립업자나 제조업자들에게 단순히 카탈로그 상에 있지 않은 제품들의 항목에 대해 가격을 요구한다.

시공자들은 도면과 시방서가 불명확할 때는 건축가와 관계 기술자에게 그것의 설명을 자주 요구한다. 이러한 문제는 입찰기간 동안 모든 입찰자에게 발행된 입찰서류의 추가 및 변동사항을 자주 가져온다. 추가사항은 도면과 시방서에 기초한 이전의 입찰준비 노력을 무효화할 수 있기 때문에, 시공자들은 가끔 최종 추가사항이 발표되었다고 느낄 때까지 입찰준비를 미루기로 한다.

입찰서류 제출의 마감 기한이 닥쳐옴에 따라 시공자는 하청업자에게 그들의 입찰을 강요한다. 하청업자들은 입찰준비에 소요되는 상당한 경비를 포함시키지 않고 단지 저입찰할 수 있는 경쟁적 하청업자에게 그들의 입찰가가 누설되지 않을까 의심도 하면서 조기제출을 꺼린다. 하청업자는 시공자와 같이 일해 본 경험과 그들의 공정성에 따라 시공자에 따라 다른 가격을 제시할 수도 있다.

입찰기간 동안 마감 전의 최종 입찰준비 순간에는 시공

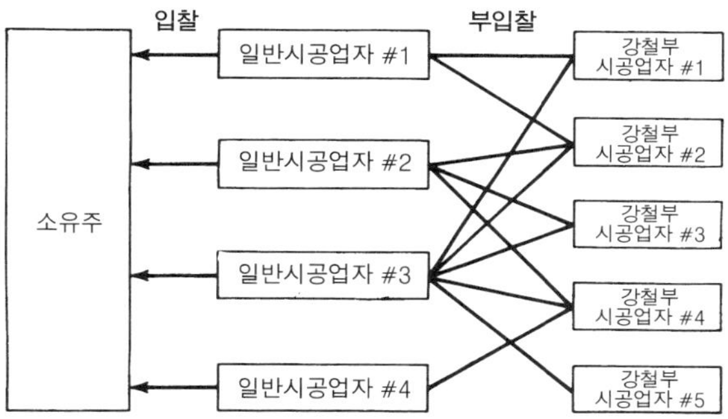

하청을 위한 입찰의 관계도

자와 하청업자 사이의 전화통화는 불이 날 정도로 절정에 달한다. 입찰개봉은 각 봉인된 입찰이 보통 건축주의 고용원인 계약담당직원에 의해 모든 관계 당사자들이 입회한 가운데 개봉되는 의식이다. 계약은 보통, 자격을 갖춘 최저 입찰자에게 주어진다.

최저 입찰자로 판명된 시공자는 실수를 점검하기 위해 입찰내용을 세부적으로 검토할 것이다. 만약 입찰의 주요한 실수가 발견된다면 입찰은 보통 취소될 수 있다. 만약 입찰의 주요 실수가 발견되지 않는다면 계약은 입찰금액으로 체결된다. 그러나 입찰은 거기에서 그치지 않는다. 하청업자들은 아직까지는 낙찰된 시공자에게 제출된 자신의 입찰이 최저가인지를 모른다. 시공자의 소망으로서, 각 공사분야에서 보다 낮은 가격을 이끌어 내게 될 시공자와 하청업자 사이에 새로운 입찰의 장이 개시될지 모른다. 입찰매매로 알려진 이러한 시행은 궁극적으로 하청업자와 함께 시공자에게 오명을 주는 효과를 가져올지 모른다. 최초의 입찰이 재입찰될 만큼 과다하게 책정되었을 경우 입찰반복의 결과를 가져 올 수 있으며, 혹은 더 악화되어 시공자에게 전혀 입찰을 제출하지 않는 하청업자도 있을 것이다.

시공자들 간의 이러한 협상은 건축가나 건축주에게 가끔 알려지지 않는다. 그러나 이는 하청업자에 의해 기본입찰에 공과금이나 예비비와 같은 숨겨진 경비에 추가되거나 시공자들 사이의 비협조적 분위기로부터 야기되는 비용을 초래할 수 있기 때문에 건축주에게는 중요한 일이다.

건설 공사중에 건축가는 공사가 공사서류와 일치하는지 여부를 확인하기 위해 정기적으로 작업을 검토한다. 시공자는 건축주에게 그 기간 동안 수행된 공사에 기초해서 월별 지불 청구를 한다. 건축가는 통상 시공자와 하청업자에게 부여된 책임이 실제로 수행되었는지를 확인하는 책임이 있다. 각 월별지급액의 5~10%는 전 공사가 완공될 때 지불되는 보유액으로 유보된다. 공사가 진행됨에 따라 시공자와 하청업자는 건축가에게 도면과 시방서에 관한 해석과 예기치 않은 상황에서의 미세한 설계변경을 가끔 요구하기도 한다.

공사의 완공시점에서 건축가는 도면 및 시방서와 공사의 일치 여부를 알기 위해 공사를 체계적으로 검토하며 일치되지 않은 항목을 표시하는 목록표를 준비한다. 대부분의 주(州)에서는 공사 완공후 건물에 생긴 어떤 하자도 적절한 청부업자에 의해 교정되어야 하는 1년의 기한이 있다. 지붕과 같은 공사의 특별한 부분은 20년간이나 그 성능이 보증되어야 하는 것도 있다.

전통적 건축과정은 건축가에 의한 품질관리와 시공 전에 건축공사비에 대한 합의가 이루어진다는 이점이 있다. 모든 참여자들이 그 과정에 대해 정통할 때는 그들의 책임에 대한 상대적 합의와 먼저 공사에 기꺼이 참여하고자 하는 자발성을 얻을 수 있다. 전통적 건축과정의 약점은 전반적인 관리의 결핍에 있다. 이는 불필요하게 높은 비용과 장기간에 걸친 완공기간에 야기되는 특수한 문제를 가져온다. 설계와 시공의 개별적 계약으로 해서 공사에서 일어나는 문제들에 대한 책임의 불확실성이 야기될 수 있다. 설계단계에서 건축가와 기술자들이 작성한 많은 세부도면들은 시공단계에서 시공자들이 현장도면으로 재작성된다. 이러한 작업의 중복은 많은 경비와 시간을 소비한다. 기술자와 공사를 하는 시공자들 간의 교류는 간접적이다. 건축주에게 최저의 건설가격을 제공하는 입찰과정은 가끔 역효과를 가져 올 수 있다. 입찰을 준비하는 많은 시공자들의 값비싼 중복적 노력과 시공자들 간의 혼란과 불신, 동일 시공자가 입찰 준비중인 다른 공사와 관련된 입찰시기의 문제 등, 이러한 모든 것이 인위적으로 높은 경비를 초래한다. 이러한 모든 어려움은 전통적 건축과정에 대한 관리부족을 반영하는 것이다.

전통적 과정에 대한 수정안

전통적 과정의 범주 안에서 건축주는 건축가와 시공자를 선택하고 그들과 계약하는 방법을 수정하였다. 이러한 수정으로 해서 건축주는 전통적 과정으로는 적합하지 못한 공사의 특수한 성격을 다루는데 있어 얼마간의 융통성을 가질 수 있다.

설계의 경쟁은 건축주에게 건축가가 설계의 방향을 제시하고, 다음 건축가가 선정되는 한 대안이 된다. 그러한 설계가 경쟁이 아닌 경우, 보통 유명회사에 돌아가는 주요 공사를 경쟁에 의해 획득할 기회를 제공해 주므로 특히 젊은 건축가에게는 매력적이다. 이러한 접근방법은 시간을 소비하는 것으로, 건축가들 사이에서 중대한 관심을 유발하는 건축적인 중요성을 갖는 공사이어야 한다. 때때로 제한된 경쟁이 실시되어 소수의 건축가가 보수를 받아 계획설계안을 발전시키고 그 중 당선자가 그 설계를 완성하도록 선정될 것이다. 이는 건축주에게 추가적 경비를 부담 시키는 것으로 단지 이름이 난 건물에게만 적합할 것이다[7].

건축주는 또한 전통적 보수협정에의 대안을 채택하기도 한다. 즉 총 건축비용의 몇 퍼센트에 기초하는 대신 합의된 총액 수준으로 보수가 결정될 수도 있다. 확정된 보수는 최종 보수가 얼마나 될까 하는 불확실성을 제거하며 건축가 측에서 보수를 올리기 위해 총 건축비용을 증액하려는 충동적 요소를 분명히 제거한다. 설계노력에 대한 보수를 예측하기 어려울 때 건축가는 합의된 비율에 따라 시간제 기준으로 설계보수를 지급받을 수 있다. 이런 접근방법은 단지 소규모 공사나 수선(혹은 재개발) 공사와 같이 건설공사의 범위가 결정되지 않았을 때 사용된다.

시공자를 선택하여 계약하는 과정에서는 여러 가지 방법상의 변화가 있다. 하나 이상의 전문하청업자로 하여금 건축주에게 직접 입찰하도록 요구하여 시공자의 감독으로부터 벗어나게 할 수 있다. 이는 건축주로 하여금 하청업자에 대한 통제를 더욱 강화해 줄 뿐만 아니라 그 공사조정에 대한 전반적 책임에 있어서 시공자보다도 더 큰 책임을 가지게 된다. 계약은 경쟁입찰 방법보다도 하나 이상의 시공자와 협의에 의해 이루어질 수도 있다. 이는 선택과정을 단축시키지만 건축주에게 덜 유리한 가격을 초래할 수도 있다. 건설계약은 총 공사비용에 의한 것보다는 건설단위당 가격에 입각해서 이루어질 수도 있다. 이는 흙파기 또는 도관공사와 같이 공사의 총량을 모르는 상황 하에서는 적절할 것이다. 단가계약에 의한 접근방법은 건축주에게 공사물량을 측정하기 어려운 작업에서 적절한 가격을 허용해 주지만, 또한 이 방식은 수행된 실제 공사의 양을 결정하기 위해 건축주가 주의 깊게 감독해야 한다.

건축주는 시공자의 공과 제 경비 및 이익을 포함해서 그가 공사의 단위가격을 평가하기 어려울 때 투입자재와 노동시간에 따라 시공자에게 지급하는 시간과 자재 접근방법에 의지할 수도 있다. 건축주는 실제 사용된 노동과 자재의 양을 결정하기 위하여 시간과 자재에 관한 계약에 입각해서 작업을 감독해야 하며, 투입 노동력이 생산적인지를 살피기 위해 조심스럽게 작업을 감독해야 한다.

이러한 접근방법들은 건축주에게 전통적 건설과정을 관리하는데 퍽 유리한 이점을 주지만, 이는 시공자의 수중에서 그의 단독책임 하에서 이루어진다는 주요이점 중 하나를 흐린다는 것이다.

설계 및 시공을 시공자가 하는 방식

앞 그림은 설계 및 시공을 시공자가 하는 접근방법에서 주요 참여자들 간의 관계를 나타낸다. 건축주는 예비설계 및 시방서에 입각하여 설계 및 시공을 할 시공자를 고용한다. 시공자는 그들의 회사요원 혹은 전문위원으로서 건축가를 고용한다. 기술적인 세부작업은 보통 설계 및 시공을 할 시공자를 위해 직접 일할 구조, 전기, 기계의 적절한 하청업자에 의해 수행된다. 이러한 설계 · 시공 접근방식은 3단계로 이루어진다. 즉 공사기획, 시공자의 선정 및 설계 · 시공의 단계이다.

공사기획 설계와 시공을 시공자가 수행하는 접근방법에서 건축주는 2단계에서 시공자들이 설계안을 발전시키기 위한 토대로서 설계목적의 설명서를 준비해야만 한다. 전통적 접근방법에서와 같이 건축주는 광범위한 재정적 · 행태적 연구를 행해야 할지 모르며 혹은 간단히 비공식적으로 요구조건을 언급할지도 모른다. 양자 모두 이 단계에서 최종 산물은 장래의 설계 및 시공을 할 시공자의 제안에 대한 요구라는 것이다.

시공자의 선정 설계 및 시공을 위한 시공자는 건축주와 직접 협의에 의하거나 다른 시공자와의 경쟁입찰을 통하여 선정될 수 있다. 어떤 경우에나 시공자는 계획설계, 간단한 시방서 및 건설공사비에 대한 입찰을 준비한다. 하청업자들은 그들의 공사분야에 관한 예비설계 및 견적을 행한다. 시공자는 보통 각 분야에서 1~2개의 하청업자와 같이 일한다. 기술제공 및 공사에 대한 견적은 보통 하청업자에 의해 이루어지며 전통적 과정에서 기술자와 하청업자 간의 의사교류에서 존재하던 문제를 제기해 준다. 이러한 제안에 기초해서 건축주는 스스로 판단하여 가격과 품질에 있어서 가장 좋은 조합을 이루고 있는 시공자를 결정한다. 최저 입찰자가 항상 선정되는 것은 아니다. 이리하여 선정된 제안에 기초를 두어 설계 및 시공을 위한 계약이 체결된다.

설계 및 시공 설계+시공단계에서 시공자에 고용된 건축가는 상세설계와 건설시방서를 만든다. 하청업자들과 같이 작업하는 기술자들은 구조 · 전기 · 전기공사의 상세설계를 발전시킨다. 더 이상의 입찰이 필요 없으므로 전통적 건축과정에서와 같은 엄밀한 공사계약서류는 필요하지 않다.

시공중에는 건축주는 설계+시공 계약과 작업의 일치여부를 검토하기 위해, 그리고 월별 작업성과 대한지급을 허가하기 위해, 따로 건축가나 기술자를 확보하고 있어야 한다. 설계담당 건축가는 시공자를 위해 일하고 있는 사람이기 때문에 그가 이 역할을 수행할 수는 없으며 독립적 판단을 해 주리라고 기대해서도 안 된다.

설계+시공 접근방법의 이점은 주로 설계와 건설에 대한 책임이 단일하게 시공자의 수중에 있다는 점으로부터 유래한다. 건축주는 세부 건축설계를 발전시키는데 요하는 시간과 경비의 위험부담이 없이 확정된 건설공사비를 얻을 수 있다. 기술자와 시공자는 처음부터 같이 일하기 때문에 그들 사이의 이중적 노력은 크게 제거된다. 설계+시공의 시공자는 건축주에게 작업의 2가지 단계에 대한 책임을 지기 때문에 설계와 공사책임의 분리 또한 제거된다.

이 접근방법에 따르는 주요문제는 설계와 건설의 질에 대한 건축주의 통제가 결핍된다는 것이다. 설계+시공 계약이 기초하고 있는 계획설계와 예비시방서는 수행되어야 할 공사를 자세하게 설명하고 있지는 않다. 이는 만약 공사가 단순하거나 시공자에 의해 시공된 것으로서 품질표준으로 사용될 수 있는 다른 공사와 유사할 때는 손해는 아니다. 이것은 산업용 건축에서 이러한 접근방법이 널리 쓰이는 이유를 설명해 준다. 이 방식은 설계+시공의 시공자가 전문으로 해온 진료소, 은행지점, 소규모 사무소 건물과 같은 건축유형에 점점 많이 사용되고 있다. 이 접근방법은 비록 건축주의 세심한 재정적, 형태적 요구조건에 대한 분석이 필요하지만, 또한 대규모의 복잡한 프로젝트에서도 적용되고 있다.

건설관리의 접근방법

설계+시공의 접근방법은 시공자가 건설과정을 강하게 통제하는 반면, 건설관리 접근방법은 건축주와 건축주의 전문위원들이 건설과정을 강하게 통제한다. 건설관리자(Construction manager)는 건축가와 마찬가지로 보수협정하에 건축주를 위해 일하는 전문가이다. CM은 건축과정의 관리와 설계단계에서 건설공사비와 공정계획에 관한 정보를 건축가에게 제공해 주는 책임을 진다. 앞 그림에서 나타난 바와 같이 여기에는 건축주를 위해 직접 일하는 시공자와 전문하청업자가 없다. 표시된 바와 같이 공사의 어떤 부분이 설계되기 전에 다른 어떤 부분은 공사가 시작되는 단계별 건설방법에서 가능성이 높다.

공사기획 건설과정에 대한 접근방법이 선택되기 전에 CM은 공사기획의 초기단계에서 고용될 수 있다. CM은 공사의 전반적 접근방법의 선택을 포함하여 그것의 모든 단계에 관하여 건축주에게 조언을 하기 때문에 "건설관리자(CM)"라는 명칭은 실제로는 잘못된 호칭이다. CM은 초기 공사의 예산준비 및 건축가의 선정을 도울 수 있다.

설계 설계단계 동안 CM은 공사비 견적의 검토와 공사의 중요비용 및 공정분류계획을 결정하는 데 있어 건축가와 기술자를 도와준다. CM은 각 공사의 범주에서 시공자들의 확보 가능성과 그들의 이해를 알아야 하며 계절적 건설활동의 효과를 고려해야 한다. 만약 조기완공의 압력이 있다면 CM은 패스트–트랙(fast–track)계획이라고도 알려진 단계별 공사계획을 수립할 것이다. 이 방법에서는 흙파기 및 기초공사와 같은 건설초기의 작업이 되는 동안, 한편에서는 그 단계 이후의 공사를 위한 설계가 계속 진행되고 있는 것이다. 이는 건축가와 기술자에게 이후의 건설공사 작업에서 사용될 상세나 심지어는 사용자재조차 모르는 채 공사의 구조계획 및 설계에 관해 조기결정을 내려야 하는 압력을 준다.

시공자의 선정 시공자들은 전통적 방법 혹은 수정된 전통적 방법에서, 개괄된 방법 가운데 어느 방법에 의해서도 선정될 수 있다. 단계별 건설방법에서는 해당공사 부분의 설계가 완료되는 즉시 시공자가 선정된다. CM은 이러한 독립적 선정과정들의 조정을 책임 맡는다.

건설 건설단계에서 CM은 전통적 건축과정에서의 시공자의 역할과 유사하다. CM은 전반적인 공사를 계획하고 각 시공자의 현장 진입의 계획을 세운다. CM은 하나 이상의 시공자가 관련된 공사를 조정하며 모든 공사가 도면 및 시방서와 일치하는지의 여부를 검토한다. 그는 보수기준에 의해 건축주를 위해 일하며 최종 건설비용에 대해 어떠한 금전적 이해를 갖지 않는 점에서 시공자와 다르다. 그러므로 CM은 건축주의 이해를 대변하고 건설공사의 진전을 검토하며 건축주가 시공자에게 지불할 보수를 허가한다.

이 공사방법이 건축주에게 주는 주요 이점은 CM을 통해서 건설과정에 대한 더 많은 통제를 가함으로써 건축주는 전통적 방법보다 시간과 비용을 절약할 수 있다는 것이다. 이런 가능한 절약을 함으로써 건축주가 갖는 위험은 총 건설공사비가 얼마나 될지 모르는 상태에서 건설 초기단계에 자금을 위탁하는 것이다. 모든 계약이 동시에 입찰된다 하더라도 건축주는 건축과정을 관리하는 위험을 가질 것이다.

주요 사무소 건물, 병원과 같은 크고 복잡한 공사에서는 CM접근방법을 사용하려는 경향이 뚜렷하다. 이를 보여주는 하나의 지표는 총무부서와 같은 과거의 보수적 정부기관들이 그들의 모든 주요 공사가 CM접근방법을 택하고 있다는 것이다.

■ 건축산업에 있어 건축가의 역할

건축가는 건축산업에서 폭넓고 다양한 기능을 수행한다. 표4－4는 1970년 센서스에 의한 경제 각 분야에서 일하고 있는 건축가의 수를 보여 주고 있다. 이 절에서는 건축회사, 정부, 제조업 및 건설관리에 있어 건축가의 역할을 보다 상세하게 서술한다.

건축회사

건축회사는 세금상태와 소유권에 영향을 미치는 여러 가지의 법적 형태를 취할 수 있다. 소유권의 가장 단순한 유형은 수규모 회사에서 흔한 단일소유 형식이다. 이 유형하에서 회사 업무의 책임은 회사 업무를 완전히 통제하는 단일 개인에 있다. 조직의 수익에 대해 법인세가 없으며, 단일 소유자가 개인적으로 회사 재무와 이에 대한 어떠한 법적 행위에도 책임을 진다. 합명회사에서는 회사의 소유권을 여러 사람이 분할하고 수익에 대해서도 마찬가지로 법인세가 없다. 동업자들 또한 개인적으로 회사 채무와 이에 대한 법적 행위로 책임을 진다. 조직의 세 번째의 주요 유형은 법인(incorporation)이다. 법인은 법적으로 개인과 같이 취급되며 법인의 소유주를 법인의 가능한 채무로부터 절연시킨다. 법인에 의해 얻어진 이윤은 연방정부 및 주정부에 의해 과세된다. 과세 후 남는 수익이 주주에게 배당금으로서 주어지면 이것도 또한 개인소득으로서 과세된다. 법인조직의 이점은 법인을 소유하는 건축가가 또한 피고용자이며, 다른 조직의 유형에서는 그들에게 적용될 수 없는 피고용자가 갖는 수혜계획에 대한 자격이 있다는 것이다[8].

표 4－5는 6개의 규모범위에 있어서 회사의 수, 그들의 수입 및 피고용자수를 보여준다. 이는 또한 그들 회사의 소유권의 일부를 갖고 있는 건축가의 수와 단지 고용된 건축가들의 수를 보여준다.

표 4-4

경제 각 분야별 건축가 수	
공학과 건축실무	38,242
농업	4,901
공공행정	3,280
건설	2,343
제조업	2,289
교육	1,099
재정, 보험, 부동산	793
교통, 보도기관, 공공사업 회사	744
상업, 소매업, 도매업	1,051
보건소, 병원	188
개인업	208
기 타	1,036
합 계	56,214

자료 : 미국 상무성, 인구조사국, 1972 Census of Population : Subject Reports(워싱턴 D.C. : 정보인쇄소, 1972), 표8, 산업종사

어떤 건축회사에서도 수행되어야 할 기능들은 광범위하다. 회사에 의해 제공되는 서비스, 즉 건축 프로그래밍, 기본설계, 상세설계, 건설감리는 건축가가 수행하는 직무이다. 그러나 이와 똑같이 회사의 존립에 마찬가지로 중요한 것은 수주관리활동, 피고용자와 전문위원의 채용과 해고, 재무관리, 미래에 대한 계획이다. 소규모 회사에서는 대부분 모든 이러한 활동은 1인에 의하여 수행된다. 대규모회사에서는 여러 사람들이 자주 디자인 과정단계, 공사의 유형 또는 새로운 사업의 개발, 인사관리, 재정관리 또는 공사관리를 전담하고 있다.

건축가는 재정 및 사회분야의 현실에 맞서 이상주의로 대항하는 고립주의자 또는 개인주의자로서 자주 묘사된다. 사실 표4－5에서 볼 수 있는 바와 같이 아직도 개인사무소나 소규모 회사를 혼자 및 함께 운영하는 건축가가 상당히 있다. 매우 작은 조직의 특수이점은 융통성이다. 많은 인원의 간부가 있어 끊임없이 공사가 공급되어야 하는 문제에 대해 건축가는 부담을 갖지 않아도 된다. 대규모

회사에서는 새로운 사업을 만들어야 하는 이러한 압력 때문에 자주 동업자를 디자인에 관여할 시간적 여유가 없이 판매직 지위에 머물게 한다.

대규모 회사에서 재정적으로 아무런 의미가 없는 일들을 작은 조직(회사)은 자주 획득할 수 있다. 예를 들면, 10만불짜리 주택을 디자인하는데 있어서, 10%의 보수로 건축가에게는 1만불의 총수입을 가져온다. 혼자 일하는 건축가에 있어서는 작업을 위한 약간의 비용을 지불하는 데는 전체보수의 작은 부분만이 필요할 뿐이다. 대규모 회사에서는 접수원과 비서의 월급, 임대료, 공사에 직접 일하지 않는 인원의 관리비와 같은 인원의 관리비와 같은 제 공과금, 전체보수의 50% 이상을 책임진다. 작은 공사, 특히 핵가족주택에서는 공사를 디자인하고 감독하는데 소유되는 시간은 전체보수로서 정당화되지 않아 제 공과금이 높은 회사에서는 거의 이윤을 낼 수 없다.

작은 사무실을 운영하고 있는 건축가에 있어서 생활은 다채롭고 때때로 흥미진진하다. 즉 건축가는 끊임없이 움직이며 큰 사무실에서 많은 건축가들이 다루는 모든 기능을 수행하고 있다. 승진과 고객단계에서부터 상세 디자인, 시방서 작성, 작업감독에 이르기까지, 특히 건축가가 많은 소규모 공사를 갖고 있는 것보다 대규모 공사를 2~3개 갖고 있는 경우, 회사업무량은 다량에서 소량으로 변화할 것이다.

2~3명 이상의 사람들로 구성된 사무실에서는 회사 전체를 통해 공사의 흐름을 조직화하는 것이 필요하다. 다음 도표에서 설명된 것과 같이, 수직적 접근방법에서는 각 공사가 작업의 모든 단계에서 책임을 지는 공사 팀에 할당된다. 그 팀은 공사담당 건축가가 관장하며, 그 구성원은 공사에서 요구되는 광범위한 서비스를 제공하기 위해서는 만능인이 되어야 한다. 수평적 접근방법에서는 공사가 한 부서에서 다음 부서로 이동되면서 수행되는데, 이 경우 각 부서에서는 어느 단계만을 전문으로 다루고 있다. 각 부서에는 주어진 분야에 대한 공사의 전반적인 책임을 지는 부서장이 있다.

건축사무소에서는 전문화의 이점과 공사의 영속성의 이점을 결합시키기 위해 이러한 2가지 기본적인 조직적 접근방법을 많이 혼용한다. 나타난 바와 같은 혼합식 접근방법이 전형적이다. 공사는 기획부서를 거쳐 공사팀에 인계된

표 4-5

규모에 의한 건축회사

규모 (고용인 수)	(회사수)	(총수입 ($1000)	(지불부금료 총액) ($1000)	(총고용인수)	(고용된 건축가)	(동업 건축가)
0-3	5,503	387,245	101,388	8,464	1,804	4,532
4-7	2,394	366,683	123,971	12,875	3,443	2,182
8-19	1,595	535,077	212,000	18,996	5,027	1,308
20-49	531	427,408	191,353	15,292	3,828	444
50-99	102	185,164	84,364	6,878	1,706	85
100+	54	302,416	156,350	11,178	1,605	88
합 계	10,179	2,203,993	869,426	73,683	17,413	8,639

자료 : 미국 상무성, 인구조사국, 1972 Census of Selected Service Industries.
제1권 : Summary and Subject Statics(워싱턴 D.C. : 정보인쇄소, 1976). pp. 5-14

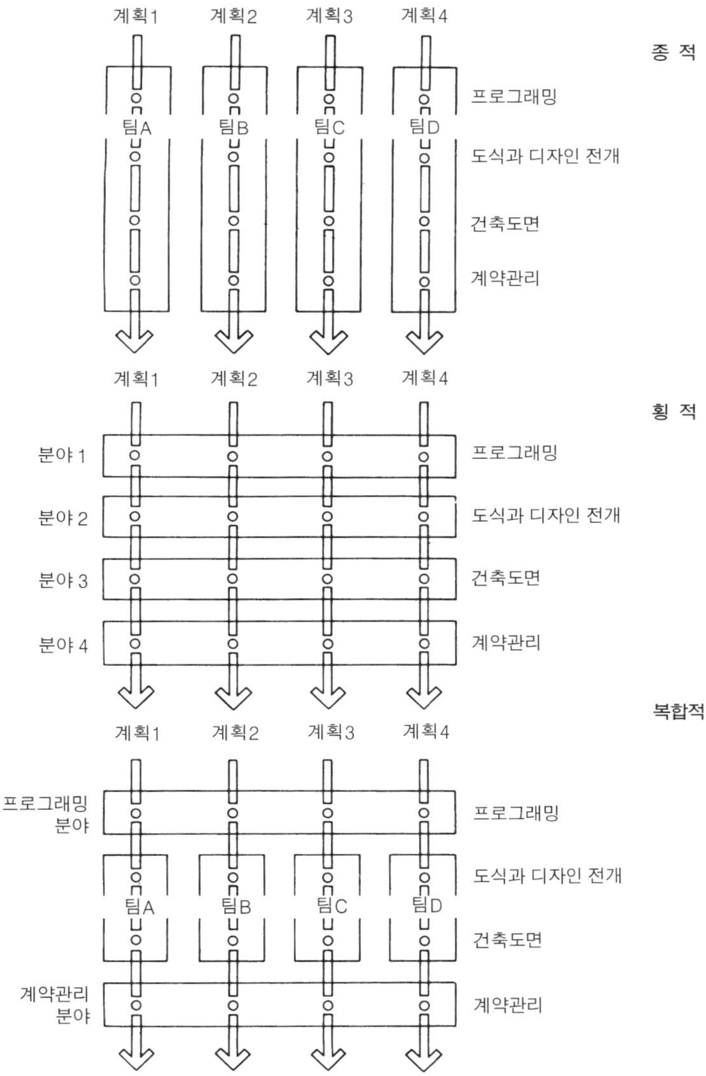
계획1
계획2
계획3
계획4
종 적
프로그래밍
팀A
팀B
팀C
팀D
도식과 디자인 전개
건축도면
계약관리
계획1
계획2
계획3
계획4
횡 적
분야 1
프로그래밍
분야 2
도식과 디자인 전개
분야 3
건축도면
분야 4
계약관리
복합적
계획1
계획2
계획3
계획4
프로그래밍 분야
프로그래밍
도식과 디자인 전개
팀A
팀B
팀C
팀D
건축도면
계약관리 분야
계약관리

기업체의 대안들

다. 공사팀은 기본 설계, 디자인 개발, 건설서류, 견적에 책임을 맡는다. 그 다음 공사는 계약관리 부서로 넘겨지고, 이 부서에서는 입찰과 건설을 통해 공사를 관리한다[9].

행정기관의 건축가

표 4 –4에서 표시되어 있는 바와 같이, 3,000명 이상의 건축가들이 연방정부, 주정부 및 지방정부에 고용되어 있다. 모든 단계에서 정부기관들은 매년 미국에서의 건축공사의 큰 부분을 차지하고 있다. 이러한 기관은 건축계획의 관리책임 전문가 — 보통 전문가 — 들로 이루어진 담당요원을 유지하고 있다.

건축주의 역할을 지니고서 건축가는 재래의 전문적 건축가의 역할에서 볼 수 없었던 도전과 기회가 부여된다. 건축주의 우선권리를 설정하고, 이에 맞는 건축과정을 선택하는 것은 보통 전문적 건축가를 고용하기 전인 공사 기획단계에서 일어나는 가장 중요한 결정이다. 건축의 대표로서 건축가가 갖는 도전은 건물설계보다도 건축과정의 설계에 관하여 생각하는 것이다. 건축가는 여러 가지 접근방법과 건축주의 우선권리 간의 관계에 대한 이해를 하고 있어야 한다. 건축주의 대표로서 건축가는 건축과정의 이해를 통해 건축환경의 궁극적 질에 대하여 주요한 영향력을 행사할 수 있다. 주정부 및 연방정부의 주요건축계획은 건축과정에서 많은 혁신적 시도의 원천이 되어 왔다. 건축가들은 자주 이러한 공사에 대해 지도적 역할을 해왔다.

자재성질, 건설시스템, 에너지절약, 건축시방서 및 법규작성의 방법에 관한 연구가 이루어지고 있다. 건축가들은 또한 개별적으로 공공기간 및 NBS에서 연구를 하는데, 그 곳에서는 정부기관 또는 건축회사의 디자인 팀들이 수행하는 것과 비슷한 기능을 수행하는 건축 디자인 그룹을 갖고 있다.

제조업체의 건축가

산업에서의 건축가의 역할은 많다. 이들은 산업체의 필요에 의한 건물 건설과 건축제품의 생산과 연관되어 있다. 제1의 경우에 건축가는 고객 또는 소유주의 대표로서 정부기관의 건축가와 유사한 역할을 한다. 산업적 관심을, 진행중인 시설계획에 많이 쏟다보면 그 방향설정에 모든 시간을 할애하는 관리집단이 필요하다. 어떤 경우에는 외부 건축가가 고용될 때도 있고, 또 어떤 경우에는 완전한 건축적 · 기술적 디자인 능력을 회사 내에서 충원하기도 한다.

건축제품의 제조업자와의 관계에 있어 건축가의 역할은 판매, 디자인, 생산관리를 포함한다. 모든 건축상품은 어떤 점에서 디자인이 이루어져야 하는 것이며, 이에 필요한 기술들은 가끔 건축설계를 하는데 필요한 기술들과 비슷하다. 건축제품의 시장판매는 보통제품 사용을 지정해주고 또한 그 제품과 전체적인 건축과의 관계에 대한 이해를 요구하는 건축가와 접촉을 해야 함을 의미한다. 이 역할은 자주 건축가에 의해 적절히 충족된다.

건설공사에서의 건축가

많은 건축가들은 개발업자와 시공업자를 위해 일하거나 그 자신이 개발업자와 시공자가 된다. 그들은 건축설계자로서의 기능을 유지하고 있을 수도 있고 혹은 건설관리와 관계있는 다른 역할로 옮길 수도 있다. 많은 개발업자가 스스로 설계작업을 하며, 건축시공자들도 점증해서 건축가를 고용하거나 또는 간부로서 건축가를 확보하는 것이 필요하게 되는 설계 및 시공을 하는 공사에 참여하고 있다. 시공 및 개발조직과의 구성관계에서 볼 때 건축가는 재정적 존립의 상당한 압력에 직면해서도 환경의 질을 위해 일하는 선도자가 될 수 있다.

건설관리자로서의 건축가

건설관리는 건축산업에서의 새로운 기능이며, 건설관리자에 의해 제공되는 서비스의 범위와 그 역할을 수행할 사람들의 전문적 배경 사이에는 불일치가 있다. 건축시공업자들은 설계의 건설단계에서 CM(건설관리자)역할을 강조하려는 경향이 있어, 시공업자들은 공사감독에 있어서 그 고유한 기반을 갖고 있다고 주장한다. 건축가들은 공사의 초기단계에서 CM의 참여의 중요성을 강조하려는 경향이 있으며 건축가는 건설뿐만 아니라 설계문제를 이해하고 있어야 한다고 지적한다. 분명히 건축가에게는 건물 소유주에게 처음부터 끝까지 건축과정을 지도하며, 경비 · 시간 · 질에 관한 소유주의 목표에 영향을 미치는 포괄적이고 전문적인 서비스를 제공할 기회가 있다. 이 같은 분야에서 시공업자들과 성공적으로 경쟁하기 위해서는 건축가는 건설현장에서 전문성을 보여 주어야 하며 전문가와의 협력관계를 형성해야만 한다.

■ 장래에 대한 기대

1950년대와 60년대의 전후(戰後) 시기 도안에 건축분야의 건설은 고도의 무차별적인 수요의 시기에 처했었다. 인구증가, 정부용역의 증대, 일반적 경제팽창으로 말미암아 주택, 학교, 상업 및 산업시설의 건설이 촉진되었다. 1930년대 10여 년 간의 경제적 불황과 5년 간의 전쟁으로 약20여 년 간 지속된 건설 붐에 의해 충당되었다.

건축산업은 제품 및 생산과정에 있어서의 여러 기술혁신 방안들에는 아무런 반응을 보이지 않았다. 공업화 주택을 촉진하려는 전후 초기의 노력은 실패하였다[10]. 건축산업은 단편성, 저자본투자, 현장작업과 그러한 조직 속에서 확장되었다. 시장이 비록 확대되고 있다 할지라도 여전히 변동적이고 계절적이며, 현지의 경제조건에 좌우되기 때문에 건축산업 조직도 여전하였다. 건축에 대한 증가하는 수요로 해서 나타난 주요효과는 비용에 있어 다른 소비제품보다도 증가율이 높다는 것이다.

1969년에는 주거문제에 대한 주요한 변화의 시기가 성숙되었다. 즉 당시 주택교육성(HUD) 장관이던 조지 롬니(George Romney)의 생각이 그러하였다. 그는 느끼기를 미국 우주계획의 감축으로 말미암아 많은 우주항공회사들로 하여금 그들의 관리기술과 자본이 적용될 수 있는 주요시장을 찾게 되리라고 생각했다. 이러한 회사들이 미국인이 집을 갖는 도전을 새롭게 볼 수 있도록 고무시키기 위해 돌파작전이 세워졌다. 공장생산에 중점을 두어서 전 지역에 걸쳐 9개의 현장에서 새로운 생산품의 견본을 건축하기 위한 22개 회사들이 선정되어, HUD나 주택생산업자들은 대규모 공장생산과 변동적이고 비예측적인 주택시장을 어떻게 조화시키느냐의 문제에는 거의 관심을 두지 않았다. 1976년에서 볼 때 "돌파작전 주택 시스템" 중 단지 5개 회사만이 아직도 그들의 제조업자에 의해서 거래되고 있었다[11].

1970년대의 상황은 20년 전의 상황보다 근본적으로 변화하였다. 미국의 인구증가는 정지상태에 있다. 2차대전 후 베이비 붐이 있을 때 태어난 아이들은 성인이 되었으며 많은 학교에서 과밀교실을 초래하였다. 1970년대 중반의 복합된 경기 후퇴와 인플레이션으로 해서 사업은 심각한 영향을 받게 되어 그들은 플랜트시설에 투자하는 것에 대해 계속 회의적이었다.

게다가 새로운 건물의 설계 및 건설에 대해서 더 많은 급박한 수요가 있었다. 50년대와 60년대는 대기와 수질에 대한 오염으로 해서 건물성능의 보다 높은 기준이 유도되었다. 건물들이 물과 공기의 질, 하수도체계, 생태체계 및 심지어는 다른 건물에 미치는 햇빛의 양에 관한 영향을 파악하기 위해 환경영향에 관한 연구가 마련되어야 한다.

다른 분야에서의 인간욕구들에 대한 민감성이 증대됨에 따라 건축디자인은 보다 많은 압력을 받게 되었다. 지체부자유자의 특수 욕구를 인식한 설계기준은 입법화되었다. 한 연구에서는 노인 및 청소년 — 사실 모든 사람들 — 을 위한 설계에서 환경과 행태 간의 관계성에 대하여 과거보다도 훨씬 조심스러운 고려가 있어야 한다는 것을 보여준다.

최근의 가장 의미 깊은 건축설계에 관한 제약은 줄어드는 에너지의 공급에 대한 인식에 있다. 50년대와 60년대에는 에너지 보존에 관해 소수의 관심이 표명되었다. 연료는 저렴하고 유리 사용의 확대는 유행이었다. 우리는 지금 그 대가를 치르고 있다. 장기적 에너지 전망은 에너지 절약의 측면에서 건축설계를 재평가할 뿐만 아니라, 에너지 효율성의 측면에서 건설과 건축제품의 생산을 새롭게 인식하도록 하였다.

과거에 낭비되었던 것으로 자원으로 공급되고 있는 것은 기존 건물이다. 과거 같으면 부숴버렸을 건물들이 이제는 새로운 용도로의 적응이 가능한지 조심스럽게 고려되고 있다. 기존건물의 복원은 현 세기의 나머지 기간 동안에 다른 건설에 비례하여 극적으로 늘어날 것이다.

요약하면, 오늘과 예측할 수 있는 미래의 건축 건설시장은 과거보다도 훨씬 더 분별 있는 적절한 수요로 특징지어질 것이다. 앞에서 살펴본 바와 같이, 이는 벌써 전통적 건축과정에 대한 대안들로써 실험되고 있다. 다른 산업에서 개발된 관리도구를 도입하려는 노력, 특히 컴퓨터의 사용은 건축과정의 전반적인 관리통제의 부족으로 제한되고 있다.

요사이 건축과정을 조직화하는 해결책으로서 건설관리에 관심이 집중되고 있지만, 어떤 접근방법도 건물 소유자가 직면하는 다양한 상황에서 적합하지 못할 것이다. (새로운 전문가의 범주가 등장하여 미래에는) 건축과정을 조직화하는데 있어 어떤 단일방법을 초월하여 투시할 수 있으며, 또 건축과정이 건축 소유주의 목적과 상황에 영향을 미칠 수 있도록 조직화되어야 한다는 것을 알 수 있다. 그 과정은 계획되어야만 한다. 랄프 내쉬(Ralph Nash)의 견해에 의하면, 이러한 새로운 전문가들을 낳는 적절한 원천은 건축학교들일 것이다.[12]

주

1. U.S Department of Commerce, Bureau of the Census, 1972 *Census of Construction Industries*, vol. 1, *Industry and Special Statistics*(Washington,D.C.: Government Printing Office, 1976)
2. American Institute of Architects, *Code of Ethics and Professional Conduct*, AIA Document J330(Washington, D.C.: American Institute of Architects, 1977), pp. 1-2.
3. Ibid., p. 2
3a. American Institute of Architects, MEMO (Washington,D.C.: American Institute of Architects, July, 1978), p. 4.
4. Richard L. Sanderson, *Codes and Code Administration: An Introduction to Building Regulation in the United States*(Chicago : Building) Officails Conference of America, 1969), pp. 7-11.
5. Aldo Norsa, *Answers for the Building Community: Optimizing the Choices*, IF Occasional Paper no.3(Montreal: Universite de Montreal, 1976; Urbana : Unversity of Illinois, 1976).
6. American Institute of Architects, *Compensation Management Guidelines for Architectural Services* (Washington,D.C.: American Institute of Architects, n.d.)
7. American Institute of Architects, Architects' *Handbook of Professional Practice*, vol.1, *The Selection of an Architect* (Washington,D.C.: American Institute of Architects, 1963)
8. Robert Allen Class and Robert E. Koehler, eds., *Current*

Techniques in Architectural Practice(Washington, D.C.: American Institute of Architects, 1976; New York: Architectural Record Books, 1976), pp. 5-8.

9. Ibid., pp. 10-16.

10. Charles Lewis Owen, *Design and the Industrialized House* (Chicago: Institute of Design Press, 1965), pp. 95-113.

11. U.S.Comptroller General, *Operation Breakthrough: Lesons Learned about Demonstrating New Technology* (Washington, D.C. : U.S. General Accounting Office, 1976), p. 17.

12. Norsa, *Answer for the Building Community*, p. 56.

권장도서

American Institute of Architects. *Architects' Handbook of Professional Practice*. Vol.1. Washington, D.C.: American Institute of Architects, 1963.

——. *Code of Ethics and Professional Conduct*. AIA Document J330 Washington,D.C.: American Institute of Architects, 1977.

——. *Compensation Management Guidelines for Architectural Services*. Washington, D.C.: American Institute of Architects.

——. *Owner-Architect Agreement*. AIA Document B131. Washington, D.C.: Ameracan Institute of Architects, 1970. Bender, Richard. *A Crack in the Rear-ciew Mirror*. New York: Van Nostrand Reinhold Co., 1973.

Class, Robert Allen, and Koehler, Robert E., eds. *Current Techniques in Architectural Practice*. Washington D.C.: American Institute of Architects, 1976; New York: Architectural Record Books, 1976.

Glover, Michael ed. *Alternative Processes: Building Procurement*, Design and Construction. IF Occasional Paper no.2. Montreal: Université de Montreal, 1976.

——. ed. *Building Procurement: Preceedings of a Workshop*. IF Occasional Paper no.1. Montreal: Universite de Montreal, 1974; Champaign: University of Illinois, Construction Engineering Research Laboratory. 1974.

Gutman, Robert, "Architecture: The Entrepreneurial Profession." *Progressive Architecture* 48(May 1977).

Heery, George T. *Time, Cost and Architecture*. New York: Mc Graw-Hill Book Co., 1975.

McCue, Gerald M., Ewald, William R., and The Midwest Research Institute. *Creating the Human Environment*. Urbana: University of Illinois Press, 1970.

Norsa, Aldo. Answers for the Building Community: *Optimizing-the Choices*. IF Occasional Paper no.3. Montreal: Unversité de Montreal, 1976; Urbana: University of Illinois, 1976.

Owen, Charles Lewis. *Design and the Industrialized House*. Chicago: Institute of Design Press, 1965.

Sanderson, Richard L. *Codes and Code Administration: An Introduction to Building Regulation in the United Stated*. Chicago: Building Officials Conference of America, 1969.

U.S. Comptroller General. Operation Breakthrough: *Lessons Learned about Demonstrating New Technology*. Washington, D.C.: U.S. General Accounting Office, 1976.

U.S. Department of Commerce. Bureau of the Census. 1972 *Census of Construction Industries*. Vol.1*: Industry and Special Statistics*. Washington, D.C.: Government Printing Office, 1976

——. 1972 Census of Selected Service Industries. Vol 1: *Summary and Subject Statistics*. Washington, D.C.: Government Printing Office, 1976.

——. Statistical *Abstract of the United States*: 1976.

Washington,D.C.: Government Printing Office, 1976.

5 장
개발과 건설경제학

Harvey Z. Rabinowitz
강 희 주 역

건축행위는 제4장에서 이야기된 것처럼, 건설산업과의 관련 속에서 발생한다. 또한 그것은 개발과정 및 그와 연관된 경제적 제약과의 관련 속에서 발생한다. 즉 건축사업의 대부분은 개발업자에 의해 시작된다. 그들 자신의 사용, 소유 혹은 경영을 위해서 혹은 다시 판매할 수 있도록 하기 위해서 분명히 그러한 사업의 경제적, 재정적인 매개변수는 극히 중요하다. 건축가는 이러한 과정에 대해 정통해야 하며, 이러한 과정 내에서 일을 해야 한다. 중요한 것은 건축가가 개발과정과 건축설계와의 관계를 이해해야 한다는 것이다. 이 장은 건물개발과정 및 건축경제와 디자인과의 관계를 서술하고 있다.

건축공사는 개발업자가 자신이 사용하거나 소유권을 위해 시공되어 세워진다. 개발사업은 투자목적을 위해 건물을 짓는 부동산업에 종사하는 기업가 혹은 합자회사 혹은 주식회사이다. 개발업자는 작은 집을 개선하고 새로운 도시를 건설하며, 공업단지나 테니스클럽의 건설에 종사하여 완성되는 즉시 건물을 팔거나 건물의 내구연한 동안 소유하기도 한다. 경찰서, 도서관, 학교 그리고 병원 같은 공공건물이나 준공공건물을 제외하고는 대부분 우리들의 환경은 이러한 개인이나 조직에 의해 건설된다.

개발업자가 일하는 관계는 주로 금전과 경제에 관한 것이다. 건물을 디자인하기 위하여 개발업자에 의해 고용된 건축가는 사업의 성공 여부에 극히 중요한 경제적인 관계성에 호응하여야 한다. 경제적인 상황 관계성은 건축가가 고려해야 하는 많은 요소 중에서도 가장 어려운 것이다. 왜냐하면 경제적인 요인은 가끔 작업을 하는데 있어 가장 많이 제약을 가하고 영향을 끼치기 어렵게 만들기 때문이다. 그것은 하한선이다.[1]

이러한 어려운 역할에서 건축가는 건축사업의 성공 여부에 직접적으로 영향을 주는 디자인 해답과 결정사항을 알고 있어야 한다. 물리적인 디자인 해결을 담당하는 건축가는 이러한 여러 요인들과 가끔 모순되기도 하는 요인들을 용해시키는 사람이나, 제한된 시간과 제한된 예산 내에서 건축가가 조건에 맞는 디자인 해결을 제공해 주기를 개발업자는 기대한다. 전반적인 형태의 판단에서부터 전기 콘센트의 위치에 이르기까지 각각의 단계에서의 건축가의 결정은 획득 가능한 다양한 지식 및 그 결과에 기초를 둔 것이라야 한다.

개발 관계의 성격은 고정된 것이 아니라 개발업자와 건축가는 현재 개발사업의 성공여부에 심각하게 영향을 주는 경제적 요인과 디자인 사이에서 보다 넓은 관계의 범위를 경험하고 인식하고 있다. 일단 엄격한 예산상의 관심이 주어졌으면 지금은 보다 융통성 있는 접근방법이 필요한 것이다. 이러한 접근방법은 또한 다음과 같은 것을 포함한다.

- 토지이용의 안
- 시장성과 쾌적성
- 건축시스템과 시공방법의 안
- 에너지, 일상생활의 비용 및 세금의 영향

이러한 분야에서 해결을 위한 지식 및 그 의미는 건축사업을 가능하게 하는데 있어서 요구되는 것이다. 그 결과로서 이것은 건축가와 개발업자와의 관계를 공존의 관계로 만들기도 하고, 또한 더욱 어렵게도 만든다. 건축가는 이러한 특별한 분야에 정통해야 하고, 기술적, 기능적, 형태적, 미적인 요소를 이미 고려중인 요소들과 더불어 조화시킬 수 있어야 한다. 그러한 첨가적인 요소는 더 많은 제약과 복잡성을 가한다. 결코 쉽지 않은 종합화라는 건축가의 중요한 과제는 더욱 어렵게 되지만 더욱 더 중요하게 된다.

불행하게도 이러한 과정은 그것이 복잡하게 둘둘 말려 있기는 하지만 어렵게 생각해서 경제 분야에서의 이러한 첨가적이며 익숙하지 못한 요인들의 유입에 필적하지 못하는 건축가도 있다. 그러나 건축가들은 점점 이 분야에 대하여 깨우치고 있다. 어떤 건축가는 개발업자와의 과정에 강한 참여자가 되어가고 있을 뿐만 아니라 또한 개발업자가 되어가고 있다.[2]

■ 개발의 상황관계

건물의 형태 및 디자인에 관한 특수한 결정은 어떻게 내려지는가? 이 문제에 대답하기 위해서 건설의 대상 및 건설의 과정에 관한 전모를 볼 필요가 있다.

건설의 대상

미국에서는 거대한 건설의 양, 즉 금액의 85%가 개인분야에 의해 이루어진다. 다시 말해 주로 개발업자에 의해 이루어진다. 그 대상은 주거, 공장건물, 사무소, 상점, 호텔, 창고이다. 공공부문에서 이루어지는 건물은 정부가 관여한다. 즉 도서관, 소방서, 공항 및 군사시설 등이다. 우리들은 개인부문들에 관심을 가지게 될 것이다. 왜냐하면 그것은 대부분의 건축가들이 작업하게 되는 원천이기 때문이다.

개발에 가하는 경제적 힘

개인부문에서 개발, 심지어 유형 및 형태를 가능하게 하도록 영향을 주는 대규모의 경제적이고 사회적인 힘은 수없이 존재한다. 토지의 획득 및 조절, 인구성장의 규모 및 위치, 건설의 비용, 재정확보, 세법 및 경제의 상태 등이 이러한 힘의 가장 중요한 부분이다.

이러한 경제적 힘은 미국의 개발에 영향을 주어 왔다. 풍요한 자원, 급증하는 인구, 경제의 확대로 말미암아 미국은 지속적 성장의 역사, 낙천주의, 활기를 창조해 놓았다. 1950년대와 1960년대 초기에 이러한 믿을 수 없는 풍요함은 그 최고 수준을 달성하였다. 그러나 1960년대 후반기 처음으로 그 이전의 지속되어온 낙천주의 속에서 정신적 동요를 일으키는 상태가 팽배하게 되었다.

이전의 확대일로의 역사를 낳게 하는 여러 요인들이 갑자기 냉혹하게 역전되는 것 같았다. 항상 개발 가능한 토지로 말미암아 1970년대까지는 미국 인구의 절반이 저밀

교외지역에 살 수 있었던 그 토지가 이제는 크게 개발되었다. 교외의 토지빈곤, 상・하수 및 설비의 부재, 정부 및 공공단체의 토지 이용에 관한 인가 및 조절로 말미암아 개발을 위한 값싸고 구입 가능한 땅을 얻는 시대가 종말을 고했다. 이러한 요인 때문에 토지는 건설사업을 개발하는 비용의 1/3이나 이르게 될 수 있다. 이러한 상황을 더욱 복잡하게 만드는 것으로서 에너지 위기는 계속적인 교외로의 확장 및 지가상승의 유효성에 대한 물음을 더욱 강화시켜 놓았고, 우리들의 차(車) 위주의 문화를 갑자기 경직시켜 놓았으며 우리들의 주택들을 잠재적인 처치 곤란한 물건(white elephant)으로 만들어 버렸다.

석유의 부족은 인플레이션을 부채질하였다. 수많은 제품의 가격은 상당히 비싸져서 때로는 그것들이 배급에 의하여 할당되기도 했다. 인플레이션에 수반하여 이자의 비율은 10%까지 높게 뛰어서 값싼 자금으로 환원되지 않으리라는 무언의 가정이 나온다. 이러한 상황에서 투기성 있는 건설사업을 위해 돈을 차용한다는 것은 불가능하게 되었다.

개발분야에서의 경쟁 양상은 변모되었다. 확대경제하에서의 모두의 활동을 위한 여지가 있다. 그러나 우리들이 언급한 부정적 힘들로 말미암아 개발을 위한 분위기는 매우 경쟁이 치열하여 여러 조직들이 조그만 가능성을 위해 겨루게 되었다. 이러한 경쟁이란, 건물은 사용자와 입주자를 매혹시킬 수 있는 것이라야 하고, 그 결과로 건물의 이미지, 쾌적성, 형태, 크기에 관한 설계조건으로 반영되어야 함을 의미한다. 시장의 간격이 탐색될 필요가 있을 때나 개혁이 필요할 때 과거에 적절했던 공식이나 관습적인 지혜는 충분하지 못하다.

건축가의 역할

새로운 개발의 상황관계에서 본 건축가의 역할은 매우 중요하며 과거와는 아주 다르다. 과거에는 어떤 개발사업이 성공적일 것이라 확신이 되면 건축설계에 있어서 변화의 폭은 많이 허용되었다. 여러 가지 설정사항 가운데서도 개념, 양식 및 형태에 관한 결정은 폭넓은 이념전개에 기반을 두고 있었다. 이들은 개발 혹은 물리적 상황관계에 전혀 상관이 있을 수 없었고, 상관이 없었다. 그리고 그것은 확대되고 자유로운 경제 속에서 가정되는 사업상의 성공에는 영향을 주지 않았다. 지금의 새로운 상황관계 속에서는 개발사업이 시행할 만하고 성공적이며 관심을 갖게 하려면 더 많은 엄격성, 지식 및 정확한 결정사항이 필요하다.

변화하는 건축가의 역할은 장래의 건축가의 직업에 대해 중요한 의미를 지니고 있다. 경제적인 설계의 변수들은 한편으로 매우 긴박하게 된 것이나, 그 운영을 위해서는 수많은 변수들이 동원될 것이다. 대지, 커뮤니티, 시장, 환경, 건설 및 일상생활로부터 오는 제약조건에 대응하기 위해서는 창의적인 해결책이 요구될 것이며, 이러한 해결책으로 해서 그 디자인은 강력함과 풍부함을 지닌 건물을 낳을 가능성을 지니고 있다.

■ 개발의 과정

개발사업자는 개발과정, 즉 촉매, 점화, 운동에 있어서 열쇠가 된다. 개발업자는 그 과정을 시작하고 전문가를 고용하고(건축가를 포함하여 자금을 공급하고, 모든 계약을 체결하며, 모든 결정에 대해 최종적인 책임을 지며, 나중에는 완성된 건물을 소유한다. 개발이란 것은 꽤 보답이 큰 사업이 될 수 있으나 많은 위험부담을 지니고 있다.[3]

국내의 판매고가 측정이 되고 외부로부터 오는 경향과 확대(혹은 축소)가 합리적으로 계량되는 제조업, 서비스, 혹은 소매업과는 달리, 모든 새로운 건설개발 사업은 위험부담이 크게 따른다. 이것은 그러한 사업의 장기성, 법률 및 정치적인 함정, 기술적인 난점, 준공 후의 문제, 계산에 넣지 못한 시장, 그리고 개발업자의 전형적인 유동성의 부족에 기인하다. 건축산업의 국부적인 조건과 단편성으로 말미암아 전형적인 회사와는 다른 개발의 실체를 필요로 하게 된다. 사실상 개발업자는 그것이 큰 조직이라 하더라도 그 업무는 직관, 지식, 접촉, 정력을 가진 한 개인에 집중된다. 1960년대 후반, 주택 및 개발분야에 역점을 두었거나 혹은 이 분야에 뛰어든 큰 회사(이를테면 보아즈 카스케이드, 제네럴 일렉트릭, 아메리칸 스탠다드, 베링)를 볼 때 모두 2,3년이 지나면서 대부분의 대규모 계획을 포기해 버렸다.

개발업자들은 가끔 어떤 특정 건물형식 — 예를 들면 사무소, 호텔, 주택, 혹은 상점 — 을 전문으로 한다. 대부분 그러한 범주 내에서도 더욱 전문화하여 어떤 크기의 건물, 위치, 건설형식을 강조한다. 새로운 사업의 시작은 개발업자의 전문적 지식에 의하여 윤곽이 드러난다.

대지의 선정

개발업자의 첫 번째의 업무는 여러 대지를 검토하여 적절한 대지를 찾아내는 일이다. 대지선정을 결정하는 데에 여러 가지의 범주가 도입되는데 그것은 다음 사항을 포함한다.

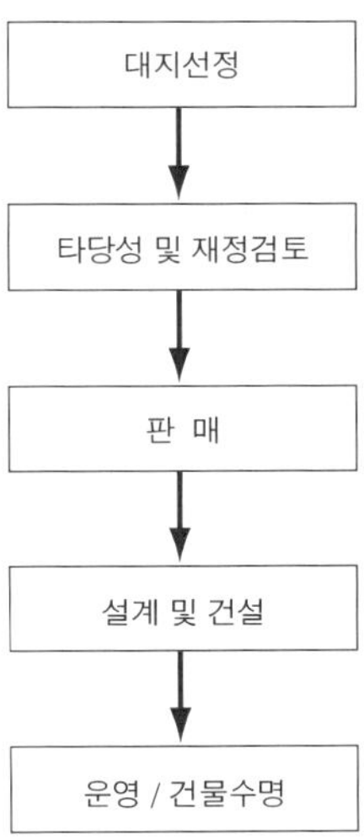

개발과정

1. **지구제(Zoning) 현행** 조례(시, 읍, 면)가 그 대지에 이러한 용도의 형식 및 건물규모를 허용하고 있는가? 소유주차장, 최대 건물높이 및 건물후퇴에 관한 제한 및 기타의 제약사항이 고려되어야 한다.
2. **설비** 상수, 우수 및 하수, 가스, 전기 및 전화 인입장치가 필요하다. 그것이 이용 가능한가, 개량이 필요한가?
3. **기술적 요인** 토양 · 지형 및 배수의 요인들이 건물설계 및 내용에 어떤 영향을 주는가? 음향적 요인, 국지기후 및 내용에 어떤 영향을 주는가? 음향적 요인, 국지기후 및 일조가 대지이용에 영향을 줄 것이다.
4. **위치** 이것은 아주 강하게 고려되어야 할 사항이다. 제안될 용도에 대한 시장이 확보될 것인가? 대지가 눈에 잘 띄며 접근이 용이한가? 기타 요인으로서 고려되어야 할 것은 근린지구 및 대지를 통과하는 교통(차 및 보행자)의 양이다.
5. **경관과 아름다움** 전망이 존재하는가? 기존 및 제안될 경관조건은 중요한 측면이 된다.
6. **공동사회** 제안되는 개발에 대하여 커뮤니티의 반응은 어떠할 것인가? 그것은 그곳의 근린지구와 양립할 수 있을까? 그것은 더욱 많은 교통 및 소음을 야기시킬 것인가? 그 지역에 부동산 가격에는 어떤 영향을 줄 것인가?
7. **도시** 편익시설 경찰서, 소방서, 오물수거 및 학교가 이용될 수 있는가?
8. **비용** 지가가 개발의 조건들을 충족시키면서 금후의 입주자 및 사용자가 지불할 수 있는 범위내의 것인가?

개발업자들 사이의 경쟁과 소수의 이용 가능한 대지들과 더불어 이러한 여러 많은 범주들이 주어질 때, 개발과정 중에서 대지조사의 측면은 결코 쉽고 빠르게 되어지지 않는다는 것이 분명하다. 한 개발업자가 개발 가능한 대지를 발견할 때, 다음 단계는 그것의 타당성을 좀 더 조심스럽게 조사하는 것이다.

타당성의 결정 및 금융의 확보

적정 대지가 선정되면, 더욱 심층적인 조사가 그 타당성을 탐색하기 위해 요구된다. 다시 말해, 계획되고 있는 개발사업이 경제, 시장, 기술적 입장에서 볼 때 타당한가, 그렇지 않은가에 관해서이다. 이러한 세부적인 탐색내용이란 커뮤니티를 답사하여 그 사업의 수용가능성을 검토하고 지질조사, 시장조사를 포함한 그 대지가 지닌 특별한 문제에 대하여 더욱 자세하게 기술적인 해결을 고려하며, 마지막으로는 건축가가 만든 기본설계의 작성을 포함한다. 이러한 타당성 조사단계 기간에 여러 가지 건물설계 및 수정안에 대하여 건물이 준공되고 난 다음, 그것의 운영에 있어 비용평가가 되는 경제적인 예측이 이루어진다. 마지막에는 몇 번에 걸친 이러한 비용의 평가를 한 후, 그 사업이 가져오는 수익은 사업기간 중의 이익을 포함하여 모든 경비를 충당할 수 있어야 한다. 만약 이러한 조건들이 충족되지 않는다면, 그 사업은 제외될 것이며 대지선정이 새로 시작되어야 할 것이다.

나아가서 더욱 객관적인 타당성의 조사는 개발업자가 사업을 위해서 자금을 빌려 오려는 금융기관에 의해 이루어지는 것이다. 실제로 모든 건물은, 심지어 공공부문의 건물일지라도 어떤 방법에 의하여 자금이 공급된다(예를 들면 교육국은 자금 확보를 위해 채권발행을 시도하여 지역의 동의를 필요로 할지 모른다.) 민간개발업체 혹은 소유자는 보통 사업 전체 금액의 25% 정도를 투여한다. 이것은 형평법이라 불린다. 나머지 개발비의 75%는 금융기관이 대출해 주며 그 사업의 사용연한, 즉 보통 25년간 상환해 간다. 이것을 담보대부라 부른다.

금융기관은 은행이나 보험회사, 연금기금 혹은 개인일 수도 있다. 대출자들은 사업계획의 검토 및 대출의 경험 — 그것이 성공적이기도 했고, 실패하기도 했지만 — 을 가지고 있어, 그들의 사업계획의 검토는 아주 날카롭다. 대부분의 제안된 사업안은 거부된다. 검토의 조건은 주로 경제적인 것이다. 대출자는 그 사업의 장래의 성공을 확신하여야 한다. 그들은 때로는 그 개발사업에 대하여 자금 방출 이전에 부분적으로 혹은 실질적으로 세를 놓거나, 미리 세를 놓도록 요구하기도 한다. 이러한 대출을 보통 개발사업 수행에 있어 매우 중요하여 대출자의 제안은 높은 비중을 지닌다. 그들은 건물설계의 수정을 요구하기도 한다. 일단 자금대출이 이루어지면 그 사업은 다 된 것이나 다름없다. 그러나 그것은 실제로 그 사업의 수행이 확보된 것이다.

설계 및 건설

건물의 세부설계가 이제 진행이 될 수 있으며 건설이 뒤따르게 된다. 초기에는 그 대지에 대하여 여러 가지 안들이 많이 나오며 가장 그 대지에 맞아 들어가는 안이 기본설계안으로서 선정된다. 이 기본설계안들은 자금대출자, 전문위원, 그 지역주민에 의해 검토 · 수정되고 건축가에 의해 더욱 다듬어진다. 마지막으로 최종 수정안들을 통합하여 발전된 설계안이 만들어진다. 이 시점에서 건축가는 시설설계 및 시방서를 작성한다. 이것들은 건물이 지어질 수 있도록 건물의 모든 부분들을 상세히 다른 계약문서이다.

개발업체는 계약문서를 손에 쥐고 여러 시공자들로부터 받은 입찰에 입각하여 일반시공자를 고용한다. 이 때 보통은 가장 저가의 입찰자를 선정한다. 일반시공자는 건설의 중재자 혹은 운영자로서 몇 개의 전문하청회사를 고용, 공사를 계획하고, 감독, 금액을 지불한다. 30개 정도의 많은 하청자가 한 사업에 일해 갈 수 있다(예를 들면 전기, 배관 혹은 조적). 때로는 일반 시공자가 그 작업을 운영하기만 할 뿐 실제적인 건설을 하지 않기도 한다. 그러나 대부분의 일반 · 시공자는 건설의 어떤 분야에 참가하는 작업인원을 가지고 있다.

개발업자는 개발과정의 이 단계에서 매우 활동적이다. 대체자재의 인가가 필요할 것이고 공사의 지연은 필연적으로 발생될 것이며 건설은 촉진된다. 시공의 질은 끊임없이 검토되어야 하며 시공자에게 공사비가 지급되어야 한다. 건설단계에서 개발업자는 보통 중간대부 혹은 건설대부를 받는다. 왜냐하면 그 사업이 완공되기까지는 영구적인 저당이 설립되지 않기 때문이다. 건설대부는 영구적 저당권을 갖는 곳으로부터 받을 수 있고, 혹은 이러한 유형의 대부를 전담하는 기관으로부터 받을 수도 있다. 이것은 얼마간의 위험부담을 가지고 있기 때문에 높은 이율을 수반하고 있다.

마케팅

대지가 선정된 시점으로부터 개발업자는 임차인 및 구매자를 찾기 위하여 판매활동을 해 나간다. 결정사항의 여러 가지 측면(대지위치 · 경관 · 건물설계)은 입주자 및 사용자를 끄는데 중요하다. 신문, 개인적 접촉, 부동산 소개업자를 통한 광고활동의 전부가 입주자를 확보하는데 사용된다. 만약 준공 1년 이내에 세 수입이 본전이 되는 수준에 이르지 못할 때, 그 사업은 실패할 가능성이 있다. 그 개발업자는 저당권을 쥐고 있는 재정기관에 그 사업을 잃게 될 것이다.

건물의 운영

건물의 운영은 건물의 수명으로 볼 때 가장 긴 기간을 점한다. 그것은 20년으로부터 100년 이상일 수도 있다. 그 건물은 꽉 점유되어 있어 입주자는 세를 지불하고 있고, 개발업자는 이제 소유자로서 그 사업의 경비, 이를 테면 상하수, 가스, 유지 및 운영비를 지불해 나가고 있다.

개발과정에서 이 단계에서는 수익세에 대한 고려가 중요하다. 미국의 세제는 저당물에 대한 이자를 허용하고 있으며 감가상각이라 불리는 주요부분이 건물에서 오는 수익에서 감면될 수 있도록 허용하고 있다. 이것은 조세의 보호처를 만들게 하여, 어떤 부분의 이익에 대해 세금이 부과되지 않는다. 이 보호처는 원래 의회에서 건물에 대한 투자를 촉진하는 자극제로서 입안되었다. 그러나 그것은 또한 일반대중이 관여하지 않는, 소수의 건물소유자 및 투자자 집단에게 이점을 제공하고 있다. 그러한 세금의 보호처는 점점 제한이 되고 있지만, 아직도 그것은 정치적 비판의 표적으로 남아 있다.

■ 건축경제가 디자인에 끼치는 영향

우리들이 살펴 본 바와 같이 대규모의 경제적인 힘의 변화는 개발의 매개체 및 어려움의 정도에 있어 커다란 변화를 가져 왔다. 이것은 디자인의 결정에 있어 심각하게 영향을 주기 때문에 개발업자 및 건축가는 이러한 요인에 대하여 주의 깊고 사려 깊은 태도로 접근해야 한다.

토지의 요인 및 부지계획

어떤 경제적 요인이 설계의 결정에 강하게 관련되고 있는가에 대해 우리들이 검토해야 하는 첫 번째의 범주는 토지의 요인 및 부지계획이다. 개발가능한 대지가 점점 부족해가고 있고, 개발업자는 광범위하게 대지를 물색하고 있음을 앞에서 언급한 바 있다. 적절한 대지가 있을 때, 건축가는 그 대지가 개발이 가능하도록 그 대지를 계획하는데 있어 매우 중요한 역할을 행한다.

개발에 있어 땅값은 다른 어떤 가격 요인보다 높고 더 빨리 상승한다. 그것은 전체 개발비의 1/3 정도까지 다다를 수가 있다.[4] 그래서 개발업자는 토지의 효율적으로 사용할 수 있도록 해야 한다. 토지의 비효율적 사용으로 말미암아 개발이 거의 불가능하게 될 수 있다. 예를 들면 50,000불의 호가하는 주택이 있는 중산층 근린지구에 100,000불이 나가는 2에이커의 땅이 있다고 할 때, 2세대의 주거를 위한 사업안은 불가능하다. 지가만으로도 세대당 50,000불이 되어 완성된 주택에 대한 전 비용은 약 90,000불이 된다. 이것은 그 위치에서 판매되지 않을 것이다. 2에이커 땅에 10세대를 짓는 경우는 판매 가능할 것이

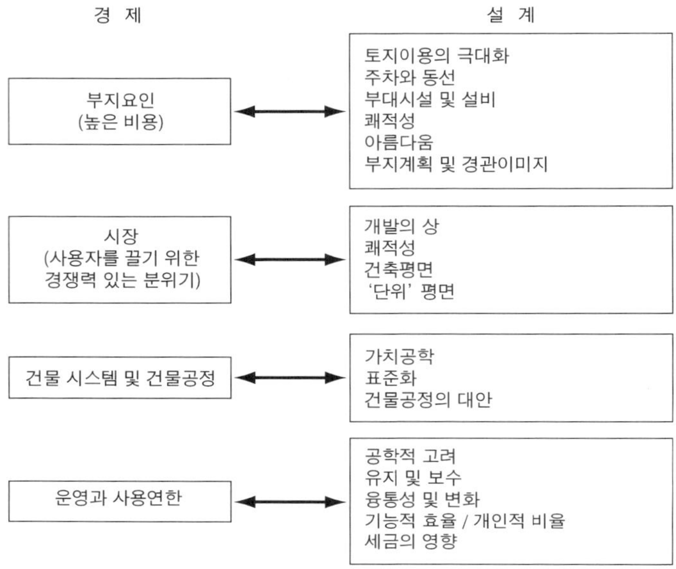

설계에 영향을 주는 경제학

다. 세대당 지가는 10,000불이 되어 전비용이 50,000불에 맞출 수 있는 것이다. 만약 20세대가 개발된다면 세대당 지가는 5,000불이 되고 주택가격은 40,000불이 되어 그 사업의 성공은 높은 확률을 지니게 된다. 만약 그러한 대지분할이 허용된다면, 그리고 그러한 밀도로 이루어진 디자인에서 고객이 접근이 가능하다면, 후자의 제안은 타당할 수 있다. 이와 같이 경제성을 고려하면 개발의 안은 더욱 집약적 개발을 하게 되거나 혹은 토지의 극대 및 최대 이용을 도모하게 된다.

집약적인 토지이용을 하게 됨으로써 건축가는 어려운 대지계획의 문제를 가지게 된다. 건축가 및 개발업자는 대지계획의 문제를 가지게 된다. 건축가 및 개발업자는 대지계획에 있어 다음의 사항을 포함하여 여러 가지 요인들이 균형을 갖도록 해야 한다.

1. **토지이용의 극대화** 개발의 안 및 부대조건(도로 · 주차장, 부대설비, 쾌적성)들의 장점이 그 대지에 물리적으로나 미적으로 수용될 수 있는가? 여기서 그 사업에 관한 여러 가지 기본적인 가정들이 물음을 받게 되고 수정될 수 있다. 즉 그 가운데는 그 사업의 규모, 건물의 유형, 주차시설 하나하나가 비용, 기능 및 설계 고려사항 등에 의하여 평가된다. 건축가는 이 안들은 발전시킬 수 있어야 하고, 그 하나하나의 개발안의 의미를 알고 있어야 한다. 집약적인 개발이 물리적으로나 법적으로 가능하더라도 잠재적인 입주자 혹은 구매자가 그 계획안을 받아들일 수 없다면 그 부정적인 디자인의 의미는 경제적으로 유해할 지도 모른다.
2. **주차** 주차장의 수가 주어지면 주차의 형식(내부, 외부, 혹은 경사로)이 중요 결정사항이 된다. 기타 고려사항은 주차장의 위치 및 자동차와 보행자의 동선이다. 대지계획에서는 주차에만 너무 신경을 쓰는 것 같으나, 그 계획의 비용 및 사용자의 찬성 또한 주요한 요인이 된다.
3. **부대시설** 얼마나 많이 필요한가? 어디에 위치해야 하는가? 병원과 같은 어떤 건물에서는 부대시설은 높은 우선도를 지닌 것이고 훌륭한 계획에 따른 금액의 절감이 중요할 수 가 있다.
4. **쾌적성** 쾌적성의 질 및 이미지는 사용자에게 비용만큼이나 중요한 경제적 요인이다. 만약 있다면 어떠한 형식이 포함되어야 하는가? 어디에 이들이 위치해야 하는가?
5. **디자인** 개발사업의 초기에 발표된다면 지역 및 동네의 주민들

은 사용재료, 프라이버시, 소음, 심지어 양식과 같은 내용에 관심을 가지게 된다. 그 개발안에 대해 사용자뿐만 아니라 지역주민의 기호가 직접적으로 설계안에 연결된다. 경관도 하나의 고려사항이 되어야 하며, 가장 좋은 전망을 지닌 곳은 프리미엄을 요구하게 된다.

토지와 연결되고 있고 그것이 반영되어 있는 문제는 제일 그리고 가장 복합적인 결정사항이며, 그것은 잘 변경되지 않는다. 그것은 개발사업의 지속성 여부를 결정하며, 만약 그것이 지속된다면 여러 가지 부수적인 단계 및 결정사항의 패턴을 결정한다. 경제적 변수 및 디자인의 변수, 적용 가능한 해결형식, 그리고 여러 가지 안의 결과에 대한 모든 지식이야말로 실현가능한 디자인 해결안을 발전시키는데 있어 필수적이다. 일차적인 상세한 경제적 예측(투사)은 이러한 점에서 행해지고 이러한 토지의 계획요인에 입각하여 행해진다.

시장의 요인

토지의 요인에 따른 기민한 결정에도 불구하고 시장성 요인의 분양에서의 판단은 개발사업의 성공에 중요하게 영향을 끼친다. 모든 단계 — 대지, 건물, 계획단위, 심지어는 사업의 올바른 표지(Sign)에 이르는 — 에서의 건축가의 디자인 해결책은 금후의 입주자 및 사용자에게 흥미 및 기호를 발생시킬 수 있다. 사용자의 유형, 그들의 특징, 그들의 필요와 바램, 그리고 이러한 특성을 지닌 디자인 함축에 대한 지식은 해결의 기본이 된다.

그 개발사업의 위치는 가끔 건축가와 조절할 수 없는 범위의 것이다. 여러 가지 개발사업 및 실태를 겪다보면 이러한 것을 건물의 판매에 있어 중요한 영향을 주는 것을 알게 된다. 부동산에 관한 오래된 금언은 한 사업의 성공 및 값을 결정하는 3가지의 것은 "첫째도 위치, 둘째도 위치, 셋째도 위치"라는 것이다.

개발업자가 유인하는 사용자의 유형 또한 다른 중요한 결정에 속한다. 건물의 형식 — 그것이 주택이건 사무소, 상점, 오락시설이건 간에 — 그것은 특수한 사용자 집단을 유인한다. 주택에 있어서의 예를 보면 노인, 성인 가족 및 독신자들이다. 각각의 그룹은 대지, 건물 및 그 단위에서 다른 디자인 해결책들을 의미한다.

일반 대지와 사용자 집단이 규정되면, 다음의 범주에 관해서 건물의 물리적 형태와 사용자 집단의 필요성과의 관계에 응하는 것으로 건축가의 역할은 구성된다.

개발의 상(image) 여러 사용자 집단에 대한 분명한 이미지의 제공은 우리들 문화의 일부분이다. 개발 계획안의 이미지, 특히 건물의 정면 및 공공장소에서의 것은 통행인, 건물의 사용자 및 잠재적인 사용자에게 강한 기호를 제공한다. 이러한 이미지는 강한 반응을 낳으며 함축적 의미를 낳는 힘을 지니고 있다. 이러한 이미지들은 건축적 실험, 지적 구성 및 창의성을 보여주거나 때로는 그 건물에 대한 일반인의 이미지와 갈등을 나타내기도 하고 혹은 그 건물이 되어야 할 바를 나타내 주는 주요 초점으로서 드러나게 되는 건물의 일부분이다. 입지성, 지배성, 기념성, 온전함, 재료, 음향, 주입구, 스케일 및 양식은 사용자 및 방문자가 느끼는 자극중의 일부이다.

디자인의 이러한 측면은 아주 민감하므로 건축가의 선정은 다른 모든 것이 동일하더라도 이미지만을 기초로 해서 이루어질 때가 있다. 예를 들어, 건축회사 S.O.M은 대규모의 본사사옥 설계를 위해 자주 선정된다. 그들의 설계는 전형적으로 기계성, 정확성, 보수성, 예측성을 보여 주고 있다. 로쉬(Roche), 딩켈루(Dinkeloo)도 이러한 회사를 위해 일하는 다른 하나의 건축회사지만 그들의 작품은 아주 관념적이고 아주 공격적이거나 혹은 지극히 겸손하다. 어떤 경우든 일상적이지는 않다. 자신과 정확성이 나타나 있어 친밀감이 덜하나, 사람을 열광시키는 건물이 나올 수 있다. 더욱 창의적인 이미지를 요구하는 회사는 후자의 설계사무소를 선정할 수 있는 반면, 안정되어 있는 회사는 전자의 설계사무소를 선정할 수 있다.

조경 및 부지의 설계는 장래의 사용자들에게 강한 신호를 제공한다. 형식성, 스케일, 연속성 및 이미지는 건물을 대지 및 조경에 부차적인 것으로 만들어 놓을 수 있다. 특히 그 대지에 기존의 식생이 있을 때는 더욱 그러하다. 로쉬, 딩켈루가 설계한 뉴욕의 포드재단은 정글과 같은 나무 및 식물로서 충만되어 있는 공공장소를 제공하고 있어 그에 의해 내부의 건물형태를 극소화시키고 있다. 비슷한 것으로서 캘리포니아 소재의 오클랜드 박물관(로쉬, 딩켈루 설계)도 건물을 덮는 여러 개의 테라스와 수목을 형성하여 딱딱한 물리적 형태 및 그 이미지를 약하게 하고 있다.

쾌적성 여러 가지 유형의 쾌적성은 특수한 사용자 집단에 직접적인 호소를 한다. 철저한 프라이버시 및 안전성은 일종의 쾌적함이 될 수 있고, 사교 및 열광의 기회를 갖도록 하는 것도 또 하나의 쾌적함이 될 수 있다. 쾌적함이란 시설(클럽 혹은 풀)이나 봉사(수위)이다. 때로는 쾌적성의 결핍은 비용절약을 이유로 개인이나 공공지역에서 쾌적함을 가질 수 있다.

건축평면 건물 내부로의 동선 그리고 통과동선의 수단은 시장성의 요인과 관련되는 설계의 일면이 된다. 건축가는 그것이 사용자 집단의 요구에 응할 수 있도록 만들어야 한다. 어떤 건물, 주로 상점에서 볼 때 긴 동선의 통로가 사용자들로 하여금 충돌을 불러일으키는 상품에 노출될 수 있도록 하기 때문에 더 좋다. 어떤 전문점들은 순로형식이나 때로는 방향을 잃어버리게 하는 동선을 더 좋아할지 모른다. 노름을 위한 카지노는 이러한 형식의 전형적인 예가 되는데, 거기에서는 시계를 걸어 놓지 않거나 외부로의 전망까지도 차단할 정도로 무방위성을 이용하고 있다. 주택에서도 동선형식은 아주 다양할 수 있다. 예를 들면 동일 사용자집단을 위한 설계도 그 사업의 안이 세를 위한 것이냐 혹은 콘도미니엄이냐에 따라서 달라질 수 가 있다. 건물의 길이, 위치, 입구의 수, 계단의 디자인 등은 건축설계와 관련되어 시장성 결정에 영향을 주는 기타요인이 된다.

단위평면 단위란 사용자나 입주자가 실제로 세를 얻거나 구입하는 영역을 말한다. 이것은 아파트나 콘도미니엄, 호텔방, 사무실 혹은 상점이 될 수 있다. 각각의 경우마다 특수한 디자인의 특질은 가능 입주자들을 유인하거나 배척하는데 상당한 기여를 한다. 그 단위의 크기 및 형상, 노출, 전망, 마감, 시설 모두가 임대에 영향을 준다.

물리적 환경의 형태를 그 안에서 조작하는 매개인수 및 허용도가 주어졌을 때, 건축가는 많은 선택을 해야 한다. 이것 즉 사용자에게 가장 잘 부응할 필요가 있는 판단의 제공은 건축가의 주요한 역할이며 딜레마이다. 토지 및 시장의 분야에서 건축가의 판단은 건축개발의 성공에 영향을 주는 아주 중요한 요인이다.

건물시스템 및 건설공정

건축가 작업의 최종 산물은 건물을 구성하는 세부계획의 집합이다. 벽돌 및 모르타르는 건축가의 최종 관심사이며 개발사업에 있어 단일 품목으로 가장 많은 비용을 점한다. 설계 및 판매에 관계되는 결정을 내리는데 개발사업자는 능동적인 역할을 할지라도 건축가는 가끔 건설 및 기술적 요인에 자주 연루된다. 개발사업의 비용절감은 개발업자에 매우 중요하므로 건축가의 역할을 지대하다.

건설시스템 및 공정에 관한 건축가의 선택은 비용, 공사기간, 건물의 기술적 성능에 미치는 효과에 기초를 둔다. 이 분야에서 여러 가지 대안을 검토하고 결정을 내리는 것을 가끔 가치공학이라 부른다. 전형적인 예는 철골 및 콘크리트 구조 사이의 선택이다. 철골은 콘크리트에 비하여 빨리 건설할 수 있으나, 그것은 가격이 비싼 재료이다. 철골은 건축법규에 규정된 내용에 맞춰 방화처리가 되어야 하지만, 콘크리트는 성질상 내화성이다. 설비시설의 장치, 바닥두께, 소요 스팬 및 건물높이도 구조시스템 결정에 있어 고려되어야 한다. 이러한 결정은 공사마다 다를 수가 있고 개발업자에 따라 다를 수가 있다. 그리고 자재의 비용이 달라짐에 따라 해마다 달라질 수가 있다.

건설 및 공정방법의 분야에 있어 건축가의 판단 — 이것은 부차시스템의 결정과 구별되지만 — 은 개발의 경제학과 강하게 연견된다. 조립된 건축부품도 자주 사용된다. 외벽판과 같은 대형 건축 부재는 공장에서 생산되어 현장으로 운반 · 설치된다. 이것은 건축의 질 향상뿐만 아니라 값비싼 현장 노무 및 공사기간의 절감을 기할 수 있다. 그러나 조립시공 방법이 설계에 미치는 효과, 부품생산 공장의 거리, 운반비, 제품에 대한 현장시공자의 숙달, 지역의 법규 등이 고려되어야 한다.

이러한 계획을 위해 설계 및 건축회사를 고용하는 개발업자도 있다. 이러한 회사들은 건축과 시공활동을 결부시키고 있고 개발과정의 기술적 측면에 응하여 건물을 생산하는데 아주 숙달되어 있다. 그들의 건설경험은 공사기간 및 비용을 절감할 수 있는 설계해결책을 보통 가져오곤 한다.

효율적인 건축공정을 가져오는 기타의 건설공정에는 단계화된 설계 · 시공방법(fast-tracking)이 있는데, 이것은 최종 도면이 완성되기 전에 건물 일부를 지어 나가는 방법이다. 이것은 공정을 굉장한 정도로 촉진시킨다. 일반시공자를 제외함으로써 개발업자의 조직이 건설공정을 감리, 조정, 운영하여 약간의 비용을 줄일 수도 있다. 해당 개발사업, 나아가서 개발사업간의 표준화를 통하여 대량의 자재구입 및 노동력의 효율화를 기하여 내용 및 공사기간을 줄일 수가 있다. 예를 들면, 학교 건설시스템 개발(SCSD)사업에서는 6제조업체가 만들 여러 가지 표준화된 부품을 사용하여 캘리포니아 지역의 많은 학교와 결부시켜 13개의 학교안을 개발하였다.

기술적 분야에서 결정사항의 최종시험은 입찰이 들어올 때 행한다. 만약 입찰액이 예산액을 크게 초과할 때는 그 사업은 이 단계에서도 제외될 수 있다. 만약 그것이 과다예산일 경우, 설계 및 시방서를 조심스럽게 수정하여 그 사업의 시장성을 해치지 않도록 해야 할지 모른다. 이러한 의미는 건축가의 중요한 역할을 보여 주는 것이다.

사용연한에 따른 비용요인 및 에너지에 대한 고려

건축의 결정사항은 30년, 40년 혹은 100년 이상의 기간 동안의 사용연수를 통하여 건물의 사용자, 소유자에게 영향을 준다. 분야 — 토지, 대지, 시장, 건설 — 에서 내려진 모든 결정은 사업초기 및 그 건물의 수명을 통하여 계속 그 사업의 성공에 영향을 준다. 개발업자는 가끔 건물의 완공 후에도 수년 동안 소유주가 되기도 하는데, 이 기간 동안 그는 유지비, 보수, 난방, 수선 및 증축, 인사 및 행정과 같은 제 비용에 관심을 가지게 된다. 여기서 또 다시 건축가에 내려진, 그리고 건물 및 부지설계에 영향을 주는 결정은 건물의 수명을 통하여 아주 중요한 결과를 가지게 될 것이다.

이러한 분야의 고려를 이것은 건축가가 제공해야 할 지식 및 전문기술이지만 수명의 주기의 분석이라 부른다. 이것 또한 그 사업에 중요한 영향력을 지닌다.

1. **에너지** 일조, 건물의 외주, 매스처리, 외부마감, 지붕, 단열, 기계설비 및 조절, 채광은 에너지 사용에 영향을 주는 몇 가지 분야이다. 에너지 비용은 현재 전 운영비 중에서 상당한 비율을 차지하고 있으며 이 비율은 계속 상승될 것이다. 절약 및 낭비는 그 사업의 건전재정에 매우 중요할 수 있다.
2. **유지 및 보수** 저렴한 공사비로 건설할 수 있는 설계안은 또한 짧은 사용수명을 가질는지 모른다. 이것은 광범위한 보수는 나중에 교체를 하게 되며 입주자 및 소유자의 불만을 초래할 수 있다. 한편 초기의 고가의 비용은 가끔 금후의 교체 및 보수비를 감소시킬 수 있다. 예를 들면, 카펫마감은 보통 수지계 바닥타일보다

값이 더 비싸지만 먼지가 더 잘 붙지 않아 매일 청소할 필요가 없다. 그 결과 건물운영에 있어 가장 높은 경비 중의 하나인 인건비를 절약할 수 있다.

3. **융통성 및 변화의 수용** 융통성을 위한 시설은 초기에 꽤 높은 비용이 들지만 건물의 사용연한 동안 몇 배로 값이 싸게 된다. 예를 들어, 병원의 경우를 검토해 보면 방사선과의 면적은 가장 빨리 변화하며 면적이 확장되는 것으로서 융통성이 보장되어야 하는 것이다. 다양한 건물형식에 대해 여러 가지 기능변화에 대한 실제적 경험을 건축가가 갖게 됨으로 해서 융통성을 필요에 관한 통찰력을 갖게 된다. 한편 융통성을 위한 방안이 개발되고 전혀 사용되지 않아 실제로 줄일 수 있는데도 더 많은 비용이 드는 경우도 있다. 예를 들면, 융통성이 설계되어 있는 어떤 학교에서는 현재의 운영측이나 교사들은 여러 가지 요소가 이동될 수 있으며 변화될 수 있다는 것을 모르고 있다.

4. **기능적 효율** 초기의 설계사 건축이 기능을 수행하는 데 있어 관계되는 사용기간 동안의 운영비를 고려해야 한다. 다시 병원의 예를 들면, 병원의 운영비 중 가장 큰 단일 비용은 인건비이며, 그 중에서도 가장 큰 몫은 음식, 의복, 투약, 설비의 유통에 관련되는 인건비이다. 최근의 설계에서는 복합적이며 고가의 자동운반 시스템을 포함시켜 그 운영에 있어 더욱 적은 원인을 고용할 수 있도록 한 것도 있다. 이러한 시스템의 높은, 초가비용은 인건비의 절감으로 인하여 회수기간 동안 바로 회복이 된다.

5. **세금의 영향** 세금에 대한 고려는 설계안의 결정에 심각한 영향을 준다. 이것은 가끔 부정적으로 작용한다. 부동산 투자의 소유주들은 그들이 건물의 사용연한 동안 감가상각시키는 것이 허용되고 있어 구조물의 마모 및 훼손을 계산한다. 실제로 건물은 100년 이상의 기간 동안 가치가 평가되고 아마도 사용될 수 있으나, 보통 건물의 사용수명은 40년으로 보도록 하고 있다. 소유자들은 감가상각분 및 세제상의 보호처(비 건물수익을 포함하여)를 최대한 이용하고자 하여 그들의 건물이 더욱 짧은 수명을 지닌 것으로 보이도록 기도한다. 짧은 수명임을 증명하는 주요한 수단은 시공이 보통의 질보다 떨어진다거나, 심지어는 질이 나쁘다는 것을 보이는 것이다. 이렇게 해서 개발업자 혹은 소유자에게 주어지는 자극으로 해서 건물이 싸게 된다. 세법에 의하면 허용하는 보호처가 8년부터 13년 사이에 감소되어서 그 기간에 소유주가 건물을 판매하는 것이 유리하기 때문에 이 현상은 더욱 강화된다. 초기의 소유주는 이러한 상대적인 단기소유의 이익을 알고 있으므로 건물 시공에 있어 질을 요구하지 않을 것이다. 비록 소유기간 동안에 입주자들이 몇 번이고 들락날락 하더라도 말이다. 이러한 환경 하에서 설계를 맡는 건축가는 확실히 곤경에 처한다.

오늘날 이러한 세제의 배려는 가끔 인위적인 저질의 건물을 초래하게 된다. 이것은 특히 임대주거에 영향을 끼친다. 이러한 주거형식의 거주자는 가끔 자신의 주택을 소유할 수 없는 사람들이어서 궁극적으로 유지문제, 비용문제 및 주거문제를 야기시키는 것이다.

■ 설계에 영향을 주는 경제학 : 사례들

개발에 대한 점증하는 부정적 환경 하에서도 몇 가지 긍정적인 반응이 나타난다. 그 하나는 우리들이 보아 온 것처럼 성공적인 개발사업을 우해서 건축가 및 개발업자가 더욱 분별 있는 결정에 대한 필요성이었다. 이것은 미개척 시장을 추구하는 창의적 개발, 즉 아주 다른 건물형식, 공정 및 설계를 가져오게 한다. 이러한 창의적인 반응은 생기 있고, 흥분을 일으키게 할 뿐만 아니라, 그것은 또한 중요한 영향력을 가지기 시작한다. 이러한 창의적인 안의 예는 고밀주거, 건물의 보전, 큰 내부공간의 사용의 증가 추세에서 볼 수 있다.

고밀주거

미국 가족의 69%는 현재 단독주거에서 살고 있다. 그러나 다음에 오는 많은 세대들은 이러한 종류의 주거에서 살 여유가 없을 것이다. 토지, 건설, 금융 및 운영의 더 높은 비용요인으로 인하여 그것은 불가능해질 것이다. 그러므로 미래주거의 대부분의 수요는 현재의 주거밀도보다 2~3배 높은 고밀도 주거에 의하여 충족될 수 있을 것이다.[6]

1960년대 이전, 다세대 주거(4세대 가량)의 출발은 새

Ponce de Leon Mews Atlanta, 설계 : Surber Newton-Barber. 한 수선된 구성 단위를 가진 1에어커의 대지 위에 13개의 주거단위의 콘도미니엄은 잘 조경된 대지 주위에 세워졌다.(촬영 Clyde May ; owner / developer, Mews Development Corp.)

로운 주거형식으로는 맞지 않은 부분으로서 그것은 전체 신 주거형식으로 출발한 것 중 평균 10%이었다. 가능한 개발의 조건이 점점 제한적으로 됨에 따라 다세대 주거형식은 많은 세대를 수용코자 하는 것이 되었고 개발업자가 유일하게 의지하는 형식이 되었다. 오늘날 이러한 주거형식은 사업으로 시작하는 모든 주거형식의 평균 40%가 된다. 최근 몇 년 내에는 단독주거보다도 다세대 주거가 더 많이 건설되고 있다.

점증하는 다세대 주거와 더불어 나타나는 추세로서 콘도미니엄의 증가 경향이다. 이것은 사람들로 하여금 한 집을 소유하게 하는 것으로서, 심지어 다세대 건물에서도 가능하다. 즉 예를 들면 30층의 어느 한 부분을 소유토록 하는 것이다. 이 소유방법은 다세대 주거, 한쪽만 접한 주거 및 타운 하우스의 고밀도를 어느 정도는 성공적으로 완화시켜 주고 있다. 이러한 소유형태는 건물의 밀도 및 형태에도 불구하고 다른 이점을 가지고 있다. 외부의 유지, 칠, 수리, 잔디 깎기, 제설 등은 무료로 보살피고 주택소유의 형태와 동등하게 어떤 세제상의 이점이 있다. 이 단위는 가격이 형성될 수 있고 언제든지 재판매할 수 있다.

새로운 경제적 환경하에서 직접적인 관계를 맺어 고밀 주거형태 및 콘도미니엄의 소유형식이 점증하고 있는 것은 우연의 일치가 아니다. 생활의 기대감, 생활양식 및 건물이 개발되고 설계되는 방법이 달라지고 있는 것이다. 인구의 많은 부분이 점점 가까이 인접하여 살게 될 것이지만 아직도 주택의 특징을 지닌 것 — 즉 그 이미지, 개성, 프라이버시, 외부생활 — 을 요구하고 있고 동네 및 커뮤니티와의 관계 속에서의 모든 것을 요구하고 있다.

콘도미니엄 혹은 주택소유자 조합으로 말미암아 주민들은 함께 결속되어 커뮤니티 및 그의 유지, 쾌적성과 활동에 관해 경험과 제반 결정사항을 같이 하게 된다. 여기서 한 가지 흥미 있는 가능성은 콘도미니엄 소유형식과 결부된 다세대 주거의 경향으로 해서 주민들은 서로 적극적으로 연관을 맺게 될 것이라는 점이다. 공동소유의 책임, 미래의 커뮤니티에 대한 결정, 커다란 결정사항에 영향을 주는 참여감의 형성은 어느 의미로 동네회합이라는 미국의 전통을 부활시키고 있는 것이다.

주거의 밀도가 조밀해진다는 것은 영국에서 흔히 보는

Islandia Townhouses Alameda, California,
설계 : Fisher-Friedman Associates
(촬영 : Joshua Freiwald).

매조네트 주거의 사용이 증가함을 의미한다. 원래 매조네트는 2층으로 되어 생활 및 취침의 공간을 전통적으로 분리하되 위층으로부터 출입하는 단위로서 수직화 된 타운하우스라고 할 수 있다. 이것은 이미 최근 미국에서 뉴욕 루즈벨트 섬의 리버벤드 하우징, 메릴랜드의 볼티모어의 콜드 스트림 프로젝트, 미네소타주 미니아폴리스의 시다 리버사이드와 같은 몇 개의 프로젝트에서 이용되었다.

고밀도 주거 및 콘도미니엄 소유형식이 제도적이고 시장침투라는 점에서 기성의 사실이 되었지만, 아직도 여러 가지 해결이 되지 않은 문제 — 특히 증가확산의 가능성을 고려할 때 — 가 있다. 진정한 의미에서 이러한 유형의 주거는 아직도 실험적인 것이다. 이것들은 겨우 몇 년 동안 널리 사용되고 왔고, 이것은 아직은 물리적, 사회적, 정치적 의미로서 미국의 문화에만 맞는 것으로 가정되고 있을 뿐이다.

건물의 재사용

환경에 극적인 충격을 주는 또 하나의 경향은 건물의 재사용이다. 이것은 다른 말로 적응적 재사용, 재사용, 더욱 실제적으로는 개수라 한다. 특히 도시에서, 근교지역에서 개발을 어렵게 하고 있는 경제적 힘들은 아이러니컬하게도 역사적이며 건축적인 중요성을 담고 있는 옛 건물의 재개발에 동기를 제공했다. 비약적이고 집중적인 개발의 시기를 넘겨 버린 많은 도시의 낡은 지역이 거래의 대상으로 재발견되고 있다. 매력적인 이미지의 상실, 황폐, 노후, 높은 정도의 번잡, 기능적인 경직성(처음 의도된 사용으로 볼 때)으로 해서 싼 가격으로 구매가 가능하여 구미가 있는 투자대상이 되고 있다. 이러한 옛 건물은 흔히 현재의 번변화가에 가까운 구도심에 입지하고 있으며, 훌륭하게 지어 꾸며지고 있다. 그것들은 오늘날 건축이 표현하기 불가능한 강한 특징, 스케일 및 건축적인 흥미를 지니고 있다. 창의 있는 개발업자와 높은 상상력을 지닌 건축가는 이러한 많은 건물들을 허물기 직전에서 성공적인 개발사업 거리로 변모시켜 놓았다. 그러한 과정에서 그들은 도시의 일부 건축유산을 보존하였으며, 그 건물들은 그 지역사회에서 대단히 가시적이고 접근할 수 있는 것으로만 들어 놓았다.

초기 그러한 개발사업의 몇몇의 샌프란시스코에 있다.

캐너리 샌프란시스코, 설계 : Esherick, Homsey, Dodge and Davis. 한때 통조림 공장이었던 이러한 소매 중심지에서, 현재의 벽돌벽들은 사업의 이미지를 보강하기 위하여 순환에 의해 관입된다.

옛날 초콜릿 공장이었던 기라델리 광장(Ghiradelli Square) 및 옛 통조림 공장이었던 캐너리(Cannery)는 1960년대 중반에 개발되었다. 훌륭한 입지(어부들의 선창 및 샌프란시스코만 부근)를 가지고 있으나 원래 용도로서 볼 때 퇴화되었고 황폐되어 있어, 그것은 개발업자에게는 비교적 염가였다. 양 건물은 정교한 쇼핑센터로 창조되었다. 처음 건물의 벽돌은 강한 이미지를 형성할 수 있도록 그대로 보존되었다. 이것은 내부의 동선의 개조 및 동일재료와 스케일에 의한 새로운 시공에 의해 보완되었다. 조경, 부지설계, 채광, 그래픽, 쾌적성이 가미되어 활기와 활력이 이 개발계획에 부여되었다. 이들은 샌프란시스코 및 다른 그러한 사업을 일으키고 있는 것 가운데 가장 인기 있고 성공적인 환경 중의 하나가 되었다.

다른 도시들도 옛 구조물의 재사용을 체험했다. 시애틀의 파이어니어 광장, 미네아폴리스의 버틀러 광장, 워싱턴 캐널 광장, 시카고의 센츄리(전에는 극장이었음), 보스턴의 패네일 시장, 솔트레이크 시티의 트롤리 광장, 아크론의 퀘이커 광장, 덴버의 래리머 광장은 쇼핑시설로 재사용된 주요한 옛 건물의 예이다.

하우징 역시 이전에는 다른 용도를 지녔던 옛 건물에서 개발이 되었다. 보스턴 롱(Long), 머칸타일(Mercantile)과 루이스 워프(Lewis Wharfs)는 주택으로 변모되었는데 중심가에 위치하고 있으며, 항구의 전망은 믿을 수 없는 정도이다. 보스턴 외곽의 큰 피아노 공장은 주택으로 개발되었다. 뉴욕에서는 전에는 제조공장이었던 것이 웨스트베스(Westbeth) 예술가 협동주거로 재개발되었다. 뉴욕에서 또한 소호지구는 초기에 제철공장이 있던 역사적 지역이었는데 지금은 고급 생활이 영위되는 품위 있는 지역이다. 샌프란시스코에서처럼 이러한 건물이 값싸게 구입될 수 있는 도시의 내부에 위치를 두고 있다. 물론 이러한 지역이 다시 인기를 가지게 됨에 따라 구입가격은 증가할 것이다.

버틀러 광장 미니아폴리스, 설계 : Miller, Hanson, Westerbeck, Bell. 1906년 공장의 혼합용도(촬영 Phillip Mac-Millan James)

롱 워프 보스턴, 설계 : Anderson Notter Feingold Associates, 보스턴 해안의 많은 선창들 중의 하나는 주거 소매 용도로 변모되었다.(촬영 Randolph Langenbach)

이러한 옛 건물의 개발 가능성은 성공의 조짐이 있는 시초이다. 미국 전역에 있는 많은 훌륭한 옛 건물들은 그들의 퇴화, 즉 대부분이 단견으로 인한 퇴화로 인해 위협을 받고 있다. 이러한 옛 건물 개발의 경제적인 이익은 굉장하다. 재개발비는 새로운 건설의 비용보다 저렴할 수 있는데, 이것은 토지는 개량될 필요가 없으며 기초가 필요 없고, 또한 외부마감이 이미 되어 있기 때문이다. 더구나 시공 및 보수기간이 훨씬 단축이 되어 공사의 중간지불을 감소시키고, 재래의 신개발보다는 수익을 훨씬 빨리 가져오게 된다.[7]

건물의 재사용에 있어 건축가의 역할은 특히 중요하다. 초기에 공장 차고나 부두의 용도로 계획되었던 건물에서 아파트나 상점 혹은 사무소를 건립한다는 것은 극히 어렵다. 그것은 가끔 상상력 풍부한 디자인 해결책을 창안하며, 건축법규의 문제를 해결하고, 현존의 건물을 상세하게 평가하며, 현대적인 설비를 제공하고, 완전히 동선을 수정하는 한편, 동시에 초기의 구조를 될 수 있는 한 유지하도록 하는 것을 포함한다.

특별한 내부공간들

기계적 환기 및 만족스러운 인공채광이 보편화하기 이전, 중정 및 아케이드는 자연채광 및 공기를 내부로 끌어들이는 데 자주 사용되었다. 이것은 장려한 내부공간들 — 이를 테면 클리블랜드의 아케이드 빌딩, 밀워키의 플랭킹톤 빌딩, 워싱턴의 펜션 빌딩, 암스테르담의 베를라헤의 브루스와 같은 — 의 시기를 낳았다. 19세기 말의 철도 정거장 및 여러 호텔들은 이러한 공간을 사용한 실례이다. 기술적인 진보 및 건물 개발에 가하는 가혹한 경제적 압박으로 말미암아 이러한 공간적인 현상(장대한 내부공간의 형성)은 크게 제거되었다. "적을수록 좋다"는 말은 건축가보다도 개발업자들에 더욱 심각하게 채택되었다. 공간적이고 기술적인 필요성으로 시작되었던 것이 많은 새로운 건물계획에서 가능한 쾌적성의 요소로 재발견되었다.

이것은 건축가이며 개발업자인 존 포트만(John Portman)이 설계한 조지아 주(州) 아틀란타의 하얏트 리젠시 호텔에서 처음으로 분명히 되었다. 장려하게 유리로 덮은 22층 높이의 아트리움은 그 계획의 중심적 초점이 된다. 거기에는 유리로 둘러싸인 노출된 엘리베이터, 도처에 보이는 늘어진 나뭇잎, 바와 식당 및 적절한 대규모의 예술품들이 늘어져 있다. 이러한 모험적 시도의 유례없는 성공으로 말미암아 그러한 아트리움 형의 호텔이 열 몇 개 이상의 숫자로 늘었다. 포트만 자신도 샌프란시스코의 하얏트 리젠시 호텔 및 디트로이트의 혼합용도의 복합건물인 르네상스 센터를 포함하여 많은 건물을 설계·개발하였다. 이러한 호텔은 전부 최상급의 것으로서 아주 비싼 숙박료를 부과하고 있으며 높은 점유율을 누리고 있다. 이 성공의 대부분은 아트리움 디자인 및 그 쾌적성에 기인한다.

커다란 내부공간은 또한 국부적인 쇼핑몰에도 사용되어 왔었다. 미네아폴리스에 있는 사우스데일이 첫 번째의 것으로 1956년 빅터 그루엔(Victor Gruen)에 의해 설계되었다. 이 계량의 성공은 즉각적이며 압도적인 것이었다. 미국의 모든 시장은 사실상 이러한 센터들로 포화되어 있다. 이 쇼핑몰은 전형적으로 선형이며, 축을 따라서 하나 이상의 초점의 영역을 지닌 2층 높이의 공간이다. 공적 공간의 큰 천정광은 통상적인 것이나, 그곳의 상점이 즐거움을 제공하고 있어 쾌적성이 거의 불필요하다. 이 공식은 주로 경제적인 압박 및 경쟁 때문에 여러 흥미 있는 방법으로 변화하고 있다.

이 센터들은 시작으로 꽉 차 있지만 이들은 일반의 주의를 끌기 위하여 이제 경쟁하지 않을 수 없었다. 거의 주말마다 골동품 전시, 자동차 전시, 아이들의 쇼, 합창, 밴드 같은 행사가 고객을 끌도록 계획한다. 최근에 설계된 몰은 커다란 공간에 실내 스케이트장을 포함시켜 구경꾼과 스

하얏트 리전시 호텔 샌프란시스코, 설계 : John Portman(촬영 Alexandre Georges)

워터 타워 플레이스 설계 : Warren Platner. 쇼핑 센터의 웅장한 수직 몰

케이터를 끌고 있다. 몰이 점점 활기 있고 매력 있는 장소가 됨에 따라 제곱피트(ft)당 매상고도 또한 실질적으로 증가하고 있다.

쇼핑몰의 제3세대, 즉 수직 몰이 도심에서 개발되어 구매자를 도심으로부터 빼앗아 교외의 몰과 경쟁하고 있다. 시카고의 워터 타워 플레이스 및 토론토의 이튼 플레이스가 최근의 성공적인 예이다. 워터 타워 플레이스는 번쩍이는 오픈 스페이스 주위에 6개층을 포함하고 있으며 그 오픈 스페이스 내부에는 4개의 보석과 같은 엘리베이터 군이 조용히 이끌어 지고 있다. 2개의 수직 백화점은 하나의 호텔, 아파트, 사무소들을 포함하는 이러한 혼합용도의 개발에서 낮과 같이 존재한다.

마지막으로 몰의 개념은 수많은 기타 건물형식에서도 사용되기 시작하고 있다. 포드재단 본부는 사무소 건물에서 그 용도를 개척하였고, 이제는 몰의 개념이 중 불가능하게 생각되었던 소규모의 커뮤니티 및 근린지구 상가 개발에서도 내부 아케이드의 첫 실례들이 보이기 시작하고 있다.

개발사업에 가하는 최근의 경제적 압박이 주어진 상태에서, 이러한 개량안이 점증하여 사용되리라고는 전혀 기대 밖이었다. 포화된 시장에서 생기는 경쟁적 압력은 새 개량안을 요구했다. 소비자들은 이러한 공간의 편의성과 안락함을 즐겼으며, 토지 및 부지개발비 조건은 수직적 센터를 요구했으며, 운영비 특히 에너지 비용은 무창 형식을 요구하여 내부 일조를 강조하도록 하였다. 또 건물의 가격 요인으로 인하여 중앙집중형의 분절성 및 쾌적성이 유도되었으며 개발업자들은 이것이 될 수 있음을 목격했다. 그러한 성공적인 개량안은 놀라운 방법으로 재빨리 확산되고 개발되며 제도화되어 왔다.

■ 개발업자로서 건축가 : 하나의 경향

우리들은 건축적 결정과 개발의 결정사항 사이의 친근한 유대관계를 살펴보았다. 창의적이며, 민감하며, 자극적인 개념으로 해서 이 두 분야의 종합을 반영하는 사업계획이 이루어진다. 이러한 과정에서 강력한 역할을 수행하

워터 타워 플레이스 설계 : Warren Plather, 푸른나무와 물은 구매자들의 주의를 끌고 안뜰 공간으로의 접근을 높인다.

는 건축가는 의미 있는 건물을 생산하며, 때로는 자신이 개발업자가 되어 그 일을 해낸다. 건축가이자 개발업자인 존 포트만은 이미 언급되었지만 많은 여러 회사들이 이러한 일에 참여하고 있다. 샌프란시스코의 카플란(Kaplan) 및 맥로린(McLaughlin)은 건물의 재사용 프로젝트를 많이 개발했고 설계했다. 밀워키의 밀러(Miller), 왈츠(Waltz), 디에드리히(Diedrich)도 중심가의 아름다운 건물을 많이 설계했는데 그것은 회사의 중역 중의 하나인 요르단 밀러(Jordan Miller)에 의해 개발되었다. 버클리와 뉴욕의 ELS 설계사무소도 도시의 복합 및 혼합용도의 프로젝트에서 개발업자와 같이 일하는 전문가가 되어 있다. 이러한 것들은 소수의 친근한 예에 불과하다. 지금의 시기는 특별한 전문지식을 요구하는 때이며 많은 기타의 회사들이 여기에 응하여 새로운 공사를 만들어 내고 있다.

주

1. 경제적 요인은 건물개발에 있어 도처에 존재하기 때문에, "하안선(bottom line)"이란 말은 개발 및 설계의 결정사항의 경제적인 결과를 말한다. 하안선이란 문자 그대로 건물의 견적 업무의 언급에 관한 최하의 선을 의미하며, "하나의 분수를 추가하는 것은 하안선에 어떤 작용을 하는가"와 같이 소유자에게 남는 이익(혹은 손실)을 가리킨다.
2. 가장 자주 인용되는 예는 John Portman으로서 그의 계획은 John Portman 및 Jonathan Barnett가 쓴 "The Architect as Developer (New York: McGrow Hill, 1976)에 잘 설명되어 있다.
3. C. W. Griffin의 Development Building: The Team Approach(Washington, D. C. American Institute of Architects, 1972)는 개발과정에 대한 뛰어난 입문서이다. 개발 상황의 현실을 그린 몇 개의 책은 Case Studies in Building Development(Menlo Park, Calif: Property Press, 1973)이다.

(Stephen E. Roulac의)

4. Federal Housing Administration의 통계에 의하면, 단독주택 건설비에 대한 토지가격 비용은 1950년대에는 12%인데 비하여 1976년에는 25%를 초과하였다.
5. 병원의 어떤 기능영역에서 붙박이로 된 융통성 시설에 관한 뛰어난 연구는 H. McLaughlin, J. Kibre 및 M. Raphael의 "Patterns of Physical Change in Six Existing Hospitals" in Environmental design: Research and Practice, Proceedings of the 3d EDRA Conference, and William Mitchell(Los Angeles, 1972)에서 이루어 졌다.
6. 이러한 추세는 예리하고 간결하게 집성한 것은 "The Nation's Housing" 1975-1985(Cambridge, Mass: 1977)by Bernard Frieden and Arthur Solomon에서 볼 수 있다. 특히 5장의 "The Cost of Homeownership" 참조.
7. Herbert Mc Laughlin, "Preservation Costs in commercial Buildings, "in Economic Benefits of Preserving Old Buildings (워싱톤 디 씨: Preservation Press National Trust for Historic Preservation, 1976)
8. Portman and Barnett, The Architect as Developer.

권장도서

Frieden, Bernard and Solomon, Arthur. *The Nation's Housing 1975-1985*. Cambridge, Mass.: Joint Center for Urban Studies of M.I.T and Harvard University, 1977.

Golemon, Harry A., ed. Financing Real Estate Development. Washington, D.C.: American Institute of Architects, 1974.

Griffin, C.W. Development building: *The Team Approach*, Washington, D.C. American Institute of Architects, 1972

McMahan, John. *Property Development*. New York: McGraw-Hill Book Co., 1976.

National Trust for Historic Preservation in the United States. *Economic Benefits of Preserving Old Buildings*.

Washington, D.C.: Preservation Press, National Trust for Historic Preservation, 1976.
Portman, John, and Barnett, Jonathan. *The Architect as Developer*. New York: McGraw-Hill Book Co., 1976.
Roulac, Stephen E. *Case Studies in Property Development*. Menlo Park, Calif. : Property Press, 1973.
Seldin, Maury, and Swesnik, Richard H. *Real Estate Investment Strategy*.
New York : John Wiley & Sons, Wiley-Interscience, 1970.
Zeckendorf, William, and McCrary, ed. *Zeckendorf*. New York : Holt, Rinehart & Winston, 1970.

6 장

단지계획과 설계

Felicity Brogden
김 유 일 역

건축가의 첫째 의무는 인간의 행동을 감싸주는 건물의 설계에 있다. 그런데 건물은 고립되어 존재하는 것이 아니라 공간적인, 행태상의, 그리고 지각상의 맥락 속에 존재하는 것이다. 따라서 건축가는 건축 설계와 그 건물의 대지 및 필지(筆地)들 간의 관련성에 대해 직접적인 책임이 있다. 이 같은 관심분야는 단지계획 혹은 단지설계라 불린다. 실제로 전문가의 역할은 때로는 프로젝트의 규모에 따라 구분되기도 한다. 즉 건물은 건축가, 대지는 조경가, 지역사회는 도시 계획가에 의해 그 역할이 구분됨과 같다. 특히, 건축가의 역할은 부지의 선정(주어진 활동에 대한 최선의 부지의 물색), 부지의 평가(여러 가지 활동에 대한 특정 부지의 적합성 여부 평가), 단지 설계(건물과 부지간, 건물간에 위치하는 외부공간 사이의 적합한 조화를 조성)를 포함할 수 있다. 이 장에서는 단지계획 및 설계의 과정과 요점을 소개하고자 한다.

단지계획은 인간 활동을 원활히 하기 위한 인공환경과 자연환경과의 질서를 추구하는 기술이다. 단지계획의 연구는 보통 2가지의 상관성 있는 요소 — 자연환경과 인공환경 — 로 구성되어진다. 자연환경은 환경이 변화함에 따라 원활히 적응하고 진화하는 커뮤니티(community)를 형성하기 위해 상호 작용하는 물, 공기, 에너지, 토지, 식물, 동물의 생태적 체계로서 생각되어진다. 인간활동 또한, 이 생태적 체계의 주 비중을 차지하고 있다. 그러므로 개발사업에서 고려되어야 할 사항은 인간활동을 수용하기 위해서 생태계의 자연적 용량의 초과를 피하고 조화를 이루도록 해야 한다. 예를 들면, 훌륭한 단지설계라 함은 그 부지의 본질적인 특성을 고려하고 인간활동 환경을 증진시키는 것이어야 한다.

인공환경은 도시의 건물 형태, 물리적 구조, 그리고 물리적 환경을 형성하는 사회적, 정치적, 경제적 행태 패턴과 함께 그 공간적 배치를 포함하고 있다. 이 2가지 국면의 관계는 상호 의존적이다. 간혹 건조환경(建造環境-built environment)을 계획함에 있어서 자연환경을 무시하는 경우가 있다(고의적으로 우선하는 경우가 있다) 예를 들면 도시를 건설하기 위해서는 상수(上水), 에너지 공급, 교통 및 하수를 위한 막대한 공공 기반시설을 설치한다. 여기서 단지설계의 관심은 단지가 이러한 인공시설 체계와의 관계를 바람직하게 하기 위한 것이어야 하므로 단지설계는 그 자연 및 인공환경 체계간의 상호 관련성을 조화 있게 취급해야 한다.

부지의 성격은 위치에 따라 시골, 교외, 도시로 구분될 수 있다. 시골에서는 자연환경이 가장 우세하며, 인간활동은 생태계의 손상 없이 이루어지도록 해야 한다. 이와 반대로, 즉 도시 부지의 설계는 우선적으로 건조환경 체제와의 상관성을 다루며, 여기서 자연적 체계는 의식적으로 우선되어져 왔다. 이런 경우 우선되는 지역은 환경적으로 균형을 이룬 좀더 큰 지역으로 한정되어진다. 교외지역을 계획함에 있어서는 — 환경파괴가 일원화되어 버리다시피 된, — 공공기반시설 체계의 설계를 포함한 자연 및 인공환경에 대한 민감한 반응을 가져야 한다.

■ 단지계획 과정

단지계획에 있어 건축적 문제해결의 한 가지 형식으로써 합리적이고 결정적인 과정이 요구된다. 비록 여기서 보여질 과정은 선형(線型)으로 나타나지만, 실제로 그 과정은 계속적인 반복의 연속이다. 예를 들면, 건축주(client)가 기본적인 목표를 설정했다 하더라도 이것은 부지의 불능성이나 제한성 및 명확히 된 설계개념으로써 부지의 분석이 완성되기 전까지는 완전히 확정되었다고 할 수 없다. 동시에 기본적 목표가 확고히 결정되기 전까지는 부지의 분석이 행해질 수 없다. 다시 말하면, 부지 분석과 프로그램 발전은 끊임없는 연관성을 지니고 있다.

목 표

설계 과정에서의 최초의 단계는 건축주(client)와 그의 역할에 관한 이해이다. 건축주는 사업에 대한 일반적 목적(goal)을 갖고 있을 때 건축가는 그에 대한 직접적인 의무를 지닌다. 그러나 건축주와 최종 이용자가 일치하지 않는 경우도 있다. 예를 들면, 대규모 주택단지 개발의 경우, 개발업자들에 의해 시공이 되고, 그 이후 최종 입주자에게

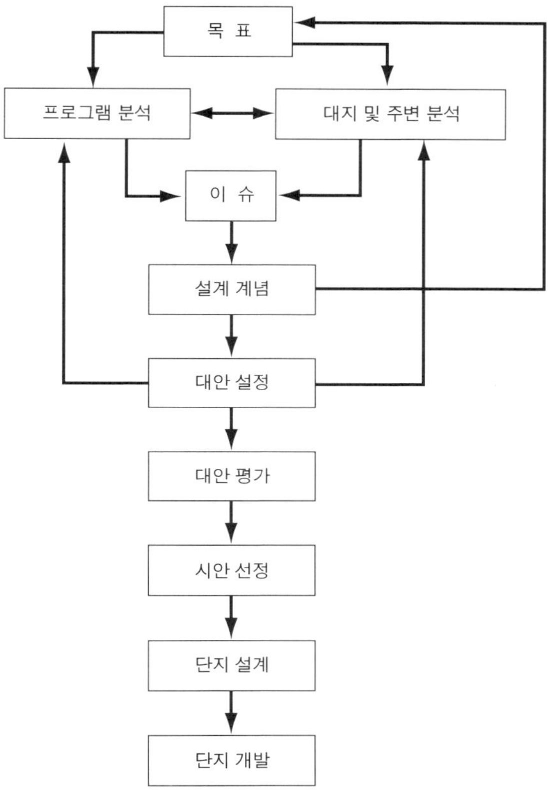

단지계획 과정표

팔려진다. 이런 경우, 건축가는 건축주 및 이용자들의 요구를 명확히 하고, 이를 적절히 근절하면서 이들에 대한 의무감을 인식해야만 한다. 건축가는 또한 부지의 이용에 영향을 주는 공공정책과 재정적, 법적 조치의 한계를 포함하여, 그 지역의 행정적 틀(institutional framework) 안에서 활동하여야만 한다. 예를 들면, 지역지구제와 건축법규로 인하여 그 부지 내 사용자가 조절되어진다. 이러한 공공의 개입의 목표는 더 큰 집단의 건강, 안전, 복리를 추구하기 위하여 개인적인 자유시장적 행위(free market actions)의 규제에 있다.

단지설계 목표 설정에 포함되는 최종 집단은 주변 인접지역의 주민이나 토지 소유주들이다. 왜냐하면, 그들은 인접대지에서의 새로운 개발이나 재개발에 의한 파급효과에 대해 관심이 지대하기 때문이다. 건축가와 단지설계가들은 이런 모든 관심들(가끔은 상충되기도 함)에 대한 목표를 고려하지 않으면 안 된다.

프로그램 분석

계획을 발전시키는 데 있어서는 충족되어야 하는 요구 및 각 활동 간의 공간적, 시간적, 관련성과 이들을 연결시키기 위해 필요한 물리적 연결요소(도로, 보도)를 이해하는 것이 가장 기본이 된다.

단지를 계획하는 과정은(요구되는 생활패턴의 체계적인 결정 및 그런 패턴에 대한 물리적 혹은 기능적 반응을 포함하는) 모든 건축계획의 과정과 본질적으로 동일하다. 계획 패턴은 도시적인 형태로 연구되기도 하며 표현되기도 하고 또한 부지 분석과 함께 발전되고 제한되기도 한다.

대지 분석

내부이든 외부이든, 모든 공간은 한 가지, 혹은 두 가지 이상 특별한 활동을 수용하기 위해서 설계된다.

즉 모든 공간이 지니는 형태는 활동의 형태적 특성(질)에 의해 영향 받는다. 역으로 말하면, 공간의 형태는 그 공간을 인간이 어떻게 인식하느냐 뿐 아니라, 어떻게 사용하는가의 방법까지 결정짓게 된다. 그러므로 인간활동의 형태와 인식, 공간의 형태는 총체적인 상호 관련성을 지니게 된다. 부지분석 및 설계를 시도함에 있어, 건물의 경우는 그것이 위치하게 될 부지, 단지의 경우는 지역(community)의 관점에서 이들 관련성이 주시되어야 한다.

부지 분석은 다음과 같은 3가지 주요사항들의 체계적 고찰이 필요하다.

1. 부지의 공간적 맥락(자연적 및 인공적)
2. 형태적 맥락(단지 개발에 영향을 미치는 공공정책과 더불어 부지 및 그 주변의 사회, 경제적 활동 패턴)
3. 인식적 맥락(공간의 인식과 이용)

따라서 일련의 이런 작업들은 그 부수의 수용능력 및 이용자의 형태적 요구 및 주변과 조화되고, 원래의 시각적 이미지를 가진 공간들을 질서 있게 배열하지 않으면 안 된다.

■ 행태적 환경과 공공기반시설

단지 설계에 임하는 자는 사회적, 경제적 활동의 공간적 배분 및 주변지역과의 관계성을 연구하기 위해서는 그 부지 자체의 경계만 볼 것이 아니라 그 이상을 연구해야 한다. 모든 토지이용은 공간적이거나 제도적으로 다원적 환경과 상호 작용하며, 또 그 안에서 기능을 발휘한다. 부지와 부지와 관련된 공간적 환경의 범위는 주된 활동기능을 담는 더 큰 지역과 그 부지에 인접하여 직접적인 영향을 미치는 지역을 포함해야 한다. 어느 경우든 특히 유의할 점은 상호 관련성을 가지고 흐름의 유형(차량, 보행로, 상품), 흐름의 방향 그리고 그 흐름을 원활히 하기 위해 필요한 접근로의 유형이다.

도시활동 패턴

도시지역은 그 중심부의 고밀도에서 변두리 지역의 저밀도까지의 집중도로 하나 혹은 그 이상의 중심지점 주변 및 주요 교통로를 따라 인구가 집중하는 것에 의해 성격이 결정되어진다. 이러한 집중현상은 인간의 경제적 사회적 상호작용을 하기 위한 필요성에 의해 발생된다. 즉 거리에 대한 접근성의 필요에 의거하여 발생된다고 볼 수 있다. 거리의 문제는 현재의 일반적인 교통수단에 의해 부과되는 시간적, 거리적 비용에 연유한다. 예를 들면, 거리의 제한성은 오늘날 자동차 위주의 대도시보다 19C 보행 위주의 도시의 경우 더욱 큰 비중을 차지했다. 집중 경향의 결과로 접근성이 좋은 곳의 중심부는 더욱 집중화 현상이 치열해지고, 소위 방사선 형태의 도시에서는 전통적으로 도심지역(downtown)이나 중심업무지역(CBD)화 되었다. 이러한 가속적 현상은 토지가나 높은 개발 밀도에서 나타나고 있다.

이제까지 경우를 보면, 도시화 지역에서 활동의 공간적 조직을 설명하는 모델로는 3가지가 있다.[1] 3안이 제시하는 패턴들의 차이를 보면, 각 지역의 개발된 시간과 운송수단 및 경제적 조건에 의해 구분된다. 위의 3가지 도시활동 패턴을 창조하는 원천을 파악하는 힘이 단지설계가에게는 필요하다. 특정계획을 위한 단지나 주변지역을 선정함에 있어서 단지설계가는 투자 가능한 범위 내에서 도시 내에서 그 부지의 환경조건을 최대화할 수 있도록 기능을 그 용도에 맞는 적정 위치에 놓을 수 있음을 알아야 한다.

지역활동 패턴

모든 부분(sector), 그 주변 지역 혹은 근린주구는 각각 독특한 위치와 환경적 속성을 지닌다. 각각은 복합된 활동과 그 물리적 배경에 의해 일련의 전략적인 특성들로 구성되어 있다. 개개 활동군들은 특정 단지와 그 주변 지역과 영향을 주고받으며, 도시 전체 체계 속에서 각각의 공간적 입지성을 갖는다. 왜냐하면, 모든 활동들은 그 활동을 위한 상호 보완집단(相互補完集團)의 차원에서 보면 집단간의 서로 다른 요구를 가지고 있기 때문이다. 예를 들면, 2세대 주택, 다세대 주택이 있다. 1세대 위주의 근린주구에 적

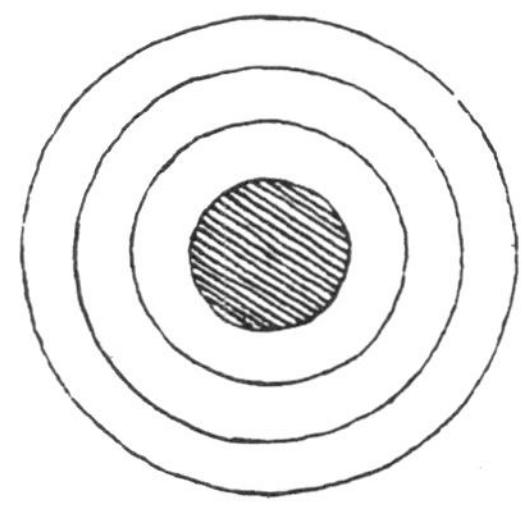
동심원

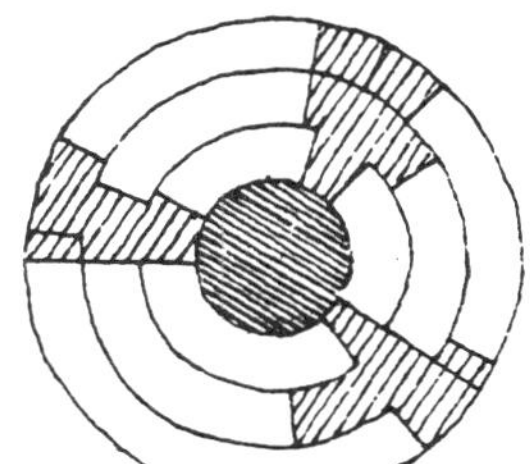
부채꼴 분할

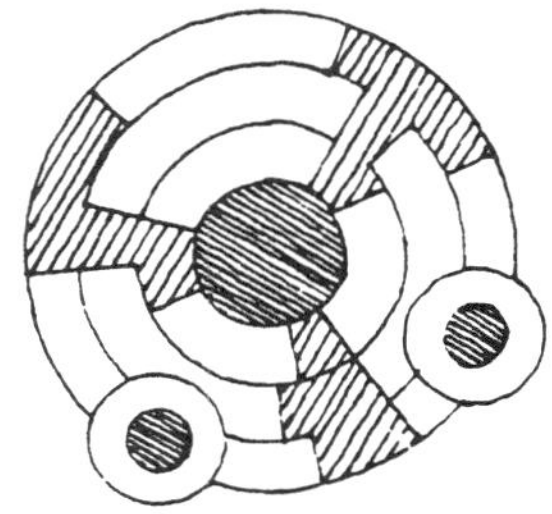
다핵

도시공간 패턴

합한 기능들은 핵가족 중심 생활패턴을 돕기 위한 시설들이다 (학교, 일용품상, 교회, 지역센터, 주점) 부적합한 기능들은 대규모 교통을 유발시키는 시설, 도로 안전 및 근린주구의 프라이버시(privacy)나 조용함을 위협하는 시설들이다(중공업, 병원이나 대학교와 같은 주 공공기관들) 이와 반대로 원활한 기능을 위해서 이질(異質) 기능의 혼재를 필요로 하는 경우도 있다. 예를 들면, 소매상가의 경우 여러 가지 종류의 보완 기능들의 혼재를 요구하고 있다(전문성을 띤 사무소, 은행, 음식점, 유흥점 등) 그리고 많은 교통 순환과 주차장은 필수적이다.

단지의 지역적, 도시적 측면에서 활동을 분석하는 기술 중 한 가지는 관련 있는 활동들의 공간적 배분 및 접근 연결성을 도식화하는 것이다. 이러한 다이어그램은 다음 요소들을 나타낸다.

1. 부지 주변 지역과 도시 지역에서 관련성 깊은 활동 등의 위치
2. 주변 지역에서 병존(竝存) 불능한 활동의 위치
3. 활동간 흐름(動線)의 방향
4. 상호 작용의 빈도(1일, 1주, 1달)
5. 접근로(보행자, 버스, 자동차, 기차)

이러한 유형의 다이어그램은 혼합 이용의 병존 불능성, 상관 활동의 근위치성(近位置性), 접근성의 관점에서 각 활동을 위한 적지(適地) 선정을 위한 평가의 기본이 된다. 단지 설계에서 이런 다이어그램은 지역활동과 접근패턴의 기회(opportunities), 제약(constraints) 및 부족(deficiencies)을 평가하는 기초가 된다. 이러한 기회, 제약, 부족 등은 단지 설계에서 반드시 규명되어야 한다.

마지막으로, 활동의 공간적 분포를 분석함에 있어서 단지 설계가는 동질지역(zones), 부분별 분포(sectors), 핵(nuclei), 지역성(locales) 등의 패턴이 정적으로 변화하지 않는 것이 아니라는 것을 알아야 한다. 이것들은 여러 가지 이유로 계속적으로 변화하고 있다.

1. 상관성을 띤 활동들의 위치 변화
2. 운송수단의 기술적 변화
3. 단지계획과 건축물의 오래됨(obsolescence)
4. 행위에 대한 수요의 변화
5. 양립 불가능한 용도의 택일에 의한 타 용도와의 혼합의 변화
6. 공공정책의 변화

따라서 대지의 선택이나 평가에 있어 양립 가능한 용도의 조합 및 보완적 물리시설을 구분할 수 있는 환경의 조사가 행해져야 한다.

항구적 활동영역

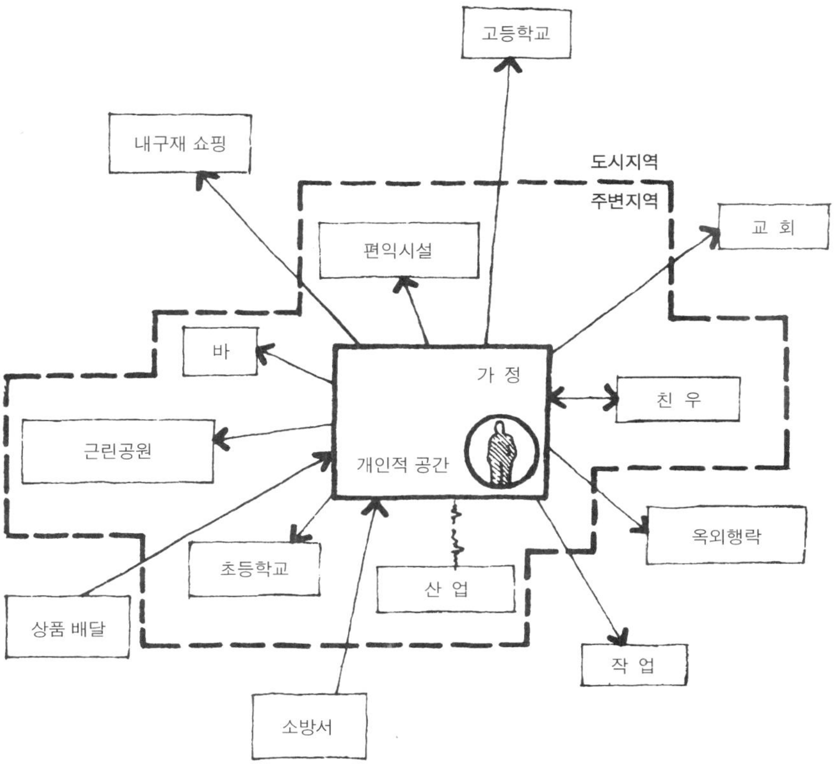

교통 및 동선

어떠한 대지의 효용성은 그 대지로의 접근성(accessibility)에 달려 있다. 즉 동선체계는 공간 속에서 각 활동의 연결성을 좋게 한다. 서로 상이한 종류의 유통은 다른 체계를 이용한다. 교통의 흐름, 주차시설, 보행자 흐름은 본질적으로 인간 흐름의 패턴들인 반면, 설비는 에너지, 쓰레기, 물의 흐름인 것이다.

자동차 순환체계는 단지계획의 기본적인 요소이다. 순환체계(circulation system)는 우연히 발생되는 것은 아니며, 명확한 위계(位階)질서 하에 패턴을 형성한다. 이 위계가 공간적으로는 여러 가지 패턴을 가진다. 주요 패턴은 격자형(格子型), 방사형(放射型), 선형(線型), 유기체형 및 이들의 종합형으로 구분된다.

가로체계가 단지 설계에서 가장 값지고, 시각적으로 두드러지는 요소이다. 가로망은 단지에서 명확한 흐름의 위계질서를 형성해야 한다. 그리고 기존 가로망 및 지역 가로망과 연결성을 가져야 한다. 일반적으로 말할 때 비용면에 있어서는 효율적이어야 하며, 시각적 영향은 최소로 단지의 자연 지세에 잘 맞고 쉽게 파악되어야 한다. 자동차의 주차 또한 동선에 못지않게 중요하다. 대도시에서 행해지는 대규모 개발에는 각각 요구되는 주차장 시설을 충분히 자급자족하도록 조례로 정해져 있다. 주차 규모가 주어지면 주차장(storage)은 그 대지에서 하나의 주용도가 되는 셈이다. 주차장은 지형에 맞게 고려되지 않는 경우 시각적 장애물이 될 수도 있다. 그러나 이는 활동패턴과 연관성을 가져야 한다. 주차장의 배치는 자동차의 동선과 양에 의해 결정되지만, 소방차, 서비스 트럭 등의 이용하는 최대 크기의 자동차를 수용할 수 있어야 한다.

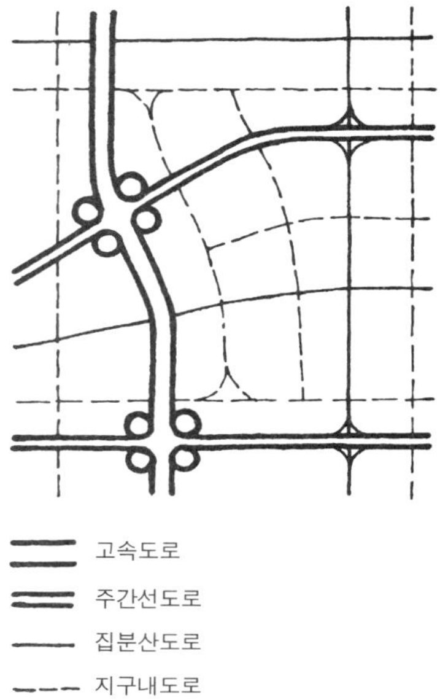

위계적 교통패턴

보행은 아직 대부분의 사람, 특히 젊은 층과 노년층의 통행수단이다. 따라서 보행체계가 대지내의 활동과 그 지역 네트워크를 연결짓는 중요한 연결망이다. 단지설계에서 중요한 요소일 수도 있다. 물의 흐름과 마찬가지로 보행의 흐름도 액체적 흐름을 가진다. 보행자들은 최소한의 저항을 가진 선을 따르며, 지름길에 의해 최단 거리를 택하고, 모퉁이는 완만하게 돌고, 장애물 주위에서 맴돌고, 계단이나 복도 같은 제한된 통로의 전후에서는 모임장소(pools)를 형성한다. 보행자 흐름은 분석함에 있어서 종류별로 구분함이 중요하다.

보행자들은 목적을 가진 경우(직장으로 걷는 경우)와 막연한 경우(일요일 오후 산책)가 있다. 목적의식을 지닌 보행자들은 최소한의 저항을 가지는 노선을 택하며, 막연히 걷는 경우는 구불구불한 곡선도로를 택할 수 있다. 느리고 막연

교통패턴의 다이어그램

히 걷는 경우는 세세한 부분에 대해 관심을 갖는다. 즉 산책자는 침착한 기분으로 여러 가지를 느끼며 걷는다. 따라서 시각적 흥미나 레벨의 차이, 포장재의 질감에 의해 비끼기도 하고 고양되기도 한다. 의도적인 보행은 안전하고 직선적이고 기능적인 접근이 요구된다.

이러한 면에서 단지설계는 보행로(path)를 설치하고 흐름을 조절하고 환경의 이미지를 형성할 수 있다. 보행로 체계의 설계목표는 안전하고 쉽게 식별되고 시각적 자극이 있는 기능적 연속성을 가지며, 그 대지의 속성을 표현해야 한다. 보행자 도로가 잘 조성된 예를 보면, 1920년대에 클래런스 페리(Clarence Perry)에 의해 설계된 레드번(Radburn), 뉴저지(NewJersey) 주거단지계획이 있다. 여기서는 보행자 도로와 자동차 도로를 구분하여 보행자들을 안전하게 하였다. 보행자 도로체계는 주거군을 연결하면서 또한 쉽게 인별되고 시각적으로 자극적이며 사회적으로 기능적이다.

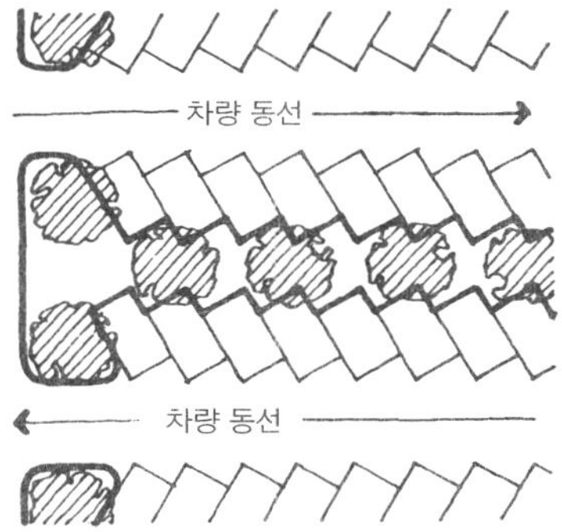

60˚ 주차와 차량 동선

레드번, 뉴저지

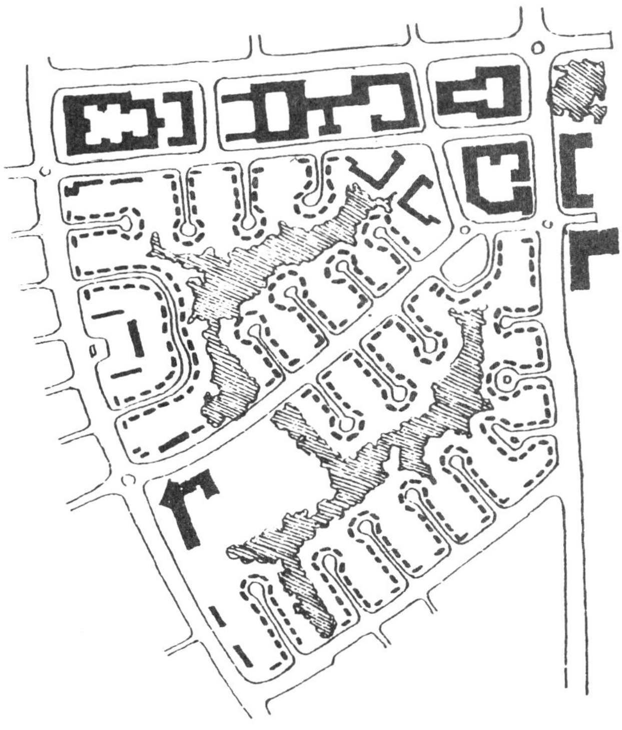

설비시설

설비시스템은 단지설계에서 비용의 상당한 비중을 차지하므로 매우 중요하다. 설비는 자연체계가 우세한 곳에서 도시환경을 수용해야 하기 때문이다. 단지설계에서는 배수관, 하수관, 상수관, 에너지 공급관(가스, 전기) 등이 모두 갖춰져야 한다. 그런데 이러한 구조물들은 막연한 추측으로 규모를 결정해서는 안 된다. 왜냐하면 배관이 필요할지 안할지 여부 및 용량 여부가 검토되어야 한다. 예를 들어 에너지와 단지환경의 경우 소비량의 증대나 단지의 확대로 관의 하중부담이 높을 경우 확장되는 주변지역으로 연결시키기에는 부족하여 관을 이용하지 못하는 경우가 많다. 천연가스에 대한 더 이상의 지선(脂腺)은 불가능한 실정이다. 따라서 단지분석에서 모든 설비의 가용성 여부와 용량을 파악하는 것이 중요하다.

단지설계에서 설비관은 효율적인 계획을 위해서 다른 류의 동선체계들과 종합적으로 취급되어야 한다. 그리고 점차 설비 및 통신관의 지하매설의 경향으로 가고 있고, 도로 및 보도체계와 직접적으로 연관시켜져 있으며 이들과 같은 도로 부지(street right of way)를 활용하고 있다.

제도적 규제(Institutional Controls)

단지 설계자는 단지 내의 활동 및 이들의 연결성이 공간적으로 배분된다는 측면에서 대상대지에 대해 부분적으로 통제할 수 있다. 설계여건상 한 구역 내에서 허용되는 용도와 특정 부지에 특정 용도를 지정하고 있고 토지 이용, 환경 공공정책 및 규제의 범위에 의하여 용도가 한정된다. 이러한 통제들은 연방정부의 프로그램에 의해 환경의 질을 통제하는 것으로부터(예를 들면, 1970년의 국가 환경정책법(national environmental policy act)은 연방정부의 예상을 받는 개발에 대해서는 환경영향평가서(environmental impact statesment)[2] 를 제출하도록 하고 있다. 지방 도시의 지역지구제 및 건축법(토지의 이용, 단지의 설계 및 건물배치 및 구조를 통제함)에 이르고 있다.

토지의 이용 및 개발을 통제하기 위한 입법권은 관례적으로 지방자치단체에 위임되어 왔는데, 이들은 토지이용계획 및 규제의 세부적인 문제점을 다룰 수 있는 적절한 위치에 있다고 본다. 비록 생태학적으로 의미 있는 지역이나 커다란 개발 압력을 받는 지역에 대해 주 정부 및 연방정부의 통제는 점진적으로 증가되는 점이 주목받지만, 이러한 정책 및 통제는 단지 설계에 주요한 영향을 미친다.

지역적 레벨에서 일련의 정책적 계획들과 입법화된 통제는 단지설계 조건(site design environment)에 상당한 제약을 가하고 있다. 첫째로, 많은 시정부와 계획기관들은 미래의 개발방향 결정을 위한 공식적 정책지침으로써 토지이용계획과 교통계획에 대한 마스터플랜을 갖고 있다. 이들은 공공복지의 보호 및 증진을 돕고, 시 정부의 정책 및 규제와 관련된 개발사업의 근간으로써 역할을 하는 등의 지역사회의 장래의 개발을 위한 종합적이며 융통성 있는 마스터플랜이다. 일반적으로, 사적이거나 공적인 개발은 이런 마스터플랜과 일치하여야 한다. 일련의 규제정책과 법적인 규제는 공식적 도로계획, 자금 조달계획, 지역지구 시행령, 토지분할 규제 및 건축법규 등을 포함하며, 마스터플랜을 실현하기 위한 수단으로서의 역할을 하고 있다.

관청의 도로계획도는 기존 및 계획도로망의 배치 및 도로부지(street right of way)를 표시하고 있다. 새로운 개발은 이 지도를 참고하여 설계되어야 하며, 필요하면 도로도 내야 하고 단지와 도로체계를 연결해야 한다.

자금조달계획(capital improvements program)은 5년 단위의 공공기반시설에 대한 투자계획이며, 하수도망, 상수도망, 도로, 보도, 식재, 시 관할 건물, 공원 및 기타 시설을 포함한다. 보통 신개발 지역에서는 학교가 전체적인 공공지출계획의 중요한 부분일지라도 학교에 대해서는 별도로 책정된다. 교외의 미개발 상황에 있는 부지들은 시당국의 기본계획에 의한 공공 서비스의 단계적 개발에 의해서 그 주변지역의 개발 가능성에 지대한 영향을 미친다. 도시 내 지역의 경우, 시당국의 각 지역별 유지관리 상태나 지역에 대한 계속적 개입 등은 그 지역환경의 분석에서 뺄 수 없는 사항들이다.

지역제에 관한 시행령은 시「마스터플랜」에 의거, 시 전체를 대규모 토지나 '블록' 단위로 상업지역, 주거지역, 공업지역으로 나눈 법적 문서의 의미를 갖는다. 그리고 이 규정은 토지를 용도별로 분류하여 평가하고, 그 용도간의 활동의 상충성(相衝性)을 제거함으로써 토지 소유자에게 토지이용의 안전성을 높인다. 또한 이 규정은 부지의 장래 개발에 대한 방향을 제시한다. 즉 부지 내 건물의 위치, 크기 및 높이, 주차장 설치에 관한 사항 및 받아들여야 하는 표식들(acceptable signage)을 통제한다.

보편적으로 말해서, 지역제에 관한 시행령은 건축법이 건축물에 미치는 영향이 막대한 것처럼 부지에 크게 영향을 미치고 있다. 최근 수년간 이들 규정은 단지 설계가가 결정을 할 때, 고려해야 하는 비중이 점차 커지고 있는 실정이다. 현대 급변하는 도시적 상황에서 도시 성장의 방향과 정도, 그리고 발전 유형을 제어하는 법적 도구로서 이 규정에 대한 요구는 점차 커지고 있다. 그러나 토지를 동질성에 의해 뭉뚱그림으로써 생기는 지역간 타 기능과의 격리는 인간의 본질과는 대립을 초래하게 되었다. 본래 인간 행위란, 복합적으로 혼재되어 발생하여 서로 도움을 주고, 공간 속에서 연속적으로 일어나는 것이다. 이러한 이유로, 최근 수년간 환경 규제(performance zoning)가 대두하기 시작했다. 환경 규제는 소음의 정도, 교통량, 개발 밀도와 같은 요소들을 이용, 각 지역에 대해 일련의 타당성 있는 환경적 기준을 만드는 것이다. 그러나 이는 그 기준에 허용된 범위 내에서는 용도의 혼용이 가능한 융통성이 있다. 이 융통성을 갖고 있는 점이 부자연스러워지기 쉬운 경직된 제도적 상황하에서 단지설계가에게는 도움이 된다.

획지 분할(subdivision)은 미개발 토지를 개발 가능한 획지로 구분하고 그 획지에 도로, 설비, 녹지와 같은 공공 개발을 위한 시설을 제공하는 법적 과정이다. 이는 서적 개발과 그 개발에 요구되는 공적 하부구조 사이의 관계성을 명확히 하는 것으로 다음 사항을 포함하는 최소한의 설계기준이 된다.

1. 도로 - 도로 배치, 도로의 위계, 경계석, 배수로, 보도, 도로 표시물, 가로수
2. 획지(Lots) - 획지 크기, 건축선과 후퇴(setbacks)
3. 설비 - 배수, 물, 전기, 가스, 전화

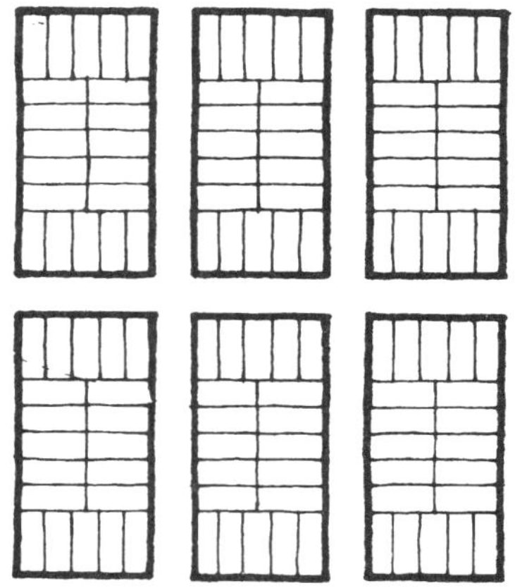

고정적 획지분할 패턴

이 규정은 개발 시에 물리적 환경을 개선하기 위하여 개발자가 해야 할 사항과 시 당국이 해야 할 사항에 대해 명기되어 있다. 이런 법적 조건 내에서 단지 설계가는 공적, 사적, 건물의 위치를 선정하고 설계하게 된다. 지역제(zoning)에서와 마찬가지로 획지분할(subdivision) 또한 모든 지역에 대해 획일적 적용과 함께 경직화된 경향이 있다. 따라서 큰 획지에 저밀도의 개발로 유도하여 결과적으로 매우 단조로운 단지계획이 되고 만다.

가구계획 개발 패턴

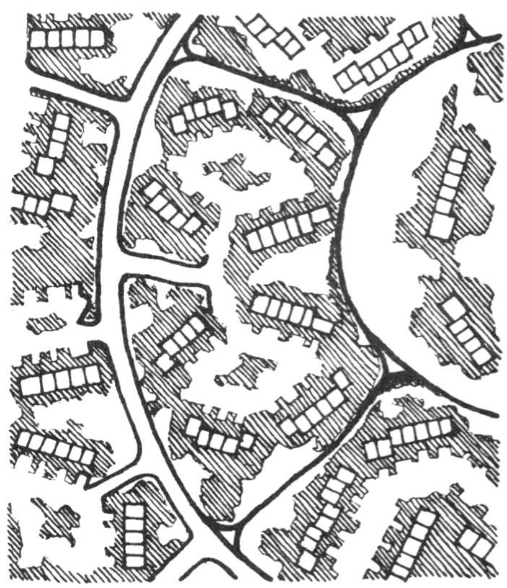

그런데 이런 사항들에 대한 최근의 추세를 보면 '지역제 규정'과 '획지분할 규정' 보다는 개발 밀도라든가, 공공용지, 소음, 자동차 흐름, 등에 관한 '환경기준'(environmental performance standard)을 제시하는 가구(街區)계획 개발(P.U.D. – planned unit development)화하고 있다. 이는 단지계획에서 설계에 보다 융통성을 부여하고 있다.

'지역제 시행령'과 마찬가지로 건축조례 또는 행정력에 의존하고 있다. '지역 시행령'의 경우는 한 집단(사회)에 대해서는 널리 적용될 수 있는 것이 보통이지만, 건축조례의 경우는 이와 다르다. 하지만 시 자체에서 고유의 건축조례를 작성하기에는 비용적인 면에서나 일의 수행적 측면에서 난점이 많이 있다. 그래서 대부분의 자치단체에서는 지역 혹은 국가에서 지정하는 획일적인 건축조례를 사용하고 있다.

■ 공간환경

자연요소

단지계획에서는 단지 및 주변지역의 자연요소(기후, 물, 토양, 지형, 식물, 야생동물)에 대한 이해가 매우 중요하다. 단지 주변지역에서는 먼저, 단지 개발시 유발되는 인간의 개입에 대한 자연생태계의 수용능력이 고려되어야 하고, 다음으로는 수용되는 활동들의 '프로그램' 및 단지계획에서 표현되어지는 공간 그 자체의 질이 고려되어야 한다.

기후 기후는 지역기후와 미기후의 2가지로 구분할 수 있다. 모든 부지는 계획가(설계자)의 의지와는 무관한 지역별 특성을 가진 지역기후(大氣候)의 영향을 받으며, 이는 건물과 단지간의 관계성에는 거의 영향을 주지 않는다. 이 지역기후는 동기 및 하기의 태양 일사각, 태양 열량, 강우 일수, 강우량, 풍향, 속 · 빈도를 내포하고 있다. 기후의 영향이나 에너지 보존적 측면을 무시한 건물 배치계획은 그 공간을 이용하는 이용자측을 간과하고 넘어지는 결과를 초래한다. 이런 점에서 보면 지역지후는 구조물과 형성되는 공간의 향(向)이나 동기 · 하기의 태양 및 동기의 주 풍향에 대한 노출 및 차단에 영향을 준다.

미기후는 단지가 갖는 고유한 것으로 단지 내에서도 변화한다. 개발되지 않는 단지에서는 지표의 상태와 지형에 의해서 미기후가 2가지 요소에 의해 영향을 받는다. 안락한 공간을 조성하기 위한 단지계획을 위해서는 그 단지 내에서 발생되는 미기후를 직접 관찰하고 측정함이 필요하다. 지표면의 재료에 의해서 열은 흡수되고, 저장되며 일정 시간 후 대기로 방출되기도 한다. 어쨌든, 모든 열이 흡수되는 것은 아니다. 즉 열 중에서 일부는 즉시 대기로 반사되기도 한다. 이런 반사, 흡수, 방열 성질은 재료에 의해 다르게 나타난다. 예를 들면, 표면수(지표수)는 열을 흡수하고 저장하고, 매우 느린 속도로 대기중에 방열한다. 이런 현상은 일별(日別), 계절적 기온 변화에 따라, 인접 지역에 미치는 영향은 달라진다. 식물은 영양 순환(nutrition cycle)을 위해 열, 공기, 습기를 흡수한다. 그리고 잎을 통하여 산소와 수증기를 대기로 발산한다. 이는 대기온도를 떨어뜨리는 영향을 가져, 특히 하기에 기존 저하로 인해 미기후를 변화시킨다. 교목과 지피식물은 또한, 여름철 태양광선 차단으로 그림자를 만듦으로써 미기후를 변화시킬 수도 있다. 활엽수는 이런 목적을 위해서는 가장 이상적이라고 할 수 있다. 왜냐하면, 겨울에는 태양 광선을 받아들이고 여름에는 차단하기 때문이다.

단지가 지니는 지형적 특성(구름, 평원, 언덕, 계곡)은 2가지 이유로 미기후에 아주

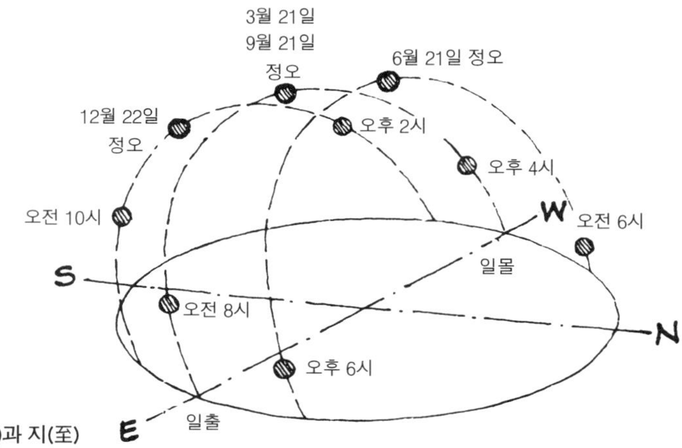

태양경로 : 분점(分點)과 지(至)

중요하다. 즉 지형에 따른 대기(공기)의 움직임이나 부지의 방향이 결정요인이 된다. 공기의 움직임에 대한 지형의 영향은 2가지가 있다.

첫째, 경사면의 경우 바람을 등지고 있는 쪽보다 바람맞이 쪽의 속도가 더 크다. 따라서 단지에서 바람을 등지고 있는 사면은 바람으로부터 보호받는 땅이다. 둘째, 대기는 야간에 차가워지므로 습기를 포함하게 되어 계곡이나 구릉의 바닥으로 바람이 가라앉게 된다. 따라서 경사면의 경우는 위치가 높을수록 야간에 따뜻해진다. 이런 사실들은 추운 또는 더운 기후에서 건물을 앉힐 경우 고려되어야 한다. 태양의 경우, 위도나 계절 일사시간에 의해 기후의 영향이 좌우되며, 태양광선을 수직으로 받는 면이 최대 수광량(受光量)을 갖게 된다. 그러므로 남향 경사면이 평지보다 태양광선을 더욱 많이 받는다.

도시화된 지역의 미기후에 대한 연구는 새롭고 복잡한 분야이다. 도시 내의 미기후는 여러 요인에 의해 결정된다. 먼저 콘크리트, 블록, 아스팔트와 같은 인공 물질의 빛에 대한 높은 반사율, 낮은 전도율과 초밀집(超密集) 건물군은 많은 열을 방출하게 되어 더운 공기대(heat island)를 형성하며, 이는 상향 기류(上向氣流)를 발생시킨다. 둘째, 이런 대류현상은 구름을 만들게 되고 공장이나 자동차 배기에 의한 매연은 점차 이 구름을 오염시키게 된다. 따라서 지표면의 태양광선 수광량은 감소되며 안개가 생성된다. 셋째, 건물의 크기, 배치, 형태는 대기의 흐름에 영향을 준다. 일반적으로 높고 좁은 건물이 주풍로(主風路)에 위치하게 되면 바람이 불어가는 방향의 건물면에 심한 소용돌이 바람을 유발시킨다. 그러나 건물의 폭이 크면 클수록 회오리바람 효과는 감소하

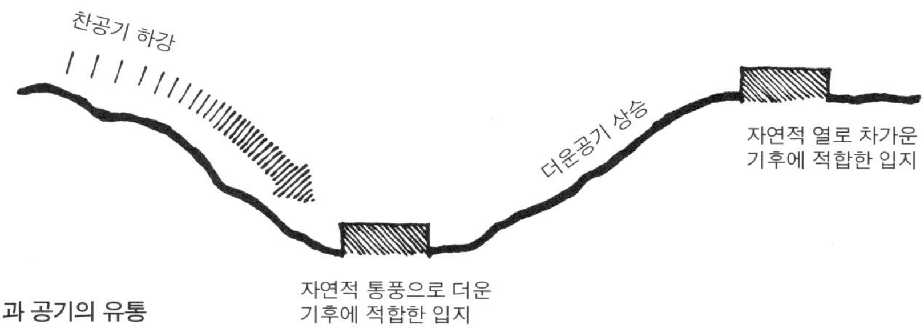

입지와 지형과 공기의 유통

게 된다. 건물간의 공기의 흐름은 매우 복잡 · 묘하여 풍동실험(wind tunnel studies)을 통한 연구가 필요하다.[3]

식생 및 야생동물(Vegetation and Wildlife) 부지 내에 존재하는 식물이나 동물을 조사 · 분석함에 있어서 설계가는 2가지 측면을 고려하여야 한다. 첫째, 그 지역의 생태체계 특성과 개발에 대한 그들의 민감한 반응과 둘째, 이 생태계가 제공할 수 있는 설계에의 가능성이다.

생태계 측면에서 보면, 부지내 식물은 기후나 지역, 토양 성질에 의해 변화하고 또한 이들에 변화를 주는 상호 의존적 관계로 생각되어야 한다. 모든 식물군집(plants associations)은 아주 미묘한 상호 협동 · 대립의 관계를 유지하고 있으며, 세 가지 유형(교목, 관목, 지피류)을 갖고, 각각 그 생리에 맞는 적지(niche)를 점유하고 있다. 이 모든 군집들은 또한 외적 변화에 민감하게 대처하고 있고, 그들의 생존 여부는 단지 개발의 방법에 달려있다. 그런데 이들 식물 간에도 외적 변화에 대한 적응력에는 차이가 있다. 예를 들면, 습지에서 자라는 식물군의 경우, 대체로 가장 적응력이 약하다. 그리고 식물군집은 물순환계(hydrolocical cycle)에서 지표수를 함유하는 스펀지 역할을 하여

식물 집단

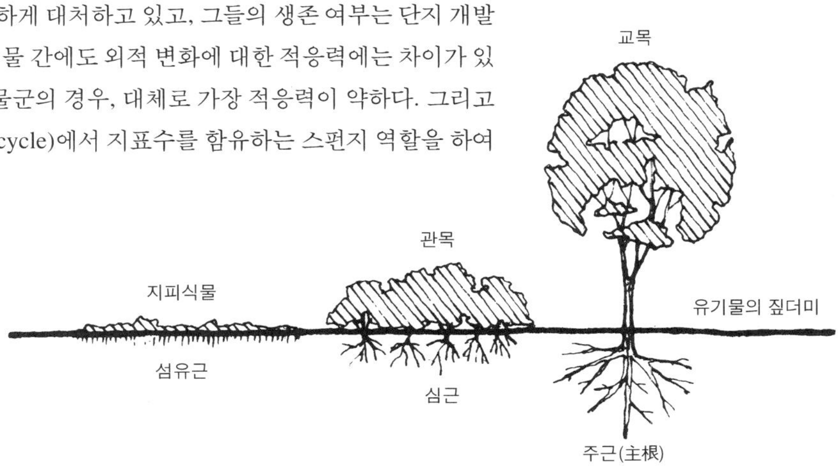

중요한 비중을 차지하고 있다. 개발을 할 경우, 식물군에 미치는 영향은 정도의 차이는 있으나, 모든 군에 작용을 하므로 단지계획 분석과정에서는 고려되지 않으면 안 되는 가장 민감한 식물군을 명확히 규명, 대책을 세우는 것이 필수적이다.

또한, 식물은 단지계획에서 단지 본래의 가능성을 살리는 중요한 요소이다. 따라서 식물은 조경소재로서 중요한 비중을 갖고 있다 하겠다. 즉 식물의 계절적 변화, 크기, 질감, 색채, 모양의 변화는 외부공간에 이상적인 재료가 된다. 이를 효과적으로 취급하기 위해서는 3가지 관점에서 파악함이 필요하다. 교목은 공간의 위요를 위한 수직 벽을 형성하고, 차폐를 위한 장막의 구실을 가지며 '프라이버시' 를 조성하여 미기후의 조절에 도움이 된다. 관목은 질감, 색채 수직면에서의 변화를 주며, 공간의 부분적 위요를 형성하기 위해 사용된다. 바닥면을 형성하는 지피식물은 그 질감이나 색채에 의해 공간의 질을 결정할 수 있는 중요한 포장재이다. 단지계획에서 새로운 식물의 도입은 현존하는 식물과의 조화성 여부를 신중히 검토 후에 결정되어야 한다.

식물군집과 더불어 각 부지는 식물군집과 상호 작용하는 관계를 갖는 동물군집을 갖고 있다. 개발로 인하여 현존 식물군집의 평형이 깨뜨릴 수가 있으나 가능한 한 보존되어야 하며, 현상 또한 명확히 파악되어야 한다. 그리고 이 동물군집의 기본적 생존 요소는 이해되어야 하며 존중되어야 한다. 예를 들면, 단지를 가로지르는 철새 이동로는 보호되어야 한다.

지형(Topography) 부지내 지형이 단지 개발에 미치는 영향은 3가지로 구분되다. 첫째, 풍화작용에 의한 장래 지형학적 체계(geomorphology system)의 변화와 둘째, 경사에 따른 개발상의 기술적 문제, 그리고 셋째, 지형이 갖는 단지 그 자체의 가능성이다.

공간적 조경소재(素材)

부지의 지형을 형성하는 과정은 2가지로 구분된다. 첫째, 화산활동, 변성작용(metamorphie action)과 같은 지질학적 변천과정은 부지의 형성과 그 지형, 표토층 밑의 모암(母岩)의 종류에 계속적으로 영향을 주고 있다. 둘째, 침식작용, 퇴적작용(화학적 반응 및 물, 급수 바람에 의한 퇴적작용)은 지형을 독특하고 새로운 형태화한다. 따라서 단지계획에서는 단지내 토지에 작용하는 지형학적 과정이나 단지계획에서 고려되어야 하는 지형 생성의 원리를 이해함이 필요하다. 지표층간의 접합관계는 지내력과 같이 토지의 공학적 능력을 명확히 하는데 중요하다.

그리고 부지의 공학적 수용능력을 분석하는 경우, 경사 분석 또한 건물 배치의 적지선정에 중요한 역학을 한다. 경사면 이용의 가능성은 수용 활동별 특성에 따라 변화하며 경사의 정도에 따라 단지를 구분하고, 각 활동별 적정 경사(適正傾斜)를 파악하여 적지를 선정한다. (경사도는 수평거리에 대한 수직 높이차를 %를 이용하여 평가한다) 일반적으로 4% 이내 경사는 평지로 생각하며, 활동이 집중적으로 발생되는 기능의 적지로 취급한다. 4~10% 경사는 완경사로 생각하며, 활동이 별로 발생하지 않는 기능을 수용하기 위한 적지이다. 10%이상의 경사는 가파르기 때문에 활동을 위한 공간으로는 개발이 부적당하다. 결론적으로, 경사면이 갖는 공학적 성격을 분석할 때 지형과 토양은 총체적 관계를 갖는 것으로 기억되어야만 한다. 즉 토양의 종류에 따라 토양단면의 구조는 변화하며 경사면은 유지하는 능력이 달라지게 된다. 예를 들면, 점토는 입자가 아주 세밀하기 때문에 경사가 극히 완만한 곳에서도 낮은 곳으로 흘러내리기 쉽다.

자연지형은 그 자체만으로도 강한 설계요소가 될 수 있다. 각 부지는 설계에서 고려해야 하는 그 부지만이 갖는 독특한 지형이나 지형이 주된 흐름과 같은 분명한 특성을 갖고 있다. 단지계획에서의 분석은 이런 주된 양상을 도면화해야 한다.(전망, 관망(觀望) 위요(圍繞), 연결성)

자연지형이 지닌 이점을 잘 이용하려는 설계는 활동 간의 기본적 공간 관계를 그 지형에 충실히 따라야 한다. 그러나 주어진 지형이 기능을 원활히 수용하지 못할 경우 변경되어도 무방하다. 현재 및 새로이 형성되는 지형간의 생태체계가 조화를 이룰 수 있다면, 지형은 설계를 향상시키기 위해서 변형되어야 할 것이다. 시각적 효과나 '프라이버시'의 확보, 겨울 바람에 대한 방풍효과를 위해서 조경에서는 지형의 부지 작업을 의식적으로 행하기도 한다.

단지계획가의 설계 작업은 3차원적 공간에서나 2차원적 도면에 의해서 행해져야 한다. 3차원적 접근은 소위 등고선이라 불리는 '아이소라인(isolines)'을

지형과 등고선

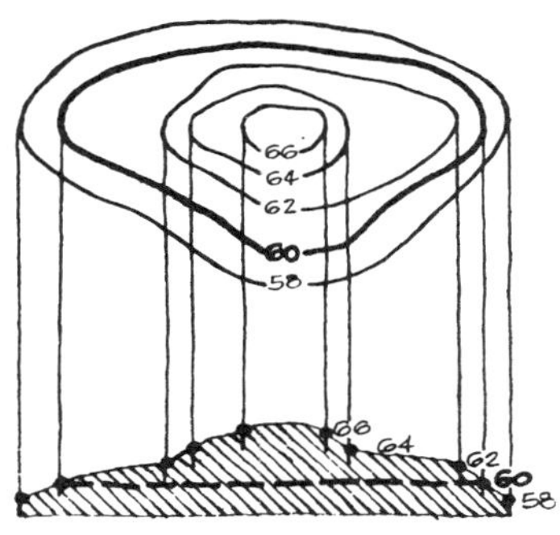

이용하여 도면상에 표현된다. 등고선은 바다 표면 높이를 기준으로 하여 그 상부 높이를 동일 높이의 선으로 지형도에 표시된다.

토양(Soil) 토양은 그것을 모암(母岩)이나 지형(land form) 등의 여러 인자에 의해서 결정된다. 토양은 기본적으로 암석의 풍화물질이나 유기물질의 조합에 의해 구성되어 있다. 토양의 유형은 인간 주거단지의 위치, 형태, 구조에 큰 영향을 주지만, 이를 직접 결정하지는 않는다. 즉 집중적 개발의 요소가 높아 토양의 지지능력 이상의 기초나 구조물을 인위적으로 설치할 경우를 제외하고는 토양의 구조나 질이 개발의 가능성을 제한하기 때문이다. 토양은 입자의 크기와 유기물 및 무기물의 존재여부에 의해 크게 두 가지로 구분할 수 있다. 그리고 토양이 단지 계획에서 중요한 요소로 고려되는 데에는 세 가지 이유가 있다. 첫째는 식물을 지탱하는 수단(매개물)이라는 생태학적 측면이고, 둘째는 구조물을 지지하는 수단(매개물)로서의 건축적 측면, 셋째는 그 대지 자체가 갖는 고유한 가능성이다.

미국 농업 토양보존과(The U. S. Department of Agriculture Soil Conservation Service)는 식생(plant life)과 개발(development)이라는 시점에서 토양을 분류하고 조사한다. 토양은 지질, 기후 및 유기물 함유의 유무에 기초하여 몇 가지 형으로 크게 구별되며, 이러한 유형은 지역 및 하위지역들(regional & subregional series)로 다시 분류되며, 표토의 질감에 따라 더욱 세분된다. 이 토양조사는 일련의 시추작업을 통해서 행해지며 각 시추 지점에서 얻어진 토양으로 지지력이나 수분 함유량을 파악할 수 있다.

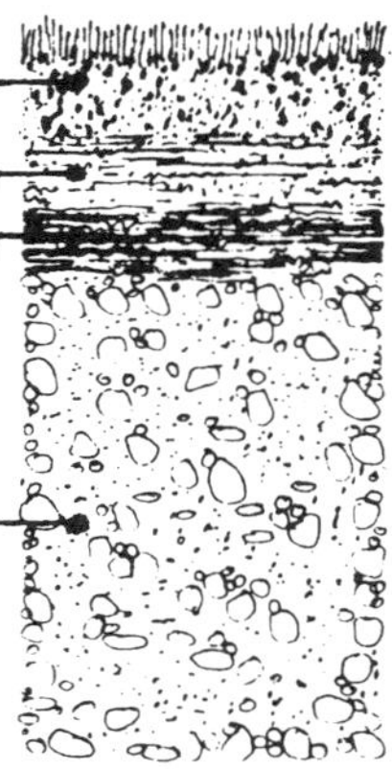

전형적인 토양 단면

식생에 있어서 중요한 토양의 성질은 배수 가능도, 유기물 함유량, 산도(pH value) 및 질소와 같은 영양 물질의 이용 가능도이다. 개발의 정적 여부는 부지가 지니는 안정도, 배수도 및 하중 지지력(荷重支持力)에 의해 결정된다. 이런 점에서 토양 입자의 크기 — 자갈, 양토, 모래, 점토 — 는 중요하다. 예를 들어, 자갈을 가진 토양은 일반적으로 배수가 잘되며 안정되고 무거운 하중을 지탱할 수 있다. 반면에 양토는 젖어 있을 경우에는 불안정하며, 얼었을 경우는 융기하므로 지지능력이 한정되어 있다.

결론적으로, 단지계획이 이용자에게 부지가 갖는 자연적 쾌적성을 제공한다고 할 때, 흙과 바위는 인간과 자연과의 관계를 상징적으로 나타낸다고 할 수 있다. 즉 대지 내 고유한 바위나 지형적 특성들은 자연과 인간의 연속성과 조화성의 관계를 나타내는데 사용될 수 있다.

물 단지 계획가는 몇 가지 이유로 부지 내에 있는 물의 양이나 성질을 파악해야 한다. 그 이유로는 첫째, 물은 모든 생명체를 지탱하는 기본요소로서의 중요성을 갖는다. 둘째, 지표수나 지하수는 부지가 갖는 개발의 가능성을 좌우한다. 셋째, 물 그 자체가 부지에 주는 쾌적성이다. 대지 내에서 물의 중요한 측면은 지표수의 흐름 및 지하수로의 침투이다. 지표수의 흐름은 강수량이 토양에 스며드는 수량보다 많을 때 일어난다. 지표수량(표면 유수량)은 강수량 및 강수시간, 지표의 상태, 식물의 상태 및 지형에 영향을 받는다. 표면 유수는 높은 곳에서 낮은 곳으로 등고선에 직각방향으로 흐르는데 최초에는 얇은 막과 같은 상태를 이루나, 점차 모여서 도랑(gullies), 시내(streams), 강(rivers)이 된다.
따라서 자연배수 형태에 대한 이해가 단지 분석에서 중요하다. 지형도를 이용하여 지표수 흐름을 도식화할 수 있다.

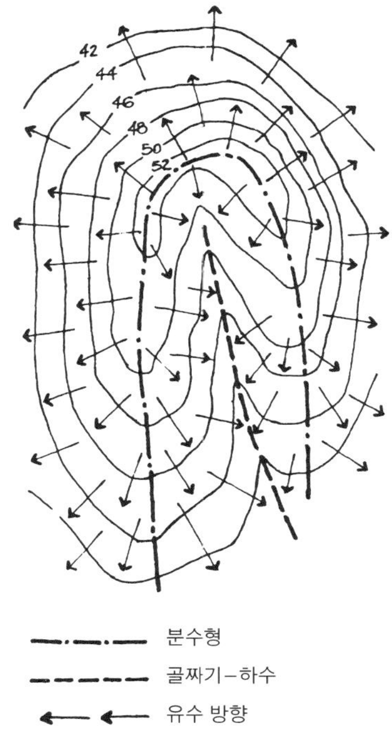

배수 다이어그램

또한, 부지의 지역에서 흘러내리는 물의 부지에 미치는 영향은 단지계획에서 고려되어야 한다. 일반적으로 인공적 개발지역에서 흘러내리는 표면 유수의 양을 초과해서는 안 된다. 단지계획가는 계획시 자연적인 표면 유수의 흐름에 대한 수정을 최소화하는 능동적인 노력으로 자연배수 상태를 유지하도록 노력해야 한다. 물은 건물이나 도로와의 상충을 피하여 흐르도록 하며, 새로운 배수시설을 보완하지 않을 경우는 도랑(gullies)이나 계곡(valleys)에도 집중배수가 되지 않도록 해야 한다.

그리고 물은 자연스럽게 흐르도록 해야 되며, 토양의 침식이나 붕괴를 초래할 만한 속도로 흐르지 않도록 계획되어야 한다. 이러한 점들이 주의 깊게 인식되지 못하여 지형을 다시 정지해야 하는 경우나 충분한 배수관 시설을 다시 설치되는 경우가 종종 있다.

대부분의 지하수원(地下水源)은 비나 눈이다. 그리고 물은 고지대에서 저지대쪽으로 흘러내리며, 또 증발되고 식물의 증산 작용 후에 남은 물은 지하로 침투된다. 이러한 물 중 일부는 식물의 세근(細根) 주위에 모이거나 토양내 수분으로 토양 입자 주위에 모인다. 나머지 물은 토양이나 바위 사이 틈을 통하여 물로 가득 채워져 있는 곳에 도착한다. 이곳을 지하수대(地下水帶: water table)라 부르며, 이 물은 지하수(ground water)라 부른다. 일반적으로, 지하수위는 지하수대 상부에 위치한 지표에 대해 경사진 면을 이루며, 지하수대가

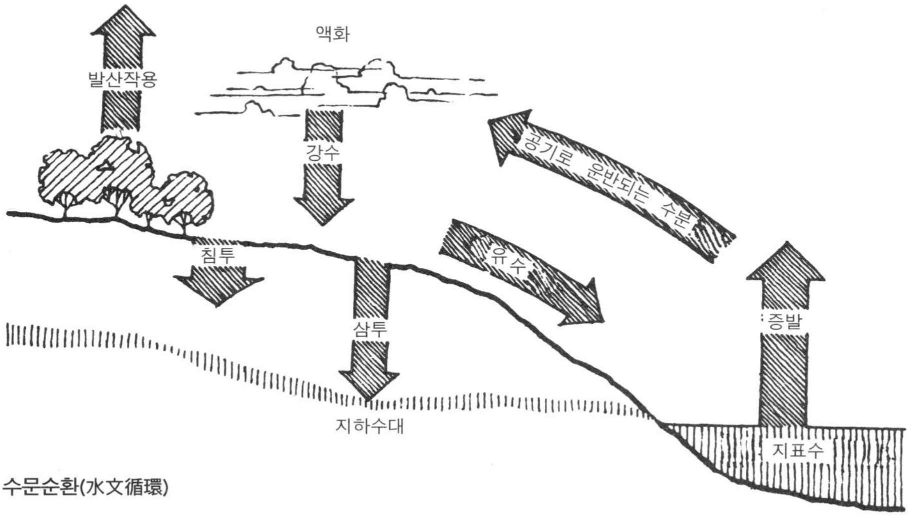

수문순환(水文循環)

지표에 도달하는 장소인 강, 호수 등에 가까워짐에 따라 점차 하향(下向)사면을 이룬다. 지표면과 지하수대까지의 깊이는 계절이나 강수량에 따라 현격히 변화하고 있다.

지하수는 상수도원이며, 또 식물 생장에 중요하다. 지하수는 가뭄기간 동안 강이나 개울에 공급되는 물의 주된 원천이며, 우물이나 펌프를 통해 인간생활에 필요한 물을 공급한다. 지하수의 양이 많은 동안은 인간이 이용할 물은 고갈되지 않는다. 그러나 인간의 개발을 결과론적으로 살펴보면, 이러한 자원을 고갈시켜 오고 있다. 즉 우물 등으로 개발하거나 지하수 통과가 불가능한 구조물을 지하층에 세움으로써 표면 유수의 양을 증가시키며 토양 속으로 물의 침투를 어렵게 하여 수자원(水資源)을 고갈시켜 온 것이다. 따라서 단지계획을 할 경우 이 값진 자원의 생태학적 측면을 고려하여 무척 세심하게 취급해야 할 것이다. 지표수는 부지의 개발 가능성에도 영향을 준다. 지하수위가 높은 지역(습지)은 생태학적으로 민감할 뿐 아니라 개발시 구조적인 문제도 뒤따른다.

지표 및 지하수

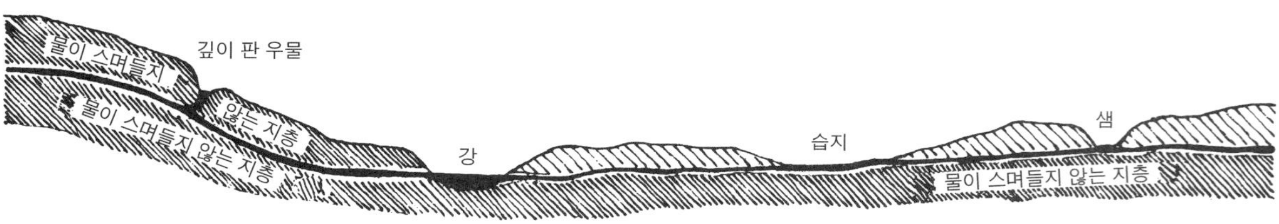

굴착을 할 경우에도 많은 문제가 뒤따르며, 건물은 홍수로 인해 피해 받기 쉽다. 대지 내 지하수위는 토양조사로 알 수 있으며, 개발하기에 부적당한 지역은 지도상에 표시된다.

지표수는 부지에 쾌적성을 제공하는 요소로도 종종 사용된다. 물은 가변성이 있는 자연요소이며, 휴양(repose), 명상(reflection), 활동(activity) 등의 여러 가지 다양한 효과를 제공하는 다양한 형태를 가질 수 있다. 분수나 개울, 폭포 등에서 흘러나오는 물은 단지계획의 한 소재로서 소리나 운동감(움직임)을 만들어 낼 수 있다. 물이 고여 있는 곳은 계속 보존될 수 있으며, 보강될 수도 있다. 또 개발에 의해 흘러내리는 물의 양이 많으면 연못을 새로 조성할 수도 있다. 단지 내 표면 유수를 한 곳에 집수함으로써 지표수의 지하 침투를 도와 지하수위를 높일 수 있다. 이는 부지 외부로의 배수를 최소화함으로써 부지 내 지하수위를 높이는 것이다.

건축적 요소

공간은 지금까지 논술되어온 자연요소 뿐 아니라, 인공요소 — 건축적 요소 — 에 의해서 형성될 수도 있다. 즉 건축물의 배치는 외부공간을 형성하며, 이렇게 조성된 외부공간은 내부공간과 유기적 관련성을 갖고 연결되어야 한다.

미켈란젤로의 로마 캄피돌리오

이탈리아 시에나, 캄포광장

공간을 형성하는 건축적 요소(Architectural Elements That Define Spaces)

우리는 기본적 2차원적 평면 — 바닥, 벽, 천장 — 에 의해 공간을 감지(感知)할 수 있다. 그리고 이들 평면을 이용하여 3차원적 '매스' 나 위요된 외부공간을 형성할 수 있다. 바닥면은 다양한 형태를 갖는 대지이나 도시화된 지역 내의 부지에서는 집중적 활동을 수용하기 위해서 원래 지형의 변화가 불가피하게 된다. 이 경우 그 면은 재료, 질감, 색상을 이용하여 이용자에게 강한 인상을 부여할 수 있다.

수직면은 외부공간을 형성하는데 가장 중요하다. 건물의 '매스(mass)' 나 배치 및 이들의 자연요소와의 조합은 단지설계에서 공간을 형성하는 수직면을 창출해 낼 수 있다. 수직면은 반드시 건축물일 필요는 없으며, 명확하지 않은 울타리나 담장을 이용하여 공간을 형성할 수도 있다.

공간의 질에 영향을 주는 요소(Elements That Influence The qualities of Space)

외부공간은 위요(enclosure), 스케일(scale), 형태(shape), 비례(proportion)에 의해서 설계된다. 3차원적 공간의 형성은 2차원적 평면들에 의해서 만들어지며, 또한 각각의 활동은 저마다 다른 공간적 요구를 갖는다. 형성되는 공간의 규모는 계획하는 용도와 인

공간적 형태, 비례 및 인간적 척도

간척도(human scale)와 적절한 관계를 맺어야 한다. 스케일은 상대적 크기(size)를 말한다. 즉 외부공간의 크기는 주변 도시적 맥락(맨해튼 중심가에 위치한 도시광장이나 주거단지에 있는 어린이놀이터)과 계획된 인간활동(신문을 보면서 휴식을 취하는 소규모 공간이나 시가행진을 위한 대규모 공간)과 유기적 관계성을 가져야 한다.

공간내에서 동시에 혹은 개별적으로 발생 가능한 활동들의 유형은 공간형태에 의해 좌우된다. 공간의 형태는 그 공간에 수용되는 활동들의 영역성을 결정짓는 인자로써 작용한다. 예를 들면, 형태의 변화가 적은 단순한 지형 내에서는 시각적 혹은 청각적 마찰로 상호 병존이 불가능하지 않은 경우에만 각각의 영역성을 지닌 상이한 활동들이 동시에 수용 가능하다.

비례(proportion)는 공간 내적 '볼륨' 관계, 즉 공간형성 요소들(높이와 깊이, 폭의 비례 등)의 상호 비율이다. 공간의 비례는 각 개인에 의해 그 공간이 어떻게 인식되며, 어떻게 사용되어지는가를 결정짓는 하나의 요인이 된다. '케빈 린치' 는 안락한 공간을 형성하기 위한 공간의 크기와 비례(scale)에 관한 지각적 기준을 만들었다. 이는 이용

런던 햄프스테드 헤스의 호수

버지니아 윌리엄스버그의 딱딱하고 부드러운 표면 질감

자의 크기와 수평, 수직면간의 비례에 근거를 두고 있으며, 외부공간에서 벽면의 높이는 바닥면 길이(폭)의 1/2~1/3일 때, 이용자가 가장 안락감을 느끼며, 그 비율이 1/4 이하이면 둘러싸였다는 감이 없어진다.[4]

공간의 성격은 사용된 재료의 색이나 질감, 혹은 빛과 음영에 의해 보강되어질 수 있다. 빛은 형태를 명확히 하거나 흐리게 할 수 있고, 물리적 요소들을 강조하거나 실루엣화 할 수도 있고, 형태를 감추거나 나타내기도 하고, 크기를 크게 혹은 적게 할 수도 있다. 설계가는 건물 배치로 그림자를 만들기도 하고, 유리, 물 혹은 거울면을 이용한 반사광으로 외부공간에서 빛의 효과를 이용할 수 있다.

연속적 전망

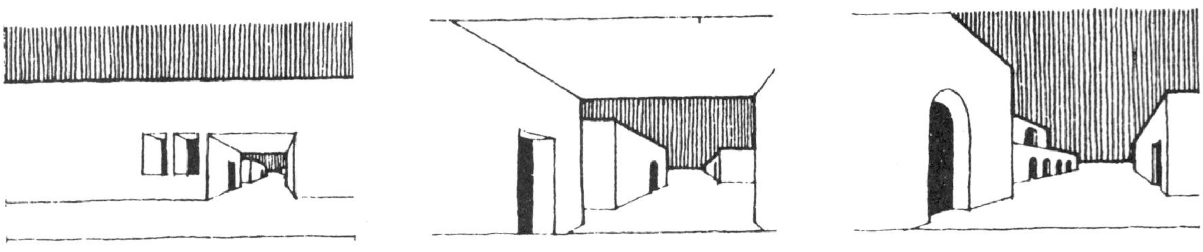

바닥면이나 벽면에 이용되는 모든 재료는 자연적이든 인공적이든 질감을 갖고 있다. 벽돌과 같이 거친 것이 있는 반면, 잔디와 같이 부드러운 것도 있다. 질감은 촉감이나 시각에 의해 파악될 수 있어서 환경 속에 휴먼 스케일(human scale)을 제공한다. 질감 차이에 대한 간단한 예는 옥외 잔디밭을 가로 지르는 보도의 경우를 들 수 있다. 즉 잔디밭의 부드러운 질감은 샛길의 딱딱한 질감과 조화되어 보행자에게 유인력을 발한다.

또한 모든 재료는 색채를 갖고 있다. 색채는 공간에서 분위기를 조성함에 도움을 준다. 밝은 색채는 쾌활과 흥분을 상징하는 반면, 또한 묘한 색조는 따뜻함이나 차분함을 암시한다. 즉 색채는 스케일감이나 비례감을 강조하여 공간의 성격을 명확히 규정함으로써 다양한 환경을 조성하는데 이용된다. 건물과 주변 공간의 색채대비는 천정으로서 하늘과 바닥으로서의 땅에 대한 건물의 수직 벽면을 분명히 하는데 도움이 된다. 또한 색채의 반복은 조화를 이룰 수 있다. 이로써 새로운 건물이나 공간은 주변 대지와 합치되어질 수 있다.

워싱턴 D. C., 공간의 연속

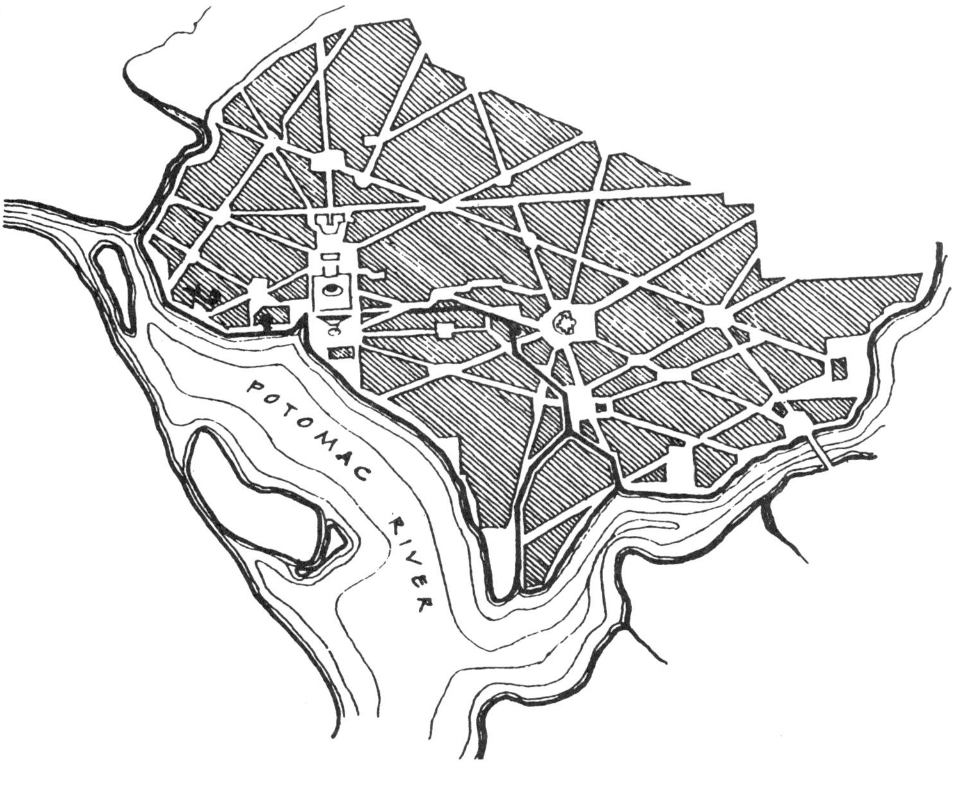

공간에 질서를 주는 요소(Element That Order Space) 모든 공간 — 내부공간이든 외부공간이든 간에 — 은 일정한 흐름을 갖고 통과하는 사람들에 의해 느껴진다. 공간은 공간 상호간 분리하여 생각되어질 수 없다. 즉 공간은 타 공간들과 상호 유기적 관련성을 갖고 연결되어 있어서 특정 공간이 인간에게 감동을 주는 것도 그 전・후 공간의 영향을 받지 않고도 이루어질 수 없다. 모든 공간과 공간은 기능적으로 연결되어져야 하며, 또한 쉽게 파악될 수 있어야 한다. 따라서 단지설계에서 그 단지 주변지역이 갖는 공간의 성격 또한 중요한 고려요소가 된다. 공간의 연속성에 대한 쿨른(Cullen)의 '스케치'는 단지계획에서 이용 가능한 훌륭한 분석수단이 된다.[5] 공간의 연속성이란 공간의 이해라든가 지각적 측면에서의 연결이며, 시각적 경험의 연속성 부여를 위한 공간구성 요소의 적절한 사용에 의해서 얻어질 수 있다. 공간은 개인이 통과하면서 시간적 의미를 가지며 느끼게 되므로 사건(events)의 연결체(chain)로 나타난다. 이러한 사건들은 현재의 전망(existing view)과 나타나는 전망(emerging view)으로 나눈다.[6] 공간 연결의 구성요소들은 반드시 표면적으로 나타날 필요는 없으나 공간 상호간 연결은 꼭 필요하다. 이 연결이 유기적으로 됨으로써 얻을 수 있는 이점은 특정 공간에 위치한 관찰자에게 이후에 나타날 공간에 대한 호기심 고양이나 이질적 특성을 갖는 공간

영국 옥스포드 출입구의 위계성

시카고 칼더의 조각

의 적절한 나열로 극적 효과를 제공할 수 있는 점이다.

공간의 연속성을 형성하기 위한 간단한 방법은 공간의 크기 등에 관한 위계의 부여가 있다. 즉 주요한 공간에 이르기까지 각 공간은 크기면에서 점진적으로 증가될 수가 있다는 것이다. 공간의 반복된 사용은 공간의 연속성에 질서를 부여할 수가 있다. 이러한 반복 효과는 '오픈 스페이스'의 규칙적 나열이나 색채, 질감, 형태의 규칙적 배열에 의해서 형성될 수 있다. 리듬을 살리기 위해서는 변화를 위한 요소를 대비시키며 일정한 간격으로 반복을 되풀이할 수 있다.

결론적으로, 공간의 연결성을 구축하기 위해서는 연속성(continuity)을 사용하는 것도 한 가지 방법이다. 연속성은 공간과 공간 — 예를 들어, 내부공간과 외부공간, 외부공간과 외부공간 — 사이의 변이 정도(the quality of the transition)에 의해 결정된다. 인접 대지가 명확하고 알아보기 쉬운 성격을 갖고 있다면 단지 설계의 차원에서는 이것이 중요한 설계 요소가 되며, 단지 내의 출입 전후의 변이 또한 밝혀져야 된다.

내포된 요소(Contained Elements) 공간의 질이나 양상(the quality appearance)은 그 공간 내에 놓여진 대상물이나 이용자, 이용자의 활동에 의해 수식되어진다. 도로 장치물, 그래픽, 조명, 조각물 등 이와 같은 요소들이 모두 그가 위치한 공간의 성격을 형성시키는 '내포된 요소'라 할 수 있다. 예를 들면, 엄숙한 느낌의 공간은 하나의 조각물을 설치함으로써 '휴먼 스페이스(human space)'화 할 수가 있는 것이다. 단지나 그 주변지역에는 이러한 요소들이 숱하게 나열이 되어 있다. 즉 벤치, 조각물, 쓰레기통, 신호 표시판, 조명 등이 이런 요소에 속한다. 이런 것들을 형태나 시각적으로 인간의 행위 패턴에 맞춰 적절히 규모화하면, 그 공간은 인간에게 형태적이거나 시각적으로 만족을 주게 된다.

조명은 주간에도 환경을 더욱 친밀하게 해주는 등 변화를 준다. 대부분의 옥외 조명은 인간 개개인에게 안전을 제공하기 위해 설치된다. 어쨌든, 조명의 색채, 강도, 방향감, 운동감의 변화를 이용하면 그 공간 내에서 극적인 효과를 얻을 수 있고, 또한 관찰자의 시각적 경험마저 바꾸어 공간 그 자체의 기본적 성격을 변화시킬 수도 있다. 조명은 일종의 암시(signage)적 의미를 가진다. 불행히도 암시나 광고가 주는 인상은 '아메리칸 스트립'(American strip)이란 상(象)이며, 일상 도시경관에 가득 들어찬 혼돈된, 가끔은 아주 추한 것의 상징이 된다. 그러나 안내판은 행동을 설명하고 지시하는데 필요한 것이며, 이는 공간에 흥미를 더해 줄 수도 있다.

설계가의 임무는 안내사항이나 정보를 간단하고 절제 있게 전달하는 것인 만큼 도시경관 내의 안내판이 차지하는 막중한 비중을 감안, 이를 특정 공간의 이미지를 표현하기 위해서 창조적으로 사용해야 할 것이다.

■ 지각환경(The Perceptual Environment)

공간의 형태는 인간의 공간에 대한 이해와 사용방법에 영향을 미친다. 공간에 대한 이해는 지각(知覺) — 물리적 환경의 눈을 통하여 뇌까지 전달되는 자극(과 인식), 전달된 자극을 감지한 경험으로 의미를 부여 — 에 의거한다.

개개인은 각자 나름대로의 환경에 대한 일반적 이미지를 갖고 그에 따라 공간을 이용하게 된다. 즉 환경은 개인에 따라 다르게 적응된다. 개개인에 의해 분류되고 조직화되고 집합되는 환경에 대한 인식은 각 개인이 지닌 다양한 영향 요소에 의해 달라진다. 이 영향 요소로는 활동의 종류, 여행 목적, 주거지 위치, 직장 위치, 사회적 계급, 수입정도, 교육정도, 직업, 일상생활 패턴, 문화적, 인종적 배경 등이 있다. 연구에 의하면, 인간은 환경이 갖는 공간적, 형태적 요소를 각자의 지각 지도(mentalmap)로 조직화함이 밝혀지고 있다. 린치(Linch)는 이 지각 지도를 구성하는 기본적 요소는 패스(paths),

에지(edge), 디스트릭트(districts), 랜드마크(landmark), 노드(nodes)라고 말하고 있다. 이런 요소들은 개인의 지각구조(perceptual structure)나 명료성(legibility), 의미성(meaning)에 상호 관련성을 갖고, 조직화된다.[7] 공간이 활동에 대한 수용 가능한 정도는 그 공간이 갖는 이런 기본적 구성요소와 활동 종류간의 상호 조화성에 의한다. 즉 그 공간의 크기, 형태, 규모, 비례, 위요 정도 등이 의도되는 행위에 적합해야 가장 바람직하다고 말할 수 있다.

지각구조(Perceptual Structure)

단지 분석과 설계에 있어서 설계자는 다음 2가지 측면에서 단지와 주변지역이 갖는 지각적 구조체계를 명확히 고려해야 한다. 첫째, 사람들이 공간을 영역적 위계로 구분하는 방법의 관점에서이며, 이는 공간이 이용되는 방법의 영향을 미친다. 둘째, 공간 내에서 이용자가 상호 작용하는 법칙에 영향을 주는 공간이나 공간구성 요소의 측면에서 공간을 구분하여야 한다. 영역성에 대한 인간의 형태는 개인공간(personal space), 가정공간(home space), 도시공간(urban space)의 세 가지 명확한 공간 위계에 의거한다.[8]

제일 낮은 단계인 개인적 공간은 개개인이 갖는 고유의 공간으로 타인에 의해 위협이나 침해를 받지 않는 아늑한 기분을 갖는 사생활의 장(場)이다. 이는 개개인의 생존을 위한 최소한의 영역인 것이다. 가정적 공간은 일정한 이용자 집단에 의해 타 집단의 이용에 대한 제한이 가능한 고정된 공간이다. 이런 제한에 의해 이용자들은 친근감을 갖고 어느 정도 자유로운 행동을 할 수가 있다. 주체는 개인이 될 수 있고, 기본적 소규모 1차집단(가정 또는 집단)이 될 수도 있다. 따라서 가정 공간은 사적인 공간이 될 수 있고, 가족을 위한 주거지일 수도 있으며, 사용자가 제한이 되어 있는 공적공간(동네 술집)이 될 수도 있다. 이 두 가지 경우 중 어느 것이라도 개인이나 집단의 모체(home base)가 된다. 마지막으로 '도시적 공간' 이 있는데, 개인이 직장이나 장보기, 오락, 사회활동과 관련하여 선택한 점유공간을 일컫는다. 개개인이 자유로이 활동하는 모든 곳을 도시영역(urban range)이라고 한다. 그리고 개인적 공간이나 가정적 공간과 같이 개개인이나 몇몇 사람에 의해 완전히 점유되어 배타적 성격을 띠는 것이 아니다. 모든 사람에게 개방된 공적이 공간인 것이다. 이 공간에서는 각 개인은 스스로 선택한 도로나 구역 노드(node)를 이용하여, 그들이 의도하는 바대로 자유로이 공간도 이용할 수가 있다.

결론적으로 말하자면, 단지설계자는 부지나 그 인접지역이 인간에게 미치는 심리학적 측면인 영역성에 대해 충분히 이해함이 필요하다 하겠다. 린치(Linch)의 인지도 작성기술(congnitive mapping technique)은 이 점을 분석하기 위한 훌륭한 기법이다.[9] 영역성의 부여는 단지 설계에서 필히 고려해야 하며, 수용되는 활동 — 즉 공적(public), 반공적(semi public), 사적(private) — 에 적합해야 한다. 각 영역은 시각적으로 분명히 구별되어야 한다. 명확히 구별하기 위해서는 분명한 인식적 특징을 가져야 한다. 즉 장소성(a sense of place) — 타 장소와 분명히 구별되는 독특성, 기념성, 인지성을 가져야 한다. 이는 모든 영역이 반드시 물리적으로 구획되어져야 한다는 것은 아니다. 예를 들면, 개인적 영역성을 유지하면서 타인의 출현을 보고 즐기며 감지할 수 있어야 한다.

의미성과 명료성(Meaning & Legibility)

공간이 명확한 의미를 가지려면 인식구조가 그 공간이 갖는 기능을 충분히 받아들여야 한다. 예를 들면, 가장 뛰어난 경관은 가장 이용도가 높은 장소에 위치되어야 하며, 주요한 경관의 연속적 배치는 간선도로를 따라 배치되어져야 한다. 또 인식적 영역성은 사회적 영역성과도 일치하여야 한다. 환경은 의미성을 가진 것으로 인식되어져야 하며, 환경의 공간적 차원내 시각적 요소는 생활적 측면에서 관계성을 갖고 있어야 한다. 즉 기능적 활동, 사회적 구조, 제도적 구조, 그리고 각 개인의 심리적 필요성, 가치관, 바램 등은 상호 유기적 관련성을 가져야 하는 것이다.

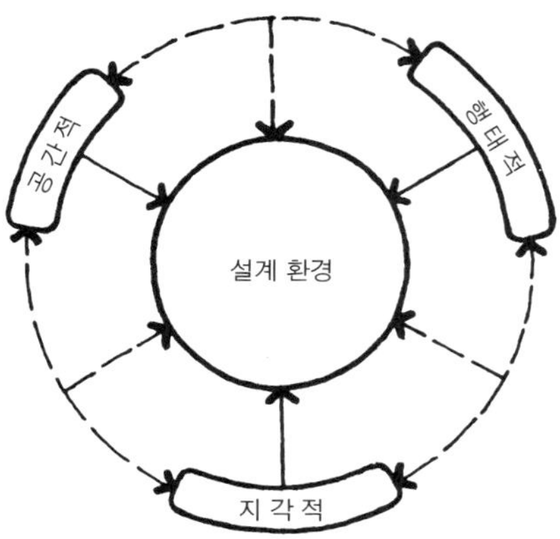

설계환경 내의 상호 연관성

단지설계에서 공간의 인지성은 중요한 요소이다. 공간은 이용자가 '패턴' 이나 조직을 쉽게 이해할 수 있도록 배치되어져야 한다. 연속성(sequencing)의 부여는 공간의 인지도를 형성하는 한 가지 방법이 된다. 쉽게 파악할 수 있는 공간구조는 공간의 지각, 인지에 도움이 되고, 또한 이용자의 심리적 측면에 도움이 된다. 이로써 이용자는 감정적으로 안정감을 얻을 수 있고 주체성을 형성할 수 있게 된다. 쉽게 파악할 수 있는 환경이란 주 동선이 명확히 구분되며, 주요한 활동패턴과 일치하는 환경이라 할 수 있다. 중요 활동을 수용하는 기능은 그 지역 주거자는 물론 모든 사람들이 쉽게 알 수 있는 위치에 있어야 한다.

■ 설치 개념의 창출

일반적 단지설계의 과정을 다시 생각해 보면, '목표의 설정' '프로그램 분석' '대지분석' 의 전반 단계를 생각할 수 있다. 대지분석은 '프로그램' 분석과 함께 수행되며, 주어진 '프로그램' 에 대해 여러 부지를 평가하거나 각 '프로그램' 이나 '단지설계' 에 대해 주어진 부지를 평가하기도 한다. 이런 경우, 초점은 건물과 부지 사이의 관계성과 그 부지와 주변지역과의 관계성에 맞추어진다. 부지분석을 위한 주요한 골자는 이용자 형태적 측면에서의 환경조사, 공공하부시설, 그리고 공간으로서의 환경(자연적, 건축적)과 지각적 측면의 환경을 포함한다.

대지분석은 설계를 위한 제약요소나 기회요소들을 파악하기 위한 시도로서 이들 요소들의 목록과 분석들을 필요로 한다. 일단 완성되면, 설계 목표와 '프로그램' 대지분석은 종합되어진다. 종합을 통하여 기본 목표를 명확히 재검토하고 단지 설계에서 설계 개념 창출을 할 수 있는 단계에 도달한다.

일반적으로 단지 분석에서 사용하는 수법은 중요한 '이슈' 를 명확히 하기 위해 다양한 차원 — 행태, 공간, 지각 — 의 대상들을 도식화하는 것이다. 이렇게 작성된 도면들의 연속적 중복이나 조합으로 얻어진 중요한 결과는 부지 평가를 위한 기초 자료나 설계의 고려사항으로 된다. 예를 들면, 토양 — 水文 — 식물조사 도면의 조합으로 얻을 수 있는 결과는 훼손되어서는 안 될 생태학적으로 민감한 지역을 나타내 줄 수도 있다. 반면에 도로체계, 교통량, 도로용량의 도면은 단지로의 차량 진입의 최적 위치를 표현하여 준다. 마찬가지로 지형 — 식물조사 도면을 이용하면 단지 내외에서 양호한 경관을 갖는 지점을 알 수 있다.

대지분석과 목표 '프로그램' 이 일단 완성되면, 단지설계의 후반 단계로 진행된다. 이 단계에서는 설계 개념의 대안이 창출되며, 이는 목표와 프로그램에 의해 평가될 수 있다. 설계의 일반적 과정은 추후 뒷부분에서 더 자세히 설명될 것이다. 어쨌든 단지 설계에서 설계요소는 대지분석의 요소와 동일하다 하겠다. 대지가 일단 선택이 되면 대지의 내 · 외부 공간은 프로그램의 요구사항을 만족시키도록 구성되어야 한다. 단지설계에서 단지의 구성 기본요소들 — 이용자 활동패턴의 형태적 구조, 공간구성 요소(자연, 인공요소) 심리적인 공간의 지각 — 은 공간적, 행태적, 지각적 일체감을 갖도록 함께 뭉뚱그려져야 한다.

주

1. E.W. Burgess, "The Growth of the City: An Introduction to a Research Project", Publications American Sociological Society 18:85-87; Homer Hoyt, *The Structure and Growth of Residential Neighborhoods in American Cities* (Washington, D.C.: Federal Housing Administration, 1939, Chauncy Harris, and Edward Ullman, "The Nature of Cities", *Annals of the American Academy of Political Science* 242:7-17
2. An assessment of the long-and short-range environmental impact of the development, including an evaluation of alternative approaches, a statement of adverse effects that cannot be avoided, and a statement of any irreversible effect such as depletion of natural resources.
3. For further discussion of urban microclimates, see Thomas Detweyler, Melvin Marcus, et al., *Urbanization and Environment*(Belmont, Calif.: Duxbury Press, 1972)
4. Kevin Lynch, *Site Planning*. 2d ed. (Cambridge, Mass: M.I.T. Press, 1971), p.194.
5. Gordon Cullen, *The Concise Townscape* (New York:Van Nostrand Reinhold, 1961), pp.7-21.
6. Ibid., p.9.
7. Kevin Lynch, *The Image of the City*(Cambridge, Mass.: M.I.T.Press, 1960).
8. Robert Sommer, *Personal Space: The Behavioral Basis of Design* (Englewood Cliffs, N.J.: Prentice-Hall, 1969.
9. Lynch, *The Image of the city*.

권장도서

Cullen, Gordon. *The Concise Townscape*. New York: Van Nostrand Reinhold, 1961.
Halprin, Lawrence. *The RSVP Cycles: Creative Processes in the Human Environment*. New York: Gorge Braziller, Inc., 1969.
Hurst, Michael E. *I Came to the City*. Boston: Houghton Mifflin, 1975.
Lynch, Kevin. *The Image of the City*. Cambridge, Mass.:M.I.T. Press, 1960.

——. *Site Planning*. 2d. Cambridge, Mass.: M.I.T. Press, 1971.
McHarg, Ian. *Design with Nature*. Garden City, Doubleday & Company, Inc., 1971.
Porteous, J.Douglas. Environment and Behavior. Reading, Mass.: Addison-Wesley, 1977.
Simmonds, John Ormsbee. *Landscape Architecture*. New York: McGraw-Hill, 1961.

제 **3** 편

건축설계

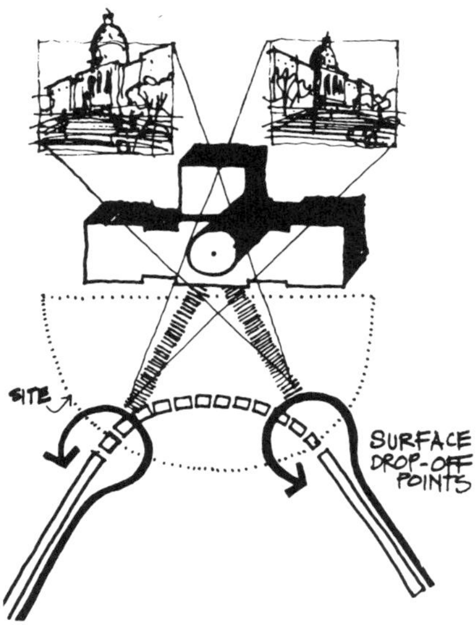

연속적인 조망 : 하차지점에서의 조망

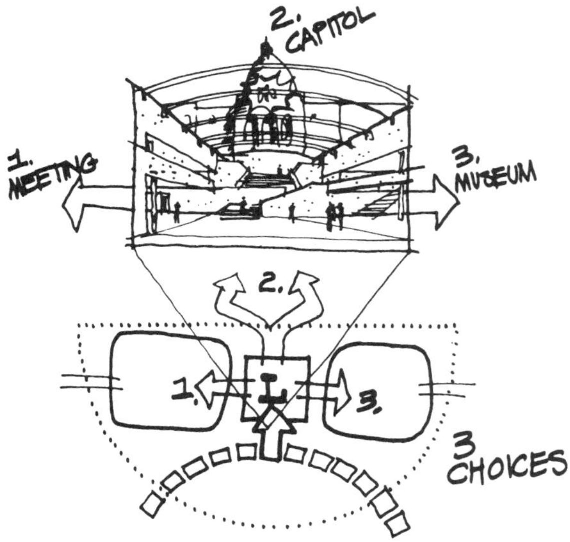

연속적인 조망 : 로비에서의 조망

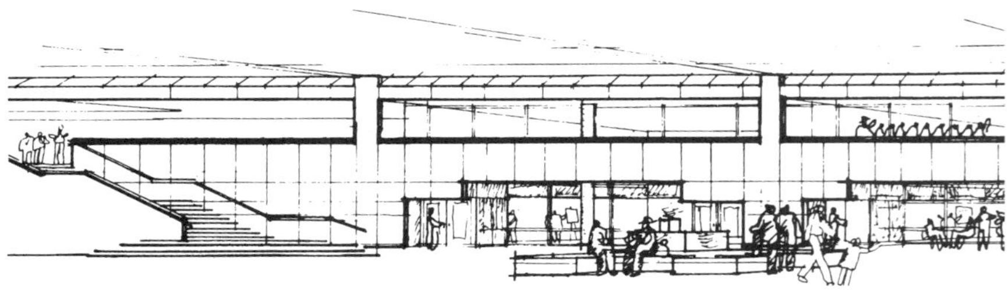

투시적이고 도식적인 디자인 스케치, 미네소타 주의 회 부속건물 현상 설계안, 설계 : Jule-McGinty

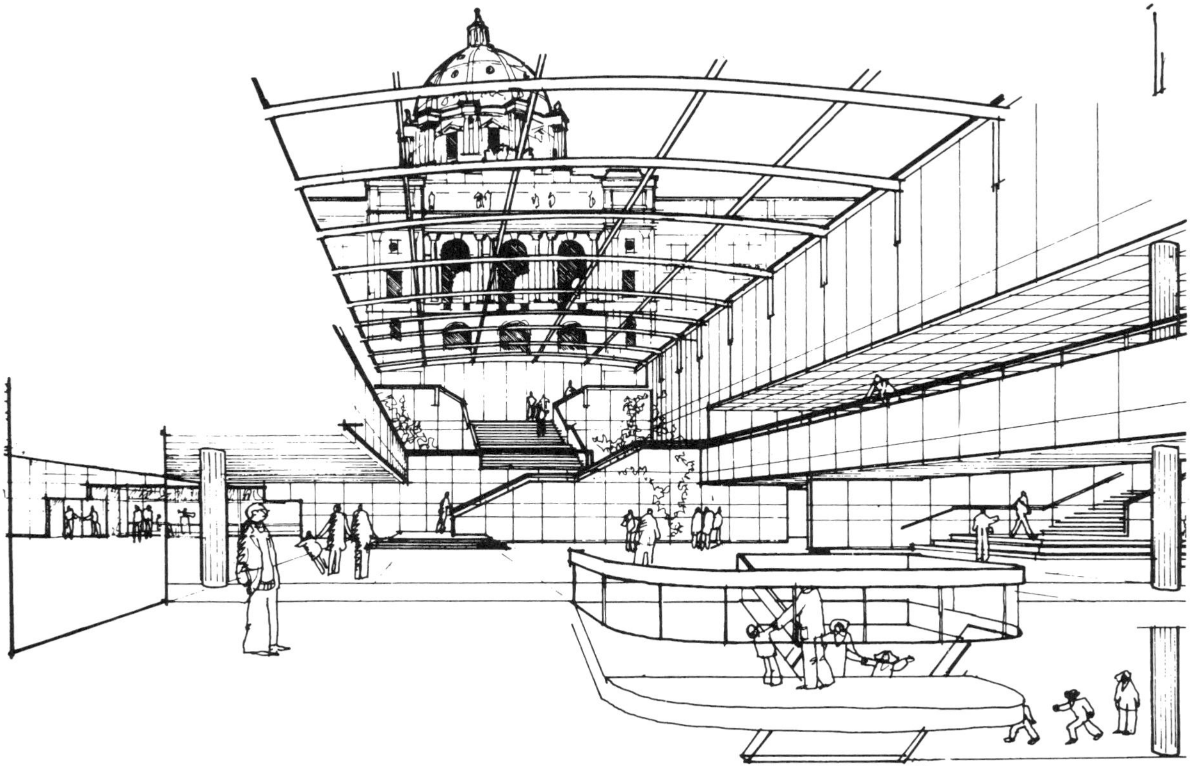

7 장
설계와 설계과정

Tim McGinty
심 우 갑 역

건축설계에 관한 몇 장 중의 첫 번째인 이 장에서는 어느 특정 견해를 옹호함이 없이 설계 및 설계과정에 대한 개략을 제시한다. 미국 건축가협회(AIA)에 의해 제의된 업무수행의 기본 체재를 포함하여 설계 및 설계과정에 관한 다수의 견해를 살펴본다. 끝으로, 적용할 수 있는 기술(skill)들에 관한 짧은 문항이 포함되었다. 이 장은 건축이 광범위한 사회, 환경, 행태, 경제적 배경 안에서 생겨나며 설계 및 설계과정은 그 배경에 부응한다는 것을 충분히 인정하고 제시한다.

■ 설 계

건축의 내용에 있어서의 설계란, 단순히 기존의 것을 좀 더 나은 것으로 바꾸기 위한 제안을 하는 행위이다. 설계는 최초의 상태, 변형의 방법이나 과정, 구상된 미래의 상태 등의 3부 과정으로 볼 수 있다. 이 구성요소들은 문제를 규명하고, 문제해결 방법을 규명하고, 그 해결책을 실천하는 등의 건축설계자의 기능(機能)을 또한 규정한다. 좀 더 실용적인 술어로 말한다면, 이 기능들은 프로그래밍, 건물설계의 대안 창출, 계획의 실천 등이다.[1]

설계교육

디자인은 시각예술로부터 공학, 기업경영, 논리학 연구 등에 이르는 모든 것에 관계가 있는 넓은 기반의 활동이기는 하지만, 한마디로 디자인을 소개할 수 있는 가능성을 찾지 못하는 것이 보통이다. 대부분의 미술학교에는 누구든지 — 화가, 도예가, 조각가 등을 포함하여 — 이수하는 소위 기초 디자인 수업이 있다. 이 기초적 수업은 시각적 체험, 문제해결 체험 등의 일련의 기초적 체험을 소개한다. 어떤 학교에서는 건축가, 조경 건축가, 제품 및 산업 디자이너, 실내장식가들이 미술전공 학생들과 함께 동일한 디자인 프로그램에 참여한다. 그러나 건축가를 위한 디자인 과목은 건축학교 내에서 가르치는 것이 더욱 일반적이다.

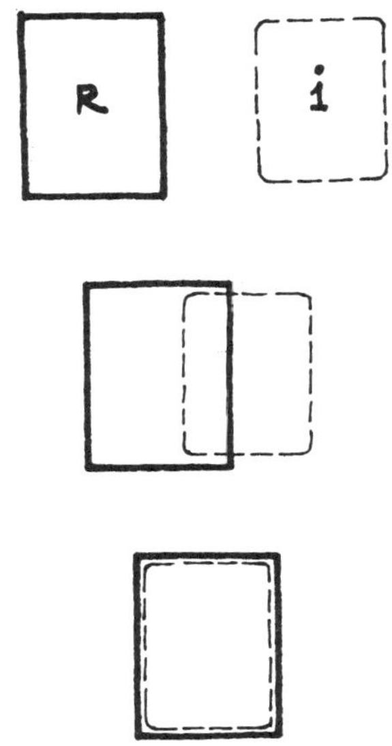

설계과정

종합적 디자인 교육의 본보기는 바우하우스(Bauhaus)라고 하는 2차 세계대전 전의 독일의 학교였다. 바우하우스 교수들은 최초의 워크숍과 모든 예술분야의 시각적 연구 프로그램을 지도하였다. 건축, 회화, 무용, 연극의 학생들이 기초 디자인 체험을 함께 나누었다. 2차대전 중과 그 후에 교수들이 미국으로 이주함으로 인하여 바우하우스의 교수들과 교과과정은 미국에서 큰 영향력을 갖게 되었다. 아이러니컬하게도, 위대한 미국 건축가인 프랭크 로이드 라이트가 미국의 건축교육에 별로 영향을 주지 못한 반면, 유럽에서의 그의 작품의 출판은 바우하우스에서 시작했던 많은 디자이너들에게 큰 영향을 주었다. 그러나 2차 세계대전 후 최근까지의 미국에서의 건축교육의 패턴과 방향은 분명히 바우하우스의 영향을 받아왔다.

바우하우스는, 부분적으로는 프랑스의 보자아르(Beaux-Arts)시스템이 시도한 전통적 건축교육 방식에 대한 반발이었다. 고전양식에 대한 연구로 시작한 보자아르 시스템은 1800년대에 시작되어 1950년대 중반까지 프랑스와 미국에서 주된 건축교육 형식으로서 지속되었다. 보자아르 시스템은 건축설계의 기초로서 이론적 원리를 연구하기보다는 미래 건축의 패턴으로서 역사적 건축물에 대한 연구를 강조하였기 때문에 현저히 달랐다. 보자아르가 역사적으로 입증된 형태의 권위를 보존하고 높이는 일을 다룬 반면, 바우하우스는 설계된 건물의 유형과 시공재료 및 방법을 반영하는 독특한 해결책과 형태에 대한 탐구를 장려하였다. 전형적인 보자아르 학생 작품이 석재로 건축되도록 설계된 반면, 바우하우스의 학생 작품은 콘크리트, 철재, 유리 등으로 건축되도록 설계되었다. 두 학교 모두가 미국의 건축에 영향을 미쳤으나, 바우하우스 1950년대 중반과 1960년대 초기의 건축교육에 더욱 명백히 영향을 미쳤다.

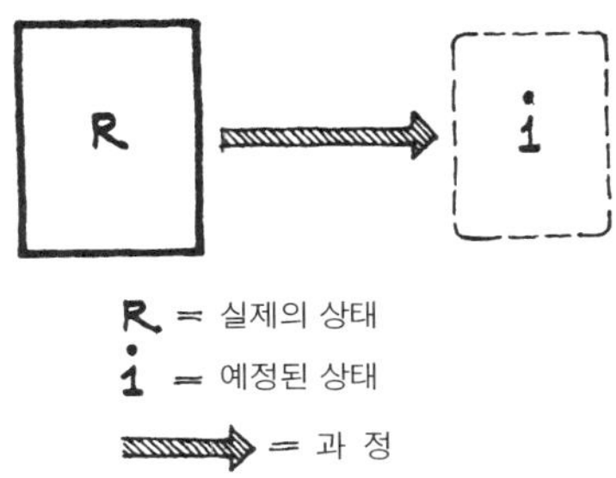

몇 가지 추가된 변화들이 지난 15년간의 교육에 영향을 미쳐 왔다. 첫째로, 미술, 과학 등과 확대된 건축 업무 — 현재는 도시계획 및 도시설계, 기업경영, 시공관리, 마케팅 등을 포함하는 — 에 있어서의 좀 더 광범위한 교육의

필요성에 부응하여 건축의 공학적 측면에의 강조는 줄어들었다. 건축교육은 그 직업 자체와 마찬가지로 좀 더 넓은 기반의 지식과 전문분야를 포함하도록 확대되었다. 모든 건축학도들이 건축 설계자가 되리라고도 더 이상 생각지 않는다. 따라서 구조, 공업기술, 건물설계 등을 건축교육의 유일한 핵심으로서 강조하는 일은 줄어들었다. 분명, 각 학생들이(아마 대다수 일지도 모르지만) 분야들을 전공할 수 있고 또 하고 있지만 더 방범위한 교육을 배제하고 있는 것은 아니다.

근년의 두 번째 주된 변화는 건축교육을 시작하는 기초로서의 인간행태에 대한 연구의 출현이다. 관례적으로 건축가들은 그들의 건물과 인간행태 간의 관계성에 대해 많은 가정을 세워야 했다. 그 가정들을 뒷받침하거나 그에 이의를 제기하는 실제적 정보를 이제는 얻을 수 있다. 이와 같이 심리학, 사회학, 인류학 등에서의 기초과목들과 환경 — 행태 연구의 응용과목들은 이제 대부분의 건축 교과과정에서 필수적 부분이 되었다.

세 번째의, 그러나 덜 보편화된 초기 설계교육의 혁신은 학생의 건축설계와의 첫 접촉으로서 건물설계 과제에 전적으로 몰두하게 하는 방법을 사용하는 일이다. 이것은 건축가들이 다루는 여러 문제들 — 사회적, 시각적, 기술적인 — 을 별개의 개론적인 체험 및 과정으로 분리시키는 대부분의 개론적인 교과과정과는 대조가 된다. 전통적인 교과과정에서는 학생들이 각 원리들을 종합하기 전에 먼저 그것들을 이해할 것을 다짐하려 한다. 전적인 몰두 방법의 목적은 그와는 정반대이다. 학생들은 나중에 각 원리를 배우게 될 교과목에 대비하여 우선 체험을 통해서 과제와 종합적 체험의 기쁨을 음미하도록 교육된다.

끝으로, 이론적 체험으로서의 설계과정에 관한 강의를 포함하는 설계교육을 시작하는 경향이 있다. 이것은 논리학 과목에서나 흔히 시스템 설계라고 불리는 공학에서의 개론적인 문제해결 과목에서 가르치는 것과 같은 창의적인 문제 해결법을 강조하는 것이다. 그 목적은 설계 및 문제해결법에 대한 연구를 건축업무의 지적(知的)활동의 기초로 삼고자 하는 것이다. 이 전략은 경영, 프로그래밍 및 건물 설계와 시공에 직접적인 관련이 없는 다른 문제들까지도 건축가들이 해결할 의무가 있음을 자각한 1960년대의 건축업무에서의 변화에 의해 고무되었다. 그러나 학생이 특정 부지에 단일건물 형을 설계하는데 열중하는 설계실 사례 연구(studio case study)가 아직도 학생의 설계능력을 개발하기 위해 쓰이는 주요 교수 방식이 되고 있다.

설계과정 이론

시스템 설계, 기호논리학, 계획학, 공학 등과 같은 다수의 학문분야가 건축업무에 영향을 끼쳐 왔으나, 설계과정은 1950년대까지는 뚜렷한 연구분야로서 크게 주목을 받지 못했다. 그 후 J.C. 존스의 "설계방법"(1972)이 설계의 질을 개선할 방법의 모색으로서 설계과정에 관한 연구를 규명하였다.[2] 이러한 설계방법 분야에서 그 후의 대부분의 활동은 영국, 스코틀랜드, 호주, 체코슬로바키아, 폴란드, 미국 등에서 이루어졌다. 미국에서의 방법 및 합리적 전략은 크리스토퍼 알렉산더의 노력에 힘입은 바가 크다고 할 수 있다.[3] 그의 "형태의 종합에 관한 소고(小考)"(1964)가 교수와 학생들의 태도에 큰 영향을 주었다. 설계과정에 대한 알렉산더의 견해에서 관건이 되는 단어들은 "원자론(Atomistic)"과 "맞음(Fit)"이다. 우주의 모든 물질이 기본형성 단위(원자)로 구성된 것과 꼭 마찬가지로 건축도 기본 성분들로 구성되어 있다. 건물에 대한 요구조건들은 가장 간단한 구성분자로 원자화시키거나 줄일 수 있 다. 이 작은 구성분자들을 적절히 조합함으로써 해결책을 구축할 수 있다. 문제점들이 극소량의 정보목록으로 줄여질 수 있다는 생각은 설계에서의 프로그래밍 역할에 대한 증대되는 관심과 병행하는 것이었다. 단순히 방들과 그 크기의 목록에 지나지 않았던 프로그램은 기능적 요소 관계성, 성능상의 요구조건 등에 관한 광범위한 설명이 되었다. 이러한 발전은 학교와 건축 실무의 양쪽에 모두 생겨났다.

'맞음' 은 원자화된 부분들을 문제에서 제기된 요구들을 충족시키는 방향으로 적절히 조합하는 것을 설명하는데 사용되는 술어이다. 행위와 환경간의 조화가 맞음이라고 묘사될 수 있다. 서어지 세르마이에프와 함께 저술한 "커뮤니티와 프라이버시(1963)"에서 알렉산더는 "별자리(星座)"라 불리는 요구조건 군들 사이의 조화를 탐색하는 과정을 좀더 설명한다. 그 과정의 목표는 요구조건들과 물리적 해결방안 사이의 조화의 적절한 위계질서를 발전시키는 일이다.[4]

알렉산더와 그의 동료들이 좀더 최근의 저작은 "패턴"이라 불리는 조합에 역시 초점을 두고 있는데, 이것은 대략 분자와 비슷한 것이다. 패턴이란 특정한 활동이나 행동을 지원하는 단일 장치물(setting)에서의 '맞음' 의 집성이다. 이 방향에서의 최근의 연구의 산물은 "패턴 언어"라 불린다.[5] 패턴 언어는 특정건물 유형보다는 다양한 상황에 관련된다는 점에서 일반적이다. 그러나 특정 기능을 위한 공식적 해결책을 제시한다는 점에서는 그것은 또한 특수한 것이다. 패턴언어가 어떤 이에게는 설계자의 창의력을 침해하는 것처럼 보일지도 모르나, 패턴언어는 특수한 기능적 활동 환경에서의 인간의 행패에 대한 유용한 정보를 요약하고 있다. 물론 이것은 전통적인 건축의 기준을 훨씬 넘어서는데, 그 이유는 특수한 권장사항을 주장하는 외에도 보조정보를 도입하기 때문이다.

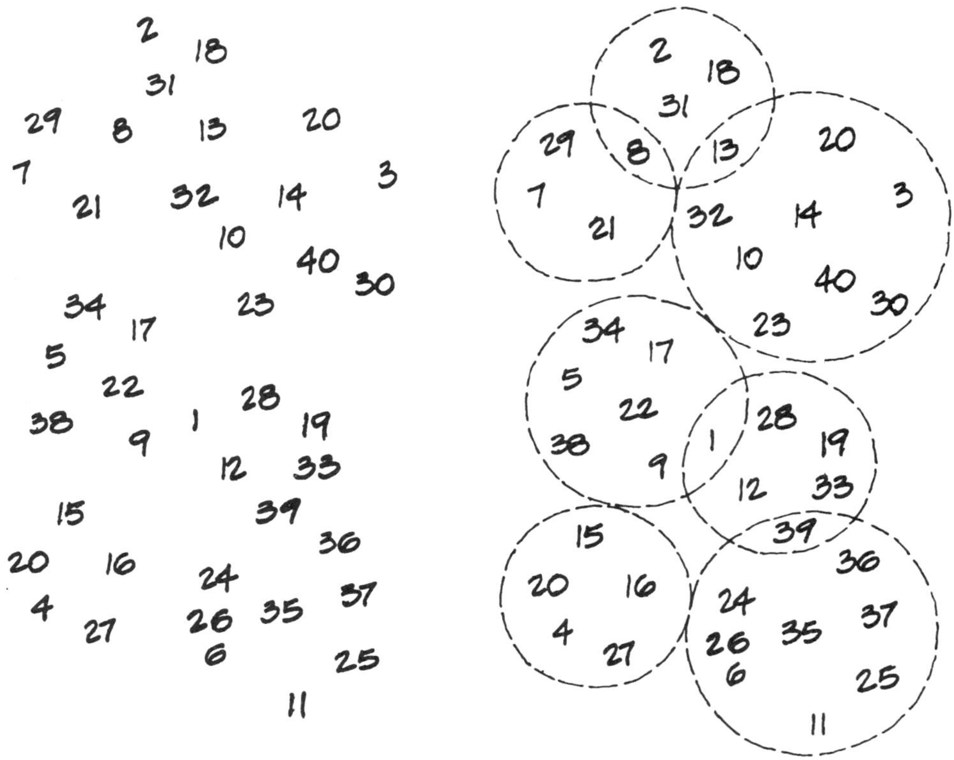

별자리 : 문제의 체계화　　A. **분명한 무질서** : 체계화되지 않은 문제　　B. **별자리** : 체계화된 문제

그 밖의 여러 견해와 가치관들이 지닌 수십 년 간의 건축설계 교육의 초점을 또한 지배해 왔다. 그 첫째가 설계에 대한 형태부여 접근방법이다. 프랭크 로이드 라이트, 르 코르뷔지에, 미스 반 데어 로에 등과 같은 위대한 건축가들은 그들의 창의적인 공헌으로 인하여 찬양받고 있다. 그들의 작품은 개인적 천재성의 산물로 간주되고, 학교의 임무는 그들의 작품에서의 일반적 원리를 가르치는 일과 각 학생들 속에 잠재되어 있을지도 모를 천재성의 씨앗을 가꾸는 일이라고 간주된다. 다음으로 학생들은 이러한 디자인 원리들을 내면화시키고, 자신들의 천재성을 개발하며, 그 결과로서 건축의 형태부여에 기여할 것으로 기대되고 있다.

두 번째의 전통은 "기능적 건축"이라는 용어로서 잘 표현된다. 여기서는 주어진 어느 프로그램에나 하나의 효율적이고 기능적인 형상(形像)이 있다고 가정한다. 디자인 형성은 수요해야 할 활동들과 그 활동들 간의 관계성에 기초를 두고 있다. 성공적인 디자인은 프로그램 및 전후 관계로부터 추론되거나 열거된 이러한 요소들을 효율적으로 배치함으로써 종합한다.

설계교육에 영향을 주는 세 번째의 태도는 "건축의 영역"이라 불린다. 이 태도는 설계의 기능적인 면은 비교적 해결하기 쉬우며, 기능적인 면보다 좀더 어려운 문제들을 중요시해야 한다고 믿고 있다. 설계안이 "건축"이 되도록 하는 특별한 성격이나 속성은 학교마다 다르다. 이러한 전통에서의 두 가지의 전형적인, 그러나 서로 다른 주제는 "상징으로서의 건물"과 "사용자의 만족"이다. 건물은 사용자들을 만족시켜 주는 중요한 인공물로 생각될 수 있는데, 이는 사용자들이 가치 있게 생각하는 어떤 것을 건물이 상징하기 때문이다. 워싱턴의 링컨 메모리얼과 같은 기념물은 그것이 기능을 잘 발휘해서가 아니라, 중요한 공공 가치를 상징하기 때문에 가치 있는 것이다. 그 밖의 건물들도 상징이 될 수 있고, 상징적 의미를 가질 수 있으며 적절한 이미지를 표현하거나, 대중에게 특별한 의미를 전달하도록 하는 방식으로 설계할 수 있다. 마찬가지로, 건물 설계는 사용자의 직접적인 요구를 적절히 충족시켜 주는 형태에 초점을 둘 수 있다. 불행하게도 다수의 건물들이 이 점에서 실패하였으며, 수많은 공공투자 건물들 — 주거에서 교도소에 이르는 — 의 실패는 부분적으로 그 외관의 부적절함과 그 외관이 상징하는 것의 부적절함에서 그 원인을 찾을 수 있고, 또한 그 건물들에 거주하는 사람들의 행태와 필요를 충족시킬 수 있는 능력에서도 찾을 수 있다.

이러한 모든 전통과 설계 태도가 어느 한 건축대학에 존재할 때가 흔히 있는데, 특히 그 대학이 도시계획학, 조경학, 환경디자인, 환경심리학 등에 관계가 있거나 이들 과목을 포함할 경우에 더욱 그러하다. 강조하는 요점이 이와 같이 다양함은 초보단계의 학생에게는 혼란을 줄지도 모르지만 건축의 분야는 너무 넓고 복잡해서 단일 어프로치로는 포용할 수 없다는 것은 분명하다.

설계교육의 마지막 변형으로는 건축 실무의 더 큰 범위의 전후관계 내에서의 설계의 역할에 관한 교수들의 태도가 수반된다. 어떤 대학들은 설계를 건축 실무의 중심적 초점으로 생각하여, 각 학생들은 "첫째로" 설계자가 될 것으로 기대되고 있다. 그리하여 교과과정에서의 다른 과목들은 설계의 보조적인 것이 된다. 어떤 대학들은 설계를 더욱 일반적인 문제 해결의 활동으로 생각하여, 설계 못지않게 구조, 환경 시스템, 도시설계, 경제학, 인간행태학 등의 여러 분야에 동시에 열중하도록 권장한다. 또 다른 부류의 대학들은 설계 및 설계방법을 여러 전문연구분야 중의 하나로만 생각하여 건축사, 평론, 연구방법론 등을 포함하는 그 밖의 학문분야들을 위하여 학생들(특히 대학원 수준의)이 건물설계 과목을 택하지 않은 것을 허용하기도 한다. 건축분야의 방대함을 생각할 때, 선택의 융통성이 있다는 것은 다행한 일이다. 그러나 학생들은 자신이 선택하는 대학의 유형을 알아야 할 것이다.

■ 설계과정

설계과정을 착수상태에서부터 미래의 상상된 상태로까지의 진행이라고 기술하는 것으로는 그 사이에 행해지는 여러 활동들을 충분히 설명할 수 없다. 이러한 활동들은 다음 절에서 먼저 5단계 과정으로서, 다음에는 계약협정으로서, 마지막으로 학생들에 대한 질문 일람표로서 설명될 것이다.

5단계 설계과정

설계과정은 건축대학들에서 개념화되고 가르쳐지고 있는 바와 같이 다수의 연속된 문제해결 단계를 포함한다. 기본적으로 이 단계들은 착수, 준비, 계획안 작성, 평가, 집행 등이다. 여러 가지 출처에 의한 전형적인 변형들은 표7-1에 나타나 있다.

착수 착수는 해결해야 할 문제에 대한 인식과 규명을 포함한다. 건축가들로 하여금 문제점들과 기회들을 규명하도록 기대하는 일이 흔히 있으나, 건축주가 건축가에게 문제를 가져오는 것이 관습으로 되어 있다. 제인 홀츠 케이가 시사하는 바와 같이 "신사는 요청받기를 기다린다"[6] 건축주가 건축가의 사무실에 예고 없이 방문하여, 자기가 그 건축가의 작품들에 감탄하고 있기 때문에 그 건축가에게 일을 맡기기로 선정하였다고 얘기하는 것이 관습적인 관념이다. 그러나 건축주와 건축가 양자 모두가 이것이 일상적인 과정이 아니라는 것을 알고 있다. 프로젝트는 거의 항상 경쟁적인 면담이 있은 후에 맡겨진다. 그 면담은 최저 자격기준을 갖춘 사람 누구에게나 개방되기도 하며, 때로는 미리 선정된 3~4개의 건축사무실에만 건축주가 면담을 제한하기도 한다. 건축가들도 좀 더 솔선하여 장래의 건축주들과 접촉하기 시작하였으며, 다수의 건축가들이 특히 주거와 상업건축 분야에서 개발업자와 업무 제휴를 하고 있다. 제한된 광고 행위가 AIA에 의해 최근 허용되기는 하였지만, 건축가가 일거리를 구하는 방법에는 아직도 많은 제약이 있다. 그렇지만 문제 규명의 초기 단계에 건축가가 관련되는 일은 자주 있다. 착수 단계의 또 다른 국면은 상상과 열망의 역할을 수반한다. 즉 건축가는 건조환경(建造環境, built environment)의 질적인 면에서 사회의 열망을 높이려고 시도한다. 그들은 일반적인 문제점들을 규명하고, 대중을 교육시키고 대안적인 해결책을 제시한다. 그들은 자신들의 전문지식 분야에서 건축주의 열망을 자극하는 결정적 상상력을 공급한다. "훌륭한 건축주는 훌륭한 건물을 만든다"는 사실을 많은 건축가들이 반영해 왔다.

준비 설계과정의 두 번째 단계인 준비는 해결되어야 할 문제에 관한 정보의 수집과 분석을 포함한다. 넓은 의미에서, 전문교육은 그 자체가 설계업무를 수행하기 위한 준비이다. 직업적 건축가들은 끊임없이 업무 수행을 위한 준비를 하고 있다. — 비공식적으로는 계속되는 각 위임 업무에서 배움으로써 공식적으로는 계속 교육받음으로써, 좀더 구체적으로 말하면, 준비는 특정 프로젝트에 관한 정보의 조직적 수집 및 분석을 수반한다. 이 활동이 "프로그래밍"이라고 불린다. 그 산물이 미국에서는 건물 프로그램이며, 영국과 유럽에서는 브리프(brief)이다. 프로그램은 일반적으로 어느 프로젝트의 필요사항들을 요약하는 문서화된 보고서를 포함하며, 또한 해결되어야 할 중요한 문제들을 규명하는 광범위한 분석을 포함할 수도 있다.

다른 준비 활동들은 기본지도, 대지 및 지역의 자료(자연적 · 인위적 환경, 교통, 공공설비 등에 관한), 법적 제약과 경제성에 관한 정보, 재정적 자료 등의 수집을 포함한다. 준비단계의 또 다른 산물은 원하는 건축적 해결책의 특성을 기술하는 기준 목록(list of criteria)이다. 해결책들은 프로젝트가 제안단계와 평가단계를 거치는 동안 이러한 기준에 비추어 판단된다.

어떤 준비활동들은 설계과정의 다른 단계들에 통합되기도 한다. 설계자는 설계의 여러 단계에서 일정한 유형의 정보가 필요하다는 것을 알게 되기도 한다. 예를 들면, 한 병원 설계를 위한 기준은 그러한 프로젝트에 요구되는 18개월, 혹은 그 이상의 설계기간 동안의 기술적 변혁으로 인하여 바뀌어질 수도 있다. 이와 같이 정보수집과 평가는 모두 설계의 첫째 단계인 동시에 설계의 전 과정을 통해서 계속되는 것이기도 하다.

기본 설계 박식한 건축가는 아이디어를 창출해내고 건물에 대한 제안을 작성할 준비를 갖추고 있다. 타당한 아이디어는 건축주와의 첫 번째 회합에서부터 마지막 회합 때까지 설계과정상의 어느 때에도 발생할 수 있다. 현대의 건물과 그 대지의 복잡성은 최초의 직관적인 혹은 단순하게 생각한 해결책을 매우 의심스럽게 만든다. 선입관에 의한 해결책은 초보의 학생이나 경험 많은 개업 건축가에게도 똑같이 좋지 않는 경향을 나타내고 있다. 건축주나 학생이나 건축가가 건물 외관이 어떻게 생겨야 한다고 제안한

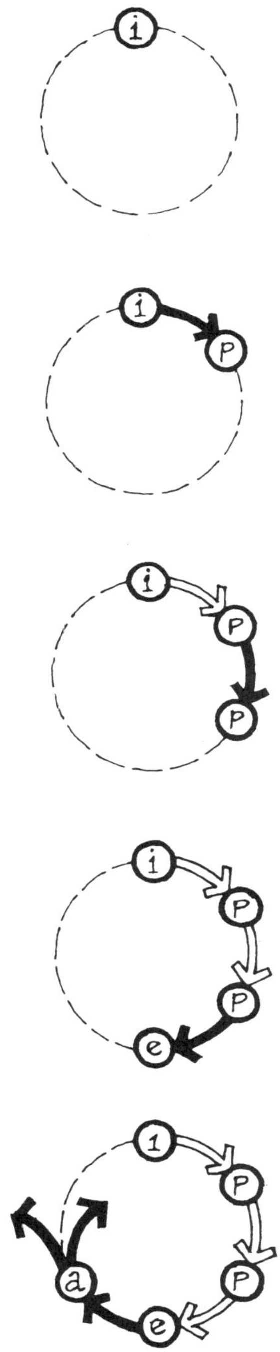

5단계 설계과정 – 착수(initation), 준비(preparation), 제안 작성(proposal making), 평가(evaliuation), 집행(action).

표 7-1

설계과정에 관한 여러 견해

5단계 설계과정	R. 휫테이커의 8단계 설계과정	H. 리틀의 설계과정의 요약	J.C. 존슨의 설계방법	AIA의 기본적 보충적 업무	구엔터와 코킬건축설계에서의 조직적 접근
착 수/ 불균형	인 식 정 의	문제의 규명	아이디어		기본적 정의 예비 프로그램
준 비	준 비 분 석	정보수집 정보분석	정보 분석	설계이전의 업무	조사, 분석 프로그램 추상
계획안 작성	종 합	창조적도약 해결책마련	종 합	계획설계 기본설계	종합과 발전 볼륨설계 제안
평 가	평 가	해결책의 시험	평 가		재평가 및 수정
집 행	실 행 재평가	전달 및 이행	최적화	설계도서 입 찰 시공관리 설계후 업무	

Richard Whitaker, "Eight-Step Design Process"(unpublished), Department of Architecture, University of Wisconsin-Milwaukee, 1971).
H.Rittle, "Summary of Standard Descriptions of the Design Process" (unpublished student handout Department of Architecture, The University of California-Berkeley, 1970)
J.C.Jones, Design Methods (London: John Wiley and Sons, 1972), p.50.
The American Institute of Architects, The Architects Handbook of Professional Practice(Washington,D.C.: The American Institute of Architects, annual).
P.A.Corkill and Robert F.Guenter, "Systematic Approach to Design" (unpublished, Department of Architecture, University of Nebraska-Lincoln, 1970).

다음, 요구되는 활동들을 그 이미지에 끼어 맞추려고 하는 일이 너무나도 흔히 있다.

제안 작성이 시작되기 이전에 꼭 얼마만큼의 준비가 적절한 것인가에 대해서는 교수들과 개업 건축가들 사이에 상당한 논란이 있다. 디자인의 질은 직관적 의사결정이 지연되는 시간에 비례한다고 주장하는 디자이너들이 있는 반면에, 프로그램과 계획을 병행해서 발전시키는 것이 요구조건과 설계 해결책의 적절한 상관관계를 보장한다고 주장하는 사람들도 있다. 건축대학의 많은 교수들은 준비단계는 비교적 간단하면서도 시간소비가 많다고 생각하여, 설계실에서의 준비 활동에 시간을 적게 할당하는 반면, 아

학생설계과정:쏜리 #1	학생설계과정; 쏜리 #2	G.T무어의 디자인 과정	M. 애쉬모우, 엔지니어링 설계과정	RIBA건축업무
	프로그램 형식화	문제규명		착 수
자료의 축적	조 사 실제가능성의 평가	사용자 요구의 분석 프로그래밍	실행가능성	실형가능성
일반적 개념이나 형태의 분리 형태의 발전	창 작 다듬기와 표현	설계종합	계획설계 상세설계 계 획	개요제안 계획설계 상세설계
		대안들로 부터의 선택		
해결책의 표현		시 행 입주후의 평가		생산정보 수량계산 감독행위 공사계획 현장작업 완료 피드백

D.G.Thornley, "Design Method in Architectural Education," in J.C.Jones and D.G.Thornley, eds., Conference on Design Methods (New York: Macmillan, 1963), p. 48.
G.T.Moore, "The Design Process" (unpublished, Department of Architecture, University of Wisconsin–Milwaukee, 1974).
M.Asimow, "Engneering Design Process," in J.C.Jones, Design Methods(London: John Wiley and Sons, 1972), p. 24.
Royal Institute of British Architects, Architectural Services, in J.C.Jones, Design Methods(London: John Wiley and Sons, 1970), p. 24.

이디어 창출은 좀 더 어렵다고 생각하기 때문에 더 많은 시간을 할당하고 있다. 어떤 교수들은 설계의 핵심은 올바른 문제점을 발견하는 것이라고 주장하며 앞의 경우와는 반대로 하기도 한다. 대학 내에 존재하는 이러한 관심상의 차이는 디자인을 공부하는 학생들 사이에 상당한 혼란을 야기시키고 있다.

설계안을 작성하는 실제 과정을 흔히 "종합"이라고 부른다. 즉 설계안은 배경(사회적, 경제적, 물리적), 프로그램, 대지, 건축주, 현재의 과학 기술, 미학, 디자이너의 가치관 등으로부터 여러 가지 고려사항을 종합해야 한다는 것이다. 계획안은 수많은 문제점들을 종합한 것의 물리적 표현임이 요망된다. 디자이너는 해결책에 대한 정보의 영향을 기록하기 위해, 또한 갖가지 물리적 배치와 형태의 가능성을 찾기 위해 밑그림으로서 최초의 도면을 작성할 때가 자주 있다. 도면과 주기(註記)는 함께 해결책에 수렴하는 계속적인 탐구와 반복을 위한 도구가 된다. 이 도면들을 자세히 보면 설계자의 최초 가정으로부터 제안된 해결책에 이르는 과정을 알 수 있다. 연구되고 있는 설계안은 여러 단계에서 건축주에게 제시되어 승인을 받거나 프로그램 의도를 수정할 수 있다.

전형적으로, 디자인 공부를 시작하는 학생은 경험 많은 건축가가 능숙히 다루어야 할 광범위한 문제들을 잔재주를 부려 해결하도록 요망되지는 않는다. 정규 교육과 실무에서의 시간 구성은 다르다. 학생들이 4년 내지 6년 사이의 기간 중에 수많은 설계 문제들에 익숙해져야 하는 한편, 하나의 큰 프로젝트가 수년 동안 건축설계 사무실에서 다루어질 수도 있다. 설계담당 교수들은 일반적인 디자인에 긴요하거나 여러 국면에서의 학생들의 교육적 필요성에 긴요한 특별한 문제들에 주의를 집중시킴으로써 이러한 갈등을 해결한다.

평가 건축설계에서의 평가는 여러 규모로 행해지며 많은 참여자를 수반한다. 설계안은 전형적으로 건축주, 특정 검토기관(건물 검사관, 조닝과 대지분할 담당국, 혹은 금융기관), 건물 사용자들에 의해, 또한 발간되는 신문, 잡지, 학술지 등에서 검토되는 것이지만, 여기서의 논의는 대안적 계획안들에 대해서 설계자가 하는 평가에 초점을 둔다. 그밖에 건물은 완성되어 얼마간 사용된 후에 평가되는 일도 가끔 있다. 이 경우에는, 원래의 프로그램과 설계는 모두 실제로 판명된 성능면에서 평가될 수 있다. 그러나 건축가에 의한 계획안의 평가는 제안된 설계의 해결책을 프로그램 단계에서 전개된 목표와 기준에 비교하는 일을 수반한다. 우리는 준비 — 설계 — 평가의 순환과정을 목표와 설계기준의 확립, 가능한 설계안의 창출, 프로그램 기준에 의한 제안된 해결방안의 판단 등으로 구성되는 3부분의 과정으로 생각할 수 있다. 더 나아가서, 계획안 혹은 설계안은 프로그램에 기술되어 있지는 않지만 건축업무에서 일반적으로 용납되는 묵계적 기준에 의해 평가될 수도 있다. 그러나 가장 중요한 것은 자신의 설계안을 수많은 설계상의 문제에 비추어, 그리고 적합하고 성공적인 계획안에 수렴시키는 반복적인 방법으로 평가하는 설계자의 능력이다.

집행 설계과정의 집행단계는 설계도서를 작성하고 건축주와 시공자 사이의 중간 역할을 하는 것과 같은 프로젝트의 준비와 이행에 관련된 활동들을 포함한다. 설계도서는 실시 도면과 건물 시방서를 포함한다.

순환, 피드백, 반복 설계자들이 5단계 설계과정 내에서 각각 자신의 업무수행 방식을 개발하고 있지만, 몇 가지 절차는 전형적인 것으로 보인다. 첫째, 그 과정은 순환적이다. 즉 설계자는 예비 계획안이나 제한된 계획안의 범위를 구상해 내기 위해 프로젝트가 시작되자마자 전 과정을 일단 신속히 거치기도 한다. 다음 차례에 이것은 적절한 정보의 필요성이나 건축주의 반응을 규명하는 일과 같은, 프로그램 활동에 주력하는데 도움이 될 수 있다. "피드백"이란 말도 역시 설계과정의 순환적 성격을 묘사한다. 새로운 정보는 설계안이 진척됨에 따라 설계자로 하여금 기존 정보를 재고하게 한다. 둘째, 그 과정은 반복적이다. 설계자는 순환과정을 여러 번 거친다. 각 순환과정은 더 많은 문제점을 통합시키며, 그 통합체는 더욱 복잡해진다. 연속적인 반복은 만족스러운 해결책에 더욱 가깝게 한다. 마지막으로, 그 과정은 매우 도해적(圖解的)이다. 전형적으로 학생들과 건축가들은 값싼 트레이싱 페이퍼를 오버 레이로 사용하여 기초 도면이나 앞서의 반복 과정에서의 특색을 옮겨 그리며 탐구를 계속한다. 중간의 도면들은 버려지지 않는다. 그것들은 설계에 대한 중요한 증빙 자료를 이룬다.

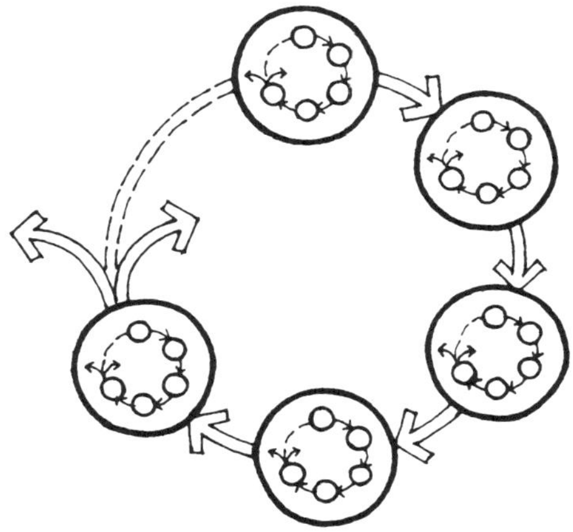

설계과정 : 순환적

■ 표준적 실무에서의 설계과정

기본적인 건축 업무

미국 건축가협회(AIA)는 미국에서의 개업 건축가들로 구성된 주요한 전문가 단체이다. AIA는 여러 종류의 계약을 위한 표준 서식을 포함한 갖가지 서비스를 회원들에게 제공해 준다. 그 서식들 중의 하나에 건축가가 건축주에게 이행해야 할 기본업무가 기술되어 있다. 협상을 통해 여러 항목들이 표준계약서에서 삭제되거나 첨가될 수도 있으나, 건축주들이 전형적인 업무로서 기대해야 할 것이라고 전문직의 입장에서 생각하는 것에 대한 기초적 서술은 설계 과정을 고찰함에 유용한 참고가 된다.

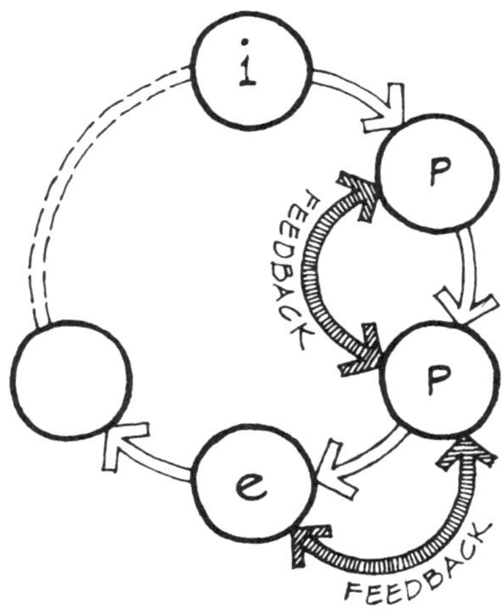

설계과정 : 피드백

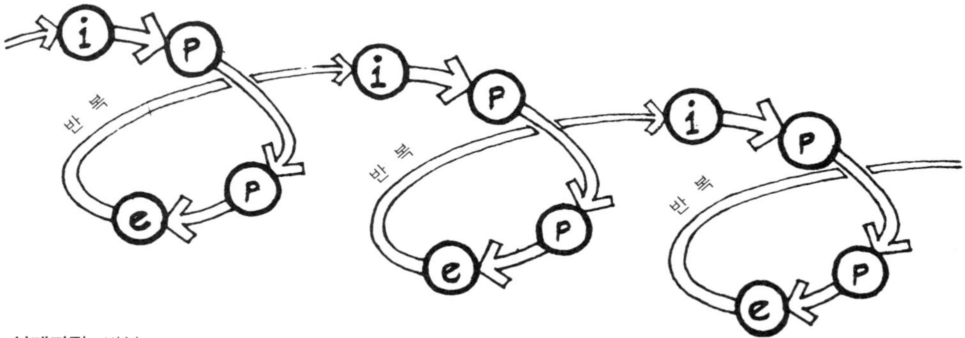

설계과정 : 반복

건축업계에서는 건축가의 기본업무는 연속적인 5단계로 나누어질 수 있을 것이라고 제의한다. 계획설계, 기본설계, 실시설계 도서의 준비, 입찰 또는 계약협상, 시공계약의 관리 등이 그것이다. 건축가는 추가업무를 수행할 수 있으며, 건축가 스스로의 건축가 상(像)의 주요 변화는, 이 장에서 더 자세히 열거될 설계전 업무, 설계후 업무, 보충 업무 등의 여러 면에 반영된다.

다섯 단계를 통한 진행은 건축주에 의한 각 단계의 승인에 달려 있다. 이것은 건축주와 건축가 모두를 보호해 주는데, 이는 이 시점까지의 결과에 모두 동의하기 전에는 일이 진척되지 않기 때문이다. 예를 들면, 실시설계도서 작성단계에서의 건물 프로그램의 변경은 계획설계 발전단계에서의 상당량의 재작업을 요구하게 될지도 모른다. 건축가는 그 변경이 앞 단계에서 승인된 내용으로부터 상당히 빗나갈 경우에는 추가 보수(報酬)를 요구할 수 있다. 이와 같이, 건축업무는 설계과정으로서 뿐만 아니라 법적 계약요소로서의 구실을 하도록 짜여져 있다.

계획설계 계획설계의 목적은 기본 프로그램의 요구조건들을 충족시키는데 요하는 규모, 대지상의 배치, 추산금액 등과 같은 건물설계의 일반적 특질을 정립하기 위한 것이다. 가끔, 계획설계는 건축주에게 대안으로서 제시되기도 하는데, 이것에는 각 공간의 크기와 구성, 동선계획, 배치계획뿐 아니라 건물의 일반적 이미지가 포함된다. 이 일의 목적은 주요 문제점들을 규명하고 뒤이은 단계에서의 기초 역할을 하는 최초의 의사결정을 내리는 데 있다. 건축가가 건축주의 포부를 높여주거나 그의 상상력을 사로잡는 시기가 바로 이때이다. 이것은 또한 건축가가 건물의 개념을 밝히는 단계이기

계획설계 : Eero Saarinen 설계의 밀워키군 전쟁기념관에 부설한 밀워키 미술센터.
설계자 : Kahler, Slater, Fitzhugh Scott, 프로젝트 디자이너 ; David Kahler.

계획설계 : 단면 및 투시도 스케치

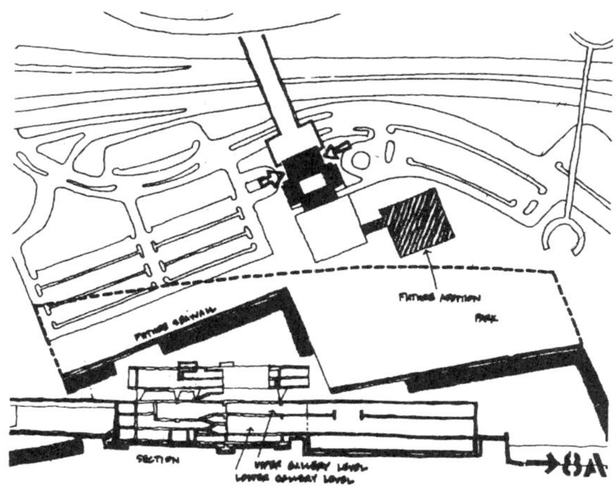

계획설계 : 평면의 연구

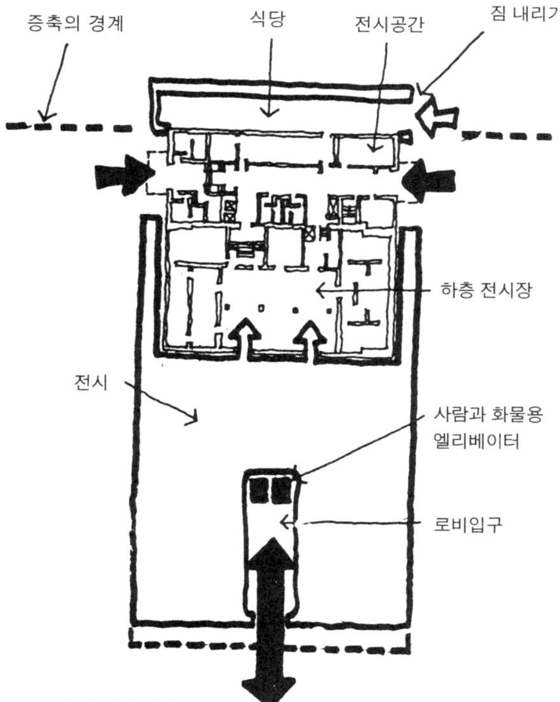

하층 전시장 레벨

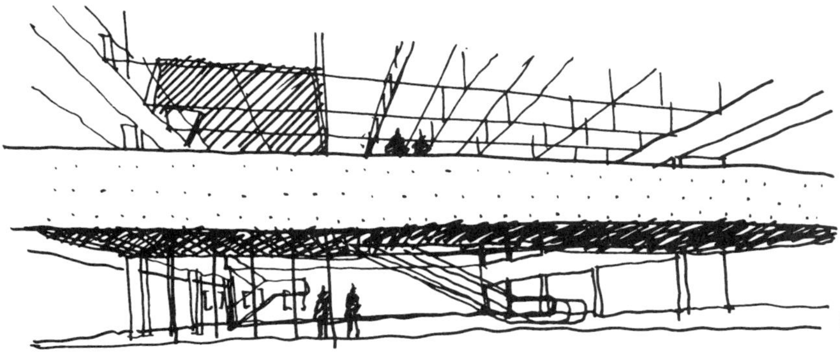

계획설계 : 실내 스케치

계획설계 : 출입구 광장의 스케치

계획설계 : 광장 대안의 모델

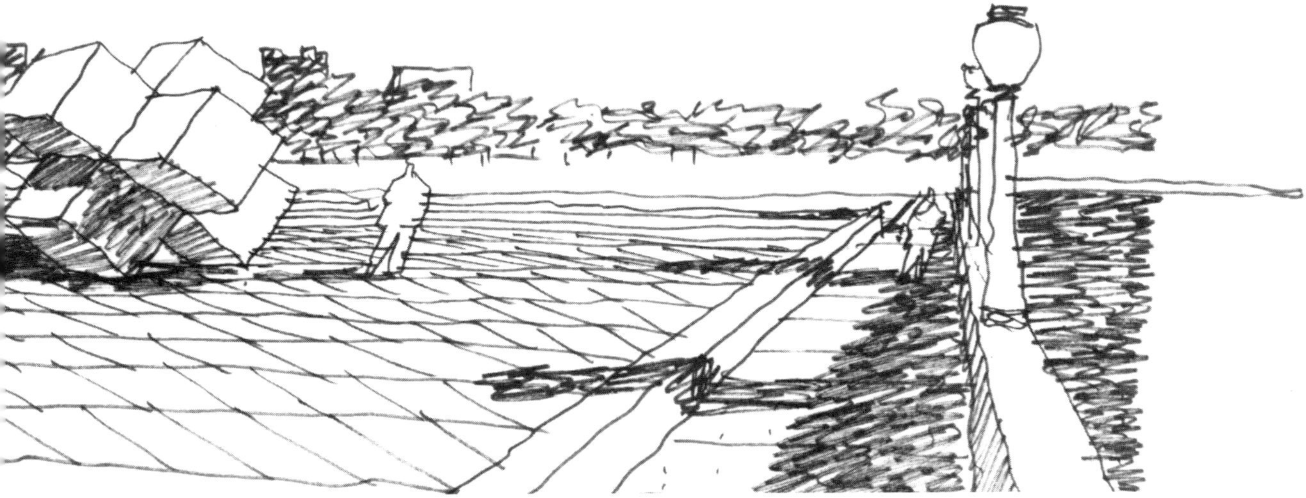

도 하다. 계획설계는 건축주의 유형과, 건축주와 건축가 간의 업무상의 관계에 따라 일련의 약식 스케치나 간단한 보고서나 정교하고 인상적인 시각적 표현 등으로 나타낼 수 있다.

기본설계 건축가는 계획설계의 승인을 받은 후에 다음의 설계작업을 시작한다. 기본설계 단계의 목적은 전체 프로젝트의 특수성과 의도를 표현하는 일이다. 작성되는 도서는 주요 재료를 설명하는 기록과 함께 배치도, 평면도, 입면도, 단면도 등을 포함한다. 도면과 기록은 건물을 기계설비, 전기설비상의 요구를 나타내거나 요약해 주며 추정 건축비에 대한 정밀한 설명서를 포함한다.[9]

프로젝트의 구체적인 범위와 특성을 결정함에 있어 일련의 토의와 의사결정에 건축주가 자주 참여한다. 거기에는 추정 건축비, 외관, 품질, 성능 등이 다루어진다. 대안이 규명되며 기본적인 구조, 기계설비, 기타 기술적인 요소 등에 관한 결정이 내려져야 하는데, 그 이유는 특히 이러한 결정 사항들이 건물의 실내 비품, 융통성, 최종 건축비 등

기본설계 : 밀워키 미술센터
설계 : kahler, Slater, F.Scott.

기본설계 : 실내 뜰의 대안

기본설계 : 전시공간의 연구

기본설계 : 대안적 구조 시스템

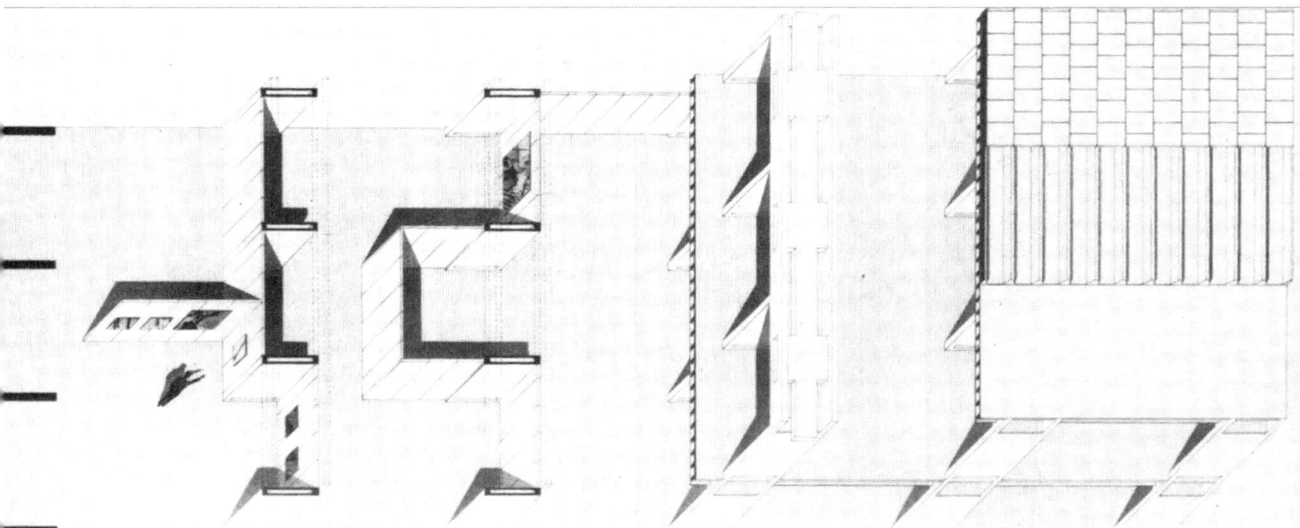

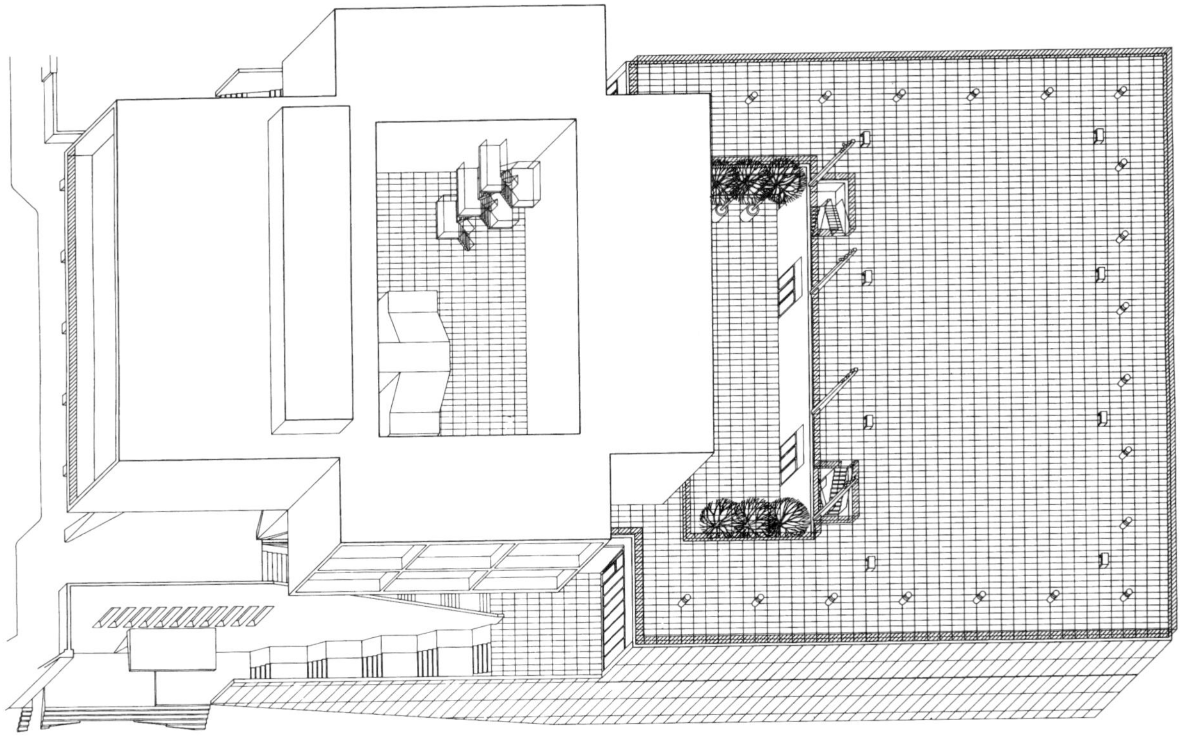

최종 설계안 표현 : 지붕 평면도

에 미치는 영향 때문이다. 건축가가 전문가로서 그 대부분의 결정을 내려주기를 원하는 건축주들이 있는 반면, 자신이 꼭 참여하기를 주장하는 건축주들도 있다.

건축가들은 이러한 기본설계 단계를 설계과정의 핵심으로 생각한다. 이것은 기술정보의 종합을 필요로 하며, 특히 복잡한 프로젝트에서는 많은 인원의 작업을 필요로 한다. 나머지 단계가 효율적으로 진척되기 위해서는 원활한 상호작용의 확립과 정보 및 인원의 조정이 요구된다. 이 단계에서 작성되는 큰 축척의 도면은 선택 가능성의 연구와 시공재료 및 방법의 상세에 필요하다. 이 단계에서 행해지는 추정 공사비의 견적

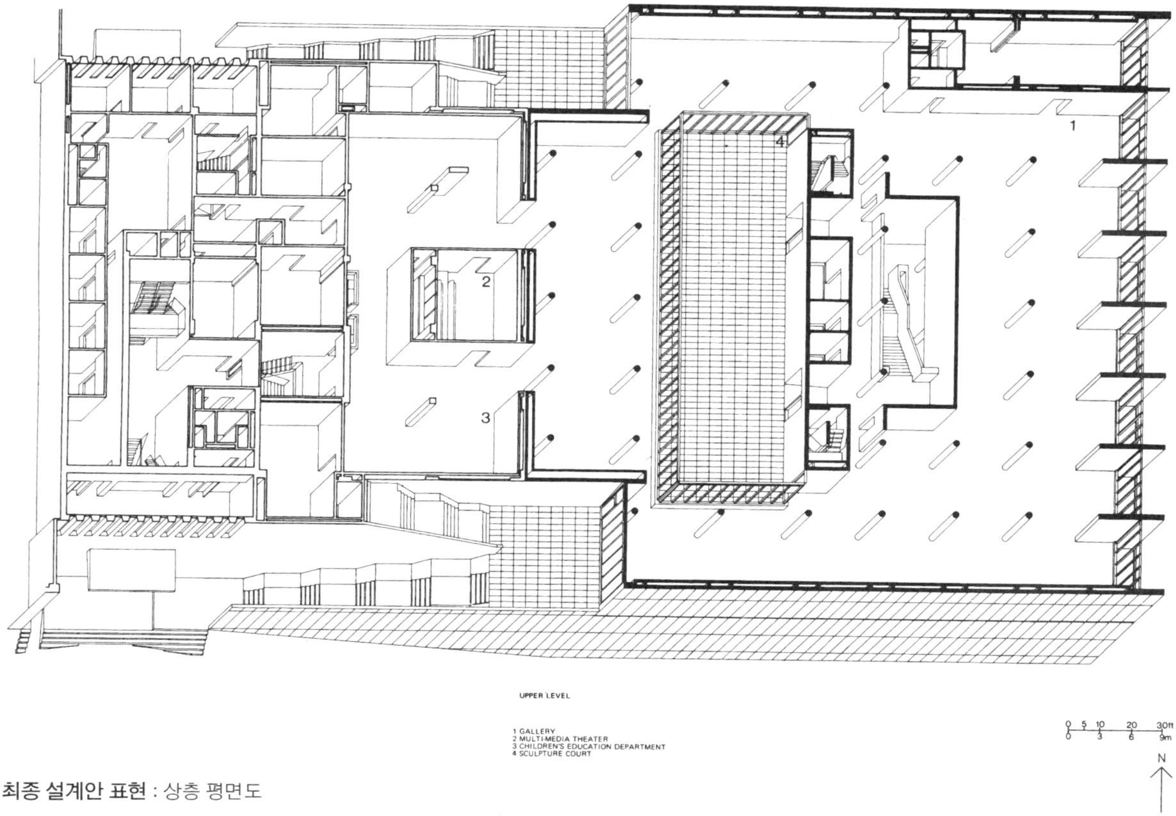

최종 설계안 표현 : 상층 평면도

은 정확할 수 있으며 정해진 재료와 시방서의 사용에 의존할 수 있다. 이 단계에서 작업된 것을 건축주에게 제시하는 도면들은 결정되어야 할 여러 상세한 사항들에 맞추어지는 것이 보통이다.

실시설계도서 "실시설계도서"란 말은, 건물 시공은 "실시설계도"라고 하는 도면들과 "시방서"라고 하는 기록된 요구사항들의 결합에 근거를 두고 있다는 사실을 반영한다. 일반적으로 도면은 위치와 수량을 나타내며, 시방서는 질과 권장된 절차를 밝혀둔다. 변화된 형식도 가능하며, 어떤 설계사무실에서는 표준상세도를 시방서에 실리기

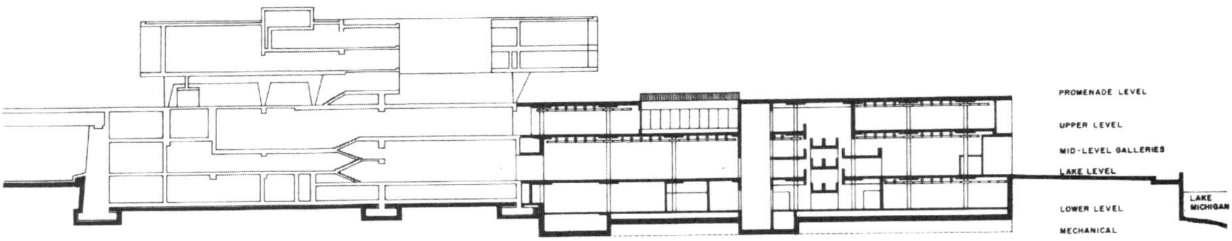

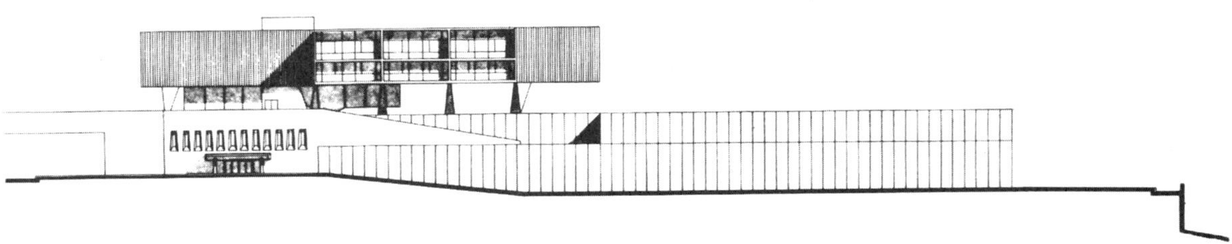

최종 설계안 표현 : 단면도와 입면도

최종 설계안 표현 : 모형

도 한다. 작은 프로젝트(주택과 같은)에서는 시방서가 도면에 실릴 수도 있다. 실시설계도서의 목적은 청부업자가 응찰하고 시공하기 위해 알아야 할 정보를 명확하고 간결하게 보여주는데 있다. 추가사항(원 도면의 변경을 위한 지시사항)과, 자재 제조업자에 의해 그려지는 시공도와 같은 그 밖의 보충도면들이 있기는 하지만, 그 프로젝트는 한 벌의 실시설계도서로써 시공이 가능해야 한다. 더 명확히 말하자면, 실시설계도는 무엇이 포함되며, 사물이 어디에 위치하며, 실제 치수는 어떠한가 등을 나타내는 한편, 시방서는 재료가 어떤 것이며, 그 재료의 기대되는 기능이 무엇이며, 그것은 어디에서 구할 수 있는가를 알게 한다.[10]

입찰, 또는 계약협상 건축주의 승인을 얻은 후, 입찰이나 계약협상을 위해 실시설계도서가 배포된다. 여러 명의 도급업자가 응찰할 수 있으며 혹은 건축주가 한 명의 도급업자와 협상하기를 원할 수도 있다. 건축가는 보조자의 역할을 맡는다. 시공계약은 건축가와 도급업자 사이가 아니라 도급업자와 건축주 사이에 이루어지는 것이다.

시공계약의 관리 기본업무의 이 마지막 단계는 근년에 많은 변화를 겪었다. 관례적으로 시공의 모든 면을 감독하고, 건물이 도면과 시방서대로 시공되는 것을 확인할 책임이 건축가에게 있었다. 이 관계의 문제점이나 실패는 건축가의 책임이었다. 이 기준이 변경되어 현재에는 설계도서에 따라 건축할 책임이 도급업자에게 있게 되었다. 건축가는 건축주의 대리인으로서 행동하며 건축주와 건축업자 사이의 문서를 해석하고 관리한다. 또한 건축가는 설계도서를 해석해야 하며, 그날그날의 필수적인 결정들을 내리고 어느 건축공사에도 요구되는 수정을 가하는 작업을 해야 한다. 건축주와 도급업자간의 의견 차이를 조정하는데 있어서 건축가는 어느 한쪽만 두둔하지 않는다. 오히려 건축가는 건축주에게 알맞은 건물을 위해 옹호한다. 이 단계에서의 활동과 책임에 관한 계약 문구가 명시되어 있다. 즉 "건축가는 건축주와 도급업자 간의 계약의 관리에 대한 책임을 진다."[11] 더 나아가서 그것은 건축가가 변경에 대해 해석하고, 표준을 세우고 성능을 판단할 것을 요구하고 있다.

추가업무

건축가는 앞에서 기술한 기본업무에 추가하여 많은 업무를 수행한다. 어느 프로젝트에서나 이러한 업무가 다량의 물자의 개입을 초래할 때에는 그 업무는 추가 계약으로 다루어진다. 다수의 이러한 업무가 기본적인 것으로 생각되지 않고 있으나 이것들은 현대 건물설계의 요구조건과 더불어 건축가의 기술(skill)의 폭을 반영하고 있다. AIA는 그러한 업무에 다음과 같은 것들이 포함될 것을 제의하고 있다.

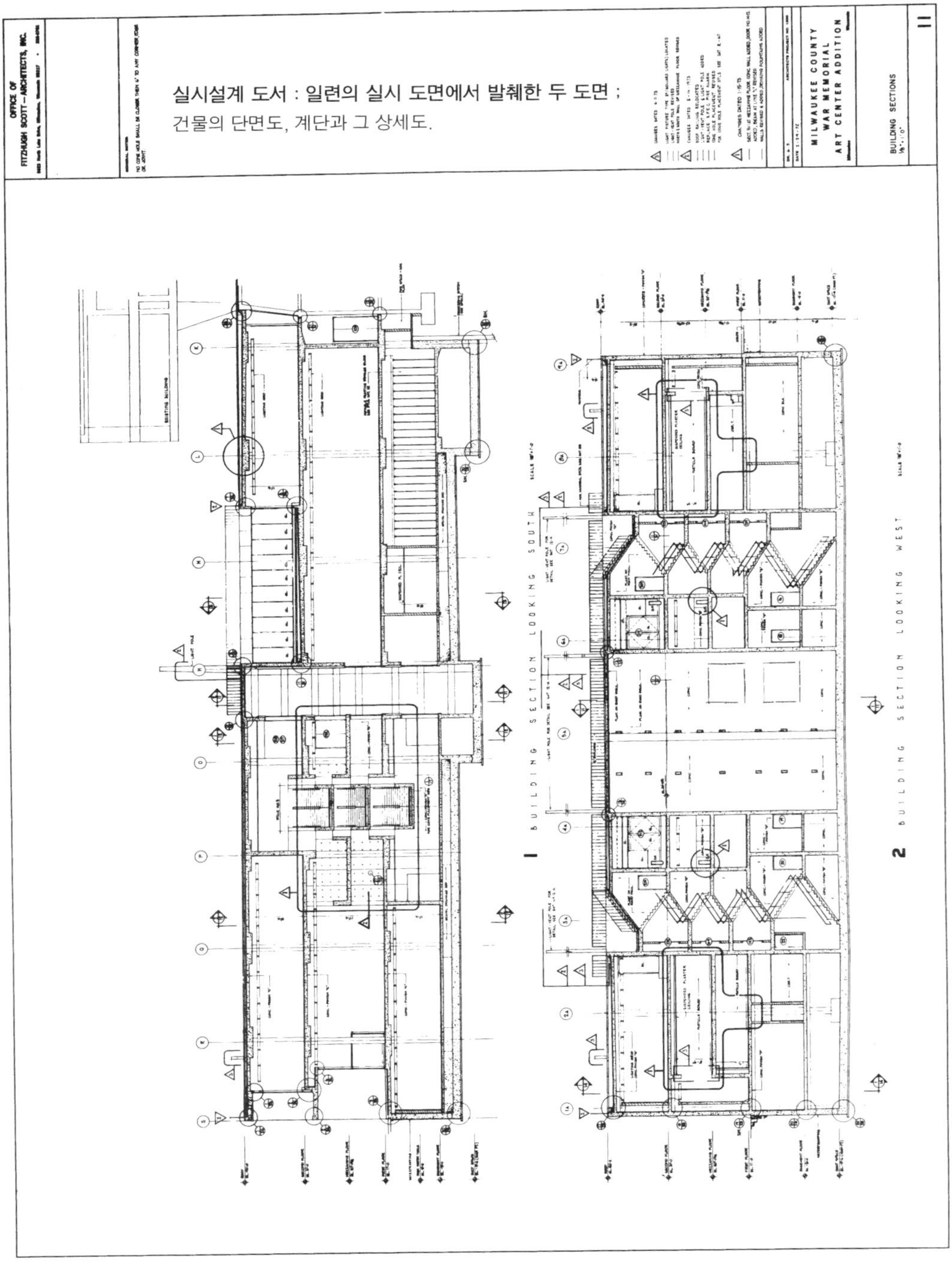

실시설계 도서 : 일련의 실시 도면에서 발췌한 두 도면 ;
건물의 단면도, 계단과 그 상세도.

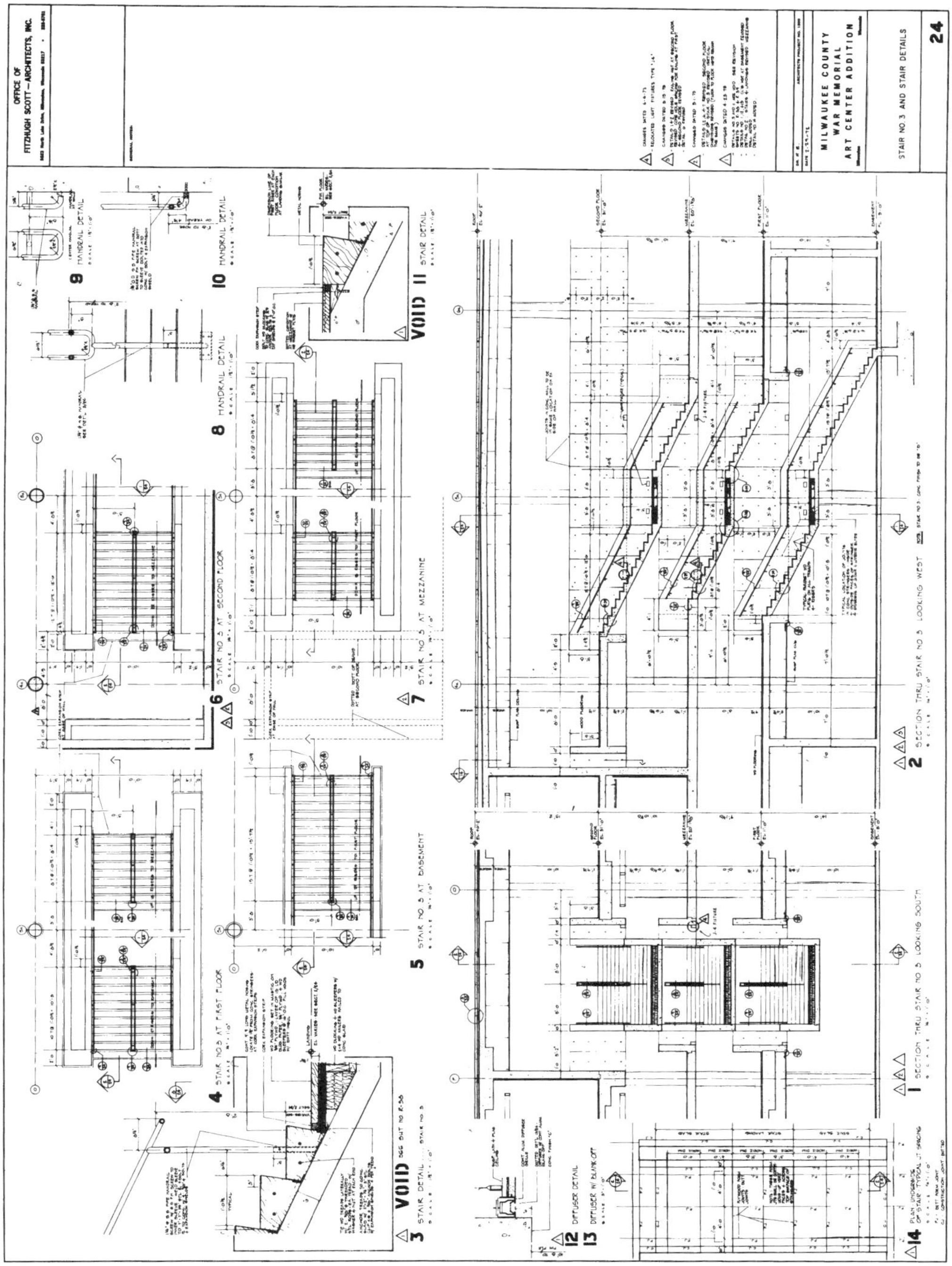
OFFICE OF
FITZHUGH SCOTT—ARCHITECTS, INC.
MILWAUKEE COUNTY
WAR MEMORIAL
ART CENTER ADDITION
STAIR NO 3 AND STAIR DETAILS
24
1 SECTION THRU STAIR NO 3 LOOKING SOUTH
2 SECTION THRU STAIR NO 3 LOOKING WEST
3 STAIR DETAIL
4 STAIR NO 3 AT FIRST FLOOR
5 STAIR NO 3 AT BASEMENT
6 STAIR NO 3 AT SECOND FLOOR
7 STAIR NO 3 AT MEZZANINE
8 HANDRAIL DETAIL
9 HANDRAIL DETAIL
10 HANDRAIL DETAIL
11 STAIR DETAIL
12 DIFFUSER DETAIL
13 DIFFUSER W/ BLANK OFF
VOID

실시도면 : 계단 상세도

tair detail

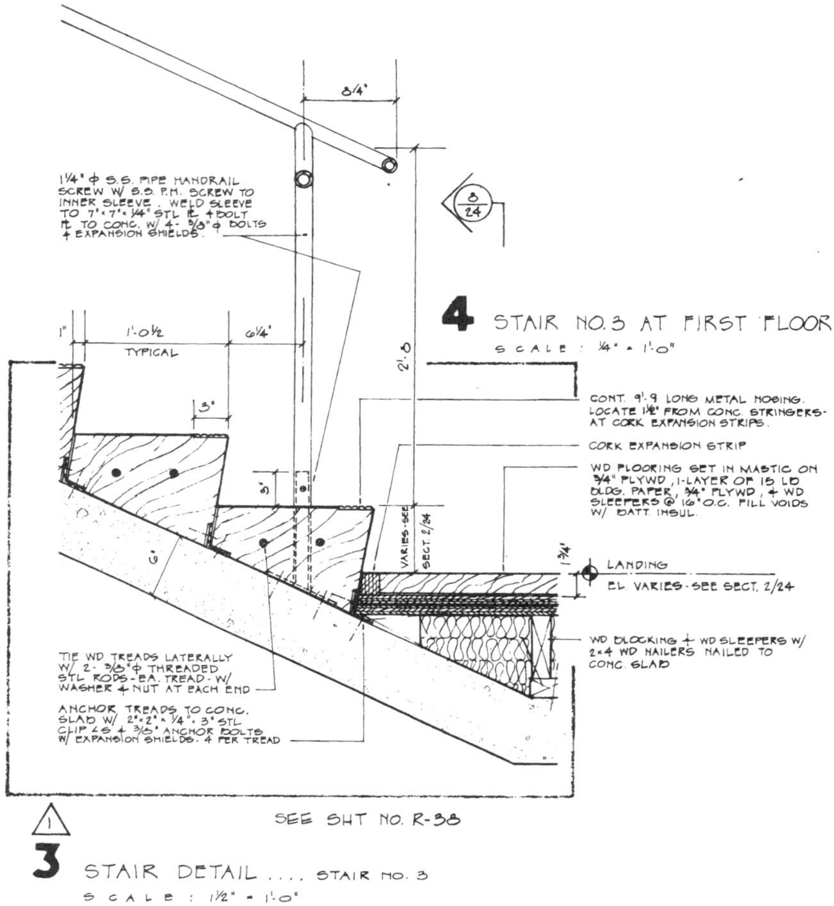

시공계약의 관리 : 시공의 순서적인 이행

완성된 건물 :
(사진 : 리차드 · 엘스)

1. 프로젝트 관리, 시설 프로그래밍, 시장성 연구, 프로젝트 예산안 작성 등을 포함하는 설계 이전의 활동
2. 배치계획과 대지 개발, 유틸리티 연구, 소유지 재구획 보조, 대지 선택 등을 포함하는 대지분석.
3. 관리유지계획, 사용자 교육, 기록도면 또는 "시공된 대로"의 도면의 작성 등을 포함하는 시공후의 업무
4. 시공관리, 미술품의 선택과 배치, 가치 분석, 실내장식, 환경 검사, 실물 설명용 프로젝트, 그래픽 디자인, 에너지 연구 등을 포함하는 그 밖의 보충 업무

물론, 건축가의 잠재적 기술과 그 응용은 완전히 열거하기에 너무나 광범위하고, 또 계속 넓어지고 있다. 사실상, 어떤 건축 실무에서는 한 가지 또는 그 이상의 특유한, 그러나 보충적인 업무를 개발한다. 예를 들면, 어떤 건축회사에서는 실내장식, 대지분석, 시장분석, 혹은 건축 연구를 전문적으로 다룬다. 일반인의 생각과는 반대로, 건물의 템페라 투시도는 추가보수를 요하는 추가업무로 생각되는 것이 보통이다.

■ 제안 작성 : 도해적 입증

설계과정에 대해 여러 가지 서술을 하였지만, 설계제안을 창출해 내는 실제 활동은 포착하기 어렵다. 그것은 인간의 마음만큼 복잡하며, 사회 자체만큼이나 넓은 요구에 대응한다.

그 과정의 세부는 건축설계 사무실의 크기와 특성, 그의 경영전략, 고객의 의도 등과

전문가에 의한
프로젝트의 조감도 표현

함께 프로젝트의 크기, 복잡성, 요구되는 디테일, 문제에 대한 설계자의 친숙도 등에 따라 변한다.

초학의 건축학도들은(또한, 기성 건축가들까지도)디자인 전략과 아이디어를 개발하고 디자인에 소요되는 시간을 관리하는데 힘써야 한다는 것은 의심할 여지가 없다. 보자아르와 바우하우스의 전통, 디자인 프로세스에 관한 여러 가지 설명, 핸드 북, 그리고 건축잡지 속의 실례들까지도 설계안의 창출에 모두 기여하고 있지만, 한 걸음 한 걸음의 순서를 탐구하는 학생은 실망할 것이다. 한 걸음 한 걸음의 순서란 전혀 존재하지 않는다. 설계의 복잡성은 한 걸음 한 걸음의 단계로 간단하게 설명할 수 있는 것이 아니다.

따라서 건축주와 건축학 교수들은 설계안의 결과를 평가하기 위하여 도해적 입증에 자주 의존한다. 설계실에서 지어낸 도면과 기록 등은 설계의 과정에 대한 가장 직접적인 입증을 포함한다. 문제를 지나치게 단순화시키고 일반화시킬 불가피한 위험이 있기는 하지만 응답해야 될 여덟 가지의 중요한 질문이 있다.

1. 건물이 얼마나 큰지?
2. 그 건물은 대지에 적합한가?
3. 대지와 계획된 활동 사이에 좋은 조화가 이루어지는가?
4. 건물 내의 활동과 대지내의 활동 간에 요구되는 상호작용과 관계성은 어떤 것인가?
5. 설계자가 건물과 대지 내에서 이루어지는 활동에 대한 이미지를 갖고 있는가?
6. 어떠한 정보가 더 필요한가?
7. 어떤 문제점들이 가장 중요한가?
8. 알려진 모든 사항이 단일 도면에 집성될 수 있는가?

이 질문들은 규모, 대지, 배치, 상호작용, 이미지, 정보, 중요성, 통합 등으로 요약될 수 있다. 첫 번째 질문인 규모는 자칫하면 간단하게 보이지만 프로젝트에 대한 개인의 이미지에 중대한 영향을 갖고 있다. 거기에 대한 대답은 더 친숙한 다른 프로젝트와의 비료를 쉽게 하며 설계행위를 위한 규모 관계를 설정하는데 도움이 된다. 평방피트나 미터로 측정된 필요 공간들(할당 가능한 것과 그렇지 않은 것, 내부와 외부)이 각 프로그램 기능이나 활동에 대해 축적대로 그려진다. 디자인상의 어떤 암시가 즉시 분명해지는데, 이것은 2차원의 면적 표시 도면은 평면도의 속성을 다소 갖고 있기 때문이다.

건물 자체뿐만 아니라 대지도 매우 중요하다. 간단한 배치도에서 해답을 얻게 되는 이 질문은 조닝과 대지분할 요구조건[높이, 후퇴선, 지역권(地役權) 등]에 대한 고려를 포함해야 한다. 건물 매스(mass)의 대안과 위치의 대안이 이 시점에서 연구될 수 있다.

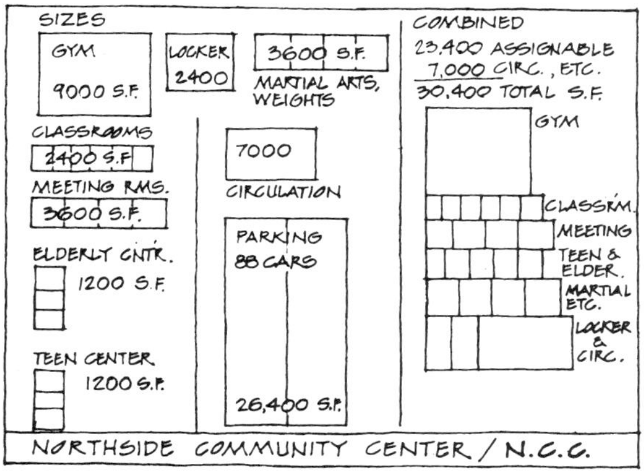

도해적 입증 : 규모

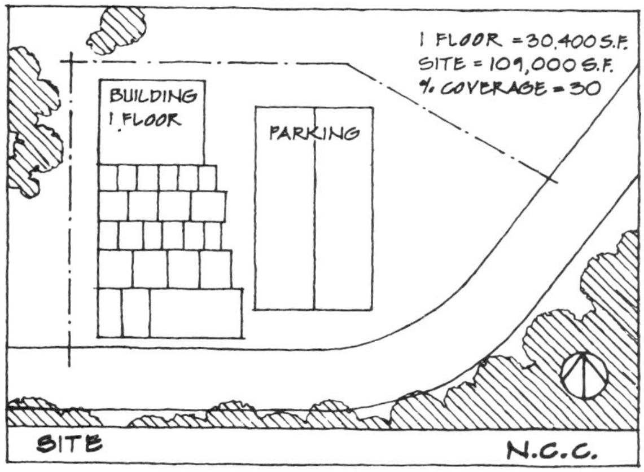

도해적 입증 : 대지

세 번째 질문인 배치는 대지에 관한 자료를 기록하는 일련의 도면들을 요구한다. 그 위치와 인공적 · 자연적 특색 — 특히 초목, 경사, 해와 바람에 대한 방위, 진입로, 유틸리티 등. 크기와 조화에 대한 앞서의 질문과는 대조적으로 배치는 설계상의 해결방안에 영향을 주는 대지 요소들을 규명하는 일을 다룬다.

다음으로, 설계자는 보통 일련의 "버블 다이어그램"(bubble diagrams*)으로 프로그램 구성요소들 간의 관계성을 도해의 방법으로 연구한다. 이 도해의 기술은 기능이나 활동들을 공간의 상대적 규모, 공간들 사이의 연결, 대지에 대한 그 공간들의 향방 등을 고려한 공간배치 형식으로 바꾸어 준다. 이러한 다이어그램들의 연이은 반복은 건물 디자인을 나타내는 개략적인 바닥 평면도와 연직(鉛直)배치로 집중 정리된다.

도해적 연구는 또한 건물공간의 이미지의 문제점들을 언급한다. 예를 들면, 설계자는 기능이 충족되는 다른 방법이나 프로그램 활동들에 대응하는 다른 실제 형태들을 탐구한다. 교실은 어떤 형태로, 혹은 출입구는 어떤 형태로 되어야 하는가? 여기서는 자신을 건물의 사용자로 가상해서 비슷한 상황의 예에 대한 자신의 기억을 더듬어 보는 것이 도움이 된다. 평면도, 단면도, 투시도의 스케치들이 이 연구를 손쉽게 한다.

설계자가 완벽한 정보를 입수한 후에 설계과정을 시작하는 일은 거의 없다. 항상 추

각주

* bubble disgrams : 풍선 여러 개를 연결한 모양의 도표

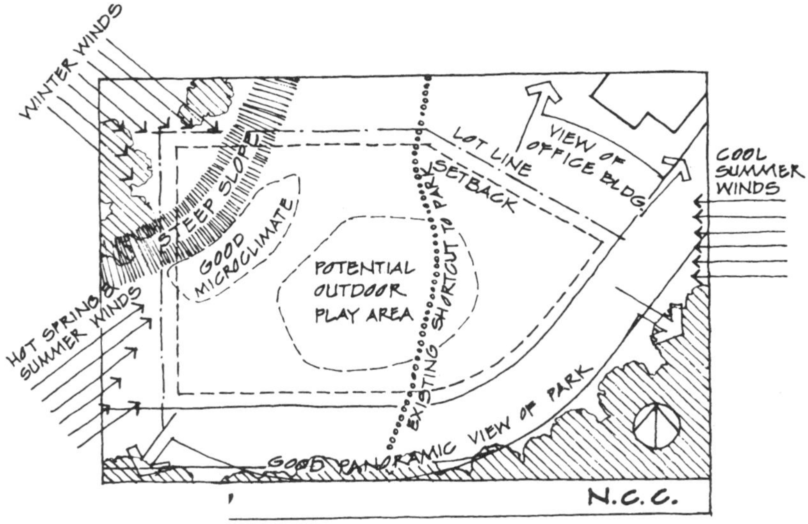

도해적 입증 : 배치

가정보의 필요성을 인식한다. 조닝 법규는 무엇을 요구하고 있는가? 대지의 북쪽 부분은 어떤 상태였는가? 그 특정 공간은 어느 특정 활동에 사용될 것인가? 이러한 질문들은 요구되는 정보가 효과적으로 수집될 수 있도록 기록되어야 한다.

다음으로, 설계자는 앞에서의 모든 연구를 종합하도록 시도해야 한다. 이것은 설계

스케일에 관계 없는 버블 다이어그램

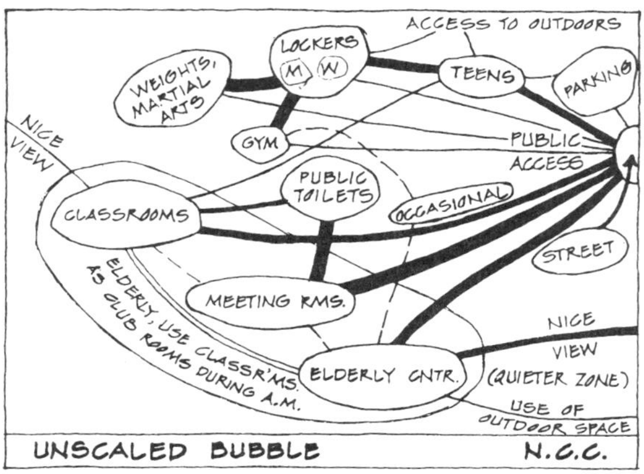

스케일에 맞춘 상호작용 버블 다이어그램

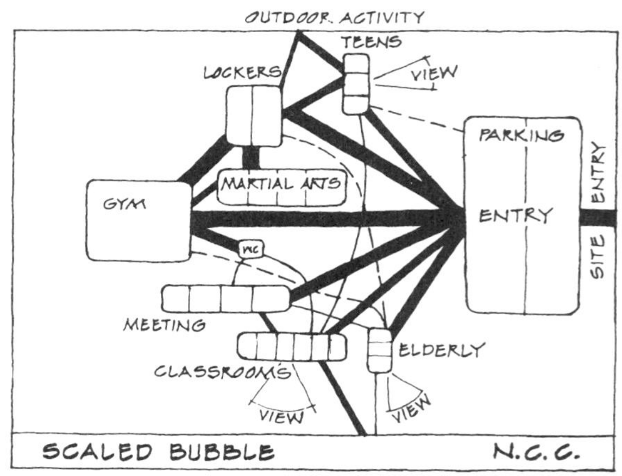

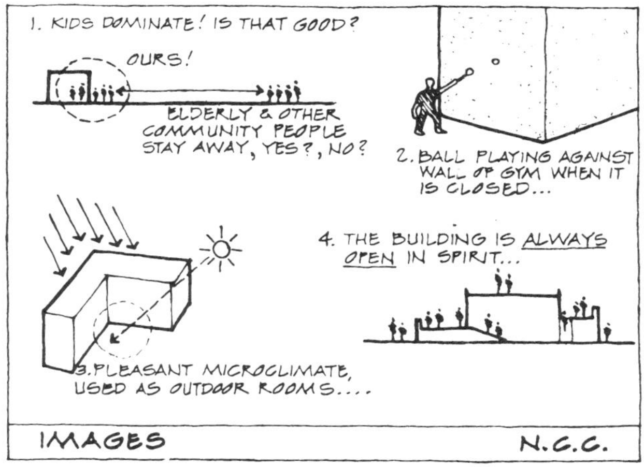

이미지

자로 하여금 무엇이 중요하고 무엇이 중요하지 않은가에 대한 결정을 내릴 것을 요구한다. 여기서 목표들 사이에 상호 조정이 있게 마련이다. 그 관건은 설계의 중요한 문제점들을 규명하는 일이다. (개념의 장에서 설계자가 한 프로젝트에서 무엇이 중요한가를 결정하기에 힘쓰는 여러 방법들을 제시한다.)

설계안 작성을 위한 정해진 법칙은 없으나 모든 정보를 한 도면 위에 종합하는 것은 최종 해결책에 영향을 주는 요소들을 검토하기에 아주 좋은 방법이다. 자신의 버블 다이어그램과 배치상의 정보를 문자 그대로 하나의 해결책으로 옮겨 놓을 수 있다는 것을 발견하는 건축가와 학생들도 있지만, 이 도면을 "창조적 도안"의 준비로서 사용하는 사람들도 있다. 이것은 도해적 연구를 문자 그대로 옮겨 놓은 일이 없이 필요와 문제점들을 수용할 수 있는 제안에 이르게 한다. 끝으로, 그 여덟 가지 질문들이 설계과정의 일반적 순서를 암시하고 있기는 하지만, 반복과 피드백의 영향력이 결국은 설계활동을 좌우하는 것이다.

위에서 기술한 도해적 연구는 건축 실무에 상당히 보편적인 지침에 지나지 않는다. 그러나 설계과정을 이해하는데 도움이 되는 몇 가지 개념들이 더 있다. 그것들은 대안, 위계질서, 최소의 노력 등이다.

대안의 개념은 건물이 설계될 수 있는 다양한 방안을 탐구하고자 하는 설계자측의 열성을 가정한다. 첫 번째 나오는 가능한 해결책만을 받아들여서 계속 진전시키고자

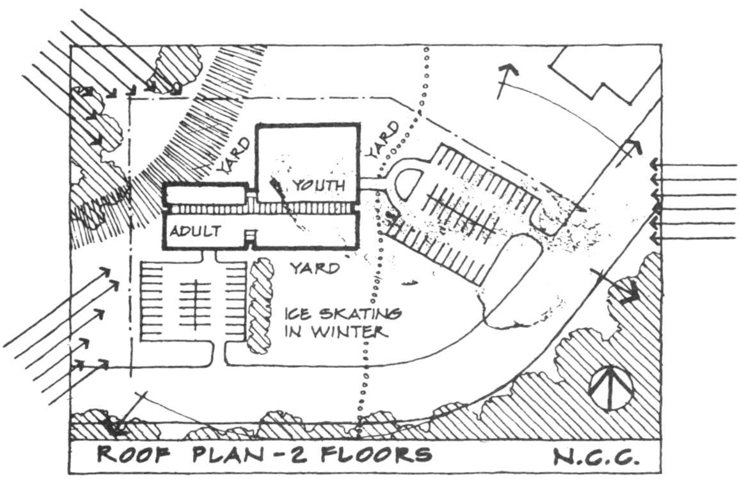

단일 도면

하는 경향을 물리쳐야 한다. 설계교육의 일부는 설계가 어떻게 되어져야 하는가를 배우기 위하여 설계 가능한 여러 대안들을 탐구하는 방법을 포함한다. 이것은 경험 있는 설계자들에게도 마찬가지다.

위계질서의 개념은 건물이 각 부분의 합계 이상의 것이라는 생각에 관련된다. 건물은 여러 부분들(재료, 기능, 이미지)의 종합체이며, 그 부분들의 단순한 합계를 넘어서는 방법으로 조직되는 것이다. 설계안은 가장 작은 부분들까지도 하나의 전체에로 통합시켜야 하며, 그 전체 건물은 대지와 환경으로 통합시켜야 하는 것이다. 이 점에 관해 가장 작은 부분의 패턴이나 형상이 전체에 구체적으로 표현되고 또한 그 역으로도 되는, 문자 그대로의 순서로 보는 설계자도 있으며, 보는 사람이나 사용자로 하여금 건물이 어떻게 완전한 실체를 이루는가를 곰곰이 생각할 수밖에 없게 하는, 갖가지 부분들의 추상적 구성임을 강조하는 설계자도 있다. 얼페이 존스의 작품이 "문자 그대로의 위계" 접근방법을 대표하며, 하디, 홀츠만, 파이퍼의 작품이 "추상적 위계" 접근방법을 대표한다.

마지막 개념 — 최소 노력의 개념 — 은 원하는 결과를 얻기 위한 가장 효과적인 방법의 모색을 다룬다. 예를 들면, 간단한 구조로 기능을 만족시키는 건물이 복잡한 구조를 요하는 건물보다 좋은 때가 흔히 있다. 마찬가지로 에너지 사용을 최소로 줄이는 건물은 더 많은 에너지를 사용하는 건물보다 낫다. 이러한 요소들 중 많은 부분이 건축비에 관련되지만, 최소 노력이란 또한 심미적 문제이기도 하다. 이 개념은 여러 문제들에 명확히 응답하는 간단하고 솔직한 해결책들이 때로는 가장 세련된 것이라고 주장한다. 최소 노력의 개념은 건축이 설계자측의 최소 노력의 결과라는 것을 의미하는 것은 아니다.

알칸소 주(州)의 주택 : E.F.존스 작 : 엄격한 위계질서(사진 : 리차드 · 페인)

사립초등학교 : 하디, 홀츠만, 파이퍼 작 : 모호한 위계질서(사진 ; 노만 · 맥그래스)

■ 기술(Skills)

설계자는 광범위하게 다양한 문제 및 방법들에 대한 지식과 건축주의 프로젝트에의 그 지식의 응용을 손쉽게 하는, 일련의 특수한 기술을 갖추어야 한다. 지식과 감각과 관점이 설계의 중요한 면이기 하지만, 이들은 기술과는 다르다. 지식이 기술의 뒷받침을 받지만, 기술이 지식을 대신하는 것은 아니다. 건축가는 건물 및 물리적 환경에 대해 전문적 지식과 건축주와 사회전반에 대해 봉사하는데 그 지식을 잘 사용할 수 있는 기술을 갖출 것이 요망된다. 따라서 건축교육의 한 큰 부분은 지식과 문제해결 방법을 전달하는데 바쳐지고 다른 큰 부분은 적합한 기술을 개발하는데 바쳐지는 것이다.

불행하게도, 건축가에 대한 많은 오해(낭만적인 혹은 또 다른)가 있다. 예를 들면, 어떤 초학의 학생들은 많은 양의 제도와 청사진 만들기를 기대한다. 제도는 응용할 수 있는 하나의 기술이지만 지배적인 것은 분명히 아니다. 사실상, 청사진이 지난 20년간 일상적으로 사용되어 왔던 것만은 아니다. 또 하나의 오해는 건축가가 그들의 프로젝트의 정교한 렌더링을 그리는데 많은 시간을 사용한다는 생각이다. 투시도가 보편적이긴 하지만, 정교한 렌더링은 건축가의 컨설턴트로서 일하는 전문가에 의해 그려지는 것이 대부분이다.

설계과정에서 적합하고 전형적인 기술들에 대한 간략한 서술을 다음 몇 절에서 다루고자 한다.

그래픽 기술

건축에서의 그래픽 기술은 기본적으로 도면 작성을 의미하지만 모형제작, 인쇄, 사진, 도안 등에 관련된 여러 가지의 다른 기술들도 포함한다. 이 기술들은 시각화(視覺化) 기술과 생성적 제도기술로 분류될 수 있다.

모든 건축주들 — 대회사의 사장이든지, 혹은 십년분의 잡지 클리핑을 가진 가족이든지 간에 — 은 건물이 지어지기 전에 그것이 어떤 모양이 될지 보고 싶어 한다. 건축주들은 생생한 묘사를 원한다. 그러므로 도면과 모형은 건축주와 건축가 간의 의사소통에 기본적인 것이다. 모델, 조감도, 슬라이드나 그래픽 표현 등은 건축가들이 사용하는 표준 건축도면(평면도, 단면도, 입면도 등)보다 보통 이해하기 쉽기 때문에, 그 모두는 건축주들에 대한 직접적인 호소력이 있다. 그래픽 기술의 그 밖의 유형은 설계안을 창출하기 위하여 사용되는 그림들을 수반하며, 다이어그램 작성과 추상적 개념화작업을 포함한다. 다이어그램은 동선의 흐름, 대지의 지형, 표면수의 배수, 태양 방위각, 구

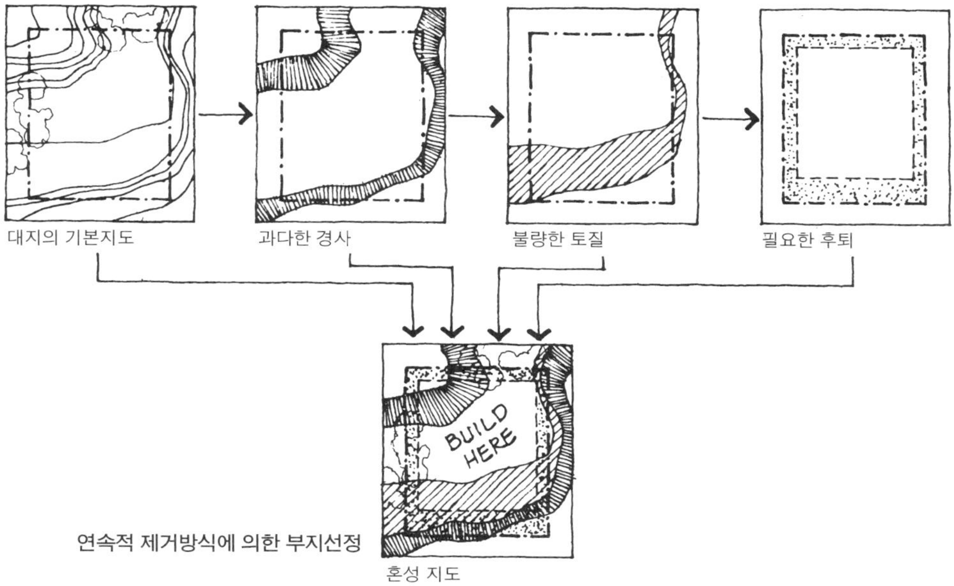

연속적 제거방식에 의한 부지선정

조시스템 등을 계획하는데 유용하다. 이 부류는 건물 설계의 여러 국면[건물 주요부분의 매스(mass) 구성 및 배치 등과 같은]을 표현하는 간단한 그림인 스케치들을 또한 포함한다.

지적(知的) 기술

건축은 이성적이고도 지성적인 것이다. 건물 설계는 상당한 지식과 그 지식의 적절한 응용의 산물이다. 그 무엇도 간단명료한 사고(思考)를 대신할 수 없다. 그러므로 대학 수준의 교육과 관련된 일반적 기술(문제와 그 해결방법에 관해 명확히 사고할 수 있는 능력)은 분명히 적절한 것이다. 그러나 몇 가지 특수한 기술은 언급할 가치가 있다.

예를 들면, 설계자들은 어느 정도 모호한 상황에서 일하지 않을 수 없다. 그들은 충분한 정보를 갖지 못했을 때에 의사 결정을 내려야 하는 경우가 자주 있다. 이것은 그 후에 고도의 좌절감으로 이끌 수도 있다. 이성적인 사람은 정보를 수집하고 분석할 것을 기대하며, 또한 그렇게 함으로써 해결책을 발견할 것을 기대한다. 불행하게도 건축에서는 충분한 정보의 결핍이 자주 있을 뿐만 아니라 해결책을 이끌어내기 위한 과정도 불확실할 때가 자주 있다.

건축가는 연역적 추론과 귀납적 추론의 양쪽을 모두 사용해야 한다. 연역적 추론은 최초의 전제나 총괄적 확신으로부터 결론을 이끌어내는 것이다. 이것은 총괄적 상황으로부터 특정 결론을 생성하는 것이다. 건축가는 자기의 설계상의 해결책이 건물 프로그램 요구사항에 부응하는, 필요하고 적절한 결과라고 느낄지도 모른다. 예를 들면, "일상적 구조격간이 효율적인 건축물을 만든다. 그러므로 이 특정건물의 설계는 일상적 구조격간을 가져야 한다." 이러한 유형의 추론에서의 한 변형이 수많은 기준이 한 대지에 적용되는 이안 맥하그의 배치계획 방법이다.[13] 이것은 여러 가지 기준을 계속 적용함으로써 건물이나 기타 용도에 부적합하다고 생각되는 대지의 부분들을 제거해 나가는 연역적 과정이다. 각 변수는 제안된 활동에 적합한 장소를 나타내는 혼성 지도에 표시되고 종합된다. 특정 결론은 필연적으로 총괄적 상황에 따라 내려진다.

그와는 달리 귀납적 추론은 하나 혹은 몇몇의 개별적 관찰로부터 총괄적 확신을 생성한다. 일반적 관례를 입증하기 위하여 여러 자료로부터 증거가 수집된다. 예를 들면, "내가 보아 온 모든 사무소 건물은 일상적 구조격간들을 가졌다. 그러므로 모든 사무소 건물은 일상적 구조격간을 갖고 있음에 틀림없다" 귀납적 추론은 확신의 도약을 한다. 이렇게 이끌어 낸 총괄적 확신은 좀처럼 입증될 수 없다. 단 하나의 예외라도 그 법칙을 파괴해 버린다. 설계자들은 가끔 이러한 창조적 도약을 해서 법칙을 따르는 연역적인 방법보다는 제한된 수의 특정 요점들로부터 귀납적으로 건물 설계안을 창출한다. 거대한 내부공간을 가진 존 포트만의 자극적인 호텔들은 분명히 적절한 기능을 수용하기는 하지만, 그 호텔들은 이러한 기능들을 분석한, 논리적이며 필연적인 결과는 아닌 것이다.

자기 비평

설계자에게 중요한 또 하나의 기술은 자기비평이다. 비평이 하나의 아이디어나 해결책에 대한 판단적 반응이라면, 자기비평은 자신의 작품에 대한 비판적 판단(긍정적, 부정적인)을 내릴 수 있는 설계자의 능력이다. 이 기술은, 최초의 아이디어가 대안들과 비교될 수 있도록, 설계자가 어떠한 아이디어든지 여러 가지 다른 방법으로 재표현할 수 있을 것을 요구한다. 이것은 한편으로는 건물의 요소들 — 방위, 조직, 매스구성, 크기 등 — 의 능숙한 처리를 수반한다. 또 한편으로는 이것은 설계의 여러 단계마다 그 프로젝트에 대한 총괄적 질문을 계속한다는 것을 의미한다. 이 설계안은 기본 프로그램의 목표들을 여전히 해결하고 있는가? 이러한 유형의 비평과 평가는 학구적이고 전문적인 설계의 한 전통적인 부분이다.

이와 같이, 건축 실무에는 여러 가지 기술들이 요구된다. 물론 그래픽 기술, 지적 기술, 자기비평 기술 등은 설계에 중심적인 것이다. 그러나 확대되어 가고 있는 건축 실무의 범위는 경영기술과 함께 서신과 구두에 의한 의사소통을 점점 더 강조하고 있다. 건축 내에 전문분야가 몇 개가 있든지 간에 분명히 그들은 각각 다른 기술들을 필요로 한다. 만일 이 모든 것이 어느 개인에게 너무 과다한 것 같이 보인다면, 그것은 단지 건축이 광범위하고 복잡한 노력의 분야이며 목표와 수단에 대한 의견 일치가 거의 없기 때문일 뿐이다. 이는 또한 팀 작업방법이 건축 실무에서 통용되고 있는 이유를 설명해 주고 있다.

주

1. John Wade, *Architecture, Problems and Purposes* (New York: John Wiley and Sons, 1977), p.88.
2. J.C. Jones, *Design Methods*(London: John Wiley and Co., 1972), p.xii.
3. Christopher Alexander, *Notes on the Synthesis of Form* (Cambridge, Mass.: Harvard University Press, 1964), pp. 15-45.
4. Christopher Alexander and Serge Chermayeff, *Community and Privacy* (Garden City, N.Y.:Doubleday and Co., 1963), p.145.
5. Christopher Alexander, Sara Ishikawa, and Murray Silverstein *A Pattern Language*(New York: Oxford University Press, 1977).
6. Jane Holtz Kay, "Sizing Up Boston Architects", *Boston Magazine*(November, 1974), p.113.
7. American Institute of Architects. *Architects Handbook of Professional Practice*, Chapter9, "Owner Architect Agreements" (Washington, D.C.:American Institute of Architects, 1973), pp.4,5.
8. Ibid., Chapter 9, p.4.
9. Ibid., Chapter 11, "Project Procedures"(Sept. 1969 ed.), p.8
10. Ibid., Chapter 12, "Construction Documents-Drawings"(April 1970ed.), p.3.
11. Ibid., Chapter 8, "Construction Contract Administration"(Jan 1973ed.), p.3.
12. Ibid., Chapter 5, "The AIA Handbook: The Architect and Client"(Jan. 1975ed.) pp.3,4.
13. Ian McHarg, *Design With Nature* (Garden City, N.Y.: The Natual History Press, 1969), pp. 31-41.

권장도서

Adams, J.L. *Conseptual Block Busting*. San Francisco: W.H. Freeman and Co., 1974.

Alexander, Christopher. *Notes on the Synthesis of Form*. Cambridge, Mass.: Harvard University Press, 1964.

Alexander, Christopher Sara Ishikawa, and Murray Silverstein *A Pattern Language*. New York: Oxford University Press, 1977.

The American Institute of Architects. *The Architects Handbook of Professional Practice*.

Washington, D.C. : The American Institute of Architects, annual.
Asimow, M. *Introduction to Design*. Englewood Cliffs, N.J. : Prentice-Hall, 1962.
Attoe, Wayne. *Architecture and Critical Imagination*. London : John Wiley and Sons, 1978.
Broadbent, Geoffrey, and Anthony Ward, ed. *Design Methods in Architecture*.
London : Lund Humphries, 1969.
Chermayff, S., and C. Alexander, *Community and Privacy : Toward a New Architecture of Humanism*. Gardedn City, N.Y. : Doubleday, 1963.
Ching, Frank G. *Architectural Graphics*. New York : Van Nostrand Reinhold, 1975.
Design Methods and Theories Berkeley, Dept. of Architecture, University of California, quarterly.
Gordon, W.J.J. *Synectics : The Development of Creative Capacity*. New York : Harper and Row, 1961.
Gregory, S.A., *The Design Method*. London : Butterworths and New York : Plenum Press, 1966.
Hanks, Kurt, Larry Belliston, and David Edwards. *Design Yourself*. Los Altos, Calif. William Kaufmann, Inc., 1977.
Jones, J. Christopher. *Design Methods*. London: John Wiley and Sons, 1970.
Jones, J. Christopher. and D. G, Thornley, eds. *Conference on Design Methods. London*: Pergamon and New York: Macmillan, 1963.
Koberg, D., and J. Bagnall. *Universal Traveller*. Los Altos, Calf., William Kaufmann, Inc., 1977.
Lockhard, W.K. *Drawing As a Means to Architecture*. Tucson, Ariz. : Pepper Publishing, 1977.
McHarg, Ian L,. *Design with Nature*. Garden City, N.Y. : The Natural History Press, 1969.
McKim, Robert H. *Experiences in Visual Thinking*. Monterey, Calif. : Brooks/Cole Publishing Co., 1972.
Moore, G.T., ed. *Emerging Methods in Environmental Design and Planning*. Cambridge, Mass. : M.I.T. Press, 1970.
Prince, G.M. *The Pactice of Creativity*. New York : Harper and Row, 1970.
Sanoff, Henry. *Methods of Architectural Programming*. Stroudsburg, Pa. : Dowden, Hutchinson & Ross, 1977.
Wade, John. *Architecture, Problems and Purposes*. New York : John Wiley and Sons, 1977.

8 장
건축 프로그래밍

John W. Wade
심 우 갑 역

건축설계는 프로그래밍, 계획설계의 각 단계를 포함한다. 프로그래밍은 주로 건축설계에 요구되는 정보의 수집과 체계화에 관련된다. 건축주가 건물에 대해 이야기하는 것만 기록하는 간단한 프로그래밍이 있는 반면, 매우 복잡해질 수도 있고 확대된 절차와 복잡한 기술을 요하는 프로그래밍도 있다. 이 장에서는 건축 프로그래밍 작업에의 단계적 접근방법을 소개한다.

■ 프로그래밍

건축가의 업무는 매우 다른 몇 가지 분야로 분류될 수 있다. 프로그래밍이라 불리는 그들 업무의 첫 단계에서 건축가는 설계하려는 건물의 건축주의 관심사, 그리고 그가 필요로 하는 것이 무엇인가를 결정한다. 두 번째 단계에서 그들은 건축주의 전체적인 문제를 이미 알려진 해결책이 있거나 쉽게 해결될 수 있는 여러 개의 더 작은 "표준적" 문제들로 나눈다. 이것은 때로 계획이라 불린다. 업무의 세 번째 단계에서, 건축가는 처음 두 단계로부터의 자료를 총체적 아이디어와 건물의 형태 및 시공에 대한 안을 개발하는 지침으로서 사용한다. 이 단계가 설계라고 불린다(전체 과정도 역시 설계라고 불린다) 건축가는 그 후에 설계의 모든 디테일을 해결하고 시공자가 건물의 시공에 사용하게 될 도면과 시방서를 발전시킨다. 마지막 단계에서 건축가는 시공과정을 감독하며 시공자가 공사를 시행하는 방법을 승인한다.

건축가가 자신이 행할 설계업무에 대해 계약서에 기술적인 서술을 할 경우에는 건축주에게 그 업무의 여러 다른 부분들을 명확하게 확인시키기 위해 다소 특이한 방법으로 서술한다. 그 기술적인 서술은 다음과 같다.

첫째로, 건축가는 건축주에게 건물 프로그램을 제공해 줄 것을 요구한다. 건축가는 이 첫 단계의 업무를 계획설계라 부른다. 이 단계에서 건축가는 뒤에서 프로그래밍으로서 설명될 것들에 대해 많은 일을 하며, 건물에 대한 단순화된 계획안을 개발한다. 이러한 계획안은 때로는 탐색을 위한 것이며 또한 건축주로부터 그의 좋아하고 싫어하는 것에 관해 더 많은 정보를 유도해 내기 위해 의도되는 때가 자주 있기 때문에 실제로 이 단계는 연구의 형식이다.

건축가는 둘째 단계를 기본설계라 부른다. 이 단계 동안에는 건축주에 의한 자료와 건축주가 승인한 기본계획이 지침이 된다. 건물의 적절한 기능을 위해 해결되어야 할 많은 문제들에 관해 작업하기 시작한다. 이러한 문제들이 해결되었을 때에 건축가는 건물의 전체적인 상세한 계획을 발전시킨다. 이것이 승인된 후에 건축가는 공사용 설계도서 작성단계로 들어가며, 이 기간 중에 건물에 대한 상세한 도면들과 시방서가 진전된다. 그 다음에 시공단계로 들어가며 여기에서 건축주와 시공자 간에 시공계약이 체결된다.

건축가의 업무에 대한 이러한 두 가지 설명이 서로 다르기는 하지만 그들은 서로 상충하는 것은 아니다. 다만 서로 다른 국면을 각기 강조하고 있을 뿐이다. 첫 번째의 설명은 업무의 개념상의 발전을 강조하며, 두 번째의 서술은 개념상 발전의 여러 부분으로부터 그 결과로서 생기는 성과를 강조하는 것이다. 이 두 가지 설명은 서로 다른 전후관계에 유용하다. 이 두 가지 설명을 모두 기억해 두어야 하지만 앞으로의 자료는 대부분이 개념상의 정의에 관련될 것이다.

건축 프로그래밍은 정보와 관련된다. 건축가는 건축주가 어떠한 부류이며, 건축주의 필요와 목적이 무엇이며, 어떠한 종류와 질의 건물을 건축주는 가져야 하는가를 파악해야 한다.

어떤 종류의 건물(학교, 교회, 시청사 등과 같은)이 필요한지, 그 대략적인 크기, 그리고 그 위치는 어떻게 할 것인지를 건축주가 결정할 수 있었고, 건축가는 그에 따라 업무를 진행시킬 수 있었던 것이 과거에는 사실이었으며, 아직도 그러할 때가 가끔 있다. 건축에서 더욱 중요한 것은 건축가가 건물에 채택하는 양식(style)이었다. 그 시절에는 건축주가 의도한 것과 꼭 같은 방식으로 건물이 기능을 수행하리라고 건축가가 보장할 수 없는 것이 보통이었다. 공학적 절차도 별로 정확하지 않았고, 건축주도 건물의 필요사항들에 대한 지식이 별로 없었다. 점차로 상황은 변하였다. 냉난방 시스템, 전기 시스템, 구조 시스템, 그리고 건물 기능에 영향을 주는 건축시공의 모든 분야에서 고도로 정밀한 공학적 통제가 이루어졌다. 건축주는 자기의 요구사항에 대해 점점 더 엄격해졌다. 따라서 건축프로그래밍은 과거보다는 더욱 중요한 설계과정의 한 부분으로 성장했다. 건축 프로그래밍은 건물의 종류와 그 설계를 의뢰한 건축주의 유형에 따라 비교적 간단하거나, 또는 비교적 복잡하고 확대된 설계의 한 부분이 될 수 있다. 이것이 매우 중요해졌기 때문에 몇몇 건축 설계회사들은 프로그래밍 업무를 전문으로 하기 시작하여, 건물의 프로그래밍이 특히 어렵거나 복잡한 곳에는 특수한 기술을 사용하고 있다.

흐름 계획표(컴퓨터 프로그래머가 사용하는 것과 같은 흐름도에 기초를 둔)는 여러 가지 프로그래밍 과정의 범위를 나타내기 위해 사용된다. 여러 가지 질문들(혹은 의사결정 지점)을 도표에 삽입함으로써 더욱 복잡한 작업들 중 몇몇이 언제 실시되어야 하며, 언제 그냥 지나쳐도 좋은가 하는 것을 알 수 있게 된다. 바로 옆의 흐름 계획표는 그러한 프로그래밍 과정을 표시한다.

도표에서 가장 중요한 단계들은 다음과 같다.

1. **프로그램의 시작**
2. **프로그램의 발전**
3. **프로그램의 작성**
4. **프로그램의 제시**

이 네 가지는 프로그램의 단순성이나 복잡성에 관계없이 모두 행해져야 하기 때문에 중요하다. 그 다음 네 개의 질문이 각각 어떻게 대답되는 가에 따라 또 다른 단계들이

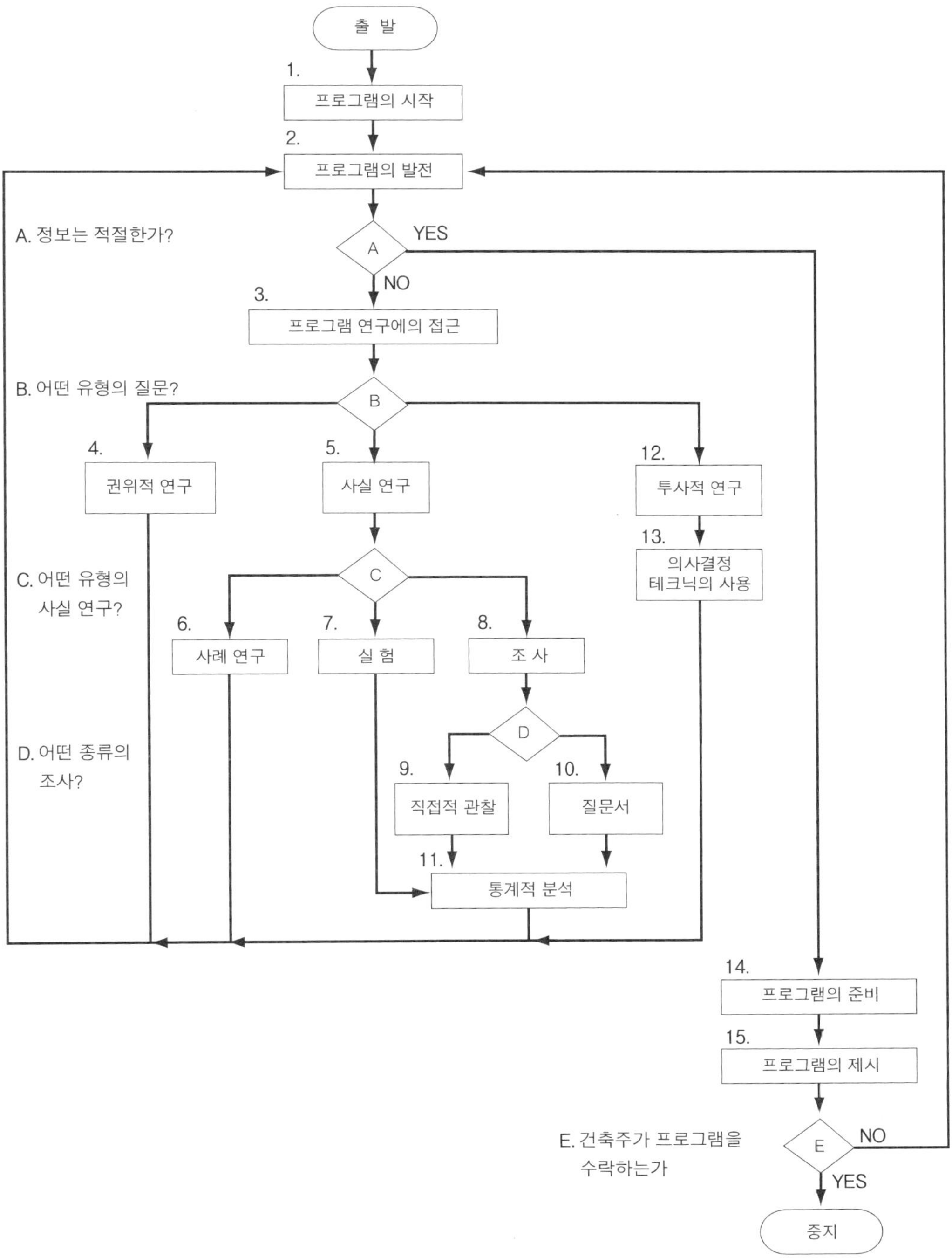
출 발
1.
프로그램의 시작
2.
프로그램의 발전
A. 정보는 적절한가?
A
YES
NO
3.
프로그램 연구에의 접근
B. 어떤 유형의 질문?
B
4.
권위적 연구
5.
사실 연구
12.
투사적 연구
13.
의사결정 테크닉의 사용
C. 어떤 유형의 사실 연구?
C
6.
사례 연구
7.
실 험
8.
조 사
D. 어떤 종류의 조사?
D
9.
직접적 관찰
10.
질문서
11.
통계적 분석
14.
프로그램의 준비
15.
프로그램의 제시
E. 건축주가 프로그램을 수락하는가
E
NO
YES
중지

사용될 수 있다. 그 네 가지 질문들은

1. 정보는 적절한가?
2. 어떤 종류의 정보가 필요한가?
3. 어떤 유형의 사실 연구가 요구되는가?
4. 어떤 종류의 조사방법이 사용되어야 하는가? 등이다.

■ 프로그램의 시작

프로그래밍은 보통 건축가가 건축주와 첫 대화를 가질 때에 시험적인 형식으로 시작한다. 건축가가 건물유형을 잘 알고 있는 경우에는 건물에 관하여 준비된 질문 목록을 사용하여 그 진행을 도울 수 있다. 그렇지 않은 경우에는, 건축가는 유행연구에 착수함으로써 그 건물을 더 잘 알게 될 필요가 있을지도 모른다. 건물설계는 잘 이해되고 있는 과정이며, 건축가는 성공적인 설계를 시도하기 위해서 어떠한 정보가 필요한가를 알고 있는 것이 보통이다. 건물이 색다른 것일 경우에는 추가로 정보를 입수해야 할 필요가 있을지도 모른다. 어떤 경우에나 프로그래밍 과정의 시작에서는 필요하게 될 모든 정보를 규명해야 한다. 알고 있는 정보를 범주(구성원, 목적, 행태, 기능, 대상물)에 따라 분류하는 것은 어떤 정보가 결핍되어 있는가를 나타내며 건축가의 정보수집 임무를 설정해 준다.

건축가가 설계하려고 하는 건물에 대해 건축주와 의논하기 시작할 때 그는 여러 가지 임무를 수행해야 한다. 첫째, 건축주의 문제에 대해 될 수 있는 한 많이 알아야 한다. 이것은 건물 유형의 규명, 기존 건물의 잘못된 점의 인지, 건축주의 문제가 얼마나 심각한 가에 대한 판단, 요구되는 설계노력의 판단, 건축주의 필요 사항(장기계획, 실현가능성 연구, 당면한 시공에 대한 계획 등)의 인식 등과 같은 사항을 포함한다. 건축가는 또한 건물에 대한 개략적인 예산도 산정해야 한다.

건축가와 그의 스태프들이 건축주의 문제점들에 대한 초기 지식을 얻은 후에는 그들은 문제가 되는 건물유형에 친숙하게 될 필요가 있을 것이다. 그 설계회사가 과거에 유사한 건물을 설계해 본 적이 있다면, 최근의 정기간행 문헌을 검토해 보는 것으로 충분할 수도 있다. 그러나 그러한 건물을 설계해 본 경험이 없다면 그 건물 유형의 계획안들을 수집하고 그것들을 몇 개의 그룹으로 분류하고, 이 그룹들로부터 그런 종류의 건물을 설계하는데 사용된 기본적 구상들을 몇 개 추출해내는 등 더욱 세심하고 공식적인 건물유형 연구가 필요할지도 모른다. 이러한 연구는 이 기본계획안들에 대한 논리적 확정에 의해 사용가능한 계획안으로 진전될 수도 있다. 이렇게 건물유형에 대해 친숙해지는 일은 건축주에게 여전히 질문될 필요가 있는 문제들을 규명하는 데 도움이 되기 때문에 필수적이다.

이 단계 이후에 건축가는 건축주의 문제에 대한 더 상세한 질문으로 나아간다. 건축주의 조직체계에 규모나 성격상의 변화가 있었는가? 건물의 목적이 변했는가? 제안된 건물에서 과거에 계획된 것과는 다른 종류의 일들을 할 수 있기를 건축주가 원하는가? 새 건물은 여러 가지 다른 기능들을 고려해야 하는가? 현재의 건물은 물리적, 기능적, 혹은 경제적으로 쓸모없이 되어 버렸는가? 건물환경에 변화된 것이 있는가? 이렇게 건축주의 문제들에 대하여 질문하는 동안 건축가는 건물설계에 필요한 여러 종류의 정보를 마음에 두고 있다. 이러한 종류의 정보가 표 8-1에 나타나 있다.

질문의 체계를 갖추는 일상적인 방법은 분류 — 같은 문제에 대한 질문을 함께 묶는 — 에 의한 방법이다. 여기에는 사용하기 편리한 몇 가지의 서로 다른 형태의 분류방법이 있다. 이 중에 가장 일반적인 것은 건물이 최종적으로 구성되는 방식과 동일한 방식으로 건물에 대한 질문을 구성하는, 위계적(位階的)조직이다. 그리하여 전체로서의 건물, 서로 다른 큰 부서들이나 건물의 주요구분들, 각 부

표 8-1

프로그래밍 정보의 유형-분류 시스템

1. 마스터플랜의 목적
2. 설계에 대한 특별한 제한과 규제
3. 대지의 특성
4. 대지개발의 요건
5. 시설의 기능적 요건
6. 거주자의 특성
7. 특정시설의 요건
   a. 공간과 규모
   b. 거주자의 수와 특성
   c. 상대적 위치와 상호관계
   d. 필수적인 건축설비의 특징과 서비스
8. 공간들의 상대적 위치와 상호관계
9. 예산
10. 장래의 성장과 기능상의 변화를 위한 융통성
11. 여러 요구조건들 중의 필요 우선순위

인용 : 헤럴드 · 호로와츠, "The Program's The Thing". AIA Jounal 47(May 1967) : 94–100

분, 각 실 등에 대한 질문들이 있게 된다.

건축주에 의한 프로그래밍 서술은 제한된 수의 서로 다른 형식들을 취할 것이다. 즉 건축주, 건축주의 목표, 건축주의 바라는 행태, 필요한 기능, 건물이 지녀야 할 물리적 특성 등에 관한 서술 등이다. 이 서술들은 한 형식으로부터 다른 형식으로 바뀌질 수 있기 때문에 프로그램 서술은 몇 가지 범주로 분류하는 것이 유용할 때가 흔히 있다.

프로그램 정보를 수집함에 있어 표준적인 분류형식을 사용하는 것은 몇 가지 이점이 있다. 첫째, 건축가가 정보를 완벽함을 볼 수 있다. 둘째, 약간의 경험이 있으면 모든 정보가 일관성이 있는지 혹은 앞뒤가 맞지 않는지를 발견할 수 있다. 셋째, 어느 정보가 중요한 것인가를 결정하기 시작할 수 있다. 넷째, 추후의 프로그램 단계에서 추론이나 가정의 방법에 의해 그 정보를 확대할 수 있다.

건축주와 첫 대화를 가진 후에 건축가는 프로그램 아우트라인을 발전시키기 시작할 수 있다. 이러한 아우트라인은 건물이 필요로 할 전체 프로그램을 완성시키기 위하여 무엇을 해야 하는가를 보여주기 때문에 유용하다. 프로그램 아우트라인은 두 가지 주요 고려사항에 의해 영향을 받는다. 건축주가 얼마만큼의 정보를 제공해야 하는가? 건축가의 설계 전략은 그 정보를 어떻게 사용할 것인가? 아래의 그림에 있는 흐름 계획표는 프로그램 전개의 착수에 대해 설명한 과정을 요약한 것이다.

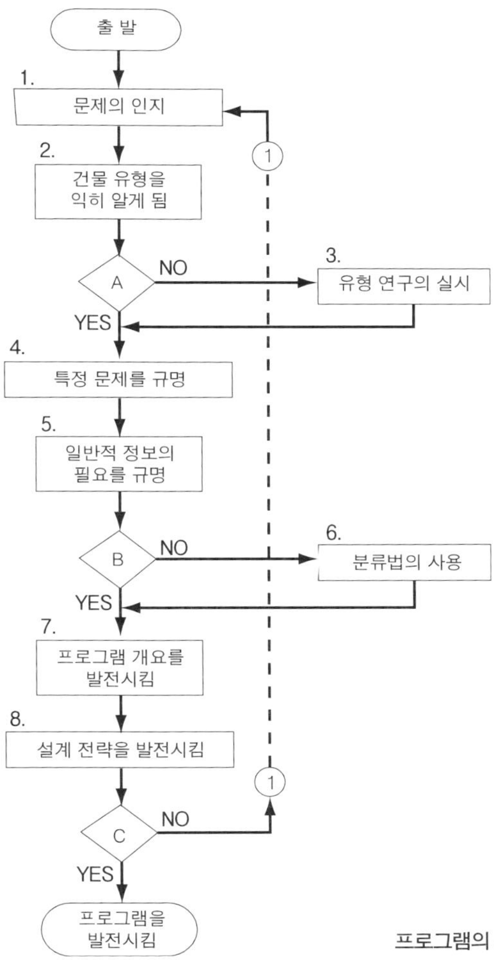

프로그램의 시작

표 8-2

프로그램 정보의 필요사항	
구성원(구성원-조직상의 성격)	건축주, 건축주의 조직체 조직구조, 계열 및 직원, 주요부서의 구분 조직체 인원, 직원의 직위 및 임무 비공식적 조직, 사회구조 관계된 조직체: 봉사 혹은 통제 조직체, 법규기관, 융자기관 자용자의 특성 건축주, 건축주의 조직체, 조직체 인원, 사용자 등의 변경, 원하는 변화, 계획된 장래의 변화
목적 (사건-기능적 성격)	조직체의 사회적 영향에 관한 일반적 정보 건축주의 철학, 사명, 목표, 소목표, 목적, 부서의 목적 사용자의 목표, 목적 종합개발계획의 목적 안전성의 고려 목적의 변경 원하는 변화, 계획된 장래의 변화
형태 (사건-조직상의 성격)	조직체의 운영 조직구조에 관한 조직체의 운영 목표, 목적에 간한 조직체의 운영 조직에 인원의 형태(체계화된 것, 체계화 되지 않은 것) 사용자의 형태(체계화된 것, 체계화 되지 않은 것) 형태의 변화 원하는 변화, 계획된 장래의 변화
기능 (대상물-기능적 성격)	운영체계, 업무체계, 정보체계, 순환체계, 자료이동체계, 유틸리티체계, 환경체계, 공간구획, 분할체계, 구조시스템, 구조적 하중조건, 내화성, 경보체계, 통풍 기능상의 변화, 기능 요구의 변화 원하는 변화, 계획된 장래의 변화
대상물 (대상물-구조적 성격)	유사한 기능, 조건, 규모를 가진 기존 및 과거의 프로젝트 기존의 건물, 시설, 비품, 설비 대지묘사와 구비조건, 대지에의 접근로, 유틸리티 인입, 대지 등고선의 형상, 수목, 토질상화, 주위환경, 기후 설계상의 특수한 규제 및 제한, 비상구 요구조건, 재료, 통풍, 개구부, 화장실, 스프링클러 융자기관과 보험회사의 요구조건 계획 및 구획위원회의 요구조건 대상물의 변화, 관리유지에 관한 고려 원하는 변화, 계획된 장래의 변화

인용 : E. T. White "Introduction to Architectural Programming", Tucson, Arig. ; Architectural Media, 1972

■ 프로그램의 개발

건축가는 프로그래밍을 더 진전시키기 전에 프로그래밍 절차에 대한 계획을 세워야 한다. 건축주와의 첫 번째 대화에서 어떠한 프로그래밍을 필요로 한다는 것이 암시되었다. 이제는 건축가로 하여금 프로그래밍 임무를 완수하게 할 방법의 개요가 작성되어야 한다. 건축주가 예비 프로그램을 제공한다면 프로그램 작업은 비교적 간단할 것이다. 건축가는 다만 완전성, 일관성, 정확성에 대해 프로그램을 검토할 필요만 있을 뿐이다. 그러나 이전에 건축되어진 적이 없는 종류의 건물 프로그램 작성을 건축주가 건축가에게 의뢰한다면 그것은 지극히 복잡한 작업이 될 수 있다. 그 건물이 잘 알고 있는 유형일지라도 그 건물을 사용할 사람들에 대해 아는 것이 거의 없다면 그것을 알아내는 작업은 어려운 프로그램상의 문제를 일으킬 수 있다.

프로그래밍 절차를 계획하기 위해서는 어떤 종류의 자료가 필요한가, 그 자료는 가장 유용하게 되기 위해서는 어떤 형태로 있어야 하는가, 그러한 형태의 자료를 구할 수 있는가, 다른 여러 가지 종류의 자료가 언제 필요할 것인가, 자료 수집을 누가 할 것인가, 누구에게서 자료를 수집할 것인가 등을 건축가는 고려해야 한다. 건축가는 이러한 고려사항에 기초를 둔 자료수집에의 접근방법을 선정해야 하며 체계화된 자료를 나타낼 형식, 자료분석 임무, 자료수집 임무 등의 초안을 작성해야 한다. 사실상 건축가는 필요한 정보로부터 시작하여, 그 정보를 올바른 형태로 발전시키기 위해 취해야 할 여러 단계를 거쳐서 거꾸로 작업을 한다. 자료의 일부를 이미 체계화된 형태로 건축주나 다른 출처로부터 얻을 수 있다면 노력이 절약될 수 있다. 기존 건물의 평면도, 건물을 점유할 회사나 기관의 조직표, 그런 회사의 생산과정에 대한 흐름 계획표 등이 그 예가 된다. 이러한 출처들이 바닥이 났을 때에는 건축가는 필요한 정보를 누가 갖고 있는가를 찾아야 한다. 주요 정

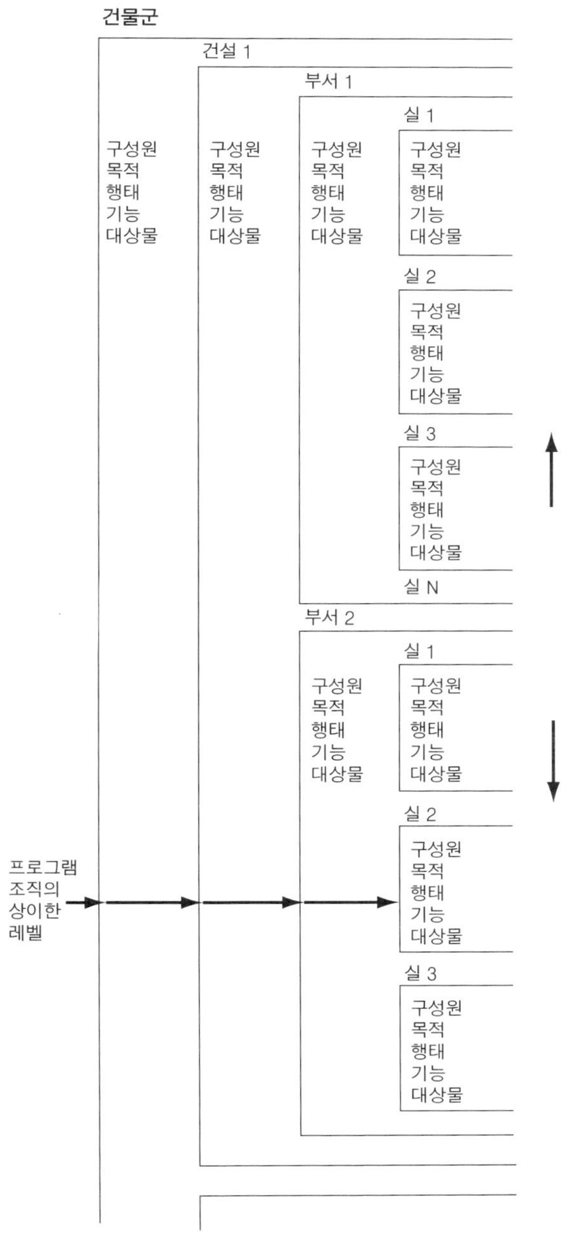

프로그램 정보의 조직

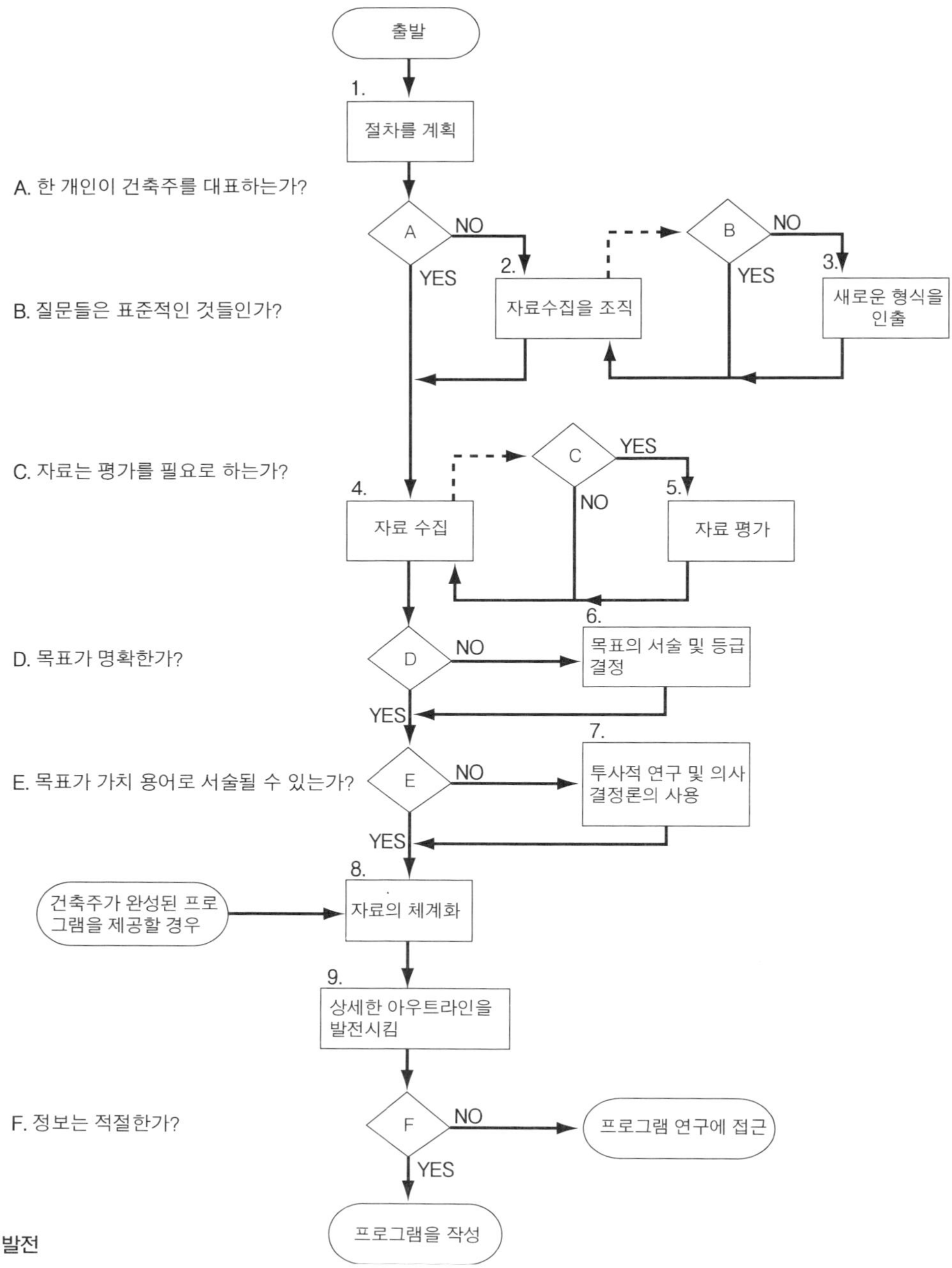
출발
1.
절차를 계획
A. 한 개인이 건축주를 대표하는가?
A
NO
YES
2.
자료수집을 조직
B
NO
YES
3.
새로운 형식을 인출
B. 질문들은 표준적인 것들인가?
C. 자료는 평가를 필요로 하는가?
4.
자료 수집
C
YES
NO
5.
자료 평가
6.
D. 목표가 명확한가?
D
NO
목표의 서술 및 등급 결정
YES
7.
E. 목표가 가치 용어로 서술될 수 있는가?
E
NO
투사적 연구 및 의사 결정론의 사용
YES
8.
건축주가 완성된 프로그램을 제공할 경우
자료의 체계화
9.
상세한 아우트라인을 발전시킴
F. 정보는 적절한가?
F
NO
프로그램 연구에 접근
YES
프로그램을 작성

프로그램의 발전

책에 관한 질문은 최고 경영자에게 해야 하지만 많은 상세한 질문들은 문제에 가장 가까운 사람들에게 해야 한다.

자료의 필요성은 자료의 출처에 합치되어야 한다. 최초의 인터뷰에서와 같이 이 단계에서 질문서가 사용된다. 질문서를 많은 사람들에게 나누어 주려고 할 때에는 그 질문서의 개발에 상당한 주의를 해야 한다. 그러한 질문서를 고안해내는 것은 상당한 전문적 기술을 요한다. 건축가가 그러한 기술을 갖고 있지 않을 때에는 효과적이며 경제적인 질문서를 작성하는데 도움이 될 컨설턴트의 뒷받침이 필요할지도 모른다. 자료의 여러 출처에 대해 적절한 질문서가 고안되었으면 여러 개인들과 그룹들과의 인터뷰를 계획하고 행해야 한다. 만일 그 자료가 건축가가 과과에 사용하였던 표준 분류체계들 중의 어느 하나와 일치하고 또한 그 자료의 여러 부분들 간에 상충되는 것이 없다면 그 자료를 평가하기 위하여 많은 노력이 필요하지는 않을 것이다. 자료가 갖추어졌다면 건축가는 건축주에게 그 자료에 대해 확인을 받고 프로그램을 발전시켜 나갈 수 있다.

자료가 표준형식에 일치할 수 없을 때에는 상당한 노력이 자료 수집에 경주되어야 한다. 예를 들면, 보통 건물이 필요로 하는 것보다 훨씬 더 큰 건물직원 및 관리인원의 필요성을 그 자료가 나타낼지도 모르며, 따라서 그런 사람들을 위한 공간과 설비를 수용하기 위해서 분류의 재조직이 필요할 수도 있다. 적절한 분류체계가 있으면 건축가는 완전성, 자료의 여러 부분들 간의 현저한 차이(이것은 건물의 여러 부분들이 성격상 매우 달라야 할 필요가 있을 수도 있다는 것을 암시할 수 있다), 혹은 자료의 여러 부분들 간의 상충 등에 대해 정보를 점토할 수 있다. 자료들 간에 상충 되는 것이 있으면, 그것이 자료 수집에서의 부정확성의 결과인지, 혹은 건축주나 그 조직체의 여러 부분에 이해관계와 목표의 상충됨이 정말 있는지를 건축가는 결정해야 한다. 상충됨이 부정확성의 결과라면 수정된 절차가 적절할 수도 있다. 건축주의 목표에 실제로 상충됨이 존재한다면, 건축가는 건축주와 함께 그 상충됨을 해소하기 위해 목표를 좀 더 명확하게 서술하고 그 목표를 등급 짓는 작업을 할 수도 있을 것이다. 목표가 가치 기준적 용어로 서술될 수 있다면, 건축주의 목표에 영향을 줄 수 있는 장래의 가능한 상황들을 예측하는데 유용할 수도 있다. 목표를 선택하는데 도움을 주기 위해 의사결정이론 기법이 사용될 수도 있다. 건축가가 이러한 기술에 익숙하지 않을 때에는 운용과학(Operation Reserch)이나 시스템 이론(Systems theory) 컨설턴트를 채용할 수도 있다

자료가 이용가능하고 완전할 때에는 그 자료는 처음 설계 노력에 도움이 될 방식으로 체계화될 수 있다. 좀 더 간단한 건물에서는, 건축가는 건물 여러 공간들 간의 관계를 나타내는 도해적 "버블 다이어그램"으로 직접 발전시켜 나갈 수 있다. 이전의 건물유형 연구가 버블 다이아어그램을 발전시켜 나가는 지침이 된다.

대조적으로, 건물이 복잡하거나 작업에 지침이 되는 비슷한 유형의 건물 전례가 없을 경우에는, 건축가는 건물 여러 부분들 간에 존재하는 상호 관계성을 밝히기 위해 행렬, 군집기법, 그래프 이론 등을 사용하는 최근(지난 15년 이내)에 개발된 기법들 중의 몇 가지를 사용할 필요가 있을 것이다. 행렬은 건물에 규정된 여러 공간들 간의 개개의 관계성을 밝히기 위해 여러 형태(상호작용 행렬, 임무-상호작용 행렬, 업무요구 행렬, 기능 관계성 행렬)로 사용된다. 군집기법은 강력한 상호작용을 가진 개개의 공간들을 공간군으로 형성하고 그 공간군들을 약하거나 거부적인 상호작용만이 있는 혹은 전혀 상호작용이 없는 다른 공간군들로부터 분리시키기 위해 사용된다. 예를 들면, 식당과 주방간의 주종관계는 강력한 상호작용이며, 건물관리인실과 어느 한 사무실과의 주종 관계는 약한 상호작용이며, 도서관 활동과 주방의 오물수거활동 간의 관계는 상호작용이 없는 것이며, 시끄러운 놀이터와 조용한 서재나 도서실 공간 사이의 관계는 거부적인 상호작용이다. 끝으로,

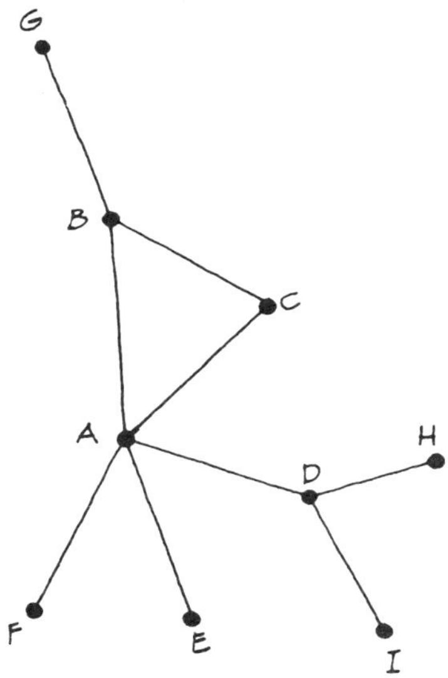

다이그래프(di-graph)

이러한 모든 상호작용들(상호작용 군집도 함께)을 건물에 존재할 필요가 있는 공간 관계성을 나타내는 그래프나 다이그래프(di-graph)로 체계화하기 위해 그래프 이론이 사용될 수 있다. 이러한 그래프는 버블 다이어그램의 좀 더 복잡한 변형이다. 더 복잡한 이런 종류의 그래프는 컴퓨터의 도움으로 개발될 수밖에 없다. 버블 다이어그램의 동그라미(bubble)들이 각기 나타내려는 공간의 크기에 맞추어서 그려졌을 때에는 건축가는 건물 평면의 최초의 근사치를 발전시킨 것이라 할 수 있다. 비슷한 방식으로 그래프나 다이그래프를 최초의 평면 근사치로 전환시키는 듀얼그래프(dual-graph)기법이 있다.

충분한 자료와 p.198에서 설명된 과정이 주어지면, 건축가는 이제 프로그램을 작성하고 그것을 건축주나 다른 적절한 그룹에게 제시할 준비가 된 것이다. 그러나 그 작성과정을 설명하기 전에 정보가 불충분한 경우로 되돌아가 보기로 한다. 건축가는 자료의 체계화를 진행할 수 없으며 프로그램 연구활동에 착수해야 한다.

듀얼그래프(dual graph)

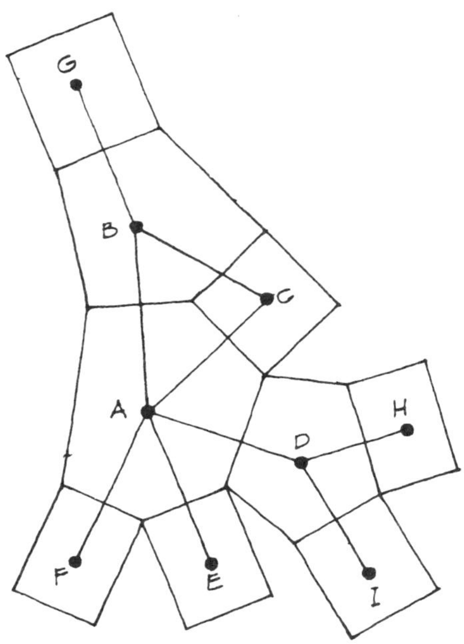

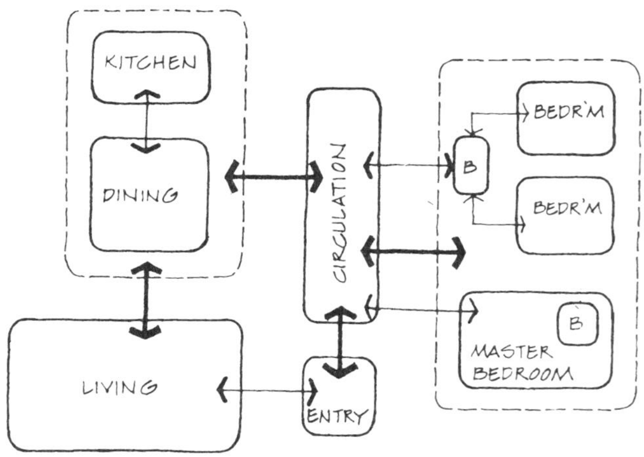

간단한 버블다이어그램(bubble diagram)

■ 프로그램 연구에의 접근

충분한 정보를 건축주로부터 얻을 수 없을 때에는 건축가는 그것을 수집할 방법을 찾아야 한다. 필요한 정보의 종류에 따라 자료 수집은 여러 가지 다른 방법으로 접근할 수 있다. 한 종류 이상의 정보가 부족하다면 여러 가지 접근방식이 필요할지도 모른다. 프로그램 연구의 면에서는 세 가지 종류의 정보가 있다. 권위적, 사실적, 투사적 정보 등이 그것이다. 권위적 정보란, 건축주에게 개인적 선호도에 관하여 대답이 가능한 방법으로 질문했을 때 건축주가 그에 대하여 제공할 수 있는 정보이다. 사실적 정보란, 건축주가 갖고 있지 않은 정보이지만 보통의 행태연구 방법(사례연구, 조사, 실험 등)으로 구할 수 있는 정보이다. 투사적 정보란, 건축주가 갖고 있지도 않으며, 관례적인 연구로는 구할 수도 없는 자료이다. 오히려 이것은 건축주의 상황에 대한 수리적 표현을 발전시켜서 구해야 한다. 이 수리적 표현은 건축주가 접할지도 모를 여러 상황의 영향과 그런 상황에서 건축주가 택할 수 있는 여러 대안들의 가치를 표현하기 위해 사용될 수 있다.

자기에게 어떤 종류의 정보가 필요한 가를 건축가가 단

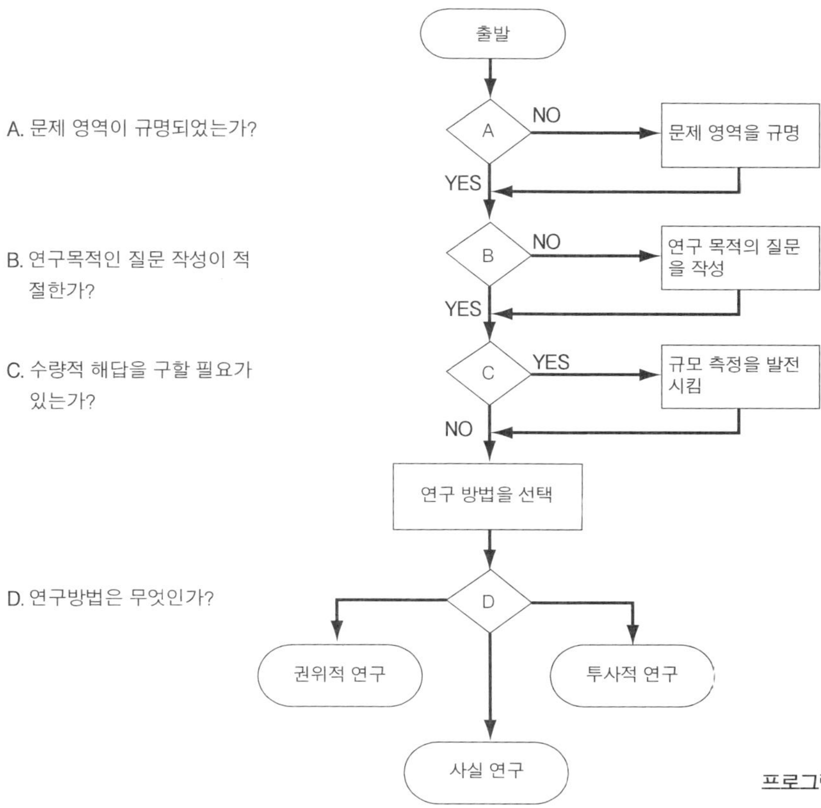

프로그램 연구에의 접근

언할 수 있기 이전에 질문들은 매우 정확하게 작성되어야 한다. 질문을 작성하는 첫 단계는, 아마도 목표 — 수단의 정보 분류체계의 사용에 의한 문제영역을 발견하는 일이다. 그 분류체계는 두 가지 사실에 기초를 두고 있다. 즉 건물은 인간이 일하는 것을 돕는 도구라는 것과 인간은 목적이 있기 때문에 일한다는 것이다. 정식으로 말하자면, 설계된 사물(건물을 포함하여)은 인간(또는 그 조직체)의 목표를 달성하기 위하여 행동을 돕는 기능(또는 능력)을 갖고 있다는 것이다. 이 단어들은 그 하나하나가 분류 각 부분의 표제가 되는 분류체계를 형성한다. 이 체계는 그 각 부분이 사람들이 자기들의 필요를 묘사하는 전형적인 방법이기 때문에 유용하다. 그들은 자기들이 누구이며, 무엇을 하기 원하며, 그들의 건물이 자기들을 어떻게 도와주어야 하며, 그 건물이 어떠한 질의 건물이어야 하는가 등을 이야기할 수 있다. 공교롭게도 여러 전문적 학문분야가 이 분류체계의 여러 부분들 중 어느 하나에 관심을 쏟고 있다.

구성원(혹은 조직)	조직 연구
목　적	운영과학(Operations Research)
행　태	환경-행태 연구, 환경심리학
기　능	시스템공학(systems Engineering)
대상물	디자인 연구

이들 각 분야는 그와 관계된 여러 종류의 수많은 질문들에 해답을 줄 기술을 갖고 있다.

연구용 질문들이 가능한 한 정확하게 작성되었을 때, 건축가는 질문에 대해 가장 잘 대답할 수 있다고 생각되는 연구방법을 선택해야 한다. 질문이 선호도에 관한 것이라면 권위적 연구를 착수할 것이며, 간단한 사실에 관한 것이라면 사실 연구방법을 택할 것이며, 여러 조건 하에서의 택일적인 조치방향들에 대한 가치에 관한 것이라면 투사적 연구방법을 택할 것이다. 건축가 이러한 여러 연구방법에 대한 적절한 기술이 없을 때에는 그들의 연구에 도움을 주게 될 적절한 학문분야의 컨설턴트의 도움을 받아야 한다. 이 내용은 p.217의 도표에 요약돼 있다.

권위적 연구의 착수

만일 필요한 정보가 건축주가 제공할 수 있는 종류라면 건축가는 건축주가 답할 수 있는 방식으로 질문할 방도를 찾아야 한다. 물론 가장 보편적인 방법은 직접적인 질문에 의한 것이지만, 만일 그것이 실패할 경우(자주 그렇듯이)에는 건축가는 그 질문에 대한 가정된 해답에 기초하여 건물의 계획설계를 착수할 수 있다. 그 계획 설계안에 대해 건축주가 나타내는 반응은 대개 건축주의 질문에 해답을 주게 된다.

권위적 연구(건축주의 선호도에 관한)는 앞서 개요를 말한 것과 같은 과정에 의해 착수할 수 있다. 건축가는 가능한 한도까지 추론과 가정에 의해 자기의 정보를 발전시킨다. 그 다음에 여러 가지 상황들을 한 문맥 속에 나타낼 계획설계를 발전시킨다. 그 계획설계를 건축주와 함께 검토하고 그 설계안과 정보에 대한 건축주의 반응을 알아내기 위해서 그 설계안의 기초가 된 정보의 질을 명확히 밝힌다. 건축주의 반응에 따라 건축가는 자기가 발전시킨 정보를 유지하거나 수정을 가한다.

사실 연구의 착수

건축가가 필요로 하는 정보가 건축주가 갖고 있지 않은 사실적 정보일 경우에는 전적으로 다른 연구방법을 취해야 한다. 건축가는 행동 과학자들이 다루는 것과 꼭 같은 방법(사례연구, 조사, 실험 등의 수단에 의한)으로 그러한 연구에 접근해야 한다. 건축가가 때로는 설문의 사용에 의한 간단한 조사를 행할 기술을 갖고 있기는 하지만, 연구용 질문이 아주 복잡할 경우에는 행태 과학자들의 도움을 요청할 필요가 있을 것이다.

질문이 탐구적 단계에 있고 잠정적 해답만이 필요할 경

우에는 그 질문의 전체 영역을 탐구하는 사례 연구가 가장 적절할지도 모른다. 그와 대조적으로, 질문이 좀 더 구체적이고, 심사숙고된 것이며, 이미 질문 영역의 탐구적 지식에 기초를 둔 것일 때에는 좀 더 정밀한 형식의 연구(조사나 실험)가 보통 요구될 것이다. 질문이 여러 문제들이나 상황들 간의 인과관계에 관한 것이라면 실험이 아마도 가장 적절할 것이다. 질문이 여러 종류의 상황들이나 한 문제의 여러 가지 특성들의 분류에 관한 것이라면 조사가 적절한 연구방책일 것이다.

연구방식에는 상관없이, 연구를 행하는 방법의 지침이 되는 몇 가지의 기본적 규칙이 있다. 질문이 영속적이며 눈에 보이는 어떤 상황에 관한 것일 경우에는 좀 더 정확한 정보는 연구원의 직접적인 관찰에 의해 구할 수 있는 것이 보통이다. 그와 대조적으로, 질문이 영속적이 아니고 일시적으로 발생하는 어떤 것에 관한 것이거나 눈에 보이지 않는(견해와 같은) 어떤 것에 관한 것일 경우에는, 연구원들은 그 일시적 상황이 생겼을 때 거기 있었던 사람들이나 보이지 않는 사상(事象)에 관한 지식이 있는 사람들에 대한 질문에 의존할 수 밖에 없을 것이다.

끝으로, 일련의 질문이 비교적 간단하다면 연구는 불참여 형식(우송된 질문서에 의한 것까지도)으로 행해질 수 있지만, 질문들이 매우 복잡할 경우나 묻는 질문이 이전의 질문에 대한 대답에 강하게 좌우될 경우에는 연구원들이 연구절차에 직접 참여해야 하며, 모든 질문들이 대답될 때까지 그 과정을 관리해야 한다.

투사적 연구의 착수

연구를 위한 질문이 복잡할 때와 그 질문이 미래의 상황에 좌우될 경우에는 건축가는 투사적 연구를 요청할 필요가 있을 것이다. 투사적 연구절차는 사실 연구보다 더 한층 복잡하기 때문에 전문적 컨설턴트의 도움이 필요하게 될 것이다. 몇몇 기법은 사실연구의 그것들과 유사하지만, 이 연구형태의 가장 중요한 요소는 전혀 다르다. 이 기법을 모델화(化)라 칭한다.

이 기법에서는 연구 중인 상황의 추출 모델이 개발된다. 일반적으로 이 모델은 상황에 영향을 주는 모든 가변조건들의 수리적 표현인 것이다. 예를 들면, 쇼핑센터 부지의 선택을 다루는 경우에 비용(토지 구득, 세금, 그 부지에서의 건설비 등), 시장지역(일정한 운전시간 거리내의 고객의 수), 인근 지역에서의 다른 개발계획의 가능성, 그 부지의 쇼핑센터에 입주하기 원하는 상점들의 잠재적 배합 등에 관하여 몇 개의 후보지들이 기술될 것이다. 이러한 여러 가지 요소들이 미래의 여러 가지 다른 경제적 상황에서의 수익성을 나타내기 위하여 하나의 모델에 종합될 것이다. 각각의 상이한 경제적 상황은 마치 그런 상황이 대략 발생할 것처럼 다루어진다. 그것들의 수리적 가능성이 모델에 적용되며 각각의 미래 상황에 대해 예상되는 결과를 그 모델로부터 유도해 낼 수 있을 것이다.

요컨대, 이러한 모델은 연구 중인 조직의 운영에 영향을 주는 실제 상황에서의 중요한 특징들을 수리적 표현으로써 요약하는 것이다. 이와 같은 모델은 몇 가지 용도가 있다. 그것은 여러 외부 영향들에 대하여 조직이 어떻게 반응할 것인가를 보여줄 수 있다. 그것은 의사결정 책임자로 하여금 최선의 성과(모델에 의한)를 낳을 조치방향을 선택하게 할 수 있다. 그것은 조직의 가장 민감한 내적 구성요소들(성과에 대해 가장 큰 영향을 미치는 것들)을 찾아낼 수 있으며 그 구성요소들에 대한 세밀한 연구를 가능하게 한다. 이런 종류의 연구는 추후에 그 구성요소에 대한 재고(再考)와 재설계로 점차 유도할 수 있다.

이러한 투사적 연구(오퍼레이션 리서치 시스템 연구, 의사결정 연구 등으로 불려 온)는 사실연구의 기법에 좌우된다. 상황에 대한 적절한 수리적 모델을 고안해 내기 위해서는 충분한 양의 사실연구가 요구되는 것이 보통이다. 이런 이유 때문에 투사적 연구는 시간 소모와 경비가 많이 드는 과정인 것이다. 이것은 필요한 정보를 얻을 다른 방도가 없다는 명백하고 확고한 입증이 있을 때에만 사용되어져야 한다.

■ 프로그램의 작성

필요한 연구결과가 완성됨에 따라 개개의 새로운 정보들은 전체적인 정보수집 결과에 끼워 맞추어진다. 각 정보가 추가됨에 따라 수집된 정보는 필요로 하는 정보의 상세한 목록이나 아우트라인과 비교된다. 이 목록이 완성되었을 때 실제의 프로그램 작성이 시작되는 것이다. 사실상, 완성된 프로그램으로 발전시키는 일은 마지막 정보가 입수되기 전에 시작되는 것이 보통이다. 체계화된 프로그램 체재의 이점은 다른 정보들이 아직 수집되고 있는 동안에 부분적으로 프로그래밍 작업이 진행될 수 있다는 점이다.

완성된 프로그램은 흔히 인쇄나 책자나 팸플릿의 형태를 취한다. 프로그램의 목차가 배열되는 형태는 그 프로그램을 발전시킨 기본논리를 따라야 한다. 이것의 유용한 형태는 위에서 설명된 정보 분류의 변형이다. 그 분류는, 건축주와 사용자가 누구인가를, 그리고 건축주의 목표, 그 목표를 성취시킬 행태, 그 행태를 돕기 위해 건물에 필요한 기능, 완성된 건물의 물리적 특성 등을 포함하여야 한다.

프로그램은 다음의 아우트라인 형태를 취할 수 있다;

1. 본문앞부분 : 제목, 서문, 내용목차, 문서의 목적과 범위, 프로그램 편제, 프로그래밍 방법론
2. 건축주 · 사용자 : 구성원과 시설은 어떠한가? 건물은 누구를 위해 설계될 것인가?
3. 문제점들과 목적 : 기존 상황은 어떠하며, 그것이 건축주에게 어떤 문제점들을 주고 있는가? 그러한 상황의 변경을 요구하는 건축주의 목적이 무엇인가?
4. 원하는 형태 : 건축주와 사용자는 그 목적을 달성하기 위해서 무엇을 할 수 있기를 원하는가? 건축주는 건물에 대해 어떠한 특정 목적을 갖고 있는가?
5. 기능 표준 : 행태를 돕게 될 어떤 기능을 건물이 제공해야 하는가? 건물의 여러 가지 운영 시스템에 대한 기능표준, 각 실마다의 요구조건 리스트, 버블다이어그램 혹은 건물의 여러 부분들 및 각 실들 간의 중요한 관계성을 보여주는 그와 비슷한 방법
6. 대상물 표준 : 현지 법규, 건축주의 기호 등에 의해 부과되는 물리적 요구조건
7. 접근방법 : 유형연구, 사고방식, 체계화 아이디어 등과 건축가가 건물 디자인에 어떻게 접근할 수 있는가를 시사하는 기타 권장 형태들
8. 본문 뒷부분 : 색인, 부록, 전시물, 정의, 참고문헌 목록, 감사문 등

건축주 · 사용자의 항목 아래에 건축주와 사용자, 혹은 건축주 기관의 규명, 건축주의 배경, 건축주나 사용자의 인원구성 특징, 건축주의 철학, 건축주 기관의 운영 및 발전의 역사 등을 프로그램은 취급할 수 있다.

문제점들과 목적의 항목에서는 건축주의 현재의 운영에 대한 묘사, 현재 상황의 분석, 건축주의 문제점들에 대한 건축적 해결방안에 영향을 끼칠 사실들, 현재의 속박과 제한조건들, 일반적인 건축주의 목적과 목표, 이 특정 프로젝트의 동기가 된 목적들, 건축주와 같은 유형의 기관들 간에 존재하는 일반적 경향 등을 포함할 수 있다.

원하는 형태의 항목에서는 프로젝트의 특정목표, 이 프로젝트가 건축주를 위해 운영 및 행태 면에서 성취해야 할 것, 프로젝트에 존재하는 사회적, 행태상의 제약, 어떤 행태들이 업무와 관계되고 고도로 체계화된 것들인가, 어떤 것들이 좀 더 사회 지향적이며 덜 체계화된 것인가 등이 토의되어야 한다.

기능표준의 항목에서는 기능적 분야의 조정과 부지상에서의 그들의 배치를 위한 일반적인 법칙들, 각각의 기능적 시스템에 대해 각 실마다 기술한 성능 요구조건들, 여러 기능적 분야에 대한 환경 및 운영상의 요구조건들, 버

블 다이어그램, 관계성 도표, 상호작용 행렬 등을 포함하여 공간들 간의 상호관계를 묘사하는 여러 가지 방법 등을 포함할 수 있다.

대상물 표준의 항목은 건축설계 표준으로 구성된다. 건물과 그 각부의 물리적 특성의 목록, 건축주가 건물에 사용하기 원하는 장비, 제품, 재료 등과 이것들이 건물설계에 영향을 미칠 방법, 법규상의 요구조건들의 목록, 건물설계에 영향을 미칠 조닝 조례(Zoning ordinance)와 기타 물리적 표준들.

접근방법의 항목에서는 유사한 건물들의 설계에 사용된 일상적인 방법을 보여주는 유형학적 연구, 건물 내의 특정문제에 대한 해결방법, 건축가의 문제 접근방법을 시사하는 디자인 철학이나 디자인 접근태도의 서술, 문제를 해결할 수 있는 기본적인 체계화 아이디어 등을 포함할 수 있다.

전술한 것과 같은 종류의 책자나 팸플릿은 여러 면에서 상당한 수준의 기술을 요한다. 프로그램 정보를 발전시키는 것에는 논리적이며 수리적인 기술의 사용이 요구되는 반면, 프로그램 자체를 발전시키는 일에는 집필, 편집, 체계화 등의 기술을 요한다. 책자나 팸플릿의 출판에는 예술적이며 그래픽한 디자인 기술과 인쇄 과정에 대한 경험을 요한다. 자료를 순서 바르게 써 나가는 것만으로는 불충분하다. 자료는 또한 여러 부분들이 서로 구분되고 가장 중요한 점들을 강조하고 프로그램을 읽기 쉽고 이해하기 쉽게 만드는 방식으로 나타내야 한다. 글로 쓰인 자료를 보강하기 위해 삽화가 사용되어야 한다.

■ 프로그램의 제시

대개, 건축가는 건축주 그룹에게 이 프로그램을 구두로 설명할 것이 요구된다. 성문화된 프로그램은 건물 프로그램이 필요로 하는 막대한 양의 세부를 제공할 수 있는 한편, 프로그램에 대한 구두 요약이나 설명은 건축주가 프로그램을 더 잘 이해하도록 도와줄 수 있다.

건축가는 주된 건축주에게 뿐만 아니라 사용자 그룹에게도 프로그램을 제시할 때가 자주 있다. (건축주와 사용자는 서로 다른 그룹일 때가 흔하다) 건축주 그룹이 변경제안을 항상 잘 받아들이는 것은 아니지만, 사용자 그룹이 가능성 있는 변화에 대해 공공연히 적대시하는 것은 지난 20년간 통례가 되어 왔다. 건축가는 자주 곤경에 처한다. 그는 누구의 이익을 대변해야 하는가? 그는 프로그램 제안의 가장 빠른 수락이 자기의 건축주에게 직접적인 이익이 된다고 추정하고 그것을 추구해야 할 것인가? 만약 그렇다면, 프로그램의 가장 마음에 들 만한 면만을 강조하고 마음에 잘 들지 않을 면을 슬쩍 넘어가기 위해 건축가는 대중 앞의 발표 기술을 사용해야 하는가? 건축가는 책임 있는 자리의 사람들에게 받아들여질 것을 확실히 할 전문적 우수성을 과시하면서 자신의 이익을 위해, 또한 양질의 프로젝트를 보장하기 위해 이야기하는 것인가? 혹은 그와는 대조적으로 좀 더 중립적인 자세를 취해야 하는가?

중립적인 자세가 가장 좋다는 것이 분명한 것 같다. 건축가는 여러 가지의 다른 관점들을 분명하고 공정하게 표현해야 할 뿐만 아니라, 그의 표현태도가 본의 아니게 한쪽 입장을 다른 쪽 입장보다 더 두둔하지 않을 것을 확실히 해야 한다.

표현에는, 그 전개를 위해 청취자가 무엇을 들을 필요가 있는가를 상상할 수 있는 능력에 좌우되는 어떤 기술이 필요하다.

■ 요 약

건축 프로그래밍은(설계 프로젝트의 복잡성에 따라) 다

수의 뚜렷한 단계들을 거치며 다수의 상이한 기법들을 필요로 한다. 이 기법들 중의 몇몇은 건축가의 업무에 일상적으로 관련되는 기법들과는 매우 다르다.

건축가가 처음으로 건축주에게 접근할 때에는 그는 건축주가 어떤 종류의 건물을 원하는 가를 재빨리 이해해야 한다. 그 종류의 건물에 익숙하지 않을 경우에는 건축가는 빨리 익숙해질 방법을 강구할 수 있어야 한다. 초기의 프로그램 단계에서는 체크 리스트와 건축주에게 물어볼 표준 질문 목록의 도움을 받을 수 있다. 최초의 인터뷰로 건물의 일반적 성격을 확인한 후에는 건축가는 건물설계에 필요하게 될 정보의 전체적 아우트라인을 개발하여 일을 진행하는 것이 보통이다. 여기서는 이전의 프로그래밍 경험이 건축가에게 도움을 준다. 프로그램 정보를 구성원, 목적, 행동, 기능, 대상물 등에 따라 분류할 수 있으면 특히 도움이 된다. 이러한 분류는 건축가로 하여금 어떤 정보가 빠져 있으며 어떤 정보를 보충해야 할 것인가를 알 수 있게 한다.

지나치기 쉬운 정보 중의 한 가지에는 건축주의 선호도가 포함된다. 이러한 정보는 계획 설계안을 발전시킴으로써 가장 쉽게 얻을 수 있다. 이것을 권위적 연구라 부르는데, 이는 이미 알려진 다른 선호도의 문맥 내에서 건축주의 나머지 선호도가 무엇인지를 결정하는 것이다.

지나치기 쉬운 또 다른 종류의 정보는 사실적 정보이다. 이러한 정보는 행동과학의 방법을 따르는 사실연구에 의해, 또는 정보가 복잡할 경우에는 수리적 모델화의 기법을 사용하는 투사적 연구에 의해 제공되어져야 한다.

정보가 전부 갖추어졌을 때에는 건축가는 그것을 글로 써서 인쇄할 수 있는 형태로 체계화해야 하며, 이 자료를 건축주나 때로는 사용자 그룹에게 문서 및 구두로 발표해야 한다. 프로그램이 건축주에게 완전히 받아들여졌을 때에는, 그것은 건물 설계과정의 추후 단계에 대한 기초가 된다.

프로그래밍 초기 단계에서는 건축가는 분석적, 논리적, 수리적 기술을 활용해야 하며, 또한 몇 가지의 특수한 프로그래밍 기법(상호작용 행렬과 관계성 도표)을 사용해야 한다. 프로그램 개발의 후기 단계에서는 건축가는 집필 및 편집기술을 활용할 수 있어야 한다. 그는 명확한 도표, 도면, 지도 등을 개발해야 할 필요가 있을지도 모르며, 또한 그래픽 디자인의 기술을 써서 인쇄를 위해 이 자료를 체계화할 필요가 있을 것이다. 끝으로, 건축가는 건축주와 사용자 그룹들 앞에서 자기의 프로그램을 명확하게 구두로 발표할 수 있어야 한다.

권장도서

Pena, William M., and J.W.Forke. *Problem Seeking*: New Directions in Architectural Programming. Houston: Caudill, Rowlett & Scott, 1969.

Sanoff, Henry. *Methods of Architectural Programming*. Stroudsburg, Pa.: Dowden, Hutchinson & Ross, 1977.

Wade, John W. *Architecture, Problems, and Purposes: Architectural Design as a Basic Problem Solving Process*. New York: John wiley & Sons, 1977.

White, Edward T. *Introduction to Architectural Programming*. Tucson, Ariz.: Architectural Media, 1972.

9 장
건축의 개념

Tim McGinty
임 창 복 역

개념은 간단히 말해, 여러 요소들을 하나의 총체로 통합시켜 주는 아이디어라고 정의할 수 있다. 여기서 여러 요소들이란 아이디어(ideas), 관념(notions), 사고(thoughts), 관찰(observation)등을 의미한다. 건축에서 개념은 프로그램상의 요구조건, 설계내용, 건축가의 신념 등을 통합시킬 수 있는 구체적인 방법을 제시해 준다. 그러므로 건축설계에서 개념은 대단히 중요한 역할을 한다고 볼 수 있다.

이번 장에서는 5가지 유형의 개념들 — 유추(analogies), 은유(metaphors), 본질(essence), 일차적 문제해석(direct response and problem solving) 및 이상(ideals) — 이 건축설계에서 갖는 위치에 대해 논해보도록 한다.

■ 개념(Concepts)

개념은 건축가가 만들어 내야만 하는 것은 아니다. 건축주가 프로그램에 제시한 개념을 건축가가 설계에 잘 반영시킨 예는 르 코르뷔지에(Le Corbusier)가 설계한 카펜터 시각예술센터(Carpenter Center of Visual Arts)를 들 수 있다. 이 건물은 하버드대학의 학부 건물로 미술전공학생뿐 아니라 다른 모든 학생들에게도 개방된 건물이다. 계획안에서 제시된 개념은 만약 보다 많은 학생들이 이 센터에서 제공되는 프로그램을 알게 되고 그 활동상을 볼 수 있다면 좀 더 쉽게 센터 내의 수업에 참여할 수 있으리라는 것이다. 르 코르뷔지에는 이와 같은 개념을 설계에 반영시켜 이미 대지를 통과하고 있던 순환보행로로부터 뻗어 나온 램프를 만들어 그것이 건물 중앙부를 터널처럼

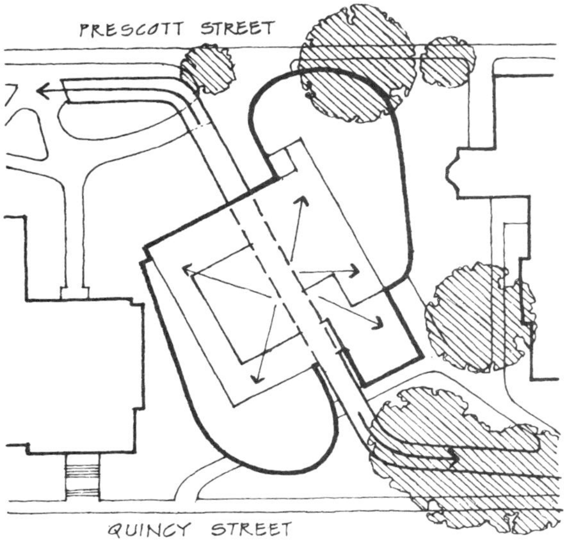

평면 다이어그램 카펜터 시각예술센터, 설계 : 르 코르뷔지에

카펜터 센터 설계 : 르 코르뷔지에

통과하게 함으로써 학생들로 하여금 건물 내부의 스튜디오와 작업장들을 직접 볼 수 있도록 하였다.

많은 건축가들이 개념을 설명하기 위하여 지금까지 사용하여 온 것 중에서 개념과 유사한 표현으로는 '건축적 아이디어'(architectural ideas), '주제'(themes), '총체적 구성 아이디어'(super organizing ideas), '빠르티'(parti)와 '에스키스'(esquisse) 및 '직역'(literal translation)의 6가지가 있다.

'건축적 아이디어'란 채광 및 공간, 공간의 연속성, 구조와 형태의 통합, 경관과 조화된 건물 위치 등과 같이 외형적인 구성적 관심으로 변화된 개념들이다. 이들의 각각은 모두 건물의 전반적인 설계에 영향을 미치게 된다. 즉 이 같은 구체적인 구성적 관심이 곧이어 뒤따르는 설계과정에 기초로 이용되게 된다. '주제'(theme)는 한 프로젝트의 설계 전과정에 걸쳐 반복되어 나타나는 특정의 패턴 혹은 아이디어를 말한다. 주제가 의도하는 바는 프로젝트 전반을 통해 나타나는 특정의 기하학적 주제처럼 그 폭이 좁은 것일 수도 있으나 좀 더 일반적인 내용이 되는 경우도 있다. 찰스 무어(Charles Moore) 작품은 바로 자신의 관심대상인 주제나 원칙을 발전시킬 수 있는 특정방법을 찾아내려는 탐구활동이라고 말하고 있다.[1] 텍사스 주의 포트 워스(Fort Worth)에 있는 루이스 칸의 킴벨(Kimbell) 미술관에 관한 팸플릿에는 "빛이 곧 주제"(Light is the

킴벨미술관 텍사스주 포트 워스 소재
설계 : 루이스 칸

Theme)라는 제목이 붙어 있다. 여기서 칸은 하루에 일어나는 빛의 변화뿐 아니라 계절에 따라 변화하는 빛의 분위기는 예술의 위대한 걸작품을 보충해 주는 중요한 요소라고 주장하고 있다. 이 미술관을 설계할 때 그는 무한한 광선의 변화를 건물 내부로 도입시키는데 온 노력을 집중시켰다.[2]

'총체적 구성 아이디어' 란 프로젝트의 각 부분마다 고려되어야 하는 전반적인 기하학적 구성이나 각 부분의 위계질서를 의미한다. 도시계획이나 캠퍼스계획에서 우리는 전반적인 조직형태를 구성한 후 부분적 패턴이 채워지는 예들을 볼 수 있다. 총체적 구성 아이디어에서는 전체형태를 보강시켜 주는 한도 내에서 부분 간에는 다소의 변화가 허용된다. 그 좋은 예로는 토머스 제퍼슨(Thomas Jefferson)의 버지니아대학 캠퍼스 계획을 들 수 있다. 이 계획에서 총체적 구성 아이디어의 목적은 각 부분들이 고유의 특성을 간직한 채 개발되면서도 동시에 전체를 보완해 줄 수 있도록 패턴에 적절한 구조(structure)를 부여하는 것이었다. 이 아이디어는 제퍼슨의 설계에서 잘 연출되어져서 전체 패턴이 명확히 살아 있으면서도 각 건물은 나름대로의 특징을 지니고 있음을 볼 수 있다.

'총체적 구성 아이디어' 는 대규모 프로젝트의 동선설계에서도 종종 찾아 볼 수 있다. 헬무스(Hellmuth), 오바타(Obata)와 카싸바움(Kassabaum)이 공동 설계한 워싱턴

버지니아 대학 캠퍼스
설계 : 토마스 제퍼슨

국립항공우주박물관
워싱턴 D. C. 소재
설계 : 토마스 제퍼슨

의 항공우주박물관(Air & Space Museum)의 경우 동선패턴에 따라 계획안을 개발한 것은 매우 현명한 것으로서 이러한 계획으로 인해서 예상을 훨씬 초과하는 관람객을 수용할 수 있었다.

'빠르티' (parti)와 '에스키스' (esquisse)는 19세기 프랑스 보자아르 학파에서 개발된 교육방법의 산물로 개념적이고도 사실적인 묘사방법이다. 이 방법에서 학생들은 고도의 수준까지 개념적 기술을 개발하도록 요구되었다. 학생들은 프로젝트에 착수한 수시간 내에 건물형태에 대한 개념과 예비 스케치를 개발시켜야 했으며, 동시에 프로젝트 전체를 통해 그 빠르티에 충실하도록 교육 받았다.

'직역' (literal translation)이란 프로젝트의 단순화된 계획이라고 볼 수 있는 개념과 도식을 개발하려는 목적 아래 에드워드 라라비 반스(Edward Larrabee Barnes)가 사용한 용어이다. 반스는 한 프로젝트에서의 개념이란 냅킨 위에 스케치한 그림과도 같이 표현 가능한 것이라야 된다고 보았다. 다시 말해서 이때의 최초의 도식(original diagram)은 냅킨 위의 그림에서처럼 완공된 건물에서도 명료하고 인지될 수 있어야 된다는 것이다. 반스의 말에 따르면,

> 건물은 회화적 이거나 조형적인 아이디어보다 건축적인 아이디어가 강해야 된다. 즉 건물 안에서 이루어지는 활동상과 관련된 아이디어를 가져야 한다.... 한 건축가가 다른 건축가로부터 '당신은 어떤 종류의 건물을 짓고 있나요?' 라는 질문을 받았을 때 그 사람은 즉각적으로 건축적 아이디어의 요지나 도식을 그림으로 표현할 수 있어야 한다.[3]

'개념' (concepts)이란 '관념' (notions)과는 대조되는 것으로서 적합성에 대해서는 어떤 허위가정도 내리지 않는다. 동물원의 새장설계에 대한 관념은 날아다니는 새에 대한 생각에 지나지 않을 수 있다. 그 설계로는 새가 마음대로 날고 그들이 필요로 하는

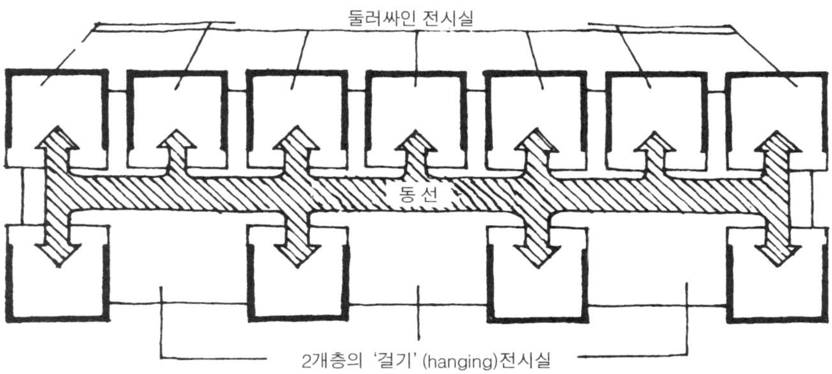

국립항공우주 박물관의 평면다이어그램
워싱턴 D. C. 소재

활동을 자유로이 할 수 있는 공간이 충분히 제공될 수 없다는 사실이 전혀 중요하지 않을 수도 있다. 따라서 관념으로는 이 아이디어가 받아들여질 수도 있고 재미있는 것으로 보일지 모르나, 개념에서 본다면 이것은 전혀 적당하지 못한 것일 수 있다. 개념에는 적합성이란 의미가 내포되어 있기 때문이다. 다시 말해 개념은 프로젝트의 중심 의도나 목적을 뒷받침해 주며 동시에 각 프로젝트의 특성이나 제한점을 고려한다.

■ 개념과 건축설계

개념형성(concept formulation)은 저절로 이루어지는 작업이 아니다. 이전까지 별개의 것으로 존재하던 것들을 적절하게 통합시켜 줄 개념을 발전시키는 데는 집중적인 노력이 필요하다. 이러한 통합작업은 디자이너, 건축가, 비평가, 화가, 음악가, 문필가 등이 일컫듯이 10%의 영감이나 천재성에 90%의 노력을 기울임으로써 이룰 수 있는 하나의 창작활동이라고 할 수 있다. 개념형성은 대부분의 일반인에게는 익숙하지 못한 작업이며 건축을 전공하는 학생들도 다른 설계분야에서와 마찬가지로 이를 터득하는 데 많은 어려움을 겪게 된다. 개념화 작업의 기술개발을 저해하는 세 가지 어려움으로는 첫째, 커뮤니케이션 문제, 둘째, 미숙한 경험, 셋째 위계질서(hierarchies)를 부여하는 문제 등을 들 수 있다.

학생들이 직면하게 되는 첫 번째의 문제는 커뮤니케이션의 문제이다. 커뮤니케이션의 문제 중 가장 어려운 문제는 놀랍게도 우리가 가진 개념을 타인에게 설명해 주는데 있는 것이 아니라, 우리의 아이디어를 우리 자신에게 설명하는데 있다는 점이다. 설계가들은 타인에게 아이디어를 설명해 주는 전주곡으로 자기 자신의 마음속에서 대화를 이끌어 가는 법을 배운다. 개념형성에 영향을 미치는 또 다른 커뮤니케이션 문제는 그래픽 커뮤니케이션이다. 아이러니컬하게도 많은 학생들이 개념을 발전시키는 과정의 일부로서 스케치를 하는 것에 저항을 느낀다. 그러나 건축에서는 건물이 시공되어지려면 모든 것이 그림으로 그려져야 하며 동시에 건물시공을 위한 계약문서의 반은 그림으로 구성된다는 것이 사실이다. 그러므로 설계안과 계획개념이 계속적으로 평가 받고 개선되기 위해서는 작업초기부터 스케치 과정이 시작되어야만 한다.

루이스 칸(Louis Kahn)은 다음과 같은 일화의 예로써 상상속의 건물과 첫 스케치 사이의 커뮤니케이션 문제가 대부분의 학생들이 겪는 보편적인 문제임을 보여주고 있다.

한 젊은 건축가가 찾아와 다음과 같은 질문을 했다. '나는 경이로움으로 가득 찬 공간에 대해 꿈을 꿉니다. - 시작도 끝도 없고 서서히 부상하고 진화하는 공간, 접합부분이 없고 희고 금빛 나는 재료로 이루어진 공간이지요... 그런데 그 꿈을 잡기 위해 종이 위에 선을 긋는 순간 그 꿈이 사라져 버리는 이유가 무

것일까요?' ... 이 질문은 아주 좋은 질문으로 측정할 수 있는 것과 측정할 수 없는 것에 대한 질문이다.... 음악이나 건축 등에서 자기 자신을 표현하기 위해서는 작곡이나 설계라고 하는 측정 가능한 수단을 채택해야만 한다. 종이 위에 그은 첫 선(線)은 완전하게는 표현될 수 없는 어떤 것을 이미 측정이 가능한 것으로 옮긴 것이라고 볼 수 있다.[4]

두 번째 미숙함의 문제는 첫 번째 문제의 확산이라고도 볼 수 있다. 개념은 그것이 건축과 익숙하지 못한 내용일 경우 창안해 내기가 매우 어렵다. 수많은 건축물들이 개념에 의거하지 않고 세워질 뿐만 아니라, 대부분의 비평가나 건축가들도 이들에 대한 비평을 가하지 않고 있기 때문에 설계의 초보자가 개념화 작업에 아무런 관심도 보이지 않는다거나 건축설계에서의 개념이 차지하는 역할을 이해하지도 못하는 경우가 비교적 많아졌다.

세 번째 문제는 간단히 말해 적합한 위계질서를 인지해 내는 문제라고 볼 수 있다. 경험의 부족 때문에 어떤 아이디어가 훌륭하고 멋진 개념인지 어떤지를 결정하는데 어려움을 느끼는 초보자의 경우 이것은 특히 어려운 문제이다. 건축가는 분별력 있게 판단을 내릴 수 있어야 한다. '아이디어'와 '관념' 및 '개념' 사이의 상호관계를 이해하는 것이 이 세 가지 문제를 해결하는데 도움이 될 수 있다.

아이디어

아이디어는 우리가 사물을 이해하고 통찰하며 관찰한 결과로서 특수하고도 구체적인 사고(thoughts)이다. 우리는 건축에서 건물의 방향이나 부엌의 위치, 자연환기를 이용하는 최선의 방법, 에너지 보존의 중요성, 내구자재의 중요성, 형태간의 전이(transitions), 공간의 연속성을 개발하는 방법 등 여러 가지 것들에 대한 아이디어를 갖고 있다. 건물과 건물설계는 수많은 작은 결정사항(decisions)에 의해 구성되기 때문에 다양한 이슈(issues)에 대응하는 아이디어와 개념을 창안하려는 기술개발이 대단히 중요하다.

프랭크 로이드 라이트(Frank Lloyd Wright)는 설계작업에 요구되는 아이디어를 풍부히 갖고 있던 건축가의 좋은 예이다. 존 스튜어트(John Stewart)는 《Wright's Usonian House》란 저서에서 소규모 주택설계와 시공에 관한 라이트의 35가지 아이디어가 담긴 논문을 건축업자를 위해 출간된 《House & Home》이란 잡지로부터 인용하여 실었다. 이와 마찬가지로 크리스토퍼 알렉산더(Christopher Alexander)와 그의 동료들도 '패턴' 언어(pattern language)에서 환경에 대처하는 인간의 행위와 반응에 관한 1,000여 가지의 아이디어를 수록하였는데 그들은 이와 같은 인간의 행위와 반응을 패턴(pattern)이라고 칭하고 있다. 건축설계가들에게는 이 아이디어들이 "아이디어의 경전" 으로 수집되고 있다. 그러나 라이트가 수록한 아이디어나 알렉산더가 고안한 패턴이 단일화 되어 있지는 못하다. 비록 라이트가 자신의 아이디어들이 어떤 식으로 완공된 건물에서 통합될 수 있었는가를 보여 주고는 있지만 이들 아이디어들이 모두 개별적인 단어들로 제시되어 있기 때문에 서로 연결성을 지니고 있지는 못하다. 따라서 각 경우마다 개념적 연결은 개개의 설계가나 건축가 자신에게로 남겨진 과제이다.

관념(Notions)

'관념' 은 그 내용이 체계성을 지니고 있지 못하다는 점 외에는 아이디어와 매우 유사하다. 관념은 비현실적이라고 생각되기도 하며, 다른 아이디어들과 비교하여 볼 때 아주 하찮아 보일 수 있는 그런 아이디어들을 말한다. 물론 그 속에 치열한 논쟁에서 조차도 찾지 못하는 진리의 중요한 맹아가 있을 가능성은 언제나 있다. '관념' 을 이런 식으로 정의할 경우 관념이란 개념형성에 아무런 역할도 하지 못하는 것이라고 생각하는 사람이 있을지 모른다. 그러나 이것은 사실이 아니다. 우리가 과학적 문제해결의 기본 강령이라고 생각하는 것이나 혹은 고든(Gordon)이 말하는 synectics란 바로 무작위적인 아이디어 산출(random idea generation)이라고 볼 수 있다.[5] 그러므로 지금까지 해결되지 못한 문제를 다룰 때는 '아이디어' 나 '관념' 이 그 문제를 해결하는데 중요한 실마리가 될 수 있다. synectics를 비롯하여 기타의 아이디어 산출기술(idea generation techniques)은 문제해결 과정의 결정적인 초기단계로서 여러 아이디어들 — 그 중 어떤 것은 불합리하고 부적합하며 추상적인 것들도 있지만 — 을 창안해 낸 소수 몇몇 사람의 능력에 의존하게 되는 경우가 많다.

건축에서는 프로젝트에 대한 적절한 개념이 계속적으로 명확하게 밝혀지지 않을 수도 있는데, 이 때에는 적절한 개념을 형성하는 발판으로서 또는 개념적 돌파구의 중심기술로서, 그리고 개념형성 및 설계에 대한 미숙한 경험의 필연적인 결과로서 관념을 생각해 볼 필요가 있다. 따라서 학생들이 개념을 창안해 내고자 할 때에는 관념을 구체화할 필요가 있는 것이다.

개념과 아이디어

'개념' 은 우리가 어떤 것을 이해한 결과로서 갖게 되는 구체적인 사고란 점에서 '아이디어' 와 유사하다. 다시 말해서 '개념' 은 여러 가지 요소와 특성들을 하나로 통합시킬 수 있는 방법에 관한 사고라는 점 외에는 아이디어와 비슷하다. 건축에서의 개념은 또한 건물에 대한 여러 측면의 요구조건들이 어떻게 하면 설계나 구성에 직접 영향을 미치는 구체적 사고로 통합될 수 있겠는가 하는 방법을 말해 준다. 따라서 건축에서의 개념은 서로 상이한 것들을 함께 통합시켜 주는 집중적이고도 상상력이 필요한 노력의 결과이며 대단히 야심적인 성격을 갖고 있다고 볼 수 있다.

개념을 생각할 때 떠오르는 두 명의 미국인 건축가로는 에로 사린넨(Eero Saarinen)과 에드워드 라라비 반스(Edward Larrabee Barnes)가 있다. 사린넨은 다음과 같은 충고의 말을 하고 있다.

어떤 건물이든 그 특성과 표현은 건물 자체가 총체적 표현(total expression)이 되었을 때 성취 가능하다. 다른 예술작품과 마찬가지로 이 역시 강하고 단순한 개념에 의해 통제되어져야 한다. 즉 건물의 모든 부분에 한 가지 지배적인 속성이 적극적으로 표현되어 있어야 한다. 이것은 건물구조체계 및 계획과 같은 규모가 초기의 요소를 결정할 때뿐만 아니라 내부색채나 문손잡이 등 후기단계의 요소를 결정할 때도 적용되는 말이다. 건물에 총체적 표현을 부여하고자 하는 의도는 내가 보기에는 가장 어렵고도 달성하기 힘든 것으로 보인다. 그러나 이것은 우리 모두가 가장 관심을 가져야만 되는 것이라고 생각된다.6

반스(Barns)도 이와 비슷한 견해를 다음과 같이 나타내고 있다:

모든 일에는 본질적으로 동일성(oneness)이 내재되어 있다. 최선의 해결방법 안에는 언제나 활동범위를 포함하는 강력한 중심아이디어가 있다. 이 아이디어는 정적(靜的)일 수도 혹은 동적(動的)일 수도 있으나 그것은 공간 내에서의 인간존재와 관련된 것이라야만 한다.

개념적 시나리오(Conceptual Scenarios)

한 건물에 대한 필요조건들이 건축가 자신이 통합한 부수조건 및 목적들과 더불어 수백 가지에 이른다면 이 모든 요소들을 함께 묶어주는 개념이란 확실히 거창하고도 이해하기 어려운 것이라고 볼 수 있다. 설계의 배경을 이루는 개념에 관한 글과 강연을 통해 건축가들은 종종 문제해결에 영향을 미쳤던 모든 중요 요인들과 아이디어를 묶은 짧은 에세이나 시나리오를 제공해 주곤 한다.

한 프로젝트에 적절한 개념을 개발시키려면 목적이 다양한 여러 부분들을 단일화된 총체로 통합시켜야 하며, 설계가들은 건물 그 자체가 여러 개념들을 종합적으로 대변해 주고 있기를 바란다. 이와 같이 각 부분의 개념에 기초하는 설계전략을 점진적 확산주의라고 한다. 설계에 대해 점진적 환산의 입장을 지닌 경우, 건축은 필요에 따라 각 부분의 논점들을 해결함으로써 이룩되는 것이지 전체개념을 찾음으로써 이루어지는 것은 아니라고 본다.

이 문제를 해결하는 또 다른 전략은 한 가지 개념이 모든 것을 다 내포해야 된다고는 생각하지 않는 방법이다. 사린넨은 개념을 이용하는데 굉장한 열성을 보인 것으로 알려져 있지만 자기가 설계한 건물에 대해서는 아주 일반적인 개념들만을 언급하였다.

존 디어 사무소건물
설계 : 에로 사리넨

예를 들어 그는 존 디어(John Deere) 회사의 본사건물에 대하여 다음과 같은 개념적 이미지를 밝히고 있다. 그의 말은 프로젝트 이면에 내포된 의도를 파악할 수 있는 통찰력은 제공해 주지만 왜 그 건물이 부분 부분들로 분절되어 있고 계곡에 위치하고 있느냐 하는 또 다른 기본적인 질문에 대해서는 해답을 주지 못한다.

Deere and Company는 안전하고도 견고한 성공적인 농기계(農機械) 회사로서 중서부 농업지대에 위치하고 있음을 자랑으로 여기고 있다. 농기계는 빛나고 멋진 금속이 아니라 크고 강력하며 기능적인 형태를 지닌 철과 강철로 만들어진 제품이다. 따라서 본사건물에 적합한 특성도 이와 마찬가지로 멋있고 정밀하며 번쩍이는 유리와 가름한 금속으로 된 건물이 아니라 강력하고도 초보적 방법으로 금속을 이용한 대담하고 직선적인 건물이라야만 한다.[7]

사린넨은 종종 한 프로젝트에서 한두 개 정도의 이슈(issues)에 대해서만 개념을 개발하고 설계의 다른 측면의 개발은 주변환경에 맡겨 버렸다.

이와 같이 아주 일반적인 개념만을 개발시키는 전략은 초기의 빠르티(parti)를 개발한 후 그 아이디어를 프로젝트의 나머지 부분까지 반영시키려고 하는 '보자아르'(Beaux-Arts)방법과 유사하다.

개념적 시나리오는 개념의 내용을 확대시킴으로써 한 가지 이상의 주요 이슈를 포함하면서 동시에 프로젝트에 대한 여러 가지 시각적 이미지도 밝혀주는 간다한 에세이를

유니티 사원 일리노이주 오크파크 소재
설계 : 프랭크 로이드 라이트

유니티 사원의 평면도 설계 : 프랭크 로이드 라이트

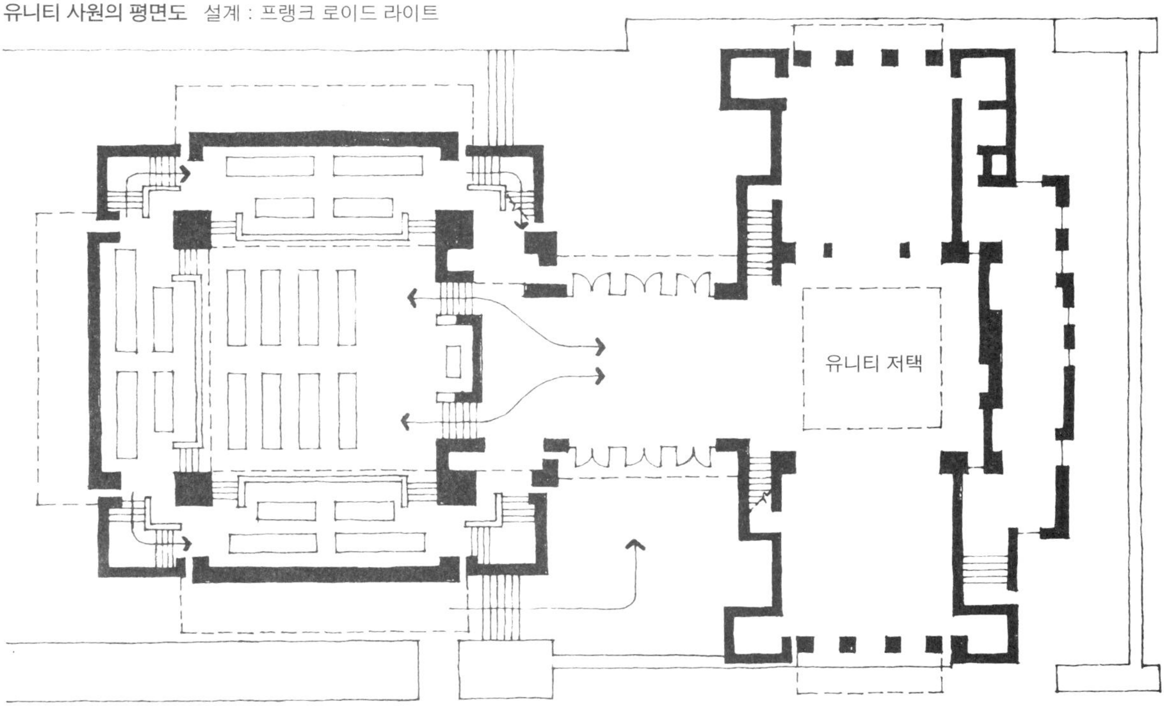

만들어 준다. 따라서 개념적 시나리오는 간결한 개념적 진술 속에 담겨있는 중요한 아이디어나 논점을 어떻게 하면 보다 긴 산문으로 표현해 낼 수 있는가를 알아보는데 사용될 수 있다. 서로 상이한 스타일의 건축가들이 쓴 장문의 시나리오에서 발췌한 다음 세 가지 인용문은 이들의 개념에 대해 공통된 관심을 지니고 있음을 보여준다. 유니티 사원(Unity Temple)에 관한 라이트의 논문은 그 글이 처음 쓰였던 1910년대와 마찬가지로 지금도 여전히 창의적이고 흥미롭게 들린다. 케빈 로셰(Kevin Roche)의 시나리오는 그가 설계한 포드재단 건물에 관한 인터뷰의 일부이며 반스의 논술은 미네아폴리스의 워커(Walker) 미술센터 설계에 관한 내용이다. 먼저 프랭크 로이드 라이트의 글을 인용해 보면 다음과 같다.

분별력보다는 감상적인 기분으로, 신을 위한 교회를 짓는 대신 사람들이 사용하기 알맞은 회합의 장소로서 인간을 향한 교회를 지어서 그곳에서 모쪼록 신을 위해서 인간자신을 연구해 보는 것을 어떨까? 이것이야말로 현대적인 회합장소이자 멋진 시간을 보낼 수 있는 곳이라고 생각한다.

포드재단 건물의 옥내정원 뉴욕소재
설계 : 케빈 로셰와 존 딩커루

포드재단 건물의 옥내정원 뉴욕 소재
설계 : 케빈 로취와 존 딩커루

워커 예술센터 미니아폴리스 소재
설계 : 에드워드 라라비 반스

이러한 목적에 맞는 아름다운 '방'(room)을 만들어 보라. 그래서 이처럼 단순한 생각으로 그 방을 아름답게 꾸며보라. 자연인을 위한 자연스런 건물을....

그 '방'에 대하여, 이 방은 바로 그날 밤부터 존재하기 시작했다. 건축적 아이디어의 영역으로 들어서 보라. 첫째로 중요한 아이디어는 바로 마음속에 숭고한 방을 간직하고 그 방을 건물전체로 구체화시킨 후 그 방의 내부를 건축의 외부가 되도록 하는 것이다.[9]

또한 케빈 로셰의 말을 인용하면 다음과 같다.

우리는 공동체 의식을 만들어 내려고 노력했다..... 한 조직에서 공통목적이란 문제는 매우 중요하다.

이것은 일단의 사람들이 어떤 공통의 목적을 위해 근무하고 있기 때문이다.... 이를테면 그들은 자신들이 살고 있는 이 세계에 기여한다는 점에 관심을 가진 사람들이다. 즉 그들은 옳게만 쓰이면 많은 지역에 굉장한 기여를 할 수 있는 상당액의 돈을 취급하는 포드재단 내부기구의 일부이다. 그러므로 우리가 이 조직체에 들어오기 위해 추구하던 길을 버리고 온 헌신적인 사람들을 우리의 대상으로 하고 있다고 가정해 보자. 이렇게 볼 때, 이 일은 그들에게 있어 단지 또 다른 하나의 일터는 아닌 것이다.

지금 우리에게는 이 공통의 목적을 가진 사람이 300명이 있다. 그런 종류의 공통체에서는 각자가 다른 사람을 잘 알아야 된다는 것과 공통목적이 강화되어야 한다는 것이 대단히 중요하다....

동선체계 : 워커예술센터, 미니아폴리스 소재

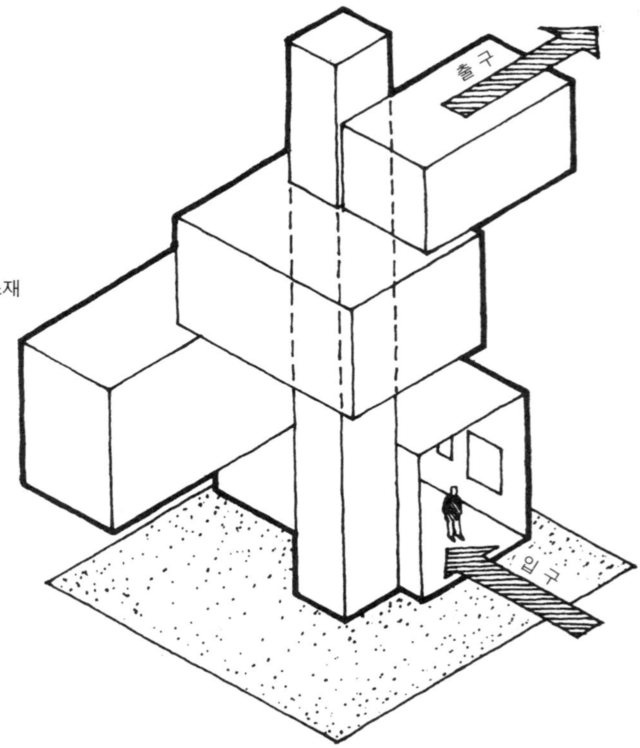

우리는 바로 그들을 위한 집을 짓고 있다. 우리의 주목적 중의 하나는 공동체 의식을 고무시키려는 것이기 때문에 이 집이 단지 또 다른 하나의 사무실 건물이라기보다는 전적으로 새로운 동물(animal)이라는 전제를 갖고 시작했다.[10]

그리고 에드워드 라라비 반스(Edward Larrabee Barnes)의 견해는 다음과 같다.

우리는 올바른 순서대로 우선권을 부여하기 위해 예술작품과는 경쟁하지 않는 건축물을 창조하고자 노력한다. 우리는 공간 속에 위치한 미술품, 하늘을 배경으로 한 조각품, 그리고 연속적인 흐름의 느낌을 방문객이 기억해 주기 바란다. 우리의 관심을 끄는 것은 형태(form)라기보다는 연속성(flow)이다. 공간의 연속성은 확실히 매혹적이다. 이 때에는 마치 강물처럼 어디론가 흘러가는 듯한 미묘한 느낌이 들어야 한다. 동시에 이 건축물은 비교적 평범하면서도 평이해야만 한다.

이 설계의 이면에 들어 있는 전반적인 아이디어는 나선형의 계획으로서 로비에서 지붕까지 내려가건 올라가건 간에 연속적인 흐름을 주자는 것이다. 이와 동시에 엘리베이터나 중앙계단을 이용하면 각 화랑에 직접 들어가는 것도 가능하다. 이러한 동선체계가 바로 이 건물의 보강재(armature)라고 할 수 있다.[11]

위에서 인용한 바와 같이 '개념적 시나리오'는 발전과정의 산물이다. 즉 개념 그 자체는 종종 순간적인 통찰력의 산물이지만, 여기서 인용된 말들은 연속적인 발전과 명료화 단계를 거쳐 나온 진행과정의 최종적 의견을 나타내 준다. 시나리오의 각 부분들은 처음부터 명확한 상태로 만들어질 수도 있겠지만 이들을 연결하기 위해서 시나리오는 디자인 과정 중에 얻어지는 통찰력을 활용하게 된다.

시나리오의 점진적 개발(incremental development)에 기초를 둔 설계과정의 실례로는 '샤레트'(charette) 설계과정을 들 수 있다. 건축학과에서 샤레트란 주어진 시간 내에 모든 것을 완수하기 위한 설계프로젝트 과정중의 마지막 추진을 뜻한다. 이것은 또한 프로젝트의 기획, 프로그래밍, 설계 등에 커뮤니티의 단체나 다양한 개인들을 포함시키고자 실무자들이 사용하는 기술이다. 커뮤니티 설계의 샤레트는 수일 내로 결정을 내려야 하는 마라톤식 작업기관을 암시한다. 이 때는 서로 경쟁상태에 있는 여러 이익집단들이 아이디어 및 개념형성 작업에 참여하게 된다. 그러므로 전문적인 설계가의 역할은 참석자들의 활발한 참여와 제안을 조정하고 고무해 주는 일이다.

마라톤식의 작업기간 중에 전문가는 먼저 모든 이익집단에서 쇄도하는 아이디어를 고무시켜주고 그 다음 토론을 진행하여 중요한 과제를 밝혀내도록 하는 것이다. 끝으로 토론을 통하여 무엇이 더 중요한가의 우선순위를 결정하도록 한다. 훌륭한 지도자란 표면화된 갈등을 해결하도록 도와주고 타협하고 결정하도록 집단을 인도해 주는 사람이다.

■ 개념의 위계(Concept Hierarchies)

관념, 아이디어, 개념, 개념적 시나리오 사이의 위계관계를 이해하는 것은 건축에 적합한 개념을 만들어 내는 과정을 개발하는데 기초가 된다. 이들의 순서는 관념, 아이디어, 개념, 시나리오의 순이라고 볼 수 있다. 이 순서는 점차 복잡해지고 정교해지며 사고가 깊어지는 정도에 의한 것이다. 프로젝트의 초기 단계는 아이디어가 주목받을 수 있는 좋은 기회인데, 이것은 특히 독특하고 어려운 설계 및 프로그램상의 요구 조건들을 해결해 줄지도 모를 혁신적이고 비범하며 상상력이 뛰어난 생각에 디자이너가 마음을 열고 있을 때 더욱 그러하다. 어느 시점에 이르러 건축가들이 프로젝트를 좀 더 잘 알게 되고, 익숙해지면 어떤 관념이 다른 것에 비에 더 중요하고 적당한가를 파악하기 시작한다. 결국에는 유사성, 상호작용의 가능성, 아이디어의 분류 등이 점차 명확해진다. 바로 이러한 관찰들이 무엇을 해야 되는 가에 대해 끊임없는 논쟁이 일어나도록 하는 기초가 된다.

적합성과 자기비판(Appropriateness and Self-Criticism)

적절한 개념형태를 선택하는 문제는 — 그것이 은유이든 유추이든 혹은 시나리오이든 간에 — 형성된 개념에 적용되는 자기비판보다는 덜 중요하다. 비판적인 대화에서 중요한 질문은 항상 "이 아이디어가 그 프로젝트에 적합한가?" 하는 것이다. 개념과 해결방법은 모두 궁극적으로 그 건물의 문제점과 사용도를 고려해서 적합한 것이어야 한다.

적합성의 문제에 대한 또 하나 재미있는 질문은 모든 형태의 건물에 개념에 필요하며 적합한가 하는 것이다. 즉 어떤 건물에는 개념들이 적합하지만 다른 건물에는 그렇지 않은 것은 아닌가? 건축가와 비평가들은 대부분 모든 건물이 모두 "조형적" 으로 중요하거나 "前景" 에 위치하는 건물이 되는 것은 아니며 어떤 건물들은 "背景" 건물이 될 필요도 있다고 주장한다. 토론토의 건축가 조지 베드(George Baird)는 前景의 건물에서처럼 背景의 건물에서도 개념은 똑같이 중요하다고 답변한다. 그는 어떤 간단한 프로젝트에 참여했었는데, 그 프로젝트에서는 건물에 일관성이 있는 질서를 부여함으로써 훌륭한 건축이 되게 하는데 개념탐구가 결정적으로 중요했다고 주장한다.

예를 들면, 소규모 주택 증축에 관한 그의 개념은 화로의 분위기를 강화시킴으로써 집 크기를 두 배로 늘리면서도 원래 가지고 있던 집의 가정적이고 치밀한 느낌을 유지시키려는 것이었다.

■ 개념의 다섯 가지 유형(Five Types of Concepts)

개념에는 유추(analogy; 다른 사물에 대한 고찰), 은유(metaphors; 추상적 개념의 고찰), 본질(essence; 프로그램상의 요구 이면에 대한 고찰), 프로그램적 개념(programatic concept;프로그램에서 언급된 요구조건에 대한 고찰), 이상(ideals; 보편적 가치에 대한 고찰) 등 5가지의 종류가 있다.

유추(Analogies)

유추는 이상의 다섯 가지 중에서 개념형성의 도구로 가장 빈번히 사용되는 것의 하나이다. 유추는 사물들 간에 있을 수 있는 실제 관계를 밝혀준다. 하나의 사물이 바람직한 모든 특성을 가지고 있다고 인식되면 그것은 즉시 프로젝트의 모델이 된다. 20C 전반기에 근대화 운동이 일어나기 전까지만 해도 건축가와 고객들은 하나 같이 이 세상에서 위대한 건축은 이미 모두 세워졌다고 생각했다. 건축가의 임무는 이미 지어진 건물 중에서 어떤 것이 앞으로의 새 건물설계에 적절한 모델이 될 수 있을까를 추정해 내는 것이었다. 따라서 어떤 면에서 보면 고딕식 건축은 교회나 대학에 적절한 모델이고 그리스의 도리아식은 은행의 모델이며 성 베드로 사원은 워싱턴 D. C에서 위스콘신 주의 메디슨에 이르기까지 모든 국회의사당의 모델이라는 방식의 생각이 당시의 기본적인 가정이었다.

유추 중에서도 어떤 것은 다른 것보다 훨씬 많이 등장하게 된다. 가장 자주 이용되는 것 중의 하나가 마을의 길이나 밀라노의 '갤러리아'(Galleria)와 같은 옥내 상가로이다. 최근의 예로는 다이아몬드(Diamond)와 메이어(Meyer)가 캐나다 에드먼튼의 알버타대학(University of Alberta) 건물설계를 위해 마을길과 갤러리아를 유추 이용한 것을 들 수 있는데, 그들은 여기서 학생회관을 기혼학생 아파트와 통합시켜 만들었다. 이 아파트는 밀라노의 '갤러리아'와 유사하게 곡선의 돔(dome)과 자연채광을 이용한 실내도로를 따라 지어졌다. 이 프로젝트를 발전시킬 때 이들 건축가는 그 근본적인 타당성과 더불어 어떤 방법으로 유추내용을 개발 완성시킬 것인가에 관심을 두었다. 최초의 유추내용을 좀 더 정교하게 다듬은 예로는 길가를 향해 열리는 패널 창(panel window)의 이용을 들 수 있다. 그들은 설계 초기단계에 도로를 내려다보는 조망이 다른 거리에서 보아왔던 생동감과 화려함에는 미치지 못한다

로마의 성 바오로 성당

알버타 대학의 학생기숙사 캐나다 에드먼튼 소재 설계 : 다이아몬드와 메이어

미국 국회의사당 건물

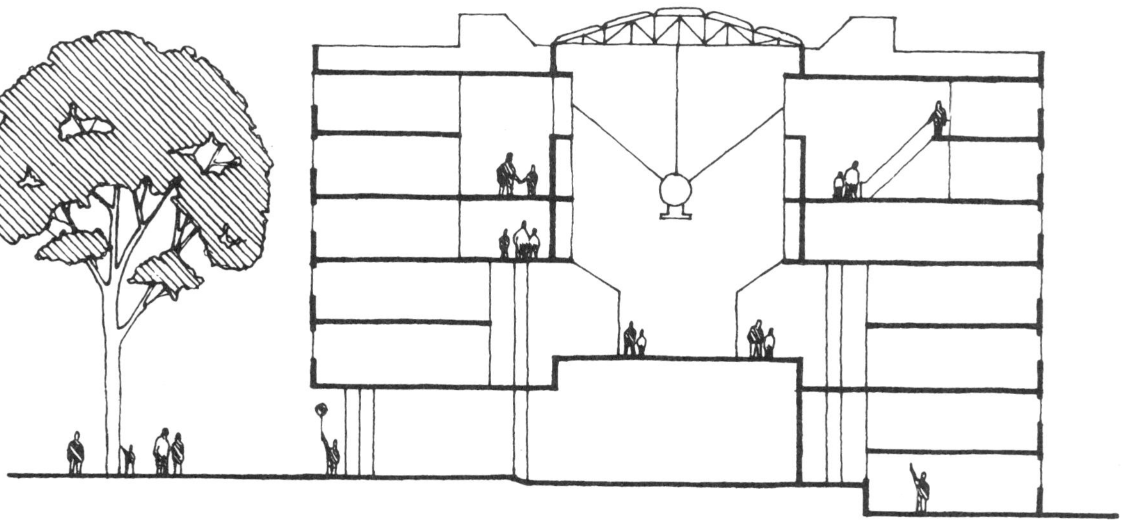

단면 : 알버타 대학의 학생기숙사

고 판단했다.

창문에 널려 있는 빨래들의 그림 같은 이미지를 기억하였으나, 이 계획에서는 그처럼 친밀감을 자아내는 무질서한 느낌(clutter)은 없었다. 그래서 그들은 시각적 생동감을 주기 위해 거리를 내려보는 방에 알맞은 특수 창을 설계하여 개발하였다. 창문은 유리가 아니라 밝게 채색된 견고한 패널로 되어 있으며 여분의 환기를 제공하고 아래의 거리활동을 볼 수 있도록 열려졌다. 이러한 방법으로 패널의 색깔과 그곳에 붙어있는 포스터는 이들 건축가가 찾던 시각적 생동감을 제공해 주었다.

한 건물이 다른 설계에 적합한 이미지를 제공해 주는 직접유추방법을 이용한 또 다른 예로는 데이비드 글래서(David Glasser)가 사우드 캐롤라이나(south Carolina) 힐튼 헤드(Hilton Head)섬에 지은 '트리 톱스(Treetops)를 들 수 있다. 여기서 조지아 주의 사바나 창고지대에 있는 보랑(步廊 : gangway)과 동선의 교량적 체계는 여러 가지 건물위치 및 동선문제를 해결하는데 도움이 될 만한 특성들을 갖고 있다고 판단되었다. 비록 '트리 톱스(Treetops)'프로젝트가 평지에 위치해 있었고 이용도도 창고로서보다는 주거를 위한 것이었지만, 이 보랑체계는 새로운 설계에 적용이 가능한 것으로 보였다.

유추란 특정의 다른 건물과 반드시 연관되어야만 하는 것은 아니다. 칸(Kahn)은 펜실베이니아 대학의 리차드 의학연구소(Richards Medical Research)건물의 배경이 된

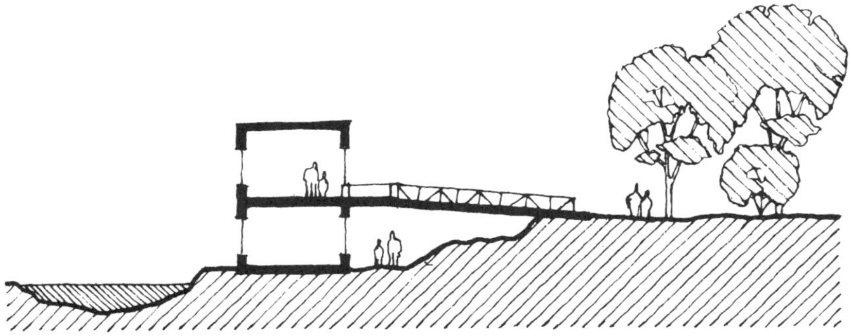

조지아주 사바나의 창고지역

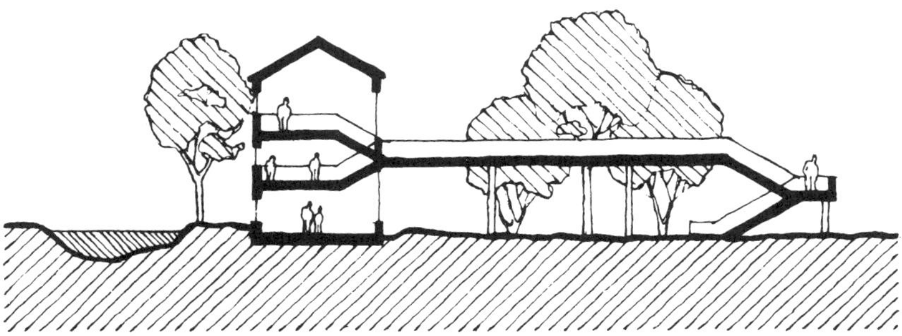

사우스 캐롤라이나주 힐튼헤드 섬의 ‘트리 톱스’

사우드 캐롤라이나주 힐튼 헤드섬의 ‘트리 톱스’(Treetops)
설계 : 글래서, 스톨러, 마르퀴스

펜실베이니아 대학의 리차드 의학연구소 건물
설계 : 루이스 칸

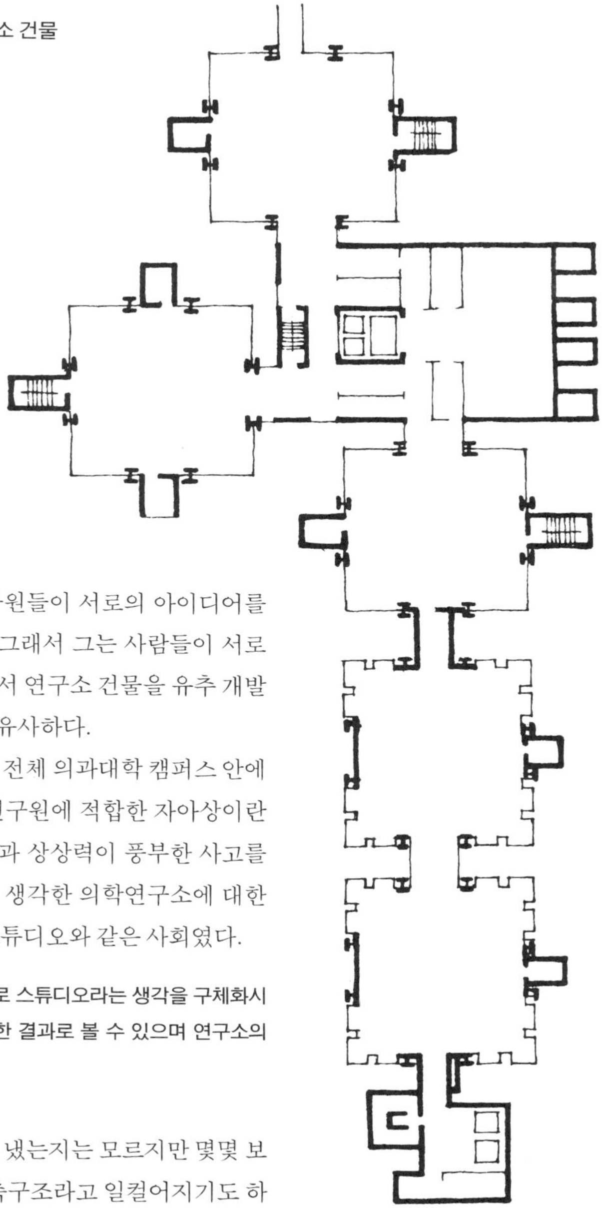

개념을 토론하면서 몇 가지 유추를 이끌어 냈다. 그는 연구원들이 서로의 아이디어를 교환하고 함께 나누어야 되는 필요성에 대해 언급하였다. 그래서 그는 사람들이 서로 볼 수 있고 건물 내의 활동상을 알 수 있는 공동체란 의미에서 연구소 건물을 유추 개발하였다. 이 개념은 로셰(Roche)의 포드재단 건물의 개념과 유사하다.

칸은 펜실베이니아 대학의 의학 연구진이 불필요할 만큼 전체 의과대학 캠퍼스 안에 퍼져 있는 것을 발견하였다. 그의 두 번째 유추와 개념은 연구원에 적합한 자아상이란 점을 중심으로 개발되었다. 칸은 연구소 안의 연구원 활동과 상상력이 풍부한 사고를 스튜디오 안의 예술가 활동에 비유시켰다. 다시 말해 칸이 생각한 의학연구소에 대한 개념적 이미지는 창조적인 연구원들로 가득 찬 예술가의 스튜디오와 같은 사회였다.

펜실베이니아 대학의 의학연구소 건물은 과학실험실이란 본질적으로 스튜디오라는 생각을 구체화시킨 것이다. 이 설계는 공간과 서비스 조건들 때문에 생긴 특성을 고려한 결과로 볼 수 있으며 연구소의 성격을 말해 준다.[12]

칸이 건물의 개념으로 감동적이고 적합한 유추를 개발해 냈는지는 모르지만 몇몇 보고서에 따르면 그 건물은 — 1960년대의 가장 중요한 건축구조라고 일컬어지기도 하지만 — 연구원들이 실제로 사용하기에는 어려운 것으로 밝혀졌다. 즉 연구원들은 과학자공동체란 개념이나 서로가 다른 이의 가시거리 내에 있다는 것에는 별로 호감을 갖고 있지 않은 듯하다. 많은 사람들이 프라이버시를 보호하고 태양열을 조절하기 위해 덧창을 닫았던 것이다. 그들은 또한 채광을 위해 양벽에 창이 난 예술가의 스튜디오로 자기들의 연구공간을 유추한 것에도 공감을 느끼지 않는 듯했다. 그들은 실험기구를 걸어 둘 벽이 필요했지 예술가에게나 필요한 광선 같은 것을 원하지는 않았다. 그럼에도 불구하고 그 건물은 상당히 중요한 업적을 남겼다.

조나스 솔크(Johnas Salk)는 그의 새 연구소 설계를 위한 건축가를 뽑기 위해 미국에 있는 연구소들을 방문하였다. 그는 리차드 건물(Richard Building)을 연구하고 그것의 사용도를 관찰하였으며 건물 이용자들과 이야기를 나누고 건물의 문제점들도 알아보았다. 이 건물이야말로 여러 결점에도 불구하고 그가 방문한 건물들 중에서 창조성에 대한 철학적 논점을 담으려고 노력한 유일한 건축물이었다. 그래서 그는 샌디에이고에 있는 솔크연구소(Salk Institute)일을 맡는 일에 칸을 선택하였다.

펜실베이니아 대학 리차드 의학연구소 건물
설계 : 루이스 칸

은유와 직유(Metaphors and Similes)

은유는 유추와 마찬가지로 사물들 사이의 관계를 나타낸다. 그러나 이때의 관계는 실제적(literal)이라기보다는 다소 추상적이다. 직유는 영어의 "like"나 "as"와 같은 단어를 상용하여 관계를 표현해 주는 비유방법이

샌디에이고의 솔크 연구소
설계 : 루이스 칸

다. 유추가 문자 그대로 있을 수 있는 실제 관계를 나타내 주는 것이라면 은유와 직유는 있을 수 있는 유사한 관계를 밝혀주는 것이라고 볼 수 있다.

찰스 무어(Charles Moore)는 그의 관심을 나타낸 토론에서 자기는 이질동상(異質同像 : geode)처럼 되는 건물을 좋아한다고 하였다. 그는 이 은유를 다음과 같은 간단한 시나리오로 발전시켰다.

조지아 주의 성(聖) 시몬 섬에 있는 해변가의 콘도미니엄은 이러한 이질동상의 이미지를 잘 반영하고 있다. 이 건물은 외면적으로는 조지아 주의 오래된 농장이지만 외부는 매우 거대하며 내부는 요란하고 밝게 채색된 장식 벽으로 실내공간이 둘러싸여 있다.[13]

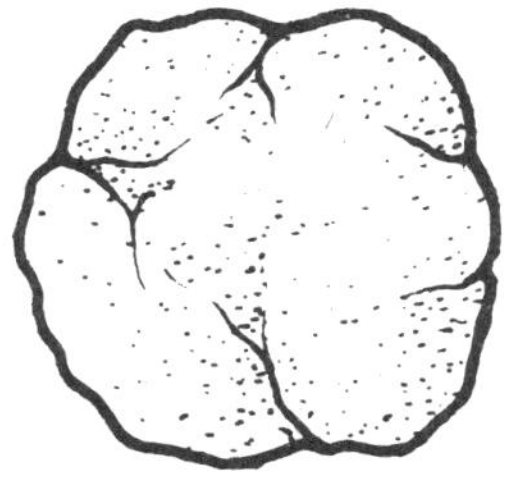

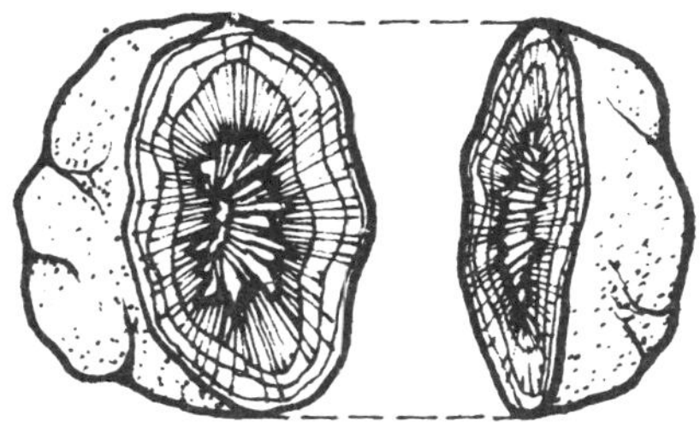

이질동상적 건축의 유추

이질동상이란 건물이 어떻게 하면 두 가지 이미지를 동시에 가질 수 있는가를 제시해 주는 개념적 은유방법이다. 앞서의 건물도 외부에서 볼 때는 주위의 분위기와 어울리는 이미지를 가질 수 있었다. 그러나 내부에서는 유홍지로 적당한 오락장이나 영화관, 혹은 극장처럼 전혀 다른 이미지를 가질 수 있었던 것이다. 은유의 또 다른 예로는 건축의 여러 측면에 관한 지오 폰티(Gio Ponti)의 도전적인 해석과 정의들을 들 수 있다. 그는 "건축은 결정체와 같다"라는 직유로 건축자체를 정의 내린다. 그의 저서 《건축의 찬양》(In Praise of Architecture)에서 언급된 또 다른 은유에는 "오벨리스크는 수수께끼이다" "건물기초는 음성이다" "방은 세계 이다" "문은 초대이다" "열주(列柱)는 합창이다" "집은 꿈이다" 등이 있다.[14]

본질(Essences)

본질은 복잡한 논점들을 추출하고 집중시켜 간결하고 명확한 진술로 만든 것이다. 본질에는 분석대상인 사물의 가장 근본적이고 중요한 면을 통찰한다는 의미가 들어있다. 즉 어떤 사물의 본질을 서술한 내용은 논점의 근

이질동상적 건축의 유추 조지아주 성 시몬섬의 콘도미니엄
설계 : 찰스 무어

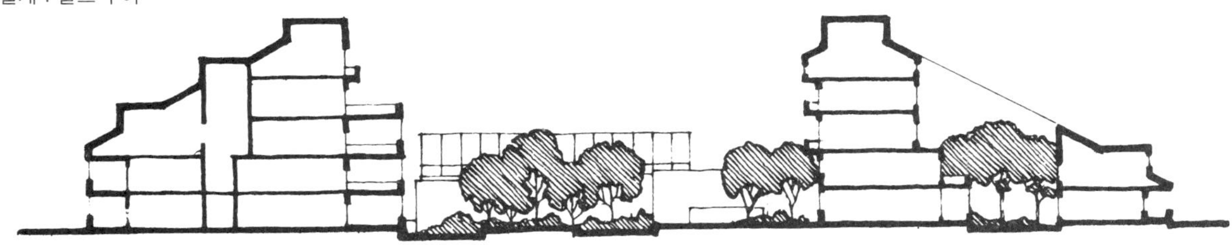

원을 발견하여 확인해 낸 결과라고 볼 수 있다. 스탠포드 앤더슨(Stanford Anderson)은 칸이 본질에 가졌던 관심과 그가 사용한 은유를 인용하여 다음과 같은 글을 썼다.

칸은 사물이 생긴 행태와 본질, 구성요소 및 그것의 연결에 관심을 갖는다. "나는 어떤 사물의 본성을 생각하고, 그것이 어떤 종류의 건축물로 나타나게 될까를 상상하며 본성이 부여하는 영감에 응답하여 건립된 모든 건물과 사람과 사람 사이의 장소를 표현해 주는 공간환경을 보고 싶다." 하나의 프로그램을 채택하여 평면적 프로그램을 공간으로 옮기는 일이야 말로 건축가 제1의 의무라고 볼 수 있으며, 이를 통해 로비는 출입의 장소가 되고 복도는 회랑이 되어 예산도 절감될 수 있는 것이다.[15]

설계가들은 프로젝트의 본질을 찾아내 그것을 개념적 진술로 변형시키는 방법을 몇 가지 개발해냈다. 이 방법이란 칸이 말한 대로 건물의 각 부분을 통합시켜 주며, 설계가로 하여금 각 프로젝트의 제한성을 극복하고 정말로 완성해야 될 것만을 완성토록 해 주는 아이디어를 찾아내는 방법이다. 여기서 프로젝트의 본질을 찾아내는 실제적 방법은 프로그램을 분석한 후 그 프로젝트에서 논쟁이 되는 것들의 서열을 파악해 내는 것이다. 이 때의 가설은 가장 중요한 것이야 말로 가장 본질적이라는 데 있다. 이 탐구방법은 프로그램 분석이라고 할 수 있으며, 또는 서로 다른 방법으로 프로젝트를 도식화하는 그래픽 분석이라고도 볼 수 있다.

본질(essences)과 근원(roots)을 강조하는 것은 금세기 유행하는 건축물이나 창조성을 강조하는 또 다른 주된 철학적 접근과는 반대되는 입장이다. 이 철학은 건축가는 각자 나름대로의 독특하고 혁신적인 기여를 한다는 생각에 기초한다. 프랭크 로이드 라이트(Frank Lloyd Wright)로부터 에로 사리넨(Eero Saarinen)에 이르기까지 많은 건축가들이 바우하우스(Bauhaus)파의 창시자 중의 하나인 월터 그로피우스(Walter Gropius)처럼 이 믿음에 가치를 두었다.

건축가가 자기만의 생각대신 사례연구 — 역사적 건축이든 현대의 건축이든 간에 — 를 기꺼이 활용하는 방법은 1960년대에 칸이 형태 창시자(form-giver)로 출현하고 나서야 다시 관심을 얻게 되었다. 칸은 의연한 태도로 자기의 주된 영감을 고대 로마의 건축 및 르 코르뷔지에(Le Corbusier)의 작품에서 찾았다. 칸이 그와 동시대의 작품에 대하여 언제나 솔직했던 것은 아니지만 그는 '필립스 엑시터 아카데미'(Phillips Exeter Academy)도서관을 설계하는 중에 하버드 대학의 휴 스터빈스

샌프란시스코의 하얏리전시 호텔
설계 : 존 포트맨

필립스 엑시터 아카데미 도서관의 단면
설계 : 루이스 칸

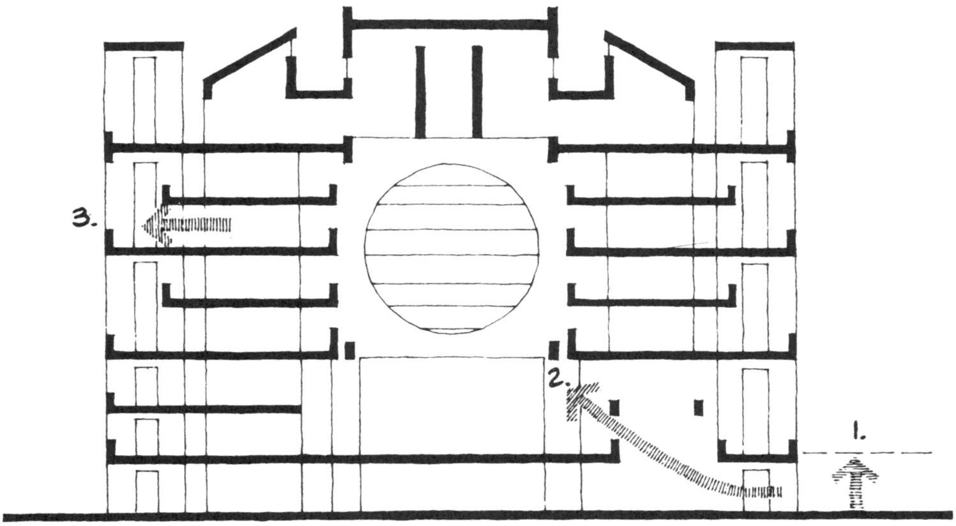

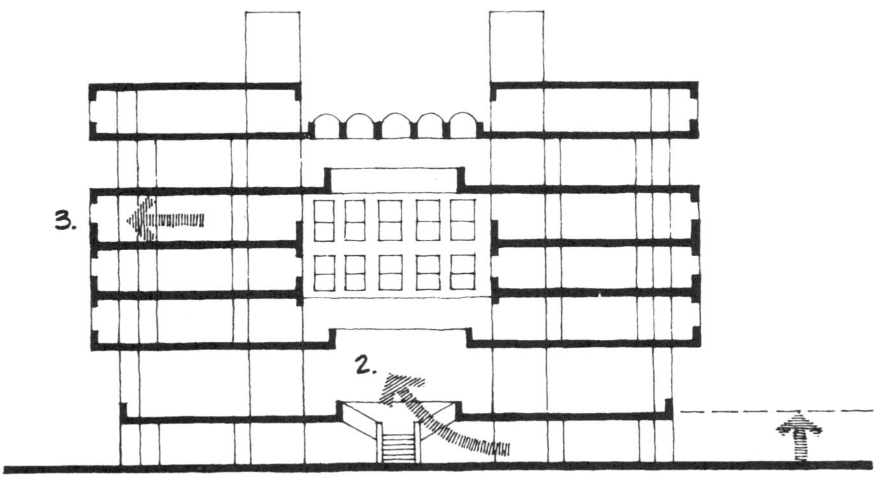

하버드 대학 의학도서관의 단면
설계 : 휴 스터빈스

(Hugh Stubbins)에 의한 의과대학 도서관이 "대단히 훌륭한 도서관"이라고 시사한 적이 있다. 실제로 설계도와 내부공간을 비교해 보면 두 건물의 현저한 유사성을 발견할 수 있다.

아틀란타에 있는 존 포트맨(John Portman)의 작품은 본질을 추구하는데 대한 또 다른 해석을 보여준다. 포트맨의 작품 중 가장 유명한 것은 인상적이면서도 혁신적인 내부를 지닌 호텔들이다. 그 건물들은 개념에 따라서 이미지와 관심도, 기능 및 가능한 경우에는 호텔이 세워진 도시의 도시계획까지도 통합시켰다. 그것들이 호텔의 본질을 포착했다는 증거는 그 인기도에서 찾을 수 있다. 특히 샌프란시스코에 있는 다층식 메인 로비는 호텔 뿐 아니라 도시전체에 속한 공공장소가 되고 있다. 사람의 관심을 끌고 흥분시키는 것이 무엇인가에 대한 포트맨의 이해는 건물에 세세한 장식을 한 것에서 알 수 있다. 특히 그가 설계한 엘리베이터의 경우 작은 전구들로 장식되어졌으며 극적인 공간전망을 고려하여 창문들이 엘리베이터를 꿰뚫고 있다. 포트맨이 지닌 또 다른 통찰력은 거의 모든 20C 건축구조에서 사라져가고 있는 장식이 달린 건축물을 그는 기꺼이 짓는다는 점이다. 포트맨의 건물이 시공한데서부터 장식의 역할을 판단해 보면 장식은 일반대중이 좋아하는 건축의 중요요소라고 볼 수 있다.

뉴욕 존 케네디 국제공학의 TWA터미널 건물
설계 : 에로 사리넨

건축가가 추구하는 또 다른 종류의 본질은 건물의 설계를 통해 표현할 수 있는 본질이다. 에로 사리넨은 케네디 국제공항의 TWA 터미널에 대한 개념적 도전은 바로 이동과 여행을 전체 프로젝트에 통합시킬 수 있는 중심 아이디어로 표현하려는 것이라고 해석했다.

사리넨에 따르면,

TWA터미널에서 도전한 것은 두 가지였다. 하나는 Idlewild(현재의 케네디 국제공항)를 구성하는 종합 터미널 단지 내에서 TWA 건물이 특색 있고 기억할 만한 것으로 만들려는 것이고, 다른 하나는 건축자체가 여행의 특별함, 즉 흥분과 극적인 상태를 표현해 줄 수 있는 건물을 설계하려는 것이었다. 그래서 우리는 고정되고 막힌 장소가 아닌 이동과 움직임의 장소로서 터미널을 나타내 주는 건축물을 원했다. 어떤 사람들이 보면 이 건물이 나는 새처럼 보인다는 사실은 실제로 이러한 희망과 일치했다. 사실 그것은 우리가 생각했던 것은 아니었다. 그러나 이 말이 누구든 그런 식으로 건물을 볼 권리가 없다는 것은 아니며, 혹은 언제나 비전문가들이 시각적(視覺的)인 경향보다는 문자적(文字的)인 경향이 더 크다 해서 그들에게 그런 말로 설명해줄 권리가 없다는 뜻도 아니다.[16]

Lars Lerup은 본질을 밝혀내는 방법으로 본질(essences)과 표현(expression)을 철학적으로 숙고하는 방법과는 반대되는 실용적이고도 도식적인 방법을 제시하였다. 그의 테크닉은 유추(analogies)와 본질(essences)을 혼합시키는 것이다. 설계상으로 해결해야 될 문제가 주어지면 그는 먼저 자신의 설계상의 문제에 비길 만한 특성을 가진 유명장소들을 찾아보는 일부터 시작한다. 이때 몇몇 유명장소의 사진들이 뽑혀지게 되는데 이것들은 각각 문제를 해결하는데 있어 매우 바람직한 측면을 적어도 한가지씩은 갖고 있다고 생각할 수 있다. 다음에 Lerup은 각 사진을 일련의 단계별로 분석한다. 먼저 그는 이미지를 다시 그려낸 다음 그것의 현저한 특징들을 편집하여 밝혀낸다. 이 특징들은 원 건물(original setting)에서 얻어진 설계상의 중요한 교훈에 관한 가정으로 좀 더 추상화된다. 또한 이 가정은 다른 사진들에서 얻어진 가정들과 합쳐진다. 이렇게 해서 얻어진 가정들의 집합이 실제 제안안의 종합, 설계를 관리하고 그 초점을 맞추는데 사용된다.

심벌(symbols)은 본질의 영역에 속하는 보조세트(subset)이다. 심벌에는 본질이 대중이 이해할 수 있는 구체적인 형태와 이미지로 특징지을 수 있다는 뜻이 들어 있다. 왜 누구든 결국에는 건물설계를 조정하여 중요하지도, 결정적이지도, 혹은 본질적이지도 않던 것을 상징화시키려고 하는 것일까? 건축에서 심벌이란 일반적으로 일단의 자극들과 시각적인 자극들에 자동적으로 반응이 일어나게끔 하는 이미지들이다. 그러므로 심벌은 기대감과 연결되어야만 한다. 기대감을 만족시키도록 설계될 수 있는 건물형태는 매우 많다. 건물이란 활동을 위한 장소인 동시에 그 활동을 상징화시킨 이미지이기도 한 것이다.

직접적 반응과 해결(Direct Responses and Problem Solving)

어느 개념이나 모두 프로젝트의 본질을 포착하고 있다고는 볼 수 없으며 건물 안의 모든 활동의 기능성을 상징화시켜 주는 것도 아니다. 따라서 개념은 빌딩 프로그램에서 가끔 명확하게 확인되는 좀 더 실용적인 이슈를 중심으로 개발될 수 있다. 많은 건축가들이 건축주의 문제를 해결해 주는 그들 자신의 능력에 자부심을 갖고 있지만 실용적 접근(pragmatic approach)을 고무적으로 들리게끔 만들 수 있는 사람은 그 중 아주 소수뿐이며, 대부분의 설계가들은 창조적 작품을 만들려고 노력하는 동안 본의 아니게 눈앞의 실용적 문제도 취급하지 않게 되어 버린다.

지오 오바타(Gyo Obata)는 워싱턴 D.C.의 항공우주박물관(Air and Space Museum)에 대한 자신의 제안을 검토하는 자리에서 대단위 프로젝트에서 처리되어야 할 문제들을 파악하는 일이 중요하다는 것을 인식하게 되었다. 이것은 특히 경제적 측면이 결정적 요소로서 설계가 빠른 시일 안에 끝나지 않는다면 인플레이션에 따른 원가상승으로 프로젝트가 와해될 수도 있으므로 중요한 일이다. 항공우주박물관에서 밝혀진 주요 문제점은 수많은 관람객들을 위한 동선과 방향(orientation)의 문제였다. 이에 대한 응답으로 개발된 개념은 둘레가 벽으로 막힌 일련의 주제(主題) 전시실(enclosed theme exhibit rooms)들을 연결시켜 주는 이중구조의 가로(twolevel street)였다. 또한 세 개의 개방된 다층식 홀이 길을 따라 이곳저곳에 위치해 있으며 중요한 흥밋거리들을 전시하고 있어 한 주제 전시실에서 다른 곳으로 옮겨 다니는 관람객들을 즐겁게 해주도록 되어 있다. 이 건물의 방문객들은 관람순서를 선택하게끔 되어 있는데 전시물이 너무 많아 한번에 다 들어가 보기는 어렵기 때문이다. 이처럼 관람객을 각양각색의 전시실들로 분산시켜 주는 이중구조의 가로와 같은 동선패턴의 개념은 처음 몇 달 동안 그 이용도에 대한 테스트를 받게 되었는데, 그 결과 처음 몇 해 동안 실제로 예상 관람객의 두 배 이상이 이 박물관을 방문했다. 1차적 과제로서 명확한 동선개념이 없었더라면 전체 건물의 유용성도 더 낮아졌을 것이며 수백만 이용객들에게도 불필요한 좌절감만 주었을지 모른다.

이상(Ideals)

건축가가 적합한 개념을 찾기 위해서는 문제나 이와 유사한 것을 조사해봐야 된다고 보는 위에서 언급된 개념의 카테고리와는 대조적으로, 이상적 개념(ideal concepts)이란 건축가가 해결해야 될 문제에 대해 제시해 주는 개념이다. 만약 건축가들이 프로젝

베를린 국립미술관
설계 : 미스 반 데어 로에

트에 적합한 개념을 제시한다면, 그들은 그 천재성으로 말미암아 찬양을 받게 된다. 그러나 만약 그 선택이 부적절하다면, 그것은 편견이 되며 그들의 기본능력도 의심받게 된다. 이상적 개념(ideal concepts)은 건축가가 지닌 최고의 기대와 목적을 대표하는 것이다.

예를 들어 건축가는 건물의 에너지를 절약할 수 있는 방법에 대한 일단의 이상적 개념들을 각 프로젝트에 제시할 수 있다. 이 개념들은 보온의 필요성에 따른 구획화 및 구역화, 찬 바람을 향해 회전시킬 수 있는 창 없는 건물의 배면(back)개발, 집열기(heat collector)를 위한 각이 진 표면과 전체 시스템의 자급자족을 위한 설계 등을 포함할 수 있다.

개념에 영향을 미치는 이상의 잠재력에 대한 또 다른 예는 미스 반 데어 로에의 작품에서 볼 수 있다. 미스는 스스로 "유니버설 스페이스"(Universal Space)라고 칭한 넓고 개방되고 구획되어 있지 않은 공간에 기초하여 이상적 건물의 개념을 개발하였다. 미스는 그 개념이 기본적으로 그가 설계한 각 프로젝트에 적합한 개념이라고 생각하였다. 그래서 학생회관과 도서관, 학교, 사무실 등이 "유니버설 스페이스"의 변형으로서 최선을 다하리라고 기대되었다.

이상은 긍정적인 효과를 가질 수 있기 때문에, 만약 건축가가 설계를 개발하고 개념화시키는데 참조하고 이용할 만한 이상을 갖고 있지 않다면 과업을 수행하는 것이 더욱 어려워질 것이다. 이전에 가졌던 경험이나 통찰력은 무용지물이 될 것이며 각 프로젝트도 처음부터 다시 시작해야만 할 것이다. 이것은 고객에게도 건축가에게도 도움이 되지 못한다. 상이한 프로젝트에 따라 서로 다른 이상을 강조하는 일에 융통성이 있고 곤란을 느끼지 않는 건축가만이 건축주에게 서비스를 제공하는데 유리한 입장을 갖게 된다

■ 요약

관념과 아이디어, 개념 및 시나리오는 건축설계에 중요한 기초가 될 수 있는 연속체(난이도, 적합성, 사고 깊이의 증가에 따른)를 형성한다. 개념은 설계의 여러 요소를 일관성 있는 전체로 통합시켜 건축가로 하여금 그가 가진 자원들을 설계의 가장 중요한 면으로 유도할 수 있도록 한다. 개념적 시나리오는 적용 가능한 수많은 개념들을 통합시켜 그 아이디어를 건축가 자신의 자아나 고객에게 전달하는데 이용된다. 물론 이때는 개념이나 시나리오의 적합성이 중추적 요소이며 이것은 바로 자기 비판과정에서 나오게 된다.

개념에는 다음과 같은 다섯 가지 형태가 있다. 유추 혹은 직접적 관계(literal relationship), 은유 혹은 추상적 관계, 본질 또는 고유의 측면, 프로그램적 또는 실용주의적 해석, 이상 혹은 외부가치, 끝으로 무엇보다 가장 중요한 것은 적절한 개념을 찾아 건축설계에 적용하는 것이야말로 훌륭한 건축을 만든다는 점이다.

주

1. Charles Moore, "Self Portrait", *L'Architecture D'Aujourd'Hui*, no.184, March/April 1976, p.XLV.
2. Louis I. Kahn, *Light Is the Theme*(Fort worth: Kimbell Art Foundation, 1975), p.15.
3. Edward Larrabee Barnes, in Paul Heyer, *Architects on Architecture* (New York: Walker and Co.,

1966), p.330.
4. Louis I. Kahn, *The voice of America Forum Lectures*: Architecture(The U.S. Information Service, n.d) p.39.
5. William J.J. Gordon, Synectics(New York: Harper and Row, 1961).
6. Eero Saarinen, *Eero saarinen on His Work*(New Haven: Yale University Press 1962), p.10
7. Edward Larrabee Barnes in Paul Heyer, *Architects on Architecture* (New York: Walker and Co., 1966).
8. Eero Saarinen, *Eero Saarinen on His Wqrk* P.76.
9. Frank Lloyd Wright, *Frank Lloyd Wright: Writings and Buildings*(New York: Meridian Books, 1960), pp. 75-76.
10. Kevin Roche, in J.W. Cook and H.Klotz, *Conversation with Architects* (New York: Praeger Publishers, 1973). pp.68-69.
11. Edward Larrabee Barnes, "Walker Art Center", *Design quarterly*, 1971, No.81, p.10.
12. Louis I. Kahn in John Donat ed., *World Architecture Today* (London: Studio Books, 1964), p.35.
13. Charles Moore, "Self Portrait", *L'Architecture D'Aujourd'Hui*, No.184. March/April 1976, p. XLV.
14. Gio Ponti, *In Praise of Architecture* (New York: F.W. Dodge Corp., 1960), p.104
15. Louis I. Kahn, in Stanford Anderson, "Louis I. Kahn in the 1960's", *Boston Society of Architects: Journal One*, 1967, P.22.
16. Eero Saarinen, *Eero Saarinen on His Work*, p.60.

권장도서

Bloomer, K.C., and Moore, C.W. *Body, Memory and Architecture*. New Haven: Yale University Press, 1977.

Cook, John W. and Klotz, Heinrich. *Conversations with Architects*. New York: Praeger Publishers, 1973.

Gilbert, Katharine. "Seven Senses of a Room", *Journal of Aesthetics and Art Criticism*. Vol. 8, No.1, September 1949, pp.1-21.

Giurgola, Romaldo, and Mehta, Jaimin. *Louis I. Kahn*. Boulder, Colo.: Westview Press, 1975.

Gordon, william J. J. Synectics. New York:Harper and Row, 1961.

Harris, Robert. "Bootstrap Essence-Seeking", *JAE Journal of Architectural Education*, Vol. XXIX, No.2.

Heyer, Paul. *Architects on Architecture*. New York: Walker and Co., 1966.

Kahn, Louis *I. Kahn Talks with Students*. Houston:School of Architecture, Rice University n.d.

Kahn, Louis I. *Light is the Theme*. Fort Worth: Kimbell Art Foundation, 1975.

Le Corbusier. *Creation is a Patient Search*. New York: Praeger, 1960.

Leonard, Michael. "Humanizing Space", *Progressive Architecture*., Vol. 50, April 1964, pp.128-133.

Moore, Charles W., Allen, Gerald, and Donlyn, Lyndon. *The Place of Houses*.

New York : Holt, Rinehart and Winston, 1974.

Moore, Charles, and Allen, Gerald. *Dimensions*. New York : Architectural Record Books, 1976.

Moore, Charles. "Architecture." John William Lawrence Memorial Lecture : New Orleans : School of Architecture, Tulane university, 1975.

Norberg-Schulz, C. *Existence, Space and Architecture*. New York : Praeger Publishers, 1971.
Ponti, Gio. *In Praise of Architecture*. New York : F.W. Dodge, 1960.
Raskin, Eugene. *Architecturally Speaking*. New York : Delta Dell, 1966.
Rasmussen, Steen Eiler. *Experiencing Architecture*. Cambridge, Mass. : M.I.T Press,1959.
Saarinen, Eero. *Eero Saarinen on His Work*. New Haven : Yale University Press, 1962.
Simonds, John O. *landscape Architecture*. New York : McGraw-Hill, 1961.
Stern. Robert. *New Directions in American Architecture*. New York : George Braziller, 1969.
Stubbins. Hugh. *Architecture : The Design Experience*. New York : John Wiley, 1976.
Thiel, Phillp. "Processional Architecture", *AIA Journal*, February 1964, p.23.
Venturi, Robert. Complexity and Contradiction in Architecture. New York : Museum of Modern Art, 1966.
White, E.T. *Concept Sourcebook*. Tucson, Arizona : Architectural Media, Ltd., 1975.
Zevi, Bruno. *Architecture as Space*. New York : Horizon Press, 1974.

10 장
건축설계를 위한 지각 이론

Fredrick A. Jules
임 창 복 역

건물은 의사전달의 형태를 표현하고 있는 것으로서 언어와 마찬가지로 그 자체에 어휘와 문법(syntax)이 있다. 건축가는 그들의 특별한 관심사나 사회의 정신, 건축주나 건물 사용자와의 의사전달 과정에서 이러한 것을 종종 도구로 사용한다.

건축적 표현은 언어와 마찬가지로 과거에 근거하면서 새로운 형태로 지속적으로 진화하고 있다. 낡은 것으로 변한 것이 더 이상 사용되지 않는 반면, 과거의 것이라도 유용성이 인정되면 과거 양식의 특성이나 건축기술은 현재까지도 전수되어 이용된다.

본 장에서는 건축적 표현의 근원을 포함해서 의사전달 매체로서의 건물개념을 주요 대상으로 다루고자 한다. 특히 강조하고자 하는 점은 적절한 시각적 이미지와 건축의지를 창출하는 데 사용될 수 있는 시각적 배열기법에 중점을 두고자 한다.

■ 건축선언

훌륭한 건축물로서 인식되고 있는 건물은 일반적으로 다수의 전달매체를 전체 속에 수용하면서도 이를 간결하고 우아하게 표현한 것을 지칭한다. 본질적으로 전달매체의 질이 일반대중의 비평과 건물에 대한 종합적 평가의 기준이 된다고 할 수 있다. 예를 들면, 아크로폴리스(Acropolis)는 그 시대의 강력한 힘의 표현으로서 인식된다. 파르테논(Parthenon)의 예는 전통의 양식을 발췌한 형태로 개발한 것을 나타내고 그리스인의 신화를 상징적으로 보여준다. 그 아래의 아고라(Agora)와는 대조적으로 그와 같은 예는 당시 사회의 상업적 측면과 종교적 측면을 분리시켜주는 예라고 할 수 있다.

아테네의 파르테논 신전

아크로폴리스의 입구를 향한 거대한 나선형 계단식 접근로는 사회의 나머지 부분과 알맞게 병치하고 있다. — 즉 아크로폴리스는 분리되어 있고 천국과 가깝다. 이러한 권위와 아테네인의 민주주의의 상징성은 매우 강한 것이어서 그것이 현대까지도 전해져 온다. 미국에서는 거의 모든 도시에서 고전양식의 공공건물을 발견할 수 있다. 대부

현대식 주랑 샌프란시스코의 피디몬트 중학교 설계 : 마샬, 보울즈, 체스터 보울즈(Marshall, Bowles, Chester Bowles)

분 현대의 설계에서는 각기 다른 양식에 부응하도록 기둥의 형태를 변경하면서도 전통적 주랑(柱廊)을 모방함으로써 정통성과 권위를 구현한다.

건축가는 건물에 관한 관심사를 교환할 때 미묘하고, 또 종종 어려운 결정을 요구하는 기술로서 형태의 한쪽 측면은 은폐하고 다른 측면을 강조하는 수법으로 진행한다. 건축가가 의사소통을 하는 가장 중요한 방식은 시각화에 의존하기 마련인데, 이는 부분적으로 건축이라는 작업이 그렇게 발전되어 온 데에도 이유가 있지만 시각화가 가장 간결한 지각의 형태이기 때문이기도 하다. 그러므로 사회의 대부분 심벌(symbols)들은 시각을 통해서 수신된다.

형태는 형태로부터 반사되는 광선에 의해서 눈으로 전달된다. 빛의 방향, 강도, 그리고 색깔은 형태의 지각에 지대한 영향을 줄 수 있으므로 시각적 지각의 가장 본질적인 요소로서 고려되어야 한다. 그래서 조명은 건축에서 중요한 역할을 하고 있다고 보고 건축가는 책임의식을 갖고 의견 교환 과정의 부분으로서 이를 인식해야 한다.

건축가는 우리 주변환경에서의 텍스처(texture)와 형태에 연상이 가는 촉감과 소리뿐만 아니라 온도와 습도 등과 같은 다른 방식의 지각능력을 활용 할 수 있다. 쾌적한 온도 및 습도의 범위는 잘 알려져 있다. 이러한 부분의 조정은 건축가뿐 아니라 기계설비 기술자의 업무가 되었다. 전기조명도 기술자의 영역에 속하게 되었으나 그것이 형태의 지각과 밀접한 관계가 있으므로, 건축가의 주요관심사 가운데 하나로 존재하고 있다. 텍스처도 역시 의미를 전달한다. 즉 우리는 다양한 텍스처로부터 어떤 반응을 기대한다. 예를 들어 중세 성곽에서의 분위기를 생각해 보자. 우리는 성곽에서 거대할 뿐만 아니라 견고하고 냉엄한 분위기를 기대한다. 이러한 우리의 기대는 건물재료의 특성에 의해서 충족되어지고, 이러한 것이 우리의 시각적 그리고 심리적 기대감을 보완해 준다. 건물에 사용된 석재는 견고하며 거대한 특성을 지녀서 음이 반사된다. 석재는 열을 흡수하고 습기를 응결시켜 표면을 차고 끈적끈적하게 한다.

빛과 텍스처 보스턴 주립 서비스 센터
설계 : 폴 루돌프(Paul Rudolph)

만약 이러한 기대감이 충족되지 못한다면 우리는 아마도 그 건물이 성곽이 아니라고 결론지을지도 모른다. 만약 그것이 부드러운 회색 "필로우"(pillow)로 만들어졌다면 우리는 거기서 유쾌한 시각적 전개를 발견할 수 있을지는 모르나, 아마도 그 가식적 모양에 의해 속았다고 느낄 것이다.(마치 플라스틱으로 만든 조화(造花)의 냄새를 맡을 때처럼) 비록 우리

의 건축적 장소의 경험이 이러한 모든 육감의 조합일지 모르지만 대체로 우리의 최초 인상은 시각적인 것으로 귀착된다.

건축가가 당면하는 가장 중요한 쟁점 가운데 하나는 건물이 전달하고 있는 이미지(image)에 관한 것이다. 이미지의 선택은 건물의 최종 사용자의 태도와 행태에 영향을 줄 것이다. 부언한다면 개개의 건물은 전체적 이미지를 강조하거나 단일건물의 다양한 측면을 구분해서 표현할 수 있는 여러 가지 전달매체가 필요할 수도 있다. 예를 들면 시민회관 건축에서는 격식과 음향의 명료성을 표현할 수 있고, 비행장 건축에서는 접근성과 동선구성을 촉진시키면서 쾌적성과 현대성을 동시에 표현할 수 있다.

건축가는 의사전달을 위한 전반적인 이미지를 선택한 후 세부적으로 각개요소의 상대적 중요성에 대해서도 언급해야 한다. 이러한 것을 위하여 건축가는 건물의 형태를 규정짓는 착상이나 개념을 단계적으로 열거할 필요가 있다. 여기서 단계적으로 열거한다는 말은 개념을 중요도에 따라 순서 있게 정리한다는 뜻이다. 이러한 설계과정은 비교적 중요도가 떨어지는 개념이나 요소가 그보다 더 중요한 개념이나 요소에 우선하지 않으리라는 것을 확실하게 해준다.

다음은, 건축가가 특정 프로젝트에 대해서 여러 가지 설계기법 가운에 어느 것을 택할 것인지를 정해야 한다. 이러한 선택은 관련된 개념과 논점에 근거하고 프로젝트의 성격에 따라 다양한 해결책을 택하게 될 것이다. 예를 들면, 법인사무실 건물은 격식을 요구할 것이고 그러므로 구조적 표현이나 전통적인 양식기법이 좀 더 적합할 것이다. 그 반면에 커뮤니티 회관 설계에서는 합리적인 물리적 형태를 제시하고 주요개념을 구체화하는 과정에서 커뮤니티를 참여시킬 수 있는 참여에 의한 설계기법을 요구할 것이다. 그러므로 건축가는 폭넓고 다양한 설계기법에 정통해야만 하고 언제 어디에서 그러한 것이 필요한지를 인식하여야 한다.

비록 설계개념을 단계적 순서대로 열거하고 이에 따른 설계기법을 선택한다는 것이 사대적으로 용이하다고는 하지만 전체적인 건축적 기능구성을 형태화한다는 것은 지극히 힘든 작업이다. 건물이란 하나의 건축형태를 제시하도록 구성된 다수의 비교적 작은 부분에 의해 종합된 매우 복잡한 대상물이라고 할 수 있다. 각 부분이 궁극적으로는 통합 조정될지 모르지만 그러한 부분요소가 어떤 특정 건물형태로서는 구성되지 않았던 것들이다. 건축가는 건물구성요소에 박식해야 하고 어떻게 그러한 것들이 조화되고 있으며 최종 집합체와 그 전체적 표현은 어떻게 시각화 하는지에 대한 충분한 지식을 가져야 한다. 의사전달의 실질적 내용은 지극히 미묘해서 주의 깊게 형태의 균형을 고려해야만 올바른 양식을 창출할 수 있다. 비록 건축형태의 성공적 구성이 사용자에

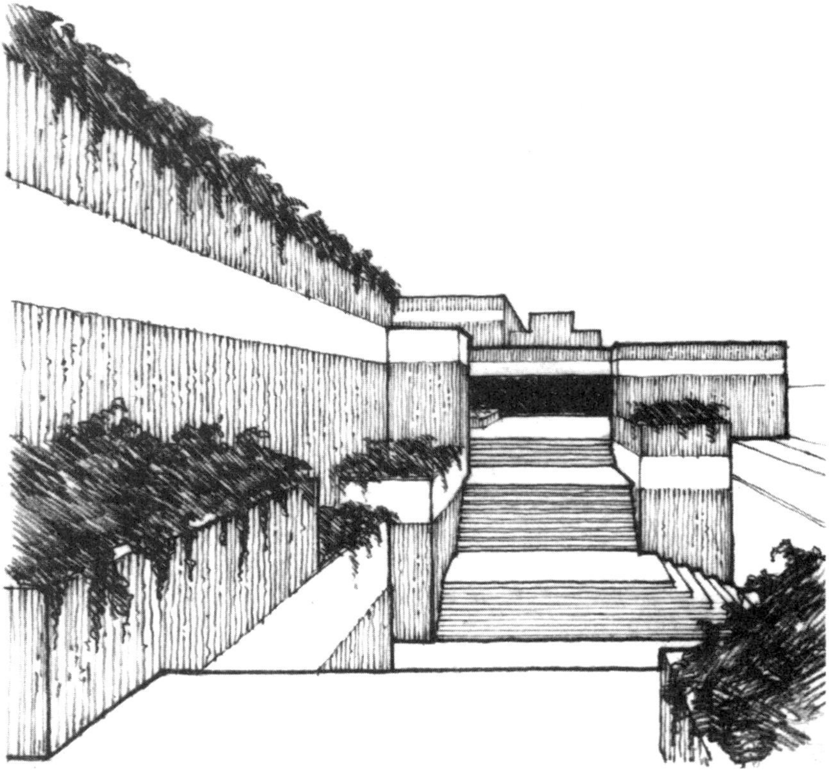

강열한 느낌의 입구 플로리다 잭슨빌의 경찰 기념관(Police Memorial Building) 설계 : 윌리엄 모건(William Morgan)

의해서 별로 탐탁하게 생각되지 않더라도 이것이 곧 그 건축형태가 그들에게 어떤 식으로라도 영향을 주지 않는다는 것을 의미하는 것은 아니다. 그 건축물의 정연성은 인식의 감각과 주변환경의 안전성을 증가시킬 것이다. 특정기능에 대한 입구나 접근로 같은 어떤 건물요소는 시각적으로 참여자에게 정보를 제공하는 방식으로 시각적인 구획이 가능하나 동시에 그것이 대단히 압도적이지 못하면 각각의 사용자는 그것에 의해 혼란에 빠질 것이다. 주위환경 정보에 대한 욕구가 형태의 미묘한 차이에 대한 감각을 불러일으켜 일반인의 관심은 최초 설정한 목표로 향하게 할 것이다. 이러한 미묘한 차이점과 질서의 계층성이 구체적이 되지 못하므로 오류를 범할 기회가 많다. 그러나 가장 보편적인 오류는 단순한 간과(看過)에서 오는 수가 많다. 만약 건축적 형태가 부분요소의 총체적 구성으로서 파악되지 않는다면 강한 대비에 의해 전적으로 오도되거나 불필요한 정보를 제공하는 것이 될 것이다.

건물형태가 설계과정에서 발전되는 대로 건축가는 시각적 자극의 타당성과 성공여부를 평가해야만 한다. 건물설계의 도면과 모형은 평가를 위해 대단히 중요한 자료가 된다. 비록 이러한 과정이 매우 난해하고 시간을 소요하는 듯하지만 시각자료는 시각에 의해 평가되어야 한다. 유일한 해결책이란 없고 단지 다른 여러 관점에서 평가할 수 있는 대안이 가능할 뿐이다.

■ 건축선언의 근원

이상에 언급한 바와 같이 최초 설계논점 중의 하나는 건축적 표현의 본질을 선택하는 것이다. 물론 많은 대안연구가 가능하다. 그러나 가장 힘든 과업은 그 가운데에서 건물이 가장 타당성 있는 시각적 이미지를 부여하는 것이 어느 것인가를 선택하는 작업이다. 최소한 세 가지 질문사항은 충족되어야 한다. 첫째로 추구한 건물의 의미와 이러한 "의미"와 관련시켜 본 형태나 이미지가 무엇인가를 언급해야 하고, 둘째는 이렇게 표현된 "의미"의 상대적 중요성이 다루어져야 하며, 끝으로 이러한 이미지를 시각적으로 발전시킬 수 있도록 하는 건물 시공에 대한 논리적 체계가 있어야 한다. 즉 이러한 논점에 대한 해답이 곧 건축설계의 기초가 된다.

배돛의 상(像)
시드니 오페라 하우스
설계 : 조른 웃존(Jorn Utzon)

이러한 기본사항에 대한 선택이 매우 중요하게 되는데 그것은 건축가가 가능한 설계 대안의 범위를 규정지을 수 있기 때문이다. 이 단계에서 사고의 오류는 아무리 그 개념이 건축적으로 멋있게 표현되었다 하더라도 궁극적인 최종 해결방안에서 불가피하게 오류를 낳게 될 것이다. 논리적 결론에 원용된 부정확한 착상은 계속 부정확할 것이다. 문제의 어려움은 누군가가 이러한 결정이 해석의 정도에 달려있다는 것을 인식할 때 더욱더 복잡해진다. 즉 건물에 대한 부분의 비평은 이러한 선택적 차원에 의해서 전개되고 있다. 예를 들면 근대건축운동의 초기로부터 주거설계를 위해서 과연 청결하고 현대적이며 효율성이 높고 기계화된 형태만이 합리적이냐에 대한 찬반토론이 진행되어 왔다. 건축가는 이 논점에 대해서 양면성의 입장을 취한다. 통념적인 지혜를 갖고 있는 평범한 주택구매자는 현대적이기보다는 전통적인 양식을 좋아하고, 반면에 현대성에 대한 논점은 인간의 가치체계가 변화함으로써 문화가 지속적으로 발전할 수 있다는 신념에 근거한 것이라고 할 수 있다.

이러한 형식의 논의는 항상 존재할 것이다. 그러나 부정확한 이미지가 건물의 유용성에 심각한 영향을 끼쳐온 경우가 허다하다. "시드니 오페라 하우스"(Sydney Opera House)가 그 대표적인 예라고 할 수 있다.

적용 가능한 이미지는 시드니 항구에 정박한 돛단배 이미지라고 할 수 있다. 이 오페라 하우스는 쉘구조로서 굽이치는 여러 개의 돛 모양으로 설계되었다. 그러면 이러한 형태가 오페라 하우스로서 과연 적합한가? 그리고 만약 적합하다고 하면 이러한 이미지를 구현하기 위하여 무엇이 희생되었는가? 이 이미지에 대한 의문은 끊이지 않을 것이다. 찬성하는 측의 논점은 주로 그것이 주변의 입지적 여건에 잘 부합하는 서정적(敍情的)인 표현이라고 주장하는 반면, 반대하는 측의 논지는 주로 이미지가 오페라와 밀접한 관계를 가진 근거로부터 개발되어야 한다는 것이다. — 즉 적절한 음향적 외피(envelope)로서의 형태. 그러나 가장 심각한 비평은 질문의 후반부에 있다고 본다. 즉 이러한 이미지를 선택함으로 해서 무엇이 희생되었는가? 아마도 거기에는 여러 가지 대답이 있을 수 있다. 첫째 희생은 돛의 이미지는 참된 쉘구조로부터 유도된 것은 아니었다. 그래서 설계상의 많은 구조적인 문제가 건물구조를 과대하게 함으로써 해결했다. 쉘구조가 제안되었었지만 채택되지는 않았다.

구조에 있어서의 이러한 변경은 의도하려던 돛의 이미지보다 시각적으로 중량감이 있도록 했으며 상당한 예산상의 초과지출을 유발했다. 그리고 이와 같은 복잡한 구조형태를 건설하는 데에는 비용의 과다지출 외에도 건설기간이 예정일보다 훨씬 연장되기 때문에 많은 어려움이 뒤따랐다. 결과로서 시드니는 논란의 대상이 된 하나의 건축물을 갖고 있다. 도시를 위해서는 아름다운 '심벌' 이기는 하지만 아직도 그것이 현대

건축의 합리성의 결과인지에 대해서는 의문을 제기하고 있다고 보인다.

이와 같이 이미지 전달에 관한 문제는 건축설계에서 매우 중요하다. 해결방안은 기본적으로 다음과 같은 6가지 근원에서 유도할 수 있다. 즉 건물 프로그램, 건물형태에 대한 사회적 상(像), 건물대지, 건축가 개인의 취향, 환경 및 형태 연구, 그리고 건축술의 성격이 그것이다. 설계상의 특수한 성격에 따라서 이상의 어느 하나가 주요논점이 되어 건물로서 표현될 것이다.

그러나 이상의 것들은 모두 설계개념의 가장 중요한 근원이라고 할 수 있으며 대부분의 경우 각각의 요소가 설계상의 문제를 분명히 하는 역할을 한다. 설계가는 이러한 각각의 영역에 관한 상대적인 중요도를 설정하는 책임이 있다. 최종적 해결에 대한 비평은 얼마만큼 이상의 논점이 잘 표현되었는가 하는 것에서 뿐만 아니라 이러한 논점에 건축가가 부여한 중요도에 의해서도 제기되는 것이다.

건물 프로그램

건물기획은 전문적인 프로그래머나 건축가에 의해서 개발된다. 여기서 프로그램이란 대지와의 적합성과 공간의 용도에 근거한 활동공간의 인접요구도(隣接要求度)를 포함한다. 이러한 예는 생산과정에서 재료의 필연적 흐름과도 같다. 프로그램은 방의 형태나 규모를 나타내고 그 공간을 누가 사용하고, 또 얼마나 오랫동안 사용하는지 혹은 어떤 특수장비나 환경제어장치를 필요로 하는지를 나타내야 한다. 그리고 또 그것은 은연중에 혹은 명백하게 인간의 흐름과 재료뿐만 아니라 수용하고 있는 조직의 사회적 위계질서를 표현하고 있는 것이다. 이러한 관계는 인접 요구도에 의해 묵시적으로 언급되고 건축주에 의해 실제적으로 증명되어야 하는 사항이다.

프로그램은 건물에서 표현되어야 하는 위계의 기본이 될 수 있다. 예를 들면 프로그램은 지난 20년간 병원 및 연구소 시설 설계에서 가장 핵심적인 요소가 되었다. 그 이유는 이러한 시설이 특히 가변성과 기능성이 효율적이어야 하기 때문이다. 즉 이러한 프로그램과 상충된 개념은 그 중요도가 떨어져야만 할 것이다.

건물유형

기본적인 의문사항에 관한 또 다른 실마리는 그 범주 내에서 존재하는 건물유형의 상징적 표현으로부터 끌어낼 수 있다. 건물은 학교, 주택, 병원, 은행 그리고 교회와 같은 부류로 구분해서 볼 수 있다. 각각의 유형은 사회에서의 그러한 기능의 상징을 표현하는 것이고 그 사회의 체계 내에서 그 나름대로의 전통적 위치를 지니고 있는 것이다. 상징이란 집합적 관념이나 관념들이 총체를 표상하는 이미지라고 할 수 있다. 그러므로 어떤 건물유형은 사회에서 그러한 건물의 기능을 표상하는 이미지로 간주되는 선례를 가질 수도 있다. 건물의 상징성은 오랜 기간에 걸쳐 형성된 의미가 내재된 이미지에 의해 전달된다는 것과 그리고 이러한 이미지가 건물형태 조직과 관련된다는 것을 인지하는 것이 중요하다.

예를 들면 '뉴잉글랜드' 지방에 있는 교회의 입지는 그 지역의 지역사회에 상당한 사회적 의미를 갖고 있다. 그 교회는 도시의 중심지가 되고 공공장소와 접하게 되어 사회활동의 중심지가 되었다. 그 형태는 그것이 내포하고 있는 형식, 우아함과 규모에 의해 이와 같은 중요성을 표현하였다. 어떤 커뮤니티 내에서 특수한 건물의 유형에 대한 상징성의 정도는 커뮤니티에 대한 기능의 중요도가 증가하느냐 혹은 쇠잔하느냐에 따라서 변화한다. 건축가는 설계된 건물유형의 상징적 중요도를 평가하고 그 건물이 사회 내에서 상징성을 통해 그 위치를 고수하여야만 하는지의 여부를 결정한다. 많은 경우에 건물유형의 상징성은 명백하다고 할 수 있다. 그러나 어떤 건축주들은 건축가에게는 생소한 행태적 표현과 상징적 장소를 열거할지도 모른다. 이러한 경우에는 건축주와 주의 깊게 상의함으로써 설계를 위해 기초가 되는 이미지나 위치를 끌어낼 수 있다. 사회적 이미지는 건물 프로그램에서 설명한 바와 같이 시설의 기능적 활용과는 별개일 수 있으나 좋은 설계란 이상의 두 가지 사항을 하나로 통합함으로 해서 한쪽이 다른 모든 것의 의미를 보완하도록 하는 것이다.

소금상자 모양의 목조가옥

대지(垈地)

기획자료와 건물의 사회적 상징성이 그 시설에 적합한 대지를 제시할 수 있지만 대지 그 자체도 또한 특수한 행태를 유도할 수 있다. 건물대지는 설계되는 건물에서 여러 가지 활동이 보장될 수 있는지 그 잠재력의 관점에서 평가되어야 한다. 대지분석은 건축가의 기본적인 활동이라고 할 수 있다. 이러한 대지분석의 주된 내용은 계획시설을 충족시킬 수 있는 대지의 잠재력과 관련되는 기술정보를 수집하는 것을 포함한다. 지내력(地耐力), 지표수(地表水), 배수구 '유틸리티' 로의 접근로, 차량 및 보행자 접근로, 그리고 기타 지역사회의 요구사항들 모두가 대지분석을 위한 사항들이다. 추가로 여러 주(州)와 지역적인

핀란드 세나조키(Seina joki)의 타운 홀 설계 : 알바 알토(Alvar Aalto)

법규조건은(가구분할 및 토지이용 법규 등)설계될 건물의 형태에 지대한 영향력을 행사한다. 그러나 이러한 몇 가지의 기술적 제약요소를(주로 건강의 보호와 안전을 취급하는 사항들)제외하면 대지는 건축가에 의해 유리하게 사용될 수 있는 특정한 이미지와 의미를 내포한다고 볼 수도 있다. 예를 들면 대지가 목가적(牧歌的)인 지세를 암시하는 기복 있는 지형인지 혹은 각 방향에 기존 건물이 있는 의례적인 도시 내의 대지인지? 양호한 조망이 건물의 방향성을 제시하고 있지는 않는지? 그리고 토지형태나 기후가 특수한 에너지 절약형 건물형태를 암시하고 있는지의 여부? 강한 이미지를 지닌 전통적인 건물형태는 특수한 대지조건과 부지 제약요소에 부응해서 전개되어 왔었다. 예를 들면 식민지시대의 "솔트박스"(saltbox*)는 '뉴잉글랜드' 지방의 기후, 세제(稅制), 그리고 가용 건축재료에 맞도록 개발되었다. 이러한 것은 그 시대를 초월해서 대다수의 미국 국민들에게 집에 대한 강한 이미지를 주었다. 비슷하게 미국 남서지방의 "어도비"(adobe) 벽돌로 만든 주택도 강렬한 가옥의 이미지를 형성했다. 그러므로 대지 그 자체는 형태의 결정요소가 될 수 있으며 잠재적인 이미지 형성의 관점에서 분석되어야만 한다.

각주

* saltbox(house) ; 소금상자 모양의 목조 가옥(전면은 2층이고 뒤는 1층인 형태의 가옥)

프랑스의 롱샹교회(Ronchamp Chapel)
설계 : 르 코르뷔지에

건축가의 스타일(The Architect's Style)

설계의 스타일은 확실히 건축적 의지의 표현이라고 할 수 있다. 이러한 맥락에서 스타일이란 어느 개인 혹은 집단노력의 대표적 특성으로서 구별이 용이하도록 프로젝트에 부여된 형태의 독특한 성격의 질을 의미한다. 그러므로 신고전주의 스타일의 건물이 자신들의 영감에 의한 고전주의 건축에 의존했던 일단(一團)의 건축가들의 형태제작 기술을 대표하는 반면 알바 알토(Alvar Altor)가 설계한 모든 건물은 개인적인 형태제작 기술에 의해 인식될 수 있다.

스타일이란 기획자료로부터 형성된 것보다는 관심의 보다 일반적인 표현이라고 할 수 있다. 그리고 그것이 보통 그 건물의 첫 인상과 의미를 느끼게 한다. 그러므로 스타일에 대한 선택은 현재와 과거의 설계 경향에 관한 건축가의 철학을 표현하는 것이라고도 할 수 있다. 그것들은 우리사회에 대한 일종의 해설이자 어떤 가치의 재확인과 다른 사물에 대한 비평에 의해 형성된 건축예술이다.

근대건축운동의 아버지인 르 코르뷔지에(Le Coorbusier)는 한때 파르테논(Parthenon)에 매료되었다. 그의 건축형태는 건물의 새로운 기술을 표현하면서도 아크로폴리스(Acropolis)를 회상하게 하였다. 동시에 그의 건축은 그 당시 설계 스타일에 대한 비평적 입장의 구형이었고 고전적 형태미의 재확인이었다. 기술, 공간, 그리고 사회질서에 대한 그의 태도가 전통적인 형태에 대한 그의 애정과 복합되어 "코르뷔지에 스타일"이라고 인식되는 새로운 형태적 언어를 창조했다. 르 코르뷔지에가 지녔던 목표는 특수한 형태를 개발하는 것이라고 보다는 건축에 대한 그의 관심을 표현하려고 한 것이었다. 그렇게 함으로써 그는 그자신의 '스타일'을 개발했다. 이것은 매우 중요한 차이라고 할 수 있다. 대부분의 설계가들이 그들의 건물설계를 위해서 대중적인 당대의 스타일을 서슴없이 모방한다. 그들은 스타일 이면에 내재된 설계 의도를 이해함이 없이 외견상의 형태만을 복사한다. 그러나 여기서 우리는 "의지"(intent)가 스타일을 형성하며 또 특수한 여건 하에서도 그와 같은 스타일의 정확한 적용을 유발 가능케 한다는 것을 인식할 필요가 있다. 어느 개인이 하나의 스타일을 전개 발전시키는 것인지 그것들을 채택하는 것은 아니다. 오히려 스타일은 공간, 용도, 혹은 건축술에 대한 어느 개인의 새로운 개념표현에 의해 전개된다고 볼 수 있다. 이와 같은 요소에 대한 부단한 철학적 사고방식이 하나의 스타일을 만들어낸다고 할 수 있다.

만약 어떤 건물의 스타일이 단순히 한 가지 형태의 적용에만 의존한다면 그것은 특수한 건물에 있어서나 혹은 건축설계 과정에서 포함되어야 할 여러 가지 논점들을 올바로 표현하고 있지 못하는 것이 될 것이다. 독단적 스타일과 합리적 스타일간의 부조화는 별로 중요한 의사전달의 수단이 되지 못한다.

그러므로 건축역사에 관한 지식과 성공적인 건축가의 작품을 올바로 이해하는 것이 건축 설계의 가장 중요한 부분 중에 하나라고 할 수 있다. 특수한 건축형태에 관한 이론적 해석이 아직도 종종 건축에 대한 타당성 있는 사고의 방법으로서 간주되고, 그럼으로써 다른 관심사들과 복합되어 또 다른 하나의 건축설계가 가능하게 된다.

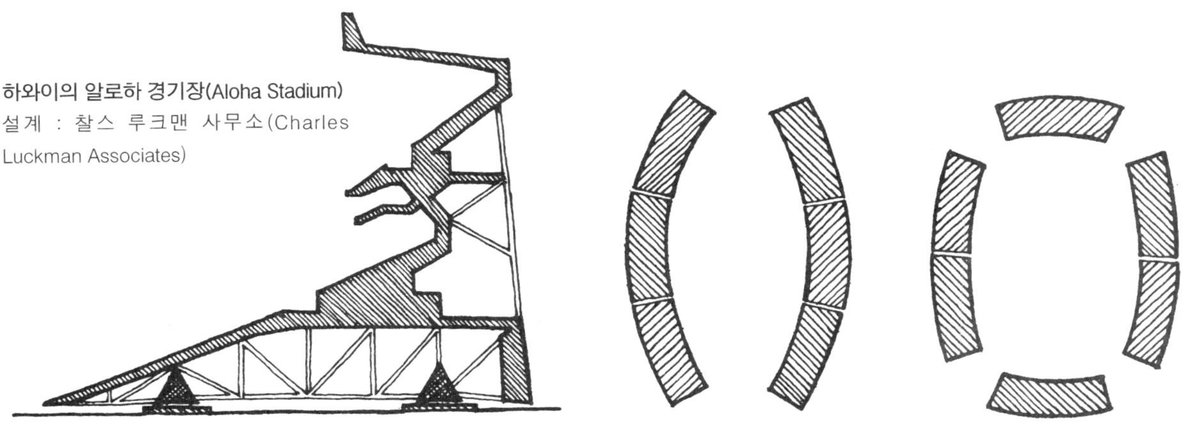

하와이의 알로하 경기장(Aloha Stadium)
설계 : 찰스 루크맨 사무소(Charles Luckman Associates)

환경 및 행태 연구(Environmental & Behavioral Studies)

전문적이며 학문적인 연구에 관한 최신분야로서 인간의 행동과 환경에 대한 연구가 발전되어 왔다. 명백히 이러한 연구는 그것이 건축가가 설계한 공간 내에서의 행동을 예측할 수 있다는 것을 의미하기 때문에 건축적 표현의지의 중요한 자료가 된다. 예를 들어 회의용 탁자의 형태와 규모에 따른 참석자의 참여도에 관한 조사연구가 수행되었다고 하자. 그러면 이러한 분석자료는 대학의 회의장(conference center)설계의 부분을 형성하는데 쓰일 수 있고 건축 후에는 잘 사용되리라는 합리적인 신뢰성을 부여할 수 있을 것이다. 그동안 학교, 사무소, 그리고 병원과 같은 주요 건물유형에 대한 환경-행태 연구가 수행되어 왔다. 어떤 경우에는 결과자료가 적절히 건축기획자료에 통합되기도 하지만 종종 그렇지 못한 경우가 많다. 그러므로 합리적인 연구자료를 발견해서 사용하는 것도 건축가의 책임이라고 할 수 있다.

건축기술(Building Technology)

최근에 건축기술 분야에서의 눈부신 발전은 건축설계에 지대한 영향을 미쳐왔다. 기술의 발전에 따라 사무소 건물의 기본형태가 변형되어 왔고, 거대한 경기장들도 공기의 "큐션"에 따른 새로운 외형을 형성하거나, 각 부 공간이 기체(氣體)로 채워진 외피(外皮)에 의해 구성되는 경우도 많다. 새로운 기술의 합리적 적용을 위해서는 설계에 대한 세심한 노력이 요청된다.

이동식(移動式) 경기장의 경우, 다양한 스포츠와 여러 가지 활동을 수용할 필요가 있게 되고 그래서 각종의 좌석 수용시설 대안이 특수한 형태로서 요구된다. 좌석의 주 단면을 변형시키는 것은 여러 종류의 경기장을 건설하는 것에 대한 기술적인 대안이 될 수 있고 이러한 발상이 기획상 효율적이며, 경제적으로도 가능성이 있다고 할 수 있다. 필요가 기술의 활용을 낳는다. 필요에 대한 인식, 기술상 가능한 대안의 폭에 대한 이해, 그리고 기술의 합리적인 적용은 모두가 분명히 건축가의 책임이다. 채택된 기술의 시각적 표현에 대한 중요성은 숙고되어야 하고 동시에 건물 프로그램 및 유형의 각 요소들과 대지조건, 그리고 건축가의 '스타일' 등도 고려되어야 할 사항들이다.

이러한 모든 것이 계층적 중요도(hierarchy of importance)와 부합되어야 한다. 예를 들면, 경기장의 경우 건축가는 좌석배치에 있어 유동성을 부여할 수 있는 기술을 시각적으로 표현하려고 할 수 있다. 그러나 사용자에게 어떤 의사를 전달한다는 관점에서라면 보행자의 순환로의 표현이 더욱 더 중요하다. 즉 좌석으로의 용이한 접근이라는 기획상의 관점이 시각적 소통체계보다는 훨씬 우위에 있다. 그러므로 색다른 기술표현에 대한 이미지는 억제되는 반면 동선에 대한 요구사항으로 인해 고차원의 명확성을 지닌 강력한 형태질서가 모색된다.

■ 시각적 배열기법(Visual-Ordering Techniques)

건축가가 표현과 전달의 요체에 대해서 결정한 그 다음은 건물형태의 선택과 조작에 의해 정확한 의미가 전달될 수 있도록 하는 단계라고 할 수 있다. 건물 프로그램은 건물에서 소요되는 모든 공간은 물론 그것들의 상호관련성과 어떤 경우에는 그것들의 형태와 중요성까지도 포함한다. 설계가는 이러한 자료와 다음과 같은 배열기법(ordering techniques)을 구사해서 건축적 구성을 통해 시각적으로 건물의 의도를 표현할 수 있다. 기본적으로 이러한 기법은 건축가가 건축적 구성을 형성하는데 사용하는 방법으로서 건물의 사용자에게 올바른 의미를 전달가능토록 해준다.

이러한 기법은 불필요한 시각적 전달을 억제하는데 뿐만 아니라 전달의 질적 수준을 고양시키는 데도 이용될 수 있다.

인접상관 도형(Proximity Diagramming)

인접상관 도형은 하나의 분석기법으로서 건물의 잠재적 형태를 최초로 감지할 수 있는데 매우 유용하다. 이러한 점에서 그것은 마치 조각가가 형태의 잠재력에 대한 특정의 석재(石材)를 평가하는 것에 비유할 수 있다. 인접상관 도형은 보통의 시각적 표현에서는 매우 상이하게 표현될 수 있는 잠재적인 형태적 구성을 내포하고 있다. 건축가는 여러 가지 대안의 도형을 발전시켜서 추구하는 건축적 표현과 가장 근접하는 도형을 선택한다.

이상에 언급한 바와 같이 인접요구사항(隣接要求事項)은 건축 프로그램에 포함된다. 이러한 사항들은 대지분석과 잠정적 건설형식(construction type)으로부터 추출된 요구사항에 의해서 추가될 수 있다. 집단에 대한 인접상관 도형은 대부분의 요구사항이 충족될 때까지 공간과 위치를 조작함으로써 형성된다. (즉 주방과 식사공간처럼 상관관계가 있는 공간은 상호 인접하고 개실(個室)은 특정방향을 면하고 있는 것과 같은 것) 이와 같은 기본 요구사항은 다른 배열에 의해서도 해결될 수 있고, 또 건축가는 보통 여러 개의 대안을 발전시켜 각 대안의 표현 잠재력을 평가하기 때문에 대안도형의 작성이 가능하다.

건물유형과 요구사항의 경직도에 따라서 대지프로그램, 혹은 기술적 요소 가운데 어느 하나가 우세할 수 있다. 예를 들면 고층사무소 구조에서는 기술적 사항이 지배적인 요소가 되고, 대지나 프로그램 고려사항은 상대적으로 중요도가 떨어진다. 인접상관 도형은 다양한 설계요구 조건의 상대적 중요성에 대한 건축가의 최선의 판단을 표시한 것이다.

인접상관 도형은 보통 두 개의 계층적 구조를 갖고 있다. 그 첫째는 중요도가 높은 것은 규모가 큰 요소로서 표현하여 도형에서 상이한 공간 규모로 관련시키는 것과 둘째는 공간의 연속적 순서 내에서 차지하는 그 요소의 위치다. 연속적 진행에 있어서 시발점과 종착점이 통로상에 위치한 다른 공간들보다는 중요도가 높다. 통로의 교차점은 어디에서 발생하든 중요성을 지니게 마련이고, 또 그러한 구성은 중앙에 주로 나타나는 경향이 있다. 이러한 것들이 인접상관 도형의 중요한 각 요소들이다.

두 가지 예를 생각해 보자. 하나는 체육시설을 구비한 전형적인 현대식 고등학교이다. 비록 고등학교의 내적(內的)질서가 아주 복잡하더라도, 본 예에서는 단지 체육관과 학교의 외적(外的)인 표현만 다루기로 한다. 이러한 두 가지 활동에 대한 인접상관 도

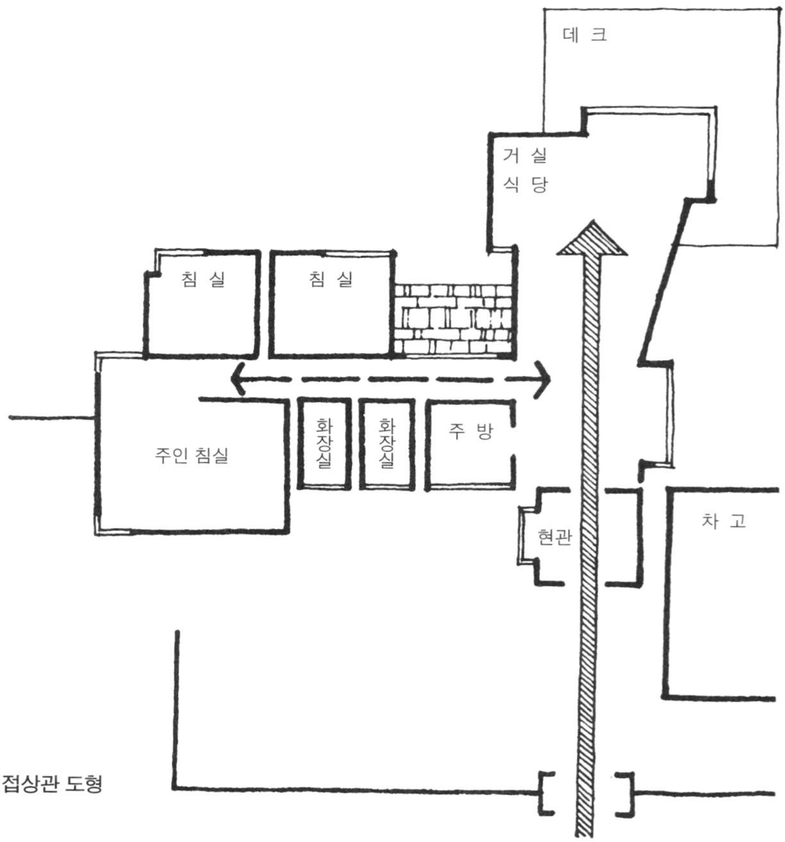

주택설계를 위한 인접상관 도형

형은 체육관을 하나의 분리된 요소로서 취급할 수 있고 학교의 다른 부서들과 함께 종합적으로 다룰 수도 있다. 어떤 경우든 체육관은 그것이 거대한 물리적 형태를 갖고 있기 때문에 지배적인 위치에 있다. 그러나 체육관을 학교의 존재가치라는 측면에서 보면 가장 중요한 요소는 아니다. 그러므로 건축가는 체육관의 시각적 이미지는 축소하고 총체적인 학교의 이미지를 강조하려고 할 것이다. 위치상의 결정은 체육관의 시각적 중요도를 감소시킬 수 있다. 만약 어떤 시설이 사용자의 지각이 힘든 곳에 배치된다면 당연히 그 시설은 중요도가 덜하다는 것을 의미한다. 건축가는 단지 사용자의 접근로를 다른 학교시설에 연결함으로써 체육관은 보이지 않거나 보이더라도 그 앞에 위치한 건물의 단편적 부분으로써 보이도록 할 것이다. 다른 모든 특징이 같더라도 전면에 나타난 사물의 후면에 위치한 사물보다는 지배적인 성격을 갖고 있다. 고층이 저층보다도 우세한 것으로 인식되고 그래서 전통적으로 힘(power)을 표현하는데 사용되어 왔다. 체육시설을 지하에 위치하거나 지반이 낮은 곳에 위치시켜 부차적 성격으로 표현할 수도 있다. (P. 257 참조)

두 번째 예는 기능적 관련성이 현관, 거실, 식사, 그리고 취침공간의 순서로 되어 있는 전통주택의 경우이다. 이런 경우 양단(兩端)의 인접관련성이 동일하지는 않다. 입구는 중요도가 높고 취침공간은 그렇지 못하다. 그래서 한 공간으로부터 다른 공간으로의 전이가 거실 — 식사 공간에서 특히 불연속적으로 보이게 마련이다. 그러나 이러한 문제가 보통 거실 — 식사공간이 주택에서 제일 규모가 큰 공간이고, 그래서 지배적인 경우는 그리 심각하지 않다. 또 다른 기법에 의해 그러한 상관관계가 보완될 수 있기 때문이다. 이러한 문제에 대한 가장 단순한 위치적 해결은 그런 공간에서 입구의 연속성을 없애고 취침공간으로 향하는 제2의 통로를 만드는 것이다. 부차적인 활동과 지지기능을 이러한 주요통로나 부차적 통로에 적절히 배치시킴으로 해서 상대적 중요성을 부여할 수도 있다.

인접도(隣接度) (접근과정상에서의 위치)는 건축이 표현하고자 하는 관념을 형성하는 하나의 출발점에 지나지 않는다. 그러므로 형태의 특징은 사용자에게 건물의 의미를 분명하게 하기 위해서 이러한 초기단계에 적용될 수도 있다.

사인과 심벌(Signs & Symbols)

사인(signs)과 심벌(symbols)은 매우 직선적인 표현방법이라고 할 수 있다. 이들은 건축설계에서 건물내의 각부 공간이나 기능의 안내를 기술함으로써 건물 사용자의 주의를 집중시키는 역할을 한다. 그 종류는 간단한 출구표시로부터 복잡한 구조의 개념과 내용을 보여주는 대상에 이르기까지 각양각색이다. 예를 들면, 파르테논

사인(Sign)과 심벌(Symbol) 조지아주 사바나(Savannah)에 위치한 브로드뷰 영화관 설계 : 아코라 사무소(Arkhora Associates)

(Parthenon)은 그 형태적 특성이 고전적이기 때문에 비슷한 논법으로 교회의 형태도 일반인들의 관념 속에 직선적이며 매우 상징성을 띤 것이라고 할 수 있다. 우리는 여러 가지 상이한 심벌을 상징화될 수 있는 활동의 독특한 성격으로부터 일반적으로 유출해 낼 수 있다. 예를 들면 대부분의 비행장 설계는 상향곡선과 유선형 형태, 그리고 최신의 자재 등에 의해 비행과 현대성을 상징하고 있다.

심벌리즘(symbolism)은 항상 주요형태 부여의 설계기법으로 이용되어 왔고 기능이나 기획내용에 우선하여 별 이의 없이 작용 가능했다. 이는 그것이 모든 부분적 문제를 총체적으로 집약시켜 의미를 보강하고 전체적 구성에 일체감을 부여할 수 있기 때문에 광범위하게 사용된다. 그러므로 가장 타당성이 있는 '심벌' 을 선택한다는 것이 가장 어려운 문제다.

여기서의 실수는 우리에게 건물이 장소와 조화되지 않고 실제로 좀 우스꽝스럽다는 인상을 줄 수도 있다. 다시 고등학교 예로 돌아가 보면, 설계자는 교과서의 이미지가 학습의 개념을 상징하고 그럼으로써 그 형태를 지붕구조에 대입시키려 할 것이다. 만약 이것이 진짜 이루어져 지붕이 정말로 책처럼 보인다면 대부분의 사람들은 '심벌' 이 너무 피상적이어서 학습기능을 올바르게 반영하지 못하는 형태라는 것에 동의할 것이다.

또 다른 예로는 학습이 이루어졌던 그런 종류의 역사적 무대장치를 재현해 보려고 하는 시도가 있을 수 있다. 이러한 경우에서는 은거의 감각으로 오솔길과 연구 장소를 자연적인 장치로 꾸밈으로써 상징화할 수도 있다. 반면에 학교라는 철학적 개념은 마치 쇼핑센터에서 활동이 활발한 것과 마찬가지로 학습이라는 활동이 활발히 진행되는 과정을 의미한다. 그러므로 이런 경우에는 상점(stores)이라는 이미지가 좀 더 적합할 수도 있다.

어떤 대상이 무엇으로 표현되어야 하고 어떤 심벌이 정확히 어떤 이미지를 전달하는가에 대해서는 가능한 해석이 많을 수밖에 없다. 그러므로 이미지 선택을 건축주, 프로그램의 성격, 대지조건, 앞서 언급한 건설상의 문제점 등에 근거를 둔다는 것은 매우 중요하다.

학교건축은 특별히 상징화 하는데 난점이 있다. 왜냐하면 그 기능이 급속도로 진화하고 있으며, 그런 이유로 어떤 원형도 형성되어 있지 못하기 때문이다. 그러나 주택에서는 많은 주민들에게 "집"이라는 특징을 상징적으로 표현하는 여러 가지 원형이 존재한다. "솔트박스"(saltbox), "타운 하우스"(town house) 그리고 "랜치"(ranch) 등은 즉시로 어떤 이미지를 전달해 주고 있다. 건축주는 어떤 특별한 생활방식을 대표하는 어떤 특수한 이미지를 원할 수도 있다. 그러므로 설계상의 문제는 프로그램과 대지조건에 부합하면서도 정확한 이미지를 전달할 수 있는 구체(構體)를 계획하는 것에 국한시킬 수 있다.

건축가의 스타일이란 그 자체가 원형이기 때문에 우리는 그 가운데서 건축가가 다른 여타의 프로젝트에도 원용하는 특이한 접근방법을 발견할 수 있다. 그래서 눈치 빠른 건축주는 어떤 특정의 건축가를 선택하게 되는데, 이는 그 건축가의 스타일 때문일 수도 있다. 그러한 건축가에 의해서 설계된 건물은 그의 지속적인 스타일을 통해 설계의 주요사항을 구체화하게 된다.

게슈탈트(Gestalts)

'심벌' 이 관념을 대변하는 반면 다른 특수한 형태조직은 시각적 구성요소 사이의 상

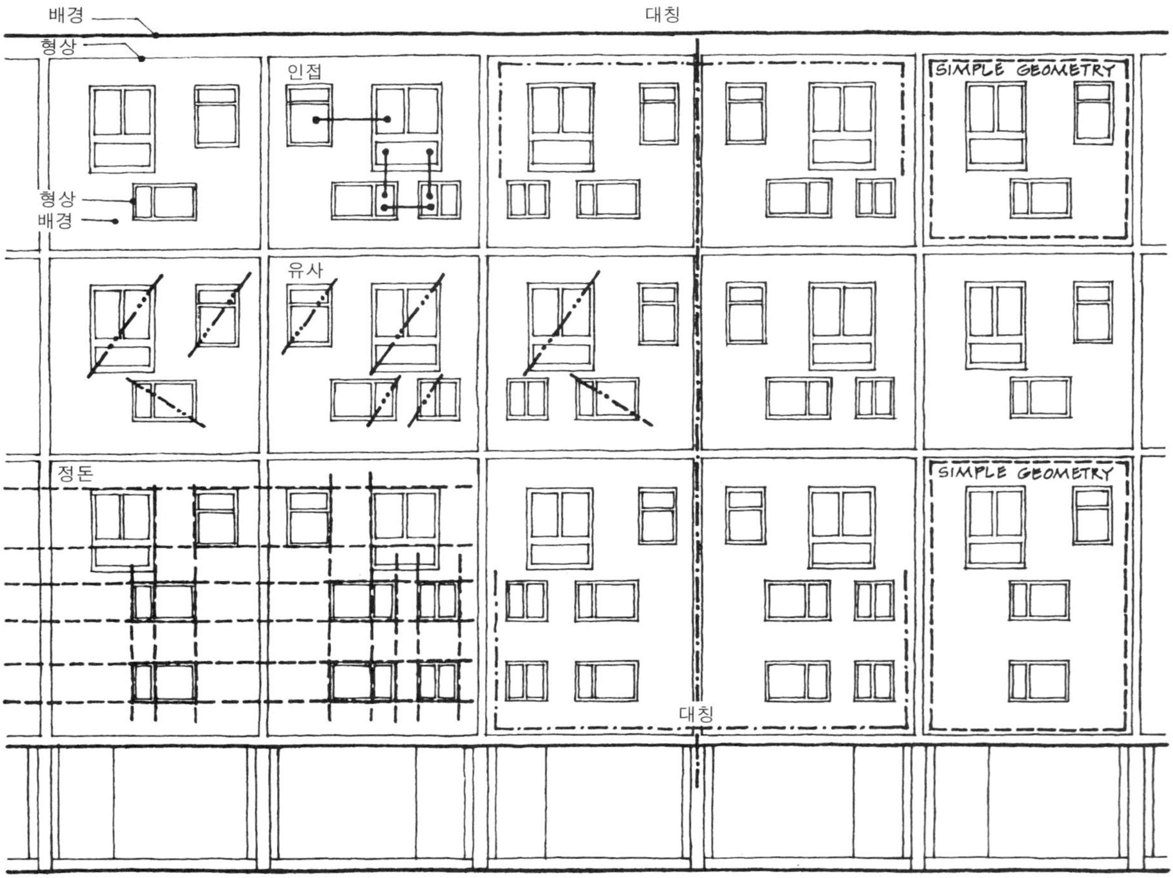

게슈탈트 루즈벨트 섬의 집합 주택계획안을 위한 입면계획 설계 : 릭 줄스(Rick Jules)

호관계를 표현한다. 심리학 분야는 인간의 마음이 시각영역이 뚜렷한 부분과 관련부분으로 구성되어 환경을 인지하도록 구조적으로 이루어졌다는 개념에서 발전해 왔다. 이러한 연구의 분야를 “게슈탈트 심리학”(gestalt psychology)이라 부른다. 즉 우리가 인지하는 상이한 ‘패턴’의 조직을 게슈탈트라 부른다. 게슈탈트 심리학의 이론은 건축가의 많은 관심을 불러일으키는데 이는 설계의 과정이란 것이 각 설계요소 사이의 상관관계를 표현하는 것과 관련되어 있기 때문이다. 각각의 게슈탈트는 뚜렷한 특성을 가지고 있어서 설계자는 이를 조정해서 구성요소 사이의 시각적 상호관계를 강화시킬 수도 혹은 약화시킬 수도 있다. 형태의 외형적 특성이 어떻게 인지될 것인가를 이해하는 것은 설계자에게 두 가지의 기회를 부여한다. 첫째로는 설계자가 상관되어 인지되기를 원하는 구성요소를 선택하여 다양한 '게슈탈트 · 패턴' 특성을 집단으로 인지될 수 있는 형태로 적용할 수 있도록 하고, 둘째로는 이러한 이해를 분석적 기법으로 사용할 수 있게 하는 것이다. 설계자는 발전된 설계안을 분석해서 게슈탈트 조직(gestalt organization)이 무엇을 형성하고 그 각각의 내용이 설계의 개념을 삭감하는지 혹은 고양시키는 지를 간파할 수 있다. 만약 그것이 설계의 개념을 반감시킨다면 형태상에서의 변형이 이루어질 수 있다.

시각적 조직의 개념이 우리가 어느 특정한 순간에 볼 수 있는 것과 관련된다는 것을

중력의 중심 쇼핑몰을 위한 계획설계

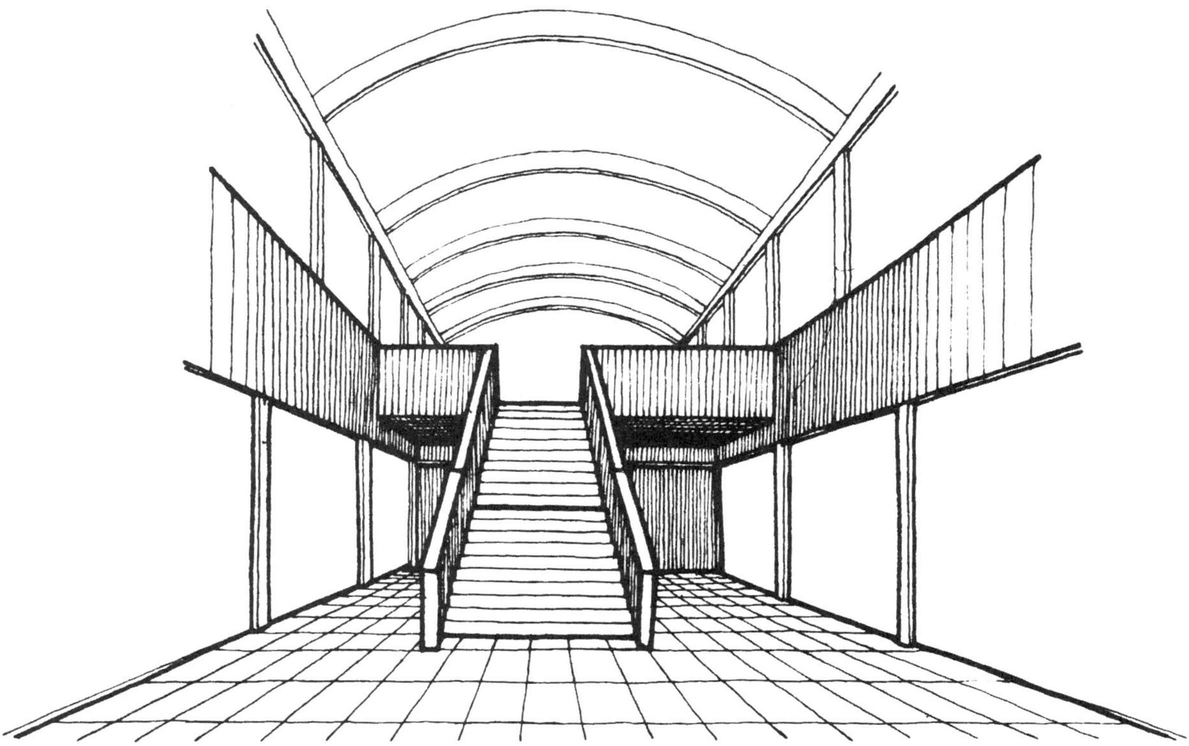

인식하는 것이 중요한 사실이다. 그러므로 설계된 구성과 우리 자신과의 관련성은 세심하게 분석되어져야만 한다. 우리들과 건물과의 관련성은 우리가 건물을 사용함에 따라 끊임없이 변한다. 게슈탈트는 지각을 조직화시키기도 하고 건물에서 얻는 만족도를 제고시킬 수 있을 뿐만 아니라 건물 내에서 대상형태의 지각과정을 단순화함으로써 건물 내에서 활동을 유도하는 데도 사용된다.

형상 · 배경 (Figure · Ground) 우리는 배경을 바탕으로 해서 형상(Figure)을 본다. 형상(figures)이란 우리의 시계에 사물로서 보이는 조직이라고 할 수 있다. 예를 들면 우리는 어느 물체의 (커피잔과 같은)경계가 그물체에 그와 같은 모양의 특성을 부여할 수 있는 것으로 인식한다. 배경이란 반면에 한정된 것이 없고 비교적 산만한 것이라고 여긴다. 그것은 사물로서 보이지는 않는다. 형상(figures)이란 배경을 바탕으로 (혹은 지면에)존재하는 것으로 보이거나 우리의 시야를 구성하여 물적 주거환경을 이해하도록 하는 것이다. 건축에서 형상이란 문 혹은 건물의 입면에 있는 추상적 창호의 집합구성과 같이 간단히 인식할 수 있는 물체가 될 수도 있다. 예를 들어, 만약에 입구(入口)에 시각적 표현이 필요한 경우(대부분 그러한 경우가 보통이다) 건물의 배경을 두드러진 현상으로서 구성할 수 있다. 우리의 건물에 대한 인식은 이러한 형상의 주변에서 조성되고 그 건물은 그것으로 인해서 즉시 인지될 것이다. 반면에 입구 부분과 나머지 부분 사이에 별 차이가 없는 건축물도 많이 볼 수 있다. 이런 경우 우리는 건물의 다른 부분과 입구 부분을 구별하기 힘들 경우가 많다. 이것은 극도의 혼돈을 야기시킬 수 있다. 형상(figure)에 부여되는 인식의 개념과 배경과의 관련성은 전등 '스위치' 를 식별하는 곳에서부터 한 건물을 다른 것과 구별하는 것에 이르기까지 건축설계의 전범위에 적용된다고 할 수 있다.

중력의 중심(Center of Gravity) 개개의 형태(forms)와 전체로서의 구성(compositions)은 우리의 주위를 이끌게 하는 중심을 갖고 있는 것 같다. 형태의 여타부분과 그 구성에 대한 우리의 이해는 중심과의 관련성으로부터 발전된다. 이러한 개념은 구성의 중심에 좀더 중요한 것을 위치시킴으로 해서 설계상의 시각적 배열기법으로 사용될 수 있다. 어떤 사람은 도서관에서의 독서실의 구조 그 자체에 혹은 구조가 없이 "도서관"의 개념을 구현할 수 있기를 원할지도 모른다. 다른 여타의 모든 공간은 독서기능을 보좌하는 것으로서 생각할 수 있고, 그래서 중요도가 떨어지는 것으로 간주할 수도 있다. 이 경우에 독서실을 구성의 중앙에 위치시켜 그것에 시각적 중요성을 부각시키는 것은 타당성이 있을 것이다. 건물 내에서 설계자는 안내장소와 같은 주요기능의 중요도를 결정해야만 한다. 그래서 그것이 일반인의 시계 중앙에 위치해서 전체의 구성을 위압할 수 있거나 혹은 다소 소극적이기 위해서는 한쪽 편으로 몰아서 위치할 수도 있다.

외형(Configuration) 외형의 개념은 마음이 시각적 환경(visual environment)을 단순화 하여 그것을 이해하려고 한다는 데에 있다. 가장 이해하기 쉬운 환경의 부분은 가장 정형적이며 최소의 단순화가 요구되는 것이라고 할 수 있다.

단순한 작업은 어느 곳에서나 있을 수 있다. 벽돌 벽의 가장자리가 진정한 직선인 것은 아니다. 그것은 직선으로 보인다. 직선형의 농가주택은 그 주변의 굽이치는 전원의 조경이 잘 인식되지 않는 반면에 쉽게 식별된다. 건축가는 단순한 기하학적 형태를 사용함으로써 사물을 좀 더 명확하게 할 수도 있고, 그것을 좀 더 큰 형태에 귀속시킴으로써 변장할 수도 있으며 시각적으로 난잡하게 함으로써 그 형태를 이해하기 힘들게 하기도 한다.

유사성(Similarity) 유사한 물체는 함께 군집하려는 성향이 있다. 유사성(similarity)의 특징은 물체의 형태, 색, 텍스처, 부피감 혹은 문화적 중요도가 될 수 있다. 예를 들면 유사한 형태의 창호는 그 내면에서 일어나는 유사한 활동을 표현하는데 쓰일 수 있고, 대조적인 형태는 활동의 변화나 기능의 분리를 표현하는데 쓰일 수 있다. 색(color)은 상이한 형태(탁자와 의자처럼)를 가진 두 물체를 관련시키는데 사용될 수 있고 색대비(color contrast)는 하나의 물체가 다른 것과의 관련성에서 중요도를 나타내는데 사용될 수도 있다.

물체의 형태, 색깔, 텍스처, 부피감, 그리고 문화적 중요도는 그것과 다른 물체 사이의 관계에서 매우 미묘한 계층적 구조를 전개하는데 사용될 수 있는 속성을 갖고 있다. 시각적 경험의 연속은 건축공간의 이러한 속성 사이에 내재된 대비와 유사성에 의해서 발전된다. 유사성은 우리로 하여금 부분 사이의 관계를 볼 수 있도록 하는 반면에 대비는 중요한 상이점을 나타낸다. 대상 물체 사이의 동질성에 대한 감은 대상물체의 속성을 좀 더 동일하게 함으로써 강력하게 구성할 수 있다. 대상물체는 그들의 속성을 대비시킴으로써 서로서로 분리될 수 있다. 예를 들면 주택은 연속적 구성(sequential composition)으로서 개발된다. 건축가는 주요공간이라 하더라도 꼭 같은 비례를 가져야 하고 동일한 연결공간에 의해 연속되어야 한다고 결정할 수 있다. 구성상에서의 대비되는 특징이란 방의 크기, 색깔, 조도의 질, 그리고 옥외 공간과의 관계 등이다. 차가운 색깔이 포근한 침실을 만들기 위해 사용되는 반면 좀 더 활동적인 색채가 주방에 사용될 수도 있다. 이러한 식의 세밀한 조작이 설계과정 상에서 끊임없이 일어나 건물이 건축가가 원하는 시각적 이미지를 표현하도록 하는 것이다.

인접(Proximity) 인접해 있는 물체는 서로 상관관계가 있는 것으로 보인다. 이러한 개념은 설계자로 하여금 두 개의 유사하지 않은 물체라도 서로 인접시켜 위치함으로 해서 관련성을 갖도록 한다. 학교와 체육시설은 그들이 항상 서로 근접해 위치함으로 인해 관련성을 갖게 된다. 건축가 자신도 그 둘의 건물이 구분하기 힘들게 되기를 원하고, 그럼으로써 그들의 특질을 좀 더 유사하게 구성할 것이다. 예를 들면, 양쪽의 활동을 동일한 기준의 텍스처로 전체의 벽면을 치장해서 담으려 할 것이다. 그러나 어떤 경우엔 공간이 시각적 관점에서 서로 상관될 필요가 있다. 이러한 것은 대상에 대한 사용자의 관점을 조정함으로써 그것들이 함께 보이지 않고 한번에 하나씩 보이도록 할 수도 있다. 혹은 인접효과가 두 개의 기본공간과 다른 공간 사이에 별개의 시각화된 집단을 형성함으로써 증진될 수도 있고 이는 최초의 인접효과 보다 좀 더 강력하다고 할 수 있다. 예를 들면, 집합주택에서 주호(housing units)의 창호를 서로 인접시켜 구성하여 그들을 시각적으로 다른 주호와 분리할 수 있다. 그렇게 함으로써 각개의 거실이 전체의 커다란 건물 내에서 개별성을 유지할 수 있도록 하는 것이다.

대칭(Symmetry) 대칭적으로 위치한 물체는 서로 관련성이 있는 것 같이 보인다. 대칭이란 축과 상관관계가 있다. 한 물체는 축을 중심으로 회전대칭(rotational symmetry)을 만들면서 회전될 수 있다. 그리고 축과 나란히 움직이면서 병진적 대칭(translational symmetry)을 만들어 낼 수도 있다. 결국 물체는 축을 중심으로 그 자신의 반사 이미지를 형성할 수 있다. 이러한 유형의 대칭개념은 종종 건물의 입면계획에서 창호의 위치나 동일한 주호(housing unit)에서와 같은 반복적 구성에 대한 관심을 불러일으키려는데 사용된다. 대칭은 다른 집합 내에서 또 하나의 다른 시각적 집합을 연상하게 함으로써 체험을 좀 더 깊게 하고, 이로서 우리의 주의와 흥미를 좀 더 오래 지속하게 한다. 전반부에서 언급한 구성의 중심이 주의를 끄는 것 같이 대칭은 그 대칭이 가능하게 하는 축에 중요성을 부여한다.

폐쇄와 연속(Closure and Good Continuation) 어떤 물체는 부분이 제기된 대상으로 지각되는 반면에 다른 것은 보다 복합적인 형태로 보이기도 한다. 폐쇄의 개념은 불완전한 물체의 시각적 완성을 포함하는 것이다. 이러한 시각적 완성은 만약 하나의 대상 물체가 좀 더 단순한 형태로서 완성될 때, 그리고 형태의 논리적 연장이 그것을 완결 짓는 경우라면 각 개실은 비록 그곳에 분명한 개구부가 있더라도 폐쇄된 것으로 보인다. 정원 주변의 높은 울타리는 비록 지붕이 없더라도 그만한 체적(volume)의 부피감을 느끼게 한다. 그리고 또 울타리의 상단부가 일률적으로 구성되어 있으므로 지붕의 존재를 의미할 수도 있다. 이런 경우에 울타리의 끝부분에 맞추어 형성한 격자형 시렁(trellis)의 "지붕"에 물체를 부가시킴으로써 좀더 강력한 폐쇄감이 형성될 수도 있다. 이러한 것은 사람의 마음에 직사각형의 공간이 완성되는 것을 용이하게 하여 폐쇄감을 증진시키는 예라고 할 수 있다.

연속이란 정돈(alignment)의 개념이다. 만약 사물이 정돈된 것으로 보인다면, 그 물체는 서로서로 상관된 것으로 느껴진다. 두 개의 수평창호 배열이 정돈되어 있는 것은 그 건물에 수평적 감각을 부여시킬 것이다. 즉 이것은 일개 창호에 의해서 다른 창호의 연속을 감지할 수 있는 효과라고 할 수 있다. 많은 부분들의 구성에 있어서 그 배열 정돈이 잘되어 있으면 그만큼 더 우리는 그들 부분사이의 관련성을 좀 더 깊게 인식할 수 있다. 인접성(proximity)이 여기서도 역시 역할을 한다. 왜냐하면 두 개의 배열된 물체가 좀 더 근접해서 배열되었을 때 정돈효과는 좀 더 강력하다고 볼 수 있기 때문이다. 모든 경우에 있어 가장 단순한 시각적 구조만이 인지될 것이다.

형태의 재구성(Form Reproduction) 형태의 재구성에 대한 게슈탈트 개념(gestalt concept)은 설계의 도구라기보다는 어떻게 우리가 공간을 기억하느냐에 관한 이해의 방도라고 볼 수 있다. 그 개념은 만약 우리가 완전한 형태를 일별한 후 그의 부분만을 다시 본 경우라 하더라도 우리는 기억으로부터 그 이미지의 잔여부분을 재구성할 수 있다고 주장한다. 이것은 비록 구성의 일부분만이 명확하더라도 시각적 구성(visual composition)이 생리적으로 확보되어 공간적 정위치를 위해 사용될 수 있음을 의미한다. 이미지의 강도는 공간형태의 단순성과 그 구성의 상호관련성에 근거한다고 볼 수 있으며, 또 그 공간형태가 어떻게 그 주변과 대조를 이루는 가에 달려있다. 프랭크 로이드 라이트(Flank Lloyd Wright)에 의해 설계된 구겐하임(Guggenheim)박물관은 형태가 극적이고, 그러므로 주변의 사각형태의 건물과는 대조를 이루는 좋은 예라고 할 수 있다. 필연적으로 그것은 도시경관의 배경에 위치한 하나의 형상(figure)이라고 할 수 있다. 이 건물의 일부분만을 보더라도 건물 전체의 외형을 마음까지 전달해 준다. 즉 이러한 특성으로 인해서, 이 건물은 뉴욕5번가의 랜드마크(landmark)가 되었다.

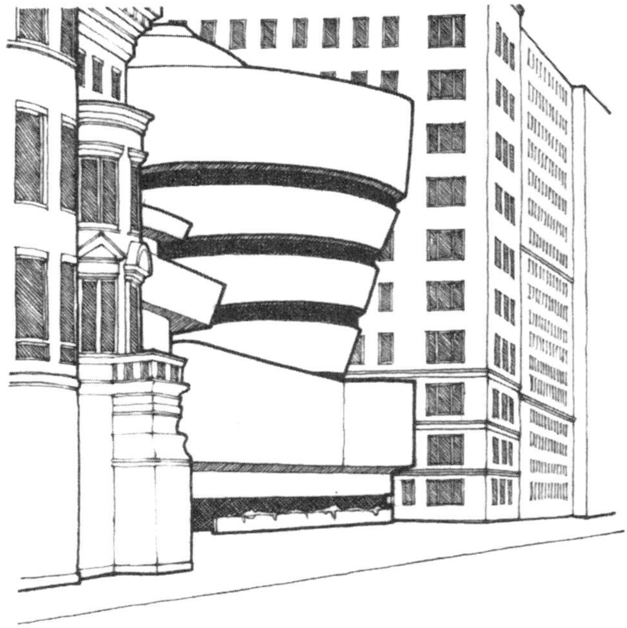

대조적 [이미지]의 표현 구겐하임 미술관(Guggenheim Museum)
설계 : 프랭크 로이드 라이트

그래서 게슈탈트(gestalts)는 설계의 도구가 되어 건축가로 하여금 설계의 부분을 조합시켜 그것들이 서로 관련된 것처럼 보이거나 그것들이 그와 같은 기능에 대한 공통 메시지를 전달할 수 있도록 한다. 이러한 질서를 지각할 수 있는 우리의 능력으로 능숙한 설계자에 의해 조직되는 경우 게슈탈트는 지극히 중요한 설계의 도구가 된다.

비넷(Vignettes)

'비넷' 이란 감성적 의미 함축을 내포한 공간의 이미지이다. 이러한 이미지는 종종 강력하기는 하나 그러한 것이 구성된 방식으로 꼭 일치되는 것은 아니다. 왜냐하면 그러한 이미지란 완전히 배경에서 계획된 특수활동만이 일어나는 꿈같은 특성을 갖기 때문에, 찰스 무어가 칭한 꿈의 상대라고 할 수 있다. 이미지란 과거의 경험과 연관된 형상이라고 할 수 있고 그것은 단지 일반적으로 지배적인 게슈탈트에 의해서 기억된다. 공간의 본질은 세부적 디테일이 소멸되어도 보존되어 왔다. 그러므로 건축가는 그들의 건물이나 장소를 연구할 때 이들에 대한 이미지를 수립한다. 전 생애를 통한 경험으로 많은 "비넷"이 회상 가능하고, 어떤 것은 공간을 형성하도록 하는 관념이 될 수도 있다.

예를 들면 많은 사람들이 좋은 전망, 작은 원형 식탁, 화려한 차양, 신선한 화초, 그리고 목재난간 등으로 구성된 멋있는 옥외식당의 이미지를 기억할 것이다. 이러한 특성이 공간의 본질을 낳는다. 그래서 그 차양이 화려한 색깔이라면 노랑색이건 오렌지색이건 별로 관계가 되지 않는다. 이런 비넷은 이제 비슷한 배경을 위한 설계의 발상이 될 수 있다. 단지 그 공간의 사용자가 설계자가 가졌던 것과 같은 '비넷' 에 동일한 감성적인 반응을 갖는 경우에만 성공적이라 할 수 있다. 이러한 이유로 해서 그러한 이미지는 최종 설계안이 채택되기 전에 사용자와 주의 깊게 협조되어야 하는 것이다.

원형(Archetype)

'비넷' 은 어떻게 공간이 구성될 수 있느냐를 암시하는 이미지이다. 그러나 많은 건물유형, 즉 교회나 쇼핑센터 같은 것은 그들의 특별한 용도를 위한 최적형태에 관한 사려 깊은 연구에 근거한 특별한 패턴을 따를 수 있다. 이러한 패턴을 원형이라 부른다. 건축가는 그들이 방문한 건

비넷 학습을 위한 장소
미조리의 세인트 루이스 식물원에 있는 존레만 건물
설계 : 헬무스, 오바타, 카사바움

비넷 그리스 작은섬의 주택

물에서나 특수 프로젝트에서 수행한 초기조사 연구에서 끊임없이 이러한 적정양식 패턴을 추구한다.

예를 들면 어떤 쇼핑센터의 유형들은 독특한 패턴을 갖고 있다. 즉 그것들은 두 개의 "자석"(magnet) 상점(고객을 끌어들이는 대규모 슈퍼마켓이나 백화점 등)을 주 통로의 양단부에 위치시키고, 그 사이의 통행로 주변에 소규모 상점을 위치시킨다. '몰'(mall)의 폭은 그것이 1층이냐 혹은 2층이냐에 따라 설정된다. 판매에 관한 많은 연구에 의해서 이러한 패턴을 분명히 적용해 왔기 때문에 좀 더 주의 깊게 고려를 한 후에만 예외가 가능하다. 다른 많은 건물유형도 다양한 일반적 유형을 갖고 있다. 고밀도 주거, 학교, 병원 그리고 다른 대부분의 건물이 대표적 패턴이나 형태를 지닌다. 앞에서 언급한 대로, 환경 – 행태(environment-behavior) 연구는 특정한 환경에서 행태의 전형적 패턴을 나타내므로 합리적인 건축형태(architectural form)를 조직하는데 유용할 수가 있다. 설계를 위한 노력의 첫 출발점은 어떠한 경우에 무슨 원형이 적용 가능한지를 분명히 하는 작업으로부터 시작하는 것이다.

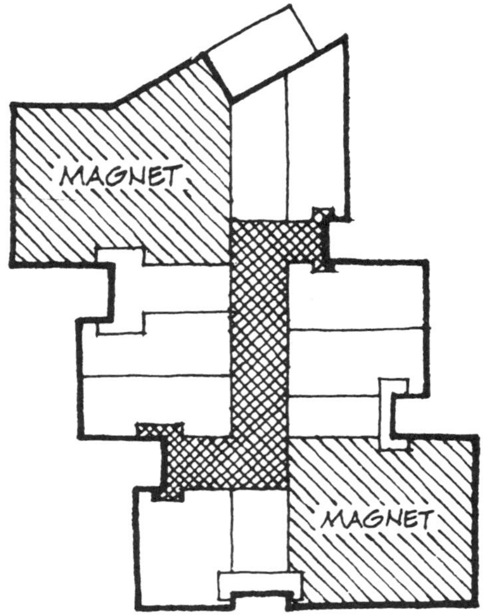

시각적 중요도에 맞도록 수정된 원형(Archetype) 쇼핑 센터의 모식도

패턴(Patterns)

프로젝트가 새롭거나 복잡해서 그 원형이 정립되지 않은 건물설계에서는 건물의 성능조건을 내포하는 건물 프로그램으로부터 용도의 패턴을 추출하여 건물의 외형, 구조 그리고 환경조건 등을 설정한다. 구조와 기계 시스템의 설계는 마치 건축물을 건설하는 과정에서와 같이 철저히 계획된 '패턴'을 따른다. 각각의 시스템은 그 나름대로의 패턴과 사용의 범위가 있는데 이것이 건물의 기능요구조건과 부합되어야만 한다. 건축가는 건물 프로그램의 필요조건을 충족시킬 수 있는 여러 패턴 가운데에서 어느 하나를 선택해서 표현할 수 있고, 이러한 패턴은 건물이 택하게 될 형태를 매우 구체적으로 표현한 것이라 할 수 있다. 이러한 선택이란 특수한 어떤 표현목적을 위해 특별한 관점을 강조하는 시각적 배열기법(visual-ordering technique)이라고 할 수 있다. 1960년대에는 사용가능한 격간(格間) 규모(baysize), 구조

구조와 설비 '패턴'의 표현
파리의 퐁피두 예술문화 센터
설계 : 피아노와 로저스(Piano and Rogers)

패턴 그리고 설비계통의 이론적 원리가 고층 사무소 건물의 이미지를 형성했었다. — 보통, 구조는 표현되고 기계설비 배관은 은폐한 형태로 — 그러나 최근에 건축가들은 형태가 요구하는 사항에 기초를 둔 합리적 구조를 선택함으로써 구조가 건물형태를 따르도록 하고 있다. 대부분의 경우에 설계란 여러 가지 패턴의 요구사항을 주의 깊게 조절하는 작업이라 할 수 있고, 여기서 건축가는 어느 '패턴'이 가장 중요한가를 결정하는 것이다. 처음에 언급한 학교의 예에서, 체육관과 교사건물은 체육관이 장스팬(span)을 요구하기 때문에 각각 매우 상이한 구조적 '패턴'을 갖는다.

■ 설계목표(Design Objectives)

현명한 건축가는 이상에서 언급한 시각적 배열기법(visual odering techniques)의 적용에 고도의 기술을 지니고 있다. 그러나 이것만으로 좋은 건축을 설계한다는 것은 어렵다. 필요한 것은 설계가 발전되어 가는 과정에서 적절한 비평을 가하는 작업으로, 이는 중요한 목표가 설계의 어느 특정부분에 대한 비의도적인 표현에 의해 종속되는 일이 없도록 확인하는 것이다. 다음의 네 가지 주요목표가 그러한 비평의 근거가 될 수 있다.

첫 번째 목표는 건물의 각 부분 사이에서 추구하는 계층성을 유지하는 것이다. 건축가는 설계의 목표와 어떻게 공간의 형태가 이러한 관심사를 사용자에게 전달하느냐 하는 방법에 대한 지속적인 의식을 가져야만 한다. 이러한 시점에서 표현의 오류는 범하기 쉬운 법이다. 왜냐하면 건축가는 보통 어떤 시점에서 보면 설계의 한 부분만을 위해 작업을 수행하고 있기 때문이다. 만약 각각의 부분이 설계의 다른 부분과 비교해서 정규적으로 검토되지 않는다면 그 계층성은 원하지 않는 방향으로 변하게 될지도 모른다. 그리고 설계에서는 많은 부분이 동일한 중요성을 지니고 있더라도 다른 사용자에게는 상이한 중요성을 부여할 수 있다는 것을 인식하는 것이 매우 필요하다. 이러한 사실이 설계의 문제를 복합적이게 하고, 따라서 본래 추구하려던 계층성을 염두에 둔다는 것이 좀 더 중요한 사항이 아닐 수 없다.

감흥을 주는 공간 애틀랜타의 피치트리 · 프라자
설계 : 존 포트맨(John Portman)

두 번째의 일반적 목표는 설계에서 표현의 간결성을 유지하는 것이다. 건물은 시각적 관점에서 명백하게 그 부분의 중요한 정도를 분명히 해야만 하고 일반인으로 하여금 건물의 용도에 따르도록 설명적이어야 한다.

세 번째 목표는 설계상에서 흥미와 기쁨을 개발시키는 일이다. 인간은 기계가 아니다. 그래서 순수하게 기능적 수법으로만 취급해서는 안 된다. 건물은 우리 생활의 한 부분이라 할 수 있고 그래서 그것이 우리 인생의 즐거움을 고양시킬 수 있고 또 시켜야만 한다.

권장도서

Attoe, Wayne. *Architecture and Critical Imagination*. Chichester, England:
John Wiley & Sons, 1978.
Jencks, Charles. *The Language of Post-Modern Architecture*. New York:
Rizzoli International Pubblications, 1977.
Moore, Charles; Allen, Gerald; and Lyndon, Donlyn. *The Place of Houses*. New York: Holt, Rinehart and Winston, 1974.
Prak, Niels. *The Visual Perception of the Built Environment*. Delft University Press, 1977.
Venturi, Robert. *Complexity and Contradiction in Architecture*. New York: Museum of Modern Art, distributed by Doubleday & Co., Garden City, N.Y., 1966.
EXAMPLES OF THE STYLES OF VARIOUS ARCHITECTS
Aalto, Alvar. *Alvar Aalto*. Zurich: Verlag fur Architecture, Artemis, 1963.
Bastlund, Knud. *Jose Luis Sert : Architecture, City Planning, Urban Design*.
New York: Praeger, 1967.
Giurgola, Romaldo, and Mehta, Jaimini. *Louis I. kahn*. Boulder, Colo.: West-view Press, 1975.
Roche, Kevin. *Kevin Roche, John Dinkeloo and Associates*. New York: Architectural Book Publishing Co., 1977.

제 4 편

건축의 과학과 기술

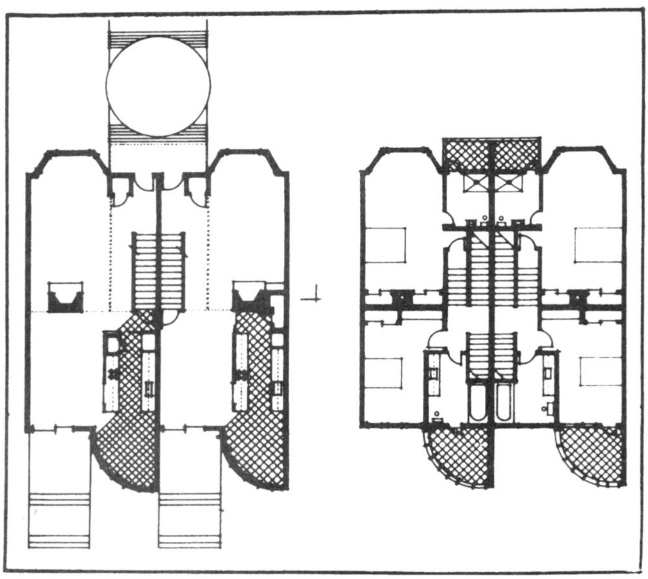

Clarissa Easton

Claudio Veliz

Claudio Veliz

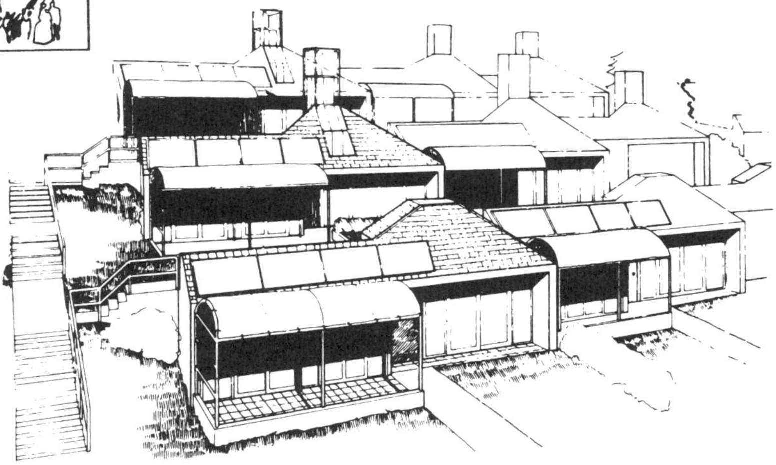

Vincent James

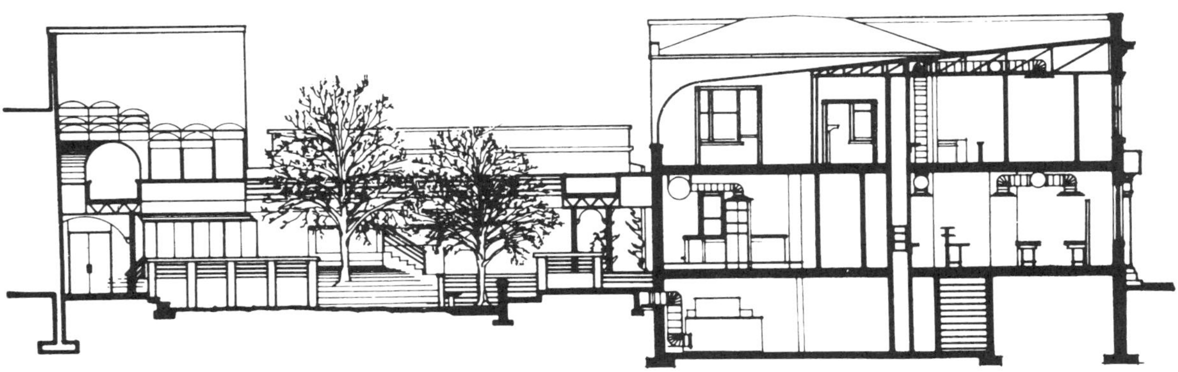

Craig Webster

11 장
구조의 고찰

David Evan Glasser
김 용 부 역

건축과 관련되는 구조는 건물설계에 있어 건축가가 해결해야 할 가장 피할 수 없는 문제 중의 하나이다. 이러한 관계는 복잡하고 다양한 국면을 지니고 있다. 엄격한 기술적인 용어로 말하면, 구조란 건축의 구상을 지지하고 보강하기 위하여 외력을 내부의 하중 지탱 메커니즘으로 전달하는 수단이라고 생각할 수 있을 것이다. 다시 더 광범위하게 구조에 대해 설명하면, 지지수단과 건조방법은 건물설계 과정에서 본질적인 요소와 형태결정 인자로 생각된다는 사실이 될 것이다. 이 장에서는 구조를 건축설계에서 없어서는 안 될 요소로서 더 넓은 관점으로 다룬다.

건축가들은 역사상 처음으로 구조와 시공의 선택에 임하여 금방 매혹되고 오도되기 쉬운 그 겉치장에 어리둥절하고 있다. 더 오래되고 단순하였던 시대의 건물설계 전문가들은 그들 사회의 건축에 대해 공간적, 시각적인 제약을 주는 한정된 구조법과 재료의 사용만이 가능하였다. 그 예로서, 로마의 건축자들은 압축력을 받는 석조 아치구조물에 의존했는데, 이것은 단일 스팬에 한계가 있을 수밖에 없게 했으며, 오늘날 우리가 고대 로마를 연상하는 시각적인 풍경의 대부분을 결정지었다. 그와 비슷하게 초기 미국 건축의 특성은 대부분 한정된 건축재료에 의하여 결정되었다. 비교적 싼 값의 좋은 목재의 풍부한 공급은 헛간, 교회, 마을, 공회당, 주택 및 유사 건물 따위의 토착적 미국 건축의 원형(原型)을 발전시키는 하나의 요인이었다. 이 점에 관해서는, 초기 미국의 많은 지역사회, 특히 뉴잉글랜드 지방에 있어서의 규모, 특성, 및 연속성에 일관성이 있는 것은 제한된 건축기술과 건축자재의 좁은 선택범위로 인하여 갖게 된 구조의 이해(理解)에 기인한다고 주장할 수 있을 것이다.

이런 제약조건에 의하여 가해지는 건물스팬과 건축특성에의 엄격한 제한은 더 이상 존재하지 않는다. 현재 구조설계의 이론적인 가능성은 거의 무한정이다. 1,000피트짜리 지붕의 스팬을 개발하거나 0.5마일 높이의 빌딩을 짓는 것도 가능하다. 최근의 국제박람회들은 사실상 어떤 모양의 건물이건 축조가 가능하다는 것을 보여주고 있다. 그래서 모든 건축가들이 고려해야 할 문제점은 구조를 어떻게 건물로 구체화 하는가 하는 것 뿐 아니라, 건물설계와 관련하여 적절한 구조방식과 재료의 선택을 위한 기준을 어떻게 마련하느냐 하는 것이다. 기술적인 수단이 모든 구조상의 문제해결을 가능케 하기는 쉬우므로 건축에서의 구조에 관한 합리적인 선택을 해야 할 책임이 건축가들에게 점점 더 가중되어 왔었다.

■ 건축과 구조의 관계

형태 결정요소로서의 구조

모든 건물에 있어서, 외부하중과 힘은 지붕, 마루 및 벽으로부터 내부하중 지탱 메커니즘을 통하여 지반에까지 전달됨이 필요하다. 건축개념과 관련하여 구조방식의 계획과 개발은 건축가에 의해 수행되는 중요한 형태 결정요소의 하나가 된다. 형태 결정요소로서의 구조의 중요성은 세계의 거의 모든 대도시의 중심업무지구에서 볼 수 있다. 대부분의 주요한 사무소 건물의 외형과 규모는 거의 전적으로 기둥간격, 걸침 부재의 효용성 그리고 풍하중에 대한 고려에 의해 결정되어 왔다.

건축물의 규모가 커짐에 따라, 중요한 형태 결정요소로서의 구조의 문제가 점점 더 설득력 있게 된다는 것을 관찰하는 일이 중요하다. 개인주택의 규모에서는 구조적인 문제를 경시할 수 있으며, 많은 경우 그것이 바람직하다는 것이 인정될 것이다. 반대로 규모가 큰 경우 — 투기장, 강당, 경기장 같은 경우에는 엄격하고 잘 통합된 구조적 짜임새가 없는 개념상의 설계는 역시 허위적이라는 것은 명백하다.

일부 건축가와 기술자들에 의하면, 좋은 건축의 탁월한 작품으로 여겨지기 위해서는 건물은 공간적, 개념적 그리고 구조적인 설계문제에 밀접한 조화가 있어야 한다고 주장한다. 이 관점은 구조방식은 건축의 기본을 형성하는 그 밖의 모든 구성요소의 성공적인 통합을 위한 포괄적인 짜임새를 마련한다는 것을 시사하고 있다. 이 점에 관해서는, 구조는 설계과정에서 지배적인 요소로 간주되며, 또한 그 자체로서 건물의 기본적인 미적 특성을 부여한다.

동시에, 주요한 형태 결정요인들이 암유적(暗喩的)이거나, 조각적이거나, 정신적이

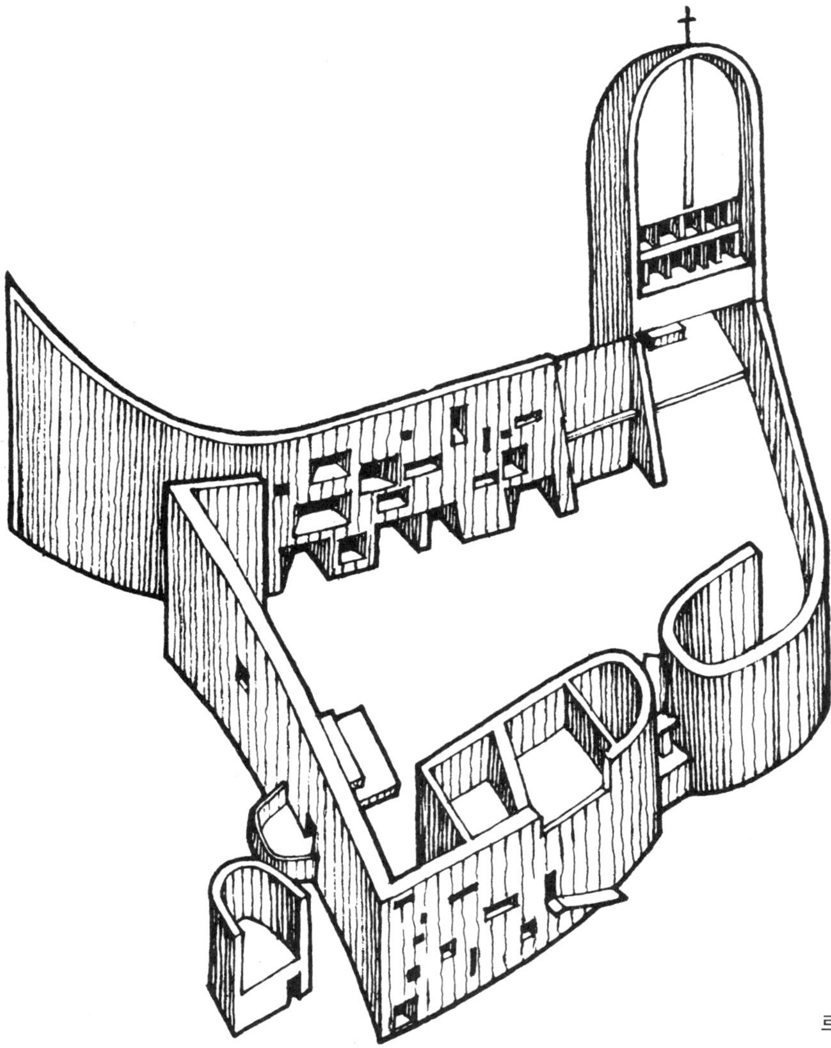

르코르뷔지에 설계의 프랑스의 롱샹교회

거나 혹은 상징적인 건물이 있는데, 그런 경우 구조는 설계과정에서 부차적인 역할을 한다. 르 코르뷔지에 롱샹교회와 같은 건물은 구조의 결합을 통해서라기보다는 공간과 빛의 처리로서 그 특징을 얻고 있다.

이러한 여러 가지 다른 관점과의 관계없이 건축에 있어서의 구조의 중요성과 건축가가 기본적인 구조설계의 원리와 그의 응용을 이해할 필요가 있다는 것은 재론의 여지가 없다. 어떤 건축프로젝트에서의 구조적 표현의 성질과 범위에 관하여 실질적인 차이점이 야기될지도 모르지만, 대부분의 건축가들은 구조가 건축설계의 구성적인 국면의 하나가 된다는 것에 동의할 것이다.

구성원리로서의 구조

구조는 하중지탱 메커니즘과 마찬가지로 구성설계원리로서 생각될 수 있다. 이 점에 관해서, 구조를 만든다는 것은, 물리적 힘의 전달과 건축적 공간이라는 견지에서 위계(位階)와 질서를 동시에 설정하는 행위임을 뜻한다.

건물설계 과정에서 가장 먼저 결정되는 것 중의 하나가 구조 격간(格間) 크기의 설정이다. 일반적으로, 이 결정은 계획된 공간이용 패턴에 관련하여 이루어지고 실행 가능한 경우, 장래의 변화를 예측하여 융통성을 반영한다. 상업사무소로 건물에서의 구조 격간 크기는 아주 좋은 설명의 예가 된다.

기둥의 위치를 결정하는 격간의 크기는 모두 구조부재의 크기뿐 아니라 모든 구성요소와 보조 구조방식의 적절한 크기까지도 낳는다. 예를 들어, 너비에서 X개의 격간과 길이에서 Y개의 격간으로 구성되어 있는 건물은 각기 기본간격 치수에 대해 특정비율을 가지는 수많은 구성요소로 이루어질 것이다. 전체 구조에 대한 각 부분의 관계는 힘의 이론적인 분산을 위한 메커니즘과 더불어 만족스럽고 통일된 건축의 특징을 준다.

많은 사항들이 건물설계에서 고려되어야 한다. 도시설계, 환경상의 행동, 그리고 그

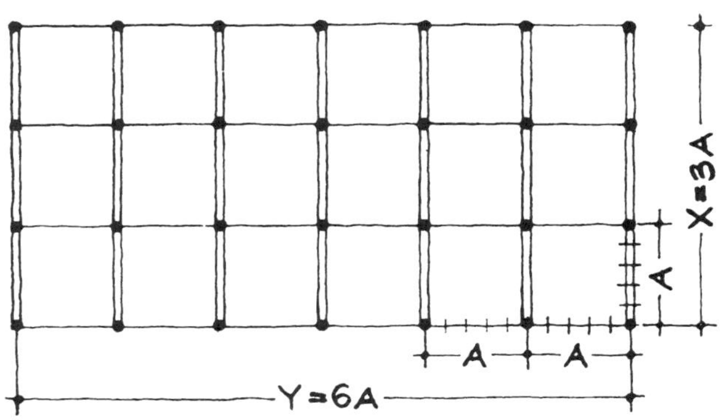

구조격간 : $\frac{X}{3} \times \frac{Y}{6}$

구조격간 크기

밖의 관련사항들이 '튼튼함' '편리함' '기쁨'을 위한 전통적인 요구사항에 첨가되어져 왔다. 이 점에 관해서 건물설계가 증가하는 변수의 개수에 의존하고 있다고 보일지도 모른다. 이러한 건물 설계사항들에 각기 동등한 관심을 기울인다는 것은 부적절하며 사실상 불가능하다. 설계의 우선순위는 개개의 프로젝트를 위한 특수한 프로그램상의 요구사항들과 관련하여 건축가에 의해 설정된다. 대부분의 건물에 있어서 구조방식의 선택은 설계과정에서 보통 가장 높은 우선순위에 속하는 것 중의 하나라는 것은 말할 나위도 없다. 그러므로 초기의 합리적이고 논리적인 구조방식의 결정은 설계의 우선순위의 전 범위를 더욱 효과적으로 다루기 위한 기본을 마련할 수 있다.

자연적인 형태와 인공적인 형태

식물과 동물의 자연적인 형태는 설계자에게 구조와 설계에 대한 귀중한 통찰력을 제공한다. 자연속의 모든 형태는 외부 하중조건에 대한 내부의 구조반응의 결과로서의 특성을 갖는 하중지탱 메커니즘으로 간주될 수 있을 것이다. 사실, 식물과 동물의 진화역사를 조사해 보면, 외부의 자극에 대해서 적절한 구조적 반응을 보이지 못했던 것들은 살아남을 수 없었다는 것은 분명해진다. 현재 우리 주위의 자연적인 형태로 된 적절하고도 성공적인 구조방식의 발전은 그들의 계속적인 존재를 설명해 준다.

나무는 구조적인 관점에서 분석하는데 편리한 예이다. 조사해 보면 줄기는 수직하중을 가지로부터 지반으로 전달하기에 충분하게 굵고도 강하다는 것을 알 수 있다. 동시에 굉장히 센 수평 풍하중에도 견딜 수 있도록 유연하다. 눈과 얼음이 덮여도 과도하게 처질 정도로 무겁지만 않다면 가지들은 옆으로 뻗어 나가서 잎들은 지지하기에 충분할 만큼 튼튼하다. 뿌리의 구조는 나무의 전체 무게를 땅의 넓은 범위에 동시에 분산시키고, 바람으로 인한 전도에 대항하는 실질적인 닻의 역할을 해내기 위하여 땅 밑에서 방사형으로 뻗어 있다. 이렇게 나무는 힘에 대응하는 방식을 계획하는 건축설계 작업에의 통찰력을 제공해 준다. 힘에 대응하는 이 방식에서 모든 구성요소는 그 자체의 적절한 국부적 기능을 돕고 전체로서 포괄적이고 유용한 실체를 형성한다.

수세기에 걸쳐 건축자와 설계자에 의해 선택되어진 형태와 자연형태의 관계는 일치하고도 남는다. 아마, 자연적인 돌 동굴이 축조방법으로서의 아치의 생각에 이르게 했던 것처럼, 자연계의 구성요소들도 그 개념상의 동일성으로써 오늘날의 구조적 관념에 이르게 했다. 엷은 셀 콘크리트 구조물과 계란껍질은 개념상의 동명이물(同名異物)이며, 거미집과 케이블 망(網) 구조, 복어와 공기지지구조, 엽맥(葉脈) 구조와 등방성(等方性) 리브(rib)슬래브 방식도 마찬가지 경우이다. 어디를 보나 자연적인 형태와 축조

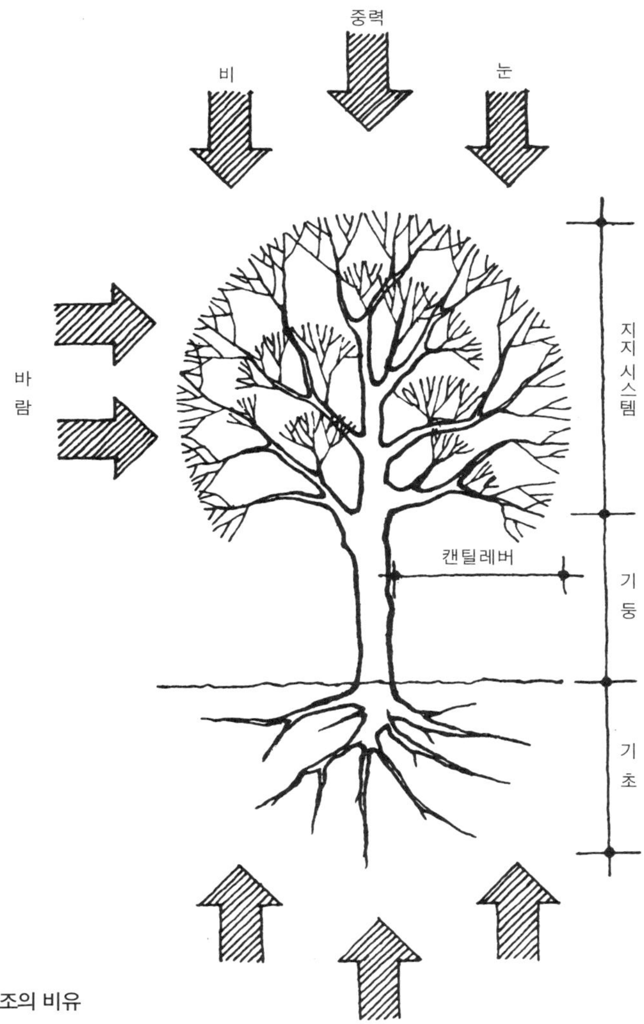

구조의 비유

된 구조물 사이의 추리의 연결을 지을 수 있다.

이 유사한 구조개념을 조사해 보면, 자연계에서는 아무데도 직선은 나타나지 않는다는 것을 알게 될 것이다. 한편, 건축은 직선적인 구성요소와 평면적인 구성요소를 광범위하게 채용하고 있다. 그 표면에서 이것은 가장 변덕스럽게 나타난다. 한 가지 점에 있어서는 자연은 설계자들에게 유용한 광범위한 구조적 통찰력과 형태를 제공한다. 그렇지만, 건축가들은 자연에서 지각할 수 있는 것과 일치하지 않는 방식과 형태를 자주 이용한다.

만약 설계자가 인공적인 형태와 자연적인 형태 사이의 잠재적이고 근본적인 차이를 인식하기 원한다면, 구조와 설계에 관련하여 인공적인 형태와 자연적인 형태 사이의 분열은 보다 쉽게 받아들여질 수 있을 것이다. 자연의 본질은 형태의 계속적인 발생, 억제 그리고 재생인 것으로 나타난다. 이러한 엄격한 과정 속에서 가장 강한 종족은 살아남고 가장 약한 종족은 멸종하게 된다. 건축가의 의도는 보다 결정론적이다. 건물은 자연의 힘에 순응하기보다는 그것에 견디는 노력을 표시한다. 구조형태는 주기적인 악화에 대한 자연의 성향을 의도적으로 배제하는 조절된 기후, 환경, 내후 및 내풍환경을 마련하도록 설계된다. 건축은 통제할 수 없는 자연의 힘의 상관성에서 구조의 영구성을 요구한다.

■ 구조에 작용하는 하중

구조가 존재하는 이유

건물은 외력에 견딜 수 있는 조절된 내부환경을 만들어 내도록 축조된다. 건물은 특정한 수의 기능을 수용하고 인간활동을 담을 수 있게 설계된다. 헛간과 오두막 같은 몇 가지 건물은 단지 대피를 하는데 쓰인다. 다른 건물들은 매우 특수하고도 복잡한데 예를 들면, 운동경기장 같은 것이다. 잘 설계된 건물들은 의도된 기능을 촉진하고 확대한다. 초등학교 건물설계에는 폭넓은 변화가 있는데 예를 들면, 교육의 질과 특성은 대부분 각 학교에서 만들어지는 환경에 의해 결정된다. 이 마지막 점에서, 건물은 단순한 대피처라기보다는 좀 더 큰 역할을 수행한다는 것을 우리는 인식한다. 더 말할 나위 없이 건물은 우리의 정신을 풍부하게 하고 우리의 활동을 고상하게 한다.

외력에 대한 반응으로서의 구조

구조방식은 어떤 불가피한 외력에 대한 반응으로서 존재한다. 외력 중의 주된 것은 중력이다. 구조체와 그 수용자의 무게는 구조체를 지면 쪽으로 당기는 경향이 있고, 건물의 모든 구성요소들의 기능은 이 경향에 저항하는 일이다. 건물의 재료와 사용자로부터 오는, 이미 알려진 하중 외에도 통계학적으로만 예측할 수 있으면서도 적응될 수밖에 없는 자연력에 의한 하중이 있다. 눈은 지리적 위치에 따라 변화하는 중력하중이다. 바람과 지진은 중력하중과는 다르게 건물에 영향을 준다. 바람은 수평하중을 일으키는 가능성이 있는데, 그것은 건물을 옆으로 변위시키기 쉽다. 지진이나 지각변동 하중은 어느 정도 바람과 같은 횡하중의 특성을 갖지만 그것은 지속 시간은 더욱 짧고 진도(震度)는 더욱 크다.

건물은 그것에 가해지는 모든 힘에 대응하는 구조적인 메커니즘을 전개해야 한다. 이 점에서 모든 구조방식은 어느 방향에서의 외부하중도 적응시키도록 조절된 3차원 외력저항 방식으로 간주될 수 있을 것이다.

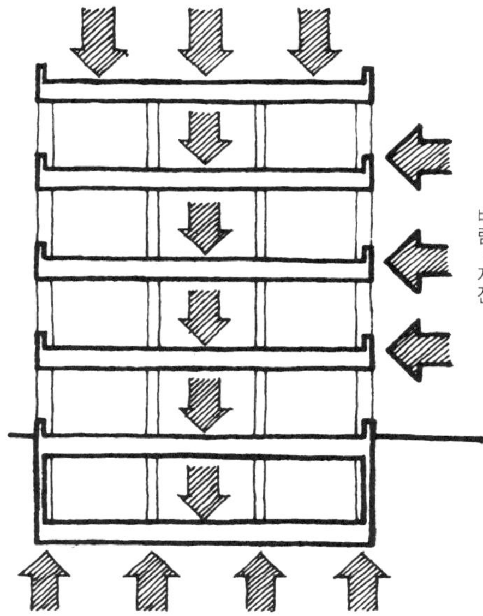

외력 저항 시스템

건설의 역사를 살펴보면, 책정한 하중조건의 부정확한 예측으로 인하여 실패한 구조물에 대한 사례 연구거리가 수두룩하다. 이러한 실패 중 가장 비참한 것 중의 하나는 1940년에 건립되고, 기술자에게 알려진 타코마 내로우스 교(Tacoma Narrows Bridge)이다. 건립 당시 타코마 내로우스 교는 지점 사이가 2,800피트가 되어 세계에서 세 번째로 긴 현수교였다. 다리를 축조하기 전에 실시했던 풍동(風洞)시험에서, 도로에 따라 설치된 보강 트러스에 대하여 계속 작용하는 보통 속도의 풍하중이 다리에 진동을 증가시켜서 결국에는 주 스팬을 파괴에 이르게 한다는 사실을 밝혀내지 못하였다. 건축가에게 정확한 크기와 모든 하중조건의 지속시간을 결정할 것을 기대할 수 없지만 하중과 그 충격에 대한 기본적인 개념과 실제적인 이해는 적절한 구조설계 개념을 발전시키기 위한 기본이 된다.

하중의 종류

정하중(靜荷重) 일반적으로 건물 설계자에 관련된 하중조건은 두 가지가 있는데, 그것은 정하중과 동하중이다. 정적 혹은 고정된 하중은 대부분의 건물에서 압도적인 조건을 이룬다. 건물의 전형적인 정하중(부동의)은 고정된 기계류의 무게, 예측되는 점유하중 및 건물 재료를 포함한다. 이것은 건축가가 예상되는 크기의 하중과 그 재하기간을 예측할 수 있고, 이 알려진 조건에 부응하는 구조를 설계할 수 있다는 것을 의미한다. 다리를 지나가는 기관차나 바람의 경우와 같은, 동하중 또는 이동하중은 하중의 크기와 재하시간을 어느 한도 내에서만 예측할 수 있는 더 어려운 구조 설계 작업을 초래한다.

적재하중 적재하중이란 계획된 공간에서 예상되는 미래의 사용에 대한 경험적, 통계적 가정을 나타내는 설계하중이다.

적재하중은 건물구조의 무게를 이외의 모든 하중들 — 점유자, 가구, 비품, 그리고 기계류 등을 포함한다. 눈, 비, 바람, 지진 및 수압은 크기와 재하시간이 변하는 적재하중이다. 구조해석을 단순화하기 위하여 통계적인 평균적재하중은 이들 동하중과 등가인 정하중으로 나타내도록 정해진다.

건물의 정확한 사용 패턴을 확실하게 예견한다는 것은 사실상 불가능하기 때문에 (예를 들면 점유자의 수와 가구의 양), 장차 일어날지도 모르는 최악의 조건에 대하여 합리적인 가정을 세우는 것이 필요하다. 건축가가 일반적으로 이러한 가정을 할 의무는 없다. 건축법규와 국가적으로 인정된 구조 편람이 제안된 점유물의 각 형태에 대해 권장되는 최소한의, 등분포 적재하중을 구체적으로 제시한다. 예를 들면, 상업용 사무실은 평방피트당 50파운드(50psf)의 적재하중을 요구하지만 같은 건물에서 복도는 100파운드의 적재하중을 요구한다. 이에 관한 논리는 명확하다. 하나의 사무실은 일정한 수의 사람과 일정한 양의 가구만을 지탱할 수 있고 또한 일정한 기능을 발휘한다. 한편, 복도는 비상시에 완전히 메어질 것이다. 적재하중의 숫자는 이러한 변할 수 있는 가능성을 반영하고 있다.

고정하중 외력대응 시스템을 이루는 구조재료와 구조구성 부재의 무게는 고정하중이다. 건축가들은 광범위한 건축재료 중에서 선택할 수 있는데, 그 모두는 다양한 모양과 밀도 그리고 무게의 특성을 지닌다. 건축가와 기술자들에게 중요한 관심사의 하나는 구조시스템에서의 고정하중과 적재하중의 비율이다. 구조적 효율성은 부하된 적재하중에 비하여 낮은 비율의 고정하중을 요구하는 것 같다. 또 한편으로, 화재시의 안전과 구조방식의 제약에 대한 염려는 설계하중을 상당히 초과하는 고정하중을 강요할 때가 흔하다. 예를 들면 다수의 세대가 거주하는 집합주택에서 일반적 바닥 부재인 6인치 두께의 콘크리트 슬래브는 평방피트당 75파운드의 무게를 가지는데, 겨우 40파운드의 정하중과 등가인 적재하중을 지탱할 수 있다. 그래서 건물 고정하중의 정확한 결정은 구조해석에서 주요한 요소의 하나가 된다.

풍하중 풍하중은 실제적으로 동하중이지만 해석에 있어서는 등가(等價)의 정하중, 즉 통계적인 평균값으로 다루어진다. 풍하중은 여러 가지 요인 때문에 바닥하중보다 산정하기가 더욱 복잡하다. 예를 들면 구조물의 바람맞이의 반대편 면에 생기는 부력(負力) 혹은 흡인력은 직접 풍하중의 효과를 증대시키는 경향이 있으며, 풍하중이 작용하는 시간은 건물의 구조설계에서 큰 영향을 끼친다. 예로서, 짧은 시간의 강력한 돌풍은 계속되는 시간 동안에 작용한 등가 풍력의 충격의 두 배가 될 것이다. 건물의 위치 또한 풍압의 영향을 받는다. 예를 들면, 도심에 위치한 100피트 높이의 건물은 100mph 풍속의 결과로서 평방피트당 18파운드의 적재하중을 받게 될 것이다. 같은 건물이 만일 탁 트인 해안지역에 있다면, 같은 풍속과 관련하여 평방피트당 44파운드의 적재하중을 받게 될 것이다. 이 같은 사실은 주요 건물들이 집단적으로 모여 있는 위치는 도시계획의 정당성은 물론, 불가피한 구조적인 정당성을 지닐 것이라는 것을 암시한다.

풍하중의 정확하고 안전한 결정은 판단과 경험의 문제이다. 건축가와 학생은 어느 정도 조심성 있게 바람의 조건에 대한 등가 정하중을 사용토록 권장되고 있다.

지진하중 전국 건축사심의회(The National Council of Architectural Registration Boards : NCARB)는 오늘날 모든 건축가는 지진하중에 대하여 건물을 안전하게 설계하기 위한 규정을 숙지하도록 요구하고 있다. 지진하중은 비교적 강도가 높고 재하시간이 짧다. 그래서 같은 하중이 더 오랜 시간 작용할 때보다 구조체에 더 큰 충격을 주는 경향이 있다. 이 현상은 모든 구조물이 나타내는 성질, 즉 기본주기(基本週期) 때문에 일어난다. 1/10초에서 10초까지 여러 가지인 이 주기는 구조물이 좌우로 한번 완전히 진동하여 원위치로 돌아오는 기간이다. 모든 구조물, 심지어 초고층 사무실 건물까지도 어느 정도 유연성을 가지며 구조적 강성이나 다른 요인에 의하여 일정한 기간 동안 진동을 겪는다. 만일 지진하중과 같은, 예리하고도 짧은 충격이 기본주기 이하의 기간 동안 건물에 가해진다면 건물은 정하중이 아니라 동하중을 받게 될 것이다.

건물에 작용하는 동하중은 개개의 부재의 강성을 높이기 위한, 그리고 구조물을 통하여 하중이 무리 없이 전달되게 하는 구조방식을 위한 규정을 요구한다. 구조가 연속절점(강절점으로 연결된)을 가지게 함으로써 건물은 지진하중의 작용에 대하여 더욱 저항능력이 커진다. 일체이고, 본질적으로 연속적인, 타설(打設)된 콘크리트 건물은 이 점에 있어서 우수하다. [핵폭발은 더 큰 진도(震度)의 지진의 충격과 흡사하다. 히로시마와 나카사키의 결과를 담은 필름은 통탄스러운 대파괴에서 살아남은 건물들은 오직 타설 콘크리트 건물임을 보여주고 있다.] 과거의 경험과 지질학적인 구조상에서 지진의 가능성이 있다고 보이는 지구상의 어떤 지정된 지역에서는 이 중요한 단기작용 횡하중에 대한 대비가 이루어져야 한다.

열하중 열하중은 온도의 변화에 의해 생기는데, 그것은 시간과 계절에 따라서 구조부재의 형태와 크기를 변화시키는 경향이 있다. 개개의 재료에는 그의 독자적 분자성

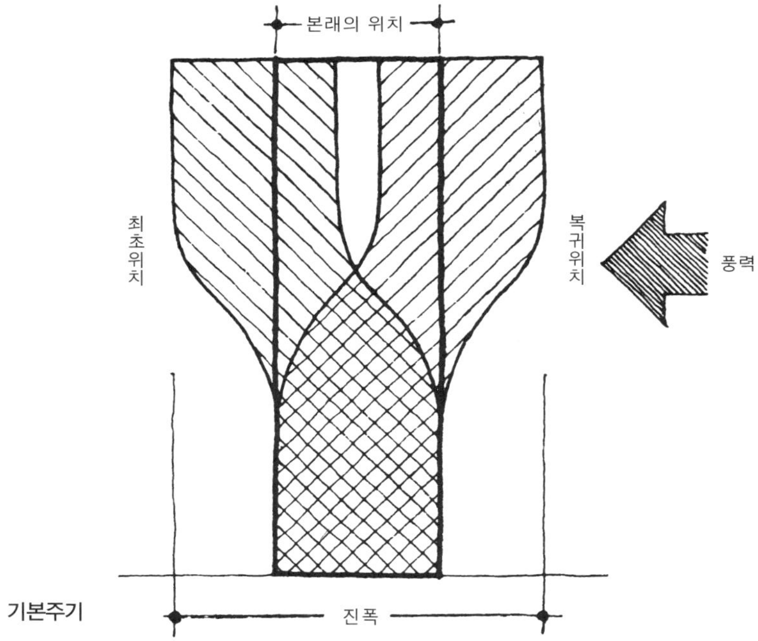

질에 관련된 특유의 팽창계수(단위 온도변화에 대한 크기 변화의 단위)가 있다. 예를 들면, 구조용 강재는 0.0000067인치의/°F의 선팽창계수를 갖는데, 이것은 즉 100°F 변화에 대하여 1인치 길이의 강재가 0.00067인치만큼 늘어나거나 줄어드는 것을 말한다. 이 사실은 많은 건물이 연중 최고 최저 온도차가 100°F를 초과하는 기후환경에 놓인다고 생각할 때와 많은 건물의 크기에 있어 이러한 치수상의 변화가 중요시 된다고 생각될 때 이외에는 크게 문제되지 않을 것이다. 실례로, 200피트 길이의 건물은 100°F 변화에서 1 1/2인치 이상의 길이변화가 일어날 것이다.

모든 재료는 팽창과 수축을 하기 때문에 건축가들은 건물구성 요소의 자유로운 움직임을 허용하는 세부를 마련하느냐 또는 강성의 제약을 마련하여 열에 의한 변화를 구조에 유발된 적재하중으로 취급하느냐 하는 선택의 기로에 직면한다. 두 번째 접근방법이 입증한 것은 정상적인 적재하중과 고정하중을 지탱할 수 있는 완전한 능력을 갖지 않으면서 구조부재의 하중지탱 능력의 반을 열하중을 지탱하는데 이용한다는 것은 비생산적이라는 사실이다.

이러한 이유르 해서, 세심한 설계자는 주요 하중지탱 부재에 불필요한 응력을 받음

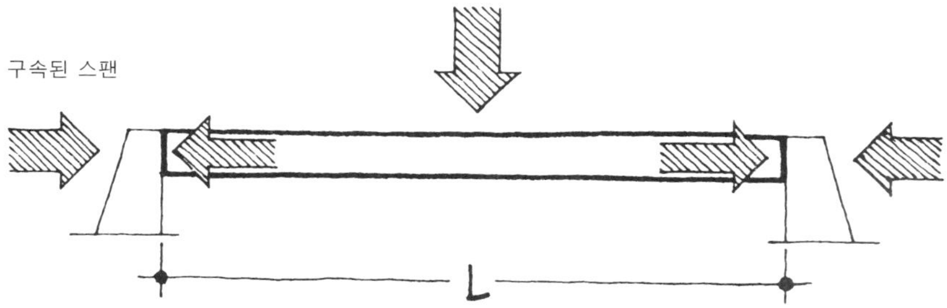

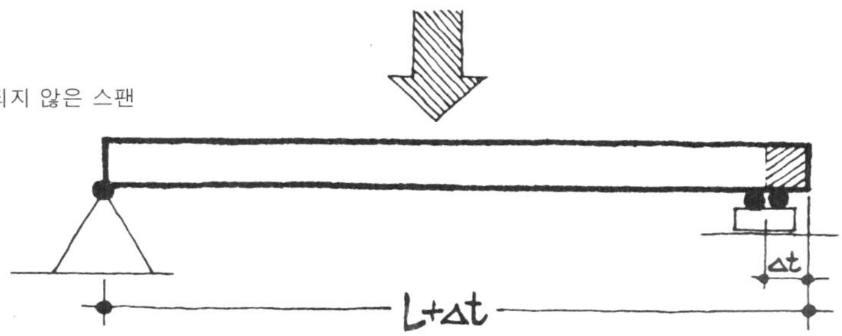

이 없이 구조체의 지정된 부분에 축적된 치수상의 변화를 조절하도록 구조체에 줄눈을 마련한다.

■ 하중지탱 전략

건축가로서 할 수 있는 구조의 선택

건물에 영향을 줄 모든 하중의 크기와 방향이 밝혀지면, 건축가는 대개 구조기술자의 협력으로 이들 힘에 저항할 적절한 구조방식을 결정할 것이다. 구조방식이란 모든 하중을 지반에 전달하기 위한 공간적인 골조를 형성하는 걸치는(수평으로) 부재와 지지하는(수직으로) 부재의 조직을 의미한다.

가장 일반적으로 건축가들이 건물설계와 관련하여 처리할 수 있는 기본적인 구조상의 접근방법은 비교적 극소수이다. 사실상, 건축가들이 대부분의 건물설계 문제를 해결하는데 이용하는 주된 방법은 두 가지 뿐이다. 이것은 선형 혹은 점 지지방식에 바탕을 둔다. 그 근본적인 차이점은 수직하중이 지반에 전달되는 방법과 관련하여 가능한 방식들 간에서 생겨난다.

선형지지방식은 내하중(耐荷重) 조립체로서, 거기서 대부분의 외벽들은 내부를 둘러싸고 마루와 지붕을 연속적으로 지지하는 역할을 동시에 한다. 20세기까지 대다수 중요 건물들은 이러한 종류의 방식으로 되었었다. 많은 건물들, 특히 알맞은 크기와 규모를 갖는 건물들은 아직도 이러한 시간의 시련을 겪은 방법으로 지어지고 있음이 사실이다. 연속지지나 내력벽 방식은 두 가지 기본적 특징을 갖고 있다. 즉 지지벽에 마련되는, 개구부는 구조적인 주의와 건축적인 표현을 요구하며, 기초는 연속분포 하중을 지반에 전달하기 위하여 자연히 줄모양이어야만 한다.

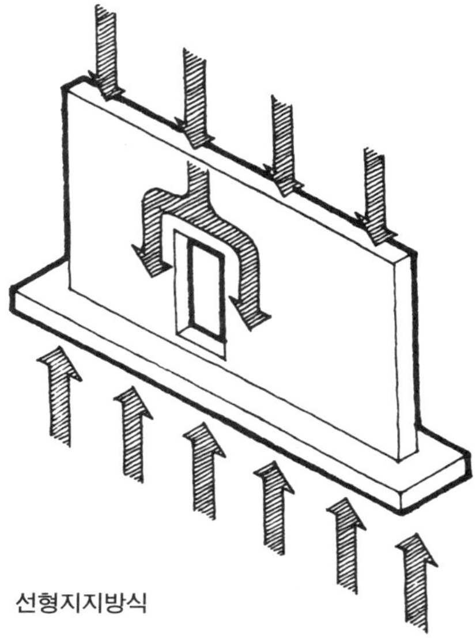

선형지지방식

불연속 지지방식은 수평으로 건네지는 하중이 먼저 점지지물(기둥류)에 전달되고 다음에 수직으로 지반에 전달되는 내하중 조립체이다. 그 결과로 얻어진 뼈대나 골조는 내력방식과 비내력방식의 차이를 분명히 해준다. 불연속 혹은 점지지방식은 두 가지 뚜렷한 특징을 갖는다. 외각을 둘러싼 벽은 성격상 내력요소와 다른, 비내력 및 내후적(耐候的) 구성요소로 취급된다. 그리고 점지지 기초는 역시 불연속적이다. 따라서 기둥의 위치나 하중에 직접적으로 관련된다. 점지지방식을 사용할 능력은 종종 유리한데, 특히 불규칙적인 지역이나 비정상적인 지하상태로서 특수화한 기초 조건의 개발을 필요로 하는 어려운 건물 대지에서 그러하다.

비록 양자택일의 지지방식에 관해서 선택은 제한되어 있지만 걸침방식에 관하여는 넓은 선택범위가 건축가에게 주어져 있다. 그것들은 하중지탱 능력, 치수, 재료, 무게 규모 및 특성에 따라 매우 다양하여 적절한 걸침구조방식과 구조부재의 선택의 기본역할을 할 일련의 명확한 설계기준을 건축가가 개발해야 할 정도이다.

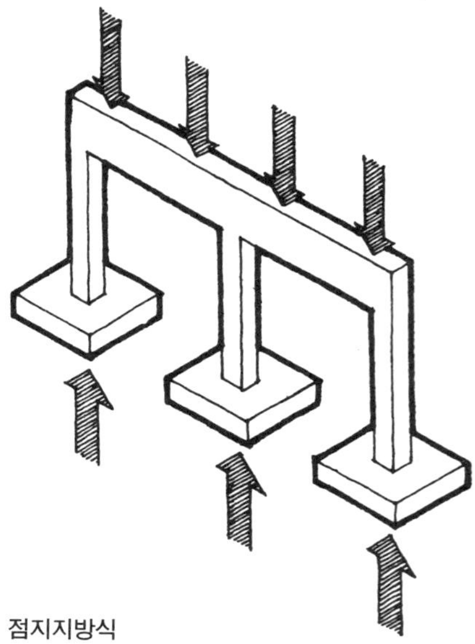

점지지방식

구조방식의 기준

다음 항목은 총 망라한 것도 아니고 중요한 순서대로 배열한 것도 아니다. 하지만 다음의 기준에 대해 진지한 고찰 없이 설계된 건물은 거의 없다.

1. 구조의 안정성 : 전체의 구조방식과 개개의 부재들은 설계하중을 지탱할 만큼 적당한 크기인가?

2. 화재에 대한 안정성 : 구조방식은 어느 정도 화재에 견디는가?
3. 시공의 용이성 : 시공방법은 단순하고 솔직한가? 만일 시공기술이 정교하다면 제안된 방식의 고유한 장점에 의해서 어려움이 가중되는 것이 아닌가?
4. 내구성 : 구조방식과 구성요소는 시간과 기후에 의한 파괴에 견딜 것인가? 재료는 앞으로도 계속해서 사람의 마음을 끌 것인가?
5. 이용성 : 필요한 재료와 구조부재는 건축현장 주변에서 쉽게 구할 수 있는가?
6. 규모 : 구조방식과 그 구성요소는 크기와 특성에서 건물설계에 적절한가? 건물구성 요소들은 입주자들과 연관성이 있는가?
7. 통합성 : 모든 구조방식은 적용되어야 할 건립방식에 합치하고 연결되는 관계로서 존재한다. 그 구조방식은 전기 · 기계 배관조직망, 순환패턴 및 건물의 외피(外皮)구성방식과 얼마나 잘 상호 작용하는가?
8. 강성 : 전체 구조물은 풍하중이나 지진하중 또는 그 두 가지에 저항할 만큼 충분히 강한가? (때때로 이러한 특징을 랙킹 강도(Racking Strength) 라고 부른다) 개개의 부재는 허용한도 내에서 처짐(수직변형)을 유지할 만큼 강한가?
9. 경제성 : 구조방식의 상대적인 가격은 전체 건물가격과 균형을 이루는가? 좀 더 적절히 말한다면, 구조물의 비용은 얻으려는 이익에 부합되는가?
10. 시각성 : 완성된 구조와 그 구성요소는 다 함께 건축적 건물개념을 고양하고 넓히는데 기여하는가?

이러한 기준이 건물을 위한 구조를 선택하는데 어떻게 영향을 미칠 것인가를 설명하기 위하여 두 가지 예를 생각해 본다. 하나는 10층 높이의 집합주택의 예이고, 또 하나는 70층 높이의 상업용 사무실 구조의 예이다. 첫 번째 건물의 구조를 선택한다면 건물 전체에 걸쳐 통일된 두께의 슬래브를 갖는 타설 콘크리트가 타당할 것이다. 위의 기준에 따르면, 선택의 여러 이유는 다음과 같이 생각할 수 있다.

집합주택 · 제안된 구조방식

1. 스팬은 비교적 작고(최대 20피트) 융통성 있는 기둥 간격은 이 방식에서 바람직하며 또 가능하다. 통일된 평슬래브 구조는 건조하기에 적당하고 용이하다.
2. 구하기 쉬운 재료가 건물에 쓰인다. 콘크리트와 보강철재가 널리 구하기 쉽다.
3. 설비계통의 통합이 가능하다. 평슬래브 구조는 이 점에 있어서 특히 적절한 것은 아니지만, 난방 및 전기설비의 구성요소는 규모가 상당히 작아서 구조방식에 비교적 적은 영향을 줄 것이다.
4. 이 구조방식은 연속적인 콘크리트구조 방식이기 때문에 강성이 있으며 내풍적이다.

사무소 건물 · 제안된 구조방식

점유규모가 보다 크고 임대사무실을 구획하는데 있어 융통성을 요하는 대규모 사무소 건물은 매우 다른 구조를 필요로 한다. 적절한 구조방식은 30×30피트의 격자망에 맞춰 기둥을 배열한, 콘크리트로 피복(被覆)된 압연철강골조로 구성될 것이다. 이 방식을 택하는 이유는 다음과 같다.

1. 여타 시공업무가 가속된 공정 내에서 진척될 수 있기 때문에 철골부재 건립의 신속성은 실질적으로 경제적인 결과를 가져올 것이다.
2. 강철의 방화처리는 뿜어 칠하기로 이룰 수 있다. 따라서 각 부재를 콘크리트로 만들기보다 시간이 절약되고 가격이 더욱 저렴하다.
3. 큰 간격은 상대적으로 춤이 큰 바닥구성 부재에 의해 얻어진다. 부재의 크기는 큰 점유공간과 관계된다.
4. 철골의 춤이 큰 부재들은 구조적인 안전을 유지하고 전기기계 계통을 수용할 수 있는 위치에 내부 개구부를 두도록 설계될 것이다.
5. 철골골조는 용접하거나(영속성을 발휘한다.) 내풍(耐風)가새를 넣음으로써 풍하중에 저항하도록 강성 있게 만들어진다. 가새는 걸치는 부재와 지지하는 부재를 이어주는 대각선 부재이다.

건축재료

건축에 사용되는 중요한 구조재료는 강철 알루미늄, 나무, 콘크리트, 그리고 석재이다. 플라스틱, 패브릭(fabric), 그리고 그 밖의 특수 재료가 건축에 점차 사용되어 가고 있지만, 위에 열거한 자료들은 현재 사용되고 있는 기본적인 것들이다.

이러한 재료들은 구조적인 성질이나 강도에서 대단히 다양하며 비교의 근거를 만들기 위하여 확인되어야 할 수많은 특성을 갖고 있다. 모든 재료는 특유의 밀도(분자무게)와 각 재료의 독특한 구조적 특성을 결정하는 개개의 분자구조를 갖는다. 구조설계에 있어 재료특성의 중요성은 명백하다. 제안된 설계하중은 구조방식의 하중지탱 메커니즘의 작용에 의하여 동등하거나 더 적절히 말해서 평행되어야 한다. 외부하중은 구조부재 속에 동등한 크기의 내부반력을 요구한다. 그렇게 되기 위해서 구조부재들은 미리 정해진 안전범위 내의 응력을 받는다(즉 부재는 단위강도 특성을 발휘한다).

재료는 여러 가지 응력을 받게 되는데, 그 중 몇 가지가 적절한 건축재료 선택의 주요 요인으로 널리 생각되고 있다. 다음은 그러한 응력의 특성을 설명한 것이다.

1. **인장 또는 인장응력** : 인장응력은 부재를 늘어나게 하는 경향이 있다. 현수교에 있어서의 케이블은 인장을 받는 부재의 예이다.
2. **압축 또는 압축응력** : 압축응력은 부재를 짧게 하거나 납작하게 하는 경향이 있다. 건물에서 하중을 받는 기둥은 그 예이다.
3. **휨** : 수평하중 지탱 부재나 보는 보의 재하된 가장자리부터 휘려는 경향이 있다. 이 경우 보의 상단은 짧아지고(압축) 하단은 늘어나는(인장) 경향이 있다. 이 상반된 응력의 조합은 모든 보에 공통된다.

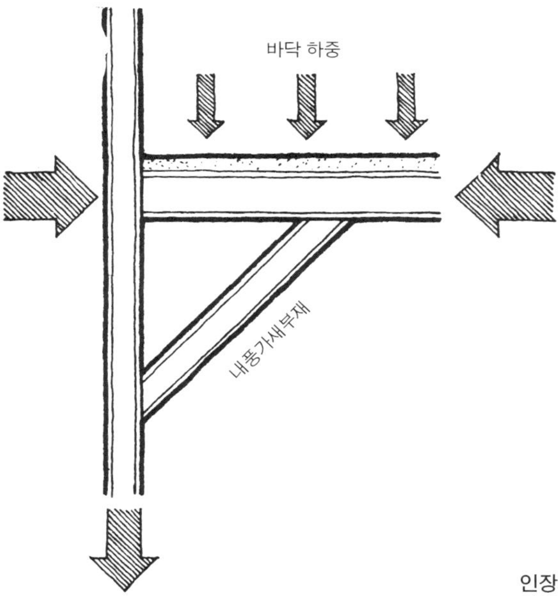

내풍가새

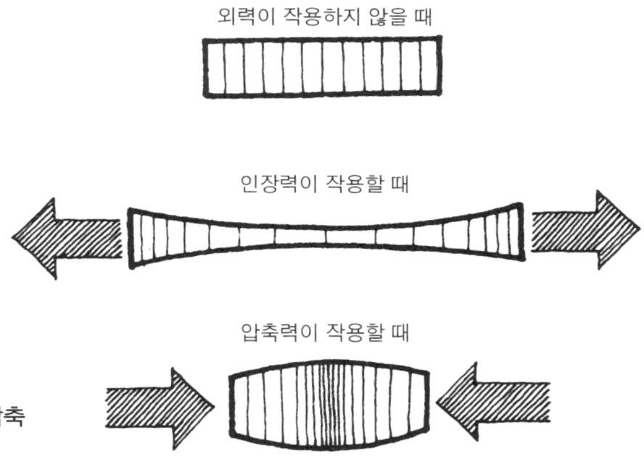

인장과 압축

4. **전단**(剪斷) : 구조적으로 걸침 부재는 하중의 크기에 정비례하여 중력으로 밑으로 이동하려는 일반적인 성향이 있다. 이 이동은 모든 스팬의 지지조건으로 저지된다. 반력체계는 부재에 찢으려는 응력, 즉 전단응력을 일으키는 경향이 있다. 전단은 두 가지 판이한 방법으로 생각할 수 있는 현상이다. 전체적인 성향으로 보면, 하중은 지지점에서 보를 밑으로 전단하는 경향이 있다. 좀 더 자세히 살펴보면, 중력은 서로 직각으로 작용하는 인장과 압축응력 두 가지를 일으키는 방법으로 보를 비트는 경향이 있다는 것을 알 수 있다. 전단응력은 스팬과 지지점 방향에 약 45° 되는 각도로 일어난다. 대부분의 재료에 대한 지배적인 요인이 압축보다는 인장에 의해서 제한될 것이기 때문에, 전단은 때때로 대각선 인장에 해당된다. 이 요인은 목재에서 특히 중요하다. 그것은 휨에 비해서 전단강도가 대단히 낮기 때문이다.
5. **변형** : 건축가와 설계자들이 관계된 또 다른 재료의 기본 특성은 작용하는 하중에 관련하여 한 재료가 겪어야 할 변화량, 즉 변형이다. 모든 재료는 어느 한도 이내에서는 일어난 응력의 크기에 비례하여 변형(늘어나거나 줄어드는)할 것이다. 이것은 부재에 일어난 두 배의 응력은 두 배의 변형을 일으키리라는 것을 의미한다. 반대로 절반의 응력은 절반의 변형을 일으킬 것이다. 이 점에서 응력과 변형은 정비례한다고 말할 수 있다.
   이것은 다른 말로 해서, 비례한도 내에서 부재는 하중이 제거되면 원래의 상태로 되돌아 간다는 것을 의미한다. 만일 재료가 이러한 탄성을 갖고 있지 않다면 계속적인 재하기간은 가외의 변형을

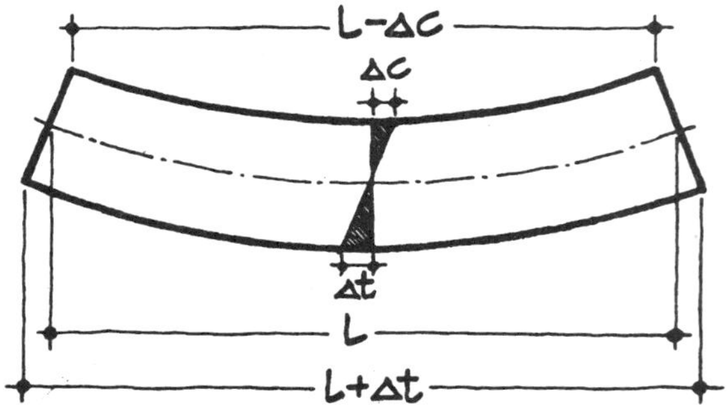

휨

일으켜 마침내 피할 수 없는 구조적 파괴를 초래하게 될 것이다.

각 재료를 특징짓는 탄성은 단위변형에 대한 단위응력의 비에서 유도된 용어인 탄성계수라 명명된다. 탄성계수(E)는 예를 들면, 구조용 강철에서 보통 $E = 30 \times 10^6$ psi 이다. 면밀한 그리고 거듭된 실험실 시험으로 얻어진 이 수치는 30,000,000psi의 응력이 이론적으로 1평방인치 단면과 1인치 길이를 갖는 재료에서 1인치의 변형을 일으킨다는 것을 의미한다. 그에 반하여, 평균 $E = 1.5 \times 10^6$psi를 갖는 목재는 동일한 변형을 일으키는데 1,500,000psi가 필요할 뿐이다. 이 관찰에서 재료의 탄성은 응력과 변형특성을 동시에 나타내고 있다는 것이 분명해진다.

허용 응력도를 표시한 주요 건축재료의 목록이 표 11-1에 실려 있다. 표시된 응력도 값을 비교해 보면 몇 개의 주목할 만한 재료특성을 알 수 있다.

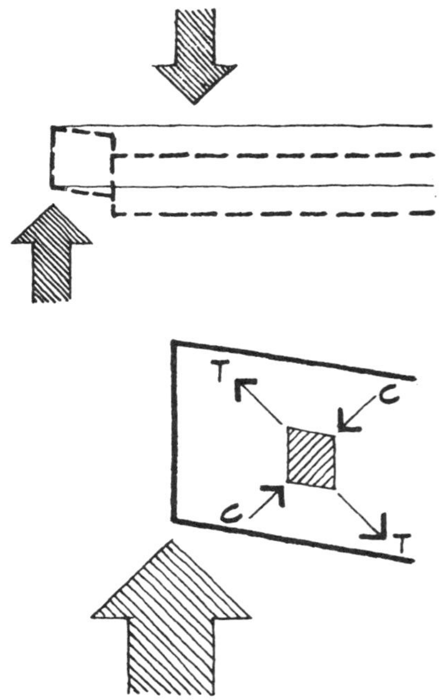

전단 대 · 소 거동

1. **강철** : 강철은 모든 종류 중에서 극히 강하다. 같은 하중조건하에서 그 변형은 알루미늄의 1/3이고 콘크리트의 약 1/10이다. 또한 허용 휨응력도의 60%나 되는 전단에서의 강철의 비교적 높은 값은 주목할 만하다. 이 값의 중요성은 나무와 비교하면 곧 알 수 있는데, 나무의 전단강도는 휨강도 값의 약 5%이다.
2. **알루미늄** : 알루미늄의 강도특성은 강철의 강도특성, 특히 휨강도와 전단에서 매우 가깝다. 더욱이 이러한 고강도는 강철무게의 1/3의 무게로 이루어진다. 스팬과 무게의 비를 생각해 볼 때, 알루미늄은 거의 이상적인 재료이다. 알루미늄의 처짐(강철의 처짐의 3배)은 사용에 일정한 제약을 준다. 철과 알루미늄은 모두 화재에 대한 안전을 위하여 방화재로 피복할 필요가 있다.
3. **목재** : 목재는 하나의 특정 수종과 등급에서는 일반적으로 고른 휨, 인장 및 압축응력 특성을 갖는다. 목재는 전단강도가 매우 약하다는 것에 주목하자. 이미 보아온 그 밖의 재료들과는 달리, 나무는 비등방성(非等方性)인데, 다시 말해 나무의 강도는 모든 방향에서 동등하지 않다. (예로, 철은 동등하다) 결정요소는 목재의 결에 평행한 전단강도이다. 목재의 결을 횡단하는 전단응력은 거의 4배나 크다.
4. **콘크리트** : 보강되지 않은 콘크리트는 무시해도 좋을 정도의 인장 및 전단응력 능력

을 갖고 있다는 것을 곧 알 수 있다. 철근콘크리트 구조물과 구성요소의 개발은 자연히 이 물리적인 특성에서 비롯되는 것이다. 강철의 우수한 인장강도는 각 재료가 가장 유익하게 쓰일 합성부재를 만들기 위하여 콘크리트의 압축강도와 결합될 수 있다. 높은 내화성과 성형성은 콘크리트를 고도로 매력적인 구조수단이 되게 하였다.

강철, 알루미늄, 목재, 조적재는 모두 윤곽, 단면적, 용적을 갖는 생산제품이다. 이에 관련하여 건축가는 본래 일련의 설계조건에 부응하는 기성 구조재료를 선택하게 마련이다. 콘크리트의 경우, 전체 구조와 마찬가지로 개개의 부재들도 아주 특수형태로 하여 설계하중에 부응하도록 모양지어진다. 또 콘크리트의 강도를 조정하고 내부보강철근의 크기와 위치를 조절함으로써 무한한 변형이 가능하다.

점점 더 정교하게 된 기술로써 콘크리트의 적용은 구조골조로서의 초기 이용의 수준을 넘어서 현저히 신장해 왔다. 제물치장 콘크리트 표면을 갖는 전체건물은 대중에게 덜 신기하고 더 호감을 갖게 되고 있다.

5. **조적재** : 벽돌, 콘크리트, 점토, 그리고 그 밖의 조적구조방식은 그 강도를 많은 단위재료를 함께 접착하는 일과 한 구조적 실체가 되도록 각 부재를 벽으로 쌓는 일에 의존한다. 조적조에서 모르타르는 고르지 않은 단위부재를 조절할 수 있는 유연한 끼움재로서의 목적이 있으며, 각 부재간의 '접착제' 로 생각해서는 안 된다. 단위 조적재들로 결합된 건물구성 요소는 거의 콘크리트와 매우 같은 장단점을 갖는다. 그것들은 인장과 전단에 약하다. 조적조가 직접 압축내력으로 이용되는 한, 그것은 바람직하고도 효과적이다. 다른 점에서는 그 질이 열등하기 때문에 그 능력을 증대시키기 위해서는 철근으로 더 보강할 필요가 있다. 주요한 건물에 있어서 주요 수직지지방식을 단위조적재의 구조에 의존했었지만 강철이나 콘크리트 또는 두 가지를 합친 골조의 구조로 대폭 대체되어 왔다.

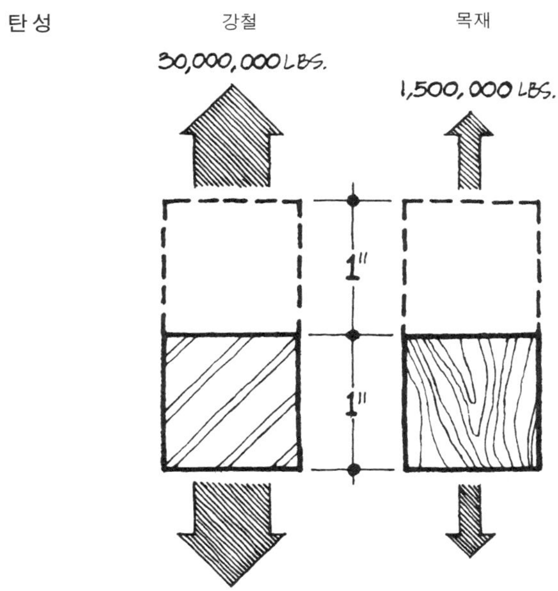

표11-1

재료의 허용응력도　*평방인치당 파운드(psi)

재료	휨 f_b	인장 f_t	압축 f_c	전단 f_v	탄성계수 E
연강	24,000	22,000	22,000	14,500	30×10^6
고강도강	33,000	30,000	30,000	20,000	30×10^6
표준합금 알루미늄	21,000	19,000	20,000	14,000	10×10^6
목재(평균강도)	1,500	1,050	1,200 (a)	85	1.3×10^6
콘크리트	1,125–2,250 (b)	80–113	1,125–2,250	55–78	$3-5\times10^6$
조적재/벽돌 (평균강도)	48–72	22–32	320–480	34–68	$2-3\times10^6$
콘크리트블록(평균강도)	32–78 (c)	16–39	1,500	23–24	$2-3\times10^6$

(a) 나무에 대한 압축응력도는 하중이 나뭇결 방향에 평행하게 작용하는 조건하의 값이란 것에 유의할 것. 나뭇결에 직각으로 작용하는 압축응력값은 평행일 때의 값의 약 1/4이다.

(b) 콘크리트에 있어서의 휨에 대한 이들 값은 콘크리트는 무시할 만한 인장응력을 받으므로 휨 부재에 작용하는 인장력은 보강철근에 의해 지탱된다고 가정한 값이다.

(c) 이들 극히 낮은 값은 휨에서의 인장응력에 대한 값이다. 그 값은 무근벽을 대상으로 하였으며, 따라서 그 값은 휨이 하나의 요인이 되고 있는 조적구조의 설계에 있어서 제한요소가 된다.

* 허용이란 말은 어떤 재료의 극한 또는 파괴응력 이하의 일정비율을 취한 응력도이다. 이것은 재료의 각 종류에 따라 다른 안전율을 마련하고 있다.

■ 구조방식의 선택

일련의 구조설계기준과 많은 기본적인 구조재료를 밝혀 왔으므로, 여러 유형의 건물에 채용될 수 있는 일련의 구조방식에 대해 조사를 진행할 수 있게 되었다. 그러나 우선 구조의 구성요소와 관련하여 구조방식의 개념을 조사해 보자.

구조방식

구조방식(시스템)이란, 공동의 목적을 위하여 함께 작용하는 여러 구성요소의 한 조직체이다. 예를 들면, 도로시스템은 상호 연결된 순환도로망으로 생각되는데, 도로망은 제각기 예상되는 교통량에 따라 그 규모가 정해지고 시스템 내에서의 모든 지정된 지점 사이를 용이하게 이동할 수 있도록 설계된 각 구성요소를 갖는다. 도로건설의 규모와 특징은 전체적 패턴과 마찬가지로 그 시스템의 일부분이다. 이 점에 있어서 도로시스템은 구성요소(도로)들의 집합으로, 그리고 그 구성요소들이 공간 속에 조직적으로 배치되어 도로망을 형성하는 것으로 생각할 수 있을 것이다. 이렇게 볼 때, 어떠한 시스템에서라도 생산품(구조의 구성요소)과 과정(공간 속에서의 배치)에 대한 개개의 개념은 상호 의존적이 된다. 한 건물에 관하여 하나의 구조방식은 동일한 개념들을 통합한다. 구체적으로 말하자면, 건축구조는 다음 사항을 만족시켜야 한다.

1. 안전과 지지조건을 갖출 것.
2. 보호수단(기후에 대한 보호)을 갖출 것.
3. 환경조절 시스템을 갖출 것.
4. 적절한 방법과 일관된 건축재료를 활용할 것.
5. 건축가의 설계의도와 일치할 것.
6. 시각적으로 조리 있는 골조를 설정할 것.

어느 방식(시스템)에나 은연중에 숨어 있는 것은 설계자가 인식하고 감지해야 할 고정된 제약과 한계이다. 모든 요인이 동등한 성과를 갖게 할 수 있는 방식은 하나도 없다. 개개의 설계 상황을 위한 갖가지 구조방식을 평가하고 선택하는 능력은 건축가에게 있어서 가장 중요한 기능(技能) 중의 하나이다.

하나의 건축구조를 고립된 여러 결과의 연결로 생각하기보다 하나의 실체로 생각할 때, 몇 가지 주요한 설계상의 장점을 얻어 낼 수 있다.

1. **반복성** : 산업기술과 제조 경제에의 의존은 모듈에 의한 반복 단위 제품의 사용을 가능하게 한다. 구성 부재의 대량생산은 시공자로 하여금 허용된 기간 내에 합당한 가격으로 양질의 건축부재를 구할 수 있게 한다.
2. **표준성** : 하나의 구조방식에서 유사한 조건들이 재출연함으로써 전체 건물에 걸쳐 통일되기 쉬운 디테일과 연결방식이 생겨난다. 표준적인 디테일은 건축적인 입장에서 경제적이고 바람직하다. 그것들은 건물설계 어휘의 중요한 요소의 하나를 제공하며, 건축프로젝트에 있어서 시각적인 연속성과 일관성을 확립한다.
3. **응용성** : 어떤 구조방식의 특성과 제약 내에서 특수한 건축업무를 조절하는데 사용될 어떤 선택권과 가능성이 존재한다. 건물의 모서리의 처리방법이나 계단을 반영 처리하는 일은 보편적인 설계의 문제이다. 구조방식에 대한 신뢰는 이러한 조건이 해결되는 방법을 흔히 좌우하고 따라서 단순화한다.

선택적인 걸침구조방식

구조설계의 선택은 두 가지 기본적인 문제, 즉 스팬과 지지에 관련된다. 걸침방식의 선택범위는 지지의 선택범위보다 더 크다.

특수한 구조적 걸침의 해결방법은 재료, 이음 및 형태에 따라 다양하지만 스팬은 두 가지 기본방식, 즉 일방향 또는 다방향 스팬으로 이루어진다. 나무보와 같은 일방향 구조부재는 스팬의 직선방향에서 고유의 강도를 가진다. 콘크리트 평슬래브나 조적조의 돔과 같은 다방향 걸침부재는 선형(線形) 패턴으로 걸친다기보다 동심적(同心的) 패턴으로 걸치는 것으로 생각할 수 있을 것이다.

어떤 걸침방식에서도 구조의 기본적인 역할은 수직하중(중력)을 수평재로 지탱하는 것이다. 수평재는 다음에 그 하중을 기둥이나 내력벽의 지지구조에 전달한다. 수직력의 수평부재로의 전달은 처음 휨을 통하여 이루어진다. 부재에 작용하는 하중은 보의 상단부에서는 압축응력을, 보의 하단부에서는 인장응력을 동시에 일으키는데, 이 조합응력을 휨응력이라고 한다. 걸침 재료의 응력 특성은 어떤 부재에서나 휨에 의한 신장(伸張)의 최고 한계를 결정짓는다. 이것은 콘크리트 보에서 왜 철근보강이 필요한가를 설명해 준다. 인장에는 약하지만 압축에 강한 콘크리트는 이런 결함을 보완해 주는 보강철근의 도움 없이는 휨에 대하여 기능을 발휘하지 못한다.

일방향 걸침방식

단일방향 걸침방식은 전적으로 위계적(位階的)이다. 개개 부재의 스팬이 커짐에 따라 그 단면적과 춤도 다라서 커질 수밖에 없다. 예를 들면, 바닥이나 지붕판의 춤은 대

표준 방법 / 응용된 방법

체로 얇아서 합판의 경우의 3/4인치에서 콘크리트판의 경우의 2~4인치까지로 다양하다. 경제성과 취급 용이라는 이유에서 바닥판 부재는 그 조립체의 다른 개소에서 필요로 하는 것보다 더 가볍고 더 얇게 하는 것이 보통이다. 이 얇은 바닥판 부재는 자연히 한정된 걸침능력을 가질 것이고, 바닥에서 오는 하중을 지탱하기 위하여 일정한 간격으로 배치된 구조적 지지물(보)을 필요로 할 것이다. 모든 일방향 걸침구조방식에서의 보의 간격은 전적으로 바닥판의 구조적 특성에 달려있다. 표11-2는 표준적인 하중상태를 가정했을 때의 바닥판의 종류와 그에 따르는 보 간격을 나타낸다.

바닥판 스팬에 직각으로 걸쳐지는 지지보는 다시 또 다른 하중지탱 부재에 의해 지지되어야 한다. 그 하중지탱 부재는 즉 큰 보(girder)라 하며, 모든 집중하중을 최종적으로 기둥에 전달해준다. 큰보는 드문 간격으로 그 수가 적으므로 그 부재는 구조 시스템에서 가장 중요한 구성요소가 될 것임은 당연하다. 바닥과 보 하중전달의 경우에서와 같이 보는 지지하는 큰 보의 방향에 직각이라는 관계에 있다.

바닥판, 보, 큰보에 의한 일방향 걸침방식의 설명은 고전적이며, 실제로 실무에서 봉착하는 상황의 대부분은 이에 속한다. 바닥판 구성부재의 춤과 걸침특성을 증가시켜서 큰보의 사용을 생략하는 것이 때로 바람직하게 된다.

그와 반대로 큰 격간 구조의 경우, 또는 지붕재료나 바닥재료에 걸침상의 제한이 있어서 하중을 보에 전달하는데 2차적인 부재 시스템을 쓸 필요가 있을 경우에는 중간부재(장선 또는 중도리)를 포함하기 위하여 구조의 위계체계가 증가된다.

단일방향 걸침방식의 장점은 상당하다. 가장 유용한 구조재료는 보통 선형이고 각주형(즉 일정단면의)이다. 나무, 강철 그리고 알루미늄의 여러 형태는 쉽게 얻어지며, 예상할 수 있듯이 질이 매우 우수하다. 건립공법과 이음법은 표준화되어 있다. 건축산업은 대단히 다양한 부재제품을 생산한다. 그래서 단일걸침방식을 사용한다는 것은 시공의 속도와 경제적인 면에서 설계자를 매혹케 한다. 단일 스팬보와 큰보는 당연히 한계를 갖는데, 그 한계를 초과하면 효능이 없어지거나 불가능하기까지 된다. 일반적으로 스팬이 커짐에 따라 부재의 무게와 가격은 산술급수적이라기보다는 기하급수적으로 증가할 것이다. 구조방식의 효율성은 전술한 바와 같이, 대부분 스팬 대 무게비에 의해서 측정될 수 있다. 걸침 부재의 크기를 정하는데 있어, 만일 다른 조건들이 일정한 대로 있다면, 스팬을 2배로 증대시킬 때 구조물의 무게는 4배가 될 것이다. 스팬이 증가함에 따라서 수확체감점(收穫遞減点)에 이른다. 이 점에서는 상당한 무게와 단면을 가진 부재가 상대 무게비를 나타내고 가외의 유리한 점까지 갖춘 특별한 종류의 보가 개발되어 왔다. 이 특별한 부재는 트러스라고 한다. 요컨대 트러스는 작용하중에 부응하도록 균형 잡힌 개개의 부재의 집합체로 만들어진 맞추어 만든 보이다. 트러스는 그 최대 지탱능력까지 응력을 받지 않는 재료를 제거함으로써 얻어진다.

앞의 보 작용의 설명에서 하중조건에 의해 일어난 휨응력은 걸침 부재의 최상단 섬유조직에서는 큰 압축응력을, 그리고 최하단 섬유조직에서는 큰 인장응력을 일으킨다는 사실을 알았다. 트러스는 이러한 응력분포 패턴에 적응시키기 위하여 상단부와 하단부에 최대의 재료를 넣는다. 모든 트러스에서 필수적인 대각선은 강성(剛性)(평행4변형은 쉽게 변형되지만 삼각형은 변형되지 않는다)을 주며 전단응력을 지탱한다. 트러스의 내부구성 부분의 높이, 각도 그리고 간격을 다양하게 함으로써 여러 가지 하중패턴에 대응하는 무한히 많은 패턴을 마련할 수 있는 특수화된 요소의 개발이 가능하다.

트러스는 건물에 환경조절 시스템을 수용할 수 있게 하는 또 하나의 이점(利點)을 갖는다. 전형적인 보와 큰보 격간방식을 사용하면 그 골조위치 바로 아래에 덕트와 파이프를 통과시키기 위한 공간을 마련해야 한다. 트러스를 사용하면 그 골조의 춤 속에 이들을 넣을 수 있다. 이것을 적절히 계획하면 전체 건물의 높이와 부피를 줄일 수 있다.

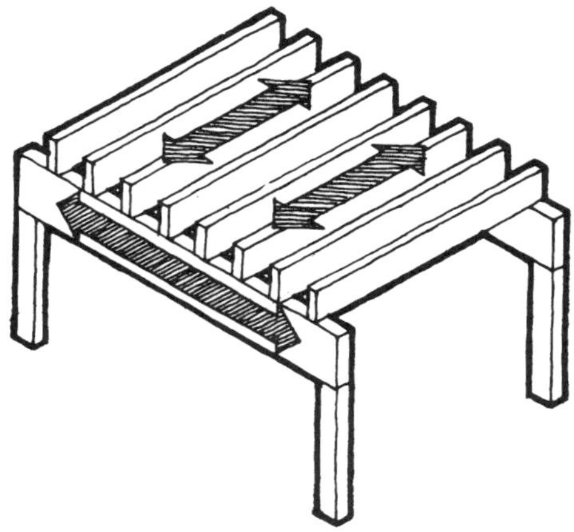

일방향 걸침방식

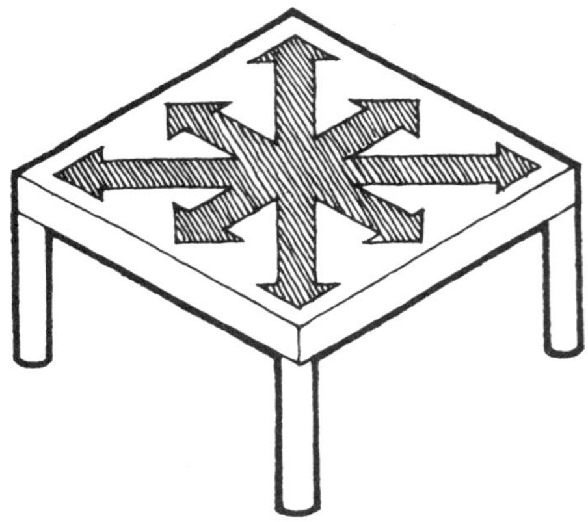

다방향 걸침방식

표 11-2

바닥판의 형태와 보의 간격

바닥판의 형태(인치)	보의 간격(인치)
1/2 합판	12-16 중심거리
3/4 합판	20-24 중심거리
2 1/2 콘크리트판	48-72 중심거리
2 나무판자	60-72 중심거리
1 1/2 강철판	84-96 중심거리

트러스는 다양한 형태로 맞추어 만들 수 있다. 또한 그것은 표준하중조건 이하이면 100피트까지의 스팬에 대한 여러 가지 크기와 모양의 시장품이 있다. 이 시장품은 오픈 웨브 조이스트 또는 스틸 조이스트라고 불린다.

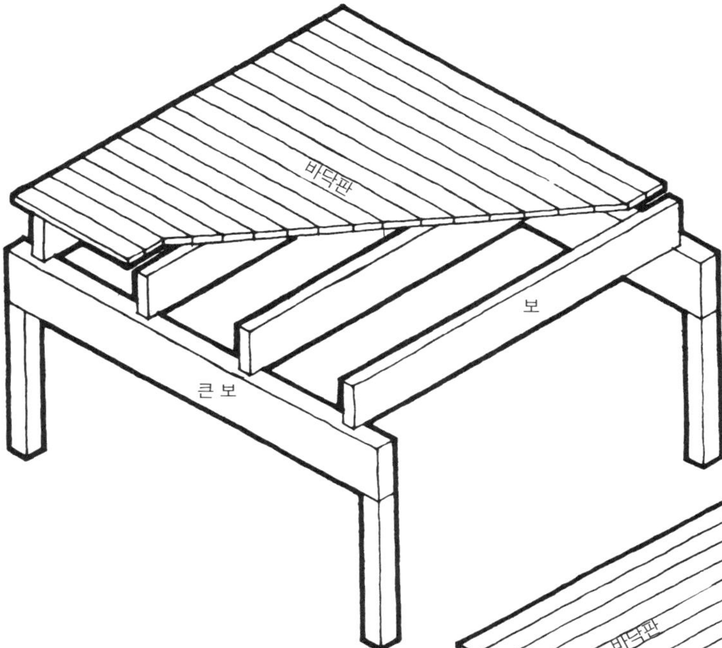

한방시스템 체계

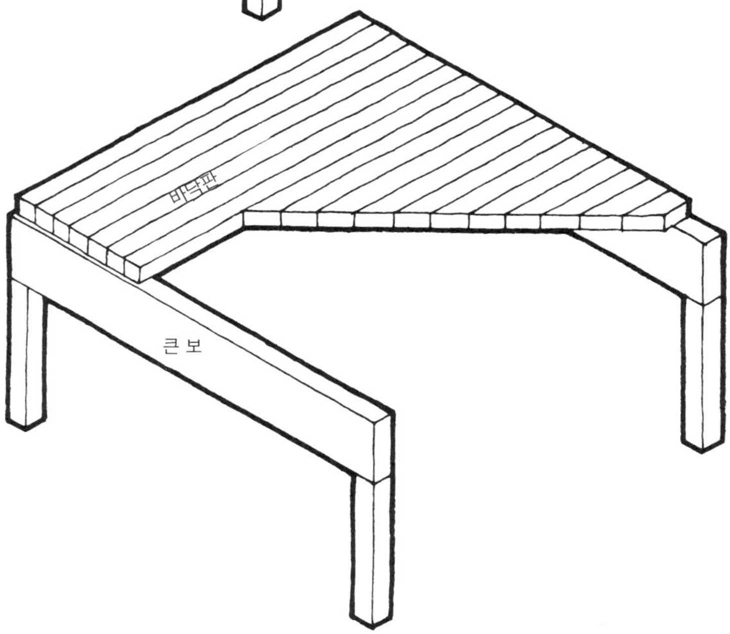

증대된 바닥걸침 특징을 갖는 한방향 방식

다방향의 걸침방식

단일방향 걸침과 다방향 걸침방식 간의 구별은 아치와 돔의 차이를 보면 명백해진다. 하중지탱 부재로서의 아치는 직접적으로 작용하는 하중만을 지탱할 수 있으며 하중을 선형방식으로 지지점에 전달할 수 있다. 한편, 회전된 아치로 간주되는 돔은 방사

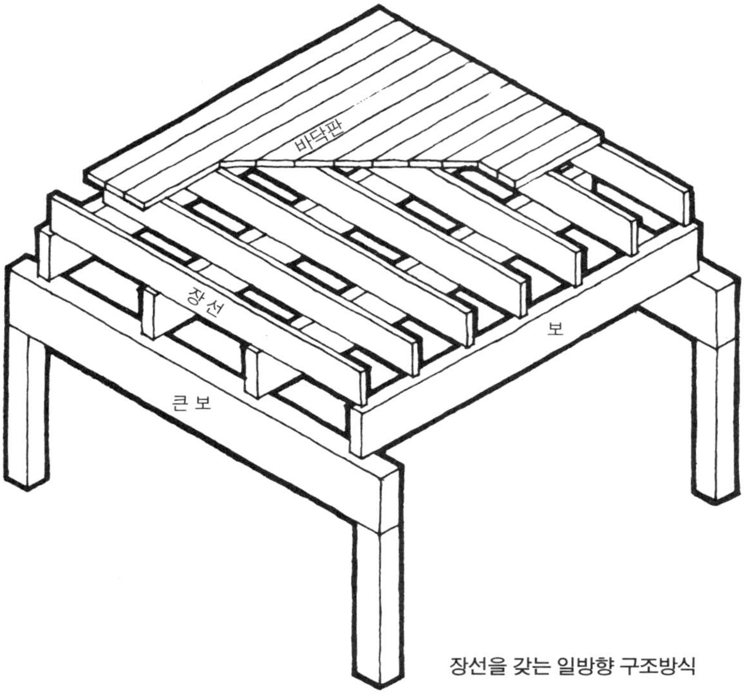

장선을 갖는 일방향 구조방식

적(放射的) 패턴 또는 전방향적(全方向的) 패턴으로 하중을 전달할 수 있다. 구조형태의 3차원적인 특성은 비선형 하중분포 패턴을 만든다.

물론 돔의 적용에는 어느 정도의 제한이 있다. 예를 들면, 돔을 바닥구조에 사용하기는 불가능하다. 그러나 함축된 비선형 응력분포 특성은 교훈적이다. 타설된 콘크리트나 용접된 강철구조에서와 같은 연속의 가능성이 있는 구조방식은 다방향 하중지탱 능력을 발휘할 수 있다, 그러한 구조방식에서는 임의의 점에 작용된 하중은 작용점으로부터 모든 주변지지 부재로 동심원 상태로 분포된다고 생각될 수 있을 것이다. 단일방향 선형구조방식의 경우와는 다르게, 하중은 분산되고 응력은 격간 내에서 망상(網狀)이나 격자형 패턴으로 생기게 될 것이다. 다방향 걸침구조방식이 본질적으로 효과적일 수밖에 없다는 것은 명백하다. 2방향 구조방식에서는 모든 하중은 2개가 아니라 최소한 4개의 지점에 의해서 지지된다. 결과적으로 각 부재의 크기는 적절하게 줄어들 것이다. 2방향과 다방향 걸침구조 방식은 한 방향 방식과는 본질적으로 다른 건축적인 뜻을 갖는다. 사실상 단일스팬 구조는 위계적(位階的)이고 선형적이다. 이러한 특성은 부득불 극성(極性) 혹은 지향성을 갖는 건물과 공간을 이룬다. 일반적으로 단일스팬구조는 방향에 따라서 건물구성 요소를 구별 짓는 주축(主軸)과 부축(副軸)을 갖는다.

다방향 구조방식은 망상격자처럼 작용한다. 그러므로 구성요소들의 관계는 비위계적(非位階的) 이며, 따라서 비극성(非極性)이다. 그래서 그 구조방식은 내부공간의 구획, 기계설비 계통의 통합 및 외벽부재의 수용 등에 관하여 더 큰 융통성을 제공할 수 있다.

선형방식에서 선택할 수 있는 구조방식은 바닥판, 슬래브, 보, 큰보, 그리고 트러스 부재로 구성된다. 동등한 선택은 비선형 방식에서도 가능하다. 평판이나 그 방향 슬래브, 격자보나 리브 달린 플레이트(ribbed plate) 및 입체구조 등은 다방향 스팬구조 방식에서 기본적인 구조・어휘를 지닌다.

각 부재들의 특성과 함축된 의미는 다음과 같이 설명할 수 있다. 철근콘크리트로 된 평판과 평슬래브는 통일된 두께 속에 하나의 철근 패턴을 통합하는데, 그 패턴은 작용된 하중을 2방향(보통 직각방향)으로 분산시키는데 기여한다. 평판은 연속적이거나 고른 간격의 주변지지 조건을 필요로 하지는 않지만 가장자리 전체에서는 전단에 대한 특별한 주의를 필요로 한다.

격자보, 리브 달린 판 또는 워플 슬래브(waffle slab) 등은 모두 평판과 같은 특성을 가지면서도 스팬과 강도 특성을 증가시킬 수 있는 노출 표현된 망상(網狀) 짜임새로 구

트러스의 개념

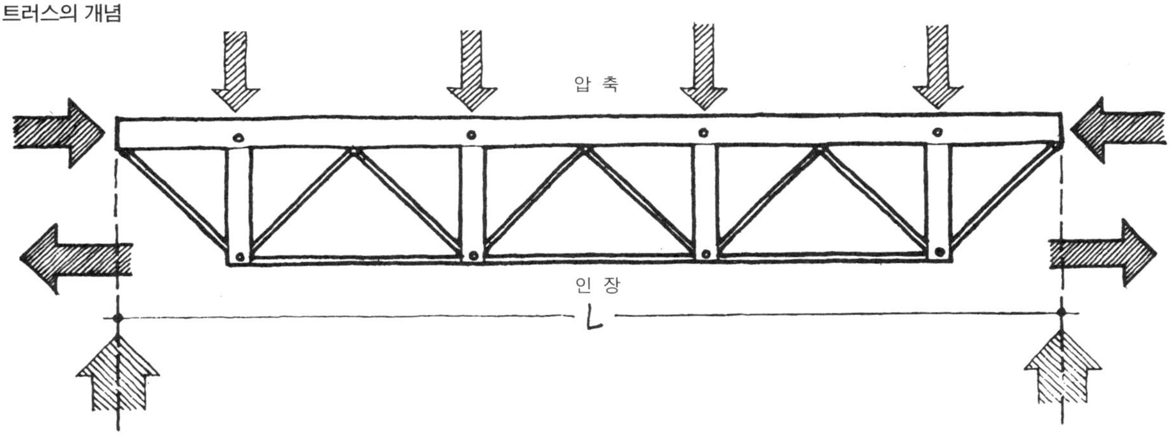

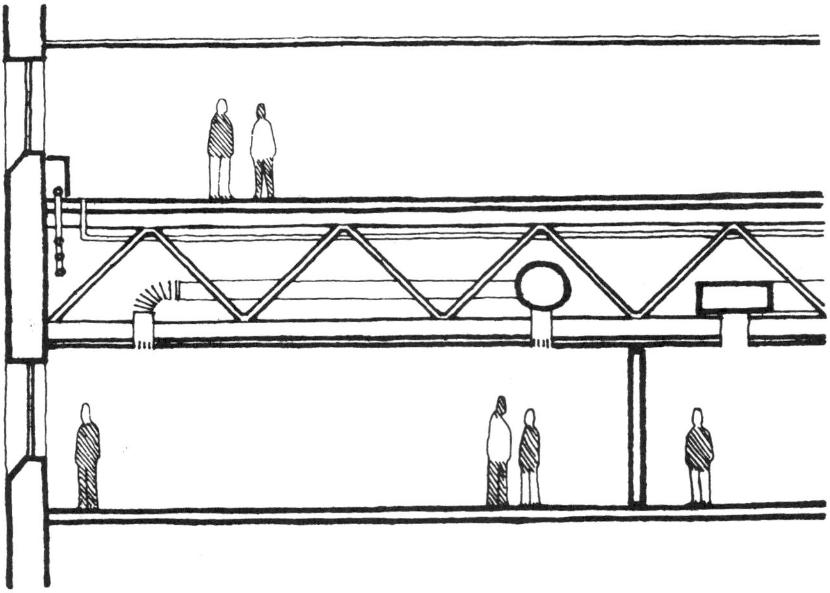

전기 및 기계설비를 포함한 트러스

성된다. 이러한 방식에 고유한 우물반자형 패턴은 조명과 음향조절 장치를 짜 넣기 쉽게 한다.

마지막으로, 2방향과 대등한 트러스, 즉 입체골조와 3차원 트러스가 있다. 이것들은 전기 · 기계 계통의 통합이라는 점에 있어서 평판의 효율성과 더불어 선형 트러스와 같은 장점을 갖는다. 한때는 국제 세계박람회에서 전시용으로 내놓았던 구조적 진기품으로만 생각되었지만, 입체구조는 이제 건축가에 의해서 바닥과 지붕구조 방식으로 보통 선택되고 있다. 더욱이 입체격자의 지지점의 위치는 임의로 잡을 수 있으며, 건물계획에서 대단한 자유성을 주고 있다.

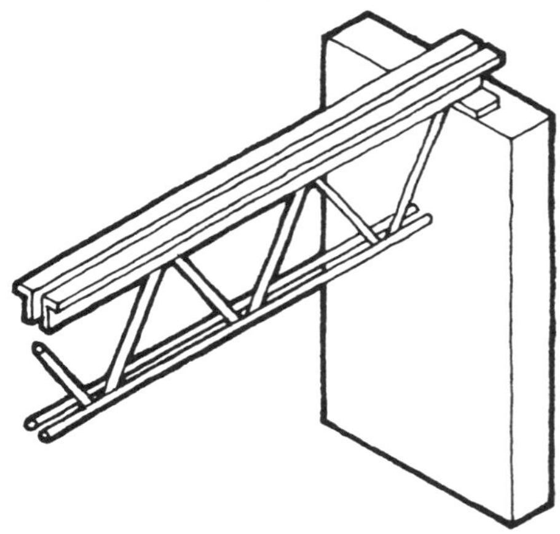

오픈 웨브 조이스트

골조구조방식

지금까지 스팬과 지지의 조건을 따로따로 다루어 왔다. 구조 실무에서는 이런 구별은 생기지 않는다. 하나의 건물에서 수직 및 수평 부재는 상호 지지하는 특성을 가지게끔 조립된다.

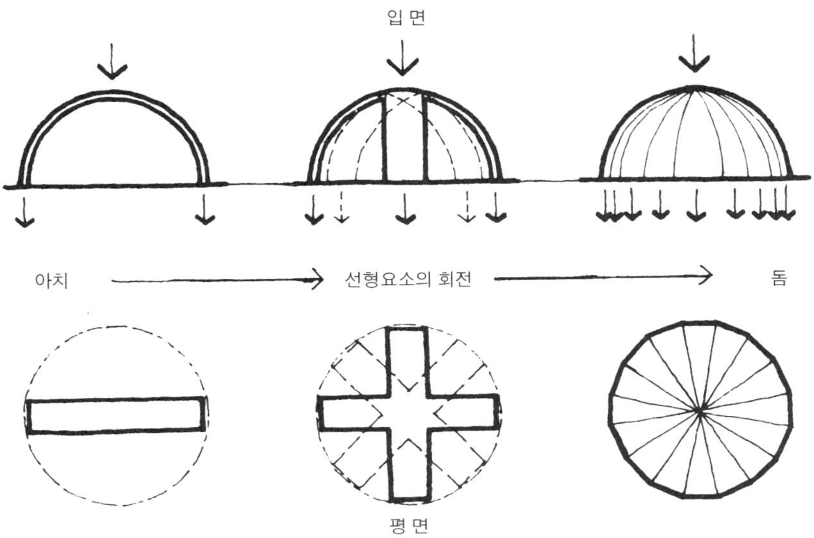

다방향 스팬 아치와 돔

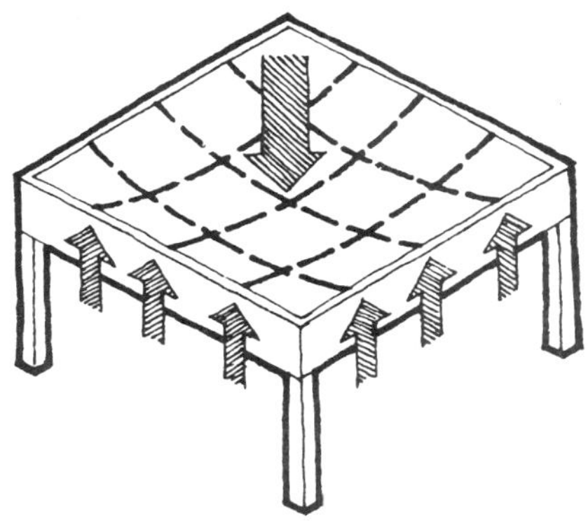

격자형의 방상분배

걸침 부재나 보가 지지물 또는 기둥에 의해 지탱될 때, 이음의 성질은 전체 구조물의 성질에 상당한 영향을 준다. 만약 이음이 이동(회전)을 허용하도록 설계된다면 그 이음은 교절(鉸節, hinged joint)이라고 불려지며 응력을 보에서 지지물로 전달할 수 없다. 예를 들면 목재에서 전형적인 못질이나 볼트로 조여진 절점(節点)은 교절로 생각할 수 있다.

자유회전의 절점을 가진 세 가지 부재로 된 이 기본적인 구성은 기둥과 인방보 방식(post and lintel system)에 속한다. 이 경우 "인방보"란 용어는 "보"의 동의어 이다. 실무적인 건축 술어에서는 인방보는 보통 창이나 출입문 개구부를 건너지르는 특수 종류의 보에만 해당된다. 인방보가 휨을 받을 때 기둥은 수직을 그대로 유지하며 수직 중력밖에는 아무것도 지탱하지 못한다. 바람이나 지진 같은 횡하중은 이러한 구성으로는 대처할 수 없다. 그렇지만 만일 세 부재 간의 절점이 강절(剛節)이 되면 기둥과 인방보의 결합은 일체식으로 거동을 하여 중력과 횡하중에 함께 대처할 수 있다. 절점이

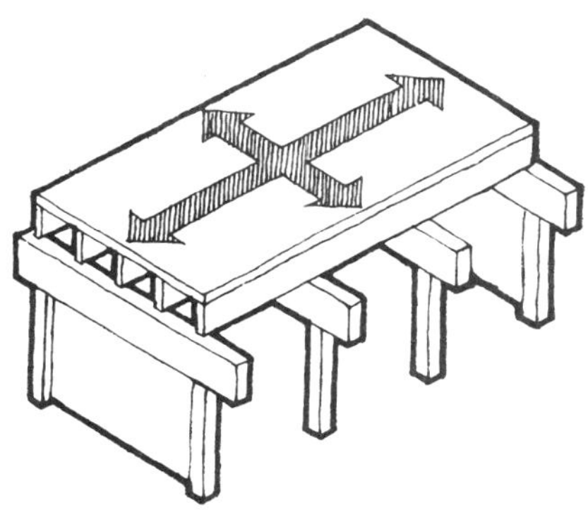

단일방향 구조물에서의 극성(極性)

강절이 되면 걸침부재와 지지부재의 구성은 강골조(剛骨組, rigid frame)나 문틀형 골조(portal)로 바뀐다. 강골조에 수직 하중이 작용하면 보에는 물로 기둥에도 휨이 생긴다.

모든 부재가 다함께 외력에 저항하기 때문에 개개의 부재는 분명히 단독으로 하중을 지탱할 때보다 더 작게 만들 수 있다.

강골조 작용의 최대의 이점은 횡력에 대한 그 저항성이다. 단순한 기둥과 인방보 결합에서는 풍하중은 전적으로 기둥으로 저항되어야만 한다. 왜냐 하면 휨 하중은 교절을 통해서는 다른 부재로 전달될 수 없기 때문이다. 강골조에서는 풍하중은 외부기둥과 하중을 나눠 갖는 내부기둥 뿐 아니라 보에 의해서도 일부 흡수된다.

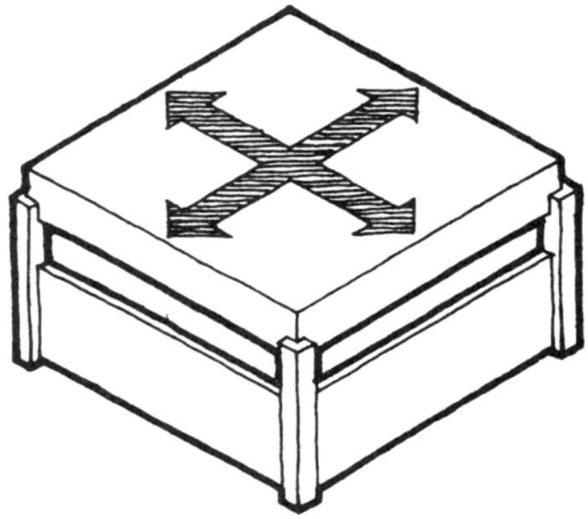

다방향 구조물에서의 비극성(非極性)

단 한 개의 강골조만으로 이루어지는 건물은 없다. 강골조에 연속성의 이점을 더해 주기 위해서 3차원 다수의 골조가 이용된다. 연속성은 인접한 격간이나 부재에 응력배분을 가능하게 한다. 연속성향은 강절(剛節)이 아닐 때도 존재할 수 있다. 예를 들면, 세 개의 스팬에 연속적으로 걸쳐지는 하나의 목재 보의 단면은 각 단일 스팬에 걸쳐진 단순보의 단면보다 더 작게 될 것이다. 동시에 연속성과 더불어 강성이 있다면 더 큰 구조적 효능까지도 얻어진다. 왜냐하면 어느 방향에서의 하중이라도 구조 내의 모든 부재에 전달되기 때문이다.

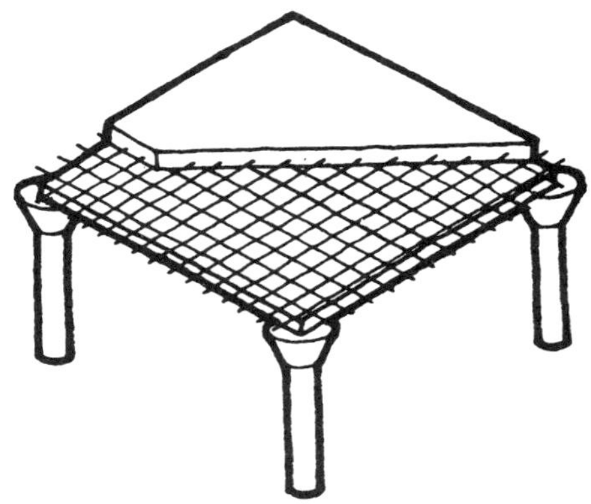

평판 슬래브

어떤 건물에 있어서나 선택된 구조방법과 재료 여하에 따라서 3차원 골조작용을 얻을 수 있는 가능성이 결정된다. 예를 들면, 목구조에서 완전한 강절점을 얻는다는 것은 거의 불가능하다. 철골구조에서는 더 실현성이 있지만, 고정단 조건을 얻기 위해서는 정교한 현장 용접을 채용할 필요가 있다. 올바르게 된 용접은 강재의 강도보다 더 강도가 큰 이음을 만든다. 그렇지만 고도의 용접 성능을 보장하기 위하여 대부분의 건축법은 모든 현장이음은 X레이 검사를 할 것과 면허를 가진 용접공은 6개월마다 재증명을 받을 것을 요구하고 있다.

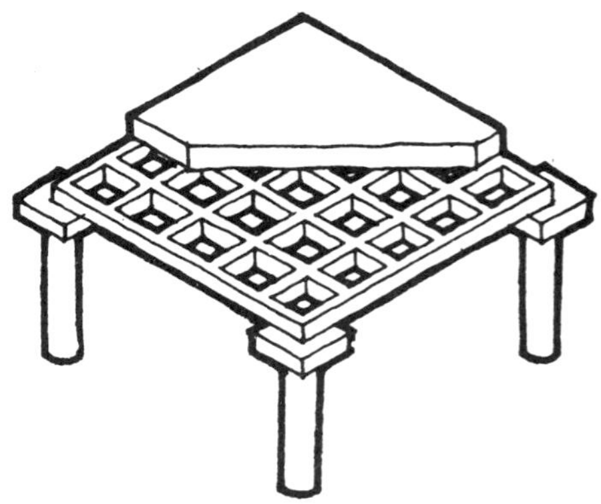

리브 달린 슬래브

건물에서 골조작용을 얻기 위한 가장 적당하고 폭넓게 쓰이는 방법은 일체식 철근콘크리트 구조이다. 단 하루 동안에 콘크리트가 타설될 수 있는 건물은 없다. 계속되는 매일의 작업을 연결하기 위해서는 철근을 내밀어 놓고 이것에 다음 철근이 결속된다. 이 시공법은 구조가 완성됨에 따라 자동적으로 연속성과 강성의 조건을 만든다.

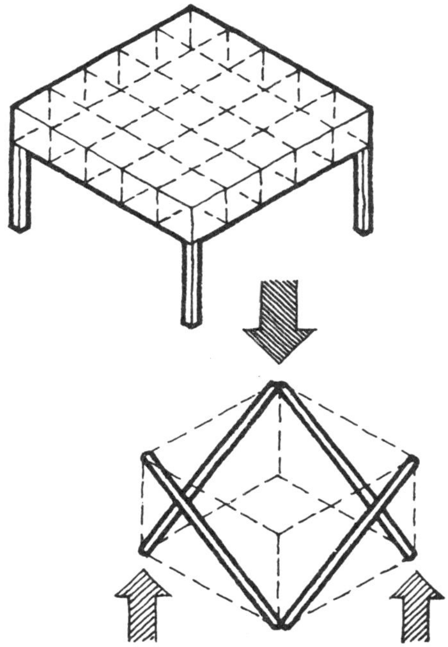

입체구조의 단위격간 상세도

■ 프리패브리케이션

건물구조는 필연적으로 공장생산 부재와 현장시공 부재의 조합으로 이루어진다. 이러한 의미에서 모든 건물은 어느 정도까지 공장기제품(prefabrication)으로 지어진다. 목재는 제재소에서 톱질되고 다듬어진다. 강철보는 공장에서 압연되고, 구멍이 뚫리고, 절단되고, 용접되고 미리 규격화된다. 벽돌까지도 공장 제품이라고 말할 수 있다. 일반적으로 이 프리패브리케이션이라는 말이 의미하고 있는 것은 둘러막기용 부재와 구조적인 부재들을 포함하며 여러 가지 부분으로 결합된 더욱 큰 건물구성 요소들을 생산하는 공업화된 방법을 이용하는 일이다.

시간, 비용 및 품질 관리를 성취하려는 요구를 인식하여 건설산업은 신속히 제작되고 세워질 수 있는 시공방식과 부재를 계속적으

기둥과 안방보

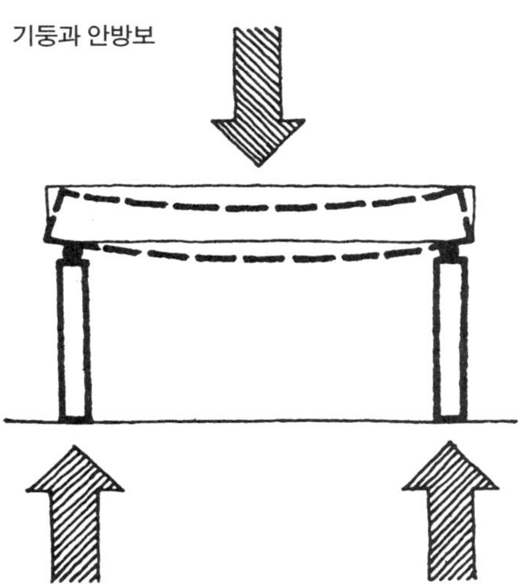

강철 골조

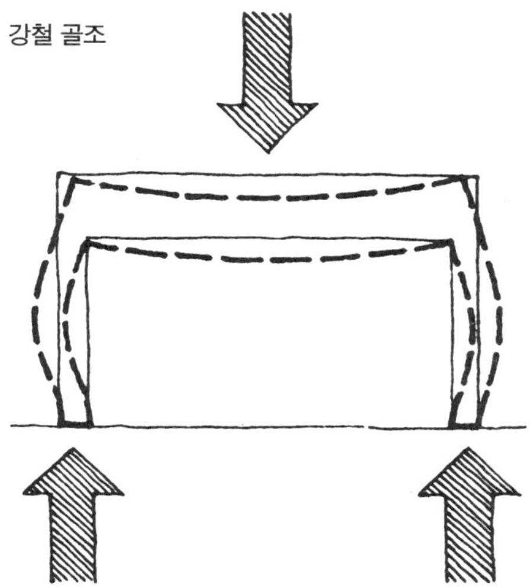

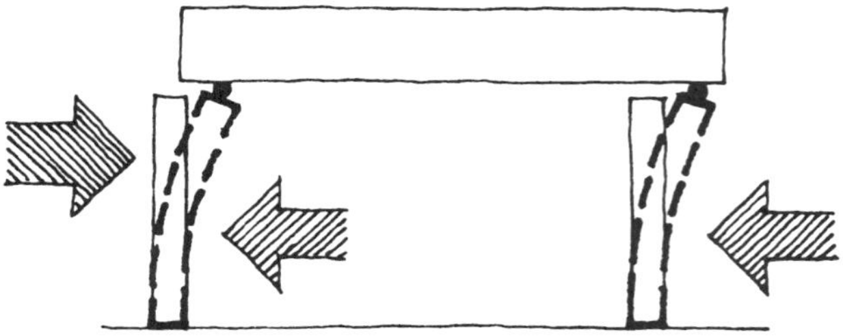

풍하중을 받는 기둥과 인방

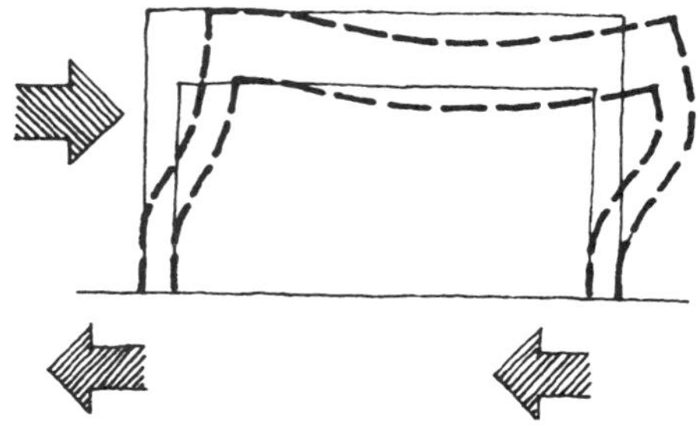

풍하중을 갖는 강철골조

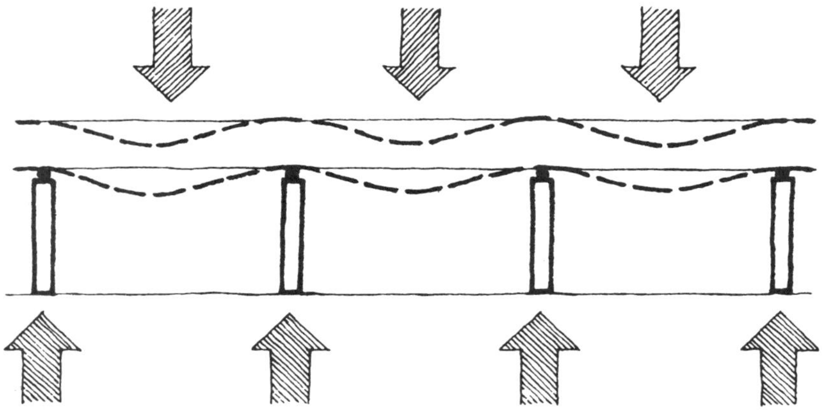

스팬의 연속성

로 개발하고 있다. 산업이 가장 성공한 곳은 많은 공업지역에서 볼 수 있는 단순한 공장건물 지대이다. 많은 회사가 걸침부재와 지지부재 그리고 모든 벽부재를 포함하는 양질이며, 비교적 비싸지 않은 구조방식을 생산 판매하고 있다. 상호 교환이 가능하고 융통성이 있도록 설계되고 연결의 가짓수를 최소로 하기 위하여 타입에 한정이 있고, 또 극한 설계하중뿐 아니라 수송과 건립 시의 응력을 지탱할 수 있는 크기로 된, 한 벌의 기본 부재들로 형성된 가지각색의 건물형태 구성은 보통 가능하다.

건설사업의 또 다른 분야에 조립식 건축의 이점과 가능성을 실현하기 위하여 이따금 대단한 노력이 있어 왔다. 많은 실험이 소규모 주택에 관하여 이루어져 왔다. 질이 놓고 저렴한 다세대용

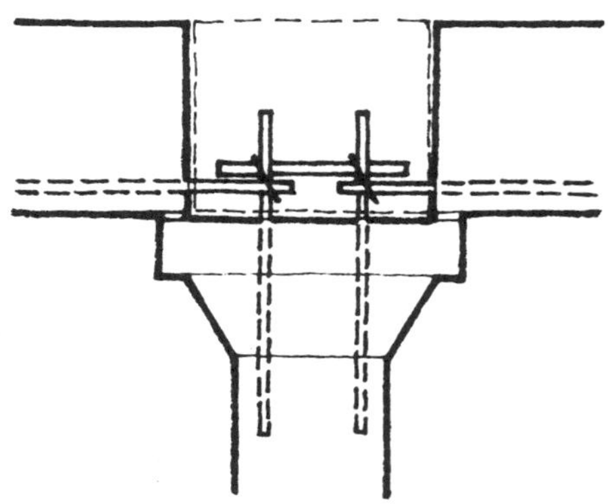

콘크리트의 연속과 고정

주거유닛의 생산을 활성화시키는 '약진계획'(Operation Breakthrough)이라고 불리는 연방정부의 계획은 가장 좋은 예이다. 실현된 것으로 보인 유닛이 거의 없었던 사실은 많은 복잡한 요인 때문인데 거기에는 다음 사항이 포함된다. 즉 노조의 파업, 수송의 난점, 운영의 규모, 생산량에 대한 초기투자액, 기타 문제 등이다.

조립식 구조의 장점은 널리 평가되지 않고 있다. 그 방법은 제한된 크기와 특정을 갖는 가장 적은 수의 표준 부재로 모든 선택성이 줄어들어서 결과적으로 비인간성 건물을 낳는 것으로 알려져 있다. 대량생산의 관념은 질적인 문제도 야기시킨다. 포드 자동차 회사나 제너럴 자동차 회사는 만일 브레이크에 결함이 발견되면 수백만 대의 차를 회수해야 한다. 산업화된 건물 부재들의 경우에도 위와 유사한 문제들을 생각하면 끔찍하다. 예를 들면, 영국의 표준화된 학교 건물에 사용된 콘크리트 첨가물이 구조에 해를 일으킨 것이 발견되었는데 그 결과 실제로 몇 개의 건물이 붕괴되었다. 얼마나 많은 학교 건물이 영향을 받았는지를 추정하기 위하여 조사가 진행중이다.

프리패브리케이션의 개념은 아마도 건물계획 전문가들에게 의해 냉철하게 받아들여져야 할 개념이다. 우리는 수공업적으로 지어진 건물이 대부분의 설계 의뢰인들의 주문에 미치지 못하는 시점에 곧 도달하게 됨을 알게 될 것이다. 대체로, 건물설계 전문가들은 프리패브리케이션의 관리와 이용에 수동적인 역할을 취해왔다. 건축의 이러한 국면은 전문분야에서 스스로를 비전통적인 역할을 맡은 것으로 생각하는 학생들에게 폭넓은 설계능력과 신뢰성을 제공할 것이다.

■ 구조설계의 방법

어떠한 구조설계에 있어서도 건축설계 의도가 첫째로 다루어야 할 문제라고 생각하는 것은 유용하다. 격간의 크기, 층고, 스팬의 길이 등은 계획조건에 맞춰 건축가가 정한다. 구조 기술자는 전체적인 규모 관계를 설정하지 않는다. 개개의 부재의 해석과 설계는 오직 기본계획 결정이 내려진 후에야 행해진다.

일단 주요공간이 결정되면, 해석법은 아주 솔직 간명하다. 각 부재는 거기 작용될 하중과 그 부재가 평형을 이루기 위하여 발생하는 내부 저항력과 관련하여, 따로 따로 검토된다. 때로 자유체 해석(自由體解析, free body analysis)이라고 불리는 이 해석법은 전구조체가 평형이 되어야 할 뿐만 아니라, 개개의 부분, 그리고 모든 부분 또한 평형이 되어야 하기 때문에 가능하다. 알려진 모든 힘이 일단 내부반력과 일치되면 설계자는 자유체 해석에서 얻어진 응력조건을 만족할 성질을 갖는 개개의 부재를 선택하고 크기를 정할 수 있다.

실제 문제로서 건물이 지어지는 순서와는 정반대의 순서로 구조설계된다. 지붕구조가 설계되고, 차례로 바닥구조, 기둥이나 지지구조, 그리고 마지막으로 전체 건물하중을 지반에 전달하는 기초가 설계된다. 설계과정은 누적적이어서 각 하중의 전달은 극한 또는 최대한 지지조건에 접근함에 따라 차례로 다음 부재에 추가된다.

실제 문제로서 건축가는 거의 건물에 대한 세밀한 구조해석을 하지 않는다. 대부분의 건축가는 오히려 설계과정의 초기에 구조기술자와 작업관계를 전개하기를 좋아한다. 구조기술자는 다른 전문가와 마찬가지로 특수 분야의 훈련을 받는다. 그래서 그들은 대부분의 건축가보다 더 효율적인 구조계산을 수행할 수 있다. 한편, 대부분의 기술자들에 대한 집중적인 기술훈련은 건축설계 과정에 대한 보편적이고도 포괄적인 넓은 시야를 그들에게 별로 깨우쳐 주지 못하고 있다.

구조 연구에 대한 문제

구조방식은 대부분의 건축 프로젝트에서 중요한 몫을 가지며, 그것의 선택과 설계가 건설과정에서 높은 순위를 갖기 때문에 건축가는 그 문제에 대한 상당한 지식이 있어야 한다는 것은 금방 분명해진다. 이러한 점에서 특히 동역학이나 정역학에 관련한 기초 물리학에 대한 이해가 필수적이다. 재료의 강도와 특성에 대한 교육과정이 또한 매우 바람직하다.

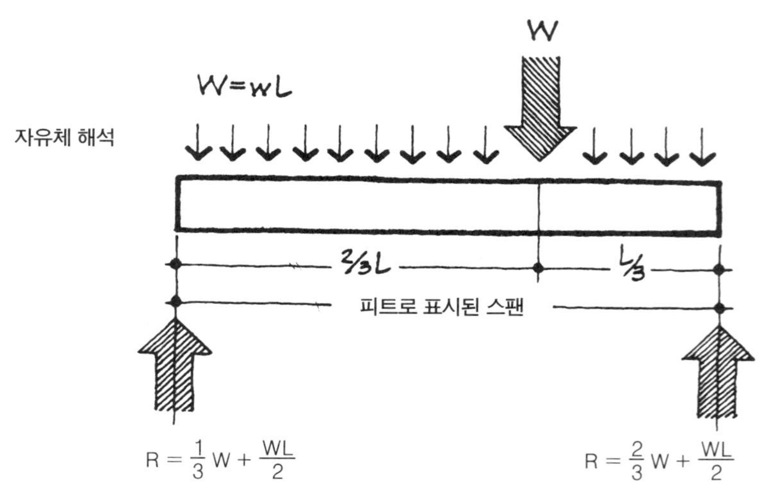

한 건축가가 주요한 프로젝트를 착상에서부터 수행까지 혼자서 처리하는데 필요한 모든 기술과 지각(知覺)을 습득할 수 있었던 시대가 있었다. 대부분의 현대 건축 프로젝트의 규모는 더 커지고 시간적 제약을 받으므로 여러 가지 건물 설계 전문가의 협력이 필요하게 된다. 그들은 토목, 구조, 기계 및 전기 기술자와 조명 및 음향 컨설턴트, 실내장식가 그리고 그 밖의 전문가들이다. 이 방대한 재사(才士)의 무리에는 감독과 통솔력이 요구되는데, 그것은 전통적으로 건축가가 맡아 왔다. 훈련에 의해서 건축가는 휴머니스트이며 만능가이다. 건축된 환경에 영향을 주는 모든 요인은 다음과 같은 많은 전문적 프로그램에 포함된다 : 법률, 프로그래밍, 인간행동, 사회학, 계획, 환경조절문제, 신인동형론(神人同形論), 역사, 시공, 구조설계 그리고 기본 건물설계 등. 이러한 광범위한 분야가 개입되므로, 건축가는 건축행위에서 감독자나 팀 리더로 발전되어 왔다. 이러한 입장에서 건축가는 각 전문가의 영역에 있는 모든 유용한 주요선택과 행태결정 인자에 대하여 정통하고 있음이 매우 바람직하다.

건축가가 구조기술자를 많이 이용한다는 것이 구조분야에 대한 책임을 포기한다는 의미가 되어서는 안 되고 오히려 그 반대가 되어야 한다. 기술자의 전문지식이 크면 클수록 유용한 대안들 중에서 이지적인 선택을 하는 데는 건축가 쪽에 더 많은 판단이 요구된다. 건축가는 그들의 기술 협력자와 동등한 기술적인 숙련을 익힐 실제적인 필요가 없다고 사실상 주장할 수 있을 것이다. 동시에 모든 건축가는 구조방식의 함축적인 의미를 이해하고 또 친숙해야 할 필요는 분명하다. 하여튼 건축가는 광범위한 구조문제에 정통해야 한다.

권장도서

Callender, John Hancock, ed. *Time-Saver Standards for Architectural Design Data*. 5th ed. New York: McGraw-Hill Book Co., 1974.

Cowan, Henry J. *Architectural Structures: An Introduction to Structural.*

Mechanics. New York: American Elsevier Publishing Co., 1971.

Parker, Harry. *Simplified Design of Reinforced Concrete*. New York: John Wiley & Sons.

———. *Simplified Design of Roof Trusses for Architects and Builders*. New York: John Wiley & Sons.

———. *Simplified Design of Structural Steel*. New York: John Wiley & Sons.

———. *Simplified Design of Structural Timber*. New York: John Wiley & Sons.

———. *Simplified Engineering for Architects and Builders*. New York: John Wiley & Sons.

———. *Simplified Mechanics and Strength of Materials*. New York: John Wiley & Sons.

Parker, Harry and MacGuire, John W. *Simplified Site Engineering for Architects and Builders*. New York: John Wiley & Sons.

Salvadori, Mario. *Structure in Architecture*. 2d ed. Englewood Cliffs, N.J : Prentice-Hall, 1975.
Salvadori, Mario and Levy, Matthys. *Structural Design in Architecture*.
Englewood Cliffs, N.J.: Prentice-Hall, 1967.

12 장
환경조절시스템

Jeffry E. Ollswang
정 시 춘 역

환경조절시스템(Environmental Control System; ECS)의 근본적인 목적은 문자 그대로 건물에 거주하는 사람들에게 가장 쾌적한 환경조건들을 유지시켜 주는 것이다. 이 표현 속에 건축, 즉 인간의 거주와 쾌적을 위한 환경조절 공학을 응용하는 유일한 정당성이 있다. 인간이 거주하고 있는 곳에는 거주자들의 안락과 능률적인 작업을 위해 다양한 환경조절시스템에 의한 열 및 시각적, 청각적, 위생적 조건을 제공해야 한다.

이 장에서는 4개의 일차적인 설비시스템인 급배수, 난방, 환기, 공기조화(HVAC), 조명, 음향 등을 포함한 모든 환경조절시스템에 관한 일반적이고 기본적인 개념을 소개한다.

건축에서 일반적인 공학은 디자인과 직접적인 충돌, 때로는 근본적인 충돌을 가져왔다. 흔히 건축가와 디자이너들은 이를 당연할 것으로 생각하며, 환경조절시스템에 있어서는 더욱 그러하다. 대부분의 건축가들과 디자이너들은 오티스 엘리베이터와 비상안전 차단기가 현대 고층 빌딩의 발달과정에서 담당한 역할을 인정한다. 그럼에도 불구하고 공기조화의 과학적 원리의 발달을 포함하는 캐리어(Willis Carrier)의 업적을 생각해 보자. 그 흔한 유리 커튼월 빌딩이 현대적 공기조화시스템의 도움 없이 가능했을 것인가? 얼마나 많은 건축가들이 사빈(Wallace Sabin: 음향), 블랙 월(H. R. Black Wall : 조명) 또는 크래퍼(Thomas Crapper ; 공중위생)의 이름을 알고 감사하고 있는가? 이들 과학자나 발명가들이 그 유명한 라이트(Wright)나 그로피우스(Gropius), 르코르뷔지에(Le Corbusier)만큼 현대건축에 많은 영향을 끼쳤다는 사실은 정당하게 입증될 수 있을 것이다. 특히 이 ECS의 구성부분이 현대 건축물의 총공사비 중 1/3이나 차지하기 때문에, 건축가들은 건물의 거주자들에게 물리적으로 쾌적하도록 적당한 ECS의 설계와 선택에 상당한 노력을 기울여야 한다. 발전되어 가는 ECS의 과학적, 공학적 기초가 건축가들의 시스템 디지인 및 그 응용으로부터 상당히 유리되어 있어서, 그들은 전통적으로 환경조절시스템에 대해 능동적인 역할을 담당하지 않았다. 이에 대해 건축가들은 ECS 설계에서 요구되는 엄격한 과학적, 공학적, 기술들이 때때로 부족하다는 이유를 들어 변명한다. 그렇다 하더라도 여기서 건축가들의 책임과 역할에 대한 근본적인 오해가 제기된다는 것을 인식해야 한다. 예를 들면, 건축적 조명설계와 공학적인 조명기구의 설계 사이에는 상당한 차이가 있다. 건축가의 중요한 역할은 어떤 주어진 시스템 구성 자체의 공학적 설계가 아니라, 다양한 ECS와 그 개개 시스템의 건축과의 관계에 대한 평가에 의해서 인간 안락의 목표를 달성하는 것이다.

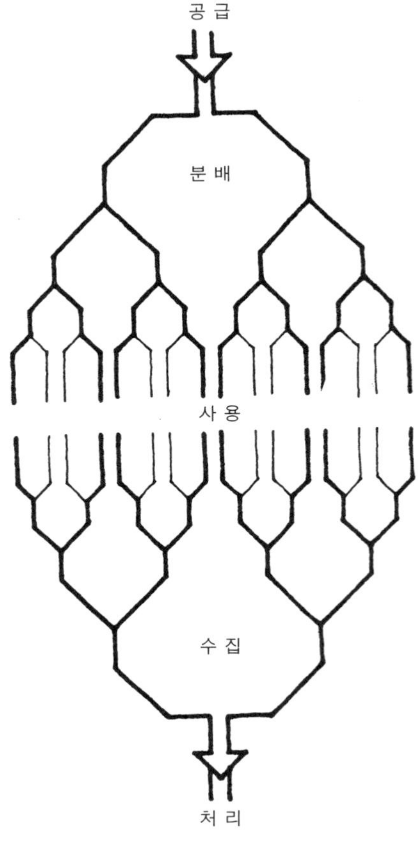

■ 급배수시스템

급배수시스템(Water distribution system)의 유일한 목적은 건물 내의 거주자들에게 즉각적이고 풍부하게 물을 공급하는 것이다. 이 목적은 여러 종류의 위생기구들을 조작하는 시스템에 충분한 수압을 확보해 줌으로써 달성된다. 물의 공급(수원) 양과 질이 충분하다고 가정하면, 첫 번째 제기되는 문제는 어떻게 수원으로부터 거주자에게 물을 보내느냐 하는 것이고, 다음은 사용된 물이 어떻게 모아져서 건물 밖으로 버려지는가 하는 것이다. 공급과 처리는 양쪽 모두 급배수시스템에 의해 이루어진다. 이 시스템은 사용기능에 의해서 분리되는 명확한 2개의 측면을 가지는 배관과 기구들의 네트워크로 가정할 수 있다. 이 네크워크의 공급 · 분배 측은 수집 · 처리 측의 반대과정이다. 그 사용 기능은 물을 쓰기 위해 빼내는 여러 지점(위생기구들)들을 가리킨다. 공급 · 분배시스템은 급탕 · 급수 · 온수 · 증기난방 및 소방시스템 등, 몇 개의 부분 시스템으로 구성된다. 서로 다른 급수부분 시스템이 특별한 활동이나 환경조건에 따라 한 건물 속에 포함될 수도 있다. 예를 들면, 음료수로 사용할 수 있는 물이 충분치 못한 곳에서는 마실 수 있는 물과 마실 수 없는 물을 분리 제공하는 2개의 급수시스템을 도입할 수 있다.

어떤 급배수시스템의 경우에도 중요한 요소가 올바르게 이해되고 인식되어야 한다. 즉 물은 항상 시스템을 통하여 한 방향으로 흐르고 또한 네트워크의 두 부분은 확실히 분리되어야 한다. 이 두 가지 요소들은 거주자의 건강과 안전을 위해 중요한 것이다. 두 부분의 어떠한 연결이나 역류도 유해한 가스나 유독한 오수를 네트워크의 공급 측에 거꾸로 침투시킬 것이다.

이 두 부분의 분리방법을 개발하기 위해 상당한 노력과 시간이 소비되어 왔다. 한 예로 위생변기를 완성하여 상품화한 공으로 토마스 크래퍼(Thomas Crappe : 영국왕 에드워드 Ⅶ의 로이열 크레스트를 전시하도록 허락받은)에게 표창과 영예가 수여되었다. 크래퍼가 그의 변기 디자인에 혼합 적용한 봉수나 트랩은 배수관으로부터 욕실로 유해 가스가 역류하는 것을 방지함으로써 위생적인 분리를 보장했다.

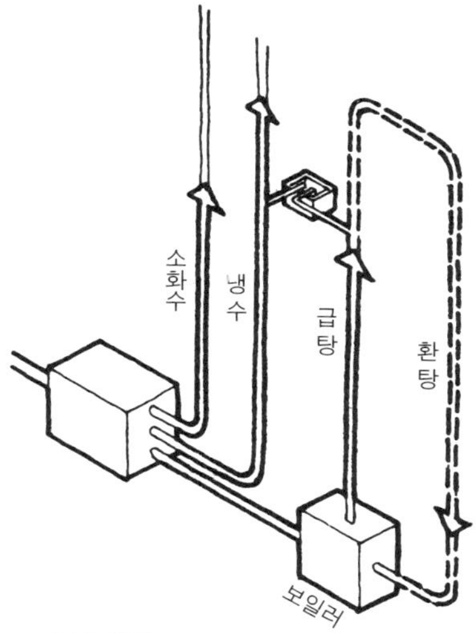

급수 계통

급수

네트워크의 공급・분배 측에서 물이 어떤 주어진 위생기구를 통해 거주자에게 도달되기 전에 반드시 거쳐야 되는 일련의 연속적인 단계가 있다. 이 단계들은 물리적 네트워크를 구성하는 여러 가지 배관, 밸브들과 기구들로 나타난다.

특수한 건물의 네트워크는 건물의 행태, 크기, 거주자 및 그 속에서 일어나는 행위들에 의하여 어느 정도 변화하지만, 물의 공급・분배의 기본적

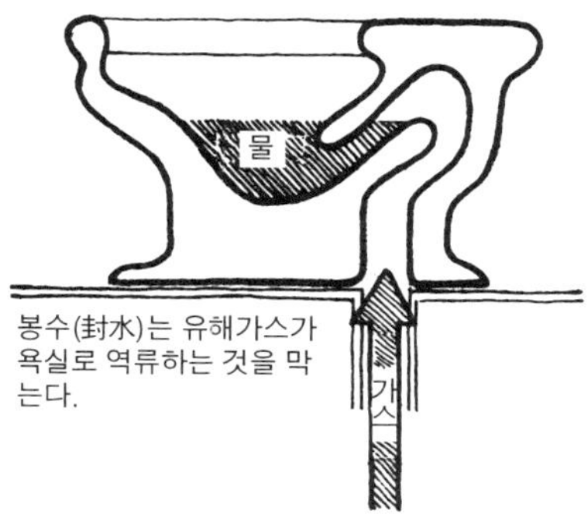

봉수(封水)는 유해가스가 욕실로 역류하는 것을 막는다.

물・시스템의 구성요소와 흐름

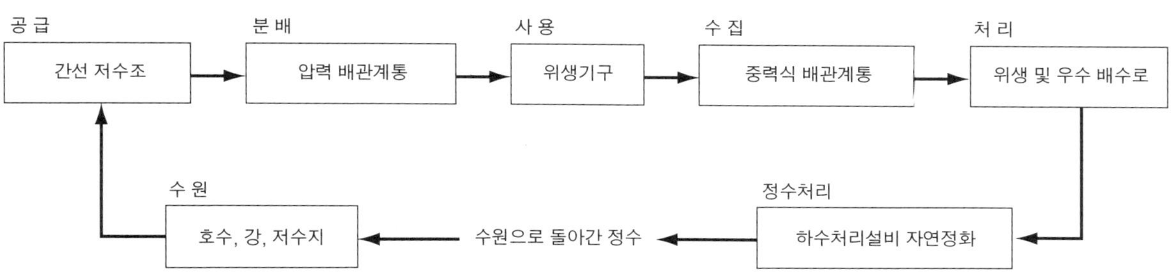

구성요소들은 모든 건물에 공통적이다. 그 속에 나타나는 질서는 물이 거주자에게까지 이르는 과정에서의 처리, 펌프, 저수조, 배관과 부속기구들, 밸브, 위생기구 등 가능한 모든 단계의 연속성을 암시한다. 이 단계들과 이와 연관된 구성요소들은 완전한 급수계통을 나타낸다. 특히, 흔히 잘못 이해되고 있지만, 가장 건축과 직접적인 관련이 있는 것들 몇 가지는 더욱 주의를 기울일 만한 가치가 있다.

수압 마치 인체가 효과적으로 움직이기 위해 혈압이 필요하듯이, 건물의 급수시스템도 압력을 요구한다. 만일 건물 내의 수압이 너무 낮으면 각종 기구들이 효과적으로 기능을 발휘하지 못할 것이다. 쉽게 말해서, 압력은 공급원으로부터 거주자들에게까지 시스템을 통해서 물을 밀어 올리기 위해 필요하다. 그 압력은 시수 간선으로부터 오거나, 아니면 건물 내에서 물을 펌프로 밀어 올림으로써 생길 수 있다. 한 시스템에서 요구되는 수압은 두 개의 힘, 즉 중력과 마찰을 이기는 데 필요한 압력의 양에 의해 결정된다. 즉 물을 얼마나 높이 끌어 올려야 하느냐와 배관이나 부속기구들과 물 사이에 얼마나 큰 압력이 발생하느냐 하는 것이다. 물이 밀려서 한 개의 부속 기구를 통과할 때마다 마찰력이 추가되어 압력이 떨어지는 것을 고려해야 한다. 그 중력과 마찰력을 극복한 후 위생기구를 조작할 수 있는 충분한 압력이 있어야 한다.

저수조 저수조는 각종 급수시스템을 분류시키는 기본적 역할을 하기 때문에 중요하다. 급수시스템은 일반적으로 상향식과 하향식의 두 가지 방식으로 나눈다. 이들 명칭대로 그 분류는 주 저수조의 위치와 기구들에 의해 구성되는 압력에 따른다. 물은 매우 무겁고(lcu ・ft = 62.4pounds), 사

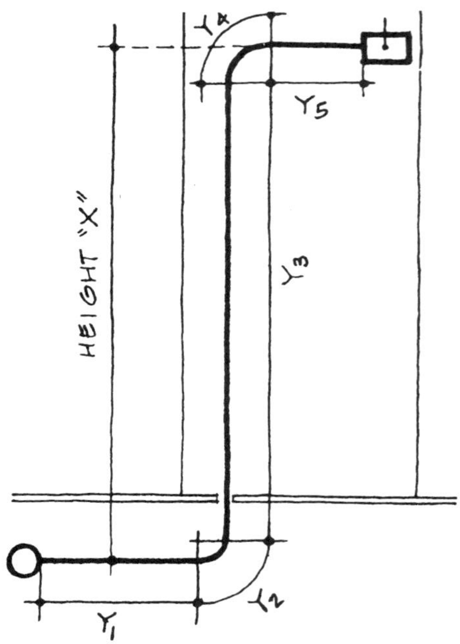

수압의 구성요소

단 : P = 최소허용압력
X = 중력에 대항하는 압력
Y = 배관계통 내의 마찰손실 압력
Z = 기구에서 필요한 압력

람과 그들의 행위는 많은 물을 필요로 한다. 결과적으로 저수조의 위치는 특히 그 크기와 소요면적의 측면에서 매우 중요하며 저수조 속에 저장된 엄청난 무게를 지탱할 수 있는 구조가 요구된다.

처리 물은 사용목적에 따라 여러 가지 조건들이 있기 때문에, 건물의 공급・분배시스템으로 전해지기 전에 처리되어야 한다. 이는 우리가 쓰는 대부분의 수원이 대개 불순하기 때문이다. 건강과 안전을 위한 물처리는 일반적으로 시수공급시스템에 들어가기 전에 이루어진다. 어떤 제한된 처리 (경성, 냄새, 혼탁 등)는 건물 내에서 이루어진다. 이 경우에는 추가설비(연화장치, 필터)가 건물의 공급시스템에 도입된다.

어느 경우든, 모든 건물의 물공급시스템에는 적어도 급탕을 위한 처리과정이 포함된다. 온수는 어느 건물에서나 인간의 활동을 위해 필수적이기 때문에 온수의 생산, 저장, 분배가 하나의 공급시스템을 구성해야 한다. 그 내용은 간단하다. 즉 모든 건물은 적어도 두 개의 명확하게 분리된 급수시스템을 가지고 있고 그 각각은 포괄적인 공급・분배 네트워크에서 요구되는 처리, 저장, 배관 및 부속 기구, 그리고 밸브 등 모든 구성요소를 포함한다. 냉수공급시스템과 달리 온수공급은 밀폐되어 계속 순환하는 시스템이 될 수 있다. 이 환탕시스템의 목적은 에너지를 보존하기 위한 것이다. 즉 순환되어 되돌아온 온수는 공급시스템으로 다시 들어가기 전에 그 온도를 높이기 위해 약간만 가열해 주면 된다.

조절 다음에 다룰 문제는 물 흐름의 조절이다. 즉 시스템을 통해 흐르는 물의 방향, 속도, 양을 조절하기 위해서는 어떤 구성품이나 장치들이 채택되는가, 그 조절장치들이 공급시스템 내의 어디에 위치하는가 하는 것이다. 그 조절기능은 각기 특수한 조절기능을 가진 일련의 밸브를 도입함으로써 간단히 이루어진다.

급수시스템 내에 밸브의 위치를 정하는 가장 중요한 요소는 기구들을 공급 네트워크의 다른 것들로부터 차단시킬 수 있는 능력이다. 이것은 필요하면 건물 전체를 급수시스템으로부터 차단시킬 수 있는 능

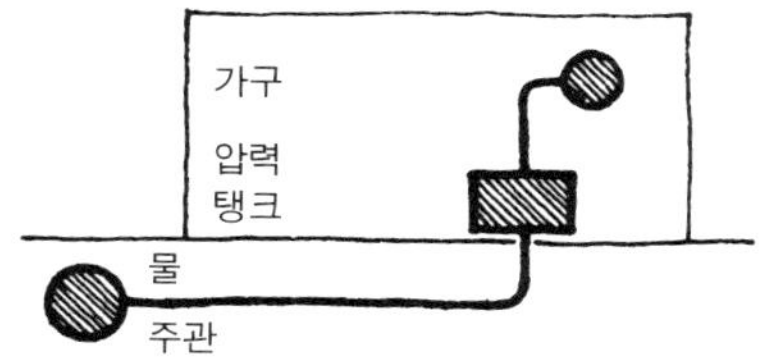

상향공급 : 주관 압력(主管壓力)

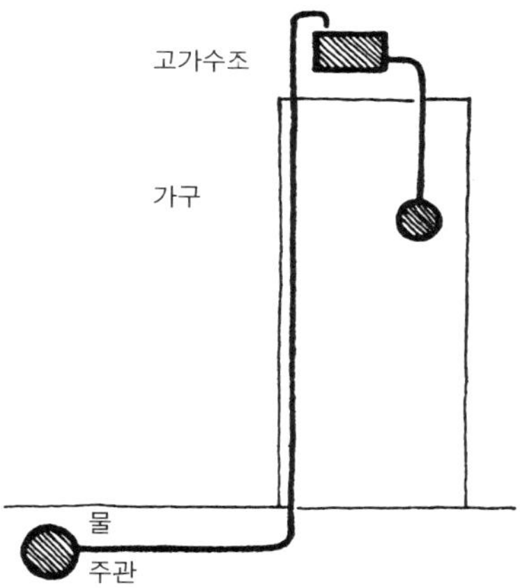

하향공급 : 중력(重力)

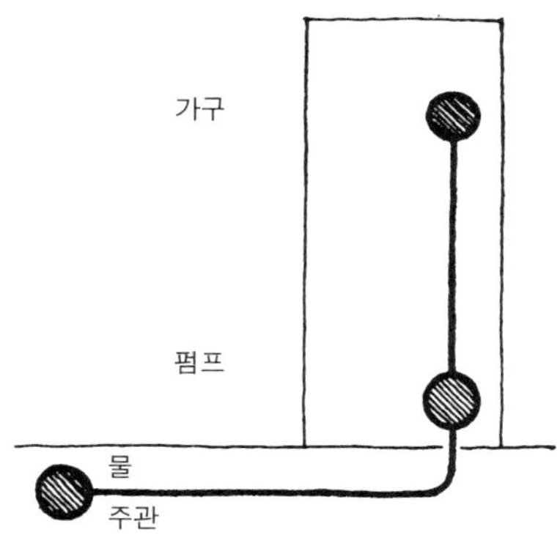

상향공급 : 일정한 압력

물 공급 시스템의 분류

력을 포함한다. 그러한 능력은 건물 전체에 물공급을 차단하지 않고도 어떤 기구(또는 기구군)의 수리나 교환을 용이하게 한다.

이러한 측면에서의 건축적 관련은 밸브의 조작이다. 즉 건축가는 급수시스템 내의 밸브가 설치된 곳마다 건물 내에서 밸브로의 접근방법과 배관 네트워크를 반드시 고려해야 한다.

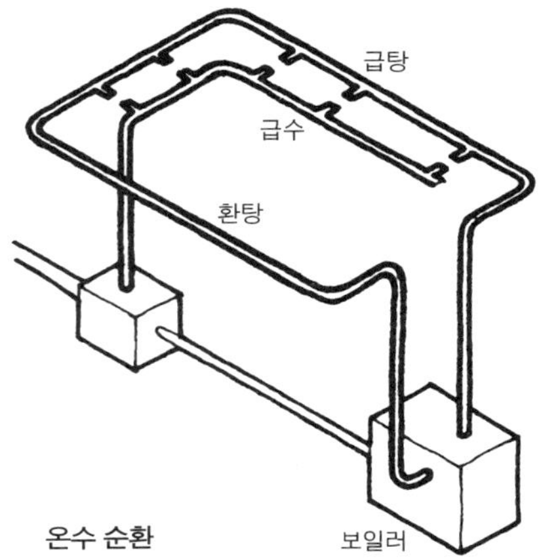

온수 순환

크기 결정 건축설계 영역에서 때때로 무시되는 급수시스템에서의 크기 결정과 그에 부수되는 구성요소들은 특히 그것이 크기, 위치, 각종 처리를 위한 공간 요구, 압력, 공급 네트워크의 저수조들과 관계되기 때문에 건축적으로 중요한 관련을 가진다. 그 구성요소들의 크기나 용량을 결정하는 과정들은 간단하며 예상되는 최대 수요의 개념에 근거를 두고 있다. 이 개념은 어떤 건물에 기구수가 많아질수록 그들을 동시 사용하는 경우가 줄어든다고 본다. 이때 시스템은 가능한 최대 소요수량이 아닌, 건물 내 거주자들에 의해 요구되는 예상수량에 의해 크기가 정해진다는 것을 이해하는 것은 중요하다.

위생설비시스템

공급 · 분배시스템은 어떤 주어진 위생기구에서 물을 사용하기 위해 뺀 후에 끝난다. 이 지점에서 물(거주자와 그들의 행위들에 의해 생긴 오수)은 네트워크의 다른 측면, 즉 수집과 배수 시스템으로 들어간다.

인간이 사용하고 버린 폐수를 운반해내는 폐쇄된 배관시스템에 의한 물의 사용은 아마 크레타(Crete)섬 크노소스(Knossos)의 미노안(Minoan)과 미노스(Minos)가 그의 궁전에서 처음이었을 것이다.

위생설비에 대한 이 중요한 단계는 그 여왕의 침실에서 사용되었다. 여왕은 그녀의 방에서 일련의 오지토관에 의해서 배수시스템과 연결된 욕조와 변기(수세식 설비를 갖춘)를 두었다. 이 폐쇄된 오수의 수집과 배수시스템은 3500년 전에 이루어졌다. 오수를 수집하여 건물 밖으로 운반해내는 폐쇄된 네트워크를 형상함으로써 위생설비 시스템은 거주자에게 안전하고 건강한 환경을 제공하는 단 하나의 목표를 달성한다. 여기서 "폐쇄"(Closed)는 매우 중요한 것이다. 즉 어떤 지점에서도 거주자들이 해롭고 유독한 오수에 접하지 않도록 해야 한다.

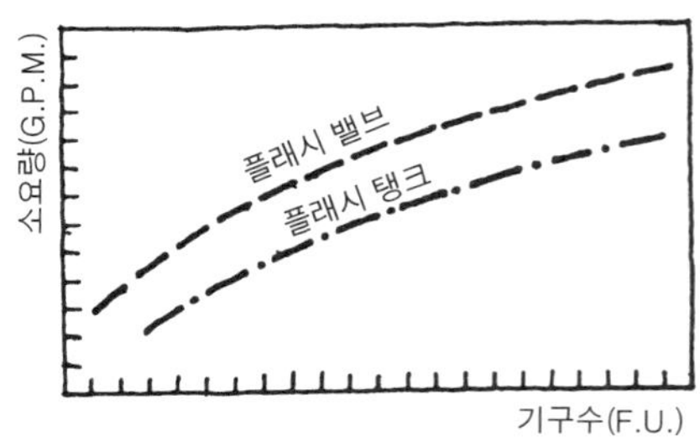

유량소요곡선

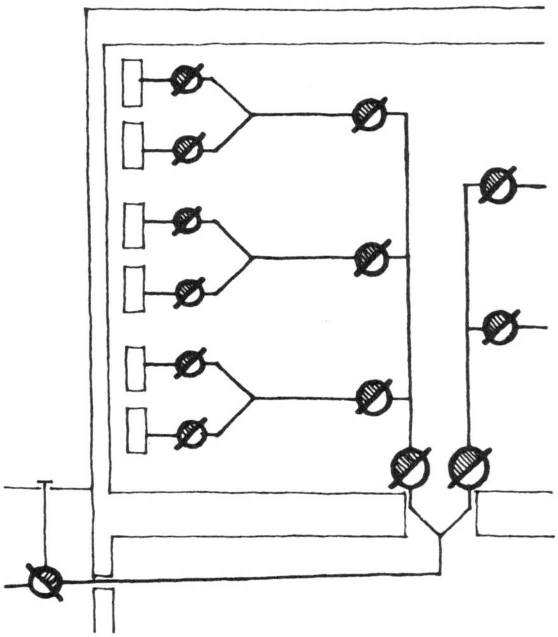

밸브 : 위치 및 분배계통

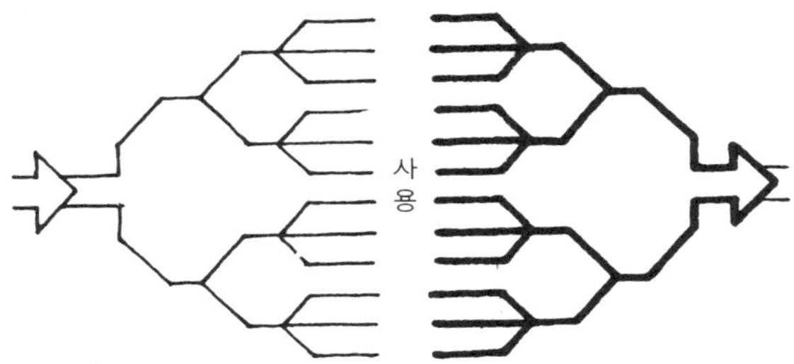

수집 및 처리계통

배관 네트워크 오수가 배출되는 배관 네트워크들은 물의 공급·분배 배관 네트워크와는 근본적으로 다르다. 이 차이는 세 가지 근본적인 방법에서 자연 명백해진다. 그 배관들은 일반적으로 공급·분배 배관들보다 훨씬 크고 최소의 수평배관만이 허용되며, 또한 구부림의 형태와 개소를 최소로 해야 한다. 이러한 모든 차이점들은 오수가 방해받지 않고 용이하게 통과하기 위한 원칙적인 요구를 나타낸다. 다만 그것은 건물 밖으로 자유롭게 배출시킬 수 있어야 한다.

건축적으로 기구들을 집적시키는 것은 중요하다. 이 계획적인 배치는 오수가 방해받지 않고 용이하게 흐르도록 촉진시킨다.

배수배관시스템에는 흐름의 방향을 조절하기 위한 밸브가 없는 대신 트랩이나 봉수장치가 채택된다. 트랩은 가스나 병균이 있는 공기의 역류를 막기 위해 필수적이며, 기구가 사용될 때마다 트랩 내의 물은 오수와 함께 배출되고 깨끗한 물로 치환된다. 완전한 수집 처리시스템은 대기 속으로 통기되어야 한다. 통기의 목적은 사이펀 작용에 의해서 트랩에 생기는 봉수가 빠져버리는 것을 막는 것이다. 이 통기관들은 굴곡과 수평배관의 허용에 제한을 받는다.

실제로 수집·배수시스템은 두 개의 명확히 다른 배관시스템을 가지고 있는데, 둘 다 길고 방해받지 않아야 하며, 곧고 수직으로 배관해야 한다는 제한이 있다. 하나는 오수를 밑으로 내려보내 배출시키고, 다른 하나는 건물을 통해 상부로 올라가 지붕을 뚫고 대기로 방출된다. 후자는 건축가들에게 건축적으로 직접적인 관련이 있어서, 때로는 그들을 낭패케 한다. 그것은 훌륭한 건물의 지붕으로 통기관이 뚫고 올라오기 때문이다. 수집·배수시스템의 실질적인 크기는 일반적으로 경험과 안전의 실례에 기초를 둔 지방별 배관 및 건강에 관한 규정에 따른다.

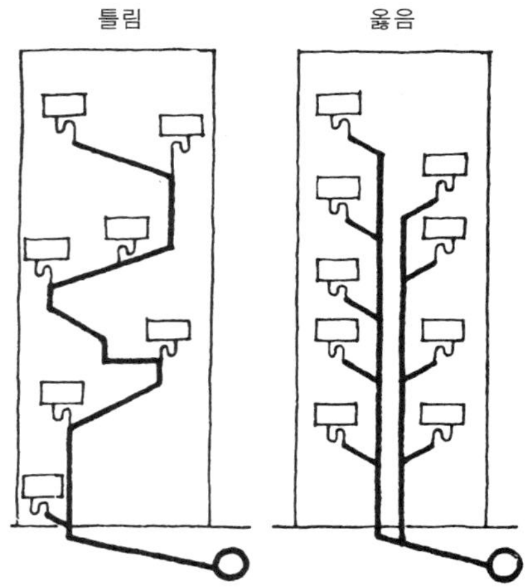

위생계통계획

■ HVAC시스템

다음으로 중요한 분배 네트워크는 급기시스템 — 즉 난방 환기 및 공기조화(HVAC)시스템이다. 이 특수한 환경조절시스템의 목표는 거주자들에게 건물 전체를 통해 온도조절된 공기를 처리, 분배함으로써 얻어지는 건강하고 쾌적한 오도와 공기조건들을 제공하는 것이다. 일반적으로 공기조절은 단지 그 온도에 대하여만 고려된다. 실제로 온도는 완전히 조절된 공기가 거주자들에게 공급되기 전에 처리해야 할 다

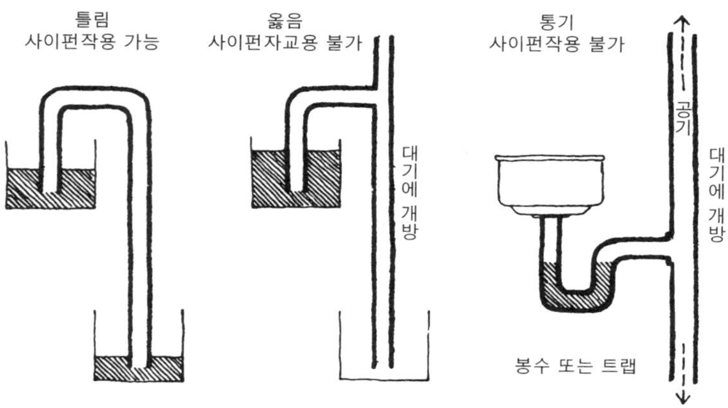

통기 및 사이펀 작용

섯 가지 요소 중에 겨우 한 가지에 불과하다. 이 다섯 가지의 분리된 처리들은 대부분 인간의 쾌적에 직접 영향을 주는 온도 및 공기조건을 반영한다. 온도조건은 온도, 습도 및 공기분배를 조절하며, 공기조절은 공기의 순도 및 냄새를 조절한다.

건물 전관을 통해 전달되는 다른 네트워크와는 달리 HVAC시스템은 그 구성부분들이 상당한 양의 공간을 차지한다. 단지 이러한 이유만으로도 HVAC시스템의 관계를 이해하고 평가하는 것이 건축가들에게 중요한 일이다. 더욱이 이 시스템은 최근 에너지 사용 및 보존 측면에서 상당한 관심을 일으키고 있다.

온 · 열과 쾌감

인체를 과다한 열은 계속 발생시키는 비효율적인 열기계로 생각해 보자. 온 · 열에 관한 쾌감은 인체가 이 초과열을 쉽게 발산할 수 있는가에 직접 의존된다. 일반적인 조건하에서 인체와 주위 공기와의 사이에는 열교환이 이루어진다. 다행히 인체는 발생된 열과 남은 열처리 사이에 필요한 균형을 유지하기 위해 끊임없이 작동하는 자연적 조절장치를 가지고 있다. 이들 조절장치들(발한과 오한)은 남은 열처리 비율을 조절함으로써 통상 체온을 98.6°F로 유지시키는 기능을 담당한다. 예를 들면 이 열손실 속도가 너무 늦으면 땀을 흘리게 되며 이 땀의 증발은 열손실 속도를 증가시킨다. 역으로, 열손실 속도가 너무 빠르면 사람은 오한을 느끼며, 이때 조절장치는 열손실에 대해 균형을 유지시키기 위해 열발생 속도를 증가시킨다. 여기서 이들 조절장치에 스트레스가 덜 걸릴수록 더 쾌감을 느끼게 되는 것이 확실하다. 건축가들은 인체가 주위 공기와 열교환하는 방법들과 남는 열교환을 용이하게 하는 대기 및 열 조건을 이해하고 올바르게 인식하여야 한다.

열전달 인체와 관계되는 열전달 방법은 전도(conduction), 대류(convection), 기화(evaporation), 복사(radiation) 등 네 가지가 있다.

1. **전도** : 전도는 물체의 표면들이 직접 접촉함으로써 일어나는 열전달이다. 인체는 전도에 의해 주위로부터 열을 얻거나 빼앗긴다. 이는 단지 따뜻하거나 찬 물체의 표면에 손을 대거나 접촉함으로써 발생한다.

2. **대류** : 유체운동에 의한 열전달을 대류라 부른다. 이 경우에 유체는 공기이고,

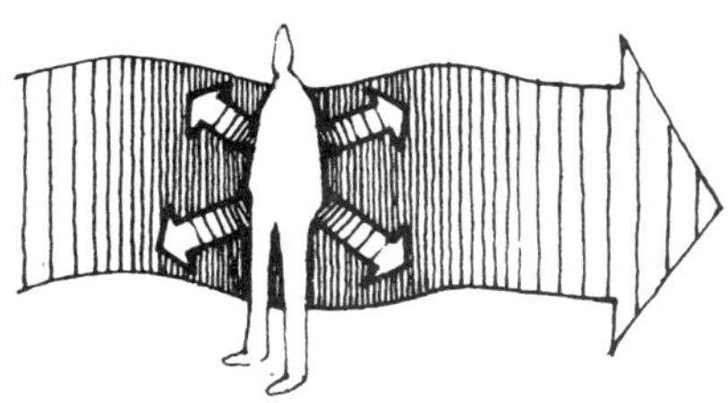

남는 열의 방출

열은 인체 위를 통과하는 공기의 온도에 따라 얻어지거나 잃게 된다.

3. **기화** : 기화에 의한 열전달에서는 인체는 열을 잃기만 한다. 피부의 표면에 있는 습기는 공기가 인체 위를 통과할 때 증발함으로써 일어난다.

4. **복사** : 복사는 전자파에 의한 열전달이다. 인체는 보다 높은 온도의 어떤 물체 표면으로부터 복사열을 얻을 것이며, 인체보다 더 찬 어떤 물체로 열을 방사한다. 복사열을 얻거나 잃는 것은 공기운동이나 열을 방사하는 물체들 사이의 공기온도에 의해 영향을 받지 않는다.

각 방법에 의해 발생되는 총 열전달량은 거의 완전히 기존 환경조건에 의해 지배된다. 예를 들면 포화된 공기는 인체로부터 습기를 받아들일 수 없기 때문에 이 경우 열전달은 증발이라는 방법을 통해 일어날 수 없다. 따라서 HVAC시스템은 거주자와 주위 공기 사이에 상당한 정도의 열전달을 가능하게 하거나 보장해야 한다. 그 조건들은 거주자가 너무 더울 때 열손실량을 증가시키고 너무 추울 때는 열손실량을 감소시켜야 한다. 이 목적은 온도・습도 및 공기의 속도(공기의 운동과 분배 형태)를 인체가 쾌적하게 느낄 수 있도록 처리 공급함으로써 달성된다. 공기의 청정도와 환기를 통한 냄새 제거는 HVAC시스템에 의해 조절되어야 하는 부수적인 쾌적조건이다.

건물 내에 계속적인 쾌적조건을 만족시키기 위해 HVAC시스템은 실내의 온도 및 공기조건들과 계속 변화하는 외기조건들 사이에 균형을 유지시켜야 한다. 즉 여름에는 충분히 찬 공기를 공급하고, 경우에는 외부로 방출된 열을 보충하기에 충분한 더운 공기를 공급해야 한다.

열류 계산 여기서 에너지 형태로서의 열의 근본원리를 소개하고, 열 흐름과 그 조절을 정의하고 표현하는 용어를 설명할 필요가 있다. 첫째, 열은 항상 그 열원으로부터 한 방향으로 흐른다는 것을 이해해야 한다. 다시 말하면 열은 항상 온도가 높은 곳에서 낮은 곳으로 흐른다.

열량은 British Thermal Units(Btu)로 측정된다. 1Btu는 1lb의 물의 온도를 60°F에서 61°F로 올리는 데 요구되는 열량으로써 정의된다. 이 단위를 미터법으로 바꾸어 보면 물 1gr의 온도를 15°C에서 16°C로 1°C올리는 데 필요한 열량을 1칼로리(cal)라 하며, 따라서 1Btu =252cal가 된다.

공기의 전열용량은 지각열과 잠열의 두 가지 요소로 구성된다. 지각열은 건조한 공기의 열용량에 관계되며 보통 온도계에 의해 건구(Tdb)온도로 측정된다. 잠열은 공기 중에 포함된 습기의 열용량으로 취급된다. 공기의 지각열과 잠열의 조합 — 전열용량 — 은 엔탈피(enthalpy)라고 불린다. 이것은 인간의 쾌감에 직접 영향을 주기 때문에 중요한 개념이다. 예를 들면, 70°F의 방에서 상대 습도를 20%에서 50%로 증가시키면 매1b마다 5Btu씩 증가된다. 이렇게 겨울의 쾌적조건들은 습도를 증가시키면서 동시에

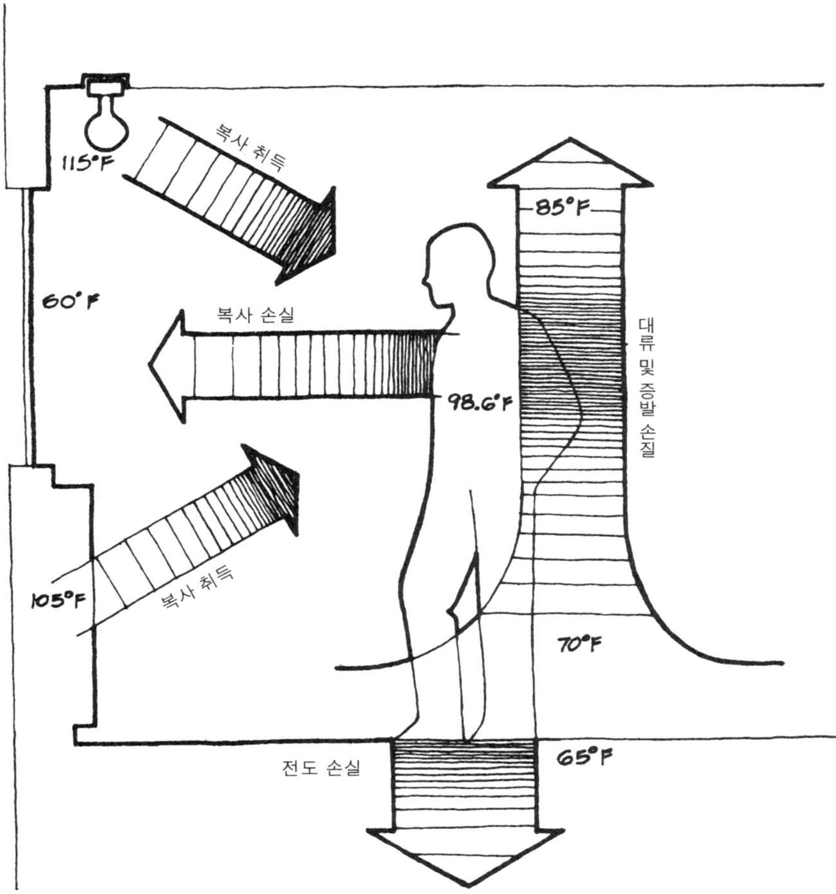

열 전달

주위 공기의 온도를 낮추거나 유지시킴으로써 부분적으로 얻어진다. 마찬가지로 여름의 쾌적조건을 위해서는 역으로 적용될 수 있다. 왜냐하면, 상대습도를 낮추는 것은 증발률을 높여 인체를 시원하게 하기 때문이다.

그 에너지 관계들은 명백하다.

열관류율(Conductivity), K는 어떤 주어진 균질한 재료를 통해 흐르는 열류의 양에 비례하며, Btu/hour/ft^2/°F/inch로 측정된다. 예를 들면 벽돌은 두께 매 inch당 5°C의 K값을 가지고 있다. 따라서 6인치의 벽돌은 합계 30.0의 K값을 가진다. 이것은 1°F에 대

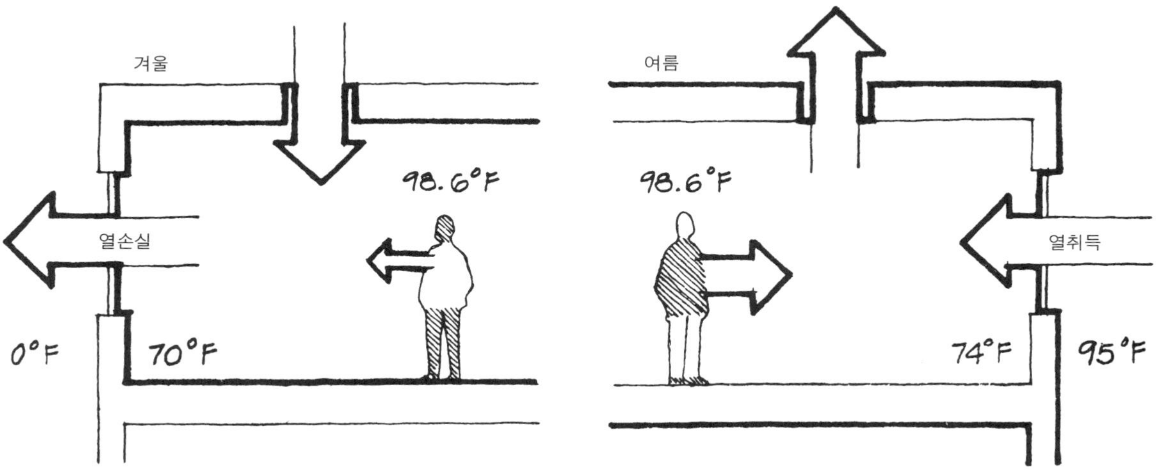

공급된 따뜻한 공기는 거주자에 의해서 주위공기에 빼앗기는 열손실 비율을 감소시켜 겨울을 쾌적하게 한다.

공급된 찬공기는 열을 빼앗아 감으로써 주위 공기로의 열손실 비율을 증가시켜 여름을 쾌적하게 한다.

열류와 쾌적, 겨울과 여름

해 30Btu가 매 시간 1평방 ft의 벽돌을 통과한다는 것을 의미한다. 열관류 저항 R은 어떤 재료의 열흐름을 방해하거나 감소시키는 성질로서 K의 역수로 표시된다.

$$R = \frac{1}{K}$$

구조물(재료가 조합된)을 통한 열류율은 U factor로 표시된다. 이 U factor는 각 재료의 저항이 조합된 총저항의 역수이다.

$$U = \frac{1}{\Sigma R_T}$$

어떤 건축적인 폐쇄공간의 목표들 중 하나는 바로 이 열획득 또는 열손실 속도를 조절하는 것이다. 이것은 열류율이 에너지 소모량에 직접 관계되기 때문에 건축가들에게 점점 더 중요해지고 있다.

수학적 계산 공식들은 어떤 계획 건물의 열획득과 손실의 속도를 예견

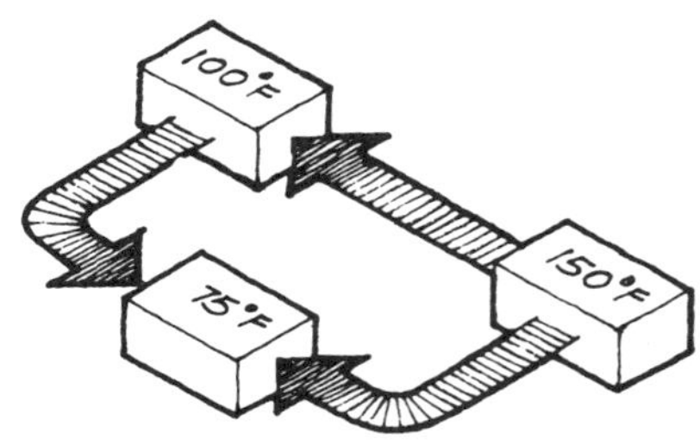

열류의 방향

할 수 있게 한다. 이 계산들은 건축가들에게 매우 중요한 가치가 있다. 열획득・손실 계산들은 총 열류량(매 시간당 Btu)을 정할 뿐만 아니라 건물 외벽에서 일어나는 상당한 누출량을 측정할 수 있다.

상식대로 이 누출 또는 급속한 열류들은 일반적으로 건물의 창에서 일어난다. 더욱이 열획득 및 손실량 계산은 건축가들이 열류율을 상당히 줄일 수 있는 건축재료, 특히 단열재 선택의 자료가 된다. 결론적으로, 이 계산과 단열재의 조합된 결과는 특별히 주목할 만한 가치가 있다.

비슷한 두 개의 벽 단면에서 하나는 단열재를 설치하고, 다른 하나는 설치하지 않았을 때의 U factor를 비교해 보자. 그 결과는 현저한 차이를 나타낸다. 즉 2인치의 단열재가 설치된 벽은 단열재를 설치하지 않은 벽에 비해 열류에 대해 3배 이상의 저항을 가진다.

많은 계산들은 기존 또는 계획 건물의 열특성(열취득 및 손실)을 평가하기 위해 외벽을 통한 총열류량을 정해왔다. 일단 이 열류량이 정해지면 이에 따라 건축가들은 HVAC시스템이 요구하는 용량과 각 구성부분들을 결정하게 된다.

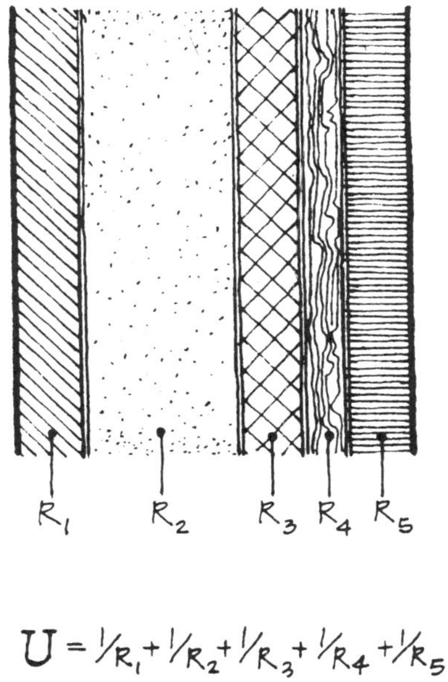

저항(R)과 U계수

공기조화 시스템

HVAC시스템은 전 – 공기방식, 공기 – 수방식, 전 – 수방식과 직냉방식 등 4개의 일반적 방식으로 분류된다. 이 분류방법은 공기조화의 목적을 위해 개개의 공간에 공급되는 유체(공기, 물, 또는 냉각제)에 의한 것이다. 건축가들이 이를 각 개의 시스템에 대해 더욱 잘 파악해야 하는 이유는 다음 두 가지로 들 수 있다. 첫째, 각 방식의 특성들은 어떤 주어진 건물에 대해 적응성이 다르고, 둘째, 각 방식은 각각 건축적인 관련을 가진다.

전 - 공기방식 : 전 – 공기방식은 대상 실내공간에 필요한 모든 처리를 한 공기를 공급하는 방식이다. 공급공기에 대한 필요한 처리는 대상 실내공간으로부터 격리된, 일반적으로 건물의 중앙기계실에서 이루어진다. 처리된 공기는 기계실로부터 덕트망을 통하여 각 개실로 공급된다. 이 공급공기는 대상 실내의 공기분배를 조절하는 레지스터나 디퓨저를 통해 전달된다. 전공기 방식의 에

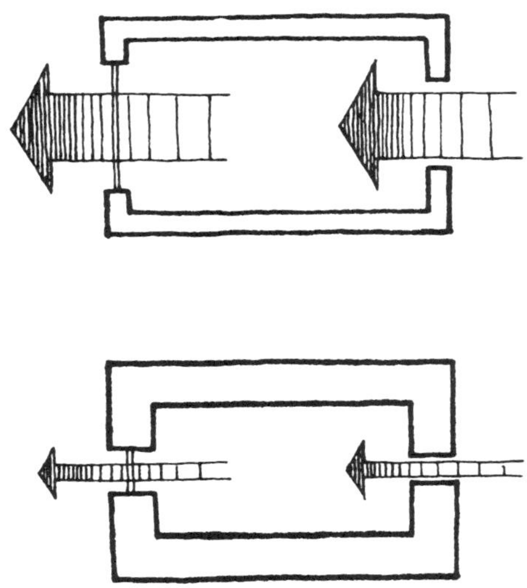
실내공간과 열류

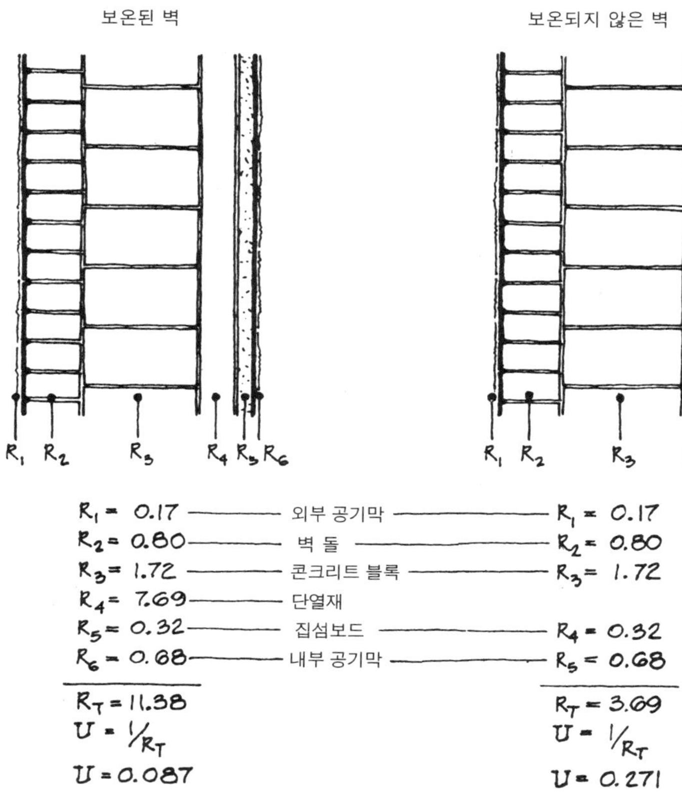

단열, 저항과 U계수

너지 보존 특성은 특별히 주목할 만한 가치가 있다. 이 방식은 환기의 일부분을 시스템 내로 재순환시키는 것이 가능하다. 이 재순환은 들어오는 공기를 요구조건까지 끌어올리기 위해 이 시스템이 필요로 하는 에너지량을 감소시킨다. 이 시스템의 또 하나의 중요한 이점은 공급 공기를 고도로 처리할 수 있다는 점이다.

HVAC시스템의 모든 방식 중에서 전공기 방식은 건물 내에 가장 많은 공간을 요구한다. 즉 상당한 기계실 면적을 요구할 뿐만 아니라 공기분배망(덕트)도 건물을 수직 · 수평으로 관통해야 한다. 이 덕트들은 상당히 커서 때때로 건축적인 문제를 야기시킨다.

공기 - 수방식 : 대상공간과 분리된 기계실을 필요로 한다는 점에서 공기-수방식은 어느 정도 전 –공기방식과 유사하다. 그러나 중요한 차이는 공기 –수방식에서는 공기

온도 조절의 상당한 부분이 대상실에서 이루어진다. 이 방식에서는 기계실에서 온수 또는 냉수를 배관망을 통해 각 실에 공급하는 동시에, 덕트를 통해 부분적으로 청정도, 습도 등을 처리한 공기를 보충 공급한다 (이 덕트들은 일반적으로 전 – 공기 방식에서 사용되는 것들보다 상당히 작다) 보충 공기는 두 가지 목적을 위해 전달된다. 즉 필요한 환기를 제공하고, 온수 또는 냉수 파이프 위를 순환하는 실내공기와 보충 공기의 혼합을 유도한다. 필요한 실내온도 조절의 대부분은 여기서 이루어진다. 이 방식의 이점은 전 – 공기방식과 비교하면 상당히 작은 공간을 요구한다. 예를 들면, 덕트의 수가 줄어들고 크기가 작아지며 기계실내의 공기조화기 장비의 양이 줄어든다.

그렇지만 처리 정도(특히 온도조절 면에서)는 어느 정도 떨어진다. 즉 이 시스템은 유도공기 순환에 의존하기 때문에 실 전체의 공기 분배에 한계를 가진다. 따라서 대상실의 크기나 용적에 따라 그 적용이 한정된다.

전 - 수 방식 : 전 – 수방식은 공기 처리가 대상실 내에서만 이루어진다. 그 실에 공급되는 것은 단지 온수 또는 냉수뿐이다. 일반적으로 환기는 각 개실에서 직접 외기를

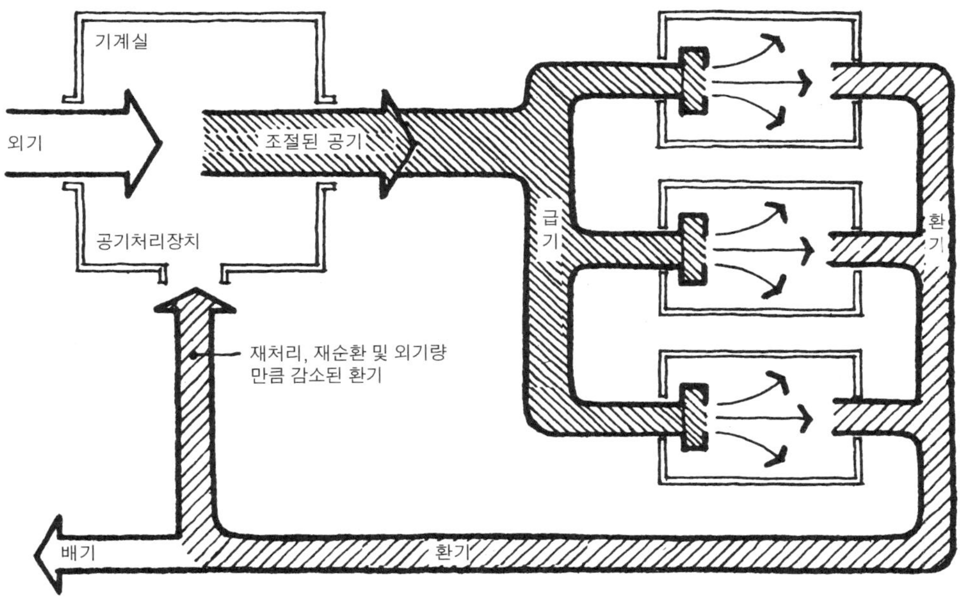

전 - 공기방식

끌어 들임으로써 이루어진다. 환풍기의 사용과 자연적인 대류를 통해 내・외부의 혼합 공기가 온수 또는 냉수 파이프 위를 통과함으로써 온도를 조절한다. 모든 전 – 수 방식들은 거의 공간을 필요로 하지 않으며, 공기조절이나 처리를 위한 기계장비와 덕트도 필요 없다. 따라서 이 방식의 적용은 외부공기가 도입될 수 있는 외벽을 가진 실에만 한정된다. 실내공기의 균질한 분배를 이룰 수 있는 능력은 보충 공기를 취하는 공기 – 수방식보다 더 제한된다. 게다가 전반적인 공기처리 정도는 전 – 공기방식이나 공기 – 수방식에서보다 훨씬 낮은 수준이다. 예를 들면, 전 – 수방식에서는 습도를 조절하는 것은 어려운 일이다.

직냉방식 : 4가지 종류 중 마지막 방식은 직냉방식이다. 이 시스템은 작동에 필요한 가스나 전기만이 요구되며 공기조화는 조절된 공기를 생산하기 위해 필요한 장치를 갖춘 패키지 또는 유닛에 의해 이루어진다.

이 구성품들은 일반적으로 실내에 있거나 인접해 있다. 이 경우에는 덕트가 필요 없거나 있더라도 최소로 줄어든다.

외부공기는 유닛으로 도입되어 조절된 후 직접 실내에 공급된다. 이 시스템은 각 실에 작은 개개의 기계실로 구성되어 있다고 생각할 수 있을 것이다. 그러나 이 직냉방식은 실내 전체에 골고루 공기를 분배한다는 점에서 한계를 가지고 있다.

덕트 크기 산정

덕트는 때때로 크고 성가시며, 건물을 수직・수평으로 관통해야 하기 때문에 이들이 요구하는 공간은 건축가들에게 즉각 대처해야 하는 중요한 문제이다. 덕트의 크기는 두 가지 요인 즉 어떤 실의 열 획득과 손실에 대해 평행을 이루는 공기량(cubic feet

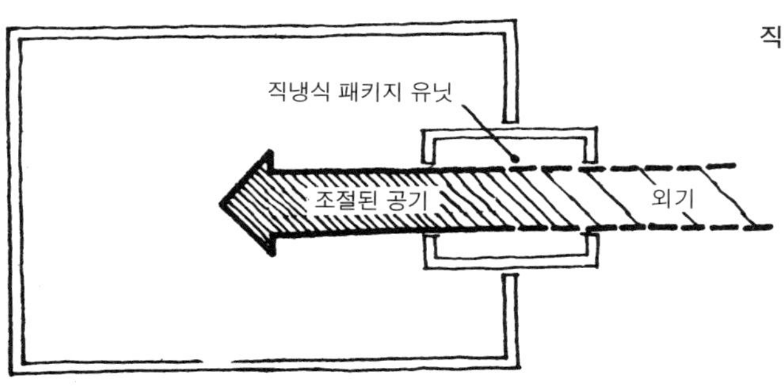

직냉방식

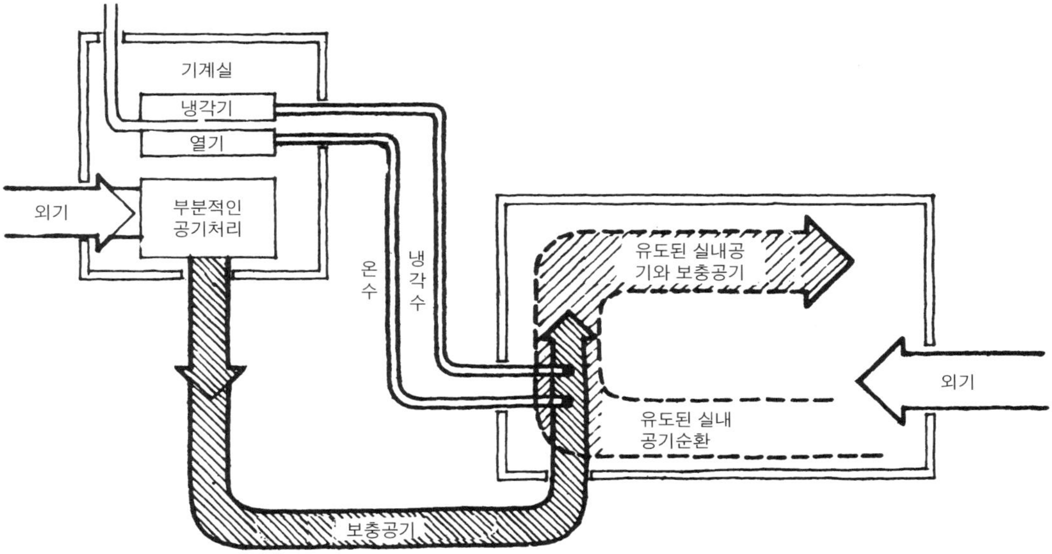
기계실
냉각기
열기
외기
부분적인
공기처리
온수
냉각수
유도된 실내공
기와 보충공기
외기
유도된 실내
공기순환
보충공기

공기 - 수 방식

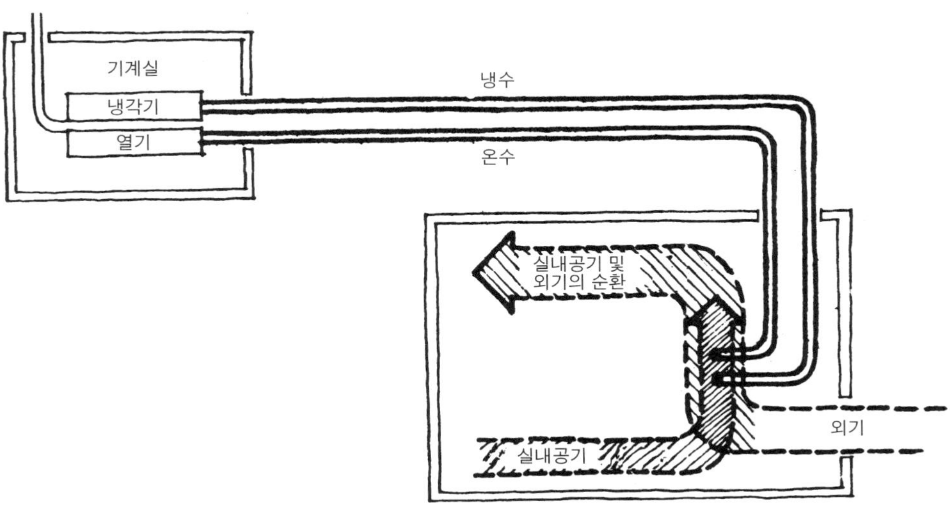
기계실
냉각기
열기
냉수
온수
실내공기 및
외기의 순환
외기
실내공기

전 - 수 방식

per minute; cfm)과 덕트를 통해 이동하는 공기의 속도(feet per minute, fpm)에 의해 결정된다.

덕트의 이론적인 크기는 공기량을 속도로 나눔으로써 결정된다.

$$\frac{\text{cfm}}{\text{fpm}} = \text{덕트의 이론적 단면적}$$

그러나 실제 덕트 크기는 마찰에 의한 공기압 강하 때문에 항상 더 크다. 공간적 관계는 분명하다. 즉 속도가 빠르면 덕트는 작아진다. 따라서 건축적 입장에서는 덕트 크기를 줄이기 위해 공급 공기를 항상 고속화하려고 한다. 그러나 공기의 속도는 인간의 쾌감에 직접 영향을 주기 때문에 불행히도 그 해답은 그렇게 간단하지 않다. 공기의 고속화 결과는 소음을 발생시키고 불쾌한 드래프트 현상을 일으킬 가능성이 있다. 그래서 대부분의 경우에 풍속의 선택은 인간의 쾌적기준과 건축적 덕트공간 요구 사이의 절충에 의해 이루어진다.

구역계획(Zoning)

HVAC시스템의 적응력에 관한 특성 중 하나는 어느 한 건물 내의 서로 다른 구역에 대해 각각 대처할 수 있는 능력이다. 구역계획은 건물을 비슷한 공기조화 요구를 가진 구역들로 분리시키는 것이다. 즉 한 개의 건물 내에 때때로 다른 질의 공기처리(특히 온도 조절)를 필요로 하는 몇 개의 구역이 들어있을 것이다. 예를 들면, 외피에 유리를 많이 사용한 건물을 생각해 보자. 겨울에는 동・북・서측 면이 급속도로 열을 빼앗기는 반면 남측면은 직사광으로 많은 양의 햇빛이 투입되기 때문에 실제로 열을 얻는다. 따라서 이 때에 일부 구역은 난방을 필요로 하는 반면 다른 일부구역은 냉방을 필요로 한다.

시스템의 선택

어떤 특정한 HVAC시스템의 선택에 가장, 그리고 직접 영향을 주는 요소는 두 가지로 볼 수 있다. 흥미 있는 점은 이 두 가지 요소 모두 건축가들의 책임에 관한 문제를 제기시킨다. 첫 번째 요소는 주어진 어떤 시스템에 의해 얻어지는 인간의 온도 및 대기의 쾌적조건을 올바로 인식하고 명백히 정의할 수 있는 건축가의 능력이다. 이 때의 요구조건들은 건축적 상황을 전혀 고려하지 않고 있음을 인식하는 것이 중요하다.

이 조건들은 온도조건(온도, 습도 및 공기의 흐름)과 대기조건(청정도와 냄새조절)을 모두 포함한다. 쾌적한 환경은 실내 전체에 이들 조절된 조건들을 고루 분배함으로써만 얻어질 수 있다.

두 번째 문제는 우선순위다. 어떤 기본적인 매개 변수들은 다른 것들(즉 부수되는 가격에 대한 공기조절의 요구 정도)과 배치되기 때문에, 건축가는 특정한 쾌적기준을 잘 설정해야 하는 만큼, 그 우선순위도 잘 정할 수 있어야 한다. 대부분의 경우에 평가를 위한 기본적인 매개 변수는 다음과 같다.

1. 설정된 쾌적기준에 대해 성공적으로 대처할 수 있는 HVAC 시스템의 능력
2. 각 시스템의 건축과의 관계, 즉 건축 설계 속에 성공적으로 통합될 수 있는 능력
3. 각 시스템의 직접비 및 간접비(초기설비비와 장기 운전비 및 에너지 소모율)

최종적인 분석에서, 어떤 주어진 건축적 상황을 위한 HVAC시스템의 적절한 선택은 건물의 거주자, 소유주 및 건축설계상의 여러 가지 기준과 요구사항들에 입각하여 이루어져야 한다.

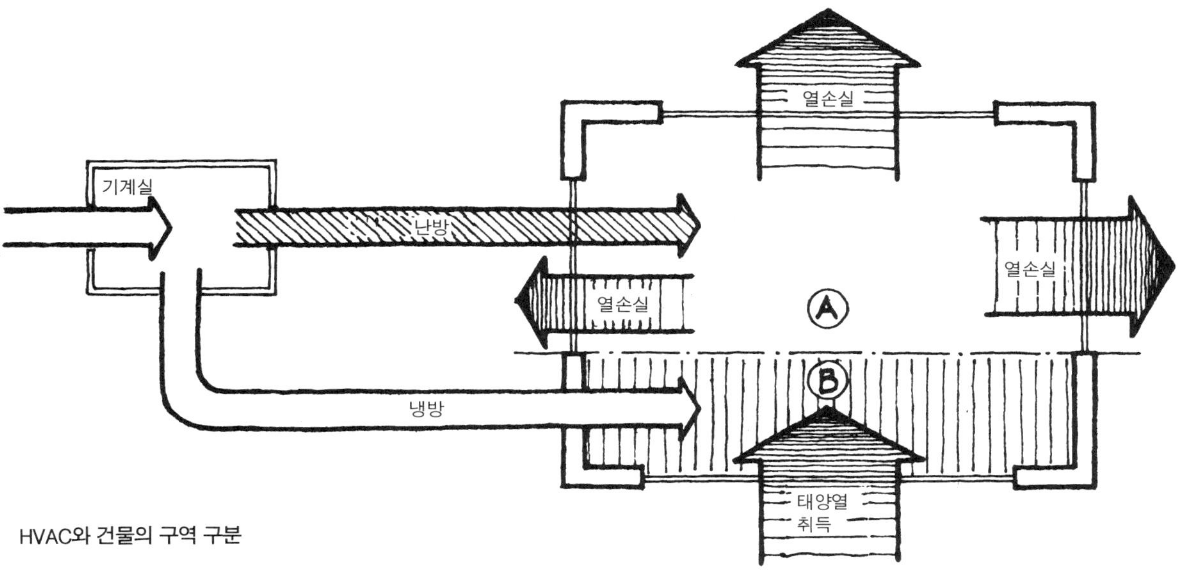

HVAC와 건물의 구역 구분

■ 조 명

조명에 대한 건축가의 가장 중요한 책임은 포괄적인 조명설계의 기준을 수립하는 것과 그 기준을 만족시킬 조명시스템을 선택하는 일이다. 이 역할은 빛, 즉 조명설계와 실 공간 사이에 존재하는 상호관계 이상으로 어떤 주어진 실의 거주자들이 수행하는 시각적인 일과 활동들을 잘 규정하고 올바르게 인식하는 건축가의 능력을 기초로 해야 한다.

즉 건축가는 건축적 조명을 위해 유용한 전기공학과 장비들에 관한 것 이상으로 빛의 움직임과 시각장치들에 관한 기초지식을 가져야 한다.

빛과 시력

인간의 눈은 예민한, 그러나 인내력 있는 감각장치이다. 이 눈은 전자 스펙트럼 중에서 가시 스펙트럼이라고 부르는 아주 좁은 범위의 빛만을 식별할 수 있다. 그러나 이 좁은 띠 안에서 인간의 눈은 빛의 색깔과 상대적 강도의 적은 변화까지도 감지할 수 있다.

인간의 눈은 각각 빛을 받아 지각하는 데 있어 특별한 역할을 하는 많은 부분으로 구성되어 있다. 두 개의 눈은 각각 분리된 기능을 가지지만 둘 다 동시에 얼마나 많이 볼 수 있는가에 관계되는 점에서 건축가들에겐 특별히 흥미 있는 것이다.

우리가 얼마나 많이 볼 수 있는가를 설명하는 데 사용되는 용어를 시야(visual field)라고 한다. 시작의 예민성(아주 세밀한 것의 식별)은 시야의 중심으로부터 벗어나면 급속도로 떨어진다. 결국 한 눈에 의한 지각은 시야의 가장자리에 있는 대상의 디테일을 지각하는 능력에 한계가 있다. 이 시야를 건축적 표현으로 치환하는 것은 매우 중요한 의미를 가진다. 이는 우리가 어느 한 공간 내에서 실제로 얼마나 많은 것을 동시에 보게 되는 가와 그것을 보는 우리의 습관을 정확히 도해한다.

빛과 조명설계의 또 다른 측면은 우리가 본 것을 어떻게 기록하고 연상시키는가 하는 지각을 다룬다. 이 일련의 역할을 잘 수행하기 위해 빛의 강도만으로는 불충분하다. 예를 들면 눈은 형태, 윤곽, 질감 및 색깔들을 지각하고 식별할 수 있어야 한다. 빛과 시력에 대한 이해와 인식이 높아질수록, 시각적인 측면에서는 더 밝은 빛만으로는 충분치 않다는 사실이 분명해진다. 조도가 더 높아진다고 잘못된 조명 조건이 해결되는 것이 아니다. 너무 많은 빛은 잘못된 조명 설계에 의해 만들어진 상태들은 더욱 악화시킨다.

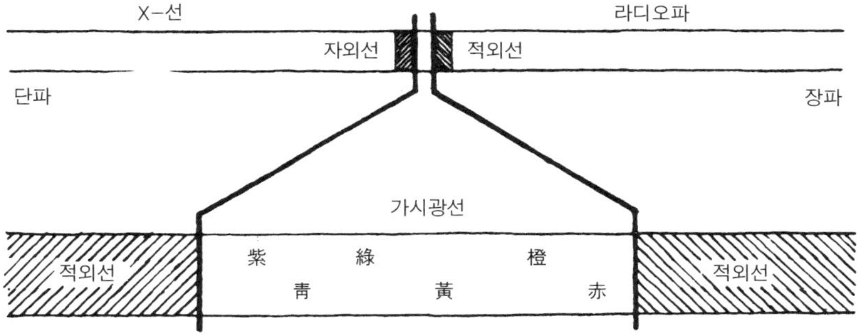

전자 및 가시 스펙트럼

시각적 쾌적 건축가가 조명설계에 의해 만들어지는 빛의 질과 양에 대해서 제기해야 하는 다음과 같은 기본적인 의문들이 있다.

1. 주어진 공간 내에서 수행되어야 할 시각의 역할은 무엇인가?
2. 이러한 역할들이 수행되는 공간의 시각적, 공간적 특성들은 무엇인가?
3. 그 역할들의 쾌적하고 효율적인 수행을 보장하기 위해 필요한 조명설계 기준은 무엇인가?
4. 그 공간에 조합된 조명효과에 의해 창출되는 시각적 분위기는 무엇인가?

시각적 역할 쾌적은 시각적인 역할을 수행하는 우리들의 능력에 의해 지배된다. 건축적으로 시각의 역할은 두 가지의 넓은 범주, 즉 공간적 지각을 요구하는 것과 세부 디

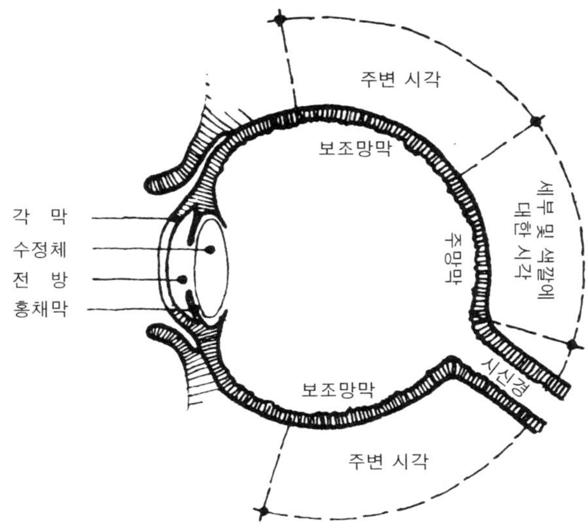

인간의 눈

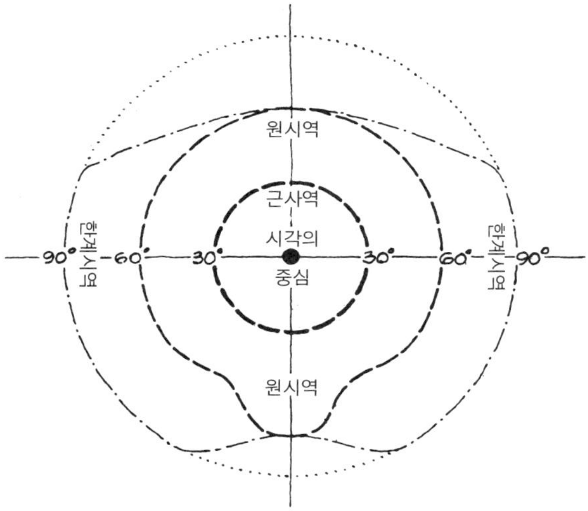

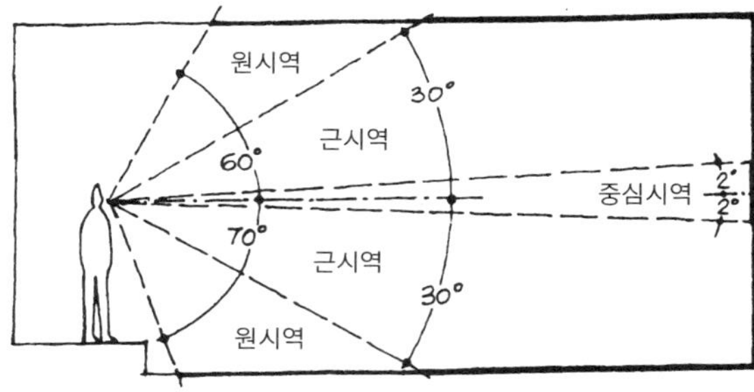

시계

테일의 식별을 요구하는 것으로 분류된다.

공간적 지각은 우리들이 표면, 공간, 형태, 실, 행위들을 보고 식별할 수 있는 능력에 관한 것이다.

디테일의 식별은 독서, 제도, 글쓰기 등의 일에서 미세한 디테일을 지각하고 식별하는 능력에 관한 것이다. 시각의 역할에 대해 주의 깊게 분석해 보면, 특히 각각의 시각적 역할들이 독특한 조명조건을 요구하기 때문에 시각적 쾌적기준을 설정하기 위한 기초가 된다. 예를 들면, 미세한 디테일을 쉽게 식별할 수 있기 위해 높은 조도와 30° 시각원추 내에 시각적으로 산만한 것이 없어야 한다.

그렇지만 수행할 일에 관계없이 어느 정도의 쾌적을 보장하는 한 방법은 많은 조명설계들에서 경험하는 범하기 쉬운 잘못들을 반복하지 않는 것이다. 우리들은 우리 자신의 일련의 시각적 경험을 기초로 이들 대부분을 열거할 수 있다. 가장 일반적인 것 중에는 희미한 그림자, 숨겨진 반사, 시야 속에 주의를 산만하게 하는 광원으로부터의 높은 휘도, 작업대와 그 주위 사이의 지나친 대비 등이 있다.

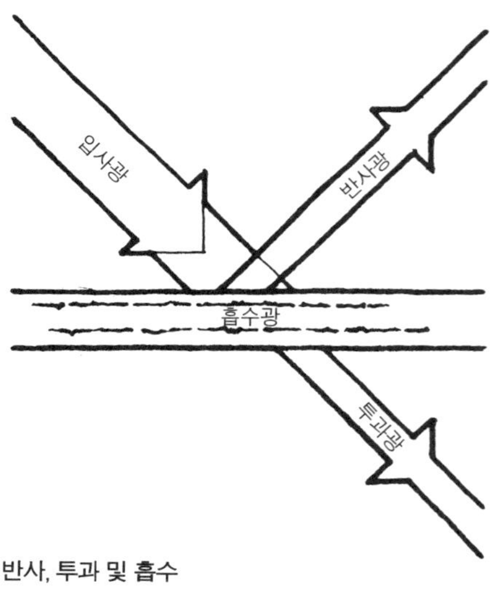

반사, 투과 및 흡수

빛의 움직임 빛이 광원으로부터 발산된 후 눈에 의해 감지되기 전에 공간 속에서의 빛이 움직이는 특성은 조명설계에 대한 책임을 맡은 사람에게 특히 흥미 있는 일이다. 빛의 전달경로와 그 움직임은 그 빛이 부딪치는 물체의 표면 특성에 의해 결정된다. 입사광선은 광사하기도 하고 흡수 또는 투과한다. 건축적인 면에서 보면, 표면의 특성에 따라 빛은 통상적으로 일부는 반사되고 일부는 흡수되며 일부는 투과된다. 이 점에서 색깔에 대한 우리들의 지각은 입사광선의 선택적인 반사, 흡수, 또는 투과에 의해 지배된다는 것을 아는 것이 중요하다. 더욱이 빛은 표면 특성에 따라 집중되기도 하고 굴절 또는 확산된다. 따라서 건축적 관련은 명백하다. 즉 어떤 실내공간을 창출하기 위해 건축가가 선택한 재료와 표면은 그 공간 내에서의 빛의 움직임을 상당한 정도까지 지배한다.

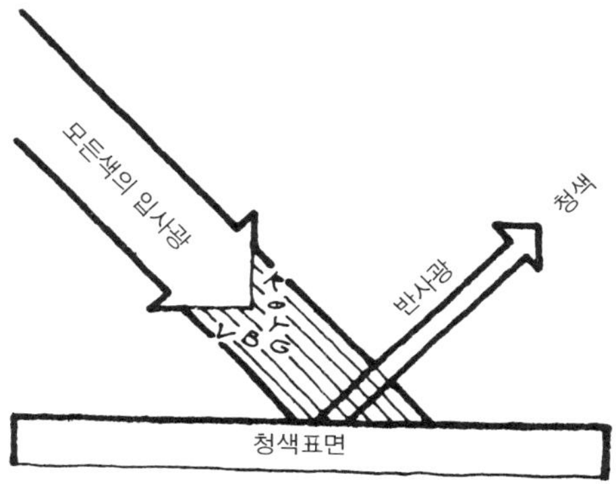

청색표면은 적, 등, 황, 녹과 자색 파장들을 흡수하고 청색광만 반사한다.

광 원

광원에 대하여 올바르게 인식하고 이해하는 것은 건축가들이 자유자재로 다양한 조명기구들을 적절히 다루고 선택하는 능력을 갖는 데 필요하다.

우선 네 가지의 용어를 정의해 보자.

1. 전등(Lamp) - 최초의 광원
2. 전구(Bulb) - 유리 용기
3. 조명기구(Luminaire) - 조명기구
4. 루멘(Lumen) - 광량의 척도

전등(Lamps) 건축조명에 사용되는 모든 전등은 백열과 기체 방전의 두 가지로 나눈다. 백열등은 그 종류가 매우 다양하지만, 모든 전등은 기본적으로 전구와 필라멘트 및 베이스로 구성된다. 필라멘트는 전류가 흐를 때 백열광을 내며 가시 스펙트럼 내의 모든 파장 중에서 어느 빛을 발산한다.

결론적으로, 백열등은 연속적이고 동질의 스펙트럼을 방사하며, 그것은 일반적으로 따뜻한 빛으로 느끼게 된다.

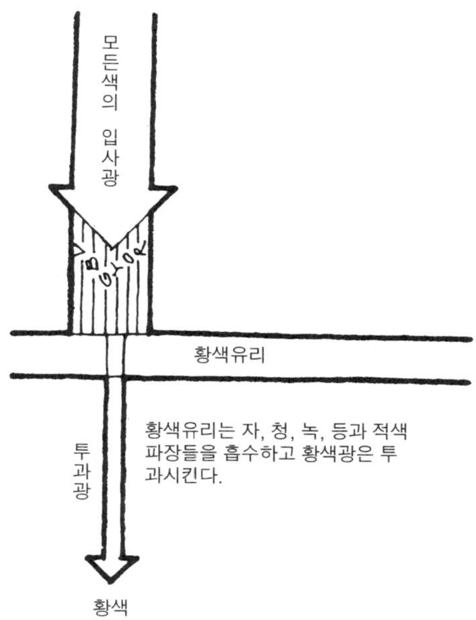

색 ; 선택적 반사와 투과

전등이 사용되면 필라멘트는 점점 증발한다. 이렇게 전등을 오래 사용하면 필라멘트는 점점 줄어들고, 다시 말하면 빛이 점점 줄어든

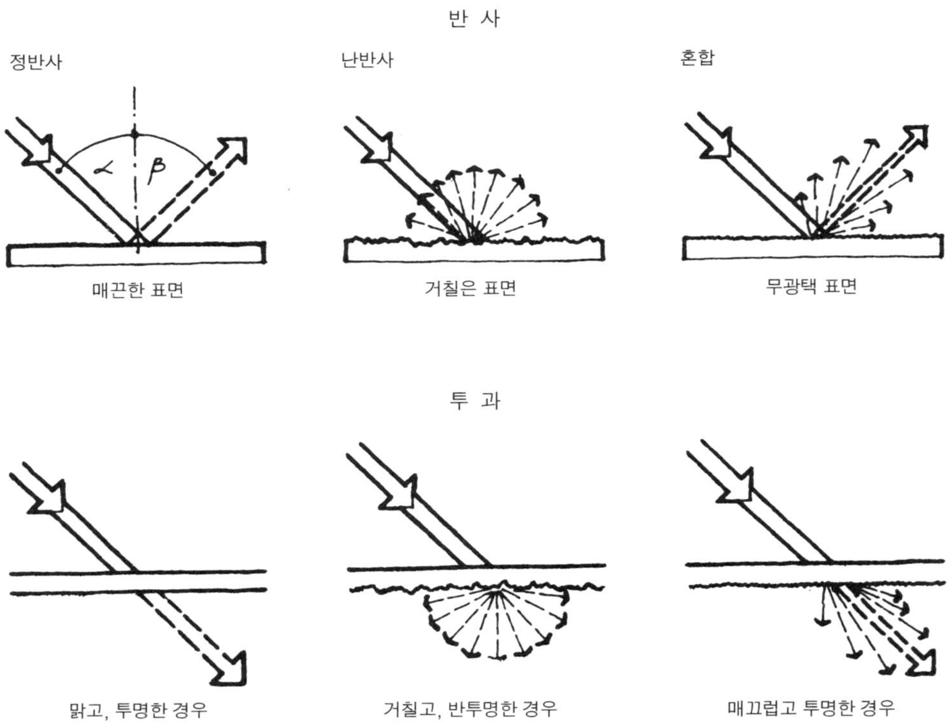

반사 및 투과형태

다. 필라멘트의 직경은 전등의 규격(watts)에 직접 관계된다. 필라멘트가 굵을수록 작용 온도는 더 높아지고 전등의 효율도 더 높아진다. 이것은 에너지 보존을 위해 중요한 관련을 가지고 있다. 예를 들면, 표준형 100watt 백열등의 효율은 표준형 50watt 백열등의 두 배가 넘는다. 효율은 열에 대해서도 관계가 있다. 전기 광원들의 작용은 매 와트, 매 시간마다 3.14Btu의 비율로 열을 발생한다.

그렇다면 표준 백열등의 효율이 낮음에도 불구하고 왜 이 등이 일반적으로 많이 채택되고 있는가 하는 의문이 생길 것이다. 그 대답은 간단하다. — 백열등은 매우 바람직한 특성을 가지고 있다. 백열등의 장점 중에 다음과 같은 것들이 있다.

1. 고유의 빛 발생과 분배 특성을 가지고 있는 필라멘트와 전구들의 다양한 이용 가능성
2. 전등의 상호교환 가능성
3. 표준 회로로부터 직접 전등을 조작할 수 있는 능력
4. 백열에 의해 발생되는 연속 스펙트럼의 방사

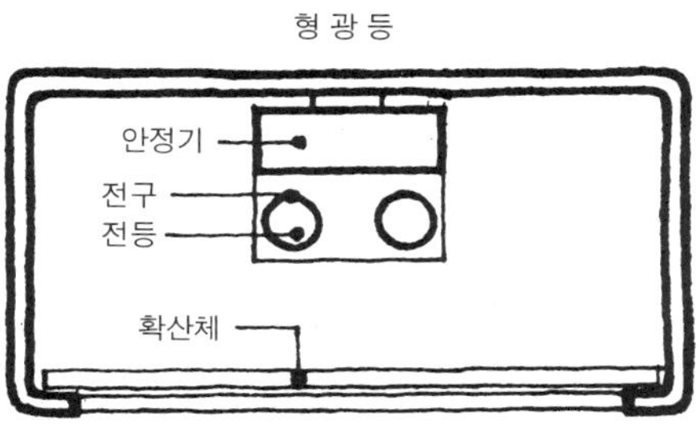

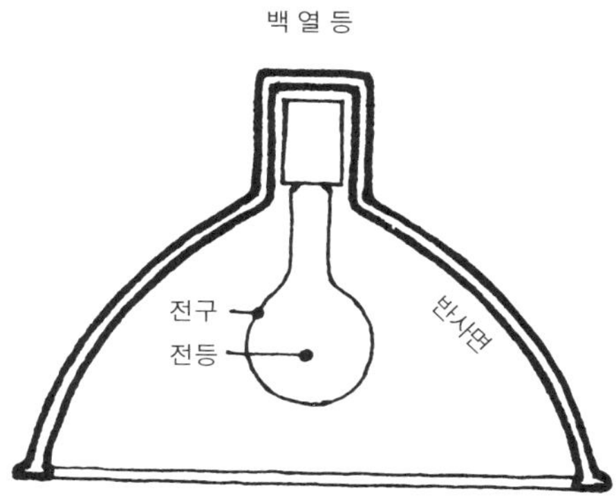

형광등과 백열등

백열등의 성질은 그 적용 가능성과 한계성이 모두 건축가에게 제시되어야 한다. 점광원으로부터 다양한 조도의 조명이 요구되는 장소에서는 백열등이 바람직하다. 또한 백열등은 전반 조명을 위한 경우에서보다는 오히려 특수한 효과를 얻기 위해 적당하다.

기체 방전등 광원의 두 번째 범주는 기체 방전등이다. 이 범주에는 네온등, 형광등, 나트륨등, 수은등 등이 포함되는데 여기서는 가장 일반적으로 사용되는 형광등에 대해 언급하기로 한다. 형광등이 건축조명을 위해 유용하게 사용되어 온 40년 동안에 기본적인 광원으로서 거의 완전히 백열등을 대신하였다. 이것은 세 가지의 요인, 즉 보다 더 높은 조도에의 욕구, 형광등은 본래부터 점광원이 아닌 면광원이라는 사실, 형광등의 높은 효율 때문이다.

형광등의 에너지 효율은 명백하다. 여러 종류의 조명시스템에 의해 발생되는 열은 건물의 HVAC 시스템에 의해 제거되어야 한다. 예를 들면, 만일 3.250lm이 필요할 때 시간당 125Btu를 발생하는 40watt 표준 형광등을 선택하거나, 또는 시간당 거의 630Btu를 발생하는 100watt의 표준형 백열등 두 개를 선택할 수 있다.

기체 방전등의 광원은 가스 — 전자아크에 의해 빛을 발한다. 빛을 내는 가스의 특성은 단속적인 스펙트럼의 빛을 방사한다. 즉 발생된 빛은 가시 스펙트럼 내의 모든 색을 포함하지 않는다. 예를 들면, 네온 가스의 특징적인 색깔은 분홍색이고, 나트륨 증기는 노랑색이다. 이 빛의 색깔에 관한 문제 중 상당한 부분은 다른 기체 방전등보다는 좀 더 완전한 스펙트럼의 빛을 방사하는 형광등에 의해 어느 정도는 해결되었다. 모든 기체 방전등의 고유한 특성 중에 또 하나의 문제는 깜박거림이다. 이것은 교류전기를 사용함으로써 일어나는 전류의 방향변화에 기인한다. 가스 전자의 흐름은 매 초 60번씩 방향을 바꾼다. 이것은 초기에는 별 문제가 없지만 등과 안정기의 수명에 따라 깜박거림은 더욱 심해진다. 말할 필요도 없이 이것은 극도로 불쾌한 조명조건이 된다.

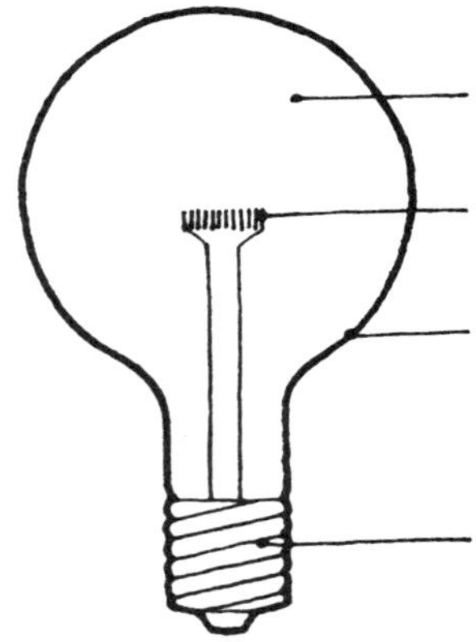

백열등

광원의 선택은 질, 양의 양면 모두에 대해 전등의 각개 타입에 따라 나타나는 여러 가지 특성에 따라 이루어진다.

조명기준

조명설계의 목표는 긴장이나 변형 없이 시각적인 일을 효과적으로 수행하도록 촉진시켜 즐겁고 쾌적한 시각환경을 제공하는 것이다. 이 쾌적한 환경의 일부는 거주자가 건축 실내공간을 느끼고 올바르게 인식하는 능력을 포함한다. 조명 시스템은 빛의 강도와 질을 고려해서 선택해야 한다.

광원 : 효율(개산치)

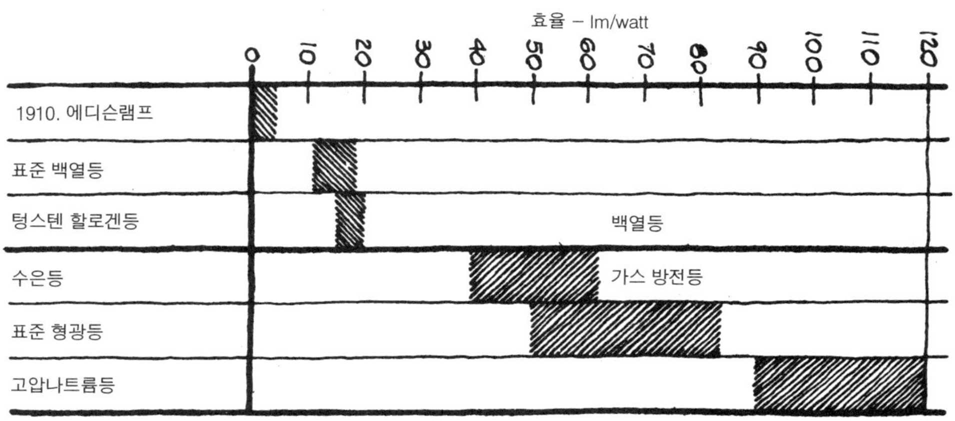

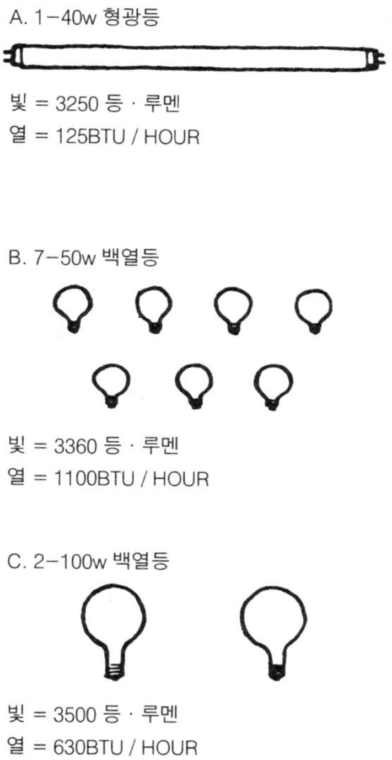

등의 비교 : 빛과 열의 발생

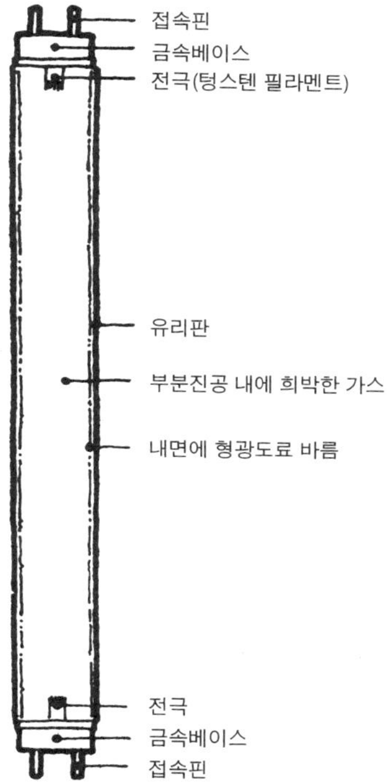

표준형 형광등의 구조

강도 강도는 어떤 주어진 물체로부터 나오거나 그 물체에 투사되는 입사광의 양인 광량에 관계된다.

공학적으로 강도는 광속의 밀도로써 표현되며 푸트 – 캔들(foot candle: fc)로 측정된다. 빛의 강도는 조명설계에 있어 중요한 요소이다. 하지만, 그것만으로 쾌적한 조명조건을 보장할 수 없다. 역사적으로 조명설계의 과제는 조도를 높이는 것이었다. 그 결과 어떤 경우에는 욕실에서 건축도면을 읽거나, 슈퍼마켓에서 수술하는데 충분할 정도로 빛을 공급하는 정도가 되었다.

전에 통용된 강도수준은 때때로 너무 높아 시각적 긴장을 완화시키기보다는 오히려 지나치게 높은 조도로 인하여 더욱 악화시켜 그 결과 최근 경향은 일반적으로 높은 조도의 수준에서 벗어나 빛의 질에 더욱 관심을 기울이고 있다.

질 건축조명에 있어서 질은 빛의 강도 이외의 모든 요소에 관계가 있다. 이러한 요소들은 때때로 양보다 더욱 중요하다.

광도(brightness)라는 용어는 어떤 물체의 표면에 비치는, 또는 표면이 발하는 빛의 주관적 반응에 관계되는 것으로 푸트 – 램버트(foot – lamberts:fl)로 측정된다. 이것은 거주자들이 밝기들의 관계(예를 들면, 마루와 벽 또는 벽과 천장 사이의 밝기의 비율을 통해 그들의 실내공간을 판단하기 때문에 건축설계에 있어서 매우 중요하다. 인간의 눈은 가장 밝은 물체나 표면에 자신도 모르게 먼저 끌린다. 조명설계는 어떤 미리 정해진 물체나 표면에 눈을 끌어 향하게 하는 고유의 능력을 가지고 있기 때문에 건축적으로 중요하다.

밝기 관계에서 가장 중요한 것의 하나는 대비(contrast)이다. 대비는 밝기의 비율로써 그 비율이 더 높으면 대비의 정도는 더 커진다. 이것은 물체의 윤곽, 크기, 세부 등을 식별하고 묘사하는 우리의 능력에 직접 영향을 미치기 때문에 시각적인 작업에 중요한 요소이다.

쾌적의 범위는 부분적으로 대비의 정도와 시야 내에서 가장 높은 대비가 존재하는 장소에 의하여 결정된다. 일반적으로 말해서, 높은 대비는 어떤 작업이 이루어지는 곳에서는 바람직하나, 그 작업과 주위와의 사이에서는 바람직하지 않다. 만일 그 주위가 너무 밝으면 눈은 예정된 시각적인 작업에 집중되지 않을 것이다. 많은 건축적 환경 속에 바로 그러한 부적당한 시각적 조건이 존재한다. 이것이 시각적 긴장이나 변형을 일으키는 가장 일반적인 오류 중의 하나이다.

광도와 그에 의해 이루어지는 대비의 문제는 또 다른 조명 문제인 눈부심(glare)을 일으킨다. 공학적으로 눈부심은 배경의 밝기가 대상의 밝기를 초과할 때 일어난다. 단지 명료도 때문에도 이 눈부심은 피해야 한다. 눈부심 문제에 대한 해결책에 개념적으로 접근하는 한 방법은 대상의 밝기를 높이는 동시에 주위 표면들의 밝기를 낮추는 것이다.

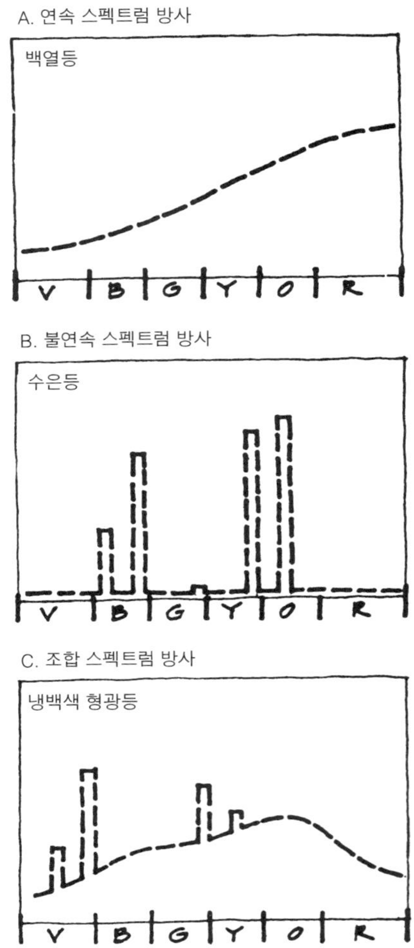

대표적인 스펙트럼 방사

조명설계

건축가나 디자이너들이 직면하는 다음 문제는 적당한 조명방법의 선택이다. 그 선택은 쾌적기준, 작업 분석과 전등이나 발광 특성만이 아니고, 그 공간 내에서 연출되기를 원하는 미적 효과도 함께 고려되어야 한다.

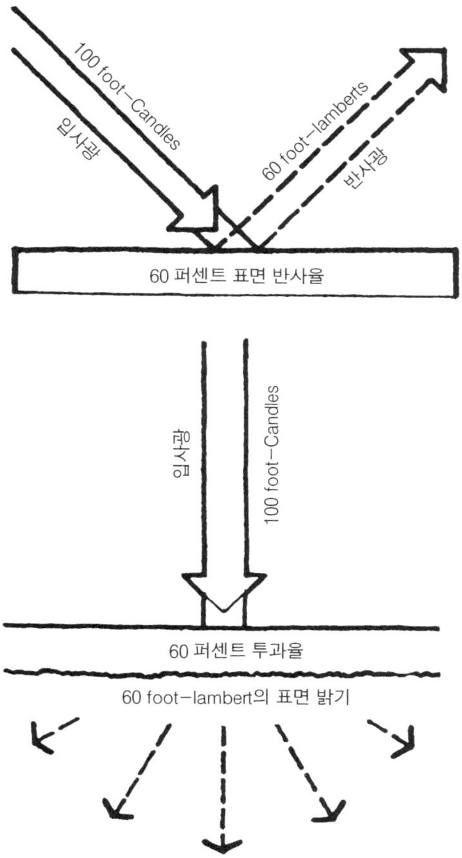

휘도 : 반사와 투과

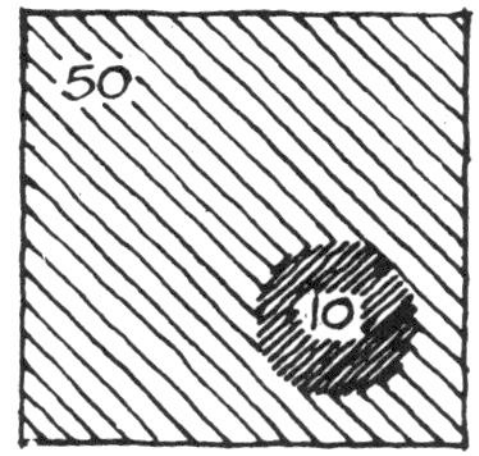

휘도대비 = 5 : 1

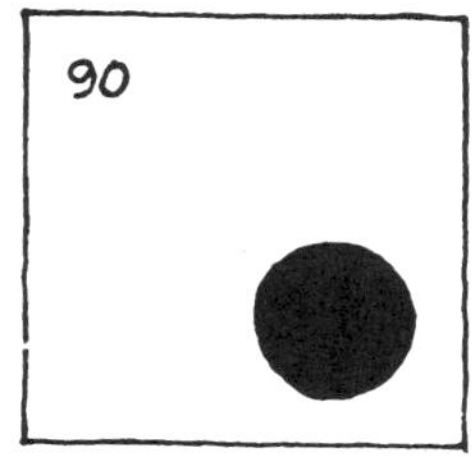

휘도대비 = 90 : 1

휘도대비 = 1 : 5

그림 위의 숫자는 반사율을 나타냄

광도비

디자이너들은 전반조명과 국부조명의 두 가지 일반적인 조명방법을 구사할 수 있다. 이것들은 단독으로 또는 조합하여 채용될 수 있으며 다음과 같이 정의될 수 있다.

1. 전반조명은 실 전체에 균일한 빛의 분배를 위한 시스템을 나타낸다. 나아가서 전반조명은 면광원(area source - 예:형광등)의 사용이 필요하다.
2. 국부조명은 실 전체에 빛의 강도의 변화를 위한 시스템을 나타낸다. 국부조명은 점광원(예:백열등)의 사용이 필요하다.

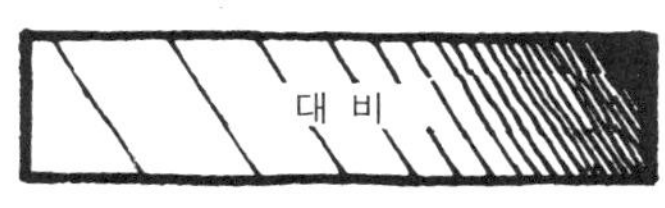

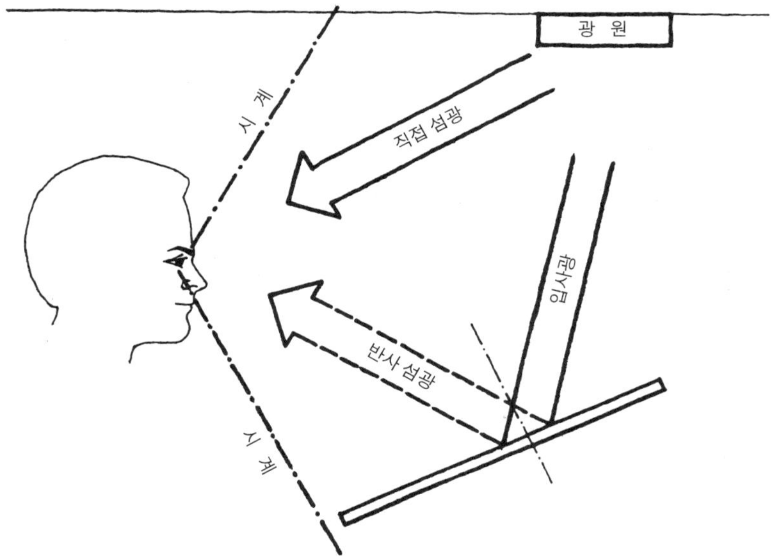

직접 또는 반사에 의한 눈부심

특히 주목해야 할 조명의 일면은 대상물체 표면에 실제로 도달하는 광원으로부터 생산된 광량이다. 이것은 직접 빛의 효율과 에너지 보존에 관계되기 때문에 중요한 문제이다. 이 문제에 대해 더욱 검토해 보면 하나의 발광체 역할을 하는 실공간을 쉽게 연상할 수 있게 될 것이다. 그 실의 표면들을 반사, 또는 흡수하는 광량을 조절하는 빛조절장치들로 생각해 보자. 만일 이 표면들이 특히 어둡고 흡수적이라면 광원에서 발생되는 대부분의 빛은 대상에 도달하기 전에 없어져 버릴 것이다. 어떤 경우엔 그것은 등기구 안의 반사면을 어두운 색으로 칠하는 것이나 확산체로 검게 그을린 유리를 사용하는 것과 비슷할 것이다.

방법론 건축조명설계에 채용되는 방법들은 여러 가지 종류가 있다. 아마도 최선의 방법은 영감과 컴퓨터에 의한 설계 사이 어딘가에 있을 것이다. 어떤 경우에도 건축적 조명에 가장 쉽게 접근하는 공통된 과정과 순서가 있다. 그 방법론은 분석, 선택, 그리고 계산이라는 세 가지의 기본적이고 연속적인 과정으로 구성된다. 건축가들의 책임은 통상적으로 처음 두 개의 과정에 해당되는 반면, 마지막 임무는 조명 전문가에게 부과되어야 한다.

그 첫 번째 단계는 수행되어야 할 시각적 임무와 건축적 환경을 분석하는 것이다. 여기엔 적어도 다음과 같은 분석들이 포함된다.

1. 재실자 : 그 공간의 사용자들과 그들의 행위들
2. 시각적 임무 : 재실자에 의해 수행되어질 공간적, 세부적인 임무
3. 광량 : 그 임무들을 효율적으로 수행하는데 요구되는 빛의 강도, 이것은 그 임무가 고도의 시각적 정밀성을 요구하는 경우에 특히 중요하다.
4. 빛의 질 : 재실자와 설계자에 의하여 요구되는 쾌적한 시각적 환경의 문제들
5. 공간적 물리적인 특성들 : 재료와 그 표면들 특히 그것들이 빛을 반사, 흡수, 또는 확산에 영향을 줄 때

이것은 건축가에게 조명설계 과정의 가장 중요한 면일 것이며, 또한 조명과 건축디자인 사이의 관계 수립 및 조명설계 기준을 위한 기초가 된다.

두 번째 단계는 여러 가지 조명방법과 조명기구를 신중히 선택하는 것이다. 이 과정에서 선택과 평가가 함께 이루어진다.

1. 조명방법
2. 전구
3. 등기구
4. 등기구의 배치

위 내용들의 어떤 조합에 대한 최종 선택은 첫 번째 과정에 의하여 수립된 쾌적요구를 충족시킬 수 있는 능력에 의해 이루어져야 한다. 나아가서, 건축과의 단계에 대한 고려, 즉 에너지 요구와 가격은 선택에 있어 부가되는 지침이 되어야 한다.

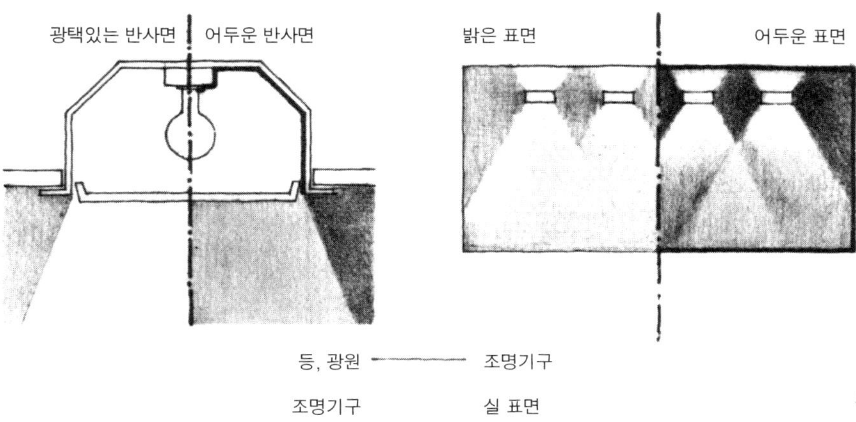

유사성 : 전등과 실 표면

마지막 단계는 각각 분리된 과정별 계산으로서 통상적으로 건축가의 컨설턴트(consultant)의 책임이다. 그 중에서도 특히 여기엔 다음 사항들을 결정하는데 필요한 계산들이 포함된다.

1. 명기된 전구수
2. 명기된 등기구수
3. 등기구들의 배지
4. 전등에 의해 발생되는 열
5. 전등을 조작하는데 요구되는 전기 에너지

이러한 계산들은 건축가나 조명설계자들에게 큰 가치가 있다. 그 결과들은 처음 두 과정에 의해 수립된 목표와 기준들을 충족시킴에 있어, 제안된 조명설계의 결과를 평가하는 한 방법이다.

마지막 분석에서 훌륭한 조명은 어떤 특별한 조명 공학의 적용 이상으로 시각적인 긴장이나 변형을 일으키는 오류를 없게 함으로써 이루어진다.

■ 음향학

시각적 환경과 청각적 환경의 설계 사이에는 많은 유사점이 있다. 이것은 건축적인 측면에서 빛의 움직임과 소리의 움직임이 비슷하기 때문이다. 좋은 음향조건은 어떤 특별한 수단이나 기술에 의해 얻어지는 것 이상으로 음향적 결함을 제거함으로써도 얻어진다. 나아가서 일반적인 음향 결함은 듣고자 하는 음을 방해하거나 감쇄시키는 듣고 싶지 않은, 또는 조절되지 않은 음 때문에 일어난다.

일단, 중요한 음향문제가 나타나면 많은 경우에 그 시정은 부분적으로만 가능하다. 가끔 대부분을 재설계함으로써 완전한 결과를 얻을 수 있는데, 여기에는 상당한 경비가 따른다(이러한 추가경비는 가치 있는 것이다.)

이러한 문제로 최근에 널리 알려진 예는 뉴욕시 링컨센터의 애버리 피셔홀(당시 필하모닉홀)의 개수이다. 1960년 초에 완성되었을 때 그 홀은 음향적으로 만족스럽지 못하게 되었음을 발견하였다. 여러 가지로 분석하고 대책을 검토한 후 만족스러운 구제책은

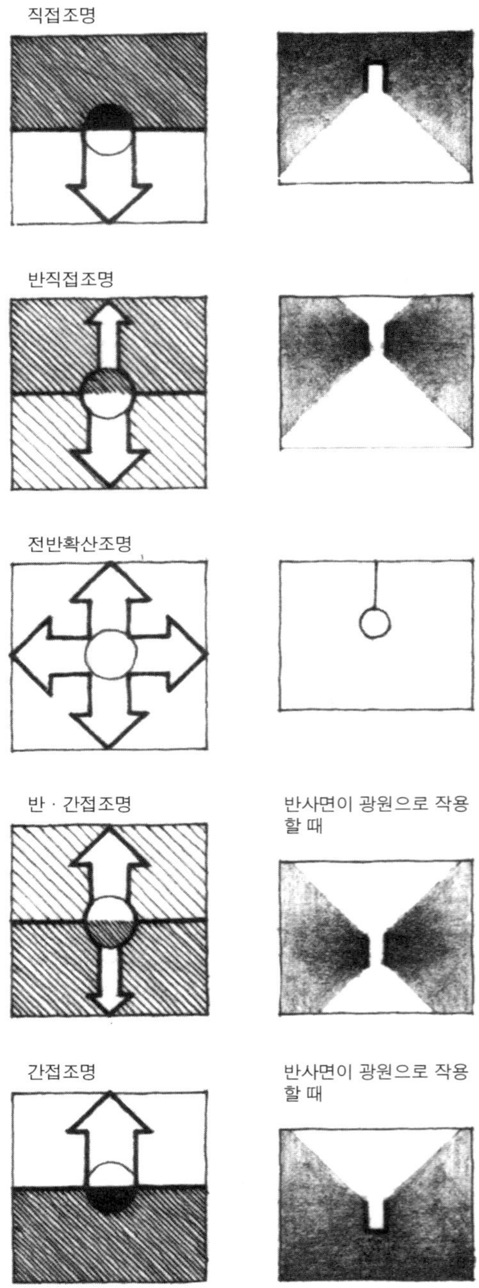

조명방법 : 빛의 분배

광원으로부터의 거리 광원에서의 강도 거리 'D' 에서의 강도

A. 점광원

$$I_2 = I_1 / D^2$$

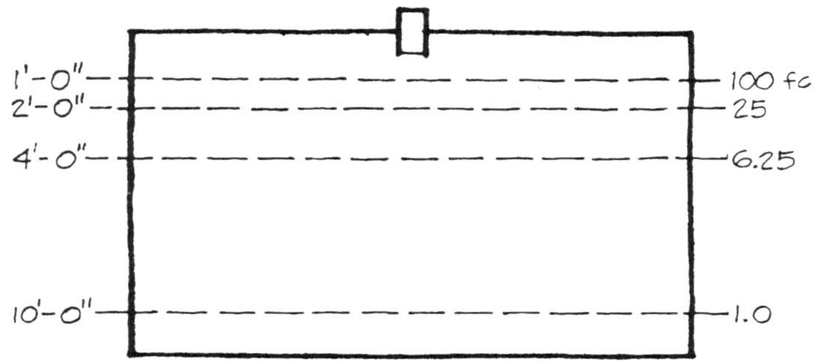

B. 선광원

$$I_2 = I_1 / D$$

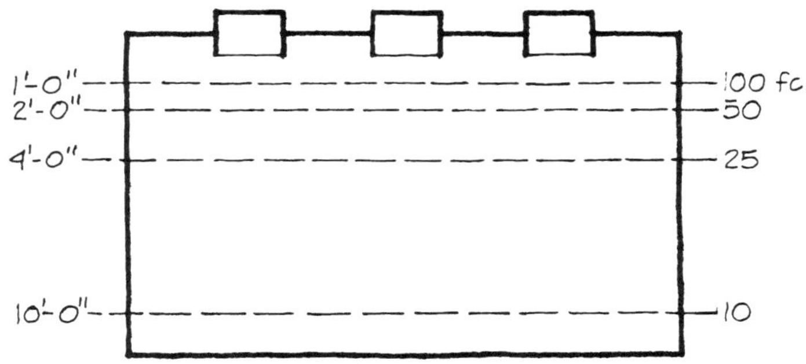

C. 광천정

$$I_2 = I_1$$

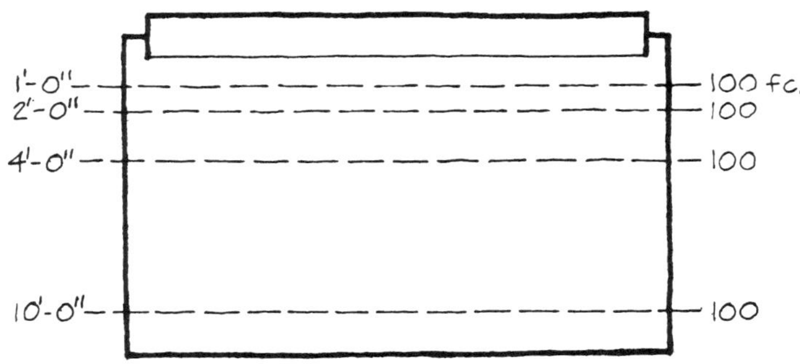

거리와 강도

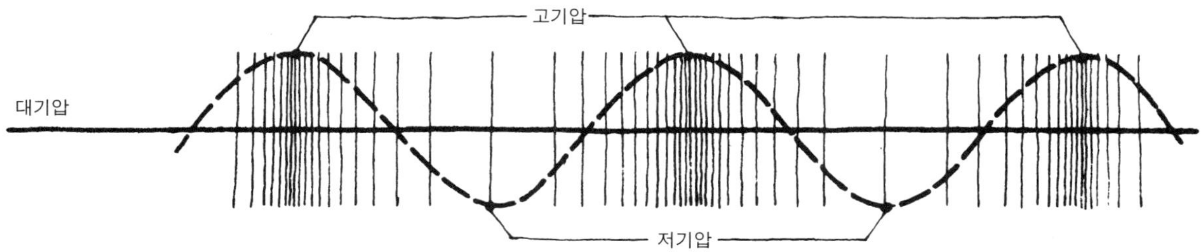

음파와 음압

오직 음향설계를 전반적으로 다시 하고, 이에 따라 개수하는 방법밖에 없다는 결론을 얻었다. 그리하여 그 홀은 내부를 거의 다 뜯어내고 재시공하였으며 재설계 및 개수 비용은 거의 수백만 달러가 소요되었다. 그 홀이 다시 개관한 것은 지어진지 14년 후였다. 이것은 한 극단적이고 불안한 예지만, 만족스럽지 못하고 허용할 수 없는 청각적, 음향적 환경을 만들어내기 전에 음향적인 실수를 범하지 않아야 한다는 것을 효과적으로 강조해 주는 예이다.

음과 듣기

먼저 음이라는 용어를 정의하고, 다음에 건축공간 내에서의 음의 움직임을 서술하는데 필요한 기본적인 용어 및 어휘를 소개하고자 한다.

음의 진동에 의해 발생되는 에너지의 동적 형태이다. 이 진동들은 차례차례 교대로 높고 낮은 공기압의 파동을 발생시킨다. 이 공기파동들 사시의 압력 차이는 통상적인 대기압 변화의 1/1,000,000보다 작은 아주 미소한 것이다. 이들 공기압에 의한 파동들은 그들의 진행경로에서 어떤 장애물이나 물체의 표면에 부딪칠 때까지 그 발생원으로부터 구면상으로 퍼져나간다. 그 파동들이 인간의 귀에 도달하였을 때 고막을 교대로 밀고 당긴다. 이 고막의 진동은 청각을 일으킨다. 음향학을 다루는데 있어 건축가들이 직면하는 가장 어려운 문제의 하나가 사용되는 어휘들이다.

강도 음의 강도는 발생되는 에너지량에 의해 결정된다. 강도에 대한 주관적인 반응은 음의 상대적인 크기이다. 강도는 cm^2당 와트(W)

음의 강도레벨	지각되는 음의 크기
140db	귀청이 떨어져 나갈 듯한 육체적 고통
130db	최대 가정치(고통을 느낌)
110db	지하철 소음
100db	공장소음
80db	시끄러운 사무실
70db	거리의 소음
60db	일반적인 사무실
40db	개인사무실 또는 강의실
30db	침실
10db	보통 숨소리
0db	최소 가정치

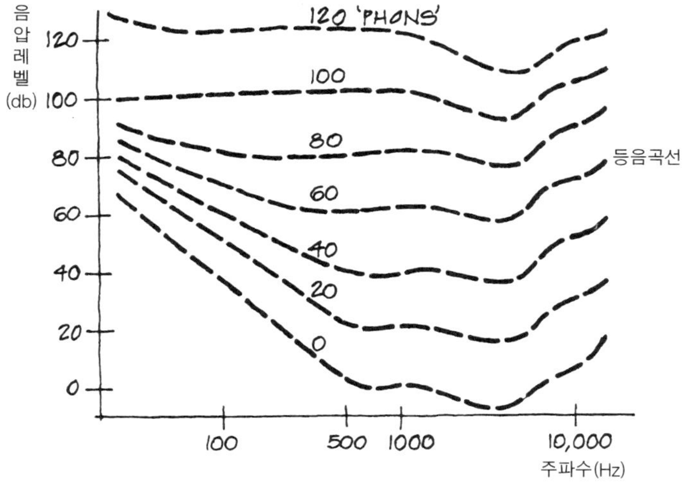

등음곡선

로 측정되며, 데시벨(decibel : db)로 측정되는 강도 레벨과 유사하다 (표 참조).

주파수 주파수는 음압에 의해 매초 발생하는 파동의 수로 정의된다. 즉 이것은 매초당 파동수(waves per second : wps) 또는 매초당 사이클수(cycles per second : cps)로 나타내며, 헤르쯔(hertz : Hz)로 측정한다. 주파수에 대한 주관적 반응은 음의 고저이다. 초당 파동수가 많을수록 지각하는 음의 높이는 높아진다. 인간의 귀는 대략 20Hz와 20,000Hz 사이의 주파수를 가진 음을 감지한다.

주파수와 강도 및 크기 사이에는 중요한 관계가 존재한다. 인간의 귀는 어떤 주파수에 더욱 민감하다. 따라서 어떤 주파수의 음은 높은 강도에서 지각되는데 반해서 어떤 주파수의 음은 낮은 강도에서도 지각된다. 이 관계는 "폰(phons)"으로 불리는 등음곡선의 그래프로 도해될 수 있다. 이 관계는 일종의 청각 스펙트럼이다. 귀에 대한 가청 스펙트럼은 눈에 대한 가시 스펙트럼과 마찬가지로 지각의 한계를 나타낸다. 이것은 가장 큰 음과 작은 음 사이 또는 가장 높은 음과 가장 낮은 음 사이에 있다. 이들의 범위는 낮은 쪽에서는 들을 수 있는 한계, 높은 쪽에서는 청각적 고통이 시작되는 한계로 표현된다.

파장 음의 물리적 파장은 다음 세 가지 요소에 의해 결정된다.

1. 1초 동안에 음이 전달되는 거리
2. 음의 주파수

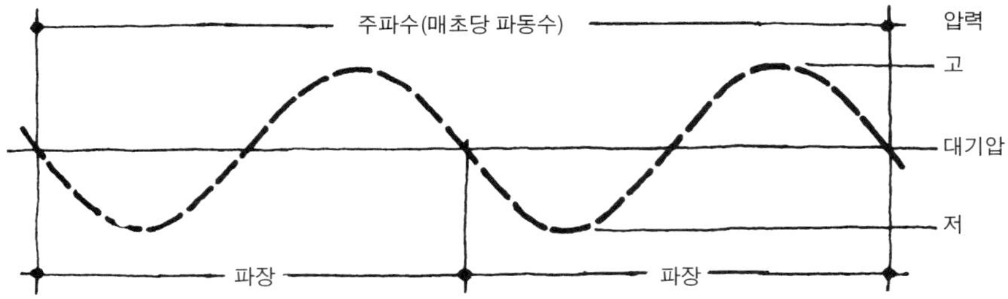

주파수, 압력 및 파장

3. 공기 중의 음의 속도(건축음향학에서는 공기 중의 속도를 매초 1,100ft로 가정해도 좋다)

어떤 음의 파장(λ)은 그 속도를 주파수로 나누 것이다. 5ft 이하의 파장을 가진 음은 그 반사를 조절할 수 있다는 점에서, 음의 파장은 건축과 중요한 관계를 가진다.

예를 들면, 최대 5ft 크기의 벽은 5ft 이하의 파장을 가진 음들을 반사 한다. 5ft보다 파장의 음은 그 벽에 관계없이 사실상 그대로 통과한다.

소음 정의하기 가장 어려운 용어 중의 하나는 소음이다. 어느 경우에 음이 소음으로 생각될 수 있을까? 소음을 구별하는 가장 쉬운 방법은 그 음의 구성과 질서라는 관점에서 말할 수 있을 것이다. 이 구별에 영향을 주는 요소들은 우선 강도, 주파수 및 발생형태(연속적인가 아니면 불규칙적인가) 들이다. 이 경우에 가장 조직적인 음은 음악이고 가장 비조직적인 음은 소음일 것이다. 담화의 형식은 위 두 가지 경우의 사이에 위치할 것이다.

아마도 소음은 듣고 싶은 음을 방해하거나, 손상시키는 음이라고 정의하는 것이 가장 간단한 방법이다.

건축음향학의 목적을 위해 적당한 이 정의는 소음에 관해 이 장에서 논의할 때 사용될 것이다.

음의 운동

음향학 분야에서 건축가들이 직면하는 중요한 문제의 하나는 공간 속의 음의 운동을 이해하기 어렵다는 점이다. 건축가들이 음을 성공적으로 조절해서 처리하려면 그 음의 운동을 파악해야 한다. 음향 문제는 대부분이 원하지 않는, 조절되지 않은 음 때문에 발생하는 것으로, 음의 운동에 대한 이해는 최우선적인 문제이다. 더욱이 음의 운동은 건축 설계의 소산물인 공간을 구성하는 벽면들과 직접적인 관계를 가지고 있다. 이 점에

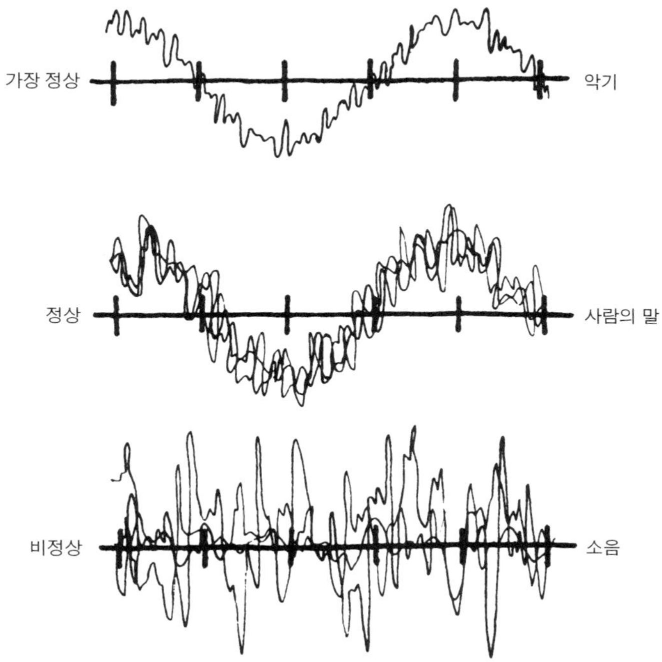

음악과 말과 소음

서 빛의 운동과 음의 운동 사이의 유사성은 흥미 있는 것이다. 빛과 음의 유사성을 다루는 건축음향학의 영역을 기하음향학이라 부른다. 이 기하음향학은 다음 세 가지 가정을 기본으로 한다.

1. 입사각과 반사각은 서로 같다.
2. 음파가 음원에서 구면상으로 전파하여 갈 때에는 직선으로 전파된다고 가정한다.
3. 음파는 광파와 거의 흡사하게 반사, 집중, 전파, 흡수 및 투과된다.

이들 유사성은 대부분의 경우에 확실하지만 거기엔 한계가 있다. 이 한계는 특히 250Hz 이하의 경우와 4ft 이상의 파장을 가진 주파수의 음에서 나타난다. 이 저주파수의 음들은 기하학적 음향분석에 의해서 정확히 예견될 수 있다.

강도와 거리 소리가 그 음원으로부터 전파되어 나갈 때, 그 강도는 현저하게 떨어진다. 음의 운동의 가장 중요한 특성은 음원과 청취자 사이의 거리가 떨어짐에 따라 음의 강도레벨이 급속도로 줄어드는 것이다. 이것은 동시에 작용하는 두 개의 요소에 의해

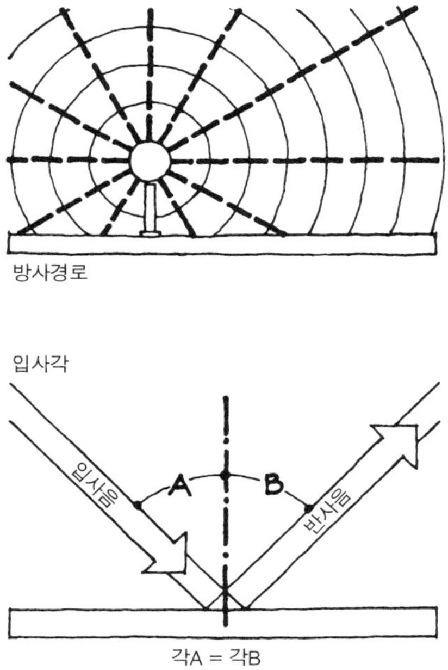

기하학적 음향학

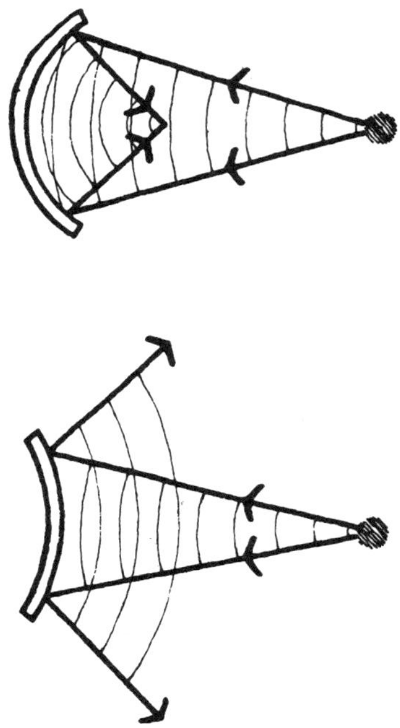

빛과의 유사성

결정된다. 첫째 강도레벨이 줄어드는 비율은 역자승법칙에 의해 정해진다. 다시 말하면, 자유 음장(즉 반사나 흡수가 없는)내의 소리의 강도는 음원으로부터 거리의 자승에 따라 감소한다. 둘째, 동시에 소리가 전파되어야 하는 지역은 증가된다. 이러한 현상들은 건축과 중요한 관계를 가지고 있다. 어떤 공간 내에서 청취자에게 들리는 대부분의 음은 (특히 청취자가 음원으로부터 멀리 떨어져 있을수록) 직접 음을 보강시켜주는 반사음의 결과이다.

반사 · 투과 · 흡수 소리는 그 경로에서 장애물이나 벽면에 부딪칠 때까지 음원으로부터 방사되어 나간다. 장애물이나 벽면에 부딪히면 소리는 빛과 똑같이 움직인다. 즉 입사에너지는 부분적으로 반사, 투과 및 흡수된다. 건축음향학에서는 얼마나 많은 입사음이 장애물이나 벽면에 의해 반사, 투과, 흡수되는가 하는 것이 중요하다. 이것은 입사음이 청취자에게 어느 정도 들릴 것인가와 어떤 모양으로 도달할 것인가를 결정한다. 반사, 투과, 흡수되는 소리의 양은 소리가 부딪치는 벽면의 상태 및 특성과 입사각의 두 가지 요소에 의해 지배된다. 입사음의 운동에 영향을 주는 특성은 표면의 밀도,

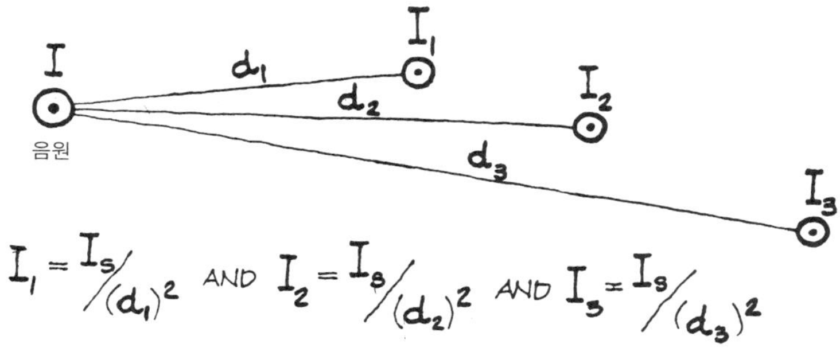

강도와 거리 : 역자승 법칙

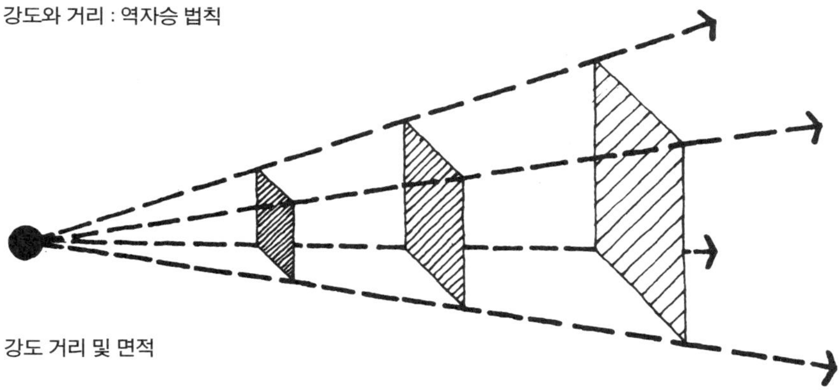

강도 거리 및 면적

질량 및 구성이다. 예상대로 단단하고 치밀하거나 견고한 재료들은 입사음의 대부분을 반사하며, 부드럽고 다공질이며 탄력 있는 재료들은 입사음의 대부분을 흡수하거나 투과시킨다.

또한 입사각의 크기는 반사되는 소리 에너지의 양에 영향을 준다. 입사각이 커질수록 반사량이 커지고 입사각이 작아질수록 투과 또는 흡수량이 더 커진다. 이 현상은 수면 위로 돌을 던지는 것에 비유될 수 있다. 즉 수면에 거의 수평으로 돌을 던지면 무거운 돌이 수면을 따라 통통 튀어가다 다 가라 앉을 것이다.

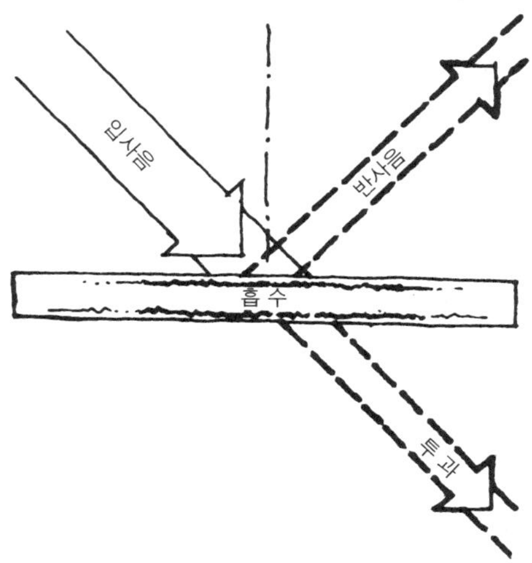

반사, 흡수 및 투과

형태와 표면들 형태와 표면요철에 따른 현상은 또 다른 논의의 대상이 된다. 이미 언급한 바와 같이 소리와 빛은 표면 모양에 따라 비슷하게 작용한다. 또한 음파들은 쉽게 회절하거나 굴절한다. 음파들이 장애물의 모퉁이에 부딪치면 쉽게 돌아서 구부러진다. 소리의 그림자

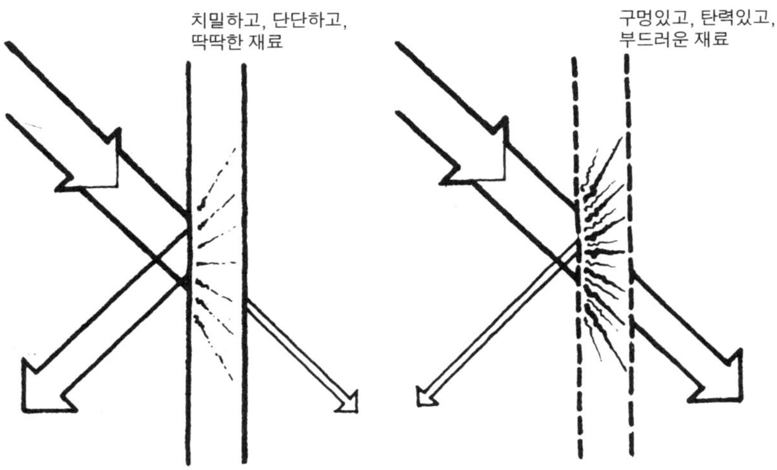

반사, 흡수, 투과 및 재료

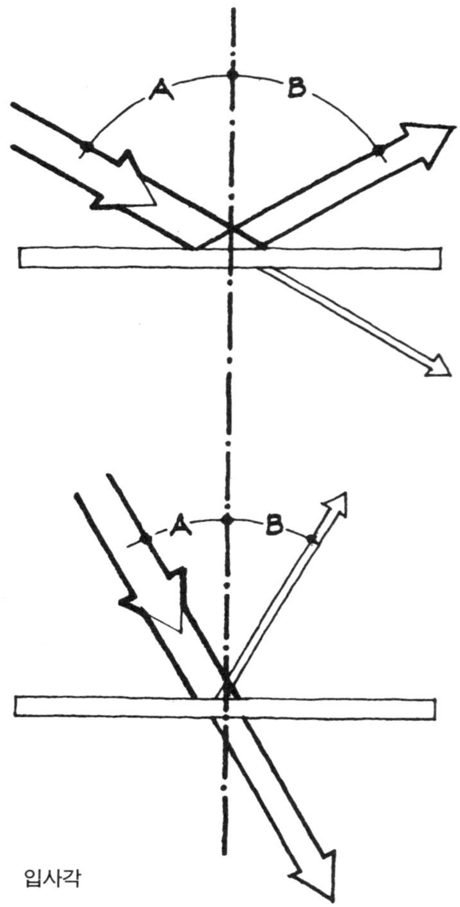

입사각

를 만드는 것은 특히 저주파음에서는 어려운 일이다. 더욱이 벽에 뚫린 조그만 개구부(전기 아우트레트나 문 밑의 틈)들을 통과하는 음의 다른 측면에 균일하게 퍼져가는 경향이 있다.

건축음향학

건축음향학에는 필요한 음들을 보강하고 불필요하고 방해되는 소음들은 낮추거나 제거하는 두 가지의 기본적인 목표가 있다. 첫째 목표는 실내음향학에 관계되며 둘째 목표는 소음조절과 관계된다.

실내음향학 실내음향학은 기본적으로 한 개의 공간 내에서 발생되는 소리의 통제와 조절을 다룬다. 좋은 실내음향 상태를 얻기 위해서는 필요한 음을 보존 · 보장하는 한편 불필요한 암소음들을 제거해야 한다. 이것은 소리의 반사를 유효하게 조절함으로써 효과적으로 얻어질 수 있다. 어떤 공간 내에서 청취자는 먼저 직접음을 들은 후 이어서 일련의 반사음을 듣게 된다. 실제로 하나의 공간 속에서 들리는 대부분의 소리는 직접음보다 오히려 반사음들의 결과이다. 따라서 어떤 공간의 실내 주위 표면의 근본적인 기능은 소리의 반사를 조절하는 것이다. 첫째로 반사성 표면들은 그 실내에 소리를 필요한 방향으로 분배할 목적으로 선택 · 설치되어야 한다. 둘째로 흡수성 표면들은 불필요한 반사음을 흡수 · 제거하기 위해 선택 설치되어야 한다.

음원이 소리발생을 중지한 후 실내에 소리가 계속 존재하는 것을 잔향이라고 한다. 잔향시간(Rt)은 주어진 소리가 그 실내 공간 속에서 더 이상 감지할 수 없을 정도의 레벨까지 감쇄되는데 걸리는 시간으로 정의된다. 따라서 잔향과 암소음들 사이에는 중요한 관계가 있다. 이것은 두 개의 질문, 즉 언제 필요한 음의 반사가 불필요한 소음이 되느냐와 언제 어디서 소리의 반사가 흡수되어 끝나야 하는가 하는 문제를 제기한다. 두 가지 질문에 대한 대답은 간단하다. 청취자가 직접음과 반사음을 들은 후엔 그들을 실내에 지속시키는 것은 더 이상 도움이 되지도 현명하지도 못하다. 그 점에서 반사음들은 흡수되어야 한다. 그렇지 않으면 그들의 계속적인 존재는 다음의 필요한 음을 지각하는데 방해가 될 것이다.

만일 소리가 들린 후에 즉시 흡수된다면 이에 상응하는 암소음(과 잔향)은 심각하게 감쇄될 것이다. 여기서 어느 정도의 소음이 흡수에 의해 제거되어야 하는지는 그 방이 얼마나 조용하길 원하는가 또는 어느 정도로 음향적 고립을 요구하는가에 따라 결정된다. 어떤 사람은 방안에서 종이위에 갈겨쓰는 연필 소리가지 시끄럽게 들릴 정도로 암소음을 감소시키는 것은 바람직하지 못하다고 주장할 것이다. 이 점에 관해 언급하는 이유는 허용할 수 있는 암소음, 즉 한 공간 내에서 듣고자 하지 않는 소음들은 은폐시키는데 필요한 백색 소음에 관해 언급하기 위한 것이다. 이를테면 감미로운 음악이 사무실 내의 다른 사람들의 대화소리를 은폐하기에 충분한 크기이면서 동시에 자신의 업무를 방해하거나 주의가 산만해지지 않는다면 바람직할 것이다.

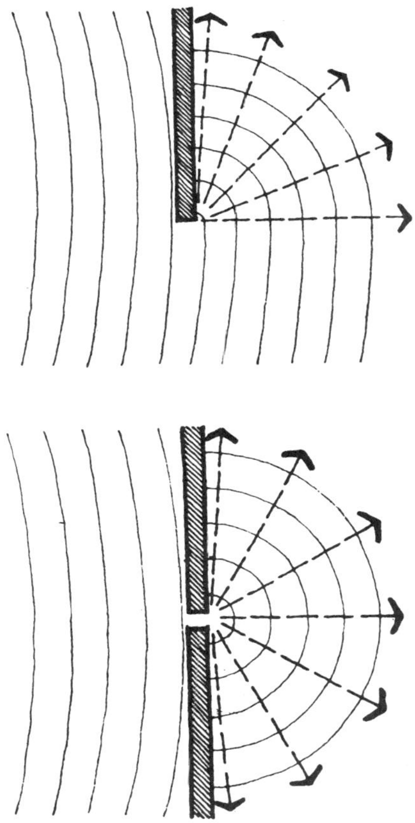

회절과 2차 파동

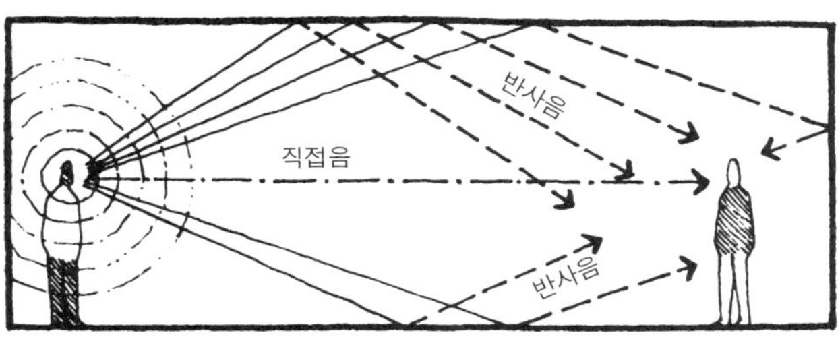

직접음과 반사음

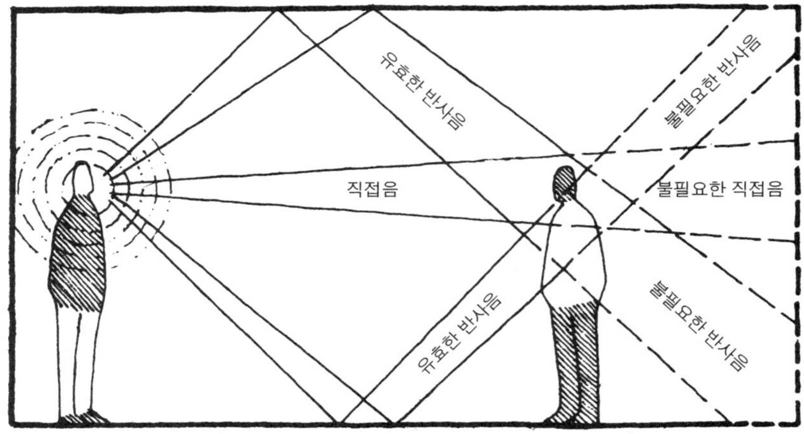

반사 및 흡음성 표면과 암소음 레벨

실내음향의 이러한 면은 장기간에 걸쳐 경험적으로 개발되어 왔다. 청각적인 쾌적함과 허용 암소음 사이의 관계는 PNC(preferred noise criteria) 추정 표에서 찾아볼 수 있다. PNC는 허용할 수 있는, 오히려 바람직한 암소음 레벨로써 주어진 상황에 대해 예상될 수 있는 것에 의해 결정된다.

소음조절 실내에서 소리를 성공적으로 조절했다고 가정하면 다음 문제는 소음조절이다. 이것은 청각적 업무의 수행을 방해할지 모르는 불필요한 소리들을 제거하는 것이다. 소음조절의 주목표는 대상 공간 외부에서 발생하는 소음으로부터 그 실의 거주자들을 보호하는 것이다. 건축적으로는 외부소음으로부터 격리시키는 것은 점점 더 어려워지고 있다. 이는 건축구조가 점점 더 경량화 되어 가는 경향 때문이다.

효과적으로 소음조절을 할 수 있는 최선의 장소(때로는 하나밖에 없는)는 그 음원이다. 이것이 아마도 소음조절에 있어서 가장 중요한 문제일 것이다. 일단 소음이 건물을 통해 전파되면, 그 조절에는 상당한 독창력과 기술과 비용이 요구되며 그럼에도 불구하고 부분적인 해결만이 가능할 뿐이다. 가능하면 언제 어디서든지 그 발생지점에서 소음을 고립시키거나 통제해야 한다.

효과적인 소음조절의 목표를 달성하기 위하여 건축가들은 잠재적인 소음원을 규명해내고, 소음이 건물을 통해서 전달되는 경로를 알아야 한다. 소음(일반적으로 음)이 취하는 경로는 기본적으로 두 가지가 있어 하나는 공기를 통해서, 다른 하나는 건물의 골조를 통해서 전달된다.

공기전달소음에 관해 살펴보면 음의 물리적인 운동을 다시 강조할 필요가 있다. 공기전달소음은 크기, 모양, 위치에 관계없이 어떤 개구부를 통해 한 공간 속으로 들어갈 것이다. 일반적인 개구부들 중에는 HVAC덕트들, 문, 창문, 칸막이의 틈과 전기 아우트레트들이 있다. 결론적으로 공기전달소음 조절의 목표는 이러한 개구부들을 효과적으로 막음으로써 어느 정도 달성된다.

고체전달소음(구조체 전달소음)은 조절하기가 더욱 어렵다. 그 이유 중의 하나는 고체를 통해 전달되는 소리의 속도 때문이다. 공기 중의 음속은 매초 약 1,130ft이지만, 예를 들면 돌을 통한 음의 전달속도는 매초 약 12,000ft이다. 게다가 일단 소리가 구조체에 들어가면 그 전달경로를 차단하는 유일한 방법은 그 구조체를 깨는 길 뿐이다. 따라서 고체전달소음을 조절하는 효과적인 유일한 방법은 음원을 고립시키고 구조체로의 초기 진입을 막는 것이다. 이 고립은 구조적인 분리뿐만 아니라 위치의 격리도 필요하다. 가능하면 한 부재로부터 다음 부재로 소리의 진동을 전달하지 않는 불연속적 구조 시스템들이 매우 가치가 있다. 이 분리는 고체전달음의 경로를 차단할 수 있다.

모든 직접음들의 경로들(공기전달음과 고체전달음)이 차단되었다고 가정하면 다음에 언급하는 영역은 건축가들에게 특히 흥미 있는 것이다. 즉 실내로의 소음의 침입을 막는 폐쇄 시스템의 역할이 그것이다. 이것은 어떤 실의 벽과 마루, 천장이 예상되는 소음투과를 어느 정도나 감소시킬 것인가를 다룬다. 폐쇄시스템이 소리를 감소시키는 경향을 음의 감쇄 특성이라고 부른다. 건축가들이 직면하는 의문은 두 가지로 나눌 수 있다. 하나는 얼마나 음을 감쇄시킬 수 있는가와 둘째로 얼마나 감쇄시키는 것이 바람직한가 하는 것이다. 이 질문에 대한 대답은 음향적 특성, 유용한 건설공학들, 부수되는 비용들을 고려한 인간의 쾌적기준에 입각하여 할 수 있다. 결정은 잠재적인 소음원들과 그들의 조합된 강도를 평가하고 또한 주어진 공간과 그 공간 내의 활동을 위해 필요

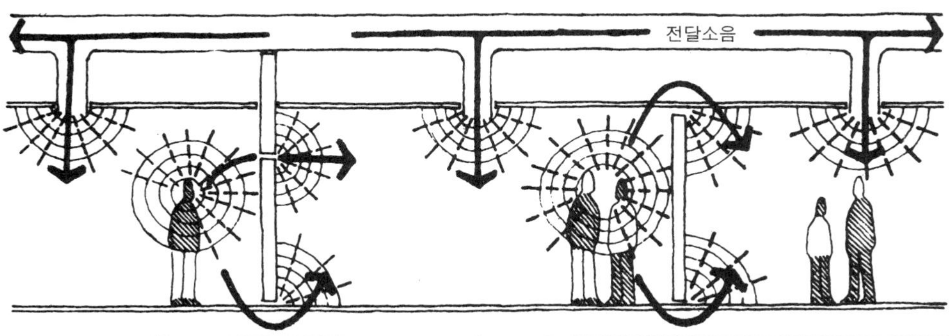

공기전달 소음경로

한 또는 허용할 수 있는 음의 레벨을 정함으로써 이루어진다. 이 두 가지 사이의 음의 레벨 차이는 주어진 실을 위해 요구되는 STC(sound transmission class)를 결정한다.

어떤 구조체의 STC비율은 예상되는 차음의 이론적인 양을 나타낸다. 공사의 정밀도 문제 때문에 실제 요구되는 것보다 STC비율을 더 높게 정하는 것이 바람직하다. 어떤 구조체의 부재의 STC비율을 정하는 요소들은 재료의 중량, 질량 및 경도가 커질수록 이에 상응하여 감쇄현상이 더 커진다. 예를 들면 감쇄량은 구조체의 단위면적당 무게가 두 배가 될 때마다 거의 5db씩 증가한다. 이것은 경량구조를 채택한 건물 내에서 소음에 대한 음향적 보장을 얻기는 어렵다는 것을 나타낸다. 효과적으로 소음문제를 해결하기 위해서 건축가들은 초기 계획단계에서 이 문제를 고려해야 한다. 건축가들을 위한 유효한 소음조절방법은 다음 네 가지의 연속적인 과정으로 구성된다고 말할 수 있다.

1. 잠재적인 소음원 — 특히 그 소음원의 예상되는 강도에 관하여 — 의 위치를 한정할 것
2. 공기전달음 이상으로 고체전달음의 가능한 직접전달경로를 확인할 것
3. 이러한 여러 가지 소음경로들을 고립시키고 차단하는 구조 디테일이나 유용한 공학기술들을 채택할 것

허용불가

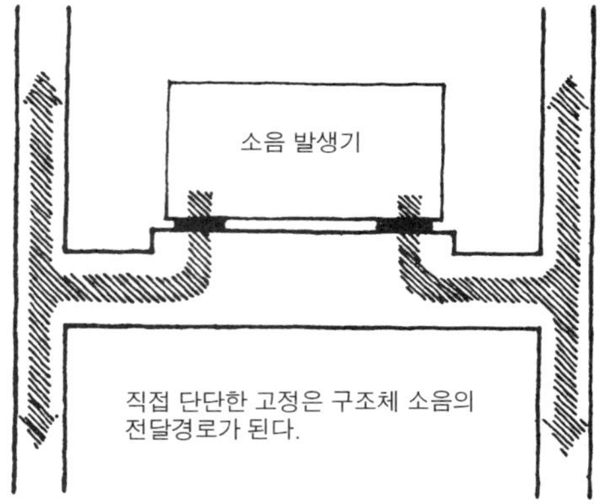

허용 가

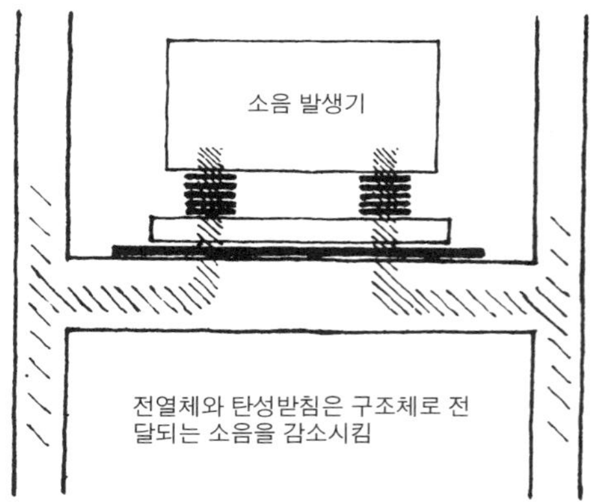

구조체 소음

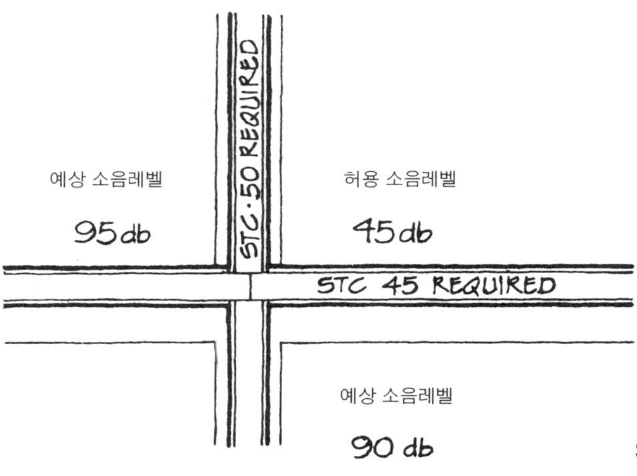

STC 구조

4. 공간들 사이에 요구되는 감쇄 정도에 의해 적절한 STC비율의 구조체를 선택할 것

인간의 쾌적기준으로써 이러한 요소들을 포함시키기 위해 이 간단한 방법을 사용하고 전개함으로써 건축가들은 우리들이 일반적으로 공간 속에서 경험한 대부분의 경우보다 상당히 더 좋은 음향상태를 만들어 낼 수 있을 것이다. 잠재적인 청각적, 음향적 문제들을 발생하기 전에 찾아내어 해결할 수 있는 능력은 매우 귀중한 것이다.

권장도서

Banham, R. *The Architecture of the Well-Tempered Environment*. London: Architectural Press, 1969.

Carrier Air Conditioning Company. *The ABCs of Air Conditioning*. 1st rev.ed. Syracuse, N.Y.: Carrier Air Conditioning Co., 1972.

Doelle, L. *Environmental Acoustics*. New York: McGraw-Hill Book Co., 1972.

Flynn, J., and Segil, A. *Architectural Interior Systems: Lighting, Air conditioning, Acoustics*. New York: Van Nostrand Reinhold Co., 1970.

Lam, W.M.C. *Perception and Lighting as Formgivers for Architecture*. New York: McGraw-Hill Book Co., 1977.

Kaufman, J. E., ed. *IES Lighting Handbook: The Standard Lighting Guide*. 4th ed. New York: Illuminating Engineering Society, 1966.

Fitch, J.M. *American Building: The Environmental Forces That Shape It*. New York: Schocken Books, n.d.

McGinness, W., and Stein, B. *Mechanical and Electrical Equipment for Buildings*. 5th ed. New York: John Wiley & Sons, 1971.

United Sates Gypsum. *Sound Control Construction*. 2d ed. Chicago: United States Gypsum, 1972.

13 장
에너지와 건축과 건물

Stephen D. Dent / John Schade
정 시 춘 역

에너지는 국가 및 세계의 경제발전에 중대한 요소가 되어 왔다. 오늘날 논란이 되고 있는 에너지 위기가 사실이든 아니든, 풍부하고 값싼 화석연료의 시대가 끝나가고 있음은 확실하다. 또한 자연환경을 크게 무시한 건물들에서 실내의 쾌적성이나 조명을 제공하기 위해 쓰였던 엄청난 양의 에너지 소비도 끝나가고 있다. 우리는 이제 환경요소들에 대해 보다 잘 순응하며, 더욱 귀해진 화석연료에 대한 의존도가 보다 작은 건축을 개발하기 시작했다. 혹자는 이것을 에너지 보존을 위한 디자인(energy-conserving design)이라고 부르지만, 우리는 단위면적당 에너지 소비가 보다 적도록 디자인할 뿐, 여전히 에너지를 소비해야 하는 건물을 짓고 있기 때문에 에너지를 고려한 디자인(energy conscious design)이라고 하는 것이 보다 적절한 표현일 것이다. 이러한 경향은 유지비용을 급속히 증가토록 하는 시장의 압력과 관계될 뿐만 아니라, 새로 개발된 관례, 규칙 그리고 정부의 모든 차원에서 그 수가 증가하고 있는 정책들에 의해서도 활발히 조장되고 추진되어 왔다. 현재, 미국에서 건설과 건물 자체에서 소비되고 있는 에너지는 화석연료의 연간 소비량의 약 1/3에 이른다. 최근에 설계되고 지어진 건물에서 때로 50%나 그 이상의 소비 절약이 가능하기 때문에, 에너지 문제를 개선하도록 강요하는 것이 쉽게 이해될 것이다. 물론 에너지 소비를 감소시킨다는 것이 새로운 건물에서만 필요한 것은 아니다. 실제로 엄청난 양의 에너지를 소모시키고 있는 기존 건물에서도 또한 중요한 것이다. 따라서 설계 전문가들은 신축 건물에 에너지를 고려한 계획 원칙의 적용과 기존 건물의 구조 개선이라는 이중의 임무를 가지고 있는 것이다.

건물의 형태나 기능계획에 여러 가지 접근방법이 있듯이, 에너지를 고려한 계획에도 하나만의 접근방식이 있는 것은 아니다. 훌륭하고 실질적이며 에너지를 고려한 건물을 설계하기 위한 과정은 건축에 종사하는 사람들이 익숙해 있는 것보다 훨씬 더 정량적인 것이다. 이러한 점에서 이는 건축 전문직에 대한 하나의 도전이지만 동시에 에너지에 관련된 새로운 디자인 용어를 개발할 수 있는 중요한 기회이기도 하다.

에너지를 고려한 계획에 대한 궁극적인 평가가 단위 면적당 연간 에너지 소비량에 의해 내려진다면, 이 도전은 곧 새로운 체제 속에서도 "견고성, 일용성, 그리고 즐거움"이라는 고전적인 격언에 적합한 건축을 창조해야 한다는 것이다. 이제, 대지의 국지 기상, 열온에 대한 쾌적성, 열의 취득과 손실, 새로운 대체 에너지 체계, 그리고 경제적인 공사비라는 여러 분야에서 기술적 숙련도가 보다 더 요구되고 있다. 이러한 제문제에 정통한 건축가라면 이런 모든 점들을 한계로서가 아니라, 에너지를 고려한 건물의 디자인에 필요한 새로운 미학을 개발하기 위한 기초로 간주할 것이다.

■ 자원과 가치

건물에서의 과다한 에너지 소비가 문제시되고 있는 대부분의 선진 국가들과 마찬가지로, 미국에서도 생활의 유지와 향상을 위한 자원의 공급원으로서, 우리가 의존하고 있는 곳이 지구라는 것을 의식하고 있는 사람들은 거의 없다. 열온에서 느껴지는 쾌적성에 대해 우리가 우선적으로 접하는 것은 온도조절장치와 매달 드는 유지비다. 쾌적한 환경을 유지하고자 하는 노력은 그것을 지탱하고 전개하는 철저한 에너지 집약적인 경제적 산업체계에 의해 압도됨으로써 우리는 고립되어 버렸다.

편리하고 값싼 에너지원이나 그 에너지원을 사용하는 기술이 유용해지기도 전에 디자인 방향은 명백한 것이었다. 극단적인 기후조건에 대해서도 적응해야 할 필요가 있었으며, 그렇지 않은 경우는 그 기후의 엄청난 힘에 직면하게 되었을 것이다. 전 세계 어디에나 그 지방에 있는 재료로 외부기후 조건에 적응하는 토속건축의 예가 있다. 미국 원주민들의 주거는 가장 질서 있는 한 실례이다. 이들은 에너지 자원을 고려한 기술상의 미적 감각만이 아니라, 문화적, 경제적 관습에 따른 정신적인 미적 감각도 보여주고 있다. 대지와 대지의 선물은 신성한 것이다.

19세기 초까지만 해도 슈족 인디언(Sioux Indian)은 단열재를 사용한 티피(teepee: 북미 토인들의 천막집)를 사용함으로써 겨울의 추위로부터 자신을 보호하였다. 즉 외부는 들소 가죽을 입히고 그 내부와 외부 사이에는 덤불의 잔가지를 채워 넣었으며, 그 줄기는 연료로 사용했다. 여름철, 타는 듯한 넓은 평원에서의 티피는 에어컨의 역할을 하게 된다. 이 때, 벽 사이의 덤불을 제거하고 외부의 덮개를 말아 올려 사방으로 뚫린

아코마 푸에블로 뉴 멕시코

상부의 환기구로 인해 이 원추형 주거는 냉방효과를 갖는 천연 굴뚝의 역할을 하게 된다. 거주와 휴식을 위한 이들 기본적인 건축재료는 대지로부터 직접 얻는 것일 뿐만 아니라, 주거 자체가 그 주변에서 발생하는 에너지의 자연적인 순환과정에 적응하도록 설계된 것이었다. 그것은 평원의 동식물처럼 움직였던 것이다.

랄프 놀리스 (Ralph Knowles)는 남서부 지방의 토인부락 (Pueblo : 돌이나 adobe 벽돌로 만든 집으로 구성된 부락)에서 볼 수 있는 태양열 취득방식에 대해 연구하였다. 건물의 형태와 구조는 겨울 내내 태양 에너지를 최대한으로 받아들이고, 사용할 수 있도록 계획되어 있었다. 그는 뉴멕시코(New Mexico)의 아코마 푸에블로(Acoma Pueblo)의 예를 들고 있다. 여기서는 남쪽 벽은 겨울 내내 태양광선을 받게 되어 있어, 그 두터운 벽이 열에너지를 저장하며 실내로 전달하도록 되어 있다. 일종의 "태양의 윤리"가 마을 내에서의 건물배치에서 두드러지게 나타나 있는 것이다. 건물 사이의 간격은 건물의 높이에 따라 정해지며, 그들의 열원인 태양을 가림으로써 이웃집을 그늘지게 하는 일을 최소한으로 줄이거나 피할 수 있게 된다. 여름의 직사광선은 몇 겹의 잔가지로 단열층을 만든 지붕과 주거를 동서 축에 맞추어 일렬로 배치함으로써 최소로 줄인 측벽에 내리쬐게 된다.

이렇듯 자연 에너지의 순환에 의존하며, 거기에 순응해서 그 에너지를 사용하는 건축을 보여주는 문화는 미국의 서부 너머로까지 확장되어 있다. 소위, 원시적 주거형태를 자세히 살펴봄으로써 우리는 대지와 인간과의 연결이 뚜렷하게 되었을 때 존재하게 되는 일종의 계획윤리를 이해할 수 있게 된다. 이때의 연결이란 자연 에너지에 순응하는 디자인을 위한 가치기준인 것이다.

현대의 마천루는 원시 주거와는 대조를 이룬다. 이들 마천루는 자연적인 기후요인들에 대해 순응하는 것이 아니라, 태양열을 취할 수 있는 조건이 전혀 다른 방향의 입면들이 모두 동일하게 계획되어 있으며, 유용하게 쓰일 수도 있는 미풍조차도 전혀 받아들일 수 없도록 밀폐되어 있다. 여기서는 내부의 열 취득에서 문제가 야기될 정도로 지나치게 밝은 조명을 하고 있을 것이다. 이들 마천루는 아주 쾌적한 온도를 유지하도록 온도 조절이 잘 이루어지고 있지만, 이로써 그 유지비용은 갈수록 증가되고 있는 것이다. 유리로 된 이들 거대한 건물은 겨울 난방에서 중대한 문제를 지니고 있다고 생각할 수도 있지만, 실내의 조명과 사용자의 점유로 인해서 건물의 중앙부는 그 주변이 난방되고 있는 동안에도 냉방이 필요할지도 모른다. 여름에는 미풍을 사용할 수 있음에도 건물 전체는 값비싼 전기로 냉방되고 있다. 이처럼 자연 에너지의 순환과 건물을 사용하는 사람과는 아무런 관계가 없는 것이다. 쾌적성이 HVAC 시스템과 건물관리 기술자, 그리고 화석연료에 의해서만 가능하게 된 것이다.

월드 트레이드 센터 뉴욕

화석연료에의 의존에서 벗어난다는 사실과 쾌적한 환경을 창조하기 위해 개인이 겪게 되는 보다 큰 어려움과의 사이에는 직접적인 상호 관련성이 있게 마련이다. 기계적인 방법을 사용해서 쾌적한 온도를 얻게 된 이래로 보다 적게 소비하고, 그에 따르는 보다 많은 성가신 일들을 겪는다는 것은 어려운 일이 되었다. 하지만 이제 살펴보게 될 높고 낮은 수준의 여러 가지의 기술적인 해결방안이 개발되고 있다. 결국, 소비자는 보다 성가신 일들을 겪으며 낮은 비용을 선택할 것인가, 혹은 보다 편리하기 위해서 높은 비용을 선택할 것인가를 결정하여야 할 것이다.

에너지와 생태계

그러면 건축가로서, 우리의 생활을 유지하는 자연에너지와 자원의 흐름을 인식할 수 있는 방법을 어떻게 알 수 있는가? 적절한 출발점은 우주에서 이 지구를 유지하고 있는 에너지의 흐름과 기초적인 생태계의 순환에 대해 연구하는 것이다. 우리가 주거계획과 에너지 순환과의 관계를 개략적으로나마 파악하지 않으면 이와 같은 방대한 주제에 대해 알 수는 없을 것이다.

태양은 지구의 기후와 생태계를 움직이는 원동력이다. 태양에너지가 대기권에 이르는 순간부터 에너지의 다각적인 변화는 시작된다. 태양에너지의 30% 정도는 대기와 구름에 의해 다시 반사되며, 20% 정도는 작은 물방울, 먼지, 또는 수증기 등에 의해 흡수되며 나머지 50%가 지구의 육지나 바다로 흡수된다. 열 파장에 의한 복사, 전도를 통한 지표면으로부터의 외향적 에너지 이동, 그리고 수증기의 형태로 이루어지는 에너지의 횡적 순환 등에 의해서 대기 내에서의 동적인 기후변화가 시작되는 것이다.

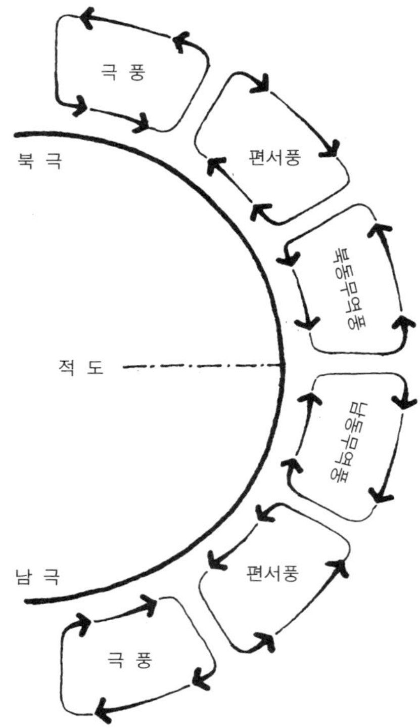

지구의 바람패턴

극지방으로 갈수록 태양 복사열이 감소된다는 것은 적도지방에는 복사열이 과다한 반면에 극지방에는 그에 상응하는 양만큼의 복사열이 부족하게 됨을 의미한다. 이러한 열의 증감은 겨울 극지방으로 열에너지를 이동시키는 대규모의 기류와 해류가 움직이도록 하는 주요한 힘이 된다. 남북에 따른 온도의 변화로 인해서 복사를 통해 차가워져서 응결된 공기층이 하강함에 따라 가열된 공기가 상대적으로 낮은 기압을 받고 있는 지역으로 움직이게 되는 것이다. 이때 더운 공기층은 점차로 하강하여 기온의 평균점으로 환원되면서 순환계가 완성된다. 공기층이 하강하면서 수증기에 축적되어 있던 잠재열을 발산하는 과정에서 눈이나 비가 내리게 된다. 바다나 육지의 표면에 축적된 여름의 열은 겨울 동안 방출되며, 이런 과정을 반복하면서 적절한 기후대가 형성된다.

앞서의 기후에 대한 묘사가 비록 간략하게 이루어진 것이지만 중요한 기후 패턴을 형성하는 다양한 힘의 복잡한 상호작용을 개관하는 데는 도움이 될 것이다. 건축가에게 중요한 사항은 두 가지가 있다. 하나는 그와 같은 패턴을 형성하는 힘의 근원이 태양 에너지라는 점이고, 다른 하나는 최상의 성과를 위해서 디자인에 융통성 있게 반응시켜야 할 여러 가지의 요소(기온, 태양광선, 대기의 흐름, 습도, 그리고 강수 등)를 다루고 있다는 사실이다.

건축가의 전체적인 작업을 고려할 때 수행되어야 할 중요한 개괄적인 개념은 우리가 설계한 건물이 결국은 생태계의 순환과정의 한 부분이 된다는 것이다. 건물이란 에너지와 그 자원에 관한 한 우리의 설계에 의존하게 되므로 생태계의 순환과정과 일치하며 공존하든가, 아니면 무시한

채 그와 투쟁해야 할 것이다.

■ 열온에 의한 쾌적성

건물은 주요한 기후 순환과정과 인간의 활동과의 사이에서 보호 및 방어의 역할을 한다. 이를 잘 수행하려면, 건물은 외부의 환경조건과 쾌적성에 대한 사용자의 요구 모두에 대해 적합하도록 설계되어야 한다. 이들의 쾌적성에 대한 요구는 통상적으로 열온 특성, 즉 기온, 상대습도, 기류, 복사 등에 의해 정의 된다. 생태계에 살고 있는 다른 생명체들과 마찬가지로, 인간은 작업하고 신체조직을 만들며 37°C의 일정한 체온을 유지하기 위해 광합성에 의해 형성되는 단기적 태양 에너지를 이용한다. 신체가 사용하는 열은 내부에서 생성되는 총량의 20%에 지나지 않기 때문에, 나머지 80%의 열은 체외로 발산시켜야 하며, 이때에 체외로의 열교환이 그 주위와의 사이에서 이루어진다. 따라서 일정한 체온을 유지하기 위해서 열의 획득량은 그 손실량과 동일해야 할 필요가 있는 것이다.

표13-1		
인체의 열 **취득**	 **손실**	**백분율** **통상적인 실내온도** (60°)**에서의 손실**
신진대사 전율 복사 대류 전도 행동	대류 복사 증발 전도	30 45 25 극소

인체의 표면 온도는 약 33.3°C이다. 따라서 이보다 낮은 기온에서의 신체는 에너지를 사용해서 신체의 열을 유지해야 하며, 반면에 이보다 높은 기온에서는 열을 흡수해야 할 것이다. 열을 발산하고 흡수하는 여러 가지 방법들은 때에 따라 그 중요성이 달라진다. 삽화에서 볼 수 있듯이 땀을 통한 수분의 증발은 고온에서의 체열을 발산시키는 유일한 방법이며, 반대로 저온에서의 체열의 손실은 높은 표면온도나 습도의 증가로써 줄일 수 있다. 물론, 공기조화에 의해서도 위의 두 문제를 모두 해결할 수 있지만 이때는 기계적 에너지를 투입해야만 하는 것이다.

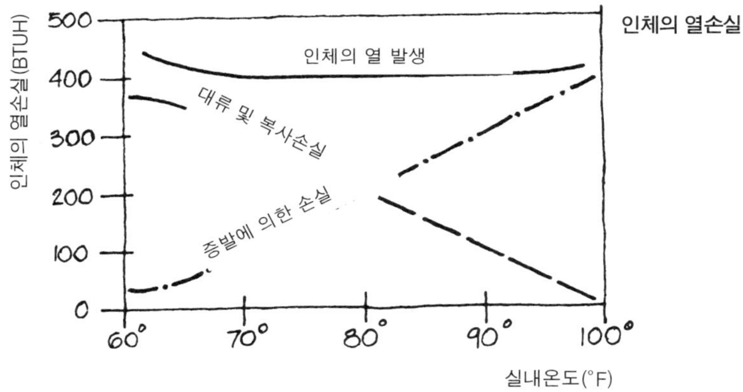

쾌적성은 몇 가지 조건이 갖추어진 하나의 상태가 아니라, 오히려 어떤 범위의 조건을 갖춘 상태라는 말은 특히 중요하다. 어떤 한 개인이나 집단이 느끼는 쾌적성은 그들이 속한 문화, 나이, 복장, 성별, 그리고 건강상태 등에 따라 상당히 다를 것이다. 에너지를 고려한 설계를 하기 위해서 건축가는 특정한 상태에서의 특정한 건축주의 요구에 응해야 한다.

사용자의 쾌적성에 대한 요구를 만족시켜주기 위해서 건축가가 건물의 열온에 관한 환경을(또한 그에 수반되는 에너지의 소비까지도) 조정할 수 있는 방법으로서 네 가지의 기본적인 사항이 있다. 즉 대지의 국지 기상, 건물의 외벽, 건물의 용도, 그리고 열온에 대한 기계적 혹은 자연적인 조정 등에 관한 조작이 그것이다.

■ 대지의 국지 기상

건축가는 특정 건축대지의 기후에 대해 관심을 가지고 있으며, 따라서 대지의 국지 기상은 다른 어느 지역의 국지 기상보다 더 특별한 의미를 지니는 것이다. 일년 중 대지의 국지 기상조건을 인간이 느끼는 쾌적성과 연관시킴으로써 우리는 배치계획, 조경, 그리고 건축적 형태와 구조에 적합한 형식과 시간에 대한 적절한 대응책을 결정할 수 있을 것이다.

일반적으로, 가장 가까운 도시나 공항에서 작성된 필수적인 기상자료를 특정한 대지에 적용할 수 있으며, 대지를 조사하고 분석함으로써 지역적 특수성을 띠게 하는 제조건을 찾아낼 수 있는 것이다. 특정 대지의 특수한 기후 인자를 보여주는 가장 좋은 것은 기존 초목의 형태와 상태인 것이다.

종합과 분석을 통해 정리되어야 할 기상 자료는 다음의 사항들을 포함해야 한다. 즉

1. 기온 - 냉난방에 대한 필요성을 결정하기 위한 매달의 적정온도, 최저 · 최고기온, 평균기온, 그리고 이상기온
2. 일사량 - 태양열의 취득량, 대지의 노출상태, 그리고 음영을 만들어야 하는가를 결정하기 위한 일조시간, 쾌청일수, 경사도 및 방위의 분석, 그리고 가능하면 일사병에 대한 통계자료 등
3. 바람 - 환기의 가능성과 방풍의 필요성 등을 결정하기 위한 기류의 형태를 만드는 대지 지형과 세 시간 간격으로 조사한 월평균 풍향과 풍속
4. 습도 - 가습이나 제습의 필요성을 결정하기 위한 자료로서 매달의 아침과 오후의 평균습도, 대지의 지형, 특히 호수나 늪지, 혹은 식생 등의 변화요소
5. 강수량 - 설계에 특별히 반영해야 할 필요성의 여부를 결정하기 위한 매달의 평균강수량(혹은 강설량)과 최대 강수량

대지의 국지 기상을 가능한 한 최대로 완화시킬 수 있는 것은 에너지 소비를 최소로 하는 범위 내에서 쾌적한 조건을 제공할 수 있게 하기 위한 최초의 반응인 것이다. 물론, 각각의 대지는 그 나름대로 완화시킬 수 있는 가능성을 가지고 있다. 그런 가능성은 혼잡한 도시의 경우에는 거의 없지만 시골에서는 많은 가능성을 가지고 있는 것이다. 건축위치의 선정은 대지의 국지 기상이 미치는 부정적인 영향을 최소한으로 줄이고 설계와 계획에서 요구되는 사항을 최대한으로 만족시킬 수 있도록 이루어져야 한다.

기후인자를 조정하고 완화시킬 수 있는 기술은 다양하다. 초목으로써

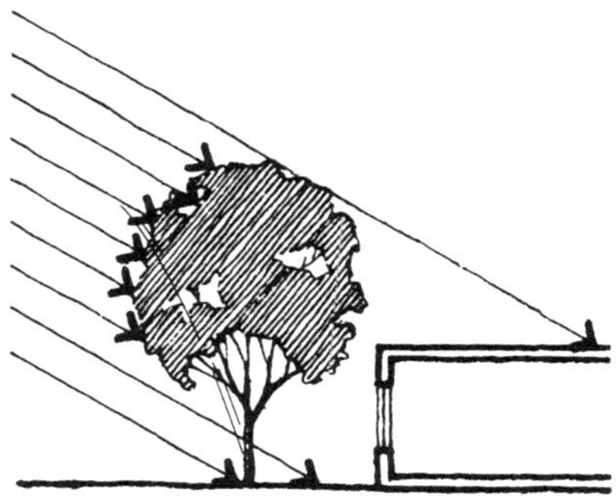

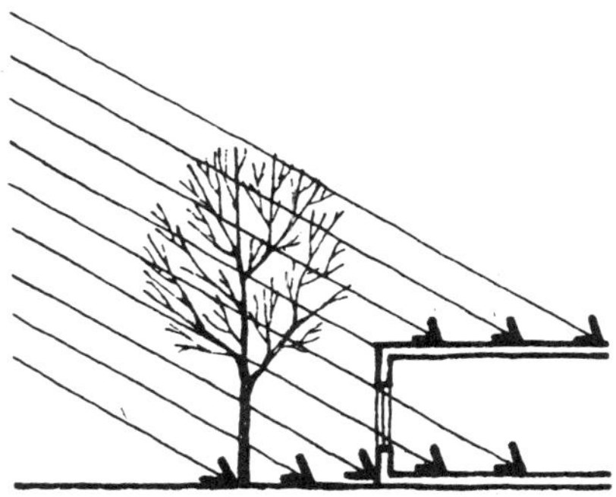

태양복사와 나무

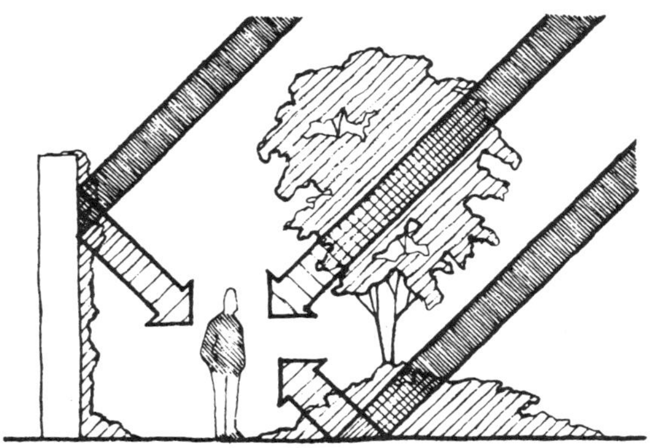

태양복사와 나무

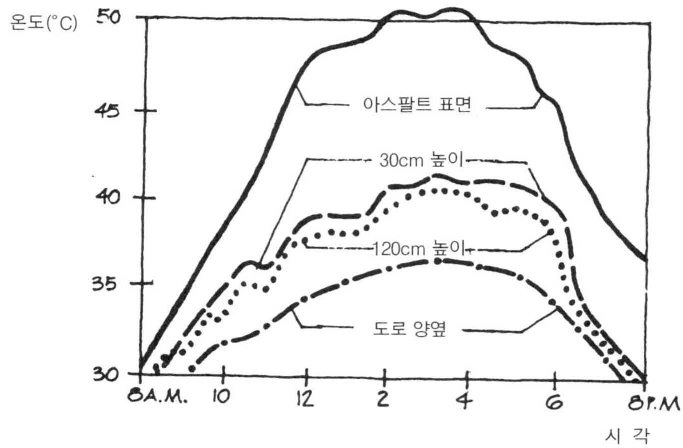

지면 근처의 기후(after Rudolph Geiger, The Climate Near the Ground, 1950)

건물에 비치는 직접적인, 혹은 반사되어 오는 태양광선을 막을 수 있다. 햇빛이 필요한 계절에는 낙엽이 지고, 그렇지 않은 계절에서는 그늘을 만들며 지역의 기후에 반응하는 낙엽수는 그늘을 제공하는 좋은 수단이다. 초목은 수많은 작은 잎으로 이루어져 있고, 일반적으로 거칠고 진한 색의 표면으로 되어 있어 복사광선을 확산시키고 반사한다. 낮은 관목류나 잔디를 심으면, 물이나 포장된 지면으로부터의 반사광선을 조절하는데 도움이 된다.

더운 여름날, 주차장에서 숲으로 걸어 들어가 본 일이 있는 사람이면 초목이 갖는 냉

마스지데 샤 이스환, 이란

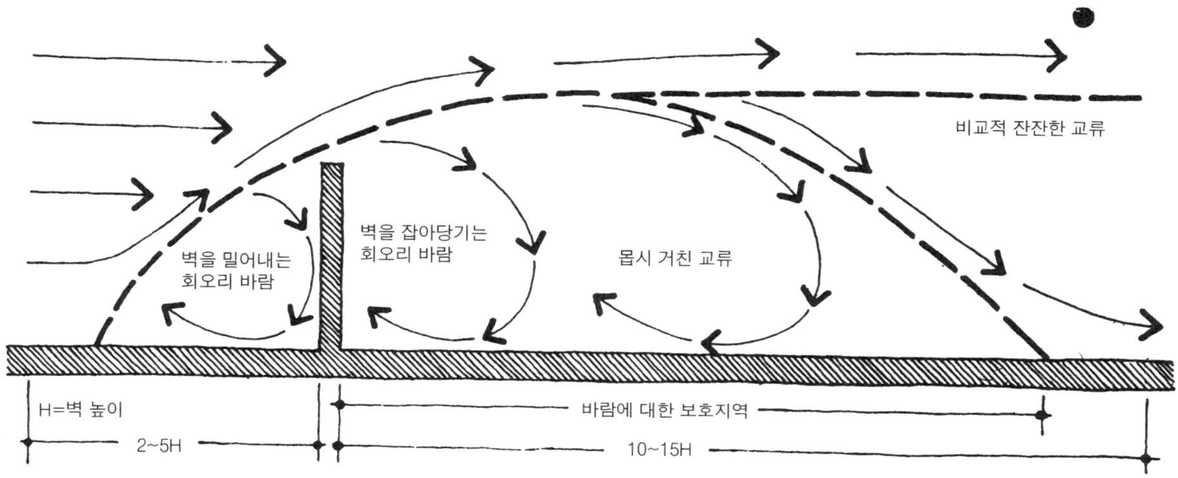

방풍효과

각 효과를 확신할 수 있을 것이다. 이는 계속적인 수분 증발과 나무로 인한 차양효과에 의해 이루어진다. 추운 계절에는 머리 위의 수목에 의해 보존되는 따뜻한 공기와 줄어든 바람의 속도로 인해 평지보다 따뜻하게 된다. 단열 공기층을 건물에 설치하면, 그 효과로 열의 손실을 줄일 수 있다. 특히, 포장된 곳으로부터의 복사열이 인근 건물에까지 영향을 주게 될 경우, 초목으로써 그 영향을 줄일 수 있다.

습도를 높이는 것은 가능하지만, 주변의 거대한 기후로 인해 발생하는 높은 습도를 낮추는 것은 그 기후의 전체적인 영향 때문에 매우 어렵다. 습도를 낮추기 위해 초목을 줄인다면 이는 효과적인 그늘, 방풍 및 공기정화의 효과마저 줄여 버리는 것이 된다. 이런 방법들은 마당이나 안뜰과 같이 좁은 곳에서 가장 효과적으로 사용할 수 있는데, 이곳에서는 자연환기로 인해 냉각기능과 건조한 바람에의 노출이 쉬워지며, 일조량도 줄어들게 된다.

대지 내에서의 기류는 나무, 울타리, 제방, 그리고 다른 건물이나 구조체로 만든 장애물, 변향장치, 혹은 여과장치 등에 의해 조정될 수 있다. 겨울바람은 방향을 바꾸거나 속도를 줄일 수 있고, 여름 바람은 구조물의 내부로까지 끌어들일 수 있다. 바람막이는 그 높이의 10~15배의 거리 이내에서는 풍속의 75%까지 줄일 수 있다. 건물 외부의 초목과 담장은 자연환기를 용이하게 하며, 동시에 강한 바람의 영향을 줄일 수 있다. 이런 측면에서의 기류 조절에 대한 연구가 집중적으로 이루어져 왔지만 건물군이 기류에 미치는 효과에 대한 연구는 보다 적었다.[1a] 이는 기후, 지형, 건물의 크기와 간격 등 수

많은 변수가 그러한 효과에 영향을 미치기 때문이다. 우리가 따라야 할 사항은, 환기뿐이 아니라 구조상의 풍압에 의한 하중, 보행자의 쾌적성 등을 위해서도 기류의 형태를 결정할 수 있도록 대규모의 계획에서는 어느 경우나 바람에 대한 터널시험을 해야 한다는 것이다.

단지계획가는 특별한 용도를 위한 대지를 선택하는데 있어서, 국지 기상과 대지 내에서 그것을 완화, 변경시킬 수 있는 가능성에 관한 지식을 이용할 것이다. 대지의 선택이 설계과정의 한 부분인 이상, 우선 그 계획안의 설계방향을 명백하게 한 후 대지와 무관한 인자들, 즉 법적 혹은 재정적인 제약과 표면적 혹은 이면적인 조건에 대해 철저하게 조사해야 한다. 이 과정에서, 에너지를 고려한 디자인을 위한 중요한 단계들, 즉 에너지와 관련된 설계방향에 대한 명백한 규정과 함께 에너지에 관한 건물의 성능에 영향을 미칠 수 있는 요소들에 대한 대지의 철저한 평가가 이루어져야 한다. 북풍에 노출되거나 차가운 공기가 정체되어 있는 지역, 북향 경사, 혹은 겨울의 햇빛을 가리는 상황 등에서는 겨울의 에너지 소비가 증가될 것이다. 또한 그늘지지 않은 서향 경사, 노출된 대지, 여름의 미풍

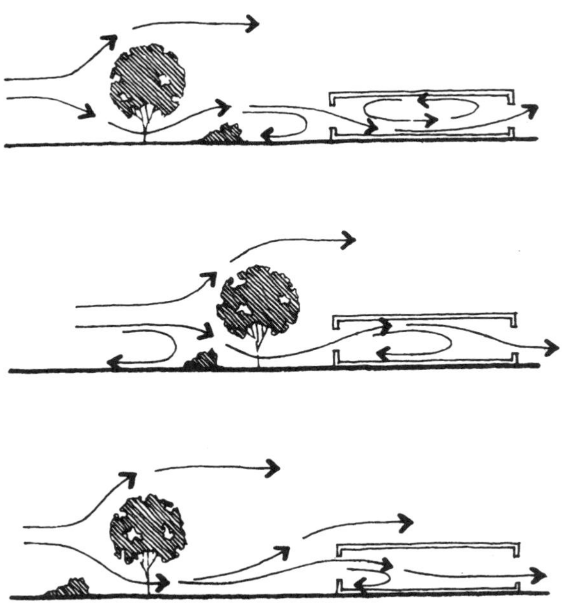

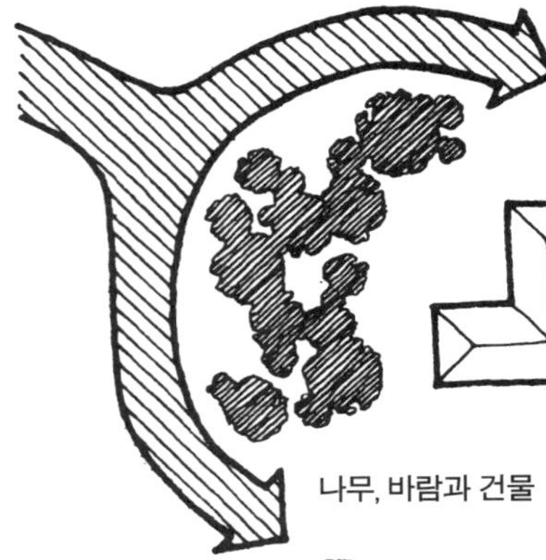

나무, 바람과 건물

나무, 바람과 건물(after R. F. White)

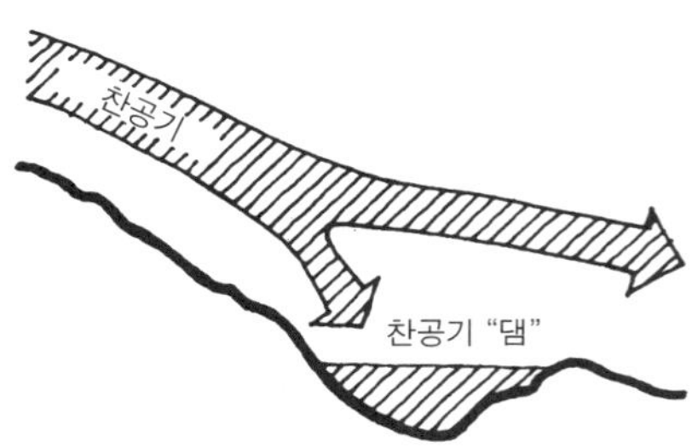

찬 공기 댐

을 막는 초목, 혹은 포장된 대규모의 지역이나 인접 건물로부터의 반사광을 받는 대지에서는 여름의 열을 과다하게 받게 되어 에너지 소비가 증가될 것이다.

■ 건물의 외벽

건물의 외부면은 사용자의 활동을 비, 눈, 더위, 추위 그리고 바람 등의 외부의 생태적 환경으로부터 격리하는 바, 흔히 "외피(envelope)"라고 불린다. 하지만, 에너지의 유기적 특성에 적합한, 보다 역동적인 개념으로는 "막(membrane)"이다. 이러한 생물학적 유추는 개념적인 동시에 실제적이며, 정적이라기보다는 동적이다. 건물을, 대지의 특수한 국지 기상 내에서 생존할 수 있도록 계획된 유기체로서 간주하는 것이 이러한 접근방식이다. 해당 대지나 그와 유사한 환경에서 생장하는 동식물의 물리적 특성을 조사하여, 가능하면 이러한 특성을 건물의 계획에 적용하는 것도 유익한 디자인 방법이며, 자연적인 에너지의 패턴을 기초로 새로운 계획 개념을 만들어내는 방법도 도움이 될 것이다.

전형적인 건물을 분석하는 데 있어 건축가나 기술자는 건물 외벽의 열손실과 취득을 분석함으로써 외벽의 성능을 시험한다. 존 옐로트(John Yellott)가 만든 간단한 공식[2]을 사용하면, 다음과 같이 손실열과 취득열의 총량을 표현할 수 있다.

$$Q_{SCEMP} + Q_{VENT} = \text{냉·난방 부하}$$

기 호	정 의	열의 흐름
Q_S	태양열 취득	열은 내부로 흐르며, 겨울에 난방부하를 줄이고 여름에 냉방부하를 증가시킨다.
Q_C	전도열의 흐름	열은 따뜻한 곳에서 찬 곳으로 흐른다. 일반적으로 겨울에는 외부로, 여름에는 내부로
Q_E	조명기구 등으로부터의 전기적 열	내부열 취득 : 겨울에는 난방부하를 줄이지만, 여름에는 냉방부하를 증가시킨다.
Q_M	가스 스토브 등으로부터 발생되는 잡열	QE와 같다.
Q_P	인체발생 열	QE와 같다.
Q_{vent}	환기 또는 외부공기의 침투	겨울의 난방부하와 여름의 냉방부하에 추가되어 건강과 냄새조절을 위해 건물내부로 외부공기를 도입한다.

냉난방을 위한 기계설비는 가능한 최악의 상태에 접했을 경우를 대비해서 크기가 결정되기 때문에, 흔히 Q_{SEMP}는 그 인자를 신뢰할 수 없으므로, 실내난방에 도움이 되지 않는 것으로 간주된다. 다만, 사무소 건물에서와 같이 고도의 인공조명이나 높은 점유율 등으로 일정한 상태를 유지하는 경우에는 예외이다. 앞으로 알게 되겠지만, 태양열 집열판을 설치하는 건물은 그 자체가 건물 자체나 일부의 난방에 Q_s를 사용한다. 건물의 외벽을 통한 전도로 인한 열의 손실이나 취득량을 산출하는 공식은 다음과 같다.

$$Q_C = UA(t_1 - t_0)$$

단 : U = 건물의 외벽을 통한 열전도계수

A = 외벽면적

t_i = 실내온도

t_0 = 실외온도

(주: 열의 흐름에 대한 저항값을 R이라 할 때 각 구조 요소의 R 값의 합계에 대한 역수가 U 값, 즉 $U = 1 / \Sigma R$ 이다.)

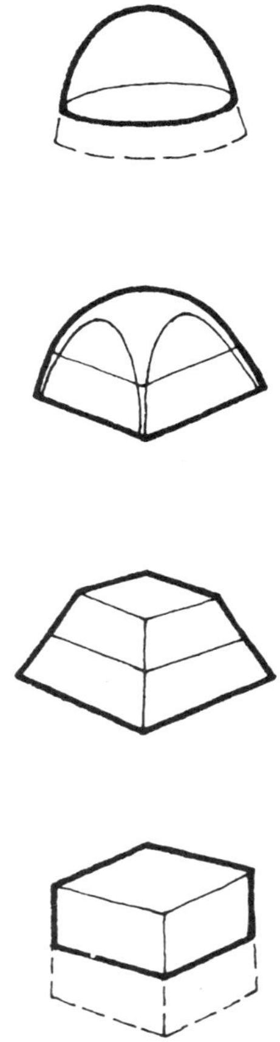

기후조건에 따른 집의 형태 (after Donald Watson, Designing and Building a Solar Home, 1977)

이 공식을 살펴볼 때, 건축가는 두 개의 변수, 즉 외벽 면적과 U값을 조정할 수 있음을 알 수 있다. 외벽의 면적은 건물 전체의 형태에 관계되며 U값은 구조상의 디테일에 의해 결정되는 것이다. 물론, 이들은 열온에 의한 쾌적성을 제공하기 위해 소비되는 에너지의 양을 줄이기 위해 채택할 수 있는 명백히 다른 접근방식이다.

자연환경의 힘에 적응하는 형태는, 외벽의 보다 개선된 성능을 추구하는데 있어 건축가들이 더욱 큰 관심을 기울일 대상일 것이다. 동일한 체적을 가진 것 중, 표면력이 가장 작은 쪽이 외부로부터 얻거나 빼앗기는 열량이 최소가 된다는 것은 이해하기 쉽다. 기하학적으로, 구체(球体)가 다른 어떤 형태에 비해 단위체적당 최소의 표면적을

Afghan home

갖는 형태이다. 하지만 원이나 곡선에 의한 형태는 구조, 공간의 효용성, 혹은 음향 등의 면에서 볼 때 가장 적절한 것은 아니기 때문에 그 형태는 직선적인 것으로 유사하게 변형될 것이다. 곡면이란, 태양광선을 그 표면 넓이 이상으로 확산시키기 때문에 곡선의 형태는 덥고 건조한 지역에서는 도움이 될 것이다. 개념적으로 볼 때 북반구의 온대지역에서는 여름의 높은 태양 고도에 대해서는 작고 겨울의 낮은 태양 고도에 대해서는 큰 건물을 만드는 것이 좋을 것이다. 여름의 냉방과 겨울의 난방의 필요성에 대한 중요성을 상대적이기 때문에 위에 언급한 내용은 지방 특유의 기후에 맞추어 일부 수정되는 것이 바람직할 것이다.

자연적인 냉・난방법을 최대한으로 이용하기 위해서 건물의 향은 그 지방의 기후인자에 따라 달라야 할 것이다. 빅터 오르게이(Victor Olgyay)의 고전적 교과서인 'Design With Climate[3] (기후에 따른 디자인)' 이 가장 뛰어난 참고 자료이다. 여

샨디가르의 국제연합 사무국 건물 인도, 르・코르뷔지에

한대 : 미니애폴리스

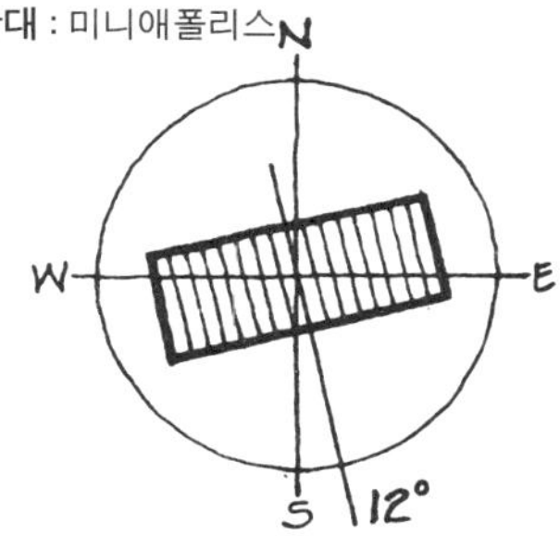

온대 : 피닉스

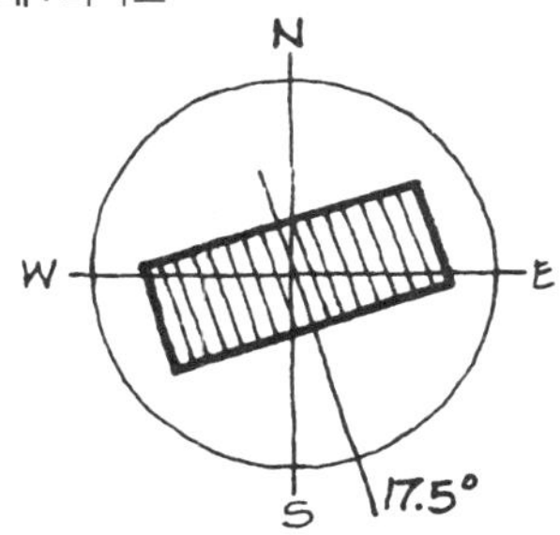

아열대 : 피닉스

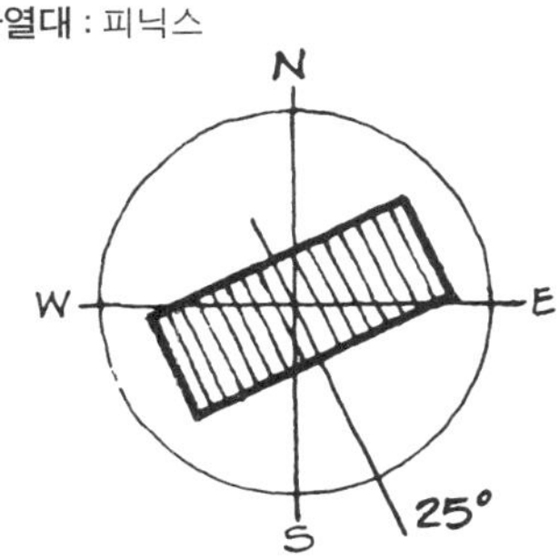

열대 : 마이애미

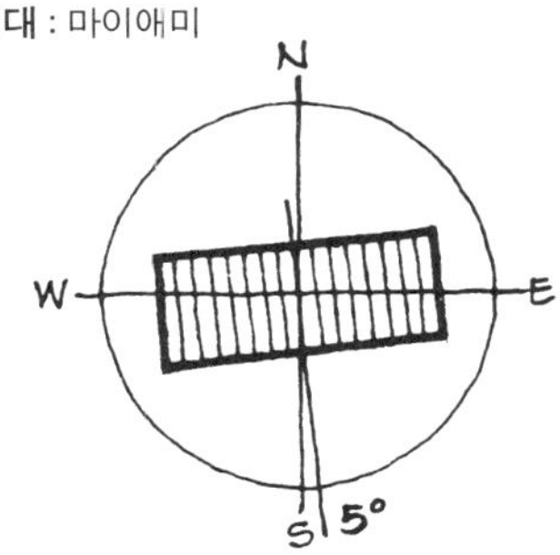

건물의 방향과 기후 (after Victor Olgyay, Design with Climate, 1963.)

기에 첨부된 삽화는 그가 권장하는 네 가지의 기후대에 따른 건물의 향이다. 인도, 샨디가르(Chandigarh)에 있는 르 코르뷔지에(Le Corbusier)의 국제연합사무국 건물에서 볼 수 있듯이, 태양열이 과다한 지역에서는 빛이 드는 곳을 그늘지게 할 수 있는 가능성(사실은 필수적이지만)으로 인해 더욱 다양한 건축이 가능하게 되기도 한다.

주거의 형태를 연구하면서, 도널드 왓슨(Donald Watson)은 최대의 열 보존, 최대의 태양열 획득, 바람에 대한 저항의 최소화, 그리고 최대한의 바람

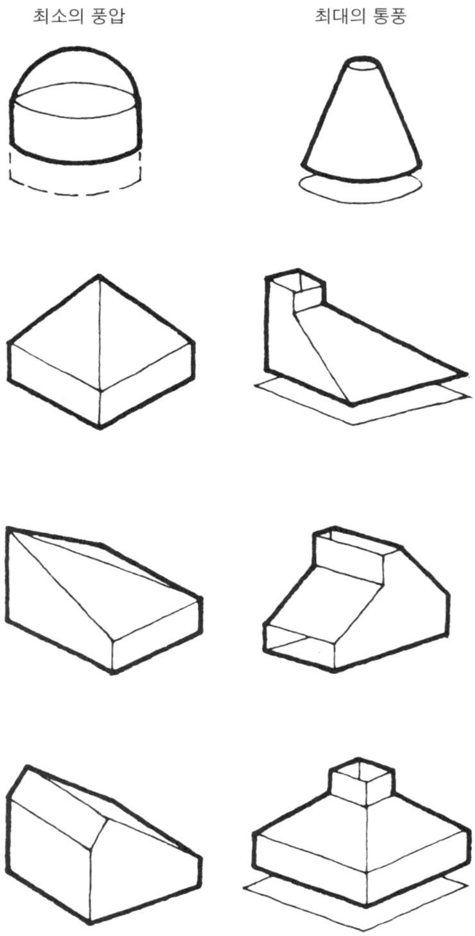

집의 형태 (after Donald Watson, Designing and Building a Solar House, 1977)

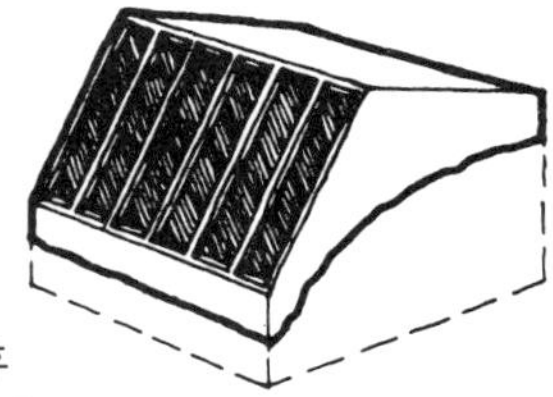

한대 기후
최대의 보온
최대의 태양열 취득
최소의 풍압

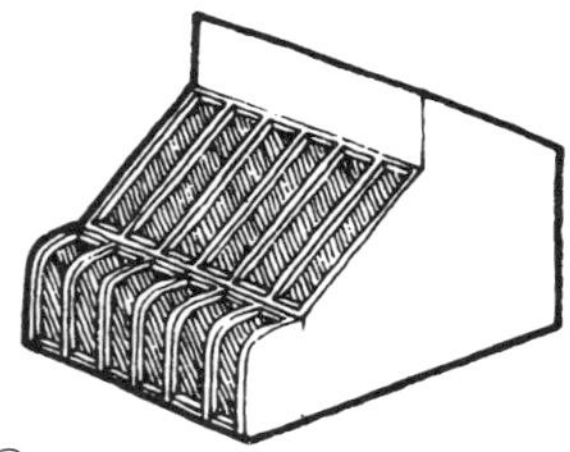

온대 기후
적당한 보온
적당한 태양열 취득
바람에 약간 노출
적당한 통풍

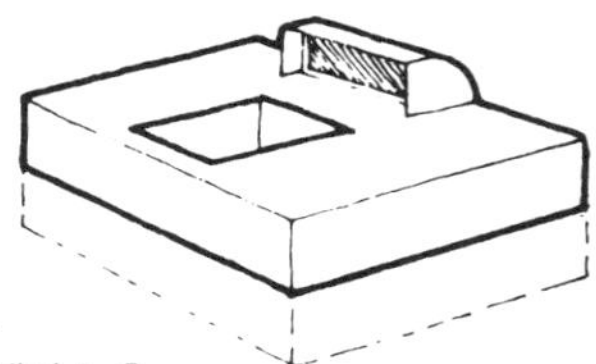

열대 기후
바람에 최대의 노출
최대의 통풍

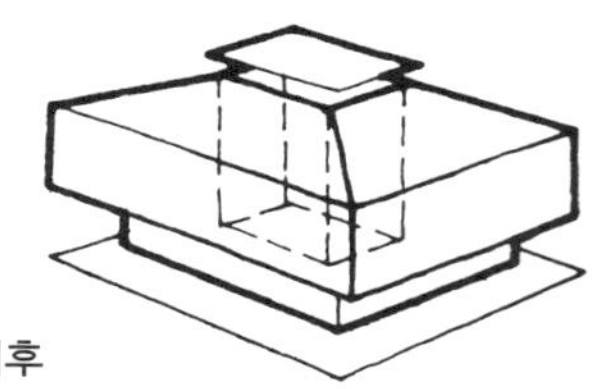

아열대 기후
최소의 태양열 취득
적당한 풍압
적당한 통풍

집의 형태 (after Donald Watson, Designing and Building a Solar House, 1977)

의 유입 등에 대한 변수에의 적응도에 대해 기술했다.[4] 그 결과는 인상적인 건축형태에 적용되어 해석되었고, 특히 다양한 형태가 다양한 기후와 연결되었을 때 많은 가능성이 있음을 보여 주기 시작했다.

건축가에게 시공기술과 재료는 형태만큼 흥미 있는 것이 될 수는 없을지라도, 적어도 중요한 것이긴 하다. 여기에 관련된 중요한 요소는 구조물 각 부분의 단열성, 창을 통한 난방이나 조명효과, 시간적 간격, 그리고 건물 자체의 열온 보존을 위한 필요조건 등이다.

다음의 표13-2는 전형적인 주거 및 사무소 건물에서의 외벽을 통한 열손실과 에너지 관리에 필요한 예산의 총액에 대한 것이다. 여기서는 에너지가 사용되는 곳을 보여 주고 있으며, 두 가지의 경우 모두에 있어 난방에 사용되는 에너지 유지비가 전체 비용의 50% 이상이라는 것을 알 수 있다.

표13-2에 의하면, 외벽을 정적인 것보다는 동적인 표면으로 간주할 만한 충분한 가능성이 있다는 것을 알 수 있다. 주거의 경우는 상당히 명백한 실례가 될 것이다. 대체로 건물 전체 열손실의 40% 이상이 창문에 의해 이루어진다. 미국의 냉대 기후대에서 8개월 동안의 난방기간 동안 창문이 그 본래의 기능인 채광과 조망을 위해 사용되는 것은 하루의 반도 못된다고 생각해도 타당할 것이다. 만약 창문이 고정되지 않고 낮에는 빛(가능하면 열도)의 원천으로서의 기능으로부터 밤에는(집이 비어 있는 동안에도) 단열의 기능으로 변화할 수 있도록 설계된다면 전도와 유출에 의한 열손실을 크게 줄일 수 있을 것이다. 예를 들면 단열의 기능을 훌륭히 수행하는 셔터는 창문에 의한 열손실을 50%나 그 이상으로 줄일 수 있는 것이다.

외벽은 그날그날의 그리고 계절에 따른 건물 주위의 태양의 운동에 대해 민감하게 반응할 수 있을 것이다. 벽체의 특성은 건물 외부에서는 음영, 차일, 가변적인 혹은 고정된 수직판, 그리고 돌출부 등으로, 건물 내부에서는 커튼, 블라인드, 셔터, 통풍구 등에 의하여 변화될 수 있다. 그 결과, 건물의 입면은 그 향뿐이 아니라 지역적인 기후 인자 등에 따라서도 다양하게 되며 생태계와 조화하며 작용하는 향토적인 건축을 창조하게 되는 것이다. 기온의 일교차가 심한 기후에 속하는 지역에서는 구조물의 매스가 또 하나의 인자가 된다. 이미 기술했듯이 가장 명백한 실례는 미국 남서부 프에블로족의 건축이다. 1년 중 대부분의 기간 동안 일교차가 30°F 내지 40°F에 이르며, 이때 구조물의 매스는 계절에 따른 냉 · 난방의 부하를 완화시키는 역할을 한다. 겨울 동안 두꺼운 찰흙 벽돌로 만든 벽체는 태양 에너지를 흡수해서 저장하는 역할을 하

표13-2

에너지 소요예산(최근 통상적인 건물)

주거용 건축물	예산 백분율
난방	55.0
급탕	14.6
냉장	5.8
조리	5.0
공기조화	4.0
세탁물 건조	2.0
기타	10.6
구조	3.0
사무소 건축물	**예산 백분율**
난방	52.0
조명	23.0
장비	13.0
냉방	6.0
급탕	3.0
구조	3.0

출처 : 에너지 및 조성환경, 1974 AIA. 워싱턴

며, 이렇게 해서 벽에 저장된 열은 추운 밤 동안 열을 실내로 서서히 발산한다. 여름에는 이러한 시간적 간격에 따른 효과로 인해 고온을 낮추는 역할을 하게 된다. 일반적인 건축물에 있어서도 육중한 건물은 열온에 관한 한 보다 안전하다. 도표에서 보는 바와 같이 육중한 건물의 실내에서의 온도차는 가벼운 구조체의 건물보다 훨씬 적다. 예상대로 고온 다습한 기후에서는 높은 중량을 가진 건물은 시원한 바람을 막고 습기를 흡수해서 실내를 습하게 하며 실내온도를 쾌적한 온도보다 높게 유지하므로 좋지 않을 것이다.

자연환기에 대한 설계는 모든 형태의 건물에 공기조화설비가 가능하게 된 1950년대 중반부터 대체로 무시되어 왔다. 겨울에 대비한 기능은 상대적으로 간단해서 바람의 유입을 줄이는 것이다. 이는 틈마개(Weather-Stripping)와 코킹(Caulking), 외부방풍림, 그리고 방한, 방풍실의 설치 등 밀폐된 구조에 의해서 가능할 것이다. 하지만 여름철 환기나 냉방을 위해 바람을 이용하기 위한 건물을 디자인하기 위해서는 보다 많은 생각과 노력이 필요할 것이다.

건물의 외벽은 내부로의 바람의 유입을 조절하고 변화시킬 수 있어야 하며 그 형태는 바람이 없을 때 부수적인 바람을 일으킬 수 있도록 만들어져야 한다. 대지의 국지 기상을 보다 면밀하게 분석하면 바람이 있어 좋은 기간과 그 바람 속도와 방향은 어떠해야 하는가를 알 수 있다. 많은 지역에 있어 이러한 계획은 과다하게 사용되는, 혹은 필요한 기계냉방의 부하를 줄일 수 있다. 자연적인 방법에 의해서만 냉방기능을 수행하려면 건축가는 단열재를 사용하며 건물로의 햇빛을 가리는 등 열 취득량을 줄이는 두 가지 단계에 대해서 고려해야 한다.

고온 · 건조지역에서는 약간의 바람만 있어도 증발에 의한 최대한의 이익을 얻을 수 있기 때문에 자연적인 냉방기능이 매우 효과적이라고는 할 수 없다. 또한, 습도 85% 이상의 다습지역에서는 효과적인 증발 비율을 얻기 위한 실내 바람의 속도가 불쾌감을 느낄 정도로 되어야 하기 때문에 이 경우에도 자연냉방은 도움이 되지 않는다. 실내에서 3 miles/hour 이상의 풍속

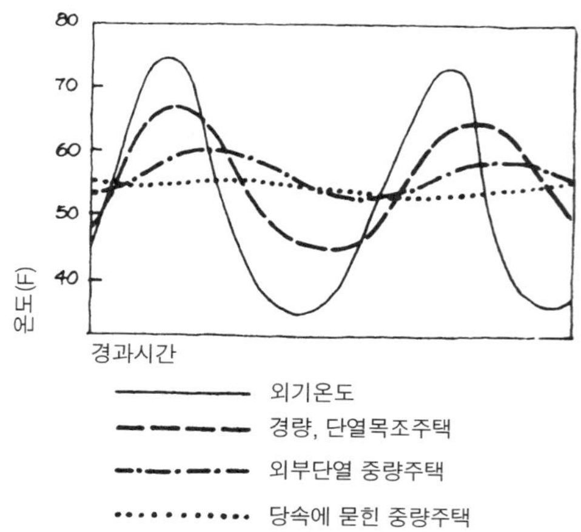

건물의 중량과 온도변화(after Bruce Anderson, The Solar Home Book, 1976)

은 불쾌한 것이기 때문에 자연냉방의 가능성은 보다 제한된다.

자연환기에 있어 기초적인 사항중의 하나는 유출되는 공기가 없으면 유입되는 공기도 없다는 것이다. 효과적인 통풍을 위해서는 건물 내의 공기의 흐름이 자유롭도록 실내의 방해물이 최소한이어야 하며 건물 양쪽 편에 개구부가 있어야 한다. 유입량이 유출량보다 적을 경우에는 공기의 속도가 증가하며 흡입구는 바람을 향하고 공기의 흐름은 사용자에게 직접 행해야 한다. 올게이는 유출구의 높이는 건물 내부의 공기의 흐름에 미치는 영향과 거의 관계가 없다는 결론을 내렸다. 이는 바람이 없을 때 공기의 움직임을 만들어내는 "연통효과"가 사용될 경우를 제외하면 사실이다. 연통효과는 유입된 공기와 유출된 공기의 온도차와 높이에 의해 이루어지며 높이가 높을수록 공기의 흐름은 증가된다.[3]

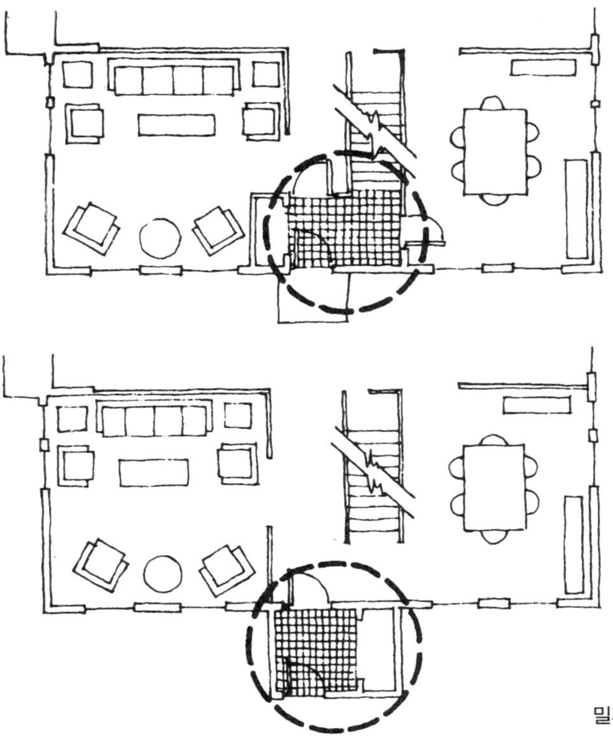

밀폐된 출입구 : 현관

■ 건물의 사용

에너지를 고려한 디자인에 있어서의 중요한 문제는 사용자들이 요구하는 정도 및 상태 이하로 에너지를 소비하도록 건물의 형태, 기계적 체계, 그리고 외벽을 모두 고려해서 설계하는 것이다. 어느 건물이든 그날그날, 혹은 매주, 매 계절마다 다른 형식으로 이용된다. 자연적인 기후인자에 대해 순응하는 건물은 그 건물의 향이나 채광이 최적의 상태에 이르는 특정한 시간에 가장 효과적으로 이용될 수 있다. 이렇게 하기 위해서 건축가는 우선, 각각의 특정한 공간에서의 사용 패턴을 결정하고 그 패턴을 실내외의 기후에 있어서의 예상되는 변화와 상호 연관시켜야 한다. 특히, 채광 및 채열을 위한 태양에의 노출 정도가 중요하다.

잘 쓰이지 않는 방이나 열온에 대한 요구 빈도가 적은 방은 춥거나 더운 외부와 다른 방과의 완충역할을 하는 공간으로 사용할 수 있다. 이런 개념을 보다 정리하기 위해서는 실내를 구역화(Zoning)할 필요가 있다. 열온에서 느껴지는(쾌적성에 대한 요구도가 서로) 유사한 공간을 한 지역으로 몰아서 배치하면 경우에 따라 특정한 온도로 냉·온방을 할 수 있다. 주택의 예를 들면, 사용되지 않을 경우 부분적인 난방만으로도 쾌적한 상태를 유지할 수 있도록 침실을 2층에 배치하는 것이다. 이 경우 각각의 특정구역에 대해 기계적인 장치가 개별적으로 작동할 수 있어야 하며 각 구역간에 문이나 칸막이 등으로 차열을 할 수 있어야 한다. 각각의 방도 개별적인 구역으로 분리할 수 있다. 문이 달린 구식 현관은 실내와 외부와의 훌륭한 완충역할을 할 수 있다. 집에 붙어 있는 일광욕을 위한 정원이나 온실은 적당한 온도를 유지했을 경우에 한해서 사용한다면 난방을 할 필요가 없다. 만일, 집과 적절하게 연결되어 밤에도 단열이 된다면 태양열을 받아서 저장할 수 있는 공간으로 사용될 수도 있다.

건물을 보다 집약적으로 이용하는 것이 전체적인 에너지 소비를 줄이는 또 하나의 방법이 된다. 다목적적인 건물에서는 개별적인 설비들의 공사비와 가동비용(경비와 에너지의 모든 면에서)을 절감시킬 수 있다. 낮에 난방을 한 학교 건물을 야간에 지역사회를 위해서 사용하는 것이 두 개의 다른 건물을 난방하는 것보다 효과적이다. 사용되지 않는 오랜 기간 동안의 에너지 절감을 위해서 사용하는 시간을 제한해서 집약시키는 것도 또 하나의 방법이다. 어느 경우에나 얼마 안 되는 이용자들을 위해 난방하는 것이 아니라 최대한의 이용도를 추구함과 동시에 이용되지 않을 경우에는 건물의 실내온도를 낮추는 것이 가장 중요한 점이다.

건물을 수리하여 다시 사용하는 것은 신축하는데 드는 에너지만큼을 절약하는 셈이 된다. 건축적 특성을 보존할 필요가 있는 경우는 말할 필요도 없이 에너지의 측면에서도 건물의 철거, 운반, 새로운 제품의 생산, 건물의 신축 등은 분명히 문제가 있다. 상승하는 에너지 가격 때문으로도 경제적 측면에서 요즈음의 건축은 건물의 재생으로 쏠리고 있다.

■ 쾌적성을 얻기 위한 조절방법

기계적인 조절

기계적 설비와 전기적 설비시스템은 건물 내부의 상태와 사용자들의 쾌적한 활동을 위해 필요한 상태와의 차이점을 보완하는 것이다. 이들은 화석연료나 재사용할 수 있는 에너지원에 의해서 작동된다. 에너지는 온도 및 습도조절, 환기, 특수한 작업에 필요한 동력, 그리고 조명에 사용된다. 실내환경을 위한 기계설비시스템의 개발도 기후, 용도, 그리고 외벽 등의 특성과 분리될 수 없다. 외부로부터의 에너지원이 필요한 것은 이러한 기계적, 전기적 설비시스템뿐이므로 많은 사람들이 이 점에서의 효율적인 에너지 디자인이 가장 중요하다고 생각한다. 따라서 건물디자인과 기계설비시스템의 디자인을 종합하는 포괄적인 접근방식이 더욱 중요한 것이다.

주거에 있어서는 난방이 가장 중요한 에너지 소비원인 반면에 상업 건물이나 사무소 건물에서는 주로 냉방, 조명, 그리고 환기를 위해서 에너지가 소비된다. 일반적으로 이런 용도에 필요한 에너지는(직접 혹은 간접적으로) 천연가스, 석유, 그리고 석탄 등 화석연료에 의해 제공된다. 간혹 재사용이 가능한 태양열, 바람, 혹은 지역에 의한 에너지가 사용되기도 한다. 직접 얻는 태양열을 제외하고는 적절하게 조절된 공기를 운반하기 위해서 공기, 물, 혹은 냉각제 등과 같은 운반매체가 필요하다. 가스나 기름 혹은 전기에 의한 난방시설의 경우, 물이나 공기가 중앙보일러에서 가열된다. 이렇게 가열된 물이나 공기는 각 공간으로 필요한 만큼 전달되며 전공기방식(all-air system)의 경우, 열에너지는 전기 송풍기에 의해 공급덕트(duct)를 통해서 직접 전달된다. 전수방식(all-water or hydronic system)의 경우는 가열된 액체나 증기가 전기펌프에 의해 필요한 곳으로 전달된다. 공기 물 겸용방식(air-water system)에서 물은 급수관을 통해 전달되고 열 교환기를 통해서 공기가 열을 분배하게 된다. 또 다른 방식으로서 직접 저항에 의한 난방(direct-resistance heating)은 100%의 효율을 가지고 전기를 열로 변환시키는 방식이지만 동력설비로부터 사용자에게 이르기까지의 전체 효율은 35%에 지나지 않는다. 연료용 기름과 천연가스에 의한 난방설비의 전체 효율은 60~70%에 달한다.

냉방, 환기, 그리고 공기정화는 보통 전기에 의해 동력이 공급된다. 냉방 외의 기능은 일년 내내 이루어져야 하므로 여름에는 발전시설이 제공해야 할 전력량이 최고에 달하게 되며, 따라서 이러한 냉방부하를 줄이는 것이 중요하게 된다. 직냉식(direct refrigerant system)을 제외하고는 그 분배방식은 난방설비와 동일하다. 직냉식의 경우 각 실에 독립된 냉방장치가 설치되어 분배설비는 필요 없게 된다. 사용하지 않을 때의 방은 냉방되지 않지만, 계속해서 사용된다면 대규모의 중앙냉방식에 비해서 효율이 떨어지게 된다. 냉방부하를 대규모로 줄일 수 있는 방법은 음영, 단열, 건물의 중량, 그리고 자연환기 등 앞서 기술한 외벽의 설계방식에 의한 것이다.

현재 많은 건물에서 채택하고 있는 방식은 건물의 사용 여부에 관계없이 전체를 동시에 작동시키는 HVAC시스템이다. 대규모 건물의 내부 지역에서는 한 겨울에도 냉방을 해야 되는 경우가 흔히 있어 에너지를 소모하게 된다. 하지만 새로운 장비와 조절장치는 다양한 실내외의 열온상태에 맞추어 적응할 수 있도록 보다 정교한 에너지를 절약하는 방향으로 개발되어 가고 있다. 사용되지 않는 건물은 냉・난방 설비를 차단시킴으로써 환기를 위해 필요한 최소한의 공기만을 제공하며 가능하면 실내를 시원하게 하기 위해 외부의 차가운 공기를 직접 사용하기도 한다. VAV시스템(variable air volume system)은 고감도 온도조절기를 실내에 설치함으로써 냉방 또는 난방을 위한 최소량의 공기만을 공급한다. 요즈음은 대규모의 HVAC시스템에서 배출되는 공기의 열로 외부에서 끌어들이는 공기를 미리 가열하는 경우도 흔하다.

조명 / 전기설비의 효과 조명에 필요한 전기에너지는 조명 자체에 우선적으로 필요한 에너지와 조명기구로부터 발생하여 냉방부하를 가중시키는 에너지의 이중부하가 된다. 전기 에너지에 소요되는 비용은 상업 건물이나 경공업 건물의 경우 전체 에너지 비용의 상당한 부분을 차지한다. 이 부분에서 절약을 할 수 있는 가능성은 높다.

에너지의 효율을 높이기 위해서 조명설비는 다음 세 가지 점을 고려해야 한다. 첫째는 제시된 표준 조도를 재검토하는 것이다. 이들 표준 조도는 에너지 가격이 쌀 때 책정된 것이며, 따라서 작업에 별 지장을 주지 않을 정도로 낮추어질 수 있다. 전체 조도를 낮추고 작업을 위한 국부조명을 함으로써 재실자의 작업능률을 저하시키지 않고도 전체 조명방법을 대신할 수 있다. 두 번째로 창을 통한 열손실을 최소화 하면서 자연 채광을 통해서 가능한 한 간접조명 부하를 대신하는 것이다. 세 번째는 필요한 기구로부터 발산되는 잡열을, 직접적으로, 혹은 저장이나 용도변환 등을 통해서 이용하는 것이다. 건물이나 사무실의 장비에 필요한 전기에너지는 사용을 제한하고 전기부하 조절장치를 사용함으로써 감소될 수 있다.

조절장치 에너지 보존을 위한 대규모의 HVAC시스템 및 조명시설에 대한 계속적이고 섬세한 변조는 자동조절장치에 의해 가능하다. 이런 조절장치는 끊임없이 각각의 상태를 판단하여 작동 효율 및 그 결과에 대해 적응시키며 최대부하 시간에서의 불필요한 부하를 감소시키며 송풍기와 펌프의 출력을 가장 적절하게 유지하고 각각의 지역에 대한 부하에 적응 시키면서 작동효율에 대한 계속적인 감시를 수행하게 된다. 컴퓨터의 보조로 혹은 컴퓨터 자체에 의해 작동되는 이러한 장치는 건물의 용도, 외벽, 그리고 기후의 상호 역학적인 관계를 유지하기 위해 사용된다. 이러한 장치가 성공적으로 사용되는 건물은 생명체가 자신의 주위환경 속에서 자원의 낭비를 최소한으로 하려 노력하고 있는 것과 같이 끊임없이 동적인 반응을 나타냄으로써 건축가와 기술자 모두에게 흥미 있는 것이다.

자연적인 조절

대체 에너지 시스템 재생 가능한 자원에 의해 얻어지는 에너지 시스템을 "대체 에너지 시스템"이라 칭하는 것은 분명히 임시적인 용어이다. 2025년경이면 미국에서 효과적인 비용으로 재생시킬 수 있는 원유와 천연가스의 매장량은 고갈되어 버릴 것이다. 그 전에 이러한 천연자원이, 윤활유, 약품, 합성수지류, 비료 등을 생산할 수 있다는 매우 집약된 에너지 잠재력과 그 특성이 필요한 곳에 사용될 수 있도록 보다 많이 보존될 것이다. 태양이나 바람 등 재사용이 가능한 자원의 저밀도에너지를 사용하는 것은 냉・난방 부하가 비교적 적은 건물에는 매우 적합하다. 수력이나 생물연료도 다른 가능성을 지니고는 있지만, 그 모두가 위치나 기술적인 면에서 한계가 있어 건축에서 광범위하게 사용될 수 있는 가능성을 제한한다. 공학의 발전을 생태계의 자연에너지 패턴에 연결시킬 수 있는 가능성은 과거 수세기 동안 원유에 의존한 성장으로 인해 법적, 경제적, 재정적인 제약에 의해 제한되고 있다. 미국을 비롯하여 이 지구의 경제체계는 현재 원유에 의존하고 있으며, 그 결과로서 화석연료를 통한 이익을 보호, 보조하고 있다. 따라서 현재 태양 및 바람에 의한 에너지는 경제적 측면에서 경쟁에 뒤떨어지고 있다. 그러나 이런 상황은 변화하고 있으며 그것이 건축에 미치는 잠재적인 효과는 대단한 것이다.

수동적인 태양열 이용 최근 연방정부 및 개인적 투자에 의한 계획의 결과로 증명되듯이 태양 에너지를 난방 및 급탕에 사용하는 데에 있어서의 제약은 급속도로 사라지고 있다. 현재 전문용어로는 태양 에너지의 이용방식에 대해 "수동형 시스템(passive system)"과 "능동형 시스템(active system)"으로 세분하고 있다. 능동형 시스템에서의 에너지는 아무리 작은 것이라도 외부동력에 의해 움직이는 펌프, 송풍기, 혹은 모터 등에 의해서 운반된다. 완전한 수동형 시스템에서의 열은 에너지의 흐름은 자연적인 방법에 의해 이루어진다. 수동형 시스템에 그 효율이나 작동의 용이성을 증대시키기 위해 송풍장치나 기계적인 조절장치를 덧붙인 것을 "혼합방시(hybrid system)"이라고 한다. 물론 이런 여러 방법에 대한 정의보다는 그 작동방식, 경제성, 혹은 건축적의 의미 등이 더욱 중요한 것이다.

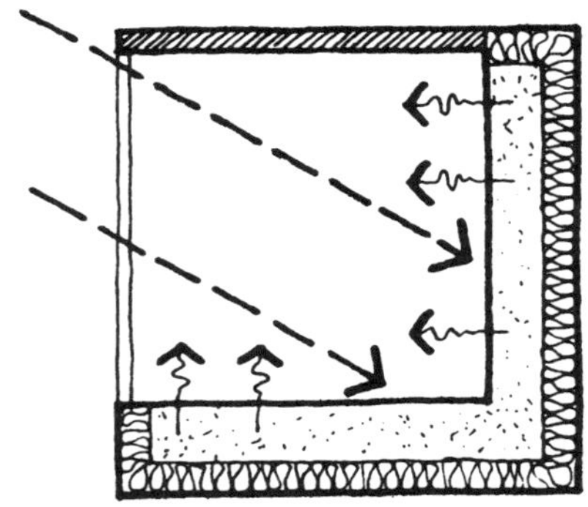
직접 태양열 취득

어떤 방식에서건 열온 에너지는 집열장치에서 축열장치, 그리고 실내공간으로 흘러갈 수 있어야 한다. 집열과정은 지구에 와 닿는 태양 에너지의 저밀도 특성에 의해 제한된다. 연료용 기름이 2겔론당 140,000 Btus(=3879.8 kcal/liter)의 열량을 내는 것에 비해서 태양에너지는 시간당 300Btus/ft^2(=810kcal/m^2) 또는 하루에 3,000Btus/ft^2(=8,100kcal/m^2)이상의 열량을 초과하는 경우는 거의 없다. 태양에너지 자체는 제한이 없지만 집열기의 넓은 면적이 필요하기 때문에 집열과정에서의 제한이 생겨난다. 수동형 시스템에서의 가장 기초적인 개념은 건물 자체가 별도의 공사비를 최소한으로 하면서 태양에너지 집열과 축적을 용이하게 하도록 계획되어야 한다는 것이다.

가장 간단한 수동형 시스템은 직접적인 취득이다. 이 경우 햇빛이 실내를 비치면서 그 에너지가 사용공간을 직접 덥히며 구조체에 흡수되어 온기를 지속시키게 된다. 여기에는 낮은 고도의 겨울 태양열을 받아들일 수 있는 큰 유리창과 열을 저장하기 위한 바닥, 벽, 천장의 열중량이 필요하다.

트롬브벽

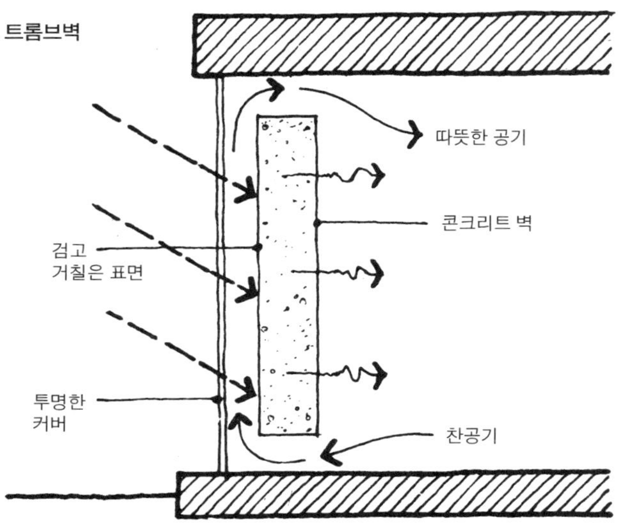

이 방식의 가장 큰 문제점은 열온을 조절할 수 없는 것과 과열이다. 또한 중량에 의한 축열효과는 카펫이나 가구 등에 의해서 크게 감소된다. 여름의 과열을 막기 위한 차양장치나 환기, 그리고 겨울철 축적된 에너지의 손실을 막기 위한 밤의 단열장치 등에 의해 어느 정도의 조절이 가능하다.

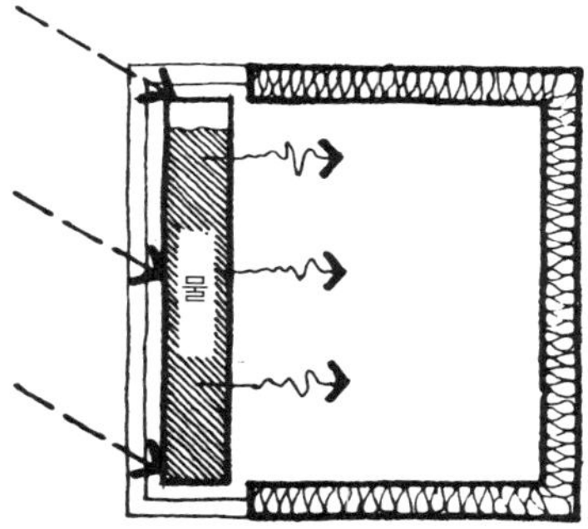

물 벽

조절을 보다 용이하게 하기 위해서 집열 및 축열을 위한 구조물을 태양과 사용공간과의 사이에 설치하여 태양에너지를 중간에서 흡수하는 간접적인 방식이 있다. 보다 상세하게는 아주 많은 종류가 있겠으나 가장 기본적인 형태는 구조체나 트롬브 벽(Trombe wall), 물벽 그리고 옥상연못의 세 가지이다. 트롬브 벽은 남향으로 설치되는 조적조나 콘크리트로써 구축된 검은색의 구조물로서, 가열된 벽체에서 발산되는 열손실을 최소화하기 위해 유리로 덮여 있다. 구조체의 상단과 하단의 수평으로 긴 틈은 열을 인접한 공간으로 전달하는 자연적인 열전달 현상을 용이하게 하기 위한 것이다. 찬 공기는 벽 하단으로 들어와서 태양이나 벽과의 접촉에 의해 덥혀지면서 상승하여 상부에 머무르게 된다. 벽체는 다량의 열을 흡수해서 내부로 서서히 열을 전달시키면서 보다 오랫동안 복사에 의한 난방을 하게 된다.

물벽(water wall)은 비슷한 방법으로 작용하지만 단위 면적당 열용량이 더 높으며 시간적 간격도 적다. 집열면적을 늘려주는 반사체의 조절에 의해서 부가적인 열을 양쪽 벽에 전달할 수 있다. 많은 경우에 이 반사체(reflector)는 밤이나 흐린 날씨에는 열을 구조체에 남아있도록 하는 조정가능한 야간용 단열재 역할을 한다. 트롬브 벽이나 물벽 시스템에서는 시야가 방해를 받거나 막힐 수 있기 때문에 벽의 방향이 중요하다.

지붕 연못(roof pond)은 여름철의 과열난방을 막기 위해서 사용되어 왔지만 난방에도 사용할 수 있는 가능성이 매우 크다. 헤럴드 헤이(Harold Hay)의 스카이덤 시스템(sky therm system)은 철재 지붕 데크의 꼭대기에 있는 플라스틱 통속의 물을 이용해서 맑은 겨울날 태양열을 집열하게 된다. 조정 가능한 단열판으로 밤에 물을 덮어두고 그 모은 열을 실내로 발산한다. 여름에는 단열판을 낮에 덮고 밤에 열어놓는다. 밤하늘로 열이 방출되면 냉방이 되며 물을 뿌리거나 넘치게 하여 생기는 증발에 의하여 이 효과는 더욱 커진다. 따라서 이 시스템은 1년 동안 계속해서 공기조화가 가능하다. 눈이 문제가 되는 추운 기후에서는 남향의 유리 속에 또는 플라스틱 지붕 개구부가 있는 다락방(attic)에 물통이 위치한다.

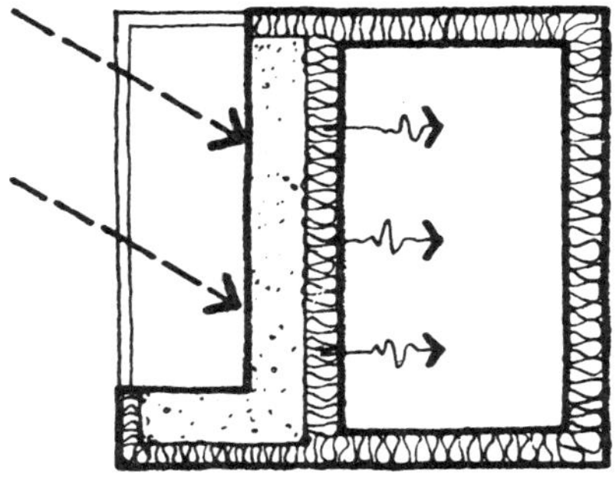

절연취득

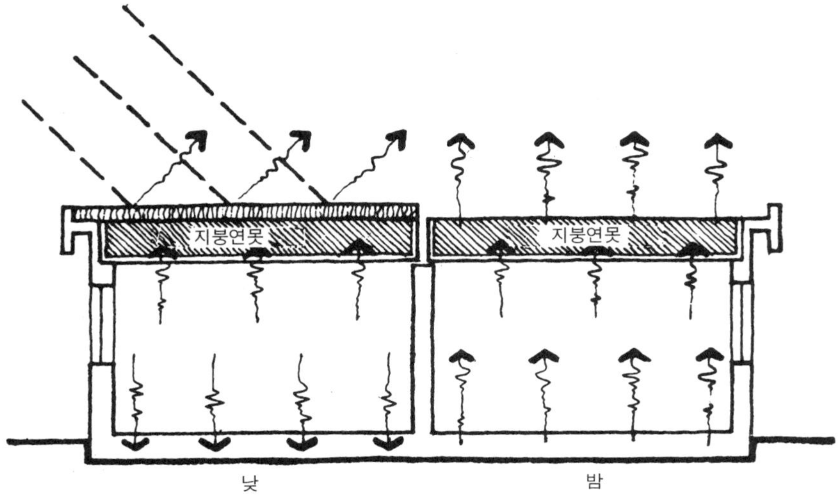

여름 - 냉방

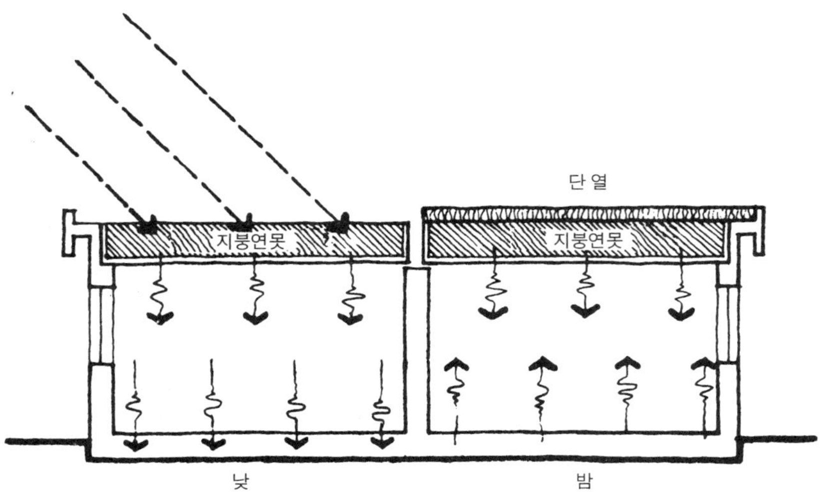

겨울 - 난방

지붕연못형 집열기와 여름 및 겨울(the Sky therm System)

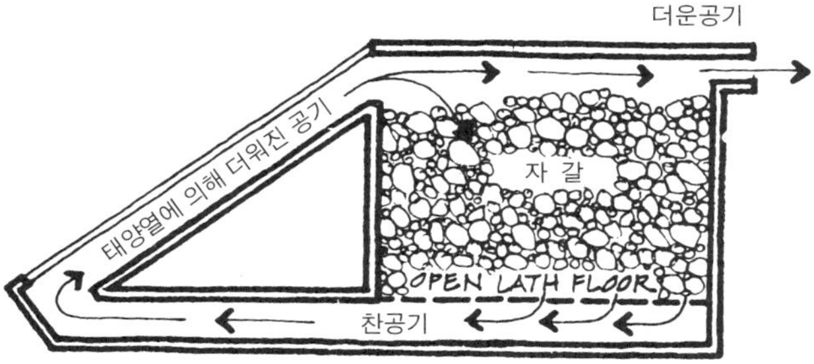

자갈 탱크에의 공기순환시스템

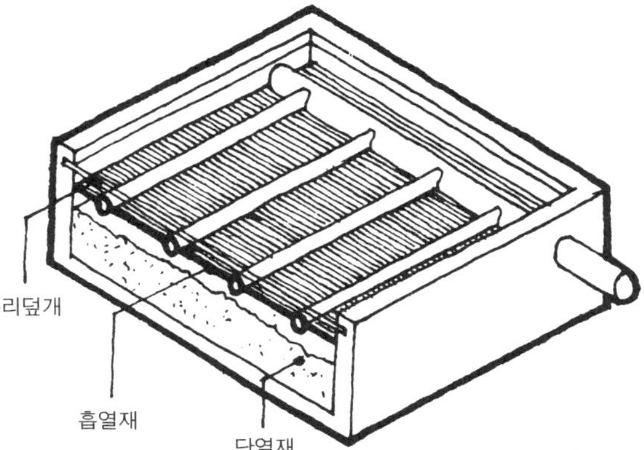

액체형 평판집열기

추운 기후에서의 이러한 여름철 냉방방법은 효과가 거의 제한되어 있으나 이 경우에는 냉방부하가 훨씬 적어진다. 건축적으로는 방수문제는 물론 넓은 면적과 물의 하중이 동시에 취급되어야 한다. 물이 수평으로 놓이는 것은 겨울철 집열기로써 능률적이 못되며, 따라서 수직 또는 경사진 것보다 더 넓은 면적을 요한다. 실 높이가 이중으로 되면 네 가지 요소 중의 하나인 거리의 제곱에 비례해서 복사열 전달이 감소되기는 하지만 지붕이 반드시 평지붕일 필요는 없기 때문에 단이 생길 수도 있다.

세 번째의 수동적 시스템은 독립취득 방식인데 이것은 집열기와 축열조를 공간과 분리시켰기 때문에 제어가 훨씬 쉽게 된다. 이들 중 가장 보편적인 방식은 태양을 적극적으로 받아들이는 공간과 열의 사이펀(siphon)현상을 이용한 집열기에 의한 것이다. 온실, 아트리움, 선 포치(sun porch)는 벽돌, 흙, 또는 물로 이루어진 열을 저장할 수 있는 매스(mass)와 넓은 유리창을 갖고 태양을 향하도록 해야 한다. 온도는 보통 공간이 계속해서 사용되는 경우보다 훨씬 많이 변화되게끔 되어 있다. 열이 남을 경우에는 단순히 문이나 창을 열어둠으로써 남은 열이 건물의 나머지 부분으로 순환될 수 있다. 공간의 점유율은 온도조건에 따라서 변하게 된다. 공간을 건물에 적합하도록 하는 방법은 다양하며 열온연결(thermal connection)의 가능성도 많다. 열은 대류, 전도 또는 복사에 의해서 전달된다. 과열 방지를 위한 여름철 태양의 차단과 환기 및 겨울철 열전도 손실을 막기 위한 야간 단열이 적정한 상태를 위해서 요구된다. 열 사이펀(thermo siphon)은 상승하는 뜨거운 공기와 하강하는 찬공기에 의해서 생기는 자연적인 대류현상에 의해 작동된다. 이러한 현상은 팬이나 펌프를 사용하지 않고 평판 집열기로부터 열을 발생시키는데 사용될 수 있다. 적극적 시스템보다는 덜 효과적이지만 열 사이펀은 축열조 구조체와 짝을 이루면 수동형 시스템으로서 상당한 정도의 제어능력을 갖는다. 뜨거워진 공기가 집열기에서 축열지역으로 상승하면 거기에서 쇄석을 통해 순환되면서 열을 방출하고 계속해서 순환을 반복하게 된다. 혹은 내부공간으로 보내져서 자연적인 대류현상에 의해서 전체공간을 자유롭게 순환하기도 한다. 이러한 기본적인 형식의 시스템 외에도 아직은 많이 설계되지 않은 무한한 선택의 여지와 조합방법이 있다. 수동형 시스템을 열류를 제어 또는 분배하기 위해서 기계적인 보조시설과 함께 사용하는 복합시스템의 가능성도 수없이 많으며, 이는 단지 설계자의 능력에 달려 있는 것이다.

능동적인 태양열 이용 오늘날 가장 널리 이용되고 인정을 받는 태양열 이용 기술은 평판집열기의 사용이다. 보통 평판집열기는 공기순환이건 액체순환이건 간에 다섯 가지 요소로 구성되어 있다.

1. 투명덮개판 - 유리 또는 플라스틱
2. 유입구에서 유출구까지 열을 전도시키는 핀(fin)이나 튜브
3. 열을 핀이나 튜브까지 이어서 열전달 유체에까지 열을 전도시키는 흡수판
4. 집열기 뒷면으로 방출되는 열손실을 최소화하기 위한 단열재
5. 집열기 틀

태양의 복사열은 투명 덮개판을 통과하여 가능한 한 많은 열을 흡수하도록 채색이 되거나 코팅이 된 판을 가열하게 된다. 액체를 운반하는 튜브나 공기에 열을 전달하기 위한 표면적을 늘려주는 핀에 열이 전도되며 팬이나 펌프가 유체를 열저장탱크 또는 난방공간으로 보낸다. (열사이펀 집열기에서는 자연적인 대류현상에 의해서 열이 이동된다.)

집열기는 용도에 따라 적절하게 집열을 하기 위해서 일정한 각도로 경사져 있다. 난

간접태양열 시스템도

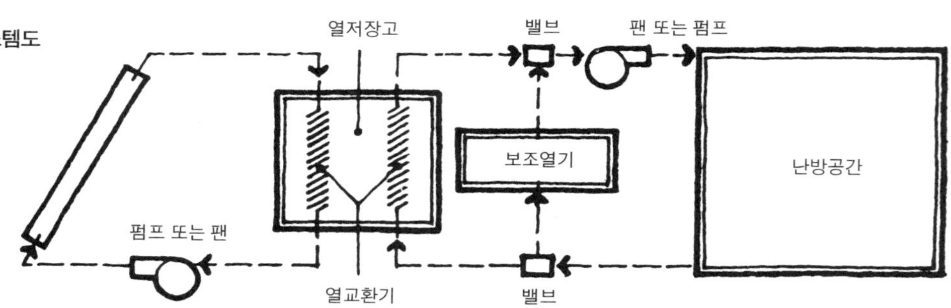

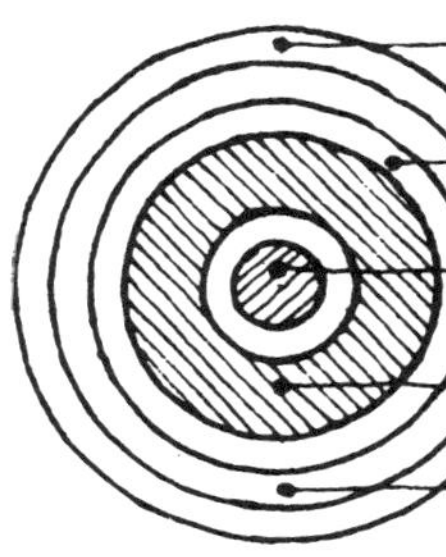

관형 집열기의 단면

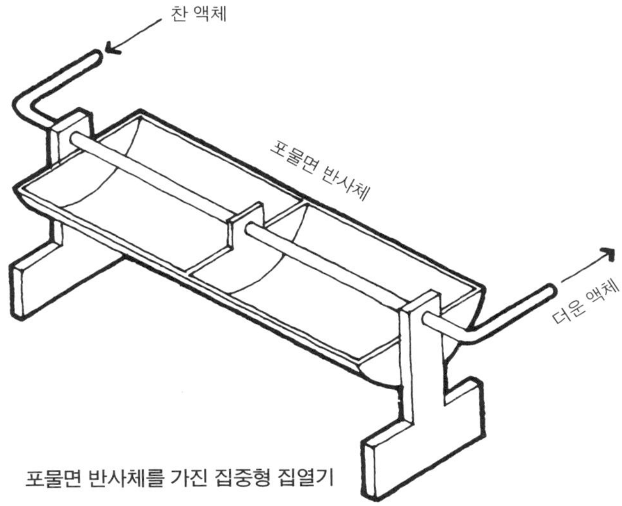

포물면 반사체를 가진 집중형 집열기

방의 경우에는 그 지방의 위도에 10~20°C를 더한 각을 사용하며 가사용 온수는 그 지방의 위도를 사용한다. 냉방장치를 가동할 때에는 그 지방 위도에서 10~20°C를 뺀 각을 이용한다. 집적된 열은 최소한 다음날까지 또는 가능하다면 며칠 동안의 흐린 날을 지탱하기에 충분한 만큼 축열되어야 한다. 가장 일반적으로 사용되는 축열재료는 물 또는 쇄석(rock bed)이다. 축열기술 개발은 소규모 건물에서보다도 대량의 축열을 요하는 대규모 시스템에서 절실하게 요구된다. 따라서 열전달 매체의 상태의 변화를 용이하게 하며 많은 열을 작은 부피 속에 저장할 수 있는 다른 혁신적인 기술에 대한 연구가 많이 이루어지고 있다.

시스템 형식(공기 또는 물)의 선택은 건물의 규모, 열분배 시스템 및 기후에 의존한다. 대규모 건물에서의 소요 열량은 거대한 덕트 또는 빠른 풍속을 필요로 한다. 고온에서는 집열효과가 떨어지며 저온에서는 더 많은 집열을 할 수 있는 경제성은 있으나 일반 시스템보다 더 큰 공기덕트가 필요하다. 액체시스템도 마찬가지이지만 파이프 크기가 50% 증가하는 것이 덕트의 동일한 증가에 비해 공간계획에 있어 훨씬 영향이 적게 미치므로 대부분의 대규모 건축물은 액체시

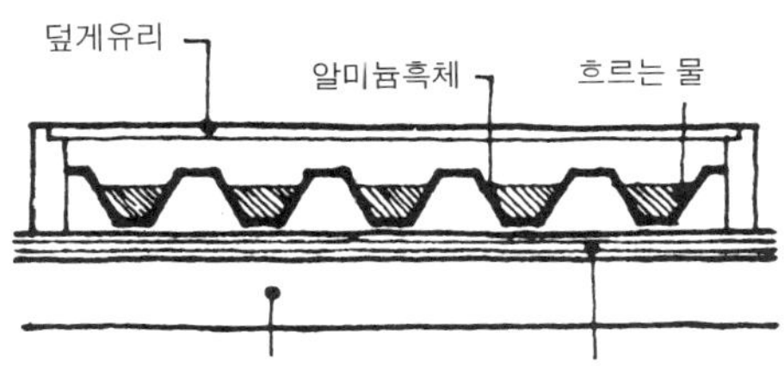

태양열 온수난방기 단면

스템을 사용한다.

태양열 시스템의 이러한 낮은 가용온도(일반적으로 100°F에서 160°F)는 대상공간에서의 분배시스템에 대한 선택의 여지를 몇 가지로 제한한다. 180°F의 물을 사용하는 높이가 낮은 소규모 컨벡터는 부적당하며 더 큰 방열기가 필요하다. 팬코일 유닛도 사용될 수 있지만 별도의 열교환을 위한 면적을 필요로 한다. 반면에 공기시스템은 직접 대상공간을 난방할 수 있다.

미국에는 거의 대부분의 지역이 일시적이라도 기온이 빙점 이하로 내려가기 때문에 열전달 매체로서 물을 사용하는 데 또 다른 문제가 따른다. 이 문제를 해결하기 위해서 에틸렌 글리콜이 첨가된다. 이는 가격이 비싸서 집열기 축열 루프에만 사용이 제한되기 때문에 집적된 열을 열 저장소에 보내기 위한 열교환기가 필요하다. 연중 내내 기온이 빙점 이하로 내려가는 일이 거의 없는 지역에서는 사용하지 않는 기간 동안 집열기의 물을 빼버리는 방법을 사용할 수 있다. 공기 시스템은 이러한 예방조치가 필요 없다. 이러한 기본적인 시스템 이외에 배관・덕트 설치・제어・축열 및 열분배에는 여러 가지 방법이 있다. 더욱 중요한 가능성 중에는 더 높은 가용온도를 가능케 하고 냉각설비에도 동력을 공급할 수 있는 집중식 집열기와 공관집열기도 있다. 해리 토머슨의 소라리스 시스템으로 널리 알려진 세류형 물시스템(Trickle type water system)은 부지에 비전문가도 설치할 수 있는 훌륭한 방법이다. 태양 복사열을 직접 전기로 바꾸는 태양전지가 경제적으로 타당한 에너지원이 될 만한 가능성이 있는지가 현재, 많은 연구과제가 되고 있다. 직접에너지 변환연구소(direct energy conversion research)의 책임자인 델라웨어 대학교의 뵈어(Karl W. Boer)박사는 1980년대까지는 와트(W)당 2달러의 태양전지가 사용될 것이며 몇 년 후에는 와트당 1달러로 널리 사용되게 될 것이라고 예상하고 있다.[6]

지금까지는 보조난방에 관한 항목은 무시해왔다. 100%태양열 난방을 하는 것은 보통 경제적이지 못하기 때문에 나머지 부분은 다른 에너지원으로 해결해야 한다. 보조난방은 흔히 춥고 흐린 날씨가 계속되는 기간에는 건물 전체를 난방할 수 있도록 계획된다. 사실 사용자들은 이를 요구할지도 모른다. 기술을 적절히 조합함으로써 태양열 시스템과 보조열을 제공하기 위한 열펌프를 같이 사용하는 방법이 있다. 열펌프는 축열조에서 직접난방에 사용될 수 있는 온도보다 훨씬 저온으로 열에너지를 회수함으로써 집적된 태양열의 유용성을 연장시킬 수 있다.

태양열 에너지의 간접형태인 바람은 직접적으로 전기 또는 열에너지 전환을 주요 또는 보조시스템에 공급할 수 있는 상당한 잠재력을 갖고 있다. 풍력발전기는 풍속 12~15마일 범위에서 유효하기 때문에 가용대지가 제한되어 있다. 다행히도 빠른 풍속과 난방요구 사이에는 흔히 밀접한 상호관계가 있다. 풍차 탑에 적합한 대지는 약 300ft(90m)까지 장애물이 전혀 없어야 하며, 플랜트는 국부적인 대기의 난류를 없애기 위해서 지표면에서 최소한 30ft 위에 위치해야 한다. 발전동력(generated power)은 축전지시스템(storage battery system)으로 보내지거나 지역 전기선로에 공급된다. 앞으로는 커다란 기술적 변화가 있을 것이며 경제적인 패키지시스템의 이용 가능성도 커질 것이다. 그러나 풍력은 시골에서나 가능할 것이며 자주 바뀌는 풍향과 이동 기류의 낮은 에너지 밀도 때문에 항상 제약을 받을 것이다.

■ 종합

에너지 예산 또는 기준을 지시하는 지침과 조례를 통과시키는 정부기관이 점점 늘어나고 있다. 건물의 에너지 실행 기준을 수립하는 국가계획이 주택성과 도시개발성에서 이루어지고 있으며 그 결과는 계획된 에너지 소비 수준의 범위와 특수한 기후에서의 주요 건물 유형을 연관시키는 모체가 될 것이다. 이 범위는 특수한 건물 프로젝트를 다루는 디자인 팀이 사용하는 기준이 될 것이며 또한 에너지 사용 기준은 많은 주와 지방 관할구역에서 채택되고 있다. 이러한 경향은 지정된 건물 목적에 따라 이행되도록 소유주가 조정할 수 있는 에너지 절약형 건물을 개발하는데 있어서 디자인 팀이 해야 할 보다 큰 책임과 의무에 대한 의미를 내포하고 있다. 이는 에너지 면에서는 합당한 목표이며 그 운영이 더욱 경제적인 가치를 갖게 된다. 왜냐하면 물질적인 설비자본 형태로의 더 많은 투자와 계획기간이 정당화 되기 때문이다.

장기 재정 결정의 복합성에 대응해서 생물환(環)의 관리 원가계산 기술이 개발되어 왔다. 이는 건물의 수명보다는 에너지 보존에 대한 자본 투자가 유리함을 설명하는데 특히 이용가치가 있으며, 특히 운전경비를 무시하고 원가, 계약금 및 월간 공급자금을 최소로 하려는 신중한 계획에서 건물 경제학에의 통상적인 접근방법과는 상당히 거리가 있다. 설비비가 올라가면 소유 및 운전경비가 더욱 큰 부분을 차지하게 된다.

건물의 에너지와 경제적 실적 모두에 대한 책임이 커지고 있는 개발시기에 건축가는 중추적인 위치를 차지한다. 건축가의 지도력은 기술자, 건축주, 시공자, 대급업자와 함께 건물을 미적, 경제적으로 해결하도록 이끄는 창조적인 작업 파트너십을 가지게 할 수 있을 것이다. 인습적인 건축디자인 과정은 흔히 전문인과의 협의가 이루어지기도 전에 기본적인 디자인을 완성시켜버리는 결과가 된다. 관련 분야의 전문인들, 특히 건축가와 기술자가 이 초기 대화를 갖는 것이 에너지를 고려한 설계를 발전시키는 한 방법이다. 하지만 고차원적인 도전은 우리가 직면하고 있는 새로운 환경을 이해하려고 하는 의사 교환을 능가하는 것이다.

우리는 우리가 아는 바와 같이 성장을 유지할 수 있는 지구의 한계가 알려지고 있는 시대에 살고 있다. 화석연료 자원이 유한하다는 것을 알게 된 충격이 전 세계적으로 퍼지기 시작하고 있다. 지구의 균형 잡힌 생태계는 유류연료 산업화에 밀려서 계속 유지될 만한 능력이 없다는 사실 또한 명백해지고 있다. 이러한 경향들은 생활행위를 보호할 건물에 그리고 행위 그 자체에 직접적인 영향을 미치게 될 것이다.

지구 변화의 과정을 오랜 시간이 걸려서 확산되지만 기본적인 생활양식과 생활수준을 유지하기 위해서 사용되는 에너지 자원의 의존도와 직접적인 연관을 갖고 인구에게 영향을 미칠 것이다. 미국은 인접 경쟁국가보다 1인동 2/3의 에너지를 더 소비하고 있는 유럽 세계의 본보기가 될 것이다. 한 세기 동안 값싼 에너지와 자원을 개발하여 성장해 왔기 때문에 미국은 어떠한 변화라도 이웃나라보다 더욱 빨리 그리고 더욱 민감하게 느낄 것이다. 건축직은 새로운 환경을 개발하고 옛 것을 새로운 양식에 응용하는 일에 참여할 것이다. 도전이 크면 가능성도 따라서 커지며 그러한 점에서 미래에 대한 흥분이 존재하는 것이다.

주

1. Ralph Knowles, *Energy and Form: An Ecological Approach to Urban Growth*(Cambridge, Mass.: M.I.T. Press, 1974).

1a. Robert F. White, "Effects of Landscape Development on the Natural Ventilation of Buildings and Their Adjacent Areas", *Texas Engineering Experiment Station Research Report* 45(College Station, Texas: Texas Engineering Experiment Station, 1945).

2. John Yellott, "Solar Heating and Cooling Systems", (Memorandum to Arizona Chapter, American Institute of Architects, 1976).

3. Victor Olgyay, *Design with Climate* (Princeton: Princeton University Press, 1963).

4. Harold Hay and John Yellott, "International Aspects of Air Conditioning with Movable Insulation", Solar Energy, vol. 12, 1969, pp. 427-438.

5. Solaris System details and license are available from Edmund Scientific Company, Barrington, New Jersey.

6. "An Interview with Karl Böer", in *Solar Age*, vol. 3, no. 2(February 1978), pp.32-35.

권장도서

Anderson, Bruce, and Michael Riordan. *The Solar Home Book*. Harrisville, N.H.: Cheshire Books, 1976.

Egan, M.David. *Concepts in Thermal Comfort*. Englewood Cliffs, N.J.: Prentice-Hall, Inc., 1975.

Fitch, J. M. *American Building: The Environmintal Forces That Shape It*. New York: Schocken Books, 1975.

Geiger, Rudolph. *The Climate Near the Ground*. Cambridge, Mass.:Harvard University Press, 1950.

Givoni, B. *Man, Climate, and Architecture*. London: Applied Science Publishers Ltd., 1976.

Knowles, Ralph L. *Energy and Form, An Ecological Approach to Urban Growth*. Cambridge, Mass.: M.I.T. Press, 1974.

Koeningsberger, O.H. and others. *Manual of Tropical Housing and Building, Part I Climatic Design*. London: Longman Group Ltd., 1973.

McGuiness, William J., and Benjamin Stern. *Mechanical and Electrical Equipment for Buildings*. New York: John Wiley & Sons, Inc., 1971.

Olgyay, Victor. *Design with Climate*. Princeton: Princeton University Press, 1963.

Robinette, Gary O. *Plants/People/and Environmental Quality*. U.S. Department of Interior, National Park Service. Washington, D.C.:Government Printing Office, 1972.

Ruegg, Rosalie T. *Solar Heating and Cooling in Buildings: Methods of Economic Evaluation*. U.S. Department of Commerce, National Bureau of Standards. Washington, D.C.:Government Printing Office, 1975.

Scientific American. *The Biosphere*. San Francisco: W.H. Freeman and Company, 1970.

Watson, Donald. *Designing and Building a Solar House*. Charlotte, Vt.: Garden Way Publishing, 1977.

Wright, David. *Natural Solar Architecture*. New york: Van Nostrand Reinhold Co., 1978.

14 장
건축학에 있어서의 컴퓨터

Anthony J. Schnarsky
권 택 진 역

컴퓨터가 현대사회에 끼친 중요한 영향은 잘 알려져 있다. 컴퓨터가 적응될 사회와 관련된 장기적 이점과 문제점에 관해 많은 논쟁이 있고 또 앞으로도 논쟁은 계속되겠지만, 컴퓨터가 정보를 축적하고 처리하는 인간의 능력을 광범위하게 증가시켜 왔다는 사실만은 변함이 없다. 지루하고도 손으로 해야 했던 많은 일들이 자동화되어져 왔고 복잡한 계산과 분석이 간단하게 그리고 규칙적으로 되어 왔다. 초기의 막대한 연구개발 비용이 보상됨에 따라 컴퓨터의 하드웨어의 가격은 줄어들고 있으며 전산능력도 더욱더 많은 응용분야로 확대되고 있다.

하나의 집단으로서의 건축가들은 일반적으로 시대의 흐름에 동조한다. 즉 그들은 재빨리 새로운 재료와 과정을 시도해 보고 그 표현에 고심한다. 컴퓨터의 경우에서도 그것은 마찬가지였다. 1960년대 중반에 컴퓨터는 건축가들에게 대단한 가능성을 주었다. 그러나 실제 사용에 있어 기대가 지나친 경우가 흔하여 많은 회사들이 사용해보고 평가한 후 컴퓨터의 응용을 포기하였다. 그럼에도 불구하고, 최근의 응용과 그 결과들은 바람직한 성과와 중요한 가능성과 더불어 건축에서의 컴퓨터의 재등장의 조짐을 더욱 보여주고 있다.

이 장에서는 컴퓨팅 시스템의 기본요소들을 설명하고 건축에서의 여러 가지 응용을 소개한다.

■ 컴퓨터의 건축에의 도입

건축가에게 컴퓨터가 처음으로 소개됨에 있어서 중요한 두 가지 회의가 있었는데 "보스턴컴퓨터 회의"(1964년)와 "건축에서의 컴퓨터그래픽에 관한 예일회의"(1968년)가 그것이다. 참가자들은 실무건축가, 교육자, 학생, 연구원 그리고 컴퓨터 전문가들이었다. 두 그룹이 형성되었는데, 그것은 실무건축가 대(對) 비전문가의 두 그룹일 것이라는 예상과는 달리, 컴퓨터를 신뢰하는 사람 대(對) 신뢰하지 않는 사람의 두 그룹이었다. 두 가지의 의제(議題)가 있었는데, 그것은 컴퓨터 불신자에의 설득과 새로운 응용의 조심스럽고 신중한 공개였다. 그 의제의 진행은 고무적이고 자극적이었으며, 그 공개 전시된 것들은 매혹적이었다. 거기에서 많은 것이 예견되었고 또 많은 것이 팔려나갔다.

머레이 밀른(Murray Milne)은 1968년 회의의 논문들에 관해 다음과 같이 말하였다.

> 일은 이제 시작일 뿐이다. 사실, 지금과 같은 추세로 발전이 계속된다면 이 논문들의 대부분은 4, 5년 후면 역사적인 기록으로 분류될 것이다.[1]

1970년에 니콜라스 니그로폰트(Nicholas Negroponte)는 인공지능 설계 파트너(artificial intelligent design partner)를 고안하여 그것을 사용하였으며 '어반 에이드(Urban Aid)' 라는 영화에 출연시켰는데 그렇게 함으로써 그는 다른 사람들이 그것으로부터 많은 것을 배울 수 있는 훌륭한 기계를 만들었다. 그의 저서 "건축의 기계"(The Architectural Machine)는 건축에서의 설계용 기계와 인간성(人間性) 사이의 근본적 관계에 대해서 탐색하고, 증진시키며, 예견하고 비평하며 또한 모색하고 있다.[2]

1975년 카이만 리(Kaiman Lee)는 그의 저서 "컴퓨터에 의한 환경설계의 기법의 실태"(The State of Art of Computer- Aided Environmental Design)에서 13개의 응용분야에서 334개의 독특한 프로그램 또는 패키지(package)를 열거하였다. 이들 중 142개는 1973년 이전에 개발되었던 것이다.[3] 1960년대 중반에서 1970년대 중반까지의 기간에는 컴퓨터 사용에 대한 갑작스럽고도 열성적인 발표가 있었다.

이러한 컴퓨팅 프로그램의 모든 것은 어떤 것인가? 니그로폰트는 그 프로그램들이 인간의 능력과 관련되는 단계에 따라 프로그램의 세 가지 특성단계를 설명하였다.

> Ⅰ단계 : 인간의 문제해결능력 혹은 처리능력을 모방한 프로그램
> Ⅱ단계 : 인간이 손으로는 거의 행하지 않는 총괄적인 알고리즘(algorithms, 규칙적 계산)을 이용한 프로그램
> Ⅲ단계 : 완전히 자율적인 방식으로 문제를 처리하는 프로그램. 그 프로그램들은 지각, 확고한 가치, 그리고 결정능력으로 이루어지는 독립된 자료들을 가지고 있다.[4]

대부분의 초기 프로그램들은 Ⅰ단계에 속했다. 계산기에 매료된 프로그래머들은 사용자들에게 매우 친숙해져 있던 공정으로 구성된 방법을 고안하였다. (이들 프로그램은 초기의 철의 사용과 유사하였다. 1850년대에는 그 이전까지 철을 사용한 선례가 없었기 때문에 건축의 형태는 이 새로운 재료로 만들어졌어도, 그것은 흔히 전통적인 나무와 석재의 모양을 취했었다.) 그러나 오래되지 않아 특히 수치해석의 기법들을 사용하여 문제들을 모델(model)화 시키고 시뮬레이트(simulate)시킬 수 있게 됨에 따라서 많은 Ⅱ단계의 프로그램들이 발전하였다. 컴퓨터그래픽이 Ⅱ단계 응용의 한 실례인데, 그 그래픽에서는 설계된 형태는 사람의 손으로는 거의 구성할 엄두도 내지 못할 여러 유리한 지점에서 관찰할 수 있는 것이 되었다. 마침내 일부 연구자들이 Ⅲ단계의 프로그램을 시도하였는데 별로 성과는 없었다. 그들은 아마도 막대한 노력이 투여되어야 함을 미처 깨닫지 못한 채 이러한 앞선 단계를 시도했을 것이다. 이러한 개발활동의 높은 수준에도 불구하고, 건축전문직에 대한 응용은 비교적 느렸다.

고려되어야 할 그 밖의 역사적인 관점은 판매촉진의 특성이다. 컴퓨터 사용을 신뢰하는 사람은 그렇게 강열하고 설득력 있었는데도 실무자들에게 받아들여졌다는 증거는 왜 그렇게 보잘 것이 없는가? 컴퓨터 사용의 제안자들은 컴퓨터가 다음의 모든 일들을 수행할 수 있다고 주장하였다.

1. 건축가와 설계자에게 중요한 시간을 벌게 한다.
2. 지루한 작업으로부터 인간을 자유롭게 하고 건축실무에서 더 인

간적인 측면에 전념할 수 있게 한다.

3. 더 많은 수의 설계 대안을 개발할 수 있게 한다.
4. 사용자에게 적응되고, 상호작용적이고, 포괄적이고, 융통성 있고, 다용도적이고, 편리하고, 효과적이고, 확실하고, 개방적이고, 경제적이고, 보편적 자료에 근거하고, 사용자가 조정할 수 있고, 도표화 할 수 있고 현실적이게 한다.[5]
5. 사무착오와 누락을 줄인다.
6. 컴퓨터 사용의 잉여시간을 남에게 대여함과 더불어 서비스 제공을 확장시킨다.
7. 자료수집과 설계방법에 더욱 순서적으로 접근하도록 유도한다.6

거의 초기에서부터 이러한 주장은 있었다. 이들 주장의 일부는 타당한 것이었지만 어떤 것은 잘못이 있었다. 컴퓨터 이용의 시범은 보다 설득력을 갖게 되었고, 그것에 대한 판매속도는 증가되었지만 컴퓨터를 불신하는 사람들의 태도전환은 여전히 느리고 시험적인 것에 불과했다. 그것은 왜 그럴까?

적어도 발전의 초기에는 건축가들은 중요한 잠재력 — 입증된 능력과는 반대되는 — 을 제공하는 하나의 도구에 중요한 자료들을 맡기도록 종용되어 왔다는 것은 명백한 사실이다. 어떤 의미에서는 그들은 컴퓨터 응용의 발전을 시인하도록 은연중에 종용받고 있었다. 컴퓨터는 새롭고 특이한 기술들(그리고 전문요인)을 요구하였으며, 재래의 작업과정에 변화를 나타냈다. 이러한 진보적인 작업은 많은 산업에서 보편적인 것이 되었다. 그러나 대부분의 건축사무소들은 소규모이므로 새로운 시설과 전문요원의 도입은 큰 경제적 부담을 의미한다. 그러므로 여러 가지 컴퓨터 응용은 건축사무소 이외의 학자와 전문가들에 의해 개발되었으며, 결과적으로 그것은 용역이나 생산품으로서 건축가들에게 판매되었다. 분명 이 사실은 실행에 잘 맞지 않는 과도한 요구를 발생하게 하였다. 그 외에도 1970년대 초기의 경제적 침체는 건축용역 위축의 원인이 되었다. 즉 확장에 기반을 둔 건축용역은 지연되었다. 그러나 더욱 최근의 경제적인 향상과 그 결과로의 건축업무의 확장은 컴퓨터 응용에 대한 문호를 개방해 왔다. 건축가들이 컴퓨터의 진가에 대해서 충분히 파악하지 못했어도, 우리는 그 도구의 특성과 잠재력에 대한 더 현실적인 이해와 더불어, 건축에의 응용에서 기하학상의 성장에 직면하고 있다는 것은 명백하다.[7]

■ 컴퓨터의 속성

컴퓨터의 본질적인 특질을 이해하고자 하는 건축가와 학생들에게는 토론해 볼 만한 가치가 있는 몇 가지 기본개념, 장치, 그리고 특성이 있다.

특성

컴퓨터는 이진법(二進法)적이고 유한한 것이다. 그것의 기본적인 능력은 on/off, ø/1 또는 +/-를 감지하는 능력에 달려있다. 큰 숫자나 기호들의 복합성과 그 중요성은 on/off 감지기의 순서와 패턴에 근거하고 있다. 이것을 인간 두뇌세포 한 개가 작용하는 방식과 비교해 보자. 우리는 눈을 감고 과거의 영상, 그것의 색채, 냄새, 습도와 온도를 기억할 수 있다. 우리의 두뇌는 있음직한 가치기준의 연속에 따라서 감지한다. 컴퓨터는 한순간을 저장하기 위하여 수천 개의 on/off 스위치들을 필요로 한다. 우리의 두뇌가 몇 분의 일초 내에 할 수 있는 것과 같이 새로운 순간이나 상황을 간파하고 추측하도록 용량이 갖추어진 컴퓨터는 아직은 개발되지 않았다.

컴퓨터는 부호체계를 근거로 하여 뜻을 식별한다. 숫자, 기호, 알파벳 문자 등은 국제적인 규약에 따라 부호화되고 있다. 예를 들면, 문자b는 컴퓨터 카드상의 하나의 12/2천공에 해당하며, 그 카드는 하나의 단어(word)라고 불리는 한 체계 속에 일련의 비트(bits)로서 저장된다. 단어(word)들은 다양한 유형과 중요성을 가질 수 있다. 하나의 기계의 용량은 흔히 단어(word)의 용량으로 그 등급이 매겨진다. 즉 얼마나 많은 양이 저장될 수 있는가, 또는 얼마나 많은 원문의 문자들이 고도의 농축된 기억능력으로 처리될 수 있는가를 말한다.

컴퓨터는 프로그래밍 할 수 있다. 컴퓨터 과학의 발전이란 사용자에게 하나의 알고리즘(algorithm)을 세우게 하는 언어들이 더 쉽게, 더 정확하게, 더 적절하게 되어 감을 말한다. 문제해결의 과정에서 컴퓨터를 이용하는 일은 점점 쉬워지고 있다. 사용자들은 자신들의 문제에 적합한 언어들을 고안하고 그 문구와 어휘에 따라서 컴퓨터에 지시할 수 있다.

한번 넣은 데이터는 보관, 복사, 옮기기, 변환, 재생, 분류, 조합, 삭제, 분석 그리고 편집 등이 가능하다. 하나의 전자데이터 처리 형태로 전환되면 수치, 기호 혹은 알파벳형의 정보는 수백 개의 제어된 변환치들로 조작될 수 있다. 다원화 자료구조(multibased data structure)는 건축에서의 컴퓨터 이용에서 대단히 의욕적인 문제의 일례이다. 그 구조는 하나의 프로그램을 위한 기술적(記述的) 데이터가 다른 프로그램에도 유용하게 되는 방식으로 데이터를 관련짓는다. 예를 들면, 어떤 건물의 설계가 진행될 때, 사용자는 각각의 새로운 결정사항을 기술하고 모델화 한 다음, 더욱더 명확해지는 컴퓨터 프로그램들로써 그것들을 계속하여 상호 작용시킬 수 있다. 보다 세련된 자료구조에서는 한 프로세서(processor)에 의한 결과들은 자동적으로 프로젝트의 파일(file)에 추가된다. 그리하여 그 과정은 그 프로젝트에 관한 기술적(記述的) 정보의 확립과 축적의 하나가 된다. 결과적으로 전산장치들은 프로젝트를 어떻게 세우는가에 관한 명령을 그러한 파일로부터 직접 유도해 내고 프린트해 낼 수도 있다.

그래픽(Graphics)

숫자, 기호, 문자와 같은 표준부호체계 외에도 또 다른 연계성(連繫性)들을 컴퓨터 속에 짜 넣을 수 있다. 그 한 가지 예는 플로터(Plotter; 자동작도장치)나 음극선 튜브(Cathode Ray Tube, CRT)로 벡터나 선을 그리게 하는 명령이다. 하나의 선의 시작과 끝의 위치는 공간 내의 물리적 좌표인 배열된 한 쌍이다. 이 좌표들은 기계적 표현으로써 전산되고 기억될 수 있다. 도법상의 판단에 따라 작도기는 선의 시작점부터 마킹 헤드(marking head)를 움직이기 시작하여 선의 끝점까지 작도를 한다. 이렇게 하여, 기억장치 속에 저장된 두 벌씩의 숫자만으로써 그 선에 포함된 모든 점들의 구별을 눈으로 식별하게 한다. 그리하여 공간 속의 일련의 점들을 식별함으로써 별체, 바닥평면, 그 밖의 물체의 작도가 이루어질 수 있다.

도법상의 판단의 또 다른 실례는 채색기술인데, 그것은 사용자가 어떤 물체를 표현함에 있어 각 축면의 색상과 밝기를 배합시키도록 하는 방법이다. 유리한 특정 지점에서 본 각각의 새로운 광경과 더불어, 각 측면은 그 광경에 적합하게 투사된다. 관련된 색채는 자동적으로 되살려져서 컬러CRT의 새로운 스크린 위에서 재생된다.

도법상의 판단의 마지막 실례는 디지타이저(digitizer ; 수치치환장치)를 사용하여 도법상의 정보를 입력시키는 것이다. 하나의 건물의, 둘러싸는 부분들인 다각형으로 된 면들을 표현하는 문제를 상상해 보자. 디지타이저라고 하는 장치와 작은 마이크로프로세서(microprocessor)가 이 일에 사용될 수 있다. 디지타이저는 사용자에 의해 움직여지는 포인터(pointer)의 위치를 감지하여 이것을 공간 속의 x－y 좌표로 변환한다. 처음에 사용자는 면을 연결하고 그것에 명칭을 붙이고 어떤 공간좌표계의 원점(global origin)을 부여하고 그것이 어떤 주요 평면에 속하는가를 결정한다. 그리고 나서 사용자는 수치치환된 첫 번째 점을 입력할 것을 지시한다. 사용자는 첫 번째 점이 다시 입력될 때까지 점들을 차례차례로 입력되도록 지시를 계속할 것이다. 이것을 감지한 후에 프로세서는 묘사를 완성하고

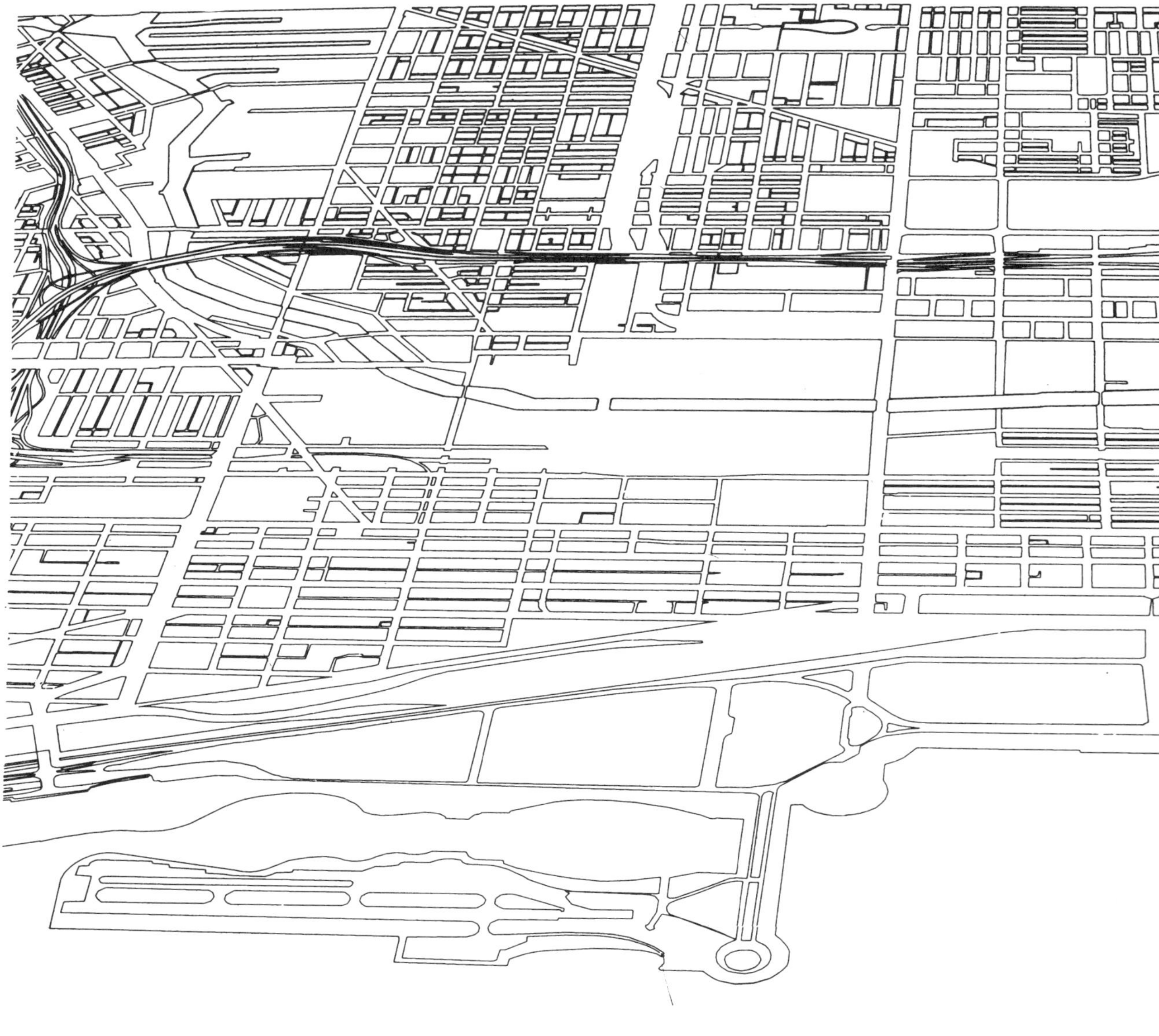

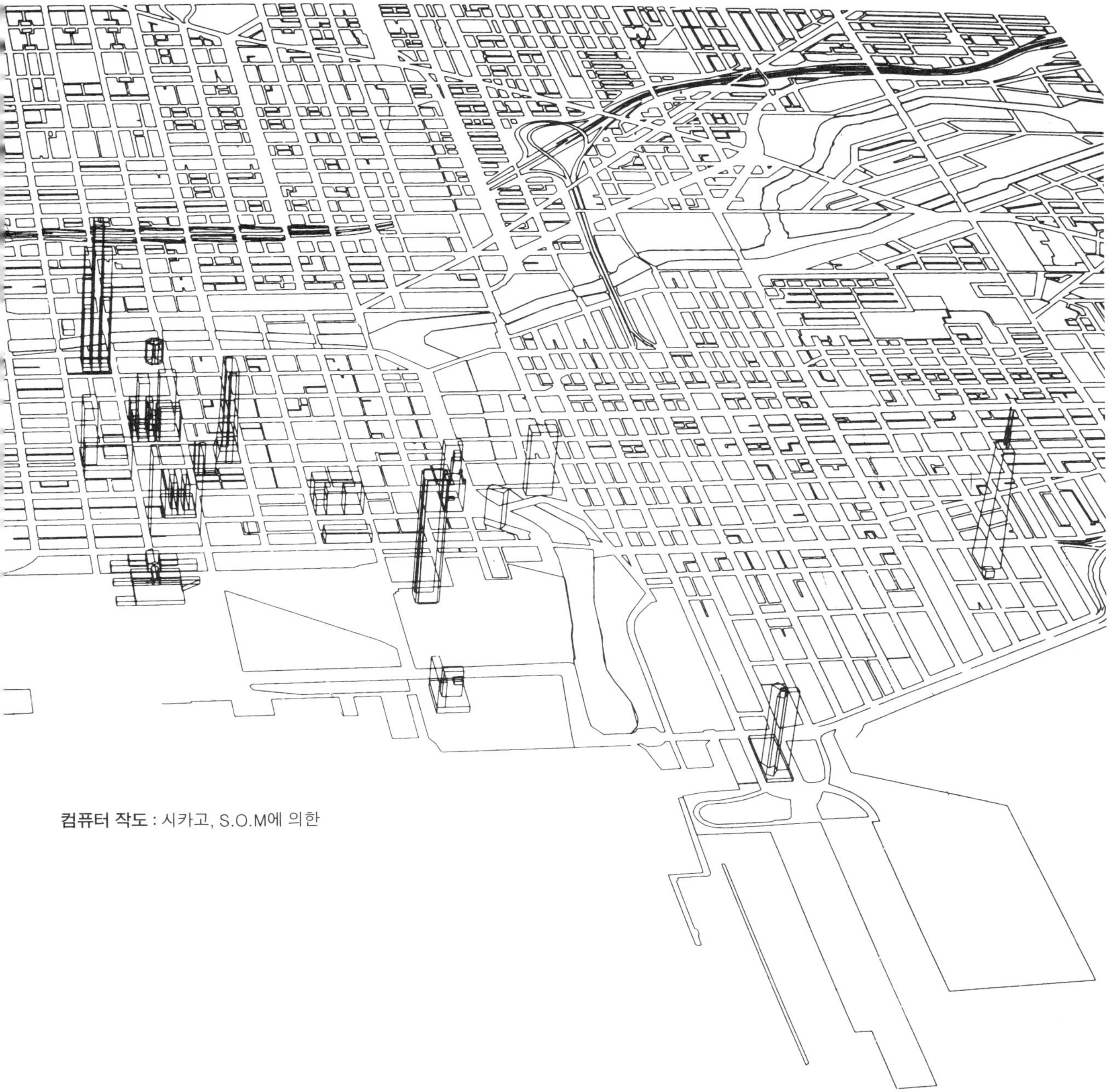

컴퓨터 작도 : 시카고, S.O.M에 의한

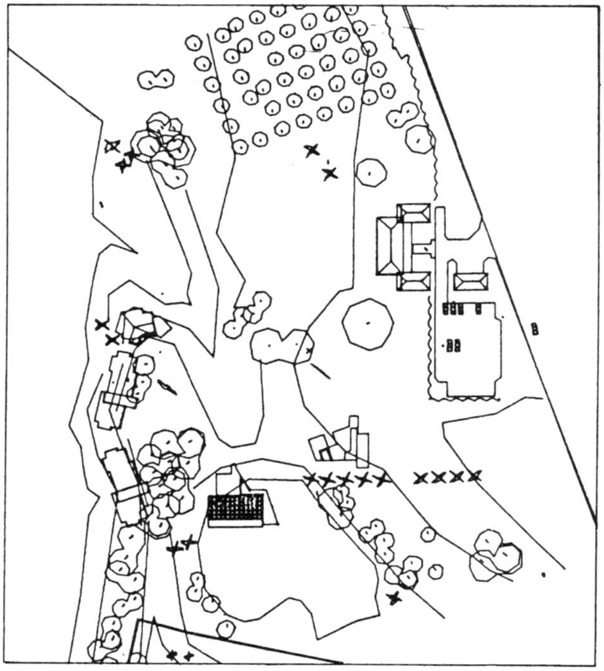

일반대지 배치도 : 건축 디자인 그래픽에 의함

대지 지형도 : 건축 디자인 그래픽에 의함

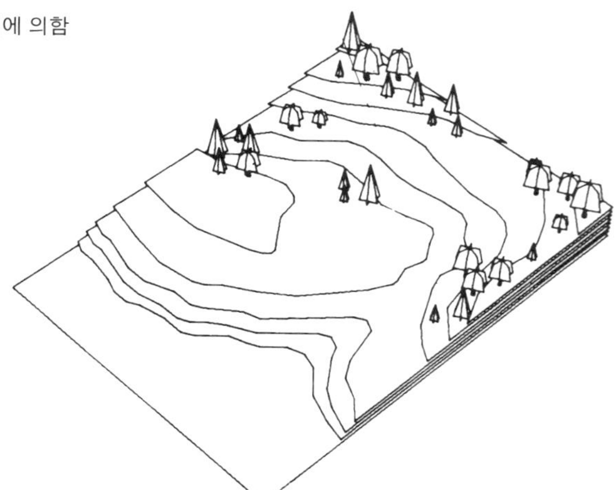

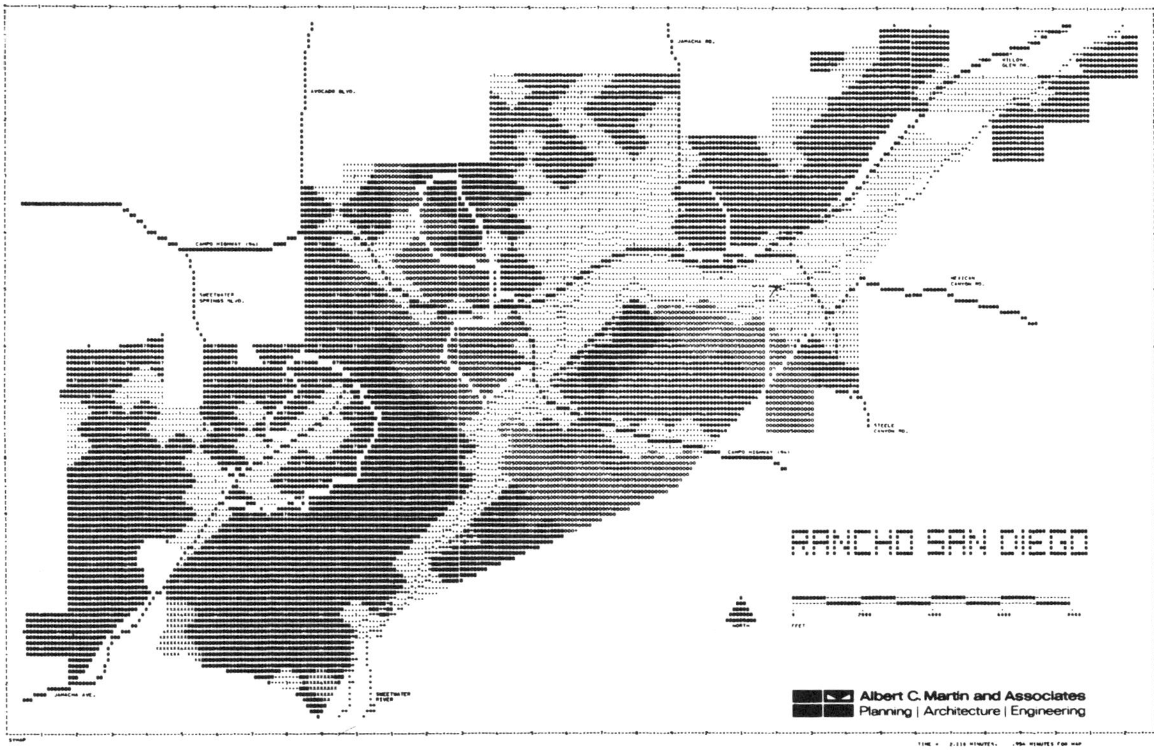

토지 특성을 나타낸 지역도 : Albert C. Martin and Associates에 의함

그 평면을 기억장소에 파일(file)할 것이다. 이러한 작동으로 주변길이, 면적, 치밀함, 우묵함 그리고 각 시점으로부터의 도법상의 투사 등이 전산처리될 수 있다. 이상의 실례들은 물리적 형태의 묘사와 내부의 기계적 표현에 관계되는, 고안된 컴퓨터 판단이 갖는 기본적인 잠재력을 보여준다.

■ 응용(Applications)

다음의 실례들은 최근의 건축에서의 컴퓨터 응용의 범위를 보여준다. 물론 규모가 크고 혁신적인 건축사무소, 대학, 전문적인 컨설팅회사 등에서 가장 능숙하게 사용하고 있지만 보다 소규모의 많은 사무소들은 컴퓨터 설비를 거의 또는 전혀 갖추지 못했다. 그러나 규모에 상관없이 경영과 회계시스템으로부터 구조분석, 컴퓨터그래픽에 이르기까지 컴퓨터가 중요하게 사용됨을 인식하고 있는 회사의 수가 증가하고 있다. 이러한 현상은 흔히 전문적인 컨설팅 회사들의 도움으로 생긴다. 그리고 컴퓨터 훈련을 받은 건축대학 출신자나 그 밖의 컴퓨터전문가에 의한 전문기술을 자체 내에 포함하는 상황이 점점 늘어나고 있다.

대지분석 건물대지 또는 더 넓은 지역에 대한 평면도, 단면도, 조감도 등은 라인 플로터(line plotter)로 제작될 수

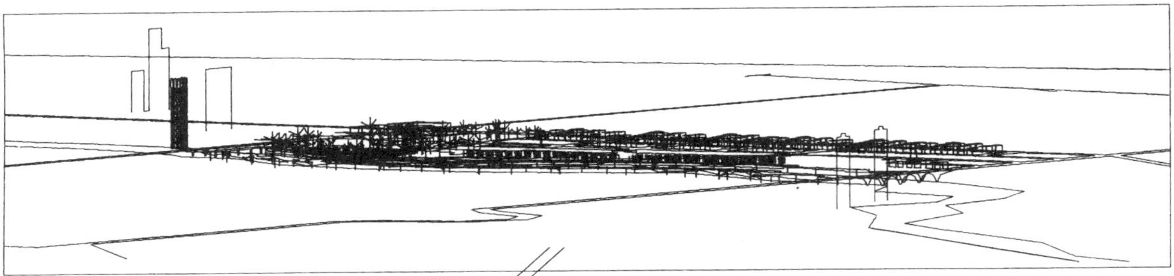

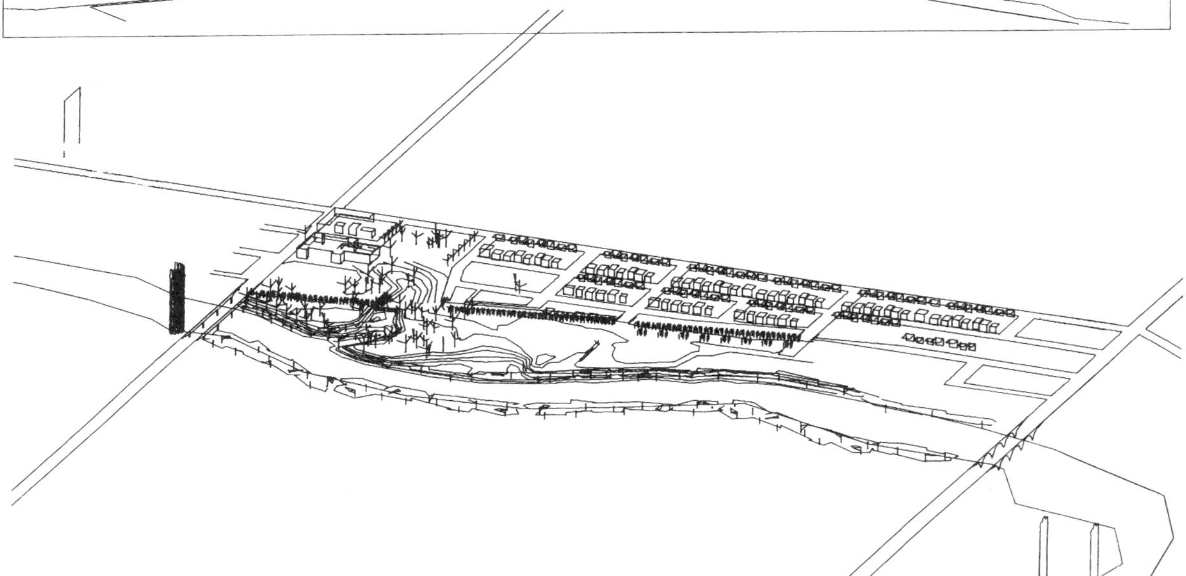

태양고도에서 본 건물대지 : 위스콘신–밀워키 대학 학생작품

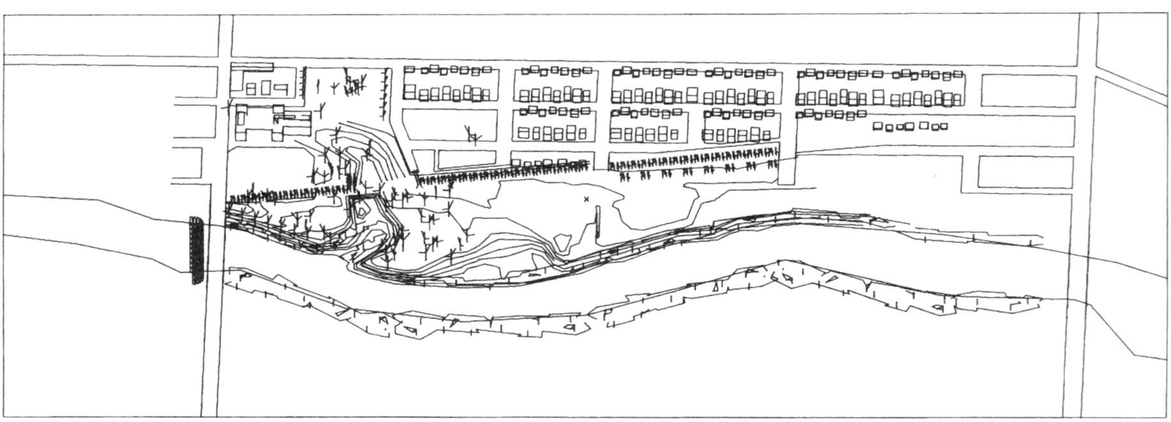

있다. 이러한 것들은 태양고도 분석을 포함하여 자연적 특성(지형, 녹지)과 인공적 특성(구조물)의 두 가지 모두의 분석과 표현을 고려한다.

사무소 건축투시도
S.O.M에 의함

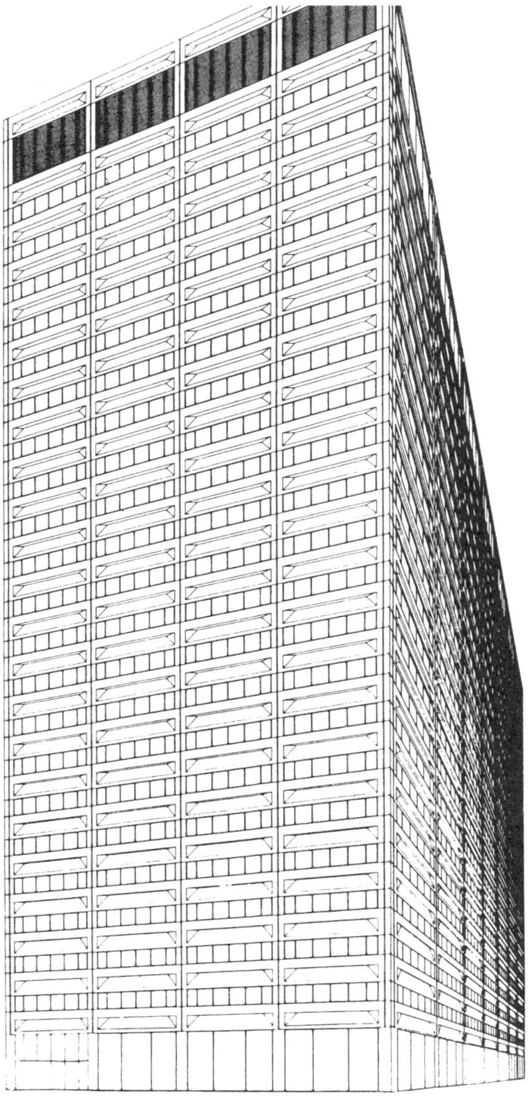

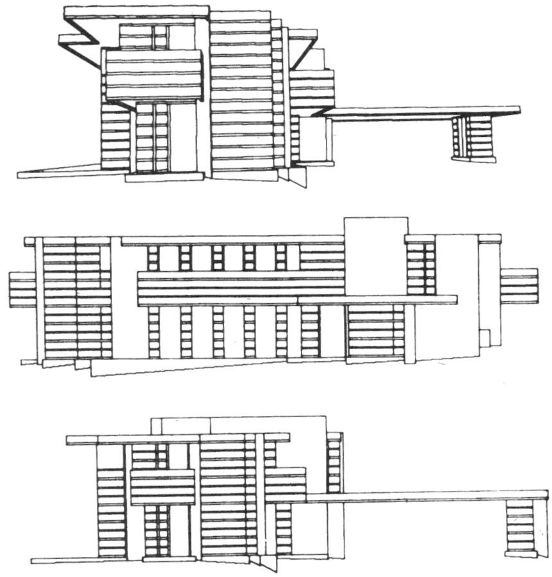

투시도와 입면도 : 건축디자인 그래픽에 의함

실내투시도 : 론 포란 및 건축디자인 그래픽에 의함

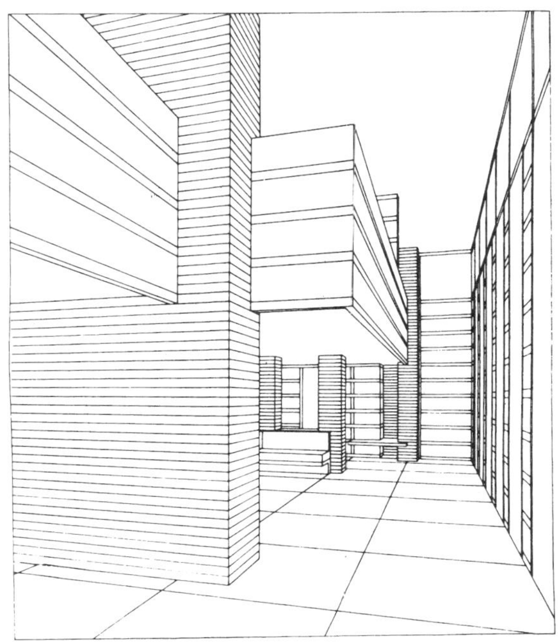

지역도(地域圖) 지도의 작도는 프린터, 플로터(plotter) 또는 CRT 등으로 이루어질 수 있다. 이것들은 일반적으로 환경적 데이터(경사도, 녹지, 토질)나 인구통계학적 데이터(인구밀도, 소득수준, 지가(地價) 등과 같은 수많은 변수의 값을 시각적(視覺的)으로 나타낸 것이다. 그리고 변수들은 복잡한 요인들에 결합되어서 생태학적 위기에 처한 지역, 개발의 가능성 따위와 같은 것들을 나타낼 수도 있다.

태양고도(Sun Angles) 대지(垈地)상의 건물의 방향은 대지와 건물설계에 있어 하나의 중요한 국면인데, 그것은 특히 에너지 보존이라는 관점에서 그러하다. 다양한 그래픽 프로그램이 태양고도의 작도를 용이하게 해주며, 그것으로써 사람은 하루와 연중의 여러 시각(時刻)에서의 태양고도에서 대지와 건물을 관찰한다. 이 사실은 적절한 방향을 선택하는데 필요한 종류의 정보(information)를 설계자에게 제공해 준다.

시각화(視覺化, Visualization) 미리 수치화되어 소장된 요소들과 디지타이저(digitizer)는 투시도, 평면도, 입면도 등으로 된, 건물의 가시적(可視的)모델 — 어떠한 위치에서도 관찰할 수 있는 — 의 구성을 용이하게 한다. 이런 방식의 시각화(視覺化)는 가능한 다른 방법보다 더욱 여러 가지 광경을 나타냄으로써 눈에 보이는 바에 따라 그

평면도 : 건축디자인 그래픽에 의함

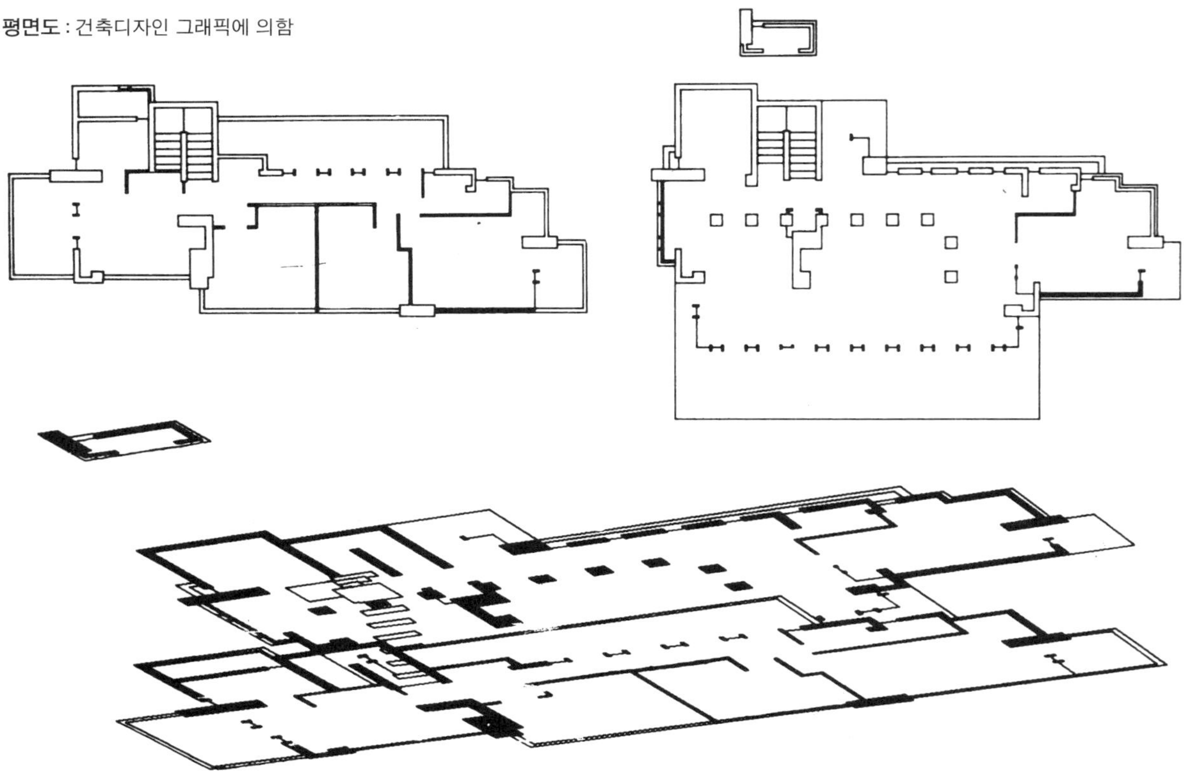

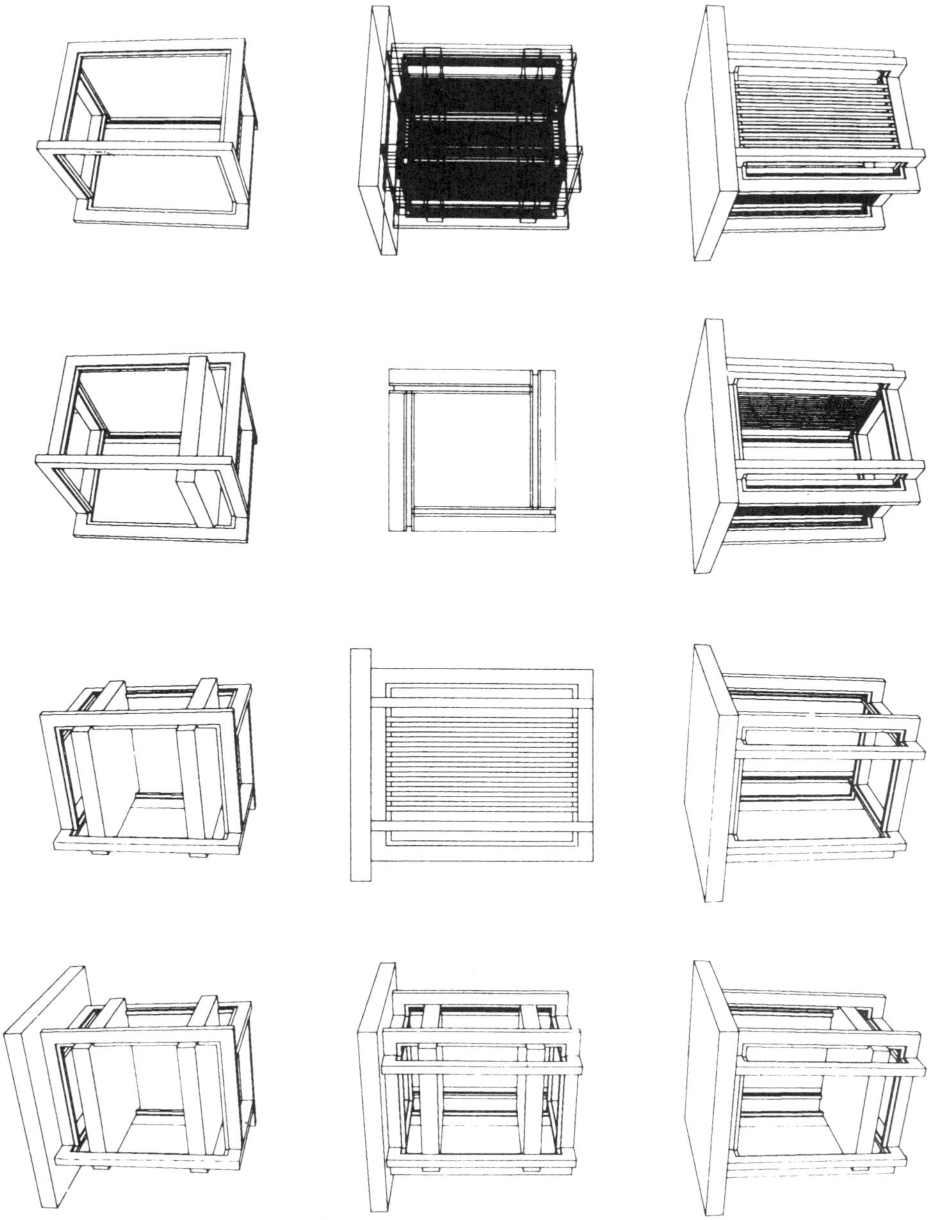

가구의 구성 : 건축디자인 그래픽에 의함

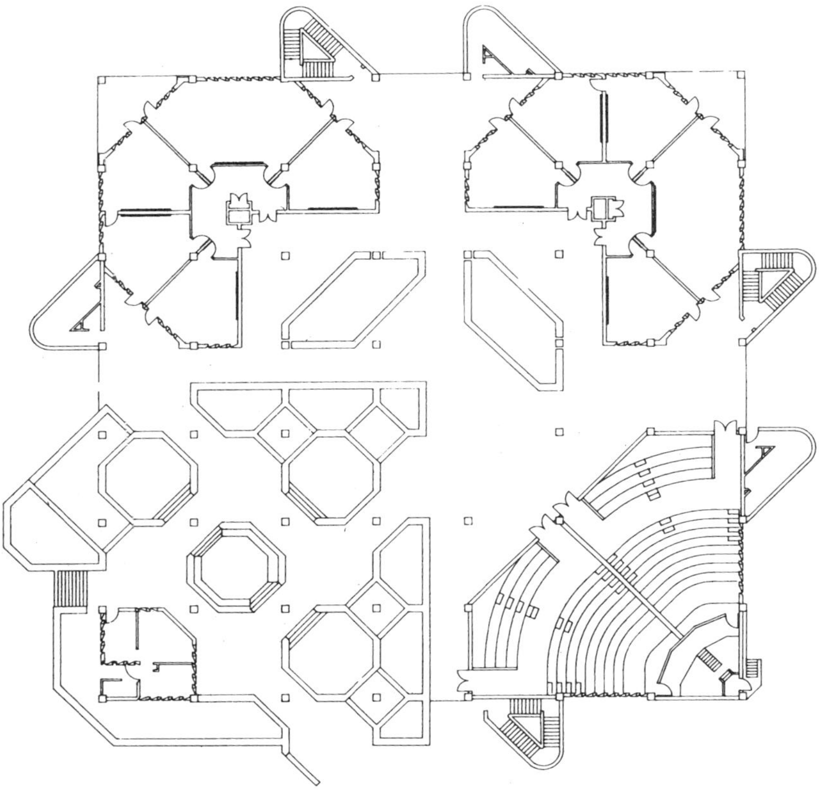

컴퓨터로 플로트한 블라다 대학 평면도 :
S.O.M에 의한 힘

디자인을 수정할 수 있다는 점에서 디자이너로 하여금 하나의 설계를 탐구하고 평가하게 한다. 그 뿐 아니라, 이러한 시각화는 복사할 수 있고 설계 주문자에 대한 설명용으로 쓸 수도 있다.

건물형태 구성 그래픽의 시각화 기술이 확장됨에 따라서 건물형태 구성은 필연적으로 물리적 형태의 모델을 직접 CRT에 발생하게 된다. 다시 말해, 평면도, 건물의 매스(mass), 심지어는 가구에 이르기까지도 여러 가지 방법으로 설계되고 수정되고 관찰될 수 있는 것이다. 그 상(像)들은 적당한 간격으로 풀로트(plot)될 것이다. 구성부분들은 따로따로 설계되어 하나의 구성체에 첨가할 수 있거나 미리 설계되어 소장된 요소들에서 유도해 낼 수가 있다.

자동 작도(自動作圖) 자동 작도는 시공도면이나 설명용 표현도면이 하나의 플로터에 의해 작성되는 특수 타입의 컴퓨터 그래픽을 수반한다. 거기에는 다른 방법으로 그린다면 엄청난 작도시간이 요구되거나 적절한 주석(註釋)과 제목이 붙은 기본 시공도면이 요구될 다방면의 작도가 포함될 수 있다. 그러한 작도는 높은 수준의 정확도를 나타내며, 손으로 그릴 수 있는 것이면 무엇이나 더욱 짧은 시간에 거의 다 묘사해 낼 수 있다.

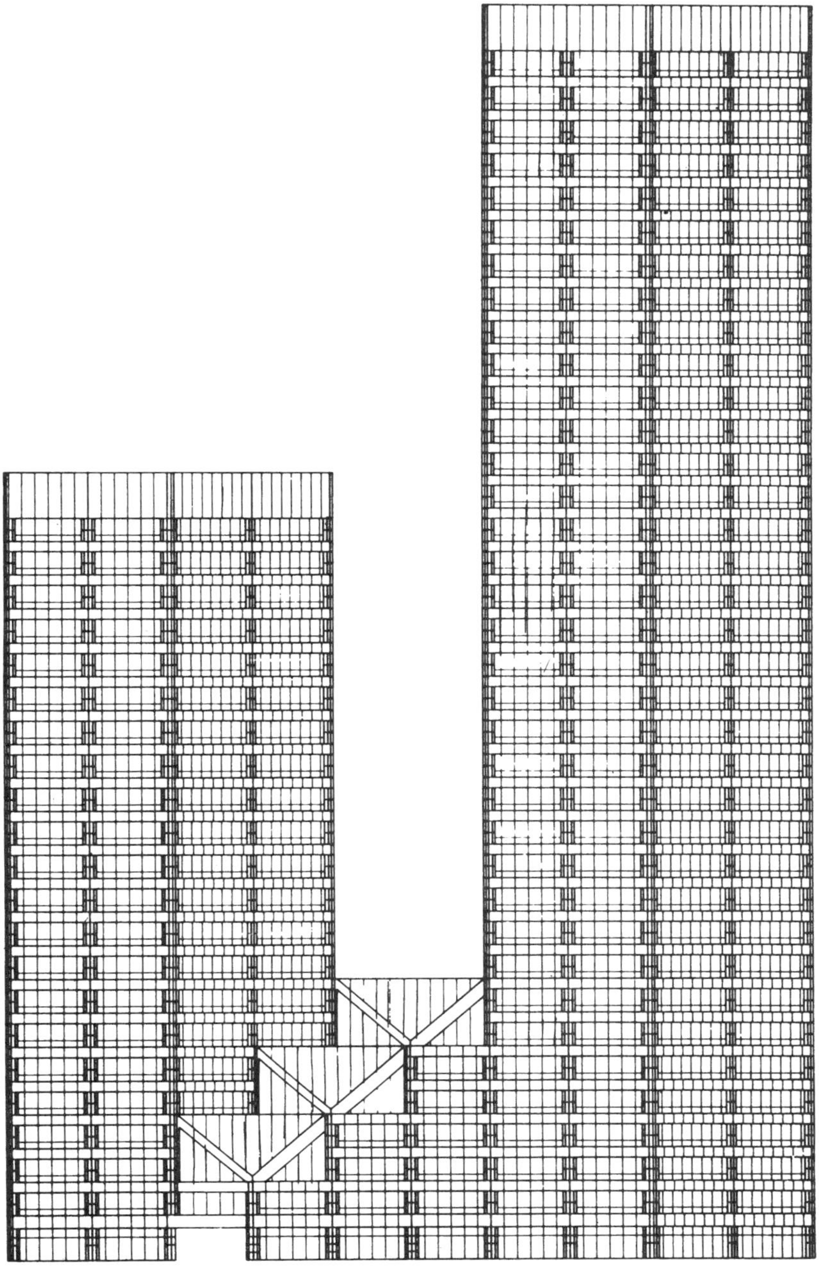

컴퓨터로 플로트한 입면도 : S.O.M에 의함

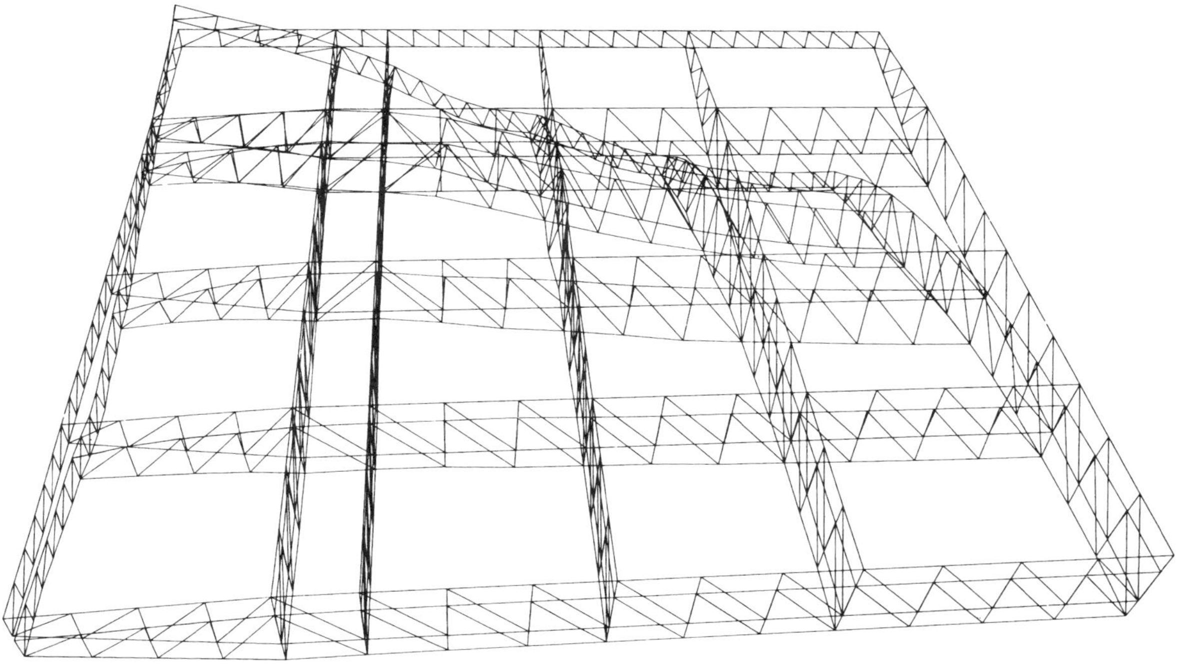

처짐에 대한 구조시스템 분석 : S.O.M에 의함

공사비 견적의 예 : Cost System Engineers, Inc에 의함

TYPE PROJECT: 82 SHOP, AUTOMOTIVE FRAME:COMMERCIAL MAS LO
LAST HISTORICAL DATE:-10/76 AVE ESCL/YR % REPORT DATE:- 8/ 1/77

ESCALATION (L- 0.00%),(M- 0.00%) TO 9/1977

FLOOR AREA : 2000 SF NO.FUNCTIONAL UNITS: 1 SHOPS
MILWAUKEE,WIS 7/77 COST/SF:- 63.94, BASE COST/SF:- 54.59

SYSTEM	SYS MEAS	SYS UNIT	FLSF/ SYS U	DIR COST/ SYS U	% LAB COST	% MAT COST	% TOT COST	DIR COST/ BLDSF	TOTAL COST/ BLDSF	LABOR COST	MATERIAL COST	TOTAL COST	M/HRS
02 FOUNDTN													
B- SITEWORK			1.00	0.35	76.76	23.24	0.73	0.35	0.47	542	164	707	58
C- CONCRETE			1.00	1.19	32.54	67.46	2.48	1.19	1.58	775	1608	2384	74
D- MASONRY			1.00	0.49	44.61	55.39	1.01	0.49	0.65	433	537	971	40
G- MOISTR PROTECTION			1.00	0.05	68.02	31.98	0.10	0.05	0.06	65	30	95	6
SUB-TOTAL	2000BLDSF		1.00	2.08	43.70	56.30	4.32	2.08	2.76	1817	2341	4158	178
03 FLOOR													
C- CONCRETE			1.00	1.74	37.51	62.49	3.61	1.74	2.31	1302	2169	3472	126
E- METALS			1.00	0.19	44.70	55.30	0.39	0.19	0.25	166	205	372	14
F- CARPENTRY			1.00	0.01	68.49	31.51	0.03	0.01	0.02	19	8	28	2
G- MOISTR PROTECTION			1.00	0.00	49.81	50.19	0.00	0.00	0.00	1	1	2	0
I- FINISHES			1.00	0.23	64.95	35.05	0.47	0.23	0.30	296	159	455	26
L- FURNISHINGS			1.00	0.47	33.29	66.71	0.97	0.47	0.62	311	624	936	28
SUB-TOTAL	2000BLDSF		1.00	2.63	39.81	60.19	5.47	2.63	3.50	2097	3170	5268	196
17 EL W/AC													
P- ELECTRICAL			1.00	2.75	37.12	62.88	5.72	2.75	3.66	2045	3464	5509	149
SUB-TOTAL	2000BLDSF		1.00	2.75	37.12	62.88	5.72	2.75	3.66	2045	3464	5509	149
TOT DIR COST		$96239.					100.00	48.12		40341	55897	96239	3361
MARK-UP		$31634.					32.87	15.82		13260	18373	31633	
TOTAL COST		$127873.					132.87		63.94	53601	74271	127873	

TOTAL DURATION(CREW WORK DAYS), ALL TRADES = 65 CREW/DAYS

기술적 패키지(package) 구조시스템, 기계설비시스템, 조명, 음향분석 등의 광범위한 패키지들이 있어서 건축가는 특정한 구성부분의 설계와 크기 결정뿐 아니라 무수한 건물의 대안(代案)의 연관성을 탐구할 수 있게 된다. 이들 패키지를 위한 컴퓨터 언어들은 사용자에게 적응하도록 된 것으로서, 분석은 흔히 데스크 탑(desktop) 컴퓨터나 미니컴퓨터로써 할 수 있다. 이러한 능력은 하나의 단순하고 통합된 데이터베이스(공학적 또 비용상 따위의)로써 복합적인 분석을 하는 추세에 따라 그 전문분야에서 상당히 발전되어 있다.

건설경제분석과 견적(見積) 건설계획의 초기단계에는 대지개발비, 공사비, 운영비, 세금관계 등을 포함하여 대지와 건물의 여러 대안(代案)에서 초래될 재정적인 결과를 분석하기 위한 프로그램들이 있다. 설계단계에서는 특정한 설계대안들(예를 들면, 콘크리트구조 또는 철골구조)에 대한 세밀한 비용 견적을 하기 위해서 별개의 프로그램들이 사용된다. 마지막으로 컴퓨터프로그램들은 입찰의 목적을 위해 최종가격(final costs)을 산출하는데 사용된다.

건축인력 분석 ; S.O.M에 의함

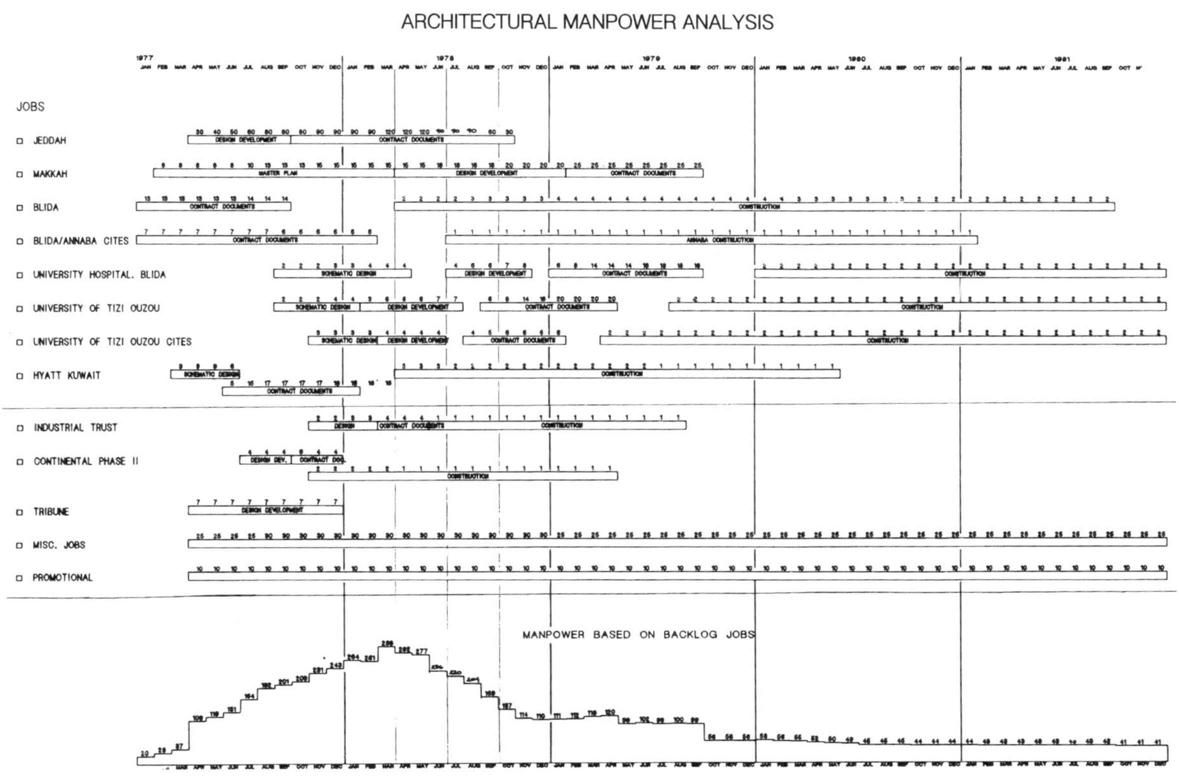

경영(management) 건축사무소의 경영기능과 관계있는 매우 다양한 컴퓨터프로그램이 있다. 이것들 중의 태반이 내부적인 인사관리, 예산, 회계 및 급여 등의 기능을 다루며, 그 밖의 것들은 건설 프로젝트의 공정(프로그램 평가(Program Evaluation), 기술조사(Review Technique), 크리티컬 패스 메소드(주공정선법, Critical Path Method)를 감당한다. 큰 건축사무소는 보통 이러한 능력을 자체 내에 갖추고 있는 반면에 많은 사무소들은 이런 업무들을 컨설턴트에게 하청을 준다.

그 밖의 응용 건축에서의 컴퓨터의 중요한 응용은 그 밖에도 많다. 예를 들면 사용이 쉬운 수많은 "패키지", 즉 대단위의 데이터를 처리할 수 있는 통계학적인 분석프로그램들이 있다. 근린(近隣)의 사회적, 경제적, 물리적 특질들이 통계학적 형식으로 기술되고, 분석되고, 표시될 수 있다. 컴퓨터는 또한 거주자와 주거공간의 상호작용이라는 관점에서 기존건물 또는 계획중인 건물의 사용을 분석하는데도 그 응용을 넓히고 있다. 이러한 유형의 정보는 기존건물이나 계획중인 건물을 프로그램 하는 일반적인 업무에서 중요하다. 결국 많은 건축사무소들은 하나의 자동화된 시방 시스템을 가지고 있다. 즉 설계자들은 특정한 공정이나 재료를 규정하기 위해 소장되어 있는 표준시방서로부터 주요단어(key words)들을 찾아 쓴다. 컴퓨터는 그 주요지시(key instructions)들을 계약목적을 위한 완전한 시방서로 바꾼다.

건물 사용 분석 : Albert C. Martin and Associates.

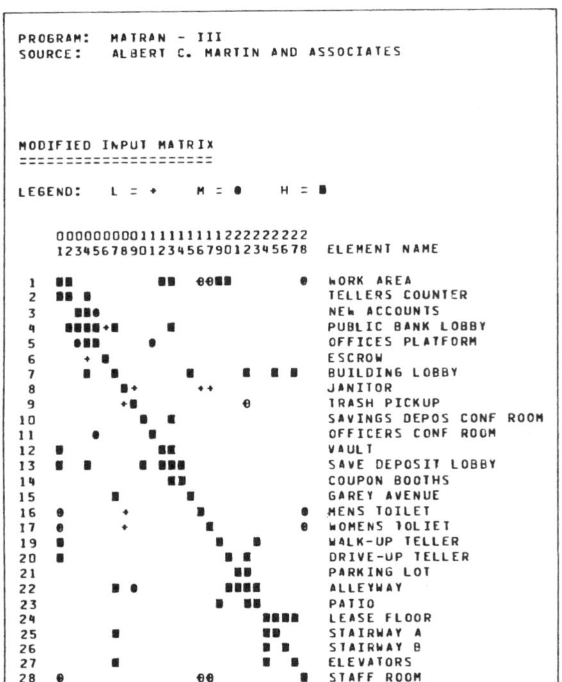

■ 미래의 사용

이상과 같은 예들은 건축실무에 있어서 컴퓨터 이용의 증가를 보여준다. 컴퓨터 신뢰자와 불신자들이 있었던 초기의 시대는 지났다. 하드웨어의 가격, 언어의 한계, 제한된 용량, 그리고 프로그램의 가변성 등의 실제적인 과제들은 이제는 소규모의 건축사무소에 까지도 더 이상 큰 문젯거리가 되지 않는다. 전자회로의 소형화와 개발비의 절감은 미니컴퓨터를 출현시키게 하였다. 지난 날 방 하나 가득 찼던 기계는 이제 책상 위에 놓여지게 되었다. 정교한 기계들이 많은 건축사무소에 설치되어 있다. 마찬가지로 수많은 표준 소프트웨어 프로그램들과 사용하기 쉬운 언어들이 현재 개발되어질 수 있다. 또한 건축과 컴퓨터 사용 모두에 대한 전문지식을 함께 겸비한 대단히 많은 사람들이 있다. 즉 거의 대부분의 건축대학은 몇 종류의 컴퓨터 실험실과 다양한 관련 교과과정을 두고 있다.

지금까지 많은 건축업무들이 프로그램화 되어 왔다. 이들 가운데 어떤 것들은 개발되고 사용되고 있으며, 비용에 대한 이윤이 너무 낮다거나 통찰력이 너무 부족하다거나 이 기계가 그 일에 적합하지 않다는 등의 이유로 폐기되기도 했다. 그러나 많은 응용들이 상대적으로 표준화되고 있다. 기술혁신적이고 효과적이며 성공적인 이용의 형식들이 나타나기 시작하고 있다. 아직도 많은 예측이 있지만 이용 가능성을 믿는 사람들이 제시하는 것과 그것이 성공되는 것과의 상관관계는 현재 매우 높다.

건축실무에 있어서 여러 가지 역할을 하는 유형들이 현존하고 있으며 계속해서 존재할 것이다. 첫째로, 주요 전공은 컴퓨터 과학 또는 시스템분석이지만 건축에 대하여 다소 지식이 있는 컴퓨터 전문가가 있다. 이러한 사람들은 건축사무소에 컨설턴트로 일할 수 있거나 소프트웨어 개발 회사에서 근무할 수 있다. 그의 임무는 회사를 위해 적절한 하드웨어 — 소프트웨어 가능성을 선택하거나 개발해내는 일이다. 예를 들면, 이런 전문가들은 구조분석이나 컴퓨터 그래픽 가능성을 개발하고 설치할 수 있을 것이다. 두 번째 역할의 유형은 컴퓨터에 능숙한 건축가이다. 이 사람은 대체로 컴퓨터에 있어서 실제적인 경험을 가진 건축가이거나 기술자이다. 그는 다양한 건축과제에 컴퓨터를 사용하고 새로운 개발에 대해서는 컴퓨터 전문가에게 의존하며 또한 관심을 가지고 있지만 숙달되지 못한 동료들에게 지식을 전달한다. 이 사람은 응용에 있어서 건축 전문가이다.

물론 최종적인 사용자는 실무자이다. 그는 하드웨어나 프로그램에 대한 세부적인 것을 모르면서 다양한 용도에 대한 컴퓨터의 적용을 결정할 것이고, 그때그때 상황에 따라서 건축실무에 보조수단으로서 컴퓨터를 사용할 것이다. 따라서 이 사실은 컴퓨터시스템의 유능한 사용자 또는 관리자가 되기 위한 컴퓨터 가능성 전반에 대한 지식과 충분한 경험을 필요로 한다.

주

1. Murray Milne, ed., *Computer Graphics in Architecture and Design* (New Haven: Yale School of Art and Architecture, 1968)
2. Nicholas Negroponte, *The Architecture Machine*(Cambridge, Mass.: M.I.T. Press,1970)
3. Kaiman Lee, *State of the Art of Computer-Aided Environmental* Design(Boston: Environmental Design and Research Center, 1970).
4. Negroponte, *The Architecture Machine*.
5. Lee, *State of the Art*.
6. Robert Mattox, "Computing", in *Current Techniques in Architectural Practice*, ed. Robert Allen Class and Robert E. Koehler(Washington, D.C.:American Institute of Architects, 1975).
7. William Mitchell, *Computer-Aided Architectural Design*(New York: Petrocelli-Charter, 1977).

권장도서

Eastman, C.M. Spatial *Synthesis in Computer-Aide Building Design*. New York: John Wiley & Sons, 1976.

Class, Robert Allan, and Koehler, Robert E., eds. *Current Techniques in Architectural Practice*. Washington, D.C.: American Institute of Architects, 1975.

Lee, Kaiman. *State of the Art of Computer-Aided Environmental Design*. Boston: Environmental Design and Research Center, 1970.

March, L., and Steadman, P. *The Geometry of Environment*. Cambridge, Mass.: M.I.T. Press, 1974.

Milne, Murray,ed. *Computer Graphics in Architecture and Design*. New Haven: Yale School of Art and Architecture, 1968.

Mitchell, William. *Computer-Aided Architectural Design*. New York: Petrocelli-Charter, 1977.

Negroponte, Nicholas. *The Architecture Machine*. Cambridge, Mass.: M.I.T. Press, 1970.

제 5 편

연구와 평가

사회과학과 행동과학의 이론과 연구	환경-행태의 이론과 연구	응용 환경-행태 연구	편집 번역 보급
사회학 심리학 지리학 인류학	인간-환경 연구 환경 심리학 환경 사회학 자원 관리 사회 생태학 사회 지리학 도시 인류학 도시 사회학 인간요인	건물 종류 연구 사용자 연구	갭(GAP)은? 범위 작업인
기존의 여러 분야로부터의 기본 이론과 연구	원리, 개념 가설의 유도	흔히 연구 성향의 계획이나 건축가에 의함	

환경속에서의 인간을 위한 연구, 설계, 평(Gary Moore에 의함)

환경의 정 책 계 획	건축 프로그래밍	설계의 전개	거주후 평가
장기계획 기능성 조사 사회적 영향의 평가	공간 프로그램 행동 프로그램	건 축 도시설계 건설을 통한 계획 설계	기술적 기능적 협동적 사회적
	갭(GAP)은?		갭(GAP)은?
			대학의 연구자 + 컨설팅 회사
	사무소 경영의 건축가 + 컨설팅회사		행동프로스램 및 그 밖의 사용자의 행동과 욕구에 관함

15 장
건축학에 있어서의 연구

Uriel Cohen /
Lani Van Ryzin
윤 일 주 역

연구(research)는 어떤 주제에 관한 일련의 지식에 추가되는 사실들을 확인하기 위하여 그 주제를 체계적으로 조사하는 일이다. 조사(investigation)는 인간의 타고난 활동이지만, 연구는 그 방법과 결과에 관하여 더욱 엄밀히 규정된다.

연구는 항상 건설산업의 일부가 되어 왔지만 전형적인 건축 실무의 큰 부분은 되지 못했다. 다시 말하여 연구는 건축가들에 의해서 행해져 왔다기보다는 건축가들을 위해서(대학, 연구기관, 제품생산자 등에 의해서) 행해져 왔다. 근년에 중요한 변화가 일어났다. 즉,

연구는 흰 가운을 입은 박사님들만 하는 활동으로 여겨지곤 했었다. 그러나 그 견해는 변화하고 있다. 많은 건축가들이 오늘날 연구와 개발에 열중하게 되고 또 더욱 그럴 여지가 있다.

분명히 많은 건축가들이 태양열 응용, 주택에 대한 거주자의 만족도, 문화파괴 행위, 환경관리, 구조방식, 어린이와 노인의 요구 따위의 분야에서 인습적인 고객과 비인습적인 고객 모두를 위한 연구를 수행하는데 열중하게 되고 있다. 게다가 점점 그 수가 늘고 있는 전문기구와 잡지들은 환경디자인과 건축의 연구에 초점을 맞추고 있으며, 점점 많아지고 있는 정부 투자의 프로젝트는 디자인 결정의 기초로서의 연구를 요구하고 있다. 마침내 많은 건축학교가 연구방법에 관한 과정을 개설하고 있다. 몇 개 학교에서는 연구에 중점을 둔 박사학위 과정을 개설하고 있다.

■ 연구(Research)

조사(inquiry)는 타고난 인간의 활동이다. 사람들은 그들을 둘러싸고 있는 세계에 관하여 의문을 가진다. 사람들은 주위환경을 관찰하면서 패턴과 규칙성을 발견해내고 사물들이 어떻게 작용하며 어떻게 정돈 되는가 하는 것에

관한 생각들을 정리한다. 생각은 누적되기 마련이며, 일련의 지식은 성장한다.

지식의 습득을 설명하는 데는 몇 가지 고전적인 방법이 있다. 예를 들면, 사물은 직관적으로 알게 된다고 말할 수 있다. 즉 사물은 주관화(主觀化)되고, 직접 경험의 전후 상황에서 도출되고, 영감적(靈感的)으로, 상상에 의해 또 창조적으로 기술된다. 이것이 이상(理想 ideal)에 관한 플라톤의 이해이다. 또 다른 지식습득의 방법은 권위자에 달려있다. 즉 전문가가 그렇다고 하면 그렇게 되어야 하는 것이다. 이 사실은 대단치 않게 보일지 모르지만, 우리의 무수한 지식은 구전(口傳)과 기록된 문서로써 한 세대에서 다음 세대로 이어져 내려온 것이다.

또 하나의 형식은 예술적인 접근으로서 설명될 수 있을 것인데, 그것에 의하여 예술가는 복잡한 정보를 하나의 새로운 조직체로 구성하여 교향곡이나 조각품속에 세계관의 주관적인 표현을 주려고 시도한다. 마지막으로, 아리스토텔레스가 가르쳤듯이, 객관적인 증거에의 호소, 그리고 논리적 연역(演繹)과 추리(推理)에 입각한 이성(理性)과 법칙에서 지식이 습득되는 경우가 있다. 이것은 과학적 접근이라 불린다.

과학의 목표

과학적 연구는 엄격히 규정된 방법에 의한 조사(inquiry)의 한 특수한 형식에 해당한다. 과학적 연구의 목표는 일정한 여러 현상이 어떻게 서로 관련되는가에 대한 이론이나 조직적인 설명을 수립하는 일이며, 미래의 관계를 예상하는 일이다. 다시 말하면 그 목표는 사물과 사람이 어떻게 실행하고 행동하는가에 관한 이해를 증진시키고, 결과적으로 그에 대한 예측가능성을 증진시키는 일이다. 과학에서의 사실의 확립은 "내가 이해하는 것을 당신은 이해하는가?" 라는 간단한 질문에 바탕을 두고 있다. 즉 연구 결과는 보편적이어야 한다. 동일한 조건에서의 동일한 조사는 같은 결과를 보여야 한다. 조사결과 또는 응답의 이런 보편성은 엄격한 방법론을 요구한다. 용인된 일련의 규칙들이 조사결과를 수집하고, 분석하고, 제시하는 과정에 적용된다. 과학적 연구방법론은 지식습득의 이러한 형식의 타당성(그 연구는 의도했던 것을 실제로 측정하는가?)과 신빙성(보편성)을 증대시키려고 시도한다.

연구로부터의 이론의 수립

엄밀한 고전적 의미로는 과학적 연구방법은 연역적 추리(演繹的 推理)와 귀납적 추리(歸納的 推理)의 결합에서 유도된다. 연역적 추리는 보편적 상황으로부터 개별적 상황에 대한 확신을 유도해 낸다. 다시 말해서, 보편 속에 존재하는 어떤 사물은 하나의 특수한 경우에도 반드시 존재한다 (예를 들어, 일정한 방법으로 일정한 정도의 하중을 주면 구조물들은 내려앉는다. 만일 그렇게 하중을 준다면 이 하나의 구조물도 내려앉을 것이다). 귀납적 추리는 여러 개의 개별적 경우들로부터 보편적 확신을 유도해낸다. (일정한 방법으로 하중을 주니 이 구조물은 내려앉았다. 그러므로 그와 같이 하중을 받은 모든 동일한 구조물들은 다 내려앉을 것이다). 추리의 이러한 방법들은 4단계의 과정으로 연결된다. 즉 가설(仮設)세우기, 결론의 연역, 실험을 통한 검사, 그리고 확증 또는 불확증이 그것이다.

가설은 최초의 관찰이나 직관(과학적 연구방법의 일부

과학적 연구의 과정

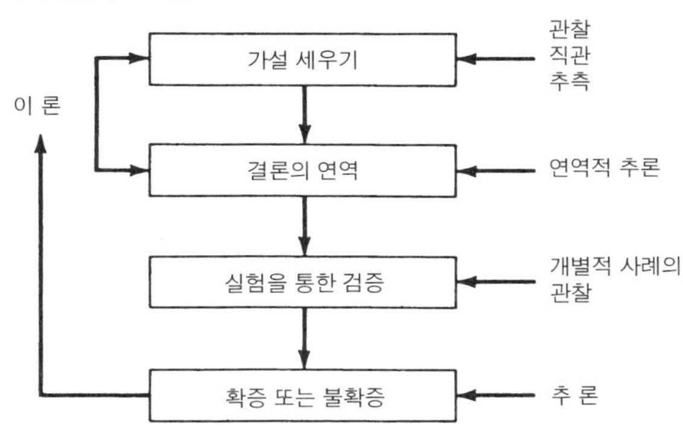

이다.) 또는 추측에 입각한, '무엇인가'에 관해 단순히 제안된 이론이다. 예를 들어, 우리는 공공주택단지 내의 과현상은 높은 문명파괴율과 관련이 있다고 가설을 세울 수도 있다. 우리가 이 사실이 보편적으로 진실이라고 믿는다면, 개별적 상황들에 있어서도 그것은 진실임에 틀림없다(연역법). 그러므로 과밀현상이 문화파괴 행위와 관련이 있다는 보편적인 이론이 성립한다면, 우리는 한 특정한 과밀된 주택단지는 높은 수준의 문화파괴 행위를 나타낼 것이라고 예측할 것이다. 다음 과정에서 이 이론은 실험에 의해서 검증된다(경험론). — 이를테면, 그것은 하나의 주택단지를 표본으로 하여 그 곳의 과밀현상과 문화파괴 행위의 정도를 측정함으로써 검사된다. 만약에 이러한 개별적 사례(事例)들에 있어서 통계적으로 측정된 이 두 변수의 상관관계가 높다면, (즉 개별적 사례에 있어서 이론이 진실임이 유지된다면), 우리는 귀납적 추리를 통해서 그 이론은 일반적 의미에서 진실이라고 추론할 것이다. 당초에 가정했던 이론이 실증된 것이다. 만일 일반적 이론이 실험에서 계속 성립되지 않으면 그 이론은 실증되지 않은 것이다. 이 사실은 그 이론이 잘못이라는 것을 의미하지 않는다. — 다만 증명되지 않았다는 것을 의미할 뿐이다.

이러한 방법으로 이론들은 전개되고, 확증되고, 확장된다. 채택된 이론들은 과학적 지식의 기반을 형성한다. 이 과정은 자기수정적(自己修正的)이고 누적적(累積的)이다. 전술한 4단계 과정의 엄격성은 언제나 적절한 것은 아니다. 그렇지만, 고전적 개념의 규칙성과 일반성은 일반적으로 훌륭한 연구방법으로서 받아들여지고 있다. 연구라는 낱말은 과학적 조사에 어떤 기초를 두는 조직적인 방법을 뜻한다.

■ 연구활동의 형식과 순서

연구프로젝트는 그 방법의 수는 다양하지만 흔히 동일한 형식과 과정에 따른다. 다음과 같은 구성은 제안된 연구계획 또는 연구보고의 짜임새를 설명하고 있다.

1. **전후상황**(Context)
   문제의 정의
   연구대상, 가설의 진술
   이미 알려진 것 - 문헌조사
2. **절차**(Procedure)
   연구의 설계 - 전략
   절차, 방법, 도구
   자료분석 – 양 및 질에 관한 분석기술
3. **얻은 사항**(Findings)
   조사의 결과
4. **결론**(Conclusions)
   검사되고 확증된 가정
   타당성과 신빙성
   해 설
   암 시
   기존 지식과의 적합성
   이론의 뒤받침 또는 전개

다음 목록은 연구에 관한 3단계, 즉 계획, 수행 및 보고를 제시하고 있다.

1. **계획**(Planning)
   A . 문제의 정의
      1. 관련되는 광범위한 논제를 설명
      2. 문제의 중요성 설정
      3. 연구할 문제를 진술
   B . 윤곽의 설정
      1. 관계 문헌의 조사
      2. 관련된 작업에 관한 최근의 연구를 설명
      3. 연구의 문제와 가설의 진술
      4. 용어의 정의
   C . 연구의 설계(Design the study)

1. 채용될 절차를 설명
   a. 주제와 배경의 선정
   b. 자료수집 절차
   c. 자료분석 절차
   d. 도구의 검사
2. 자원의 배정
3. 연구일정

2. 연구의 수행
- A . 연구를 위한 준비
  1. 허가받기, 서전협의
  2. 참여자와 도구의 조직화
- B . 자료수집
  1. 도구를 관리, 관찰하기
  2. 자료의 기록
- C. 자료분석
  1. 분석을 위한 자료의 조직화와 준비
  2. 분석의 수행
  3. 결론의 추출

3. 보 고
- A. 결과에 대한 논의
  1. 결과의 요약
  2. 한계, 타당성, 신빙성에 대한 논의
- B. 해설과 암시
  1. 얻은 사항(findings)을 연구의 문제와 관련시킴
  2. 얻은 사항들을, 검토된 문헌의 더 넓은 상황(context)에서 해설
  3. 결론의 진술
  4. 응용의 제안
  5. 장래의 연구에 대한 암시를 진술
- C . 결과의 전달
  1. 표현의 형식과 양식을 선택
  2. 초안, 편집, 비평 및 수정
  3. 보급 전달(disseminate)

연구의 목적

연구를 수행하는 이유는 수행되고 있는 연구 프로젝트만큼이나 많을 것이다. 각 프로젝트는 다음 중 한 개 또는 그 이상의 목표를 동기로 하고 있다. 즉 탐색(exploration), 기술(記述, description)과 설명(explanation).

탐색(exploration) 탐색적 연구는 연구자, 나아가서는 독자로 하여금 새로운 논제나 상황에 친숙하게 하기 위하여 수행된다. 호기심의 충족, 더 세부적 연구(study)이행에 대한 가능성의 검사 및 더 정교한 연구(study)를 위한 방법의 개발 등은 탐색적 연구(research)의 동기의 일부이다.

예를 들어, 커다란 주택단지의 거주자들은 여러 가지 빈약한 조건들에 대하여 줄기차게 불평할 것이다. 연구자는 그 사정에 대하여 더 많이 알기를 원할 것이다. 그 불평은 얼마나 널리 퍼져 있는가? 그 불평들의 주요 목표는 무엇인가? 탐색적 연구는 이러한 의문점들에 대한 명확하지는 않지만 사실에 가까운(approximate)해답을 얻어낼 역할을 하게 될 것이다. 불평에 관련된 정보를 수집하는 것(주택단지를 확인하기, 거주자와의 면담) 외에 연구자는 다른 주택단지의 사례연구(case stydy)와 관계문헌, 그리고 다른 정보자료들을 탐색할 것이다. 요약하면 탐색적 연구는 어떤 현상(現象)들에 대한 초기의 일반적인 이해를 개발하려는 시도이다.

기술(記述, description) 기술적인 연구는 존재하는 것 — 상황 혹은 사건 — 에 대한 세심하고 엄밀한 관찰과 보고이다. 예를 들면, 주택단지의 경우, 기술적 연구는 거주자의 불평거리의 정확한 수를 정확하게 보고하려고 시도할 것이고 불평거리의 유형, 그리고 거주자와 불평하는 사람들의 성격의 유형을 분류하려고 시도할 것이며 또한 주위환경(setting)의 물리적 조건을 보고하려고 시도할 것이다.

설명(explanation) 설명적 연구는 연구중에 있는 다양한 국면(aspects) 서로간의 관계의 발견을 다룬다. 본질적으로, 이것은 "어떻게"를 찾는 일이다. 우리들의 주택의 예에 있어서, 어떤 물리적 특색과 거주자의 만족도 사이의 관계를 확인하고 측정하는 일로 설명적 연구가 구성될 것이다.

하나의 연구(study)에서의 여러 요인들 또는 여러 변수들 사이의 관계는 종종 수학적 함수로 표현된 몇 가지 형식을 취할 수 있다. 관계의 가장 약한 형식은 상관관계(correlation)인데, 그것에 의하면 두 요인이 함께 발생한다(과밀도가 높은 곳에서 범죄율이 높다면 과밀도와 범죄는 상관관계에 있다). 상관관계는 그 자체로서 설명적인 것은 아니며, 두 요인이 비슷하게 작용한다는 사실이 그 두 요인 사이에 어떤 인과관계(causal relationship)가 있다는 것을 의미하지 않는다. 다소 더 강한 관계는 하나의 요인이 다른 요인에 어떤 빈도와 가망성으로써 영향을 주는, 하나의 확률함수(probabilistic function)로서 나타내어진다. 예를 들면, 하나의 확률함수는 과밀도와 거주자의 불만족 사이의 관계를 설명할 것이다. 마지막으로 관계의 가장 강한 유형은 확정적 관계라고 불리운다. 확정적 함수(determi-nistic function)는 한 요인이 직접적인 관계에 있는 다른 요인의 원인이 된다는 사실을 내포한다. 실제로, 현실세계에서의 그리고 분명히는 사회과학에서의 대부분의 관계는 상관관계와 확률함수로 설명된다. 확정적 관계는 우리의 지식의 범위 안에 쉽게 존재하지 않는 세계의 상태에 관한 확실성을 의미한다. 그러나 관계의 세 가지 형식은 모두 과학적 연구방법에 필수적인, 예측을 고려에 넣는다. 확률함수와 확정적 함수는 모두 설명적이며 인과관계라는 잠정적인 가정을 고려에 넣는다. 예를 들면, 어떤 연구결과 공공 건물의 길고 어두운 복도는 고도의 문화파괴 행위를 초래하는 경향이 있다는 것을 드러냈다면, 설계자는 그런 문제를 피하도록 복도를 설계하는데 그 지식을 이용할 것이다.

연구의 설계(Research Designs)

연구의 설계는 연구문제들에 해답을 주기 위한 특정한 계획이다. 그 설계(design)는 제기된 문제들의 성질에 따라서 달라질 것이다. 연구의 설계에는 세 가지 기본적인 유형이 있다. 즉 통제실험(controlled experiments), 현지실험(field experiment), 현지 연구(field studies)가 그것이다.

통제실험(controlled experiments) 하나의 상황을 구성하는 서로 다른 요소들 사이의 관계를 검사하는 데에는 외부의 방해로부터 고립된, 비교적 순수한 환경의 유지가 자주 요구된다. 이러한 사실은 대개 실험실과 흡사한 조건에서 연구장치 전반에 걸친 엄격한 통제를 요구한다. 이런 유형의 연구 설계는 고도의 기술적(技術的) 연구 주제(topics)에서처럼, 많은 변수들이 연구자의 통제 하에 있다는 것을 뜻한다. 예를 들어, 구조물의 강도 또는 건축재의 열 보존치를 검사하려면 고도로 통제된 연구환경이 요구될 것이다.

현지실험(field experiments) 때에 따라서는 많은 변수를 가진, 더 현실적인(realistic) 시설물(setting)속에서 연구실험을 행하는 것이 바람직하다. 이 경우, 연구자는 상황의 구성 요소들에 대하여 더 적은 통제를 한다. 이런 유형의 연구설계는 덜 기술적인 상태와 덜 정확한 측정을 뜻한다. 예를 들면, 현지 실험에는 병원이나 공장의 조명 수준과 작업 수행 사이의 관계를 규명하고 측정하는 일, 또는 여러 가지 패턴의 공공구역이, 거주자들이 가정에서 연장자에 대해 가지는 사회적 행동에 어떤 영향을 미치는지를 규명하고 측정하는 일 따위가 포함될 것이다. 각 상황에서는 통제되지 않은 변수들의 영향을 평균해 내기 위해 하루 중의 각기 다른 시간 또는 한 주일 중의 각기 다른 날에 행해질 수많은 관찰이 필요하다.

현지연구(field studies) 현지연구는 연구자에 의해 거의 또는 전혀 통제되지 않은 실제 생활의 상황에서의 개인이나 집단의 인식, 태도, 행동을 관찰하는 일과 기록하는 일을 가장 흔히 다룬다. 통제가 가해지지 않은 이유는 통제할 필요가 없거나(차창(車窓)을 통한 건물 상태의 조사), 불가능하거나 [경기장에서 퇴장하는 보행자들의 행태(行態)를 관찰], 또는 통제가 어떤 바람직하지 못한 방해의 결과가 될 것(자연스러운 어린이들의 놀이를 관찰)이기 때문이다.

연구의 요점(Emphases of Research)

연구 프로젝트는 연구의 요점이나 개념상의 접근방법에 의해서 분류된다. 건축 연구에 관한 잘 알려진 부분에는 기초연구 대(對) 응용연구 및 기술적(技術的)연구 대 행태를 바탕으로 한 연구가 있다.

기초연구와 응용연구(basic and applied research) 기초연구는 보통 새로운 지식의 형성과 이론 수립(theory building)을 목적으로 하며, 그에 반하여 응용연구는 실제적이고 직접적인 문제에 대한 해답을 모색한다. 어린이들이 그들 환경에 대한 인지지도(認知地圖, congnitive map)를 전개하는 방법의 특수 이론을 검증하는 것은 기초연구로 분류될 것이다. 그 결과는 보편적으로 응용될 것이다. 반면에, 복잡한 병원의 선택적인 여러 시설물 속에서의 방향 찾기 행태(directionfinding behavior)를 검사하는 현지실험(field experiment)은 그 특수시설 내의 동선계통, 신호표시(signing) 및 그 밖의 특색 있는 것의 설계에 직접적으로 응용될 것이다. 이것은 응용연구로 분류될 것이다.

기술적 연구와 행태를 바탕으로 한 연구(technical and behaviorally based research) 어떤 연구는, 궁극적으로 인간의 편익에 기여한다고 해도 인간의 상호작용에 보다는 물체(objects)의 특성에 더 관계가 있다. 건축에서의 기술적 연구는 여러 가지 유리의 종류에 따른 열전도율, 여러 가지 벽돌의 구조적 강도, 또는 여러 가지 옥외 조명방식의 성과 등과 같은 문제들을 조사한다. 이런 유형의 연구는 때로 공학적 연구(engineering research)라고 한다. 한편, 행태를 바탕으로 한 연구는 환경의 구성요소들이 관련된 인간의 상호작용을 포함한다. 이런 유형의 연구의 한 예는 특수 아동용 개발품의 조사(investingation)와 그런 용품의 학교시설 환경에 대한 관계의 조사이다. 요약하면, 연구의 목적(purposes), 설계(designs) 및 요점(emphases) 간의 구분이 하나의 편리한 분류체계를 형성한다. 실제의 연구 프로젝트는 흔히 모든 분류에 걸치고 모든 분류로부터 원용하기도 한다. 건축가는 프로그래밍과 설계작업에 필요한 정보(information)의 성질상, 흔히 탐색적(explorarory) 유형의 연구, 기술적(descriptive) 유형의 연구, 응용적(applied) 유형의 연구에 주의를 집중시킨다. 그렇지만 기초연구(basic research)가 지식의 진보에 필수적이라는 사실과, 따라서 기초연구는 응용연구(applied research)를 위한 기초를 마련한다는 사실을 기억해 두는 것이 중요하다.

자료수집의 방법

대부분의 연구는 어떤 유형의 자료분석을 수반한다. 자료 수집은 연구에서 가장 많은 시간이 소모되고 비용이 드는 부문일 때가 많다. 건축의 연구에서의 자료수집은 많은 단련에 의해 공통적으로 된 방법과 기술을 요구한다. 예를 들면, 실제 생활상황에서의 자료수집의 많은 기술은 생태학적(ecological) 접근과 인류학적(anthropological) 접근에 바탕을 두고 있는데, 거기에는 현지관찰(field observation)을 한다든지, 과거의 행태(behavior)나 현재의 태도(attitudes)의 물리적 자취를 찾는다든지, 자연인으로서 개인이나 집단의 행태를 관찰하는 것 등이 포함된다. 현지응용이 일반적이기도 하지만 생명과학과 자연과학에서 개발된 기술은 실험실에서의 통제된 실험에 적용된다.

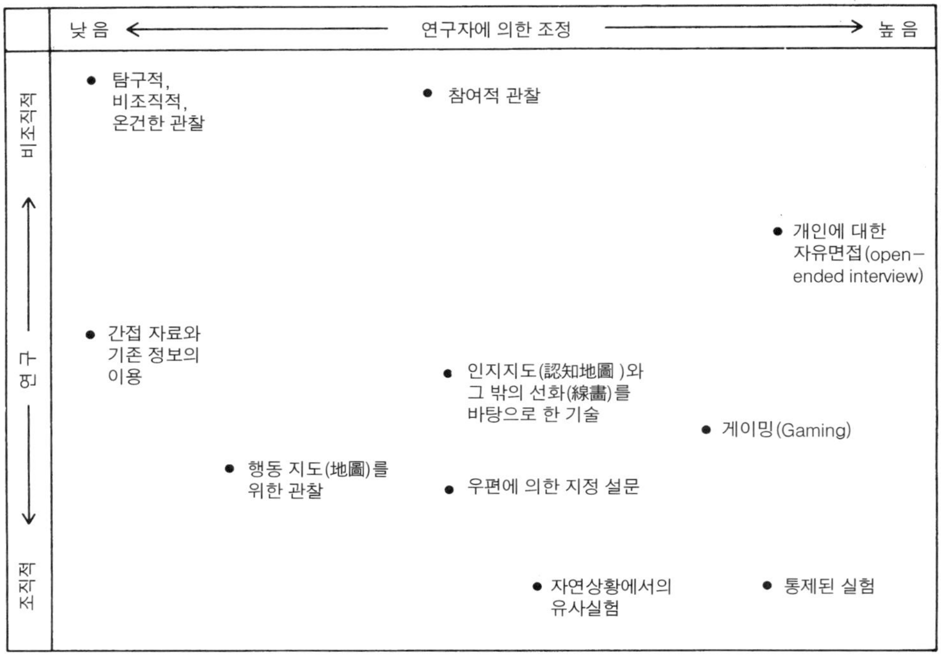

조정과 조직의 정도에 의하여 선택된 연구기술

사회과학과 행동과학에서의 자료수집의 기술은 개인과 단체의 반응에 크게 의존한다. 여론, 태도, 지각 등을 측정하기 위해 행해지는 면접, 설문 및 검사 등이 이에 속한다. 연구의 문제의 해답을 얻기 위한 새로운 방법의 모색을 계속하는 동안, 여러 가지 혁신적인 기술들이 발전해 왔다. 어떤 활동공간(activity space)에서의 물리적 자취를 관찰한다든지, 통행의 패턴의 흔적으로서의 바닥 타일의 마멸의 정도를 측정하는 따위의, 온건한 방법이 현재 널리 사용되고 있다. 건축연구에 있어서 가장 기초적 · 보편적이고, 비용에 비해 효율정인 기술은 관찰(observing)과 질문(questioning)이다.

이러한 두 기술은 정밀하고 큰 규모의 실험실에서부터 간단한 탐색적 연구에 이르기까지 넓은 범위의 여러 연구에서 이용될 수 있다.

연구 도구(道具)와 분석

연구자는 특정 연구에 알맞은 도구 선택의 문제에 늘 직면한다. 각 도구는 특수한 형식에서의 자료수집과 거기에 따른 특정한 분석방법을 수반한다. 자료수집과 분석은 흔히 시간이 소모되고 많은 비용이 들기 때문에 도구와 방법의 효율적인 결합을 선정하는 것이 중요하다.

연구 도구는 여기서 살펴보기에는 너무 수가 많지만 그것들은 설문지, 관찰용 체크리스트, 행동지도(地圖), 도면, 활동일지, 기록용 기계, 카메라, 환경 측정기구(음향, 조명, 기온, 습도 등을 측정하기 위한), 건물의 축소모형 등이다. 분석의 방법은 자료를 정보로 전환하는데 채용된다. 수치자료의 경우, 통계학적 분석은 자료를 설명하고 가설을 검사하고 결론을 내리기 위해 사용된다. 사실상, 연구

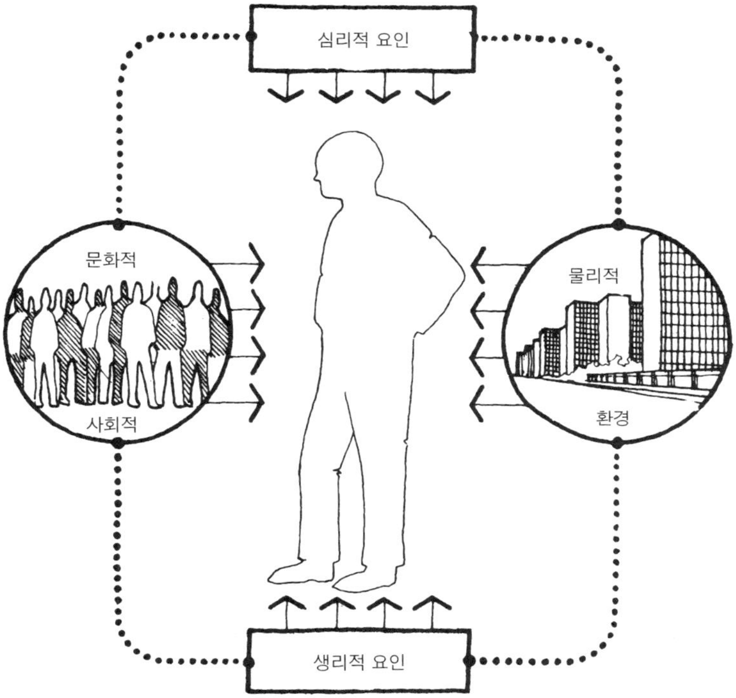

인간-환경 관계의 단순화 모델
잠재적인 연구의 영역

분석의 절대다수는 수학적 또는 통계학적 또는 통계 · 수학적 조작에 의존하고 있다. 그러나 더욱이 건축연구에서는 도표적인(graphic) 분석기술과 서술적(literary) 분석기술도 있음을 알 수 있다.

다음 도표는 연구자가 필요로 하는 조직(structuring)과 조정(intervention)의 범위에 관한 다양한 연구 기술을 나타낸다.

■ 건축 실무에 있어서의 연구

인간의 요구

건축에 있어서의 시간과 관심의 중요 부분이 설계과정에서 오로지 기술적인 부문과 기계적인 부분에 기여한다고 해도, 계획과 설계의 궁극적인 목적은 인간의 요구의 충족(accommodation)에 있다는 것을 인식하는 것이 중요하다. R. Bechtel이 말한 대로 "공간 혹은 여러 공간(spaces)의 설계 같은 것은 존재하지 않는다. 공간이 아니라 행동이 건축에 의해 둘러싸여 진다."[3] 라고 했다. 그렇다면, 모든 건축 연구의 문제점과 대상을 인간 — 환경 관계라는 시야에서 보는 것이 적절하다.

건축연구에서의 기본적인 영역

인간 — 환경 관계의 넓은 분야에는 건축의 설계를 개선하기 위해 연구를 필요로 하는 많은 기본적인 분야가 있다. 예를 들면, 인종과 소득 계층의 혼합을 위한 주택단지 계획, 울타리 없는 건물들, 그리고 에너지 보존 등은 더 많은 정보를 필요로 하는 몇 가지 분야에 불과하다. 그 모두

표15-1

건축연구의 여러 영역과 그 예

기본적 관계와 그 예	필요한 연구의 예	설계응용의 예
생리적-물리적 환경	휠체어 사용자가 램프와 그 밖의 통행로를 통과하는데 있어서의 가능성과 한계	복도, 보도, 건물의 입구와 출구의 설계
사회적 · 문화적 요인 심리적 요인	온도에 대한 표준과 쾌적기준의 본질적인 차이점 : 혼잡성과 밀도에 대한 지각(知覺)의 문화간의 차이점	다양한 업무와 상황에 따른 공기조절 시스템과 온도수준의 설계 : 이동 노동자들을 위한 주택의 공간배정과 바닥평면의 설계
사회적 · 문화적 요인 생리적 요인	인체측정학상의 문화간의 차이점	소공간과 가구의 설계
심리적 요인-물리적 환경	환경에 대한 공간의 지각과 인지지도(認知地圖)의 방법의 개발	종합병원과 같은 복잡한 시설에 알맞은 통행로의 설계
사회적 · 물리적 -물리적환경	주부역할의 문화간의 차이점	인종적으로 두드러진 노동계급을 위한 주택단지에 있어서의 부엌과 식사공간의 설계
물리적 환경	여러 가지 유리종류의 열증가와 열손실	에너지 보전을 위한 창문의 설계

는 인간 — 환경체계(system)를 구성하는 상호관련된 요소를 포함한다.

표 15-1과 p.427의 그림은 인간의 행태(behavior), 지각(perception) 및 경험(experience)에 영향을 미치는 주요요인들을 나타낸다. 외부적 힘에는 온도와 습기 같은 물질적 환경의 요인과 사생활의 규범과 같은 사회적, 문화적 요인들이 포함된다. 내부적 힘에는 건강과 같은 생리적인 조건과 이러한 요인들을 어떻게 지각할 것인가를 결정하는 인간의 심리적인 상태가 포함된다. 이러한 요인들 간의 관계가 건축연구의 영역을 형성한다.

프로그래밍을 위한 연구

프로그래밍 과정에 있어서 그 시설을 사용할 사람들에 대한 새로운 정보들, 즉 그들의 특성, 그들의 활동양식, 그들의 선호(選好), 그리고 설계되고 있는 공간이 다할 기능들을 알아내야 할 때가 자주 있다. 프로그래밍 연구자들은 전형적으로 "누가 무엇을, 누구와, 어디서, 언제, 그리고 어떻게 하고 있는가?" 라고 묻는다. 새로운 정보의 필요성은 여러 가지 요인에 달려 있다. 즉 디자인 상황의 복잡성, 그것의 독자성, 그 상황에서의 디자인에 맞는 유용한 정보의 특성, 그리고 설계의뢰인의 특별한 요구 따위가 그 요인이다. 이러한 요구에 의해서 연구의 범위뿐만 아니라, 요구되는 연구의 유형 — 탐색적, 기술적(記述的), 설명적 — 이 결정되게 된다. 예를 들면, 신설 병원을 프로그래밍 하는데 있어 정보의 요구는 매우 복잡하다. 프로그래머는 여러 사용자들 — 환자, 간호원, 의사, 조수, 관리자, 그리고 방문객 — 을 다루어야 하는데, 그들의 요구는 서로 상충할 때가 많다. 의료기술과 절차는 급속히 변화하기 때문에 꾸준한 연구와 정보의 갱신이 요구된다. 이러한 경우, 프로그래밍을 전적으로 과거의 경험이나 현재의 지식에 의존해서 할 수 없고 특정한 상황에 독자적으로 적용할 수 있는 연구가 요구된다. 누가, 무엇을, 어디서 , 언제, 그리고 어떻게에 대한 해답은 사용자들에 관한 하나의 유용한 정보은행을 마련할 수 있다. 즉 그들의 활동, 요구 및 선호, 그리고 새로운 시설에서 이뤄질 것에 틀림없는 과정과 절차들.

디자인을 위한 연구

디자인 단계에서의 연구에는 디자인 개념, 원리, 착상(ideas)에 대한 조사가 포함된다. 그것은 프로그래밍 단계에서 모아진 정보가 가지는 의미와 관련이 있으며, 또한 이 정보를 디자인 해결에 결합시키기 위한 여러 원리를 발견하는 데에도 관련된다.

하나의 디자인 원리는 연구에 바탕을 둔 지침(research-based guideline)이다. 그 원리는 디자인 문제에 해답을 주기 위해서 건조환경(建造環境)이 갖추어야 할 특성에 대한 진술이다. 그것은 수집된 정보와 디자인 해결을 연결시켜 주는 역할을 하며, 연구자료를 더 일반적이고 적용할 수 있는 형식으로 제시해 준다. 예를 들면, 특수 아동들이 여러 가지 크기의 사회집단을 수용할 공간들을 필요로 한다는 사실을 이해하는 것은 디자인 해결을 유도해 내는 데 도움이 되는 정보일 수 있다. 다음과 같은 원리를 생각해 보자.

일련의 사회적 계층

특수 아동들에게의 요구는 매우 다양하다. 크기, 유형 및 둘러싸임이라는 관점에서의 일련의 공간, 그보다도 특히, 그 공간이 수용하는 사회적 계층 또 집단의 크기라는 관점에서의 일련의 공간은 서로 다른 개인적인 경험과 인간 상호간의 경험, 그리고 서로 다른 종류의 활동을 위한 보다 많은 기회를 마련할 것이다. 있음직한 것으로는 개방된 운동장, 생울타리, 둘러싸인 작은 모래사장, 극히 은밀한 나무 위의 오두막 등을 들 수 있다.

디자인에서의 연구는 또한 건물유형학(類型學, typology)적 연구의 형식을 취할 수도 있다. 이러한 연구의 형식에는 원형적 평면(原型的 平面, prototypical floor plans), 기본적 공간의 배열, 또는 문제의 건물유형의 이미지 등의 체계적인 수집과 산출(産出)이 포함된다. 이러한 연구로써 가정되었던 디자인 대안(代案)들 중에서 채택할 만한 것을 조사할 수 있다. C. 알렉산더와 그 동료들에 의한 패턴작업(pattern work)은 인간과 인간 환경 사이의 상호작용에서의 행태상의 규칙성을 포착할 뿐만 아니라, 이미지를 일깨워 주는 도안까지도 마련하고 있다. 도안적이기도 하고 언어적인 표현이기도 한 이러한 이미지는 디자이너의 독창성과 그 이상의 디자인 탐구를 자극할 수 있다.

디자인을 위한 연구를 건축가가 담당하는 전형적인 착상이나 해결책의 탐색과 혼동해서는 안 된다. 그것에는 연구의 엄밀성이 결여돼 있다. 이러한 탐색은 많은 면에서 과학자의 최초의 문헌적인 탐색에 필적하며, 입안(立案) 중인 것과 유사한 프로젝트의 재검토로서의 구실을 한다. 이로써 그런 탐색으로써 현장답사, 기본적인 관계서적의 조사, 유사한 건물종류의 예를 건축잡지에서 훑어보는 일 등을 구체화할 수 있다. 그러나 그러한 탐색에서 정보수집이 한정되었다면 반드시 성공한다고는 할 수 없는 해결책을 채택하거나 관련된 사용자 집단에 특히 필요한 것을 간과(看過)한 해결책을 채택할 위험성이 항상 있다. 각 프로젝트의 상황은 서로 다소 다르기 때문에, 그것들의 기본 원리에 대한 참된 이해 없이 해결책을 채택하면 심각한 오판의 가능성을 초래한다.

거주후 평가에서의 연구

'건물평가', '거주후 평가' 및 '사용중의 건물' 은 완성된 건축 프로젝트에 초점을 맞춘 연구를 설명하는 용어들이다. 이러한 형식의 연구의 목적은 완성되어 거주중인 구조물이 어떻게 임무를 다하고 있는가를 밝히는데 있을 수 있는 부적합성, 실수, 또는 빠뜨린 것 등을 판정하기, 그리고 장차의 프로그래밍과 디자인 작업을 위한 정보의 축적 따위도 그 목적이다. 관습적으로 건축가는 설계 의뢰인을 만족, 불만족의 의견에 따르는 것 외에는 건물에 관한 피드백(feed back)의 기회가 거의 주어지지 않는다. 실제 사용자는 설계 의뢰인과 다를 경우가 많기 때문에 더 좋은 설계를 위해서는 사용자에 의한 평가가 중요하다.

주

1. John P. Eberhard, "Editorial." *Research and Design* 1(January 1978).
2. E. J. Webb, D.T.Campbell, R. D. Schwartz, and L. Sechrest, *Unobtrusive Measures*: *Nonreactive Research in the Social Sciences* (Chicago: Rand McNally, 1966).
3. R. B. Bechtel, *Enclosing Behavior* (Stroudsburg, Pa.: Dowden, Hutchinson & Ross,1977), p. vii.
4. C. Alexander, S. Ishikawa, and M. Silverstein, *A Pattern Language* (New York: Oxford University Press, 1977).

권장도서

Scientific Method and Research

Conant, J.B. *On Understanding Science*: An Historical Approach. New Haven: Yale University Press, 1947.

Kuhn, T.S. *The Structure of Scientific Revolutions*. Chicago: University of Chicago Press, 1970.

Reseach Methods and Their Application

Bechtel, Robert. *Enclosing Behavior*. Stroudsburg, Pa.: Dowden, Hutchinson and Ross, 1977.

Michalson, William. *Behavioral Research Methods in Environmental Design*. Stroudsburg, Pa.: Dowden, Hutchinson & Ross, 1975.

Webb, E.J.; Campbell, D.T.; Schwarts, R.D.; and Sechrest, L. *Unobtrusive Measures; Non-Reactive Research in the Social Sciences*. Chicago: Rand McNally, 1966.

Reporting about Environmental-Design Research Case Studies

Lang, J.; Burnette, C.;Moleski, W.;and Vachon, D. Designing for *Human Behavior*. Stroudsburg, Pa.; Dowden, Hutchinson & Ross, 1974.

Environmental Design Research Association, Annual Conference Proceedings, under different titles, annually since 1969.

Journals: Man – Environment Systems
Journal of Architectural Research
Environment and Behavior
Research and Design

16 장
거주후 평가

Harvey Z. Rabinowitz
조 창 한 역

거주후 평가란 상대적으로 건축에서 새로운 용어라 할지라도 그 개념은 이미 대단한 영향을 끼쳐왔다. 현대 건물들은 구조적으로 안전하고 화재의 위험이 없으며 위생적이다. 이러한 특성들은 평가에 근거한 건축법규들이 있기 전에는 그리 일반적인 것은 아니었다. 이러한 법규들과 그 후의 건물평가들은 건물설계에 큰 영향을 준다. 예를 들면, 내화성이 있는 석면, 에너지 보존을 위한 설계, 화재방지를 위한 스프링클러, 신체장애인을 위한 접근로, 그리고 질이 낮은 인공조명, 이와 같은 것들은 현재 건축법규의 제한들에 의하여 평가되고 있는 몇 가지 예이다. 그리고 이러한 제한들은 차례로 건물설계에 영향을 미칠 것이다.

건축법규들은 건축평가에 영향을 미치는 명백한 실례이긴 하지만, 다른 형태의 평가들도 널리 통용되고 있다. 건축 비평가들이 그러하듯이, 건물 소유주들도 가끔 그와 같은 연구를 한다. 건물의 사용자들은 분명히 그들의 환경을 평가한다. 그러나 이 장이 다룰 내용은 법규들을 만들어내는 평가의 유형에 초점을 둔다. 즉 기술적이고 기능적인 결정과 또 건물이 사용자의 형태에 영향을 미칠 수 있다는 점에서 본다면, 건물의 설계과정에서 이 법규들은 적용되어지고, 엄격하며, 보급되어지고, 또 무엇보다도 특히 유용한 것들이다.

건물들은 다음과 같은 중요한 이유들로 평가된다. 즉 실패를 막는 것(건물에서 사고나 역기능, 부적합성을 초래할 수 있는 실패), 건물 사용자들에게 좋은 가치를 제공하고 의무 수행을 이행해야 하는 사람들에게 책임을 지우게 하는 것, 그리고 또 현장이나 산출품을 증진시킨다는 견지에서 진보의 진정한 증가를 마련하는 것과 같은 결과에서 비롯된다.

건물들은 예측되어지는 활동들을 위한 충분한 면적을 가짐으로써 안전하며, 보호받고, 그리고 위생적인 환경을 제공한다. 그 건물들은 대한 사적 자유와 사회적인 상호작용이 수용되는 장치를 창조한다. 그것들은 우리가 활동을 지속하기 위해 필요한 도구들로서의 공간을 제공하고, 또 그들이 놓여지는 것에서 사용될 수 있게끔 적합하고 호소력 있는 영상을 제공한다. 그것들은 두려움, 즐거움, 신뢰, 견고함, 안락함, 또는 부유함과 같은 감정적인 내용을 포함할 수 있다. 건물들은 또한 끊임없는 미학적인 유산의 일부이다. 결국 그것들은 아주 값 비싸고 잘못된 것들은 오랫동안 우리와 같이 남게 된다.

건조환경이 항상 우리와 같이 있고, 건축가들이 이를 환경의 커다란 부분을 책임져야 한다면, 건축에서 건물평가의 중요성은 아무리 강조해도 지나침이 없다. 그러나 건물설계에 대한 책임을 지고 있는 건축가들과 다른 사람들은 형식적이고 포괄적인 방식으로 그들이 창조하려고 애써왔던 환경을 거의 조사하지 않았다. 그러한 조사가 보다 좋은 건물들이 창조될 수 있는 기본적인 방법들의 하나일지라도 말이다.

■ 거주후 평가의 개발

건축설계와 건설과정의 일부로서, 프로그래밍은 많은 기본적인 설계의 매개변수들을 제안하고 정의하는데 중요한 역할을 한다. 프로그래밍은 해결책들을 얻는데 있어서 설계자가 사용하는 서술적인 도구이다. 그러나 한 단계는 건물의 질을 조사하는 평가나 진단단계와 같은 과정을 고려한다면, 현재의 견해에서는 실패하고 있다. 우리는 처방할 수 있기 전에 진단을 필요로 한다. 거주후 건물평가는 과정에 있어서 새로운 진단의 단계이다. 그것의 목적은 재판에서 판례의 이용이나 사업에서의 사례연구 방법과 비슷하다. 즉 과거에 행해진 많은 결정사항에 대한 결과의 지식을 가지고 더 좋은 결정을 하는 그런 것이다. 우리는 과거의 경험에서 배우려 한다. 오스카 와일드(Oscar Wilde)는 다음과 같이 말했다. "경험이란 우리가 우리의 실수를 서술하기 위해 사용하는 낱말이다."

건축 프로그래밍의 기술들은 1950년대 말과 60년대 초에 걸쳐서 처음 개발되었고, 1970년대까지는 상당히 발전되어 왔었다. 양적인 변화는 결국 질적인 변화를 가져온다는 말이 있다. 그래서 그 변화는 많은 프로그래밍 기술을 수반했다. 프로그래밍 기술이 지나치게 조직적이고 엄격하게 되어짐에 따라, 그 기술들은 너무 성장하여 효율성을 잃고 말았다. 그 기술들은 조사의 분석적인 분야에 기초를 둔 보다 더 형식적인 연구, 즉 거주후 평가로 전개되었다. 최초의 형식적이고 포괄적인 거주후 평가는 영국에서 행해졌다.

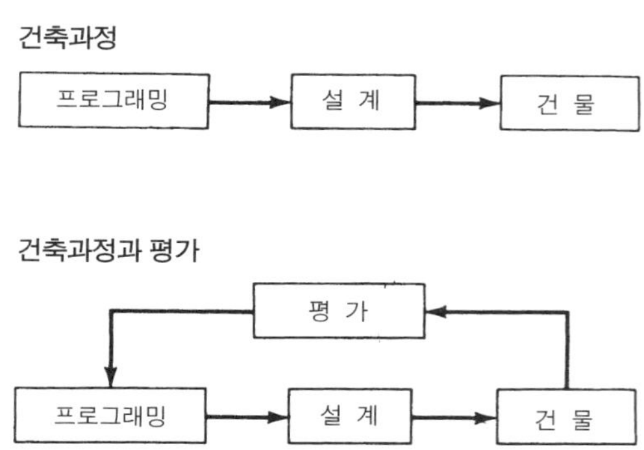

리버플(Liverpool)대학의 필킹톤(Pillkington) 연구실과 글래스고우(Glasgow)의 스트래드클라이드(Strathclyde) 대학의 건물성능 연구실은 사무소 건물과 고등학교 건물을 연구했다.[1] 이런 연구들은 기술적이고 기능적이며 행태적인 평가를 포함했다. 미국 위스콘신 밀워키(Wisconsin-Milwaukee)대학교에서 수행한 건물 사용에 관한 연구에서, 건축학과는 4개의 초등학교를 평가했다.[2] 이러한 연구들의 공통분모는 진단하는데 있어서 엄격한 접근방법을 사용했고 또 수많은 요소들의 조사, 즉 기술적, 시공적, 재료적, 기능적, 그리고 행태적인 조사에 있어서는 종합적인 것이었다는 점이다. 이러한 종합적 연구들은 예외이다. 여러 변수들의 전체 범위 중에 몇몇의 양상에 집중하는 연구가 더 많이 있다. 클레어 쿠퍼(Clare Cooper)의 "Easter Hill Village"와 오스카 뉴먼(Oscar Newman)의 "Defensible Space"는 이러한 연구들의 가장 광범위한 예들이다.[3] 이들 둘은 모두 물리적 설계와 행태 사이의 관계들에 관심을 가지고 있다.

거주후 건물평가는 현재 서서히 제도화되고 인정되고 있다. 영국의 주관 건축지인 건축가 잡지(Architects' Journal)는 1960년대 말 이후 그러한 평가들은 잡지에 게재했고 후원하기까지 했다.[4] 미국 건축가협회지(AIA Journal)는 1976년에 평가들은 연재하기 시작했다. 이것은 이전의 프로그래밍과 같이 건축 실무기준의 일부가 될 수 있게 십년 아니면 그 이상이 걸릴지도 모를 주기의 시작을 예고할지도 모른다.

평가의 유형들

거주후의 평가는 기본적으로 세 가지 요인에 중점을 둔다. 즉 기술적 평가, 기능적 평가, 그리고 행태적 평가이다. 이것들은 건물 의뢰자와 거주자에 의한 건물에 대한 인식뿐만 아니라, 건물설계에 있어서 건물설계에 있어서 건축가의 관심과 건축의 문헌의 분류와도 관련이 있다.

기술적인 요소들은 그 건물의 배후환경이다. 즉 우리의 거동과 형태에 대한 흔히 알아차리지 못하는 배경이다. 얼마나 자주 비상구, 조명기구, 또는 환기장치 등을 의식적으로 인식하는가? 우리가 이 배후환경으로부터 높은 수준의 일을 기대한다 하더라도, 우리의 주의를 끄는 대상은 대개 환경의 기능적인 면이다. 기능적인 요소들은 건물 안에서의 활동들을 뒷받침한다. 예를 들면 책장은 도서관에서 중심품목이다. 마찬가지로 구매자의 순환은 상점에서 가장 중요하게 기능적으로 고려할 점이다. 행태적인 요소들은 건물의 사용자들에게 큰 영향을 끼칠 수 있다. 도덕, 안전, 그리고 전달과 같은 행태적인 요소들의 질은 건물설계에 의해 영향 받을 수 있다.

■ 기술적인 평가

건물들은 반드시 근본적인 은신처와 생활을 유지할 수 있는 환경을 제공해야 한다. 초기의 은신처들은 극단의 "외부"(요소들과 동물들)를 지키기 위해 "내부"라는 것을 창조해 냈다. 이것은 여전히 가장 기본적인 건물의 구비조건이다. — 즉, 열, 냉기, 비, 눈, 동물, 그리고 해충을 막기 위함이다. 우리는 또한 건물들이 위생적이고 붕괴의 위험이 없고 화재로부터 안전하기를 기대한다. 우리는 건물이 만족할 만한 조명, 방음장치, 그리고 쾌적한 온도로 구비되기를 기대한다. 마지막으로 우리는 건물의 수명이 오래도록 유지되기를 바란다.

건축법규들

우리가 건조환경으로부터 기대하는 속성들은 당연한 것으로 받아들여진다. 즉 그러한 속성들은 기대의 최소 수준을 나타낸다. 실지로 모든 환경이 이러한 기준들을 만족시킨다는 것은, 그것은 뛰어난 평가와 피드백 과정의 결과이다. 그리고 이들의 과정은 건물들에서의 구조, 위생시

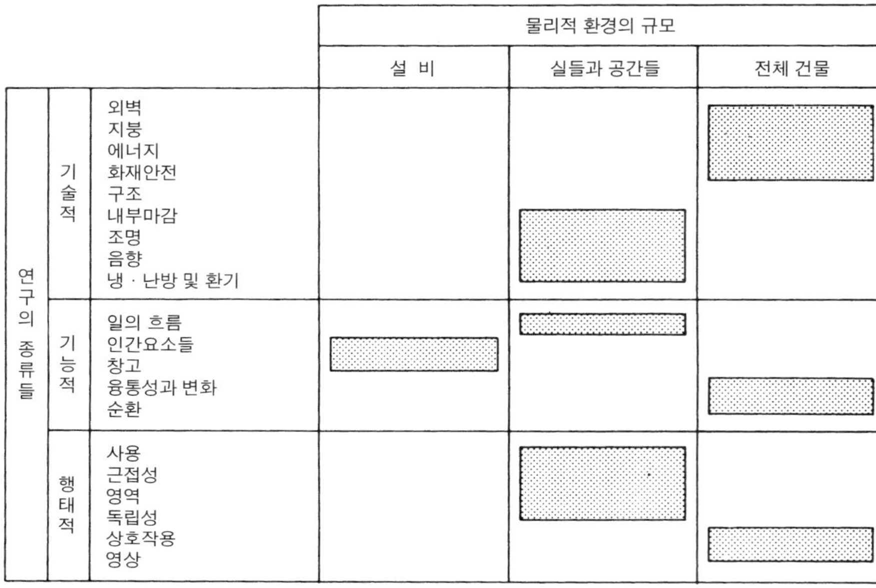

매트릭스 : 평가의 유형들

설, 통풍장치, 건강, 그리고 방화(放火)등을 규정하고 있는 건축법규들에 나타나 있다. 게다가, 우리는 이러한 법적인 요건들을 충족시킬 수 있는 사회에 살고 있다. 그것들은 때때로 비석에 새겨진 것과 같은 것으로 인식될지 모르지만 건축법규는 기술적 진보, 연구실적, 그리고 사회적 요구를 반영하기 위해서 항상 변하고 있다. 이러한 법적인 제약 뒤에는 많은 조직체들의 기구가 있으며, 그들은 국립 표준국(건축재료와 조직에 관하여 기본적인 연구를 하는 정부기관) ; 미국 재료시험협회(건축물에 대한 시험 및 기준을 정하는 곳) ; 남부 건축법규단과 같은 지방법규단체들(특히 지방 특색에 맞는 건물 기준을 개발하고 소개하는 단체) ; 국립 화재보호협회(건축 법규에서 화재에 관련한 기준을 연구하는 보험회사에서 도움을 받고 있는 조직) ; 그 외에 생산업체들, 공업협회 조합들, 건물주들, 건축가들, 그리고 시공자를 포함하는 다른 조직들이 있다. 신체 장애인과 같은 건물 사용자들은 가끔 법을 바꾸게끔 영향을 미칠 수 있다. 건축법규에서의 변화는 어떤 때는 느리게 오는데, 그 이유는 건강, 안정, 그리고 복지 등이 흔히 당연하게 받아들여지기 때문이다. 그러나 이러한 면에서 실패는 치명적일 수 있다. 예를 들면, 내화와 음향 목적들을 위하여 사용되는 아주 작은 석면 조각들은 어떤 다른 건물들의 공기 속에서 발견되었다. 석면은 현재 발암물질로 믿어지고 있으며, 이러한 구조물들의 거주인에게는 해로울지도 모른다.

법에 의하지 않는 규준

어떤 기술적인 요소들은 규정되어 있지 않거나 아니면 최소한으로 규정되어 있을 뿐이다. 외벽, 지붕, 내부마감, 조명 그리고 음향에서의 문제점들과 실수들로 건물을 사용하기에 바람직하지 못하고 유지비가 많이 들고 어느 정도는 쓸모없게 만들지 모른다. 그러나 그것들은 개인이나 사회에 해를 끼치지 않도록 하게하는 규정 조항에는 들어 있지는 않다. 비록 이러한 분야에는 많은 융통성이 있기는 하나, 또한 기준을 공표하고 시험방법을 고안해 내고, 그리고 연구와 평가를 시도하는 많은 기관들도 있다. 예를 들면 미국 주택도시개발국(HUD)은 정부가 보조금을 지급하거나 담보로 제공하는 주택에서 가져야 할 최소 자산 기준을 갖고 있으며, 저당을 잡아 대부하는 금융단체는 이러한 분야에서 기준을 갖고 있다. 조명공학협회(IES)와 같은 조직은 일반적으로 사용되고 있는 조명기준들을 갖고 있다. 이런 법제화 되지 않은 많은 기술적 요소들은 비록 법적 규제 하에 있지는 않지만, 건축법규 만큼이나 효력을 지니고 있는 많은 장치들을 통하여 청취되고 있다.

기술적 요소들의 평가

건물의 성능에 대한 평가는 지금은 기술적인 분야에서 나타난다. 기술적인 요소들은 기구들을 사용하여 평가하기에는 가장 쉬우며 또한 그 결과는 매우 객관적이다. 이 영역은 평가하는 데 있어서는 가장 중요하다. 왜냐하면 만일 문제나 실패가 발생한다면 유용하다기보다는 보다 못한 잠재력 아니면 위험한 건물들 때문인 것이다. 게다가 기술적인 해결책들은 물질적인 감각에서 적합성이나 변경에 가장 적게 제재를 받는 것들이다. 그것들은 처음에 제대로 만들어져야 한다. 건축가의 일차적인 관심의 한 가지는 아주 근본적 책임감을 갖고 건물의 구성요소에 알맞은 일을 보장하는 것이다. 많은 평범한 문제점들이 계속 일어난다는 것은 설계과정에서 공식적이든 비공식적이든, 평가와 피드백이 거의 완전하게 부족한데에 기인한다.

건물들에서 기술적인 요소들은 기구를 사용하며 또 엄격한 시험에 의하여 평가하기 쉽게 한다. 왜냐하면 그것들은 측정, 분석, 그리고 작업 등에서 배경환경을 위한 선례들이 있는 재료와 시공방법에 직접적으로 연결되어 있기 때문이다. 하나의 예가 음향이 평가되는 방법이다. 음향은 일차적으로 방안에서 측정되며, 음의 전달은 방들 사이에

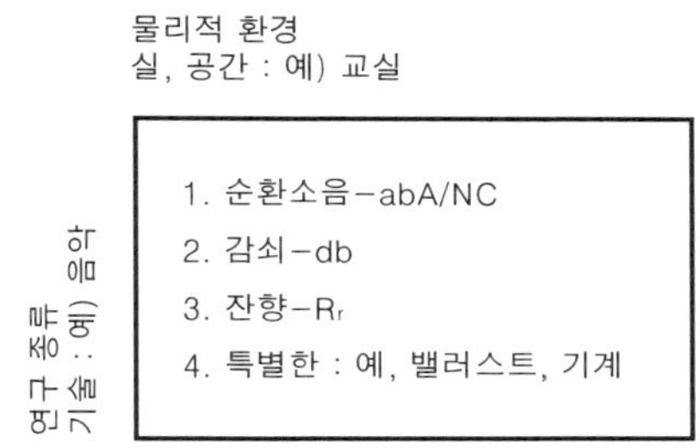

매트릭스 인터셉트

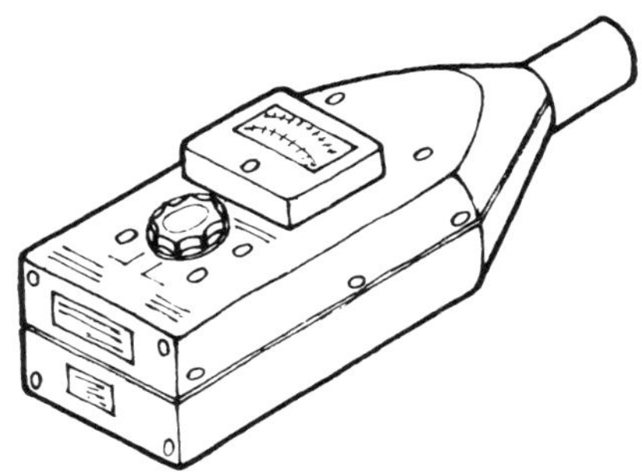

시험기기 : 음향레벨 측정기

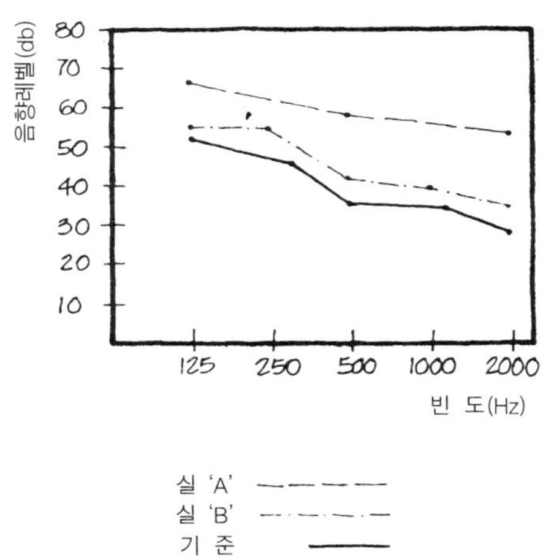

결과와 기준
음향시험

서 행해진다. 4가지의 음향시험들이 일반적으로 실행된다. — 즉 순환이나 배경 소음에 관하여, 잔향에 관하여, 음의 전달에 관하여, 설비물에서 나는 소음에 관해서이다. 대부분의 기존 시험들은 실험실에서 행해지기 때문에 현장시험이 개발된다.(음향학에서는 표준 현장시험들이 있기는 하지만). 음향 측정기와 옥타브 밴드(octave band) 분석기는 자료를 모으기 위하여 사용되고 있다. 마지막으로, 결과들을 표준과 비교하고, 그리고 평가가 만들어진다.

가장 일반적으로 평가되는 기술적인 요소들은 외벽, 지붕, 방화시설, 구조, 내부마감, 조명, 음향 그리고 HVAC(난방, 환기, 공기조화) 방법들이다.

외벽들 외벽들은 지붕에 따라서 건물의 외곽을 형성한다. 벽이란 날씨를 내부에 영향을 끼치지 못하도록 할 뿐만 아니라, 또한 온도, 습기, 바람, 그리고 만행으로 인한 붕괴에 대처하도록 되어야 한다. 전형적으로 이 평가에 있어서 중요한 부분은 재료가 달라지는 곳, 같은 곳, 문과 창문, 그리고 신축이음 등이다. 이러한 부분에 대한 검사들은 날씨, 습기의 침투, 바람의 침입, 그리고 열의 손실에 관한 것들이다. 전통적으로 법으로 정해지지 않은 온도의 전달에 관한 규정은 지금은 대부분의 법규에서 찾아 볼 수 있는데, 이는 에너지 위기에 대처하기 위한 기준을 유지하고 발전시킴에 있어서 공공과 개인단체, 생산업체, 그리고 개인들의 노력에 의한 것이다.

현재의 에너지에 대한 연구와 기준들에 대한 보급은 아마도 기술적 거주후 평가의 사용의 가장 명백한 예일 것이다. 에너지 사용에 대한 평가는 지금 낳은 건물 소유주들에 의하여 — 공식적 · 비공식적으로 — 이루어지고 있다. 건물을 대체로 연료비라는 측정기로 측정된다. 그 결과는 거의 항상 형편없이 나타난다. 사용된 에너지의 양은 벽과 지붕, 사용되지 않는 동안의 난방, 외부공기의 사용, 에너지 축적효과, 조명, 그리고 물을 덥히는 것 등을 통한

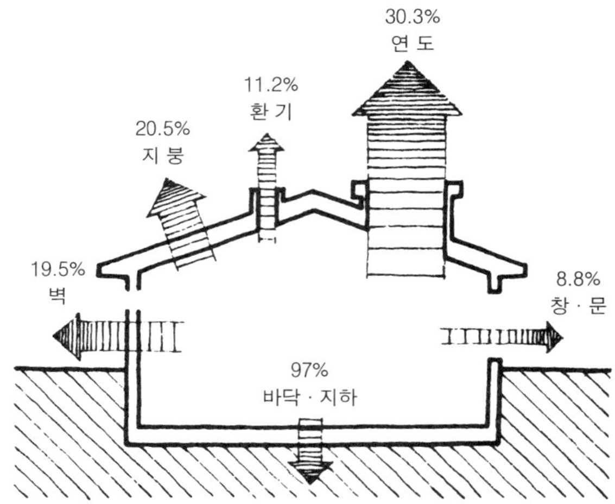

열손실

손실에 의해서 개별적으로 결정되어질 수 있다.

에너지 보존에 있어서의 건축가의 역할은 특별히 중요하다. 에너지를 보존하려고 한다면, 건물의 형태; 건물의 방위, 재료, 그리고 표면; 건물의 조명, 난방, 공기조화, 그리고 환기의 설계는 모두 영향을 받게 된다. 이 영역은 유달리 시공 이전 에너지 사용의 예측에 제재를 받는다. 이는 설계대안들을 계획된 에너지 예산과 비교함으로써 가능하다.

내구성은 성과의 다른 측정으로, 외부 벽을 평가함에 있어서 중요하다. 비록 벽들은 40년 이상 지탱될 수 있도록 설계되나 팽창, 수축, 습기, 그리고 서리의 즉각적이고 누적적인 영향으로 일련의 뜻하지 않는 결과를 낳을 수 있다. 균열들, 깨어짐, 비틀림, 변형 그리고 누출들은 전형적인 문제점들이다. 또한 미학적인 면도 반드시 고려되어야 한다. 왜냐하면 외벽은 건물의 주요한 형상을 부여하기 때문이다. 예를 들면, 우기에 외부 창들의 턱에서 흘러내리는 먼지는 창 위치에서 "턱수염"의 바람직하지 않는 효과를 만들 수 있다.

지붕들 기능면에서 외벽들과 비슷하나 지붕들은 약간 색다른 구비조건들을 가지고 있다. 지붕들은 텐트와 같이, 건물 속에 물이 스며들지 않게 물이나 바람들이 통하지 않고 이음새 부분이 없고, 그리고 하나의 표면으로 되어 있어야 한다. 그들의 수평 또는 거기의 수평적인 특성과 비교적 그들의 재료가 "무르다"는 성질 때문에 그들은 모든 건물구성 요소들 중 가장 많이 노출되어진다. 지붕들은 상하기 쉽기 때문에 어떤 건물요소보다 가장 자주 문제되고 실패하는 곳이다. 그리하여 그들은 설계와 시공상에서 가장 세심한 주의를 요구한다. 문제들은 노출된 표면들상에서는 거의 어디서나 일어날 수 있지만, 지붕을 관통하는 것들(환기들, 배기들, 그리고 천창들) 그리고 외벽들의 이음부분들은 특히 영향을 받기 쉽다. 비록 자주 있는 일은 아니나, 지붕들 위에서의 인간의 활동들은 역시 허약한 표면들을 손상시킬 수 있다.

지붕의 손상들은 건물 안으로 물이 들어오게 하는 자명한 결과를 가져온다. 흔히 그것들은 손상된 부분을 통하여

물이 괴는 지붕

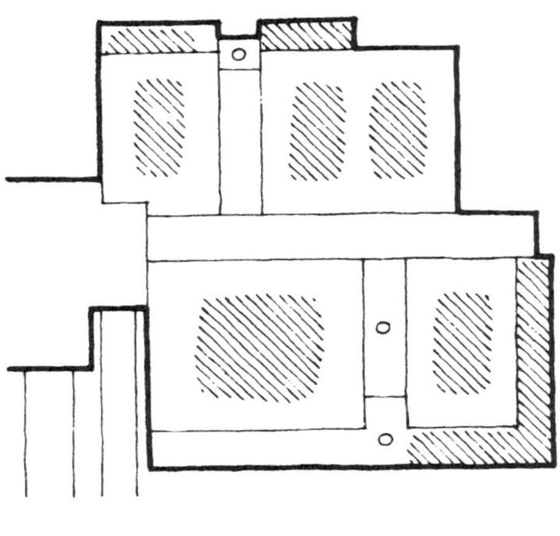

물이 괴는 영역

추적될 수 있다. 균열, 물집이 생기는 것, 껍질이 벗겨지는 것들과 같은, 지붕 재료들이 잘못된 것은 시각 검사를 통하여 쉽게 발견할 수 있다. 물이 고여 있는 곳(지붕 표면에 상당히 물이 남아 있을 때)은 역시 확실하게 분명하다. 이러한 모든 조건들은 틀림없이 지붕의 수명을 단축한다.

지붕에서 문제점이 너무 자주 일어난다는 것은, 그것은 고칠 수 없게 되고 너무 많이 비용이 들게 됨을 뜻하는데, 이것은 건축가, 건물의뢰인, 그리고 평가원에게 있어서는 늘어나는 작업능력들을 준비할 수 있다는 관점에서 생각할 수 있는 기술적인 주요한 영역들이다. 흔히, 이러한 요소에는 충분한 주의를 하지 않는다. 왜냐 하면 실패들이 (건물이 사용하는 도중 시공의 결점과 압력에 기인하여) 생길 수 있기 때문에 전형적인 규준들 이상의 견고성을 위한 설계가 지붕을 위하여 고려되어야 한다.

화재에 대한 안전 건물에서의 화재에 대한 안전은 그 건물이 건축법규에서 기준들의 방향을 만족시키는가를 결정하기 위하여 건축가의 설계(도면들)에 대한 주의 깊은 검사에 의하여 평가 받는다. 순환, 구조형식, 그리고 재료들은 비상구들 화재에 대한 저항력, 불꽃이 퍼지는 정도, 그리고 발생하는 연기의 양을 위한 규준들을 만족해야 한다. 이 영역에서 따르게 되는 실패는 드물며 그 이유는 엄격한 강제성이 있기 때문이다. 아무리 좋은 건물들이 시공전과 기간중에 잘 평가되어진다 하더라도, 사실 건물을 사용하다 보면 건물 사용에 대한 수명이 바뀔 수 있다. 비상구들과 복도들은 본래의 목적 대신 가끔 저장이나 활동들을 위하여 사용될 수 있으며, 높은 불꽃이 퍼질 수 있는 벽 표면들은 본래의 그리고 안전한 표면들을 덮을 수 있다. 방화문들은 가끔 보안상의 이유로 닫혀져 있는데, 이것은 매우 위험한 상황을 초래한다. 또한 정원 초과로 거주하는 것도 문제가 될 수 있다. 꽤 많은 양이 노출되어 있는 사무실의 서류들 역시 심각한 위험물이 될 수도 있다. 이 영역에서 주거후 평가는 공정하게 올바르며 소방서에 의한 검

사들을 포함한다. 그러나 항상 그것은 발생하지 않는다. 이 영역에서 화재에 대한 연구와 건물 실패들은 건축법규들에 영향을 미치고 있다. 화재의 번짐에 관하여 규정하고 있는 법규들은 연기, 과열된 가스, 그리고 유독가스 발생으로 인한 부상과 사망이 더욱 자주 발생한다는 것을 현재 인식하고 있다. 또한 요즈음은 실내장식들을 통제받지 않고 사용함으로써 생기는 화재문제들이 인식되고 있다. 규정되지 않은 조항들은 유독가스와 연기를 아주 많이 생산케 하고 또 불을 더 확산시킬 수 있다. 가구의 시방서들은 화재와 관련된 기준을 포함하기 시작했고, 특히 병원들과 다른 단체들에서 중요하게 생각하기 시작했다.

구조 화재에 대한 안전과 같이 구조에 관한 것들 역시 건축법규에서 아주 엄격하게 규정되어 있다. 때때로 실수는 공사중에 발생할 수 있는데 반하여, 정상적인 상태에서 거주중의 실수는 좀처럼 발생하지 않는다. 어쨌든, 부적당한 구조설계가 있을 수도 있다. 그리고 이것은 건축법규에서 안전요소들의 사용에 의하여 보상된다(어떤 점에서는 강제적 과잉설계). 그렇다 하더라도 실수들은 아직도 발생한다. 몇 해 전 영국에서 고 알루미나가 철근콘크리트에 사용되어졌다. 그것은 결국 강철 보강재를 쓸모없게 만들었고, 결국은 구조적 실수를 야기시켰다. 이러한 콘크리트는 영국에서 수천의 건물들에서 발견될 수 있으며, 많은 수의 건물들이 붕괴되었다 하더라도 모든 것이 위험스러운지는 거의 알려지지 않았다.[6]

내부마감들 내부마감은 마루, 천장, 그리고 내부 벽의 마감들이 포함된다. 이러한 마감들에 대한 평가는 법규에 대한 고려 때문이라기보다는 사용자들과 이들 표면들과의 접촉 때문에 더욱 중요하다. 마루는 자국, 긁은자국, 마모 등에 강해야 하며, 동시에 사용자의 즐거움을 위하여 탄력성도 있어야 한다. 마루에 필요한, 그리고 조금은 덜하지만 벽들과 전정들에 필요한 다른 속성들은 청결성, 얼룩에 대한 저항, 잘 미끄러지지 않고, 담뱃불에 강하고, 벗겨져 상하고, 점착(粘着), 색의 정착, 정전기의 발생이 없고, 엷은 판으로 만들지 않는 것, 흡수성, 긁힘에 견디는 것, 부서짐, 탄력, 그리고 충격에 대한 저항을 포함한다.

가끔 예기치 않은 상황들이 평가중에 발견된다. 어떤 초등학교의 벽에 대한 평가를 다룬 연구에서 마루 위 약 2피트의 진흙선이 유달리 하얀 벽 위에서 발견되었다. 같은 학교의 다른 곳에서도 같은 현상이 발생했는데, 그것은 몇 인치 더 높았다. 다른 나이의 어린이들이 이들 각각의 건물 동들을 사용했었고, 그들이 걸을 때 벽에 손을 대고 뛰었다. 적당한 높이들에 분명하게 칠해진 줄무늬들은 제약을 완화하는데 추천되어졌다.[7]

이 영역에서 대부분의 시험은 기초 상황들의 세밀한 관찰에 의해서 이루어진다. 만약 가능하다면, 사용된 적이 없는 원래의 재료들의 표본들은 그 자리에서 이것들과 비교되어진다. 기술적 요소들의 이들 그리고 몇몇 다른 영역들의 배후의 개념은 건물 환경이 이미 철저히 시험되어 왔

이소루우멘즈와 조명 분배

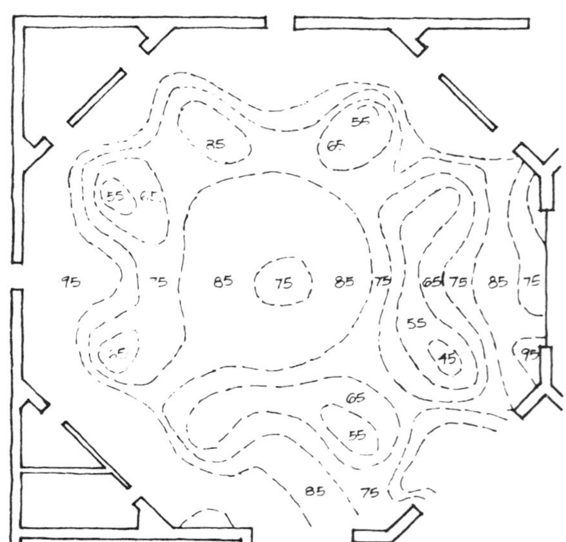

다는 것이다. 예를 들어, 마루 표면들은 더럽혀지고, 얼룩지고, 마모되고 그리고 달리 사용되어짐으로써 몇 년 동안 건물 거주자들에 의해 시험되어 왔다. 우리는 다만 이러한 시험의 결과들을 조사해야 하는 것이다. 이 방법은 오랜 시간이 걸릴지라도 실험실에서의 유사한 시험들보다 더 정확하다.

조명 건물에서의 조명의 평가는 물량의 측정을 넘어서야 하며, 직접 그리고 간접적인 빛의 측정을 넘어서야 하고 직접 그리고 간접적인 빛의 측정을 포함해야 한다. 지금까지는 최소한이며 양적인 조명기준만이 건축법규에 명시되어 있다. 양적인 조명기준이 해가 갈수록 증가하여 왔다. 일반적인 조명의 100피트 촉광을 초과한 사무실은 흔하다. 그러나 요즈음은 에너지에 관한 관심 때문에 이러한 높은 밝기 기준들은 심각하게 의문시된다. 그것들은 에너지의 관점에서는 비싼 것이 되고 부가적인 시각적 수행의 관점에서는 다만 가장 생산적일지도 모른다. 질적인 요소들은 역시, 시각인 쾌감을 주는 데에는 빛의 양적인 요소들만큼이나 중요하다는 것이 밝혀졌다. 그리고 일반적인 조명으로 비추고 최소화 하는 특별한 일에 대한 변화가 일어나고 있다.

현재 빛의 양과 질은 기구들을 가지고 정확히 평가 될 수 있다. 비록 현재의 기준이 유효하다 하더라도, 기준 역시 에너지 위기라는 관점에서 더 많은 연구가 행해지며 그 분야에서 새로운 연구도 행해지고 있다. 많은 새로운 건물들은 권장되고 있는 양적인 기준에 훨씬 못 미치고 있다. 양적인 측정(피트 촉광)이 아직도 행해지고 있다. 그러나 그것들은 직접광선과 반사광선 그리고 대조 비율의 자료들을 포함하는 평가의 하나의 양상에 불과하다.

음향 일반적으로, 음향에 대한 문제는 건축법규에는 나타나 있지 않으나 건물설계에서는 중요한 부분이다. 소리의 조절은 배경이나 순환 음의 레벨, 지역간의(독립성

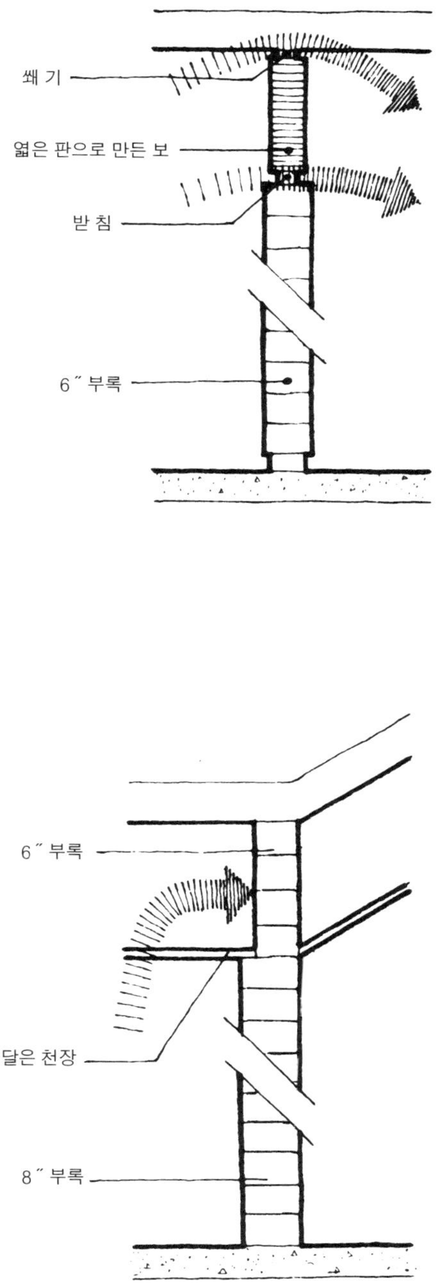

공기로 운반되는 소음

을 확보하기 위하여) 음의 전달이나 흡수, 그리고 명확함과 크기에 영향을 주는 음 또는 반향(反響)의 어떠한 잔향(殘響)을 포함한다. 모터, 송풍기, 펌프 그리고 조명기와 같은 건물의 기계장치로부터의 소리 전달 역시 숙고되어야 한다. 음향효과의 문제들은 상식적이며 어떤 하나의 유형이 지배적일 수 없다. 간이 시공방법들에 대한 장기의 경향과 사무소 학교 건물에서 크게 개방된 공간 사용의 증가는 어떤 음향의 문제들을 더욱 악화시킬 수 있다. 시험방법과 해결책은 잘 알려져 있으며 재래식의 방들에서도 적용될 수 있다. 넓고 잘 사용되지 않은 공간에서는 전례들이나 인정된 규준들이 거의 없다. 배경소음, 설비에서 발생되는 소음, 그리고 소리의 전달과 감소에 대한 현장에서의 평가는 음향 측정기와 기존의 현장시험의 절차들에 의해서 만들어질 수 있다. 잔향, 구조 자체에서 발생하는 진동, 개방적인 평면들 그리고 강당의 음향과 같은, 좀 더 복잡한 사항들은 직업적인 전문가의 조언이 필요하다. 건축의뢰자는 이러한 면에서의 결점들의 발생횟수와 지속성이라는 관점에서 적당한 음향설계에 대한 필요성을 깨달아야 한다.

난방, 환기, 그리고 공기조화 여러 가지 냉 · 난방 원천들, 운반수단, 그리고 열장치와 같은 것들이 있는데, 그것들의 일반적인 목적은 열의 쾌감을 전달하는 것이다. 이것들은 적당한 온도와 습도, 공기유통, 그리고 방사효과들을 가지도록 요구한다. 이 분야의 전형적인 기준들은 아주 높다. 그래서 에너지 사용에 관계되어짐으로 야기되는 낮은 기준은 아직까지도 받아들여질 수 있는 범위 안에 있다. 사실, 법기준보다 낮은 통풍률마저도 이 부분에 일반적으로 지나치게 설계된 현실을 지적하는 건물 사용자들에 의해서 인식되어온 적이 없다. 평가는 기기로부터 얻어낸 결과들에 근거한다. 앞에서 언급한 것과 같이, 비록 좋은 기준이 존재한다 할지라도, 현재의 실무는 많은 상황들에서 이러한 기준들을 넘고 있다.

■ 기능적 평가

기능적인 요소들은 사용자의 활동들과 조직적인 일을 직접적으로 뒷받침하는 건물요소들의 측면이다. 예를 들면, 바닥들, 천장들, 그리고 음향들은 직접적으로 사용자의 활동을 뒷받침하지는 않는다. 즉 그것들은 배경환경을 구성한다. 그러나 일의 흐름을 증진시키는 근접지역들의 장소와 창고는 직접적으로 사용자의 활동과 조직적인 일을 지원한다. 기능적인 고려사항들은 건물의 전체적인 결과에 필수적이다. 만족스럽지 못한 설계의 결정들은 기능들을 억제하고 금전적인 손실이나 결정적인 비능률들을 초래할 수 있다. 기술적인 요소들의 실패와는 달리, 여기에서의 실패는 미묘해지거나 아니면 어색한 적응들을 초래할 수 있다.

기능을 다루는 건축가는 건물 내의 영역들과 활동들 간의 관계에 관심이 있게 된다. 즉 사용자들과 재료들에 대한 접근, 유틸리티시설과 같은, 서비스들의 준비, 창고, 그리고 특별한 사용자의 집단들을 위한 환경의 정확한 치수의 적합성 등이다. 덧붙여서, 특수한 건물유형들은 안전, 감독, 융통성, 재료들의 운동, 그리고 줄짓는 것과 같은 특별한 요구들에 중요성을 강조한다. 많은 건물유형들은 기능적인 요소들을 강조하는 설계를 위한 지침을 갖는다. 그러나 몇몇 요소들은 적절한 연구와 평가에 기초를 두고 있다. 많은 것들은 너무 일반적이어서 건축설계에서는 충분히 유용할 수 없다. 약간의 예외사항들은 있다. 예를 들면, 많은 슈퍼마켓 회사들은 몇몇 단식 — 음식 연쇄점들이 하듯이, 그들의 설비에 대한 광범위한 평가에 근거한 인상적인 설계표준책자들을 가지고 있다.

전례들, 공인된 시험들, 측정들, 그리고 기준들은 기능적인 영역에서 일반적으로 행해지는 것은 아니다. 치수의 접합성과 같은, 확실한 측정들은 아주 직접적이고 정확한 기준을 가진다. 가변성과 같은 다른 것들은 충분한 연구의

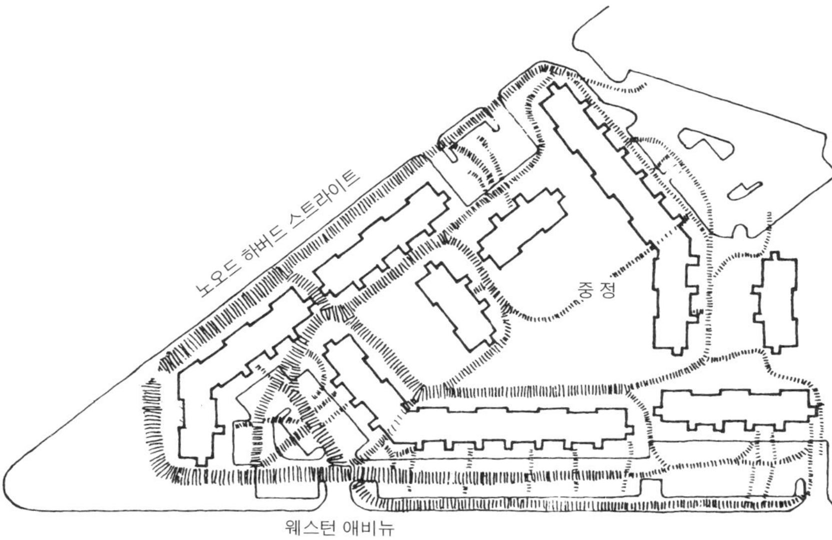

주거단지에서의 보행자의 순환

이득을 얻지 못해 왔다.

측정기술들의 범위는 넓고 다양하다. 여기서, 우리는 사용자의 활동들의 직접적인 관찰을 채택하기 시작한다. 일의 흐름과 점유자의 움직임을 측정하는데 있어서, 우리는 상당한 시간이 지나도록 건물 사용자들을 관찰하고, 그들의 활동들을 기록하고, 만약 비능률성이 존재한다면 그것을 알기 위하여 자료를 분석한다. 또한 조심성 있는 측정들, 아니면 사용자의 활동들의 간접적인 단서들이 사용된다. 예를 들면, 대학 캠퍼스의 잔디를 손상시킨 비형식적인 도로망은 순환로들에 대한 충족되지 않은 요구의 조심성 있는 표지일 수 있다. 기록된 자료는 또한 기능적인 요소를 측정하기 위해 사용되어진다. 예를 들면, 병원수리 자료들은 미래의 병원 설계들의 가변성에 대한 요구를 결정하는데 도움이 될 수 있다.

지역적 집단화 일의 흐름은 어떤 시설을 기능화 하는데 있어서 가장 중대한 논점이 된다. 이것은 전달 그리고 사람과 직업의 움직임에 영향을 미치기 위해 건물에서 영역을 한데 묶거나 갈라놓는 개념이다. 이 영역에서 건축가의 설계 결정들은 조직에 의하여 봉사나 상품의 배달에 심각하게 영향을 끼칠 수 있다. 예를 들면, 많은 초등학교에서 도서관에 근접한 학급들은 다른 학급보다 더 자주 그 시설을 사용하려는 경향이 있다. 마찬가지로, 개방적인 사무소 평면들은 근접성을 일의 흐름과 전달에 대한 요구에 근거하여, 개방된 사무소에서 책상을 정렬하는 기술로서 사용한다. 이러한 유형의 광범위한 연구는 그와 같은 평면이 발전될 수 있기 전에 요구되어진다.

순환 기능적인 묶음과 같이, 순환은 건물설계에서 하나의 중요한 요소이다. 즉 그것은 건물 기능에서 중심요소이다. 순환의 설계는 군집, 안전, 방위(方位), 그리고 관리비용과 같이 건물의 여러 부분들의 쓰임에 영향을 미칠 수 있다. 예를 들면, 병원 내에서 사람들의 비능률적인 순환은 높은 비용을 초래한다. 그런데 그 비용은 설계를 통해서 감소할 수 있다. 실험용으로 지은 3층 건물에서 병원의 순환에 관하여 조사한 정밀한 연구는 방사상으로 된 평면은 불필요한 순환의 양을 최소화하고 보다 좋게 환자를 보호할 수 있다는 사실을 알려주었다.[8] 슈퍼마켓들에서 순환이나 일의 흐름을 극대화시키는 것은 추가판매를 가져오게 하는데 매우 중요하다. 불가피하게, 일용품, 달걀 그리고 빵과 같은 주요상품들은 상점의 가장 먼 곳에 둔다. 그래서 필요한 유통의 양을 증가시키고 가능한 많은 양의 상품을 구매자에게 노출시킨다. 능률적인 순환은 가장 많이 사용할 만한 지역을 만든다는 점에서 건물 소유주에게는 중요한 것이 된다. 사무소 건물에서 85%의 공간을 임대할 수 있게 하거나, 아파트에서 90%의 효율적인 공간을 요구하는 것과 같은 산업의 표준들은 널리 사용되고 있다.

형식적이고 직관적인 평가의 이러한 유형들은 건축가들에게 뛰어난 정보를 제시한다. 그러나 그것들은 고도로 구조화된 건물의 맥락들 속에서 한정시킨 예들이다. 많은 평가는 보다 많은 결정을 위한 선택들로서 덜 구조화된 상황들에서 필요하게 된다. 예를 들면, 많은 주요한 건물들은 앞뒤 현관을 가지고 있다. 그런데 뒤 현관은 시각적 명확성이 적고 문의 수도 더 적다. 그러나 많은 경우에 뒷문은 앞문만큼이나, 심지어는 더 자주 사용되기도 한다. 자이셀(Zaisel)과 그리퓐(Griffin)이 연구한 "Charlesview Housing"에서는 많은 경우에 순환로는 통로와 공간들에 대한 건축가의 설계 의도와는 일치하지 않을 수도 있다는 사실을 증명하고 있다.[9]

인간적 요소들 인간적인 요소들의 연구는 치수들과 모양들 그리고 그것의 사용자들의 환경의 재료들에 어울리는 발전되고 있는 기준들과 설계들에 관련되어진 훈련이다. 인간적인 요소들의 평가의 대부분은 설비설계의 분야에서 나타난다. 그러나 어떤 중요한 일은 건축에서 발전되고 있다. 욕실에 관한 키라스(Kiras)의 엄밀한 연구는 고전적인 예가 된다.[10] 재래의 욕실설비는 여러 관점에서부터 형편없이 설계되었음을 지적해준다. 그래서 전례 없이 아주 자유롭고 새로운 설계들이 제공되었다.

임시 대용으로 만든 창고

대부분의 건물 사용자들이 인간적인 요소의 기준들을 바로잡게 할 수 없을지도 모를 치수들과 모양들에 적응할 수 있을지라도 용도들은 마련되고 사용자들은 있게 된다. 그런데 그들에게 그러한 아량들은 위험한 것이다. 심장병 보호시설에 대한 평가에 관한 연구는, 시간과 정확성이 결정적일 때, 위험한 상태가 진행되고 있을 동안 효율성과 일을 증진시키기 위해 많은 조언들을 했다.[11] 마찬가지로, 신체장애인들의 사용을 위한 건물들의 평가들은 많은 필요 없는 부족한 점을 보여주었다. 이러한 평가에 기초를 둔 대부분의 건축법규들은 지금은 건축설계가 지체부자유자의 이용에 적합해야 할 것임을 규정한다.

창고 창고는 건물 내에 거의 모든 활동에 있어서 중요하지만 많은 평가는 이루어지지 않았다. 이런 요소를 포함한 연구들은 항상 창고를 위한 준비들이 부족하다는 것을 알려준다. 즉 항상 불충분한 수용력이 문제이다. 그러나 다른 변수요소들은 위치, 분배, 모양 등을 포함한다. 창고는 보통 겸손한 측정으로 평가될 수 있다. 왜냐하면 이 영

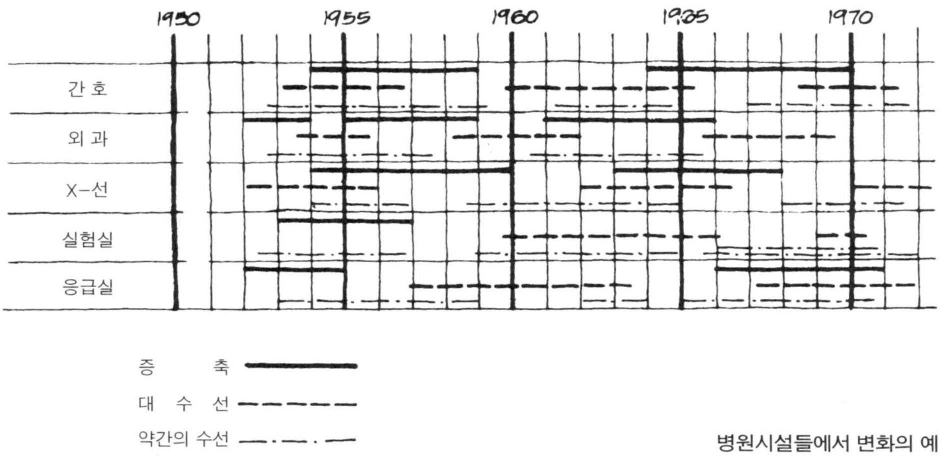

병원시설들에서 변화의 예

역에는 일의 적절한 표시들이 있기 때문이다. 학교에 관한 연구는 몇몇 선생이 실제로 자신의 창고의 찬장들을 학교에 가지고 오거나, 아니면 있는 재료들로 창고공간을 즉석에서 만든다는 사실을 알려주었다.[12] 가끔 복도들까지 창고로 사용한다. 옷을 두는 반침의 선반은 교재들을 보관하기에 적당하다. 그리고 거의 모든 수평적인 표면 위에 여러 가지 물건들을 얹게 된다. 아주 많은 교실의 창고를 가진 어떤 학교에서는 그것을 사용하기에는 적당한 용량의 것이었다. 그러나 선생님들의 용구를 위해서는 더 많은 창고가 필요했다. 우리는 또한 창고를 분류된 물건의 크기와 그 사용빈도에 의해 분류할 수 있다. 학교에 관한 연구나 "St. Francis Square Housing"의 연구는 이런 만족스럽지 못한 범주들에서 특수한 요구들을 찾아보게 되었다.[13]

융통성과 변화 융통성은 건축 설계에서 더욱더 중요한 고려사항이다. 기능, 철학, 크기, 또는 영역에서의 잠재적이고 기대되어지는 변화들은 모두 적응되어져야 한다. 과거 20년 동안 조직적인 구조와 과정들에서, 그리고 낡은 건물의 사용이나 재사용에 대한 태도에 있어서 중요한 변화가 있어 왔다. 예를 들면, 전통에서부터의 이탈, 즉 개방된 평면들을 가진 학교와 사무소 평면들은 일반적인 것이 되어 왔다. 보다 구식이며 더 많이 구획되어진 건물들은 요구되는 넓은 공간들에 적응할 수 없게 된다. 최근에 개방된 평면을 가진 학교들을 분할하려는 경향이 있어 왔다. 분명하게, 교육철학의 변화들은 종종 40~80년 또는 그 이상 지속되는 건물들의 변화보다 빠르다. 병원과 실험실 설계는 또한 융통성에 대처해 왔다. 병원에 관한 평가적인 연구는 정상적인 활동을 하는 층들 간의 사이에 끼어 있는 서비스를 위한 층들은 방사선과 같은 특별한 과의 경우에는 덜 비싸다는 것이 알려졌다. 왜냐하면 그 이유는 하부구조를 제공하는데 있어서 변화들을 위한 높은 잠재적인 필요 때문이다.[14] 그러나 이와 같은 연구는 융통성에 있어서 높은 정도를 가지지 말아야 되는 많은 기능이 있다는 것을 지적한다.

기능적인 요소들에 관한 정보는 기술적인 요소들로 알려진 것과 비교되어지는 근본적인 것이다. 슈퍼마켓과 호텔과 같은 확실한 소유자의 사용에 관하여는 정말하고 지속적인 연구가 있어 왔다. 노인이나 가족을 위한 주거, 지체부자유자와 저능아를 위한 시설들, 유치원들, 초등학교들, 그리고 놀이터들과 같은 다른 건물유형들은 현재 정상적으로 그리고 포괄적으로 평가되고 있다. 기능적인 요소들이 조직적인 목표에 더욱 직접적으로 관련되어지는 반면, 행태적인 요소들의 평가는 사용자의 반응들에 더욱 초점을 맞추게 되는 개념적인 틀을 가지게 된다.

■ 형태적 평가

행태적인 요소들은 형태와 물리적 환경의 관계를 강조한다. 이 영역에서 탐구되어진 몇몇 문제들은 다음과 같다. 건물은 원래 설계에서 의도된 것처럼 사용되는가? 시설의 크기는 사용자들에게 얼마나 영향을 미치는가? 건물의 이미지가 사용자들과 공동체에 무엇을 암시하는가? 건물에서 부근의 영역들은 건물의 사용빈도에 얼마나 영향을 미치는가? 건물의 이미지가 사용자들과 공동체에 무엇을 암시하는가? 건물에서 영역들의 부근은 건물의 사용빈도에 얼마나 영향을 미치는가? 실들과 재료들의 모양은 이용자의 행태에 영향을 끼치는가? 다른 요소들을 사용자들에게 영향을 주는 물리적 환경과 어떻게 결합되는가?

연구와 평가들은 물리적 환경이 행태에 깊게 영향을 미칠 수 있다는 사실을 지적한다. 그와 같은 연구의 노력들은 대학들과 정부에서 급속하게 증대되고 있다. 그러나 그 응용들은 건축 실무에 있어서는 드물다. 건축가에 의한 결정들이 건물의 사용자들과 건물의 경제적 성패에 강력하게 영향을 미칠지라도 행태설계 투입에 대한 건축가의 이용은 드물다. 이런 착오에 대한 이유들은 무엇인가?

우리는 총괄적으로 건축이라는 직업의 문제에 관하여 이야기하는 것이지, 개개인의 실무에 종사하는 건축가에 대하여 이야기하는 것은 아니다. 사실 건축가들은 그들의 의도나 이상에도 불구하고, 한정된 자원들을 가지고 있는 것이다. 실무에서는 연구의 편향(偏向), 적절한 자원, 또는 그 일에 종사하고 있는 충분한 인적 구성을 지금은 가지고 있지 못하다. 최근에야 일의 상태를 수정할 수 있는 몇몇 변화가 시작됐다. 그러나 그러한 변화가 일어났을지라도, 건축실무에서 이러한 생각들의 충분한 침투는 좀 시간을 요할 것이다. 한 가지 문제는 이 분야에서 정보의 작은 양을 설계에 응용하는 것이다. 주거에서 물리적 설계와 사회적 관계들을 연계한 페스팅거(Festinger)와 그 동료들에 의하여 수행된 1948의 고전적인 연구는 1960년대 말까지 이 분야의 유일한 예로 되어 왔다.[15] 이 중요한 업적은 건축실무를 갑자기 바꿔놓을 만큼 중요한 것이 될 만하지 못했다. 그래서 거기에 이중의 문제가 있어 왔다. 즉 건축가가 이해할 만하고 그들의 설계작업에 응용할 만한 평가적 연구의 부족, 그리고 연구에 도움이 되지 않는 실무에서의 태도이다.

설계에서 행태적 정보를 포함한 최초의 경향은 알렉산더(Alexander)와 셔마이에프(Chermayeff)의 "커뮤니티와 프라이버시(Community and Privacy)"와 알렉산더의 계속되는 많은 작업에까지 거슬러 올라갈 수 있다. "커뮤니티와 프라이버시"는 최근 건축가의 평가연구를 위한 골격을 마련하는데 도움을 준 사용자의 필요사항들, 요구들, 또 유형들의 목록을 포함한다. 1970년대까지 그런 사용자 요구에 대한 연구들은 건축실무에서 일반적인 프로그래밍의 고안들이었다.

행태적 요소들의 "평가적" 연구들은 1960년대 말에 나타나기 시작했다. 심 반 데어 라인(Sim Van Der Ryn)과 머레이 실버스타인(Murray Silverstein)의 "버클리의 기숙사들", 로버트 소머(Robert Sommer)의 "Personal Space", 로저 바커(Roger Barker)와 폴 검프(Paul Gump)의 "Big School, Small School"은 영향력이 있었다.[16] 영궁에서 리버풀 대학교의 필킹톤 연구실과 스코틀랜드 스트래트클라이드 대학교의 건물성능 연구실은 나중에 출판된 포괄적인 건물평가들을 수행했다. 또한 컬럼비아 대학교의 존

쟈이셀(John Zeisel)과 유. 씨. 버클리의 클레어 쿠퍼는 주요한 작업에 열중하였다.[17] 존 에버하드(John Eberhard)의 주도 아래 국립 표준국과 국립 정신건강연구소와 같은 정부기관, 그리고 영국에서는 주택성과 지방정부는 역시 중요한 연구와 출판들에 자금을 투자하고 있었다. 마침내, 환경설계연구소(EDRA)는 1969년에 설립되었고, 이 분야에 더욱 정식의 인정과 많은 건축 연구자들에게 "근거지"를 제공했고, 대화를 위한 필요한 광장을 제공하였다.

피터 브레이크(Peter Blake: 저명한 건축가이며 저술가)가 쓴 근대건축은 왜 실패하였는가(Form Follows Fiasco 1970)와 "The Master Builders(1962)" 이 두 책 모두는 얼마나 심하게 건축적 태도가 변해왔느냐에 관한 지표를 보여준다.[18] 콘스탄스 퍼린(Constance Perin)의 "With Man in Mind", 브렌트 브롤린(Brent Brolin)의 "Failure of Mofdern Architecture", 그리고 말콜름 맥이완(Malcolm McEwan)이 쓴 왕립 영국 건축가협의회 "Crisis in Architecture"가 모든 것들은 실무에서 다시 조사하는 우선순위의 필요성과 특히 건물평가를 위한 필요한 건물 설계에서 행태적인 투입의 사용을 더욱 강화시켰다.[19] 또 하나의 건물평가에 대한 일련의 태도에 있어서 변화의 강력한 제도적 지침은 1977년 AIA잡지에서 시작된 일련의 사례연구이다.[20] 이것은 이 분야에 대한 AIA의 최초의 시도이다. 그러한 연구들의 수가 증가하고 현실적인 이득들이 증거가 늘어남에 따라, 더 많은 건축적 응용은 마치 오늘날의 프로그래밍과 같이 직업적인 봉사의 일반적인 상황을 평가할 수 있게 하였다.

행태적 요소들의 맥락

기술적이고 기능적인 요소들은 가끔 직접적으로 인간관계이며 가치들과 철학들로 연루되지 않고, 그리고 잘 알려진 목적들과 요구들에 관계되는 결과들을 낳는 반면에, 행태적인 평가들은 이 모든 분야에서 더욱 희박하고 알기 어렵다. 물리적 환경과 그 환경에서 사용자의 행태를 낳은 결과와의 관계를 설정하고 측정하는 것은 어렵다. 많은 상황에서 다른 비물리적 환경변수들은 행태에 더욱 중요할 수 있다. 작업환경에서 촉진자에 관한 헤르츠버그(Hertzberg)의 이론들은 물리적 환경을 "중성"의 촉진자로서 목록의 하위에 놓고 있다. 어떤 환경에서도 조직적인 법칙들, 지도력, 보상, 과업들, 기후, 그리고 다른 요인들은 물리적 환경이 하는 것보다 더 행태에 전면적으로 영향을 미칠 수 있다. 환경과 행태간의 관계들은 그것들이 자발적일 수 있기 때문에 정립하기에는 역시 어렵다. 비행장의 출구와 같이, 행태가 대개 진행적이고 연속적인 환경은 비록 약간의 자발적인 성분들이 있을지라도 대개 자동적인 반응을 나타낸다. 그러나 자유로운 선택이 존재하면 자발적인 행태들은 지배력을 가진다. 행태는 자동적이 아닐 것이며, 아니면 일치되지조차 않을 것이다. 사실 중요한 반응을 제외한 어떤 환경은 관계를 찾아내기에 더욱 어렵게 만들면서까지 좀처럼 없는 그러나 중요한 반응들을 만든다.

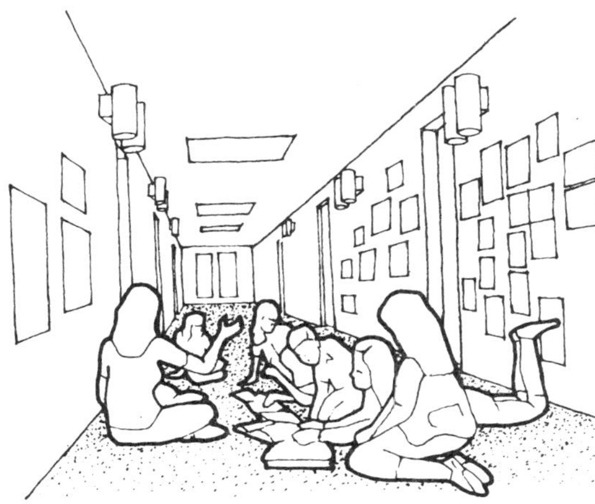

사용 : 교실이 된 복도

마지막 말썽거리는 습관을 통해서 행태에 대한 환경자극의 감소되는 효과이다. 유원지는 처음이나 두 번째까지에는 절대적으로 감격시킬 수 있을지도 모르지만, 지속적인 접촉은 싫증나게 하는 효과를 가질 것이다. 우리의 전형적인 환경은 흔히 유원지보다 덜 자극적이고 싫증나는 효과는 더욱 빨리 올 수 있다. 변화의 관점에서 모든 영향들 중의 가장 완고한 물리적 환경은 그렇다면 더욱 기본적이고 지속적인 속성에서 효력을 가져야만 한다.

평가의 목적들

물리적 환경과 행태 사이의 관계들의 평가는, 그 환경에서 어떤 활동이 일어나고, 그곳에 누가 참여하고 활동이 일어나는 지역들, 순화, 그리고 그 환경에서 사용되는 설비 등에 관한 정보의 수집과 분석을 요구한다. 행태적 요소들을 측정하는데 사용되는 방법들은 항상 행태의 직접적인 관찰, 인터뷰, 그리고 설문들로 구성된다. 조심성 있는 측정은 여기서 또한 사용되어지고, 특히 환경에서 사용자들이 만드는 적응을 시험하는데 사용되어진다.

건물용도 건물용도의 평가는 행태를 위한 장치들로서 바커(Barker)와 검프(Gump)에 의해 발전된 것과 비슷한 방법을 채택한다.[22] 활동에 관하여 자료를 주의 깊게 수집하고 분석함으로써 바커와 검프는 행태에 관한 어떤 조직의 크기의 중요한 영향을 보여줄 수 있었다. 예를 들면, 작고 큰 고등학교들에서 학생들은 거의 다른 교양들에서 존속한다는 것이 나타났다. 이 방법을 사용한 더욱 건축적으로 지향한 연구는 4개의 초등학교들을 조사한 건물의 용도 연구였다.[23] 결과들은 이들 학교의 여러 지역들이, 그와 같은 사용 목적으로 설계되었든지 안 되었든지 간에, 여러 다른 용도로 즐겨 사용된다는 것을 지적했다. 예를 들면, 복도들은 많은 교실유형의 활동을 포함한다. 많은 다른 연구들은 같은 증상을 보여주고 있다. 활동을 위해 계획된 공간들은 사용되지 않았고, 반면에 — 복도들에서 같이 — 서비스에 귀속시켜 버린 다른 공간들은 쾌적함이나 설비의 부족을 특별히 고려하면서도 놀랄 만큼 많이 사용된다. "Charlesview Housing"에서 쟈이셀과 그리펀은 버클리의 기숙사의 학생라운지처럼, 중심부에 위치한 안마당이 사용되지 않은 채로 있는 것을 알았다.[24] 반면에 쿠퍼에 의한 "St. Francis Square" 연구는 이 주거지 계획에서 아주 잘 사용된 안마당을 발견했다.[25] 위에서 언급된 용도계획에서 건물들은 거의 사용하지 않는 한 학교에서 할당되지 않은 내부지역 — 광장을 연구했다. 마지막으로, 병원개축 연구에서 윌리엄스(Willems)는 환자의 가장 의미있는 행태의 어떤 것은(바깥 세상에서 만들어내는 환자들을 인정하는 데 가장 중요한 것으로 간주되는, 독자적인 행태) 치료실이 아닌 복도에서 일어난다는 것을 보고했다.[26] 이런 연구들이 지적하는 바와 같이, 행태적 현상의 가장 기본적인 것을 조사하는데 있어서도 일어나는 많은 일이 있다.

근접성과 방어할 수 있는 공간

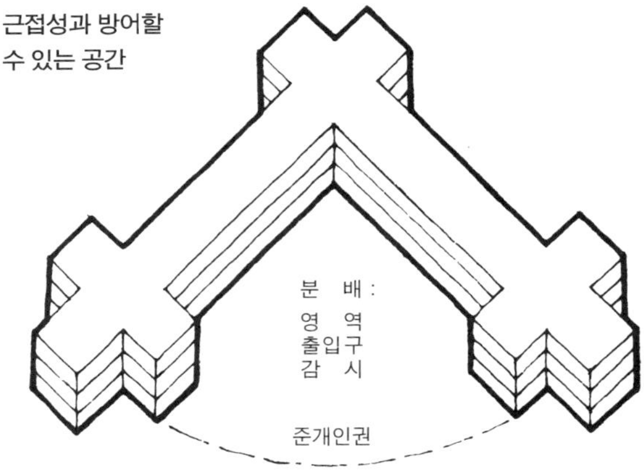

근접성과 지역 건물 내의 영역들이 사용을 결정하는데 있어서 두 가지 결정적 요소들은 — 여기서 근접성이 종종 영역의 영향을 내포하기 때문에 결합되어진 — 근접성과 영역성에 관한 특질들이다. 근접성과 영역성의 강력한 고유의 효과는 부모에게 잘 알려져 있다. 만일 당신이 좋은 동네에 산다면, 당신의 아이는 다른 좋은 아이를 만

날 것이고 그들과 친구가 될 것이다. 올바른 단체에 기입해보라. 그러면 당신은 올바른 사람들 속에 있게 될 것이다. 페스팅거의 고전적인 연구는 우정의 유형을 형성하는 데 근접성의 힘을 지적했다.[27] 또한 도시규모에 있어서 리(Lee)의 연구는 지역 편의시설 가까이에 살고 있는 사람은 그것들을 최대한 이용하려고 한다는 것을 논증했다.[28]

근접성과 영역성에 관한 결정들은 항상 건축적이고 행태적인 현재의 관심사이다. 학교들에서, 이러한 관심은 가르치는 영역과 교육자료센터 간의 필요한 관계를 포함할 수 있다. 병원들에서는 간호원 대기실과 환자들의 관계를 포함할 수 있고, 상가의 환경에서는 상품을 최대한 노출시키도록 한다. 이러한 요인들의 중요성은 "Defensible Space"에서 오스카 뉴먼에 의해 게재제되었다.[29] 뉴먼은 그곳 거주자가 공공의 외부영역을 감시할 수 있고 그곳의 건물형태가 이 영역을 뚜렷하게 하는 저층 주거의 개발들은 낮은 범죄율을 가졌다는 사실을 찾아내었다. 사실, 이런 종류의 주거의 거주자들은 이와 같은 영역은 건물영역의 일부였고 전적으로 공공의 공간이 아니라고 느낀다. 어떤 이는 잠재적 가해자들도 이와 같이 생각했음에 틀림이 없다고 추측한다.

독립성과 상호작용 사용자들 간의 독립성과 상호작용은 사무소의 상황들에서 생산성과 자기를 증진시키기 위한, 여러 거주의 상황들에서 만족과 개방식 평면의 학교들의 성공을 위한 주요한 개념이 될 수 있다. 최근까지 교도소 설계를 위한 기준들은 심각한 육체적 독립성의 문제들을 가져오는 다수의 사용자 감방들을 허용해 왔다. 기숙사 기준들은 흔히 공동의 방을 포함하고, 학생들은 이러한 상황들에서 그들의 독립성을 확보하기 위해 무슨 행동이든 해야만 한다. 이와 같이, 개방적인 학교들은 집중된 연구나 특별한 행동을 위해 청각과 시각적 방해가 적은 영역들을 가지지 못한다. 흔히, 개방식 평면의 사무소 환경에서 독립성의 결핍은 불만족이 가장 크고 유일한 원인으로 인용된다.

사용자들 간의 상호작용은 또한 주거단위의 집합화와 사무소 환경들에서 근접성에 의해 강력하게 영향을 받는다. 상호작용은 또한 특별한 높은 용도의 공간들에서 발생될 수 있다. 기숙사에서 집단화된 욕실들은 강력한 사회꽃잎 지역들이다. 그것들은 그 장소에도 불구하고, 사람들을 함께 모이게 한다. 다른 예들은, 만일 올바르게 설계되었다면 세탁실, 커피룸, 그리고 기숙사 라운지를 포함한다.

영상 린치(Lynch)의 "Image of the City"는 이러한 행태적인 평가분야의 발전을 향한 기본적인 기동력을 제공

프랑스에 있는 르 코르뷔지에가 설계한 주택의 원 모습

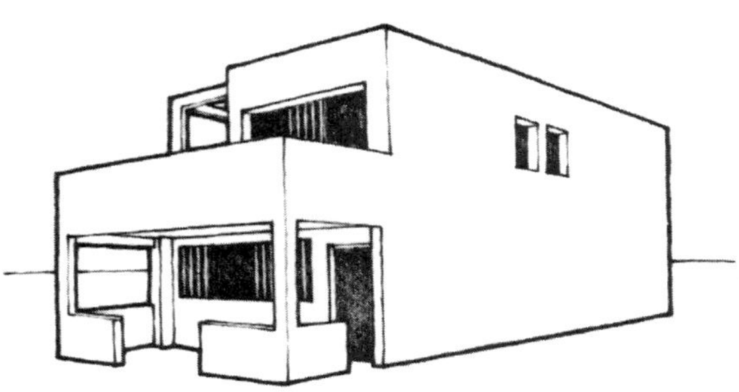

그 주택의 개조후의 모습

했다.[30] 물리적 환경에 대한 사람들의 인식들은 그 환경의 이용과 만족에 있어서 중요한 결정인자임을 깨닫게 하였다. 이것은 주거에서 특히 잘 증명되어 왔다. 즉 건물유형은 개인의 생활과 밀접하게 연관되어 있다. 신랄한 예는 페삭(Pessac)에 있는 르 코르뷔지에(Le Corbusier)의 주택을 다룬 보우돈(Boudon)의 연구이다. 이 주택은 1926년 프랑스에 국제주의 건축양식으로 세워졌고 소유자에 의해 전형적인 주택과 일치하도록 대단하게 수정했다.[31] 속까지 들여다보이는 창들의 반 이상이 전형적인 창의 비례들로 변했고, 광범위한 수정의 내부의 개방적인 평면에서 이루어졌다. 많은 장식이 집들의 외부에 더해졌다. 쿠퍼와 벡커(Becker)는 다세대 주거계획들이란 두 개의 단독의 연구들에서, 영상의 관점에서 거주자에 의해 표현된 비슷한 생각들을 찾아내었다.[32] 유지비, 조경, 그리고 건물 스케일(고층 또는 저층)은 주택의 주거자의 영상들에 가장 강력한 영향을 미쳤다. 건물의 높이와 색깔에서 변화들은 또한 강력한 결정인지들이었다. 특별히 흥미로운 것은 다음과 같은 사실이었다. 즉 건축가에 의해 가치를 부여받은 어떤 특성 — 계단의 손잡이들의 차이점과 지붕색깔, 그리고 심지어는 어마어마한 정면들 같은 것 — 은 거의 무시되었다.

이와 같은 영상에 관한 연구들은 상대적으로 적다. 그러나 그것들이 대중과 건물 사용자들에게 제기하는 강력한 시사 때문에 관심이 증가되고 있다. 건축가들은, 다시 말해서 오직 전형적이고 양식적인 변수들로 구성된 건물 외부의 설계에 투입하는 이들은, 이미지 연구가 더욱 인간적이고 이상적인 바탕에 근거한 건물을 창조하는데 있어서 중요한 도구인 것을 알아야 한다.

건축가는 물리적 설계를 통해 어느 정도 행태에 영향을 줄 수 있다. 그런 영향이 중요할 수 있는 것은 최근 연구들의 결과들과 개인적인 관찰에서부터 명백해진다. 많은 건물의 성패의 대부분은 건물 내의 영역들의 사용, 독립성과 사회적 상호관계를 위한 시설들, 그리고 또 사용자에 적합한 설계 이미지의 준비에 달려있다.

미래의 방향들

전형적이고 포괄적인 건물평가는 더 좋은 환경을 낳는 잠재력 때문에 건축직업의 관례적인 부분이 되어야 한다. 그러나 다른 혁신들처럼, 그것도 받아들여질 수 있기 전에 잘 팔릴 수 있도록 만들어져야 한다. 이것은 향후 10년 후의 평가를 위해 좋은 징조이다. 왜냐하면 직업적 상황들은 이런 여러 행태의 방향을 요구할 것이다. 건축적 프로그래밍은 한때 연구기관들과 아주 극소수의 건축가들에 의하여 색다른 활동으로서 행해졌는데, 현재 여러 회사에서 전통적인 봉사가 되었다. 건물평가와 연구는 아직 초기단계에 있다. 건물 의뢰자들과 이용자들은 너무 많은 건물문제를 가지고 살아가야 하는데, 현존하는 건물의 평가는 수선과 새로운 시공을 위해 진정한 장점들을 가지고 있다는 것을 깨닫고 있다. 가끔, 상대적으로 적은 비용으로 집행되는 평가는 건물 의뢰인들과 이용자들을 위해 귀중한 절약을 얻을 수 있게 한다. 평가로부터의 지불은 수리와 교체 비용에서의 절감과 같은 기술적인 분야에만 한정되는 것이 아니라, 계획, 의사소통, 그리고 생산에서의 비능률이 시간, 돈, 그리고 부가노력을 요할 수 있는 곳, 즉 기능적인 분야도 포함한다. 행태적인 분야에서까지도 연구결과들은 안전, 독립성, 친교 그리고 공간의 시설에 관한 물리적 설계의 기본적 관계를 규명해왔다.

프로그래밍과 같은 건물평가는 건축실무에서 기초의 확고부동한 부분이 될 것이다. 건축의 교과과정에서의 평가를 포함한다는 것, 건축사무소들에서 프로그래밍 활동들의 확장, 건물소유자와 이용자의 새로운 인식, 그리고 더욱 에너지 효율의 높은 건물들을 위한 중요한 요구는 모두 다 변화를 가져오게 하는데 도움이 될 것이다.

주

1.Peter Manning, ed., *Office Design: A Study of Environment*(Liverpool : Department of Building Science, Liverpool University, 1965); T.Markus, P.Whyman, et al., *Building Performance*(New York: Halstead Press, 1972).

2. Harvey Rabinowitz, *Buildings in Use Study, Vol. 1 Field Test Manual; Buildings in Use Study, Vol. 2 Technical Factors; Buildings in Use Study, Vol. 3 Functional Factors*(Milwaukee : Department of Architecture, University of Wisconsin, Milwaukee, 1976)

3. Clare Cooper, *Easter Hill Village: Some Social Implications of Design*(Nes York : The Free Press, 1975); Oscar Newman, *Defensible Space*(New York: Collier Books, 1973).

4. Conrad Jameson. "Social Research for Architecture." *Architect's Journal*(Oct. 27, 1971). Also see replies in issues of Nov. 17, 1971, Dec. 8, 1971, and Feb. 2, 1972.

5. *American Institute of Architects Journal*(Washington, D.C.: American Institute of Architects).

6. Scott Geoffrey, *Buildings Disasters and Failures*(Hornby, England: Construction Press, Ltd., 1976).

7. Rabinowitz, Buildings Use, vol. 2 Technical Factors.

8. David Trites, Franklin Galbraith, Jr., et al., "Influence of Nursing-Unit Design on the Activities and Subjective Feelings of Nursing-Personnel," *Environment and Behavior*, 2:3 (December 1970).

9. John Zeisel and Mary Griffin, *Charlesview Housing, a Diagonstic Evaluation* (Cambridge, Mass. : Architecture Research Office, Graduate School of Design, Harvard University, 1975).

10. Alexander Kira. *The Bathroom* (New York : Viking Press, 1976)

11. Colin Clipson and J.Wehrer, *Planning for Cardiac Care* (Ann Arbor, Mich.: The Health Administrator Press, School of Public Health, University of Michigan, 1973).

12. Rabinowitz, Buildings in Use, vol 3 Functional Factors.

13. Clare Cooper, *Resident Attitudes Towards the Environment at St. Francis Square, San Francisco: A Summary of Initial Findings*(Berkeley, Calif.: Center of Planning and Development Research, University of California, Berkeley, 1970).

14. Hebert McLaughlin, John Kibre, and Raphael Mort, "Patterns of Physical Change in Six Existing Hospitals," in Environmental Design: Research and Practice, W. Mitchell, ed. (Los Angeles: EDRA Conference, 1972).

15. L. Festinger et al., *Social Pressures in Informal Groups* (New York: Harper & Row, 1950).

16. Sim Van Der Ryn and Murray Silverstein, *Dorms at Berkeley* (Berkeley, Calif. : Center for Planning and Development Research, University of California, 1967); Robert Sommer, *Personal Space* (Englewood Cliffs, N.J. : Prentice-Hall, 1969); Roger Barker and Paul Gump, *Big School, Small School* (Stanford, Calif.: Stanford University Press, 1974).

17. Brent Brolin and John Zeisel, "Social Research and Design: Applications to Mass Housing," in *Emerging Methods in Environmental Design and Planning*, Gary Moore, ed. (Cambridge, Mass.: M.I.T. Press, 1970); Cooper, *Resident Attitudes*.

18. Peter Blake, *Form Follows Fiasco: Why Modern Architecture Hasn't Worked* (Boston: Little, Brown, 1977).

19. Constance Perin, *With Man in Mind* (Cambridge, Mass.: M.I.T. Press, 1970); Brent C. Brolin, *The Failure of Modern Architecture* (New York : Van Nostrand Reinhold, 1976); Malcolm Macewen, *Crisis in Architecture* (London: RIBA Publications, 1974).

20. *American Institute of Architects Journal* (An evaluation article now appears each month.)

21. Frederick Herzberg, *Work and the Nature of Man* (Cleveland : World Publishing Co., 1966).

22. Barker and Gump, *Big School, Small School*.

23. Rabinowitz, *Buildings in Use, vol. 3 Functional Factors*.

24. Zeisel and Griffin, *Chariesview Housing*; Van Der Ryn and Silverstein, Dorms at Berkeley.

25. Cooper, *Resident Attitudes*.

26. Edwin P. Williams, "Place and Motivation: Independence and Complexity in Patient Behavior," in *Environmental Design, Research and Practice*, W. Mitchell, ed. (Los Angeles, University of California, Los Angeles, Proceedings of 3d EDRA Conference, 1972).

27. Festinger et al., *Social Pressures*.

28. Terence Lee, "Urban Neighborhood as a Socio-Spatial Schema," in *Enviromental Psychology*, H. Proshansky, W. littleson, and L. Rivlin, eds.(New York : Holt, Rinehart and Winston, 1970)

29. Newman, *Defensible Space*.

30. Kevin Lynch, *The Image of the City*. (Cambridge, Mass.: M.I.T. Press, 1960)

31. Philippe Boudon, *Lived-in Architecture*. (Cambridge, Mass. : M.I.T. Press, 1972).
32. Cooper, Residential Attitudes; Franklin C. Becker, *Design for Living* (Ithaca, N. Y.: Center for Urban Development Research, Cornell University, 1974).

권장도서

Alexander, C., and Chermayeff, S. *Community and Privacy*. New York: Doubleday, 1963.

Barker, R., and Gump, P. *Big School, Small School*. StanMass.: M.I.T. Press, 1972.

Boudon, Phillippe. *Lived-in Architecture*. Cambridge, Mass.: M.I.T. Press, 1972.

Brolin, Brent. *The Failure of Modern Architecture*. New York : Van Nostrand Reinhold, 1976.

Clipson, C., and Wehrer, J. *Planning for Cardiac Care*. Ann Arbor, Mich. : The Health Administration Press, School of Public Health, University of Michigan, 1973

Cooper, Clare. *Easter Hill Village: Some Social Aspects of Design*. New York : The Free Press, 1975.

Markus, T.; Whyman, P.; et al. *Building Performance*. New York : Halstead Press, 1972.

Newman, Oscar. *Defensible Space*. New York: Collier Books, 1973.

Perin, Constance. *With Man in Mind*. Cambridge, Mass. : M.I.T. Press, 1970

Scott, Geoffrey. *Building Disasters and Failures*. Hornby, England : Construction Press, Ltd., 1976.

맺는 말

이 책은 초학의 건축학도에게 초보적 연구를 위한 광범위한 논제를 제공하였다. 이 책은 또한 도시계획, 조경, 환경설계, 공학, 미술 등과 같은 관련 분야의 학생들과 전문인들에게 전반적이 개관을 할 수 있게 한다. 여러 논제는 건축학교에서 가르키고 있는 내용들에 대한 분석을 통해서 선정되었으며, 그 기술의 수준을 나타내고 있다. 이 책이 완전한 입문서라고 자부하지는 않는다. 왜냐하면 비록 입문수준이라도, 각 주제는 좀 더 집중적이고 철저한 관찰을 요하기 때문이다. 이 책은 사회과학, 예술, 인문과학, 자연과학 등과 같은 건축가의 교육에 필요한 모든 분야를 통합하는 데서 비롯되지 않는다. 그러나 우리는 이 책을 자매격인 책 '도시계획 개론' 과 더불어, 진지한 학생에게 장차의 연구와 방향의 기본이 되는 주제를 종합적으로 다룬 최초의 것으로 여기고 있다.

현재의 조짐과 경향은 향후 10년간에 상당한 변화가 있을 것을 암시한다. 몇 가지 예를 들면

1. 미국 연방정부 및 그 밖의 자료들이 1980년대에는 건축가들에게 좋은 일거리가 많을 것으로 예고하고 있기는 하지만, 이 분야로 들어오는 학생의 수는 그 어느 때보다도 많다.
2. 조경, 공학, 사회과학, 경영 따위의 여러 관련분야는 이전에는 건축에 국한된 영역이던 중요한 부문을 포함할 만큼 확대되고 있는 반면, 건축의 교육과 실무도 그 관련분야의 많은 국면을 포함할 만큼 확대되고 있다.
3. 건축학교에서는 관심분야와 교과과정의 확장이 이루어지고 있다.
4. 건축교육을 더 잘 규정하고 기술하기 위한 탐구가 계속되고 있으나, 이 방면의 완전한 합의점이 쉽게 이루어질 것 같지 않다.

이러한 경향은 더욱 복잡해지고 있는데, 그것은 1960년대에 사회적으로 부적절한 것이라고 비난을 받았던 전통, 가치, 기술 등에 대해 건축학교들이 다시 긍정하기에 이른 최근의 사태 때문이다. 현재의 건축학도들은 "시장성 있는 기술"을 요구하고 있다. 고용주와 건축주들은 직장에서의 광범위한 실무훈련 없이도 기술적 문제에 관한 일을 곧 착수할 수 있는 졸업생을 요구하고 있다. 그러나 다수의 건축학 교수들은 그러한 기

술상의 재주는 쉽게 쓸모없게 되어버린다는 것과 최초의 업무보다는 장래의 업무를 위해 교육시키는 것이 더 중요하다는 것을 주장하고 있다. 아무튼, 일견 역설적인 이러한 요구들은 수년 내에 조정되어야 할 것이다. 건축학교들은 고용될 만하고 쓸모 있는 적절한 기술을 갖춘, 또한 장래의 요구와 변화하는 시장과 조건 등을 충족시킬 충분한 융통성과 적응성을 갖춘 졸업생들을 배출하도록 요청될 것이다.

이러한 문제들은 건축교육의 일련의 유동적 특성을 형성한다. 진실과 이해를 함께 추구하는 체로 치는 것과 같은 선별과정이 생기고 있다. 아마도 건축교육은 다양한 관심사를 배제하는 것과 같은 선별과정이 생기고 있다. 아마도 건축교육은 다양한 관심사를 배제하는 것이라기보다 포함하는 것이라고 생각하는 것이 가장 좋을 것이다. 만일 잘못이 생긴다면 너무 많이 하려고 시도하는 쪽의 잘못이 보다 나을지 모른다. 건축은 이미 광범위하게 규정된 전문직이고 관심의 분야이며, 또한 급속하게 변하고 있다. 도시재개발, 에너지 보존, 환경보호, 기술상의 변화, 지역개발 등과 같은 분야에 속한 건축의 새로운 업무가 요구될 것이 확실하다. 건물의 시공, 환경 — 행태 연구, 평가 등에 있어서와 마찬가지로 건축설계, 프로그래밍, 과학기술 등에서의 확대된 업무도 불가피하다. 이러한 이유들만으로도 미래 지향적인 건축교육은 필수적이다.

이와 같이 우리는 변화와 기대의 뜻으로 결론을 맺는다. 그러나 건축에 대한 우리의 근본적인 낙관론을 재천명하지 않는다면 우리는 태만한 자일 것이다. 이 낙관론은 금세기의 가장 위대한 미국 건축가의 한 사람에 의해 70여 년 전에 가장 잘 표현되었다.

우리의 건축상의 가능성을 무의미하게 하거나 더럽히는 것은 우리의 심미적 생활을 근원에서부터 더럽히는 것이다. 건축은 이러한 발전의 건설적 단계에 있는 젊고 건설적인 나라의 가장 소중한 민감성인 것이다. 그러므로 이 관점에서 건축의 고결함을 유지하는 것은 명백히 하나의 명분이 된다.(프랭크 로이드 라이트, '건축을 위하여' (In the Cause of Architecture, 1908)

역자 후기

이 책은 James C. Snyder와 Anthony J. Catanese의 편집에 의한 "Introduction to Architecture"(McGraw-Hill, 1979)를 번역한 것이다. 편집자와 그 밖의 집필자는 대부분 미국의 위스콘신 - 밀워키 대학의 건축학 및 도시계획의 교수들이다. 이들이 건축이나 도시계획을 처음 배우는 사람을 위한 개론적인 교과서의 필요성을 느껴 2년간 미국 전국 건축대학의 그 방면의 교육현황을 조사한 후 집필한 것이다. 본래 이 "건축학 개론"외에 자매편으로 "도시계획 개론"이 있으나 여기 우선 번역 출판하는 것은 '건축' 쪽이다.

책의 발간 취지는 편집자의 머리말과 맺음말에 충분히 밝혀져 있으므로 역자로서 새삼 길게 덧붙일 말이 필요치 않을 것이다. 실무에서 곧 쓰일 기술을 주로 가르칠 것이냐, 장래를 위한 폭넓은 추상적 과목을 주로 가르칠 것이냐 하는 문제는 우리나라뿐 아니라 어느 나라에서나 봉착하는 문제임을 이 책은 알게 한다. 그러나 현대의 모든 학문의 추세로 건축학의 영역도 넓어지며, 그런 것을 건축학과에서 적극적으로 섭취해야 할 것임도 알게 한다.

우리나라의 건축교육에서 흔히 지적되는 것은 교과과정상 과목간의 유기성이 없다는 것과, 초보자에게 건축학 전반을 개관할 수 있게 하는 과정이 없어 학생들을 당황하게 할 때가 있다는 것이다. 이런 점에 비추어 본인이 속한 학과에서는 창설초기부터 10여 년 "건축학 개론" 과목을 개설하고 있으나 그 교재가 늘 산만하여 불편하던 차에 이 책을 접하게 되어 번역 출판함이 유용하리라고 판단되었던 것이다. 이 책을 개설서라고 하지만 우리에게 생소한 많은 새 지식을 제공하고 있다. 초급 학년의 학생뿐 아니라 대학원을 포함한 모든 학생, 그리고 전문가들이 읽어서 얻을 바 많을 것이라고 믿는다.

번역은 10명의 교수가 각기 관심분야를 맡아 하였으며, 문체와 용어의 통일을 기하기 위하여 서로 대조 노력하였으나 많은 분의 작업이었던 만큼 그에 미치지 못한 부분이 있으리라고 생각한다. 판을 거듭하며 수정해 나갈 것이다.

역자를 대표하여
윤 일 주

편집자 및 집필자

제임스 C. 스나이더(James C. Snyder)
위스콘신 - 밀워키대학교 건축 · 도시계획학부 부학장 및 부교수
오하이오 주립대학교(건축학 학사)
미시간대학교(건축학 석사, 도시계획학 석사, 도시 · 지역계획학)

안토니 J. 캐터니즈(Anthony J. Catanese)
위스콘신 - 밀워키대학교 건축 · 도시계획학부 학장
루처스대학교 도시 · 지역계획학부(학사)
뉴욕대학교(도시계획학 석사)
위스콘신-매디슨대학교(박사)

웨인 O. 애토(Wayne O. Attoe)
위스콘신 - 밀워키대학교 건축학과 부교수
코넬대학교(학사)
캘리포니아 버클리대학교(건축학 학사)
유니온대학원(박사)

필리시티 브로그덴(Felicity Brogden)
위스콘신 - 밀워키대학교 건축학과 부교수
영국 훌 대학교(학사)
노팅햄대학교(도시계획학 석사)
위스콘신 - 메디슨대학교(박사)

유리얼 코헨(Uriel Cohen)
위스콘신 - 밀워키대학교 부교수
일리노이스대학교(건축학 학사)
미시간대학교(건축학 석사, 박사과정)

스테픈 D. 덴트(Stephen D. Dent)
위스콘신 - 밀워키대학교 건축학과 객원 부교수
남 캘리포니아대학교(건축학 학사)
애리조나 주립대학교(건축학 석사)

데이비드 에반 글래서(David Evan Glasser)
위스콘신 - 밀워키대학교 건축학과 부교수
뉴욕 쿠퍼유니온 수학
콜롬비아대학교 건축학부(건축학 학사)

프레드릭 A. 율리스(Frederick A. Jules)
위스콘신 - 밀워키대학교 건축학과 부교수
카네기 멜론 대학교(건축학 학사)
하버드대학교(건축학 석사)

팀 맥진티(Tim McGinty)
위스콘신 - 밀워키대학교 건축학과 부교수
캔사스대학교(건축학 석사)
펜실베이니아대학교(건축학 석사)

게리 T. 무어(Gary T. Moore)

위스콘신 – 밀워키대학교 건축학과 조교수

캘리포니아 버클리대학교(건축학 학사)

크라크대학교(석사, 박사)

제프리 E. 올스왕(Jeffrey E. Ollswang)

위스콘신 – 밀워키대학교 건축학과 부교수

쿠퍼 유니온 졸업(건축학 학사)

오리건대학교(건축학 석사)

스트래드크리드대학교(이학 석사)

데이비드 J, 파슨스(David J. Parsons)

위스콘신 – 밀워키대학교 건축학과 조교수

하버드대학교(학사, 건축학 석사)

하비 Z. 라비노바츠(Harvey Z. Rabinowitz)

위스콘신 – 밀워키대학교 건축학과 부교수

쿠퍼유니온 졸업(건축학 학사)

린세러 공과대학(건축학 석사)

아모스 라포포트(Amos Rapoport)

위스콘신 – 밀워키대학교 건축학과, 인류학과 교수

호주 멜보른대학교 도시 · 지역개발학과(건축학 학사, 석사)

라이스대학교(건축학 석사)

존 샤드(John Schade)

위스콘신 – 밀워키대학교 건축학과 부교수

로렌스대학교(학사)

캘리포니아 버클리대학교(건축학 석사)

안토니 J. 쉬나르스키(Anthony J. Schnarsky)

위스콘신 – 밀워키대학교 건축학과 부교수

일리노이스대학교(건축학 학사, 석사)

라니 반 리진(Lani Van Ryzin)

위스콘신 – 메디슨대학교 연구조수

위스콘신 – 밀워키대학교 박사과정

존 W. 웨이드(John W. Wade)

버지니아 공과대학, 주립대학교 건축학과 교수

하버드대학교(학사)

하버드대학원(건축학 학사)

펜실베이니아대학교(건축학 석사)

역 자

윤일주

전 성균관대학교 건축공학과 교수

서울대학교 건축공학과 졸업

조창한

경희대학교 토목건축대학 명예교수

서울대학교 건축공학과 졸업

서울대학교 대학원 건축학과(공학석사 · 박사)

희랍 아테네공대 건축학과 수학

조대성

성균관대학교 건축공학과 명예교수

서울대학교 건축학과 졸업

미 워싱턴대학원(도시계획학 석사, 박사)

강희주

전 경희대학교 건축공학과 조교수

서울대학교 건축공학과 졸업

서울대학교 대학원 건축학과(공학박사)

김유일

성균관대학교 조경학과 교수

한양대학교 건축과 졸업

서울대학교 환경대학원(환경계획 석사)

호주 Sydney대학 건축대학 도시계획과(도시계획 석사)

심우갑

서울대학교 건축학과 교수

서울대학교 건축공학과 졸업

미 펜실베이니아대 대학원(건축학 석사)

임창복

성균관대학교 건축공학과 교수

서울대학교 건축공학과 졸업

캐나다 토론토대학 대학원 건축과(건축학 석사)

서울대학교 대학원 건축과 박사과정 수료

미 MIT 건축과 객원교수

김용부

성균관대학교 건축공학과 명예교수

서울대학교 건축공학과 졸업

일본 동경대학, 프랑스 리옹공대 수학

고려대학교 대학원(공학박사)

정시춘

(주) 건축사사무소 정주건축연구소

전 경희대학교 건축공학과 부교수

서울대학교 공업교육과 졸업(건축박사)

서울대학교 대학원 건축학과(공학석사)

권택진

성균관대학교 건축공학과 명예교수

경북대학교 수학과 졸업

영남대학교 건축공학과 졸업

영남대학교 대학원 건축과(공학석사)

일본 동경대학 대학원(공학박사)

건축학개론

2019년 2월 10일 인쇄
2019년 2월 15일 발행

저 자	제임스 C. 스나이더, 안토니 J. 캐터니즈
역 자	윤일주 · 조창한 · 조대성 · 강희주 · 김유일 심우갑 · 임창복 · 김용부 · 정시춘 · 권택진
발행인	강 해 작
발행처	기 문 당
주 소	서울 성동구 무학봉28길 4-1
전 화	02) 2295-6171(代) ~ 5
팩 스	02) 2296-8188
출판등록	1976. 10. 7(1976-2)
홈페이지	http://기문당 http://www.kimoondang.com
I S B N	978-89-7086-679-6 93540
정 가	23,000원

검인생략

퍼실리티 매니지먼트의 이해

이명식 · 이소영 · 김준하 · 이재석 · 윤영필 · 이완직 · 권종욱 · 김치환 공저

사단법인
한국퍼실리티매니지먼트학회
Korea Facility Management Association

발간사

FM의 정의에는 '경영관리활동', '모든 원리가 통합된 분야', '생산성이 높은 직장을 운용관리하는 경영업무' 등이 포함되어 있습니다. FM은 기업의 효율적 경영을 지원하는 업무이며 모든 학문이 융합된 분야입니다. 또한 학위과정으로서의 FM을 보면, 영국의 USGBS (University of Strathclyde Graduate School of Business)의 FM MBA 과정의 경우 모든 학점을 이수하였더라도 현장의 경험이 있어야 Diploma를 수여하며, 조지아텍(Georgia Tech)의 FM학을 담당하고 있는 Kathy Roper 교수는 조지아주립대(Georgia State University) 커뮤니케이션학 석사 출신이지만 20년 넘게 FM 분야의 현장 경험을 바탕으로 교수가 되어 후학들을 배출하고 있습니다. 네덜란드 색션(Saxion)대학에서는 FM을 경험경제학 분야의 서비스 영역으로 분류하여 교육하고 있기도 합니다. 따라서 FM학은 현장 경험을 중시한 경영관리학 내지는 경제서비스학 분야로 볼 수 있으며, 철저한 실용학문이자 융합학문이라 하겠습니다.

이제 우리는 정보화로 인한 국제화 사회에 살고 있습니다. 미국과 유럽 혹은 세계 각국의 정치적, 경제적 충격이 국내에 즉시 전달되는 복잡다양한 시대에 살고 있는 것입니다. FM 분야 또한 이와 연동하여 시시각각으로 변화하는 경제경영환경에 즉각 대응해야 하는 시대이기도 합니다. 이외에도 지구온난화라는 문제가 대두되었고 고유가로 인해 에너지 절약과 대체 에너지 개발이 초미의 관심사가 되었습니다. 고령화 사회에 대한 대비, 지속적으로 변화하는 정보화 업무환경 및 융합적 기술 진전에 따른 신기술 출현에 대한 대비, 인공적 재해나 자연적 재해에 대한 대비도 큰 과제가 되었습니다. 이러한 다양성을 가진 환경하에서의 FM 전문가는 미래 지향적 발전을 추구하여야 도태되지 않을 것입니다.

우리 한국퍼실리티매니지먼트학회는 위와 같은 격동의 환경 하에 경쟁력을 가질 수 있는 기업이나 FM 전문가를 양성하기 위하여 꾸준한 연구 활동을 하고 있습니다. 이번에는 FM 기법을 확대 · 보급하기 위한 노력 중 하나로 본 서를 발간하게 된 것입니다.

그동안 학회의 FM관련 단행본 발간 발자취를 보면, 학회 설립 초기인 1998년 10월에 일본FM추진연락협의회가 발간한 「Facility Management Guidebook」을 번역 출간한 일은 큰 의미가 있었습니다. 당시 국내에서는 FM에 관련한 책자가 마땅히 없던 터라 일부에서는 교재용으로 단체로 구매하였고, 초판 판매를 걱정했던 출판사는 재판까지 하였습니다. 그 후 지속적으로 FM관련 책자가 발간되었어야 했지만, 번역서에 대한 과다한 로열티 요구 등으로 그리 되지 못하였습니다. 이를 아쉬워한 학회의 젊은 임원과 전문가 중심으로 최근 2년간 틈틈이 모여 FM Text 발간에 대한 의견을 모으고 분야별 집필로 본 서를 발간하게 되었습니다. 이 책은 다소 부족한 면이 있더라도, 국내에서 처음 출간된 FM서적으로서 큰 의미가 있으며, 이를 바탕으로 FM관련 자격제도를 도입할 수 있으며, 추후 FM 기법의 발전에 발맞추어 지속적인 증보판이 나오게 된다면 우리나라의 FM 발전을 위한 초석이 될 것으로 확신하며 또한 자랑스럽게 생각합니다.

끝으로 이번 출간에 애를 쓰신 이명식 위원장과 집필자 여러분들에게 그간의 노고를 진심으로 치하드리고자 합니다.

2012. 6.

사단법인 한국퍼실리티매니지먼트학회

會長 崔 載 弼

머리말

퍼실리티매니지먼트(FM ; Facility Management)는 물리적 환경을 새로운 경영관리 방법과 가치로 보며, 앞으로 보급과 발전이 기대되는 경영관리기법이다. FM은 기업의 사업이 어떤 방식으로 이루어질 것인가와 밀접한 관련이 있으며 기업이나 조직의 주 사용자의 요구를 지원하는 업무로 경영, 건축, 행태 및 공학적인 지식과 응용을 요구한다. IT기술 발달과 커뮤니케이션 방식의 혁신적인 변화, 그에 따른 빈번한 사무환경 배치와 리노베이션 등으로 인해 보다 총체적인 업무환경 관리가 필요해졌으며, 물리적 업무환경이 어떻게 조직의 문화와 비전을 담고 기업이 목적하는 바를 이룰 것인지에 대한 요구가 커지게 되었다. 이에 미국의 오피스 가구회사인 허먼 밀러사에서 FMI(Facility Management Institute)라는 명칭이 시작되었으며 1980년대 IFMA가 설립되면서 본격적으로 퍼실리티 매니지먼트가 일반화되기 시작하였다. 퍼실리티즈(facilities)는 국내에서 시설이란 용어로 종종 번역되지만 이 용어는 단순히 건물이나 설비, 시스템만을 뜻하는 것이 아닌 한 조직이나 단체가 소유하는 여러 건물과 토지, 제반시설, 집기, 설비 시스템 등을 포함하는 통합적 개념이다. 또한 FM의 미래는 성장하는 전문 분야로서 다양한 서비스를 발전시키고, 유지시키고, 제공하기 위한 광범위한 책임을 가지는 분야이다.

FM에서 진행되는 업무 중 많은 분야는 기존부터 존재해 왔으나 FM명칭을 지니며 발전한 주요한 원인은 몇 가지를 들 수 있다. 우선 경제부흥과 발전기에는 시설의 급속한 신설 · 확대 · 개수 등이 행해졌고, 그 후의 오일쇼크와 불황의 시기에는 시설에 대한 처분 · 축소 · 교체 등이 활발해지면서 특히 원가절감을 위한 대책이 강구되었다. 경기변동시마다 시설은 불가피하게 크게 바뀌었고, 그때마다 ①회사는 어떠한 자산을 소유하고 있는가? ②보유시설 상태는 어떠한가?(과다, 부족, 유휴, 비효율, 부적합, 노후화 등) ③자산의 상태는 미래의 확장에 적합한가? ④자산 원가의 절감 가능성은 없는가? 등을 정확하게 지속적으로 파악하여 경기상태에 대응하며 동시에 원가 대비 효과 측면을 강구하게 되었다. 경영환경의 변화는 FM 발전의 중요한 요인이 되었다.

또한 기업들이 처한 커다란 경영환경 변화의 공통적인 경향은 국제화이며 경쟁의 심화이다. 기업의 합병 · 흡수 · 매수 등의 전략이 활발히 행해지고, 업무의 다각화, 분업화, 전략적 제휴도 활발히 이루어지고 있다. 그 결과 시설 중복이나 부적합함, 필요 시설 부족과 기능저하 등 시설에 관한 문제가 많이 발생하고 있으며, 경쟁의 심화와 비용절감, 경쟁력 확보 등에 따라 새로운 관리기술 방식이 차례로 선보였고, 시설의 변화 또한 불가피하게 되었다. 따라서 기업은 시설의 계획적 관리를 중요한 과제로 인식하게 되었으며, FM은 매우 중요한 업무로 부상하고 있는 것이다. 이밖에도 산업구조 변화에 따른 지식을 기반으로 한 지식종사자(knowledge worker)가 대거 등장하고 이들의 생산성 및 쾌적성 문제가 중요시되었다. 업무환경은 단순히 그들이 일하는 책상과 의자를 제공하는 것이 아닌 어떤 방식으로 일할 것인가를 규정짓는 분야로 사무환경,

오피스를 종합적으로 계획 · 지원하고 관리하는 방식으로 FM이 중요하게 다루어지게 되었다. 정보화의 발전은 기존의 FM업무 방식에도 변화를 가져왔으며 전문성을 요구하고 있다. 복잡 · 다양하고 끊임없이 변화하는 시설(경영자산)의 정보와 이를 데이터베이스(data-base)화하는 작업, 시설 자산의 검색 · 분석 · 평가에 컴퓨터 이용과 시뮬레이션(simulation) 활용, 설계도면의 CAD(컴퓨터 지원 설계제도) 응용 등은 모든 정보기술 활용에 따라 가능하게 되었으며, FM의 업무도 이를 활용하고 응용하는 전문적인 기술이 점차 요구되고 있다.

FM은 기업이나 조직 내부의 물리적 자산을 계획하고 관리하는 업무에서 출발되었지만 보다 전문적인 역할수행과 서비스에 대한 요구가 증가함에 따라 FM업무의 아웃소싱(outsourcing)이 행해지고, FM산업의 세분화와 함께 사내(in-house)팀이 아닌 FM컨설턴트와 외부 FM 전문업체의 등장으로 FM서비스 분야의 다각화와 사회적으로 그 전문 분야에 대한 인식을 향상시키는데 기여하게 되었다.

본 서에서는 이처럼 사회적으로 필요성이 증가하고 동시에 전문성이 점차 중요시 되고 있는 FM 분야에 대한 기본적이고 근본적인 내용들을 다루고자 FM에 입문하는 자나 실무종사자들을 대상으로 다양한 시설유형과 다양한 기업조직 환경에서 다루고 있는 퍼실리티매니지먼트의 기본적 업무 분야와 지식을 소개하고자 그 내용을 구성하였다. 1장은 FM의 중요한 개념과 정의를 소개하는 내용을 중심으로 다루었다. 2장의 내용은 FM을 기존의 유지관리 활동에 국한하는 것에서 벗어나 점차 전문 분야에서 요구되는 기업이나 조직의 전략적 요구에 대응하기 위한 퍼실리티매니지먼트 분야를 소개하고 전략적 업무에서 요구되는 방법이나 개념과 관련된 내용을 다루고 있으며 3장의 내용은 일하는 공간, 업무환경에 대한 소개와 업무환경에서 중요시되는 개념과 접근방법을 소개하고 있다. 기술과 인력구조, 기업의 환경변화에 따른 대안적 업무공간에 대한 소개도 함께 하고 있다. 4장의 내용은 FM업무에서 빈번히 발생하는 다양한 프로젝트매니지먼트의 개요와 업무체계, 프로젝트 업무 추진을 위한 팀의 구성 등을 다루고 있으며, 5장은 프로젝트 매니지먼트의 핵심이라 할 수 있는 scheduling과 각 단계에 따른 업무처리를 다루고 있다. 6장은 일반적으로 대중이 인지하는 FM의 주요 활동 분야인 유지관리에 대한 소개와 개별적 유지관리 대응방식과 사례 등을 소개하고 있다. 7장은 FM 분야에서 요구되는 부동산 임대관리에 관한 부분으로 기업이나 조직이 필요로 하는 공간의 임대나 임차에 관한 중요한 사항 등을 소개하고 있다. 8장은 정보화 사회에서 요구되는 기술과 시스템을 이용한 통합적 관리 개념과 FM기술을 소개하고 있으며, 9장은 FM이 이루어지는 기업이나 조직은 그 비즈니스 성격에 따라 요구되는 특성이 매우 상이한데 이러한 다양한 분야에서 요구되는 서비스와 물리적 시설이 갖추어야 할 시설특성 등을 소개하고 있다.

본 서가 FM의 광범위하고 다양한 분야의 지식과 사례를 다루기에는 제한적이겠지만 저자 일동은 본 서가 국내에서 FM 분야에 대한 매우 포괄적이며 핵심적인 내용을 소개하고 있으며 FM의 주요한 업무내용을 충실하게 다루었다는 것을 자부하며, 본 서가 국내 FM 분야의 보급과 발전에 기여할 것으로 기대한다.

이명식 집필위원장 外 저자일동

차 례

4 Chapter FM입장에서의 프로젝트 매니지먼트 원론

Project Management Principle in Facility Management

5 Chapter FM입장에서의 프로젝트 매니지먼트 각론

Project Management Particulars in Facility Management

6 Chapter 운영 및 유지관리

Operation & Maintenance

7 Chapter 부동산 임대관리

8 Chapter 정보화 사회의 FM 기술

9 Chapter FM 실무

1
Chapter
퍼실리티 매니지먼트란

1

퍼실리티 매니지먼트란

1.1 퍼실리티 매니지먼트의 개념

1.1.1 퍼실리티 매니지먼트의 정의

FM의 개념은 많은 사람들이 일하는 장(場)을 경영자원으로 여기고, 활성화시키며, 나아가 경영에 기여하도록 하는 것을 기본으로 하고 있다. 퍼실리티 매니지먼트(FM)를 「기업, 단체 등이 조직활동을 위하여 시설과 그 환경을 종합적으로 기획 · 관리 · 활용하는 경영활동」으로 정의하고 있다. 여기서 말하는 시설과 그 환경을 퍼실리티(Facility)라 한다. FM을 단적으로 표현한다면 퍼실리티를 통한 경영활동이라 할 수 있다. 본래 경영자는 출자자로부터 자금을 모아 퍼실리티를 경영자원으로 활용하는 책임을 지고 있다. 즉 FM은 경영자의 퍼실리티를 얼마나 효율적으로 활용하고, 최대의 효용을 가져 오는가?란 것이다. 여기에 관여하는 사람을 퍼실리티 매니저(FM'er)라 한다. FM의 실시 주체에는 기업, 단체 등의 모든 조직체가 포함된다. 예를 들어 민간기업과 관공서, 협회나 조합 등이다. 어느 경우에도 그 조직활동에 있어서 퍼실리티를 최적으로 활용함으로써 수익(收益)이나 공익(公益)에 공헌하는 것을 목적으로 하고 있다.

FM에 있어 가장 중요한 점은 조직활동 자원으로서 퍼실리티의 활성화이다. 따라서 자신의 경영자원을 활용하여 그 조직의 목표를 달성하는 것을 우선으로 하고 있다. 또 하나의 특징은 '종합적이란 관점'이다. 개개 퍼실리티를 대상으로 한정하지 않고, 조직 전체에 걸친 퍼실리티를 글자 그대로 종합적으로 파악하고 전체로서 최적화함을 목적으로 한다.

또, 그 관리방법은 목표관리 개념인 Plan(기획), Do(실행), Check(검토), Action(조치)의 과정을 거친다. 즉 '기획 · 관리 · 활용이란 흐름은 FM에 있어 목표관리 사이클에 해당한다. 기획은 임무(mission)나 비전을 바탕으로 FM의 전략 · 계획을 입안하고, 나아가 개개 프로젝트나 운영유지 계획을 작성하는 것'이다. 또 관리란 계획에 기초한 프로젝트를 실시하고, 운영유지 및 평가를 행하는 것이다. 활용이란 퍼실리티의 매각이나 임대를 포함하여 유효하게 사용 · 운용함을 말한다. 이러한 일들이 퍼실리티 매니저(FM'er)의 주요한 업무이다. 이처럼 FM은 경영 그 자체로서 조직의 경영가치를 향상시키고, 지적 창조활동을 촉발시켜 생산성을 높이는 것을 목표로 하는 경영활동이다.

한편 FM의 정의에 대해서 미국 국회도서관에 등록된 것이나 IFMA의 정의가 있다. 퍼실리티란 시설과 그 환경으로서, 크게 사람들이 관계된 장이다. 퍼실리티는 토지, 건물만을 말하는 시설이 아니라 사람들이 일하고 사용하는 내부환경도 있다. 또 근린, 지역사회, 도시와 지방, 국가, 그리고 지구환경까지를 그 범위로 하는 시설을 에워싼 외부환경도 포함되며, 또 물리적 환경에 제약받지 않는 컴퓨터 네트워크를 이용한 정보환경이 있다.

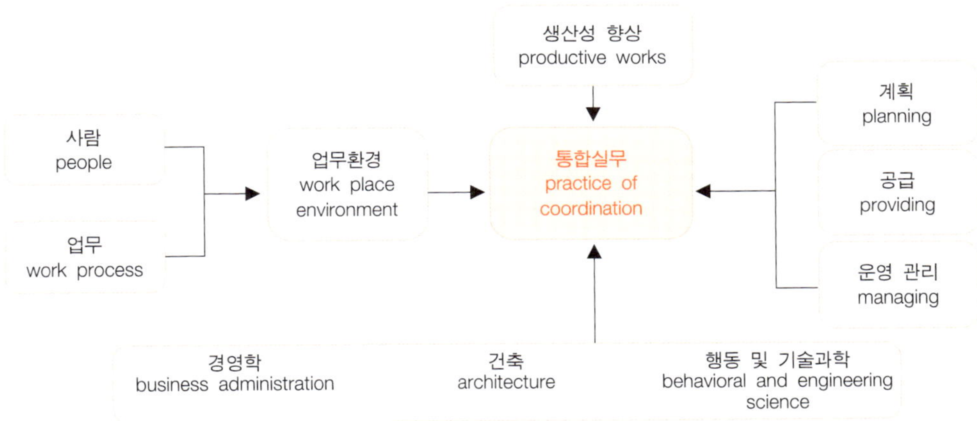

그림 1-1 FM의 정의 도해

1.1.2 퍼실리티 매니지먼트의 특징

FM은 경영전략의 하나로서 위치를 점하여 경영목적과 목표달성을 퍼실리티 측면에서 지원함을 기본적인 효과로 하고 있다. FM이 기여하는 경영목적은 경영자원으로서 퍼실리티를 유효하게 이용하여 효율적으로 운용함으로써 경영효율을 향상시키는 것이다. 규모가 비교적 작은 조직에서는 경영자가 퍼실리티를 직접 관리할 기회가 있지만, 기업규모가 크면 경영자를 대신하여 퍼실리티에 관한 경영을 대행하는 업무, 즉 FM이 필요하게 된다.

퍼실리티 이용자나 고객에 대한 FM의 목적은 이용자의 만족도와 생산성을 향상시키는 것, 그리고 고객 만족도를 높여 업무에 공헌하는 것이다. 이를 위해 이용자에 대해서는 업무에 필요한 쾌적한 퍼실리티를 제공하는 것, 고객에 대해서는 그 니즈에 맞게 질 높은 퍼실리티 서비스를 제공하는 것이 FM의 기능이다.

동시에 지역과의 조화, 지구환경보전 등 사회공헌을 위해 노력하는 것도 FM의 큰 목적이다. 경영, 퍼실리티, 이용자와 고객에 관련지어 FM의 기능과 목적을 제시한다. FM 효과를 구현하기 위해서는 정량적인 목표를 설정하고, 퍼실리티를 효율적으로 운용할 필요가 있다. 그 목표는 재무, 품질, 공급의 3요소를 들 수 있으며, 이것이 FM의 목표관리가 되고 FM의 핵심이 된다.

1) Facilities Management의 전개

이전에 건물 · 토지 관리자(Buildings and Grounds Superintendent) 또는 물질적인 시설 관리자(Director of Physical Plant)로 알려진 것이 지금은 이제 시설 관리자의 책임 중 하나이다. "시설(facilities)"이란 건물, 대지, 시설, 그리고 장비를 포함하고, 일반적으로 조직체 자산의 대부분을 반영한다. 시설 관리자는 물리적인 시설관리 역할뿐만 아니라 조직체의 자본까지도 관리하여야 한다.

역사적으로 조직체의 자산은 재무 담당자에 의해 관리되어졌다. 재무 담당자는 자산 · 재무 결정에 대해 조언하고, 운영과 지속적인 활동을 관리하면서 이러한 작업에 대한 예산을 계획하고, 건축가 · 기술자 · 공간계획자들을 고용하는 일을 보조하고, 고문 · 건축 · 난방 · 전력 · 청소 업무 등에 대한 보수를 지급했다.

정부 대행사, 협회, 그리고 비영리단체는 전통적인 조직의 구조체계에서는 이러한 기능을 관리하는 것이 충분하지 못하다는 것을 깨달았으며, 모든 편의 및 해결책을 제시하는 개인이나 단일 그룹은 없었다. 따라서 목표를 향한 의무와 유일한 책임을 가지고 불완전한 시설관리를 극복하기 위해 출현하였다.

2) 관리의 중요성

물리적 기계의 크기 확장 또는 축소에서부터 사원의 생산성에 영향을 끼치는 작업장의 질 개선까지 관리의 중요성은 새로운 시설 이행 능력으로 정의된다.

공간계획과 건축에 있어 뛰어난 기술적 전문가의 수요와 시설유지관리에 있어 효율성과 경제성은 특화된 관리기술을 요한다. 새로운 기술, 혁신적인 물질, 그리고 다양한 공간에 대한 수요는 전문적 사회, 특별한 학문적 과정을 수반하는 강력한 새로운 전문 분야, 그리고 빠르게 성장하는 문헌수집으로 시설관리의 성장에 공헌하고 있다.

공 간
- 개별 단위공간 레이아웃 : 규모 및 규격, 가구
- 단위공간 그룹 레이아웃 : 상관성 및 동선, 내·외부 공간의 상관성, 접근성, 길찾기
- 편의시설 : 위생, 전기, 보안, 통신 등
- 거주성과 쾌적성

온 도

공간활동에 필요한 적절한 공기 온도 및 습도
- 공기의 흐름이나 속도 등에 관련된 적정온도 분포
- 에너지 소비량에 따른 초기 투자 및 유지

실내공기의 질
- 공간활동의 성격, 사용자 수에 따른 적정 환기량 확보
- 환기방식, 제어시스템
- 에너지 소비량에 따른 추가 투자 및 유지관리의 경제성 고려

시 각
- 공간활동에 적합한 시각적 환경의 적절한 수준 확보(조도, 자연채광, 색채 등)
- 시각적 프라이버시 확보
- 각종 다양한 시각적 정보전달 체계

소 음
- 일반적으로 소음을 차단하는 성능으로 인식되는 청각적 프라이버시 확보
- 소음원 : 사용자 활동, 기계설비 등
- 소음전달경로 : 전달매체
- 음원과 수신자의 위치, 공간의 형상, 음의 보강방법 등

건물 무결성
- 구조적 성능을 포함한 공간, 열, 공기, 음, 시각적 성능의 체계적 통합 개념
- 화재, 자연 또는 인위적 재해 등에 대비한 적절한 성능 부여

그림 1-2 건물성능의 유형

3) 조직체의 변화

지난 20년 동안 조직체 내에서의 수많은 변화는 시설들을 위한 불완전한 책임과 의사결정으로부터 관리 개념에 집중하는데 공헌해 왔다. 이러한 변화는 자본관리에 있어 공허감을 노출시키는 광범위한 영향을 가져왔다. 변화의 영향은 다양한 조직체를 통틀어 전 세계적으로 명백하다. 이러한 변화와 조직체의 요구에 따른 그들의 영향력은 다음의 내용에 나타나고 있다.

- 기존 시설 : 구식의 시설들은 새로운 요구에 부합하거나 노화된 시설들에 대해 연장된 유지 효과를 올바르게 하기 위해 광범위한 개혁이 필요하다.
- 공간의 필요성 : 조직체의 기능적인 활동은 성장해왔고 앞으로도 지속적으로 변화할 것이다. 유연하고 채용할 수 있는 공간은 이러한 변화에 적응하기 위해 필요하다.
- 지리학 · 인구통계학 : 인구와 시장의 지역적 이동은 시설 이용 평가뿐만 아니라 조직의 사명과 운영에 영향을 미치면서 발생해 왔다.
- 국가경제 속의 경제적 변화 : 국가경제는 공간폐기, 공간개조, 새로운 공간 요구를 야기하며 제조업에서 서비스 경제로 극적으로 변화해왔다.
- 자산 동역학 : 팽창 · 변화된 세금구조는 빠르고 대등한 시설 결정 요구를 만들었다. 가속화되는 수송체계의 변화 또는 새로운 공간의 급상승하는 비용, 재정처리 방법의 변

화, 그리고 가치 저하를 방지하기 위해 필요하고, 이 모든 것이 사거나 팔 때 건축공간을 결정하는데 영향을 끼친다.

- 법인과 기관의 재편성 : 최근의 경향으로 확장보다는 획득을 통한 성장은 임대, 갱신, 대체 또는 기존 시설의 박탈을 통해 주어진 시설 결정이 필요하다.
- 환경의 질 : 사원들의 생산성을 향상시키기 위하여 효율적이고 안전한 작업장이 요구되어왔다. 정부는 건강상 위험요소를 피하고, 접근할 수 있는 대책을 세우고 다른 환경적 문제를 일으킬 수 있는 위험물질로부터 보호하기 위해 작업장 기준을 따르도록 한다.
- 새로운 기술 : 전기통신과 컴퓨터 기술의 빠른 진보는 개인 작업장을 철저히 변화시켰고, 이러한 발전이 공간 디자인과 장비의 혁신을 위한 요구를 증가시켰다. 앞으로의 계획은 유연성을 허용하고 조직체의 기능과 정보교환 방법의 변화를 예상할 필요가 있다.
- 에너지 : 최근 에너지 보존에 대한 관심은 새로운 건물 디자인, 건축자재, 그리고 에너지관리 시스템에 필요하다. 또한 공간 이용과 건물 작동 절차는 에너지절약 수단을 결정하기 위해 재검사를 받아야 한다.

시설관리와 새로운 시설 관리자의 위치는 이렇게 다양한 관심사를 강조하기 위해 나타나게 되었다.

4) 자본관리

새로운 관리 분야의 발전으로 종종 그 작업을 정의하는데 혼란이 있다. '공간환경(space environment)' 산업은 시설관리 분야인지 아닌지는 의견이 서로 다를 수 있다. 새로운 기술과 환경적 문제에 반응하는 사무기기 생산자들은 사무환경을 효율적으로 이용하기 위한 시설관리를 장려한다. 시설 관리자는 자본관리와 같은 더욱 큰 역할이 있다. 이러한 책임은 시설 기능에 대한 자산관리, 계획, 건축, 유지, 그리고 설비를 조화롭게 하는 것을 포함한다.

5) 포괄적인 Facilities Management

Facilities Management의 특징은 포괄적이라는 것이다. 포괄적인 Facilities Management의 정의에는 계획, 디자인, 건설, 그리고 사무빌딩에서 주거, 하부구조에까지 이르는 모든 유형의 구조에 대한 시설관리가 포함된다. 이 개념에는 개발도 포함된다.

- 회사시설 정책
- 장래의 공간 예상
- 부동산관리 계획

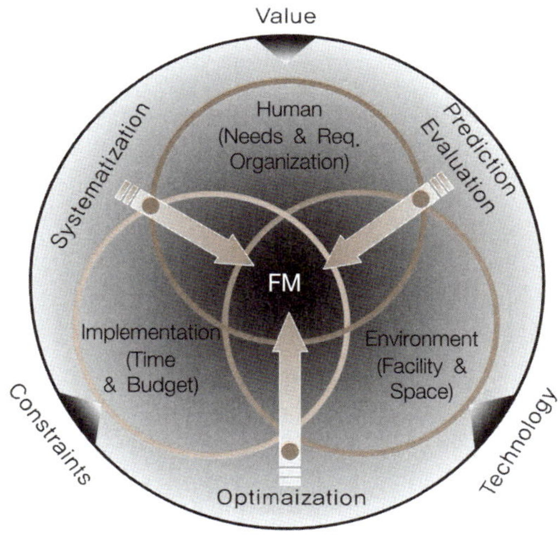

그림 1-3 포괄적인 시설관리

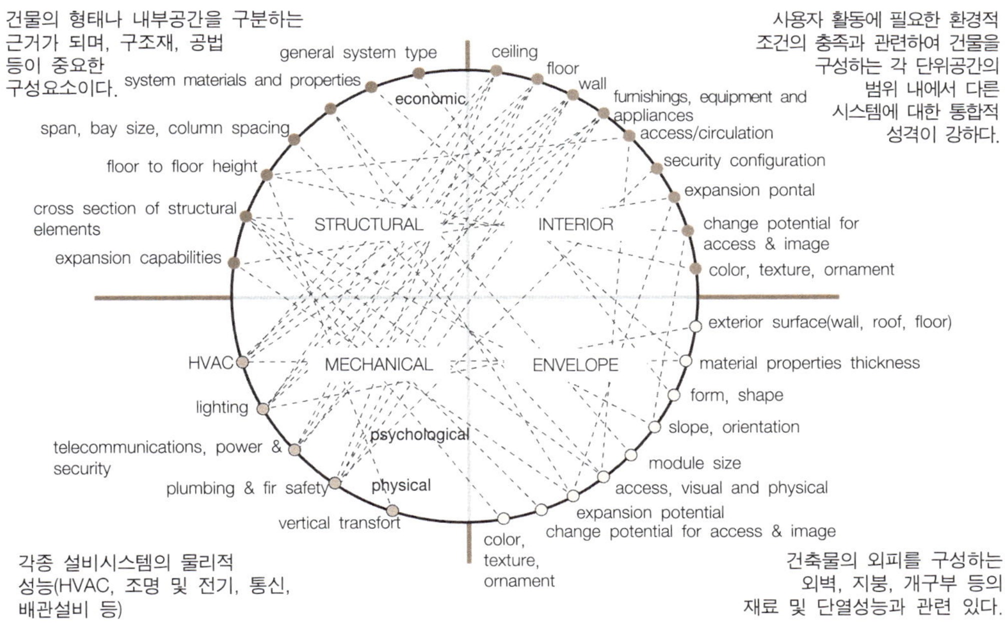

그림 1-4 Building System

- 공간 인벤토리
- 프로젝트(디자인부터 건설까지)
- 건물 사용 · 유지 계획
- 가구와 장비 목록
- 시설 지원 서비스(원격통신, 보안 등)

6) 시설 요구를 기반으로 하는 관리

회사는 생산과 서비스에 대해서 수치화시킬 수 없다. 시설관리는 변화에 반응하기 위해 동적으로 보여야 한다. 시설관리의 기본원칙은 회사의 임무와 사용 가능한 자원에 따른 모든 정책, 관습, 그리고 절차이다. 이러한 방식의 특정시설관리 기능은 조직의 "업무(business)"에서 발전되었다. 조직의 구조는 공간, 기능, 그리고 서비스 또는 생산을 제공하는 사원 생산성의 양에 의해 만들어졌다.

7) 전략계획

해외 경쟁, 제조업 또는 제공된 서비스의 혁신, 광범위한 사회 · 경제 변화, 그리고 광범위한 외부 상황은 이사회와 관리자들이 사업을 어떻게 해야 하는지와 그들의 사업이 무엇이 되어야 하는지까지를 평가할 수 있도록 집약되기를 요구한다. 전산화, 원격통신, 그리고 '스마트' 빌딩은 시설관리가 포괄적으로 이루어지게 하는 시설에 대한 검토를 필요로 하였다. 이러한 이유로 개인적이고 비영리적 조직들은 전략을 계획하고, 장래의 목표를 세우고 이러한 목표를 성취하기 위한 프로그램을 통합하기 위해 전략계획을 소개하고 있다. 전략계획은 시설관리 조직의 중요한 기능이다.

8) 통합계획

기존의 물리적 시설 관리자는 어떤 방식을 통해 짧은 기간 내에 작업을 마칠 것인가에 대해서만 생각한다. 그러나 계획은 최고의 결과물을 얻기 위해 조직의 다른 분야에 적합하도록 통합되어야 한다. 시설 관리자는 확정을 목표로 한 통합된 전략계획에 관련하여야 한다.

- 조직의 본성과 관념
- 관념을 수행하기 위한 전체적인 방향 또는 전략
- 계획 실행

전략적 계획 집행 가이드(The Executive Guide to Strategic Planning)에서 패트릭 빌로우(Patrick Below)는 표 1-1에서 보이듯이 통합된 계획 과정을 도식화하였다. 이 과정은 세 가지 주요 요소로 조합된다.

- 전략계획
- 작업계획
- 결과관리

이 과정에서 시설 관리자는 전략계획 개발에 대해 최고경영자에게 보고하여야 하며, 조직의 계획 부서에서 고위급이다. 그 관리자 역할은 포괄적인 시설관리 구조 속에서 어떻게 계획을 달성할 것인가에 초점을 맞추는 업무계획을 세우는 역할로 변화한다. 결과 관리에는 시설 관리자는 전략, 작업계획 둘 모두에 대한 수행과 결과를 감시한다. 자산관리, 시설계획, 시설 이용과 유지, 그리고 시설 지원 서비스는 조직의 전략계획 연장선으로 보인다.

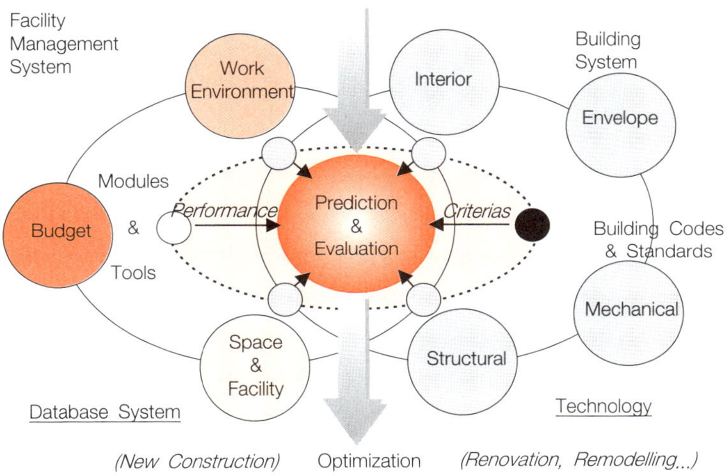

그림 1-5 통합계획

9) 통제와 의사소통

통제와 의사소통은 성공적인 시설관리의 중요한 요소이다. 포괄적인 시설관리는 자산관리 결정, 시설 지원 서비스, 그리고 시설 이용을 통제하는 조직구조에 기반을 둔다.

이러한 활동의 집약된 경영은 표 1-1에서 보이는 전략계획 프로세스 요소 사이에서 빠르고 정확한 의사소통을 가능하게 한다. 예를 들어, 작업계획으로 설명되는 추가시설에 대한 장기간 기획으로 정의되는 전략계획 요소로 작용한 것은 바로 시설 부서장에 보고된다. 일반적으로 각 부서의 직원과 함께 프로젝트에 대해 재검토 과정을 거치면서 시설 부서장은 고위관리직에 신속하고 기초에 충실한 과정과 결과에 대해 보고할 준비를 갖추어야 한다.

표 1-1 통합계획 과정

통합계획 과정		
전략계획 • 조직 책임 • 전략 분석 • 전략 • 장래 목표 • 통합 프로그램 • 재정 기획 • 보고서	작업계획 • 작업 분석 • 주요 결과 분야 • 업무 지표 • 단기 목표 • 활동계획 • 예산	결과관리 • 통제 시스템 • 관리 보고서 • 조직 결과 • 부대 결과 • 개인 결과 • 수정 활동 • 보상 시스템

10) 조직의 구조

시설관리 조직의 구조는 특수한 계획을 위한 일반적인 계획 원칙과 건물, 대지, 시설, 그리고 장비의 조직상 특성을 적용함으로써 개발되어왔다. 경영구조는 무엇을?, 왜?, 어디서?, 언제, 어떻게?와 같은 질문에 답을 함으로써 발전시킨다. 조직체의 사명에서부터 경영계획까지 조직의 구조 발전에 따른 단계를 검토해야 한다.

11) 사명

조직의 기본적인 개념은 강령(mission statement)으로 정의된다. 강령의 주된 기능은 무엇(what)이라는 질문에 답을 하는 것이다. 조직체는 어떤 사업에 참여하여야 하는가?, 조직체의 기본적인 본성과 개념은 무엇인가? 등이다.

12) 목표와 목적

목표와 목적은 조직체의 사명을 이끌어내는 전략적인 결과를 인정하는 것이다. 기능, 서비스, 생산, 변화 또는 성장 영역에서 수유하거나 달성하기 위해 조직체의 요구사항을 명백히 정의하고 인지한다.

13) 조직의 특성

조직의 특성은 조직의 계획을 발전시키기 위해 사용되는 데이터베이스로 이루어진다. 조직의 미래에 가장 강력한 영향을 미치는 내 · 외부의 요인 분석을 포함한다. 이는 계획에서 강조될 필요성이 있는 비판적 문제를 인정하고 우선하게 된다. 예를 들어 정보교환과 매우 밀접하게 관련된 조직체는 이러한 서비스를 제공하기 위해 단일 부서 내에서의 의사전달과 정보전달이 결합되어야 한다. 이 구조는 정책입안과 경영관계를 밀접하게 조화시키도록 한다.

14) 실행과 절차

조직에서 언제(when)와 누가(who)에 대한 질문은 실행과 절차로 설명된다. 이러한 절차는 특정 목표 내에서 조직체를 위한 목표와 목적으로 설명된다. 책임은 결과가 수행된다는 확신을 가지고 명확히 정해져야 한다. 물리, 회계 간의 관계와 인적 자원 경영 부서, 시설 부서 간의 관계로 윤곽이 나타난다.

1.2 퍼실리티 매니지먼트의 필요성

FM은 대부분의 국가 조직체(기업, 행정기관, 그 외의 조직)에서 필수적인 경영수단이나 관리수단이 될 것이다. 특히 선진 각국의 조직체에서는 그 필요성의 인식이 급속도로 확산되고 있으며, FM의 필요성은 글로벌(global) 개념으로 볼 수 있다. 그러나 각 국가마다 정치, 경제, 경영 및 기타 조건은 현저하게 다르므로 FM의 중요성 부각 정도는 나라마다 여러 차이점이 있다. 일본의 경우, 선진 각국과 공통적으로 FM을 필요로 할 때는 거의 그대로 적용되지만, 다른 나라에서 찾아볼 수 없는 독자적인 여러 상황이 다른 나라에서 FM을 필요로 하는 이상으로 FM이 필요하다.

1.2.1 경제발전

제2차 세계대전 후 부흥기에 접어들면서 급속한 근대화와 경제성장은 대부분의 선진국에서 공통적으로 이루어졌으며, 군사력의 크기로 국력을 평가하던 것에서 경제력, 경제성장률로서 국력을 평가하는 시대로 변화하게 되었다. 그 결과 여러 선진국에서 산업시설의 급속한 신설과 근대화가 공통적인 현상으로 나타났으며, 이러한 시설에서의 인적 관리는 어렵거나 거의 불가능하게 되었다. 종래의 장부 또는 카드(card)에 의존하던 인적 관리만으로는 복잡·다양하고 끊임없이 변하는 시설류에 대한 정확한 파악과 관리는 더욱 힘들게 되었다. 더욱이 급속한 시설류 증대는 토지를 비롯한 시설 비용을 높이는 결과를 초래하고, 과거보다 더욱 철저히 관리해야 한다는 점이 크게 요구되고 있다. 따라서 여러 형태의 시설류 상태를 종합적이고도 철저히 파악해야 하고, 적절한 판단과 조치가 가능하도록 하는 새로운 방법이 요구되기에 이르렀다. 이에 대응하여 FM 활동은 필수 불가결한 수단이 되었다.

1.2.2 경제정체

경기는 항상 변동한다. 장기적으로 보아 경제가 발전 방향으로 진행된다 하더라도, 그 사이에 경제정체, 경제후퇴의 상태가 일어나는 것이 경제현실이다. 베트남 전쟁 이후 미국의 퇴조(recession), 일본의 거품경제 붕괴, 냉전체제 와해 등으로 인해 전 세계적으로 나라마다 경제정체현상이 일어났다. 이러한 상황에서 코스트(cost)에 대한 인식이 높아지고 제 비용 절감의 일환으로 인건비와 설비관련 비용의 적정 관리, 특히 유휴시설 절제 · 이용의 고효율화 등을 위한 고도의 관리를 실현해야 하는 것은 당연하며, 해결책으로 FM이 도입되게 된다. 앞에서 설명한 경제발전의 경우나 경제정체의 경우에 공통적으로 일어나는 현상은 시설의 취득, 신설, 처분, 임차, 갱신, 교체 등 시설의 변화와 이동이며, 그때마다 가장 유효한 방법의 검토 · 계획이 필요한 것이다. 시설의 운용 · 관리를 위한 가장 효과적인 수단이 FM이며, FM은 시설을 위한 유효기획 수단이기도 하므로 호황시뿐만 아니라 불황시에도 FM의 기능은 크게 활용된다.

1.2.3 산업구조 변화

근대에 전 세계적인 변화의 하나로 산업구조 변화를 들 수 있다. 산업혁명 이후의 2차 산업 중심에서 금융, 증권, 보험 또는 유통, 판매, 레저, 스포츠 등 각종 서비스업의 3차 산업, 정보 관련의 4차 산업으로 그 중심이 옮겨가는 산업구조 이동(shift)이 지금도 실현되고 있다. 이는 생산시설 설비 중심 산업에서 오피스, 점포 중심 산업으로의 변화를 의미하며, 과거에는 중요하지 않았던 오피스나 점포가 설비 투자 및 운용비의 대부분을 차지하게 되었다. 또한 효율성이 좋은(흔히 생산성이 좋음으로 표현) 쾌적한 오피스(직장)를 강하게 요구하는 결과를 가져 왔다.

공장설비의 근대화에 대해서는 경영의 최고 중점 과제로 이미 오래 전부터 많은 관심을 가져 왔지만 오피스에 대해서는 경영자의 관심도가 낮았고, 그에 따른 생산성, 쾌적성 등에 대한 연구도 그다지 활발하지 못함으로써 오피스에 대해 개선해야 할 점이 상당히 많은 것이 통례로 여겨져 왔다. 경제의 중심이 3차 산업으로 급속히 이동함으로써 오피스를 중요 대상으로 삼는 FM도 갑작스럽게 주목받게 되었다. 또한 실제로 오늘날까지 커다란 성과를 올리고 있으며, 미래의 오피스는 FM의 필요성이 한층 증대되고 활용의 필요성도 늘어날 것으로 전망된다.

1.2.4 사무자동화(Office Automation)

정보기술이 발전함에 따라 오피스도 과거에 주로 사람이 서류를 취급하던 직장에서 지금은 다양한 정보기기를 이용하는 새로운 형태의 직장으로 변모하게 되었다. 즉 OA화의 발달이다. 일반적으로 OA화에 대응한 구조나 설비를 갖춘 오피스를 인텔리전트 오피스 또는 인텔리전트 빌딩이라 부른다. 그리고 인텔리전트 빌딩은 과거의 오피스나 빌딩에 비해 차별화된 점이 많이 요구된다.

예를 들면 기구 설치나 배치에 대한 공간문제를 비롯하여 전원 용량 증대, 각 층·각 실·각 장소의 전기 및 통신·배선에 편리한 전원이나 통신의 접근성, 기기발열이나 소음대책, 조명·공조에 관한 다양한 요구 등 종래의 오피스 또는 점포에서는 전혀 생각지 못한 다양한 요구가 생겨나게 되었고, 이에 따라 오피스계획이나 설계는 종래와는 전혀 다른 복합적인 문제처리가 필요한 것이다. 이에 대한 해결수단으로서 FM은 필수 불가결한 것으로 되고 있다.

1.2.5 경영 변혁

경제성장 도중 정체기에 있을 때 각각의 상황에 대응할 수 있도록 경영에서는 다양한 변혁을 시도한다. 사업의 다각화 또는 정리·조직의 확대 또는 간소화, 그리고 이에 따른 인사이동이 있다. 오피스 인원의 이동상황을 나타내는 이동률(churn rate)의 증가추세는 세계 각국의 공통된 경향이다. 경제정세 변화뿐만 아니라 사회발전, 기술진보 등에 따른 경쟁의 심화도 지속적으로 진행되고 있으며, 이러한 점에서도 경영부문은 앞으로 변혁의 정도가 더욱 높아질 전망이다. 그 결과 오피스의 신설, 취득, 교체, 처분, 레이아웃 변경 등이 빈번하게 일어나며 이에 잘 대응하여 가장 효율적인 오피스를 신속히 기획하고 관리할 수 있는 것이 FM이라는 점에서 오피스와 FM의 필요성은 계속 높아질 것이다.

1.2.6 정보기술의 진보

이상으로 FM의 필요성(needs)이라는 각도에서 FM의 필연성에 대하여 고찰했지만, FM의 실현 가능성(seeds) 면에서 보급의 필연성을 생각해 보기로 하자. FM이 급속하게 발전·보급되는 것은 FM의 필요성과 효과가 크다는 점이 원인이지만 동시에 이를 가능하게 하고 촉진하는 요인으로서 정보기술, 특히 컴퓨터와 그 응용기술 발전에 대해서도 간과해서는 안 된다. 즉 계속 증대하고 끊임없이 변화하는 방대한 양의 시설설비 상태를 정확히 파악하고 관리하는 데 있어서 이미 대장이나 카드(card)를 이용하던 인력으로는 도저히 불가능하며,

컴퓨터의 데이터베이스(data-base)와 데이터베이스에 의한 검색기술이 일반화됨에 따라 가능하게 된 것이다.

또한 시설의 현상에 관한 평가분석에는 컴퓨터 기능이 유용하며, 더욱이 적절한 시설설비계획에 있어서도 컴퓨터에 의한 적산이라던가 시뮬레이션(simulation) 등이 여러 가지로 활용된다. 그리고 이와 같은 활용에 있어서 컴퓨터에 의한 화상처리 기술도 중요한 역할을 하지만 특히 CAD, CADD의 기술이 유용하다.

FM을 특화하여 개발된 컴퓨터(computer)의 응용방식을 CAFM(Computer Aided Facility Management)이라 한다. 이것을 구체화한 소프트웨어는 이미 여러 종류가 개발되어 이용되고 있다. 어쨌든 아무리 필요성이 크더라도 그것을 유용하게 하는 방법이나 기술이 개발되지 않으면 이를 발전시키고 보급하기는 어렵다. 경우에 따라서는 기술이 먼저 완성됨으로써 역이용하기 위한 새로운 관리방식이 생길 수도 있고, 현 시대에서는 기술이 매우 중요한 요소로 여겨지고 있지만 다행히 FM의 경우에는 그 필요와 이를 만족시키는 기술이 동시에 존재하며, 양쪽이 조화를 이룸으로써 급속한 FM의 발전 · 보급을 이룩하고 있는 것이 선진 각국의 공통된 상황이다.

1.3 퍼실리티 매니지먼트 동향

1.3.1 국내외 정책 및 제도 현황

제도적 면에서의 유지관리는 보통 안전관리와 관련 있는데, 이는 법적인 최소 요구 조건은 공공의 안전을 위한 최소 요건을 강제하는 것이기 때문이며 비용절감, 사용자 만족도 증대와 같은 사항은 개인사업자의 역량에 맡기며 법적으로는 크게 관여하지 않으나, 최근 들어 국가 시설물의 경우 비용절감과 사용자 만족도 부분을 고려한 관리체계 도입을 추진하고 있는 현황이다.

따라서 법적 · 제도적 유지관리는 안전관리와 동의어로 사용되고 있으며, 예방적 유지관리나 Total Asset Management보다는 좁은 의미이다.

표 1-2 시설물 유지관리 관련 제도 현황 비교

구 분	시설물 유지관리 관련 제도 현황 비교
한국	• 다양한 관련 법령 규정 • 개별 법령의 유지관리 내용 중복, 일정 규모 이상 건축물이나 특정 시설물로 한정 • 법적 강제 조항 부족, 현실적 실효성 저하 • 중소형 건축물에 대한 유지관리 부재, 제도화 방안 시급
미국	• 주로 시설물의 특정 성능에 대한 평가항목 및 기준 개발 • 시설물의 특정 성능 향상 목적
영국	• HQI(주거건축물 유지관리 규정) : 건강하고 쾌적한 주거단지 건설과 주거 수준의 질적 향상 • 영국의 HQI가 주거건축물에 관련된 성능인증 및 기준 설정에 대한 정보 제공 • 종합적이고 구체적인 성능평가 기준 설정
캐나다	• 관련 법규는 운영 면에서 미국과 비슷하나 구성 내용은 영국의 관련 법규를 기준으로 함. • 공적 규제보다 민간기관 활용, 검사항목에 대한 일률적 기준 정함.
독일	• 사법적 건축법, 공법적 건축법으로 구분 • 공법적 건축법 : 도시건축 개발 규정, 건축물의 보존과 지역특성, 리모델링 및 수선 규약 등 • 연방법인 독일 건축법령 : 기본방향 제시, 각 주에서 매우 세부적인 규정을 정함.
일본	• 구체적이고 강화된 정기보고 제도 등을 도입한 건축기준법 개정 • 정부차원의 적극적 의지 • 건축물 소유자에게 건축물의 필지, 구조, 건축설비를 적정상태로 유지하도록 의무 부과
종합	• 우리나라의 유지관리 관련 법령들은 안전을 위한 내용이 주요 내용 • 일본을 제외한 다른 국가의 유지관리 관련 제도는 미래 지향적 차원에서 환경, 에너지, 성능평가, 도시환경 등 광범위하고, 도시문화와 지구환경을 고려한 내용 • 우리나라 또한 건축물의 유지관리에 대한 인식의 전환 및 전반적 제도 개선이 필요한 시기

표 1-3 건축물 유지관리의 목적 및 시각

구 분	건축물 유지관리의 목적 및 시각
한국	• 주로 안전 및 피난 등의 한정된 시각에서 접근 • 대부분의 조항이 일부 시설물의 구조안전 및 피난에 대한 점검 위주로 운영
미국	• 주로 경제적이고 시설물의 효율적 이용에 관한 시각에서 접근 • 시설물의 특정 성능에 대한 평가항목 및 기준 개발, 시설물의 특정 성능 향상 • 시설물의 종합적인 유지관리 성능 평가 규정 : 구조적 안정성, 설비노후도, 거주환경 성능, 유지관리 적정성 등
영국	• 주로 주거용 건축물의 지속 가능한 이용 및 건강한 친환경 시각에서 접근 • 평가항목 : ①토지이용 및 교통, ②에너지 및 자원, ③생태환경, ④실내환경이 있으며, 그 목적은 ①인간과 자연의 공존을 도모하는 거주지, ②미래세대의 복지를 고려하여 환경에 대한 예방적 조치의 필요성을 중요시 하는 거주지, ③사회적, 경제적, 환경적 시스템이 자연의 생태시스템 내에서 조화와 균형을 이루고 있는 거주지 구현
캐나다	• 주로 경제적인 시각에서 접근 • 제도적으로 강제성은 없으나 비영리기관 등에 의한 자율적 점검 결과 활용 • 유지관리 방법 제공과 유지관리 이력 공개에 의한 자산가치 평가 수단으로 활용
독일	• 주로 공적인 시각에서 이용자의 편의와 양호한 지역환경 조성 시각에서 접근 • 개개의 시설물을 지역적 기능 및 특성, 거주인의 생활패턴, 건축형태를 근거로 한 지역의 건축특성, 도시미관, 역사적, 예술적, 문화재적 가치 등을 평가 · 관리 • 기능이 저하된 시설물이나 노후화된 시설물 개선에 대한 명령 등 공적 강제성

(계속)

구 분	건축물 유지관리의 목적 및 시각
일본	• 건축물의 안전에 대한 시각에서 기존 건축물의 개선, 성능 확보, 에너지절약, 자원절약 등의 지구환경 대책 추진, 도시재생 및 경관형성 등의 도시계획에 대한 배려, 건축물스톡 시장에 대한 고려 등의 다면적인 과제에 대한 대응방향 모색으로 시각전환
종합	• 각 국에서의 시설물 유지관리 제도 목적 및 시각이 매우 다양 • 미국과 캐나다 등이 경제성 및 편의성, 효용성 강조 • 영국이나 독일이 친환경 및 역사적 환경 등의 시각에서 접근 • 안전 및 경제적 효용성, 편의성, 아름다움, 친환경 등 시설물 조성이 기본 원칙 • 시설물이 인간과 더불어 함께 하는 삶의 기반이며, 문화라는 인식

1) 해외 시설물 유지관리 기술 분야

총 자산 라이프 사이클 정보 모델링(Total Asset Life cycle Information Modeling)은 정보화 체계를 구축하여 시설물관리를 함에 있어서 생애주기비용 접근 방식을 이용하고 이를 위해서 (1) 데이터관리와 정보의 통합, (2) 기술과 지식기반의 업무인력, (3) 새로운 재료, 방법, 상품, 장비 등의 개발을 전술적 목표로 삼으며, 궁극적으로 실시간 프로젝트 관리, 시설물관리, 협력 및 조정을 목표로 한다.

이러한 목적을 달성하기 위한 여러 기술 중에 '지능형 자가관리 및 운영시설관리(Intelligent Self-maintaining and Repairing Operational Facilities)' 등이 포함되어 있다.

시설물관리에서 수명주기(Lifecycle) 개념과 재정적 경영(Financial management) 개념, 그리고 사용자의 편의성 개념을 통합하여 시설물의 시공·운영과 수명이 다 할 때까지의 관리를 포함한 개념을 해외에서는 총 자산관리(Total Asset Management)라고 하며, FMS와 IBS 등을 포함한 포괄적 개념으로서 대형 시설물(도로, 교량, 항만, 공항, 고층 빌딩, 하천관리) 등에 적용되고 있다.

- 총 자산관리(Total Asset Management)는 영국, 호주·뉴질랜드, 남아프리카공화국 등 영연방 국가들을 중심으로 많은 발전이 이루어졌으며, 90년대 이후 미국도 적극 도입하고 있음.
- 국내의 경우 2008년도부터 Korea Total Asset Management-40(KTAM-40) 프로젝트로 한국건설기술연구원에서 수행하여 국내 도입을 앞당기기 위한 노력을 수행중임.
- KTAM-40 프로젝트는 대형 시설물의 전략적이고 장기적인 관리를 목표로 하며, 1차적으로 국가시설물(도로, 교량, 상하수도)을 대상으로 접근하고 있음.

1.3.2 퍼실리티 매니지먼트 시장 전망

1) FM 관련 각국의 조직활동 발전

1980년 미국에서는 IFMA(International Facility Management Association)가 설립되었다. 1970년대 후반부터 각 기업 내에 급증한 FM업무를 담당했던 담당자가 주축이 되어 창립된 국제적 협회이며, 직능단체로서 성격이 강하다. IFMA는 FM업무 교육과 연구활동을 주 목적으로 FM의 계몽과 보급에 노력하고 있다.

또한 미국에서는 1980년대 후반부터 코넬대학 등에서 FM 교육이 시작되었다. FM은 미국에서 시작되었으나 그 후 차례로 각국에 전파되어 FM 조직이 빠르게 만들어졌다.

2000년 기준으로 각국의 FM 조직 상황은 다음과 같다.

- 미국 : International Facility Management(IFMA) 회원 약 19,500명
  International Development Research Council(IDRC) 회원 약 3,000명
- 영국 : Association of Facility Management(AFM), Center of Facility Management(CFM), Institute of Facility Management(IFM)의 합병
  British Institute for Facility Management(BIFM) 회원 5,000명
- 프랑스 : Association Nationale des Responsable de Services(ARSEG) 회원 1,000명
- 독일 : Deutscher Verband für Facility Management(GEFMA) 회원 200명
- 덴마크 : Danish Facilitiers Management Association(DFMA) 회원 100명
- 네덜란드 : Netherlands Facility Management Association(NFMA) 회원 1,300명
- 헝가리 : Hungarian Facility Management Association(HUFMA) 회원 100명
- 유럽 : Euro FM, 17개의 협회, 25개의 교육기관, 8개의 업체로 구성
- 남아프리카 : AFM South Africa 회원 221명
- 캐나다 : Federal Interdepartmental Facility Management Association(F1FMA)
- 호주 : IFMA Australia 회원 340명

이 중 영국에서는 1986년에 설립된 AFM과 1990년에 설립한 IFMD가 합병되어 1994년부터 BIFM(British Institute of Facility Management)으로 개칭되었다. 또한 호주의 IFMA는 그 후 FMA Australia로 개칭되었다.

2) 미국의 FM 동향과 발전

(1) FM의 시작

1978년 미국에서 허먼 밀러(Herman Miller)사의 로버트 프로스트(Robert Prost)의 사회(司會)로 '생산성에 대한 퍼실리티의 영향'이란 회의에서 시작된 것으로 보고 있다. 1979년에는 HMR(Herman Miller Research)사에 의하여 FM 전문연구소로서 FMI(Facility Management Institute)가 설립되어 FM 개념의 전개와 보급에 성과를 거뒀다. 또한 1983년에는 미 국회도서관의 요청에 따라 FM의 정의를 제출하였다. FMI는 1986년에 마지막 심포지엄 이후 해산했으며, 연구기관인 FMI의 해산을 애석해하는 목소리도 있었다.

미국에서는 1970년대 후반에 OA(Office Automation)가 급속히 보급됨에 따라 오피스 업무 및 공간이 변모하고, 경기침체로 퍼실리티의 유효활용이 기업에게 절실히 필요한 문제였던 만큼 퍼실리티의 현상파악과 유효활용을 위한 전략 입안이 많은 기업에게 중대 관심사가 되었다. 또한 같은 무렵 기업의 요청에 대응할 수 있는 컴퓨터를 이용한 여러 가지 도구가 개발되었다.

1980년대에는 CADD(컴퓨터 지원 설계 제도)에 의한 건물, 건축설비, 가구, 워크스테이션의 도면과 스프레드시트(표 계산 소프트) 및 데이터베이스의 소프트웨어 등을 활용하고 퍼실리티 자산의 현황을 도면과 수량으로 시각적으로 파악할 수 있는 소프트, 건물의 조직이나 워크스테이션 배치를, 도면을 통하여 업무상 기능공간으로 조정할 수 있는 시스템이 적용되었다.

(2) 세계적 조직 형성의 움직임과 유관 조직의 연대

미국의 FM단체는 국제FM협회(IFMA)라는 이름을 갖추었지만 미국이 주체가 되도록 하여 세계적 조직 형성의 움직임을 1994년에 구체화했다. 이는 GFM(Global FM)으로서 활동을 개시하고 있는 것이다. 또한 FM이란 명칭을 사용하고 있지는 않으나 FM적 활동을 하고 있는 조직이 각국에 여러 종류가 존재한다.

특히 미국의 IDRC(Industrial Development Research Council)와 그의 연구기관 IDRF(Industrial Development Research Foundation)는 기업의 부동산을 유효하게 활용하는 전략에 대해 기업의 최고경영자를 대상으로 국제적 활동을 행함으로써 각국의 FM 활동과 깊은 관계를 가지게 되었다.

3) 일본의 FM 동향과 발전

(1) 관련 정부 당국 · 단체 및 업체의 공동 인식

일본에 FM을 최초로 소개 · 보급하기 시작한 단체는 일본건축학회내 전산화위원회로서

IB · CAD를 통한 외국 조사와 강연회 등을 행하고 왕성한 주제 발표 및 연구 활동이 바탕이 되어 '87년 뉴 오피스 추진위원회(NOPA) · 건축설비 유지보전 추진협회(BELCA)와 긴밀한 협조를 통하여 JFMA의 골격이 이루어졌다. 특히 통상산업성과 건설성은 더 일찍 관심을 가지고 각종 연구 · 학술 발표 · 출판물 발행 등을 독려 · 지원하였으며, FM'er 자격 제도의 시행을 구체화시켰음은 특기할 만한 사항이다.

(2) 각 분야에서 FM의 활발한 연구 성과

JFMA의 정회원수가 5,344명이라는 면에서도 알 수 있듯이 FM이 거의 일반화되었으며, 그 연구 및 달성 수준도 상당할 정도로 연차대회('98년)의 발표 주제가 26건으로 각 분야에 걸쳐 망라하고 있음도 한 예라고 하겠다. 또 이 연구 결과는 학회지, 전문잡지 등을 통하여 수시로 발표되며, 이를 단행본으로 종합한 책자만도 상당한 수량에 이르고 있다. 특히 '94년 위 3개 단체 공동의 추진연락협의회를 구성하여 FM 표준업무를 규정하고 이를 바탕으로 FM'er 자격 제도를 시행한다는 취지에서 FM 가이드 북(통산성 · 건설성 감수)을 출간하였음은 의의가 있다.

생산관리에서 TQC 관련 기법이나 JIT의 발전이 일본을 공업화 사회의 정점에 이르게 한 바와 같이 FM의 국제 실무화 면에서는 오히려 FM 종주국인 미국과는 다른 면에서 더욱 발전하리라는 것도 예상된다.

(3) 일본적 FM의 체계와 내용 정립

앞에서 지적하였듯이 FM을 필요로 하는 일본의 특수 상황을 배경으로 협동심과 연구욕이 각 업무단계나 각 시설에 이르기까지 다양한 성과를 독자적인 체계와 내용으로 정립하고 있다. 예를 들면 건축물의 기획 · 설계에서부터 준공 후 관리 · 운영을 배려한다든지 공공시설, 오피스, IB병원, 캠퍼스, 연구시설, 상업용 시설로 세분하여 연구한 결과를 업무에 반영하고 있다. 즉 FM의 중요성, 완성 후 관리 · 운영을 중심으로 건물의 장기 경영적 관점에서 수익성을 중심으로 종합관리한다는 FM체계를 확고히 추진하고 있다.

4) 한국의 FM 동향과 발전

(1) 한국 FM의 보급과 발전, 질과 양의 동시 추구

국내에서도 외국과 비교하여 비록 10년 정도의 격차가 있으나 FM에 관심을 갖고, 이를 실제 업무에 반영하자는 개인이나 단체를 전보다 흔히 찾아볼 수 있다. 특히 부동산 정책을 위시한 시설관리 개념도 근본적으로 혁신을 하여야 한다는 시대적 요청이 있을 것이다.

이를 위해서는 FM이 질량면에서 더욱 본격적으로 발전되어야 하므로 FM 종사자의 저변

을 확대시키고 다양한 업무를 대상으로 체계적인 적용을 강구하여 최신 기술 정보를 습득·활용하는 계기를 만들어 나가야 한다.

(2) 각 학문 · 이론의 체계적인 접목

현재 국내 실정을 보면 FM에 관한 출판물이나 관련 논문 발표도 지엽적인 것으로 매우 아쉬운 형편이다. 한국적 FM의 체계를 확립시키기 위해서는 기본 원리(학문)와의 접목이 선결 과제라고 사료되는 바, 이에 가장 관계가 깊은 경영학, 건축학, 부동산학을 예로 들어 간략히 기술한다.

가. 경영학(business administration)

- 특히 생산 및 운영관리(production/operations management)
- FM이 전 고정자산(시설)을 통한 부가가치의 생산이라 할 수 있는 바, 경영학 특히 생산 운영관리 기법을 원용하여 FM 특성에 맞게 정립시켜야 할 것이다. FM의 뿌리가 생산관리의 한 분야에 기원한다고 하였듯이 예를 들어 계량적 수익성 판단법, 과학적 관리법, 프로젝트 계획과 의사결정, 공사일정관리, 수요 및 재고관리 등의 고도기법이 해당된다.

나. 건축관련학(architecture and built environment)

- 건축관련학은 바로 FM의 대상 객체를 만들어내는 분야로서, FM이 종래 건축학(건물과 구축물, 내부공간, 실내환경 건물의 기계 · 전기 설비 포함)이 흐름(flow 신축 생산)을 중시하고 외형적 현물(hard)을 위주로 한 관습에서 벗어나 설계(plan), 시공(do), 운영, 유지(see)의 전체 사이클을 종합적 관점에서 다루는 FM의 개념을 많이 도입하여 우량 재고자산(stock)의 효율 확대에 기여하는 기반기술로서의 역할이 기대된다.

다. 부동산학 · 부동산관리론(real estate managements)

- 부동산관리는 결국 토지 및 건물(land and building)에 대한 관리로서 건물경영 · 빌딩경영 등으로 세분되어 사용되기도 하며, 대학 내 관련 학과가 독립적으로 운영될 정도로 상당히 포괄적인 특색이 있다. 일반적으로 '부동산관리라 함은 부동산의 취득과 유지 · 보존 및 운영을 의미한다.'로 되어 있어 FM의 개념과도 매우 유사하며, 부동산업은 개발업(택지 및 건축물 공급, 도시재개발) · 서비스업(중개 평가 · 임대 분양 · 부동산관리 등)으로 구분되어 있다. 따라서 사용 언어로 보면 FM(협의의 언어상 시설관리)은 부동산관리의 한 분야로 당연히 상정할 수도 있다. 향후 부동산관리와 FM의 접목 또는 그 역할 분담이 숙제가 될 것이다.

(3) FM'er 자격제도의 조기 시행

FM 선진국이라 일컬어지는 미국, 일본에서는 이미 공인 FM'er 제도를 활성화시켜 나아가고 있는 바, 우리나라도 이에 대한 충분한 검토와 준비를 거쳐 조기 시행하지 않으면 안 된다. FM'er 자격제도를 실시하는 목적은 국내에서 폭넓은 관심과 이해를 끌 수 있는 현실적인 유인책으로서 유능하며, 공인된 FM'er를 양성하는 것이며, FM을 보급·발전시키는 지름길이 될 것이다. 이는 결국 FM의 중요성과 적용 대상의 다양성·전문성을 고취시키고, 여러 전문 지식과 기술을 결합시켜 기존 고정자산(stock)의 유효 활용이 FM을 발전시킬 것이다. 이는 또한 시대적 흐름에 맞춰 국내 건축 및 부동산 관계 기존 자격제와 균형을 맞추고 해외의 공인 FM'er와 상호 교류를 통하여 글로벌 시대에 걸맞는 실질을 갖추는 것이다.

표 1-4 국가별 FM 추진 동향

국 명	미 국	일 본	한 국
주관 조직	IMFA	JFMA	KFMA
설립년도	1980년	1987년	1995년
설립 경위	가구 회사 내 연구기관 : FMI 설립	'86 : 건축학회 내 FM부회 조직 '87~88 : NOPA 동시 발족 건설성내 분과위 설치	'95 : 창립 '96 : 법인화 등록(통상부)
현 회원수	19,500명	5,344명	약 460명
관련 협조 조직	• IDRC · NACORE • 12개 지부운영(북미 · 유럽)	• NOPA 및 BELCA • 통산성, 건설성 : 분과 연구회	• 통상부 : 법인 등록처
주요 실적	• 국제 FM 기구의 역할 • 연차대회 · 보고서 · 간행물 등 • global FM 조직	• JFMA 추진협회로 확대 조직(NOPA, BELCA 참여) • FM 가이드 북 발간	• 국제심포지엄, 월례 발표회 등 주최 • '98 : FM 가이드 북 번역 출판
FM'er 양성 현황	• CFM'er 자격 부여 • 시험 · 강좌, 추천 등 다양	• '97 : 제1회 자격시험 실시 • 상설 강좌 또는 시험	• 준비중
대학 교육	• 코넬대 등 30개 대학에서 관련 과목 교육(IFMA연계) • 학 · 석사 또는 CFM'er 자격	• 건축학부 또는 부동산 학부내 개설 • 건축기획 · 건물경영 과목 내 • 유지보전 분야만을 건축 보전 • 공학에서 취급 • 석 · 박사 과정	• 일부 대학 시행중(대학원, 대학 선택 과목)

5) 국내외 시장 규모 및 예측(최근 5년간)

표 1-5 국내 시장 규모

(단위 : 조 원)

구 분	2006	2007	2008	2009	2010
시설물 유지관리 분야	6.96	7.6	9.6	8.72	9.04
계	6.96	7.6	9.6	8.72	9.04

※ 자료출처
－2006~2009년 대한건설협회 실적 값, 2010년 건설산업전략연구소 예측 값

표 1-6 국외 시장 규모

(단위 : 조 원)

구 분	2006	2007	2008	2009	2010
시설물 유지관리 분야	55.68	60.8	76.8	69.76	72.32
계	55.68	60.8	76.8	69.76	72.32

※ 자료출처
－건설시장의 유지관리 비율, 한국건설기술연구원, 2008

1.4 퍼실리티 매니지먼트의 효과

1.4.1 품질 · 재무 · 공급은 표리일체

이 세 가지 목표는 서로 표리일체(表裏一體)한다. 품질의 목표만을 추구하여 재무와 공급의 목표를 무시해서는 안 된다. 또한 재무목표를 중시한 나머지 품질목표를 잊어버려서도 안 된다. 세 가지 목표를 각각 추구하면서 조직체의 목적 달성에 유효한 목표 간의 종합적인 조화를 도모하는 것이 필요하다.

1.4.2 FM 품질의 효과

FM 품질의 효과는 5항목으로 나누어지며 각 항목의 구성은 다음과 같다.

- 품격성 .... 상징성 / 미관성 / 풍토성
- 쾌적성 .... 주거성 / 기호성 / 만족도
- 생산성 .... 기능성 / 효율성 / 편리성 / 융통성
- 신뢰성 .... 안전성 / 보건성 / 내구성 / 기밀성(security)
- 적합성 .... 합법성 / 조화성 / 자원 보전 / 보전성(지역환경 포함)

1) 품격성

품격성은 조직체의 아이덴티티(identity)나 이미지(상징성), 아름다움(미관성)과 근린과의 조화(풍토성)를 총괄적으로 부여하는 것이다. 시설의 등급(grade)이나 아름다움의 레벨은 용도·목적에 따라 다르며, 업종에 따라서도 다르다. 용도·목적에 상응한 기능과 균형잡힌 적당한 등급을 선택하는 것이 중요하다. 조직체 내에서 품격성의 이미지를 정리하여 최고경영층(top management)의 양해를 얻는 것은 FM의 역할이다.

예를 들면 은행의 본점은 어느 나라에서나 가장 좋은 위치에 자리 잡고 있으며, 중후한 이미지의 건물이 많다. 한편 제조회사의 본사는 공장과 같은 수준의 것도 있다. 창고를 오피스와 같은 등급으로 할 수 없으며, 전산센터와 같은 시설은 등급이 아직까지 딱히 정해져 있다고 볼 수 없다. 데이터를 프로세스하는 공장을 생각하면 공장 정도의 등급으로도 충분하지만 은행 본점 수준 정도의 센터도 있으며 그 선택에 따라서 코스트는 크게 변한다. 설계자의 제안을 전적으로 받아들일 것이 아니라 자사시설(임대빌딩 포함)의 등급을 자주적(自主的)으로 선정하는 것이 필요하다.

2) 쾌적성

쾌적한 환경은 근무자의 의욕과 이용자의 만족도를 높인다. 예를 들어 오피스의 쾌적성은 책상 등 업무공간이나 빛(光), 소리(音)의 물리적 조건으로 구성된 거주성과 감각적으로 판단되는 기호성이라는 양자의 만족 결과로 만족도가 이루어진다. 의식주에서 어느 것이나 세계적 수준으로 개선되었지만 유일하게 열악한 상태로 남아 있는 것은 오피스를 비롯한 퍼실리티이다.

3) 생산성

세계적 첨단을 자랑하는 공장의 생산성에 비하여 오피스를 중심으로 하는 간접부문 또는 서비스 산업의 생산성은 현저하게 뒤떨어져 있다. FM의 목표는 편리한 시설, 기능적이며 효율적인 환경을 제공하여 생산성 향상에 공헌하는 것이다. 생산성은 퍼실리티 이외에 조직, 정보화, 커뮤니케이션(communication) 등 여러 가지 요소가 복합적으로 작용하고 있어 FM만으로 개선하기 어렵다. 그러나 정보화의 발전으로 인하여 업무공간과 정보화가 유기적으로 일체화되면서 불가분의 관계가 됨에 따라 FM'er는 시설의 하드웨어(hardware)뿐만 아니라 정보화의 메리트(merit)를 인식하고 생산성을 고려한 업무공간 창조에 리더십(leadership)을 발휘할 것으로 기대된다.

4) 신뢰성

품격성, 쾌적성, 생산성이 경영자의 관심사이기 때문에 신뢰성은 좋고 당연한 것이라고 생각하지만 기술이나 정보화의 진보에 따라 FM'er의 신뢰성에 대한 중요도가 높아지고 있다. '실내공기의 오염' 예에서 보는 것처럼 기술이나 정보화의 발전에 따라 안전성, 보건성, 내구성, 기밀성이 떨어지는 새로운 문제가 출현되고 있다. 이것은 FM'er가 주체적으로 취급해야 할 새로운 영역이다.

5) 적합성

시설이 법 규정에 맞아야 하는 것은 당연하지만 넓은 의미에서는 주변 환경과의 조화로운 시설조성이나 에너지절약, 환경보전 같은 사회적 요구에 적극 대응해가는 시민기업으로서의 역할이 앞으로 중요하다.

1.4.3 FM 재무효과

이익을 추구하는 조직체에 있어서 재무목표는 피할 수 없다. 특히 지가, 임대료가 높은 곳에서는 시설운영비가 인건비 다음으로 많으며, 관계시설의 자산은 총자본의 1/4이 된다고 한다. 더욱이 과열경제 성장과 붕괴가 불과 10년 사이에 일어나 코스트가 심하게 상하로 움직이는 재무부문과 잘 연계하면서 장기적 안목에서 FM의 재무 존재를 요구함과 동시에 FM 재무목표를 정확히 설정하여 FM 전략을 전개하는 것이 중요하다. FM 재무목표는 손익계산서, cash flow(감가상각비를 가산한 순이익), 대차대조표에 대응하여 시설운영비, 투자, 자산으로 분류된다.

- 시설운영비 .... 수익성(손익계산서)
- 시설관계 투자 .... 회수성(cash flow)
- 시설관계 자산 .... 보전과 활용(대차대조표)

1) 시설운영비

경티인 시설운영비(임대료, 광열비, 운영서비스비 등)를 절감 · 최적화함으로써 수익 개선에 공헌하는 것을 목표로 한다. 그러나 대부분의 경우는 시설운영비 최적화는 고사하고 시설운영비를 일원적으로 관리하고 있는 기업은 10%에도 못 미치는 상태이며, FM의 보급으로 시설운영비가 파악되고 전략적 절감이 이루어질 것으로 기대된다. 최근에는 시설운영비의 체계적인 분석 · 평가와 FM 전략으로 이를 손쉽게 관리할 수 있는 방법이 소개되고 있다.

2) 시설관계 투자

'토지는 영원히 값이 오른다'라는 토지 신화처럼 최근 과열경제 붕괴가 있기 전까지는 토지를 보유함으로써 발생하는 잠재이익의 기대가 시설관계 투자평가로 이어지는 것이 대부분이었다. 서구 유럽에서 발달한 순현재가치법(NPV : Net Present Value)이나 내부이익률법(IRR : Interal Rate of Return)은 외자계 기업을 제외하고는 아직 실용단계에 도달하지 못하고 있다. 빌딩 투자평가에 사용되어 온 회수기간법도 기계설비와 같이 단기평가 외에는 토지, 시설처럼 장기간에 걸친 투자평가에서는 그 효용성이 의문시되기 시작하고 있다. 토지 신화가 환상이라는 사실이 판명된 지금 합리적이고 논리적인 판단이 요구되는 시대로 바뀌었다. 순현재가치법(NPV, 純現在價値法)을 기본으로 내부이익률법(IRR, 內部利益率法), 회수기간법(回收期間法), 투하자본이익률법(ROE, 投下資本利益率法)을 조합하여 사용하는 것이 FM'er에게 권장된다.

3) 시설관계 자산

토지, 건물 외에 시설관계 설비, 집기 등 유형고정자산 및 차입 전세금이나 보증금이 시설관계 자산에 해당된다. 종래의 시설관리에서는 이런 것을 수동적으로 운영·유지하는 일에 임했지만 FM에서는 전세금이나 보증금을 적극적으로 절감시키기도 하며 토지, 건물 등 자산의 유효 활용을 높이는 것이 중요하다. 미국에서는 부동산을 금융자산의 하나로 보아 자사시설에서도 수익이 예상되면 적극적으로 판매한다. 이른바 애셋 매니지먼트(asset management, 자산관리)가 발달하고 있다.

Keyword

- 퍼실리티 매니지먼트(FM, Facility Management) : 직장에 관한 실시관리 업무로, 직장에서 일하는 사람과 조직을 염두에 두고 업무프로세스, 행동실태를 고려하여 건축이나 건축설비를 종합적으로 계획하는 것.
- 퍼실리티 매니저(Facility Manager, FM'er) : 기업, 단체에 있어서 시설관리 담당자.
- 자산(Asset) : 구입 또는 건설해서 소유하고 있는 일정기간 장부가액을 상각하게 되는 건물 또는 설비기기. 경제적 수명과 잔존 장부가액을 양쪽 모두의 면을 대면시키고 가짐.(IFRS에 의해 실태에 맞춘 경영 수치에의 반영이 가능해진다.)
- 자산관리(Asset Management) : 소유 개시부터 폐각(제거일)까지 소유자가 결정한 목적의 범위 내에서 자산이나 자산의 포트폴리오 가치를 최대로 하기 위한 프로세스. 소유 부동산, 반입한 설비, 가구, 세간 등을 자동화 시스템과 재고관리기술을 이용하여 관리하는 것.
- 사무자동화(OA, Office Automation) : 오피스업무에 정보처리기술을 도입하여 생산성 향상과 의사결정을 지원하는 것.
- CAD(Computer Aided Design) : 컴퓨터 지원 설계, 협의(狹義)로는 CADD를 의미함.
- CADD(Computer-assisted Drawing and Drafting System) : 컴퓨터 지원에 의한 설계·제도. 스페이스, 가구, 설비기기 등을 관리하여 도면을 작성할 수 있는 자동제도 시스템.
- CAFM(Computer Aided Facility Management) : 컴퓨터 지원 퍼실리티 매니지먼트.
- FM 관리 사이클 : FM업무의 경우 전략·계획, 프로젝트 관리, 운영·유지, 평가를 실행하는 일련의 프로세스를 의미한다. 이 프로세스를 실시하기 위하여 품질목표, 재무목표, 공급목표를 설정함.

참고문헌

- Robert C. Camp, 「Benchmarking : The search for industry best practices that lend to superior performance」, Milwaukee, ASQC quality Press, 1988.
- John T. Rabbit and Peter A, 「Global competitor's guide to compliance and certification」
- Gregory H. Watson, 「Strategic benchmarking how to rate your company's performance against the world's best」
- Gregory H. Watson, 「The bench marking workbook」, Oregon : productive press, 1992, 일본능률협회컨설팅(감역), 「벤치마킹입문」, 동경 : 일본능률협회매니지먼트센터, 1994.
- International Facility Management Association, 「Research report #13 ; BENCH MARKS Ⅱ」, Houston : International Facility Management Association, 1994.
- 일본 Facility Management협회, 「조사보고서」, 동경 : 일본 Facility Management협회, 1991년 11월

2
Chapter
퍼실리티 매니지먼트 전략

2

퍼실리티 매니지먼트 전략

2.1 개 요

빌딩은 한 번 지어지면 수십 년간 사용하게 되며 더욱이 중요한 점은 대규모 수선이 이루어지지 않는 한 향후 수십 년간 기존의 사용방식이 유지되고, 이는 공간 사용 형태 및 에너지 소비요구량에 영향을 미친다. 즉 건물과 시설이 지닌 물리적 특성으로 인하여 그 건물을 사용하는 방식에 있어 한계를 지울 수밖에 없다.

전통적으로 시설경영(FM : facilities management) 관리의 영역에 속하는 많은 업무는 운영과 유지관리 활동이며 시설관리자들은 인력비 다음으로 많이 소요되는 시설관련 비용을 어떻게 줄일 것인가에 더 많은 관심을 가져왔으며 회사나 조직의 비전과 전략을 시설관리 차원에서 어떻게 효과적으로 보여줄 것인가에 관해서는 상대적으로 등한시해왔다.

전략적인 빌딩경제와 시설자산(strategic building economics and facility real estate) 관점에서 살펴보면 시설의 가치는 자산가치(asset value)와 도구가치(tool value)로 나누어 볼 수 있다. 즉 자산가치는 자산의 포트폴리오와 관련된 개념이며 조직이 소유한 시설이 갖는 자본으로서의 가치를 말한다. 도구가치는 시설이 조직의 업무나 사업을 수행하는 데 얼마나 효과적으로 사용되고 활용될 수 있는지를 보여주는, 즉 업무과정을 지원하는 가치로 볼 수 있다.

여기서 시설경영은 조직의 업무(business)와 사용자의 요구를 물리적 환경과 조화를 이루는 실행으로 경영업무, 건축, 행태 및 공학적인 원리를 총체적으로 다루는 작업으로 정의된다(Cotts & Lee, 1992). 시설이라는 용어는 단순히 건물이나 설비만을 뜻하는 것이 아니라 한 조직이나 단체가 소유하는 여러 건물과 토지, 제반 시설, 집기, 설비 등을 포함한 통합적 개념으로 접근할 수 있다. 또한 FM의 미래는 성장하는 전문 분야 내에서 시설관리자는 무수한 서비스를 발전 · 유지시키고, 제공하기 위한 광범위한 책임을 가지는 분야로 여겨지고 있다. FM의 범위는 자산전략, 공간관리, 그리고 환경적인 문제에서 건물 정비, 행정, 계약관리에까지 이른다. 또한 시설관리 분야의 외부영역에서 관리되어온 비즈니스의 비핵심 활동인 급여 지불, 음성, 정보, IT까지 포함한 분야로 확장될 것이다.

"The future of FM : Within this growing professional discipline, facilities managers have extensive responsibilities for providing, maintaining and developing myriad services. These range from property strategy, space management and environmental issues to building maintenance, administration and contract management. Facilities management will continue to expand and encompass further non-core activities including payroll, voice and data and IT, which have been traditionally managed outside of the FM discipline.

– Ian R. Fielder, CEO, British Institute of Facilities Management"

따라서 시설관리 분야에서 자산가치와 도구가치를 극대화하기 위해서는 조직의 업무(business)와 사용자의 요구를 물리적 환경과 잘 조화를 이루도록 일상적이고 매일 반복되는 업무 외에도 기업이나 기관 등 조직이 지닌 비전과 전략을 효과적으로 이행할 수 있는 보다 전략적이고 장기적인 관점과 접근이 필요하다.

2.1.1 시설관리 분야의 전략적 역할

퍼실리티 매니지먼트의 관점은 사람(people), 장소(facilities), 프로세스(process)라는 세 가지 요소의 총체적 접근을 뜻한다. 시설경영에 대하여 Grimshaw(2002)는 다섯 분야의 기능으로 정의하고 있다. 다섯 분야의 주 기능은 건물 · 시설의 운영관리(operational maintenance), 조직의 핵심업무를 지원하기 위한 재정관리(financial management), 조직개발에 따른 위험을 줄이기 위한 변화관리기획(change management), 사용자 요구를 지원하고 그에 합당한 물리적 환경을 구현(user interfacing)하며 사용자를 위한 사회적 책임과 전문적인 기능(advocacy)이다.

Nutt(2000)의 모델은 시설경영 부분의 전략적(strategic) 모델로서 재정 · 인적 · 물리적 · 정보자원의 대상과 목적, 그리고 상호 인터페이스 측면을 강조하며 각 부분간의 상호관계와 작용을 중시하고 있는 것을 알 수 있다(그림 2-1). 물리적인 시설을 경영하는 입장에서 물리적 객체만을 중시하는 것이 아니라 이를 이용하는 인적 자원, 비용의 변화와 이의 조절, 이에 수반되는 정보를 효율적으로 활용하는 부분을 강조하고 있다.

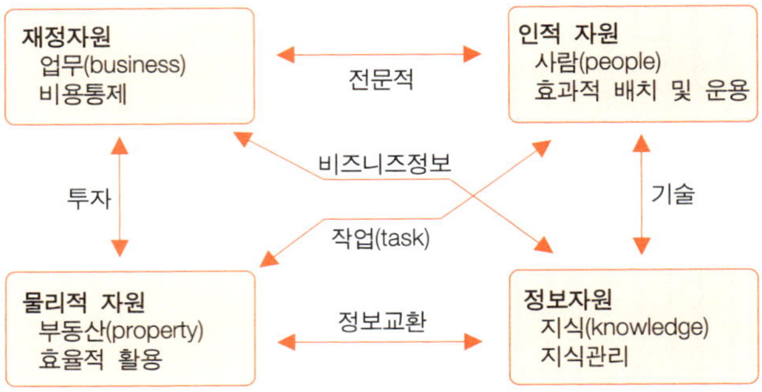

그림 2-1 FM의 전략적 모델

Then의 모델은 시설(facilities), 즉 물리적 환경과 물리적 환경을 통해 제공하는 서비스간의 끊임없는 조정을 통한 시설 및 환경의 적정 상태 유지를 보여주고 있다. 즉 항상 요구와 그에 따른 공급이 이루어지는데, 물리적 측면에서의 요구와 이에 부응하는 지원, 시설서비스 측면에서의 요구와 이에 부응하는 지원간에 끊임없는 조정을 통하여 가장 합리적인 물리적 환경을 구축한다는 것이다.

Then의 모델이 시설경영의 실무를 더 개념적인 관점에서 바라보았다면 균형성과지표는 경영 분야에서 널리 적용되는 방법이다. 균형성과를 측정하는 분야를 어떻게 정의할 것인지가 주요 관건으로서 FM 분야의 성과를 어떻게 균형있게 측정할지는 시설의 특성과 비즈니스 특성에 따라 달라질 수 있다. 본래 균형성과지표(balanced score-board ; Kaplan & Norton, 1996) 방법은 경영 분야에서 시도된 방법으로서 조직의 효율적 운영을 위한 비재무지수와 재무지수간에 균형을 이루도록 하는 것으로 시설경영 분야에 접목하여 공공건물의 시설성능을 측정하거나 병원시설[1]의 평가지표설정과 방법적인 접근으로서 응용되고 있다. 즉 시설이 얼마나 효과적인지 시설관리자나 경영자가 알 수 있도록 도와준다.

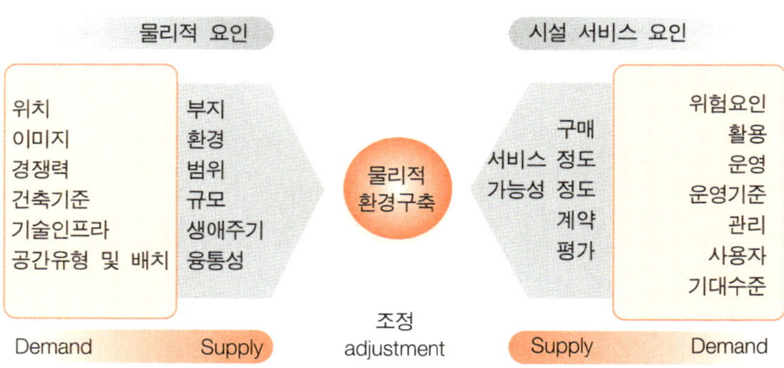

그림 2-2 물리적 요인과 서비스 요인간의 FM 모델

그림 2-3 균형성과지표 모델

이러한 접근은 측정 가능한 지표를 설정하고 양적인 접근을 취하여 점수를 기록하고 관찰하고 비교 가능하게 함으로써 관리자로 하여금 현재 시설에 대한 평가, 계획, 목표설정을 구체적으로 할 수 있도록 도와주는 장점이 있다. 그러나 이러한 균형성과지표는 그 지표가 얼마나 주 비즈니스와 조직의 특성을 잘 나타내며 데이터를 효율적으로 수집하고 이를 관리할 수 있느냐에 따라 성공 여부가 좌우된다.

이밖에도 물리적 건물의 생애주기적 접근에서 시설관리 및 경영을 정의하는 모델도 있다. 시설을 관리한다는 것은 어느 시점에 한정된 것이 아니라 조직의 역사와 상황 변화를 수용하고 이에 따른 물리적 공간의 요구사항을 지원할 수 있어야 하므로 장·단기적 관점에서의 시각이 필요하다. 물리적 건물의 생애주기적 관점은 내구수명이나 프로젝트 관리 등과 밀접한 관련이 있으며, 특히 장기적 관점에서 주 비즈니스의 전략에 대한 이해가 필수적이다.

시설관리 및 경영 분야를 아우르는 다양성 만큼이나 여러 측면을 강조한 다양한 규명작업이 이루어지고 있음에도 불구하고 시설성능 평가의 공통점은 이전의 사용자 평가 또는 물리적 시설에 대한 객관적 지표에 의거한 평가를 넘어서 물리적 환경이 지니는 경제적 가치와 이를 구현하는 프로세스의 중요성을 한결같이 강조하고 있다는 점이다.

2.1.2 시설관리업무와 전문적 경쟁력(Competency)

시설관리자들에게는 전문적 경쟁력이 요구되고 있으며, 이러한 전문적 경쟁력을 얻을 수 있는 방법으로는 크게 다섯 분야로 지식에 기반을 둔 업무, 핵심기술을 지니는 것, 기대되는

1) 호주의 공공업무공간 평가 및 영국의 병원기관, NHS(National Health Service.) 시설 성능을 평가하고 측정하고 계획의 방법으로 적용

능력을 지니는 것, 고객의 기대에 부응하는 것, 전문교육을 통한 전문적 경쟁력이 제고될 수 있다. 특히 전통적인 시설관리 분야에서 행하여 오던 업무 외에 보다 전문적 경쟁력을 획득할 수 있는 방법을 살펴보면 FM 분야에서의 전략적 접근이 지니는 중요성을 보여준다.

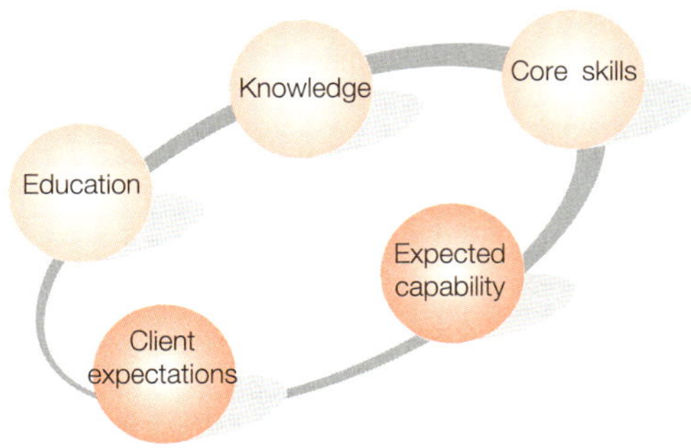

그림 2-4 FM과 경쟁요인

1) 지식기반(Knowledge Base)

경영, 건축, 계획, 건설관리, 사회학 및 인지학 등 다양한 분야의 지식이 접목된 분야이며 물리적 자산의 목록화(inventorying), 시스템의 특성과 운영, 유지관리 스케줄, 문제의 진단과 분석능력, 환경의 변화와 재무 예측, 의사결정과 우선순위 결정, 자원과 인력 배분 및 실행과 관련되어 지식을 기반으로 한 분야이다.

2) 핵심기술

경영통제(Management control : planning), 아웃소싱과 계약, 유지관리 활동, 전략적 공간계획 및 예측, 비용 책정과 연간계획, 평가, 인력운용 등의 핵심기술이 요구된다.

3) 기대되는 능력

기업이나 조직이 상대적 경쟁력을 가질 수 있도록 팀 중심으로 일할 수 있는 능력과 리더십, 전략적 문제 해결(비즈니스의 언어를 이해하고 조직의 목적과 특성을 이해할 수 있는 능력), 자산과 관련되어 획득, 투자, 아웃소싱 구조 결정, 공간수요 예측과 관련된 의사결정 능력 등을 포함한다.

4) 고객요구사항

내부 조직의 요구와 외부 고객의 요구를 시설의 특성을 부합시키는 것으로 FM 컨설팅과 아웃소싱 요구가 증가함에 따라 고객은 더 많은 지식을 가지고 있으며 서비스 중심의 시설을 원한다. 따라서 전략적인 FM 역할은 고객의 요구를 정확히 이해하고 이를 준수하도록 구체화·명시화할 수 있는 능력이 필요하며 시설이 이에 준하도록 명시화할 수 있어야 한다.

5) FM 전문 교육

FM 전문 분야는 계획 과정, 행정과 재무 분야의 경영기본 기술, 물리적 환경과 기술적 시스템과 관련된 기술적 지식이 필요하며, 사례 연구를 통하여 실제 우수 시설경영 사례 등을 분석하고 이와 관련된 지식과 경험, 기술 등을 공유할 필요가 있으며 전문 교육을 통한 전문성과 사회적 책임을 다 할 필요가 있다.

2.2 경영전략과 FM전략 수립(Business Strategy & Developing FM Strategies)

2.2.1 경영전략과 FM전략

전략이란 "기업의 장기적 목표 결정과 이러한 목표를 이루기 위해 필요한 활동방침 및 자원배분 선택(Challender, 1962)"이며 "조직의 행위를 이끄는 일련의 의사결정원칙(Ansoff & McDonnell)"이라고 하였다. 경영 분야에서의 경영전략은 다음과 같다(송병선, 전외술, 2010). 첫째, 기업의 기본적인 목표를 달성하기 위한 종합적인 활동계획이다. 이는 일상적인 업무나 기능별 활동과는 구별되는 경영전략의 미래지향적이며 통합적인 측면을 강조하는 개념이다(Glueck, 1980). 둘째, 기업의 경쟁우위를 구축하고 구체적인 경쟁방식을 선택하는 의사결정이다(Potter, 1996). 이는 경영전략의 상대성 및 경쟁우위의 중요성을 강조하는 시각이다. 셋째, 경영전략의 핵심은 고객을 위한 가치창조에 있다. 경쟁우위는 결국 자사가 제공하는 고객에 대한 가치가 경쟁사보다 뛰어날 때 발생한다고 볼 수 있으므로 고객을 위한 가치창조를 강조하는 견해이다(Ohmae, 1988). 넷째, 기업의 한정된 경영자원을 효과적으로 배분하는 의사결정 패턴이다(Barney, 1997). 즉 한정된 경영자원을 어떤 사업 및 어떤 활동에 집중할 것인가는 경영성과를 결정하는 중요한 전략적 의사결정이다.

기업이나 조직이 지니는 전략의 특성은 특정 목적을 위하여 행동을 취하기 전에 계획이 미리 세워져야 하며, 전략은 이런 계획(plan)으로 볼 수 있다. 또한 전략은 경쟁자를 앞서기 위해 어떤 특정한 방식으로 일을 처리하는 모사(ploy)이다. 전략은 일련의 행동을 통해 나타나는 지속적인 행위나 주제로서 나타나는 일정한 양식(pattern)이며 환경 내에서 조직이 가야 할 위치를 지정(position)해 주는 것이라 할 수 있다. 그리고 한 조직이 다른 조직과 차별성을 갖도록 조직의 개성을 드러내는 것으로 세상을 보는 관점(perspective)이라 할 수 있다.

전략은 장기적인 관점을 가져야 하며 단순히 현재의 요구사항을 반영하는 것이 아닌 변화와 불안전성을 예측하여 각 상황에 따라 기업이 경쟁적 우위를 확보하는 작업이다.

그렇다면 FM의 활동은 어떻게 경영전략의 일부분을 이루어 전략적인 활동을 할 것인가? 기업의 경영자원은 물적 자원, 금융자원, 기술자원, 인적 자원, 브랜드 등이 있으며 FM은 물적 자원의 효율적이고 효과적 경영활동을 통하여 다른 자원과의 연계를 통하여 기업의 목적을 달성하는데 있다. 그러나 FM은 유지관리, 운영, 프로젝트 관리, 공간관리에 국한된 활동으로 여겨져 왔다. 시설계획은 이러한 분야의 활동을 다루고 있지만 이것으로는 충분하지 않다. 모든 조직의 사업계획을 실행하기 위해서 그것이 장기적이던 중장기적이던 이에 대응하는 시설계획이 필요하다. 시설의 계획은 개념적인 단계에서 실행의 단계에 이르기까지, 그리고 기획에서 비용 책정에 이르기까지 논리적 단계에 따라 이루어져야 한다(Cotts, Roper, & Payant, 2009).

FM전략은 경영전략에 근거하여 FM의 목적과 목표를 설정하고 장기적이고 종합적인 방침이나 시책을 발전시키는 것이며 전략적인 관점에서 고위직 의사결정을 지원하여야 한다.

시설을 효과적으로 관리 · 경영하기 위한 전략을 개발하기 위해서 세 단계를 반드시 따라야 한다(그림 2-5 참조). 첫째, 분석(analysis)단계로서 기업이 처한 내 · 외적 상황하에 모든 관련 요인을 분석하여야 하는데 여기에는 조직의 목적, 요구 및 정책, 사용 가능한 자원, 과정, 시스템, 유형자산들이 포함된다. 이러한 관련 요인들과 공간, 기능과 활용 측면도 함께 고려되어야 한다. 둘째, 해결(solution)단계로 문제해결을 위한 대안을 개발하고 이를 다시 조직의 목적에 따라 다양한 대안들을 평가하고 판단할 수 있는 기준이 제시되어야 한다. 세 번째는 실행(implementation)단계로서 구입, 훈련, 커뮤니케이션, 검토 및 피드백 같은 주요 과정을 포함한 실행계획을 세워서 전략적 계획과 개발 과정을 완성하는 것이다.

FM전략은 재무적 목적, 주요 목표와 핵심 성공 요인(질적 측면, 비용, 시간적 측면에서의 목표), 질 향상을 위한 목표, 고객요구, 기술적 사항, 내부 전담과 외부 아웃소싱 전략, 구입 전략, 인력관리, 업무과정, 변화관리, ICT(Information and communication technology)전략 같은 사항들을 포함해야 한다(Atkin & Brooks, 2009).

FM전략과 관련하여 Cotts와 그의 동료들은 다음과 같은 사항을 강조하였다. FM 프로그래밍, 계획 및 비용 책정 등은 시간을 두고 지속적이고 확인 가능하도록 이루어져야 하며, 업무계획은 전략적 계획 안에서 구체적이고 명확한 사항들로 이루어져야 하며, 기업이나 조직의 비즈니스계획을 지원하도록 세워야 한다. 시설관리 기능은 비용 지출 부분으로 나누어서 각 항목 내에서 관리자들이 책임지고 이해 가능하도록 이루어져야 한다. 또한 비용 지출이 큰 부분은 수명주기분석 같은 방법을 사용하여야 하며, 각 계획 부분에 대해서는 책임담당

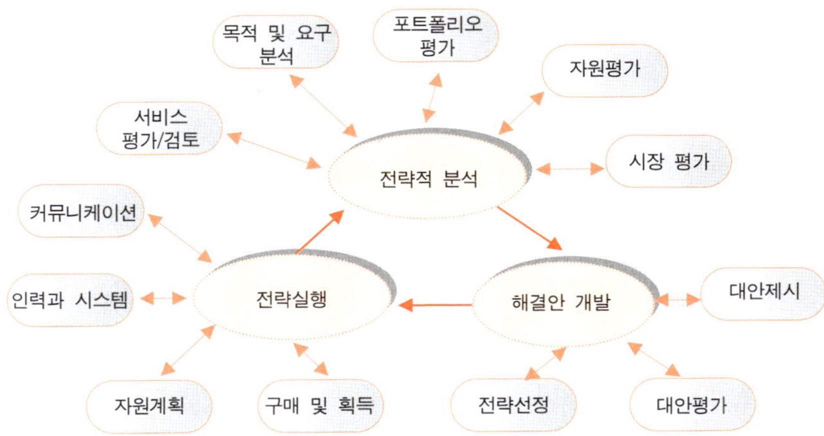

그림 2-5 시설관리 전략 개발을 위한 과정

출처 : Atkin & Brooks, (2009). p.14

표 2-1 시설관리 전략개발을 위한 과정과 기술 및 도구

개발단계	과 정	기술 및 도구
전략분석	서비스 평가/검토	벤치마킹
	목표와 기대에 대한 평가	정치 · 경제적, 사회적, 기술적 분석 SWOT분석, 메가트렌드분석, 정량분석, 시나리오분석
	자산평가(portfolio audit)	공간분석, 부동산 등록, 유지관리계획, 위험평가
	자원(resource)평가	인력과 기술 프로파일링 서비스 제공자 평가 비즈니스 과정 평가
	시장평가	서비스 제공자(외부), 부동산 이용 가능성 시장동향
해결안 개발	대안생성	아웃소싱 모델개발, 비즈니스 과정 리엔지니어링
	대안평가	유지관리계획, 위험분석, 주 이해관계자 분석 비용편익분석, 생애주기비용분석, feasibility분석
	대안제시(선택)	최적화 모델, 민감도분석
전략 실행단계	인력과 시스템	변화관리, 교육 및 인력개발 비즈니스 과정 리엔지어링
	커뮤니케이션	조직의 인트라넷, 소식지, 게시판, 메모 워크숍과 세미나
	자원계획	프로젝트 계획, 스케줄링, control 자원배분 적정화(levelling/optimization)
	획득과 구매	서비스 제공자 선택, 시장테스팅, 벤치마킹

자가 있어야 한다. 시설관리자가 여러 가지 업무를 지원하는데 있어 패널이나 사용자 그룹의 도움을 받음으로써 일의 우선순위를 결정할 수 있다.

2.2.2 공간과 전략

전략적 시설계획은 조직의 비전, 목적, 정책에 기반을 두고 다양한 대안을 개발하는 통합적 과정으로서 시설관리자는 부동산 자산과 관련된 시설을 임대할 것인지, 구입할 것인지, 지을 것인지, 팔 것인지 등과 같은 결정을 내리는 단계에서 고위경영진에게 적절한 권고를 제시하며 다양한 해결안 중에서 기술적이고 전문적인 사항들을 고려하여 실행 가능한 안을 선별할 수 있는 능력이 필요하다.

특히 시설은 공간과 장소적 특성을 지니고 있으며, 이를 어떻게 관리하느냐와 관련된 결정은 그 공간이나 시설, 장소가 지닌 가치를 극대화하여 기업 및 조직이 경쟁에서 우위를 점하도록 한다. 앞서 언급한 바와 같이 물리적 공간과 관련하여 시설에 대한 주요 결정사항들은 어떤 시설을 지을 것인가 또는 임대할 것인가, 어디에 지을 것인가 등을 포함하고 있다. 이미 지어진 시설이라 하더라도 끊임없이 변화하는 내 · 외적 환경에 따라 정보와 기술, 업무지원의 변화는 매우 빠르게 진행되고 있으며, 단기간의 유지관리를 벗어난 장기적이고 전략적 관점에서의 공간에 대한 관점과 계획이 필요하다.

첫째, 전문화 기회로서 의사결정, 의사전달, 건물의 기술적인 사항이 복잡해짐으로써 더욱 전문화되어가고 있다. 둘째, 복합적 능력이 요구되고 있다. 셋째, 건축기술과 도시환경의 변화로 시설의 유형이 예전에 비하여 대규모화, 복합화, 초고층화, 지능화로 복잡 · 다양해지고 있다. 대형 사무실, 지역 쇼핑몰, 대규모 창고, 컨벤션 센터, 시설주거 등이 새롭게 등장하고 있으며, 시설관리 차원에 대한 고려를 필요로 한다. 넷째, 정부의 규제는 건축된 환경의 발전에 따라 다양한 규제 및 정책상의 변화가 이루어지고 있다. 안전상 규제, 통신규제, 환경보호 및 이산화탄소량 규제와 같은 시설관리자가 적용해야 할 공적 준수사항, 규제, 정책이 다양해지고 있다. 다섯째, 비표준화된 명칭이 적용되면서 발전되고 있다.

공간과 관련된 전형적인 세 가지 전략적 접근유형은 점진적 · 보수적 접근(Incrementalism), 표준화된 접근(Standardization), 가치에 기반을 둔 접근(Value based)으로 나누어 볼 수 있다(Omara, 1999).

점진적 접근은 공간과 관련되어 단기간의 계획이나 개입이 이루어지며 시설에 대규모 투자나 수선 같은 자본지출을 최소화한다. 이러한 전략관점이 필요할 때는 정보를 더 이상 기다릴 수 없거나 예측 가능한 시점이 매우 짧은 경우에 기업의 문화가 'lean & mean' 할 경우이다. 이런 점진적 전략은 특성상 약점이 있는데, 부동산과 관련하여 위치를 정하는 사항은 장기간이 필요하기 때문에 꺼려하며 장기적으로 누적된 금전상의 불이익이 발생할 수 있다. 그리고 필요에 따라 조금씩 조정되므로 근본적인 변화를 가져오기는 어렵고 공간을 사용함에 있어 기능적인 공간들간 적정거리 및 관계문제가 발생할 수 있으며 정책 또한 변경하기 어렵다.

표준화는 디자인과 관리과정에 대한 통제(control)를 중점적으로 하는 것으로 집중화된 의사결정에 의해 엄격하게 통제한다. 시간이나 금전 대비 효율성을 중시하여 경제성, 통제에 대한 필요성에 기반을 둔다. 표준화 전략은 자원의 배분을 더 효율적으로 통제하기 쉬우며, 구매에 있어 적정 스케일을 기반으로 하기 때문에 경제적이며 대규모 관리나 반복적 프로젝트 업무를 단순화할 수 있으며 조직 전체에 걸쳐 그 문화를 공고히 할 수 있다. 그러나 단점으로는 변화에 대응하기 위한 요구에 부적합하며 실제 결과물보다는 과정에 집착하여 이를 중시하는 오류를 낳을 수 있으며, 표준 자체가 그 회사의 상징이 될 수 있다. 또한 예상하지 못한 내·외부의 급격한 변화나 위기상황의 경우, 표준화되지 않은 업무 외의 사항에 대한 준비가 없으므로 이에 대한 처리가 매우 미흡하며 지연되거나 제대로 처리되지 못할 가능성이 크다.

가치기반 접근은 기업이나 조직의 상징과 가치를 중시하며 조직의 개별 부서 필요성에 부응하기 위하여 과정은 융통성이 있다. 각각의 접근은 상이한 장·단점이 있으므로 기업이나 조직의 특성과 비즈니스 특성과 부합하는 접근방법 설정이 필요하다. 이러한 가치기반 접근은 직원의 참여, 경험에 입각한 경청과 학습 등에 의해 실현될 수 있다.

각각의 공간에 대한 전략적 관점에 따라 시설의 유형, 공간구성, 작업공간의 디자인 등에

표 2-2 기업 자산관리의 변천

기업자산 시기	연도	경영 주 관심 분야	경영 성향	기업의 자산관리 역할
청소 Custodial	Pre~1970	제한적	보고도 못 본체하는 정책	시설행정
기업적 Entrepreneurial	1970~1985	증가(growing)	성장, 확대, 병합, 다양화	부동산 업무에 적극적으로 임함, 자회사 개발, 공간 형성, 합작투자
행정적 Administrative	1985~1995	효율성 / 비용	비용절감, 성과 향상, 축소(downsizing), 업무재구축(reengineering)	아웃소싱, 벤치마크, 재무평가
경영적 Managerial	1995~2002	효과성	성장, 변화, 차별화(differentiation)	과정과 서비스를 위한 시스템 개발
전략적 Strategic	2002	효험(Efficacy) : 핵심자원	경쟁적 장점	목적을 이루기 위하여 필요로 하는 공간 창조

영향을 미치며 상이하게 나타난다.

이러한 전략적 관점과는 별도로 기업이 지닌 시설과 자산관리는 변천과정을 겪어왔다. 1970년 이전의 경우 기존 시설을 총괄하는 총무업무로서 매우 제한적이며, 청소와 같은 일상적 유지·보호 활동 등 매우 제한적으로 이루어지고 있었다. 그 다음은 기업시기로 공간 생성과 개발의 부수적 역할이 주를 이루었다. 그 다음은 행정적 시기로서 아웃소싱, 벤치마킹, 재무평가 등이 주요한 역할이었다. 그 다음은 경영적 접근이 도입된 시기로 시설의 성장, 변화, 차별화를 시도하고 이를 실현하는데 있어 서비스 제공을 위한 체계적 시스템을 도입한 단계이다. 전략적 단계에 이르면 시설의 근본적 목적을 이루기 위하여 시설과 그 구성요소를 어떻게 제공할 것인가에 관심을 쏟기 시작한다.

그렇다면 물리적 공간과 관련된 전략으로서 가능한 대안적인 전략들을 살펴보면 1) 점유비용 최소화, 2) 공간 융통성 향상, 3) 인력관리 목적 향상, 4) 마케팅 메시지 증진, 5) 판매과정 증진, 6) 생산, 운영, 서비스 제공 용이, 7) 경영과정과 지식경영을 원활히 지원, 8) 비즈니스 부동산 자산의 가치 생성을 들 수 있다.

표 2-3 대안적 부동산(Real Estate)과 관련된 전략

대 안	방 법
1. 점유비용 최소화	• 최소 비용 제공자를 생산하는 전략 • 비용에 대한 인식을 할 수 있는 중요 인자를 명시
2. 융통성 향상	• 변화하는 조직의 공간에 대한 요구를 수용 • 공간요구에 대한 삭감이나 급격한 증가에 따른 위험성과 다양성을 관리 • 회사나 다른 조직에 의해 다양한 용도로 사용될 수 있도록 쉽게 변화 가능한 시설을 제공
3. 인력관리 목적 향상	• 생산성을 높이기 위한 효율적 환경 제공 • 직업만족도 및 보상의 형태로 제공할 수 있는 환경요소를 인식
4. 마케팅 메시지 증진	• 본질적이거나 중요한 가치를 상징적으로 진술 • 물리적 기업 광고 형태 • 회사 제품이나 서비스 제공을 지원하는 환경으로 통제
5. 판매과정 증진	• 고객을 유인할 수 있는 교통량이 많은 위치 설정 • 판매를 지원하거나 향상시킬 수 있는 매력적 환경 선택
6. 생산, 운영, 서비스 제공 용이	• 기업의 제품과 서비스 제공을 용이하게 하는 시설로 계획하거나 추구할 것 • 가능한 고객에게 편리한 곳에 시설을 위치하고 배열함 • 공급자에게 편리한 위치와 배치를 선택할 것
7. 경영과정과 지식경영의 원활한 지원	• 기존의 산업체 패러다임을 벗어나 지식경영 세팅을 강조 • 업무환경에서 사용되는 도구와 특성의 변화를 인식
8. 비즈니스 부동산 자산의 가치 생성	• 현재 기업운영에 필요한 공간뿐만 아니라 고객, 직원, 공급자에 의해 필요로 하는 공간까지도 포함한 부동산의 영향 • 인프라 구축에 포함된 기업의 투자가 다른 곳에서도 가치가 있도록 이윤추구 기회를 제공

이러한 대안적 전략을 구체적으로 실행하는 데 있어 각각의 목표는 장소와 공간을 통하여 증진하거나 저해할 수도 있다. 각 대안전략에 따른 공간과 장소를 통해 증진하는 방법을 다음과 같이 제시하였다.

표 2-4 대안적 자산전략 및 공간과 장소의 선택

대안전략	장소(place)를 통한 증진방법	공간(space)을 통한 증진방법
1. 점유비용 최소화	점유비용은 상대적 선호도, 경제상태, 위치, 경쟁적 우위 등을 반영하는 시장의 상황에 따라 매우 상이할 수 있다.	주어진 시장 내에서 비즈니스 공간 비용은 회사의 목적에 맞추어 어느 정도 변경했는지, 디자인적 특성과 같은 지역시장 조건에 따라 매우 다를 수 있다.
2. 융통성 향상	다양하고 실행 가능한 경제적 상태로 인하여 특정공간은 융통성이 매우 높을 수 있으며 부동산 공급과 임대조합에 따라 어떤 공간은 융통성이 매우 낮을 수 있다.	어떤 공간은 융통성 있게 바로 사용할 수 있는 반면 어떤 공간은 단일목적의 사용자를 위한 제한된 특성을 지니고 있다.
3. 인력관리 목적 향상	높은 삶의 질로서 여겨지는 장소는 많은 사람들이 살고 싶어하며 광범위한 측면에서 보다 고립된 지역에 비하여 매력적이다. 이러한 장소의 위치는 비금전적인 보상이며 특정장소는 기업가치와 우선순위에 보다 부합되기도 한다.	요소와 속성은 비금전적인 보상의 중요한 구성요소이다.
4. 마케팅 메시지 증진	기업이 위치한 장소는 보다 강화된 마케팅 메시지를 전달하거나 보상하기도 한다.	공간은 3차원적인 마케팅 표현이다.
5. 판매과정 증진	기업이 위치한 장소는 고객의 접근을 향상시키거나 좌절시키는 곳에 위치할 수 있다.	기업이 위치한 공간은 고객의 접근을 향상시키거나 좌절시키는 곳에 위치할 수 있다.
6. 생산, 운영, 서비스 제공을 용이	특정공간은 서비스와 배달과정을 증진하기 위하거나 생산과정을 위해 접근이 용이하도록 유통적 측면을 매우 잘 고려하기도 한다.	공간은 사업운영을 위한 장이며 긍정적인 공간은 생산, 운영, 서비스와 배달을 증진하는데 비해 부정적인 공간은 이러한 활동을 저해한다.
7. 경영과정을 지원	장소의 가치와 아이덴티티는 내부에 초점을 두도록 장려하거나 창조성을 강화함으로써 경영과정을 강화시키거나 저해할 수 있다.	공간에 내재된 정보와 공간의 정보처리 과정 자원 자체로 인하여 공간은 경영과 정의 의사결정 과정의 총체적인 구성요소일 수 있다.
8. 비즈니스의 부동산 자산 가치 획득	장소는 부동산 자산의 가치를 향상시키는데 가장 광범위한 호소력을 가지고 있다.	회사가 점유하고 있는 공간에 관한 결정사항은 부동산 가치를 향상시키는데 큰 영향을 미칠 수 있다.

2.2.3 서비스 질과 전략

시설관리 분야에서 서비스와 서비스의 질을 어떻게 확보할 것인지의 문제는 점점 중요해지고 있으며, 그 이유는 우선, 서비스 산업은 지속적인 증가 추세에 있으며 많은 서비스 산업에서 물리적 환경 요인과 시설의 특성이 그 서비스업의 성공 여부를 좌우하는 경우가 빈번하기 때문이다. 즉 서비스를 제공하는 데 있어 공간이나 물리적 환경을 어떻게 계획하여 제공할 것이며, 시설관리를 효율적으로 하여 서비스의 질을 최적화할 것이냐가 중요한 관건이기 때문이다. 고객과 직원의 상호 교류가 많이 일어나는 곳이나 호텔, 리조트 등 물리적 복잡성이 정교한 세팅일수록 물리적 시설이 그 공간을 이용하는 사용자의 만족도나 지속적인 이용 의사에 미치는 영향은 클 수 있기 때문이다. 또 다른 측면의 시설관리업무 특성을 살펴보면 조직 내에서 시설관리를 제공하거나 외부에서 시설관리업무를 제공하는 경우에 상관없이 시설관리업무 자체가 서비스업이 되기 때문이다(그림 2-2 참조). 관리대상인 조직의 시설이나 물리적 공간, 환경의 상태 외에 조직의 주체나 공간 사용자가 필요로 하는 시설의 상태와 요건을 어떤 방식으로 제공하고 그에 대한 정보를 어떻게 제공하였느냐와 같이 시설관리의 주 업무는 핵심적인 비즈니스 활동을 지원하는 시설활용, 운영, 관리 사용자 지원, 구매, 계약, 지원과 같은 서비스 제공의 성공 여부에 따라 달라질 수 있기 때문이다.

서비스의 질(service quality)은 고객의 요구사항을 얼마나 잘 충족시키는가에 달려 있으며 고객의 기대에 얼마나 잘 부응하는지에 달려 있다(Parasuraman, Zeithmal, Berry, 1985)고 할 수 있다. 서비스시설에서 배치와 집기를 약간 변경함으로써 서비스 교환속도를 빠르게 할 수 있으며 특정한 상호작용을 권장할 수 있다.

앞서 살펴본 바와 같이 시설관리업무는 조직의 비즈니스 특성에 따라 매우 다르기 때문에 전략적인 관점에서 시설관리 서비스를 어떻게 제공하느냐는 조직의 특성과 비즈니스의 특성에 따라 상이하다. 그럼에도 불구하고 시설관리 측면에서 서비스를 제공하는데 있어 전략적 접근방법을 살펴보면 첫째, 누구를 대상으로 하며 목표를 정할 것이냐(target market segmentation)이다. 왜냐면 모든 서비스와 마찬가지로 특정서비스는 오직 특정인에게만 가치 있을 수 있기 때문이다. 둘째, 서비스 개념(service concept)은 서비스를 통해 고객에게 무엇을 제공할 것인가를 정의하는 방식으로 명확하게 규정할 필요가 있다. 은행에서 FM service의 개념은 무엇인가, 물리적 시설을 통하여 무엇을 고객과 회사에 제공할 것인지 명확히 해야 한다. 예를 들면 시설이 은행에서 이루어지는 주요 서비스업무를 지원할 수 있거나, 부수적 서비스를 지원하거나 또는 서비스 제공에 있어 운영비용을 감소할 수 있거나 다른 방식으로 비금전적인 가치를 제공할 수 있는지를 살펴보고 이에 대한 준비가 필요하다. 셋째는 운영전략(operating strategy)으로 전략적인 계획과 방침들이 조직의 운영, 재무, 마케팅, 인력관리와 관련되어 서비스 개념을 제공하도록 되었냐는 것이며, 마지막으로 서비스 제공 시스템(service delivery system)으로 서비스가 잘 제공되도록 시설의 배치, 기술요소, 장비, 과정들이 얼마나 잘 준비되었냐는 것이다.

2.3 주 비즈니스와 환경분석(Business & Environment Changes)

2.3.1 환경변화 분석

1) 외부환경의 변화

거시적 외부변수에 대한 제약 또는 기회의 정도를 측정 · 전망하는 데 있어 계량적 분석이 부정확하거나 명확하지 않을 경우가 있으며, 경영진이 미래 예측을 하는데 있어서 단기적인 관점이나 제한적 측면에서 예측함으로써 인식오류(Cognition Error)로 인한 전략적 판단 오류의 발생 여지가 있다.

거시적인 측면에서 사업활동에 미치는 위협 중 불통제변수(Uncontrollable Factors)의 경우에는 변화요인별 영향분석을 실시하여 '영향의 최소화' 또는 '근원적 탈피'를 할 수 있는 대안을 찾는 것이 중요하다(김동철, 서영우, 2010).

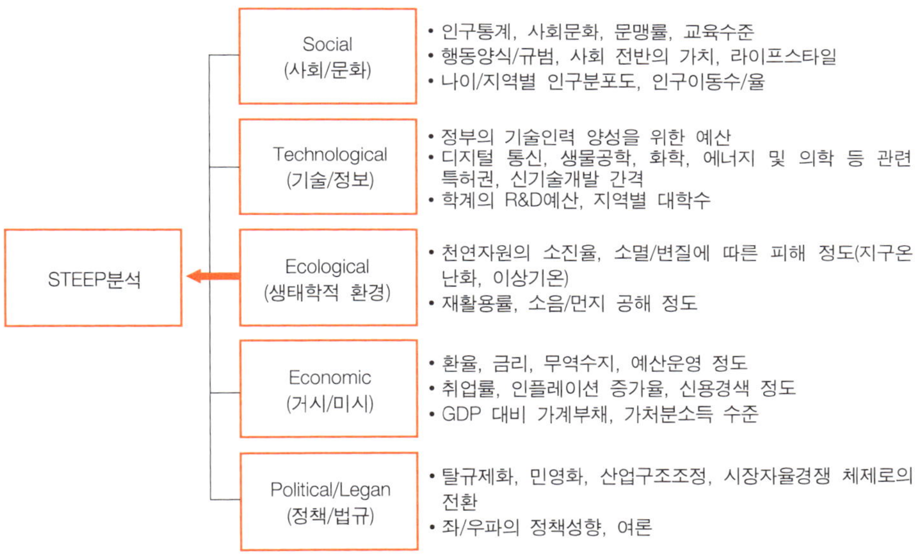

그림 2-6 거시환경분석 : STEEP Analysis 사례

출처 : 김동철, 서영우(2010), 경영전략 수립방법론, p.28

2.3.2 업무와 상황에 대한 분석

내부적 여건을 조사 · 분석하는 방법은 기능에 따라 분석하는 것으로서 조직구조, 기업문화와 리더십, 경영자원을 분석하는 것으로 들 수 있다.

조직구조는 기업 내부의 관계 유형을 보여주며 의사전달, 지휘체계, 작업순서와 관련된 사항이며 기업문화는 구성원들이 공유하고 있는 신념, 기대, 가치, 가정 등이며 기업이나 조직의 전체 사업방식, 전략적 방침에 결정적 영향을 미친다. 최고경영층이 보유한 리더십 특성은 기업문화 형성, 사회적 평판, 기업의 전략적 향방에 결정적 영향을 미친다. 경영자원은 기업이 보유하고 있는 자금이나 시설 같은 유형자원과 기술 및 브랜드 같은 무형자원을 포함한다. 여기에는 재무자원, 마케팅자원, 연구개발자원, 생산자원, 인력자원, 정보자원 등이 포함된다. 전략적 시설계획은 조직이 보유하고 있는 시설의 유형자원이 시설을 통한 무형자원의 전략적 활용과 이의 계획이라 볼 수 있다.

기업이 지닌 가치나 목적이 시설의 계획 및 사용면에서 제대로 이루어지지 못한 전략의 실패 사례로 까르푸를 들 수 있다. 중국시장에서의 성공과 달리 한국시장의 특성과 소비자 취향에 적절히 대응하지 못하여 실패한 사례로서 글로벌 스탠더드형에 너무 집착하여 한국형 할인점에 익숙한 소비자 취향에 부합하지 못하였다. 특히 까르푸의 점포시설을 살펴보면 매장의 진열대를 소비자 눈높이에 맞는 1.4~1.8m의 판매대에 상품을 진열하지 않고 유럽인의 키에 맞는 2.2m를 고수하였으며, 서구식 포장단위를 크게 하여 상품을 판매하였다. 또한 임대비용에 대한 고려를 가장 우선적으로 하여 8개 매장이 중심상권에서 동떨어진 지역에 위치하였으며, 방어적 경영전략으로 인하여 이마트 등이 전국적인 다점포망 구축을 할 때 까르푸는 시설확보나 효과적 시설구축에 대한 투자를 전면 중단하였고 뒤늦게 창고형 할인점이 한국에 맞지 않다는 것을 알고 매장 개선 등 구조개편을 하였으나 이미 까르푸 매장이 이용하기에 불편하다는 소비자의 인식을 되돌리기에는 너무 늦어버린 사례이다. 이는 기업문화가 지역적 특성을 제대로 반영하지 못하고 표준형에 집착하여 시설의 특성이 소비자의 요구에 전혀 부합되지 못한 사례로 볼 수 있다.

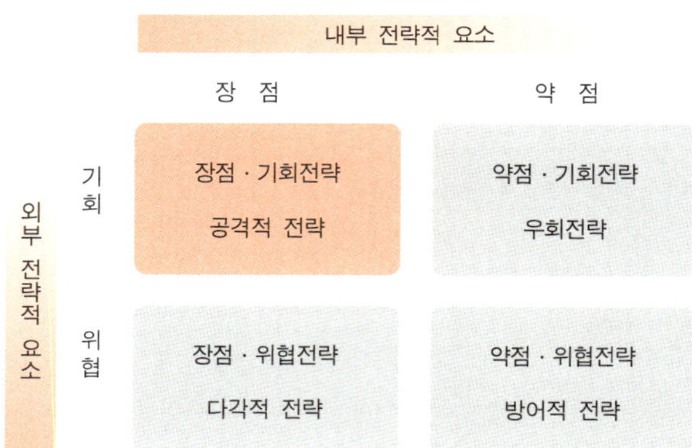

그림 2-7 SWOT분석과 대응전략

2.3.3 전략적 상황분석(SWOT분석)

조직이나 기업이 당면한 상황을 분석하기 위하여 가장 흔히 사용하는 분석기법으로 SWOT분석을 들 수 있다. SWOT분석은 내부적 장점(Strength)과 약점(Weakness), 외부적 기회(Opportunities)와 위협(Threats)요인을 분석하는 것이다. 내 · 외부의 전략적 고려 요인에 따라 대응하는 대응전략을 보여주는 것으로 SWOT 매트릭스는 전략적 상황분석과 이에 대한 전략을 개발하기 위하여 사용된다.

내부적 장점은 경쟁기업에 비하여 상대적 우위에 있는 자원이나 기술 등을 말하며 차별적 경쟁역량(distinctive competence)이라 부른다. 재무자원, 기업이미지, 시장에서의 리더십, 구매자 및 공급자와의 관계 등에서 나타날 수 있다. 약점은 자원이나 기술, 역량의 제약 또는 부족으로 기업의 효과적인 성과를 이루는데 저해요인이 될 수 있으며 시설, 재무, 마케팅기술, 상표 등에서 노출될 수 있다.

기회는 기업이 당면한 유리한 측면으로 종래 간과되어왔던 시장의 발견, 경쟁 또는 규제 환경의 변화, 기술변화, 구매자와 공급자의 관계 개선 등이 기회요인이 될 수 있다. 위협은 외부 환경의 위협적 요소로서 새로운 경쟁상대, 시장성장 둔화, 기술 변화, 규제 신설 등을 들 수 있다.

대응전략은 내 · 외부의 전략적 특성을 고려하여 구사하게 되는데 장점 · 기회전략, 약점 · 기회전략, 장점 · 위협전략, 약점 · 위협전략이 있다.

예를 들어 은행 같은 금융사를 위한 업무환경시설의 경우, 비즈니스의 지속적인 성공을

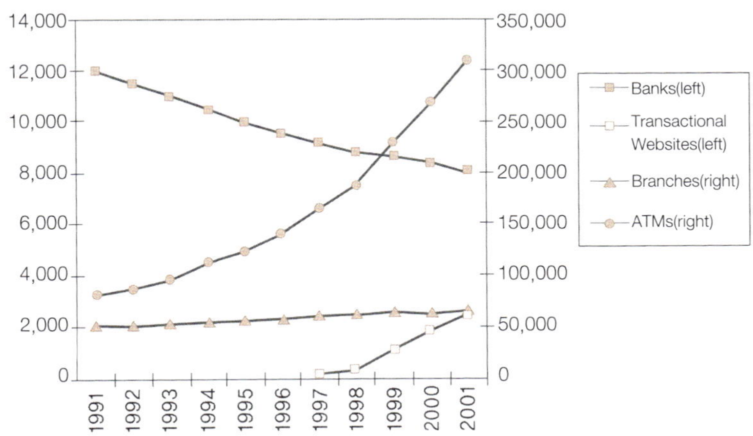

그림 2-8 1991~2001년 기간 미국 상업은행의 분배 채널 변화

출처 : De Young, R &Hunter, W. (2004), The past, present and probable future for community banks, Journal of Financil Services Research, 25, 85-133.

위하여 시설에서 요구되는 주요요인은 무엇이며, 이것을 어떻게 측정할 것인가? 하는 점이다. 전략적인 시설관리 계획을 세우는 데 있어서 주요한 변화를 가져오는 두 가지 요인은 대·내외 환경 변화로 인한 수익구조 변화와 기술발달로 인한 은행업무 처리방식의 변화를 들 수 있다. 20여 년 전과 비교해 볼 때 은행의 주 수익이 발생하는 부분의 변화는 어떻게 달라졌으며, 이에 따라 고객과의 관계를 살펴본다면 고객을 위한 점포와 은행직원을 위한 업무환경 시설이 어떻게 변화해야 하는지, 시설은 어떤 방식으로 주 비즈니스를 지원할 것인지를 이해하기 쉬울 것이다. 또한 급격한 기술 발달은 은행에서 주로 직원을 통한 예금 인출과 지불방식에 있어 커다란 변화를 가져왔으며, 이는 은행 지점 수의 변화와 전면적 재배치 단계로 이어진다(그림 2-8 참조). 은행에서 보험 파생상품이나 주택 대출상품의 증가와 같이 수익구조 변화는 보다 장시간의 대인상담 서비스를 제공할 필요가 있으며, 이를 위해 물리적 상담 공간을 제공할 필요성을 증가시키고 예전의 예금 지급과 같은 단순업무를 처리하는 공간은 ATM이나 인터넷 뱅킹 등으로 대체되어 점차 사라지고 있다. 따라서 전략적 시설관리란 은행의 변화와 이것이 비즈니스에 미치는 영향, 이를 다시 물리적 환경과 시설의 지원 측면에서 해결안을 제시할 수 있어야 한다.

2.4 중장기 계획과 FM(Strategic and Tactical planning)

2.4.1 중장기 계획과 예측

조직은 항상 변화하는 특성을 지니고 있으며 변화하는 내·외부의 상황에 따라 성공적인 조직으로 남기 위하여 계획은 미래를 준비하기 위한 필수불가결한 것이다.

1) Strategic Facility planning

기업의 비즈니스계획을 지원하기 위한 전략적 시설경영계획을 뜻한다. 이 계획은 보통 5년 정도의 기간을 포함한 계획을 뜻하며, 기업의 주 비즈니스, 기업이나 조직이 소유한 부동산의 이용목적, 조직의 문화, 산업동향 및 외부시장 변화 등을 고려한 장기적 관점에서 기업이 보유한 물리적 자산을 어떻게 운영하고 활용하여 기업의 주 목적을 이루고 가치를 극대화할 것인지에 초점이 맞추어져 있다. 외부 상황이나 장기적 변화를 다루기 때문에 상황에 관한 예측 시나리오와 투자자원을 어떻게 배분할 것인지 등을 주로 다룬다.

전략적 시설계획(strategic facility planning)은 조직의 미션, 목적, 목표를 지원하기 위하여 최적의 시설이 이용 가능하도록 한 것으로 언제 필요하며 적정한 가격으로 적정한 위치에 요구되는 시간에 이를 제공하는 것이다. 전략적 시설계획의 요소는 공간개발정책(physical development policy), 시설개선계획(facility improvement plan), 자본예산프로그램(capital budget program)이다.

전략적 시설개발계획(strategic facility development planning)은 공간개발, 시설관리 정보의 데이터베이스 구축, 시설개선계획과 관련되며, 이는 자본예산계획, 시설관리계획, 운영유지 개발계획에 이르기까지 영향을 미쳐야 한다. 시설개발정책은 5년에서 10년 주기로 업데이트되어야 하며, 대지의 사용과 부지계획, 디자인 가이드라인, 교통과 보행동선, 기반시설을 포함해야 한다. 시설관리 핵심정보 데이터베이스는 기존 시설관련 정보, 시설평가와 성능평가, 공간활용도, 유지관리 기준과 평가 등을 포함한다. 시설개선계획은 정책을 실행하기 위한 세부적 사항을 제공하는 것으로 자본자산(capital asset)관리와 기능적 개선(functional improvement)의 차이점을 숙지하고 서로 다른 개념을 개별적으로 언급하여야 한다(Kaiser, 1989).

전략적 시설계획을 세우기 위한 근본적인 단계는 다음과 같다.

① 조직이 처한 미션, 비전, 가치, 목표를 규명
② 조직 내·외 환경에 대한 기회와 위협 요인, 장점과 약점 분석
③ 전략개발 : 상황분석을 통한 문제 해결로 특수한 상황에 대처하고 이에 초점을 맞춘 방안 개발
④ 실행계획 개발 : 구체적인 실행 방안
⑤ 전략계획을 수정·보완

2.4.2 목표설정과 실행

시설경영이 추구하는 일반적인 목적은 전략(strategies)과 측정방법 및 도구(measures), 그리고 목표치(targets), 결과물(outcomes) 등으로 구성될 수 있다. 즉 시설경영이 추구하는 목적(각 영역에서의 목적)에 부합하고 그것을 취하기 위한 전략적 방법과 계획, 그리고 그것을 측정할 수 있는 방법 및 도구, 수량적 목표치를 통해 비교하도록 하는 방법이다. 각 시설 및 주 업무의 특징에 따라 달라져야 하며, 계속 변화·발전할 수 있는 모형이어야 한다. 전략적 계획은 시간적으로는 장기적 관점을 갖고, 횡적으로는 조직의 전 범위를 포괄하는 관점을 함께 지녀야 한다.

Goals = Strategies + Measures + Targets

주요 성공 요인은 주 비즈니스를 위해 어떻게 해야 하는지를 측정할 수 있는 요인을 뜻하는 것이다. 또한 이러한 방법을 통하여 궁극적으로 얻고자 하는 목적이 무엇이며 목적 달성을 위한 구체적 실행방안은 무엇인지를 규명해야 한다. 따라서 측정도구(measurement)는 많은 정보 중에 경영 입장에서 의사결정에 영향을 줄 수 있는 정보를 수집 가능하게 하는 방법이며 절차라고 볼 수 있다.

전략적 시설계획은 조직의 목적에 따라 이를 시행하기 위한 전략을 수립하는 것으로 구체적 목표치를 설정하고 목표치에 얼마나 근접하고 있으며 어느 정도 개선이 필요한지를 알 수 있어야 한다. 여러 지표를 사용한 측정방법과 도구를 설정하고, 이를 구체적으로 수행할 전략을 결정하는 과정이다. 목표치는 궁극적으로 조직의 목적을 위해 설정해야 할 필요가 있으며, 측정방법과 도구는 불필요한 시간과 자원낭비를 막으면서 목표치와 현재의 상태를 비교하는데 가장 효율적인 방법을 찾는 것으로 볼 수 있다. 이러한 과정을 실현하는 전략을 개발하는 것이 전략적 계획의 핵심 부분이다.

2.4.3 평가도구와 측정

모든 기관이나 전문가들의 업무 성공 여부와 업무의 진전 정도를 파악하기 위한 업무의 성과를 측정한다. 업무의 많은 시간은 자료를 수집하고, 파악하며, 업무성과(performance)를 검토하고, 목적달성을 위해 무엇을 할 것인지 회의하며 보내게 된다.

많은 전문가들이 업무의 25%를 자료검토에 시간을 보낼 경우 그 시간을 효율적으로 이용할 수 있을지에 대한 진지한 숙고가 필요하다.

측정 또는 평가도구(measurement)는 현재 업무를 얼마나 성공적으로 수행하며 미래에 얼마나 성공적으로 결과를 얻을 수 있는지를 말해주는 중요 요인을 측정하는 도구라 할 수 있다.

1) 측정도구의 요건

조직의 성과를 측정하기 위한 올바른 측정의 특징은 다음 8가지로 요약될 수 있다.

① 성능 평가 요인이 적을수록 바람직하다.

② 성공과 관련된 요인만을 측정한다.

③ 기업이나 조직의 과거, 현재, 미래와 관련된 요인을 포함하여야 한다.

④ 고객, 사용자, 주 이해 당사자들의 요구를 포함하여야 한다.

⑤ 조직 내의 상부로부터 하부에 이르기까지 수직적 범주를 포함하여야 한다.

⑥ 가능한 한 다양한 측정 요인보다는 한 가지의 특정 요인으로 측정되도록 한다.

⑦ 환경이나 전략의 변화에 따라 측정요인은 바뀌어야 한다.

⑧ 무의미한 숫자가 아닌 목표와 비교치를 수립하여야 한다.

2) 측정 모델(Measurement model)

정확한 것을 측정하고, 많은 데이터 중에서 관심 있는 항목이라도 조직의 목적이나 사업과 상관 없는 데이터는 무시할 수 있는 측정도구가 가장 바람직하다고 할 수 있다. 측정도구를 개발하고 사용하기 위한 방법적 전략은 그림 2-9와 같다.

미션, 비전, 가치	어떤 기업인가, 기업의 미래, 기업이 상징하는 것
↓	
주 성공요인과 비즈니스 기초	비전을 이루고 경쟁기업보다 앞서기 위해 중점을 두어야 할 것은 무엇인가.
↓	
성과 매트릭스	과거 · 현재 · 미래를 비교할 수 있는 균형성과지표
↓	
목표/목적	장기적, 단기적 수준에서 기대되는 수준
↓	
전 략	목표를 달성하기 위해 실행해야 할 행동

그림 2-9 측정 모델 개발을 위한 방법적인 전략

2.4.4 벤치마킹과 계획

벤치마킹은 기업의 경쟁자 혹은 역할모델이 될 수 있는 대상을 선정하여 경쟁우위 요소 및 핵심 성공요인을 파악하고 전략적으로 자산화하기 위한 경영전략 기법이다. 동일 경쟁업종 분야에서 비교하기 때문에 종종 비교항목이 같아야 한다는 표현으로 apple to apple이란 표현을 많이 사용하며 정보의 체계적 비교, 절차의 체계적 비교 등 목표에 따른 비교를 수행하는 것을 뜻한다. 효과적 벤치마킹을 위해서는 구체적이고 실증적인 전략 및 계획을 수립해야 한다. 상대적으로 '획득의 난이도'가 낮으면서 '전략적 활용도'가 높은 대상부터 벤치마킹의 목표로 설정하여 진행하는 것이 바람직하다. 성과가 우수한 타 선진사의 사례 학습을 통한 기업의 전략 수립 및 이행 등 경영기법을 제고할 수 있지만 실질적이고 구체적인 벤치마킹의 목표 선정이나 철저한 계획을 수립하지 않으면 일회성 행사로 끝나는 경우가 많다.

목표를 정하고 동일 경쟁업체와의 수치비교를 통해 현재 조직의 상태를 점검하고 어떤 부분을 어떻게 얼마 만큼 개선시켜야 하는지를 알려주는 경우가 많고 단순히 수치비교를 넘어 절차, 방법, 조직 등 다양한 대상을 벤치마킹한다. 시설경영의 경우 조직이 처한 시설의 특

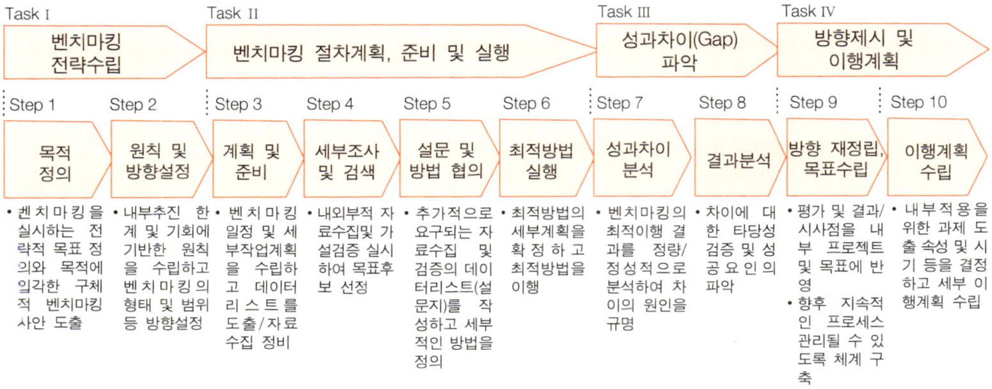

그림 2-10 벤치마킹의 10단계

출처 : 김동철, 서영우, (2010), 경영전략 수립방법론, p.322

성이 매우 다르지만 유사업종, 유사조건인 경우에는 시설의 효용성, 비용의 효율성 등을 측정하기 위하여 벤치마킹기법을 도입하여 계획의 근거자료로 사용한다. 경쟁적이면서 상호협조와 발전을 이루려는 동반자 같은 조직(partnership)의 경우 벤치마킹을 통한 상호간 효과적이다.

벤치마킹 정보를 통해 우리가 알 수 있는 것은 얼마나 그 분야에서 잘 하고 있는지, 얼마나 잘 할 수 있는지, 어느 분야에 집중해야 하는지이다. 벤치마킹 데이터는 종종 그 형식이나 포맷이 다양할 수 있다. 종종 data mining이란 작업을 통해 비교 가능한 데이터를 구성하고, 이를 통하여 비교 가능한 작업이 필수적이다.

FM best practice를 위한 정보의 범주는 다양하다. 예를 들면, 벤치마킹을 위한 데이터 범주를, ① 시설 전반(업체분류, 시설용도, 소유 여부, 사용자수, 위치), ② 면적과 사용(사용면적, 임대면적, 일인당 면적, 사무용 면적), ③ 업무공간, ④ 유지관리비용, ⑤ 에너지이용료, ⑥ 환경 및 안전관리비용, ⑥ 프로젝트비용, ⑦ 재무제표 등을 들 수 있다. 그러나 이러한 데이터는 기관의 주 업무특성 및 시설특성, 목표에 따라 매우 상이하게 나타날 수 있다.

벤치마킹 전략을 수립하고 어떻게 실행할 것인지, 준비와 계획을 세우며 성과 차이를 분석하고 결과에 따른 방향 제시와 벤치마킹의 비교·분석에 따른 결과를 토대로 어떻게 차이를 줄 것인지를 이행할 수 있도록 계획을 세우는 단계로 나눌 수 있다. 세부적으로 벤치마킹은 그 목적에 따라 다양하게 접근할 수 있으나 일반적인 절차는 다음과 같다.

① 기업 자체의 업무 프로세스를 이해하는 단계

② 어느 프로세스를 벤치마킹하고자 하는지 결정하는 단계

③ 비교하고자 하는 조직이나 기관을 정하는 단계

④ 데이터 수집

⑤ 비교 분석표에 의거한 데이터 분석 단계

⑥ 세부사항에 대한 이해 증진을 위해 해당 벤치마킹 기관을 방문하는 단계

⑦ 업무프로세스 또는 전략적 계획을 수용하는 단계

⑧ 실행단계

IFMA에서는 벤치마킹을 통하여 시설관리의 효율성을 높이고자 회원사를 대상으로 한 IFMA Benchmarking Report를 지속적으로 출간하여 왔다.

최근에 행한 Benchmarks V는 회원사 10,000여 곳을 대상으로 설문조사를 2007년에 시행한 결과이며, 이 중 1,032회원사의 정보를 분석하였다. 이는 시설간 비용이나 면적을 비교·가능하도록 정보를 제공하고 있으며, 구성내용을 살펴보면 표 2-5와 같다.

이는 FM실무의 절차나 과정은 비교할 수 없지만 가장 기본적인 FM실태를 보여주는 것으로 정보의 비교 수준에 그치고 있다. 그러나 시설관리 분야에서의 제한된 정보로 인하여 이러한 자료는 매우 기초적이지만 유용하게 사용할 수 있는 근거로 사용될 것이다.

표 2-5 IFMA Benchmarks V 세부 내용

범 주	세 부 항 목
시설 개요	용도, 위치, 지역, 시설 건립년도, 소유유형, 소유와 임대, 점유자수, 운영시간과 일수
1인당 점유 면적과 시설의 규모	건물 외부 총면적(Gross Area), 시설 규모에 따른 소유와 임대 정도
운영비용	청소 및 유지관리(janitorial) 비용, 직원, 대지 비용, 시설운영 CRV(current replacement value), 각종 에너지 및 공과금(utility) 비용과 소모량
환경, 건강, 안전	환경 비용, 안전 비용, 비상 및 재난계획 비용, 보안 비용
프로젝트 및 지원	프로젝트 유형, 프로젝트 비용, 공간계획 비용, FM IT 비용, 직원 편의시설(Amenities), 직원편의시설 비용
재무제표	임대 유형과 비용, 운영 비용, 고정자산 부담 비용, 점유 비용, 연간시설 비용

2.5 재무분석(Financial Analysis)

시설경영에 있어서 재무분석은 주요한 경영상 결정을 내리는데 재무와 관련된 정보를 수집하여 주요 자산 투자나 시설대보수와 같은 프로젝트의 실효성을 진단하고 이에 대한 판단과 조치를 취하는 데 필수 요소이다. 새로운 시스템 구축에 얼마 만큼의 자금이 필요하며, 자금 확보를 어떤 방식으로 정당화할 수 있는지, 현재의 자산적 가치를 최대화하기 위하여 언제, 어떤 방식으로 예산을 집행해야 하는지 등 운영비용, 기업 내 · 외부 환경의 변화, 자본의 흐름, 자산 가치, 기능의 최적화 등 다양한 변수를 이해하고 고려해야 할 필요가 있다.

2.5.1 주요개념 및 용어

1) FM 비용

① 자본비용(capital cost) : 건설, 변경, 수선, 교체, 기자재 구입, 가구 구입, 디자인과 엔지니어링 등 조직의 자본에 주요한 변화를 미치는데 드는 비용으로 조직이 소유한 시설의 자산가치에 직접적 영향을 미치는 비용이다.

② 연간 유지비용(annually funded cost : non-discretionary & discretionary) : 운영 비용, 상하수도, 에너지, 전기 사용료, 수선과 유지관리 비용(예방적 수선, 특별 관리, 디자인과 엔지니어링), 청소 및 소독, 이사 및 이동에 소요되는 비용이다.

③ 임대비용(lease cost) : 필요에 의하여 건물, 공간 사용료, 집기 및 변경, 가구 등의 임대에 소요되는 모든 비용을 말한다.

④ 간접비(overhead cost) : 시설경영을 위한 각종 인건비, 교육 및 훈련 비용, 여비, 사무장비 및 기기, 차량 지원 및 유지비 등이 포함된다.

2.5.2 수명주기 비용분석

수명주기 비용평가는 유효수명기간 동안에 건물 디자인 대안들에 대한 경제적 평가이다. 초기 건설비용뿐만 아니라 유지관리와 운영비용을 추정함으로써 대안에 대한 비용을 비교할 수 있다.

수명주기 비용평가를 사용하는 목적은 유사한 기간 동안에 여러 가지 옵션들을 평가하고자 하는 것이다. 실제로 이 평가는 질적인 측면과 양적인 측면을 모두 가지고 있다. 양적인 측면은 평가를 위한 기본적 참고사항을 제공하는 반면에 최종적 평가에 관여한 중요 요인들은 질적인 것들이다. 그리고 최종평가를 보충하기 위해 전문적인 가치판단이 사용되어야 한다. 그러나 디자인 옵션의 질적 평가는 양적 평가 없이 이루어진 것이 일반적이었다. 따라서 비용수명주기는 이미 질적 평가가 적용된 상황에 양적 기준을 더해주는 것이다.

1) 수명주기 비용평가의 목적

건물의 전체 수명주기 동안에 소요되는 비용을 분석하는 것은 여러 대안들을 평가하거나 재정계획을 세우는데 도움을 준다. 이러한 비용분석의 역할은 다음과 같다.

① 전체 수명주기 비용에 근거하여 비교 가능한 옵션 가운데 가장 적절한 것을 선택하기 위한 평가 도구로 사용

② 미래의 운영 및 유지관리 비용을 추정하거나 예산을 세우기 위한 방법

③ 새로운 재료 및 기술을 평가하기 위한 시스템

④ 비용 유발요인을 알아내기 위한 도구

⑤ 전체 프로젝트 비용을 감소시키기 위한 유용한 방법

수명주기 비용분석을 통하여 기획단계나 계획 초기에 더 많은 비용을 절감할 수 있기 때문에 개념 도출, 예비디자인, 디자인 전개과정과 같은 프로젝트의 초기단계에 적용하는 것이 보다 효과적이다. 초기단계에서의 변경은 최소의 노력으로 최적의 효과를 거둘 수 있기 때문이다. 일단 건설작업이 시작되면 변경에 소요되는 비용이 급격하게 증가한다. 건설과 입주단계 동안에 행해진 수명주기 비용분석의 결과는 유사한 성격의 프로젝트를 위하여 피드백 자료를 제공할 수 있다.

2) 건물 수명주기 비용의 비교분석 방법

(1) 수명주기 비용분석 단계

① 고려하는 옵션의 공통적 요소를 정의하고 비교 대상에서 제거

② 고려하는 각각의 옵션과 관련 있는 중요 비용을 정의

③ 그해에 발생하는 각 그룹들의 비용을 합산하고 현재가치로 할인

④ 가장 낮은 비용의 옵션 선택

⑤ 민감도 분석을 이용하여 최종결과에 사용된 가정들의 효과를 점검

⑥ 심미성, 안정성, 환경관련 고려사항과 같은 비경제적 요인들을 고려하여 최종 선택

수명주기 비용분석에서 디자인 대안들(옵션)에 대한 비교는 절대적인 비교보다는 상대적인 비교이다. 이 상대적 비교는 디자인 대안들 사이에 현저하게 나타나는 상대적 비용의 차

이를 강조한다. 이러한 상대적 차이는 절대적 비교에서 드러나지 않으며, 분석에서 공통의 요소를 제거하는 것은 분석에서 소요되는 시간과 복잡성을 제거해 준다.

프로젝트 성격과 고객의 목적에 따라 수명주기분석에 사용하는 기간은 건물의 전체 유효 수명기간이 될 수도 있고 고객에 그 건물에 대해 관심을 갖는 특정한 기간이 될 수도 있다.

- 초기 비용 : 프로젝트비용, 건설비용 및 기타 비용
- 금융비용 : 초기 자산비용과 관련된 모든 부채
- 운영비용 : 에너지, 물, 기타 공공 비용
- 유지관리비용 : 평상시의 지원서비스(custodial service) 및 수리비용
- 개조 및 교체 비용 : 공간의 기능을 변경시키는데 필요한 비용(개조비용)과 원래의 기능을 지속시키기 위한 비용(교체비용)
- 현재의 세법에 근거한 세금, 감가상각, 융자금(credits)
- 관련 비용 : 스태프, 재료비용, 주요한 유지관리 및 새 단장으로 인한 사용 거부, 보안, 보험
- 잔존가액(Salvage value)[2] : 잔존가치가 있으면 플러스이고 철거가 필요하면 마이너스

시설을 소유하는데 드는 전체적 비용으로 총 소유비용(life-cycle cost of ownership)이라고도 한다. 시설과 부대시설을 획득하고 소유하고 폐기하는데 드는 총체적 비용을 말한다(그림 2-11 참조).

다양한 연구에 의하면 20~30년간 소요되는 총 소유비용은 다음과 같은 비용으로 구성되어 있다.[3]

- 2%~5%는 초기 디자인과 건설비용
- 6%~10%는 운영과 유지관리비용
- 85%~92%는 개별 거주자(personnel) 비용

이러한 총 소유비용 구성은 시설관리자들에게 전략적인 기회를 보여주는데 우선, 거주자가 가장 생산성이 높고 만족하면 건강한 환경을 유지할 필요를 보여주며 운영 및 유지관리비용은 거주자의 생산성이나 건강을 저해하지 않으면서 최소화할 필요를 보여주며 디자인과 건설 프로젝트 비용은 종종 거주자에게 최적의 환경과 유지관리비용을 줄이는데 매우 큰 역할을 할 수 있다는 것을 보여준다.

총 소유비용은 장기적 관점에서 소요되는 비용을 보여줌으로써 프로젝트 수행시 대안을

2) 고정자산의 사용기간이 끝나더라도 그것의 잔해를 매각처분함으로써 얻을 수 있는 가치의 견적가액
3) IFMA's Best Practice Forum, 2008.

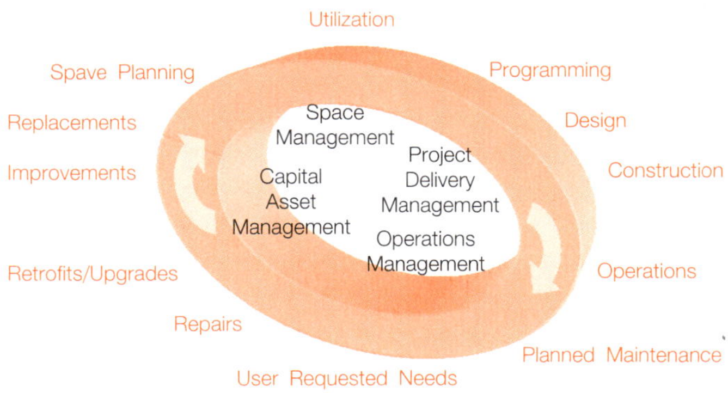

그림 2-11 자산 생애주기 모델(Asset Lifecycle model, IFMA)

비교할 때 효과적인 방법으로서 동일한 기능을 수행하면서 초기 비용과 운영비용 측면의 비교를 통해 총체적 비용절감을 비교하고자 할 때 적합하다.

2.5.3 재무분석과 의사결정방법

일반적으로 재무분석의 기법은 다양하다. 시설경영자는 건물을 소유하거나, 특정 프로젝트를 수행하거나 설비시스템을 도입하거나 장비를 구입할 때, 시스템을 교체하거나 공간을 재편성하거나 재배치할 때, 임대방식을 바꾸거나 새로운 시설부지 및 건물을 획득할 때 소요되는 비용을 추정하고 그 비용에 대한 혜택이나 회수기간 등 조직의 목적과 부합되는 득과 실을 계산하고 추정하게 된다. 재무분석은 그 목적에 따라 적합한 방법을 사용할 수 있으며 비용을 확보하기 위한 근거의 기본 자료로 사용되므로 시설경영자는 각종 비용(cash flow, net present value, depreciation rate, interest rate, tax deduction)에 대한 이해, 투자에 대한 회수 및 혜택, 변화하는 내적 · 외적 환경의 가정이나 상황 등에 대한 전반적인 지식과 이해가 필요하다. 일반적인 재무분석의 기법은 다음과 같다.

1) 투자회수산정법(SPB : Simple Payback)

프로젝트 초기에 투자한 자금을 회수할 수 있다는 데 중점을 둔다. 따라서 초기 비용은 회수될 수 있으며, 시간적 관점에서 보았을 때 비용이 들지 않는다는 것을 보여준다. 투자회수기간법으로 불리며, 초기에 소요된 비용을 얼마나 빨리 회수하는가를 평가하는 방법이다. 즉 새로운 시스템 도입으로 인한 총 비용이 5년 안에 회수될 수 있으며 도입된 시스템을 5년 이상 사용할 경우 비용이 소요되지 않음을 보여준다. 초기 투자비용 회수를 계산하는 단순한 방법으로 시설 설비투자나 프로젝트에 들어간 비용을 회수하는 정도를 보여주지만 시간이 가진 가치나 이윤(profitability)을 얼마나 창출하는지에 관한 것을 측정할 수 없다. 예를 들면 공장 인벤토리 시스템 도입으로 인하여 인건비에 소요되는 비용을 5년 안에 회수한다고 가정할 경우, 5년 내에 새로운 기술 발달로 혁신적인 대안이 나온다면 5년의 회수기간은 너무 길 수 있다. 또한 이러한 방법은 시스템 도입이 비용절감을 가져오는 것을 입증할 수 있지만 이윤창출에 기여하는 바를 측정하기는 어렵다.

2) 순현재가치법(NPV : Net Present Value)

투자 시작 시점으로부터 투자의 최종 시기까지 얻게 되는 순편익비용의 흐름을 현재가치로 계산하여 합산한 것으로 순현재가치가 0 이상인 경우 투자비용 이상을 회수하는 것으로 투자방법을 채택하는 방법이다. 여러 가지 대안이 존재하는 경우 가장 높은 순현재가치를 지니는 대안을 선택한다. 시설을 구입할 것인지 임대할 것인지, 특정설비를 설치할 것인지 등의 방법에서 비용 대비 사용기간 동안 발생하는 가치를 현재시점으로 환산하여 구하는 것으로 시설관련 투자 결정시 어떤 선택을 할 것인지 비용 측면에서 효율적인 방안 결정에 필요한 정보를 제공한다.

여러 가지 방법으로 투자에 대한 타당성을 검토하게 되는데 여기에는 이자율(할인율)을 포함한 변화 상황에 대한 가정이 필요하다. 미래의 상황은 불확실할 수 있는데 여러 가지 외부요인의 변화를 고려할 때 불확실성이 클 경우 모든 변수가 확실하다고 전제하

표 2-6 편익과 비용의 요약

구 분		할인율		
		4%	7%	11%
연간편익	고용증가	1억 5천만	1억 5천만	1억 5천만
	생활비 절감	9억 6천 9백만	9억 6천 9백만	9억 6천 9백만
	합계	10억 5천만	10억 5천만	10억 5천만
연간비용	신축 건물	1억 5천 9백만	1억 5천 9백만	1억 5천 9백만
	건물 개조	2억 9천 2백만*	2억 9천 2백만*	2억 9천 2백만*
	건물 개조에 의한 임대면적 상실	1억 5천 6백만	1억 5천 6백만	1억 5천 6백만
	합계	6억 7백만	6억 7백만	6억 7백만
편익의 현재가치(30년)		114억	73억	45억
비용의 현재가치(30년)		93억	69억	55억
NPV		21억	4억	-10억
B/C 비율		1.23 : 1	1.05 : 1	0.82 : 1

* 건물 개조의 총비용은 3억 1천 2백만 달러로 추정되는데 법규의 적용이 불가능한 난관 조항을 반영하여 2천만 달러를 뺀 금액이다. 출처 : Frisch, J.(1999). The Benefits of Accessible Buildings and Transport.

고 분석을 행하는 것은 오류를 가져온다. 이러한 오류를 감소시키기 위하여 다른 조건이 일정한 경우에 어느 한 투입요소가 변동할 때 그 투자 안의 순현재가치가 어느 정도 변동하는가를 분석하는 것이 민감도분석이다. 예를 들면 표 2-6의 내용과 같이 건물의 시설개조를 통하여 비용과 편익이 발생한다면 순현재가치는 어떠하며, 할인율의 변화에 따라 순현재가치는 어떻게 변화할 수 있는지 할인율의 변화에도 불구하고 순현재가치는 투자의 효과성을 보여주는지 보여줄 수 있으며 민간도분석을 시행하면 시장비용 편익분석에서 사용된 가정이나 주요 변수들의 불확실성 때문에 분석결과의 강건성(robustness)을 검증할 수 있다.

3) 연간등가가치법(Annual equivalent value method)

이 방법은 순현재가치법의 장점과 연간비용의 수치를 합한 것으로 고객과 건물 매니저에게 유용하다. 연간등가가치법은 순현재가치를 일회성 현재가치비용으로 표현하기보다는 분석기간에 걸쳐 나누어 계산한다. 그리고 동일한 연간비용을 도출하기 위해 순현재가치를 분석기간으로 나누어준다. 연간동등가치가 낮을수록 전체 수명주기 비용도 낮아진다. 이 방법은 부품의 교체 주기가 있으며, 이때 재료 및 부품이 동일한 종류로 교체된다는 가정 하에 사용된다.

$$\text{연가등가가치} = \text{초기 설치비용} \times \frac{r(1+r)^n}{(1+r)^n - 1}$$

4) 투자수익률 ROI(Return on Investment)

투자한 만큼 어떤 이득(benefit ; return)이 있는지를 비교하는 방법으로 퍼센트나 비율로 표시된다. ROI는 매우 많이 쓰이는 방법으로 단순하고 다각도로 활용될 수 있다. 선택한 안보다 다른 대안이 높은 ROI를 가질 경우, 투자가 이루어져서는 안 된다. 그러나 ROI 방법 역시 상황을 고려해야 하기 때문에 절대적인 계산방법이 있는 것은 아니며, 어떻게 이득을 볼 것이냐는 사용자의 관점에 따라 매우 다른 결과를 나타낼 수 있으므로 주의해야 한다.

$$\text{ROI} = \frac{\text{Gain from investment} - \text{cost of investment}}{\text{Cost of investment}}$$

이러한 투자에 대한 분석기법은 다양한 시설투자에 대한 대안들을 비교하는데 재무적 측면에서 필요한 정보를 제공하여 의사결정 과정에 기초적 자료를 제공한다. 그러나 이러한 재무분석에 대한 자료 자체가 바로 투자 대안의 선택이지만 의사결정을 가져올 수는 없으며, 비재무적 지표와 함께 정성적 · 정량적 지표들과 함께 의사결정의 주요한 정보로 활용될 수 있다.

2.5.4 전략적 건물활용분석과 가치분석 사례

본 사례는 S사의 컨설팅 사례로서, 자산운용협회가 한국증권협회, 한국선물협회와 통합하여 금융투자협회로 출범함에 따라 사용중인 건물에서 금융투자협회 사옥으로 이전하여 기존의 사옥을 어떻게 활용할 것인가로 조직이 소유한 자산을 어떻게 활용하여 그 가치를 증대시킬 것인지가 주 목적이다.

1) 개요

자산운용협회 빌딩은 여의도에 위치하고 있으며, 대지면적 899㎡이며 지하 3층 ~ 지상 8층의 오피스 빌딩으로 지하 1층 ~ 지상 1층은 근린생활시설, 지상 2층 ~ 지상 8층은 업무시설로 사용중이며, 지상 2층부터 지상 8층의 사무공간은 공실률 72.7%에 달하고 있다. 사옥 이전으로 이 공간을 임대할 것인지, 매각할 것인지 또는 건물을 수선 · 리노베이션한 후 임대 또는 매각할 것인지 등의 대안이 제시될 수 있다. 건물이 1985년 준공되어 25년이 경과되었으며, 기계 · 전기설비 등이 노후화되어 임대 및 매각을 위해서는 적극적인 건물의 기능 개선작업이 필요한 상태이다.

2) 입지현황 및 부동산 시장 동향

임대 또는 매각 결정은 주변 부동산 시장의 경제적 상황이나 향후 수요공급에 대한 영향에 의해 좌우될 수 있는 문제이므로 입지 특성과 주변 시장의 동향 파악이 중요하다.

건물이 위치한 지역은 지하철 5호선 여의도역에서 도보 5분 이내이며 차량 접근성도 양호한 곳에 있어 입지 접근성은 매우 좋은 편이다. 전반적으로 경기침체가 심화되는 상황에서 부동산 시장의 사정도 좋지 않은 편이며, 이는 임대시장이나 매매시장에서도 부정적인 영향력이 크다고 볼 수 있다.

3) 건물의 시장가치

건물의 시장가치를 추정하기 위한 기법으로 원가법, 매매 사례 비교법, 수익환원법을 통하여 가치를 추정하였다.

원가법은 대상 부동산의 토지가치와 감각상각을 반영한 건물가치로 예상시장가치는 17,300백만 원(토지, 15,900백만 원, 건물 1,400백만 원)으로 추정되었다. 매매 사례 비교법은 주변의 비교 가능한 매매 사례를 수집하여 가격을 산정하는 방법으로 추정가는 약 15,100백만 원이었다. 수익환원법은 현재 공실률을 현저히 낮추고 주변 임대상승률 3% 반영, 할인율은 회사채 수익률과 투자시장 Risk Premium 적용하여 12,800백만 원으로 추정하였다. 다양한 방법을 통한 추정가치와 시장상황 및 건물의 노후도를 고려하여 최종 시장가치를 15,000백만 원으로 추정하였다.

4) 대안 검토

건물의 보유 임대 및 매각을 결정하기 위해 적정성을 표 2-7과 같이 자산적합성, 수익성, 자산가치 항목을 검토하였다. 개별 요인 검토에 따라 보유 및 매각에 대한 장·단점을 비교하면 표 2-8과 같고 보유하여 임대하는 방안보다 매각하는 방안이 장점을 극대화시키고 단점을 최소화하는 방안으로 예상된다.

표 2-7 개별 요인별 검토

구 분	세부항목	검토내용	검토의견
자산 적합성	내부 활용성	사옥 이전으로 인한 내부 활용성 전무	×
	건물/시설	준공 후 25년 경과로 향후 유지보수비용 과다지출 예상	×
	이용접근성	금융가 이용 접근성 우수	○
수익성	임대 가능성	노후시설과 건물로 임대 가능성 저하	×
	수익창출 여부	임대 가능성이 낮아 수익성 자산으로 활용성 저하	×
자산 가치	입지/교통	증권 및 금융가로 입지성 양호하며, 교통접근성 양호	△
	시장환경	오피스 투자시장 침체로 인한 오피스 가격이 급락한 상태이지만 시장회복시 자산가치 향상 가능	○
	개발/주변환경	SIFC, Parc1 개발 예정이며 지하철 9호선 개통으로 주변환경 개선 가능성 높음	○
	법률적 환경	서울시의 금융중심지 개발계획으로 용적률 향상 등이 예상되지만 실제 규제완화까지 장기간 소요 예상	△

표 2-8 보유 매각 장·단점 비교

구 분	보 유	매 각
장점	• 급격하게 시장가치 하락된 매매시장 risk 회피 가능 • SIFC, Parc1 등 인근지역 개발시 Sub office 시장 형성으로 시장성 제고 가능	• 건물·시설에 대한 유지보수비용 절감 가능 • 저수익형 자산처분으로 자산운영 측면에서 효율성 제고 • 불필요한 관리업무 배제 가능
단점	• 건물의 생애주기상 건물·시설의 유지보수비용의 급격한 증가 예상 • 현상태에서 임대 가능성 낮아 수익형 자산으로 활용성 낮음 • 내부활용계획이 없는 상태에서 지속적 자산관리업무 수행 필요 • 시설노후로 사고 우려 지속 증가 예상	• 현상태에서 매각시 저평가된 가격으로 매각될 우려 높음 • 향후 인근지역 개발에 따른 반사이익 및 가치 상승 효과 기대 불가

매각방식에 대한 대안 비교·검토 결과(표 2-9 참조), 건물을 리노베이션한 후 매각하는 것이 가장 적합한 것으로 나타났다.

FM 전략은 기업의 전략을 충분히 이해하고 기업이 처한 환경의 변화와 비즈니스의 변화를 지원하기 위하여 시설을 어떤 방식으로 계획하고 운영관리·통제할 것인지, 물리적 환경의 재배치와 제공방식에 대한 근본적 물음에 대한 응답으로서 접근해야 할 필요가 있다. 이는 단순히 매일 이루어진 일상적인 관리 서비스 활동을 넘어서 시설의 자산가치와 도구가치에 보다 근본적 측면에서 미래 지향적인 방향 제시와 이의 실행을 요구한다. 시설관리자가 비용절감 노력에만 국한하지 않고 단순한 유지관리업무를 벗어나 시설이 기업의 경쟁상황에서 경쟁적 우위를 지니고 지속적인 성장과 발전을 하는데 기여할 수 있는 역할을 하도록 FM업무를 수행할 때 보다 전문적인 분야에서의 입지를 공고히 할 것으로 기대한다.

표 2-9 자산운용 방안별 비교분석

구 분	단순보유 후 매각	시설보수 후 매각	리노베이션 매각
시설상태	• 시설노후로 실제 외부 임차 어려움 예상	• 외부 임차 가능하나 인근 평균 임대료 또는 그 이하의 임대료 수준 예상	• 외부 임차 가능하며 인근 평균 임대료 또는 그 이상의 임대료 수준 예상
예상비용	• 별도 기회비용 미발생	• 시설보수 비용 24억 원 (시설보수 19억 원, 추가비용 5억 원)	• 리노베이션 비용 32억 원(일반적 수준 적용시)
월임대료 향상 효과	• 현 시장 임대료 수준 • 기준층 : 37천 원/3.3㎡ • B1 : 38천 원/3.3㎡ • 1F : 109천 원/3.3㎡	• 현 수준 대비 8% 향상 • 기준층 : 40천 원/3.3㎡ • B1 : 41천 원/3.3㎡ • 1F : 117천 원/3.3㎡	• 현 수준 대비 16% 향상 • 기준층 : 44천 원/3.3㎡ • B1 : 45천 원/3.3㎡ • 1F : 124천 원/3.3㎡
자산가치	• 151억 원 현 시장가치 수준 예상	• 176억 원(▲25억 원) • 자산가치 17% 향상 가능 • 비용감안시 ▲1억 원	• 190억 원(▲40억 원) • 자산가치 26% 향상 가능 • 비용감안시 ▲8억 원
운용리스크	• 외부 임차시 사고 위험성 • 매각시 금액 Down 가능성 • 매각에 장기소요예상	• 임차인 영업 피해로 인한 임차인 마찰 가능성 • 시설/설비 교체시 작업 난항 예상	• 임차인 명도 문제 • 인허가 리스크가 상존하나 실제 크지는 않을 것으로 판단
추가 기대효과	• 지상 1층 임대료 현실화시 수익성 일부 개선 가능	• 건물 내용년수 연장 가능 • 매각금액 down 가능성 저감 가능	• 건물 내용년수 연장 가능 • 전체적인 건물가치 향상으로 매각 가능성 증대 • 저층부 용도 변경으로 추가 수익 확보 가능 • 연수익 815→835백만 원 • 건물 외관 개선 및 임차 전략으로 건물 이미지 제고 가능
종합의견	• 채택 미고려	• 고려 가능	• 채택 권장

Keyword

- 자산가치(asset value) : 조직이 소유한 시설이 지니는 자본으로서의 가치
- 도구가치(tool value) : 시설이 조직의 업무나 사업을 수행하는 데 얼마나 효과적으로 사용되고 활용될 수 있는지를 보여주는, 즉 업무과정을 지원하는 가치
- 균형성과지표(balanced score-board ; Kaplan & Norton, 1996) : 조직의 효율적 운영을 위한 비재무지수와 재무지수간에 균형을 이루도록 하는 것
- 전략 : 기업의 장기적 목표 결정과 이러한 목표를 이루기 위해 필요한 활동 방침 및 자원배분의 선택
- SWOT분석 : 내부적 장점(strength)과 약점(weakness), 외부적 기회(opportunities)와 위협(threats) 요인을 분석
- 측정 또는 평가도구(measurement) : 현재 업무를 얼마나 성공적으로 수행하며 미래에 얼마나 성공적으로 결과를 얻을 수 있는지를 말해주는 중요 요인을 측정하는 도구
- 벤치마킹(benchmarking) : 기업의 경쟁자 혹은 역할모델이 될 수 있는 대상을 선정하여 경쟁우위의 요소 및 핵심 성공요인을 파악하여 전략적 자산화하기 위한 경영전략기법
- 자본비용(capital cost) : 건설, 변경, 수선, 교체, 기자재 구입, 가구 구입, 디자인과 엔지니어링 등 조직의 자본에 주요한 변화를 미치는데 드는 비용으로 조직이 소유한 시설의 자산가치에 직접적 영향을 미치는 비용
- 수명주기비용평가 : 유효수명기간 동안에 건물 디자인 대안에 대한 경제적인 평가
- 잔존가액(salvage value) : 고정자산의 사용기간이 끝나더라도 그것의 잔해를 매각처분함으로써 얻을 수 있는 가치의 견적가액
- 투자회수기간법 : 초기에 소요된 비용을 얼마나 빨리 회수하는가를 평가하는 방법
- 순현재가치법(NPV : Net Present Value) : 투자 시작 시점으로부터 투자의 최종 시기까지 얻게 되는 순편익비용의 흐름을 현재가치로 계산하여 합산한 것
- 연간등가가치(annual equivalent value) : 순현재가치를 일회성 현재가치비용으로 표현하기보다는 분석기간에 걸쳐서 나누어 계산한 값
- 투자수익률 ROI(return on investment) : 투자한 비용 대비 얼마나 이득(benefit ; return)이 있는지를 비교하는 방법으로 퍼센트나 비율로 표시

참고문헌

- Atkin, B. & Brooks, A.(2009), Total Facilities Management, Wiley Blackwell.
- Barney. J.(1997), Gaining and Sustaining Competitive Advantage, Addison-Wesley Publishing Company.
- Brown, M.(1996), Keeping score, using the right metrics to drive world-class performance. p11.
- Cotts, D. Roper, K. & Payant, R.(2009), The Facility Management Handbook, 3rd ed. Amacom.
- De Young, R &Hunter, W.(2004), The past, present and probable future for community banks, Journal of Financil Services Research, 25, 85-133.

- Frisch, J.(1999), The Benefits of Accessible Buildings and Transport, Physical Disability Council of NSW, Sydney, NSW,
  [Online : http : //www.pdcnsw.org.au/Access.pdf]
- Glueck, W.(1980), Business Policy and Strategic Management, McGraw-Hill.
- Kaiser, H.(1989), The facilities manager's reference, management planning building audits, estimating. R.S. Means company, Inc.
- Kaplan, R. S. & Norton, D. P.(1996), The balanced score card, Massachusetts, Boston, Harvard Business School Press.
- Nutt, B.(2000), Four competing futures for facility management, Facilities 18, 124－132
- Ohmae, K.(1988), "Getting Back to strategy." Harvard Business Review, November~December
- Omara, M.(1999), Strategy and Place, managing corporate realestate and facilities for competitive advantage. Free Press.
- Parasuraman, A., Zeithmal, V. & Berry, L.(1985), A conceptual model of service quality and its implications for future research, Journal of Marketing (Fall), 41-50.
- Potter, M.(1996), "What is Strategy", Harvard Business Review, November~December
- Then, D.(2002), Integration of facilities provision and facilities support services provision- a management process model. In the Proceedings of the 2002 global symposium, applying and extending the global knowledge base, 507-522. CIB W70 : Facilities management and maintenance.
- 김동철, 서영우 (2010), 경영전략 수립방법론, SIGMA INSIGHT
- 송병선, 전외술 (2010), 경영혁신기법을 중심으로 한 전략경영, 도서출판 청람
- 장세진 (2010), 글로벌경쟁시대의 경영전략(6판), 박영사

3
Chapter
Workplace

3

Workplace

3.1 개요

FM 측면에서 볼 때 빠뜨릴 수 없는 중요한 개념 중 하나가 바로 워크플레이스(workplace)인데, 이는 흔히 사람들이 얘기하는 작업공간의 일반적 표현인 사무실(office)과 그 외에 작업이 이루어질 수 있는 모든 공간을 포괄하는 광의적 표현이다. 결국 워크플레이스는 사람이 일을 직접적으로 수행하는 공간과 사람이 일을 수행하는데 간접적으로 도움을 주는 공간의 총칭이다. 직접적으로 일을 수행하는 공간으로는 워크스테이션(workstation)과 개인사무실 등이 있으며, 그 외에 간접적으로 도움을 주는 지원공간(supporting space)으로는 컨퍼런스룸 등의 업무지원공간과 식당 등의 각종 생활지원공간(supporting spaces)으로 나누어 생각해볼 수 있다. 포춘지에서는 '일하기 좋은 100대 기업(FORTUNE 100 Best Companies To Work For)'을 선정하여 발표하는데 이 중 워크플레이스는 기업의 경쟁력을 나타내주는 매우 중요한 요소 중 하나인데, 그 이유는 훌륭한 워크플레이스(great workplace) 혹은 생산적인 워크플레이스(productive workplace)가 결국 신뢰성, 편의성, 위생성, 안락성 등을 확보하여 근로자들의 업무에 관한 자발적 열정 및 창의력을 높이고 또한 근로자들의 잦은 결근(absenteeism)과 이직률(turnover rate)을 낮추어준다는 것은 이미 많은 연구를 통해 입증되었기 때문이다.

따라서 본 장에서는 워크플레이스의 개념이 무엇인지와, 공간계획과 더불어 그 중요성에 대해서 알아보고, 쾌적한 워크플레이스 환경을 효율적으로 유지·보전하기 위한 조절방법, 지속가능성, 그린빌딩 및 그린 워크플레이스에 대해서 알아본다. 또한 내·외부적으로 많은 변화에 직면해 있는 우리들이 고민해야 할 업무변환(work transformation), FM, IT, HR의 통합, 지식기반 사회의 지식근로자들의 업무성과 측정에 관해서 알아본 후, 마지막으로 정보통신기술(information & communication technology: ICT)의 비약적인 발전과 업무에 관한 고정관념 타파가 견인한 대체작업장 방식(alternative workplace arrangements: AWA)의 개념, 종류, 그리고 AWA 도입의사 결정 및 평가에 대해서 차례로 알아보자.

3.1.1 워크플레이스(workplace)의 개념

워크플레이스(workplace)란 근로자(worker)를 수용하기 위한 가구, 설비, 공간과 같은 워크스테이션(workstation)이라고 하는 작은 개념을 포함한 오피스나 공장 같이 넓은 의미의 일터 및 직장을 의미하는 공간 및 장소의 개념이다. 따라서 워크플레이스는 작업을 위한 최소단위인 워크스테이션, 개인오피스(private office), 개인연구실, 컨퍼런스룸, 통로, 복도뿐만 아니라 모든 업무지원공간을 포함하게 되는데, 워크플레이스의 위계(hierarchy)는 다음과 같이 세 가지가 있다(표 3-1).

그동안 워크플레이스 개념은 오피스와 혼용되어 사용되어 온 것이 사실이지만, 흔히 말하는 오피스란 업무를 단순히 수행하는 공간이라는 한정적 의미를 갖는데 반해 워크플레이스라는 개념은 오피스의 개념을 모두 포함하며, 업무를 수행하는 공간과 업무수행을 지원하게 되는 모든 공간 및 장소를 일컫는 광의적 표현이다. 예를 들어 근로자가 회사의 복도나 회의실(conference room)에서 업무를 수행하고 있거나 학생이 학교 휴게실에서 책을 읽고 있다면 분명 복도, 회의실, 그리고 휴게실 같은 장소들은 워크스테이션을 갖춘 업무공간이 아님에도 불구하고 이 공간을 워크플레이스라고 칭하는 것이다. 시대가 지날수록 업무가 수행되는 시간, 장소, 방법 등이 자유로워지고 다양해지며 업무공간과 그 외 공간과의 경계 또한 모호해지고 있다. 따라서 근로자의 업무를 지원하고 효율성을 높이기 위한 기능을 수행하는 FM에서는 오피스라는 표현 대신 워크플레이스라는 개념을 자주 사용하고 있으며, 국제FM협회(International Facility Management Association : IFMA)에서 매년 10월경에 개최하는 FM국제학회의 명칭도 "World Workplace"라고 불리고 있다.

표 3-1 워크플레이스의 위계

위 계	사용자	예
개인 워크플레이스	개별 근로자	워크스테이션
그룹 워크플레이스	프로젝트 팀	그룹어드레스
전사적 워크플레이스	전체 근로자	지원공간을 포함한 워크스테이션 및 그룹어드레스

3.1.2 워크플레이스의 중요성

IFMA의 FM 정의에도 나와 있듯이 FM이란 사람과 업무를 물리적인 워크플레이스와 조화시키는 업무(practice)이며, 워크플레이스는 근로자가 업무수행을 원활히 할 수 있도록 다양한 서비스를 지원해주어야 한다. 이렇듯 FM은 근로자, 업무, 그리고 워크플레이스의 교차점에 위치하게 된다.

워크플레이스의 목적은 작업자의 업무공간을 단순히 제공해주는 개념이라기보다는 편의성, 위생성, 안전성 및 안락함을 제공해줌으로써 작업자의 만족도를 높여줌과 동시에 생산성(productivity) 향상을 꾀하는데 있다고 하겠다. 워크플레이스는 근로자가 업무를 수행하는 장소임과 동시에 FM 측면에서 볼 때 매우 중요한 공간 및 기능이라고 할 수 있으며, 워크플레이스에 있어서 FM의 주요역할은 근로자가 업무에 더욱 집중할 수 있도록 해주어서 결국 향상된 성과를 거둘 수 있도록 지원하는 것이다.

따라서 워크플레이스에서는 공간계획(space planning)이 강조되는데, 이는 공간계획에 따라서 작업자들이 느끼는 만족도 및 생산력 증진에 큰 변화가 있기 때문이다. 그러나 불행히도 모든 워크플레이스에 공히 적용하여 효과를 볼 수 있는 완벽한 공간계획은 존재하지 않는다. 예를 들어 큐비클(Cubicle)의 경우 공간활용 측면에서 보면 효율적일 수 있지만 집중도가 떨어질 수 있으며 폐쇄형 오피스의 경우 집중이 용이한 반면 비용이 많이 들고 동료간의 커뮤니케이션을 차단하는 단점이 있다.

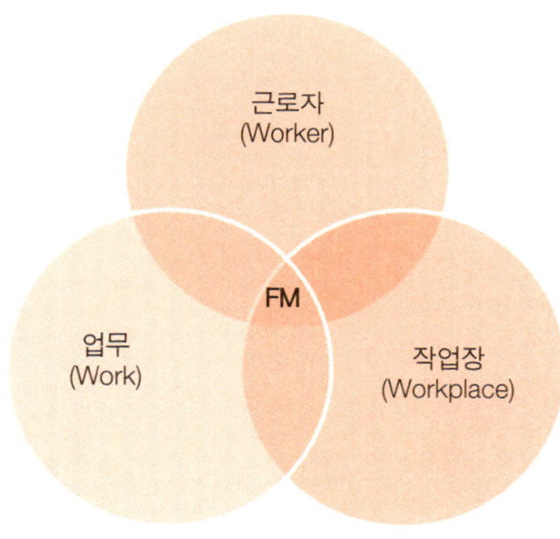

그림 3-1 FM의 영역

3.2 Workplace design

3.2.1 워크플레이스 환경(Workplace environment)

워크플레이스 환경(workplace environment)이란 열, 공기, 습기, 조명, 음, 색, 심리적인 것 등의 여러 가지 요소에 의해 형성되는 공간의 상태를 말하며, 근로자의 공간에 대한 인지에 영향을 주는 정량적이면서 정성적인 요소이다. 최근에는 산업 발달에 따른 외부 환경오염 및 실내 환경오염 물질 증가로 인하여 오염이 날로 심각해지고 있고 건물이 대형화·복잡화·다양화되고 재실시간이 늘어남에 따라 워크플레이스 내 환경에 대한 중요성은 날로 증가하고 있다(유호천, 2001).

쾌적한 워크플레이스 환경을 유지·보전하기 위해 필요한 여러 가지 환경인자에 대한 물리적이고 인위적인 조절을 환경제어(environmental control)라고 하며, 환경인자를 제어하는 기술, 즉 계획방법을 환경공학(environmental engineering)이라고 한다. 이러한 환경조절은 워크플레이스의 계획 초기 단계에서부터 고려되어야 하는 자연적 혹은 건축적 조절방법(natural control)과 기계 및 전기 등에 의한 물리적·인위적 방법에 의존하는 설비적인 조절방법(mechanical control)으로 나눌 수 있다. 그러나 워크플레이스의 쾌적한 실내환경 유지를 위한 설비적인 조절방법은 최근의 지구환경 보호협약으로 대변될 수 있는 지구온난화 및 지구환경 보존에 영향을 미치는 중요한 인자 중의 하나이다. 따라서 워크플레이스에서의 실내환경 조절은 환경오염 및 경제성 등을 고려할 때 가능한 한 건축적 조절방법이 우선시 되어야 한다(유동훈, 1998).

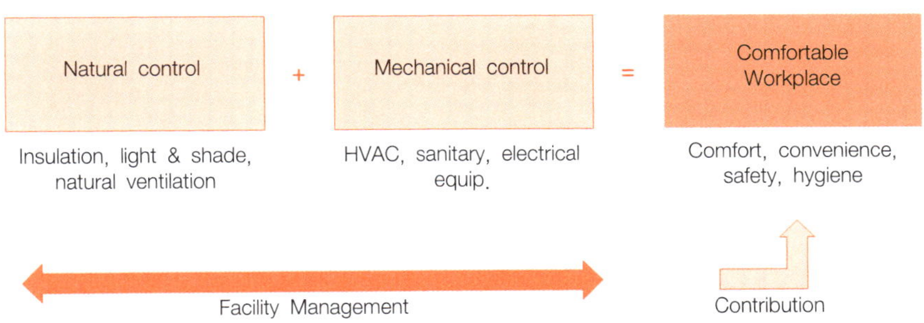

그림 3-2 워크플레이스 환경의 제어

3.2.2 지속가능성

지속가능성(Sustainability)이란 용어는 우리에게 더 이상 새로운 개념은 아니다. 이 개념은 최근 사회 전반적인 운영 및 관리 기준으로서 중요성이 증대되고 있다. 지속가능한 FM(sustainable FM)은 자연의 섭리에 적합하고 모든 구조물의 환경파괴적 영향을 최소화하여 보전하며 경제적 · 환경적 또한 사회적으로 지속가능하도록 하는 FM 활동을 일컫는다. 끊임없이 환경을 고려하는 지속가능한 FM은 막대한 에너지절감을 가능케 하여 비용절감을 가져오고 미래세대도 현세대가 활용하고 있는 자원을 똑같이 혹은 더욱 풍족하게 활용할 수 있도록 해준다. 우리는 지구를 선조로부터 물려받은 것이 아니라 우리의 아이들로부터 빌린 것이라는 미국 인디언의 속담은 지속가능성의 중요성을 다시 한 번 실감케 한다.

"We do not inherit the earth from our ancestors ; we borrow it from our children"
—Native American Proverb

"우리는 지구를 선조로부터 물려받은 것이 아니라 우리의 자손들로부터 잠시 빌린 것이다"
—아메리카 원주민 속담

한편 에너지를 절약하고 환경을 보호하기 위해 자연친화적으로 설계단계뿐만 아니라 시공 후의 운영 · 유지 · 보수기간을 거쳐 처분하는 시점에서도 환경에 대한 피해를 최소화하도록 환경적으로 향상된 방법을 사용하는 그린빌딩(green building) 또한 자주 언급되고 있다. 그린빌딩은 환경적 이점뿐만 아니라 그 외에도 우리에게 많은 이점을 가져다주는 것을 알 수 있다(표 3-2).

표 3-2 그린빌딩의 이점

분 야	이 점
환경적 이점	자연자원 소비에 따른 환경적 영향 감소
경제적 이점	비용 절감
건강과 안전관련 이점	사용자의 안락과 건강 증진
커뮤니티관련 이점	삶의 질 향상

고품질 작업장(high-quality workplace) 혹은 생산적인 작업장(productive workplace)으로도 불리는 그린 워크플레이스의 주요기능은 작업자를 위한 건강하고 고품질의 근무환경을 제공해주는 것으로서, 결국 FM의 적절한 도입으로 인해 작업자가 최고의 성과를 낼 수 있도록 동기를 부여해 줄 수 있는 안전하고도 효율적인 워크플레이스를 구축해내고 또한 유지시켜 나아가야 한다. 생산적인 워크플레이스는 작업자 간의 의사소통(communication)을 원활하게 해주며 작업자를 자연(nature)에 친숙하게 연결해주며 이런 고품질의 생산적인 지속가능한

워크플레이스에서 일하고 있다는 일종의 긍지를 자연스럽게 스며들게 해준다고 하겠다.

앞서 표 3-2에서 설명한 그린빌딩의 장점과 비슷하게 그린 워크플레이스를 도입하는 이유는 우선 그린 워크플레이스는 일반적인 워크플레이스에 비해 더 오래도록 지속이 가능하며, 운용 및 유지·보수를 위한 비용이 저렴하고, 무엇보다도 사용자의 만족도가 높아 생산력이 향상되고, 결근이 줄어들며, 뛰어난 지식근로자들이 현 직장에서 더욱 오래도록 근속할 수 있다는 점 등이 그 이유이다. 근로자들의 생산력 향상에 공헌하는 그린 워크플레이스의 요소는 다음과 같다.

① 고품질 조명(High quality lighting)
② 눈부심 없는 자연광 확보(Increased infiltration of day lighting without glare)
③ 음향 완충(Acoustic buffers)
④ 실내공기 질 향상(Improved indoor air quality)

3.3 워크플레이스 관리(Workplace management)

3.3.1 업무변환(Work transformation)

만약 근로자들이 30~40년 전과 비교해보았을 때 거의 비슷한 워크플레이스 환경에서 일하고 있다면 시설관리자(facility manager)는 심각한 고민을 해야 할 것이다. 업무 자체가 진화되고 환경보호 및 기술 발전에 힘입어 종이 없는 사무실(paperless office)이 만들어지고 있는 요즘 아직도 산업사회에서 통용되던 상사의 일방적인 관리방식(boss-directed)이나 기계적인 힘(mechanical power)에만 의존하는 방식을 고집한다면 이는 실로 큰 문제가 아닐 수 없다. (그림 3-3)에서 보듯, 업무(work)는 끊임없이 진화되어 왔고 앞으로도 지속적으로 변화되어 갈 것이다.

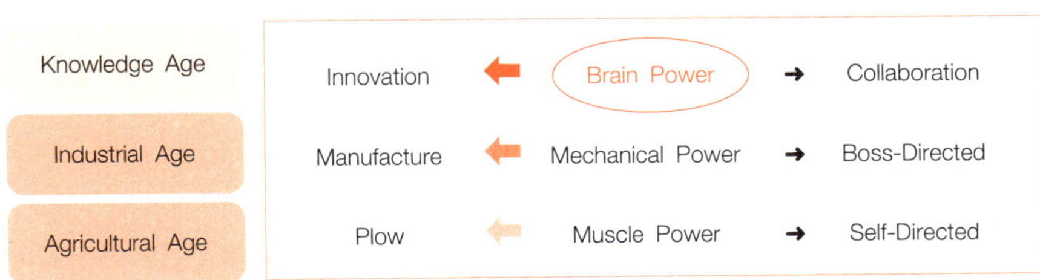

그림 3-3 작업의 진화(The evolution of work)

과거에는 정보통신기술이 지금과 같이 발달하지 않았기 때문에 모든 근로자들이 한자리에 물리적으로 모여야만 각종 회의가 가능했고, 상명하복식의 관리방식이 통하였다. 그러나 지식사회(knowledge age)에서는 인력이나 물리적 힘에 의존하여 상사의 지시를 단순히 따를 경우 성공적인 업무수행을 기대하기는 매우 어려우며 브레인 파워를 기반으로 구성원간의 적절한 협동을 통해 혁신(innovation)을 만들어낼 때 진정한 조직의 목적을 달성할 수 있을 것이다.

3.3.2 FM, IT, HR의 통합(Integration of FM, IT and HR)

최근 많은 근로자들은 월요일부터 금요일까지 오전 9시에 업무를 시작하여 5시에 끝나야 하고, 고위관리자는 실무를 많이 하지 않아도 폐쇄형 사무실에서 일해야 하며, 부하직원들은 불합리한 업무지시에 무조건 따라야 한다는 기존의 고정관념에 대해 납득하지 못하는 경우가 많다. 이런 복잡하고 서로 조금씩 성격이 다른 문제에 대한 명쾌한 해결책을 내놓는 것은 어렵지만, 적어도 이런 문제의 일부는 업무변환(work transformation)과 연관 있다고 할 수 있다. 왜냐하면 많은 근로자들의 변화된 인식의 바탕에는 지식사회에서의 정보통신기술 발전이 깔려 있기 때문이다(그림 3-4). 업무변환이라는 것은 세 가지 주요기능에 대한 단순한 통합을 의미하는 것이 아니라 FM, HR(human resources), ICT(Information & Communication Technologies)라는 세 가지 기능이 서로 유기적으로 작용하여 조직의 목적을 달성하는데 있어 도움을 줄 수 있는 새로운 방향을 제시해 준다(Robertson, 1998).

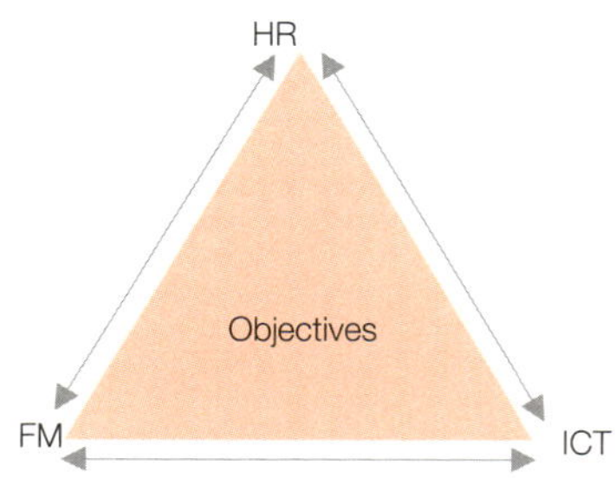

그림 3-4
업무변환을 위한 주요기능 통합

앞서 업무의 진화에 대해 설명했듯이, 업무변환 또한 끊임없이 변화하며 발전해가는 과정

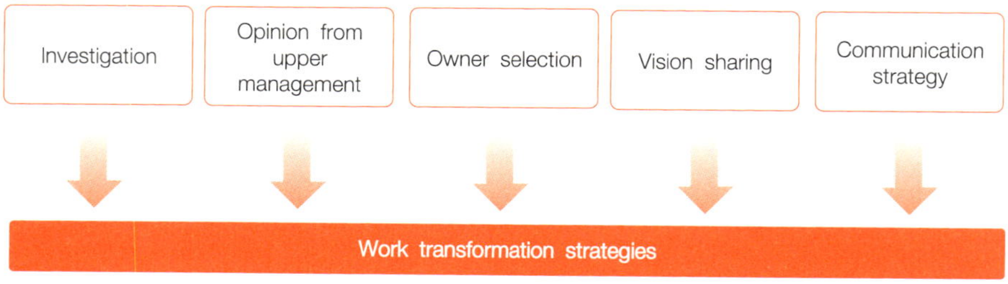

그림 3-5 업무변환을 위한 전략적 단계

이다. 따라서 조직은 성공적으로 업무변환이 될 수 있도록 또한 사업상의 이득을 극대화하기 위하여 근무자, 즉 인적 자원, 정보통신기술, 그리고 워크플레이스의 이상적 관리를 맡게 되는 FM 이상의 세 가지 기능을 효과적으로 관리하고 통제하여 지속적인 발전 및 수정해 나가야 한다. 이렇게 업무변환을 위해서는 매니저의 공감을 끌어내고 공감대를 형성할 수 있도록 하는 전략적인 수순이 필요하게 된다(그림 3-5). 근로자들은 이러한 전략적 업무변환으로 인해 많은 잠재적 이득을 누릴 수 있게 된다.

3.3.3 성과 측정(Performance measurement)

산업사회에서는 근로자의 성과 측정시, 투입물(input)과 결과물(output)의 정량적 파악이 비교적 용이했지만, 지식사회(knowledge age)에서 지식근로자(knowledge worker)의 성과를 측정한다는 것은 비교적 쉽지 않다(Venkatesh and Vitalari, 1992). 이것은 지식근로자들의 결과물의 무형성(intangibility)에 기인한다. 현재 끊임없이 변화하는 글로벌 비즈니스 환경에서 각 조직에 알맞은 전략적 업무변환을 통해 근로자들에게 최적의 근무환경을 제공함으로써 시장에서의 비교우위를 점하고자 하는 조직에게 지식근로자들의 중요성은 점차 증대되고 있으며, 따라서 이들의 성과를 적절하게 측정하는 것은 많은 조직들의 숙제이기도 하다.

Shin et.al.,(2000)은 생산력 관련 연구의 네 가지 방법론적 약점에 대해 다음과 같이 지적하고 있다.

① 생산성 변화 측정은 주로 근로자 스스로 작성한 보고서를 이용한다.
② 샘플인구가 특정한 성격과 업무범주에서 선택되어 실제보다 대체로 높은 생산력을 나타낸다.
③ 재택근무자의 경우 사내근무자들에게 특정한 업무를 위임함으로써 실제보다 높은 생산력이 측정되는 경우가 있다.
④ 근무시간 증가가 생산력 향상에 주된 이유이기도 하다.

이렇듯 지식근로자들의 생산력을 정확하게 측정하는 것은 많은 어려움이 있어서 Gordon(1997)은 생산력이 아니라 유효성(effectiveness)이라는 다른 개념을 사용해야 한다고 주장하며, 유효성 측정을 위해서는 수량, 품질, 적시성, 그리고 다중우선순위(multiple priorities) 이렇게 네 가지 측정기준을 사용해야 한다고 말한다. 이 중 다중우선순위라는 것은 근로자가 몇 가지의 업무를 동시에 수행할 수 있는지에 관한 측정기준이다.

지식근로자들의 성과를 측정하기 위해서는 우선 적절한 측정기준이 설정되어야 하는데 다음과 같은 네 가지 중요한 단계가 있다(Kim and Roper, 2008).

① 사명선언(Mission Statement) : 목표와 목적 설정
② 기대치(Expectation) : 근로자들의 주요 산출물 지정
③ 투입물과 산출물의 측정기준 : 생산력을 측정할 수 있는 가장 유용한 투입물과 산출물의 측정기준을 설정한다. 즉 수량, 품질, 적시성(timeline), 다중우선순위(multiple priorities) 등을 설정한다.
④ 생산성 측정법 개발 : 투입물과 산출물의 분량을 통합하여 실용적이고 유용한 인덱스를 개발한다.

그렇다면 풀타임으로 재택근무를 하는 연구자(researcher)의 경우 어떻게 생산력을 측정해 볼 수 있는 예를 들어보자. 우선 투입물(input)과 산출물(output)을 다음과 같이 정해본다.

- 산출물 (y) : 연구보고서 개수
- 투입물 (x)
  - 사람 (p) : 연구자, 어드바이저, 매니저, 행정직원 등
  - 노동시간 (l) : 160시간(8시간×20일)
  - 자본 (k) : 컴퓨터, 책상, 의자, 시설 등
  - 원료 (m) : 지식, 데이터, 정보, 분석, 모델링 등
  - 기타 (o) : 간접비, 간접노동, 노동자 보상 등

산출물과 투입물의 여러 요소들을 동시에 고려할 때 측정 프로세스는 더욱 복잡해진다. 예를 들어, 산출물(Y)로 분류한 연구보고서는 수량, 품질, 적시성, 다중우선순위 등의 네 가지 요소를 평가함으로써 측정할 수 있다. 투입물(X)은 사람, 노동시간, 자본, 재료, 그리고 간접비용, 간접노동과 같은 기타(other) 항목으로 측정할 수 있다. 총 산출물 점수는 평가자의 자유재량으로 1부터 5까지의 점수로 매겨지며, 투입물의 점수도 계산해 볼 수 있는데 이때 상대적으로 더 중요한 항목에는 다른 가중치(weighting)를 두어 측정해 볼 수 있다. 따라서 총 산출물을 총 투입물로 나누는 생산력 측정의 기본개념에서 표 3-3 및 표 3-4에서 보듯이 재택근무를 하는 연구자의 생산력은 다음과 같이 계산할 수 있다.

총 산출물 점수(28) / 총 투입물 점수(25) = 1.12

이때 생산력 점수는 평가자가 어떤 항목에 어떤 가중치를 두느냐에 따라 언제든 변할 수 있다는 점이다.

표 3-3 산출물(Y) 초점 생산력 측정표

Specifications					Score selected	Weight	Total
Quantity					4	on quantity	8
less		on		more			
1	2	3	4	5		×2	
Quality					4	on quality	8
low		on		high			
1	2	3	4	5		×2	
Time					2	on time	6
over		on		under			
1	2	3	4	5		×3	
Multipriority					3	on Multipriority	6
less		on		more			
1	2	3	4	5		×2	
Total productivity score							28

표 3-4 투입물(X) 초점 생산력 측정표

Specifications					Score selected	Weight	Total
People					4	on quantity	8
less		on		more			
1	2	3	4	5		×2	
Labor					3	on quality	6
less		on		more			
1	2	3	4	5		×2	
Capital					2	on time	4
less		on		more			
1	2	3	4	5		×3	
Material					3	on Multipriority	3
less		on		more			
1	2	3	4	5		×2	
Other					4	on other	4
less		on		more			
1	2	3	4	5		×1	
Total productivity score							25

3.4 대체작업장(Alternative workplace)

3.4.1 배경 및 개념

부동산가격 상승, 대기오염, 교통체증, 정보통신기술(Information & Communication Technology : ICT) 발전 등으로 인해 우리의 생활에는 전체적으로 많은 변화가 오게 되었으며, 가장 눈에 띄는 변화 중 하나는 노동자들의 근무시간과 직장에서 더 많은 자유를 가지게 하는 대체작업장 방식(Alternative workplace arrangements : AWA)의 출현이다. 많은 연구자들은 AWA를 다른 유사한 용어들과 번갈아 사용하고 있으며 유사한 용어에는 Distributed Workplace, Flexible Workplace, Smart workplace, Remote Workplace 등이 있다. 또한 대체작업장에서 일하는 근로자를 distributed worker 혹은 smart worker라고 한다.

대체작업장을 정확히 이해하기 위해서는 우선 "distributed"라는 단어를 이해해야 한다. Jim Ware(2003)는 다음의 세 가지 조건 중 한 가지만 만족되어도 해당 회사의 워크플레이스가 분산(distributed)되었다고 설명한다.

① 근로자들이 물리적으로 다른 장소에 위치한다.

② 대부분의 의사소통이나 상호작용 등이 바로 옆에 있는 사무실에서 근무하는 동료들과도 동시에 이루어지지 않는다.

③ 함께 근무하는 근로자들이 모두 같은 조직이나 회사에 소속되어 있지 않거나 모조직이 명백하게 다른 부서에서 근무한다.

또한 Belanger and Collins(1998)는 대체작업장을 다음과 같이 정의한다.

대체작업장은 근로자들이 다음의 상황에서 근무하게 되는 다양한 워크플레이스의 환경을 의미한다(Belanger and Collins, 1998) :

① 근로자가 사내에 영구적인 워크스페이스를 가지고 있지 않는 경우

② 근로자가 의도적으로 근로자의 자택에서 가까운 장소에서 근무하는 경우

③ 근로자가 재택근무를 하는 경우

Belanger and Collins의 정의 중 첫 번째(1)는 Shared office나 hoteling으로, 두 번째(2)는 satellite office, 그리고 마지막(3)은 home office로 설명할 수 있다. 많은 연구자들은 대체작업장 방식에 대해 각각 다른 정의를 내리고 있다. 대체작업장 방식(AWA)은 정보통신기술의 발전에 힘입은 새로운 형태의 워크플레이스로서 근로자가 전통적인 중앙오피스 근무환경에서 벗어나 자유롭게 satellite office, home office, a virtual office와 같은 형태를 선택할 수 있는 방식이며(Ndubisi and Kahraman, 2005), 근로자가 원격 위치에서 근무하는 방식이며

(Sullivan, 2003), 유동성을 확보하기 위해 중앙오피스에 영구적인 업무스페이스를 가지지 않는 방식이다(Belanger and Collins, 1998).

대체작업장 방식이 출현한 배경에는 물론 정보통신기술(ICT)이 있지만, 근본적인 이유는 도입시 기대되는 장점 때문이다. 워크플레이스 공간 절감에 따른 운용비용 감소, 생산력 향상, 능력 있는 지식근로자 보유, 결근 감소, 고객만족도 향상, 교통체증 감소, 직원들의 일과 생활의 균형 등 수많은 장점 때문에 미국과 유럽 등지의 수많은 회사들이 대체작업장 제도를 도입·운영하고 있다. 이렇듯 더욱 많은 회사들이 대체작업장 방식을 도입함에 따라 영구적인 본인의 작업공간을 회사 내에 배정받아 일하는 근로자들은 점점 줄어들 것이다. Elkington(1998)은 트리플하단라인(Triple Bottom Line : TBL) 개념을 만들어냈는데 그 이유는 다수의 장점을 측정하는데 있어 경제적인 면만으로는 다양한 이점에 대한 설명이 부족해서였다. 트리플하단라인의 개념은 우리가 대체작업장 방식 도입 후 기대되는 장점에 대해 체계적으로 이해하는데 있어서 많은 도움을 준다. 여러 장점을 경제적, 환경적, 사회적 측면으로 나누어 생각해보면 표 3-5와 같다.

위에서 언급한 바와 같이 대체작업장 도입에 따른 이점들은 (TBL)의 세 가지 범주로 나누어 생각해 볼 수 있다. 대체작업장 도입은 조직적인 현상이며 성공은 보통 개인적 요소가 아닌 조직적 요소에 의해 결정된다(Shin et al., 2000). 많은 연구자들은 그간 대체작업장 관련 연구에서 사회적 문제나 노동자 관련 요인 및 IT 문제에 큰 관심을 가져왔으며(Shin et al., 2000 ; Ndubisi and Kahraman, 2005), 또한 몇몇의 연구는 대체작업장 도입이 결국은 근로자들 자신에게 이득을 주기 위함이라고 한다(Illegems, 2001). 하지만 대체작업장 도입의 상대적 우위(relative advantage)는 일반적으로 경제적 장점으로 설명되는바(Roger, 1995), 표 3-5에서 보듯이 도입 결정시에는 환경과 사회적 이유보다는 경제적 이유가 더 많이 고려된다.

표 3-5 트리플하단라인(TBL)에서 본 대체작업장 도입시 장점

TBL 범주	도입시 기대되는 장점
경제	유능한 인재 확보
	오피스 공간비용 절감
	향상된 생산력
	감소된 회전율 및 결근
	향상된 고객 만족
환경	교통체증 감소 및 공기질 향상
사회	노년층이나 장애인들을 위한 고용기회 확대 및 일과 삶의 균형 확보

도쿄공업대학(Tokyo Institute of Technology)의 Higa 교수에 따르면 대체작업장 도입 목적에는 크게 두 가지로 보고 있다 : 기업의 사회적 책임(corporate social responsibility : CSR) 모델과 업무재설계(business process reengineering : BPR) 모델이다. 대체작업장을 도입한 두 회사의 목적을 연구한 결과에 따르면, A회사는 근로자의 일과 삶의 균형 같은 CSR 목적을 가진 반면, B회사는 워크플레이스 비용을 절감하고 생산력 향상 같은 BPR 목적을 가진다는 것이다. 또한 CSR 목적을 가지고 대체작업장을 도입한 회사의 경우 파트타임 근로자(part-time distributed worker)가 많은 반면, BPR 모델에서는 전임근로자(full-time distributed worker)가 많았다. 이때 전임근로자가 많은 회사의 경우 고위 경영진 및 정보통신기술(ICT)의 강력한 지원이 수반되어야 한다.

3.4.2 대체작업장(Alternative workplace)의 유형

대체작업장 방식의 큰 장점으로 꼽히는 유연성(flexibility)은 근무조건, 생산성 및 성과에 큰 영향을 미치는 성공의 핵심요소이며(Origo and Pagani, 2008), 대체작업장 출현은 업무장소, 방법 및 시간을 크게 바꾸어 놓았다.

Gibson(2003)은 작업장을 다음과 같이 세 가지로 분류했다.

① 작업장은 어느 곳에 위치하는가?

② 작업장의 내부공간은 어떻게 구성되어 있는가?

③ 작업장의 공간이 어떻게 할당되고 관리되는가?

Van Meel(2000)은 표 3-6에서 보듯이 작업장을 장소, 공간, 사용에 따른 세 가지 수준으로

표 3-6 세 가지 레벨에서의 워크플레이스 솔루션

레 벨	종 류	설 명
장소	Central office	같은 부서의 근로자들이 사용하는 워크플레이스
	Satellite office	가깝게 거주하는 근로자들이 활용하는 텔레워크센터
	Home office	재택근무
공간	Cellular office	1 ~ 3개 정도의 워크스페이스를 수용하는 밀폐된 공간
	Group office	4 ~ 12개 정도의 워크스페이스를 수용하는 밀폐된 공간
	Open-plan-office	12개 이상의 워크스페이스를 수용하는 밀폐된 공간
용도	Personal office	한 명의 근로자에 의해 독점적으로 사용되는 워크플레이스
	Shared office	두 명 이상의 근로자에게 할당된 워크플레이스
	Hoteling	근로자가 미리 예약을 해서 사용하는 워크플레이스

분류하며 다음과 같이 질문한다.

① 장소에 따른 분류 : AWA형태로 근무하는 지식근로자들이 업무를 위해 얼마나 많은 장소를 사용하고 있는가?

② 공간에 따른 분류 : 장소의 레이아웃 기능은 어떠한가?

③ 용도에 따른 분류 : 용도에 따른 어떤 개념이 공간을 할당하기 위해 사용되고 있는가? (예를 들어 개인적인지 아니면 공동으로 사용하기 위한 용도인지 등)

이 외에도 주말 등 업무시간 외에 추가로 일하게 되는 형태인 supplemental work at home, 그리고 매니저와 물리적으로 떨어져서 일하는 형태인 원격 워크플레이스 등이 있다. 수많은 종류의 대체작업장 중 많이 도입되어 있는 형태는 표 3-7과 같이 센트럴 오피스(central office)에 위치한 on-site 형태와 센트럴 오피스를 벗어난 off-site 형태로서 두 작업장 형태에 대해 정의해 보자.

표 3-7 대체작업장의 종류

Place	AWA Type
On-site AWA	Hoteling
	Shared office
	Group address
Off-site AWA	Satellite office
	Home office
	Virtual office

대체작업장 중 조직의 토지 및 건물에 위치한 on-site 종류에는 free address, shared office, hoteling 등이 있으며, 조직의 토지 및 건물 밖에 위치한 off-site 종류에는 telecommuting(재택근무), satellite office, virtual office 등이 개발되어 왔다. 이 중 satellite office는 최근 한국의 행정안전부, KT, 코오롱, 한화, 포스코, 삼성화재, 코엑스 등에서 활발하게 추진중인 smart work center(SWC)와 흡사하며 미국의 telework center와도 유사하다고 하겠다. 또한 virtual office는 모바일 오피스(mobile office)와 흡사한 개념으로 주로 세일즈맨들이 컴퓨터나 스마트폰을 사용하여 시간과 장소에 상관 없이 업무를 보는 개념이다. 현재 점점 더 많은 회사들이 대체작업장 방식을 채택하기 시작하였으며, 대체작업장(Alternative workplace)의 수요가 끊임 없이 늘어나고 있는 실정이므로 앞으로 더 많은 형태의 다양한 대체작업장이 개발될 것으로 예상된다. 각 대체작업장의 종류별 정의는 다음과 같다.

1) On-site(사내에 위치한 워크플레이스)

호텔링은 on-site 종류로서 사용할 워크스페이스를 미리 예약해서 사용하는 형태이다(Gilleard and Rees, 1998). 호텔링은 먼저 온 순서대로 사용하는 방식인 free address나 hot desking과 흡사한 형태의 대체작업장이다(US GSA, 2009).

공유사무실(shared office)은 on-site 종류로서 워크스페이스가 두 명 이상의 근로자에게 할당된 형태이다(Van Meel, 2000). 공유사무실은 두 명 이상의 근로자들이 같은 워크스테이션을 미리 정한 방식대로 공유하는 desk sharing방식과 흡사하며, 특정 워크스테이션을 한 명의 근로자가 다른 시간 혹은 다른 요일에 사용하게 된다(US GSA, 2009).

그룹 어드레스는 on-site 종류로서 정해진 기간동안 특정 그룹이나 팀작업을 위해 사용되는 대체작업장의 한 가지 형태이다(Gilleard and Rees, 1998). 그룹 어드레스는 팀작업을 위해 디자인된 유연성을 갖춘 프로젝트 팀 환경(project team environment)이라고 불리며, 4~12명의 근로자들을 수용하기 위한 폐쇄된 형태의 대체작업장이다(Van Meel, 2000).

2) Off-site(사외에 위치한 워크플레이스)

세틀라이트 오피스(satellite office)는 off-site의 종류로서 국내에 행정안전부가 도입한 smart work center나 미국의 GSA가 도입한 telework center와 흡사한 형태로서 근로자가 자택에서 근접한 곳에서 업무를 볼 수 있도록 고안된 형태이다. 이때 세틀라이트 오피스는 정보통신기술이나 행정지원 등이 가능하므로 중앙오피스와 비슷한 환경을 제공한다고 하겠다(Fritz et. al, 1994).

홈 오피스는 off-site의 종류로서 모든 업무가 근로자의 자택에서 행해지는 형태이다. 홈 오피스는 텔레워크, 텔레커뮤팅, WAH(work at home) 혹은 WFH(work from home) 등으로 불리며(Stevens and Szajna, 1998), 우리나라에서는 재택근무라고도 한다.

가상오피스(virtual office)는 off-site의 종류로서 우리나라에서의 모바일 오피스(mobile office)와 흡사하며 스마트폰, 노트북, WiFi, 인트라넷 등의 정보통신기술을 사용하여 호텔, 공항, 비행기, 자동차 등 장소와 시간에 구애받지 않고 자유롭게 업무를 보는 형태이다(US GSA, 2009).

3.4.3 준비수준평가(Readiness level assessment)

오늘날 조직들이 기대되는 이익 때문에 대체작업장 도입에 관심을 보이고 있지만 모든 조직, 업무 및 근로자가 대체작업장 도입에 적합한 것은 아니다. 따라서 도입과 관련하여 효과적인 의사결정을 내리기 위해서는 조직을 종합적인 관점에서 평가하여 대체작업장을 도입하고 정착시켜 나가는데 있어 과연 어느 정도 준비되어 있는지의 수준을 평가해 볼 필요가 있다.

많은 연구자들은 혁신(innovation)을 새로운 아이디어, 정책, 프로세스, 제품 혹은 프로그램이라고 설명한다. 조직적 개혁(organizational innovation)은 도입을 시도하는 조직에 있어서 새롭다고 인식되는 관행, 제품 혹은 개념 소개라고 생각할 수 있다(Tornatzky and Fleischer, 1990). 또한 조직은 변화의 필요나 성과를 높일 수 있는 새로운 기술을 인식했을 때 혁신적인 행동(innovation behavior)을 취하게 된다(Utterback, 1971). 따라서 한 조직에의 새로운 작업장 방식 소개는 조직 안에 어떠한 혁신을 생성 및 확산시킨다고 이해할 수 있다. 따라서 혁신확산(Innovation diffusion)이론은 의사결정자가 조직적인 혁신으로서의 대체작업장 도입을 고려할 때 토대로 이용될 수 있다. 혁신확산(Innovation diffusion)이론에는 다섯 가지의 혁신속성(innovation attributes)이 있다 : relative advantage, compatibility, complexity, observability, and trialability(Rogers, 1995). 이 중 상대적 이점(relative advantage), 양립성(compatibility), 그리고 복잡성(complexity) 등 세 가지가 나머지 속성에 비해 혁신 도입 결정에 있어 더욱 중요하다(Karnowski and White, 2002, Sia et. al., 2004).

대체작업장 도입 이유는 첫 번째 혁신속성인 상대적 이점(relative advantage)으로부터 끌어낼 수 있다. 예를 들어 어떤 조직이 오피스의 비용절감 혹은 생산력 향상을 위해 대체작업장을 도입했다고 하면 이는 결국 상대적 이점(relative advantage)이 존재하기 때문에 도입을 결정한 것이라고 할 수 있다. 두 번째로 양립성(compatibility)은 조직적 혁신이 현재 조직의 상태와 양립할 수 있는 정도를 나타낸다. Leavitt(1965)은 모든 조직은 People, tasks, structure, 그리고 technology 등 이 네 가지의 상호구성요소들로 이루어져 있는데, 다섯 번째 요소로 조직문화(organizational culture) 또한 포함되어야 한다(Gordon and Olson, 1985). 따

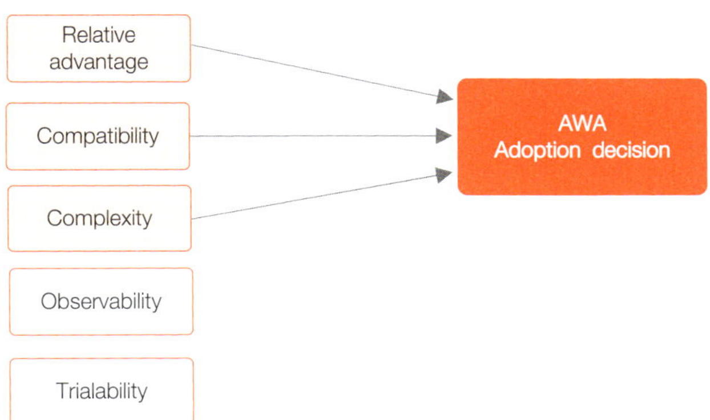

그림 3-6 대체작업장 도입 결정에 영향을 미치는 혁신속성

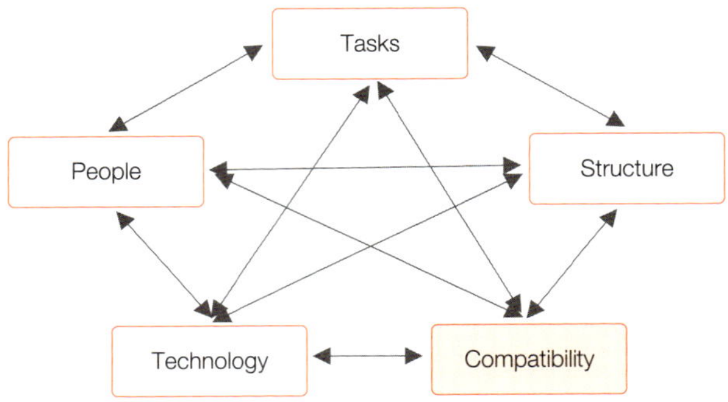

그림 3-7 조직 하위시스템의 대안모델
Gordon and Olson(1985)

라서 혁신도입, 즉 대체작업장 도입 결정을 위한 상태평가(condition assessment)를 할 때 이들 요소를 고려하여 양립성(compatibility)을 평가해 볼 수 있다(그림 3-7).

마지막으로 복잡성(complexity)은 조직적 혁신을 실행하는데 있어 어려움의 정도를 나타내는데, 복잡할 때 도입 확률은 줄어든다(Cooper and Zmud, 1990). 복잡성을 내포하고 있는 혁신은 기술과 노력을 요구하므로 혁신의 도입이 어려움을 겪게 되는 것이다. 또한 관리 측면에서의 어려움은 distributed worker들이 중앙사무실(central office)에서 물리적으로 멀어질수록 커지게 된다(그림 3-8).

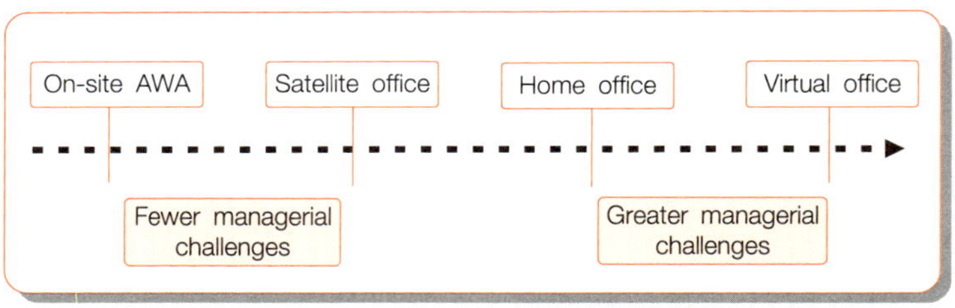

그림 3-8 대체작업장 체계에서의 관리상 어려움에 대한 연속체
(Kurland and Bailey, 1999 모델에서 수정)

세 가지 혁신속성(innovation attributes)으로부터 대체작업장(AWA)의 주요요소를 추출해내고 준비수준평가지표(Readiness level assessment indicator : RLAI) 항목을 정리하면 다음과 같다(그림 3-9).

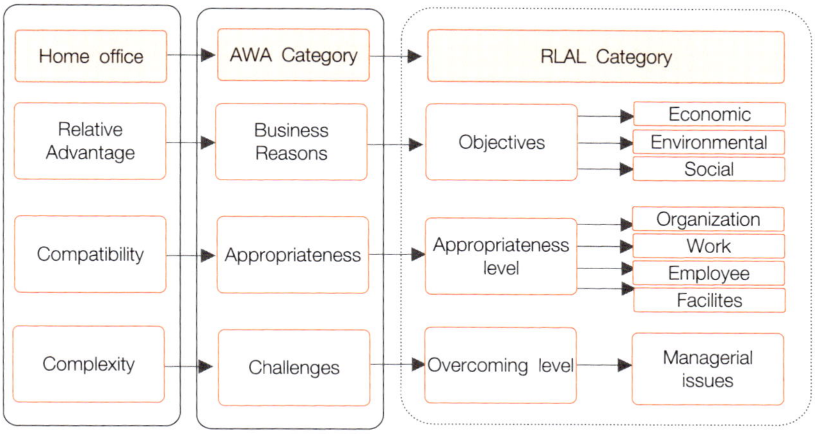

그림 3-9 평가지표개발 프로세스

3.4.4 도입 의사결정(Adoption decision making)

대체작업장 방식(Alternative workplace arrangements : AWA)은 조직적인 현상인데도 불구하고 그간의 많은 저서에서는 대체작업장에서 노동자들의 작업환경이나 사회적 문제에 많이 집중되어왔다. 오늘날 많은 의사결정자들은 효과적인 작업장 관련 결정을 촉진시키기 위해 조직 전체를 종합적 관점으로 이해할 필요가 있으나, 이것은 그리 간단한 문제가 아니다. 따라서 여러 조직들의 의사결정자(decision maker)는 대체작업장 도입과 관련하여 본인들의 조직이 과연 대체작업장을 도입하는데 적합한지, 적합하다면 어느 정도나 적합한지에 대한 해답을 찾으려 많은 노력을 기울여 왔다.

학자들은 대체작업장 이슈와 관련하여 많은 연구를 지속적으로 행해왔는데, 특히 대체작업장 도입 관련 결정을 내리는데 중요한 요소들과 속성들을 찾아내는데 많은 노력을 기울여 왔다. 오늘날 조직들은 효과적인 작업장 관련 결정을 촉진하기 위해 조직 전체를 종합적인 관점으로 이해할 필요가 있으나 이에 관한 연구는 거의 전무하다고 하겠다. 현재 어떤 조직, 업무 종류, 작업장(workplace)이 대체작업장을 도입하는데 적합한지에 대해서는 알려진 바가 없다고 할 수 있다.

Roper and Kim(2007)은 해당 조직에 대체작업장 도입의 적절성(appropriateness)을 측정하기 위해 네 가지 요소를 고려해야 한다(그림 3-10) : 조직(organization), 업무(work), 근로자(employee), 시설(facilities) 등이다.

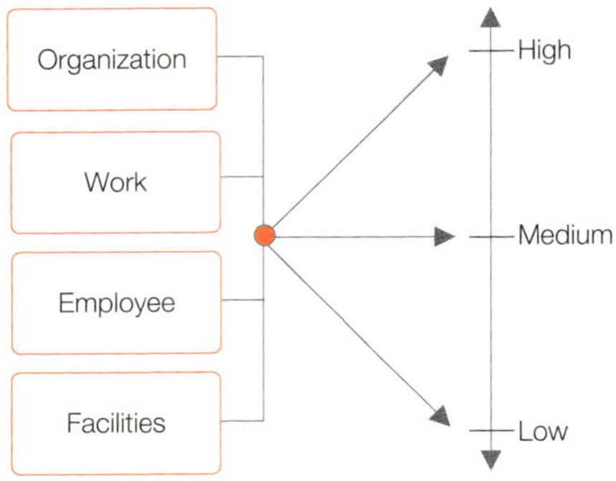

그림 3-10 적합성 측정을 위한 네 가지 요소

그렇다면 home office와 같은 특정 대체작업장을 도입하기 위해서는 어떤 식으로 의사결정이 내려져야 하는지에 대해 예를 들어보자. 어떤 조직의 오너가 home office 도입을 두고 조속히 의사결정을 내려야 한다고 하면 조직(organization), 업무(work), 근로자(employee), 그리고 시설(facilities) 등 네 가지 요소에 대해 동일가중치(equal weight)를 둘 경우, 표 3-8과 같이 측정이 가능하다.

표 3-8 홈 오피스 도입에 대한 자체 평가표

요 인	속 성	적합도	가중치	평가범위
조직	목적	AWA 산출물에의 부합 수준	1/4	1,2, or 3
	문화	AWA 친숙도 수준		1,2, or 3
	지원	전사적 지원 수준		1,2, or 3
업무	본질	AWA 적합 수준	1/4	1,2, or 3
	양식	상호작용 필요 수준		1,2, or 3
	프로세스	상호적 대 순차적 프로세스		1,2, or 3
근로자	선호	AWA 근무의 선호 수준	1/4	1,2, or 3
	경험	AWA 근무경험 수준		1,2, or 3
	순응성	자기충족성 수준		1,2, or 3
퍼실리티	ICT	지원 수준	1/4	1,2, or 3
	오피스	지원 수준		1,2, or 3
	비지니스	지원 수준		1,2, or 3
합			1	32 in max.

* 평가범위는 최고인 경우 "3", 최저인 경우 "1" 로 한다.
* 업무영역은 예외로서 최소한의 상호작용이 필요한 경우, "3", 최대한의 상호작용이 필요한 경우, "1". 또한 순차적 업무프로세스가 요구되는 경우는 "3", 상호적인 업무프로세스가 요구되는 경우는 "1"로 한다.

여기서 모든 요소 및 속성은 동일 가중치를 두고 있으며, 이 가중치는 오너의 자유재량에 따라 변경이 가능하다. 위의 표를 이용하여 준비상태를 평가할 때, 최고점(32)에 가까울수록 홈 오피스 도입에 적절하다고 할 수 있다. 그럼 각 요소 및 속성에 대해 조금 더 알아보자.

첫 번째 요소인 조직(organization) 및 그 속성에 대해 알아보자. 대부분의 조직은 비용 절감 혹은 생산력 증대와 같은 목적을 가지고 대체작업장 방식을 도입하게 된다. 여기에서 도입 목적(objective)은 대체작업장 도입시 기대되는 장점과 잘 부합되어야 한다. 만약 조직문화(organizational culture)가 대체작업장 방식화에서 근무하는 distributed worker에게 소외된 느낌을 주거나 혹은 승진 등에서 불이익을 가져다 준다면 적절성(appropriateness)은 떨어진다고 할 수 있다. 또한 대체작업장 도입이 성공을 거두기 위해서는 매니저와 근로자 사이의 신뢰가 우선시되어야 하지만, 조직적 지원(support) 또한 필수적이다(Haines et al., 2002).

두 번째로 모든 업무의 종류 및 성격이 대체작업장 도입에 적합하다고는 볼 수 없다. 업무요소를 확인해볼 때 유효한 속성들은 업무의 종류, 업무 프로세스, 그리고 상호작용(interaction)의 필요도 등이 있다. 일반적으로 볼 때, 대체작업장 방식에 적절한 업무의 종류는 프로그래밍, copywriting, 그래픽 디자인과 같이 성공적 업무이행을 위한 상호작용의 필요도가 비교적 낮은 업무라고 할 수 있다. 업무 프로세스는 업무가 완성되는 방식에 의해 결정된다. 업무 프로세스는 크게 두 가지로, 근로자간 빈번한 정보교환 없이 one-way로 업무가 진행되는 순차적인(sequential) 프로세스와 빈번한 코디네이션과 업무지시를 수반하는 개방형(open-ended) 혹은 상호적인(reciprocal) 프로세스로 나눌 수 있다. 물론 정보통신기술의 발전으로 인해 업무진행상 의사소통이나 정보 공유의 어려움은 극복될 수 있지만 일반적으로 볼 때, 순차적인(sequential) 업무 프로세스가 대체작업장 도입에 유리하며, 적절하다고 할 수 있다(Roper and Kim, 2007).

모든 조직 및 모든 업무가 그러하듯이 모든 근로자가 대체작업장 도입에 적합하다고는 할 수 없다. 지식근로자(knowledge worker)들은 보통 그들이 어떤 업무를 어떻게 행해야 하는지를 명확하게 알고 있는 경우가 많기 때문에 감독을 적게 받고 유연성을 확보하며 근무하기를 선호하며 많은 재능 있는 지식근로자들은 대체작업장 방식에 유리한 편이다. 하지만 아무리 잠재적으로 유리하다고 하더라도 본인 스스로가 매일 같은 시간에 같은 직장으로 출근하며 같은 시간에 퇴근하기를 원한다면 어쩔 수 없는 일이다. 또한 유연성 있는 업무환경에서 근무해 본 경험이 있는 근로자들이 대체작업장 방식에 조금 더 적합다고 할 수 있으며, 단독으로 업무를 수행할 수 있는 능력(self-sufficiency)이 있는 근로자가 더욱 적합하다고 할 수 있다.

마지막으로 조직적 지원 및 배려와는 별도로 정보통신기술(ICT), 오피스, 그리고 사업지원 수준을 고려해야 한다. 정보통신기술(ICT) 지원은 대체작업장 방식 성공에 매우 중요하다.

업무의 종류, 프로세스, 근로자의 직위 등에 따라 성공적인 업무를 위해 요구되는 데이터도 달라지는데, 조직은 어떻게 distributed worker가 대체작업장으로부터 중요한 데이터에 접근하게 할지를 신중하게 고민해야 한다. 대체작업장 근로자들의 접속 가능성(connectivity), 즉 인터넷, 케이블, FTTH(fiber to the home), cellular, wireless 등이 모두 사용 가능한지, 또한 조직의 중요한 데이터를 보호하기 위한 적절한 소프트웨어를 갖추고 있는지 면밀히 검토해 봐야 한다. ICT와는 별도로 유틸리티, 가구, 비즈니스시설, 메일서비스, 오피스 셋업이 제대로 갖추어져 있어야 하며, 근로환경에 영향을 주는 소음, 조명, 오피스시설 등도 고려해야 한다.

3.4.5 모니터링과 평가

대체작업장을 도입한 조직의 경우, 대체작업장 근로자들을 모니터링하고 그들의 업무성과를 평가하는 일은 기존 방식으로 사무실에서 근무하는 근로자를 평가하는 것보다 훨씬 어려운 일인데, 이는 distributed worker들의 불규칙적인 출현(irrgular presence), 물리적인 분리(physical separation), 그리고 상호작용(interation)의 어려움이다(Cascio, 2000). 사외(off-site)보다는 사내(on-site)에서 근무하는 distributed worker들을 관리하고 조정하는 것이 비교적 쉽지만 그들의 불규칙적인 출현(irrgular presence)이 관리상의 어려움을 준다. 결국, 대체작업장 방식에서 관리성의 어려움은 매니저가 distributed worker들의 업무프로세스를 관찰할 수 없음에서 비롯된다(Kurland and Bailey, 1999). 앞서 언급한 대로, 관리측면에서의 어려움은 distributed worker들이 중앙사무실(central office)에서 물리적으로 멀어질수록 커지게 되기 때문에 사외 근로자들이 오랜 시간 근무를 했다고 했을 때 매니저들은 그들의 업무성과를 측정하는데 많은 어려움을 겪게 되는데, 가장 큰 어려움은 바로 업무성과 측정과 조정(coordination)에서 찾을 수 있다.

세일즈를 하는 근로자의 업무성과를 측정할 때, 결과기반(result-based), 즉 판매량으로 측정한다고 해도 다른 종류의 distributed worker들의 업무성과를 측정하고 모니터링하는 것은 여전히 문제로 남게 된다. 따라서 조직은 결과물에 초점을 맞추어 업무를 평가하되 상호간의 지속적인 의사소통(communication)이 필수적이라 할 수 있다. 결국 업무개시 전에 매니저와 근로자간에 업무성과 평가에 대한 합의가 있어야 하며 명확한 업무목표를 설정해야 한다(Apgar, 1998).

코디네이션은 조직의 대체작업장 방식 도입의 목적을 달성하기 위해 모든 distributed worker들의 활동을 연결(linking)하는 과정이다(Fritz, et. al., 1998). 적절한 코디네이션을 위해 매니저들은 정기적인 미팅을 통한 근로자들과 직접 대면식의 의사소통(Face-to-face communication)이 필요하며, 이때 업무의 목표와 업무활동을 조정해야 한다. 대체작업장 방식에서의 업무에 대한 문서화된 정책(written policy), 가이드라인 및 절차는 매니저와 근로자 간의 이해를 높일 수 있다. 문서화된 정책은 단기뿐만 아니라 지속적인 방향을 포함하고 있어야 하며, 업무 가이드라인은 업무일정, 기대성과, 의무, 비용처리방침 등을 포함해야 한다. 추가로 조직은 distributed worker들을 원격으로 제어하고 관리할 수 있는 새로운 기술 및 도구를 지속적으로 개발하고 새롭게 대체작업장 방식 하에서 근무를 시작하는 근로자들을 위한 오리엔테이션을 개발하여 상호간의 이해를 높여야 한다. 이러한 업무성과 측정과 조정방식 도입은 관리상의 어려움을 극복할 수 있으며, 대체작업장 도입의 잠재적인 성공 가능성을 높여 줄 수 있다.

Keyword

- **대체작업장 방식**(alternative workplace arrangements : AWA) : 정보통신기술 발전의 영향으로 개인과 조직의 업무방식, 프로세스, 일과 삶의 균형 및 선호 등에 따라 기존의 전형적인 오피스방식에서 벗어나 시간 및 공간적으로 자유롭고 다양하게 구축된 워크플레이스 방식
- **지속가능한 FM**(sustainable FM) : 자연의 섭리에 적합하고 모든 구조물들의 환경파괴적인 영향을 최소화하여 보전하며 경제적, 환경적 또한 사회적으로 지속가능하도록 하는 FM 활동
- **그린워크플레이스**(green workplace) : 환경에의 악영향을 최소화하면서, 에너지의 효율성을 높이고 사용자의 건강을 개선하고 생산력을 향상시킬 수 있도록 설계된 워크플레이스
- **준비수준평가지표**(Readiness Level Assessment Indicator) : 모든 조직, 업무 및 근로자가 대체작업장 방식에 적합한 것은 아니기 때문에 도입 의사결정시 적절성 정도(준비상태)를 측정하기위한 평가지표

참고문헌

- Apgar, M.(1998), "The alternative workplace : changing where and how people work", Harvard Business Review, May~June, pp.121~136.
- Belanger, F. and Collins, R. W.(1998), "Distributed work arrangement : a research framework", The Information Society, Vol. 14, pp.137~152.
- Cascio, W. F.(2000), "Managing a virtual workplace", Academy of Management Executive, Vol.14 No.3, pp.81~90.
- Elkington, J.(1998), Cannibals with Forks : The Triple Bottom Line of 21st Century Business, New Society Publishers, Jackson, TN.
- Fritz, M.B., Higa, K. and Narasimhan, S.(1994), "Telework : Exploring the Borderless Office", in System Science, Proceedings of the Twenty-Seventh Hawaii International Conference, IEEE.
- Fritz, M.B., Narasimhan, S. and Rhee, H.(1998), "Communication and coordination in the virtual office", Journal of Management Information Systems, Vol. 14 No. 4, pp.7~28.
- Gibson, V.(2003), "Flexible working needs flexible space? Towards an alternative workplace strategy", Journal of Property Investment, Vol.21 No.1, pp.12~22.
- Gilleard, J.D. and Rees, D.(1998), "Alternative workplace strategies in HongKong", Facilities, Vol. 16 No. 5/6, pp.133~137.
- Haines, V.Y. III, St. Onge, S., Archambault, M.(2002), "Environmental and person antecedents of telecommuting outcomes", Journal of End User Computing, Vol. 14 No.3, pp.32~50.
- Karnowski, A. and White, B. J.(2002), "The role of facility managers in the diffusion of organizational telecommuting", Environment and Behavior, Vol. 34, No. 3, pp.322~334.
- Kim, J. and Roper K.(2008), Encyclopedia of Networked and Virtual Organization : Distributed work arrangements supporting the organization's needs, Information Science Reference.
- Kurland, Nancy B. and Bailey E. Diane(1999), "Telecommuting : The Advantages and Challenges of Working Here, There, Anywhere, and Anytime", Organizational Dynamics, NewYork, Autumn, Vol. 28, No. 2, pp.53~68.

- Ndubisi, N.O. and Kahraman, C.(2005), "Teleworking adoption decision-making processes : Multinational and Malaysian firms comparison", The Journal of Enterprise Information Management, Vol. 18 No. 2, pp.150~168.
- Origo, F. and Pagani, L.(2008), "Workplace flexibility and job satisfaction : some evidence from Europe", International Journal of Manpower, Vol. 29 No. 6, pp.539~566.
- Rogers, E. M.(1995), Diffusion of Innovations, Free Press, New York, NY.
- Roper, K. and Kim, J.(2007), "Successful distributed work arrangements : a developmental approach", Journal of Facilities Management, Vol. 5 No. 2, pp.103~114.
- Shin, B., Sheng O.R. and Higa, K.(2000), "Telework : Existing Research and Future Directions", Journal of Organizational Computing and Electronic Commerce, Vol. 10 No. 2, pp.85~101.
- Sia, C.L., Teo, H.H., Tan, B.C.Y. and Wei, K.K.(2004), "Effects of environmental uncertainty on organizational intention to adopt distributed work arrangements", IEEE Transactions on Engineering Management, Vol. 51 No. 3, pp.253~267.
- Stevens, G., & Szajna, B.(1998), "Perceptions and expectations : Why people choose a telecommuting lifestyle", International Journal of Electronic Commerce, Vol. 3, pp.70~85.
- Tornatzky, L.G. and Fleischer, M.(1990), The process of technological innovation, Lexington Books, Lexington, MA.
- Utterback, J. M.(1971), "The process of technological innovation within the firm", Academic Management Journal, Vol. 14 No. 1, pp.75~88.
- Van Meel, J.(2000), The European Office-Office Design and National Context, 010 Publish, Rotterdam.

4

Chapter

FM입장에서의 프로젝트 매니지먼트 원론

Project Management Principle in Facility Management

4

FM입장에서의 프로젝트 매니지먼트 원론

프로젝트 매니지먼트는, FM의 연장이지만 이미 존재하는 건물의 운영(Operation), 일상유지(Maintenance), 대인지원(Personal support Services)과는 그 규모와 추진방법이 다르다. 프로젝트는 조직(Organization)이 목적(Purpose)으로 하는 사업(Business)을 위한 도구, 즉 경영자원인 퍼실리티를 마련하기 위한 미래지향적이고 계획적인 과업이다. 특히, 프로젝트의 계획과 실시를 위하여 조직(Project Team)을 임시로 구축하여 운영하는 특징이 있다.

프로젝트에서 FMer은 목적물의 계획과 프로젝트의 실시에 필요한 각종 하부 업무를 이해하고, 외부 서비스 제공자를 잘 관리하여 성공인 퍼실리티를 조달하여 이용자에게 공급하여야 한다. 외부의 서비스 제공자 역시 발주자측 FMer이나 PMer의 의도와 스스로의 역할을 잘 이해하여 효율적으로 협력하는 것이 자기이익에도 부합된다고 생각된다.

본 장에서는 고객조직의 경영체계와 FM 및 PM과의 관계, 프로젝트 및 그 관리, 프로젝트 팀의 조직화 방법을 원론적으로 정리한다.

4.1 도입(Introduction)

FM이란, '기업과 단체 등이 조직적으로 활동하기 위하여 시설과 그 환경을 기획 - 취득 - 운용유지 - 관찰 및 재조정하는 종합적 경영활동'이다. 즉 '조직의 근본적인 목적을 건실하게 지원하기 위한 환경을 조성하기 위해 건물과 기반시설을 조달(Procurement), 운용(Operating), 유지(Maintaining), 개선(Improving), 그리고 적정화(adapting)하는 통합적 접근(Total Facilities Management)'이 FM이다. Facility 및 Management에 대한 개념, 즉 FM의 특성은 제1장 FM 서론(Introduction to FM)에서 상세하게 거론되었다.

한편, 퍼실리티 프로젝트는 고객조직의 일상적인 시설운용유지관리 범위 안에서 처리할 수 없는 일을 실현하는 체계적인 수단이다.

즉 프로젝트는 비교적 규모가 크고, 목적달성에 소정의 기간이 소요되는 과업단위로서, 고객기업의 중장기 실행계획 및 방침 설정이라는 전략적 의사결정에 기반을 둔다. 예를 들어, 시설의 취득 또는 임대차, 신축건물 건설이나 일정규모 이상의 개수 혹은 업무환경(Workplace) 변경 등을 퍼실리티 프로젝트라 할 수 있다.

다시 말하면 2장에서 언급된 전략적 시설계획(Strategic Facility Planning)을 실현하는 한시적(Temporary) 수단이 프로젝트이며, 조직의 본래 목적(Core Business의 목적) 및 FM목표가 프로젝트를 제어하는 요소로서 상위에 존재한다. 중장기 방침이나 전략적 계획은 조직의 내부적인 요구사항뿐만 아니라 시장의 수급상황, 고객의 요청, 관련기술 진보, 법률적 규제 강화 등의 영향을 받으며, 프로젝트는 조직의 그러한 방침이나 계획에 대응하는 것이 된다.

프로젝트 관리(Project Management)란, 상기의 영향요인들을 수렴한 프로젝트의 요구사항(Requirements), 조건(Conditions), 제한(Constraints)을 충족시키기 위하여 프로젝트 관리에 관한 지식과 기술, 도구와 기법 등을 프로젝트 활동에 적용하는 것이다. 즉 퍼실리티에 관한 조직 내외의 요구에 대하여 현재의 시설이나 상태로는 만족시킬 수 없다고 경영적으로 판단한 경우에 그 요구사항을 충족시키기 위하여 발생되는 특유한(Unique) 목적 및 수단으로 한시적 투입하는 점진적(Progressive) 노력이 프로젝트이다.

프로젝트를 통하여 창출되는 것에는 새로운 건축물 등의 산출물(Products), 특별한 목적의 지원업무(Personal Support Services), 의도된 실험이나 조사 결과(Results) 등이 있으며, 퍼실리티 관련 프로젝트도 마찬가지의 산출물이 있을 수 있다.

FM과 PM의 공통점은 '조직의 목표 및 전략적 계획을 달성하기 위해 수행된다', '담당자인 인간에 의해 수행된다', '자원 등의 제약을 받는다', '계획 - 실행 - 관찰 및 조정된다'는 것이다. 또한, '요구사항 정의(Identifying Requirement)', '명확하고 달성 가능한 목표 설정', '품질/시간

/비용 등 제약간의 균형 유지', '다양한 이해관계자의 서로 다른 관심사와 기대치에 부응하는 계획 및 접근' 등도 중요한 공통점이다. 이러한 매니지먼트 수법은 본 장에서도 거론되지만, 제6장의 운용 및 유지관리(Operation & Maintenance) 등 본서 전체에 걸친 공통적 주제이다.

FM과 PM의 차이점은, FM이 지속적이고 반복적인 반면, PM은 한시적이며 특유하다는 것이다. 즉 PM의 목적은 요구된 품질, 비용 등의 관리목표를 제한된 시간 내에 달성하는 것이고, FM은 이러한 목표 달성뿐만 아니라 그것을 유지 및 개선하기 위한 지속적 노력을 포함한다. 즉 FMer이나 PMer이나 주어진 목표를 달성할 책임이 있으나, FMer의 책무는 일차적인 당면 목표의 달성에서 끝나지 않고, 기업의 근본적인 목적 달성을 위해 상시적이고 지속적으로 노력하는 것이다. 간추려 말하면, PM은 한시적 현안의 1차 목표 달성이고, FM은 조직의 궁극적인 목적을 지속적으로 지원한다는 것이 차이점이다.

그러나 매니지먼트 행위의 원리는 FM이나 PM 모두 같다고 볼 수 있으며, PM은 FM의 지배를 받는 하부요소라고 할 수 있다. 즉 FM은 프로젝트 생성의 근거를 구체화하고, 방향을 제시하며, 추진 과정을 감독하고, 결과물을 인수하여 운용유지하는 것까지 포함한다. 따라서 설계와 시공을 포함한 퍼실리티 프로젝트의 속성 및 그 관리방법에 대해서 FMer가 잘 알고 있을수록 프로젝트의 성공 가능성은 높아진다. 이것이 FMer이 본 장을 읽어야 하는 이유이다.

시설의 장르(기능)별 FM 사례는 제9장 FM 실무(FM Practice)에서, 운용유지의 각론에 대해서는 제6장에서, 업무환경(Workplace)의 조성에 관련된 이론은 제3장 Work Place에서, 시설의 임대차 및 부동산의 매수 및 매도 관련 프로젝트는 제7장 Real Estate(Property Management)에서 언급한다. 본 장에서는 신축건물건설과 대규모 개수, 그리고 사무실 이전 프로젝트의 매니지먼트에 관하여 요점만 기술한다.

한편, FM뿐만 아니라 PM에서도 ICT(Information and Communications Technology)는 활용된다. FM 및 PM 관련 ICT에 관해서는 제8장 FM Technology에서 종합적으로 거론하고, 본 장에서는 프로젝트 매니지먼트에 있어서의 활용과 관련하여 간단히 언급한다.

한편, 프로젝트 및 매니지먼트에 대해서는 그 개념 정의와 실천 수법에 대한 다양한 주장들이 있다. 반면에 프로젝트 매니지먼트 분야에서도 범세계적으로 표준(Standard : 확립된 규범, 방법, 프로세스 및 통상적으로 인정되는 실무관행을 설명하는 공식적 문서)으로 인정받고 있는 PMBOK이 있다. 이것은 매니지먼트 분야의 ISO와도 연동되므로 독자들의 일관성 있는 이해와 인식의 국제적 공유를 위하여 PMBOK의 논리체계를 존중하여 기술한다.

4.2 퍼실리티 프로젝트의 매니지먼트 개요

4.2.1 매니지먼트(Management)란

시설(Facility)과 관리(Management)의 합성어인 FM에 대한 정의는 제1장 서론(Introduction to FM)에서 거론되었지만, 다시 한 번 정리를 하면 다음과 같다.

퍼실리티란, Built Environment(IFMA), 시설과 그 환경(JFMA, 총해설 퍼실리티 매니지먼트), Buildings and Infrastructure(Brian Atkin & Adrian Brooks, Total Facility Management), An installation, contrivance, or other thing which facilitates something : a place for doing something(wikipedia, the free encyclopedia) 등으로 표현하고 있다. 우리말로 하면 "어떤 목적을 위하여 인공적으로 마련한 살림터(場, Place) 및 세간(什具, Wares and Tools)"이라고 정의할 수 있다. 살림터는 단순히 공간을 의미하기 보다는 목적과 행위를 포함한 공간의 총체이고, 세간은 물건, 살림살이, 도구나 구조물을 망라하여 표현하는 순수 우리말이다. 어쨌든 퍼실리티는 인력, 자본, 기술과 절차, 지식 및 정보, 상표 및 신용(브랜드), 조직의 풍토 등과 더불어 조직의 중요한 경영자원의 하나이다.

관리(Management)란, 조직의 효율적이고 효과적인 운영에 관한 것이다. 이것은 크게 경영과 관리라는 두 레벨로 나눌 수 있다. 경영(經營 : Administration)은 조직 전체의 방침결정-계획(목표설정)-조직화(조직편성 및 요원배치)-동기부여 및 지휘통제-감시 및 조정하는 통합적·전략적·장기적 공정들(Processes)이다. 관리(管理 : Management)는 경영레벨에서 설정된 조직의 목표를 실현하는 전문적·전술적·단기적인 방법으로 계획(Plan)-실천(Do)-점검(Check)-환류(Feedback)하는 순환(Cycle)이다. 따라서 퍼실리티와 관련하여 소유형태, 필요규모, 품질(품격, 쾌적성, 생산성, 신뢰성, 환경보전성, 이용자 만족도), 전면적 용도 전환 등의 목적과 목표를 설정하는 것은 경영권자의 의사결정 요소이고, 기존 공간에서의 배치변경, 조명 및 공조의 효율화, 부분적 용도변경, 중장기 유지보전 등을 위한 현황파악(자료수집)-분석 및 종합-계획수립-실시를 관할하는 것은 실무 관리자의 책무이다. 그러나 경영과 관리는 긴밀하고, 현실적인 경계도 불분명하며, FMer의 책무도 경영과 관리를 연계하는 것이므로 본서에서는 경영과 관리를 포괄적으로 '관리' 또는 '매니지먼트'로 표현한다. 결국, FM은 퍼실리티뿐만 아니라 인력, 자본, 기술과 절차, 지식 및 정보, 상표 및 신용(브랜드), 조직풍토 등 모든 경영자원의 효율 및 생산성을 높이기 위한 조직적이고 통합적 행동수단이라고 할 수 있으며, PM은 FM의 목표를 달성하기 위하여 특별히 정의된 단위 프로젝트에 대한 관리이다.

4.2.2 프로젝트(Project)란

FMer 또는 발주자측 PMer이 프로젝트를 원활히 수행하기 위해서는 우선 프로젝트의 개념과 속성을 이해할 필요가 있다. 프로젝트란 '요구사항에 의거'하여, '고유한(Unique) 산출물(Products), 지원행위(Personal Support Services), 조사나 실험의 결과(Results) 등 산출물'을 창출하기 위하여 '한시적(Temporary)으로 투입하는 노력'이다.

이때, '고유하다'는 것은, 산출물에만 해당되는 특징이 아니고, 주어진 조건이나 요구사항 및 노력의 방법에 반복적이거나 유사한 요소를 일부 포함하더라도, 그렇지 않은 요소들이 포함되어 있다는 뜻도 있다. 성공적인 프로젝트를 위해서는 이러한 비반복적인 특이한 요소에 주의를 기울일 필요가 있다. '한시적이다'라는 것은, 프로젝트의 목표를 달성하는데 주어진 시간에 한계가 있다는 말이다. 즉 일의 시작과 끝이 있다는 뜻이며, 그렇다고 프로젝트 산출물의 효용기간이 한시적이라는 것은 아니다.

FM 입장에서 보면, 조직의 FM부문이 작성한 중장기 실행계획이나 전략적 계획에 근거하여 새로운 시설이나 설비 개발, 새로운 서비스 방식 개발, 조직 구조 및 인적 자원 재배치나 업무 스타일의 변화를 유도하는 업무환경 조성, 새로운 정보시스템 개발 또는 획득, 새로운 건물의 건설, 새로운 업무처리 방식이나 절차 구현 등의 퍼실리티 프로젝트가 있다. 즉 퍼실리티 프로젝트는 시설의 기획(企)-설계(計)-구축(造)-운영(營)-유지수선(繕)-철거(廢)-처리(棄)라는 생애주기에서 발생하는 '정의된 과업'이다.

한편, 퍼실리티 프로젝트는 신축, 개수 및 업무환경 조성 등 시설의 형상을 물리적으로 변화시키는 것과 임대차 및 매수매도 등 소유형태를 변화시키는 것으로 대별할 수 있다. 전자는 지금은 존재하지 않는 물건이나 상태를 구현하기 위하여 계획, 설계 및 시공을 수반하는 것이고, 후자는 이미 존재하는 물건에 대한 평가와 선정 및 계약을 주로 하는 것이다(총해설 FM). 물론, 이 두 가지 특성을 모두 가진 복합 성격의 프로젝트도 있다. 물리적 형상을 변화시키는 프로젝트는 건축행위와 관련된 지식기반이 필요하고, 소유형태를 변화시키는 프로젝트는 임대 혹은 매매 등 부동산 거래에 관련된 지식기반이 필요하다. 양측 모두에 공통되는 것은 착수-계획-실행-관찰 및 조정-종료라는 점진적 과정, 즉 매니지먼트 프로세스를 거친다는 것이다. 이러한 점진적 과정을 거치지 않는 우발적이거나 단기적이고 단순 처방 행위는 프로젝트라고 하지 않으며, 관리된 행위라고도 말할 수 없다(PMBOK, 2008). 즉 일상유지, 소규모의 임기응변적 수선, 예방보전, 가구 및 비품의 단순한 교체 등은 FM 관련 업무일지이더라도 프로젝트라고 할 필요가 없다. 즉 프로젝트는 요구에 부응하여 계획이나 설계가 필요한 일정규모 이상의 일로서 여러 전문적 주체가 관여하여 특정기간 및 비용이 소요되는 과업이다.

결국 프로젝트는 일상의 운용유지에 비하여 경영자의 전략적 의사결정, FMer과 경영자 및 이용자와 고도의 의사소통, 조직 내외의 부문간 긴밀한 조정이 필요하다. 프로젝트는 완료 후에 당연히 고객(유지관리자) 혹은 이용자에게 관리권 및 이용권이 인계된다.

4.2.3 프로젝트 매니지먼트(Project Management)란

관리는 모든 레벨 및 항목 대상에 대하여 착수-계획-실행-관찰 및 조정-종료라는 점진적 과정을 거치는 것이다. 즉 계획을 세워 추진하고 그 경과를 지속적으로 관찰하여 계획을 변경하거나 실행방법을 조정하는 것이 관리이다. 관찰 및 조정은 프로젝트의 모든 단계 및 과정에서 지속적으로 실시해야 한다. 왜냐하면, 모든 계획은 미래상황에 대한 예측을 전제로 하고 있으며, 상황이 구체화됨에 따라 계획에 현실을 반영해야 하고, 또 계획을 더욱 구체화시켜 나가야 한다는 뜻이다. 이것이 프로젝트의 특성 중 하나인 점진적 구체화이다.

프로젝트 매니지먼트(Project Management)란, 위에서 기술한 매니지먼트를 프로젝트에 적용하는 것이다. 즉 '이용자 고객 및 그 외 이해관계자들의 요구사항(Requirements)을 충족시키기 위하여 관리에 관한 지식, 기술, 도구, 기법 등을 프로젝트 구성원의 활동에 적용하는 것(PMBOK, 2008)'이다. 따라서 프로젝트 관리의 목적은 프로젝트의 모든 단계(Phase)에서, 모든 이해관계자의 우려사항 및 기대사항을 포함한 요구사항, 조건 및 제약사항(Constraints)을 식별하여 처리하는 것이다. 관리의 목표는 프로젝트의 범위, 성능, 일정, 예산, 자원, 리스크 등에 대한 요구사항과 제약사항 사이의 균형을 유지하는 것이다.

한편, 프로젝트에 따라 중점을 두어야 할 목표나 요구사항 및 제약사항이 달라지는 것이 일반적이다. 이 중점적 관리요소에 대해서는 프로젝트와 관련된 모든 이해관계자의 공통인식이 필요하며, 이것이 어긋나 있으면 관리의 방향성을 잃을 수도 있다. 또한 특정 요구사항이 변경되면 그와 연동하여 다른 요소에 영향을 미친다. 즉 일정을 단축하기 위해서는 추가예산이 소요될 수 있으며, 예산이 확보되지 않으면 범위를 축소하거나 성능을 하향조정할 수밖에 없는 경우도 발생한다. 따라서 프로젝트 관리에 있어서 종합적이고 균형 있는 사고방식이 필요하다. 즉 계획 및 실천단계에서 통합관리와 변경관리가 매우 중요하다.

FM입장에서 프로젝트 관리를 보면, 고객조직 핵심사업(Core Business)의 업무상 요구 및 복리적 요구에 부응하기 위하여 목표로 한 예산 및 기한 조건 내에서 설계와 시공 및 이전을 완료하는 것이다. 즉 고객조직이 중장기 계획 및 기본방침을 정하여 그에 따른 구체적인 요구조건을 작성하고 범위·성능·일정 등의 목표와 예산·자원·리스크 등의 제약 내에 완성할 수 있도록 각 단계 및 업무의 착수-기획-실행-관찰 및 조정-종료 등을 적절하고 확실하게 실천하는 것이 요점이다. 중장기 계획을 실천하는 것이 프로젝트이므로 장기적인 비전에 관심이 적은 은퇴를 앞둔 사람을 프로젝트 책임자나 관리자로 임명하는 것은 적절하지 않을 수도 있다.

4.3 프로젝트 관리 업무와 체계

4.3.1 프로젝트 프로세스(Project Process)

여기서 말하는 프로젝트 관리 업무와 체계는 모든 프로젝트 관리의 기본적이고 공통적인 개념이므로 개별 프로젝트 관리에서도 이 골격을 우선적으로 확립하는 것이 필요하다.

프로젝트는 점진적 구체화라는 특징이 있으므로 그에 적합한 단계를 거쳐 종료해야 한다. 따라서 프로젝트 단계(Phase)에는 일반성이 있다. 즉 고객기업의 방침결정 및 기획, 실시를 위한 계획 및 설계, 물리적 구현을 위한 시공 · 검사 · 인수 이전종료 등의 단계이다. 또한 각 단계는 하나 이상의 공정(工程, Process＝이하 프로세스)으로 구성되어 있다.

프로세스란, 미리 정의되고 계획된 산출물(제품, 서비스 또는 결과)을 달성하기 위하여 수행하는 일련의 조치와 활동의 집합이다. 시스템 이론에 입각하여 설명하면 각 프로세스는 '투입물 - 적용할 수 있는 도구 및 기법 - 산출물'로 성격이 규정된다. 그리고 프로세스마다 그 것들이 각각 다르다. 구체적으로 말하면, 모든 프로젝트의 모든 프로세스는 투입물, 도구 및 방법, 산출물이 특징적이다. 따라서 프로젝트 관리를 미리 정해진 경직된 도구 및 기법을 통하여 기계적으로 추진하려는 것은 지나친 발상이 되기 쉽다. 그 이유로 프로젝트는 인간이 포함된 창조적 행위의 집합이라는 것과 요구사항이나 조건 및 제약사항이 각기 상이한 것, 그리고 좀더 나은 성과를 위하여 새로운 도구와 방법을 실무에 적용할 수 있는 기회인 것 등이다.

한편, 이미 언급한 바와 같이 프로젝트는 점진적으로 구체화되는데, 두 가지 측면에서 중요하다. 하나는 산출물 공정(Project Product Oriented Process, 이하 POP)으로, "프로젝트의 목적물은 개시 - 조직화 및 준비 - 본 작업 수행 - 종료 등 추상적인 발상에서 출발하여 구체적인 작업단계(Phase)를 거쳐 완성된다"는 의미에서이다. 다른 하나는 관리공정(Project Management Process)으로, "프로젝트의 모든 작업과 의사결정은 관리 측면에서 착수 - 계획 - 실행 - 종료라는 논리적 전개과정이 있으며, 그 중에는 항상 관찰(Monitering) 및 조정(Control)이라는 되먹임(Feedback)이 반복(Cycle) 된다"는 것이다.

즉 프로젝트 프로세스는 표 4-1과 같이 특성이 다른 두 가지 그룹으로 구분할 수 있다. 이

표 4-1 프로젝트 프로세스 그룹 구분

프로젝트 산출물 공정 (POP : Project Product-Oriented Process)	제품, 서비스 및 결과 등 산출물 그 자체 및 그것의 창출에 필요한 기술적(Engineering) 기량과 역량을 적용하는 공정이다. 즉 산출물을 구체화하여 산출하는데 필요한 도구와 기법이 포함된 활동의 집합이다. 이것은 관리의 존재 근거이며 중요한 대상(Object)의 하나이기도 하다. 이것은 일반적으로 프로젝트 생애주기(Life Cycle)에 의해 규정 된다.
프로젝트 관리 공정 (PMP : Project Management Process)	프로젝트 목적 및 목표를 달성하기 위한 인적 조직의 활동이, 효율적이고 효과적으로 이루어지도록 하기 위하여, 관리적(Managerial) 기량과 역량을 적용하는 프로세스이다. 즉 목적 및 목표를 경제적, 합리적으로 달성하는데 필요한 인간의 행위수단과 방법이 포함된 활동의 집합이다. 이것은 관리항목(목표, 지식영역)별 관리 사이클(Management Cycle=Management Process)에 의해 규정된다.

와 같은 구분에 의하면 프로젝트 매니저(이하, PMer)에게는 관리상(Managerial) 기량과 역량이 필요하고, POP의 전문가에게는 담당부문의 설계기술(Engineering) 및 실현(Execution Technology & Skill)에 대한 이해와 통찰력이 기본적으로 필요하다. 그러나 상기 두 프로세스는 서로 중첩되기도 하고 상호작용을 하므로 관리자 및 기술자는 서로 상대편의 속성을 어느 정도 이해하고 있을 필요가 있다. 특히 프로젝트 관리는 PMP와 POP를 통합하는 활동으로 각각에 포함된 하부 프로세스를 서로 조화·연동시킬 수 있는 능력이 요구된다. 이 두 프로세스 그룹은 상호의존적이기 때문에 하나가 없으면 다른 하나도 있을 수 없다.

한편 인적 자원(Human Resource Management), 즉 조직(Organization) 관리 측면에서 보면, 항상 존재하는 영구조직의 운영관리(Operation Management)와 일시적으로 존재하는 임시조직의 프로젝트 관리(Project Management)는 공통점과 차이점이 있다. 공통점은 계획-실행-관찰 및 조정되는 것(점진적 구체화)이고, 차이점은 시작과 종료의 유무이다. FM은 프로젝트가 없더라도 조직운영(Operation)의 중요한 일부이다. 또한 프로젝트가 발생하면, FMer은 사훈이나 내규 등 '조직의 프로세스 자산' 및 '조직 환경요인'이 프로젝트 POP 및 PMP에 전달·적용되도록 해야 하며, PMer을 포함한 프로젝트 팀은 그것을 이해하고 실천·달성해야 할 책임이 있다.

'프로젝트 팀'은 프로젝트를 성공적으로 수행하기 위하여 다음과 같은 조치를 해야 한다.

- 목표달성에 필요 적절한 프로세스 구축
- 요구사항을 충족시키기 위해 적용 가능한 정의된 접근법 채용
- 입장이 다른 이해관계자의 요구사항을 상호 부합시킴
- 상충되는 관리목표(Scope, Time, Cost, Quality, Risk 등)의 균형 유지

4.3.2 프로젝트 산출물 공정(POP = Project Product - Oriented Process)

프로젝트 산출물 공정(POP)은 제품, 서비스 또는 결과 등 산출물, 즉 재화 생산에 직접적인 영향을 미치는 공정이다. 시간이 흐름에 따라 목적으로 하는 산출물이 점진적으로 구체화되는 일련의 흐름이 POP이다. 각각 구체적인 목적(물)이 있는 프로젝트에서는 프로젝트 개시 - 조직화 및 준비 - 본 작업의 수행 - 종료 등의 단계(Phase)가 있고, 그 단계 전체를 프로젝트 생애주기(Life cycle)라고도 한다. 예를 들어 건물 신축 프로젝트는 개시 - 계획 - 설계 - 시공 - 준공 - 종료 단계로 나누는 것이 일반적이다. 각 단계는 서로 면밀한 관계가 있으나 목적물의 구체성과 생산활동의 양식이 다르다. 그러나 단계 간의 중복이나 재작업이 전혀 허용되지 않는다는 의미는 아니지만 이 프로젝트 생애주기는 프로젝트 진행의 기본 흐름이 된다.

각 단계는 하나의 조직에 의해 일관적으로 수행될 수도 있고, 각기 다른 주체에 의해서 수행될 수도 있다. 시설의 물리적 형상을 변경하는 퍼실리티 프로젝트의 특징은 설계단계와 시공단계의 주체가 달라지는 경우가 많다는 것이다. 이 외에도 프로젝트의 특징이나 고객(발주자)의 의도에 따라 각종 조사 분석자나 기획자(企劃者 : Planner)가 관계하기도 한다. 또한 설계행위도 좀 더 구체적으로 구분하면 기능 및 의장설계자(設計者 : Designer)와 기술설계자(技術者 : Engineer)로 구성되어 있다. 기술 및 문명이 발달한 정도에 따라 각 단계 및 분야는 보다 세분화된 전문영역으로 발전하는 경향이 있다. 또한 법규나 문화의 차이에 따라 다르기도 한데, 설계와 시공을 단일주체가 할 수 있는 나라도 있고, 그렇지 않는 나라도 있다.

프로젝트 매니지먼트 입장에서 보면, 프로젝트 산출물 공정(POP)에는 다음과 같은 일반원칙이 있음에 주의해야 한다. 즉 비용이나 인력 투입은 개시 및 준비단계에는 낮고, 작업의 실행단계에서 높아진다. 한편, 실패했을 경우의 리스크(비용) 크기는, 프로젝트 개시 단계에서 가장 높고 프로젝트가 진행될수록 낮아진다. 따라서 적은 비용으로 많은 효과를 창출하기 위해서는 프로젝트 초기단계에서 관리를 잘 해야 한다. 또한, 초기에 명확히 해야 할 중

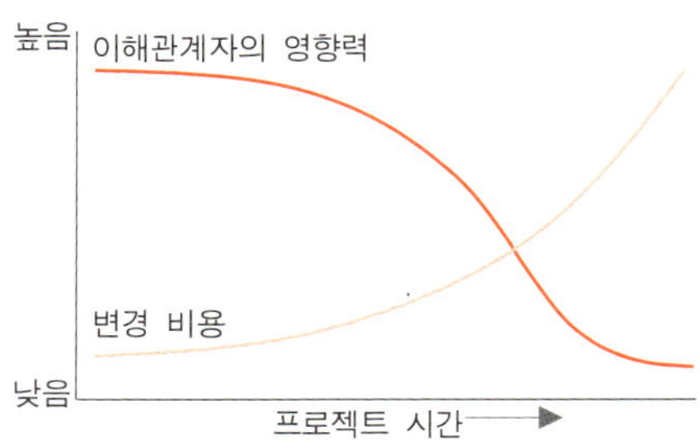

그림 4-1 시간경과에 따른 영향력과 변경비용의 변화

요한 의사결정을 뒤로 미루면 나중에 막대한 변경 비용을 필요로 한다는 의미도 된다.

프로젝트 단계를 구분하는 목적은, 각 단계 주요 산출물(인도물)의 완성을 효과적으로 관리하기 위함이다. 따라서 일반적으로 프로젝트가 크고 복잡할수록 단계를 세분화할 필요성이 있다. 프로젝트 개시 - 조직화 및 준비 - 작업 수행 - 프로젝트 종료라는 생애주기의 기본틀을 소규모 건물 신축 프로젝트에 적용하면, 프로젝트 개시 - 계획 - 설계 - 시공 - 준공이 된다. 규모가 큰 프로젝트에서는 시장조사 및 분석 - 건축기획 - 사업타당성 분석 - 기본설계 - 실시설계 - 시공 - 시운전 - 준공 및 인도 등으로 세분되기도 한다. 이들 각 단계는 목적이나 입장에 따라 하나의 개별(하부) 프로젝트로서 취급되기도 한다. 프로젝트의 특성이나 고객(Client = 발주자 또는 Developer 등)의 의향에 따라 POP 각 단계를 구분·담당하는 주체의 분리나 통합 등에 관한 전략을 고객 조직의 FMer이나 PMer이 수립해야 한다.

프로젝트 매니지먼트 입장에서는 각 단계의 시작과 종료에서 다음에 주의하여야 한다.

- 단계의 구분은 필요한 통제수준, 유효성, 불확실성 정도 등을 고려하여 필연성과 유용성에 주의한다.
- 일반적으로 각 단계는 구체성에 있어서 시간적으로 순차(Sequential) 관계에 있다. 따라서 단계를 명확하게 순차적으로 적용하면 불확실성이 줄어든다.
- 애초의 목표보다 시간을 단축하거나 지연된 시간을 만회하기 위해 단계를 중첩(Overlapping)시키는 경우도 있다. 시간단축기법의 하나인 선행착수법(Fast Tracking)이 이러한 예이다. 그러나 정확한 정보를 확보하기 전에 다음 단계를 진행한다면 재작업 발생 가능성 등 리스크가 높아진다. 즉 어떤 단계가 끝나지 않아도 그 후속단계를 개시하는 경우도 있으나 이때는 새로운 위험이 발생하기 때문에 PMer보다 상위관리자, 즉 고객기업 FMer나 경영층의 판단이 필요하다.
- 외부상황이 급격히 변화하거나 내부의 추이결과를 사전에 명확히 예측할 수 없을 때는 계획 및 실천 등 전후관계를 고의적으로 반복(Iterative) 진행하는 경우도 있다. 그러나 반복(재작업)에는 그에 따른 자원의 소비가 수반된다.
- 단계의 시작에서는 허용되거나 기대되는 사항, 즉 요구사항과 조건 및 제한사항을 명확히 해야 한다. 초기의 가정이 재평가되고 리스크를 검토하여 해당 단계의 하부 프로세스를 구체적으로 정의한다.
- 단계의 종료 시점에서는 완성도 검증과 인수 여부를 결정하기 위해 주요 인도물을 검사한다. 합격하면 현재 단계를 종료하고, 후속단계를 시작할 명분이 확실해진다. 이 시점에서 산출물에 내재된 오류를 효과적으로 탐지하여 정정할 필요도 있다. 종료되는 단계의 산출물은 약속된 형태로 다음 단계로 이전 또는 인계한다.
- 한 단계의 산출물을 통하여 프로젝트를 재평가하여, 필요하면 프로젝트 계획을 변경하

거나 경우에 따라 종료할 수도 있다.

- 따라서 이러한 지점은 단계출구(Phase Exits, Phase Gate), 결정관문(Decision Gate), 종결지점(Kill Point)이라고 일컬어진다.

4.3.3 프로젝트 관리 공정(PMP=Project Management Process)

상기 POP의 모든 단계, 작업 및 의사결정은 모두 관리의 중요한 대상들이기도 하다. 즉 프로젝트 관리는 각 단계의 산출물 및 그 생산 활동들이 관리목표를 달성하여 종료될 수 있도록 조직을 관리하는 것이다. 대표적인 관리목표(지식영역)에는 시간, 품질, 비용이 있다.

프로젝트 관리 공정(Management Process Group) 역시 점진적으로 추진되며, 관리착수-관리계획-관리실행-관리종료라는 소공정(Sub Process)으로 나눌 수 있다. 그 중에 관찰(Monitering) 및 조정(Control)을 꾸준히 되풀이(Cycle)해야 한다는 것이 관리공정의 특징이다.

프로젝트 관리 프로세스는 제조기업의 품질개선 관리모델인 데이밍 사이클의 Plan-Do-Check-Action 전후에 착수와 종료 프로세스를 부가한 것으로 보아도 큰 오류는 아니다. 이 관리공정은 관찰 및 조정을 많이 반복할수록 치밀한 관리가 된다. 그러나 그렇게 하기 위해서는 그에 상응하는 관찰 및 조정에 시간과 인력 등 관리자원 투입이 필요하다. 그러나 잘못된 관리로 POP를 반복(재작업)하는 경우와 프로젝트 진행 도중에 PMP계획을 대담하게 수정하는 경우의 손실은 막대해지므로 지속적이고 치밀한 관찰 및 조정은 실패를 예방하는 최선의 방법이 된다.

또한, 프로젝트 관리는 조직의 FM과 통합해야 한다. 예를 들어, 사용자의 요구가 있더라도 다음 달에 없앨 건물의 에어컨을 지금 새 것으로 교체하는 프로젝트를 성공리에 마쳐도, 고객기업 입장에서는 실리가 없다. 즉 프로젝트 관리는 항상 LCM(Life Cycle Management)

표 4-2 프로젝트 관리 프로세스의 정의

구분	정의
관리착수 (Initiating)	새로운 프로젝트 혹은 단계를 정의하고, 승인을 받아 관리활동을 시작하는 프로세스
관리계획 (Planning)	관리범위 설정, 관리목표 구체화, 목표 달성을 위한 관리활동을 계획하는 프로세스
관리실행 (Executing)	요구 및 조건과 제한에 맞도록 관리계획서에 정의된 관리업무를 실시하는 프로세스
관찰 및 조정 (Monitoring & Controlling)	실제의 진행상황과 성과를 추적하여, 계획과 비교검토 및 조정하고, 계획의 변경이 필요한 부분을 식별하여 변경하는 상호작용
관리종료 (Closing)	프로젝트 또는 각 단계의 모든 정의된 책무 완성 또는 중지를 확인하여 관리활동을 공식적으로 종결하는 프로세스

표 4-3 프로젝트 업무와 주체별 역할

구분			물리형상 변경 프로젝트			소유형태 변경 프로젝트		
단계		주체	고객기업	FMr	외부공급자	고객기업	FMr	외부공급자
수명주기	이용	전략 수립	중장기 실행계획 작성			중장기 실행계획 작성		
	계획	방침 수립	확인 및 승인	기본방침 작성		임대, 해약, 매각, 철거	기본방침 작성	
		실태 파악	현황평가	추진	조사진단	현황평가	추진	조사진단
		요구조건 작성	요구개진	추진		요구개진	추진	
		설계자 선정	승인	평가 및 계약	제안			
		기본계획 책정	확인 및 승인	추진	제안	승인	추진	물건 제안
	실시	기본설계	확인 및 승인	관리감독	추진			
		실시설계	확인 및 승인	관리감독	추진			
		시공자 선정	승인	추진	제안			
		공사	변경조정	관리감독	추진			
		가구반입	승인	업자선정	제안			
		검수이전	확인	실시	반입설치	승인	실시	등기증명, 건물관련도서
		완료 후 평가	자산 계상	실시	준공도서 제출	자산 계상	실시	
	이용	운영유지	이용	실시			실시	

차원이어야 한다. 예를 들어 설계를 값싸게 예정 기일 내에 완성했더라도 시공비용이나 운용유지비용에 대한 고려가 부족하다면 설계라는 하부프로젝트(Sub-Project)가 성공했다고 말할 수 없다.

4.3.4 POP와 PMP의 통합과 분리

위에서 언급한 바와 같이, PMP와 POP라는 두 공정그룹은 상호의존적이므로 하나가 없으면 다른 하나도 있을 수 없다. 현실적으로 보면, 특정 프로젝트에서 상기의 'POP와 PMP의 통합과 분리는 어떻게 해야 할 것인가'가 문제가 된다. 즉 설계자나 시공자가 설계관리 및 시공관리를 스스로 하면 PMP와 POP가 통합된 것이고, 다른 주체가 객관적인 입장에서 하면 PMP와 POP의 주체가 분리된 것이라고 할 수 있다. 이 주체분리는 발주자 내부의 역량과 방침에 따라 선택할 수 있다. 공공 프로젝트에서는 프로젝트의 규모에 따라 POP와 PMP 분리가 제도적으로 규정되어 있는 경우도 있다. 프로젝트 전체 또는 부분과업의 PMP 담당주체를 POP와 분리하면 프로젝트 관리를 전문적이고 객관적으로 할 수 있는 반면, POP의 완성책임 및 목표달성 책임이 불명확해진다. 즉 관리정보 파악은 의사결정에 대한 발주자측의 참여 기회이기도 하므로 발주자는 그에 상응하는 행위를 하고 그 책임을 져야 한다. 프로젝트가 실패한 경우, 그 책임자가 관리자인지 수행자인지 판단이 곤란한 경우도 있다. 그러나 전문적이고 객관적 관리의 목적이 프로젝트 추진과정에서 실패의 확률을 낮추는 것, 결과물의 완성도를 높이는 것이다.

POP와 PMP를 통합하여 하나의 주체가 실행하면, 과업의 진행 경과에 관한 정보를 객관적으로 파악하기는 어렵지만 목적물의 완성책임이 명확해지는 장점이 있다. 상기 양쪽 모두의 장점을 가지도록 프로젝트 조직을 합성할 수도 있다. 합성 방법은 두 가지가 있는데, 하나는

표 4-4 각 프로젝트 조직에 있어서의 POP와 PMP 분담 비교

전형(Prototype)			유형 (Class-type)	주요 프로젝트 이해관계자				
				발주자	CMer	설계자	GC	SC
POP /PMP 분리형	직접관리 (Direct Management)		설계시공 발주자 직영	PM+D+CM	–	–	–	○ 발주자와 직접계약
			외부 설계자 설계 + 발주자 직영 시공	PM+CM	–	D	–	○ 발주자와 직접계약
	직접관리	Construction Management	CM as owners Staff	PM+CM		D	–	○ 발주자와 직접계약
	대리관리 Agency Management		Pure CM	PM	CM(Pure)	D	–	○ 발주자와 직접계약
			GMP - CM	PM	CM(GMP)	D	–	○ 발주자와 직접계약
		Design & Management	설계자에 의한 Design & Mt	PM	–	D+CM	–	○ 발주자와 직접계약
	도급 Contract	Management Contract	CMr에 의한 총액도급	PM	CM+B	D	–	○ (발주자와 CMr협의)
POP +PMP 통합형		General Contract	설계시공 분리 · 시공 일식 도급	PM	–	D	B	× (종합도급자의 재량)
		Design Build Contract	설계자에 의한 설계시공 일관 (Design Contract)	PM	–	D+B	–	× (종합도급자의 재량)
			설계자+시공자의 JV형 설계시공일관	PM	–	D+B		× (종합도급자의 재량)
			시공자에 의한 설계시공 일관	PM	–	–	D+B	× (종합도급자의 재량)

범례)
- PM : 프로젝트 전체를 통합하는 발주자측 매니지먼트
- GC : General Contractor(종합 도급자), SC : Specialist Contractor(전문공사 도급자)
- CM : 시공단계의 시공관리
- D : 기본설계와 실시설계 실시 책임
- B : 공사완성 책임
- – : 필수적인 주체가 아님
- ○/× : 계약관계에서 겉으로 나타남/나타나지 않든지 다른 주체의 책임 범위에 포함
- 주 : 적산이나 감리 등은 표현하지 않음.

POP의 중요한 이정표에서 PMP를 단기 집중적으로 철저하게 적용하는 절충적 방식이고, 하나는 발주자가 필요하다고 생각하는 단계까지 PMP와 POP를 분리 또는 통합했다가, 중요한 사안이 결정된 적정 시점에서 통합·분리되는 절충적 방식이다. 그러나 프로젝트 전체를 통하여 완성책임을 명확히 하면서 관리정보도 공개되도록 하려면 프로젝트 조직의 과잉설계 또는 노력의 과다투입이 될 수도 있다. 즉 완성책임에 관한 리스크 전가 비용과 관리의 투명성 확보를 위한 관리비용이 동시에 소요되어 전체 비용이 높아질 가능성이 있다. 또한 이 경우는 완성책임과 관리의 투명성이라는 두 가지 장점을 실현할 가능성도 있지만 그 두 가지가 충돌하면 양자의 약점이 표출될 가능성도 있다. 따라서 FMer은 프로젝트 전체 또는 하부 프로젝트(부분과업)에 관하여 완성책임과 관리정보 공개에 관한 전략을 세워 신중히 적용하여야 한다.

POP/PMP 분리형은 발주자 또는 발주자의 대리인인 관리자(표 4-4의 CM)가 발주자의 PM을 보조하면서 설계단계에서는 설계관리를 하고, 시공단계에서는 시공관리를 한다. 설계관리 또는 시공관리란, 설계내용 또는 공사내용에 발주자의 요구사항이나 전제조건이 충실히 반영되어 관리목표가 달성될 수 있도록 착수·계획·실행·관찰 및 조정하여 종료하는 것이다. 설계관리와 시공관리는 하나의 주체가 일관되게 할 수도 있고, 별개의 주체가 할 수도 있다.

각 프로젝트 조직형태별 참가 주체와 PMP 및 POP의 분담을 간단하게 나타냈던 것이 위의 표 4-4이다. 이 표에서는 요점을 간단히 이해하기 위하여 기본설계와 실시설계를 분리하지 않았다. 그러나 현실적으로 그것을 분리하는 프로젝트 조직도 있다. 또한, 적산사(QS : Quantity Surveyor)나 시공감리자(Construction Inspector)들도 실제의 건축생산에서 QS는 코스트의 사전 합리성 확보 또는 사후사정(査定), 시공감리자는 공사품질의 객관적 감시자 역할로서 중요하다. 이러한 PMP 분야의 전문적 직업영역이 명시적으로 존재하는 나라도 있고, 그렇지 않는 나라도 있으며, 그 유무에 따라 각 나라마다 거의 모든 건설프로젝트 조직의 비용관리나 품질관리체계에 영향을 미친다. 그렇기 때문에 표 4-4와 같은 전형적인 프로젝트 조직이더라도 그 수행과정과 성과가 모든 나라 또는 모든 프로젝트에서 같다고 말할 수 없다.

4.3.5 프로젝트 관리항목

프로젝트 관리항목을 PMBOK에서는 지식영역(Knowledge Area)이라고 표현하고 있다. 이것은 POP의 각 단계와 PMP 사이클에서 적절하고, 균형 있게 고려되어야 하는 관리행위의 보편적 주제(Theme)이다. 이 관리항목에는 통합, 업무범위, 시간, 비용, 품질, 인적 자원, 의사소통, 리스크, 조달 등이 있다(PMBOK, 2008). 또한 퍼실리티의 물리적 형상을 변경하는 프로젝트인 경우는 안전, 환경, 재정, 클레임 등의 관리(PMBOK construction extension,

표 4-5 프로젝트 관리항목

구 분		관리공정(Management Processes)				
No	관리지식 분야 (Management Knowledge Areas)	관리착수 공정	관리계획 공정	관리실행 공정	관찰 및 조정 공정	관리종료 공정
1	통합관리 (Integration)	프로젝트 헌장 개발, 예비 프로젝트 범위기술서 개발	관리계획 책정	프로젝트 실행의 감독 및 관리	프로젝트 작업 관찰 및 조정, 통합된 변경조정 실행	프로젝트 혹은 단계 종료
2	범위관리 (Scope)		요구사항 수집, 업무범위 정의, WBS창출		업무범위 검증, 업무범위 조정	
3	시간관리 (Time)		활동정의(Define), 활동순서 결정, 활동자원 개산, 활동기간개산, 일정개발, 활동의 중요도 정의, 진척곡선 개발		진척관찰, 일정조정	
4	비용관리 (cost)		비용개산, 예산결정		비용조정	
5	품질관리 (Quailty)		품질계획	품질확보 수행	품질조정 수행	
6	인적 자원관리 (Human Resource)		인적 자원계획	프로젝트 팀 취득, 프로젝트 팀 개발, 프로젝트 팀 관리		프로젝트 팀 해산
7	의사소통관리 (Communication)	이해관계자 식별 (identify)	의사소통계획	정보배포, 이해관계자의 기대(expectation) 관리	성과기록	
8	리스크관리 (Risk)		리스크관리 계획, 리스크 식별, 정성적 리스크분석, 정량적 리스크 분석, 리스크 대응계획		리스크 관찰 및 조정	
9	조달관리 (Procurement)		조달계획	조달지도 (conduct)	조달관재 (Administer)	조달 종료, 계약 종료
10	안전관리 (safty)		안전계획	안전보증 수행	안전조정 수행	
11	환경관리 (Environment)		환경계획	환경보증 수행	환경조정 수행	
12	재정관리 (Financial)		재정계획		재정조정 수행	재정적 처리 및 기록
13	클레임관리 (Claim)		클레임 식별(등록) 및 정량화		클레임 예방	클레임 해결

2007)가 추가되어야 한다.

이 관리항목은 프로젝트에서의 필요에 따라 간략하게 하거나 더욱 세분할 수도 있다. 특히 최근에는 자원 및 에너지 절약, 환경보호 및 개선에 관련된 항목이 중요하게 대두되고 있다. 따라서 CMAA에서는 2010년판 Construction Management Standard of Practice에 지속가능성 관리를 추가하고 있다. 여기서 열거한 관리항목의 원론적 개념과 실천 방법에 대해서는 PMBOK 및 CMAA 매뉴얼을 참조하기 바란다. FMer은 프로젝트 통합관리자로서의 역할이 중요하므로 4.3.6에서 그 개략을 설명한다.

한편 PMP 각 관리항목 및 하부 관리공정은, 각기 생산한 산출물 또는 결과를 통해 상호 의존적으로 연결되며 전체 프로젝트 또는 그 하부 단계(Phase), 작업 및 의사결정 등 모든 레벨에 걸쳐 제고 · 반복되는 활동이다. 즉 상기의 관리항목별 관리공정이 POP의 모든 단계 및 공정에서 지속적으로 실시되어야 한다. 즉 설계단계는 설계단계대로, 시공단계는 시공단계대로 관리항목별 관리공정을 적용해야 한다.

다시 말하면, 프로젝트의 POP단계는 필요 적절하게 구분해야 하지만, 그것을 어떻게 구분하든 간에, 각 단계에서는 그 프로젝트의 POP목적물과 PMP관리목표를 달성하기 위한 관리항목(지식영역)이 있고, 그 항목별로 착수 - 계획 - 실행 - 관찰 및 조정 - 종료라는 관리공정(Process)이 반복 적용(Cycle)된 후, 다른 항목과도 연계, 즉 통합되어야 한다는 것이다.

고객기업의 FMer 및 PMer은 상기의 모든 관리항목을 통합해야 할 입장이다. 또한 FMer은 프로젝트와 고객조직 내부의 타 부서와의 통합도 해야 된다. 예를 들어 조달관리에 대해서

표 4-6 프로젝트 관리공정별 관리행위

No	관리 공정	관리업무의 세목
1	관리착수 공정 (Initiating Process)	프로젝트 헌장(강령)개발, 이해관계자 식별(identify), 예비적 업무범위 기술
2	관리계획 공정 (Planning Process)	관리계획 책정, 요구사항 수집, 업무범위 정의, WBS창출, 활동 정의(Define), 활동순서 결정, 활동자원 개산, 활동기간 개산, 일정개발, 활동의 중요도 정의, 진척곡선 개발, 비용개산, 예산결정, 품질계획, 인적 자원계획, 의사소통계획, 리스크 관리계획, 리스크 식별, 정성적 리스크 분석, 정량적 리스크 분석, 리스크 대응계획, 조달계획, 안전계획, 환경계획, 재정계획, 클레임 식별(등록) 및 정량화
3	관리실행 공정 (Executing Process)	프로젝트 실행의 감독과 관리, 품질 확보 수행, 프로젝트 팀 취득, 프로젝트 팀 개발, 프로젝트 팀 관리, 정보배포, 이해관계자의 기대(expectation)관리, 조달지도(conduct), 안전보증 수행, 환경보증 수행
4	관찰 및 조정 공정 (Monitoring & Controlling Process)	프로젝트 작업의 관찰 및 조정, 통합된 변경조정 실행, 업무범위 검증, 업무범위 조정, 일정조정, 비용조정, 품질조정, 성과기록, 리스크의 관찰 및 조정, 조달관재(Administer), 안전조정 수행, 환경조정 수행, 재정조정 수행, 클레임 예방
5	관리종료 공정 (Closing Process)	프로젝트 또는 단계의 종료, 조달의 종료, 재정적 처리 및 기록, 클레임 해결

는 재무부분과 확실하게 연대해야 할 필요가 있다.

경영자로부터 프로젝트 관리의 임무를 부여받은 고객기업의 FMer 또는 외부에서 초빙한 PMer이, 프로젝트 및 그 하부단계에서 해야 할 일을 관리공정에 의거하여 다시 정리하면 표 4-6과 같다.

표 4-6의 관리공정별 업무에서 유추할 수 있는 바와 같이, 프로젝트 매니저가 해야 할 일 중 가장 중요하고 그 후 관리의 기준이 되는 것이 관리계획이다. 따라서 관리자는 우선 계획을 합리적으로 세울 수 있는 능력의 소유자이어야 한다. 또한 관리행위의 정수는 관찰 및 조정이며, 업무의 실질적인 양도 관찰 및 조정이 가장 많다. 관찰 및 조정 행위의 본질은 의사소통이다. 따라서 관리자의 덕목 중 가장 중요한 것은 의사소통 능력이라고 할 수 있다.

즉 프로젝트 관리를 위한 현실적 방법은 의사소통이며, 그 대표적인 수단이 회의 및 협의이다. 회의에는 의제 및 의사진행계획이 필요하며, 모든 프로젝트 회의의 기본적인 의제는 다음과 같다. '전체진척도', '예산과 공정의 확인기록', 'PMer의 주요 지시사항 확보', '지난번 회의의 과제와 해결책', '기타 과제와 앞으로의 과제', '각 분야의 진척확인' 등이다.

4.3.6 프로젝트 통합관리

프로젝트 관리를 위한 정석이나 정해진 철칙은 없다. 그러나 프로젝트 특성에 맞는 관리가 필요하고, 각종 관리요소가 서로 정합적이어야 한다는 것은 확실하다. 특정 프로젝트에서 PMP를 담당하는 발주자측 FMer 및 PMer은 고객이나 기타 이해관계자의 요구 및 기대를 충족시켜 프로젝트를 성공적으로 완수하기 위하여 PMP와 POP를 통합하고, POP 각 단계 및 그 하부 작업 사이, PMP 관리영역별 목표 사이도 통합하여야 한다. 즉 통합을 위한 관리행위는 다양한 프로세스를 식별·정의하고 연결 및 조정하는 것이다. 또한 통합은 자원 및 노력을 집중해야 할 과업과 기간을 분별하여 자원과 작업을 조정하며, 잠재 리스크가 표면화되기 전에 처리하는 것을 포함한다. 특히 서로 경합되거나 상충되는 관리목표 간의 상호조정이 통합적 차원에서 중요하다.

통합은 개별 프로세스가 서로 의존적이기 때문에 상호작용이 필요하다는 뜻이다. 예를 들어, 우발적 위급사항에 대한 계획(Contingency Plan)은 적어도 비용관리, 시간관리, 리스크관리의 통합이 필요하다. 프로젝트 산출물 역시 프로젝트 수행조직 및 고객의 일상 운영조직과 통합되어야 하며, 장래의 기회와 문제점에 대한 대책을 다루는 고객기업의 장기전략과도 통합되어야 한다.

통합은 조직의 정의된 절차(Procedure) 및 방법으로, 목표달성을 위하여, 필요한 관리 프로세스 그룹의 각 프로세스 간의 효과적인 정합성을 유지하는 것이다. PMBOK에는 통합을

표 4-7 프로젝트 통합관리 프로세스

Develop Project Charter	프로젝트 또는 프로젝트 단계에 대한 공식적 승인을 위한 [프로젝트 헌장] 개발
Develop Preliminary Project Scope Statement	상위 수준의 범위를 설명하는 [초기 프로젝트 범위 기술서] 개발
Develop Project Management Plan	모든 하부계획을 정의, 준비, 통합 및 조정하고 통합하기 위해 필요한 행위를 문서화하는 [프로젝트 관리계획] 개발
Direct and Manage Project Execution	프로젝트 범위 기술서에 정의된 프로젝트 요구사항을 달성하기 위하여 프로젝트 관리계획에서 정의한 [프로젝트 수행의 감독 및 관리]
Monitor and Control Project Work	프로젝트 관리계획에 정의된 프로젝트 성과목표 달성을 위하여, 프로젝트의 초기화, 계획, 수행 및 종료에 사용된 프로세스에 대한 [감시 및 통제]
Integrated Change Control	모든 변경 요청사항에 대한 검토, 변경승인 및 산출물과 조직의 프로세스 자산에 대한 [변경의 조정]
Close Project	프로젝트 또는 프로젝트의 단계를 공식적으로 종료하기 위하여 PMP 그룹 내의 모든 [활동들의 종결]

위한 프로젝트 관리는 표 4-7과 같은 프로세스를 포함한다.

통합관리 프로세스는 프로젝트 시작부터 종결까지 수행된다. 특히 '감시 및 통제'와 '변경 및 조정'의 통합은 프로젝트가 처음 관리계획에 전혀 어긋남이 없이 수행되기는 어렵기 때문에 필요한 것으로, 통합관리의 핵심이다. 프로젝트 관리계획, 프로젝트 범위 기술서 및 기타 산출물은 반드시 주의 깊게 관리되어야 하며, 변경요청이 승인 또는 반려됨에 따른 변경사항을 지속적으로 관리하여 승인된 변경사항이 관리기준(Base Line) 수정으로 적절하고 정합적으로 연결되도록 해야 한다. 통합적 변경통제 프로세스는 다음의 서로 다른 상세 수준의 변경관리 활동을 포함한다.

- '변경이 필요한 것'과 '변경된 것'에 대한 식별
- 오직 '승인된 변경만이 이행' 되도록 통제
- '요청된 변경'에 대한 검토 및 승인
- 요청된 변경 처리에 대한 통제를 통해 요청이 승인되기까지의 과정을 관리
- POP와 PMP의 정합성을 위해 관리기준에 결점이 없도록 유지하고, 관련 요소 및 문서 기록 유지
- 모든 '권고된 시정조치' 및 '예방활동'에 대해 검토 및 승인
- 전체 프로젝트에 걸친 변경사항 조정을 통하여 승인된 변경사항에 따른 범위, 비용, 예산, 일정, 품질 등에 대한 요구의 조정 및 갱신(예를 들면, 일정 변경은 대부분 비용, 위험, 품질, 인력 구성에 영향을 주기 때문이다)
- 요청된 변경에 따른 완료 후의 영향을 문서화

- 결함 수정 검사
- 품질 보고서를 통하여 프로젝트의 품질이 요구 수준이나 관련 표준에 적합하도록 통제

제안된 변경에 따른 새로운 비용 예측, 활동 순서 및 일정계획, 자원 요구사항, 위험 대응 방안분석 또는 이에 대한 수정이 필요할 수 있다. 이러한 변경으로 프로젝트 관리계획, 프로젝트 범위 기술서 또는 기타 프로젝트 산출물의 조정이 필요할 수 있다. 따라서 제안된 내용이 부분적으로 타당하다고 하여 경솔하게 채택되어서는 안 된다.

퍼실리티 프로젝트에서는 건물의 용도, 신축 및 리모델링 등 프로젝트 타입, 복잡도, 계약적 요구사항, 프로젝트 수행 환경 등에 따라 변경통제의 구체적 수법은 상이하다. 하지만 계약 하에서 수행되는 프로젝트에서의 주요한 변경 제안은 당연히 고객조직을 비롯한 당사자의 승인 및 합의가 필요하다. 즉 모든 변경 제안은 프로젝트 관리팀 내 또는 투자자 또는 고객 등 프로젝트 외곽조직 내의 권한을 가진 주체에 의해 승인 혹은 반려되어야 한다. 즉 통합·변경통제 프로세스에는 요청된 변경에 대한 승인 및 반려에 대한 책임을 가진 변경통제위원회(Change Control Board)의 합의를 포함한다. 이 위원회의 역할 및 책임은 범위통제 및 변경통제 절차에서 명확히 정의되며 투자자, 고객 및 기타 이해관계자들의 동의를 받게 된다.

표 4-8의 처리도구 및 기법 1의 '프로젝트 관리수법(Project Management Methodology)'은 프로젝트 관리팀이 프로젝트에 대한 통합·변경통제를 이행하는데 도움이 되는 프로세스를

표 4-8 통합·변경 통제의 흐름

입 력	처리도구 및 기법	출 력
1 프로젝트 관리계획(Project Management Plan) 2 요청된 변경(Requested Changes) 3 작업성과 정보(Work Performance Information) 4 권고된 예방 활동(Recommended Preventive Actions) 5 권고된 시정 조치 활동(Recommended Corrective Actions) 6 권고된 결함 수정(Recommended Defect Repair) 7 산출물(Deliverables)	1 프로젝트 관리수법(Project Management Methodology) 2 프로젝트 관리정보 시스템 (Project Management Information System) 3 전문가적 판단(Expert Judgment)	1 승인된 변경 요청(Approved Change Requests) 2 반려된 변경 요청(Rejected Change Requests) 3 프로젝트 관리계획(개정) (Project Management Plan(Updates) 4 프로젝트 범위 기술서(개정) (Project Scope Statement(Updates) 5 승인된 시정조치 활동(Approved Corrective Actions) 6 승인된 예방 활동(Approved Preventive Actions) 7 승인된 결함 수정(Approved Defect Repair) 8 확인된 결함 수정(Validated Defect Repair) 9 산출물(Deliverables)

정의한다. 프로젝트 관리정보 시스템(PMIS, Project Management Information System)은, 프로젝트 관리팀이 프로젝트에 대한 통합·변경통제를 이행하고, 프로젝트의 피드백을 촉진하고 프로젝트에 대한 변경통제를 위한 보조도구로 사용된다. 전문가적 판단(Expert Judgment)은, 프로젝트 관리팀이 프로젝트의 모든 면에 대하여 요청된 모든 변경을 통제하고 승인하기 위하여 변경통제위원회에서 이해관계자뿐만 아니라 해당 분야 전문가의 판단을 활용한다는 의미이다.

4.4 프로젝트 이해관계자

프로젝트 관리를 위해서는 프로젝트 팀이라는 실체의 구성요소, 즉 개인이나 기업으로 성립되는 프로젝트 조직의 구조와 기능을 관철하는 법칙성을 이해할 필요가 있으며, 이 법칙성에 근거하여 조직 구성원의 요구사항과 전제조건 및 제한 등을 감안하여 목적과 목표를 달성할 수 있는 관리의 실천적 기법을 적용해야 한다. 본 절에서는 프로젝트 조직의 구성요소(원), 즉 프로젝트 이해관계자에 대하여 살펴본다.

프로젝트에서 이해관계자란, 프로젝트에 적극적으로 참여하거나 프로젝트의 성과 또는 결과에 따라 긍정적이거나 부정적인 영향을 받을 수 있는 개인 또는 조직이다. 이들은 프로젝트, 산출물 및 프로젝트 팀의 다른 구성원에게 영향력을 행사할 수 있다. 프로젝트 이해관계자 중에는 FMer이 일상적으로 대하는 이해관계자에 포함되지 않는 주체도 많다. 따라서 프로젝트를 성공리에 완수하기 위해서는 그들에 관한 관심과 이해가 필요하다.

FMer 및 PMer은 모든 이해관계자들을 식별하여 요구사항과 기대치를 판별해야 하고, 특히 주체마다 다른 프로젝트에 대한 영향력을 잘 관리하여야 한다. 프로젝트에 직접 참가하는 이해관계자는 책임과 권한을 명확히 해야 하며, 프로젝트 조직 밖의 이해관계자들은 그들의 찬성이나 반대도 프로젝트의 기간이나 비용에 영향을 끼칠 수 있으므로 그들의 기대치를 균형 있게 관리하는 것도 PMer의 중요한 책무이다.

4.4.1 고객(Customers) 및 사용자(Users)

고객은 프로젝트를 주문하여 결과물을 인수하는 거래주체이고, 사용자는 고객이 인수한 결과물을 직접 이용하는 고객조직 내·외부의 주체이다. 고객과 사용자가 동일할 수도 있지만 다른 경우도 많다. 즉 어느 기업이 자사의 사무실 빌딩을 신축하는 경우, 고객은 법인으로서의 기업이고 사용자는 종사원이나 방문자 등이다.

프로젝트 관리는 시행하거나 참가하는 이해관계자의 영향을 받는다. 프로젝트 중심으로 생각하면, 특히 고객기업(발주자)의 기업문화, 표준, 절차 등은 프로젝트 운영에 많은 영향을 미친다. 즉 발주자의 기업환경 요인은 프로젝트 조직구성 및 관리에 많은 영향을 미친다. 물론 발주자 외 이해관계자의 기업환경 요인도 프로젝트 매니지먼트를 촉진하거나 제약할 수도 있고, 산출물에 부정적 또는 긍정적 영향을 미칠 수도 있으므로 프로젝트 매니저는 이것을 파악하고 이해하여 관리계획을 세우고, 세심히 관찰 및 조정을 해야 한다.

고객기업 및 그 외 이해관계자의 내부적 환경요인에는 다음과 같은 것들이 있다.

- 조직문화, 조직구조, 의사결정 프로세스
- 사내 표준, 지침, 기준(제안서 평가기준, 성과측정 기준
- 프로젝트에 대한 요구사항, 프로젝트 종료검사 및 인수기준
- 기존 시설이나 장비(공간 및 설비)
- 발주자가 보유한 PMIS 및 각종 소프트 등의 수준(일정, 비용 등에 관한 정보수집 및 배포)
- 원가, 리스크 등에 관한 데이터-정보-지식의 축적 및 활용기반
- 인적 자원(설계, 법률, 계약 및 구매, 관리) 능력
- 인사행정(인원관리 규정, 사원의 성과관리 규정, 시간외 근무지침 등)
- 비공식적 의사소통 경로
- 리스크 허용한도

특히, 고객기업의 조직구조 및 역량은 프로젝트 팀을 조직화하거나 팀을 운영하는데 많은 영향을 미친다. 고객기업의 조직편재가 기능 부서별인지, 사업 부서별인지 또는 그들의 매트릭스조직인지에 따라 프로젝트 팀 구성, 프로젝트 매니저 권한, 자원의 가용성, 예산 조정, 발주자측 프로젝트 매니저나 지원행정요원의 해당 프로젝트에 대한 전속성 및 의사결정과 지휘보고계통이 달라진다.

고객기업 및 이해관계자에게는 상기의 내부 환경요인뿐만 아니라 다음과 같은 외부적 환경요인도 있다.

- 정부 또는 산업의 표준, 기준(규제 당국 규정, 제품표준, 품질기준 등)
- 시장여건

이러한 외부 환경요인 역시 프로젝트 매니저가 파악하여 감안해야 할 요소들이다.

1) 기업의 운영관리와 프로젝트 관리

기업은 목표를 달성하기 위하여 업무(Work)를 수행한다. 기업의 업무는 운영업무(Operations Works)와 프로젝트 업무(Project Work)로 대별할 수 있다. 운영(Operation)업무는 미리 규정된 제품 또는 서비스를 제공하는 활동을 반복적이고 지속적으로 수행하는 조직적 행위이다. 즉 기본적으로 안정된 조직이, 규정된 기준에 따라, 미리 할당된 자원을 사용하여 반복적인 산출물을 생산하는 영구적 노력을 기울이고 있다. 이것들은 비반복적이고 한시적인 프로젝트 업무와 대비되는 특성이다.

한편, 기업의 운영에는 핵심사업(Core Business)부문 운영과 지원(Services)부문 운영이 있다. 기업의 주된 수입과 직결되는 제품 및 서비스의 연구개발, 설계, 생산, 공급, 사후관리 등과 연관된 부서는 핵심사업 운영부문이고, 총무, 인사 등은 지원부문 운영이다. FM부문은 총무와 관계 깊은 지원업무 중 하나이다.

일반적인 경영서적은 핵심사업의 운영(Core Business Operation)에 초점이 맞추어져 있다. 즉 운영관리(Operation Management)라고 하면 보통 핵심사업에 관한 것을 취급하며 인사, 재무회계 등 지원행정업무(Non-Core Services, Administration Services)는 별도로 취급된다. 기업의 FM부서는 후자에 속하며, 기본적으로 조직의 세간과 공간을 기획-취득-운용유지-관찰 및 재조정하는 부서이다. FM부서는 시설관련 프로젝트가 발생하면 프로젝트 팀에 직접 참가하는 경우가 많고, 참가하지 않더라도 요구사항의 전달과 결과물의 검수 등 직접·간접적으로 깊이 관련되어 있다.

퍼실리티 관련 프로젝트 업무는 기업의 핵심사업 업무 또는 지원행정 업무와 다음과 같은 접점을 가지고 있다.

- 특정 핵심사업 운영업무의 시작시점 및 종료시점에서는 일반적으로 시설의 취득과 처분, 조정과 같은 퍼실리티 프로젝트가 발생한다.
- 새로운 시설의 건설 등 프로젝트가 종료되면 핵심사업 운영팀 또는 시설 지원팀으로 결과물의 관할권과 관련지식이 이관된다.
- 핵심사업의 운영방법 개선 또는 핵심사업에 필요한 중추시설 개선 그 자체가 프로젝트일 수도 있다. 이 경우는 핵심사업의 운영관리와 FMer 및 PMer은 전략과 전술에서 핵심사업부문과 긴밀히 협력해야 한다. 이것은 전략적 시설관리와 연관이 깊다.

운영업무와 프로젝트 업무의 공통점은 '조직의 목표 및 전략적 기획을 달성하기 위해 수행된다', '담당자인 인간에 의해 수행된다', '자원 등의 제약을 받는다', '계획-실행-관찰 및 조정된다'는 것이다. 또한, '요구사항 정의(Identifying Requirement)', '명확하고 달성 가능한 목표설정', '품질/시간/비용 등 제약사항 간의 균형 유지', '다양한 이해관계자의 다른 관심사와 기대치에 부응하는 시방, 계획, 접근' 등도 중요한 공통점이다.

운영업무와 프로젝트 업무의 차이점은 '운영업무가 지속적이고 반복적인 반면, 프로젝트는 한시적이며 특유하다'는 것이다. 즉 프로젝트 업무의 목적은 특별히 요구된 품질, 비용, 시간 등의 목표를 가능한 경제적으로 달성하는 것이고, 운영업무는 이러한 목표의 일차적 달성뿐만 아니라 그것을 유지·개선하기 위한 노력을 지속적으로 한다는 것이다. 다시 말하면, 프로젝트 업무나 운영업무나 관리목표를 달성할 책임은 있으나 운영업무의 책무는 일시적인 목표달성에서 끝나지 않는다.

2) 퍼실리티 매니저(Facility Manager, 이하 FMer)

기업의 FM부문은 비핵심 지원부서로서 평상시에는 경영자로부터 권한을 위양받아 사안에 따라 경영자 확인 및 승인을 받으면서 FM의 책임자로서 가동중인 시설 이용과 유지에 대한 관리업무를 수행한다. FM부문은 최고 경영권자 및 기업의 경영통괄 차원에서 정해진 책임과 권한의 범주 내에서 FM을 실시한다. 시설 운용단계에서의 FM은 PM과 달리 착수-기획-실행-관찰 및 조정-종료라는 프로세스 그룹 중 착수와 종료 프로세스는 명확히 존재하지 않는다. 즉 기존 시설의 운용유지 자체는 상시적이고 반복적인 행위로서 프로젝트는 아니다.

한편, 건축법 5조(국민의 의무)-2항에 "소유자 및 관리자는 건축의 공공적 가치가 올바르게 구현되도록 건축물과 공간환경을 유지하고 관리하여야 한다"고 되어 있듯이, FM은 대중의 건강과 안전 및 복지를 확보하기 위한 중요한 업무이다. 그리고 지역의 고유한 생활양식과 역사를 반영하고 미래세대에 계승될 공간, 그 가치가 지속적으로 강화될 수 있는 사회·경제적 자산, 환경에 대한 영향을 최소화하고 자원의 재이용과 재생을 촉진하는 시설 등이 되도록 법규에도 규정하고 있다. 즉 기업은 사회적 책임(Corporate Social Responsibility, CSR)이 있고, 퍼실리티 매니저는 시설부문의 기업의 사회적 책임을 담당한다.

한편, 시설의 유지관리업무에는 자기가 직접 수행하는 것뿐만 아니라 사내 관련 부문으로부터 협력을 촉진시키고, 외부의 서비스 제공자나 물품공급업자 등에게 위탁 또는 도급으로 계약한 업무관리도 포함된다.

신축, 대규모 개수, 업무환경 재구축, 부동산 매입 및 임대차 등 시설 관련 프로젝트가 발생하면 고객기업의 FMer은 발주자측 실무책임자로서 행위한다. 그리고 FMer이 프로젝트 매니저로 선임되는 경우는 일상적 FM과 특성을 달리하는 프로젝트 관리를 통괄할 수 있는 안목과 추진능력이 요구된다. 프로젝트에 대한 고객기업 FMer의 주요 역할을 열거하면 표 4-9와 같다.

이러한 운영유지업무를 통괄하는 FMer은 고객기업에 고용되는 경우가 일반적이다. 하지만 최근, FM 관련업무의 전문화가 이루어진 선진국에서는 외부의 관리전문가에게 통괄적으로

표 4-9 프로젝트에 있어서 고객기업 FMer의 역할

역할항목	고객기업 FMer의 주요 역할
프로젝트의 목적과 목표 설정	요구사항을 충실하게 반영하여 목적과 목표를 적절하고 명확하게 설정하는 것이 우선이다. 그래야 경영권자의 승인도 취득할 수 있고, 내외의 이해관계자도 납득한다. 목표는 프로젝트의 성공과 실패를 판단하는 기준이 된다. 목표를 세우기 위해서는 업무범위·성능·비용·시간 등 제약과 리스크도 면밀하게 조사분석할 필요가 있다. 프로젝트는 착수 전에 기업의 경영 규정에 근거하여 경영권자의 공식적 승인을 받는 것이 중요하다.
프로젝트 수행계획 수립	목적과 목표를 성취할 구체적 방안을 수립하는 것이 수행계획이다. 초기 계획은 수정되기 마련이지만 프로젝트 수행의 길잡이가 된다. 따라서 초기 계획이 중요하고, FMer에게는 계획을 수립할 수 있는 능력이 중요하다. 계획의 수정이나 그에 따른 재작업은 횟수와 범위가 적을수록, 프로젝트 초기일수록 비용 및 시간의 손실이 적어진다. 계획 속에는 논리적인 근거, 적절하고 명확한 평가기준, 그리고 타이밍과 중점을 놓치지 않는 합의형성 방안이 포함되어야 한다. 계획에는 완성 후의 핵심사업 운영 및 지원부서가 담당하는 유지관리계획을 포함시켜야 한다.
경영권자에 대한 품의(稟議) 및 승인	프로젝트를 추진할 때는 특히 주요 이정표에서 최고경영층에 대한 품의 및 승인은 매우 중요하다. 즉 프로젝트 실시 여부 승인, 규모와 성능 등 결과물의 계획목표에 관한 승인, 예산과 시기 등 관리목표에 관한 승인, 프로젝트 조직편성 및 외주처 선정방식 승인이 그 예이다. 이 외에도 프로젝트의 중요한 이정표에서 경영권자의 승인이 필요하지만 그 빈도 및 횟수는 프로젝트 규모나 조직 방침에 따라 다르다. 각 시점에서의 주된 승인항목과 품의서 형식과 내용은 각 기업에 따라 다를 수 있다.
프로젝트 실시의 관리감독	프로젝트 실시단계에서는 외부의 서비스 제공자와 과부족이 없는 범위, 비용, 기간, 성능에 대한 계약을 하고, 낭비를 줄일 수 있는 관리감독 노력을 지속적으로 하여야 한다. 또한 마지막에는 완료검사를 명확히 하여 목적물을 인수하는 것도 중요하다. 실시과정에서 FMer은 실시 상황과 내용이 요구사항 및 조건, 계획과 정합성을 유지하는지 관리감독한다. 특히 시공자의 승인되지 않은 변경이나 일탈을 주의해야 한다. 또한 고객기업이나 사용자로부터 변경요구가 발생했을 때는 적절히 대응하여 변경된 요구를 명확히 해야 한다. 그리고 프로젝트 완성 후 이용단계에서의 운영유지 활동이 원활히 될 수 있도록 매뉴얼이나 관리계획서 등을 준비하는 것도, 프로젝트 실시기간 중에 FMer이 해야 할 일이다.

대행시키는 경우가 늘고 있다. FM관련 업무를 부분적 또는 통합적으로 외주에 맡기더라도 사내 FM책임자는 필요하다.

그리고 사외 FMer이 시설관리의 효율을 추구하는 단순 계약자로서 역할뿐만 아니라 고객기업의 파트너로서 고객기업 핵심업무의 효과와 효율을 향상시키기 위하여 전문적인 노력을 하는 경우도 있다. 즉 근무방법 혁신 등 전략적 FM을 위한 조사분석, 교육지원 같은 컨설턴트 역할을 사외 FM전문가가 하기도 한다.

3) Portfolio Manager와 Portfolio Review Board

규모가 큰 기업은 그 기업의 전략과 우선순위에 따라 포트폴리오 - 프로그램 - 프로젝트가 위계적으로 연동되어 있을 수 있다. 포트폴리오란, 기업의 전략적 목표를 달성하기 위하여 효율적으로 관리해야 하는 프로그램 또는 프로젝트, 그 외의 관련 과업의 집합이다. 포트폴리오에 속한 프로그램 및 프로젝트 사이에는 서로 연관성이 있을 수도 있고 그렇지 않을 수도 있다. 포트폴리오 관리란 위에 정의된 포트폴리오를 산발적이지 않고 중앙집중적으로 관리하는 것을 의미한다. 즉 프로그램 또는 프로젝트간의 작업정의-우선순위 지정-승인-관찰 및 통제가 일원화되어 일관성을 유지하는 것이 포트폴리오 관리이다. 이것은 프로그램 및 프로젝트보다 상위의 거버넌스 주체로서 포트폴리오 요원은 고객기업의 임원진으로 구성된다. 프로그램이나 프로젝트에 대한 이들의 주된 관심사는 투자수익이나 투자가치, 프로젝트에 수반되는 리스크 등이다.

4) Program Manager

프로그램 관리란 상호의존적인 프로젝트 그룹을 통합적으로 관리함으로써 개별적으로 관리하는 경우에 확보할 수 없는 전략적 목표와 이점을 얻기 위함이다. 물론, 프로그램은 여러 가지 프로젝트를 내포하고 있으나 의존성이 없는 프로젝트는 해당 프로그램에 포함될 필요가 없다. 그러나 프로그램에는 각 요소 프로젝트 이외의 작업요소가 포함될 수 있다. 프로그램 관리는 다음의 프로젝트 간에 협조된 조치를 취함으로써 효과를 볼 수 있다.

- 공통적인 제약(Constraints)이나 충돌(conflicts) 해결
- 프로그램이나 프로젝트 목적과 목표에 영향을 미치는 전략적 방향 조율
- 공유된 지배구조 내에서 이슈 해결 및 변경관리

위와 같은 효과를 위해서는 프로그램 관리자와 프로젝트 관리자의 긴밀한 상호작용이 필요하다. 한편, 기업 내에 포트폴리오 및 프로그램 레벨의 통합적 관리단위가 없더라도 어느 정도 규모 있는 프로젝트는 기업의 전략적 기획을 달성하는 수단이다. 전략적 계획은 기업 내·외부의 환경변화가 단독 또는 복합적으로 작용하여 수립된다. 내부환경의 변화 요소로는 목표 수익액 또는 수익률 상향 조정, 내부 기술 진보 등이 있고, 외부환경의 변화 요소에는 시장의 수요변화, 고객 요청, 법률 강화 등이 있다. 각 프로젝트 관리자는 고객기업의 전략적 계획 취지를 이해하고, 프로젝트 목표 및 이해관계자의 요구사항을 만족시켜야 한다.

5) PMO(Project Management Office)

기업 경영자와 특정 프로젝트 관리자 사이에는 기업 내 여러 가지 프로젝트를 통합하여 관리하는 프로젝트 관리본부(Project Management Office, PMO)가 있을 수 있다. PMO는 조직이 추진중인 여러 프로젝트의 중앙통제실 역할을 하는 실무 부서 혹은 주체이다. PMO의 기능은 프로젝트 관리 지원부터 프로젝트 관리의 직접 수행까지 다양하다. PMO는 경영자로부터 위

임받은 권한에 따라 프로젝트 초기 단계의 핵심 이해관계자 또는 의사결정자 역할을 수행할 수도 있고, 권고안을 제시하거나 목표의 일관성을 유지하기 위한 조치, 자원 배치도 할 수 있다. 반드시라고 할 수는 없지만 PMO의 지원 기능에는 다음과 같은 것이 있다. 한편, 복수의 퍼실리티를 보유하거나 관리하는 고객기업 및 FM전문기업에는 퍼실리티 관리본부(Facility Management Office, FMO)가 있는데, 이 FMO의 지원기능도 PMO와 유사한 면이 많다.

- 행정적 지원서비스
- 인력투입 및 공유자원 관리
- 프로젝트 관리방법, 모범 사례, 표준, 지침 등 정의 · 교육
- 프로젝트 관리지도, 교육
- 감사 또는 감독(표준 정책, 절차 준수 여부)
- 공유문서 개발과 관리
- 프로젝트 간 정보교환 조정

이러한 경우, 프로젝트 관리자는 일상적으로 기업의 최고경영자보다는 PMO와 밀접한 정보교환을 할 수밖에 없다. 프로젝트 관리자와 PMO의 차이는 다음과 같다.

핵심사업 운영, 지원사업 운영, 프로젝트 운영 사이의 관계는 고객기업의 조직구조 및 해당 프로젝트에 대한 전략에 따라 달라진다. 즉 기업의 조직구조나 프로젝트 전략에 따라 보고체계가 PMer - FMer - CEO가 될 수도 있고, PMer - 포트폴리오 또는 프로그램 관리자 - FMer - CEO가 될 수도 있다. 어떤 경우든 PMer은 프로젝트를 기업의 상위계획 및 의도와 일치시키기 위하여 FMer 등과 긴밀하게 협력하여야 한다.

표 4-10 프로젝트 관리자와 고객기업 PMO의 역할 분담

프로젝트 관리자	PMO
지정된 프로젝트만의 목표에 집중	기업의 사업목적 및 목표에 집중
프로젝트에 배정된 자원 조정	공유 조직자원의 활용도를 최적화
프로젝트 레벨 범위, 일정, 원가, 성능 등 제약사항 관리	전사적 차원의 방법론, 표준, 리스크와 기회 등 상호 의존성 관리

4.4.2 건설서비스 제공자

고객조직의 경영자 및 FM부문은 다종다양한 일상업무에 쫓기기 때문에 특정 프로젝트에만 집중할 수 없는 경우가 많다. 또한 고객기업은 특정기간 동안에 업무하중이 집중되는 프로젝트 및 그 관리에 충분한 인적 자원을 상시 고용하는 것은 경영적으로 효율적이지도 않

을 뿐 아니라 내부의 FMer에게 프로젝트와 관련된 PMP 관련 지식이나 POP 관련 전문기술이 충분하지 못한 경우도 많다. 따라서 외부 전문가인 서비스 제공자에게 PMP 및 POP업무에 대하여 특정 역할을 대리 또는 위임하거나 정의된 업무의 완성을 도급하게 된다. 고객조직이 외부의 서비스 제공자에 대하여 대리, 자문, 위임 또는 도급하는 경우는 대략 다음과 같다.

표 4-11 건설서비스 제공자 구분

전문요원	내부요원의 지식 · 기술 · 경험 등 능력의 범위나 수준을 능가하는 전문성이 필요한 경우
보조요원	내부요원의 업무능력 범위 및 수준 이내에 있으나 업무량이 과다하여 보조가 필요한 경우

전문요원은 프로젝트의 성격에 따라 사회적으로 공인된 유자격 서비스 제공자가 존재하는 경우가 많다. 예를 들어 건축법 5조(국민의 의무) - 3항에는 건축전문가의 의무가 명시되어 있다. 이 법령에서 말하는 건축전문가는 주요 건설서비스 제공자라고 볼 수 있다. 또한, 건설산업 기본법 2조 정의 1항에는 "건설산업"이라 함은 건설업과 건설용역업을 말한다.라고 되어 있다. 즉 건설서비스 제공자는 공사를 수행하는 건설업과 프로젝트에 관한 조사 · 설계 · 감리 · 사업관리 · 유지관리 등을 하는 "건설용역업"으로 나눌 수 있다.

용역(用役, Service)은 「물질적 재화」 생산 "이외"의 생산이나 소비에 필요한 노무(勞務) 대행을 일컫는 것으로, 영어로 Service이다. 용역은 노무의 대행이기 때문에 투입된 노무의 양이 대가 산정의 기본적 기준이 된다. 즉 산출물이 가시적인 물질이 아니라 산출물의 양이나 질 보다는 투입되는 노무를 기준으로 그 노동의 가치를 측정한다. FM 관련 업무에는 용역도 많다.

도급(都給, Contract)이란, 당사자의 일방(수급인)이 어떤 일을 완성할 것을 약정하고, 상대방(도급인)이 그 일의 결과에 대하여 보수를 지급할 것을 약정함으로써 성립하는 계약(민법 664조)이다. 도급은 고용이나 위임 같은 노무공급계약의 일종이지만, '목적의 완성'을 전제로 대가를 지불하는 점은 고용이나 위임과 명확히 구별되며, 이러한 점에서 완성품의 매매와 유사성이 있다. 그 일은 물리적 산출물이 있는 경우도 있고, 그 외에도 완성을 판정할 수 있는 비물리적 목표도 있을 수 있다.

자문(諮問, Consultation)은 어떤 분야에 전문적인 지식을 가진 사람이 특정사안에 대하여 고객을 상대로 상세히 상담하고 도와주는 것이다. 즉 자문인은 자신의 전문부문에 대한 적절한 견해 또는 해결책을 정리하여 의뢰자를 보조하는 일이다. 자문은 기업의 핵심사업 또는 지원업무뿐만 아니라 프로젝트 산출물이나 서비스 또는 결과, 제조기술 등에 관한 문제

표 4-12 건설서비스 제공자의 종류

신축건물 건설 대규모 개수 업무환경 조성	프로젝트 매니저(PMer), 시공관리자(CMer), 건축설계사무소, 구조 및 설비 등 엔지니어, 시공사(종합건설회사, 전문건설업자 등), 적산사무소, 인테리어 디자이너, 가구 메이커, 조경 디자이너, 경관 디자이너, 음향 전문가, 영상 전문가, IT 컨설턴트, FM 컨설턴트, 환경 컨설턴트 등
시설의 임대차 부동산 취득	부동산 컨설턴트, 부동산 감정사, 부동산 중개자, 법률 사무소, 공인회계사 등

해결 및 개선을 위해 요구된 만큼에 대한 분석·진단·조언을 하는 전문가이다(경제사전, 유비각). 한편, 건설 프로젝트라 하더라도 건축 또는 토목 관련 기술자만이 컨설턴트로 활약하는 것이 아니라 발주자 등의 필요성과 의향에 따라 법률, 회계 등 다양한 분야의 전문가가 자문을 한다. 각 컨설턴트가 관계하는 업무범위나 시기는 의뢰자의 능력과 의향에 따르며, 자문인에 대해서는 사회적으로 인정된 자격이 없는 경우도 있다. 프로젝트 발주자와 컨설턴트 사이의 정보교환에는 원활한 통합을 위하여 고객기업 내·외부의 FMer이나 PMer 등이 개재할 수 있다. 또한 자문은 프로젝트가 진행중이라도 필요한 시기에 시작하거나 끝낼 수 있다.

관리(管理, Management)는 정의된 관리목표를 달성하기 위하여 그와 관련된 관리행위를 일정기간 체계적이고 지속적으로 수행하는 것이다. 즉 단순한 노무 대행인 용역이나 국한된 전문 분야에 대한 자문과 구별된다. 관리는 기업의 운영업무나 프로젝트 업무 혹은 서로 영향을 주고받는 여러 요소의 일관성 및 통합성을 위해 관할 하에 있는 조직을 지속적으로 관리한다. 관리자에게는 관리지식과 기술지식을 종합적으로 고려한 통합력이 필요하다. 일의 내용면에서 보면 관리는 각종 부문 컨설턴트나 작업자의 인풋-실행방법-아웃풋을 계획-검토-조정-확인하는 것이다. 관리는 정의된 프로젝트 전체의 업무가 끝나지 않으면 끝낼 수 없다.

프로젝트 매니저(PMer)는 PMP업무의 수행과 그에 따른 책임을 지는 주체이다. 설계, 시공 또는 시설 운용 및 유지에 관한 부분적 기술 전문가(Engineering Consultant)가 프로젝트 전체에 대한 통합적 관리능력이 있는 경우는 담당기술과 별도의 매니지먼트 계약을 체결하여 PMer로 활약할 수도 있다. 하지만 이때는 기술적 문제해결 및 관리 실행의 객관성을 확보하기 위하여 부분 책임자로서의 역할은 맡기지 않는 것이 합리적이다.

1) 프로젝트 매니저(Project Manager)

프로젝트 매니저(PMer)는 모든 산업, 모든 입장의 프로젝트 매니저를 포괄적으로 나타내는 일반용어이다. 그에 비하여 CMer(Construction Manager)은 건설산업의 일반용어로서는 공사단계의 「시공 관리자」라고 할 수 있지만, 미국에서 확립된 CM방식에서는 건설 프로젝트 매니저(Construction Project Manager)를 일컬어 발주자의 대리인으로서 초기 단계부터 완성까지의 관리기능을 일관되게 수행한다.

프로젝트 관리자의 역할은 상시 조직의 기능관리자나 운영관리자와 구분된다. 일반적으로 상시조직의 자원부문 관리자는 지원행정영역의 관리감독에 주력하고, 핵심 사업부문의 관리자는 핵심 비즈니스의 일부분을 책임진다. 한편, 프로젝트 관리자는 프로젝트 목표를 달성하기 위해 일정기간에 한하여 선임하는 책임자이다. 조직의 구조에 따라 다르지만 프로젝트 관리자가 자원부문 관리자에게 보고하는 것이 일반적이다. 또한 프로젝트 관리자가 전사적 차원의 프로젝트를 최종적으로 책임지고 있는 포트폴리오 또는 프로그램 관리자에게 보고하는 경우도 있다. 이러한 형태의 구조에서는 프로젝트 계획을 주요 프로그램 계획과 일치시키고 프로젝트 목표를 달성하기 위해 프로젝트 관리자가 포트폴리오 또는 프로그램 관리자와 긴밀하게 협력한다.

프로젝트를 효과적으로 관리하기 위해서는 관리능력 외에, 특정 프로젝트 수행을 위하여 필요한 해당 산업 분야의 기술역량도 어느 정도는 필요하다. 프로젝트 관리자는 다음과 같은 일반적인 프로젝트 관리역량은 최소한 갖추어야 한다.

- 지식 : 프로젝트 관리에 대한 이해 및 지적 능력
- 역량 : 프로젝트 관리 지식을 적용하여 수행 또는 달성할 수 있는 능력 수준
- 인성 : 프로젝트 또는 관련 활동을 수행할 때의 행동양식. 개인의 태도, 성격 및 프로젝트 목표를 달성하고 프로젝트 제약 사항들 간의 균형을 조절하면서 프로젝트 팀을 이끄는 리더십

건설 프로젝트 매니저(PMer/CMer)는 설정된 관리목표를 실현하여 프로젝트를 성공시키기 위해서는 다른 업무 주체와의 관계(인간적 상호작용)에서 이루어지는 의사소통업무가 많다. 따라서 PMer의 역할과 산출물을 가시적으로 표현하는 것은 어렵지만 가시적으로 표현해도 큰 의미는 없다. 즉 성과(Performance)가 중요한 것이지 관리계획서나 보고서 등을 가시적으로 작성하는 것은 매니지먼트의 수단 또는 부산물이지 관리의 목적이나 목표는 아니다.

한편, PMer/CMer은 발주자로부터 프로젝트 성능, 비용, 기간, 리스크 등 관리항목에 대하여 관리에 관한 권한과 그에 따른 책임 일부를 위양(委讓)받은 대리적 주체이다. 위양의 범위는 발주자의 관리능력과 의향에 따라 좌우된다. 기본적으로는 프로젝트 조직을 관리하고, 경영자에게 프로젝트 진행상황을 보고하며, 설계조직 및 시공조직에 프로젝트 방침과 요구사항을 바르게 이해시키며, 경우에 따라서는 프로젝트 관련 홍보도 한다. PMer 선정과 관리범위 결정은 프로젝트 운영에 많은 영향을 미치기 때문에 프로젝트 조직화 단계에서 발주자인 고객기업이 결정해야 할 중요한 업무이다. 또한 외부의 PMer에게 의뢰하는 관리범위는

보수의 결정 근거가 되므로 필요성과 효과를 신중히 고려하여 결정해야 한다.

외부 PM전문가에 의한 프로젝트 관리 대행은 프로젝트의 고도화·복잡화를 배경으로 탄생하여 주로 그러한 프로젝트에서 이루어진다. 외부로부터 채용된 PMer은 프로젝트를 실시하는 고객기업의 요구와 조건 및 제한을 반영하여 해당 프로젝트 관리업무(PMP)를 중심으로 사내 요원을 대신(Agent)하여 실시하는 주체이다.

PMer은 프로젝트 전체의 원활한 추진에 중점을 두고 있기 때문에 고객이 프로젝트를 기획하는 단계에서는 자금계획, 용지취득, 설계자 및 그 외 컨설턴트 및 건설회사 선정 조언, 계약조건 작성 등 업무범위가 포괄적이다. 설계나 시공 등 POP업무는 관리 대상에 속하지만 그렇다고 그것을 PM팀에서 직접 수행하지는 않는다. 그리고 그에 대한 책임 역시 기본적으로는 해당 업무수행자이다.

PMer은 누가 이해관계자인지, 그들의 요구나 기대는 무엇인지를 확인하여 적절하고 확실하게 대응하지 않으면 안 된다. 프로젝트 성공이란 이것이 잘 되었다는 것을 의미한다. 프로젝트 성공에 대한 궁극적·포괄적 최종책임자는 발주자이지만, 맡겨진 프로젝트의 관리목표 달성에 대한 1차적 책임은 PMer가 져야 한다. 즉 프로젝트 매니저는 프로젝트의 설정된 목표에 대하여 관리책임을 져야 한다. 따라서 프로젝트 조직 구성원의 책임과 프로젝트 업무의 우선순위 변경에 관한 권한의 보유자이기도 하다. 따라서 프로젝트 매니저는 프로젝트의 세부사항을 파악하면서 동시에 전체적인 관점에서도 프로젝트를 관리할 수 있어야 한다.

프로젝트 관리자의 기본적인 책무는 다음과 같다.

- 프로젝트 관리계획 및 관련된 모든 부수적 계획 책정
- 프로젝트 일정 및 예산의 관찰 및 조정
- 리스크 식별 - 감시 - 대응
- 명확한 프로젝트 측정지표에 의한 성과측정 및 적절한 시점에서의 보고
- 모든 이해관계자 간의 원활한 의사소통(상호작용자 역할)

프로젝트 매니저는 관리계획을 수립해야 하므로 프로젝트가 구체화되기 전, 가능한 조기에 선정되어 프로젝트에 배정되는 것이 유리하다. 늦어도 프로젝트 기본방침이 개발되는 동안 배정되는 것이 바람직하다.

보통 프로젝트 매니저(PMer)는 기업의 지원조직 중 하나인 총무 또는 FM부서 등으로부터 PM능력이 있는 자가 선임되거나, 사내에 적절한 인물이 없는 경우는 외부의 전문가를 대리인 자격으로 위임한다. 전자인 경우는 직영관리, 후자의 경우는 위임(대리)관리가 된다. 그 외에도 도급 형태로 퍼실리티를 조달할 수 있으나 도급의 경우는 관리 권한과 결과물의 책임을 수급자에게 전가하는 방법으로 내부 요원의 관리부담은 격감하지만 추진과정 정보가

불투명한 맹점이 있다.

프로젝트 매니저는 목적(물)을 적절하고 확실하게 실현할 관리책임이 있기 때문에 목적물과 관련된 기술적 전문지식을 어느 정도 보유하고 있어야 한다. 하지만 이보다 더 필요한 것은 품질(성능), 시간, 비용 등 관리 목표를 달성하기 위하여 프로젝트 이해관계자들을 체계적으로 움직이게 할 수 있는 매니지먼트에 관한 전문역량이다. 왜냐하면 결과물에 대한 기술적 역량은 해당 기술별로 이행책임을 지는 외부 서비스 제공자나 공급업자가 있기 때문이다. 전문역량이란 전문성이 있는 일을 처리하는 도구(Tools)와 기법(Techniques)의 범위와 수준이라고 할 수 있다.

PMer이 프로젝트 매니지먼트에 적용하는 많은 도구와 기법은 매뉴얼과 같이 획일적으로 적용되는 것이 아니라 해당 프로젝트에 최적화되어 적용되어야 한다. 즉 기업이나 사회의 표준이나 모범적 관행을 따르는 것만으로는 고유의 특성을 가진 프로젝트를 성공적으로 완수하기에 불충분하다. 따라서 기본적 기술능력과 관리능력 외에도, 해당 프로젝트의 특유성을 간파할 수 있는 광범위한 지식과 정보, 불확실하고 불명확한 상황 속에서도 목표로 하는 성과를 달성할 수 있는 경험과 지혜, 각종 제약사항 간의 균형을 유지하면서 이해관계자를 목표달성에 집중시킬 수 있는 지도력, 유연성과 판단력, 협상과 커뮤니케이션 능력 같은 매니지먼트 역량이 필요하다는 뜻이다. 또한 PMer은 발주자와 외부 서비스 제공자의 관계를 공정하게 유지하여 갈등과 분쟁을 방지하는 역할도 해야 한다. PMer이 고객기업뿐만 아니라 그 외의 이해관계자로부터 신뢰받지 못하면 갈등과 분쟁을 조장하는 장본인이 될 수도 있음에 주의한다.

한편, 매니지먼트 전문가일지라도 특정 프로젝트 매니지먼트를 직접 하지 않고, 발주자가 의뢰한 비용이나 리스크 등 특정 분야의 매니지먼트에 대한 자문을 일시적으로 한다면 그것은 매니지먼트가 아니라 컨설팅이 된다.

2) 건설관리자(Construction Manager)

우리나라의 건설산업기본법 2조 정의 6항에는 '"건설사업관리"라 함은 건설공사에 관한 기획 · 타당성 조사 · 분석 · 설계 · 조달 · 계약 · 시공관리 · 감리 · 평가 · 사후관리 등에 관한 관리업무의 전부 또는 일부를 수행하는 것을 말한다.'라고 되어 있다. 여기서 공사는 영어로 Project로 해석되며, 건설사업관리에서 사업(Business)인지 과업(Project)인지 공사(Construction)인지 구별이 불명확하다. 그리고 PMP 및 POP의 일부만을 수행하는 것도 건설사업관리라 하여 컨설팅과 매니지먼트의 개념 구분도 애매하고, 단순한 실행(Execution)과 Plan - Do - Check - Action 사이클 전체를 체계적으로 하는 관리인지도 애매하다.

그런데 CM이라는 용어가 일반화되는 발단을 제공한 미국의 CM방식은 시공(Execution of

construction works)을 종합건설회사에 일식으로 도급하지 않고 발주자가 공사를 직영하는 경우, 발주자를 보조 또는 대신(agent)하여 시공단계를 관리하는 것을 반드시 포함한다. 이 경우는 전체 원수급자로서의 종합건설회사가 없기 때문에 당연히 공종별 또는 공구별로 분리발주하며, CMer의 업무는 각 전문공사업자와 발주자의 계약을 포함한 공사과정의 품질, 비용, 시간 등의 관리가 된다. 시공 이전단계에 개입하여 조사분석 관리나 설계관리를 하는 것은 시공단계의 기본적인 CM업무에 부가적(Option)으로 제공하는 업무이다. 즉 CMer의 기본적이고 핵심적인 업무는 발주자 입장에서 전문공사업자의 공사수행을 관리하는 것이다. 한편, 확장된 CM방식에서는 전문공사업자의 시공을 관리하는 것 외에도 상기 건설산업기본법에 예시된 것과 같은 다양한 프로젝트 관련 업무의 관리를 겸하기도 하고, 종합건설업자가 도급을 통하여 책임지고 수행하는 공사 전체의 시공에 대하여 그 과정과 결과물의 품질을 관리 · 감독하기도 한다. 그러나 엄밀히 말하면 이것은 CM이 아니라 감리나 감독 정도라고 할 수 있다.

즉 CM방식의 기본은 도급자(발주자)가 완성책임을 수급자(건설업자)에게 전가(轉嫁, 발주자의 리스크 회피)하는 일식도급(General Contract)방식의 대체개념(Antithese)이다. 즉 발주자에 대한 정보공개 측면에서 일식도급방식을 긍정적으로 보지 않는 것이 CM의 탄생 근거이다. 전문공사업자의 자재 및 인원 등 투입정보를 발주자에게 공개하고, 그에 대한 보수를 실비정산방식으로 지급하는 것이 CM방식의 하부구조(전제조건)이다. 따라서 CM방식이 코스트 측면의 투명성이 높다고 할 수 있다. 그 반면에 정해진 일정이나 금액으로 틀림없이 완성할 수 있는 가능성은 낮아진다. 즉 공사완성책임은 발주자에게 있다.

CMer의 업무는 발주자와 수주자 등 각 이해관계자 입장에서 객관성과 합리성을 확보하는 것이기 때문에 설계행위 및 시공행위를 CMer이 직접 실시하지 않는 것이 원칙이다. 프로젝트의 원활한 수행을 위해 꼭 필요하다고 여겨지는 일부의 업무나 시공을 직접수행할 때는 발주자의 납득과 재가(裁可)가 반드시 필요하다. 이 방식은 미국에서 민간 발주자가 선구적으로 시도하였고, 세금을 사용하는 공공공사에도 설명가능성(Accountability)을 높이기 위해 일식도급방식을 대체하는 공사조달방식의 하나로 채택되었었다. 한편, 실시설계가 어느 정도 진행되면 프로젝트 비용과 시간 등의 윤곽이 나타나고, 그것을 관리의 잠정 목표로 설정하여 그것을 기준으로 인센티브나 페널티를 합의하는 CM계약(CM at Risk)도 있을 수 있다.

우리나라에는 WTO에 따른 서비스 시장 개방이라는 외부로부터의 압력과 건설서비스 조달방식의 다양화라는 내부정책의 일환으로 CM방식이 도입되었다. 처음 도입 시의 명분은 전문적인 공사관리를 통하여 비용절감과 공기단축을 홍보하였으나, 지금은 종합건설회사에 의한 일식도급과 CM을 하나의 프로젝트에 병존시키고 있는 경우가 많아 비용의 투명성이 그다지 보장되지 않으며, 비용이나 기간절감이 쉽지 않은 상황이 되었다.

CMer의 법적 지위는 프로젝트의 실시주체인 발주자의 대리인이며, 위양된 권한(대리권)의 범위는 계약내용에 따라 다르다. 발주자와 CMer 사이는, 정보교환 및 계약에 다른 주체가 개재하지 않는 직접 관계이다. 즉 CMer는 특정 전문 분야의 컨설턴트(자문요원)가 아니고, 발주자의 대리로서 위양된 권한을 행사하는 대리권 수행자라고 할 수 있다. 그렇기 때문에 발주자로부터 위양된 권한의 범위를 계약서나 조직구조상에 명확하게 하고, 다른 이해관계자에게 인지시키지 않으면 혼란을 일으킬 가능성도 있다. 또한 CMer은 발주자의 대리인격이므로 매니지먼트 능력뿐만 아니라 발주자의 철학과 방침 및 외연하고자 하는 이미지(브랜드)와 부합해야 한다. 민간 프로젝트인 경우는 발주자가 정성적으로 판단하여 신뢰가 가지 않으면 당연히 대리인으로 지명하지 않는다. 공공 프로젝트는 대리인 선정에도 투명성이 요구되므로 사전자격심사 및 제안서 평가라는 심사과정을 거친다. 이때 반드시 그리고 당연히 평가해야 하는 것이 공무원을 대신할 수 있는 인격, 즉 공정성과 투명성 등 도덕적 신용인데, 우리나라에서는 이 부분이 애매하다.

3) 설계자

PMer/CMer은 발주자측 FMer이 설계자를 선정하는 것을 협조한다. 설계자는 건축기본법에 정의된 건축관련 전문가의 하나로서, 건축법 2조 정의에는 설계자 및 설계도서에 대한 정의가 있다. 건축사의 자격과 의무에 관해서는 건축사법을 별도로 두고 있다. 건축사법에는 설계의 정의도 있다.

제조업에 비해 건설산업, 특히 건축 분야의 큰 특징으로는 설계행위와 제조 및 시공행위가 분리된 업역으로 전문분화되어 있다. 이는 프로젝트의 조직디자인, 품질 및 성능 등의 확보, 보증체계에도 많은 영향을 미치고 있다.

유럽에서 시공에 직접 종사하지 않는 설계자가 출현하기 시작한 것은 고딕 후반, 르네상스 초기이지만, 그들은 건축설계만의 전문가라기보다 철학자나 과학자, 예술가 등 넓은 범위의 활동에 더불어 창조행위의 일환으로 건축설계도 겸했다. 한편, 영국에서는 17세기 런던대화재 이전까지는 발주자와 건설통괄자(Master Builder)가 대화를 통하여 설계 및 시공을 관장하였다. 런던대화재에 의한 폭발적 건축수요에 비해 적을 수밖에 없던 설계능력 보유자가, 짧은 기간에 많은 건축물을 설계할 필요가 생겼다. 즉 설계자가 시공현장에 가지 않고 설계에 전념해야 할 사회적 수요가 생겼다. 그 결과 마스터 빌더가 가지고 있던 설계기능과 시공의 관리감독 기능이 분리되어 설계 전문가로서 건축가의 직업영역이 확립되었다. 동시에 설계자의 설계도서대로 시공하는 것은 구체공사업자를 중심으로 한 도급계약자(Contractor)의 책무가 되었다.

도급계약자는 반드시 건설기술자가 아니어도 건축재료와 시공기능자를 자기비용(Cost)으로 조달하여 공사를 완성시킨 후 계약한 총액(price)을 받는 도급업자이다. 즉 기술이 아닌 자본이 건축생산체계에 중요한 역할을 하는 시대가 도래하였다. 적산사는 이때 발주자와 도급업자간의 공정거래를 중재하고, 불필요한 마찰을 없애기 위해 등장하였다. 특히 19세기 이후 건축기술이 급격하게 발전함에 따라 설계에 구조 및 시공기술을 반영하기 위해 건축가가 분야별 기술적 전문가(기술설계자 또는 전문공사업자)의 지원을 필요로 하게 되었다. 이때부터 기술설계만 하고 시공을 하지 않는 기술자(Engineer)가 분리되기 시작하였다.

여기에서 역사적 경과를 거론한 이유는, 고객기업 FMer이 프로젝트 조직을 디자인할 때는 설계자의 업무영역에 대하여 심사숙고해야 한다는 것을 부연 설명하기 위함이다. 현재도 많은 설계사무소는 설계기능뿐만 아니라 감리기능, 건설관리기능 등을 겸하고 있는 경우도 있는데, 그것을 구체적인 프로젝트에서 어떻게 분리 또는 통합할 것인가를 결정하기 위해서는 각 전문 분야의 태생과 취지를 이해할 필요가 있기 때문이다.

한편, 설계자는 발주자의 요구사항과 전제조건을, 전문 지식을 바탕으로 해결하여 도면 및 시방서 형태로 제시하는 역할을 한다. 문제는 요구사항과 전제조건이 해결되었다는 객관적 평가를 어떻게 하는가? 이다. 이때 전문지식 면에서 우위에 있는 설계자가 발주자를 기만해서는 안 된다. 따라서 FMer 및 PMer은 요구사항과 전제조건 등 설계자에 대한 투입물과 설계결과물의 인수요건을 명확히 해야 한다. 그렇다고 하여도 설계결과물에 대한 설명 책임은 설계자에게 있다.

4) 공사감리자(Supervising Engineer)

공사감리자는 공사착공 전에는 발주자의 위임을 받아 발주자와 수주자간의 공사계약 체결에 협력하고, 공사단계에서는 설계도서에 비추어 공사가 그에 합치하는지를 확인하는 발주자의 품질관리 대리인이다(건축학 용어 사전). 우리나라의 공사감리(工事監理)는 건축사법 2조(정의) 4항과 건축법 2조(정의) 15에는 「공사감리라 함은 자기책임하에(보조자의 조력을 받는 경우를 포함한다) 건축법이 정하는 바에 의하여 건축물 · 건축설비 또는 공작물이 설계도서 내용대로 시공되는지 여부를 확인하고, 품질관리 · 공사관리 및 안전관리 등에 대하여 지도 · 감독하는 행위를 말한다」라고 되어 있다. 그리고 건축법에는 공사감리가 필요한 공사를 다음과 같이 정하고 있다. ① 바닥면적 합계가 200㎡ 이상인 건축물 공사 ② 3개 층 이상인 건축물 공사 ③ 기타 등으로 되어 있다(건축법 시행령 8조). 법에서 규정한 지도 · 감독은 목적과 목표를 정하는 경영도 아니고, 정해진 목표를 달성하기 위하여 계획을 세워서 실천 상황을 확인 · 평가하여 계획을 조정하는 관리도 아니다. 결국 우리나라의 감리형 CM은 개념이 부족한 전문가의 언어 유희적 성격이 강하다.

한편, 현실적으로는 설계도서에 건축물의 모든 부분의 형상 및 시방(示方, specification)을 구체적으로 표시하는데 한계가 있다. 부족한 설계의 완성도 및 표현의 한계를 현장에서 보충하는 '설계 행위의 연장'이 감리이기도 하다. 따라서 설계행위와 감리행위의 경계도 엄밀히 구분하기 어렵다.

감리자 선정은 감리행위의 정의에 따라 다를 수 있다. 감리의 객관성을 위하여 설계자와 다른 독립주체로 하는 나라도 있고, 설계와의 일관성을 위하여 동일 주체로 하는 나라도 있다. 일본은 시공자에게 자주(自主)감리를 시키고 완성품의 품질에 대한 책임을 포괄적으로 지도록 하는 방식을 취해 왔으나, 객관성이 부족하여 최근에 제3자 감리를 강화하였다. 감리자의 자격으로는 설계자(건축사) 혹은 동등의 자격자가 감리를 실시하는 것이 일반적이지만, 우리나라에서는 건축사와 다른 감리자 자격을 두고 있다. 미국의 공공공사에서는 육군 공병대가 연방정부의 공사를 감리하는 경우도 많다. 프랑스에서는 건축가, 기술사무소 또는 발주자의 내부 요원으로부터 선발된 감리자가, 건축 생산과정의 지휘자, 즉 프로젝트 매니저로서 폭넓은 업무를 실시하는데, 이것은 공종별 분리발주가 기본으로 시공일식 도급업자가 없는 프로젝트가 많기 때문이다. 즉 직영에 가까운 공사운영을 하는 경우가 많다.

5) 적산사(Quantity Surveyor)

적산사는 물량산출(적산) 및 검토·확인과 그에 따른 공사비 추정(견적) 업무를 실시하는 주체이다. 영국에서 건축가가 직업적으로 독립해 갈 무렵인 18세기, 건축주와 각종 전문공사업자(또는 仕長)와 공사 또는 노동계약을 맺는 역할을 하게 되었다. 처음에는 기능(技能)노동을 중심으로 하는 전문공사업자가 교육수준이 상대적으로 높은 건축가(발주자의 대리인)에게 경제상 불이익을 당하지 않기 위해 메저(Measure)라는 견적 숙련자를 양성하여 그들에게 물량산출을 맡겼고, 그 후 건축가도 견적 숙련자들을 활용하게 된 것이 QS의 발생과 발전이라고 일컬어진다.

적산사가 직업적으로서 확립된 시기는 19세기이며, 현재도 주로 영국이나 구 영연방에서 활발하게 활약한다. 핵심이 되는 행위는 공사계약 단계에서 설계된 도면을 근거로 물량을 산출하는 것이고, 그 결과물인 물량명세서(Bill of Quantity)는 발주자측이 제시하는 수주자측의 견적조건이 된다.

최근에는 QS가 프로젝트 초기부터 코스트 매니지먼트 주체로 개입하여 예산책정, 설계단계의 예상공사비 산정, 시공단계에서 공사자의 기성고를 사정(査定)하는 등 광범위하게 관계하는 경우도 볼 수 있다.

우리나라의 적산사는 공사발주자 또는 수주자측으로부터 부탁을 받아 물량산출만 하는 경우가 많고, 입찰에는 관계하지 않는 것이 일반적인데, 이것은 총액 도급이 중심이기 때문에 상세한 내역(투명성)보다 결과적 총액을 중요시하기 때문이다. 영국의 경우는 적산사가 작성한 물량명세서가 입찰의 조건으로서 주어지기 때문에 응찰하는 건설회사가 물량산정을 별도로 하지 않아도 되므로 입찰경비와 시간을 절약할 수 있다. 또한 물량명세서는 발주자와 건설업자가 상호 신뢰할 수 있는 근거가 되고, 차후 금액조정(설계변경 등에 의한 클레임 처리)의 기반이 된다. 그러나 신기술이나 신공법, 특수한 디자인 등 QS가 쉽게 수량으로서 산출할 수 없거나 시간이 지나치게 소요되는 경우도 있다. FMer이나 PMer이 비용관리를 철저히 하기 위해서는 믿을 수 있는 적산전문가와 협력하여 계획 및 설계가 구체화되어가는 단계마다 소요비용을 확인하는 것이 좋다.

6) 공사 시공자

설계자와 PMer은 발주자측 FMer이 공사 시공자를 선정하는 것에 협력해야 한다. 지방자치체에 따라 시공에 관련하여 복잡한 조례 등이 있는 경우는 그 지역의 건설회사를 활용하는 것이 유리한 경우도 있다. 건축법 2조(정의)16. “공사시공자”란 건설산업기본법 2조(정의) 4호에 따른 건설공사를 하는 자를 말한다. 동조에는 “건설공사”라 함은 토목공사 · 건축공사 · 산업설비공사 · 조경공사 및 환경시설공사 등 시설물을 설치 · 유지 · 보수하는 공사(시설물을 설치하기 위한 부지조성공사를 포함한다), 기계설비, 기타 구조물의 설치 및 해체공사 등을 말한다.라고 되어 있다. 「전기공사업법」에 의한 전기공사, 「정보통신공사업법」에 의한 정보통신공사, 「소방시설 공사업법」에 따른 소방시설공사, 「문화재보호법」에 의한 문화재 수리공사는 그 특수성으로 인하여 위의 일반적인 건설공사에 포함시키지 않고 있다. 한편 동조 5호에는 “건설업자”라 함은 이 법 또는 다른 법률에 의하여 등록 등을 하고 건설업을 영위하는 자를 말한다.라고 되어 있다.

(1) 종합공사업자

건설산업기본법 4의2. “종합공사”라 함은 종합적인 계획 · 관리 및 조정 하에 시설물을 시공하는 건설공사를 말한다. 종합공사업자는 미국에서는 General Contractor(GC), 영국에서는 Main Contractor로 불린다. 이 호칭은 엄밀하게 말하면 프로젝트에서의 계약적 입장을 말한다. 사전적 의미는 건설공사 가운데 토목일식공사, 건축일식공사와 같이 공사를 전반적으로 도급하는 업자이다. 종합공사업자의 실제 역할은 공사계획과 그 계획에 의한 각종 전문공사업자나 직용 근로자의 조정 및 관리 등이 대부분이며, 공사에 투입하는 인원이나 장비를 상시고용 또는 소유하여 직접 시공하는 경우는 적다.

일반적으로 종합계약자(Genaral Contractor)는 보통 도급계약(都給契約)이라는 일의 완성에 대한 포괄적 책임을 지는 계약방식으로 발주자로부터 공사를 일식(General)으로 수급하는 주체이다. 도급계약이기 때문에 완성에 필요한 자본을 수급자가 먼저 투입하고, 결과물의 완성이 확인된 후에 발주자에게 대가(비용+이윤)를 청구할 권한이 생기는 것이다. 또한 도급계약은 계약목적의 결과적 달성 여부에 주안점을 두기 때문에 그 과정에 동원된 방법이나 경과를 보고할 책무는 약하므로 법리상 공사를 자체적으로 실시할지 하도급으로 실시할지는 종합수급자가 선택하는 방법상의 문제이다.

즉 주문생산인 건축생산에 발주자가 아닌 자본가의 자본이 먼저 투입되는 가장 자본주의적 방식이 일식도급방식이다. 건축공사의 일식도급계약 역시 18세기 중엽에 일어난 산업혁명에 수반되어 영국에서 발전된 방식이다. 그리고 18세기 말에서 19세기 초에 걸친 나폴레옹 전쟁은 영국에서 전쟁을 위한 공공공사의 일식계약을 촉진시켰다. 즉 영국에서 벽돌공이나 석공이 공사 전부를 수급하여 하수급자를 통제 · 조정하는 방법이 일반화되었다. 목재를 구조체로 해 온 우리나라에서는 도목수가 그 역할을 했다고 할 수 있다. 영국에서 벽돌공 또는 석공이 일식도급을 하는 종합건설업자가 될 수 있었던 이유는 다음과 같다.

① 건축에서 가장 중요한 구조적 안전을 담당하는 공정이 구체공사 담당자였던 것.
② 구체공사가 현장 체류 기간도 가장 긴 직종이었다는 것.
③ 비교적 여유로운 자본을 갖고 있었다는 것을 들 수 있다. 그 후, 건축생산을 시공일식으로 수급하여 하도급을 하는 것이 더욱 일반화된 배경이었다는 것.
④ 기술의 공종별 전문화라는 산업계의 하부구조 발전이 있었다는 것.

위와 같은 경과를 거쳐 현재와 같은 일식계약 종합건설업자가 일반화된 것은 19세기 초이다. 그러나 영국에서도 스코틀랜드 등 지방에 따라서는 아직까지 공종별 분리계약이 일반적이고, 영국 본토에서조차 일식도급이 건축공사를 수행하는 유일무이한 방법이라고 할 수는 없다. 또 일식이더라도 공사업자나 자재조달업자 등을 발주자가 지명(Nomination)하여 공사조직을 편성하는 경우도 많다. 그러나 이와 반대로 분리발주가 전통인 독일에서도 최근에는 일식도급을 하는 종합건설업자방식이 종종 있으며, 따라서 일부 공사의 시공을 하도급하는 경우도 있지만, 이때는 하수급자를 사전에 명시한다.

미국의 경우는 건설회사의 공사비 견적, 공정표 작성, 시공도 작성, 노무자 가동시간 확인 등의 업무를 본사 지원조직에서 하는 경우가 많지만, 우리나라의 경우는 설계의 완성도가 낮다는 이유로 상대적으로 원수급자 현장요원의 업무량이 많고 그 수도 많다. 따라서 시공조직 편성에도 차이가 있는데, 미국의 중규모 건축공사는 소장, 공사감독, 행정요원 정도가 현장요원의 전부이다.

(2) 전문공사업자

산업혁명 이후 도시화가 진행됨에 따라 도시 내에 특정공종에 전문화된 기능자와 십장이 탄생했다. 영국에서는 17세기 초 업종별 분리계약이 시작되었다고 볼 수 있고, 건축관련 각종 기술이 발달함에 따라 더욱 전문화·세분화가 진행되어 왔다.

건설산업기본법 4의 3에는 "전문공사"라 함은 시설물의 일부 또는 전문 분야에 관한 건설공사를 말한다.라고 되어 있다. 건설업법의 허가 업종 가운데, 토목일식공사와 건축일식공사를 제외한 업종이 전문공사업이다(건설산업기본법 참조). 전문공사업자(Specialist Contractor, Trade Contractor)는 실질적인 시공의 대부분을 담당하는 주체로서 그들의 기능(技能)이나 기술, 의욕이 건축물의 품질에 직접적인 영향을 준다.

그러나 일반적으로 원수급자의 하수급자가 되는 경우가 많기 때문에 완성책임이나 지불 등 발주자와의 계약적 측면에서 간접적인 것, 일의 내용이 프로젝트 전체가 아니라 부분인 것, 건축물이나 공사 전체의 계획자라기보다 타인에 의해 설계 또는 계획된 내용을 구현하는 주체인 것 등 때문에 프로젝트 전면에 등장하는 경우는 드물다. 호칭 역시 일반적으로 전문공사업자가 아닌 하수급업자(Sub Contractor)로 불리고 있듯이, 총액일식도급방식이 시공조달의 전형이 되어 있는 우리나라의 경우, 프로젝트 조직에서 입장이나 사회적 대우가 약하다. 하지만 정해진 부분공사를 발주자와 직접 계약하는 경우도 있으므로 업태로서 부르는 경우는 전문공사업자라는 말이 정확하고, 프로젝트 조직에서 원수급자의 하수급자인 경우는 하수급자로 부르는 것이 적당하다고 생각된다.

발주자가 기술적으로 신뢰할 수 있는 전문공사업자를 지정하여 종합공사업자의 일식청부범위에 포함시키는 것이 지명하수급자(Nominated Sub-Contractor)이다. 우리나라에 있어서 기술의 독립성이 있고, 공사비 비중이 큰 기계, 설비 등 공종은 별도 발주 또는 발주자 지명이라는 방법을 취하는 경우가 있다.

전문공사업자의 기본적 기능(機能)은 기능(技能) 노동자를 조달하여 공사를 수행하는 것이지만, 기자재의 제조자로부터 부품이나 자재를 구입하여 부재로 가공·조립한 후, 현장에 반입하여 설치하는 공급자의 역할을 겸하는 경우도 있다. 재료와 수공(手工)을 일식으로 공급하는 방식을 재공일식(材工一式)이라 한다.

단순한 제조자 또는 공급자(Supplier)로서 현장에서의 시공은 하지 않는 주체도 있다. 이 경우는 건설업이라기보다 제조업 또는 유통업에 속한다고 할 수 있다. 이들은 특정 프로젝트를 대상으로 하는 수주생산을 하는 경우와 일반적으로 사용되는 부품 및 부재를 개방생산하는 공급자도 있다. 전자에 관한 생산기술은 설계자나 시공자의 설계 및 시공계획에 따라 지배되지만, 후자의 경우는 시방의 결정이나 생산수단을 제조자가 지배하여 대량생산 및 대량판매를 추구한다. 한편, 최종 조립이 현장에서 이루어지는 건축생산에서도, 최근에는 중간가공의 필요성이 증가하여, 상세설계 및 가공이나 중간조립, 가조립이 공장에서 이루어지는 공종도 많다. 따라서 전문공사업자의 기능(機能)이 현장 기능노동자의 공급(용역)

및 시공뿐만 아니라 부품이나 부재의 시방결정 및 공법 결정(설계 및 자문)까지 넓어지는 추세이다.

전문공사업자의 업종 구분도 국가 및 지역의 건설기술이나 주된 재료와 공법에 따라 다르다. 미국 등 자기책임 의식이 강한 지역의 전문공사업자는 우리나라의 전문공사업자와 비교하여 기술과 경영면에서 자립성이 높고, 현장가설이나 기자재도 스스로 반입(材工一式)하는 경우가 많아 자기완결 능력이 높기 때문에 기능 노무자만을 제공하는 전문공사업자는 적다. 그러나 미국의 전문공사업자도 스스로가 프로젝트 전체의 조정 역할에 나서는 경우는 적다. 프로젝트 전체의 조정은 원수급 건설업자나 CMer의 전문적 역할이기 때문이다.

영국이나 미국의 종합건설업자는 시공 전체 계획과 그 관리만을 중심으로 한다. 반면, 부재부품 및 가설 조달, 노무조달 및 시공관리 능력이 뛰어난 전문공사업자는 말 그대로 전문성이 높다. 종합공사업자와 전문공사업자의 관계는 수평적이며 계약에 충실한 관계이다. 프랑스의 경우는 건축가의 업무가 예술성 중심의 디자인이고, 공사도 종합공사업자가 없는 분리발주가 일반적이기 때문에 전문공사업자의 역할 범위가 넓고 기술적, 경영적 자립성도 높다.

프로젝트에서의 책임도 계약주의 국가에서는 원수급자와 하수급자 관계도 다른 관계와 마찬가지로 철저하게 계약관계이다. 따라서 견적을 잘못낸 전문공사업자의 적자나 원인이 자신에게 있는 공사기간 지연은 스스로 책임을 져야 하며, 종합건설업자가 저가수주를 하였다고 전문공사업자에게 저가공사를 강요하는 경우도 상식적으로 있을 수 없다. AGC의 윤리행동 규범에도 "발주자로부터의 받은 기성급 가운데, 하수급자의 기성급 부분은 절대로 떼먹는 행위(Pinta＝속칭 삥땅)를 해서는 안 된다."라고 명시하고 있다. 앞의 표 4-4에서 소개한 CM, MC, DM방식 등 영미에서 일반화되어 있는 매니지먼트 명시적 생산시스템은 기술능력과 관리능력이 우수한 전문공사업자가 존재하는 것이 전제가 된다. 다양한 생산시스템을 적용하기 위해서는 자기책임 능력이 있는 전문공사업자의 양성이 중요하다.

(3) 건설기술자 및 기능자

건축법 2조(정의)17 "관계전문기술자"란 건축물의 구조 · 설비 등 건축물과 관련된 전문기술자격을 보유하고 설계와 공사감리에 참여하여 설계자 및 공사감리자와 협력하는 자를 말한다. 건설산업기본법 2조 12항에는 "건설기술자"라 함은 건설공사에 관한 기술(技術) 또는 기능(技能)을 가진 자로서 관계법령에서 그 기술이나 기능이 있다고 인정된 자를 말한다.로 정의되어 있다. 여기서 말하는 건설기술자는 결과물의 설계에 관련된 기술자(Engineer)와는 다르다. 한편, 계산이나 논리로 증명 가능한 방법을 바탕으로 계획(Plan) 및 설계(Engineering)하는 기술(technology)과 훈련 등을 통하여 경험적으로 얻는 조작숙련도인 기능

(skill)도 구별할 필요가 있다. 건축현장에 기능이 있는 노동자를 공급하는 방식은 국가 및 지역에 따라 차이가 있다. 역사적으로 보면, 유럽에서는 석공의 동업조직(길드), 우리나라에서는 목수조직이 건축계획 및 설계, 자재 및 기능자의 준비 · 교섭을 해왔다. 기능이 일천한 막노동자는 군인, 농민, 실업자 등 정세에 따라 조달해 왔다. 미국에서는 19세기 말부터 직종 · 직능별 노동조합 조직이 전국적으로 결성되어 공종별 기능보유자를 현장에 공급하는 직공조합인 유니온(UNION)이 지금도 존재한다. 15업종으로 나뉘어 각 지역마다 유니온 사무국이 설치되고 임금결정이나 노동조건 교섭뿐만 아니라 기능공의 교육훈련도 실시한다. 그 때문에 유니온에서 보내는 현장기능공의 1/3은 그 직업에 종사하기 시작하여 3~4년 미만의 견습공이다. 미국 건설산업의 유니온 조직률은 20% 정도이다. 독일의 경우 전문공사업자는 자기가 직접 시공하는 것에 자존심을 걸고 있고, 기능자를 사내에 보유하고 있는 것이 공공공사의 수주에도 유리하므로 노동자의 직접 고용률이 높다.

우리나라의 건설현장에서는 아직도 재하도급이 비공식적으로 통용되고 있다. 전문공사업자는 직능별 십장(什長 : 열명 내외의 직공을 통솔하는 팀장)과 유대관계를 가지고 현장에 기능공이 필요하면 그들에게 연락한다. 많은 기능공은 개인적으로 존재하며 십장과의 유대관계를 통하여 현장에 동원된다. 중간적 위치에 존재하는 십장은 법적으로 애매한 상태이면서도 재하도급 등의 계약자가 되어 문제를 야기하는 경우도 있으나 역사적으로 십장이 전문공사업자와 기능노동자 사이에서 순발력과 유연성을 발휘하는 역할을 하고 있다. 전문공종별 노동조합 등 기능노동자 조달의 명시적인 사회기반이 약하고, 기능노동자의 고용 여부가 전문건설업자의 기업평가에 직접 반영되지 않기 때문에 전문공사업자가 기술자 및 기능자를 상시적으로 고용할 현실적 이유가 적기 때문이다.

4.4.3 그 외의 프로젝트 이해관계자(stakeholders)

1) 건설 관련 행정기관

건설 관련 행정기관은 건설산업의 사회정의를 실현하기 위하여 관련 제도와 법규 수립 및 관리자로서의 역할을 하고 있다. 즉 당사자의 자유계약에 맡길 경우 피해자가 생기거나 불필요한 마찰이 발생하는 경우를 방지하기 위함이다. 산업의 공명성 · 공정성 확보는 건설산업기본법 등의 규정이 관계하며, 프로젝트 관리자가 숙지해야 하는 법령이다.

건축기본법 4조, 국가 및 지방자치단체의 책무 1, 건설관련 행정기관은, 건축물이 건전하게 만들어지고, 관리되고 있는 것을 지원 · 감독하는 역할을 한다. 시민의 안전과 건강 및 에너지 절약 등이 사회적으로 중요하기 때문에 다양한 법이나 기준을 만들어 그 기준이 지켜지는지 감시한다. 따라서 민간 프로젝트이더라도 중요한 이정표에서 허가 · 확인 · 심사 · 검사가 있다.

또한 건축물 시방 결정에도 건축법, 소방법 등이 깊이 관계되어 있다. 시방규정은 건축 관련법 규정 및 각 기관의 표준시방 형식 등으로 불특정 다수의 프로젝트 설계에 영향을 미친다. 선진국에서는 최근 성능 규정이 중심이 되어 시방 결정자로서의 공공적 역할은 약화되고 있다. 특히 건축, 설비, 구조 등 컨설턴트는 관련법규를 숙지하지 않으면 안 된다.

그리고 건축법 4조, 국가 및 지방자치단체의 책무 2에 규정되어 있는 바와 같이, 행정기관은 공공공사 발주자로서의 역할도 있다. 공공시설은 국민의 세금을 사용하기 때문에 특히 회계책임성(Accountability)이 중요하다. 이것은 프로젝트뿐만 아니라 운영관리에도 해당되며, 최근에는 많은 공공시설의 유지관리에 막대한 세금이 지속적으로 소요되는 문제점을 해결하기 위하여 선진국에서는 공공시설에도 FM의 개념과 수법을 철저히 도입하고 있다. 매니저나 컨설턴트는 관련 규정을 준수하는 것뿐만 아니라 전문가로서의 사회적 책임의식을 가져야 된다. 특히, PMer 및 FMer은 관련제도 및 법령을 숙지하여 프로젝트 진행을 차질 없게 하고, 관련 행정기관과 협조하여 더 나은 환경구축 및 유지관리에 힘써야 한다.

2) 프로젝트 스폰서(Sponsor=투자자)

프로젝트 스폰서로 현금이나 다른 방법으로 프로젝트 재정 등 자원을 제공하는 주체이다. 프로젝트가 공식적으로 승인되기 전의 의사결정에 특히 중요한 역할을 하며, 승인 후에도 프로젝트 범위의 현저한 변경, 치명적 리스크 발생시 스폰서의 승인이나 계속 또는 중단결정 등이 중요하다.

3) FM컨설턴트

외부의 FM 컨설턴트는 시설관리에 대한 전문가 입장에서 시설이 완성되어 운용되는 단계를 염두에 두고, 프로젝트의 기본방침 책정, 실태 파악, 요구조건 작성, 기본계획 수립 등 폭넓은 영역에 대하여 고객기업 FMer의 지원자 역할을 한다. 또한, 고객기업의 경영계획 및 FM전략을 구현하기 위하여 시설의 소유형태 변화와 물리적 변화를 조언하기도 한다. FM컨설턴트가 고객기업과 계약하여 특정시설 상태나 운용을 지속적으로 관찰하고 분석하여 유지 및 개선계획을 세우고, 그 추진을 관리하면 컨설턴트가 아니라 그 건물의 FMer이 된다.

4.5 프로젝트 팀의 조직화

대부분의 퍼실리티 관련 프로젝트는 그것을 주문하여 결과물을 인수하는 거래주체이면서 프로젝트 경영주체인 고객(Client=발주자)이 있다. 그 고객은 기업인 경우가 많으며, 고객기업에는 FM부문을 비롯하여 재무부문 등 프로젝트와 밀접한 관계에 있는 부서가 있다. 고객기업은 프로젝트에 그러한 부서의 요원들을 파견할 수도 있다. 본 절에서는 그러한 고객기업 내·외부의 필요한 요원, 즉 앞 절에서 언급한 프로젝트 이해관계자를 프로젝트 조직으로 편성하여 체계적으로 움직이게 하는 과정에 대하여 거론한다.

프로젝트 팀은 프로젝트와 관련된 이해관계자 중에 이미 언급한 PMP와 POP를 수행하는 핵심요원의 집합을 의미한다. 프로젝트를 운영할 수 있는 능력과 조직을 갖추지 못한 일반적인 고객기업은 내·외부의 전문가를 동원한 프로젝트 대응조직, 즉 프로젝트 팀을 편성하는 것이 필요하다.

4.5.1 고객기업의 조직형태와 프로젝트 조직의 전형

조직화란, 특정 프로젝트의 목적 및 목표를 달성하기 위한 행동을 복수의 주체가 체계적으로 하기 위하여 필요한 주체를 정의하고 그들 간의 얼개(체제=Organization Structure)를 편성하며, 각 주체를 합리적으로 선정하는 절차를 포함한다. 프로젝트와 관련된 각 주체에 대해서는 앞 절의 '이해관계자'에서 언급하였다. 그러나 현실적인 프로젝트에서는 주어진 조건이나 요구사항에 따라 각 주체의 업무영역 및 책임과 권한, 조직구성원으로서의 행위규범을 구체적이고 명확하게 정의할 필요가 있다.

프로젝트에서는 각자 모기업을 가진 다종다양한 이해관계자가 이합집산한다. 각 이해관계자 모기업의 조직형태와 프로젝트 요원의 활용 방법에는 표 4-13과 같은 모델타입이 있다.

1) 고객기업의 조직형태와 프로젝트 배속 요원

고객기업의 경영자는 자기기업의 평상시 조직형태와 프로젝트의 성격을 감안하여 프로젝트 배속요원을 선발하고, 의사결정과 지휘보고 체계 및 권한을 부여해야 한다. 고객기업의 FMer이 그 계획을 세워 품의한다.

표 4-13 고객기업의 조직형태와 프로젝트 배속요원

기능조직 Functional Organization	기능적으로 구분된 부서에서 고정된 서열(Line)의 의사소통을 중시하는 계층조직(=Traditional Organization, 관료조직)이다. 즉 생산, 회계 등 기능부서에 요원의 소속을 고정하고, 부서장(Functional Manager) 아래 각급 요원들이 있으며, 각 요원은 부서 내의 상하관계 지휘보고 체계에만 충실하고, 프로젝트 조정은 부서장 회의에서 한다. 모기업이 이러한 기능조직으로 경영되고 있는 경우, 특정 프로젝트 담당은 임시 직무로서 권한은 미약하고, 자원의 가용성도 약하다. 프로젝트 예산은 각 부서장들이 관리하며, 프로젝트 관리 행정 요원들도 원래의 부서에서 한시적으로 차출되며, 프로젝트에 관한 의사소통도 부서 내의 위계에 따르며 작업은 상호 독립적(비협력적)이다.
프로젝트 조직 Projectized Organization	특정 목적이나 목표를 달성하기 위하여 전문요원(Staff) 간의 수평관계 의사소통을 중시하는 조직이다. 모기업이 프로젝트 조직으로 경영되고 있는 경우, 특정 프로젝트 담당자 및 전문요원은 고정된 자기부서가 없기 때문에 배속 프로젝트에 전념할 수 있으며, 독립적인 권한을 행사할 수 있다. 프로젝트 단위로 수주하는 건설회사나 설계회사는 이 조직을 채용하는 경우가 많지만 일반적인 생산기업이나 사무업무가 중심인 회사에서는 보기 힘들다.
행렬조직 Matrix Organization	기능조직의 서열 라인과 프로젝트 조직의 전문스탭을 절충한 조직이다. 이 행렬조직에는 라인과 스탭의 종횡관계 비중에 따라 서열을 좀더 중시한 약한(Weak) 행렬조직, 양자를 안배한 균형(Balanced) 행렬조직, 전문요원의 횡적 협력을 좀더 중시한 강한(Strong) 행렬조직 등이 있다. 약한 행렬조직 및 균형 행렬조직은, 기본적으로 기능조직이지만, 각 부서의 일부 요원들 간에 정보를 주고받으며 프로젝트 조정을 한다. 결제권은 여전히 부서장에게 있다. 프로젝트 담당자에게는 그다지 권한이 없고, 부서간 통합이나 촉진을 위한 매개역할이 주어질 뿐이다. 강한 행렬조직은 프로젝트 조직의 특성을 많이 가지고, 전임 프로젝트 담당자가 상당한 권한을 가지며, 프로젝트 관리 행정업무를 위한 전담요원을 둘 수 있다.
복합조직 Complex Organization	상기의 기본적 조직형태를 하나의 기업에 복합적으로 공존시키는 복합조직도 있다. 즉 기능조직 부서로부터의 선발된 요원으로 특별 프로젝트 팀을 구성하여 프로젝트 기간 중에는 원래 소속부서와 별개의 독자적인 운영절차와 보고체계를 유지한다. 그러나 프로젝트 요원이 담당한 프로젝트와 무관한 원래 소속부서의 업무를 계속해서 담당하는 것도 배제하지는 않으며, 배속된 프로젝트 업무를 원래 소속부서의 직속상관에게 반드시 보고하지 않아도 된다.

2) 프로젝트 조직(체제)의 설계

대부분의 프로젝트는 막대한 자금을 투입하기 때문에 고객기업의 재무상태와 경영상황을 좌우하는 경우가 많다. 따라서 목적과 목표를 달성하기 위한 조직의 체제를 신중하게 편성하고, 치밀하게 운영할 필요가 있다. 특정 프로젝트를 추진할 조직을 편성할 때는, 기본적으로 상기의 프로젝트형 조직이 어울린다. 즉 관리단계가 층층이 많은 라인구조로 하면 주어진 기간에 한계가 있는 프로젝트의 의사결정에 신속성 등에서 불리한 측면이 있다. 그러나 지나치게 수평적으로 넓거나 의사결정구조가 복잡하면 그것 역시 민첩성과 책임성을 저해한다.

프로젝트 팀의 구조는 간단하게 생각하면, 프로젝트 리더(통괄매니저), 운영관리요원, 분야별 전문요원(설계전문요원, 시공전문요원)으로 편성된다. 고객기업의 경영자는 이들을 자기 기업 내부에서 차출하거나 내부요원으로 충당되지 않는 주체는 외부로부터 조달한다. 즉

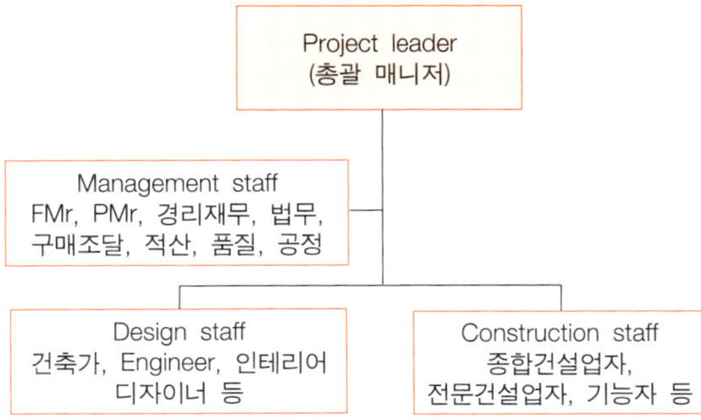

그림 4-2 프로젝트 조직의 기본적 편성

'프로젝트 팀'은 프로젝트를 수행하는데 필요한 관련 영역의 실무지식이나 기량을 가진 개인들이 고객기업 내외의 다양한 그룹에서 선정된다. 프로젝트 팀 내에는 프로젝트 관리를 직접 담당하는 프로젝트 관리요원과 프로젝트 관리자의 관리하에 정의된 업무를 수행하는 각종 전문요원이 있다. 프로젝트 관리요원은 고객기업의 FM부서가 주요기능을 담당하는 것이 기본이다. 프로젝트 조직의 기본적인 편성은 그림 4-2와 같다.

PMer은 고객기업 입장에서 프로젝트를 효과적으로 추진하기 위하여 고객기업의 FM부문 또는 재무부문의 간부 중 능력 있는 자를 선발하거나 외부로부터 선임할 경우에도 FM부문이 주도하여 추진한다. 이것은 프로젝트의 목적이나 규모, 내부능력에 견주어 고려해야 한다. 예를 들어, 워크 플레이스(업무환경) 조성 프로젝트 등의 경우는 해당 부문 관리자를 PMer로 선출하기도 한다. FM부문 이외에서 PMer을 선출했을 경우는 FM부문으로부터 부책임자를 임명하여 PMer과 FM부문의 면밀한 협조가 이루어지도록 하는 것이 좋다. 프로젝트 관리요원은 주로 PMP를 담당하며, 가능하면 고객조직 FM부문 및 재무, 인사, 정보 시스템 등 관련 부문에서 선출하여 PMer을 보좌하는 것이 좋다. 특히 비용과 시간관리에서 사내 관련 부문 및 설계·시공 전문요원과의 조정역할이 중요하다. 사내에서 관리 요원을 충당할 수 없는 경우는 외부의 전문가를 선임한다. PM팀을 외부로부터 조달하면 관리 기술적으로는 리스크가 적으나 비용 측면에서는 감안을 해야 한다.

설계·시공 등 POP 관련 전문요원은 앞 절에서 거론한 외부 서비스 제공자를 프로젝트 팀에 참가시킨다. 외부로부터 조달할 경우는 가장 경쟁력 있는 요원, 발주자 및 다른 프로젝트 구성원과 협심단결이 가능한 요원을 선발하는 것이 프로젝트 성공의 기본이다.

한편, 프로젝트 조직을 설계할 때는 관리범위(管理範圍)를 고려하여야 한다. 관리범위란 한 사람의 상급자 또는 상급조직이 가장 효과적으로 직접 관리할 수 있는 하급자 또는 하급조직의 수를 일컫는다. 관리한계(管理限界)의 원칙이라고도 한다. 대규모 조직은 그 관리범위에 한계가 있기 때문에 인적(人的) 구성에 있어서 부득이 계층 형태를 취하게 된다. 관리범위의 실제적인 폭은 일률적이 아니라 서로 접하는 상·하급자 쌍방의 여러 가지 요인이 복잡한 관계를 이룸으로써 구체적인 크기가 정해진다.

상급자측의 요인으로는 전문능력, 인간적 자질, 관리충당시간(管理充當時間)을 들 수 있다. 하급자측 요인으로는 능력, 자질, 직무 내용을 들 수 있다. 특정 상황에 있어서 관리범위의 관계식에서 적정한 관리범위를 도출해낼 수 있는데, 관리범위를 그것보다 작게 하는 과소관리범위가 되면 계층과 관리자가 과다해지고, 이와 반대로 과대관리범위가 되면 관리자에게 과중한 부담을 주게 된다. 과소·과대 어느 경우에도 관리의 유효성은 저하된다.

적정 관리범위를 결정하는 방법에는 여러 가지 측정법이 있으므로 이를 잘 응용하여 적절한 조직구조를 설계하여야 한다.

이와 같이 관리범위 한계가 있기 때문에 관리 권한위양과 조직 내·외부의 협력이 필요하다. 규모가 큰 프로젝트에서는 고객기업의 경영진과 FM부문, FM부문과 외부의 협력자간에는 여러 권한위양이 필요한 경우도 많으며, 역할분담과 권한위양에 대해서는 그 범위와 방법에 대해서 경영진에게 품의 및 승인을 필요로 한다. 뿐만 아니라 이용자의 의향을 파악하고, 다른 이해관계자의 호응을 얻기 위해서는 이에 대한 홍보도 필요하다. 공평무사(公平無私)한 외부 서비스 제공자 선정, 협력 범위와 내용의 상호납득이 중요하다. 또한 관계관청이나 근린과의 협조적 관계를 유지하기 위한 노력도 필요하다.

3) 건설 프로젝트 조직의 유형

건설 프로젝트 조직은 다른 말로 하면, 건축물을 생산하기 위한 인적 시스템이라고 할 수 있다. 여기에서는 다양한 생산시스템의 전형을 간단히 비교함으로써 발주자측 FMer이 프로젝트 특성과 전략에 어울리는 것을 선택할 수 있도록 한다.

(1) 건설 프로젝트 조직의 전형과 유형

유형은 전형을 구체화하거나 특정 측면의 약점을 보완한 결과로 만들어진다. 또 유형은 어떤 업무를 수행할 수 있는 주체가 다양한 경우는 더욱 많이 만들 수 있다. 시스템의 유연성이기도 하지만 연약성이기도 하다. 생명과 사고를 가진 인간이 건축 생산시스템의 가장 중요한 요소이며, 거래의 자유와 이해관계자의 창조력을 존중하는 사회일수록 전형이거나 유형도 풍부하다.

표 4-14 프로젝트 조직체계의 전형과 유형

전형(Proto-Type)		POP와 PMP 분담의 유형	주된 특징
POP/PMP 분리형 (기본적으로 종합건설업자 없이 전문공사에 분리발주 한 후 그들에 대하여 실비정산을 하는 것)	직영방식 (Direct Management)	발주자 설계시공직영	발주자가 설계 및 설계관리와 공사관리를 직접 수행하는 방식이다. 공사는 전체를 도급하는 종합공사업자 없이 전문공사업자에게 분리발주한다. 프로젝트 경험이 많고 내부 요원이 충실한 대규모 개발업자, 철도, 통신, 전력기업 등이 가능하다. 전문공사업자와 다양한 관계 형성방식과 공종별 분리/공구별 분리, 재료노무의 분리/일식 등은 선택할 수 있다.
		외부 설계자 설계+발주자 시공직영	외부 설계자가 설계도서를 작성하고, 발주자가 설계관리와 공사관리를 직접 수행하는 방식이다. 설계도서 작성을 외부전문가가 하는 것이 위의 방법과 다르다.
	CM방식 (Construction Management)	CM as owners Staff	발주자 직영방식에 임시로 고용된 PMer/CMer이 발주자에게 부족한 일부 관리능력을 보완하는 방식이다. 고용된 PMer/CMer은 설계관리와 공사관리에 부분적으로 공헌하는 것이 일반적이다. 매니지먼트에 대한 책임은 모두 발주자에게 있다.
		Pure CM =CM as Agent	프로젝트를 직영할 능력은 없지만, 설계관리와 공사관리를 직할하고자 하는 의사가 있는 발주자가 대리인(Agent)으로 PMer/CMer을 선임하여 프로젝트를 운영하는 방식. 기본적으로 시공단계에 종합건설업자 없이 전문공사별로 분리발주한 후 그들에 대하여 실비정산한다. CMer이 설계 완료 후 선정되는 경우도 있다.
		GMP-CM	Pure CM방식을 설계단계 후반까지 실시하다가, 공사비의 전모를 파악하여 공종별 전문공사업자를 분리발주하여 선정하면, 공사비의 변동 범위가 제한적인 상황이 된다. 이때, 파악된 금액을 CMer이 지켜야 할 최고한도액(GMP)으로 설정하여 그것을 기준으로 CMer이 공사완성에 관한 유한책임과 공사비 절감 및 공기단축 등에 대한 인센티브를 정하여 공사관리를 하는 방식이다. 공사운영은 Pure-CM과 유사하다. 이것은 일종의 확장형 CM으로 경개(更改, novation)방식이라고 할 수 있다. 확장형 CM은 상기 외에도 다음과 같은 방법이 있다. 부분적으로 GC를 채용하는 CM방식, PM방식=PMer+전공사 GC방식, PM방식=PMer+DB방식 등이 그 예이다.
	DM방식 (Design Management)	설계자에 의한 공사관리	프로젝트 매니지먼트 능력, 특히 공사관리 능력이 있는 설계자가 공사단계의 CM을 실시하는 방식이다. 공사는 기본적으로 공종별 분리이고 실비정산이지만, 상기의 확장형 CM도 있을 수 있다. 예를 들어 설계자에 의한 CM at Risk방식인 Design Contract 방식은 이 방식의 응용형이다. 이것은 DM와 DB의 중간형태라고 할 수 있는데, 조직의 편성과 운영은 DM방식과 같고, GMP를 설정하여 유한책임과 인센티브를 두는 것이 다르다. 이것 역시 일종의 경개(更改, novation)방식이라고 할 수 있다.
	MC방식 (Management Contract)	CMr에 의한 총액도급	설계나 공사 그 자체는 CMer이 실시하지 않지만, CMr이 GMP가 아닌 확정금액으로 공사 전체의 완성책임을 도급하는 방식. 도급이기 때문에 CMer과 전문공사업자가 직접 계약하고, 공사단계의 사소한 관리정보를 발주자에게 일일이 보고하지 않아도 된다.

(표 계속)

<table>
<tr><th colspan="2">전형(Proto - Type)</th><th>POP와 PMP 분담의 유형</th><th colspan="2">주된 특징</th></tr>
<tr><td rowspan="4">POP+PMP 통합형

(기본적으로 종합건설업자에게 일식발주한 후 그들에 대하여 총액도급에 의한 정산을 하는 것)</td><td>종합계약방식 Traditional Method (General Contractor)</td><td>설계시공 분리 · 시공 일식</td><td>설계단계는 설계단계대로, 시공단계는 시공단계대로 POP와 PMP가 하나의 주체에게 통합되어 자기완결적으로 일을 처리하는 수직분업방식이다. 설계와 시공의 연계성이 문제가 된다. 일반적으로 발주자와 설계자와는 위탁계약으로 시공자와는 도급계약이다. 그러나 구체적으로 발주자와 시공자의 관계는
① Lump Sum Contract(입찰 또는 Negotiation을 통함)
② Measured Value Contract(부위별 또는 공종별 단가계약)
③ Cost + Fee(실비정산)
④ Cost + Fee at Target Cost(한도액 있는 실비정산) 등 정산방식이 있고,
⑤ 지명 전문건설업자(Nominated Sub-Contractor)에 의한 GC방식
⑥ 부분 분리발주와 GC방식의 혼합 등 관계형성 과정과 도급 범위에 따라 다양한 유형이 있다.</td><td rowspan="4">이러한 방식에서도 발주자가 관리정보의 객관화를 도모할 수 있다. 예를 들어 Cost+Fee방식으로 시공자와 계약하는 경우이다. 이때는 발주자의 사정(査定)능력이 필요하므로 그 능력이 없는 발주자는 PMer을 고용한다.</td></tr>
<tr><td rowspan="3">설계시공 일관방식 (Design Build)</td><td>설계자에 의한 설계시공 일관</td><td>설계자가 특정금액으로 기획, 계획, 설계, 공사완성 및 시운전 등을 도급하여 공사완성을 책임진다. 그렇다고 설계자가 공사 자체를 스스로 실시하지는 않는다. 플랜트 엔지니어링 기업이 원도급자가 되는 경우에 흔히 볼 수 있다. 이것을 일반적으로 턴키방식이라 한다.</td></tr>
<tr><td>설계자와 시공자의 JV에 의한 일관</td><td>설계자와 시공자의 공동책임 팀이 설계와 시공을 분담 · 협력하여 완성책임을 일원화시키는 방식이다. 우리나라에서는 실시설계+시공이 일반적이고 이것을 턴키방식이라 부르는데, 다소 어폐가 있는 호칭이다.</td></tr>
<tr><td>시공자에 의한 설계시공 일관</td><td>설계능력이 있는 종합건설업자가 설계와 시공을 일관하여 실시하는 방식이다. ① GMP 없는 Cost + Fee, ② GMP 있는 Cost + Fee, ③ 총액청부=일본의 민간에서 흔히 사용되는 DB방식, ④ Novation방식(설계단계의 독립설계자를 시공단계에 GC에 고용시키는 방식), ⑤ 설계자에 의한 기본설계+시공자에 의한 실시설계 및 시공방식(=Bridging) 등 관계방식과 업무분담에 따라 다양한 유형이 있을 수 있다.</td></tr>
</table>

(2) 이해관계자

첫째, 어떤 생산시스템이 존재하기 위해서는 그 방식의 가장 구별할 수 있는 특성을 실천하는 이해관계자가 존재한다. 예를 들어, CM방식에서는 다른 방식에서 볼 수 없는 CMer가 반드시 필요하다. DM방식이나 MC방식도 마찬가지이다. 단일 GC에 의한 설계시공일관 시스템이 존재하는 일본에는 설계와 시공을 할 수 있는 종합건설업자(General Constructor)가 있다. 이들은 단순한 일식계약자(General Contractor)와는 업무범위와 능력에서 차이가 난다. 따라서 발주자측의 FMer이 어떤 생산시스템으로 할 것인가를 결정할 때는 그 프로젝트의 특성 및 최고경영자의 방침을 수용할 수 있는 주체가 사내 또는 속한 사회에 준비되어 있는가를 생각할 필요가 있다.

둘째, 프로젝트가 실시되는 사회의 필수 전문가도 나라나 지역에 따라 다르다. 즉 각국의 개방계에 존재하는 특정 전문가는 그 나라의 거의 모든 생산시스템에 참가한다. 예를 들어, 영국계에서는 QS가 반드시라고 해도 좋을 정도로 모든 프로젝트에 등장한다. 따라서 같은 설계시공분리에 의한 총액 일식방식일지라도 QS가 있는 영국과 그것이 없는 한국에서는 코스트 매니지먼트의 양상이 다르다. 우리나라의 책임감리제도도 세계적으로 보면 특이하다. 발주자측의 FMer이 프로젝트 팀을 설계할 때는 그 사회에서 반드시 개입시켜야 하는 주체가 누구인지를 먼저 확인할 필요가 있다.

셋째, 미국의 AGC(THE ASSCIATED GENERAL CONTRACTORS OF AMERICA)의 CM약관에는 CM at Risk 방식에 있어서 '각 부분 공사의 수주자는 발주자의 특별한 요망이 없으면 CMer과 계약한다.'라고 말하고 있다. '발주자의 특별한 요망이 없으면'이라는 단서가 있지만, 이것은 CM방식의 원론적인 취지를 무시하고, 자신의 이익 영역을 확대 적용하려는 이기적 욕구 표출이라고 할 수 있다. 이런 현상은 생존권 경쟁 측면에서 보면 당연하지만, CM방식의 기본취지에 대한 발주자 및 수주자의 보편적인 이해를 왜곡할 수도 있다. 즉 CM방식 태생은 GC방식의 대체안으로, 실천방법에 있어서는 공사종류별 분리발주 또는 공사순서별 분리발주(=Fast Tracking) 및 공사비의 실비정산이 기본 전제이기 때문이다. 이와 같은 예에서 볼 수 있는 바와 같이 발주자측의 FMer이 프로젝트 팀을 설계할 때는 특정 주체가 주장하는 내용에 사심이 없는지 주의해야 한다. 어찌되었든, 공사순서별 분리발주(Fast Tracking)는 총 공사기간을 단축하기 위한 것이다. 즉 이 방식의 최대 장점은 프로젝트의 조기완성이다.

넷째, 설계시공분리 또는 일관과 같은 호칭은 발주범위만을 이야기하는 것으로 생산시스템의 다른 특징은 표현하지 못하고 있다. CM방식이나 PM방식이라고 하는 경우도 단순하게 CMr나 PMr가 참가했다고 해서 무조건 'CM방식'이나 'PM방식'이라고 해야 할 것인가의 문제도 있다. 발주자측의 FMer이 프로젝트 팀을 설계할 때는 그 프로젝트 생산시스템이 가져야 할 다양한 특징 각각에 주의해야 한다.

표 4-15 시공의 일식도급방식과 CM방식 비교

일식도급방식	CM방식
• 사내 FMer의 관리감독 능력이 낮을 때도 어쩔 수 없음. • 시공은 대부분 1개 건설업자가 함. • 단계적 시공이 불필요한 소규모공사에 적합 • 설계와 시공 책임 분리(연계 안 됨) • 공사 전체의 경쟁입찰 가능	• CMer의 능력이 중요 • FMer이 설계 및 시공에 참가하여 의사결정함 • 설계단계에서 설계자와 CMer의 연계활동 중시 • CMer이 분리발주된 전문공사업자 관리 • 설계 전체가 완성되기 전에 공사 착공 가능 • 비용과 시간을 절약할 가능성 있음

한편, 파트너링(Partnering)이라는 공조협약을 발주자와 수주자 간에 맺는 것이 미국 등에서 있는데, 이것은 서유럽의 장기 협력관계의 파트너링과는 구분되는 것이다. 미국의 파트너링은 해당 프로젝트에서 상호의 개선지원, 팀워크에 의한 계속적 품질개선 및 문제해결을 위한 것으로 간단히 말하면 서로 분쟁을 제기하지 않는다는 협약이다. 따라서 어떤 프로젝트 조직에도 적용할 수 있는 우호조약이라고 할 수 있다. 협약서의 일반적인 내용은 다음과 같다.

- 공동의 목표 및 우선순위 결정
- 프로젝트 성공의 정의와 측정 방법 확립
- 리스크의 정의와 대응수순 공동 확립
- 파트너의 역할을 단계별, 공정별로 명확화
- 정보와 실행순서의 지속적인 공유 및 상호 확인
- 공사경험 및 대책 공유, 기술혁신 촉진
- 신뢰의 구축과 교육훈련 방법을 정형화
- 이상(異常) 상황의 조기진단과 해결 방법 수립

(3) 프로젝트의 특성에 따른 적용 가능한 조직의 유형

특정 고객기업에 절대적으로 유리한 생산시스템 또는 적용하면 어울리는 프로젝트는 한마디로 잘라서 말할 수 없다. 발주자의 가치관과 관리전략 및 관리능력 등을 고려해야 하고, 프로젝트 목적물 자체의 물리적 특성, 사회적 · 경제적 · 자연적 환경조건도 반영해야 하기 때문이다. 각 전형이나 유형도 다면적 특성이 있으며, 운영하기 나름이므로 복잡관계이다. 공공공사의 경우는 지켜야 할 조달관계 법령이 있다. 따라서 프로젝트 체제의 선택은 각 생산시스템의 여러 특성 중 무엇을 우선할 것인가에 의존하게 된다. 즉 프로젝트 조직형태의 선택은 발주자의 전략적 선택 문제이다. 예를 들어, 규모가 작고 간단한 건축물은 발주자 직영도 가능하고, 내용에 의심할 여지도 적기 때문에 설계시공일관도 나쁘지 않다. 규모가 크고 기술적으로 복잡한 프로젝트이더라도 발주자가 프로젝트 수행에 관여할 여유가 없고, 투명성보다 명확한 완성책임을 바라는 경우는 기본적으로 총액 일식도급방식을 우선적으로 생각하지 않을 수 없다. 즉 특정 생산시스템이 총체적, 절대적으로 좋거나 나쁘지 않기 때문이다. 완성책임을 중심으로 생각하는 도급에 의한 생산조직의 기본적인 약점은, 이해관계자들의 관계가 적대적이라는 것이다. 그 대립을 해소하기 위해서는 POP 지식과 PMP 지식을 가지고 제3자적 입장에서 조정(의사결정 촉진) 능력을 발휘할 필요가 있다. 그러나 우리의 정서는 제3자의 개입을 원하지 않는 특징이 있다. 특히 우리나라는 완성책임 · 안전책임 · 위생책임 · 공통가설에 관하여 법적으로도 종합건설업자(GC)를 중심으로 기술하고 있기 때문에 그 외의 주체가 공사단계의 업무에 참가할 여지를 주지 않는다. PMP에 관해서는 가치를 인정하지 않고, 계약적이거나 전문적 판단보다 인적 유대관계를 중시하는 경우도 있다. 유니온과 같은 건설기능자의 개방적 공급체계가 없는 사회기반의 특성도 있다. 결과적으로 우리나라에서는 GC에 의한 '시공일식방식'이 대부분이고, 'CM방식' 등과 같이 발주자가 PMP정보를 파악하여 의사결정을 하는 대신 그에 대한 책임을 지는 경우는 적다. 고객기업의 FMer은 비록 PM 경험이 많더라도 새로운 프로젝트를 마주할 때는 다양한 조직체계를 신중하게 검토하고 과감하게 결정해야 한다.

(4) 프로젝트 조직에서의 커뮤니케이션

의사결정과 정보의 흐름(Soft) 방향성 측면에서 조직을 생각하면, 상명하복(Top - Down)과 하의상달(Bottom - Up)형이 있다. 예를 들어 방침결정이나 요구조건 결정에서 최고경영자와 사용자 중 누구의 의사를 최우선적으로 할지는 극명하게 다르다. 위의 표 4-14에서 제시한 PMP/POP 통합형은 상명하복인 경우가 많고, 분리형은 상대적으로 하의상달형이라고 할 수 있다. 최근 이해관계자의 복잡화, 기술의 전문화 및 세분화 등으로 상명하복보다 하의상달의 중요성이 더해지고 있으며, 총괄 매니저(PMer)는 프로젝트 조직을 상명하복과 하의상달 양 측면에서 통괄하고, 프로젝트 전체에 대한 관리 권한과 책임을 가지고 있다. 따라서 항상 프로젝트 전반의 견지에 서서 불편부당(不偏不黨)한 리더십을 발휘하고, 양호한 팀워크를 형성 · 유지하는 것이 필수적이다. 프로젝트에서 정보전달은 회의 등의 커뮤니케이션 행위를 통하여 이루어진다. 상명하복과 하의상달 방침에 따라 회의의 성격도 달라진다. 그러나 하의상달이라도 이해관계자가 합의하거나 고객기업의 경영권자로부터 승인되면 프로젝트 구성원은 모두 그것을 준수해야 할 책임이 있다.

4.5.2 프로젝트 조직의 편성과정

신축이나 리모델링, 업무환경(Work Place) 조성 등 퍼실리티 관련 프로젝트는 고객기업으로부터는 자본과 건설목적 및 프로젝트 조직을 관리해가는데 필요한 PMP관련 업무를 부여받고, 외부의 서비스 제공자로부터는 목적물을 구체화해가는데 필요한 POP관련 기술을 제공받으며, 그 외 행정이나 사회로부터는 법이나 제도 등의 규범을 조달하여 운영된다. 즉 프로젝트 조직은, 평상시 특히 관계가 없는 사람들이 합의하여 관계를 맺어 각자의 역할을 거래하는 체계(시스템)이다. 다시 말하면 각 부문의 업무담당자가 기본적으로는 이익공동체가 아닌 것이 프로젝트 조직의 큰 특징이다. 본 절의 목적은 각 이해관계자가 어떠한 과정을 거쳐 프로젝트 조직의 구성원이 되는가를 보는 것이다.

경영학에서 취급하고 있는 조직론은 대부분 일반기업이나 그와 각종 법인 등 상시 조직을 대상으로 하고 있다. 즉 영원히 존재하고자 하는 조직을 대상으로, 그 존재 목적을 좀 더 효율적으로 달성하기 위한 조직 전체 또는 부분의 구축 또는 재구축에 관한 이론이다.

그러나 건축물 등 퍼실리티를 조달하기 위한 프로젝트 조직은 프로젝트의 방향을 결정하는 최고경영자(발주자)뿐만 아니라 목적 생산물의 형상과 시방을 결정하는 설계자, 그것을 실현하는 시공자도 그때마다 바뀌는 임시조직이다. 그렇기 때문에 국가에서는 프로젝트에 따라 이해관계자가 무리 없이 이합집산할 수 있도록 법 · 자격 · 제도 등 사회적 절차 규정을 제정하고 있다.

프로젝트 조직 및 구성원은 프로젝트를 성공적으로 완료하는 것을 목적으로 하고 있지만 그것은 표면적인 일차 목적(목표)에 지나지 않는다. 왜냐하면 발주자가 건축물을 지으려는 경우에는 어떠한 이유, 즉 근원적 목적이 있다. 한편 설계자나 시공자 등 외부의 서비스 제공자는 노력과 공헌에 대한 타당한 대가를 받는 것을 전제조건으로 참가한다. 즉 총 수익에서 비용을 차감(Balance)한 이윤을 최대화하거나 자기발전의 기회로 삼는 것이 프로젝트이다. 이와 같이 자신의 이익을 추구하는 것이 근원적 목적인 각 이해관계자의 행동을 예측 가능한 범위로 수렴하는 것은 프로젝트 관리자의 책무이자 모든 주체의 상호책무이기도 하다. 예측을 위해서는 사회 정세 등 프로젝트의 외부 상황, 프로젝트의 특유한 조건, 구성원 각자의 내부 상황을 파악하여야 한다. 외부 상황은 복잡하고 불확실하다는 특징이 있다. 타 프로젝트에 비하여 특유한 자연, 사회, 요구조건이 무엇인지를 확실히 하여 그것을 이해관계자 전체가 공유해야 한다. 각 구성원의 내부 상황은 각자의 능력과 의지뿐만 아니라 재정상황 등에 관한 정보도 필요하다. 여기서 능력이란 해당 프로젝트의 성공과 관련된 의미 있는 지식(평가척도가 되는 효용에 관한 정보)의 총화이다.

한편, 프로젝트 조직의 성과는 개개의 주체가 가지고 있는 능력의 단순한 합계가 아니다.

즉 주체끼리 대립되는 경우도 있는 이해의 조정 여하에 의존하는 부분도 있다. 프로젝트 매니저의 능력은 각 이해관계자의 능력을 편성하는 능력과 편성된 조직을 상호협력적으로 운용해 갈 수 있는 역량이다.

조직화는 그 과정을 통해 애매하고, 불확실하며, 다의적인 투입정보를 예측 가능한 것으로 변환하여 각 주체가 자기의 이익 가능성을 어느 정도 확신할 수 있도록 하는데 의미가 있다. 즉 조직화의 목적은 합의된 타당성을 확보하는 것이며, 그 과정에서는 다의성 삭감이 필수적이다.

자본주의에서 합의나 다의성 삭감 수단은 공정한 시장에서의 자유로운 경쟁이 대전제이며, 각자의 능력은 비용 대비 효과로 판단되지만, 건축 프로젝트 조직화에서는 업무에 관한 전문성(능력 수준)뿐만 아니라 인적 관계에 있어서의 친밀성과 신뢰성 등 경험경제학적 요소도 많이 작용한다.

프로젝트에서의 업무내용이나 방법을 포함한 주체 간 관계의 정의는 엄밀하게 말하면 임기응변이다. 즉 그 프로젝트에서만의 특수한 의미를 가진다. 당연히 유효기간이 있고, 같은 주체끼리도 프로젝트 단계에 따라 관계내용 및 방법이 바뀌는 경우도 있다. 설계단계의 설계자가 시공단계의 감리자로 되는 것이 그 예이다. 주체간 관계를 문서로 구속하여 서로 보증하는 행위가 계약이다. 그리고 계약 이외에도 문화, 습관, 제도 등 사회적인 규제로부터 명시적 · 암묵적으로 영향을 받는다. 또 유사한 조직형태라도 각종 전략과 계획, 구성인의 능력 및 노력에 대한 동기 부여(Motivation) 등이 다르기 때문에 결과적 성과는 달라진다.

주체 선정과 계약은 여러 가지 전략에 따라 다양한 수법으로 이루어진다. 공공프로젝트와 민간프로젝트는 선택할 수 있는 전략이 다르다. 이것은 발주자의 능력이나 업무내용의 문제라기보다 공공에서는 객관성 · 공명성(Accountability)을 우선해야 하고, 민간은 가치결정의 자의성이 폭넓게 개입되기 때문이다. 이러한 기본적인 입장 차이 이외에는 공공과 민간이 유사한 조직화 과정을 밟을 수 있다. 예를 들면, 조직상 주도권, 책임과 역할 및 리스크 부담 전략에 따라 주체간의 접점에서 발생하는 상호작용의 양태가 생성된다. 이 주체 간 관계의 총체가 프로젝트 조직체계가 되며, 프로젝트 매니지먼트란 결국 이해관계자 간의 상호작용을 계획하여 그것을 실천하도록 하는 것이라고 할 수 있다.

본 절에서 말하는 조직화는 발주자의 초빙(Invitation)에, 수주 희망자가 의향을 밝히고, 견적서(Offer)나 입찰서(Bid, Tender)를 제출하여, 발주자가 승낙(Acceptance) 또는 낙찰자를 결정(Award)하여, 보수(Consideration)에 관해서 상호 의사가 합치(Meeting of Minds)되면 계약이 성립하는 과정을 의미한다. 즉 표 4-16과 같은 발주방식, 입찰 및 낙찰방식, 계약방식, 정산방식, 지불방식, 보증방식 등 주체 간 관계를 규정하는 수단에 관하여 고찰한다. 이러한 수단을 거치면서 각 주체의 선정기준, 계약적 입장, 업무 범위, 다른 주체와의 접점 등에 관

표 4-16 이해관계자 간의 관계형성 과정

① 발주방식	기능발주, 성능발주, 대안발주, 사양발주, 형식발주
② 입찰 및 낙찰방식	특명 · 수의, 견적비교, 지명경쟁입찰, 제한경쟁입찰, 일반경쟁입찰
③ 계약방식	고용계약, 위임계약, 도급계약
④ 정산방식	실비정산, 단가정산, 총액정산
⑤ 지불방식	거래총액 정기 지불, 진척률 지불, 정액 정기 지불
⑥ 보증방식	역무의 이행보증, 지불보증, 하자보증 등

한 불확실성이 차츰 줄어든다.

발주자의 의사 표시에 의하여 프로젝트가 발생하면, 잠재적으로 존재하고 있던 수주희망자가 참가의사를 표명하고, 발주자와 수주희망자 간의 합의도출 과정을 거쳐 프로젝트 조직을 결성한다. 발주자의 의사표명에는 각 수주자에 대한 요구사항과 그에 대한 대가를 지불할 의사가 포함되어야 하며, 각 수주자는 발주자의 요구내용과 대가지불의 확실성을 판단하여 참가의사를 결정할 자유가 있다. 대가는 발주자가 먼저 제시할 수도 있고, 수주 희망자가 먼저 제시할 수도 있으나 결국에는 합의의 대상이다. 한편 의사표명에는 책임이 수반된다. 즉 잘못 표명된 것이라도 책임을 져야 하는 경우가 많으며, 다른 주체보다 경쟁력이 없는 의사가 표명된 경우는 프로젝트 조직에 참가할 수 없다.

조직화 과정에서 선택할 수 있는 대표적인 수단을 표 4-16에 간단하게 정리하였다. 동일 프로젝트의 동일 내용에 관해서는 기본적으로 하나의 방식만 적용할 수 있기 때문에 수단 선택에는 주의를 요한다.

1) 발주방식

발주자란 일을 주문하는 주체이다. 주문이란 자기의 의사를 정하여 수주(판매) 희망자를 초빙(Invitation)하는 것이다. 일반적으로 주문생산인 퍼실리티 프로젝트에서는 주문이라는 초빙행위를 하기 전에 주문자인 발주자가 주문내용을 명확하게 할 필요성과 책임이 있다. 주문내용을 명확하게 하는 것은 전략적이기도 하지만, 내용적으로 보면 피주문자의 업무영역을 간파해야 하는 매우 전문적인 일이다. 그래서 영국에서는 브리프(Brief), 미국에서는 요구사항(Requirements)과 같은 주문내용이나 방법에 관한 지식 분야가 발전하였고, 사회적 관심을 받고 있다. 또한, 주문내용은 프로젝트 전체의 다른 업무, 다른 주체와의 관계를 고려한 종합적 계획과 조화를 도모할 필요가 있다. 예를 들면, 미국의 프로그래밍은 주문에 관한 종합적 계획과정이며, 각 주체에 대한 요구사항은 그 결과라고 할 수 있다.

건축물의 전체 또는 부분의 설계, 시공 또는 그것을 일괄발주하는 경우 기능발주, 사양발주, 대안발주, 성능발주, 형식발주 중에 하나를 선택할 수 있다. 완성품의 입찰이 아닌 퍼실리티 프로젝트에서는 미래 시점에 실천하고자 하는 대상인 설계 또는 시공에 대하여 발주시점에서 판단이 필요한 요소가 다양하다. 또한 판단하는 방법도 복잡하다. 발주방식은 주문하는 목적물의 성격과 발주자의 방침에 따라 선택할 수 있다. 한편, 설계시공분리 또는 설계시공일관 등 발주범위를 발주방식이라고 하는 경우도 있지만, 그것은 엄밀하게 말하면 잘못된 표현이다. 다만, 발주범위와 발주방식은 관련성이 있다.

(1) 기능발주

수요자는 퍼실리티의 목적, 즉 기능(Function)을 명시하여 주문하고, 부분의 부수적인 성능이나 시방은 공급자가 알아서 하도록 하는 것이다. 발주자와 수주자는 실현해야 할 기능, 즉 판단기준에 대한 표현을 명문화하여 상호 납득할 필요가 있다. 표현 기능은 상당히 추상적인 것부터 구체적인 것에 이른다. 수주희망자는 목적물 각부의 성능과 시방 결정에 재량권을 갖지만, 그것들의 총체가 요구된 기능에 적합하다는 것을 사전 증거 제시나 사후 증명(시연)이 필요하다. 수주자 선정단계에서 기능에 대한 신뢰성 확보를 위해서는 인간적·정성적 방법보다 기술 및 경영 능력에 대한 과학적·정량적 접근이 필요하다. 그래서 플랜트 등 기능평가가 명확한 경우에 자주 사용된다. 다양한 부품의 유닛화나 시스템화가 진전된 부엌가구는 기능발주를 하기 쉽고, 또한 공업화된 주택은 사전에 기능과 성능을 파악하여 비교하기 쉬우므로 가격비교를 통하여 조달할 수도 있다. 턴키(Turnkey)방식이나 최근 활발히 전개되고 있는 PFI(Private Finance Initiative)방식도 일종의 기능발주이다. 우리나라에서는 BTL로 불리고 있는 PFI방식은 프로젝트 초기 자금 조달과 운영관리 기능까지를 외부화한 것이다. 이 경우는 전통적인 의미의 발주자와 수주자 구분과 다르며, 같은 배를 탄 협력관계라고 할 수 있다.

(2) 성능발주

발주자가 목표로 하는 기능(Function)과 성능(Performance)을 제시하여 설계 또는 설계시공을 발주하는 방식이다. 즉 시설 전체의 목적과 각 용도실에 필요한 성능명세(Performance Specification)를 제시하여 공모하는 방식이다. 이 방식은 기술의 다양화와 관계가 깊다. 기술력이 높은 수주자에게 시방을 결정할 수 있는 재량권을 주는 방식이다. 발주자가 원하는 성능을 구비한 퍼실리티를 저렴한 비용으로 공급할 수 있는 기술력과 창조력이 있는 수주희망자에게 유리한 방식이다. 수주희망자는 제안하는 시방이 발주자가 요구하는 성능을 실현한다는 명백한 증거를 제시하여야 된다. 수주희망자의 창의적 능력을 프로젝트에 수렴하는 방식이다. 발주자는 시방에 대한 구체적 설계도서를 준비할 필요가 없으므로 시간도 절약되고,

목표성능도 수월하게 달성할 수 있다. 우리나라의 기술제안방식도 그 예라 할 수 있다. 성능발주에서는 제안서 평가기준을 체계적이고 명확하게 기술할 필요가 있다. 프로젝트 전체가 아닌 건물의 특정 부분이나 부품에 대한 성능발주는 개방생산(Open Production), 사전제작(Pre-Fabrication)이 발전됨에 따라 그 범위가 넓어지고 있으며, 그 결과 설계와 시공의 효율이 좋고, 공사의 품질관리도 수월하다.

건축물의 전체 또는 부분이나 부품에 관해서 특수한 사용법 및 취향, 기술적 특수성이 없는 경우는 성능발주가 편리하다. 또한 기본 성능만을 명확하게 하여 경쟁 범위를 넓게 하면 공급자 간의 경쟁으로 비용도 줄일 수 있다. 성능발주는 시방을 수주자가 결정하므로 클레임 발생 가능성도 적다. 그러나 실현되어야 할 성능이 개성적이거나 복수의 판단기준이 되는 경우는 판단 및 검증에 많은 노력이 필요하다. 퍼실리티 프로젝트 전체의 성능발주는 건축물 각 부분별 성능 분야를 구체화해도 종합점수계산이 복잡하여 판단이 어렵게 될 수도 있다.

(3) 대안발주

발주자가 기본설계 정도의 구체성을 지닌 초안을 제시하고, 수주희망자가 그보다 좋은 기능이나 성능을 저렴한 비용으로 실현할 수 있는 대안(Alternative)을 제시하여 우위성을 경쟁하는 방식이다. 발주범위를 상세설계+시공으로 하는 방법도 그 예이다. 이 방식은 기본설계가 있으므로 수주 희망자가 전혀 엉뚱한 방향으로 가지 않도록 하는 안전을 확보한 후, 가격만을 경쟁시키기보다는 기능 및 성능도 같이 경쟁시키는 것을 목적으로 하는 경우에 채용할 수 있다. 즉 기술적 대안을 폭넓게 모집하는 방식이다. 그러나 기술제안 범위를 지나치게 개방하면 누가 어떤 제안을 할지 모르기 때문에 객관적인 평가가 어려워질 수 있다.

위에서 거론한 기능발주, 성능발주, 대안발주 등 제안방식은 제안서뿐만 아니라 발표나 인터뷰를 통해서 각 후보자 내부조건의 적합성, 선진성, 기술력, 해당 프로젝트와 유사한 실적 등을 평가할 필요가 있다.

(4) 사양(시방)발주

가장 일반적인 설계시공분리방식에서 상세설계도와 시방서를 바탕으로 하는 공사발주가 사양(시방)발주이다. 발주자(설계자)가 자기책임으로 설계도서를 완성하여 그것을 전제조건으로 입찰이 이루어진다. 이 발주방식은 상세설계도와 시방서 등을 통하여 불확정성을 최대한 줄이고, 불확실성에 의한 영향을 도급이라는 계약방식으로 삭감하여 생산과정이나 결과물의 변수를 최소화하는 방식이다. 그 만큼 수주희망자의 기술능력이나 창의적 노력을 설계에 수렴할 수 있는 여지는 줄어든다. 사양발주는 만들어지는 목적물의 형상과 시방의 확정도가 높기 때문에 누구라도 같은 것을 만드는 것이 전제 조건이다. 즉 시공품질을 달성하는 것은 시공자의 당연한 책무이고, 경쟁은 가격과 공사기간에 국한되는 것이다. 발주자에게 특수 사용법이나 취향이 있거나 발주되는 물건에 기술적 특수성이 있는 경우는 사양발주하는 것이 유리하다. 사양발주도 물량명세서(Bill of Quantity)를 발주자가 제시하는 방식과 수주자로부터 제출시키는 방식이 있다.

(5) 형식발주

주문생산이라기보다 완성품 구입을 위한 발주 성격이 강하다. 완성품의 성능, 기능, 품질을 사전에 확인할 수 있으므로 안심할 수 있고 편리하다. 건축물 전체의 형식발주는 일반적이지 않지만 기계설비 및 제품화된 부품 또는 부분, 시스템화된 설비 등은 형식발주를 할 수 있다. 표준화된 형식을 지정하므로 수주자의 자의성, 품질의 일탈 가능성은 적다. 그러나 형식을 제조하는 주체의 수가 적을 때는 경쟁범위가 좁아져 가격이 상승할 수 있고, 공공공사에서 배타적 형식발주를 하면 공정성 시비에 휘말릴 가능성도 있다. 조립식 건물이나 설비기기, 창호는 형식발주를 하는 경우가 많다. 건축물의 부분 또는 전체의 공업화·부품화, 대량생산화와 관계가 깊다.

2) 입찰방식 및 낙찰방식

입찰매매(入札賣買, tender sales and purchase)는 매매계약을 체결할 때 한 사람의 매수자 또는 매도자가 두 사람 이상의 매도자 또는 매수자가 제시한 낙찰(落札) 희망가격 중에서 최저 매도가격이나 최고 매수가격을 표시한 입찰자와 계약을 체결하는 것이다. 입찰은 조건을 제시하여 수주희망자를 모으기 위한 수단이며, 낙찰방식은 복수의 입찰자 중에 계약의 상대를 결정하는 방법을 말한다. 자본주의에서 경쟁원리를 실천하는 수단으로, 입찰은 경쟁의 입구이고, 낙찰은 경쟁의 출구이다. 다수인이 서면에 의해 경쟁적으로 가격을 표시하므로 경쟁상대의 청약내용을 서로 알지 못한다는 점에서 일반경매와 다르다. 입찰자가 없거나 입찰액이 내정(內定)가격에 미달 또는 초과되어 계약이 이루어지지 못하고 유찰(流札)된 경우에는 재입찰을 통하여 결정한다.

정부 및 공공단체, 기업이 값비싼 물품을 구입하거나 불필요한 물건을 매각할 때 또는 공사를 건설업자에게 맡기고자 할 때 이 방식을 채택한다. 입찰참가자 자격을 제한하여 특정인만 입찰에 참가시키느냐 또는 공고하여 입찰참가자를 공개모집하느냐에 따라 지명경쟁입찰 또는 일반경쟁입찰로 구분된다.

입찰에 의한 계약체결은 매매행위나 도급계약에 있어 계약과 선정에 공정성을 기한다는 취지에서 실시되는 것으로서 정부기관·공공단체·일반대기업의 매매행위 및 도급계약 체결에서 실시되는 것이 상례로 되어 있다.

공공공사입찰제도(公共工事入札制度)는 공공공사를 수행할 업체를 선정하는 방법에 관한 제도로서 예산회계법시행령에 법적 근거가 있다. 중앙관서의 장 또는 그 위임을 받은 공무원은 매매 · 임차 · 도급, 기타의 계약을 하는 경우에는 공고에 의하여 일반경쟁(一般競爭)에 붙여야 한다. 다만, 계약의 목적 · 성질 등에 비추어 필요하다고 인정할 때에는 참가자의 자격을 제한(制限競爭)하거나 참가자를 지명(指名競爭)하여 경쟁에 붙이거나 수의계약(隨意契約)에 의할 수 있다(예산회계법 76조 1항). 입찰서(견적서)를 제출하는 주체의 범위는 특명 · 수의, 견적 비교, 지명 경쟁, 제한 경쟁, 일반 경쟁 순으로 넓어진다. 입찰범위가 넓어지면 그만큼 경쟁은 치열해지고, 결과적으로 발주자에게 유리해지지만, 그 만큼 입찰서를 검토하는 노력이 수반된다. 따라서 광범위하게 경쟁시키고 싶으면, 낙찰자 결정방식이 간단해야 할 필요가 있다. 공공 프로젝트의 경우는 일정 규모 이상의 대형공사에는 수주자 선정의 투명성이 요구되기 때문에 경쟁입찰을 실시하는 경향이다. 민간에서 계약상대 선정은 발주자의 자유이다. 일반경쟁방식을 잘못 적용하면 저가수주에 의한 부실공사의 개연성이 있지만 부실공사의 원인이 저가수주라 할지라도 수주자의 품질책임이 줄어들지는 않는다.

입찰서 제출방법은 지정된 입찰 장소에 직접 참석하여 투찰하는 방법과 우편에 의한 입찰방법이 있으며 입찰서는 1인 1부만 제출해야 한다. 입찰시 낙찰되면 계약을 하겠다는 공탁금(계약보증금)을 내는 경우도 있으며, 낙찰자가 되면 기타 관계서류를 제출한 다음 쌍방이 계약서에 날인함으로써 계약이 성립된다. 지나친 저가입찰은 업체의 수익성 악화뿐만 아니라 공사의 성실한 수행에도 악영향을 끼칠 개연성이 있다. 따라서 공공공사에는 낙찰자격기준을 두고 있다.

공사입찰자 심사는 입찰자에 대한 시공능력 평가와 가격평가로 나눌 수 있다. 시공능력은 기술력 · 시공경험 · 경영상태 등의 항목이 있는데, 일반적으로 경영상태의 비중을 35~40%로 두어 재무구조가 좋은 업체에 낙찰되도록 한다. 30억 원 미만 공사나 2억 원 미만의 물품제조 · 용역의 경우에는, 1순위 낙찰후보자가 되더라도 적격심사를 통과해야 계약할 수 있다. 수의계약은 금액이 적거나 특수한 경우에만 적용되고, 중소기업제품에 대한 수의계약 대상은 중소기업 우수제품마크(GQ) 인증제품으로서 생산자가 1인뿐인 경우로 한정하고 있다.

공공공사에서 담합을 주도한 자 또는 담합을 한 자는 일정기간 동안 입찰참가를 제한한다. 입찰이나 계약관련 서류를 고의로 부정하게 사용하거나 정당한 사유 없이 적격심사서류를 내지 않을 때도 제재를 받는다.

(1) 수의방식

수의방식에는 특명과 견적비교가 있다. 특명은 한 개의 대상 또는 복수의 대상을 면접하여 그 중 하나의 주체로부터 견적을 징수하여 계약조건을 교섭한 후 계약하는 방식이다. 견적비교는 복수의 대상으로부터 견적을 징수하여 비교·검토와 교섭한 후 가장 유력한 주체와 계약하는 것이다. 이러한 수의계약은 국가 기밀시설, 특수한 독점기술, 사업의 규모, 긴급공사 등 프로젝트의 특성에 따라 공공공사에서도 적용되지만, 공명성이 부족하기 때문에 한정적으로 사용된다. 그러나 어느 나라나 민간에서는 자주 사용된다. 수의방식은 수행능력이 높고 신용 있는 회사를 빠르고 간편하게 선택하는 것이 가능하고, 발주하는 경우는 발주자(FMr)의 의향을 계승하여 정보교환 및 신용비용을 절약하는 이점이 있다. 발주자와 수주자 사이에 장기에 걸친 전략적 제휴(서유럽의 Partnering)도 있는데, 이 경우에는 단일 프로젝트에서의 성과나 이해득실만으로 판단되지 않는다.

(2) 지명경쟁

발주자가 입찰참가 대상자를 복수지명하여 피지명자끼리 경쟁시키는 방법이다. 공공공사의 경우는 지명단계에서의 공정성 문제가 있다. 또 소수의 경쟁이기 때문에 피지명자끼리 담합할 가능성도 있다. 이 모두에 대한 대책이 필요하지만 기본적으로 발주자의 공정성과 수주자의 양심에 기대할 수밖에 없다. 입찰행정 기간이나 입찰서류 검토에 투입되는 노력이 비교적 적은 방법이다.

(3) 제한경쟁

능력이나 자격 등 경쟁에 참가할 수 있는 자격을 미리 내걸고, 그것을 만족시키는 주체에 대한 공개경쟁이다. 사전자격심사(PQ)를 미리 하는, 현재 우리나라의 대규모 프로젝트 설계, 시공, CM, 감리 등에 가장 일반적인 방법이다. 입찰자 수가 일반경쟁보다 적기 때문에 입찰서류 검토업무를 절약할 수 있다. 일정 수준 이상의 수주희망자만 참가하므로 발주자의 거래 상대로서의 안전성을 미리 확보할 수 있지만 실력이 있더라도 실적이 적은 신규 참가자, 대규모 자본을 보유하지 않는 중소기업은 불리한 맹점이 있다. 즉 해당 프로젝트와 상관 없는 과거의 실적이나 회사의 규모 등이 1차적으로 판단되는 문제점이 있다. 해당 업계에서는 입찰 가능 주체를 쉽게 파악할 수 있어 담합할 우려도 있다.

(4) 일반경쟁

일반경쟁은 입찰자 수가 많을 수 있다. 따라서 다양한 경쟁요소를 비교·검토하는 것은 논리적으로 경제적이지 못하다. 따라서 가격에만 비중을 두기 쉽다. 가격 이외의 경쟁요소, 예를 들면 공사기간 단축이 가져오는 발주자의 이익을 고려한다면, 그것을 가격으로 환산하는 방법도 사전에 명시할 필요가 있다. 경쟁입찰은 선정과정이 투명하고, 계약가격을 비교적 낮게 유도할 수 있는 이점이 있다. 실력자를 선정하고, 실력자에게 일할 기회를 주기 위하여 경쟁원리는 충분히 활용해야 한다. 즉 일반경쟁은 가능한 많은 주체에게 기회를 주는데 의미가 있다. 그리고 누가 보아도 공명한 판단기준으로 승자를 결정해야 한다. 그러나 경쟁시키는 것 자체가 목적이 되어서는 안 된다. 경쟁은 동업 타사끼리 자신들의 이익을 축소시키는 싸움을 반복하게 만드는 체계이다. 지나친 저가수주는 낙찰 후의 클레임 유혹이 필연적으로 발생한다.

(5) 낙찰자 결정방식

낙찰(落札)자 결정이란 제출된 견적서(Offer)나 입찰서(Bid, Tender)에 대하여 발주자가 승낙(Acceptance) 또는 낙찰자를 결정(Award)하는 방법이다. 경쟁내용을 전체 가격만으로 하면 낙찰자 결정은 간단하다. 한편, 기술제안 등 경쟁내용을 다변화하면 수주자 결정의 기준이 애매해진다. 일반적으로 정부와의 계약체결은 예산회계법에 의한다. 공공공사는 국가를 당사자로 하는 계약에 관한 법률 시행령 제40조 개찰 및 선언 및 그 하위법령에 규정되어 있다.

한편 가격만을 기준으로 낙찰자를 결정하는 경우, 법적 책임이 비록 수주자에게 있다고 할지라도 기대하는 품질과 확실한 완성이 불안해질 가능성도 있다. 즉 수주자의 정당한 이익마저 보장되지 않는 금액인 경우는 발주자에게도 바람직하지 않은 결과를 가져올 개연성이 있다. 또 낙찰단계에서 싸졌다고 해도 계약자가 설계변경(Claim) 등 방법을 동원하여 적자를 만회하려는 노력을 할 수 있다. 그 결과 최종적으로는 비용과 시간이 증가할 가능성도 있다. 영국에서는 순정비용과 이익을 구분하여 1차적으로 비용에 관한 일반경쟁을 통해 교섭대상자를 복수 선택하고, 우선순위에 따라 이익에 관한 협의를 하는 2단계방식을 채용하는 경우도 있다. 그리고 1차적으로 일반경쟁한 후, 사후에 자격심사를 하여 결정하는 2단계방식을 채용하는 방법도 있다. 결국은 어떤 입찰방식이나 낙찰방식이 되었든, 해당 프로젝트 특성 및 발주자의 능력과 방침에 사실상 부합하는 자격요건 및 제안내용과 실제로 투입하는 자원을 중심으로 낙찰자를 선정해야 한다.

3) 계약방식

계약은 사회적인 분업으로 형성되어 있는 재화와 용역을 거래하는 법률적 수단이며, 자유로운 의사에 따른 합의의 결과물이다. 합의란 한쪽 당사자의 신청에 대하여 상대편이 승낙하면 성립된다. 계약은 계약자유의 원칙에 따라 계약상대와 계약방식 선택에 자유가 있다. 그리고 불법적인 내용이 아니면 그 결과를 객관적으로 보아 편무계약인 경우도 종종 있으나 불가항력에 의한 합의인 경우는 불공정계약으로 법의 심판을 받아야 한다.

계약방식의 종류에는 매매계약, 고용계약, 운송계약, 노동계약, 임대차계약, 도급계약, 위임계약 등 민법상의 전형계약(유명계약)이 있으며, 상기 외의 비전형 계약도 다양하게 있다.

즉 몇 가지 전형계약을 조합한 혼합계약도 얼마든지 있을 수 있다. 계약 자유의 원칙에 따라 비전형 계약과 혼합계약은 구체적으로 천차만별이다.

퍼실리티 관련 프로젝트에서는 발주자가 자신의 부족한 업무능력을 타인의 노무를 이용하여 해결하기 위하여 다양한 노무에 대하여 타인과 계약을 한다. 노무이용을 목적으로 타인과 계약하는 경우 민법의 전형계약으로는 고용계약, 도급계약, 위임계약이 주로 해당된다. 그러나 현실적으로 거래되는 업무의 내용, 그 사회에 확립되어 있는 전문 직종의 정의에 따라 혼합계약 · 비전형계약이 되는 경우가 많다.

계약서는 입찰 · 낙찰 행위가 끝나고, 일의 내용과 대가 등 그간에 합의한 기본내용을 문서로 집대성한 것이다. 사회적으로 준비된 계약서나 약관을 사용하는 경우도 있지만 법적 접근에서 주의할 필요가 있는 것은 표준계약서나 약관의 형식에 당사자 간의 행위를 구속시키는 것이 아니라 당사자의 자유의사에 의한 합의 내용이 표준계약서나 약관보다 우선되어야 한다는 것이다. 설계자나 시공자 등의 업계에서 만든 약관은 일반적으로 그들에게 편리하고 유리하게 만들어져 있기 때문이다.

(1) 고용계약(雇傭, Employment Agreement)

고용계약은 당사자 일방이 상대방을 위하여 노무(勞務)를 제공할 것을 약정하고, 그 상대방은 이에 대하여 보수를 지급할 것을 약정함으로써 성립하는 유상쌍무계약(有償雙務契約 : 민법655~663조)이다. 당사자 간에 계속적인 채권채무관계를 발생하게 하는 계속적 계약의 하나이다. 민법에서는 고용을 대등 · 독립된 당사자 간의 계약으로 규정하고 있으며, 계약의 자유가 보장되어 있다. 그러나 자본주의 사회에서는 근로자와 사용자 간의 고용관계를 계약 자유의 원칙에 맡길 수 없게 되었다. 즉 근로자는 자신의 경제력 열세로 사용자와 본의 아니게 불리한 조건으로 근로계약을 체결하게 되며, 결과적으로 매우 불리한 조건에서 근로하도록 합법적으로 강제 당하는 경우가 발생할 수 있기 때문이다. 따라서 국가가 근로조건 기준을 노사 쌍방에게 적극적으로 제시 · 규율하고자 하는 '근로기준법'이 제정되었다. 고용에 관한 특별법이라고 할 수 있는 근로기준법은 거의 모든 고용관계에 대해서 민법상의 고용에 관한 규정에 우선하여 적용된다. 프로젝트 레벨에서도 일용(日傭 : 30일 이하의 고용) 등으로 발주자나 시공업자에게 단기로 고용되는 요원도 있다. 상용(常傭)은 일용과 구별되는 것이다.

(2) 도급계약(Contract)

건축시공계약의 일반적인 방법은 도급이다. 도급계약에서는 일의 완성까지 소요자금 조달, 적절한 품질 확보, 계약 날짜에 종료하는 책임은 수주자에게 있다. 그 책임이 달성되었을 때 대금청구 권한이 있다. 따라서 발주자나 수주자도 관심이 일의 완성에 집중된다. 즉 과정의 구체적 정보에 대해서는 관심이 줄어든다. 발주자가 대금지급 약속을 반드시 지키려는 의사가 없는 경우 도급이라는 개념이 성립하지 않는다.

건설산업기본법 2조 정의 8에는 "도급"이라 함은 원도급 · 하도급 · 위탁, 기타 명칭의 여하에 불구하고 건설공사를 완성할 것을 약정하고, 상대방이 그 일의 결과에 대하여 대가를 지급할 것을 약정하는 계약을 말한다.라고 되어 있다. 여기서 문제는 위탁도 도급의 한 형태로 취급하고 있다는 것이다. 또한, 동조 9항에는 "하도급"이라 함은 도급받은 건설공사의 전부 또는 일부를 도급하기 위하여 수급인이 제3자와 체결하는 계약을 말한다. 그리고 동조 10항에는 "수급인"이라 함은 발주자로부터 건설공사를 도급받은 건설업자를 말하며, 하도급관계에 있어서 하도급하는 건설업자를 포함한다. 동조 11에는 "하수급인"이라 함은 수급인으로부터 건설공사를 하도급받은 자를 말한다.라고 규정하고 있다.

건축생산 같은 장기에 걸친 프로젝트는 그 수행기간 중에 어떤 일이 일어날지 모르는 불확실성이 있다. 또 모든 것을 완벽하게 확정하기에는 한계가 있기 때문에 구체적 결정을 유보하는 경향도 있다. 즉 계약의 전제가 되는 설계도면에도 확정되지 않은 부분이 있다. 이렇게 불확실성과 불확정성이 높은 것에 대해서 총액 일식도급을 하는 자체가 어떤 의미에서는 불합리성을 내포하고 있다.

같은 도급일지라도 수급자의 책임범위는 나라에 따라 다르다. 예를 들어, 설계시공분리방식의 경우 일본은 기술적 오류와 과오에 대한 책임을 건설업자에게 돌리는 편이지만 미국의 경우는 설계자 또는 엔지니어의 책임인 것이 많다. 그 때문에 건설회사가 설계자에 대하여 기술적 조언을 하기 어렵고, 코스트나 공사기간에 대한 조언이 부분적으로 이루어질 뿐이다. 일본의 경우는 시공사의 책임이 무겁기 때문에 상대적으로 설계자의 기술적 책임이 낮고, 기술에 대하여 관심도 낮다고 하는 의견이 있다.

(3) 넓은 의미의 위탁(委託, Consignment, Commission)

넓은 의미의 위탁은 법률행위나 사실행위의 수행을 다른 사람에게 의뢰하는 것이다. 예를 들면, 자금을 맡겨서 그 운영을 부탁하거나, 타인을 신뢰하여 어떤 행위를 부탁하는 것으로서 그 내용에 따라 위임, 위탁매매, 운송, 신탁, 어음 등 여러 가지 법률관계를 발생시킨다. 위탁받은 사람은 위탁의 취지에 따라 자기재량으로 사무를 처리할 수 있으며, 위탁을 한 사람과의 사이에 신임관계가 생기는 점에 특색이 있다. 위탁을 한 사람과 위탁을 받은 사람의 명칭은 법률관계에 따라 다르다. 위임에서는 위임자 및 수임자라 하고, 신탁에서는 위탁자 · 수탁자라 한다. 위탁이 리스나 임대와 다른 점은 위탁의 경우 보통 물건에 대한 사용이 허락되지 않는다. 판매나 증여와 다른 점은 위탁의 경우 소유권 이동은 없고, 단지 물리적 보관에만 변동이 있다는 점이다. 이러한 넓은 의미의 위탁계약에는 위임, 신탁, 대리계약이 포함된다.

(4) 좁은 의미의 위탁(Trust, Entrust, 委託)

영미법에 재산법의 한 개념으로, 한쪽이 다른 한쪽에게 보관 및 사용을 위해 개인재산(Property)에 대한 점유권을 이전하는 것을 말한다. 위탁자(또는 타방)는 bailee(수탁자)라 하고, 수탁인(또는 일방)은 bailor(기탁자)라고 한다. 수탁인은 물건을 보장할 의무는 없으나 주의의무는 가지고 있다. FM과 관련하여 위탁관리(委託管理)는 빌딩 등 부동산 관리방법의 한 가지로서 부동산 관리 전문업자(Property Manager)에게 물건을 위탁하여 매매나 임대하는 방법이다. 위탁관리에는 일괄위탁관리와 일부위탁관리 두 가지가 있다.

(5) 위임(委任, mandate)

위임은 당사자의 한편이 상대방에게 법률행위 및 비법률행위의 사무(service)를 위탁하는 계약이다. 양자의 관계는 자유로운 판단, 전문가적 판단에 신뢰하여 맡기는 것을 목적으로 하기 때문에 독립성이 있다. 위임은 당사자의 일방(委任人)이 법률행위나 기타의 사무처리를 상대방(受任人)에게 부탁하고 상대방이 이를 승낙함으로써 성립하는 계약이다. 위임은 무상(無償)계약, 편무(片務)계약이 원칙이지만 보수의 특약이 있는 유상, 쌍무계약(有償 · 雙務契約)이 많고 일반적으로 대리권을 수반한다. 수임인은 위임의 본지(本旨)를 좇아서 '선량한 관리자의 주의'로서 위임사무를 처리할 의무를 부담한다. 이 주의의무(注意義務)는 위임계약의 기초가 되는 당사자 사이의 신뢰관계에 입각하고 있으므로 보수의 유무 또는 다소를 불문한다(민법 제680조).

예를 들어 발주자와 설계자의 관계가 위임관계이다. 그런데 건축물의 설계표준계약서, 국토해양부고시 제2009-1092호(시행 2009.11.23, 2009.11.23, 일부개정) 제1조(총 칙)에, 이 계약은 건축법 제15조에 따라 건축주(이하 "갑"이라 한다)가 건축사법 제23조제1항에 따라 업무신고한 건축사(이하 "을"이라 한다)에게 위탁한 설계업무의 수행에 필요한 상호간의 권리와 의무 등을 정한다.라고 되어 있다. 넓은 의미의 위탁에는 해당하지만, 좁은 의미의 위탁에는 해당되지 않는 말이므로 오해를 방지하기 위하여 위임으로 용어를 수정할 필요가 있다. 또한, 감리업무는 발주자와 시공자의 계약내용을 감리하는 것이기 때문에 자유권이 있는 위임이라고 보면 문제가 있다. 즉 감리계약의 경우는 감리라는 행위의 법적 위상이 애매하다. 감리위탁 또는 위탁감리라고 하는 용어도 넓은 의미의 위탁이라는 용어에는 해당되지만, 무엇을 맡기는 것인지 애매하다. 좁은 의미의 위탁이 아닌 것은 분명하기 때문에 용어를 대리로 바꿀 필요가 있다고 생각된다.

(6) 신탁계약(信託, trust)

위탁자가 특정한 재산권을 수탁자에게 이전하거나 기타의 처분을 하고 수탁자로 하여금 수익자의 이익 또는 특정 목적을 위하여 그 재산권을 관리·처분하게 하는 법률관계이다. 신탁의 정확한 정의는 신탁법 제1조 제2항에 규정되어 있는데, 신탁설정자(위탁자)와 신탁을 인수하는 자(수탁자)와 특별한 신임관계에 기하여 위탁자가 특정의 재산권을 수탁자에게 이전하거나 기타의 처분을 하고 수탁자로 하여금 일정한 자(수익자)의 이익을 위하여 또는 특정 목적을 위하여 그 재산권을 관리·처분하게 하는 법률관계를 말한다. 미국에서는 신탁자를 settlor, trustor, grantor, donor, creator 등으로 부르며, 수탁자는 trustee, 수익자는 beneficiary라고 부른다. 재산 운영으로부터 생기는 이익은 특약으로 정해진 수익자(위탁자뿐만 아니라 제3자라도 가능함)가 취득한다. 이것은 재산을 맡긴다는 점에서 임차와 비슷하지만 단순히 보관뿐만 아니라 신탁재산의 처분까지도 맡긴다는 점에 특색이 있다. 보통은 계약으로 행하는데 유언에 의한 경우도 있다(신탁 2조).

신탁은 영미법을 따르는 나라에서 발달된 것으로서 대륙법 계통에 속하는 한국은 민법상의 전형계약에 이를 포함하지 않고, 신탁법에서 따로 규정하고 있다. 신탁은 재산(금전이나 부동산)을 잘 이용하는 방책을 가지지 못한 자가 그 전문가에게 재산을 맡겨서 잘 운영하도록 하는데 경제적 효용이 있다. 신탁은행은 금전신탁을 하는 것이 일반적이지만 유가증권이나 부동산을 신탁의 목적물로 하는 경우도 있다. 시설의 운용에 있어 Property Management와 관련이 깊은 법이다.

(7) 대리관계(Agency Relationship)

대리는 수탁자에게 위탁자의 대리권이 주어지는 수권행위로, 일반적인 위임과 구별한다. 위임은 계약내용의 영향범위가 계약당사자에 한정되지만, 대리는 제3자가 수권자(대리인)를 본인처럼 대해야 한다. 일반적으로 대리에서는 본인과 대리인, 그리고 상대편의 3주체에 따라 법률관계가 3가지로 이루어진다. 여기에서 본인과 대리인 사이를 대리권관계(代理權關係), 대리인과 상대편 사이를 대리행위관계(代理行爲關係), 상대편과 본인 사이를 대리효과관계(代理效果關係)라 하고, 이를 합하여 대리의 3면 관계라고 한다. 그 중에서 가장 기본적인 것은 대리권관계이다. 대리행위관계는 대리권의 실현과정이며, 대리효과관계는 대리권의 실현결과이다.

대리권이란 타인이 본인을 위하여 일정한 의사표시를 하거나 받음으로써 그 법률효과를 본인에게 직접적으로 귀속시킬 수 있는 법률상의 지위 또는 자격으로서 권리라기보다는 권한이라고 하는 것이 타당하다. 법정 대리권(法定代理權)은 법률의 규정에 의하며 임의대리권(任意代理權)은 수권행위(授權行爲)에 의한다. 대리권에는 자기계약(自己契約)·쌍방대리(雙

方代理)의 금지(민법 제124조), 공동대리(共同代理)의 제한(119조) 등이 있으며, 법정 대리에서는 본인과 대리인의 이해가 상반되는 경우에는 대리권을 제한한다(921조). 대리권은 본인 사망, 대리인 사망, 대리인 금치산(禁治産) 또는 파산(破産) 등에 의하여 소멸한다(127조).

대리행위가 본인을 위한 행위로 되려면 대리인은 그 행위가 본인을 위한다는 것을 나타내야 하는데(114조), 이를 현명주의(顯名主義)라고 한다. 대리인이 본인을 위한 행위임을 표시하지 않고 한 행위는 대리인 자신을 위한 행위로 본다(115조). 대리행위에서 의사표시(意思表示)의 하자는 대리인을 표준으로 결정된다(116조). 대리인은 행위능력자임을 요하지는 않는다(117조). 대리행위로 인한 법률효과는 모두 직접적으로 본인에게 귀속되어 본인 자신이 그 법률행위를 한 것과 같이 된다. 대리효과가 본인에게 귀속되기 위해서는 본인에게 권리능력이 있어야 하지만 의사능력 내지 행위능력까지 있어야 할 필요는 없다.

임의대리권은 본인의 대리인이 될 자에 대한 대리권 수여의 의사표시에 따라 발생하는데,

표 4-17 프로젝트 조직체제별 발주자와 수주자의 계약관계

전형		유형	발주자와 CMr	발주자와 설계자	발주자와 시공자
POP/PMP 분리형	직영	발주자 설계 · 전공사 직영	고용	고용	전문공사업자와 실비정산
	직영	외부 설계자 설계 · 공사 직영	고용	위임	전문공사업자와 실비정산
	CM	CM as owners Staff	고용	위임	전문공사업자와 실비정산
	CM	Pure CM/PM	대리적 위임	위임	전문공사업자와 실비정산
	CM	CMr에 의한 GMP(CM At Risk)	한정 책임형 도급 경개(更改, novation)	위임	전문공사업자와 실비정산
	MC	CMr에 의한 총액도급 (영국의 MC)	도급	위임	CMr과 전문공사업자가 도급도 가능
	DM	Design Management (영국의 DM)	없음	설계위임 - 공사관리 대리 경개(更改, novation)	전문공사업자와 실비정산
POP+PMP 통합형	TR	설계 시공 분리 · 시공 일식	없음	위임	도급
	DB	설계자에 의한 설계 시공 일관	없음	도급	
	DB	설계자와 시공자의 JV에 의한 일관	없음	도급	
	DB	시공자에 의한 설계시공일관(일본의GC)	없음	도급	

그 법률행위를 수권행위(授權行爲) 또는 대리권수여행위라고 한다. 수권행위는 상대방의 수령을 요하는 단독행위이다. 수권행위를 계약으로 이해하는 견해에 의하면 수권행위가 대리인의 무능력 또는 의사표시의 결함 등에 의하여 영향을 받게 되어 거래의 안전을 해하게 되지만, 수권행위를 단독행위로 이해하는 견해에 의하면 수권행위가 대리인의 무능력 또는 의사표시의 결함 등에 의하여 영향을 받지 않게 되어 거래의 안전을 도모할 수 있게 된다. 또한 수권행위는 대리인에게 일정한 자격을 부여할 뿐이고 의무를 부과하는 것이 아니므로 이를 단독행위라 하여도 대리인에게 불리한 결과가 되지 않는다.

수권행위는 원인인 법률관계 또는 기초적 내부관계와 구별된다. 대리권은 위임 · 고용 · 도급 · 조합 등을 원인으로 그 목적을 달성하기 위하여 수여되는 경우가 많으나 수권행위와 그러한 원인이 된 법률관계는 별개의 법률행위이며 양자가 필연적으로 결합되어야 하는 것은 아니다. 원인인 법률관계가 없어도 수권행위는 있을 수 있으며, 원인인 법률관계가 있어도 수권행위는 없을 수 있다. 그러나 수권행위가 원인인 법률관계와 별개라는 것은 어디까지나 양자가 이론상 구별된다는 것이며, 그 두 가지가 반드시 따로 행하여져야 한다는 것은 아니므로 수권행위가 원인인 법률관계에 포함되어 하나의 법률행위로서 행해지는 것도 가능하다. 그리고 원인인 법률관계는 수권행위와 달리 대부분 계약이므로 대리인의 무능력 또는 의사표시의 결함 등에 의하여 영향을 받을 수 있다. 견해의 대립이 있으나 수권행위는 원인인 법률관계 무효 또는 취소에 의하여 영향을 받지 않는 무인행위(無因行爲)라고 본다.

수권행위는 불요식행위이다. 대리권을 수여한 증거로서 위임장을 작성 · 교부하는 것이 일반적이지만, 위임장이 없이 수권행위를 하는 것도 가능하며, 위임장이 있다고 하여도 반드시 수권행위가 있다고 할 수도 없다. 수권행위는 아무런 방식을 요하지 않고 구두(口頭) · 문서 등의 적극적인 방법 이외에 묵시적 방법으로도 할 수 있으며, 원칙적으로 대리행위가 요식행위라 하더라도 그 방식에 따르지 않아도 된다.

발주자에게 고용되지 않고, 프로젝트 단위로 초빙된 PMer, CMer은 대리권이 주어지는 대리인이다. 이들에게는 POP 목적물 자체의 완성책임은 부과되지 않고, PMP의 목표를 달성하기 위하여 제3자를, 발주자를 대신하여 관리할 책무만 있다. 유지 · 운영단계에서 FM을 종합적으로 대리시키는 경우도 있다. 공동주택의 관리회사가 그 예이다. 대리(권)관계는 주체(본인)와 대리인(agent) 사이의 계약관계이다. 이 계약에는 대리인에 의하여 행해질 수 있는 활동에 관한 범위를 규정해 놓아야 한다. 만약 이 계약사항이 모든 발생 가능한 사태를 충분히 고려한다면 계약상에 발생되는 문제는 존재하지 않을 것이다. 그러나 만약 그 계약사항이 불완전하기 때문에 대리인의 활동에 자의성이 기재된다면 주체와 대리인 사이에는 갈등이 생기기 쉽다. 이러한 갈등은 주체와 대리인들이 모두 자신들의 효용을 극대화시키는 방향으로 행동하려고 하기 때문에 생기는 것이다. 따라서 주체는 계약에 여러 가지 조항을 규정하여 대리인이 주체의 목적에서 벗어나지 않도록 제약을 가하고 또한 대리인들의 활동을 감독하려고 할 것이다.

서구에서는 건축 프로젝트 수행에 대리적 위임계약이 많이 이용된다. 대리적 위임계약은 발주자와 수주자가 영위하고자 하는 일의 내용을 가능한 한 구체적으로 설정함과 동시에 발주자에게 부족한 부분은 대리적 위임이라고 하는 입장을 통해 차례로 명확하게 하는 방법이다. 도급과 위임은 단순한 계약방식의 차이라기보다 일의 수행양태가 다른 계약이다. 예를 들어, 발주자와 CMer 계약의 경우는, CM의 발상지인 미국의 약관에서는 대리(Agency)로서 표현하는 경우가 많다(CMAA약관 등). 대리는 위임과 같은 사무처리의 자유재량보다는 대리시키는 수권내용을 서로 명확하게 할 필요가 있다. 위임과 도급의 차이는 정산방법에 큰 차이가 있다. 위임은 무상도 있을 수 있고, 정산방법이나 시점은 당사자의 계약에 의한다. 도급은 기본적으로 일의 완성이 지불의 전제조건이다.

업무 수행이나 결과물 부분 또는 전체에 대한 책임이 고용, 대리, 위임, 도급 등 계약 방식에 따라 차이가 많다. 건축의 경우 책임 문제가 까다로운 것은 동일 결과물에 대해서 계획, 설계, 제조, 시공 등에 다양한 주체가 관련된 것이다. 어떤 하자가 발생했을 경우 책임 소재를 명확하게 분별하기 어려운 경우도 있다. 서구에서는 철저한 원인규명을 하려는 경향이지만 우리나라에서는 시공자에게 많은 책임을 지도록 하고, 실질적으로 책임능력이 없는 감리자에게 책임을 지우는 책임감리제도가 있다. 업무관계에 있어서 공평성이란 책임관계의 쌍무 · 편무성과 관계가 있다.

고용이나 대리는 업무 수행에 관한 책임은 고용자에게 있으며, 피고용자는 고용자의 지시나 재가를 받아 일을 한다. 따라서 정보전달이나 조직구조 및 거래관계상 계층은 형성하지 않는다. 그러나 도급은 완성책임 중심이라 거래관계상 계통을 유발하고 일의 수행과정에 발생하는 경과정보에 관하여 일일이 보고 및 재가를 받지 않아도 되므로 정보전달이나 조직구조상 장벽이나 계층이 발생한다.

결과적으로 발주자와의 거리는 고용, 대리적 위임, 위임, 한정 책임형 도급(=일부 책임형 대리), 도급, 매매의 순서로 멀어진다. 발주자에 대한 PMP의 투명성은 기본적으로 발주자와의 거리이다. 즉 완성 책임과 실행 과정의 투명성은 트레이드 오프 관계이다.

4) 정산(대가산정)방식

외부 역무(Service) 제공자에 대해서는 대가를 지불하는 것이 당연하다. 대가산정방식이란, 보수(Consideration)에 관해서 상호 의사를 합치(Meeting of Minds)시키는 것이다. 일의 대가는 성격면에서 생각하면, 목적 대상 일(직접비용), 일을 하기 위한 부대비용(경비), 일에 대한 이익(부가가치)으로 구성되어 있다. 대가산정방식에는 이와 같은 원가요소를 총체로서 생

표 4-18 정산대상의 특징과 정산방식

정산대상의 분류	정산방법의 특징
가시적 물질이 없으나 전문지식과 기술이 요하는 경우	설계사무소, PM회사, CM회사, 법률사무소, 공인회계사 등 역무(Service)에 대한 보수이다. 역무의 대가로서의 기술료는 기본적으로 시간 및 공수를 적산하여 산출한다. 경우에 따라서는, 인센티브 등의 성공 보수도 포함되는 경우가 있다.
가시적 물질이 있는 경우	도급계약을 체결하는 공사 시공이나 가구 및 사무기기 등 물품을 납입하는 공급업자들은 계약에 근거하여 소정의 건물이나 물품을 정해진 기간에 완성시키거나 납입하는 서비스를 제공하고 있다. 통상의 경우, 그 대가의 지불은 공사도급계약서나 물품구매계약서에 근거한다.

각하는 경우와 별개로 생각하는 경우가 있다. 전자가 고정가액계약(Fixed Price Contract)이고, 후자가 실비상환계약(Cost Reimburse Contract=Cost Plus Fee Contract)이다. 구체적으로는 다양한 방법이 있을 수 있다. 이러한 정산방식은 프로젝트 매니지먼트의 합리성 및 투명성 확보와 관계가 깊다. 정산방식은 적절한 금액을 산정하기 위한 사정(査定)업무를 수반하기 때문에 관리상 번잡성에 차이가 있다. 또한 정산방식은 비용의 설명 가능성과는 관계가 깊지만 결과적으로 가격(지불하는 액수)이 내릴지 오를지는 상황이나 매니지먼트 여하에 따라 다르다.

총액방식은 도급계약에 어울리고, 실비정산방식은 직영방식 및 대리적 위임계약에 어울린다. 하지만 총액 일식도급에서도 실비 정산적 방법이 적용될 수도 있다. 즉 지불 전에 기성고 사정을 면밀하게 분석하는 방식이다. 이 대가의 결정방식과 나중에 언급할 지불방식은 발주자와 수주자의 리스크관리와 긴밀한 관계에 있고, 조직의 모티베이션을 크게 좌우한다. 프로젝트 성격이나 그 시기의 경제적 상황에 따라 적절히 판단할 필요가 있다. 분리발주를 하는 경우는 발주 대상 부위나 공종의 특성에 따라 총액·단가 등의 수법을 각각 선택할 수 있다.

(1) 수수료(Commission)방식

직접비용, 경비, 이익이라는 3가지 원가요소를 전혀 구분하지 않는다. 토지 및 건물의 매매나 임대차의 경우의 중개자에 대한 보수가 대표적인 예이다. 중개수수료는 기본적으로 계약이 성립되었을 때에만 지불하는 성공보수이다. 계약이 성립하지 않으면, 그 사이의 비용이나 경비는 전혀 받을 수 없다. 보수의 상한은, 공인중개사 업무 및 부동산 거래신고에 관한 법률 32조 관련 국토해양부령에 정해져 있다.

(2) 고정가액(Fixed Price)방식

고정가액계약에는 전체 고정가액(Lump Sum)과 부분고정가액(=단가, Measurement=Unit)

방식이 있다. Price는 Cost와 이윤이 합해진 것이므로 Cost를 별도로 추궁하지 않는다. 또한 고정가액방식이라도 물가의 변동에 연동하는 Fluctuation Price와 물가변동에 관계 없는 Firm Price가 있다. 전체 고정가액방식은 수많은 하부요소의 물가변동을 사실대로 고려하면 정산이 불가능하므로 평균적 물가변동률을 적용하거나 물가변동 리스크까지를 고려하여 그 금액을 산정한다. GC방식 취지는 기본적으로 Firm Price Contract이다. 이 고정총액방식은 가액 판단의 중요한 근거인 설계도서 · 시방서의 구체성이 높고, 사전에 명확하고 합리성을 확보한 시방을 준비할 수 있는 경우, 경제상황의 변동이 없든가 예측할 수 있는 경우, 특정일까지 확실한 완성이 필요한 경우에 설득력이 있다. 실비정산방식은 총액방식과 반대의 경우에 적당하다.

단가계약은 고정가액계약과 실비상환계약의 중간형태로, 양자의 장점과 약점을 동시에 가지고 있다. 즉 잠정 최대 총액(GMP)방식이나 단가(Unit Price)방식은 실비 및 경비와 이익의 전체 또는 부분을 잠정적으로 결정하는 방식이다. 예산액과 결산액이 달라지는 것이 일반적이다.

(3) 실비상환(Cost Reimburse)방식

실비상환방식은 대가의 내용인 실비 · 경비 · 이익을 따로 분리하여 계산하고, 사실에 근거하여 지불금액을 사후 확정하는 방식이다. 실비상환방식에도 수의코스트+정액보수계약(Negotiated Cost Plus Fixed Fee Contract)이나 상한가액보증합의(Guaranteed Maximum Price Arrangement) 등 비용과 이윤의 양태나 상한 설정 및 성공보수(Incentive) 유무에 의해 몇 가지 유형으로 나누어진다. Fee를 Cost의 %(비율)로 하면 공사비가 높아질수록 Fee도 높아지므로 공사비가 높아질 가능성이 있고, 고정Fee를 하면 일을 열심히 할 이유가 그다지 없다. 공사에 대한 실비상환계약은 설계도서 · 시방서의 완성도가 낮은 단계부터 공사를 시작할 수 있다. 그러나 프로젝트의 최종 비용을 공사가 상당히 진행될 때까지 확정할 수 없는 약점이 있다.

5) 지불방식

채무자가 채권자에게 재화를 전달하는 방법이 지불방식이다. 채권 발생은 상품, 서비스, 또는 법률적 의무 등이다. 가장 고전적인 방법은 즉시교환(barter)이다. 매체는 현금, 현물, 수표, 어음, 신용카드, 송금 등이 있고, 복잡한 사업에 있어서 주식도 있을 수 있다. 청구서 또는 물품이나 보고서 등의 수취증명서가 직접적 근거가 된다. 공사인 경우는 기성고 확인서가 그것을 대신한다. 교환 외에 권한 설정(Provisioning)에 의한 계좌이체도 있다.

건설공사의 지불 시기는 이론적으로 착수시 일괄(모두 선불), 정기적으로 계획량 분(부분

선불), 정기적인 실적량 분(부분 후불), 모든 완성시 일괄(후불), 투자액과 이익분의 이용권 양도방식 등이 있을 수 있다. 발주자의 안전을 생각할 경우 전액 선불은 드물다. 민간에서 일반적인 경우는 계약 성립시의 선불금, 중간 중간의 기성고 지불, 완성 인도시 잔금 지불이 일반적이다.

일의 완성을 확인하고 대가를 지불하는 도급의 기본정의 차원에서 생각하면 일부 대금을 선불하는 것은 모순점이 있다. 이것이 선불금 환급보증이나 계약이행보증이 필요한 원인이기도 하다. 또, 기성고 지불은 일반적으로 「공사수행금액×(9/10－선불금 / 계약금액수)」 이하로 되어 있어 진척률 혹은 실제 투입비용을 정밀하게 사정할 필요가 있지만 총액계약이라는 틀 속에 구속되어 있기 때문에 실태사정(Measurement)이라기보다 일반적으로 계약금액의 비율산정이 되고 만다. 10%는 기성고 보증 보류금이 된다.

비용의 설명 가능성, 즉 적정성을 최종적으로 보증하는 것이 지불 근거의 구체성과 실제성이라고 생각하면, 또 비용의 진정한 실태를 파악하기 위해서도 대가정산과 지불방법을 사실에 따라 실시할 필요가 있다. 그러나 총액일식도급계약의 논리상, 기성고 사정에서 자재나 노무의 실비를 발주자가 따질 수 있는 권리와 현실적 필요성이 있을지는 애매하다.

6) 보증방식

보증은 보증채무 또는 보증계약을 말한다. 보증계약은 보증채무를 성립시키기 위한 계약으로 당사자는 보증인과 채권자이다. 보증계약에서 보증인이 채무자와 연대하는 것을 특약하면 연대보증이 된다. 다만, 은행의 지불승낙, 거래에 있어서 보증, 그 외의 상사보증은 연대 특약이 없어도 연대보증이 된다. 건설관련 보증은 Bond(미 CMAA, Standard CM Services and Practice의 용어 해설), Guarantee(영 ICE 계약조건), Security(FIDIC 공사계약조건 Performance Security) 또는 Deposit, Warranty라고도 표현하지만 의미 구별의 현실적인 필요성은 없다.

건축생산에서 예전에 사용하던 연대보증인(Joint and Several Liability on Guarantee)방식은 보증인이 주 채무자와 연대하여 채무를 부담할 것을 약속하는 보증채무이다. 보증인에게 최고·검색의 항변권이 인정되지 않는 것(민법 454), 보증인이 이익을 나누어 가지지 않는 점 등에 있어 보통의 보증에 비해 채권자에게 유리하다. 연대 보증인은 보통 시장에서의 경쟁자인 동업 타사로서, 특정 프로젝트에 있어서 보증에 대한 대가는 없고, 다른 프로젝트에서 역보증을 하는 업계의 상호부조적 운용으로 전래의 '두레'에 가까운 것이다. 현대의 신뢰는 전근대적·지역사회적 연대보증인에 의한 대물보증에서, 보험 등으로 담보되는 금전보증으로 바뀌었다. 한편 보증내용의 명시성과 보증의 확신성, 채권자와 채무자의 공평성은 더욱 발전해야 할 분야이다.

표 4-19 퍼실리티 프로젝트 관련 보증 및 보험

대 상	종 류	내 용
금전보증(보험)	입찰보증(Bid Bond)	입찰자가 낙찰했을 경우 발주자와 계약을 체결하는 것을 보증하는 것으로, 입찰자가 발주자에게 보증기업이 발행한 보증서를 제출하는 것이다.
	계약이행보증(Performance Bond)	수주자가 계약조건에 따라 성실하게 업무를 수행하는 것을 보증하는 것으로, 수주자가 발주자에게 보증인 또는 보증증서를 제출하는 것이다.
	지불보증(Payment Bond)	발주자가 수주자에게 확실한 지불을 보증하기 위해 금융기관 등 보증인으로부터의 보증서를 제출하는 것이다.
	하자(보수)보증(Guarantee against Defects, Maintenance Guarantee)	공사의 도급계약 등에서 결과물의 품질을 확보하기 위한 담보로서, 품질이상(하자)이 있는 경우 그 담보금으로 개선하기 위한 것.
	선불금 환불보증(Advance Payment Bond)	계약금 또는 착수금 등의 명목으로 기성고가 발생하기 전에 발주자가 수주자에게 건네주는 돈에 대하여 만일 수주자가 계약내용을 충실하게 준수하지 않은 경우 그 돈을 환수하기 위한 담보금
	기성고 보증 보류금(Retention)	수주자가 계약내용을 실천하여 그에 상응하는 대가를 요구하더라도 그 실천 정도 및 수준 산정이 적절하다는 것을 확신할 때까지 대가의 일부를 보류하여 발주자의 위험을 완화시키는 것.
	상기 외 전문가 책임보험 등	전문가의 지적 행위도 오류가 발생할 가능성이 있으므로 그 오류에 대한 책임을 담보하기 위한 조치
인보험	생명보험	업무추진 중에 피보험자에게 발생할 가능성이 있는 사망사고 등에 대하여 보험금을 지급하는 보험
	상해보험	피보험자가 우연한 외부적 사고로 인하여 상해를 입은 경우 보험금이나 기타의 급여를 지급하는 보험

4.6 프로젝트 매니지먼트 원론의 마무리

일정 규모 이상의 프로젝트를 운영 · 관리할 수 있는 능력을 갖추지 못한 고객기업은 그러한 프로젝트에 대응하기 위한 조직, 즉 프로젝트 팀을 편성하는 것이 필요하다.

사회의 개방계에 존재하는 프로젝트 관련 서비스 제공자, PMP와 PMP의 분담과 통합의 룰은 발주자(FMer)가 프로젝트 레벨에서 임의로 할 수 있는 범위에 한계가 있다. 그러나 각 주체와의 관계를 규정하는 입찰방식, 정산방식, 지불방식, 보증방식, 계약방식 등은 대체로 발주자가 선택할 수 있는 폭이 있다. 그 때문에 결과적 겉모양이 유사한 프로젝트 조직에서 유사한 범위의 업무를 담당하는 주체 간의 관계라고 하더라도 조직으로서의 기능 양태는 다를 수 있다. 특히 발주자측 FMer 및 PMer의 관리력이나 통솔력이 중요하다.

조직화를 위한 각 방법은 서로 상성(相性)이 있다. 따라서 각 생산시스템(조직형태)에서 일반적으로 채용하고 있는 방법이 있다.

한편, 발주자가 프로젝트의 특성에 맞추어 자유로이 선택하는 것이 유리한 세부내용까지를 국가나 업계에서 표준계약서 및 약관의 형태로 형식화하는 경우도 있다. 이것들은 조직디자인의 유연성을 구속하게 된다. 즉 사회의 안정과 신뢰를 위한 최소한의 룰이 아니고, 과잉규제가 될 수도 있다. 특히, 특정직능의 업계단체에서 규정한 계약약관 등은 기본적으로 자신의 업계에 불리한 일이 일어나지 않도록, 즉 자신에게 유리하게 기술하고 있을 가능성이 있다는 점은 FMer 및 PMer이 주의해야 할 부분이다.

서비스 제공자 선정, 즉 프로젝트 조직 편성 시에는 공명하고 공정하게, 그리고 프로젝트의 특성을 검토한 후 면밀하게 선정할 필요가 있다. 그러나 지나치게 면밀한 나머지, 서비스 제공자에게 과대한 제안이나 서류제출을 요구하여 효용가치가 떨어지는 부담을 주지 않도록 할 필요가 있다. 조직화에 있어서 무엇보다 고객기업의 프로젝트 취지, 목적과 목표에 공감하는 주체를 선정하는 것이 중요하다. 발주자의 요구사항이나 전제조건을 무시하고, 자신의 형편에 프로젝트 결과물이나 과정처리를 짜맞추려는 서비스 제공자를 선택했을 경우는 프로젝트 관리가 어려워지고 목적이나 목표달성도 어려워진다.

특히 설계의뢰시는 요구사항(결과물의 내용)과 조건(범위, 예산범위, 스케줄 등)을 고객기업이 명확히 할 필요가 있다. 그것은 고객기업 FM부문의 책임이며, 설계의 적정성 여부를 판단, 설계도서의 인수 여부 판정기준을 명확하게 하는 것이다. 요구사항과 조건이 애매하면 불필요한 재작업과 주체간의 갈등을 유발하여 비효율, 예산초과, 일정지연 등이 발생할 위험성이 있다. FMr 및 PMr은 서비스 제공자뿐만 아니라 관계관청이나 근린 등 많은 외부 이해관계자들과 긴밀하고 협조적인 관계를 유지하지 않으면 안 된다.

Keyword

- 변경요청 : 변경요청에 대해서는, ①누구로부터의 요청인가?, ②무슨 변경인가?, ③변경은 누가 실행하는가?, ④코스트에 대한 영향은 어떤가? 등을 명확하게 하여 관계자의 승낙을 얻는다. 변경의 이력을 문서로 남기는 것도 중요하다.
- 설명가능성(Accountability) : 회계 책임성(會計 責任性) 또는 설명책임이라 하기도 한다. 회계(會計, Accounting)와 책임성(責任性, Responsibility)을 결합하여 만들어낸 말이다. 즉 주주나 발주자 등의 이해관계자로부터 수탁한 자금이나 세금을 적절하게 사용하였는지, 필요 적절한 조치를 하였는지, 그 사용방법과 결과에 책임 있는 설명, 즉 듣는 사람의 입장에서 보면 납득 가능성이다.
- 인센티브 : 서비스 제공자의 성과를 좀더 효과적 · 효율적으로 하기 위한 유인(誘因). 예를 들면, 예정한 기간이나 비용을 웃도는 성과를 실현한 경우에 주는 포상금이다. 인센티브는 사전에 계약조항에 포함시키는 경우가 많다. 무엇을 성과의 기준으로 할지에 대해서는 평가기준도 명확하게 결정해 둘 필요가 있다.

참고문헌

- PMBOK(Project Management Body of Knowledge), PMI, 2008.
- 총해설 퍼실리티 매니지먼트, FM추진 연락협의회(일본), 일본경제신문사, 2003.
- 총해설 퍼실리티 매니지먼트 추보판, FM추진 연락협의회(일본), 일본경제신문사, 2009.
- The FACILITY MANAGEMENT Handbook(Second Edition), AMACOM USA, 1999.
- Total FACILITY MANAGEMENT(Third Edition), Brian Atkin & Adrian Brooks, Wiley-Blackwall, 2009.
- FM프로젝트 매니지먼트의 실제(사례집), JFMA 프로젝트관리연구부회, 2003.
  퍼실리티 매니지먼트가 변화시킬 수 있는 경영전략, 우자와 마사카즈, NTT출판, 2007.
- Construction Management Standards of Practice(CMAA Document A-1/CMAR), CMAA, 2010.
- 그 외 http : //www.wikipedia.org/ 등

5

Chapter

FM입장에서의 프로젝트 매니지먼트 각론

Project Management Particulars in Facility Management

5

FM입장에서의 프로젝트 매니지먼트 각론

본 장에서는 프로젝트 단계(Phase)별 주요업무에 대하여 신축 및 리모델링 사례를 들어가면서 정리한다. 특히 FMer 입장에서는 일상적인 건물의 운영(operation), 유지(Mainteuance) 및 그밖의 업무 및 대인 지원(support)과 다른 대단위 과업으로서 별도의 예산과 주어진 시간에 요구하는 기능과 성능을 갖춘 시설을 조달한다는 특징이 있다. 본 장의 특징은 발주자의 책무를 다함으로써 필요 적절한 시설을 조달하기 위한 프로젝트 초기 업무에 집중하여 기술하였다는 것이다. 즉 기본방침, 프로젝트 정의, 요구사항 정의, 설계단계 커미셔닝 등 발주자가 자기책임을 다함으로써 자기가 원하는 것을 틀림없이 조달할 수 있도록 한다는데 특징이 있다. 왜냐하면 똑똑한 발주자만이 똑똑한 시설을 조달할 수 있기 때문이다.

5.1 도입(Introduction)

본 장에서는 프로젝트 단계별 매니지먼트 업무 및 그 유의점에 대해서 신축, 대규모 개수 등의 사례를 들어 기술한다. 표 5-1은 신축건물 건설, 대규모 개수, 업무환경 조성 등 설계 및 시공을 수반하여 퍼실리티의 물리적 형상을 변화시키는 프로젝트의 일반적 업무 흐름이고, 표 5-2는 기존 퍼실리티 평가(due diligence)를 수반하는 매매 또는 임대차 프로젝트의 일반적인 업무 흐름이다.

고객기업의 FMer이 부임하거나 외부에서 초빙하든지 PMer은 프로젝트 전체 및 각 단계가 명확하고 체계적으로 착수(Initiating) - 계획(Planning) - 실행(Executing) - 관찰 및 조정(Monitor-

표 5-1 설계 및 시공을 수반하는 프로젝트(신축, 대규모 개수, 업무환경 조성)

<table>
<tr><th colspan="2">시설의 생애
(POP)</th><th colspan="3">고객기업 FMer & PMer
(PMP)</th><th>고객기업 내
타 부문</th><th>외부 서비스
제공자</th></tr>
<tr><td colspan="2">운영</td><td colspan="3">FM전략 책정
FM의 목표, 과제, 시책 수립
중장기 실행계획 수립</td><td>경영전략 책정
중장기 계획 수립</td><td>FM컨설팅</td></tr>
<tr><td rowspan="5">계획</td><td>개시</td><td colspan="2">관리착수
(I-P-E-M-C)</td><td>프로젝트 기본방침(Charter) 수립 및 품의
• 프로젝트 정의
• 이해관계자 식별(identify) 및 추진 체제 구축</td><td>경영자 확인
및 관계부분의 승인</td><td></td></tr>
<tr><td rowspan="4">기본
계획
(기획)</td><td colspan="2" rowspan="4">관리계획
(I-P-E-M-C)</td><td>실태의 파악과 평가</td><td>현황에 대한 의견개진(경영자, 관계부문, 근무자, 고객)</td><td rowspan="4">진단조사 및 분석</td></tr>
<tr><td>목표설정
시설요구
• 시설공급계획 • 시설 종합계획
• 각종 기준 설정</td><td rowspan="2">요구개진
(경영자, 관계부문, 근무자, 고객)</td></tr>
<tr><td>요구사항(Requirements)의 정의</td></tr>
<tr><td>기획(Program)안 작성 및 품의</td><td>경영자 승인</td></tr>
<tr><td rowspan="9">실시</td><td rowspan="2">계획
설계</td><td rowspan="8">관리
실행
(관찰
및
조정)</td><td rowspan="3">설계관리
(I-P-E-M-C)</td><td>설계자의 선정 및 계약</td><td>경영자 승인</td><td></td></tr>
<tr><td>기본계획 안의 품의 및 결정</td><td>경영자 승인</td><td>기본계획안 작성</td></tr>
<tr><td>본설계</td><td>설계 Commissioning(설계도서 검수)</td><td>경영자 승인</td><td>기본설계
실시설계</td></tr>
<tr><td>시공
계약</td><td rowspan="3">시공관리 및 변경관리
(I-P-E-M-C)</td><td>입찰 및 낙찰 방법 품의, 선정 및 계약</td><td>경영자 승인</td><td>입찰서 제출</td></tr>
<tr><td>시공</td><td>시공 중 Commissioning(감독 및 감리)</td><td>경영자, 근무자, 이용자의 변경요청</td><td>시공, 준공도서 작성</td></tr>
<tr><td>준공</td><td>준공 Commissioning(완성검사)</td><td>경영자 확인, 재무 부분의 지불, 자산 계상</td><td>준공도서 제출</td></tr>
<tr><td rowspan="2">입주</td><td>납입관리
(I-P-E-M-C)</td><td>가구 등의 선정계약
검수</td><td>승인 및 확인</td><td>납입 및 설치</td></tr>
<tr><td>입주관리
(I-P-E-M-C)</td><td>이전</td><td>이전</td><td></td></tr>
<tr><td>종료</td><td colspan="2">관리종료
(I-P-E-M-C)</td><td>프로젝트 완료 시 평가</td><td>평가</td><td></td></tr>
<tr><td colspan="4">운영</td><td>운영유지</td><td>사용</td><td></td></tr>
</table>

- I : 관리착수(Initiating) : 새로운 프로젝트 혹은 단계를 정의하고, 승인을 받아 관리활동을 시작하는 공정
- P : 관리계획(Planning) : 관리범위 설정, 관리목표 구체화, 목표 달성을 위한 관리활동을 계획하는 공정
- E : 관리실행(Executing) : 요구 및 조건과 제한에 맞도록 관리계획서에 정의된 관리업무를 실시하는 공정
- M : 관찰 및 조정(Monitoring & Controlling) : 실제의 진행상황과 성과를 추적하여 계획과 비교·검토 및 조정하고, 계획의 변경이 필요한 부분을 식별하여 변경을 하는 상호작용
- C : 관리종료(Closing) : 프로젝트 또는 각 단계의 모든 정의된 책무 완성 또는 중지를 확인하여 관리활동을 공식적으로 종결하는 공정

ing & Controlling) - 종료(Closing)될 수 있도록 하여야 한다. 그것이 프로젝트 관리(Project Management)이다. 특히 프로젝트 POP 각 단계의 연계성 및 PMP 각 관리목표 간의 균형을 위한 면밀한 계획 및 관찰조정은 프로젝트 통합을 위한 중요한 관리행위이다.

위의 두 표는 모두 기본적인 POP단계를 맨 왼쪽에, 고객기업 FM부문 및 프로젝트 관리팀이 실시하는 PMP업무를 그 우측에 나타냈다. 기업 내의 경영자나 이용자 및 타 부문과의 관련은 그 오른쪽 다음에, 외부의 서비스 제공자와의 관련은 가장 오른쪽에 표현하였다. 프로젝트는 일반적으로 상기 표의 위에서 아래로 단계(Phase)가 진행되지만, 이것은 개념모델이며, 필요하다면 앞 단계에서 실시한 업무라도 그 뒤의 단계에서 재검토·수정할 수 있다. 또 일정 단축을 위하여 뒷 단계의 일부 업무를 그 앞 단계에서 병행(Fast Tracking)하기도 한다. 예를 들면, 실태 파악을 기본방침 수립과 병행하거나 요구조건 작성까지 계속 하기도 한다.

표 5-2 기존 시설에 대한 평가 또는 선정을 수반하는 프로젝트(매매, 임대)

시설의 생애(POP)		고객기업 FMer & PMer (PMP)		고객기업 내 타 부문	외부의 서비스 제공자
운영		FM전략/목표/과제/시책 수립 중장기 실시계획		경영전략 중장기 계획	
계획	개시	관리착수 (부분 I-P-E-M-C)	기본방침 수립 추진체제 구축	경영자 승인 및 관계부문의 확인	
	계획	관리계획 (부분 I-P-E-M-C)	실태 파악 및 평가	현황에 대한 의견개진 (경영자, 관계부문, 근무자, 고객)	컨설턴트, 부동산중개사의 조사 및 진단
			목표설정 • 시설요구 • 시설공급계획 • 시설 종합계획 • 각종 기준 설정	요구개진 (경영자, 관계부문, 근무자, 고객)	
			요구사항 정의, 임대/임차와 매입/매각 비교		
			기본계획 작성 및 품의	승인	물건 제안
실시	실행	계약관리 (부분I-P-E-M-C)	due diligence 계약	승인	도서류 및 등록제 증명서(부동산소유자)
			건물 인수 및 등기	지불 및 자산 계상	도서류 및 등록 제 증명서(부동산소유자)
		납입관리 (부분 I-P-E-M-C)	가구와 물품 계약 및 검수	승인 및 확인	견적서 제출, 납입 및 설치
		입주관리 (부분 I-P-E-M-C)	이전	입주	
	종료	관리종료 (부분 I-P-E-M-C)	프로젝트 완료시 평가	평가	
운영		운영 및 유지(Operation & Maintenance)		사용	관련 서비스 제공

5.2 프로젝트 개시단계의 업무

건물 등 시설의 신축은 막대한 자원을 투입하기 때문에 고객기업의 FMer은 FM 전략 및 중장기 실행계획에서 신중하게 검토할 필요가 있다. 즉 신축을 결정하기 전에 임차나 취득, 기존 건물의 대규모 개수 등 다른 대안과 비교 · 검토한 후에 장 · 단점을 명확히 하여 경영자의 판단을 구한다. 프로젝트 개시단계에서는 프로젝트 기본방침(Charter)개발, 이해관계자 식별이 PMP 및 POP 양쪽 차원에서 중요하다. 왜냐하면, 그 후 단계 프로젝트 추진의 준거가 되기 때문이다. 기본방침이 고객기업 경영자의 승인을 받으면 프로젝트 실시가 공식화된다. 고객기업의 FMer에게는 경영권자가 프로젝트 목적과 내용 및 목표를 확인하여 승인할 수 있도록 하고, 그것을 프로젝트 관리팀(PMer)에 명확히 전달되도록 하는 것이 중요하다.

표 5-3 프로젝트 개시단계의 역할분담

시설의 생애 (POP)	고객기업 FMer & PMer (PMP)		고객기업 내 타 부문	외부 서비스 제공자
프로젝트 착수	관리착수 (I-P-E-M-C)	프로젝트 기본방침(Charter) 수립 및 품의 • 프로젝트 정의 • 이해관계자 식별(identify) 및 추진체제 구축	경영자 확인 및 관계부분의 승인	

5.2.1 프로젝트 기본방침(Charter) 수립

프로젝트 기본방침(Charter)이란, 상위 방침인 고객기업 FM부문의 중장기 실행계획을 바탕으로, 해당 프로젝트의 목적과 목표, 관련요건 등 실행지침을 집대성한 것이다. 이것은 프로젝트 팀은 물론, 고객조직의 FM부문과 이용자 등 모든 이해관계자가 프로젝트의 실시 근거와 기대성과 및 대처방법을 공유하기 위한 것이다. 중장기 실행계획에서 설정된 목적, 내용, 방향뿐만 아니라 다양한 각도에서 표현된 프로젝트 실시의 근거 및 조건 등을 해당 프로젝트를 중심으로 실천적이고 일원적으로 정리해야 한다. 이미 중장기 실행계획에 프로젝트의 방향이 책정되었다고 하더라도 기본방침에서 가장 중요한 것은 조직의 경영 차원에서 재무 및 품질상의 목적을 재확인하여 정리하는 것이다.

또한 프로젝트는 조직이 본래 목적으로 하는 사업상의 필요성뿐만 아니라 시장의 요구, 기술의 진보, 사회적 필요성 등을 반영하여 발생된 것이므로 이 프로젝트 기본방침에는 각 상황의 관계에 대한 대응을 명기하여야 한다. 즉 프로젝트 실시 이유(정당성), 해결책이 되는 건물

표 5-4 프로젝트 기본방침(charter) 수립 흐름

입력	처리 도구 및 기법	출력
1. 고객조직의 중장기 실행계획 등 프로젝트 과업기술서(SOW) 2. 사업사례(Business Case) 3. 계약(외부의 PMr인 경우) 4. 기업 환경적 요소 5. 조직의 프로세스 자산	1. 프로젝트 선정 방식(Project Selection Methods) 2. 프로젝트 관리 방법론(Project Management Methodology) 3. 프로젝트 관리 정보 시스템(PMIS) 4. 전문가적 판단(Expert Judgment)	프로젝트 기본방침 1. 프로젝트의 목적 및 정당성 2. 측정 가능한 프로젝트 목표 및 관련된 성공기준 3. 상위수준 요구사항 4. 상위수준 프로젝트 설명, 특성 5. 마일스톤 일정(요약) 6. 예산요약 7. 프로젝트 승인 요구사항(성공의 구성요건, 결정권자, 서명자) 8. 선임된 프로젝트 관리자 책임사항 및 권한 수준 9. 프로젝트 승인권자의 이름과 책임사항

의 기능이나 성능, 유지운용 및 관내 서비스 방향 등 목적(purpose) · 목표(objectives), 범위(scope), 조건 및 제약, 주된 이해관계자의 기본적 역할과 책임, PMer의 권한과 위임사항 등 프로젝트가 끝날 때까지 준수해야 할 실천 강령을 간결한 문장으로 기술한다.

결과적으로 프로젝트 기본방침은 그 내용을 바탕으로 최고경영자가 의사결정(방침 승인)을 하여 프로젝트를 추진할 수 있도록 하는 것이다. 즉 기본방침은 프로젝트 매니저에게 프로젝트 활동을 위해 고객조직의 경영자원을 활용할 수 있는 권한을 제공한다.

이 기본방침은 모든 프로젝트 참가자가 기본적으로 명심해야 할 사항이면서 회의 또는 각종 변경 시의 의사결정기준이 된다. 또한 복수의 대안 중에서 하나를 선택한다든가, 기존안과 다른 대체안을 모색할 때도 판단의 기준이 된다. 그리고 차후 외부 서비스 공급자에게 과업을 발주할 때의 제안요청서(Requirement for Proposal)에도 참조된다. 즉 나중에 작성하는 요구사항의 준거이기도 하다.

프로젝트 기본방침은 방침위원회를 결성하여 수립하는 것이 좋다. 방침위원회는 사장 및 부사장, FMer, PMer, 법률고문, 재무책임자 등이 참가하고, 만약 결정되어 있다면 외부의 설계자 및 시공자가 참가하는 것도 좋다. FMer은 조직의 담당부서로서 기본방침을 정리하는 책무의 중심에 있다. PMer가 결정되어 있다면 FMer과 공동으로 작성하는 것이 가장 좋다. 특히 중장기 실행계획 및 기본방침을 수립할 때 참가하지 않은 자가 PMer을 맡은 경우는, FMer이 PMer에게 프로젝트의 취지와 결정사항을 면밀하게 전달할 필요가 있다. 이것은 프로젝트 성공의 중요한 열쇠가 된다.

기본방침을 작성할 때는 다음과 같은 사항에 유의해야 한다.

- 가능 범위에서 최대한 명확하게 표현

- 조건(Conditions)과 제약(Constraints)을 분명히 하여 우선순위를 명시
- 인식을 확실하게 하기 위해 연관도 등을 시각적으로 작성
- 확정 사항과 불확정 사항은 구별하여 표현
- 표현은 가능한 한 수치 등을 사용하여 정량적으로 표현

1) 기본방침 내용

프로젝트 기본방침(Charter)은 프로젝트 관리에서 다양한 경우의 판단기준이 된다. 예를 들면, 지적 창조활동을 조장할 수 있는 의사소통을 중시한 오피스 구축이나 면적을 20% 축소하면서도 성능을 고도화한 공간의 유효활용 등이다. 이러한 기본방침에 따라 Free Address나 Universal Plan 도입 또는 SOHO나 Satellite Office와 같은 새로운 업무형태 도입 또는 기존 스타일의 오피스를 유지하면서 공간이나 설비 운용비용 삭감을 도모하는 등 기본방향을 설정할 수 있다.

다음 표는 기본방침의 내용을 항목별로 기술한 것이다. 기본방침 책정 시점에서는 결정되지 않았으나 프로젝트 실시 중에 재검토하여 다시 승인을 받을 필요가 있는 중요한 미결사항도 기본방침의 말미에 확실히 기입해 둔다.

표 5-5 프로젝트 기본방침 내용

항 목	세 목	비 고(사 례)
(1) 프로젝트의 목적	가. 경영전략과의 위상 설정 나. 신규 사업 분야 다. 재무 기반 라. 실시하지 않는 경우의 문제점	• 사업개편, 조직재편 • 생산성 향상 • 퍼실리티 코스트 저감 • 유휴지 이용
(2) 프로젝트의 목표	가. 시설 규모 나. 성능 수준 다. 투자 예산 라. 완료 시기 마. 각종 수법	• 입지조건 등도 포함 • 자금조달방법, 지불방법 등도 포함 • FM의 성능목표를 항목별로 정리 • 사용 개시 시기 • 사업방식, 임대 및 분양방식 등
(3) 프로젝트 관련 요건	가. 운영유지계획 나. 장래 계획 다. 사내 규정(FM표준) 다. 관련 법규	• 유지보전, 운용관리, 서비스 방침 • 변화대응, 시설 라이프 사이클 • 결재 권한, 설계와 시공 등 발주방법 등 • 관련이 큰 법규 내용
(4) 프로젝트 관리계획	가. 실행 체제 나. 스케줄 다. 관리방법 라. 실행예산	• 고객기업 내외 체제, 역할과 권한 • 준비나 사후 조정 및 평가도 포함 • 프로젝트 조직의 운영, 정보 관리 등 • 외부 위탁비, 준비비, 관리비 등도 포함

(1) 프로젝트 목적

프로젝트 목적은 프로젝트의 취지 및 효과, 달성해야 할 기능이나 성능 등 프로젝트를 실시하는 이유를 바탕으로 정리한다. 이는 고객기업의 경영 관점에서 표현해야 한다. 프로젝트의 목적이 하나인 경우는 드물고 여러 가지의 목적을 의도하는 경우가 많다. 이러한 경우는 목적의 중요도를 구분하여 나타내는 것이 바람직하다. 또한 목적을 명문화하여 캐치프레이즈로 하거나 도안화하여 눈에 띄게 게시하는 것은 의식의 환기나 활동방향 명시화 방안으로서 바람직하다. 건물 신축은 일반적으로 업무환경(Work Place) 조성을 포함하므로 업무환경 조성과 조화된 프로젝트 목적을 설정해야 한다. 또한 목적은 완성 후의 유지보전(Maintenance), 운용관리(Operation), 대인 서비스(Personal Service)계획과도 연계된 것을 포함한다. 한편, 대규모 개수의 경우도 프로젝트 목적은 기존 건물의 수명연장, 새로운 부가가치 창조 등 각기 다를 수도 있다. LCC(Life Cycle) 관점에서 보면, 필요한 수선·개수를 미루는 것은 시설로부터 얻을 수 있는 효용을 방치하는 것이 된다. 대규모 개수 프로젝트에서는 표 5-5에 있는 세목뿐만 아니라 장수명화, 기능 및 성능 유지·향상, 새로운 가치 창출 등이 중요하다. 새로운 가치 창출이란 기계실이나 옥상 저수조가 필요 없는 공조 또는 급수 시스템으로 변경하고, 그 공간을 유효하게 활용하는 것, 내진보강을 확실히 하여 기업의 사업계속성을 확보하면서 브랜드를 높이는 것 등이다.

(2) 프로젝트 목표

규모, 기능, 성능, 예산, 시기 등 POP와 PMP의 관리기준을 가능한 정량적으로 표현하는 것이 목표이다. 각 목표는 표 5-5의 (2)에 나타낸 바와 같은 세목으로 정리할 수 있다. 그리고 정량적 수치의 도출 근거나 목표 간 우선순위도 확실히 한다. 만약, 고객기업의 기존 퍼실리티 표준에 오류가 있거나 장래를 고려했을 때 기존 표준을 제고할 필요가 있다고 생각되는 경우는 해결해야 할 현안으로 분명히 해 두는 것도 중요하다. 프로젝트의 목적과 목표는 POP와 PMP의 구체적 달성목표 및 수행방법을 직접 또는 간접적으로 합의한 것이다. 이 단계의 목적과 목표는 후술하는 요구사항 정의와 함께 프로젝트 범위 기술서로 발전된다.

프로젝트 범위 기술서(Project Scope Statement)는 프로젝트 과업에 대한 정의로 '무엇이 성취되어야 하는가'라는 측면의 프로젝트 정의라고 할 수 있다. 프로젝트 범위 기술서는 발주자 또는 투자자 등으로부터 제공된 정보에 따라 고객조직의 FMer과 선임된 PMer이 개발한다. 프로젝트 범위 기술서에는 프로젝트의 특징과 범위, 프로젝트와 관련된 결과물 및 서비스뿐만 아니라 인수범위, 통제방안 등을 문서화한 것이다. 프로젝트 범위 기술서의 내용은 프로젝트 분야 및 복잡도에 따라 다르며, 다음에 나열된 일부 또는 모든 항목을 포함할 수도 있다. 복수의 단계로 구분하여 추진하는 프로젝트에서는 해당 단계에서 정의한 프로젝트 범위에 대해 항상 재검증하고 필요한 경우 수정한다. 표 5-6은 기본방침 작성단계 후에 점차 구체적으로 작성되는 프로젝트 범위 기술서 개발 흐름이다.

표 5-6 각 단계 프로젝트 범위 기술서 개발 흐름

입 력	처리도구 및 기법	출 력
1. 프로젝트 기본방침 2. 요구사항 기술서 3. 조직 프로세스 자산	1. 프로젝트 관리 방법론 2. 프로젝트 관리 정보 시스템 3. 전문가적 판단	프로젝트 범위 기술서 • 결과물 범위 명세서(점진적으로 구체화) • 프로젝트 인도물 • 결과물 인수 기준 • 프로젝트 경계(Boundaries) • 프로젝트 제약사항(Constraints) • 프로젝트 가정사항(assumptions)

(3) 프로젝트 관련 요건

FM표준이나 가이드라인 등을 포함한 고객조직 내외의 규정을 정리하여 해당 프로젝트에서의 성능이나 성과 측정기준, 조건 및 제약, 목표 내용년수 등을 명확히 한다. 예를 들어 업무환경 조성 프로젝트의 기본방침으로서 다음과 같은 요건이 있다. 용도, 입주예정 부서 및 특성과 인원수, 필요면적(공간 형상), 실행 예산, 일정(입주 예정일), 프로젝트 추진 조직 체제 등을 정한다. 프로젝트 추진 조직체제란, 외부 서비스 제공자와 발주자 내부의 담당자를 망라한 프로젝트 체제로서 설계 시공의 일괄·분리, 입찰방식 등 앞 절에서 거론한 프로젝트 조직체계이다.

프로젝트 관련 요건 중 특히 중요한 사항은, 시설의 생애주기 동안에 일어날 수 있는 "변화의 예측"이다. 예측된 변화에 건축물이 적응할 수 있는 능력이 유연성(Flexibility)이다. 장래의 변화로서 다음과 같은 측면을 생각할 수 있다.

- 자산관리 변화 : 일부 혹은 전부에 대한 외부 임대 및 매각, 증권화의 가능성
- 공간관리 변화 : 용도변경, 형상변경(개수, 개조 등), 규모변경(증축, 감축 등) 가능성
- 지역 및 사회요인의 변화, 이용자 변화(고용환경 변화, 워크 스타일 변화) 등 가능성

변화는 사회·경제환경의 동향, 경영의 장래 비전, 관련 부문의 전망 등을 근거로 예측한다. 그리고 변화에 대응할 수 있는 여러 방책을 작성하고 여러 선택지 중에서 경영자와 협의하여 대응의 기본방침을 좁혀 간다. 한편, 대규모 수선 프로젝트에서는 주요 구조부의 잔여수명(현 조건하의 내용년수) 및 구조 보강시의 계획수명을 프로젝트 요건에서 명확하게 표명하는 것이 매우 중요하다. 잔여수명이나 계획수명에 따라 프로젝트에서의 대응방법이 달라질 수 있기 때문이다.

(4) 프로젝트 관리계획

개시단계의 프로젝트 관리계획은 차후에 구체적으로 수립되는 모든 PMP상의 보조계획을 정의하고, 관찰 및 조정과정에서 발생하는 변경을 통합하는 방법을 명시한 공식적으로 승인된 문서이다. 관리방침에 따라 요약 정보만 있을 수도 있고, 자세한 설명을 수록할 수도 있다. 보조적 관리계획서 및 별도의 기획문서를 첨부하는 경우도 있다. 즉 고객기업의 프로젝트 추진 책임자인 FMer과 PMer이 프로젝트에 필요한 경영자원(사람 · 물건 · 돈 · 시간 · 정보 등)에 대하여 계획하는 것이다. 누가, 언제, 무엇을, 어떻게 수행하며, 그것을 어떻게 관찰 · 조정할 것인가에 대한 골격을 설정하는 것이다. 또한 조정이나 결정을 위한 협의 및 회의를 어떻게 개최하는지, 주제별 참가자와 개최 시기, 시간대, 기록 작성자와 포맷, 배포처, 확인 및 승인 방법 등을 설정한다. 전자메일이나 Web서버 등을 활용하여 정보 전달, 변경요구 기안 및 승인수속 등의 속도와 효율을 향상시킬 수 있다. 또한, 진척관리나 예산관리를 위해 각종 데이터 및 기록을 수집 - 축적 - 활용하는 프로젝트 정보관리 시스템(PMIS)을 준비한다. PMIS를 채용할 경우에는 그 사용법을 정하여 관계자를 충분히 이해시켜야 한다. 또한, PMer에 대한 권한위양(委讓)에 대해서는 그 범위와 방법을 분명히 한다.

프로젝트 개시단계에서 보고해야 할 가장 기본적인 프로젝트 관리계획 항목에는 프로젝트 전체 및 부분 과업 범위(Scope), 각 과업 순서 및 소요시간(Time), 그에 따른 개략적 비용(Cost)과 예산, 품질(Quality), 프로젝트 전체 및 부분과업 추진에 참가하는 이해관계자 및 전체 조직(Organization) 체계 등을 관리하는 인적 자원(Human resource), 의사소통(Communication), 위험(Risk), 조달(Procurement)관리 등이 있으며, 개시단계의 기본방침이므로 개략적이며 간명하게 요약해야 한다. 기본방침 설정 시점부터 프로젝트 완료까지의 인원, 일정, 예산을 체계적으로 관리하여 계획목표 내에서 프로젝트를 마무리하려면 지식과 경험이 필요하다. 개시단계에서는 특히 다음 세 가지를 간명하게 정리한다.

- 일정관리계획 : 과업, 각 과업의 순서 및 소요기간에 따른 프로젝트 마스트 스케줄을 작성한다. 즉 프로젝트 전체의 개략적 스케줄을 세운다. 대규모 개수인 경우에는 기존 시설 철거나 입주자 퇴거, 그리고 가설이나 임시주거, 완료 후의 재입주에 소요되는 사전 · 사후의 작업 등에 따라 예상 외의 시간이 소요되는 경우도 있다. FMer은 경영자에 대하여 스케줄 관리의 책임을 지고 있기 때문에 스케줄 때문에 조직의 핵심업무에 무리가 있거나 지연을 초래하지 않도록 많은 사례 및 전문가의 식견을 참고로 충분한 검토를 한다.
- 품질관리계획 : 프로젝트 개시단계의 품질은 프로젝트와 관련된 품질표준 및 목표를 식별하고, 그 표준에 부합하는 방법의 요점을 결정한다.

표 5-7 빌딩 신축 기본방침시 예산서(예)

건물 건설 예산서			
프로젝트명			
대지면적			
건물 연면적			
건물 유효면적			
[토지구입비]		단위(천원 /㎡) (대지면적에서 나눈 단가)	금액(천원)
	①토지가격		
	②대지외(전력 인입비 등)		
	③관련 제 비용		
	④합계(①-③)		
[건설공사비]		(연면적으로 나눈 단가)	
옥외공사비	①대지조성, 외부공사, 식재공사		
건축공사비	②구체공사		
	③마감공사		
설비공사비	④전기설비공사		
	⑤공조설비공사		
	⑥위생설비공사		
	⑦방재설비공사		
	⑧승강기, 반송설비공사		
	⑨통신 네트워크 관련 공사		
건축 · 설비비	⑩계(②~⑨)		
조작 공사비	⑪내장공사비(워크프레이스 공사 외)		
설계 감리비	⑫설계 감리비		
예비비	⑬예비비		
	⑭합계(①,⑩~⑬)		
[건설 관련비]		(유효면적으로 나눈 단가)	
	①가구, 집기, 비품		
	②부속 제 설비 · 기기류		
	*식당, 주방, 설비 · 기기		
	*시청각, 설비 · 기기		
	*그 외( )		
	③정보통신기기(전화 설비 외)		
	④시설 표시류		
	⑤회화 등 미술품		
	⑥식재(건물내 설치)		
	⑦이전비		
	⑧구 건물의 철거비, 원상 복구비 등		
	⑨그 외		
	⑩계(①-⑨)		
[건물 건설비]	토지구입비(④)+건설공사비(⑭)+건설 관련비(⑩)의 총합		

- 예산 및 비용관리계획 : 표 5-7은 신축 프로젝트 기본방침 단계의 경영자에 대한 품의용 프로젝트 예산서 사례이다. 예산작성시 주의해야 할 점은, 계획 중의 공사비 상승, 예측 곤란한 추가 및 변경공사에 대한 대책 등이다. 이들에 대해서는 어떠한 조치를 취할지에 대하여 기본방침 작성단계에서 관계자와 충분히 협의할 필요가 있다. 또, 가구 및 집기 비용, 정보통신 관련 비용, 특수 설비비 등 중 프로젝트 예산에 포함된 내용과 포함되지 않은 내용도 구분한다.

기본방침 결정단계의 예산은 이 표 정도의 개산견적을 근거로 한다. 그 후, 기본계획, 기본설계, 실시설계 등 프로젝트 내용이 구체화되어감에 따라 소요비용을 산정하여 초기의 승인된 예산과 견주어 증감이 발생하면 이유를 명확히 하여 경영자에게 다시 품의하여야 한다.

이 단계에서의 예산 및 스케줄은 향후 계획이 구체화되어감에 따라 누차의 조정이 필요하기 때문에 고객조직 내 조정 관련자와 절차에 대한 합의도 중요하다. 신축 프로젝트는 그 규모를 근거로 대략의 투자액을 미리 상정할 수 있으나 대규모 개수 프로젝트는 열화상황이나 개선 정도에 따라 비용 차이가 크므로 FMer이 중심이 되어 철저한 진단과 요구조사를 해야 한다. 대규모란 특정지을 수 없지만, 건물의 많은 부분이나 중요한 부위에 대하여 비교적 장기에 걸쳐 계획 · 실시하는 것을 말한다. 기본방침 책정 시점에서의 예산은 경영자의 승인을 거친 프로젝트 예산범위이며, 이는 목표예산의 성격을 띠고 있다. 목표예산은 부동산 취득이나 건설비 등의 실비, 준비비, 이전비, 외부 위탁비, 프로젝트 관리비 및 그 외의 예비비 등을 더한 것이다. 프로젝트 실시 여부를 결정하는 이 단계는 아직 계획이 구체적이지 않기 때문에 최종 비용으로 확정해서는 곤란하다.

또한 예산 외에도 지불방법과 지불시기도 계획해야 한다. 설계료 및 공사비 등 프로젝트 전체의 예산책정은 FMer에게 부담이 되는 과제이다. 유사한 프로젝트의 최근 사례 정보를 참고로 하고 설계자, 적산사, 시공자 등 외부의 서비스 제공자로부터 협력을 받는다.

2) 기본방침 품의(稟議) 및 승인

프로젝트 모든 단계의 결과물에 대한 경영권자의 승인은 중요한 이정표이며, 그 다음 단계로 넘어가기 위한 필요조건이다. 특히 프로젝트 개시단계에서 프로젝트 기본방침을 경영권자에게 품의(稟議)하여 승인을 획득하면 프로젝트가 공식화된다. 따라서 이는 고객기업의 경영에 있어 중요한 의사결정이다.

표 5-8 프로젝트 기본방침의 품의

내용	프로젝트의 목적, 목표, 관련 요건, 개략적 투자액과 시기 등을 명시한다.
근거	프로젝트 기본방침, 특히 프로젝트 예비 범위 기술서가 고객기업의 중장기 실행계획 및 이용자 요구조건에 부합한다는 근거가 필요하다. 따라서 품의서에는 가장 중요한 경영적 요구사항을 명확히 한 후, 그에 부합하는 목적 및 목표라는 것을 설득력 있게 정리한다.
효과	품의서에는 무엇보다 투자 대비 효과에 대해 충분한 설명이 필요하다. 즉 비교할 수 있는 양식을 사용하여 비교 · 평가될 수 있도록 한다든가, 투자수익을 정량적으로 명확히 표현하면 승인권자가 판단하기 쉽다.

5.2.2 이해관계자의 식별 및 추진체제 구축

이해관계자(Stakeholder)는 프로젝트에 활발히 참여하거나 프로젝트 실행 또는 완료에 따라 이해에 긍정적 또는 부정적인 영향을 받을 수 있는 개인이나 조직(예 : 고객, 투자자, 담당조직 및 일반 대중)이다. 이해관계자는 프로젝트 추진과정과 건축물에 영향을 줄 수 있다.

한편, 프로젝트에 참가하는 모든 이해관계자는 공헌과 그에 상응하는 대가를 기대한다. 따라서 고객조직의 FMer 및 PMer은 경영자나 이용자뿐만 아니라 모든 이해관계자의 요구를 수렴하려는 노력을 해야 한다.

이해관계자 식별은 이해관계자 각각의 이해사항, 관여도, 프로젝트의 성공에 미치는 영향력에 관한 정보를 문서화하는 공정이다. 이 공정의 투입물은 프로젝트 기본방침, 조달관련 문서, 기업환경요인, 조직의 프로세스 자산 등이며, 산출물은 이해관계자 등록부, 이해관계자 관리 전략이다.

FM부문뿐만 아니라 고객조직 내 각 관련 부문의 역할, 책임과 권한을 분명히 한다. 또한 외부 서비스 제공자를 포함한 프로젝트 추진체제를 확립한다. 외부 위탁자 선정 등 프로젝트 추진체제 및 조직화 과정에 관해서는 앞에서 상세히 거론하였다.

한편, 발주자측 FMer이 프로젝트 기획부터 입주까지 프로젝트 팀에 참가하는 것은, 프로젝트단계의 성공뿐 아니라 준공 후의 원활한 유지 · 운용을 위해서도 매우 중요하다.

발주자측 FMer이 특정 프로젝트가 시작하기 전에 준비할 사항은 다음과 같다.

- 설계와 시공에 참조되는 설계표준 또는 설계의 기준 확립
- 이전에 함께 일한 적이 있거나 염두에 두고 있는 설계자와 시공자의 성과평가 자료 확보
- 유력한 설계 및 시공업자의 예비목록 작성
- 건물의 장기 사용에 유연하게 대응할 수 있는 능력(Flexibility) 확보 방안
- 위의 항목 중 공공 FM에서는 조달 규칙상 적용할 수 없는 것도 있지만, 원활한 프로젝트 수행 및 시설운용을 위한 기반이 된다.

5.3 프로젝트 기본계획[= 기획] 단계의 업무

프로젝트 단계를 크게 검토단계와 실시단계로 나눈다면, 앞 절에서 거론한 프로젝트 기본방침에 대하여 경영권자가 승인하면 검토단계가 종료되고 실시단계로 이행된다. 본 절에서는 실시를 위하여 실무적인 얼개를 잡는 기본계획, 즉 기획단계에 대해서 언급한다.

기획단계는 프로젝트에 투입하는 노력의 전체 범위를 설정하고, 목표를 구체화 · 개정하며, 설정된 목표를 달성하기 위하여 필요한 일련의 활동을 정의하여 계획하는 공정들로 구성된다.

구체적으로 말하면 고객기업의 FMer이나 PMer이 외부의 각종 서비스 공급자에게 업무를 발주하기 위하여 현재의 실태를 정확하게 파악하고, 발주자로서 결과물의 요구사항, 관리의 목표가 되는 전제조건, 내 · 외부의 한계가 되는 제한사항 등 요구사항을 체계적으로 정리하여 기획안을 작성하는 단계이며, 경영자의 승인을 받을 때까지가 기본계획(기획)단계이다. 기획단계에 포함된 공정들을 통하여 프로젝트를 수행하는 데 사용할 프로젝트 관리계획서 및 프로젝트 문서를 개발한다. 특히, 프로젝트 관리계획은 PMer이 주체가 되어 추진하기 때문에 그의 계획능력이 확연하게 검증되는 단계이기도 하다.

이 기획단계는 미국에서 프로그래밍(Programming), 영국 등 유럽 및 ISO 등에서는 브리핑(Briefing)이라고 불리는 단계라 할 수 있다. 즉 본격적인 건축행위 전에, 고객조직의 의도 · 요구 등을 설계자나 시공자에게 명확히 전달하기 위하여 명시화한 문서를 프로그램 혹은 브리프라 하고, 이 프로그램 혹은 브리프를 작성하기 위한 공정이 프로그래밍 또는 브리핑이다. 설계조건 설정, 요구조건 정리 등으로 번역되기도 한다. 프로그램 혹은 브리프는 고객조

표 5-9 프로젝트 기본계획(= 기획) 단계의 업무

시설의 생애 (POP)	고객기업 FMer & PMer (PMP)		고객기업 내 타 부문	외부의 서비스 제공자
기본 계획 (기획)	관리계획 (I-P-E-M-C)	퍼실리티의 실태 파악 (조사-분석-평가-판단)	현황에 대한 의견 개진 (경영자, 관계부문, 근무자, 고객)	컨설턴트의 진단조사 및 분석
		목표설정 - 시설 요구 - 시설 공급계획 - 시설 종합계획 - 각종 기준 설정	요구 개진 (경영자, 관계부문, 근무자, 고객)	
		요구사항(Requirements)의 정의		
		기획(Program)안 작성 및 품의	경영자 승인	

직의 책임으로 작성되며, 그 내용은 건축의 목적, 제약조건, 요구사항 등이다. 이는 설계 · 시공 및 프로젝트 관리를 비롯하여 완성된 건물의 유지 · 운영 등 건축물의 라이프 사이클 전체에 걸쳐 핵심이 되는 문서이다.

우리나라에서는 이러한 행위가 안정된 제도나 관행 및 충실한 방법으로 정착되었다고 할 수 없으며, 이것이 애매한 상태에서 프로젝트를 추진하는 경우도 많다. 그러나 만족도가 높은 시설을 실현하고, 비용이나 시간적 낭비를 줄이기 위해서는 앞으로 정착되어야 할 것이다.

설계자 및 프로젝트 참가자에게도 목표와 조건이 명확하기 때문에 작업이 원활하고, 설계변경이나 재작업을 줄일 수 있는 이점이 있다. 또 프로젝트 추진 과정이나 결과물에 대한 갈등이나 분쟁을 방지하기 위해서도 명확히 할 필요가 있다.

재정리하자면 기본계획은 현재의 문제점 및 부족점을 구체적으로 파악하고, 그에 대한 해결책의 방향을 잡는 것이라고 할 수 있다. 즉 실태를 파악하고 목표를 설정하여 요구사항을 체계적으로 정리하여 대강의 방향과 기능적 얼개를 잡는 것이 기본계획 단계의 주요 업무이다.

5.3.1 퍼실리티의 실태 파악

잘 된 과제설정은 성공의 근원이 된다. 실태 파악은 퍼실리티의 현재 상황을 조사-분석-평가-판단함으로써 신축, 대규모 개수 등 퍼실리티 프로젝트에서 해결해야 할 과제, 즉 프로젝트 결과물이나 프로젝트 관리에서 중점을 두어야 할 요소를 명확히 하는 것이다. FM 관련 각종 표준이 사내에 규정되어 있고, 정기적 평가를 통해 관련 정보를 유지관리하고 있더라도 특정 프로젝트를 추진하기 전에 실태를 다시 파악하는 것은 프로젝트의 성공을 위해 매우 중요한 업무이다.

기존 퍼실리티의 물리적 상태나 이용상황, 경영자 및 이용자의 만족도, 대상 대지나 시설

표 5-10 실태 파악 항목

퍼실리티의 현황 (현재의 상태평가)	1) 기존 퍼실리티의 실태
	2) 새로운 프로젝트의 조건
사회 동향 (현황과 장래의 예측)	3) 퍼실리티 관련 사회동향
	4) 일반 사회 관련 동향
	5) 프로젝트 관리 정보

상황, 사회동향 등을 조사·분석하여 파악하는 것이 실태 파악이다. 조사에는 의식조사, 실측조사, 관측조사, 요구조사 등이 있다. 오래된 책이지만, 「Problem Seeking(William Pen 저)」은 좋은 참고가 된다. 외부의 최근 유사 프로젝트에 대하여 벤치마크하는 것도 매우 유효하며, 실태 파악을 객관적이고 전문적으로 하면서 시간과 노력을 절약하기 위해서는 외부의 전문가에게 위탁하는 것이 좋을 수도 있다. 가능하다면 설계자도 참가하여 다각적 조사를 하는 것이 바람직하다. 이 조사에서 밝혀진 사실을 데이터베이스로 정리하여 해당 프로젝트의 요구조건 작성뿐만 아니라 표준 및 규정 등의 수립과 변경에도 활용될 수 있도록 한다.

(1) 기존 퍼실리티 실태 파악

현재 사용중인 퍼실리티 상태 및 이용자의 평판을 조사·분석하여 해당 프로젝트에서 참고가 되도록 하는 것이다. 기존 퍼실리티의 실태 파악은 물리적·객관적인 상태 파악과 관계자에 의한 심리적·주관적인 평가로 나눌 수 있다. 전자는 후자의 요인을 추적하기 위한 것이다. 즉 어떤 측면에서 불만족이라는 평가결과가 나온 경우, 어떠한 물리적·객관적인 상태가 원인인지를 분석·규명함으로써 어디를 어떻게 개선해야 할 것인지 밝혀낸다.

표 5-11 기존 퍼실리티의 실태 파악 항목

물리적 객관적 상태	가. 기존 퍼실리티 시방	구법, 재료, 면적, 설비기기의 용량 및 능력, 공간의 기능, 부위별 성능, 위생환경 등
	나. 운영·유지 상황	퍼실리티 코스트 실태, 설비기기 운전·보전상황, 청소·경비상황, 각종 서비스 상황, 운영·유지상의 과제나 문제
	다. 이용의 상황	이용의 질과 양(빈도, 시간 등)
	라. 각종 표준의 적용도	표준 및 규정과 시방 및 상황의 정합성
심리적, 주관적 평가	마. 관계자 만족도	경영자, 이용자, 관련 부문, FM담당자 등의 만족도
	바. 관계자 종합 평가	만족도와 그 원인까지 분석하여 개선 수준과 방법을 부각시키고, 장래 요망을 청취

(2) 새로운 프로젝트 조건

건물을 신축하는 경우에는 대지가, 기존 건물에서 업무환경을 재조성하는 프로젝트에서는 기존 시설이 조건이 된다. 대지에 대해서는 지반조사, 주변지역 환경 등을 파악할 필요가 있다. 기존 시설에 대해서는 건축이나 설비, 실내공간 시방 등에 대하여 준공도서 등 관련 자료조사와 관찰조사로 제반 조건을 파악하고 소요비용 및 기간 등을 포함한다.

(3) 퍼실리티 관련 사회동향 파악

해당 프로젝트와 유사한 목적과 목표로 실시된 최신 사례를 참고한다. 긍정적인 측면뿐만 아니라 실패 사례에 대해서도 왜 실패하였는가에 대하여 원인을 조사하여 참고한다. 그러나 해당 프로젝트와 완전히 같은 프로젝트는 존재하지 않는다. 그 때문에 입수한 사례를 그대로 받아들이는 것은 위험하다. 예를 들면 건물신축 프로젝트 공사비는 지반상태, 건물의 지하 깊이, 평면 및 입면상 세장비, 내 · 외장의 수준, 설비시스템 등에 따라 달라지는 것에 유의해야 한다.

(4) 일반 사회 관련 동향 파악

퍼실리티는 인간을 위해서 존재한다.라는 원점에서 인간에 대한 깊은 이해가 필요하다. 또한 세상은 항상 변하고 있으며, 퍼실리티는 지역사회와 상호작용을 한다. 따라서 지역과의 관계, 지구환경 보전 문제, 정보화 및 고령화에 대한 대응 등에 대한 이해와 통찰도 중요하다.

(5) 프로젝트 관리 정보 파악

과거의 실적 데이터나 다른 프로젝트 사례로부터 소요되는 비용 및 필요시간 등을 유추한다. 이러한 자료는 부동산 컨설턴트, 건설회사, 설계사무소, 자재 메이커, 그 외 오픈 데이터나 전문지를 통하여 입수한다.

다음 표 5-12는 업무환경 개선을 위한 프로젝트의 실태 파악 대상과 방법의 예이다. 한편, 대규모 개수 프로젝트에서는 계획적인 요소도 있지만 대증요법적인 면도 있다. 대규모 개수

표 5-12 오피스의 현재 실태 조사방법

조사내용	조사대상	조사 방법
의식조사	입주자 만족도	설문조사(앙케트) 면담조사(히어링)
실측조사	워크스테이션 규모 현황 레이아웃 관련 치수 수납량, 문서량 단위면적(㎡/사람) 회의 · 응접 규모/개수 환경조건(조명 · 공기 · 온도 등)	계측조사 도면조사 설문조사
관측조사	워크스테이션 기능 커뮤니케이션 동선(행동 패턴) 이석(외출)률 파일링 공용 스페이스 이용 상황	육안조사 촬영(카메라 · VTR) 기록조사 설문조사
요구조사	특수 기능 요건(부문 특성) 공용 부분 요건	면담조사 서면조사

는 목적, 범위, 수준, 공사 시기와 기간, 공사방법 등이 신축과 다른 과제인 경우가 많다. 특히 열화 및 진부화의 실태를 파악하여 대응적으로 설계하는 것이 신축과 다르다. 대규모 개수 프로젝트의 기존 건물 실태 파악에서는 시설의 현재 상태에 대한 측정 및 조사, 진단·분석, 평가·판정이라고 하는 중요하면서 면밀함을 필요로 하는 업무가 있다. 운영·유지 과정의 점검과 진단 등을 통해 이루어지는 것도 있지만 대규모 개수의 기본방침에 포함된 목적이나 범위에 따라 새로이 파악해야 하는 것도 많다.

파악 대상은 물리적 상황뿐만 아니라 건물의 사용방법, 이용도, 이용 관련 문제점이나 요망사항 등 다방면에 걸친다. 기존 건물 실태 파악 등 대규모 개수 특유의 과제에 대해서는 기존 건물의 설계나 시공을 담당한 설계사무소 및 시공회사 혹은 일상적인 운영·유지를 맡고 있는 관리회사의 협력이 있으면 효율적이다.

5.3.2 요구사항 정의

요구사항 정의는 필요한 퍼포먼스(Performance), 즉 시설의 물리적 성능과 경영관리적 성과가 무엇인지를 정의하고, 그것을 달성하기 위한 요건을 정리하는 것이다. 즉 프로젝트의 기본방침을 달성하기 위하여 성취되어야 할 결과물에 대한 요구사항과 등록된 이해관계자의 경영적 요구사항을 요구사항 기술서와 요구관리 계획서 및 요구추적 매트릭스로 문서화하는 공정이다. 즉 요구사항 정의는 실태 파악이라는 사실관계 확인(진단)에서 발견된 과제를 해결하고, 미래지향적 경영전략과 경영목표를 반영하여 상정한 프로젝트 기본방침의 목적과 목표를 달성하기 위하여 가장 중요한 것, 반드시 필요한 시점, 인재를 포함한 반드시 필요한 기능, 그 기능이 필요한 상황 등을 확인하여 정리하는 것이다. 이 요구사항의 정의는 요구사항 수집 - 프로젝트 범위정의 - WBS작성 - 범위검증 - 범위통제라는 프로젝트 범위관리(Project Scope Management)의 첫걸음이기도 하다. 당연히 원가, 일정, 품질의 계획도 정의된 요구사항을 근거로 해야 한다. 한편, 미래에 대해서는 낙관적 미래뿐만 아니라 비관적 미래에 대한 대책도 상정하여 요구사항을 정리한다. 대규모 개수 프로젝트의 기본계획은 기존건물의 열화상황에 대한 조사자료를 바탕으로 하면서 이용자의 요구 변화를 반영하여 작성한다.

요구사항 정의에 있어서 프로그래밍은 그 과정(Process)이며 요구사항 기술서는 그 결과물(Output)의 하나이다. 요구사항 기술서는 고객조직 FM부문이 책임지고 작성해야 한다. 고객조직의 내부 능력이 부족한 경우는 관련 전문가의 도움을 받아야 한다.

우리나라는 서구의 계약주의 국가에 비해 프로그램, 즉 요구사항이 애매하고 추상적인 상태로 프로젝트를 진행하는 경우가 많지만 글로벌 시대에는 좀더 충실히 할 필요가 있다. 이렇게 하는 것은 프로젝트 추진과정과 결과물에 대한 커미셔닝(Commissioning) 등 성과평가 및 성능평가의 투명성과 공정성의 출발점이기도 하다. 또한, 부동산 증권화와 더불어 투자자 측이 투자가치와 리스크를 판정하기 위하여 투자대상 부동산을 상세히 파악하는 활동인 듀 딜리전스(Due Diligence=당연한 노력)가 필수적으로 요구된다. 이것 역시 평가의 기준은 구매자측의 요구사항이라고 할 수 있다. 특히, 이용자의 요구사항을 명확하게 정리하는 것은 설계에 대한 요구사항 구현의 적절성 판정에 큰 영향을 주며, 그 결과 최종 결과물에 대한 만족도와 관계가 깊다.

따라서 고객기업의 FMer은 경영자, 이용자 및 그 외 관련자들로부터 시설의 개념(Concept), 사용법 등에 대한 요구사항을 면밀히 듣고, FM차원의 요구를 더하여 분명하고 정연한 프로젝트 요구사항으로 정리한다. 이는 설계나 시공 과정 및 결과물에 대한 성능 및 성과에 대한 평가의 원점이 되어 작업내용이 요구 · 조건 · 제약에 적합한지를 확인하기 위하여 매우 중요하다. 즉 요구를 명확하게 하는 도구와 기법을 충분히 습득하여 계획과 실시로 연결시키는 것이 성공적인 관리 및 프로젝트 성공의 지름길이다.

특히, 발주자의 주문에 의하여 외부의 서비스 제공자로부터 재화와 용역을 조달하는 퍼실리티 프로젝트에서는 발주자가 원하는 퍼실리티를 원하는 기한과 예산 내에 공급하기 위해서는 발주자측 FMer이 경영자와 이용자의 요구와 조건 및 제약을 합리적이고 명확하게 하여 수주자들이 계획과 실천을 확실히 할 수 있도록 하는 것이 중요하다.

한편, 퍼실리티 및 매니지먼트의 품질은 기대 대비 성과이다. 기대 대비 성과는 결과물의 품질뿐만 아니라 매니지먼트의 품질도 마찬가지이다. 따라서 기대, 즉 요구와 조건 및 제약이 불명확하면 기대에 어긋남이 없는 결과물을 만들어내는 것도 불가능하고, 매니지먼트의 품질을 평가할 수도 없다. 즉 요구와 조건이 불명확하면 만족도가 높은 결과를 얻을 수 없다.

1) 요구, 조건, 제약

요구사항 정의(Requirements Definition)란 수요자와 공급자가 서로 주고받는 제품 또는 서비스가 실현해야 할 욕구(Wants, Desire)와 필요성(Needs, Necessity)을 주문(Requirement)으로 표명하는 문서라고 할 수 있다. 이용자의 인간적 요구에서 욕구는 필수적이며 생리적 요소이고, 필요성은 선택적이고 심리적 요소라고 할 수 있다. 결국 욕구는 인간에게 내재된 것이며, 필요성은 인간의 욕구를 채우기 위한 매개 및 수단이 되는 결과물 또는 서비스에 내재된 요건이라고 할 수 있다.

고객조직의 FMer에게는 프로젝트 내외 이해관계자의 욕구와 필요성을 체계적으로 수렴하여 거래관계 기준이 되는 요구사항(Requirements)으로 정리할 책무가 있다. 요구사항은 경영자나 사용자 입장에서의 가치(value)와 유용성(utility)을 설명할 수 있는 속성(attribute), 능력(capability), 특징(characteristic), 수준(grade)을 표현하는 것이다. 즉 결과물이 사용자 및 경영자 입장에서 가치와 유용성을 가지도록 필요한 기능, 성능, 특징 및 품격을 정의하는 문서가 요구 사항 명세서이다. 이 명세서에는 사회적 요구도 반영되어야 한다. 정리된 요구사항은 고객조직의 경영자 및 관련부문, 이용자 등이 인지할 수 있도록 회람하여 확인하여야 한다.

조건(Condition)이란 외연적 환경으로 기상조건, 입지조건, 재무조건 등 여러 가지가 있고, 이는 프로젝트마다 다르다. 요구가 프로젝트의 주된 원인 또는 이유라면 조건은 영향을 미치는 환경이다. 즉 조건은 목적 성취를 촉진하거나 방해할 수 있다. 따라서 유리한 조건을 만들고, 불리한 조건을 배제 · 극복하는 지혜가 필요하다. 요구와 조건은 서로 적합성을 규정하므로 필요충분한 성공을 위해서는 조건 파악도 당연히 중요하다. 시간, 비용 등의 목표치나 상한치를 사전에 구체적으로 강하게 규정하면 조건이라기 보다 제약에 가깝다.

제약(Constraints)이란 허용되지 않거나 할 수 없는 행위로서 강한 구속이다. 법적 제약, 문화적 제약, 지정된 규격 등이 있다. 요구, 조건, 제약은 그 구분이 미리 정해져 있는 것이 아니라 법령 등의 제도와 발주자가 어느 것을 강제하거나 조건 또는 목표로 하느냐에 따라 달라질 수 있다. 기업경영적 차원에서 생각하면 초기투자 가능액, 목표로 하는 운영

표 5-13 요구사항 분야

요구 분야	내 용
사업에 관한 요구사항 (Business Requirement)	사업적 가치를 제공하기 위해서 반드시 성취되거나 인도되어야 할 것. (상업용어로 기술) - 주로 경영진의 요구
결과물에 관한 요구사항 (Product Requirement) 사업에 관한 요구를 성취할 수 있는 복수의 대안 중 하나 (결과물의 속성)	기능요구(Functional R=Capabilities : 반드시 실현되어야 할 과업 및 동작 : 수용인원, 운반능력 등)
	비기능요구(Non - Function R=grade R=수준속성리스트 : 전체 시스템의 동작을 평가하는 척도를 정의 : 의장성, 사용성, 인간성, 안전성, 신뢰성, 편의성, 접근성 등)
	성능요구(Performance R : 어떤 기능이 동작해야 하는 한계를 정의=산출하는 결과물의 양이나 질, 동작의 효율 및 적시성과 민첩성 등의 척도 : 물적 성능, 점검 및 유지 용이성, 운용성 등)
	결과물에 관한 제약(Constraints : 결과물에 대한 타율적 제한=결과물의 기능이나 성능에 관한 법률 등 제약, 요구나 조건보다 우선됨)
수행과정에 관한 요구사항 (Process Requirement)	수행과정에 관한 제약(Constraints : 수행과정에 대한 타율적 제한=수행과정에 관한 법률 등 제약, 요구나 조건보다 우선됨)
	조건(Conditions : 과정에서 수행자가 영위해야 할 특별한 방법 및 그 환경, 지켜야 할 비용, 기간, 도구 및 기법 등)

비용의 한계 등이 조건이 될 수도 있고 제약이 될 수도 있다. 프로젝트는 한계 또는 금지로 표현되는 경우가 많은 제약의 영향을 받을 수밖에 없다.

표 5-14 요구사항에서 고려해야 할 항목

분 야	항 목
지정학	토지, 주변환경, 지역성, 도시계획, 배치에 따른 기능, 접근성, 근접성, 자연현황, 날씨, 계절성, 에너지와 자원 등
환경물리학	빛, 기온, 음, 바람, 냄새, 강우, 오염요소, 보전요소, 위험요소 등
기능론	목적, 활동, 작동, 유연성, 규모, 사용성, 인적 자원
물리학	치수, 성별, 건강, 위생, 보안, 위험, 장해, 쾌적성
심리학	에고이즘, 프라이버시, 권위, 심미성, 양식성, 개방감, 습관, 공포, 이미지, 품격, 개성, 간섭, 격리, 영역성, 개성, 태도
사회학	문화, 이데올로기, 인종, 인구통계학, 경제적 수준, 사회적 수준, 사회적 영향
경제학	등급, 비용, 경제적 목적(기능), 투자 및 회수, 이익, 감가상각, 투자계획, 경제동향, 미래예측, 운영비용, 유지비용, 영업, 예산, 토지가격, 공과조세
시간	역사적 가치, 보존, 일정계획, 변화 및 변경 대응, 성장

표 5-15 공용부분 및 지원설비에 대한 요구사항

분 야	항 목
에너지	전기, 가스, 물 등 관련 제실, 특히 라이프 라인의 비상대책
반출입	수하물 하차 및 승차, 일시 보관, 기밀보관, 대기 공간, 대형 폐기물 회수에 필요한 공간과 접근성, 집중화, 화물용 EL까지의 접근성, 주요 이용자의 접근성
보안	중앙관제실 위치, 경비원 배치 위치, 보행자 접근성, 차량 접근성, 중역통로, 방문객과 미등록출입자의 통제, 비상시의 회복방법, 울타리
우편물	우편물 취급장에 대한 이용자의 접근성, 배포 및 수집방법, 보관창고, 외부 배송회사의 접근성
주차	주간주차, 야간보관, 승하차 공간
물판	상품반입경로, 상품창고의 규모, 화물용 EL과의 접근성, 고객 소지품 보관, 상품 보안
음식	배치, 담당요원에 대한 접근, 식음 코너의 분산 또는 집중, 식재료 반입, 음식쓰레기 반출 경로, 고객 소지품 보관, 자동판매기 위치
회의	연단, 오디오 및 비디오 요구조건, 음향조건, 조명기구와 조절기, 녹음능력, 고정 및 가동의자
운송	개인용 EL, 화물용 EL, ESC, 이삿짐 운반경로, 배치, 보행자와 물품의 이동경로, 보안, 보행자 몰
정보망	케이블 수납선반, 배선덕트, 파일서버와 네트워크 본부의 위치
보관	가구의 임시보관, 물품 보관창고
청소	각층 청소도구 보관, 외벽 청소 시스템 및 그 수납, 오염통제, 폐기물처리
휴게	휴식처, 실내광장, 안내

즉 요구사항은 고객조직의 재무적 조건 및 제약과 균형을 유지하면서 만족할 수 있는 시설, 장래에 대응할 수 있는 시설의 특징을 대·내외적으로 표명하는 것이다. 프로젝트를 통하여 이루려고 하는 결과물과 그 과정에서 주고받는 재화·용역의 특성을 명기한 것이 요구사항이다. 외부 서비스 제공자와 거래 시에는 당사자들의 요구사항에 대해서도 확실한 이해를 주고받도록 해야 한다.

한편, 업무환경(워크 플레이스) 조성, 대규모 개수 등 프로젝트의 특성에 따라 요구사항도 구체성의 레벨이 다를 수밖에 없다. 또한 입장에 따라 요구가 충돌될 수도 있다. 예를 들어 생산성이나 면적 효율을 높이는 것이 경영자의 요구일 수도 있으나, 그것이 사용자의 요구와 일치하지 않을 수도 있음에 주의해야 한다. 그러나 현실적으로 신축건물 등 퍼실리티 프로젝트에서 경영자의 의견이 다른 주체의 요구보다 우선되는 경향이 있다.

구체적 프로젝트에서는 표 5-14와 표 5-15를 대조하여 경영진, 핵심사업 부서 이용자, 유지·운용자, 다른 지원부서의 의견을 듣고, 관계법령을 파악하여 요구사항을 정리하면 빠짐을 줄일 수 있다.

이 두 표를 참고로 분야와 항목을 체계화하고, 표 5-16과 같은 과정을 거쳐 요구를 확정한다. 요구도출에서는 수집된 정보의 확실성에 주의한다. 근거가 약하거나 불완전한 정보는 FMer에게 심각한 오류를 범하게 할 수 있다. 또한 요구 수집을 위한 행위를 할 때는 유도적 설문을 한다든가, 조사자가 작위적으로 강조하는 부분이 있어서는 안 된다.

한편, 공용공간이나 지원설비에 대한 요구사항은 이용자 및 경영자의 관심에서도 멀고, 건축설계자도 간과하기 쉬운 부분이다. 하지만 시설 전체의 원활한 기능에는 매우 중요한 부분이기 때문에 사내 지원부서, 설비 및 기계에 관한 외부 컨설턴트 등의 도움을 받으며 FMer이 확실히 정리해야 한다.

2) 요구사항 정의 방법과 절차

요구사항이 도출-분석 평가-기술-확정(승인 및 비준)되면, 그 요구를 해결하거나 반영해야 할 외부 서비스 제공자별로 재편성하여 각자에 대한 요구사항 기술서를 작성한다.

FMer은 요구사항 정의 방법과 절차를 숙지해야 그 작업을 효율적으로 수행할 수 있다. 예를 들어 예산이 없음을 알면서 실태 파악을 위하여 방대한 조사를 할 필요도 없으며, 운용표준 등이 있어서 그다지 바뀔 가능성이 없는 경우에는 방대한 조사를 할 필요가 없다. 즉 시간적·비용적 제한이 있는 프로젝트에서 자원을 불요불급한 곳에 소비해서는 안 된다. 또한, 불완전한 요구사항을 설계자에게 건네주고, 설계과정에서 그것을 만회하려는 생각은 시간 낭비를 초래할 가능성이 높다. 왜냐하면 판단기준이 불명확한 상황에서 정답을 찾는 격이기

표 5-16 요구사항 정의의 과정

단 계	내 용
요구도출(Elicitation)	프로젝트 기본방침(charter), 이해관계자 면담 등을 통하여 요구를 수집(Gathering)-이해(understanding)-검토(reviewing)-명료화(articulating)하는 단계
요구분석(Analysis)	핵심그룹 회의, 심층 워크숍, 집단창조기법, 집단의사결정기법, 질의응답 및 조사, 관찰 등을 통하여 정합성(consistency)과 완전성(completeness)을 확보하는 단계
요구사항기술서(Specification)	요구사항 그 자체 및 요구사항 관리계획을 문서화(Documenting)하는 단계
요구비준(Validation)	요구 추적 매트릭스(Requirements traceability matrix) 등을 통하여 기술된 요구가 틀림이 없는지 적절성을 확인하는 단계

때문이다. 또한 요구사항을 정의하는 과정에서 이용자나 경영자가 지나치게 환상적인 기대를 하지 않도록 객관적인 태도로 대처하여야 한다.

3) 요구사항 기술서의 항목과 내용

요구사항 기술서는 무작위적 욕구와 필요성 및 조건과 제한을 객관적이고 체계적으로 정리하여 설계자 등 서비스 제공자가 의미 있는 고안을 효율적으로 할 수 있도록 하는 것이다. 발주자측 요구사항에는 퍼실리티 목적, 조건과 제한, 변경의 유효성과 적합성을 판단할 때 기준이 되는 사항을 규정하는 사실 또는 가정을 서술한다. 그 중 용도, 입지, 규모, 시기, 예산, 품위, 장래에 대한 대응 등 중장기 실행계획 과정에서 경영자의 의향으로서 확인된 것이 기본적 골조이다. 표 5-18은 업무환경(Workplace)에 대한 발주자측 요구사항을 요구 분야와 주체별로 정리한 예이다.

요구사항 기술서는 프로젝트마다 다르지만 일반성도 있다. 표 5-18에서는 요구 분야를 재무, 품질, 공급으로 분류하고 있다.

또한 각 요구주체와 어떠한 관계가 있는지, 각 프로젝트 업무의 필수조건인지, 선택조건인지를 표로 정리한 것이다. 필수조건이란 그 조건을 만족시키지 못하는 제안은 채용할 수 없는 것이고, 선택조건은 가능하면 만족시키는 것이 좋지만 대체안도 가능하다는 것이다. 예를 들면, 임차시설에 주차장이 없어도 인근에 주차장을 확보할 수 있다면 채용할 수 있다. 그러나 선택조건은 결과물 확인 및 평가시 판단이 모호하고, 책임소재도 문제가 되므로 신중을 기해야 한다.

(1) 경영자 요구

경영자 요구는 FM전략 및 중장기 실행계획에 근거를 둔 프로젝트 기본방침에 정해진 내용에서 필요한 부분을 요구 및 조건으로 기술하는 것이 많다. 프로젝트의 목적, 비용이나 기간 등 관리목표의 기본이 되는 것이 경영자의 요구이다. 이것은 또 이용자 요구나 관련부문 요구에 대한 지침과 허용범위를 나타내는 것이기도 하다.

(2) 이용자 요구

이용자 요구의 핵심내용은 수요량(면적)과 품질 수준(질적 수준)에 관한 이용자의 요구이다. 이것이 프로젝트의 가장 본질적 요구사항이다. 요구 파악은 시설환경이나 사용 편의성에 대한 만족도를 높이고, 지적 생산성을 향상시키기 위한 것이다. 따라서 부문 혹은 개인 단위의 업무특성별로 상세한 조사를 한다. 사용자 요구조사는 1차적으로 설문을 하고, 그것을 기초로 하여 집중면담방식으로 정리하면 좋다. 실태 파악에서 실시한 관계자의 만족도 조사도 중요한 자료이다. 한편, 시설이용자 중에는 방문자도 있으며, 그들의 요구도 파악해야 한다.

일반적으로 이용자의 요구는 재무상 조건이나 제한(예산)을 초과하기 마련이다. 그 조정은 FMr의 역할로서 중요하다. 즉 비용이나 시간 제한 등으로 요구사항을 모두 만족시킬 수 없는 경우도 있고, 요구사항을 만족시키기 위하여 비용이나 시간을 조정하는 경우도 있다. 전자의 경우는 요구 주체에 대해 양해를 구하고, 후자에 대해서는 경영진의 납득이 필요하다.

(3) 관련 부문 요구

인사부문의 시책으로 발생되는 요구, ICT발전에 수반된 정보부문의 요구 등, 관련 부문에서 표출되는 퍼실리티에 대한 요구가 있다. 이러한 요구는 경영자나 이용자가 표현하기 어려운 전문적이고 실무적인 요구이기 때문에 전문적인 기능이나 운용상 관점에서 유의해야 할 사항이 많다.

(4) FM부문 요구

시설의 설계는 완성 후 그것이 어떻게 관리될 것인가를 염두에 두고 이루어져야 한다. FM부문은 시설을 수명주기 차원에서 고려한 운영유지상의 요구를 표명한다. 지구환경보전이나 에너지절약방침, 공용 스페이스의 기본규칙, 지원시설 기능과 성능 등이 포함된다. 또한 타 부문의 요구를 단순히 취합하는 것이 아니라 필요성, 기능성, 유지관리 용이성을 제고하고, 타 부문에서 생각하기 어려운 후방지원공간 및 시설을 투시적으로 보아야 한다. 특히 BOT(Build - Operate - Transfer)에서는 운영자에게 많은 리스크가 있으므로, 유지 · 운영 관점에서 철저히 준비해야 한다.

통합적 FM을 하고 있는 조직에서는 각종 FM 표준이 충실하게 정비되어 있다. 에너지절약, 보안, 약자대책, 실내의 물리화학적 환경기준, 워크스테이션 등에 관한 표준 등을 그대로 둘 것인지 혹은 변경할 것인지에 대한 방침을 정하여 요구사항에 포함시킨다. FM표준이 충분히 정비되어 있지 않은 경우는 프로젝트단계에서 작성한 요구사항이 잠정표준이 된다. 운용 및 재검토를 거쳐 요구사항을 표준으로 발전시켜 가는 것이 필요하다.

설계에 대한 요구사항 기술서(Program, Brief)는 건물 개념(Concept), 이미지(Image), 기능이나 성능 수준(Quality), 예산, 일정 등을 충분히 검토하여 정리한다. 표 5-17은 설계에 대한 요구사항 기술서 사례이다. 이 예는 완벽하게 잘되었다거나 표준이라는 의미가 아니라 최소한의 항목을 기술한 것이다.

표 5-17 설계에 대한 요구사항 항목 예

항목	내용	
프로젝트의 기본적 사항	목적, 용도, 주요실의 기능, 컨셉트, 관계자, 운영방법	
수용인원	업무 종별, 부문별, 남녀별, 장래의 증감 예측	
필요면적	유효면적, 용도별, 부문별, 장래의 증감 예측	
각 소요실의 특징	일반 오피스	
	부문 요구 특수실	자료실, 서고 등
	공용 제 실	로비, 식당, 회의실, 응접실, 창고 등
업무 관련도	부문간의 연계상태, 근접 관련도 등	
성능레벨	정보화 시설의 레벨, 밝기 및 온·습도 등, 기타 환경보전, 시큐러티, 약자대응 등의 품질평가 레벨	
특유한 배려점	부지 이용 방침	
	라이프 사이클 방침(장래예측)	
	외장, 실내장식 방침	
	구조나 설비에 관한 방침	
견적조건	목표예산	
스케쥴	완성 목표 시기	
부록 (표준류)	정의	면적 관련, 예산서의 항목 등
	표준 규정	건축 시방, 면적 표준 등

(총해설 FM으로부터 인용)

표 5-18 업무환경 조성 프로젝트의 요구사항 기술서 항목 예

구분	요구주체					요구사항 항목	프로젝트 타입				
	시설 이용자 요구	경영자		관련 부문 요구	FM 부문 요구		부동산 취득	시설 임대차	신축건물 건설	업무환경 조성	대규모 개수
		FM 전략	실행 계획								
재무		△	○			투자 예산	●	●	●	●	●
		△	○			경비 예산(시설운영비)		●			
		△	○			자산(보증금 등)		●			
품질	□	○			△	기업 이미지	●	●	●	●	◇
		△	○	○	○	특수 요구	●	●	●	●	●
			○		○	전원 및 공기조화		●	●	●	●
					○	자원절약 및 에너지 절약		◇	●	◇	●
					○	방재	●	●	●	●	●
					○	시큐러티	◇	◇	◇	◇	◇
					○	노약자 대책		◇	●	◇	●
	□			○	○	실내환경(빛·음·공기 등)		◇	◇	◇	◇
	□	△	△	○	○	워크스테이션			◇	◇	◇
	□	△	△	○	○	가구 및 비품, IT기기 인프라 계획 등			◇	●	◇
공급		△	○			목적 및 용도	●	●		◇	
	□	△	○			입지	●	●			
		△	○			면적 및 규모	●	●		◇	
		△	○			시기	●	●	◇	◇	◇
		△	○			확장성	●	●		◇	
	□	△	○			주차장	◇	◇			
						에너지 및 통신	●	●	◇	◇	◇
범례	○ 직접적인 요소 △ 간접적인 요소 □ 대체 가능한 요소					주- 이 표는 한 예이다. 실제의 경우는 개개의 프로젝트 특징에 맞추어 작성해야 한다.	●필수조건 ◇선택조건				

(총해설 FM으로부터 인용)

4) 요구사항 작성시 유의점

요구사항 작성에서는 현황 문제점이나 개선점, 관련 주체의 요구 등을 조사·분석하여 분명히 한다. 또한 사회적 변화나 발전된 ICT를 수용하고, 더욱 창의적이고 생산적인 워크스타일을 지원하기 위한 전략적 발상을 요구조건에 반영하여 기술해야 한다.

한편, 고객기업의 FMer은 경영자나 사용자의 욕구 및 기대, 조건·제약을 단순히 모아서 정리하는 것만으로는 부족하다. 즉 요구사항은 필요한 건물, 공간이나 설비 기능, 부위와 부분의 성능으로 변환하여 표현하여야 한다.

수행과정과 결과물은 과정-결과 관계에 있으므로 서로 정합적이어야 한다. 예를 들어 수행과정에 대한 조건적 요구인 비용과 결과물에 대한 요구인 예정분양가격 또는 임대료는 정

표 5-19 잘 된 요구사항의 특징

특징(Characteristic)	설명(Explanation)
Unitary(Cohesive) 유일성(응집성)	요구사항은 하나의 사물 또는 사상에 대해서만 언급할 것.
Complete 완전성	요구사항은 빠진 정보 없이 하나의 장소에 완전하게 기술되어야 한다.
Consistent 정합성	요구사항은 다른 어떠한 요구사항도 부정하지 않고 모든 외부의 권위 있는 문서와 완전하게 정합적이어야 한다.
Non-Conjugated (Atomic) 비조합성 (원소)	요구사항은 원소이다. 그것은 조합을 포함하지 않는다. 예를 들면, 우편번호 분야는 미국과 캐나다의 우편번호를 확인하지 않으면 안 된다.는 2개의 다른 요구사항으로 기술하지 않으면 안 된다 : (1) '우편번호 분야는 미국의 우편번호를 확인하지 않으면 안 된다', 그리고 (2) '우편번호 분야는 캐나다의 우편번호를 확인하지 않으면 안 된다.'
Traceable 추적성	이해관계자에 의해 진술되어 정식으로 문서화되도록, 요구사항은 사업적 필요성의 전부 또는 일부와 일치해야 한다.
Current 현재성	요구사항은 시간이 경과하여 진부화된 것이 되어서는 안 된다.
Feasible 가능성	요구사항은 프로젝트 제약의 범위 내에서 시행될 수 있어야 한다.
Unambiguous 명확성	요구사항은 일반인이 모르는 전문적인 은어, 두문자(요구사항 문서의 다른 장소에서 정의되지 않는 한) 또는 다른 난해하고 장황한 표현 등으로 하지 말고 간결하게 기술되어야 한다. 그것은 객관적인 사실(주관적인 의견이 아닌)을 표현한다. 그것은 유일한 한 가지로 해석되도록 해야 한다. 막연한 주제, 형용사, 전치사, 동사 및 주관적인 구절은 피해야 된다. 부정적 문체 및 복합문은 금지한다.
Mandatory 필수성	요구사항은 이해관계자가 정의한, 개선될 수 없는 결함으로 귀결될 수도 있는, 결함의 특징을 표현한다. 선택적 요구사항은 명사(名辭)의 모순(의미상 모순되는 두 단어)이다.
Verifiable 증명 가능성	요구사항 완성은 4개의 가능한 방법인 검사, 데모, 시험 또는 분석 중 하나에 의해 밝혀질 수 있어야 한다.

합적이어야 한다. 한편, 수행과정의 수단이나 도구, 결과물의 방향 등을 타율적 조건 및 제약으로 지나치게 구속하면 설계전문가의 창조성을 저해할 우려가 있다. 예를 들어 BIM(Building Information Modeling), 의장지침 등이 그런 경우이다. 또한 수행과정 요구사항인 결과물의 확인 및 검정 방법 등을 지나치게 특이한 방법, 구체적 방법으로 하는 것도 자유로운 발상을 저해할 수 있다. 급격한 사업환경 변화를 수용하기 위해서는 과거의 정보와 현시점의 최적화만으로는 부족하다. 논리적 작업이 요구사항이더라도 미래의 변화를 수용할 수 있는 융통성과 여유에 대한 프로그램도 필요하다.

또한, 최근에는 지구환경보전에 대한 대처가 중요한 요소가 되고 있다. 자원과 에너지의 절약-재활용-재이용 수준을 요구로서 설정해야 할 필요성이 높아지고 있다. 프로젝트 및 발주자의 전략이 다양하기 때문에 요구명세서의 정형화된 템플릿은 없지만 해당 프로젝트 나름대로 정형화하여 적절하고 확실하게 기술할 필요가 있다. 이와 같이 추출된 요구항목을 다음과 같은 기준으로 평가하여 선택한다.

- 긴급성 : 절대적으로 또는 상대적으로 얼마만큼 시급한가?
- 필연성 : 기업-부문-개인의 입장에서 반드시 해야 할 이유가 있는가?
- 가능성 : 소요되는 비용, 시간, 기술을 조달할 수 있는가?
- 적합성 : 관련법, 사내표준, 지침과 어긋남은 없는가?
- 일반성 : 특정소수를 위한 것은 아닌가? 등

상기와 같이 하여 요구사항을 신중히 정의하는 것은 프로젝트 내용을 정확히 할 뿐만 아니라 비용절약에도 많은 도움이 된다.

가. 업무환경 조성 프로젝트 요구사항(예)

예를 들어, 워크스테이션에 대한 요구사항 분야는 다음과 같다.

표 5-20 워크스테이션 프로젝트의 발주자측 요구사항 항목(예)

경영자의 요구	생산성, 투자금액, 시설비용(Facility Cost)
이용자의 요구	워크스테이션의 기능, 조닝 및 레이아웃, 수납, 부문(업무 특성)의 특수요건, 회의·응접 등 업무지원 스페이스 실내환경, 건물운용, 소프트 서비스
관련부문의 요구	ICT, 생활 지원 스페이스, 방재, 시큐러티, 운용, 서비스, 유지보전

나. 대규모 개수 프로젝트의 요구사항(예)

대규모 개수 프로젝트는 신축건물과 특징이 다르다. 즉 상세한 공사내용을 계획설계 입안

시점에서 확정하는 것은 곤란하다. 왜냐하면 계획설계에 따라 철거부위가 결정되고 그 철거에 따라 예상하지 못한 보강공사, 동반공사 등이 발생할 수 있기 때문이다. 즉 계획설계에 따라 실태를 좀더 면밀하게 파악하여 기본(중간)설계 단계의 요구사항에 반영하는 것이 일반적이다.

표 5-21 대규모 개수 프로젝트의 계획설계를 위한 요구사항 분석표(예)

계획항목 / 계획과제	지장 회피, 리스크 배제			효용 증대, 가치 창출		
	안전 확보와 업무상 지장의 회피	공중재해 등 사회적 리스크 배제	유지이용 비용 및 인건 삭감	장수명화	기능 및 성능 향상	수익 등의 부가가치
기본성능						
경년열화						
진부화						
부적합						

표 5-21에서 종축의 기본성능이란, 해당 부위에 기대하고 있는 기본적 성능이다. 예를 들면, 단열재가 물을 머금어 단열성능이 저하되어 있다든가, 노화에 의해 설비기기 능력이 저하된 상황을 과제로 한다. 경년열화란 풍화 및 마모 등에 의한 물리적 열화로 성능이나 수명에 영향을 주는 것이다. 진부화란 기술발전이나 유행의 변화에 의해 시대의 수준에 뒤쳐진 것이다. 부적합이란 관계법이나 요구수준 변화에 의해 생기는 것으로 사용년수에 비례하는 것은 아니다.

종축의 계획과제 각각에 대하여 횡축의 계획항목에 따라서 무엇을 어떻게 해야 하는지 검토한다. 즉 계획과제에 대해서 업무상 지장을 회피하고 리스크를 배제하려면 어떻게 해야 하는가 또한 과제를 해결하는 방법에서 효용을 증대시켜 더 높은 가치를 창출하기 위해서는 어떻게 해야 하는가를 종합적으로 검토하여 계획설계한다.

표의 빈 칸에 각 과제의 각 항목에 대해 어떻게 해야 할 것인지는 계획내용을 열기해 나간다. 이때 이용방법이나 사회적 요구의 변화에 대응하는 것뿐만 아니라 LCC 검토 결과나 기존 상태와 조화를 배려할 필요가 있다. 계획내용을 선별한 후 계획범위 및 내용은 지장이나 리스크를 방치했을 경우의 손실 크기와 확률, LCM차원의 코스트에 대한 비용의 효율 등을 평가하고, 또한 그것들의 긴급성 차원에서도 판단하여 설정한다.

5) 요구사항 기술서 활용

프로젝트 요구사항은 프로젝트 전반에 걸쳐, 그리고 유지·운용에서도 유용하지만, 특히 다음의 경우에 확실히 적용되어야 한다. 요구사항 기술서는 설계 등 서비스 제공자의 업무에 대한 중요한 투입(In-put)이며, 동시에 설계내용 확인, 완성된 결과물 확인(verification)에도 활용되며, 운용평가 및 입주 후 평가시 기준으로도 활용된다. 또한 요구사항을 바탕으로 건축물이나 공간 및 설비 등 결과물을 구상하고, 구상된 안에 대해서는 실현 가능성 검토(feasibility study)를 해야 하므로 구상이나 실현 가능성 검토보다 앞서서 요구사항이 정리되어야 하고, 또 그에 반영되어야 한다.

발주자측 요구사항 기술서(Requirements specification)는 목적 및 목표, 각종 요구와 조건, 제한을 종합하여 정리한 것이다. 수주자 입장에서 보면 부여되는 조건이 된다. 주문생산에서의 수주자는 일차적으로 조건반사적 행동을 할 수밖에 없으므로 요구사항 기술서는 매우 중요하다. 요구사항 기술서는 설계자나 부동산 중개자로부터 기본계획안(설계 제안 또는 물건 제안)을 제출받기 위해 혹은 설계자 등을 선택하기 위한 제시조건으로 이용되는 것이다. 각 외부의 서비스 제공 주체에 대한 요구사항 기술서는 요구사항의 내용을 그대로 사용하는 경우도 있지만, 요구사항에는 외부에 공개해서는 안 되는 정보나 경우에 따라서는 코어 비즈니스 관련의 기밀 정보 등이 포함되어 있는 경우도 있기 때문에 적절한 각색을 필요로 한다. 또 예산범위와 스케줄 제시 방법이 문제가 된다. 당초에 설정한 대로 하는 경우도 있지만 초과하지 않으면서 가능한 한 적게 하려고 노력하는 경우도 있다. 어떻게 제시할지는 확실성이나 안전성을 감안하여 충분히 고려한다.

설계자의 선택에 요구사항 기술서를 이용하는 경우는 공모요강이나 제안요청서(RFP : Requirement For Proposal)에 그것을 명확히 반영시켜야 한다. 또 신축건물 건설에 설계시공 일관방식을 채용할 때 특명이 아닌 입찰방식을 실시하는 경우는 요구사항 기술서가 입찰요강이 되어 그에 따라 설계료와 공사비가 정해진다. 설계시공을 일관해서 특명으로 발주하는 경우는 통상 요구사항 기술서에 근거한 설계에 의해 공사비가 차후에 산출되어 결정된다.

이와 같이 요구사항 기술서는 계획을 구체화할 때 설정하는 조건으로 그 내용이나 정밀도가 중요하다. 따라서 요구사항 기술서는 빠짐 없게 망라하고, 알기 쉽고 명쾌한 것이 아니면 안 된다. 따라서 요구사항 기술서의 작성업무는 FMer의 중요한 과업이다.

이 요구사항 기술서를 근거로 제출된 제안내용을 평가하여 수주자를 선정할 때는 요구한 내용이 평가기준이 된다. 즉 제안을 평가할 경우에는 요구사항 기술서와 대비하면서 적합도를 평가한다. 즉 요구사항 기술서는 설계자나 중개자 등이 기본계획 등을 제안하는 경우의 설계조건이나 물건조건으로서 역할을 한다.

5.3.3 기획(=기본계획)안 작성

많은 사람들은 프로젝트 개시가 설계부터 시작된다고 생각할 수 있지만 좋은 설계는 좋은 요구사항 명세서(Requirements)와 좋은 기획안을 바탕으로 하고 있다. 기획이란 주어진 과제를 주로 사회·경제적 영역에서 풀어 기능의 전체적 구성, 전체 및 각부의 볼륨, 이미지, 동선 등을 해결한 것이다. 발주자 기업의 문화와 브랜드를 염두에 둔 기획이 요구된다. 이를 미국에서는 프로그래밍의 마지막 공정으로 간주하는 경우도 있다. 즉 현황(문제) 파악 및 요구 정의를 건축설계로 연결하는 고리가 기획안이다. 이 과정에서 일부 요구조건은 수정되든가 세밀하게 되기도 한다. 기획의 결과물인 기획안은 모든 프로젝트 관계자가 프로젝트 목적과 범위를 확신하고, 납득할 수 있어야 한다. 목적이란 프로젝트를 통하여 해결되는 문제이며, 범위란 프로젝트의 재정적, 공간적, 기능적, 시간적 제약이다. 또한 이 기획안부터는 프로젝트에 투입되어야 하는 자원이 가시화되기 시작하므로 프로젝트 관리자는 기획안에 대하여 이용 가능한 자원범위를 고려하여 실행 가능성을 재검토하고, 프로젝트 실시의 거시적 비용과 일정 등 관리계획의 대강(大綱)을 세운다. 이 때에는 예상되는 재해도 고려해야 한다.

기획안은 FMer, PMer, CFO대리인, 기획전문가의 협동작업으로 작성한다. 기획에 필요한 정보는 실태 파악 자료와 요구사항 기술서를 중심으로 중장기 퍼실리티 계획, 연차 공사계획, 퍼실리티 표준, 최근 실시된 유사프로젝트 자료, 기업의 표준, 기본예산, 기본일정 등이다. 기본예산이나 일정은 경영자의 방침에 의해 제시되는 제약이다. 이러한 제약이 명확한 것이 기획안의 질을 높이고, 재작업에 의한 시간낭비를 줄이는데 유리하다. 기획안의 요건은 다음과 같다.

- 명확한 목표설정(기업의 경영자와 전략부문 협의)
- 사실정보를 바탕으로 작성(실태 파악과 요구정의의 결과 중시)

경영권자가 프로젝트 실시를 결정하는 방침결정시의 실현가능성 검토(Feasibility Study)는 계획이 구체적이지 않으므로 매우 추상적이다. 실태 파악과 요구사항을 정리한 후, 즉 상황과 목표가 좀더 구체화된 후의 대안인 기획안에 대해서는 그것을 바탕으로 실현가능성을 재검토할 필요가 있다. 이때는 다음의 좀더 구체적인 사항을 반영하여 재검토한다. 특히, 유지관리에 대한 시뮬레이션을 바탕으로 할 필요가 있다.

- 기술적 기반 측면 : 내부 요원의 능력 및 그 향상 기반, ICT 및 기타 기자재 등 내부 자원
- 시설 유지운용 측면 : 내부 요원의 도덕성과 적응성, 운용방침 및 성과목표의 변화 여부
- 경제적 측면 : 비용 대비 편익(NPV, IRR), 예산의 적절성
- 시설이용적 측면 : 조직의 활동, 즉 필요한 의사소통 주체간의 접근성

이 단계에서 프로젝트 예산을 과대포장하면 프로젝트가 무산될 수 있으므로 근거를 가지고 보수적으로 작성할 필요가 있다. 장래의 변경이나 변화에 대비한 예비비(Contingency)는 기본예산과 별도항목으로 보고한다. 기획안을 경영권자가 승인하면 계획설계 단계로 이행된다.

5.3.4 프로젝트 관리 계획 수립(Develop Project Management Plan)

PMer은 프로젝트 기획(기본계획) 단계에서 프로젝트 전반의 관리계획을 명확히 수립해야 한다. 프로젝트 관리 계획은 프로젝트가 전체적으로 어떻게 수행되며, 감시·조정되고 종료되는지에 대한 방법을 제공한다. 즉 프로젝트에 포함된 모든 하위 계획을 정의-통합-조정하기 위해 필요한 조치를 문서화하는 공정이다. 내용은 프로젝트의 특징과 복잡도에 따라 다르지만 개념적으로 다음과 같다.

표 5-22 프로젝트 관리 계획 수립의 흐름

투 입	도구 및 기법	산 출
프로젝트 기본방침 프로젝트 기획공정의 산출물 기업 환경 요소 조직 프로세스 자산	프로젝트 관리 방법론 PMIS • 구성관리 시스템 • 변경통제 시스템 전문가 판단	프로젝트 관리 계획서 • 의사소통관리 계획서 • 원가관리 계획서 • 인적 자원관리 계획서 • 조달관리 계획서 • 품질관리 계획서 • 요구사항관리 계획서 • 리스크관리 계획서 • 일정관리 계획서 • 범위관리 계획 • 구성관리 계획서 • 변경관리 계획서 등과 • 범위기준선(범위기술서, 작업분류체계, 작업분류체계 사전) • 일정기준선 및 원가기준선(Cost Baseline)

이 단계의 프로젝트 관리 계획은 요약 수준이 될 수도 있고, 상세 수준으로 정의될 수도 있으며, 하나 또는 그 이상의 하부 계획 및 기타 요소로 구성될 수 있다. 각각의 하부 계획 및 구성요소는 해당 프로젝트의 특성과 필요에 따라 상세화될 수 있다. 이러한 하부 계획은 다음 사항들을 포함하지만 이에 제한되지는 않는다. 프로젝트 범위관리 계획, 일정관리 계획, 비용관리 계획, 품질관리, 프로세스 개선계획, 직원관리 계획, 의사소통관리 계획, 위험관리 계획, 조달관리 계획, 주요일정 목록, 자원 캘린더, 일정 베이스라인, 비용 베이스라인, 품

표 5-23 건물신축 프로젝트의 마일스톤 스케줄(예)

월수	1	2	3	4	5	6	7	8	9	10	11	12	13	14	15	16	17	18	19	20	21	22-47	48	49	50
경영자의 승인 등	관계부문 확인동의			실행계획 승인				기본계획 승인				기본설계 승인			지명시공자 확인				실시설계승인			공사-인수			
A : 기본방침 작성	■	■	■																						
B : 실행계획 작성				■	■	■	■																		
C : 실태 파악 및 평가		■	■	■	■	■																			
D : 요구사항명세서 작성							■	■																	
E : 기본계획 확정									■	■	■														
F : 기본설계 작성												■	■	■											
G : 실시설계 작성															■	■	■	■	■						
H : 시공자 선정 및 계약																			■	■	■				
I : 공사관리 및 인수																						■			
J : 프로젝트 완료시 평가																							■	■	■
K : 자료기반 정리																									
주요 내용 관련사항 등	프로그램 개시		외부협력자 실태 파악 협력				설계자 선정	발주방식 설정	요구조건명세서 제시			기본계획도서 수령	관계관청사전협의 개시	기본설계도서 수령	건축계획통지	근린설명대응	건축허가 신청	견적의뢰 및 시공자 선정	실시설계도서 수령	현장설명	시공자결정	착공	준공, 인수	완료시 평가	자료기반 작성

질 베이스라인, 위험 등록기 등이 있다.

모든 프로젝트 관리항목에 대한 계획을 상세하게 기술하는 것은 지면이 허락하지 않지만 프로젝트 관리 기본적인 축이 되는 일정관리에 대해서만 약간 언급한다. 기본계획 단계까지의 마일스톤 스케줄은 FMer의 과제가 된다. 프로젝트 전체적으로는 기획 단계부터 필요한 품의 프로세스나 건축 준공 후의 각종 공사(각종 붙박이공사, 정보통신공사 등), 시운전·조정, 이전, 입주까지의 모든 단계를 포함시키지 않으면 안 된다. 표 5-23은 마일스톤 스케줄의 예이다.

프로젝트 관리의 다차원적 특성은 추가 분석이 필요한 반복적 피드백 고리를 생성한다. 즉 프로젝트 관련 정보나 특성이 수집되고 파악됨에 따라 추가 기획이 필요할 수도 있다. 전체 프로젝트 생애주기 동안 중대한 변경이 발생하면 하나 이상의 기획 프로세스를 다시 거쳐야 하며, 경우에 따라서는 착수프로세스도 일부 재고해야 할 필요가 있다. 이와 같이 프로젝트 관리 계획서를 점진적으로 구체화하는 과정을 "연동기획(Rolling Wave Planning)"이라고도 하며, 기획과 문서화작업은 반복적이며 지속적인 프로세스임을 의미한다.

5.4 프로젝트 실행(설계 및 시공)단계의 업무

5.4.1 실행단계의 관리업무 개요

기획단계에서 실태가 파악되고, 프로젝트에 대한 요구사항 기술서, 기획안 및 프로젝트 관리계획이 수립되어 경영자로부터 승인되면, 프로젝트는 본격적인 가시적 실행단계로 이행된다. 프로젝트 예산의 대부분이 이 실행, 즉 설계 및 시공을 수행하는 데 소요된다.

실행은 그것이 설계이든 시공이든 또는 부동산 취득이나 임대차이든, 프로젝트 개시단계 및 기획단계에서 정리하여 경영권자가 승인한 과업을 실시하는 것이다. 특히, 퍼실리티 설계 및 시공 그 자체는 일반적으로 외부의 서비스 제공자에 의해 수행되기 때문에 그것들이 발주자의 요구사항과 프로젝트 관리 계획을 비롯한 계획 내용에 부합되도록 추진되어야 한다. 따라서 FMer가 설계단계는 설계자에게 일임하고 완료된 설계도서를 납품받으면 된다는 태도를 가지면 매우 위험하다. 즉 지속적인 관찰과 조정, 적절한 커미셔닝이 필요하다.

관리행위에 착수하기 전에 각 과업의 실행조직과 그 운영체계를 구성해야 하므로 설계 또는 시공을 실시할 조직을 구축(프로젝트 팀 확보)한 후 그들에게 실행지시를 한다.

프로젝트 팀 관리, 정보배포, 이해관계자의 기대 및 요구사항관리, 조달지도, 안전관리, 환경관리, 품질관리 등 모든 관리는 일회성이 아니라 순환적(Cycle) 행위이므로 진행상황에 대한 지속적인 관찰 및 조정을 필요로 한다.

프로젝트 실행단계에서의 매니지먼트 업무는 이전 단계까지의 기획내용 및 관리계획을 실행하도록 지시하고, 그 진척상황을 관찰하여 기존 계획이나 실천 방법을 조정함으로써 프로젝트의 목적과 목표를 확실하고 경제적으로 달성하기 위한 조직적 노력이다. 결국에는 단계별로 수직분업화된 과업과 전문 분야별로 수평분업화된 과업 간의 통합이 매니지먼트 업무의 주요 관건이다. 시작부터 종료까지라는 시간축 위에서 인력과 자원을 더욱 효율화하기 위한 조정도 포함된다.

프로젝트를 실행하는 동안 계획을 수정하고 기준선을 재설정하는 경우도 있다. 이러한 경우는 예정된 활동기간 변경, 자원 생산성 및 가용성 변동, 예상치 못한 리스크 발생이 수반되기도 한다. 이러한 변동이 애초의 프로젝트 관리 계획서나 프로젝트 문서에 영향을 미칠 수 있으므로 적절한 프로젝트 관리 대응책을 마련해야 하거나 그 대응책에 대한 상세한 분석이 필요한 경우도 생긴다. 이러한 분석의 결과 변경 요청이 제기되고, 이것이 승인될 경우에는 프로젝트 관리 계획서 및 기타 프로젝트 문서를 수정하고 새로운 기준선도 설정해야 할 상황이 발생하는 것이 일반적이다. 그렇기 때문에 관리착수(Initiating)와 관리종료(Closing) 사이의 관리계획(Planning) - 관리실행(Executing) - 관찰 및 조정(Monitoring &

Controlling)이 일회성이 아니라 지속적이고 반복적이라고 한다.

- 프로젝트 팀의 조직화에 대해서는 4장에서 상세히 거론하였다.
- 실행지시는 프로젝트 관리자가 요구사항 기술서와 과업범위 기술서, 프로젝트 관리 계획서, 계약도서 등을 바탕으로 각 서비스 제공자에 과업의 착수를 명하는 것이다.
- 관찰 및 조정은 각 서비스 제공자가 실행하는 과업이 요구사항명세서와 과업범위 기술서, 프로젝트 관리계획서 및 계약도서에 부합하는지를 확인하고, 발주자측으로부터의 새로운 요구사항, 기존 계획에서 반영할 수 없었던 불확실성, 서비스 제공자의 새로운 제안 등을 접수하여 계획을 조정해 가는 것이다.

PMer(발주자측 프로젝트 관리자)은 계획된 프로젝트 활동의 실행을, 외부의 서비스 제공자들에게 지시하고, 프로젝트 내에 존재하는 다양한 기술적·환경적 접점들을 관리한다. 즉 프로젝트 실행지시는 PMer이 프로젝트 계획의 실현을 위하여 외부 서비스 제공자에게 프로젝트 범위기술서 등에 정의된 하부과업 및 활동을 실행할 것을 요구하는 것이다. 프로젝트 실행관리는 착수(I) - 계획(P) - 실행(E&M) - 종료(C)라는 관리 사이클 상의 행위이다. 프로젝트 실행 지시 및 관리는 프로젝트의 특성에 따라 많은 차이가 날 수 있다. 구체적인 일정계획은 설계자 및 시공자가 정해지면 그들과 협력하여 상세화한다. 이러한 행위들 중 일부는 다음과 같다.

- 적절한 때에 제안 및 견적을 징수
- 공급자에 대한 평가 및 선정
- 프로젝트 팀원 배치, 훈련 및 관리
- 관리를 위한 과업 및 활동 실행
- 비용 집행
- 자재, 도구, 장비 및 기반시설을 포함한 자원의 획득, 관리 및 사용
- 계획된 방법과 표준의 이행
- 프로젝트 산출물 생성, 통제, 검증 및 검사
- 위험 관리 및 위험대응 활동 이행
- 공급자 관리
- 승인된 변경을 프로젝트 범위, 계획에 반영
- 프로젝트 팀 내·외부의 의사소통 채널 수립 및 관리
- 진척자료 수집과 예측보고(비용, 일정, 기술 및 품질)
- 교훈의 수집 및 문서화
- 승인된 공정 개선 활동 이행

- 프로젝트 관리 계획 대비 실제 프로젝트 성과 비교
- 성과 평가 - 시정 또는 예방활동의 필요 여부 결정 - 활동 권고
- 프로젝트 위험에 대한 분석, 추적, 감시
- 프로젝트 완료시의 산출물 및 관련 문서에 대한 적시성, 정확성 유지
- 현재 비용 및 현재 일정 정보 갱신을 위한 예측
- 승인된 변경사항 이행에 대한 감시

프로젝트 산출물은 프로젝트 관리 계획에서 계획된 과업과 활동이 실행된 결과물로서 생성된 것이다. 퍼실리티 프로젝트에서의 산출물은 일반적으로 공간을 포함한 건축물이나 설비인 경우가 많지만 서비스 그 자체 또는 실험이나 조사분석의 결과일 수도 있다. 즉 빌딩이나 도로와 같은 정량적 산출물 또는 훈련 같은 정성적 결과일 수도 있다.

이러한 산출물의 완료 여부 및 성취 수준에 대한 성과정보는 프로젝트 진척의 일부로 수집되고, 그것은 성과보고의 입력사항이 된다. 즉 프로젝트 작업의 관찰 및 조정은 프로젝트 진행상황과 성과를 추적 · 검토 · 조정하고, 계획변경이 필요한 영역을 식별하여 변경을 실시하는 상호작용 프로세스이다. 즉 프로젝트 결과물 계획 및 관리계획은 과거에 미래상황을 예측하여 세운 것으로 실행 당시가 되면 보완 및 수정할 필요가 있다. 또한 실행자들이 고의이든 실수이든 과업의 목적과 목표에 부합하지 않는 결과물을 산출할 수도 있다. 따라서 프로젝트 성과가 프로젝트 목적 및 목표를 좀더 확실히 만족시킬 것으로 전망되어 승인된 시정조치, 목적 및 목표 실현을 저해하는 잠재적 가능성을 줄이기 위한 승인된 예방 활동, 품질 확인 공정에서 발견된 제품의 결함 시정을 위해 요청된 승인되어 결함 수정 요청 등의 실천 여부를 명확히 확인할 필요가 있다.

관찰은 프로젝트 정보 수집 및 측정, 성과정보 배포, 프로세스 개선을 위한 척도 및 동향(Trend) 평가를 포함한다. 지속적인 관찰을 통해 프로젝트의 건실성에 대한 확신을 할 수 있고 특별한 주의가 요구되는 분야를 발견할 수도 있다.

조정은 관찰 결과를 분석하여 필요한 대책을 세우는 것이다. 조정에는 통합된 변경조정, 업무범위 검증 및 조정, 일정조정, 비용조정, 품질조정, 성과기준조정, 리스크 대응 조정, 조달관재(Administer)조정, 안전조정, 환경조정, 재정조정, 클레임 예방 등이 포함된다. 뿐만 아니라 프로젝트 성과를 조정 · 통제하기 위한 시정활동과 예방활동도 한다.

한편, 비용이나 시간절약은 프로젝트를 실시하는 본래의 목적이 아니라 가능한 범위에서 절약될수록 좋은 부차적 목표에 불과하다. 따라서 비용이나 시간을 절약하기 위해 프로젝트를 실시하는 본래의 목적과 목표를 희생시켜서는 안 된다는 점은 특히 조심해야 된다.

프로젝트에 따라 차이가 있지만 프로젝트 과업의 관찰 및 조정을 위한 개념적 방법은 다음 표와 같다.

표 5-24 프로젝트 과업의 실행 지시 및 관찰 및 조정

입력 사항	도구 및 기법	출력 사항
1. 프로젝트 관리 계획 2. 성과 보고서 3. 기업환경 요인 4. 조직 프로세스 자산 5. 승인된 변경 요청	1. 전문가적 판단 2. PMIS	1. 인도물 2. 작업성과 정보 3. 변경 요청 4. 프로젝트 관리 계획서 갱신 5. 프로젝트 문서 갱신

5.4.2 설계업무와 설계관리

퍼실리티 설계 목적은 인간의 활동을 담기 위한 환경 및 공간의 얼개를 잡고, 그것들의 획득·유지를 위한 물리적 메커니즘을 명확히 하는 것이다. 행위로서 설계는 추상적인 목적과 목표를 구체적·물리적 실체로 구상화해가는 공정이다. 즉 요구사항 명세서와 기획안을 바탕으로 기본계획 및 기본설계를 하고, 기본설계를 바탕으로 실시설계를 하는 단계적 구체화 공정이다. 설계 결과물에는 도면, 시방서 및 구조 설비 및 비용 등 각종 계산서 등이 있다. 비록 설계를 외주하더라도 고객조직의 FMer은 설계내용에 관심을 기울이고 관찰 및 조정과 더 나은 설계를 위한 지원을 하여야 한다. 대규모 프로젝트에서는 전문 분야가 다른 여러 주체가 팀을 이루어 설계를 진행하므로 설계팀의 조직화와 설계내용의 일관성 및 정합성 관리가 설계관리의 주요내용이 된다.

표 5-25 설계단계 업무

POP단계	고객기업의 타부분	사내 FMr	PMP
계획설계	경영자의 승인	설계자 선정 및 계약 계획설계안의 기안 및 품의	설계관리 • 설계팀의 조직화 • 관찰 및 조정, 지원 • 설계단계 커미셔닝
		계획설계 선정	
본 설계	경영자의 승인	중간설계 감독	
		실시설계 감독	

1) 설계업무

설계는 기획안과 요구사항 명세서를 기반으로 계획설계-기본설계-실시설계라는 단계를 거치면서 점진적으로 구체화된다. 건축사법 제19조의 3 규정에 따른 공공발주 사업에 대한

표 5-26 설계업무의 정의

구 분		내 용	참 조
기획업무		건축물의 규모 검토, 현장조사, 설계지침 등 건축설계 발주에 필요하여 발주자가 사전에 요구하는 업무	국토해양부 고시 제2009-129호 별표1
건축설계	계획설계 (20%)	발주자로부터 제공된 자료와 기획업무 내용을 참작하여 건축물의 규모, 예산, 기능, 질, 미관적 측면에서 설계목표를 정하고 가능한 해법을 제시하는 단계로서 디자인 개념의 설정 및 연관 분야(구조, 기계, 전기, 토목, 조경 등을 말한다. 이하 같다)의 기본시스템이 검토된 계획안을 발주자에게 제안하여 승인을 받는 단계	상기 고시 별표2
	중간(기본) 설계 (30%)	계획설계 내용을 구체화하여 발전된 안을 정하고, 실시설계 단계에서의 변경 가능성을 최소화하기 위해 다각적인 검토가 이루어지는 단계로서 연관 분야의 시스템 확정에 따른 각종 자재, 장비의 규모, 용량이 구체화된 설계도서를 작성하여 발주자로부터 승인을 받는 단계	
	실시 설계 (50%)	중간설계를 바탕으로 입찰, 계약 및 공사에 필요한 설계도서를 작성하는 단계로서 공사의 범위, 양, 질, 치수, 위치, 재질, 질감, 색상 등을 결정하여 설계도서를 작성하며, 시공 중 조정에 대해서는 사후설계관리업무 단계에서 수행방법 등을 명시	
사후설계관리업무		건축설계가 완료된 후 공사시공 과정에서 건축사의 설계의도가 충분히 반영되도록 설계도서 해석, 자문, 현장 여건 변화 및 업체 선정에 따른 자재와 장비의 치수·위치·재질·질감·색상 선정 및 변경에 대한 검토·보완 등을 위하여 수행하는 설계업무	

건축사의 설계범위와 대가기준(국토해양부[4] 고시 제2009-129호)에는, 설계업무의 정의를 다음과 같이 단계적으로 하고 있다.

계획설계란 기획에서 정해진 목적과 목표를 달성할 수 있는 퍼실리티의 물리적 구성을 정하는 것이다. 이 단계는 시설의 항구적 구조와 설비 등 건물의 기능이 대략 정해진다. 코어, 복도, 화장실, 피난통로 등 공용 부분, 창과 문의 배치 등이 결정된다. 한편, 대규모 개수 프로젝트에서는 철거계획도 필요하다. 철거하는 벽, 칸막이벽, 배관, 배선, 붙박이가구를 표현하는 도면이 계획설계에서 필요하다. 특히 석면 등 유해물 철거는 공사뿐만 아니라 처리의 계획을 면밀히 할 필요가 있다.

중간(기본)설계 단계부터는 실내의 워크 플레이스와 주요한 인테리어에 대한 설계도 시작된다. 건축설계자와 별개 부분의 전문가가 담당하는 경우도 많다. 건축설계와 그러한 설계의 조정이 설계관리의 주요한 부문이다.

실시설계는 구조, 전기, 위생, 기계, 공사방법 등의 공학적 영역에서 퍼실리티 각부의 성능

4) 국토해양부 고시 제2009-129호
국토해양부 고시 제2009-129호에는 건축사사무소가 그 업무에 관해서 청구할 수 있는 보수의 기준이 상세히 기술되어 있다.

목표를 구체적으로 결정하는 것으로 면밀하고 객관적으로 기술해야 한다. 실시설계는 토목, 구조, 건축, 가구, 실내장식, 전기, 위생, 냉난방 기계설비, 조경(造景) 등 매우 전문적이며, 설계도뿐만 아니라 시방서(示方書), 내역서 등을 포함하여 작성하는 작업이다. 이 단계에서의 설계관리는 건물 각부의 성능 요구조건과 설계된 내용이 부합하는지 설계도서 등을 보고 면밀히 확인(Commissioning)하는 것이 관건이다.

사후설계관리는 시공단계에서도 설계자는 시공자에게 설계취지와 내용을 정확히 전달할 노력을 해야 하며, 설계시 상정하지 못했던 문제점이 발견되면 현장에서의 해결책을 제시할 필요가 있다. 그리고 공사가 설계도대로 이행되는지 감독하고 공사의 정밀도, 공사결과의 하자 요인을 예방하게 하는 감리도 설계행위의 중요한 일부이다.

각 설계단계의 산출물 목록은 표 5-27에 나타냈다. 공공프로젝트에 대한 각 단계별 산출물 리스트는 국토해양부 고시 제2009-129호 별표에 상세하게 기재되어 있다. 한편, 대규모 개수나 워크 플레이스 조성 프로젝트의 기본설계는 신축프로젝트 기본설계와 다른 특징과 산출물이 있을 수 있다.

설계 산출물에는 표 5-27의 도면 및 서류뿐만 아니라 설계를 이해시키기 위한 렌더링(Rendering)이나 모형(model)이 포함되기도 한다. 최근에는 3차원 그래픽 또는 BIM(Building Information Modeling) 렌더링이나 모형의 대체수단이 되기도 한다.

2) 설계관리(Management of Design)

설계관리란 적절한 설계자 선정을 포함하여 후보자 및 선정된 설계자에게 요구사항을 숙지시키고, 설계자가 작성한 기본계획, 기본설계, 실시설계 등 설계내용이 요구사항에 부합하는지 확인하여 인수하는데 필요한 관리 행위를 하는 것이다. 즉 설계내용이 요구, 조건, 제한에 부합하는지 객관적 입장과 방법으로 평가하여 적합한 설계도서를 인수할 수 있도록 관리하는 것이 골자이다.

일반산업의 디자인 경영(Design for Business)은 자사제품의 디자인과 관련된 의사결정을 할 때에 시장상황과 고객을 중심으로 생각하여 접근하는 방법을 의미한다. 하물며, 특정 주문을 하여 대가를 지불해주는 발주자가 있는 퍼실리티 설계에서는 그 과정 서비스와 결과물의 내용에서 발주자 및 이용자의 각종 요구사항을 반영한 설계행위 및 결과물의 제공 여부는 기본이고, 당연하며, 중요하다. 이때, 대가를 지불하는 발주자 입장에서, 요구사항에 부합한다는 객관적 검증을 통해 설계결과를 인수하는 체계가 필요하다. 따라서 필요한 시설 전체 및 각부의 기능-성능-시방을 누가, 언제, 어디서, 어떻게, 왜 결정할 것인가를 명확히 계획-지원-검증하는 것이 설계관리의 본질이며, 설계과정의 서비스와 설계결과물의 내용을 객관적으로 보아야 하기 때문에 설계를 계약한 당사자는 프로젝트에서 설계관리자가 되어서는 안 된다. PMr이나 CMr이 있는 경우는 그들이 하는 것은 자연스럽다. 그들이 없으면 발주자의 FMer이 해야 된다.

표 5-27 각 설계단계의 주요 산출물

단 계	산 출 물
실태 파악	대지 측량도, 지반조사서, 환경영향평가서, 법적 조건
계획설계	기본계획 도서 • 대지 이용 계획(배치계획, 동선계획, 설비계획) • 건물구성(전체의 층구성, 기준층 계획, 기본적인 공간구성) • 건물 규모(총 바닥면적, 유 면적, 기준층 면적) • 구조방식(비교검토서) • 설비방식(비교검토서) • 외관 및 주요 내부 디자인 이미지 • 내외장 마감 수준 개략적 개산 견적서, 마일스톤 스케줄(설계기간, 법적 수속, 공사기간)
기본(중간)설계	기본설계 도서 • 건축설계도(배치도, 평면도, 입면도, 단면도, 투시도) • 구조계획도 • 설비계획도 • LCC검토서 개산견적서, 전체 공정표
실시설계	실시설계 도서 • 특기시방서, 면적표 • 건축설계도 • 구조설계도(계산서 포함) • 설비설계도(계산서 포함) • 표준시방서, 제조자 리스트 건축 허가신청 등 법적 수속 서류 운영유지 계획 운영유지에 필요한 법적 요건, 자격자 리스트 실시설계 견적서, 개략 시공 공정표
시공자의 선정 및 계약	공사계약서 • 공사견적서, 공정표
시공관리 및 검수	공사실시계획서(조직체제, 안전관리 등 관리목표 및 방법) 공사진척보고서(공사비 지불의 근거가 되는 기성고 산출) 공사기록(사진) 설계변경서, 설계변경 대응 비용견적서 제 관청 준공신고 서류 건물 인도 서류 • 준공 도서, 계산서, 준공 사진 • 법적 검사필증 • 품질 검사서 • 보증서, 취급설명서, 각종 시험성적서 • 시공업자 및 제조자 연락처 리스트

설계사무소의 경쟁력은 발주자의 요구사항에 부합하는 설계 과정서비스와 결과물을 얼마나 효율적으로 공급할 수 있는가에 달려 있다. 설계자가 경쟁력을 높이기 위하여 사내조직, 사내 프로세스, 그리고 설계 결과물을 지속적으로 관리하는 것은 스스로를 위한 설계사무소의 운영관리(Operation Management)에 해당된다. 즉 설계효율을 높이기 위한 요원수 저감, 설계실 레이아웃, 제도기기 관리, 도면 관리, 자료 · 정보 관리, 인사관리 등은 설계사무소 내부 사정이다. 주문자와 주문내용이 구체적인 프로젝트에서의 설계관리와 관련성 있지만 별개이다. 발주자는 자신과 설계자의 접점에서 거래되는 설계관련 서비스 내용과 설계결과 내용에 관심이 있는 것이지, 설계기업 내부조직의 행위방법과 절차에는 관심을 가질 필요는 없다.

결국, 발주자 입장의 설계관리는 서비스 내용과 결과물 내용에 대한 방침을 결정하고, 그것을 실행할 설계팀을 조직하여 그 투입물과 결과물을 계획, 통제 및 조정하는 것이다.

설계관리의 유의점은 다음과 같다. 설계가 구체화됨에 따라 소요되는 지식도 점점 상세화, 다양화, 전문화되어 가기 때문에 관리자에게도 그에 따른 계획을 하고 판단할 수 있는 기술에 대한 지식이 필요하다. FMr이나 PMr에게 기술지식은 주로 요구명세서 작성과 점점 더 구체화되어 가는 설계내용의 적정성 평가를 위한 것이다. 적정성이란 요구명세서에 기술된 경영자 및 사용자의 요구, 전제조건, 제한에 비추어 설계된 내용이 정합적인가 하는 것이다. 물론, 프로젝트의 예산, 기간 등의 관리목표를 달성할 수 있는 것인지도 포함되며, 필요하면 재설계를 지시하든가, 프로젝트 관리 계획 변경작업을 비롯하여 차후의 추진계획도 치밀화시켜야 한다.

설계단계에서는 결과물이 점점 가시적으로 표현되기 때문에 경영자나 이용자로부터 요구사항도 점점 구체적으로 된다. 따라서 FMer과 PMer은 설계내용의 관찰뿐만 아니라 구체화된 요구 정보도 관찰해야 한다. 관찰된 요구를 설계안에 대한 변경요청을 통하여 설계에 반영하여 구체화하도록 조정한다.

프로젝트 전체의 예산이나 일정의 목표, 완성 후의 유지운용 목표와 설계안을 비교하여 최선의 선택이 되도록 한다. 이러한 목적의 관리행위가 VE이다. 이미 결정된 것을 반복하는 것은 많은 낭비를 초래하므로 가능한 초기부터 지속적으로 VE를 실시하여 요구에 적절한 기능과 LCC가 균형을 이루도록 하는 것이 필요하다. VE는 발주자측 FMr이 반드시 참가하고, 외부 전문가 등의 협력을 얻어 PMer의 관리하에 실시한다. PMr이 능력이 부족하면 외부의 VE컨설턴트와 협력할 수도 있다.

3) 설계팀의 조직화

퍼실리티 설계팀은 건축설계(팀) 및 인테리어설계(팀)이 주축이며, FMer은 발주자측 창구로서 강력한 지원자이다. 설계는 비록 계약에 의해 진행되지만 발주자와 발주자로부터 부탁을 받은 설계자는 의기투합하여 일을 진행시킨다. FMr은 경영자에 대하여 프로젝트가 시간과 예산 내에 완성되는 것을 책임지는 주체이며, 지출면에서 비용 대비 효과가 높은 시설을 획득·유지할 책무가 있으며, 종업원에 대하여 건강하고 생산적인 근무환경을 제공할 책임이 있다. 설계자는 FMr의 입장과 책무를 이해하고, 효율 및 효과로 연결되는 실무적 지원을 해야 한다.

설계자는 건축가와 기술설계자, 인테리어 디자이너로 구성된다. 건축가(architect)는 기본계획-기본설계-실시설계 실행의 중심인물로, 발주자의 요구조건을 종합적으로 이해하고 해석하여 구상화하는 것이 책무이다. 기술설계자(Engineer)는 발주자의 요구를 만족시킬 수 있는 객관적 증거가 있는 기술을 구사하여 구현하는 주체이다. 인테리어 디자이너는 사용자의 감각과 신체에 접촉하는 부분을 세밀히 구현하는 주체이다.

이와 같은 전문적 능력, 즉 설계능력을 발주자 내부에 보유하고 있는 경우는 드물다. 따라서 외부 서비스 제공자와 계약하여 조달하는 것이 일반적이다. 외부 전문가를 선정할 때는 다양한 발주방식, 수주자 결정방식의 장·단점을 비교하여 품의하고, 경영권자가 승인한 방법에 의거하여 추진하고, 그 결과에 대해서도 경영권자의 최종 승인을 받는다. 계약 후에도 계약내용과 조건, 계약상대(설계자, 시공자, 시설소유자 등), 계약금액(공사비, 구입비 등) 등의 변경이 있는 경우는 승인을 받는다.

설계자 선정방식은 다양한 방법이 있다. 우선 설계의 범위를 무엇부터 무엇까지 할 것인지에 대해서 결정해야 각 설계의 발주시점을 정할 수 있다. 특히, 인테리어 설계의 취급도 중요하다. 또한, 공공공사의 경우는 선정과정의 공명성과 공정성이 요구되기 때문에 설계자 선정도 경쟁과정을 필요로 할 수도 있다. 경쟁내용에는 계획안의 내용뿐만 아니라 설계비용, 예상 시공비용도 고려되는 경우가 있다. BTL 등에서는 사업자 선정 과정에 설계안이 포함될 수도 있기 때문에 설계주체 및 설계안이 독립적으로 평가되지 않는 경우도 있다.

프로젝트가 고객기업의 본사라든가 본사가 아니라도 위치, 규모, 내용의 혁신성 등에서 눈에 띄기 쉬울수록 그 건물은 기업의 얼굴이 된다. 이러한 브랜드 창출 기회가 되는 프로젝트에서는 설계자 선정은 매우 중요해진다. 기술 수준뿐만 아니라 건축가의 명성 등 다양한 각도에서 설계 발주전략을 세워야 한다. 따라서 건축 설계자 선정은 기업 경영방침에 따라 명분과 문맥에 맞는 선정 방법이 되도록 경영자와 충분히 협의를 한 뒤 결정할 필요가 있다.

(1) 설계자 유형

설계사무소에는 대형 조직사무소, 중소 조직사무소, 아틀리에(유명건축가 개인 중심)사무소, 협동설계사무소, 건설회사 설계부 등이 있고, 프로젝트에서는 상기 유형을 조합할 수도 있다. 인테리어 등 관련설계 능력은 설계사무소마다 매우 다르므로 설계팀 구성방법과 관련하여 주의해서 파악할 필요가 있다.

(2) 설계 발주

설계경기(공모)방식, 제안(proposal)방식, 특명발주방식 등이 있다. 견적비교나 경쟁입찰은 설계자 선정방식으로는 그다지 바람직하지 않다. 금액을 중심으로 설계자를 선정하면, 설계자가 설계과정에서 비용절약을 위한 노력을 할 가능성이 있기 때문이다. 즉 설계비용은 주로 인건비와 관련이 깊으므로 설계서비스 및 내용의 품질에 문제가 발생할 개연성이 높다.

표 5-28 설계 발주방식

발주방식	방 법	유 의 점
공모	발주자의 FMer이 비교적 간단한 요구조건(RFP)을 정리하여 제시하고, 설계자가 기본계획 정도의 설계안을 제출할 수 있도록 하여 제출안을 심사하여 선정	공정한 평가가 되기 위해서 간단명료한 설계 요구조건, 평가기준을 제시해야 함. 결과물의 방향을 보고 판단하므로 안심되는 방법. 후보자에게 노력이나 비용 부담을 줌. 설계자 결정에 장시간 소요
자격심사	설계업무에 임하는 조직체제, 업무수행방침, 제안(설계안 그 자체가 아니고, 간략하게 요점을 나타낸 것), 가격 등을 평가하여 선정	후보자에 과대한 노력이나 비용 부담을 주지 않게 배려한 방식. 심사의 번잡성과 시간절약을 위하여 일정한 조건을 만족시키는 여러 후보자를 지명하는 것이 유리. 설계자 결정에 소요 시간은 길지 않음.
특명	이전 프로젝트에서의 경험, 사회적 평판, 유사프로젝트 실적, 설계 수행 능력에 대한 신뢰 등을 바탕으로 발주자가 특명	계속적 발주하는 경우는 발주자의 의향을 계승. 민간에서 주로 채용 최단시간에 설계자 결정

(3) 설계자 선정시 주의점

구체적인 설계자 선정방법은 설계의 발주방식에 따라 차이가 있지만 일반적인 설계자 선정시 주의점은 다음과 같다.

- 해당 프로젝트 설계에 소요되는 요원 여력 보유 여부
- 기업 전체의 규모나 실적도 중요하지만, 해당 프로젝트에 배속되는 요원의 실적
- 최근 실적 중 해당 프로젝트와 유사한 실적의 우수성, 성공 여부
- 발주자의 요구사항을 명확하게 이해하여 설계로 구현할 수 있는 능력
- 사고가 개방적이고 발주자 및 다른 주체와 의사소통 능력과 자질이 있을 것
- 자기의 설계의도를 설득력 있게 주장하여 납득시킬 수 있는 논리력
- 건축 및 시공에 관한 최신 기술에 대한 이해, 경제성 추구 능력
- 설계와 감리를 관리해 갈 수 있는 관리 조정 능력

표 5-29 두 단계 방식의 설계자 선정

단 계	내 용	비 중(%)
제1단계 후보 선정	• 프로젝트 매니지먼트(PM) 자격	25
	• 주요 요원의 자질	20
	• 유사 프로젝트 경험	25
	• 요구사항에 임하는 설계 자세	15
	• 재무안정성, 설계보험 상황	15
제2단계 후보 평가	• 프로젝트 매니지먼트(PM) 자격	25
	• 주요 요원의 자질	20
	• 유사 프로젝트의 경험	25
	• 요구사항에 임하는 자세	10
	• (제안)프레젠테이션	20

(The Facility Management Hand Book제3판)

특히, '해당 프로젝트의 설계에 소요되는 요원 여력 보유 여부'는 해당 프로젝트에 투입되는 업무량이 그 설계자 조직의 전 업무량의 30% 정도를 넘지 않아야 하는 것을 의미한다. 넘어 버리면 프로젝트가 중지되었을 때 설계자 조직의 경영에 큰 영향을 주기 때문이다. 반대로 10% 이하의 경우는 프로젝트에 대한 집중이 분산되거나 주의력이 약해지므로 유의한다.

또한 발주자나 PMer이 자주 범하는 오류는 실력이나 유사 프로젝트 경험이 풍부한 설계자와 계약을 하지 않고, 경영자의 친분 등 정치적 이유로 설계자를 선정하는 것, 설계팀에게 요구사항을 적절하게 제공하지 못하는 것, 설계회사가 FMer이나 PMer의 확인·승인 없이 각종 엔지니어나 컨설턴트를 임의로 정하는 것이다. 설계 후보자 평가위원은 발주자측 프로젝트 책임자(평가위원장), 전문지식과 객관성을 기반으로 한 발주자측 설계책임자, 발주자측 설비책임자, 발주자측 보안책임자, 발주자측 안전책임자, 발주자측 통신망책임자, 이용자 대표 등이며, FMer이 평가위원회 사무국 역할(구매담당자)을 한다.

미국에서는 설계자를 신중하게 선정하기 위하여 설계자 선정을 2단계로 하는 경우도 있다. 표 5-29는 그 방식에서의 평가 내용과 배정의 비중을 나타낸다.

민간 프로젝트에서는 이전의 프로젝트에서 신뢰를 획득한 설계자와 장기적으로 거래하는 것도 협조적 태도, 시간절약과 의사소통 노력절약, 설계품질 확보를 위하여 매우 좋은 방법이다. 평가위원, 특히 FMer은 평가하기 전에 설계회사가 경험한 유사 프로젝트를 방문해 보는 것이 중요하고, 설계자가 유지·운용을 이해하고 있는지 확인해야 한다. 그 외의 발주자측 평가위원은 기계, 설비, 통신 등의 기술자와 보안안전 관리자이다. 설계시 불충분한 것을 나중에 회복하는 것은 어려우므로 설계자의 기술능력을 평가하는 것이 중요하다. 창조성이나 디자인 수상경력은 발주자의 요구보다는 자기주장을 우선할 수 있으므로 주의하여 그 가치를 인정해야 한다.

(4) 설계대가 산정

설계대가 산정방법에는 총사업비에 대한 비율로 정하는 요율방식, 실비+정액가산방식, 단가방식 등이 있다. 요율방식은 지경부장관 고시와 국토해양부 고시에 기술되어 있다. 엔지니어링 분야 등 설계와 시공일관계약 시에 설계비를 추산하기 편리하나 설계와 시공이 분리발주되는 일반건축물에서는 모순이 있다. 민간에서는 시장의 평당 단가방식으로 거래되기도 하지만 설계대가를 적게 주려고 기준이 없이 흥정하는 것은 설계품질에 악영향을 미칠 수 있으므로 주의해야 한다.

4) 계획설계 단계 관리

계획설계란 건물신축 프로젝트에서는 발주자로부터 제공된 요구사항기술서 등 자료와 기획안의 내용을 참작하여 건축물의 규모, 예산, 기능, 질, 미적 측면에서 설계목표를 정하고 가능한 해법을 제시하는 단계로서, 디자인 개념의 설정 및 연관 분야(구조, 기계, 전기, 토목, 조경 등을 말한다. 이하 같다)의 기본시스템이 검토된 계획설계안을 발주자에게 제안하여 승인을 받는 단계이다.

프로젝트의 목적과 목표에 따라 계획설계단계의 업무항목이 다르지만 업무환경조성 프로젝트의 계획설계 항목은 다음 표와 같다.

표 5-30 업무환경조성 계획설계 항목의 예

계획설계단계	설계항목	부대항목	첨부물
형상 디자인의 컨셉 기능 및 성능 설계의 개념	• 조닝도 • 워크스테이션 • 기준층 레이아웃도 • 공용스페이스 이용계획 • 특수 스페이스 기능 • 실내 환경계획	• 프로젝트 실시 조직도 • 공정표 • 개산 견적서	• 현황도 • 설계도 • 이미지도

계획설계의 평가 및 선정이란, 외부 서비스 제공자로부터 제안된 여러 계획설계(계획설계안, 매수 또는 임차물건 계획) 중에서 요구사항의 재무, 품질, 공급 등 조건에 부합되는 시설을 구축 혹은 취득할 수 있는가를 판정하여 하나의 안으로 좁히는 것이다.

적절한 선정과정 및 수정을 거쳐 결정된 계획설계는 다음 공정인 중간(기본)설계 및 실시(상세)설계뿐만 아니라 시공단계를 규정하는 전제가 되므로 경영자의 승인을 받아야 한다.

표 5-31 계획설계의 평가 및 선정 프로세스

과 정	평가내용
제안내용의 적정성 확인	RFP 및 그에 포함된 요구사항 명세서에서 요구한 내용과 다르거나 부족한 점이 없는지 등 적정성을 확인. 특히, 필요한 공간과 유효면적이 확보되는지는 중요한 확인 요소이다. 적정성이란, 예를 들어 내진성능이나 에너지절약성능 등 요구사항에 부합하는가를 확인하는 것이다. 부동산 취득의 경우에는 물건에 부채나 하자가 있는지도 확인한다. 이 확인을 발주자 내부의 FMr이나 PMr이 완전하게 할 수 없는 경우는 외부 전문가와 협력한다.
품질 · 공급 평가	요구사항의 품질항목과 공급(완료) 시기의 적합성을 평가한다. 항목의 특성에 따라 절대평가(YES/NO)방식과 상대평가(득점방식)방식에 의해서 평가한다. 절대평가는 요구사항의 부합 여부가 치명적인 항목에 대하여 YES/NO로 판정하며, 상대평가는 중요도가 부여된 항목에 득점을 할당하여 만족도에 따라 평가하고, 총득점으로 순위를 정하는 것이다. 절대평가에 합격된 제안 중에서, 상대평가를 통하여 우열을 가린다.
제안견적의 평가	총액의 대소를 비교하기 전에, 설계내용을 실현하기 위한 초기비용 및 실현된 후의 유지운용비용의 필요조건을 만족시키고 있는지를 확인해야 된다. 그 후, 제안된 총액이 기준가격이나 시장가격에 견주어 적정한가를 확인한다. 협상 등을 통하여 설계대가를 낮추려고 노력하는 것은, 그것만 생각하면 바람직하다고 생각되지만 설계의 내용과 수준이 시공 및 유지운영단계에 미치는 영향을 생각하면 현명한 태도라고 말하기 어렵다. 그리고 서비스 제공자와 최선의 협력관계를 계속하기 위해서는 신사적 태도가 필요하다.
재무평가	위와 같은 확인 · 평가를 통해 선별된 제안에 대해 최종적으로 재무평가를 하여 투자의 유효성을 재확인하여 한 개의 계획설계로 좁힌다. 고객기업 FM부문의 중장기실행계획과 기본방침 작성시점에서 투자평가에 의한 예산을 설정했지만, 시간의 경과, 예산과 실시가격(신축건물 건설인 경우는 설계시 코스트)과의 차이 등이 있기 때문에 재평가를 한다. 장기에 걸친 프로젝트인 경우는 정미현재가치법 등의 투자평가법을 적용하면 좋다. 또, 이 시점에서 중요한 평가는 VE(기능/LCC) 평가이다.
계획설계 선정	투자평가법과 VE평가 등을 거쳐 최선 안을 확정하는 것

또한 다음 단계에서 재 작업을 하지 않도록 계획설계에서 충분한 시간을 투자해야 한다. 여러 가지 방안 중 하나의 최종 계획설계로 좁혀질 때까지의 확인이나 평가의 과정은 다음과 같다. 평가 및 결정에는 시간적 한계가 있으므로 결정기준을 명확히 하여 신속하고 공정하게 한다.

여러 계획설계안을 평가하여 하나를 채택해야 할 때의 요점은 다음과 같다.

- 기본방침 및 요구사항 명세서와의 정합성
- 실행 가능성(기술적, 경영적)
- 예상비용과 시공일정의 적정성
- 선진성, 참신성
- 제안자의 의욕이나 적극성, 유사사례 등 신뢰성

위와 같은 평가의 결과, 일정 범위에 들어오는 계획설계안을 소수 선택하여 각 안에 대하여 제안자와 조정 · 시정하여 최선 안을 작성한다. 최선 안을 상기의 평가결과와 함께 경영자에게 품의하여 최종 확인 조정과 승인을 거쳐, 계획설계를 결정한다. 설계평가는 종합적인 Design Review라고 할 수 있다.

5) 기본(중간)설계 및 실시설계 관리

계획설계가 승인되면, FMer은 유지관리 용이성, 운영경비, 에너지비용, 관리요원 배치 측면에서 주의하면서 기본설계 및 실시설계를 관리한다.

기본설계를 기초로 실시(상세)설계를 하고, 거기에 대응하는 가구 및 집기를 선정하는 것이 실시설계 단계이다. 아무리 기본설계가 좋아도 실시설계에서의 세부설계가 좋지 않으면 만족할 수 없다. 발주자 조직 내의 사정을 가장 잘 이해하는 조직이 FMr이기 때문에 서비스 제공자에게 지나치게 의지하지 말고, 적극적으로 실시설계를 검토하여 요구조건에 견주어 누락이 없도록 해야 한다. 시공전문가 등을 조기부터 개입시켜 설계를 검토하는 것은 시간과 비용면에서 대단한 효과가 있다.

특히 각 부문으로부터의 요구 중에 실시설계에 반영하는 것이 어려운 사항이 있는 경우는 대체안을 제시하여 신속히 처리하는 것이 매우 중요하다. 실시 불가능한 경우는 그 이유를 충분히 설명하는 것이 중요하다. 정보시스템 관련 및 타 부문과 협력하여 작성하지 않으면 안 되는 사항에서는 의사소통을 거듭하여 원활히 조정하도록 유의해야 한다.

워크스테이션 설계는 집무의 기능성이나 근무자의 쾌적성에 직접 영향을 주기 때문에 실물모형(Mock - Up)을 만들어 검토하는 것도 중요하다. 특히 공간효율화를 위해 워크스테이션을 축소하거나 프리 어드레스나 유니버설 플랜 등 새로운 방식을 도입하는 경우에는 지적 생산성이 높아지고, 근무자가 만족할 수 있도록 실물모형을 검토하는 것이 불가결한 요소이다.

실시설계 단계에서의 예산관리는 내장, 정보화 대응 장비, 가구집기 조달 등 폭넓은 분야에 걸쳐 각각의 항목에 대해 예산과 실제가격 관리표를 작성하여 조정을 하여야 한다.

프로젝트 실시를 위한 실행예산은 규모와 성능이 구체화된 후, 상세견적을 근거로 작성한다. 상세견적 결과가 초기예산과 일정범위 내에서 일치함을 재확인한 후에 경영자에게 지출 승인을 품의한다. 특히 실시설계가 끝난 단계의 품의서에는 설비나 장치 등 주요부분에 대한 비용 대비 효과를 설명할 필요도 있다.

한편, 실시설계도서 정보만으로는 시공에 충분하지 않는 경우가 많다. 따라서 설계자가 시공단계에서 설계지원 및 의사결정지원을 하는 것은 설계서비스의 마무리로서 중요하다. 이 단계의 서비스가 불충분한 설계자와 다시 일하고 싶은 FMer은 없을 것이다. 즉 설계는 설계를 위해서 하는 것이 아니라 시공자가 이해할 수 있는 형식과 서식으로 되어야 하며, 그래도 부족한 것은 현장에서 지원해야 할 필요가 있기 때문이다. 또한 운용유지의 특성을 알기 위하여 설계자에게는 '디자인, 재료, 디테일 등에서 최선안과 차선책의 차이', 기계 및 설비는 '운용유지, 고장빈도, 부품수명' 등을 설명하도록 한다. 특히, 결정적 영향을 미치는 환경 및 가정이 무엇인지를 파악하여야 한다.

5.4.3 시공업무와 시공관리(Management of Construction)

지역이나 기업문화에 따라 다르지만, 건축공사에는 다양한 의식행사가 수반된다. 그 목적은 다양한 위험이 수반되는 현장시공의 안전을 기원하고 공사참여자의 마음가짐을 새롭게 하며 근린과의 교류기회를 만드는 것 등이다. 공사 착수 시에는 기공식이나 지신제 등이 있다. 이때에는 발주자측 경영 간부를 필두로 시공사 등 각종 프로젝트 관계자가 모여 제사를 지내는 것이 일반적이다. 초석을 놓았을 경우 정초식, 그 후 기둥을 세우고 보를 얹은 다음 마룻대를 올리는 상량식, 공사가 끝났을 때 준공식이 있다.

표 5-32 시공단계의 업무

POP 단계	고객기업의 타 부분	사내 FMer	PMP
공사계약	경영자의 승인	공사입찰 및 낙찰, 품의 및 기안 시공사 선정 및 계약	계약관리
시공	경영자 및 근무자, 이용자의 변경요청	시공감독	시공관리
준공	경영자의 확인, 재무부분의 지불, 자산의 계상	완성검사	시공관리
입주준비	승인	가구 등의 선정계약	시공관리
	확인	검수	시공관리
입주		이전	입주관리

1) 시공업무

(1) 시공 준비 및 계획

건물신축 프로젝트인 경우 사내 FMer이 시공 전에 준비해야 할 것이 있다. 첫째, 실시설계도면을 근거로 예상공사비를 면밀히 산출하여 예산범위에 드는지 확인하고 그 결과 필요에 따라 설계조정 또는 예산조정을 한다. 그 후 최종적으로 견적의뢰용 설계도서를 완성시켜 확인·승인한 후, 시공업자에 대하여 발주한다. 둘째는, 공사착공을 위한 법적 수속 등 관계관청에 대한 행정적 처리이다. 공사발주 전에 조정이 필요한 경우도 있으므로 주의해야 한다. 셋째는, 실시설계 도서를 바탕으로 시공자를 선정하는 것이다. 제출된 견적금액 검토와 아울러 제출된 공사일정이나 방법 등 기술력을 종합·평가하여 시공자를 결정하고, 결정된 공사업자와는 도급계약 등 계약을 체결한 후 공사에 착수한다.

한편, 대규모 개수 프로젝트는 특수성이 있다. 예를 들어, 부대공사 및 동반공사 발생, 계절에 적절한 공사 여부, 거주 중 공사 여부 등은 공사계획에 많은 영향을 미친다. 이는 비용이나 공기에 많은 영향을 미치기 때문에 충분한 검토를 해야 한다.

대규모 개수 비용은 회계처리상 경비취급이 가능한 수선비와 고정자산에 대한 지출로 취급하는 비용으로 구분할 필요가 있다. 열화에 의해 원상복구하는 비용은 원칙적으로 경비로 취급된다. 이 점도 개수공사의 특징이다. 또, 기존 건물을 해체한 후 폐자재는 그대로 폐기하는 것이 아니라 재활용 또는 재사용하는 방안도 대규모 개수에서는 중요하다. 예를 들면, 콘크리트 폐자재를 부지 내의 매립이나 조경에 이용하는 방법도 있다. 이 때는 폐기물처리와 관련된 여러 가지 법규도 있지만, 아이디어도 필요하다.

(2) 부대공사 및 동반공사 계획

대규모 개수 공사는 동반공사나 부대공사를 검토해야 하는 경우가 많다. 동반공사는 본래는 별개의 공사이지만 목적으로 하는 공사를 위해 어쩔 수 없이 해야 하는 공사이다. 예를 들면, 천장 내의 기기를 개수하기 위해 천장을 해체하거나 복구하는 공사이다.

공사의 주종관계에서 종의 입장에 있는 부대공사도 있다. 예를 들어 창틀을 바꾸면 당연히 벽과 창틀 사이를 메우는 실링(Sealing)공사가 뒤따르는 경우이다.

이 외에도 원래는 다른 시기에 예정되어 있는 공사를 묶어서 의도적으로 동시에 실시하는 공사이다. 예를 들면, 동일 가설기재를 사용하거나 동일한 기능공이 필요한 공사를 묶어서 실시하면 전체 공사비를 줄일 수 있다. 특히, 대규모 개수공사는 사용자의 생활이나 업무에 지장을 초래하므로 동일 장소에서 발생하는 각종 공사의 시기를 묶으면 사용상 불편을 줄일 수 있다. 이러한 동반공사 및 부대공사 계획은 발주자측 FMer의 지혜이다.

(3) 계절에 적절한 시공계획

특정 계절에 사용이 절실한 냉난방설비 등은 사용하지 않는 계절에 공사하도록 계획을 세우는 것이 유리하다. 즉 여름에 온수수직관을 철거하여 냉수수직관으로 갱신하고, 겨울이 오기 전에 낡은 냉수수직관을 철거하여 온수수직관으로 교체하는 방법이다. 또, 건물 전체에 장시간 전기를 공급하지 못하는 경우는 연휴나 휴가기간에 공사실시 일정을 계획할 수도 있다.

(4) 공간사용과 개수공사 계획

대규모 개수의 범위가 넓은 경우, 즉 사무실의 바닥, 벽, 천장 등 전반이거나 천장 내에 있는 설비기기를 전면 개수하는 경우는 재실공사가 어렵다. 이 경우 사용중 공사(건물 내 다

표 5-33 공간사용과 개수공사 방법의 선택

평가항목 \ 공사방법			임시이전 후 일제공사	다른 층으로 이전하는 층별 공사	이전하지 않는 사용 중 공사
비용	개수공사비		○	△	×
	임시이전에 수반되는 비용	이전 처 임대료	×	○(불요)	○(불요)
		이전 처 내장설비공사	×	△	○(불요)
		이전 처 원상복구비	×	○(불요)	○(불요)
			×	△	○(불요)
품질	개수 후의 설비 품질		○	○	△ - ○
	업무에 대한 공사의 영향도	임시이전 등 업무의 번잡함	×	△	○
		정보통신 기능 유지	△	△	○
		소음, 진동, 분진, 악취		×	△
시간	업무재개까지의 시간	이전기간	×	△	○
		이전 및 정리정돈 시간	×	△	○
		총 공기	○	△	×

주 : 이 표는 자사가 소유하여 사용하고 있는 건물을 개수하는 경우이다. 「공사방법」의 「임시이전 후 일제공사」란, 다른 시설을 임차하여 전원이 이전하는 방식이고, 「다른 층으로 이전한 층별 공사」란, 빈 층이 있을 때(혹은 가설창고를 만들고), 빈 층으로 옮기고 개수하는 방식이다.
○, △, ×의 평가는 전형적인 예이며 경우에 따라 변화한다. △나 ×를 ○로 하는 다양한 지혜는 있을 수 있다.

른 층이나 같은 층의 별도의 공간으로 임시이전 후 공사) 혹은 이전공사(공실공사)인지를 선택해야 한다. 임시이전공사란 업무를 하지 않는 주말과 심야에 책상 등의 가구집기류를 완전하게 양생하거나 가까운 곳에 이전한 뒤에 공사를 실시하는 것이다. 이전공사란 공사기간에 다른 장소로 이전하여 오피스를 완전히 공실로 하여(명도) 실시하는 공사이다. 그러한 선택을 위한 판단기준이 표 5-33이다.

2) 시공관리(Management of Construction)

(1) 시공팀의 조직화

공사를 실시할 주체 선정은 4장 프로젝트 조직화에서 기술한 일련의 방법 중에 하나를 선택하여 하나 또는 다수의 시공자를 선정하는 것이다. 공사 전체를 일식으로 발주할지, 공종이나 공구별로 분리하여 발주할지는 프로젝트의 특성, 발주자의 관리능력, 완성 리스크에 대한 발주자의 전략 등에 따라 결정한다.

계약은 시공자와는 공사계약을 납입자와는 매매계약을 맺는 것이다. 도급계약방식으로 계약할 경우에는 관련 단체의 공사도급계약 약관을 참고한다. 즉 다양한 경우에 참고로 할 수 있는 계약에 관한 양식자료가 있으나 조심스럽게 재검토할 필요가 있다. 즉 프로젝트의 특수조건이나 발주자의 의향에 따라 계약내용을 약간 변경할 수도 있다. 또한 수급자가 작성한 계약서 초안은 자신에게 유리한 조항을 삽입하는 경우도 있으므로 주의해서 검토하여야 한다.

시공자 선정 · 계약시 유의점은 다음과 같다. 모든 이해관계자 선정과 계약은 신중하게 해야 한다. 특히, 시공계약은 그 금액이 크고, 품질이 최종 결과물의 품질과 직결되어 만회할 기회도 적고, 비용도 비싸기 때문이다. 우선 발주자와 수주자가 공사범위에 대하여 명확하게 합의해야 한다. 또한 실질적으로 공헌되지 않는 계약조건은 없는 것이 좋다. 지나치게 낙관적 결정은 나중에 분쟁의 불씨가 될 수도 있다. 공기 등에 페널티를 정했다고 안심하면 낭패볼 수도 있다. 설계도면과 계약 내용에 대해 충분히 숙지시킨 후, 적합하게 공사하는지 확인감독(감리)하는 것이 중요하다.

각종 시공자 선정 등 시공팀을 조직화할 때에는 선택하고자 하는 발주방식, 수주자 결정방식 등이 타당하다는 근거를 제시하여 경영권자에게 품의하여 승인을 받은 방법에 의거하여 추진하고, 그 결과에 대해서도 최종 승인을 받는다. 계약 이후에도 계약조건 변경이나 예산 변경이 있는 경우는 경영권자의 승인을 받는다. 시공회사 선정 기준은 다음과 같다. 상식적인 평가는 유용하지만, 형식적인 평가는 백해무익하다.

- 해당 지역에 다수의 프로젝트 성공 실적이 있을 것
- 해당 프로젝트와 유사한 프로젝트의 성공 실적이 있을 것
- 경영(재정) 상황이 안정적일 것
- 해당 프로젝트에 배속할 경험자와 유자격자를 보유하고 있을 것
- 관리자가 유연한 대응을 할 수 있을 것

영국에서는 시공자 선정에서 앞의 설계자 선정에서 제시한 것과 비슷한 2단계방식을 많이 사용하고 있다. 공정하고, 관리자와 면담할 기회가 있어서 안전한 방법이라고 할 수 있다.

(2) 시공관리 및 유의점

발주자 입장의 시공관리란 계약한 공사를 실행에 옮기기 위하여 일식도급자 또는 CMr이 작성한 공사계획서를 확인하여 승인하고, 일정, 품질 면에서 순조롭게 진행되고 있는지 감리자 또는 CMer을 통하여 확인하는 것이다. 즉 발주자측 FMer은 공사감독 입장에서 공사의 진척상황을 보고받는데, 설계와 시공을 분리한 경우는 공사를 도급한 회사의 공사관리자와 발주자의 대리인인 감리자 양측으로부터 보고받아 확인한다. 공사를 분리발주하여 직영하는 경우는 발주자측 PMer이, CM방식인 경우는 CMer이 상기의 보고와 조정 등 공사관리업무를 하도록 한다. 일정규모 이상의 프로젝트에서는 PMIS를 활용하는 것이 유리하다. PMIS는 특히, 공정관리, 변경관리, 지불관리에 유용하다.

공사실행중에는 부재나 제품의 구체적인 사양 및 재료를 설계단계에서 명확히 정하지 않

는 경우가 흔히 문제가 된다. 결국 공사중 발견된 설계미비를 보충하기 위하여 시공중에 해결해야 하는 설계 관련 업무도 많다. 또한 설계단계나 공사계획시 예측하지 못한 문제가 발생할 수도 있고, 변화하는 경영환경 속에서 경영자나 이용자가 요구 및 조건을 변경하는 경우도 있기 때문에 그 변경에 대한 대처도 해야 한다. 예산 증감, 사용 목적 및 방법 변경, 관청 등으로부터의 지도 및 지적, 근린으로부터의 변경요청 등도 있다. 공사중에 발생하는 다양한 변경에 대한 대처를 설계자, CMer이나 시공자가 원활히 하도록(변경관리) 하여 예정 기간 내에 완성시키는 것도 발주자측 FMer의 고유 역할이다.

발주자측 FMer은 공사기간중 상기 외에도 인테리어 관련 설계 및 공사 준비, 네트워크 접속 사용자측 공사 등의 정보통신 관련 공사 발주, 특수설비, 가구집기, OA기기, 식재, 사인 등의 발주 · 준비, 이전 준비 등 건축공사 진척에 맞추어 많은 업무를 실시하여야 한다. 워크플레이스 조성 프로젝트에서는 목업(Mock-Up) 등을 통하여 최종적 세팅을 면밀히 검토하는 경우도 있다.

시공관리의 유의점으로는 신축건물 건설 등의 프로젝트에서 위약금이나 손해배상 청구만으로는 손실을 보상되지 않는 것도 있다. 따라서 제4장의 보증방식에서 거론한 각종 보증 및 보험에 가입하고, FMer 및 PMer은 위험한 징조가 발견되었을 경우에 신속하고 적절한 조치를 강구하는 중요한 역할을 담당하고 있다. 시공관리 자체는 전문성 있고 전문용어가 사용되는 다양한 시공자와 협의 · 조정작업이 많다. 이러한 전문영역을 CMer(시공관리 전문가)에 맡기는 것도 방책의 하나이다.

FMer 입장에서의 시공관리 유의점은 다음과 같다.

- 비용관리는 LCC 관점에서 할 것
- 공정관리, 변경관리, 지불관리는 가능한 한 PMIS를 사용할 것
- 변경관리는 신중하면서도 신속하게 결론을 낼 것
- 변경관리는 기술적 확인 후에 재무적 확인을 할 것
- 추가공사 대금청구와 지불 절차를 합리적으로 유지할 것
- 진척 확인 검수(품질)관리는 설계자와 협력할 것
- 기계 및 설비는 준공검사 전에 운전시험을 반드시 할 것
- FM요원을 적극적으로 현장에 파견할 것(품질검사뿐 아니라 운용 · 유지 · 보수를 위하여)

시공도(Working Drawing, Shop Drawing)를 그려서 공사를 실시하게 하고, 준공도(As-Build Drawing)를 제출하도록 하는 것은 입주 후 원활한 FM을 위하여 매우 중요하다. 이것은 품질검사뿐만 아니라 건물의 체계를 FMer이 정확하게 숙지하여 유지운용에서 활용하기 위함이다.

신축빌딩 시공현장에는 공사관계자만 있고 현장관리자의 관리하에 있지만, 대규모 개수는 시설 이용자(종업원과 내방자) 등이 현장이나 그 부근에서 활동하는 경우가 많다. 따라서 시설 이용자 및 제삼자의 안전과 방재, 현장 내 재산에 대한 방범 관리가 발주자측 FMer과 현장관리자의 중요한 책무가 된다. 대규모 개수 프로젝트에서 FMer은 다음과 같은 항목을 확인하여 유의사항을 정리하고 이용자에게 영향을 주는 대응방안 검토나 안전 확보를 위한 주의표시 등의 조치를 한다. 또한, 시설 이용자 혹은 근린에 주의를 환기시키거나 양해를 구한다. 경우에 따라서는 공사관계자에게 대응변경이나 개선 조치를 취하게 한다.

- 공사현장 구획, 가설통로의 상황
- 공사관계자나 차량 출입경로 및 시간대
- 철거물 폐기와 기재 반출입 경로 및 시간대
- 화재나 소음진동 등의 발생 정도와 장소 및 시간대
- 정지하면 타인에게 지장을 초래하는 설비 파악과 조정
- 폐기물처리 상황

특별관리 산업폐기물로 지정되어 있는 석면(asbestos)이나 프레온 등에 대해서는 공사 관리자에게 일임하지 말고, FMer 스스로가 그 최종 처리까지를 확인하여야 한다.

시공관리에서 자주 범하는 오류는 '공사의 검사와 운용시험을 빠뜨리는 것', '재무관리 측면에서 확인하지 않는 것', '설계변경에 대한 비용처리를 합의하지 않고 공사를 선행하는 것', '다양한 공종 간에 일정조정을 확실하게 하지 않는 것', '전문공사업자의 관리와 공사내용 확인을 종합건설업자에게 일임하는 것', '잔(殘)공사 목록, 운용시험, 가사용, 운용훈련, 하자보증, 인수조건에 대한 합의가 부족한 것', '인수 시에 수령할 도서목록을 정확하게 전달하지 않는 것' 등이며, '공사의 계속성을 확보하기 위한 예비비를 예산에 반영하지 않는 것'도 공사단계의 관리에서 범하기 쉬운 오류이다.

(3) 검수 및 유의점

검수란 검사하여 인수하는 것이다. 요구사항 명세서, 설계도서, 계약서, 주문서와 수취해야 할 시설 및 물품과의 정합성을 인수자인 발주자를 대표하여 FMer이 검사·확인한다. 이때 공사관리자, 설계자 및 감리자, 납입자 등이 실시한 검사를 참고로 한다.

발주자측 FMer은 공사 중에 다양한 검사와 확인을 했더라도, 최종적 치수나 수량의 과부족, 성능이나 동작의 부적합, 파손이나 오손 등을 면밀하게 체크한다. 특히 정보 시스템 시운전, 기계설비 시운전에 충분한 시간을 할애할 필요가 있다. 워크플레이스 프로젝트에서는 공사, 가구 및 집기 납입 등의 검수에서는 FMer가 직접 세세한 체크를 할 필요가 있다. 하자

유무는 물론, 사용성이나 안전성 등도 충분히 확인할 필요가 있다.

이러한 자체 준공검사 후, 관계관청의 검사에 입회하고, 관청으로부터 검사필증 또는 사용승인증을 수령한다. 그 후, 도급대금 및 구입대금 정산 및 지불 수속에 들어간다. 동시에 시공자나 납입자로부터 공사완료 보고서와 준공도, 준공사진, 설계 및 시공에 관련된 자료나 계산서 등 준공도서를 수령하고, 출입 및 사용에 필요한 열쇠와 예비부품 리스트, 내외장 마감재료 견본(상품번호), 보증서, 취급설명서 등을 수령하면 수취가 완료된다. 도면을 포함한 각종 서류를 디지털 데이터로 수령하는 것은 유지관리를 위하여 중요하다. 물론 프린트물도 같이 수령한다.

유능한 FMer은 CAFM 소프트 및 그에 필요한 데이터를 이 시점에 구축한다. 수취한 시점부터 소유권이나 관리책임이 발주자(구입자)측으로 이전되기 때문이다. 즉 공사대금을 지불하기 전까지 시설은 당연히 시공자나 납입자 소유이다. 공사비를 정산하여 지불한 후 자산계상 수속을 실시한다. 자산계상 후 준공식, 개소식, 준공 피로연 등을 실시하고, 입주계획에 근거하여 이전(移轉)을 실시한다. FMer은 입주자에게는 시설 이용 매뉴얼 등을 이용하여 시설이용 교육을 실시한다.

검사의 유의점은 다음과 같다. 확인 및 검사를 어느 범위에서 어느 정도 실시할지에 대해서는 대상시설 등의 규모, 중요성, 시공자 또는 중개자의 신용도 등에 따라 탄력적으로 결정하면 좋지만 결함을 발견하지 못하고 인수하는 것은 FMer의 존재 의미를 위태롭게 하는 사태이기 때문에 충분히 확인해야 한다. 결함이 발견되었을 경우 처리방법과 처리기한을 결정하여 문서로 주고 받는 것이 중요하고, 처리 후에 재확인하는 것이 필요하다.

검수를 잘하기 위해서는 준비와 연습이 필요하다. FMer은 시공기간 중에 검수 대비를 한다. 하자담보기간 중에도 계속하여 검사하는 것도 필요하다. 왜냐하면 완성 직후에는 발견하기 어려운 균열이나 누수, 설비상 부적합이 발견되기 때문이다.

완성검사나 인수내용이 복잡한 경우에는 검사를 외부 컨설턴트에게 대행시키는 방법도 있다. 즉 외부의 전문가를 통해 커미셔닝이라는 성능검증 방법도 주목받고 있다. 준공검사 시에는 성과물 검사 및 평가 결과뿐만 아니라 프로젝트 관리의 목표 달성 정도도 경영자에게 반드시 같이 보고한다.

검사와 검수 외에의 인수시 유의점은 다음과 같다. 인수한 시설의 보증서, 취급설명서, 준공도 내외장 마감재 일람표 등의 도서는 퍼실리티의 운영유지에 있어서 매우 중요한 자료이기 때문에 필요한 정보가 알기 쉽게 정리되어 있어야 된다. 운영유지업무에 사용하기 위해 소유 또는 관리자 조직 특유의 방식이나 양식에 맞춘 도서, 자료를 반드시 인수하기 위해서는 FMer은 이른 단계부터 인수기준을 시공자 및 납입자들에게 지시 · 전달해 두어야 된다. 기본계획단계부터 그 준비를 해둔다.

준공, 즉 공사완성이 가까워지면 발주자측 FMr은 이전 및 건물의 운영유지준비를 해야 한다. 우선 운영유지를 위한 조직화이다. 전기주임기술자 선임, 중앙감시실 가동, 시큐러티 운용방법 결정 등이 필요하다. 설비유지보전 관리기술자를 조기에 선임하고, 공사기간중부터 건물의 설비 시스템 구축에 참가하는 것이 바람직하다. 인수 후의 운영유지는 물론, 화재 및 도난에 대한 책임도 발주자나 구입자측으로 옮겨지는 것을 충분히 인식하고, 보험가입 조치를 강구해야 한다.

5.4.4 이전(移轉)

신축건물 건설, 대규모 개수 프로젝트의 외부에서 초빙한 PMer은 건축공사 준공까지를 프로젝트로 간주하는 경우가 많으나 발주자측 FMer이 있어서는 이전(移轉)까지가 프로젝트 기

표 5-34 이전 계획의 주의사항

단 계	내 용
1 이전 기획	• 실시계획 확인 –업무 개시 시기, 이전 대상 부서, 예산 –이전처 건물 확인(건물내용, 입주가능 시기, 반입조건)
2 사내 이전 체제 구축	• 이전 관련 업무내용 파악 –이전 프로젝트 팀 편성(이전 부서 대표, 책임자)
3 서비스 제공자 평가 및 선정	• 위탁 내용의 확인 –위탁 내용(이전물 이동 · 정보시스템 · 전화 · 가구 등의 폐기처분) –발주형태(일괄/분리) –위탁조건(개략 물량 및 일정, 개산견적 등) • 평가 · 선정 –일정, 협력체제, 실적, 견적가격, 계약조건
4 마스터 스케줄 작성	• 규모 확인 –대상부서별 이동 인원수 파악(각 부서별 공간, 인원 상세 데이터) –이동물량 확인, 반출입 납기 확인 • 마스터 스케줄 결정 –중요 작업기한(이전, 발주기한, 각 부서 준비기한) –관련 공사, 가구집기/정보 시스템과 기기반입 스케줄 –정보 시스템 시운전 기간(개수 등 동일 건물 내 이전인 경우, 관련 건물 재배치 공정)
5 비용책정과 승인	• 비용 책정 –이전 물량조사 –이전 견적(가구집기/사무기기/서류 등의 반출입 비용 OA기기/네트워크 이전 비용 · 전화 이전 비용 등) –폐기물처리 비용 –품의/승인
6 이전업무 발주 · 계약	• 계약조건 –계약금액, 지불조건, 책임범위

간이다. 즉 건물신축이나 대규모 개수, 신규 취득이나 임차, 기존 공간 내에서의 업무환경 조성 등 모든 프로젝트에서 이전은 그 대미를 장식하는 중요한 과업이다. 뿐만 아니라 이전 그 자체를 하나의 독립된 프로젝트로 간주할 수도 있다. 모든 이용자가 새로운 퍼실리티에 원활히 적응하고, 일상업무에 지장이 없도록 이전시키는 것은 FMr의 프로젝트 관리업무의 마무리로서 중요한 업무이다.

한편, 이전에는 다른 건물로 옮기는 경우 외에도 건물의 개수를 위한 '일시적 이전'이나 조직 변경에 수반한 '위치 이동' 등이 있다. 여기에서는 다른 건물로 옮기는 것을 중심으로 한 설명한다. 이전업무의 흐름은 표 5-34와 같다.

1) 이전계획단계

(1) 이전기획

이전기획은 새로운 시설에서의 업무 개시일을 결정하는 것부터 시작된다. 이사하는 날은 신축건물 인수일 후 또는 임차계약 유효일 이후로, 정보 시스템이나 가구 등이 갖추어진 시점이어야 한다. 이전 기간이 길어지면 기존 공간과 새 공간 양측에서 임차료나 설비의 운전 비용 등이 소요되고 업무에도 지장을 초래하므로 신속성이 필요하다. 휴가철 등 일상업무에 지장이 없는 기간에 이전하는 것도 하나의 방법이다.

이전기획에서는 이전 부서, 이전하는 건물의 시방, 반입조건, 이전예산 등을 확인한다. 건물신축이나 시설임차 프로젝트인 경우에는 이전에 소요되는 예산도 신축 및 임차 프로젝트 예산 및 관리범위에 포함시킨다.

(2) 사내 이전 체제 구축

누구보다 사용자가 이전에 대해 숙지하고 있지 않으면 혼란을 초래할 수도 있다. 따라서 이동하는 부서에서 담당자를 선출하여 이전 추진부문(FM부문)과 프로젝트 팀을 편성한다. 이전 프로젝트 팀 편성 요점은 다음과 같다.

- 이전 규모에 상응한 통괄책임자를 결정한다. 반드시 FMer이 아니어도 되지만, 그 경우는 전체 진행이나 이전하는 업무공간에 대해 충분히 설명하는 것이 필요하다.
- 정보 시스템 부서의 담당자를 참가시킨다.
- 이전 멤버의 역할은 자기부서의 이익대표자가 아니고, 기본적으로 이전을 원활히 추진하기 위해 각 부문과 조정하는 것이라고 이해시킨다.
- 이전 프로젝트 팀에서 이전 지침서를 작성하여 팀 멤버뿐만 아니라 이전 대상자 모두에게 숙지시킨다. 이전준비, 이전순서, 이전기일 등을 명심하도록 하는 것이 중요하다. 이전지침서는 사내 메일 등을 활용하여 배포할 수도 있다.

(3) 이전 서비스 제공자 선정과 협력체제

이전계획은 짧은 기간에 많은 검토·결정사항이 있기 때문에 전문적인 견지에서 조언을 얻을 수 있는 이전 전문 서비스 제공자를 선정하여 협력체제를 갖추는 것도 중요하다. 이전 관련 서비스 제공자 결정에서는 일식발주인지 분리발주인지도 검토해야 한다. 이전 서비스 제공자의 선정은 비용만으로 판단하는 것이 아니라 단기간에 원활하고 효율적으로 이전하는 관점에서 제안하는 이전방안이나 유사한 경험 여부를 고려한다.

이전 서비스 제공자 업무에는 가구집기, 정보통신기기 이전 외에도 이동시키지 않는 가구나 집기 처분 등이 있다. 처분 서비스 제공자 선정은 폐기물처리지정회사, 매니페스트(처리과정 확인) 제도 등을 고려한 후 결정한다.

기업은 업무를 중단할 수 없는 경우가 많기 때문에 특히 기존 정보시스템을 옮기는 경우는 충분한 검토를 필요로 한다. 정보시스템 이전은 기존 시스템을 구축한 서비스 제공자가 실시하는 것이 바람직하지만 다른 서비스 제공자인 경우는 신구제공자가 정보교환을 하여 업무에 지장을 초래하지 않는 것을 최우선으로 생각해야 한다.

(4) 이전을 위한 기본일정(Master Schedule)계획

이전 기본일정계획은 이전준비와 이전실시의 진척상황을 관리하기 위하여 기본이 되는 공정계획이다. 각 공정 개요, 기일, 담당자를 명확하게 기입하고 작성요령은 다음과 같다. '이전 부문, 이전 인원수, 이전 물량 파악'-'이전에 필요한 일수, 추가공사, 가구집기의 레이아웃, 정보시스템의 가동 등에 소요되는 시간 확인'-'이사 가는 날, 발주기한 등 엄수해야 할 기간, 기일 확인'-'각 기일부터 거슬러 올라가, 작업에 필요한 기간을 설정'이다.

(5) 입주계획

입주계획은 사람과 사물이, 구체적으로 언제 어떻게 입주하는지를 계획하는 것이다. 계획에 필요한 항목은 다음과 같다.

- 부서별 입주 인원수, 워크스테이션 수, 레이아웃 확인과 좌석표 작성
- 부서별 이전처(층, 층내 위치) 확인
- 재이용 물품, 신규구입 물품, 폐기처분 물품, 다른 시설에 유용한 물품 등 구분
- 부문 단위의 이동 물량과 필요 날짜 확인
- 이전 순서 결정
- 엘리베이터 등의 반송기기 사용 계획

입주계획에서 유의해야 할 점이 두 가지 있다. 첫 번째는 비교적 먼저 완성된 부분공간에 선행입주하는 경우, 다른 층의 내장공사 및 가구집기 반입을 병행하여 이루어지므로 반입구

및 엘리베이터 등의 사용 조정을 해야 하는데, 이 과정에서 오류가 생기면 이전기간이 길어질 수 있다. 두 번째로 정보시스템은 가동 테스트 기간을 반드시 고려해야 한다. 정보시스템은 입주하면 즉시 사용해야 하므로 문제가 없는지 재확인해야 한다.

(6) 비용 산정

이전계획 검토와 함께 소요되는 비용을 산정한다. 비용은 이전 서비스 제공자 선정 시 이전물량과 필요 일수에 근거한 견적을 제출시켜 결정한다.

이전계획이 구체화됨에 따라 물량, 작업내용, 필요 일수도 명확해지므로 FMr은 이전개시 전에 그 비용을 확정하여 경영자의 승인을 받는다.

이전비용에는 인건비(인원수와 일수), 트럭 등의 반송장비 비용, 건물이나 설비에 상처를 입히지 않게 하는 양생비용, 폐기물처리에 소요되는 비용, 정보시스템 및 전화 이전 비용 등이 있다. 통상 이전 비용에는 포함하지 않지만 시설을 임차하고 있는 경우는 이전에 시간이 소요되면 신구 양쪽의 임차료 등 낭비가 발생할 수도 있다.

2) 이전 실시

물건을 옮기는 행위 자체는 외부의 서비스 제공자가 한다. 발주자측 FMer에게는 이전행위 전후의 각종 준비와 뒤처리 책무가 있다.

(1) 이전준비

이전작업에는 많은 구체적인 작업이 동시 병행되기 때문에 준비단계에서 시뮬레이션을 통한 확인이 필요하며, 관계자의 협력이 필수적이다. 이전작업시 사전준비 항목은 다음과 같다.

- 이전 도면 작성 : 입주자 좌석과 이동하는 비품, 문서 등의 행선지가 일치하도록 명확하게 하여 배치도에 기입
- 반출입시간 및 순서 작성 : 당일의 시간, 순서, 포장요령 등에 대해서 이전 서비스 제공자와 면밀한 협의
- 이사 당일의 담당자에 대한 이전요령 확인 : 사전 설명회를 개최하여 이전 매뉴얼에 근거한 작업범위 및 분담, 포장이나 분류(Labeling) 등의 요령을 숙지시키는 것이 중요하다. 그리고 반출과 반입은 담당자를 구분하는 것이 확실하다. 작업분담은 각 담당자별 타임 테이블, 담당자 상호간 연대 차트를 작성하여 확실히 한다.

(2) 이전 후의 업무

이전 후에 FMer은 다음과 같은 처리를 해야 한다.

- 홈페이지, 브로슈어, 카탈로그 등의 주소, 전화번호 변경
- 이전에 대한 인사장 작성, 거래처에 대한 이전 통지
- 관계되는 외부기관에 대한 신고
- 시설 사용 지침서(Manual) 작성

이상은 입주자가 이전 후 곧바로 일상업무에 적응하고, 거래처와의 혼란을 막기 위한 필수 사항이다. 오피스 사용 지침서는 입주자가 새로운 시설에 당황하지 않고 업무를 수행하기 위해 중요하다. 각실의 기능, 설비 사용방법, 각 용도실의 위치, 입실 및 퇴실 요령, 정보네트워크 및 전화 사용 등에 대하여 가능한 한 친절한 방법으로 하고, 시설이 관리 의도 대로 사용되도록 주지시킨다. 이를 잘 지키면 FM부서에 대한 문의에 대응하는 수고를 줄일 수 있다.

관공청이나 각종 공공기관에 대한 신고의 종류를 표 5-35에 예시한다. 본사, 지사, 사업소,

표 5-35 이전 후 신고사항 목록

신고처	수속 및 신고내용	첨부물
법원(등기소)	유사 상호 사전조사 본점 이전 · 본점 이전 등기 신청 지점 이전 · 지점 이전 등기 신청	이사회 의사록 또는 주주총회 회의록 이사회 의사록
세무서	사업년도, 납세지 등 변경 이동 신고 급여지불사업소 등의 개설 · 이전 · 폐지신고	이전 수속 완료 후의 등기부 등본 변경 사실을 증명할 수 있는 서류의 사본
지방세 세무서	사업 개시 등 신고	등기부 등본
사회보험사무소	운용사업소 소재지 · 명칭변경(정정) 신고서	
공공직업안정소	사업주 사업소 명칭변경 신고	
근로기준감독기관	노동보험 : 명칭 · 소재지 등의 변경 신고 • 노동보험 개산 등, 증가 개산, 확정 보험료 • 노동보험 관계 성립신고서	
	노동기준법 관련 • 운용사업보고 · 취업규칙 · 시간외 노동 · 휴일 노동 등에 관한 협정 신고서	
	안전 위생법관련 • 안전관리자 선임 · 위생관리자 선임 · 산업의사 선임 보고	
소방서	방화관리자 선임신고서	
우체국	이전신고	
경찰서	차고 증명	차고 증명서
전화국	전화 가설 신청(신규 · 이전) 구 사옥 전화 철거 의뢰	

부서 등에 따라 신고가 다르므로 미리 어떠한 신고가 필요한지를 확인하여 경영에 차질을 초래하지 않도록 해야 한다.

5.5 프로젝트 완료단계 업무

5.5.1 프로젝트 종료(Close Project)

프로젝트 종료 프로세스는 프로젝트 관리 계획의 프로젝트 종료 부분의 업무를 처리한다. 일반적으로 복수의 단계로 구성된 프로젝트에 있어서, 종료 프로세스는 POP 관련 프로젝트 범위 및 모든 관련 활동을 끝맺는 것이다. 또한 모든 PMP 관련 활동들도 마무리한다. 즉 프로젝트를 공식적으로 종료하고 완결되거나 취소된 프로젝트를 적절히 인계하는 것이다.

외부 서비스 제공자와 계약하여 추진한 일의 계약서에는 종료수순을 명확하게 하는 것도 중요하다.

표 5-36 프로젝트 종료단계의 업무분담

POP단계	고객기업의 타 부분	사내 FMer	PMP업무
프로젝트 종료		프로젝트 완료시 평가	종료 : 프로젝트 또는 각 단계의 모든 정의된 관리활동의 공식적 종결 프로세스, 프로젝트 혹은 단계 종료, 조달 종료, 프로젝트 팀 해산, 계약 종료, 재정적 처리 및 기록, 클레임 해결

프로젝트 종료 프로세스는 또한 프로젝트 산출물을 검증하고 기록하는 활동 및 절차, 그러한 산출물에 대한 발주자의 인수를 공식화하기 위한 조정 및 상호활동에 대한 절차, 프로젝트가 완결되기 전에 중단하게 되었다면 그렇게 된 합당한 이유를 조사하고 기록하기 위한 절차를 수립한다. 프로젝트 종료 활동에는 행정적 종료와 계약종료라는 두 가지 절차가 있다.

표 5-37 프로젝트 종료단계의 관리업무 흐름

입력사항	도구 및 기법	출력사항
1 프로젝트 관리 계획 2 계약문서 3 기업환경 요소 4 조직 프로세스 자산 5 작업 성과 정보 6 산출물	1 프로젝트 관리 방법론 2 프로젝트 관리 정보시스템 3 전문가적 판단	1 행정적 종료 절차(Administrative Closure Procedure) 2 계약종료 절차(Contract Closure Procedure) 3 최종 제품, 서비스 또는 결과(Final Product, Service, or Result)

5.5.2 프로젝트 완료시 평가

새 건물의 건설, 새로운 건물의 임차 또는 기존 건물의 대수선 등, 일정 규모 이상의 투자를 수반하는 프로젝트가 완료되어 입주 후, FMer은 사용상 문제점을 면밀히 파악하여 수정이 필요한 부분이 발견되면 신속하게 대응한다. 또한 요구, 조건, 제한 중 실현 또는 달성된 것과 그렇게 되지 못한 항목을 그 실현 정도나 중요도를 부여한 비율로 하여 '프로젝트 완료시 평가' 한다.

프로젝트 완료시 평가 방법, 즉 항목 및 지표는 획일적일 수 없다. 왜냐하면 이용자 및 경영자의 요구사항, 조건, 제한 등이 프로젝트에 따라 다르고, 그 중요도도 차이나기 때문이다. 기본적으로는 해당 프로젝트에 대한 이해관계자들의 요구사항에 대한 만족도를 중심으로 평가하지만 시대적 상황에 따라 평가 관점이 바뀌기도 한다. 예를 들면, 최근에는 지구환경에 대한 배려, 에너지절약, 재생 자재 사용률 등 사회적 요구도, 요구사항과 완료시 평가 항목에 포함시킬 필요가 있다. 모든 평가는 객관성을 확보하기 위해서는 명확한 지표를 도입하여야 한다. 이용자 및 경영진의 요구사항이 어느 정도 실현되었는가, 즉 프로젝트 성공 여부 및 그 요인을 평가·분석하는 것은 내·외부의 FMer이나 PMer의 역량평가가 되므로 신중하게 평가한다.

1) POP 결과물에 대한 기능 및 성능평가

POP결과물에 대한 평가란, 공간 및 그 배치에 따른 업무기능을 비롯하여 설비 및 건물 각부의 성능, 건물의 내외 마감 및 옥외공간 등 가시적인 부분을 확인하는 것이다. 즉 이용자의 요구조건이 건축물에 얼마나 적절하고 확실하게 실현되었는지, 그 결과 이용자의 만족도는 어느 정도이며, 기존 시설에서보다 어느 정도 향상되었는지 등이 중요한 지표가 된다. 그러기 위해서는 춘하추동 4계절을 한 번 거친 다음에 평가하는 것이 좋다. 왜냐하면, 입주 직후의 이용자 만족도 조사는 시설에 대한 적응이 부족하여 적절한 평가를 할 수 없기 때문이다. 그리고 봄-여름-가을-겨울에 걸쳐서 발휘해야 할 건물의 성능도 다르기 때문이다.

프로젝트 완료시 평가에는 거주 후 평가(POE=Post Occupancy Evaluation)가 있다. 이는 이용자에 국한하여 조사하는 것이다. 즉 이용자에 대해서 '사전에 피력한 요구사항이 달성되었는가'-'요구사항은 적절한 것이었는가'-'목적한 효과를 사용자가 느끼고 있는가'-'다음 프로젝트에서 보충할 것은 무엇인가'를 알아내는 것이다. POE 역시 적어도 입주 후 3개월, 일반적으로 6개월 후부터 1년 후에 실시한다. POE는 FMer 뿐만 아니라 해당 프로젝트 설계팀과 함께 하는 것이 좋으며 많은 항목을 하기보다는 평가의 필요성이 절실한 항목을 엄선하여 간명하게 하는 것이 중요하다. 경우에 따라 사용자들은 문제점에 대해 이야기하기를 꺼려할 수도 있고, 각자의 업무도 바쁘기 때문이다. 따라서 모집단 규모에 대비하여 의미있는 샘플수가 확보될 때까지 많은 시간이 소요될 수도 있다. 조사방법 중에는 설문이나 인터뷰가 가장 흔한 방법이며, 시간을 투자하여 조심스럽게 작성한다. 예/아니오만을 요구하는 질문은 의미 있는 정보가 입수되지 못할 수 있으며, 이러한 단편적 방법에 응답자들은 자신들의 의견이 제대로 수렴되지 않는다는 느낌을 받을 수도 있다. 초기의 요구사항을 중심으로 응답자들이 진정 중요하다고 생각하는 것에 대해 설문하는 것이 중요하다. 이용자가 의식하지 못하는 가운데 관찰하는 방법도 유용하다.

POE의 결과는 반드시 이용자에게 피드백하고, 필요한 조치 및 개선은 계획을 세워 확실히 실행하는 것이 중요하다.

POE 등 프로젝트 완료후 평가를 정기적으로 반복하는 것도 중요하다. 평가결과는 해당 프로젝트의 수정에 활용할 뿐만 아니라 프로젝트에서의 경험과 함께 지식기반으로 확보하여 차후 프로젝트에서 귀감으로 삼는다. 즉 차후 시설 개선계획이나 프로젝트 계획에 활용되는 것이 중요하다. POP의 기술적 데이터와 PMP의 재무적 데이터는 장기간 보존하고, 필요 시에 쉽게 활용할 수 있도록 하는 것이 중요하다.

2) PMP의 성과평가

매니지먼트 성과평가는 매니지먼트의 성과에 대한 평가로서, 당초의 예산이나 예정기간 등 관리목표 대비 달성도를 평가한다.

- 비용평가 : 경영자가 승인한 예산과 비교하여 실제 비용이 얼마나 소요되었는지를 평가한다. 만약 차이가 있다면 그 차이의 요인을 분석하여 차후 중장기 실행계획 및 기본계획 예산 책정시 참조한다. 또, 요구사항이나 성능 이외에 비용이 절감되었다면, 그때 사용된 유효한 방법을 다른 프로젝트에도 활용할 수 있도록 지식기반을 체계적으로 정리해 둔다. 특히, 대규모 개수 프로젝트 완료시 평가에서는 연간 또는 월간 지출액의 평준화를 위해 실행을 앞당기거나 미룬 공사 또는 전체 비용을 줄이기 위해 앞당기거나 미루어 그룹핑한 공사, 업무상 장해를 회피하거나 삭감하기 위하여 그룹핑한 공사 등의 평가결과를 체계적으로 정리하여 차년도 이후의 장기 개수계획 등을 수립할 때 귀중한 자료로 사용한다.
- 시간평가 : 프로젝트 전체 또는 부분공정이 예정한 기간에 비해 실제의 기간이 얼마나 소요되었는가를 비율로 나타낸다. 예정기간 내에 또는 가능한 한 프로젝트를 빠르게 완료시키는 것이 비용이나 품질보다 우선되는 프로젝트도 있다. 이때는 프로젝트가 기간을 얼마나 빨리 완료했는지에 대한 지표가 중요하다. 시간평가는 전체 기간뿐만 아니라

최장시간 경로(Critical Path)상의 특정단계(Phase) 및 공정(Process) 기간도 평가하여 그 결과를 반성하고 장래의 개선에 활용한다.

3) Asset과 Property Management 측면의 평가

위의 평가 외에도 주주나 경영자 입장에서 투자 유효성 평가를 하여 그 결과를 경영진에게 보고할 필요가 있다. 즉 중장기 실행계획이나 기본방침 작성시에 경영적, 재무적 목적이나 목표가 달성되었는지를 종합적으로 평가하여 보고한다. 이 보고를 통하여 프로젝트 단계에서의 FMer 및 PMer의 역할과 중요성을 경영진이 재인식할 수도 있다.

5.6 본 장의 마무리

프로다운 프로젝트 매니지먼트를 위해서는 많은 지식과 경험이 필요하다. 당연히 PMP의 일반지식, 대상 프로젝트의 POP지식, 그 외 관련 법령과 제도 등은 학습을 통해 얻을 수 있다. 한편 경험, 인간적 융화성과 통솔력, 동기 부여 등은 개인적이거나 현장적인 것으로 직장 및 실무에서의 훈련, 인격수양을 필요로 하는 것이다. 본 장에서는 학습으로 가능한 부분이 중심이었다. 나머지는 개인, 직장, 프로젝트 실무에서 성의를 가지고 접근하기 바란다. 매니지먼트는 매우 이성적이고 논리적인 것이다. 매니저는 항상 주의깊은 관찰력과 냉정한 판단력으로 움직여야 한다.

Keyword

- **듀 딜리전스**(Due Diligence) : 당연 행해져야 할(Due)+노력(Diligence)이다. 투자자가 자신이 투자하려는 대상에 대하여 적격성을 파악하기 위한 평가이다. 부동산 매매나 증권화 시에 매입자나 투자자가 대상 부동산을 상세히 조사하고, 투자가치나 리스크가 어느 정도인지를 사전에 평가하는 것이다. 지금까지의 민법은 '매도자 측의 하자책임'이 기본으로, 매입자 측이 부동산 취득 전에 자신의 위험관리를 해야 된다는 것을 명확히 하지 않았다. 하지만 부동산 가격이 상승하지 않으면서 매매차익이 성립되지 않고, 운용 시의 현금흐름(cash flow)에서 창출되는 가치가 중요하게 되면서 현금흐름에 영향을 미치는 하자 등 건물 특성의 중요성이 인식되고 있다. 또한 부동산 증권화 등 간접투자방식은 투자 의사결정의 투명성도 필요하다. 기업의 인수합병 시에도 자산의 리스크나 시장가치를 분명히 할 필요가 있다. 기업의 부동산 관리자인 FMer은 듀 딜리전스를 충분히 이해하여 부동산을 매매할 때는 물론, 평소의 FM 업무에도 그것을 염두에 둘 필요가 있다. 특히 수익성에 영향을 주는 항목에 대한 검사나 토양오염 등 환경문제에도 충분한 조사가 요구된다.

  듀 딜리전스에는 크게 다음의 3가지 분야가 있다.

  1) 물적 상황 조사(Physical Due Diligence)
     - 현지조사, 소재지 · 지번 · 지목, 지적, 인지경계선 조사
     - 매장문화재 · 지하매설물, 지질 · 지반 등의 조사
     - 건물구조(내진) · 설비, 건물의 외장 · 내장 · 옥상 · 외부구조물, 유지 · 수선비용 조사
     - 증개축 등 건물이력 조사, 건축법과의 적합성 여부 조사
     - 소방서 등 각종 관청의 지도 · 지적에 대한 준수 상황
     - 석면(asbestos) 등 유해물질, 토양오염, 대기오염, 위험물 · 혐오시설 등 조사
     - 건물을 다시 지을 경우의 소요비용과 기존 건물의 현재가격 견적 및 비교
  2) 법적 조사(Legal Work)

     권리관계 조사(등기부 조사), 임대차 등 계약관계 조사, 매매계약관계 조사, 점유관계 조사
  3) 경제적 상황 조사(Economic Due Diligence)

     ① 시장 조사
     - 일반적 요인 조사, 부동산 시장조사(거래시장, 임대시장 및 공실률)
     - 주변의 개발 동향 및 지역요인 조사, 개별요인 조사

     ② 부동산 경영 조사 : 수익 부동산인 경우
     - 임대수입 조사, 경영에 관련된 경비 조사, 세입자의 경제상황 조사, 운영관리 방법 조사(참고 : 재단법인 일본 부동산 연구소)

- **프로젝트 과업기술서**(SOW : Statement of Work) : SOW는 업무상 요구사항을 근거로 프로젝트를 통하여 조달하려는 건축물 또는 관내 서비스 및 운용유지 방향에 대한 서술적 표현이다. 퍼실리티 프로젝트에서는 중장기 실행계획 등 상위계획 전반이 입력된다. PMer이 고객기업의 외부 요원인 경우 경영자 또는 FM부문은 과업기술서를 PMer에게 주지시킨다. 경쟁을 통하여 외부로부터 PMer을 선정하는 경우는 과업기술서가 입찰 또는 계약문서의 일부로서, PM제안요청서(RFP), 정보제공요청(RFI), 입찰요청서와 같은 형태로 발주자측에서 제공하여야 한다. PMer에 대한 과업기술서(SOW)에 명시되어 있어야 할 사항은 다음과 같다.

업무(business) 요구사항 =수행과정의 필요조건	필요한 교육훈련, 시장의 수요(demand), 기술적 수준, 법적 요구사항(requirements) 또는 정부의 표준(standard) 등
생산물 범위 기술서 =결과물의 충분조건	프로젝트를 통하여 생산할 '건축물에 대한 요구사항', '건축물, 관내 서비스, 운용유지의 특성을 기술한 문서', 건축물에 대한 요구사항은 일반적으로 개시단계에서는 상세화되어 있지 않고, 점진적 구체화라는 특성에 따라 차후의 공정을 거치면서 점점 상세화된다. 과업기술서의 요구사항은 '산출되어야 하는 건축물'과 '업무 요구사항 또는 그러한 요구를 발생시킨 여타의 다른 요소들과의 관계'를 문서화해야 한다. 건축물에 대한 요구사항은 항상 다음 단계의 프로젝트 계획작업에 충분한 정도로 상세한 것이어야 한다.
고객기업의 전략적 계획	모든 프로젝트는 고객조직의 전략적 목표를 지원해야 한다. 퍼실리티 프로젝트의 방향을 선정하는 의사결정시에 '고객조직의 전략계획'은 하나의 요소로서 반드시 고려되어야 한다.

- 사업 사례(Business Case) : 투자수익률(ROI)을 포함한 프로젝트의 정당화를 뒷받침하는 사례
- 기업 환경적 요소 : 프로젝트 기본방침 수립 시에는 프로젝트의 성공에 영향을 미치는 모든 종류의 기업 환경적 요소 및 시스템이 고려되어야 한다. 포함 내용은 다음과 같지만 이에 국한되지는 않는다.
  - 조직 또는 회사의 문화 및 구조
  - 정부 또는 산업의 표준(예, 규제기관의 규정, 제품표준, 품질표준, 기술표준)
  - 기반시설(예, 기존설비 및 자산장비)
  - 기존 인적 자원(예, 설계, 개발, 법, 계약, 구매 등에 대한 기술, 훈련, 지식)
  - 인적 행정지원(예, 고용 및 해고 가이드라인, 종업원 성과평가 및 훈련기록)
  - 과업에 대한 고객조직의 공인 체계
  - 시장 상태
  - 이해관계자의 위험 허용치
  - 상업적 데이터베이스(예, 표준 원가 예측 데이터, 사업 리스크 연구정보 및 리스크 데이터베이스)
  - 프로젝트 관리정보 시스템(예, 일정계획을 위한 소프트웨어 도구, 구성(Configuration)관리 시스템, 정보 수집 및 배포 시스템, 온라인 시스템과의 웹 인터페이스 등 자동화된 도구)
- 조직의 공정(Process) 자산 : 프로젝트 기본방침 및 후속 프로젝트 문서 개발 시 프로젝트 성공에 영향을 주는 모든 자산은 조직의 공정자산으로 간주될 수 있다. 프로젝트에 관여한 모든 조직은 공식/비공식 방침, 절차, 계획, 가이드라인 등을 가지고 있으며, 이것들의 영향은 반드시 고려되어야 한다. 또한 이전에 실시한 프로젝트에서 얻은 교훈과 지식도 조직의 프로세스 자산이다. 예를 들면 일정, 리스크 데이터, 획득 가치(Earned Value) 데이터 등이다. 조직의 프로세스 자산은 공정(Process)자산 및 절차(Procedure)자산 두 가지로 구분될 수 있다.

공정 자산 (Process)	• 표준, 방침(예, 보건안전방침, 프로젝트 관리방침)과 같은 조직 차원의 표준 프로세스, 제품 및 프로젝트 표준 생명주기, 품질방침 및 품질절차(예, 공정 감사, 개선 목표, 체크리스트, 조직 내 사용을 위한 표준화된 공정 정의) • 표준화된 가이드라인, 작업 설명서, 제안 평가기준, 성과측정 기준 • 템플릿(예, 위험템플릿, WBS템플릿, 프로젝트 일정 네트워크 다이어그램 템플릿) • 편성(Tailoring)을 위한 가이드라인 및 기준 • 조직 의사소통에 대한 요구(예, 가용한 특정 의사소통 기술, 허락된 의사소통 수단, 기록 유지, 보안 요구) • 프로젝트 종료에 대한 가이드라인 또는 요구사항(예, 최종 프로젝트 검사, 프로젝트 평가, 제품 검증, 인수기준)

절차 자산 (Procedure)	• 재정적 통제 절차(예, 보고시기, 지불 검토, 계정 코드, 표준 계약 조항) • 쟁점 및 결함 관리 절차(쟁점을 정의하고 결함의 통제, 쟁점 및 결함 식별 및 해결) • 변경관리 절차(공식적인 기업표준, 정책, 계획 절차 또는 프로젝트 문서 등이 개정될 때의 절차를 포함한 변경관리 절차, 변경사항 승인과 검증절차) • 리스크 통제 절차(위험 분류, 발생 가능성 및 영향 정의, 가능성 및 영향 메트릭스 등을 포함) • 과업 공인 절차(제기 및 승인)

- 프로젝트 선정 방식(Project Selection Methods) : 프로젝트 선정 방식은 조직이 어떻게 프로젝트를 선택할 것인가에 대한 결정에 사용된다. 일반적으로 다음과 같은 두 개 범주로 분류된다.

편익 측정 방식	상대적 비교에 의한 접근, 점수 부여 모델, 이익기여 또는 경제학적 모델 등이 있다.
수학적 모델링 방식	선형, 비선형, 동적, 정수적 또는 다중목표 프로그래밍 알고리즘 등

- 프로젝트 관리 방법론(Project Management Methodology) : 프로젝트 관리 방법론은 프로젝트 관리팀이 초기 프로젝트 범위 등 기본적 계획을 세우고, 그에 대한 변경을 통제하는 것을 지원하기 위한 공정을 정의한다. 프로젝트 관리에 포함된 공정그룹, 프로젝트 관리와 관련된 공정 및 통제기능 등이 통합되고, 기능적으로 연결된 한 셋을 의미한다. 프로젝트 관리 방법론은 공식적으로 인정된 프로세스가 되거나 프로젝트 헌장을 효과적으로 개발하기 위해 프로젝트 관리팀을 지원하기 위한 비공식적 기법이 될 수도 있다.
  대표적인 프로젝트 관리 방법에는 CPM, PERT, Gantt Chart, Precedence Diagram Method, Arrow Diagramming Method, Resource leveling 등이 있다. PMer의 관리기술은 프로젝트 실행에 필요한 시간과 자원을 예측하여 위의 관리방법에 적용하는 능력이라고 할 수 있다. 최근에는 PMIS 등 종합적 어플리케이션을 사용하는 경우도 있으나 소규모 프로젝트에서는 비용대비 효과 및 작업효율 면에서 지나치게 방대한 PMIS가 불리할 수도 있으므로 필요성을 냉철하게 판단하여 적절하게 이용할 필요가 있다.
- 프로젝트 관리 정보 시스템(PMIS, Project Management Information System) : 프로젝트 관리에 관련된 조직 내의 자동화 도구와 표준 셋을 하나의 시스템으로 통합한 것이다. PMIS는 프로젝트 관리팀이 사용하며, 프로젝트 기본방침(헌장) 생성, 수정에 대한 피드백 촉진, 변경 통제, 승인된 문서에 대한 전파 등을 위해 사용한다.
- 전문가적 판단(Expert Judgment) : 모든 공정의 기술적, 관리적 의사결정을 위하여 필요한 사항이 입력되었을 때, 그것을 평가·판단하는 것은 전문가의 지식과 경험을 바탕으로 한 견해이다.
- 준비비 : 부동산 취득이나 신축건물 건설 준비단계에 실시하는 업무에 대한 비용. 예를 들면 부지측량, 지반조사, 토지개량 등에 걸리는 비용.
- 프로젝트 제약사항(Constraints) : 프로젝트 범위와 연관되어 관리팀의 선택지를 제한하는 근거가 된다. 예를 들면, 책정된 예산, 부분이나 전체의 지정된 완성일 또는 일정 마일스톤 등이 있다. 계약에 의해 프로젝트가 수행될 때는 일반적으로 계약조항이 제약된다. 제약에 대한 정보를 프로젝트 범위 기술서나 별도 기록부에 기술하기도 한다.
- 프로젝트 가정사항(assumptions) : 프로젝트 범위와 연관하여 특별히 설정한 가정을 열거하여 설명하고, 그러한 가정이 오류로 판명되는 경우 잠재적 영향력에 대한 설명을 추가한다. 프로젝트 팀에서 기획 프로세스의 일환으로 가정사항을 식별하여 문서화하고 유효성을 확인한다. 가정에 대한 정보를 프로젝트 범위 기술서나 별도 기록부에 기술할 수 있다.

- 가이드 라인 : 다양한 주제나 과제에 대한 개념, 방침, 의사결정 방법과 절차 등을 규정한 지표나 지침.
- 예산관리 : 예산관리는 예산관리 시트를 다음과 같이 분류하면 좋다. ①당초 예산, ②수정 예산, ③구매 승인액, ④계약액, ⑤구매 잔액, ⑥계약액 중 기청구 금액, ⑦청구 잔액, ⑧향후 발생이 예상되는 금액, ⑨당초 예산과의 차액
- 정보통신 관련비용 : ICT인프라 관련 공사비라고도 한다. 통신 네트워크 공사 가운데, 기기부분을 제외한 통합배선공사 등의 총비용을 말한다. 관리의 편의성 때문에 기기부분은 정보시스템부문이, ICT인프라부분은 FM부문이 관리하는 경우가 많다.
- 특수 설비비 : 통상의 건물전반의 기능을 가진 건축 및 건축설비(전기, 공조, 위생, 승강기 등) 이외의 특별한 목적으로 이용하는 관련 공사비(식당 · 주방설비, 시청각 기기, TV화상회의 설비 등)를 말한다.
- 예비비(contingencies reserve) : 예상이 불가능한 요소에 대비하여 예산을 세울 때에 미리 마련해 두는 것으로, 프로젝트의 성격이나 사정에 따라서 다르지만 예산의 3~10% 정도를 전망한다.
- 이해관계자 요구사항 : 고객, 출자자 및 기타 이해관계자들이 퍼실리티 프로젝트에 포함된 건축물, 관내 서비스, 각종 서브 시스템, 유지 · 운용 특성이 충족되거나 처리해야 하는 조건 또는 성능
- 프로젝트 요구사항 : 사업(Business) 요구사항, 프로젝트 관리 요구사항, 인도 요구사항 등이 포함됨
- 결과물(건축물) 요구사항 : 프로젝트를 통하여 충족시켜야 하는 결과물의 사업상의 필요조건, 상위수준의 프로젝트 목적과 목표 달성에 필요한 기술적 요구사항, 보안 요구사항, 성능 요구사항 등에 대한 정보가 포함된다.
- 핵심그룹 회의 : 핵심그룹은 제안된 결과물, 서비스 또는 결과에 대한 기대사항과 의견을 확인하기 위해 선별한 이해관계자와 해당 주제에 대한 전문가 집단이다. 숙련된 조정자가 딱딱한 일 대 일 인터뷰가 아닌 자연스러운 대화 분위기를 조성하도록 고안된 대화식 토론을 이끌며 좌담을 진행한다.
- 심층 워크숍 : 요구사항 워크숍이란 핵심적 이해관계자가 모여서 결과물에 대한 요구사항을 정의하는 집중 세션이다. 워크숍은 요구사항을 신속히 정의하고 이해관계자들간 이견을 조정하는 데 유용한 방법이다. 그룹대화식 성격이 있는 심층토론 세션은 참여자 간에 신뢰가 바탕이 되는 관계를 조성하고, 활발한 대화를 촉진하여야 이해관계자들의 합의를 유도할 수 있다. 개별 세션보다 훨씬 빠르게 이슈를 발견하여 해결할 수 있다는 것도 이 방법의 장점이다. 예를 들어 합동 어플리케이션 개발(JAD)이라는 심층 워크숍이 소프트웨어 개발 분야에서 활용된다. 이 심층토론 세션은 사용자와 개발팀이 모여서 소프트웨어 개발 프로세스를 개선하는 데 주안점을 둔다. 제조업의 품질기능 전개(QFD)도 심층 워크숍 방법 중 하나로, 신제품 개발에서 주요한 특성을 결정하는 데 유용하다. QFD는 고객의 소리(VOC)라고도 하는 고객의 요구사항을 수집하는 것부터 시작된다. 이렇게 수집된 요구사항을 객관적으로 정리하여 우선순위를 결정한 다음, 요구사항을 충족시키기 위한 목표를 세운다.
- 집단창의력법 : 브레인스토밍 등 프로젝트 및 결과물에 대한 요구사항과 관련된 다양한 아이디어를 창출하여 취합하는 데 사용하는 방법이다. 명목그룹법은 심층 브레인 스토밍 또는 우선순위 결정에 가장 유용한 아이디어의 순위를 매기는 데 사용되는 투표방식을 적용하여 브레인 스토밍을 강화하는 방법이다. 델파이법은 선정된 전문가 그룹이 설문지에 응답하고 각

요구사항 수집 세션에서 나온 응답에 대한 피드백을 제공한다. 응답은 사회자만이 볼 수 있도록 하여 익명성을 보장한다. 아이디어/마인드 맵핑법은 파악된 공통점과 차이점을 반영하여 새로운 아이디어를 창출하기 위해 개별 브레인 스토밍을 통해 창출된 아이디어를 하나의 맵에 통합하는 방법이다. 친화도법은 효과적인 검토 및 분석을 위하여 수많은 아이디어를 몇 개의 그룹으로 분류하는 방법이다.

- 집단의사결정기법 : 향후 예상되는 결과를 예측하여 함께 각 대안을 평가하는 방법이다. 이 방법은 특히 결과물에 대한 요구사항을 도출하여 분류하고, 우선순위를 결정하는 데 사용될 수 있다. 이 방법에는 다음과 같은 것들이 있다.
  - 만장일치 : 전체 구성원이 한 가지 행동 방침에 동의한다.
  - 과반수 : 구성원의 50% 이상이 특정 대안을 지지하면 선택한다.
  - 다수결 : 과반수에 이르지 못하더라도 최대 집단이 찬성하는 대안을 선택한다.
  - 독재 : 권력이 있는 한 사람이 집단 전체의 의사를 대변한다.
- 요구사항 기술서 : 요구사항 기술서(記述 : Specification)는 개별 요구사항들이 어떻게 프로젝트 업무에 대한 요구와 연결되는지 설명하는 것이다. 요구사항은 추상적인 상위 수준에서 시작하여 점차 추가정보가 수집되면서 점점 구체적 하위수준이 결정된다. 요구사항이 기준(Baseline)으로 확정되려면 주요 이해관계자 입장에서 명확하고(측정 및 테스트 가능), 추적 가능하고, 완전하며, 일관되고, 수용 가능한 수준이어야 한다. 요구사항 기술서의 형식은 이해관계자와 우선순위에 따라 분류된 모든 요구사항을 열거한 간단한 문서부터 전체 개요와 상세한 설명을 포함하고 부록이 첨부되는 구체적인 양식에 이르기까지 다양하다. 다음은 요구사항 기술서를 구성하는 요소의 일부 예이다.
  현재 상황에서의 [제한사항]과 프로젝트의 수행 사유를 설명하는 [사업(Business) 요구], 포착할 기회 추적지표로 활용할 [사업(Business) 및 프로젝트 목표], 요구사항 목록이나 모델 또는 두 가지 모두에 적절히 문서화할 수 있는 [업무 프로세스 정보], 결과물에 관련된 [기능적 요구사항], 서비스 수준 및 성과, 안전성과 보안, 유지관리 용이성, 변경 가능성, 임대/매각 가능성 등과 같은 [비기능적 요구사항], [품질 요구사항], [인수 기준], 조직의 운영 원칙을 밝히는 [업무 규칙], 콜센터, 영업 부서, 기술 그룹 등의 다른 부서에 미치는 [영향력], 프로젝트 조직 내부 또는 외부의 다른 주체에 미치는 [영향력], [지원 및 교육 요구사항]
- 요구사항 관리 계획서 : 요구사항 관리 계획서에는 전체 프로젝트 기간에 요구사항을 분석하여 문서화하고 관리하는 방법을 기술한다. 프로젝트 단계별 관계가 요구사항의 관리 방법에 상당한 영향을 미친다. 프로젝트 관리자는 프로젝트에 가장 효과적인 관계를 선택하여 해당 방식을 요구사항 관리 계획서에 포함시켜야 한다. 요구사항 관리 계획서의 대다수 구성요소가 이 관계를 기반으로 한다. 다음은 요구사항 관리계획서에 포함될 수 있는 사항의 일부 예이다.
  - 요구사항 활동을 계획, 추적 및 보고 방법
  - 제품, 서비스 또는 결과 요구사항에 대한 변경을 착수하는 방법
  - 영향력을 분석하는 방법
  - 변경과 영향력을 추적하고 탐지하고 보고하는 방법
  - 해당 변경을 승인하는 데 필요한 권한 수준
  - 요구사항 우선순위 지정 프로세스
  - 사용할 결과물 지표와 해당 지표를 사용하는 이유 추적 구조, 즉 추적 매트릭스에 포착할

요구사항 속성과 추적할 기타 프로젝트 문서 요구사항

- 요구사항 추적 매트릭스 : 요구사항 추적 매트릭스는 요구사항을 각각의 요인에 연결하고, 프로젝트 생애 주기 전반에 걸쳐 요구사항 달성 여부 및 변경을 추적하는 표이다. 요구사항 추적 매트릭스를 구현하면 각 요구사항이 사업(Business) 및 프로젝트 목표에 연결되어 사업가치를 높이는 데 도움이 된다. 또한 프로젝트 생애 주기 전반에 요구사항을 추적하는 수단을 제공함으로써 프로젝트가 끝날 때 요구사항 명세서에서 승인된 요구사항이 발주자에게 인도되도록 지원한다. 마지막으로 결과물의 범위에 대한 변경을 관리하는 데 유용한 체제를 제공한다.
  다음은 추적해야 하는 상위의 추상적 수준부터 하위의 구체적 수준까지 모든 요구사항의 일부 예이다.
  - 사업(Business)에 대한 요구, 기회, 목표 및 목적에 대한 요구사항
  - 프로젝트의 목표에 대한 요구사항
  - 프로젝트 범위/작업분류 체계(WBS) 인도물에 대한 요구사항
  - 결과물의 설계에 대한 요구사항
  - 결과물의 제조과정에 대한 요구사항
  - 성능 및 성과평가의 전략 및 시나리오에 대한 요구사항

  위와 같은 요구사항과 연관된 속성을 요구사항 추적 매트릭스에 기록할 수 있다. 이러한 속성은 요구사항에 대한 중요한 정보를 정의하는 데 도움이 된다. 요구사항 추적 매트릭스에 일반적으로 사용되는 속성에는 고유한 식별코드, 요구사항에 대한 설명, 포함시킨 사유, 소유자, 출처, 우선순위, 버전, 현재 상태(추진 중, 취소, 연기, 추가, 승인), 완료 날짜 등이 포함된다. 요구사항이 이해관계자의 기대사항을 충족했음을 확인하는 추가 속성인 안정성, 복잡성, 인수기준이 포함되기도 한다.
- 구성관리 시스템(Configuration Management System) : 구성관리 시스템은 전체 프로젝트의 매니지먼트 정보시스템(PMIS)의 하부 시스템이다. 이 시스템은 변경제안서 제출, 제안된 변경에 대한 검토 및 승인을 체계적으로 추적하고, 변경 허가를 위한 승인 수준을 정의하고, 승인된 변경사항에 대한 확인방법 제공을 포함한다. 대부분의 프로젝트에서 구성관리 시스템에는 변경 통제 시스템이 포함된다. 구성관리 시스템은 또한 다음의 목적으로 기술적, 행정적 업무지시 및 감독을 위한 공식적이며 문서화된 절차이기도 하다.
  - 결과물 또는 구성요소의 기능적, 물리적 특성에 대한 식별 및 문서화
  - 그러한 특성에 대한 모든 변경 통제
  - 각 변경사항 및 이행 상태에 대한 기록 및 보고
  - 요구사항 준수 여부 검증을 위한 결과물 또는 구성요소의 검사 지원
- 변경 통제 시스템(Change Control System) : 변경 통제 시스템은 프로젝트 인도물 및 문서가 어떻게 통제되고, 변경되며, 승인되는지에 대한 문서화된 공식 절차이다. 변경 통제 시스템은 구성관리 시스템의 하부 시스템이다. 예를 들면, 퍼실리티 프로젝트의 경우 변경 통제 시스템은 각 퍼실리티 구성요소의 명세서를 포함할 수 있다. 한편, 신청된 변경안에 대한 승인 또는 거부를 신속히 하는 것이 공기단축을 위해 중요하다. 그러나 일부 변경은 타 부분의 자원이나 일정에 영향을 미치기 때문에 신중히 검정해야 한다. 특히 FMr은 이러한 변경이 시공뿐만 아니라 이용자의 공간적 요구, 유지운용, 보수에 어떤 영향을 미치는지 평가할 필요가 있다. 하지만 유보시간이 길면 전체 기간이 지체된다.

- 의사소통관리 계획 : 이해관계자 식별 - 의사소통계획수립 - 정보배포 - 이해관계자 기대 사항관리 - 성과보고에 대한 계획
- VE(Value Engineering) : 프로젝트 계획의 재검토라든가 신기술 도입, 관리방법 효율화 방안 등을 고안하여 얻은 가치(Value = 생애주기 기능 / 생애주기 비용)를 재무상 평가하는 것. 생애주기에 걸친 기능 및 성능(Function & Performance)을 내리지 않고 생애주기 비용(LCC)을 절감하거나 생애주기 비용을 올리지 않고 생애주기에 걸친 기능 및 성능을 향상시키는 효과를 기대한다. FM에서 가장 흔한 실패는 초기 투자비를 절약하는데 신경쓴 나머지 생애주기 전체의 배용 대비 효과를 희생시키는 것이다. 그런 의미에서 초기 비용 절약에 대한 판단만으로 서비스 공급자에게 인센티브를 부여하는 경우는 경솔하고 근시안적 결과를 유도할 수도 있음에 주의해야 한다. VE는 초기비용 삭감 및 유지운용 비용 삭감에 공헌하는 바가 크다.
- Design Review : 이전 단계의 디자인 결과가 요구사항을 만족하는지 확인하고, 이후 단계의 디자인에서 해결해야 할 문제를 명확히 하기 위한 설계검토 행위이다. 공간구성과 기술 양면에서 재검토하여 결과물의 설명 가능성(Accountability)을 확보하는 것이다. 실태조사 및 요구정의 - 발주자 기획안 - 설계자 계획설계 - 기본설계 - 실시설계 각 단계가 종료되면, 그때마다 실시한다. 기본설계 이전에 하는 것이 효과가 높고, 실시설계 이후는 경미한 변경 밖에 할 수 없다. VE는 LCC개념까지 포함한 Design Peview이라고 할 수 있다.
- 목업(Mock - Up) : 실물 크기의 모형. 도면상으로는 이해할 수 없는 것이나 실제의 기능과 성능을 확인하기 위해 작성한다. 이용자의 의견을 듣기 위해서도 도움이 된다.
- 커미셔닝(Commissioning) : 최근, 커미셔닝은 프로젝트 관리의 중요한 업무로서 자리매김하고 있다. 커미셔닝 개념은 IMF를 계기로 국내에 도입되었으며, 외국에는 외부 위탁업무로서 직능단체와 전문가가 있으며, 위탁방법을 제시하는 지침서도 있다. 특히 건축설비 분야에서 관심이 높다. 한국에서도 향후 FM 실시에서 중요해질 것으로 사료된다. 설비분야 등에서는 단순히 성능검증이라고 하는 경우도 있으나 그것을 포함한 종합적인 요구품질 실현 프로세스라고 하는 것이 적절하다. 우리나라에서는 커미셔닝이 '성능검증'이라고 번역되는 경우가 많으나 미국에서는 '요구품질 실현과정'이라는 의미이다. 즉 건물의 전체 및 부위가, 소유자 또는 사용자의 운용상 요구사항에 부합하도록 설계, 설치, 시험, 운용, 유지되었는지를 확인하는 공정이다. 따라서 커미셔닝은 프로그래밍 또는 브리핑과 연관된 정확한 요구조건(프로그램/브리프)이 있어야만 가능하다.

  커미셔닝 내용은 넓은 의미는 소유자에게 인도되기까지의 설계, 조달, 시공 및 조립, 시운전 등 모든 단계에서, 프로젝트의 모든 요소, 즉 개별 기기설비의 기능부터 복합적인 모듈과 시스템 기능 및 성능, 적법성, 안전성 등의 확인 · 검사 · 시험하는 것이다.

  좁은 의미는 HVAC, 배관, 전기, 소방/생활안전, 건물 외피, 실내마감 시스템, 발전, 공용설비, 유지관리시스템, 조명, 폐수, 관제 및 건물 보안 등에 대한 발주자의 의도와 설계자 및 기술자의 설계실현 여부, 시공자의 시공 적정성을 검증한다. 소극적 커미셔닝은 기능 및 성능의 불량을 배제하는 것이고, 적극적 커미셔닝은 에너지절약 및 친환경성능 등 전략적 성능 확보 등도 포함된다. 또한 프로젝트 일정, 비용, 안전, 품질의 이행계약이 있는 경우는 이에 대한 요구사항 만족도도 커미셔닝의 중요한 요소이다.

  커미셔닝은 신축건물은 물론 기존 건물 확장, 개수, 대규모 수선에도 적용할 수 있다. 방법적으로는 가능한 공학적 기술과 절차를 적용하여야 한다. 건물 라이프 사이클별 커미셔닝 컨설

턴트의 주요 역할은 '설계도서에 대한 요구사항 반영여부(설계성능) 판정'-'시공 과정의 타당성 확인(성능감리)'-'준공시의 종합성능검사'-'중고건물 등의 성능진단' 등이라고 할 수 있다. 커미셔닝을 실시하는 장점에는 요구에 부응하는 시설환경의 형성을 지원하면서 에너지를 비롯한 유지관리단계의 비용을 절약하고, 지구환경 문제 등 시대적 과제에 대응하는 것이다.
주요 활동은 다음과 같다.
- 발주자의 요구가 계획서에 반영된 것인지 여부 확인
- 그 요구에 따라 설계목표 결정 및 설계 결과의 확인
- 공사방법이 결함을 초래하지 않도록 공사감리
- 준공시 종합 성능 시험 또는 점검
- 준공 후 시설 유지관리 및 운영관리에 대한 요령과 주의점 정리
- 설계 및 시공 정보의 전달 및 보관을 모니터링 하고 발주자에 게 통보
- 기존 건축 및 설비의 성능진단 실시 및 통보

- 행정적 종료 절차(Administrative Closure Procedure) : 행정적 종료 절차를 수행하는데 관여된 모든 팀원들의 활동과 역할 및 책임을 포함한다. 프로젝트 제품 또는 서비스를 실사용자 또는 운영관리자에게 이관하기 위한 절차가 개발되고 수립된다. 이 절차는 행정적 종료를 위한 순차적 방법론을 제공하고 다음 사항들을 충족시킨다.
  - 변경 및 모든 수준의 산출물에 대한 이해관계자 승인 요구사항 정의를 위한 행위 및 활동
  - 프로젝트가 모든 후원자, 고객 및 기타 이해관계자들의 요구사항에 충족하였음에 대한 확신
  - 모든 산출물들이 제공되었고 인수되었음을 검증
  - 인수된 것이 완결 및 종결 기준에 충족되었음을 검사하는데 필요한 행위 및 활동
  - 그 외 프로젝트 완결 또는 종결 기준 충족에 필요한 행위 및 활동
- 계약종료 절차(Contract Closure Procedure) : 이 절차는 계약 용어 및 조건을 충족시키고 계약종료를 위해 요구되는 완결 또는 종결 기준 충족을 위한 순차적 방법론을 제공하기 위해 개발한다. 이것은 계약종료 절차에 연관된 프로젝트 팀원, 고객, 기타 이해관계자들의 모든 활동과 관련 책임을 포함한다. 프로젝트 완결과 관련된 모든 계약을 공식적으로 종료하는 행위가 수행된다.
- 원가관리계획 : 원가산정 - 예산결정 - 원가통제에 관한 계획
- 인적 자원관리계획 : 인적자원계획서 개발 - 프로젝트 팀 확보 - 프로젝트팀 개발 - 프로젝트팀 관리에 관한 계획
- 조달관리계획 : 조달계획수립 - 조달수행 - 조달관리 - 조달종료에 관한 계획
- 품질관리계획 : 품질계획수립 - 품질보증수행 - 품질통제수행에 관한계획
- 리스크관리 계획 : 리스크 관리계획수립 - 리스크 식별 - 정성적 리스크 분석수행 - 정량적 리스크 분석 수행 - 리스크 대응계획수립 - 리스크 감시 및 통제에 대한 계획수립
- 일정관리계획 : 활동정의 - 활동순서배열 - 활동자원산정 - 활동기간산정 - 일정개발 - 일정 통제에 관한 계획
- 범위관리계획 : 요구사항 수집 - 범위정의 - 과업분류체계(WBS)작성 - 범위검증 - 범위통제에 관한 계획
- 범위기준선 : 승인 받은 특정 버전의 범위 기술서(WBS 및 WBS사전)
- 일정기준선 : 계획 대비 실제의 일정을 비교하여 프로젝트 목표달성을 위한 예방 또는 시정조

치가 필요한지를 판단할 수 있는 특정 버전의 일정 모델

- 원가 성과 기준선(Cost Performance Baseline) : 계획 대비 실제의 비용을 비교하여 프로젝트 목표달성을 위한 예방 또는 시정조치가 필요한지를 판단할 수 있는 특정 버전의 기간별 예산
- 승인된 변경 요청(Approved Change Requests) : 승인된 변경 요청은 프로젝트 범위 또는 약정에 대한 문서화되고 공인된 변경사항이다. 승인된 변경 요청은 변경된 프로젝트 방침, 프로젝트 관리 계획, 절차, 비용, 예산, 일정 등이 될 수 있다. 프로젝트 관리 팀은 승인된 변경 요청을 반영하여 일정 등을 다시 계획한다.
- 인도물(Deliverables) : 인도물은 프로젝트 관리 계획 문서작업에서 정의한 고유하며 입증할 수 있는 산출물, 서비스 또는 행위의 결과로서 프로젝트 종결을 위해서는 반드시 생산되어 제공되어야 한다.
- 변경요청(Change Request) : 프로젝트 범위의 확장이나 축소, 방침, 공정, 계획 또는 절차 수정, 원가 또는 예산 수정, 일정 변경 등을 발의하의 요청하는 조치
- 환경영향평가 : 환경에 영향을 미칠 우려가 있는 사업에 대해서 사전에 조사 · 예측 · 평가하는 것이다. 특히 대규모 프로젝트에 대해서는 필요하다. 법률로는 1977년에 환경보전이 성립하면서 함께 도입되었다.
- 기본(중간)설계와 실시설계 : 기본설계는, 건축의 평면 · 입면 · 단면을 100 분의 1정도의 축척으로 나타낸다. 구조, 설비의 기본형식 등을 나타낸 것으로, 요구조건과 기본계획의 요소가 빠짐없이 포함되어 있는지 확인하는 것으로 이용된다. 실시설계는 상세설계라고도 하며, 기본설계를 기술적으로 구체화한 것으로, 상세한 공사비 산출이나 시공도 작성 등에 이용된다.
- 매니페스트제도(manifest system) : 원래는 선박 또는 항공기의 적하목록(積荷目錄)을 의미하지만, 여기서는 특별관리 산업폐기물 관리대장이다. 즉 특별관리 산업폐기물을 배출하는 사업자가 그 폐기물의 처리 및 처분을 외부의 전문업자에게 위탁한 경우 그 흐름(수집-운반-처리-처분)을 차질 없이 관리하기 위한 제도이다. 복사한 전표 4장을 사업자-수집 및 운반업자-처분업자가 각 1장씩 보관하고, 나머지 1장이 처분업자가 사업자에게 되돌려주어 최종처분을 확인하는 일본의 제도이다.
- 계약문서(Contract Documentation) : 계약문서는 계약종료 프로세스 수행에 사용되는 입력 사항이고, 계약 그 자체뿐만 아니라 계약에 대한 변경과 기타 문서(제품설명서 또는 산출물 인수기준 및 절차 등)를 포함한다.
- 조직 프로세스 자산(갱신) (Organizational Process Assets(Updates)) : 프로젝트 종료는 프로젝트 관련 문서 및 보고서의 목록이나 위치 개발을 포함한다.
  - 식인수문서 : 프로젝트 제품, 서비스 또는 결과에 대한 발주자의 요구사항이나 시방이 충족되었는지에 대한 공식 확인을 발주자로부터 받는다. 이 문서는 발주자가 공식적으로 산출물들을 인수했음을 의미한다.
  - 프로젝트 보고서 : 프로젝트 활동 결과에 대한 문서화, 예를 들면, 프로젝트 관리 계획, 범위, 비용, 일정 및 품질 베이스라인, 프로젝트 월력, 위험 등록기, 계획된 위험 대응 행위 및 위험 영향 등이 있다.
  - 프로젝트 종료 보고서 : 프로젝트 종료 보고서는 프로젝트 완결을 의미하는 공식문서와 완결된 프로젝트 산출물을 운영관리 조직 등 다른 주체에 전달하는 것으로 구성되어 있다. 프로젝트가 완결 이전에 종결되었다면 공식문서는 프로젝트 종결 이유 및 취소된 프로젝트의

마무리된 또는 마무리되지 않은 산출물들의 전달 절차를 의미한다.

– 이력 정보 : 이력 정보 및 교훈 정보는 미래 프로젝트에서의 활용을 위해 교훈 · 지식기반에 전달된다.

- 프로젝트 관리 방법론 : 프로젝트 관리 방법론은 프로젝트 관리 팀이 프로젝트에 대한 행정적, 계약적 종료 절차를 수행하는데 도움이 되는 공정을 정의한다.
- 프로젝트 관리 정보 시스템(Project Management Information System) : 프로젝트 관리팀은 프로젝트 관리정보시스템을 프로젝트에 대한 행정적 · 계약적 종료 프로세스 수행을 위해 사용한다.
- 전문가적 판단(Expert Judgment) : 전문가적 판단은 행정적 · 계약적 종료 절차 개발 및 수행에 적용된다.
- 최종 제품, 서비스 또는 결과(Final Product, Service, or Result) : 프로젝트가 생산하기로 허가된 프로젝트의 최종 제품, 서비스 또는 결과에 대한 공식적인 인수인계, 인수는 계약의 조건이 충족되었음에 대한 공식 인수증을 포함한다.

참고문헌

- PMBOK(Project Management Body of Knowledge), PMI, 2008.
- 총해설 퍼실리티 매니지먼트, FM추진 연락협의회(일본), 일본경제신문사, 2003.
- 총해설 퍼실리티 매니지먼트 추보판, FM추진 연락협의회(일본), 일본경제신문사, 2009.
- The FACILITY MANAGEMENT Handbook(Second Edition), AMACOM USA, 1999.
- Total FACILITY MANAGEMENT(Third Edition), Brian Atkin & Adrian Brooks, Wiley-Blackwall, 2009.
- FM 프로젝트 매니지먼트의 실제(사례집), JFMA 프로젝트관리연구부회, 2003.
- 퍼실리티 매니지먼트가 변화시킬 수 있는 경영전략, 우자와 마사카즈, NTT출판, 2007.
- Construction Management Standards of Practice(CMAA Document A-1/CMAR), CMAA, 2010.
- 그 외 http : //www.wikipedia.org/ 등

6 Chapter

운영 및 유지관리

Operation & Maintenance

6

운영 및 유지관리

6.1 개 요

건물의 운영 및 유지관리(Operation & Maintenance)는 건물 준공 후부터 철거, 수선, 리모델링(Remodeling) 등 보유기간 동안 건물의 물리적·인적 시스템 요소들을 정상적·유기적으로 작동하도록 하여 건물주에게는 경제적 가치를 극대화시키고 건물 이용자에게는 안전성, 편리성, 쾌적성의 가치를 제공하여 고객만족을 창출하는 일련의 건물가치 유지 및 보전 활동이다.

6.1.1 중요성

건물의 LCC(Life Cycle Cost)5) 중 건물 운영관리를 위해 소요되는 비용이 전체 비용 중 83.2%를 차지하고 있으며, 건물운영 관리비용을 최적화하고 건물수명과 가치를 극대화하기 위해서는 건물의 효율적 관리방법에 의한 고품질 서비스운영 관리가 필수적으로 대두되고 있다.

5) LCC : 생애주기 비용(Life Cycle Cost)

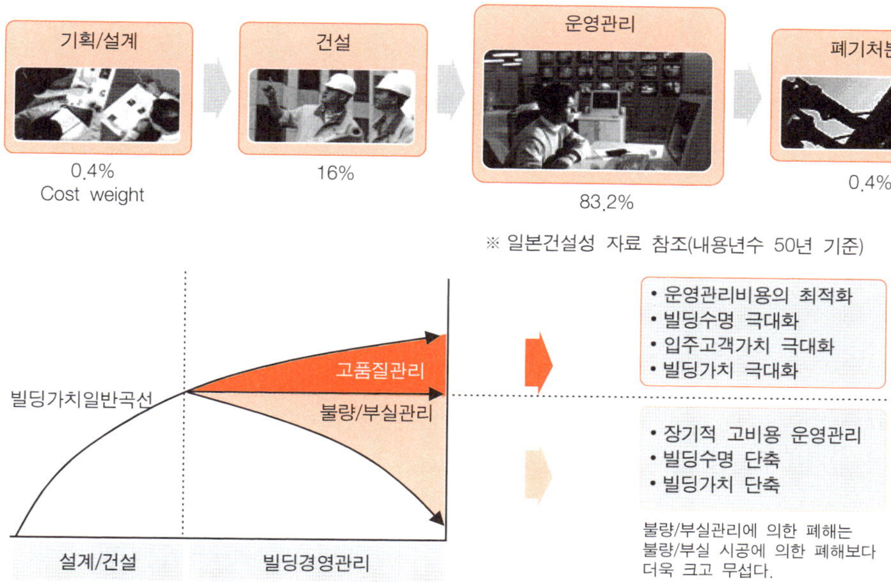

그림 6-1 빌딩의 경영관리와 자산가치

6.1.2 필요성

건축물에 대한 기술 발달로 인하여 성능에 대한 요구 수준이 지속적으로 고도화되면서 건축물의 각종 최신식 설비와 건축자재가 요구되고 있다. 따라서 그 성능을 어떻게 효율적으로 유지·관리해 나가야 하는 부분도 중요한 축으로 대두되고 있으며, 설비 등 자재의 고유수명이 시간이 경과할수록 성능도 서서히 저하되기 때문에 적절한 유지·관리를 통하여 건물의 기능, 성능을 유지·보전해 나가야 할 필요가 있다. 또한 건물의 화재, 지진, 풍수해, 도난 등의 위해 요소들이 발생할 경우 안전한 대처가 필요하고, 이러한 비상시 발빠른 대응이 이루어지는 관리가 되어야 한다. 건물은 개인 소유이기도 하지만 사회 간접 시설물로서의 의미도 있기 때문에 건물의 유지관리에 대한 건축법, 소방법, 시설물 안전관리에 관한 특별법 등이 법으로 제정되어 있다. 건물 본래의 내구성능은 시공에 의해 결정되지만 실제의 내용년수는 사용환경과 유지관리의 결과에 의해 크게 좌우된다. 특히 건물내 설치되어 있는 기계 등의 제 설비에 있어서는 더욱 그러한 유지관리가 필요하다.

6.2 건물관리 방식

6.2.1 건물관리 방식 유형[6)]

건물을 관리하는 방식에는 다음의 3가지 방식이 있다. 첫째 건물주(소유자)가 직접 관리하는 직영방식, 둘째 건물관리 업무를 전문적으로 하는 관리회사에 위탁하는 위탁관리방식, 셋째 위 두 가지 방식을 혼합하여 일부 직영방식과 위탁관리방식이 혼용된 혼합관리방식이 있다.

1) 직영관리

수익성 임대건물이나 업무용도로 사용하고 있는 건물 중 사옥용으로 사용하고 남은 면적을 임대 목적물로 임대하는 경우 건물소유 회사법인 또는 소유자 개인이 관리주체의 지위에서 관리주체의 책임과 비용으로 관리조직을 구성하고 관리운영자를 모집, 선발, 배치하여 직접 관리하는 방식을 말한다.

2) 위탁관리

건물 소유자 또는 관리권자가 전체 관리업무를 관리전문 회사에 위탁하여 관리하는 방식을 의미한다. 위탁방식은 입찰, 계약, 위임, 법령 등에 의하여 이루어진다. 외주관리방식 또는 아웃소싱 관리방식이라고도 한다. 위탁관리 대상 건물의 유형에는 기술성과 전문성을 필요로 하는 IBS[7)] 건물이나 특수건물(극장, 학교, 병원, 청사, 백화점 등)에 적합한 관리방식이다. 신탁회사에 관리대상 자산과 그 자산의 소유권까지 이전하여 신탁자산을 관리하게 하고 일정한 수익과 재산보존을 함께 하는 신탁관리 방법도 넓은 의미의 위탁관리방식에 포함된다.

3) 혼합관리

전체 관리업무 중 일부는 직영관리방식으로 하고, 기타 관리업무(청소, 보안, 주차, 시설 등)는 전문 관리회사에 의뢰하여 관리하는 방식이다. 즉 직영관리 또는 위탁관리방식의 장점을 함께 살리는 관리방식이라고 할 수 있다. 혼합관리방식은 절충식 관리방식이라고도 하며, 대형건물, 콘도미니엄, 오피스텔에도 이 방식을 사용하고 있다.

---

6) 김일효 〈건물자산관리학개론〉 2007, 295p~300p)
7) IBS : 최첨단 자동화관리 시스템(Intelligent Building System)

표 6-1 관리방식 비교

구분	직영방식	위탁방식	혼합방식
장점	• 관리 의사결정 신속함 • 수리 · 보수의 신속성 • 관리자간 의사소통 원활 • 책임한계 확실 • 비밀유지 가능 • 종합적 관리가능 • 사용자(임차인 등)에 서비스 우수 • 관리자 애사심 발휘	• 관리비용 절감으로 경제적 이익 • 노무/인사 문제 없음 • 전문적 기술자 관리에 의한 안전 및 관리 • 효율성 증대 • 소유자 핵심업무 전념 • 합리적, 효율적 관리 • 수익성과 안전성 확보	• 직영 · 위탁관리의 장점 이용 • 관리업무 통제 용이함 • 관리업무의 신속성 및 위탁관리의 편리성 • 과도기적 관리상태에 적합 • 노무관리 용이함 • 보안유지 가능
단점	• 인건비 상승 • 전문성 결여 • 변화나 개선에 늦음 • 관리업무의 매너리즘	• 기술성, 전문성 등 신뢰문제 발생 • 보안/기밀유지 어려움 • 관리자의 잦은 인사이동 등 계속성 의문시됨 • 책임 한계가 있음 • 관리회사 도산 등 건정성 불안	• 관리조직 이원화에 따른 책임소재 불분명 • 관리자간의 화합, 협동성 결여 가능 • 전문업체에 대한 감독기능 필요
적용	• 소규모 주택이나 빌딩 • 공장 • 창고 등	• IBS, IDC[8] 등 특수 빌딩 • 대형 빌딩 • 학교, 병원 등	• 오피스텔 • 콘도미니엄 등

6.2.2 건물관리 방식의 변화

관리방식은 시대적 상황과 여건에 따라 초기에는 직영관리 방식에서 혼합관리로 변화 · 발전되어 오다가 다시 위탁관리방식으로 변화되어 오고 있다. 고도의 비밀유지가 요구되는 경우 직영관리방식이 가장 합리적이며, 전문기술이나 특화된 관리 역량이 요구되는 경우에는 위탁관리방식 선택, 관리의 비밀유지나 전문기술이 함께 요구되는 경우에는 혼합관리방식 선택이 유리하다.

6.2.3 사회간접자본(SOC) 관리 유형

1) 개요

사회간접자본(SOC : Social Overhead Capital)이란 도로, 항만, 철도 등 생산활동에 직접적으로 사용되지는 않지만 경제활동을 원활하게 하기 위해 꼭 필요한 사회기반시설을 말한다. SOC투자는 그 규모가 매우 크고 효과가 사회 전반에 미치므로 개인이나 사기업에 의해 이루어지지 않고 일반적으로 정부나 공공기관 주도로 이루어진다. 그러나 사회간접자본시설(SOC) 확충에 있어서 민간자본을 활용하여 부족한 정부재원을 보충하고, 민간의 효율성을

8) IDC : Internet Data Center

공공부문에 도입하기 위해 민간자본유치제도가 운영되고 있다. 이 제도는 주로 민간기업체가 SOC시설을 위한 건설비 등 사업비를 투입한 후 일정기간 운영하여 사업비와 이윤을 회수하는 방식으로 운영된다. 정부는 사업의 수익성 보장과 원활한 추진을 위해 각종 지원 부대사업을 허용하며, 조세부담금 감면, 재정금융지원 등을 실시한다.

우리나라는 지난 1968년부터 도로법, 항만법 등 개별 법령에 의해 인프라시설에 대한 민간자본 참여를 도모했으며, 1994년 '사회간접자본시설에 대한 민간자본유치촉진법'을 제정하고, 1999년 이를 '사회간접자본시설에 대한 민간투자법'으로 대체하였다. 민간투자사업제도 및 법령총괄부서는 기획재정부이며, 해당 부서는 SOC사업의 민간자본유치를 위한 연간계획을 수립하고, 관련부처의 위원장(기획재정부 장관) 및 민간 전문위원으로 구성되는 '민간투자사업심의위원회'는 제출된 민간투자사업계획을 심의한다.

2) 구분

민간투자 사회간접자본(SOC)의 사업추진방식에는 BTO, BOT, BOO, BLT, ROT, ROO 등이 있다.

(1) BTO(Build-Transfer-Operate 건설 · 양도 후 운영방식)

사회간접자본시설의 준공과 동시에 당해 시설의 소유권이 국가 또는 지방자치단체에 귀속되며, 사업시행자에게 일정기간의 시설관리 운영권을 인정

(2) BOT(Build-Operate-Transfer 건설 · 운영 후 양도방식)

사회간접자본시설의 준공 후 일정 기간동안 사업시행자에게 당해 시설의 소유권이 인정되며 그 기간 만료시 시설소유권이 국가 또는 지방자치단체에 귀속

(3) BOO(Build-Own-Operate 건설 · 소유 운영방식)

사회간접자본시설 준공과 동시에 사업시행자에게 당해 시설의 소유권을 인정

(4) BLT(Build-Lease-Transfer 건설 · 리스 후 양도방식)

사업시행자가 일정기간 주무관청에 리스해주고 리스기간이 끝나면 소유권을 관청에 넘기는 방식

(5) ROT(Rehabilitate-Operate-Transfer 시설정비 후 운영권 위탁방식)

국가 또는 지방자치단체 소유의 기존 시설을 정비한 사업시행자에게 일정기간동안 시설에 대한 운영권을 인정

(6) ROO(Rehabilitate–Own–Operate 시설정비 후 소유권 인정방식)

기존 시설을 정비한 사업시행자에게 당해 시설의 소유권을 인정

(7) BTL(Build–Transfer–Lease)

민간투자자가 공공시설 등을 지어 정부에 빌려준 뒤 임대료를 받는 건설사업방식이다. 투자금회수가 끝나면 정부에 소유권을 이전하게 되고 BTL 사업대상으로는 군인아파트, 국공립 초·중등학교 노후건물, 대학교(원) 및 기숙사운영, 노후 하수관사업 등이 있다.

3) BTO와 BTL의 차이

SOC는 대규모의 자금이 투자되는 반면 그에 따른 투자금 및 수익금 회수가 늦어지고, 잘못하면 손해를 볼 우려가 있기 때문에 이를 보완하기 위한 제도가 바로 BTO와 BTL이라는 제도이다. 정부가 공공시설을 지으려면 동시에 많은 예산이 필요하지만, 민자를 활용하면 임대료를 중장기 동안 나눠서 부담하므로 예산을 다른 사업에 효율적으로 사용할 수 있는 장점이 있다. 이는 공공부문에 민간투자를 유치할 목적에서 나온 것이다. 양자의 차이는 BTO는 민간에서 제안하여 국가나 지방자치단체가 채택하여 추진하지만, BTL은 정부나 지방자치단체가 제안하여 민간투자를 유치하여 사업을 시행하는 것이다. 즉 BTO는 민간이 국가나 지방자치단체에 제안하여 채택되면 그에 따른 비용을 부담하여 공사한 후 일정 기간동안 사용료, 수수료를 청구하여 그 비용과 이익을 회수한 후 국가에 그 시설이 귀속된다. 그러나 BTL은 민간이 자신의 비용으로 건설한 후 바로 국가나 지방자치단체에 모든 관리 등을 귀속시키고, 그에 따른 리스료를 정부나 지방자치단체로부터 민간이 받는 방식이다. 최근의 서울대 기숙사, 서울예대 기숙사, 울산과학기술대, 건국대 기숙사, 대구경북과학기술대 등이 해당 사례이다.

6.3 운영관리(Operation) 범위와 활동대상

전통적인 예방활동인 FM에 있어 운영관리(Operation)의 주요 관리범위와 대상은 다섯 부분으로 나눌 수 있다.

- 사전예방 활동인 방범, 방재와 사후관리 활동인 긴급대응과 편리성을 제공하는 주차, 안내업무를 효과적이고 유기적으로 연결하여 통합·관리하는 제반 활동이 있다.
- 건물에 있어 쾌적하고 위생적인 환경조성은 곧 이용자의 건강과 업무생산성 향상과도 곧바로 직결되므로 건물이용자에게 항상 청결, 위생, 쾌적하도록 하여야 한다. 이런 활동이 청소관리 활동이다.
- 입주고객에 대한 불편사항과 시설고장 등을 통합 창구로 일원화하여 불편사항을 접수·신속하게 처리함으로써 입주고객에 대한 불만의 소지를 해결하고 근무환경에 대한 편의를 최대한 도모하기 위한 불편신고 접수, 처리 활동이 있다.
- 행정관련 사항(건물운영 및 각종 법규 검토, 건물운영관리 규정 수립, 홍보, 협력업체 활용방안, 관리품질 유지 향상 방안)이나 부대서비스 관련사항(회의실 및 통근버스 운영, 문서처리 및 우편물 관리방안) 등에 대해서도 면밀한 사전계획과 방안을 수립하여 실행하는 활동이 있다.
- 일련의 운영관리(Operation) 활동이 성공적으로 수행되기 위해서는 고객의 VOC(Voice Of Customer)를 정확히 청취하여 지속적이고 체계적인 업무개선 활동을 하여야 하며, 필요한 매뉴얼 등에 대한 업그레이드와 시스템 개발 등도 뒷받침되어야 한다. 이러한 제반 활동을 통해 안전성 향상과 비용절감, 쾌적성 및 서비스 품질 향상, 이용자 만족도 증가 등으로 이어지는 선순환적 활동을 통해 건물운영 관리목표를 달성할 수 있는 것이다.

6.4 유지관리(Maintenance) 범위와 활동대상

유지관리는 건축물의 각종 시설물 자산가치 유지 및 관리비용 최소화로 경제성을 제고하고, 건물 이용자에게는 안전하고 쾌적한 근무환경 제공을 위한 총체적 관리활동이라 할 수 있다. 주요 관리범위와 활동은 다음과 같다.

6.4.1 유지관리 범위

건축물을 비롯한 시설물의 유지관리는 건축 및 기계설비, 자동제어설비, 전기설비, 정보통신설비 등을 대상으로 하고 있다.

- 건축설비 : 건축구조물, 마감재, 하드웨어(Hardware) 등
- 기계설비 : 열원기기, 공조, 물탱크, 정화조, 가스, 배관, 펌프류, 위생설비 등
- 자동제어설비 : 중앙감시반, 패널(Pannel)류, 센서류, 조작기기 등
- 전기설비 : 수변전설비, 조명, 동력, 전열설비, 발전기, 운송설비, UPS, 항온항습기 등
- 정보통신설비 : 교환기 및 부대설비, 전용선 네트워크, 방송설비(TV, CCTV) 등

6.4.2 유지관리 활동

건축물 및 시설물을 대상으로 하는 유지관리활동은 정상적인 운전 · 감시를 비롯하여 각종 점검 및 보수활동으로 구분된다.

- 기계 작동이 이루어지는 설비기기의 정상작동 여부를 감시하여 스케줄 ON-OFF 등의 필요한 조작을 행하여 그 상태를 지속적으로 기록하는 "운전감시" 활동이 있다.
- 각종 점검활동으로서 육안(외관)점검, 기능 및 정밀점검 등 오감과 시험, 계측기 등을 통한 설비의 이상 유무를 정기적으로 확인하는 활동이 있다.
- 소모품 교체, 주유, 세정, 분해조립, 시험 등의 설비기기류의 기능 유지 및 회복을 위한 정비, 보수활동이 있다.
- 주요 유지관리(Maintenance) 활동 이외에도 대관업무, 장비 이력관리, 에너지 관리, 공사기획 및 실행, 외주작업 및 안전관리, 안전관리자 선임, 법정점검, 법정 교육 등의 사전적, 사후적 대응 활동 또한 무엇보다도 중요한 사항이라 할 수 있다.
- 결론적으로 앞으로의 유지관리(Mainteanace) 활동은 시설의 효율적인 운영관리에 따른 품질서비스 향상, 운영 유지관리 비용 절감, 에너지비용 절감 활동, 관리에 따른 환경대책 수립 등도 중요하게 요구된다.

6.4.3 법정 주요 관리대상

1) 법정 선임 대상 및 해당 관청

건물 운영·유지관리를 위해서는 법에서 정한 자격자를 법적 근거에 의거 표 6-2와 같이 해당 행정기관에 신고·등록(선임)하여야 하며, 위반시 벌금 또는 과태료를 부과받게 된다. 외부의 일정 자격을 갖는 전문업체에 위탁/대행도 일부 자격에 대해서는 선임이 가능하다.

표 6-2 법정 선임자 및 해당 법규

구 분	법적 근거	대행 가능 여부	상벌관계(미선임시)	해당 관청
전기안전 관리자	전기사업법 시행규칙 제40조	용량별 가능	법 104조 의거 벌금 500만 원	전력 기술인협회
특정가스안전 관리자	도시가스사업법 시행령 제16조	불 가	법 53조 의거 벌금 1,000만 원	관할 구청
고압가스 안전관리자	고압가스 안전관리법 시행령 13조	불 가	법 41조 의거 벌금 500만 원	관할 구청
액화석유가스 안전관리자	액화석유가스 안전관리법 제15조	불 가	법 41조 의거 벌금 500만 원	관할 구청
방화관리자	소방시설 설치유지 및 안전관리에 관한 법률 제20조	가 능	법 53조 의거 과태료 200만 원	관할 소방서
위험물 관리자	위험물 안전관리법 제15조	가 능	법 36조 의거 벌금 500만 원	관할 소방서
검사 대상기기 조종사	에너지이용 합리화법 제40조	불 가	법 75조 의거 벌금 1,000만 원	에너지 관리공단
오수정화조 관리자	하수도법 시행규칙 76조	가 능	제 80장 3항 의거 50만 원 이상	환경보전협회
승강기관리자	승강기안전관리법 제16조	불 가	법 28조 2항에 의거 300만 원이하과태료	승강기안전관리원
수도시설관리자	수도법 제 36조	불 가	법87조 7항 의거 300만 원 이하 과태료	환경보전협회
실내공기질관리자	실내공기질 측정관리법 제7조	불 가	법 16조 의거 500만 원 이하 과태료	환경보전협회

2) 법정 교육

법정 선임 대상자는 표 6-3과 같이 정해진 교육시기에 따라 관련 교육기관에서 해당 업무에 맞는 교육·훈련을 이수하여야 한다.

표 6-3 법정 교육대상 및 관계기관

구 분	교육/훈련대상	교육시기	교육기관
전기안전관리자	전기안전관리사/관리원	1회/3년	한국전력기술인 협회
특정가스 안전관리자	안전관리 책임자	선임시 1회	가스안전교육원
고압가스 안전관리자	안전관리책임자(관리원)	선임시 1회	가스안전교육원
방화관리자	방화관리자	1회/2년	소방안전협회
위험물 안전관리자	위험물 안전관리자	1회/2년	소방안전협회
검사대상기기 조종자	검사대상기기 조종자	선임시 1회 기기변경시	한국에너지기술인협회
정화조기술관리인	정화조기술관리인	선임시 1회	환경보전협회
승강기 운행관리자	승강기 운행관리자	선임시 1회	한국승강기안전관리원
수도시설관리자	수도시설 관리자	선임시 1회	환경보전협회
실내공기질관리자	실내공기질관리자	선임시 1회 1회/3년	환경보전협회
에너지관리자	신규 에너지관리자	선임시 1회	에너지관리공단

3) 법정 검사(점검) 주기

건물운영 유지관리를 위한 부문별 건축, 설비, 전기, 소방 분야에 정해진 기간 내에(주기) 표 6-4와 같이 건물 대상 시설별로 법정 정기검사를 받아야 한다.

표 6-4 부문별 법정 검사

부문	검사(점검) 내용	주기	대상시설
건축	건축물 정기점검	1회/6개월	1종, 2종시설물
	건축물 정밀점검	1회/2~4년	1, 2종 시설물
	건축물 정밀안전진단	1회/4~6년	완공 후 10년 경과된 1종 시설물
설비	특정가스 정기검사	1회/년	특정가스 사용 시설(2,000m³/월 이상 사용)
	GAS정압실 정기검사	1회/3년	정압기 및 Filter
	실내공기질 측정	1회/1~2년	실내공기질 측정대상 건물(유지, 권고기준)
	정화조 방류수수질검사	1회/반기	일일 처리대상 인원 2,000인 이상
	저수조청소	2회/년	연면적 5,000m² 이상 건축물(주차장 면적 제외)
	보일러 계속사용검사	1회/년	용량이 1t/h(난방용 5t/h 이상)인 보일러
	검사대상기기 검사	1회/년	검사대상기기 설치자
	보일러세관	1회/년	정기검사대비
	COMP/압력용기 검사	1회/2년	사용압력 1, 2종 압력용기
	덕트청소	삭제	연면적 3,000m² 이상 업무시설/2,000m² 이상 복합건축물
	정화조 청소	1회/년	오수정화시설
	냉동제조시설 자율검사	1회/2년	냉동제조시설 인허가업체(50RT/D 이상)
	냉동제조시설 정기검사	1회/2년	건축물에 설치된 냉동제조시설
	검사대상기기 자체검사	삭제	검사대상기기 설치자

(표 계속)

<table>
<tr><th colspan="2">부문</th><th>검사(점검)내용</th><th>주기</th><th>대상시설</th></tr>
<tr><td colspan="2">전기</td><td>전기, 발전기 정기검사
승강기 정기검사
주차설비 정기검사</td><td>1회/2~3년
1회/년
1회/2년</td><td>고압 이상 수전설비/비상발전기
승강기
주차설비</td></tr>
<tr><td rowspan="3">소방</td><td>일반건축물</td><td>작동기능점검
(소방시설 등의 정상 작동 여부를 점검)</td><td>연 1회 이상</td><td>특정소방대상물
(위험물 제조소 등과 소화기구만 설치 시 제외)
※방수압력측정계, 절연저항계, 전류전압측정계, 열·연기감지기시험기 등을 이용하여 점검</td></tr>
<tr><td rowspan="2">공공기관</td><td>종합정밀점검
(대지 경계선 안에 2 이상의 점검대상 건축물이 있는 경우에는 그 건축물 중 사용승인일이 가장 빠른 건축물의 사용 승인일을 기준으로 함)</td><td>연 1회 이상</td><td>1. 연면적 5,000m^2 이상으로서 스프링클러설비 또는 물분무 등 소화설비가 설치된 공공기관
2. 연면적 1,000m^2 이상으로서 옥내소화전설비 또는 자동화재탐지설비가 설치된 공공기관</td></tr>
<tr><td>자체점검
(소방시설자체 점검 사항등에 관한 고시 참조)</td><td>월 1회 이상</td><td></td></tr>
</table>

6.5 운영 및 유지관리를 위한 통합관리 시스템

21세기는 지식기반경제로 접어들면서, 막대한 자산을 관리하는 빌딩경영관리사업에서의 통합시스템 구축 및 활용은 기업 경쟁력 확보를 위한 필수 과제이다. 이에 필수적인 CAFM[9] Solution 운영시스템 및 소프트웨어는 국내 대기업 건물관리 전문회사에서 자체 개발 및 시장 공급 중에 있으며, 그 사례로 통합 시설관리 시스템인 IFMS가 있다. 이외에도 유·무선망이 결합된 시설관리 시스템인 Mobile Facility Operation System, 원거리, 근거리 빌딩의 네트워크를 통한 원격감시 시스템인 Emergency Information Monitering System, 빌딩유지 관리에 필요한 적정예산 산출 시스템인 Building Management Information System, 빌딩경영관리에 필요한 신속한 의사결정을 지원하기 위한 시스템 Building Management 등을 개발하여 건물경영관리에 활용할 수 있도록 한다. 국내 대기업 통합시설관리 시스템인 IFMS에 대해서 간략하게 소개하고자 한다.

9) CAFM : 통합시설자산관리(Computer Adid Facility Management)

6.5.1 IFMS(Intergrated Facility Management System)의 Concept 및 기대효과

건물경영관리사업으로 축적한 시설물 관리 노하우를 시스템화하여 사람 중심의 관리에서 시스템 중심 관리 전환으로 품질과 안전을 확보하게 되었으며, 생산성 극대화와 각종 핵심원가 절감 및 체계적인 자료관리가 가능한 통합시설관리 시스템이다.

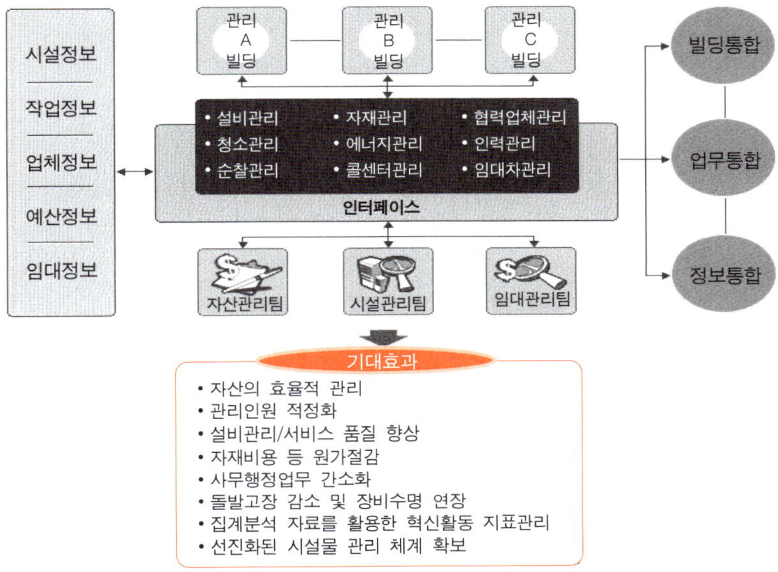

그림 6-2 Integrated Facility Management System(IFMS)

6.5.2 IFMS의 구성체계

1) 설비관리 시스템

설비 운영관리 노하우와 연구자료를 토대로 설비관리업무를 표준화하여 표준작업 주기에 따라 자동으로 일정관리가 이루어지고, 작업실행 상태와 취소된 작업 등 모든 작업정보를 쉽게 파악할 수 있으며, 점검 및 보수 사항과 고장 발생에 대한 조치 내용 등 작업결과가 등록되어 설비 이력관리, 작업량 분석, 고장분석을 할 수 있다.

표준작업량에 기준한 최적 인원산출, 철저한 작업계획 및 실적관리, 작업분석, 유지보수 이력 Data 축적/분석, 장비 Trouble 분석과 표준 작업항목 및 작업주기, 진행작업, 요청작업, 예방작업일정, 취소작업, 외주작업, 장비이력, 작업 실적분석, 작업유형별 분석, 작업시간 분석, 고장 빈도분석 등이 가능하다.

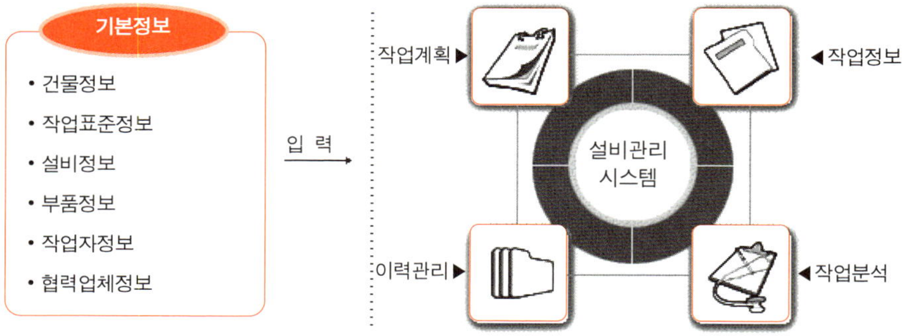

그림 6-3 설비관리

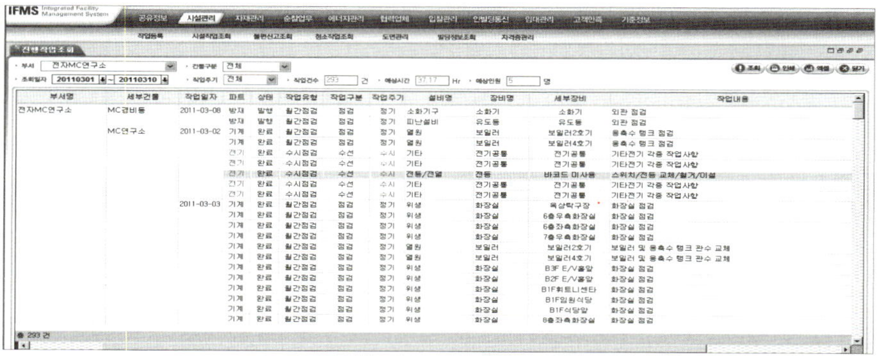

그림 6-4 진행작업 조회

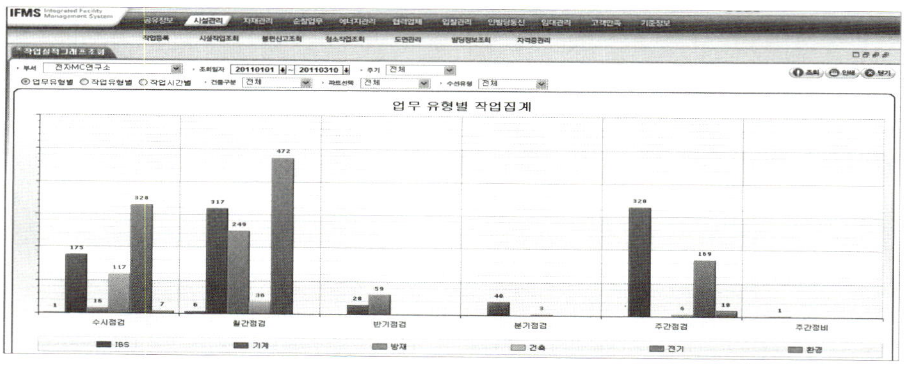

그림 6-5 작업실적 그래프

2) 청소관리 시스템

마감재와 사용 장소별로 청소작업 주기, 작업시간을 표준화하여 표준작업 주기에 따라 자동으로 일정관리가 이루어지고, 작업실행 상태와 취소된 작업 등 모든 작업정보를 쉽게 파악할 수 있으며, 작업에 소요된 소모품 사용 실적을 관리할 수 있다.

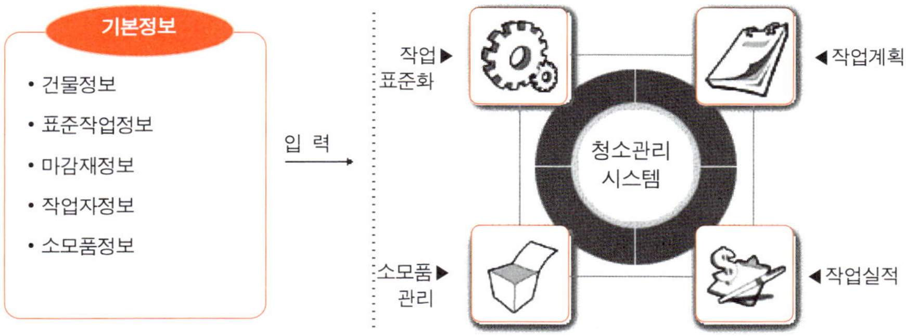

그림 6-6 청소관리

표준작업 기본에 의한 작업계획 자동수립, 작업실행 상태 모니터링, 작업분석, 소모품 사용실적 분석표준, 작업항목 및 작업주기, 마감재 정보, 일상작업, 연간/월간 정기작업 계획, 작업진행 및 실행 상태, 작업실행률, 청소 소모품 사용실적 등을 관리할 수 있다.

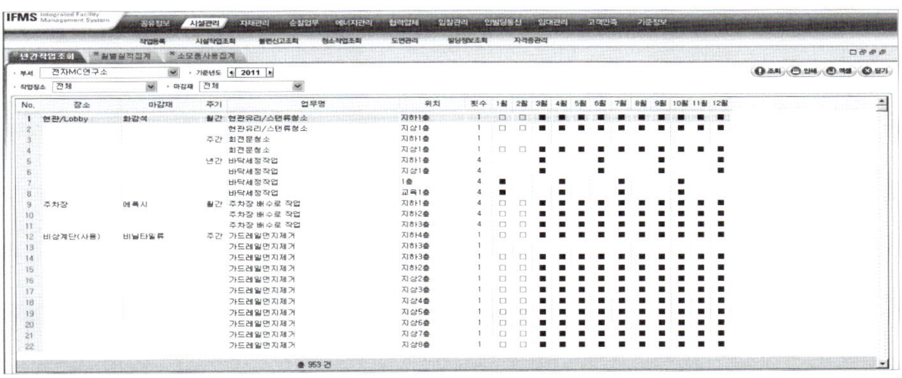

그림 6-7 연간 작업조회

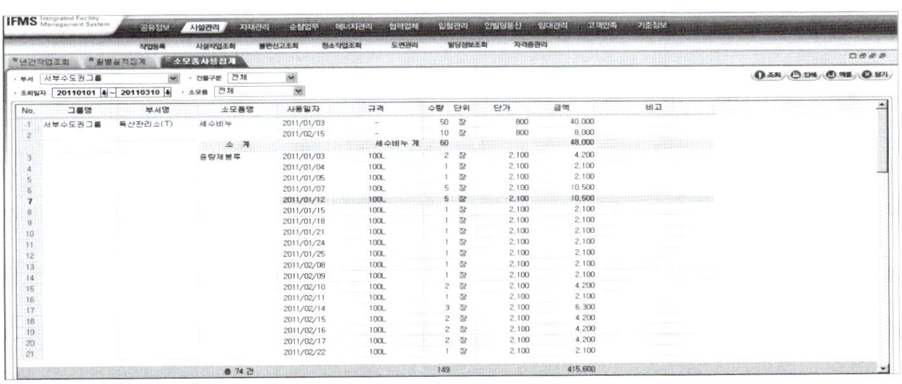

그림 6-8 소모품 사용실적

3) 순찰관리 시스템

중요한 순찰 지점에 바코드를 부착해 두고, 순찰 근무자는 PDA를 휴대하고 순찰하면서 순찰지점에 부착된 바코드를 스캐닝하면 점검해야 할 사항이 나타나고, 이상 여부는 전자펜으로 결과를 기록하면서 순찰을 수행하고, 결과를 송신하면 순찰기록이 시스템에 등록되어 다양한 분석으로 순찰 신뢰도를 높여 안전을 확보할 수 있다.

순찰시간 Real time 등록관리, 순찰코스 및 점검 누락방지, 순찰통계 자동분석, 경비업무 전자 문서화를 통한 공유 및 인원현황, 근무편성, Key관리, 지시/전달사항, 사고보고서, 이상 위치별 상황 보고서, 순찰현황, 순찰통계 보고서, 이상발생 빈도 분석 등이 관리된다.

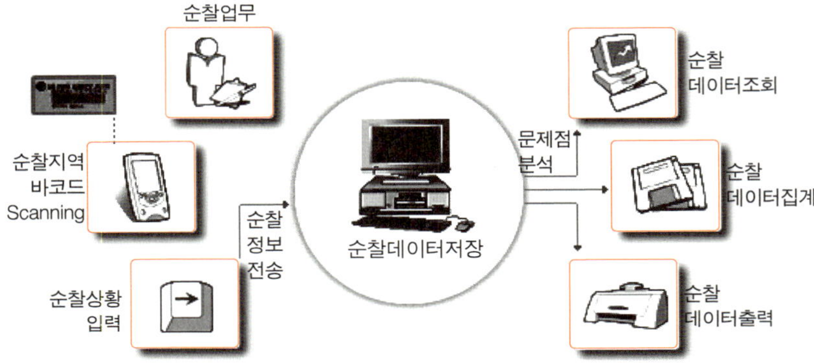

그림 6-9 순찰관리

그림 6-10 순찰 코스별 상황

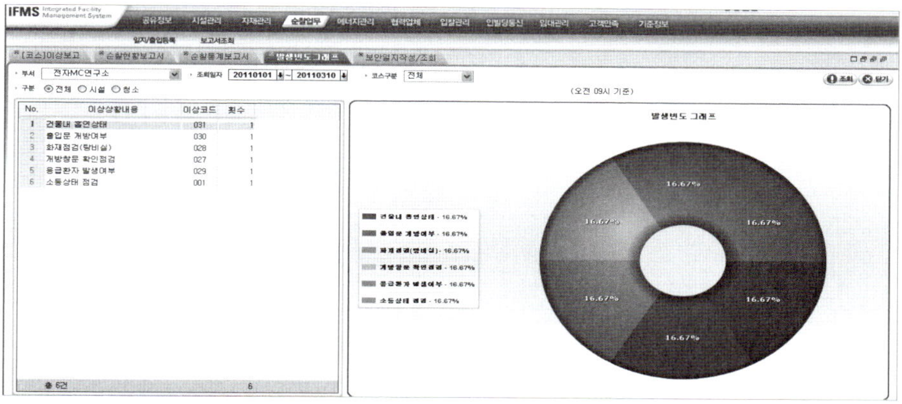

그림 6-11 이상상황 발생빈도 분석

4) 자재관리 시스템

자재신청, 발주, 입고, 재고관리를 위한 시스템으로 자재 분류와 규격 표준화 데이터베이스를 기반으로 적정재고와 발주기준 관리를 적용하여 자재 품절이나 과잉재고 보유를 방지할 수 있고, 인터넷 전자구매 대행 시스템과 연계한 통합 구매 관리도 가능하다.

자재관리 업무 통합, 공유, B2B와 연계한 통합구매, 적정재고관리, 자재 사용량 집계와 분석, 소모품 비용분석 및 월별, 일별 재고량, 품목별 적정재고, 발주기준, 자재규격, 입출고 내역관리, 입고, 출고, 재고비용 집계분석 등이 가능하다.

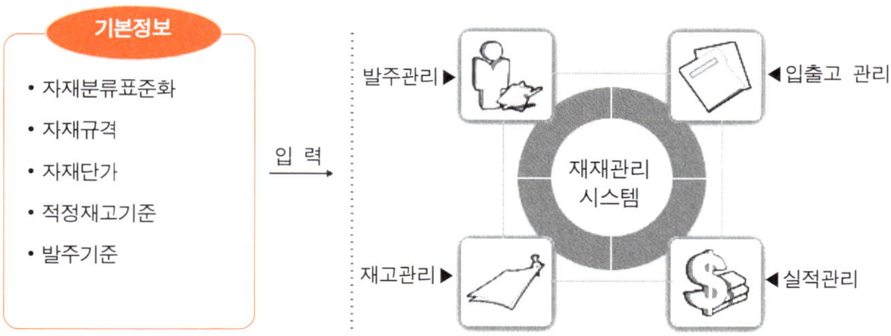

그림 6-12 자재관리

그림 6-13 자재 사용실적

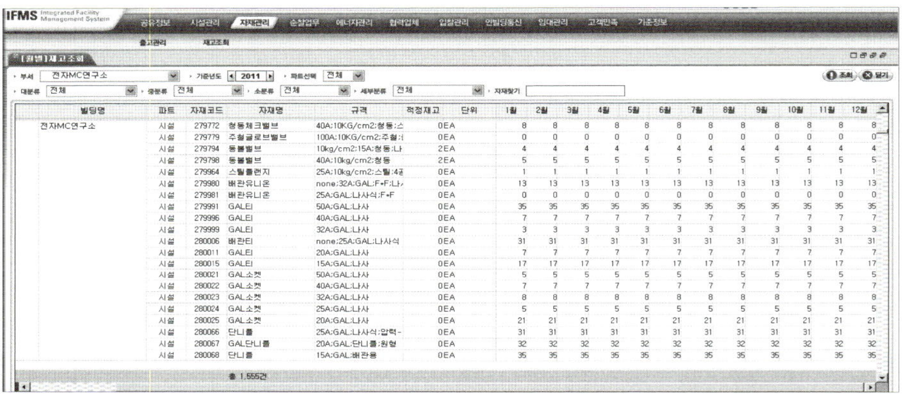

그림 6-14 월별 재고조회

5) 에너지관리 시스템

주요 에너지 사용기기의 가동실적 관리, 에너지 사용량 관리, 에너지 비용분석 등을 통해 에너지 비용을 절감하고, 에너지관리 정보의 체계화와 행정업무 부담을 해소할 수 있다.

일일, 주기별 사용량 추이를 파악하여 에너지 절감방안 시행, 에너지 비교·분석을 통한 개선점 발굴, 관리자료 축적 및 다양한 분석 정보 활용과 주요 열원장비 가동실적 관리, 일일/월간/연간 사용량 관리, 사용량 분석, 에너지 계획 Vs 실적관리, 평당 사용량/비용 분석 등이 가능하다.

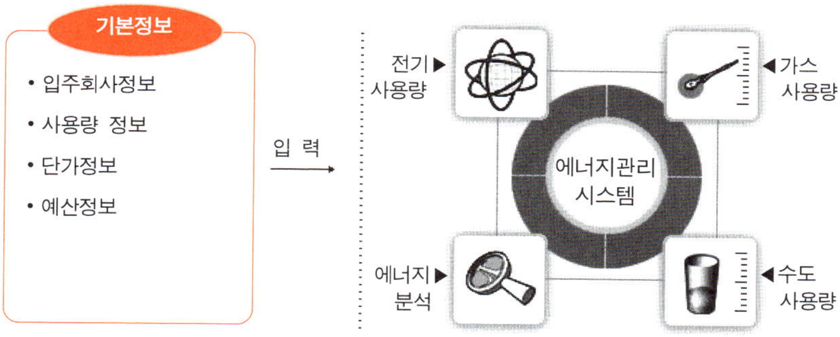

그림 6-15 에너지관리

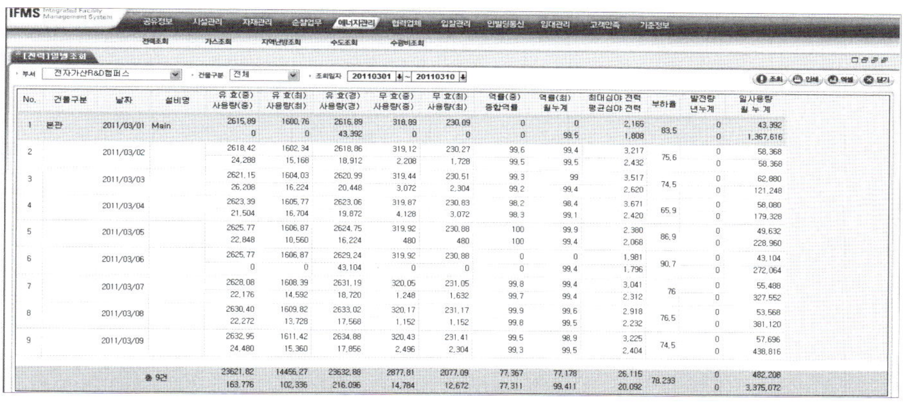

그림 6-16 일일 전력사용량

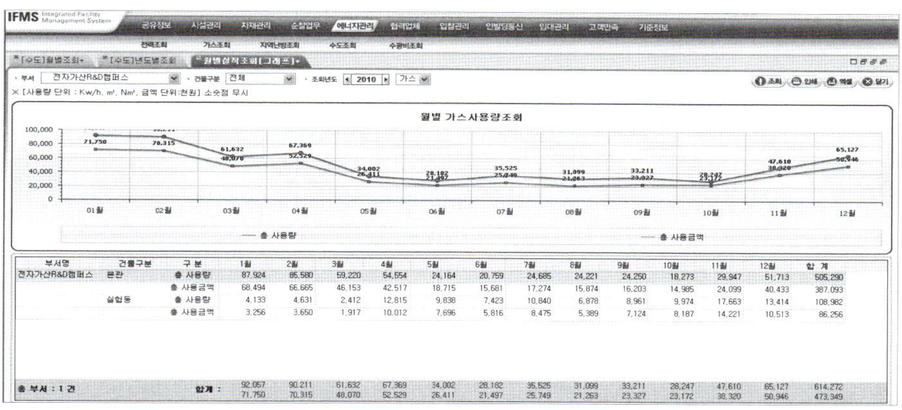

그림 6-17 월별 가스사용량

6) 콜센터관리 시스템

입주자 및 이용고객의 불평과 불만사항에 대한 접수, 실적관리, 서비스 개선을 위한 다양한 자료분석을 통합·관리하는 기능으로 음성안내 시스템과 인터넷을 통한 접수와 처리상태 확인, 문자 메시지를 이용하여 고객에게 접수 및 처리상태를 Feed Back하는 등 고객서비스 개선과 업무효율화가 가능하다.

고객 불평 및 불만사항 정보의 통합화, 불편신고 건수 및 처리시간 지표관리 클레임 접수 및 처리결과 피드백, 불편신고 사항 조회, 처리유형 조회(기간별, 처리 상태별, 업무별, 고객별), 처리건수 및 처리시간 분석 등이 가능하다.

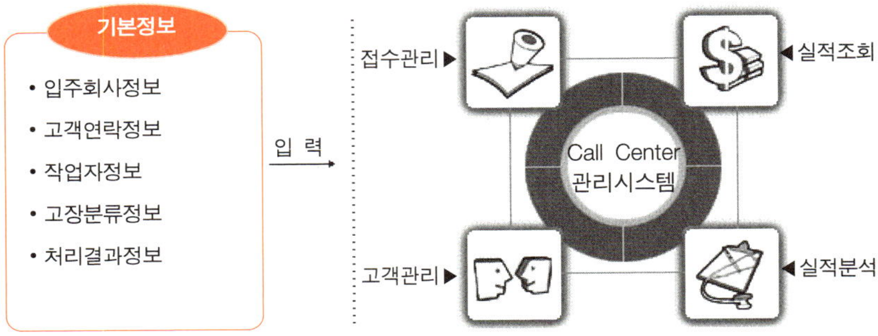

그림 6-18 콜센터관리

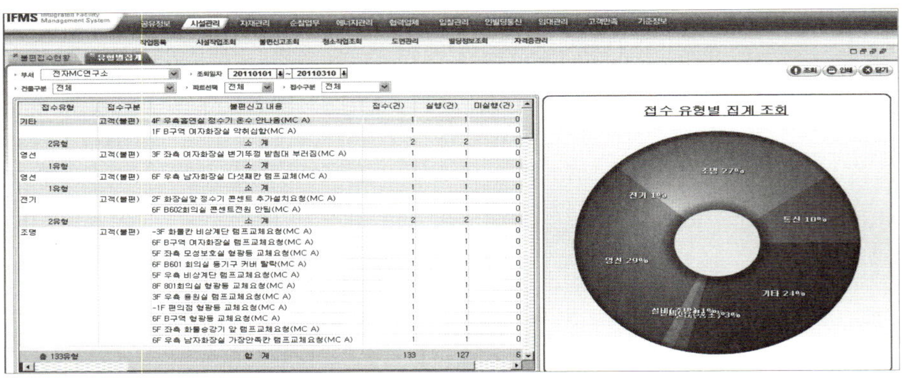

그림 6-19 불편사항 접수 현황

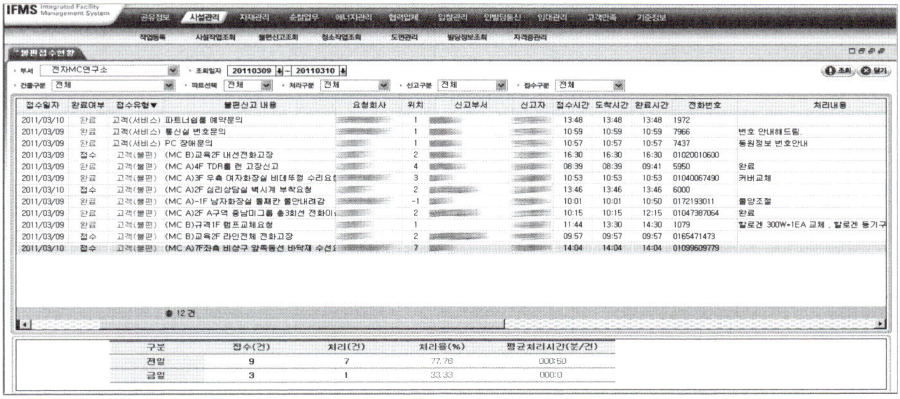

그림 6-20 불편사항 유형별 집계

7) 협력업체 관리 시스템

건물경영관리 과정에서 발생하는 점검, 보수, 각종 공사, 자재납품 협력업체의 등록, 선정, 활용, 평가, 사후관리에 수반되는 자료를 축적하여 거래와 관리에 필요한 업무를 효율화할 수 있다.

협력업체 정보의 신속한 공유, 객관적인 품질평가 및 선정에 활용, 거래규모 파악 및 비용의 신속한 집계와 등록요청, 등록관리, 업체조회, 품질평가, 업체별 거래실적 조회, 품질점수 조회, 공종별 실적 조회 등이 가능하다.

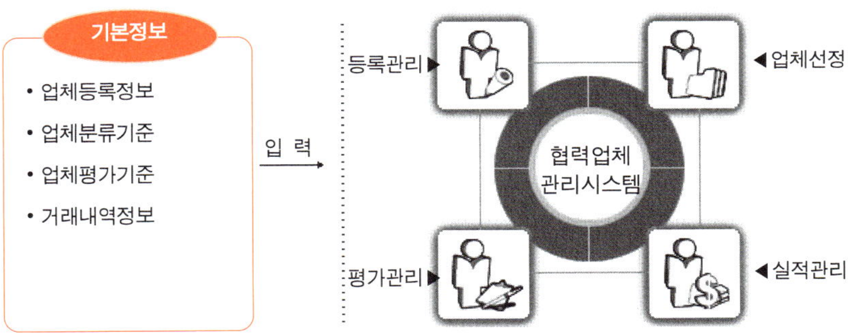

그림 6-21 협력업체관리

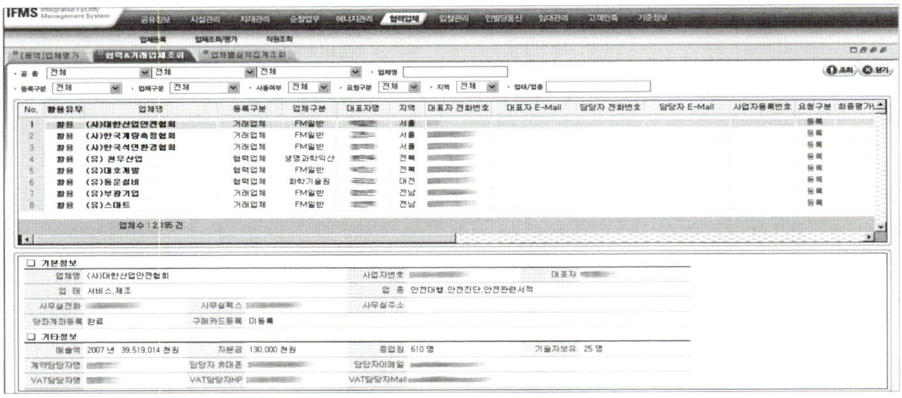

그림 6-22 협력업체 정보

그림 6-23 업체별 실적 집계

8) 인력관리 시스템

서비스 업체의 애로사항 중 하나인 인력수급과 이직문제에 관련된 자료를 체계적으로 축적·분석하고, 문제해결을 위해 실행하는 과제들을 지속적으로 모니터링하기 위한 시스템으로 이직률과 인력충원 기간에 대한 지표관리에서부터 개인 신상자료, 자격증관리, 개인면담, 인건비 통계자료 등 다양한 분석을 통해 서비스 품질 개선에 활용할 수 있다.

직원관리 정보의 통합화 및 이직 및 충원기간 관리, 면담자료 활용 등을 통한 인적 서비스 개선, 법정 선·해임 현황관리, 자격증관리, 개인 신상현황, 면담정보, 사업장별 인력 보유현황, 인건비 현황, 자격증 정보, 이직 및 충원지표 현황 등의 관리가 가능하다.

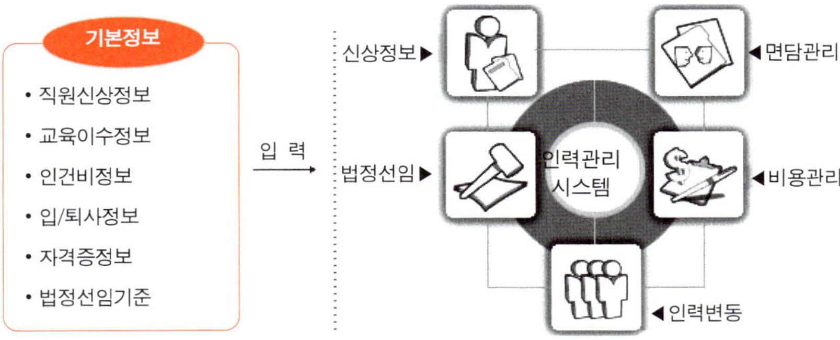

그림 6-24 인력관리

그림 6-25 직원변동 현황

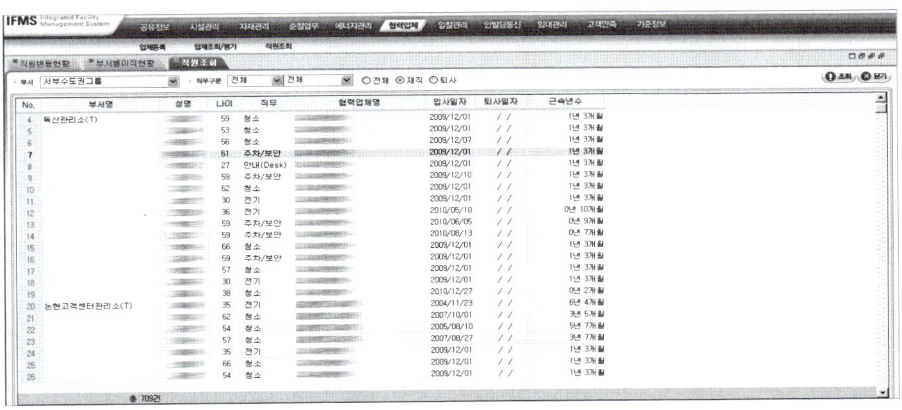

그림 6-26 직원현황

9) 임대차관리 시스템

임대 또는 임차건물에 대한 종합정보를 관리하는 기능으로 입주회사와 건물주 정보, 임대차 현황, 계약면적, 공실 면적 등을 체계적으로 파악할 수 있고, 입주사별 계약 기간관리 년/월별 비용실적, 미수금관리 등 임대차에 관계된 비용실적 집계와 분석하는 기능이다.

계약사항의 신속한 파악 및 공유, 실적집계 및 분석업무 효율화, 채권현황 등 주요사항 관리 입주사 정보, 빌딩별 임대차 정보, 계약정보, 공실 면적관리, 입주사별 계약기간 관리, 빌딩별 미수금 실적, 평당 임대료 및 관리비 분석, 지역별 연간임대료 분석이 가능하다.

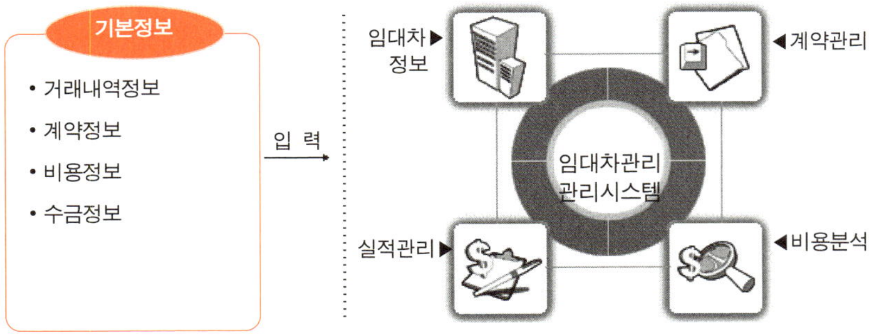

그림 6-27 임대차관리

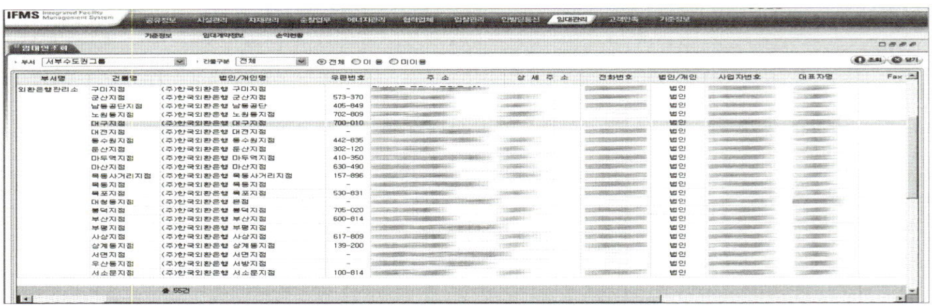

그림 6-28 임대차정보

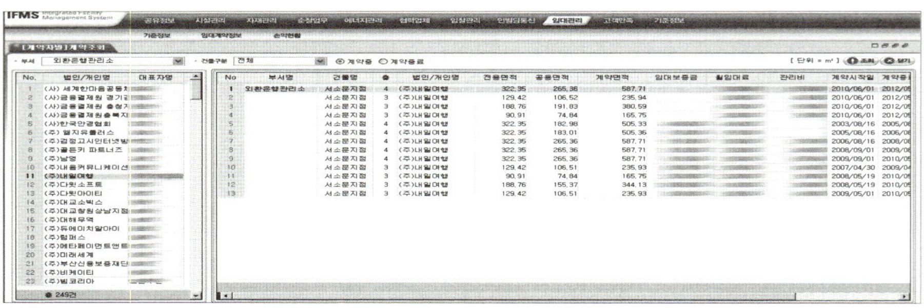

그림 6-29 계약자별 현황

6.6 서비스 품질평가

6.6.1 서비스 품질평가 시스템

서비스 품질 시스템은 품질유지 비용에서 평가개선까지 일련의 과정이 체계적으로 관리되어 경영활동의 목표 수립 및 품질유지 개선에 반영될 수 있도록 구성한다.

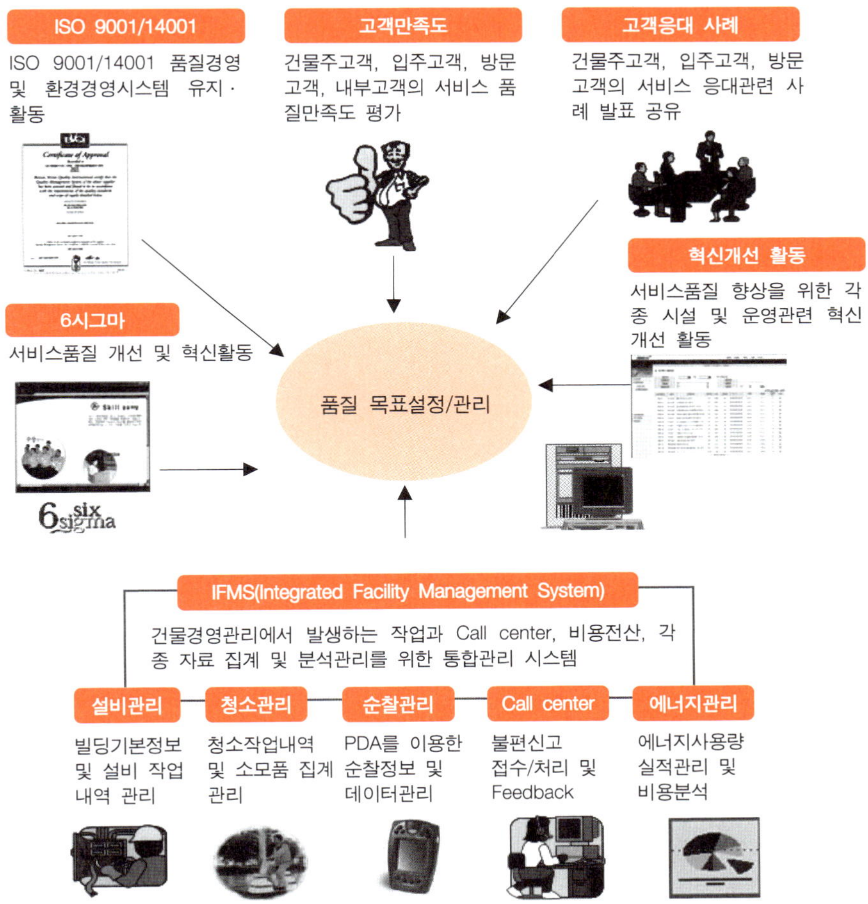

그림 6-30 품질평가 시스템

6.6.2 고객만족도 평가 및 활동

1) 필요성

건물경영관리 사업을 영위함에 있어 근본적이고 영속적인 존재이자 이념인 "고객 만족과 감동을 위한 목표를 실현하고 고객에게 최고의 신뢰를 제공하는 목표를 달성하기 위해서는 이용자에게 안전, 쾌적, 편리함의 서비스를 소유주에게는 경제적 가치를 제공하며, 고객을 위하여 끊임 없는 새로운 가치 창출, 차별화된 서비스 품질 제공을 경영전략의 근간으로 삼아야 한다. 21세기는 정보기술을 중심으로 한 지식산업의 IT시스템 프로그램을 개발, 한층 더 차별화 된 고품질 서비스를 제공할 수 있는 기반을 마련하여야 하며, 향후에도 지속적인 품질경영 개발에도 한층 노력해야 한다. 주요 고객으로는 건물주, 사용 입주고객, 외부방문고객, 관계사 등으로 구분할 수 있다. 최상의 서비스 품질, 건물운영의 효율화, 다양한 제공 서비스를 통하여 건물자산가치를 증대시키며 고객만족 환경을 구축하며, 우수한 관계 협력사를 육성하여 다양한 고객별로 서비스 품질 및 가치 향상에 목표를 두어야 한다. 따라서 본 장에서는 국내 건물관리 전문 대기업의 만족도 평가(건물주, 입주사, 협력업체), 품질평가, SLA[10]평가에 대해서 간략하게 소개하고자 한다.

2) 고객만족도 전체상

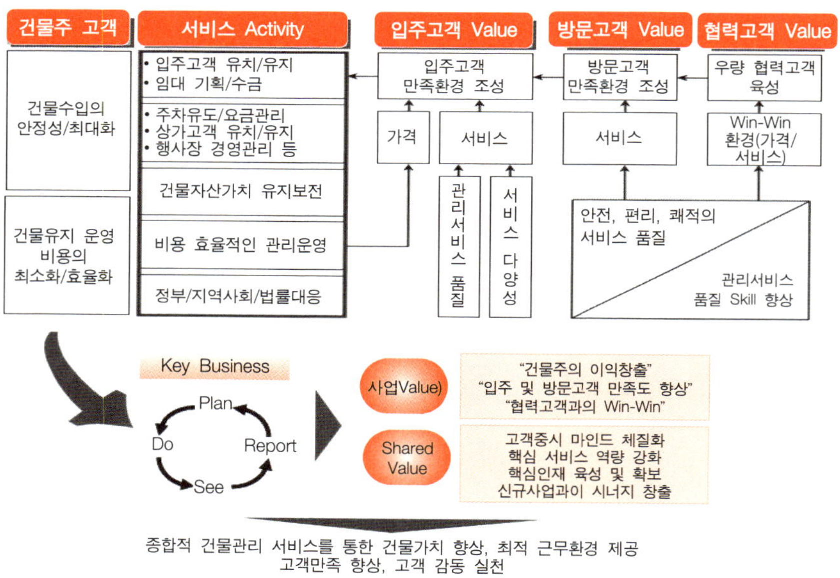

그림 6-31 고객만족도 평가

10) SLA : 서비스 수준협약(Service Level Agreement)

3) 만족도 평가

외부 전문 기관에 의뢰하여 고객만족도 및 협력회사 품질 평가를 시행하여 고객만족도 조사를 통해 객관적인 CS[11] 성과를 측정하고, 건물운영 데이터와의 연계분석을 통한 체계적인 서비스를 제공해야 하며, 고객사(건물주 고객) 및 이용고객(임차인)의 Needs를 정확히 파악하여 고객 감동 프로그램 개선 및 개발에 활용해야 한다. 또한 주기적 접점 직원의 고객 응대 태도에 대한 점검을 통해 최상의 접점 서비스 품질을 유지하는데 평가의 목표를 둔다.

표 6-5 만족도 평가 활동

KPI[12]	구 분	구성항목	평가자/피평가자	주기	조사방법
고객 만족도	건물주 만족도 조사	건물관리 서비스에 대한 만족도 및 로열티(건물관리/건물주지원/건물주 관계 관리/임대관리)	건물주 고객/관리사	반기 1회	E-mail Survey
협력회사 품질평가	입주자 만족도 조사	現 제공중인 건물관리 서비스의 만족 및 불편 정도 (시설/청소/보안/주차/안내)	입주자 고객/협력회사	반기 1회	E-mail Survey서면 조사 병행 실시
	고객응대 태도평가	전화응대 태도 및 용모 복장, 고객 응대 태도 모니터링 (관리소/보안/안내)	외부전문 업체/협력회사	반기 1회	방문을 통한 암행평가
	협력업체 평가	협력업체 업무 이행 평가 (시설/청소/주차 · 보안/도우미)	관리사/협력회사	월1 회	IFMS시스템 활용

6.6.3 서비스 품질평가

서비스 품질평가는 외부 인증기관 평가인 ISO[13]를 제외하고 크게 자체 내부평가와 외부 의뢰 평가로 구분되어 있으며, 이는 품질유지 개선활동 결과에 따라 경영성과에 반영할 수 있다.

11) CS : 고객만족(Customer Satisfaction)
12) KPI : 성과지표(Key Performance Indicator)
13) ISO : 국제표준화 기구(International Organization for Standardization)

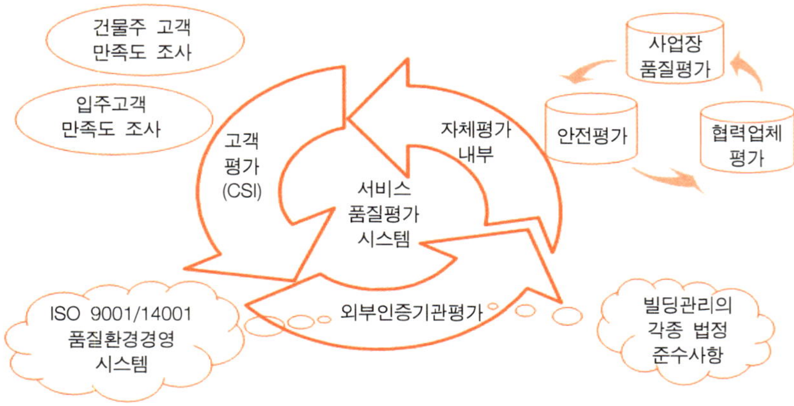

그림 6-32 서비스 품질평가

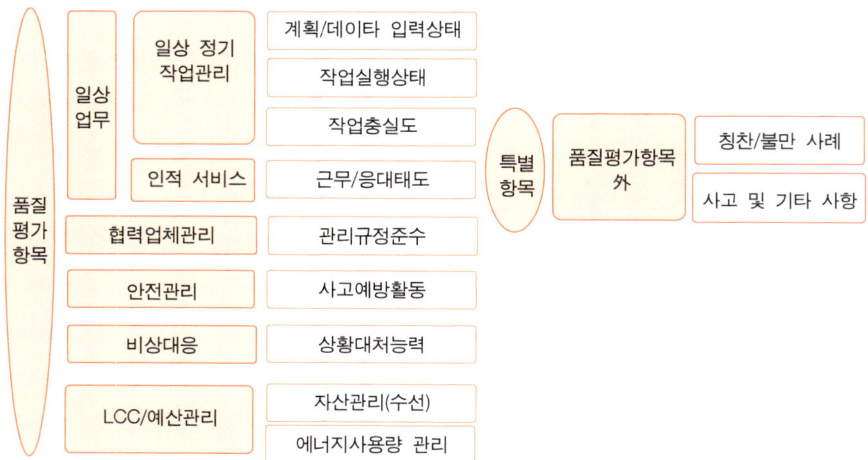

그림 6-33 서비스 품질평가 항목

품질평가 항목으로는 그림 6-33과 같이 크게 일상업무, 협력업체관리, 안전관리, 비상대응, LCC 및 예산관리 등을 구분하며 각 항목별 추가 상세항목을 반영하여 평가하게 된다. 품질평가 항목 외 특별항목으로 고객으로부터의 칭찬, 불만 사례와 사고발생도 함께 평가하고 있다.

6.6.4 서비스 수준 협약(SLA) 평가

1) 개요

SLA(Service Level Agreement-서비스 수준 협약)란 서비스 제공자와 사용자 고객간의 서비스 수준에 대하여 합의하는 수준을 기술하여 법적 효력을 가진 문서화된 평가계약서이다. 이 SLA 계약을 체결하여 관리하고 정기적 측정을 통한 인센티브와 패널티 적용, 서비스 품질향상, 도덕적 해이를 방지하여 고객만족도 달성에 그 목표가 있다고 할 수 있다.

2) SLA운영방식

- 계약 상대자와 협의를 통해 SLA협약 체결 운영
- 평가지표 및 평가방법에 대하여 필요시 계약업체와 수시 협의를 통해 상호 피드백이 가능하도록 운영
- 평가지표는 최대한 계량화하여 공정한 평가 유도
- 평가는 일간, 월간, 분기평가 등으로 구분 · 시행하되 평가 결과를 종합하여 그 결과에 따라 인센티브(패널티) 부여

3) SLA 필요성 및 장 · 단점

- 서비스 제공업체 위주의 객관적이지 않은 서비스 제공, 리포트 제공으로 업체에 유리하게 작성
- 고객사의 서비스 제공업체 선정시 업체의 능력을 평가하는 척도로 활용
- 고객사와 서비스 제공 업체와 일정 수준의 서비스 확보를 통한 WIN-WIN 하는 효과
- 공급자와 수요자 사이에 SLA를 수립하는 과정을 통해 상호간의 의사소통 기회를 넓히고 원활히 함으로써 서비스 수요자와 공급자간의 기대 차이를 좁히고, 이를 통해 서비스 공급자는 수요자의 기대 수준을 관리하고 적정한 서비스 제공 가능

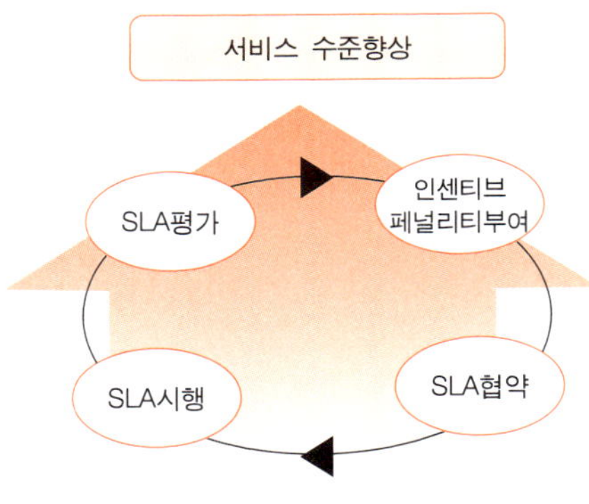

그림 6-34 SLA평가 Flow

4) SLA 평가 사례

표 6-6 SLA 평가표 사례

시설부문 관리지표

구분 (배점)	항목	지 표	산출공식	산출 방법	산출 주기	배점 (점)	비율	등급	배점	점수
전기 (250)	시간	전기관련 문제 발생시 복구시간	• 전기관련 문제 발생시 복구 시간(정전, 누전, 비상발전기, 승강기 주차설비고장 등)	수작업 (평균 처리 시간)	분기별	20	30분 이내	S	20	
							1시간 이내	B	16	
							1시간 초과	D	4	
	품질	전기설비 정상가동	• 수변전설비 관리 상태 (전원표시부/케이블/차단기/경고표지, 현황판/시건장치 등) • 전기시설 고장 방치 • 비상용발전기 가동상태는 정상인지(정기적인 검사 및 기록유지/연료량, 누유, 누수 오염 상태 등) • PNL S/W 정위치/PNL 내부조명 점등 상태	수작업 설문 조사	분기별	100	최고	S	100	
							우수	A	90	
							양호	B	80	
							보통	C	70	
							불량	D	60	
		근무자의 자격	• 전기 관련 자격 있는 근무자 배치여부(결원 여부) • 전기 관련 지식/관리 유지 보수를 할 수 있는 근무자 채용	수작업 (근무 기록부 자격증 여부)	분기별	50	최고	S	50	
							우수	A	45	
							불량	D	30	
		정기점검 실시	• 일일점검, 월별점검, 분기별 점검, 반기별 점검 상태 • 전기설비 정기검사 및 점검기록 유지 상태 • 법정점검/외부대행점검 관리·감독/기록유지 (수변전설비/승강기/주차설비)	수작업 (점검보고서)	분기별	50	최고	S	50	
							우수	A	45	
							양호	B	40	
							보통	C	35	
							불량	D	30	
	효율	전기설비 청소상태	• 전기설비의 청소관리 상태는 양호한지 • 전기실 불필요 자재/장비 적치 여부 • 전기실 바닥누수, 백화, 도장 정리정돈 상태	수작업	분기별	30	최고	S	30	
							우수	A	27	
							양호	B	18	
							보통	C	12	
							불량	D	6	

청소부문 관리지표

구분(배점)	항목	지표	산출공식	산출방법	산출주기	배점(점)	비율	등급	배점	점수
내부청소(500)	시간	업무 시간 전 청소 및 준비 상태	· 점포 영업장(점) · 설문조사 결과 보통 이하 발생시	수작업 설문조사	분기별	150	최고	S	150	
							우수	A	120	
							양호	B	90	
							보통	C	60	
							불량	D	30	
	품질	건물 내부 청소 상태	· 벽체, 칸막이, 내부 유리 청결 상태 · 유지통을 매일 2회 이상 수거 여부 · 바닥 왁스 상태 및 이물질제거 여부 · 사무실의 전반적인 청결상태 유지	수작업 설문조사	분기별	200	최고	S	200	
							우수	A	170	
							양호	B	150	
							보통	C	130	
							불량	D	120	
		화장실 청소 상태	· 악취발생 여부 및 환풍기, 환기구관리 여부 · 세면대, 세면기, 거울, 타일벽, 바닥의 청결상태 · 벽체, 칸막이 청결상태 및 위생소독 실시 여부 · 화장지, 비누 등은 적기 비치 여부 · 화장실 점검일지 작성 및 유지관리	수작업	분기별	150	최고	S	150	
							우수	A	120	
							양호	B	90	
							보통	C	60	
							불량	D	30	
외부청소(250)	품질	외부창 및 외벽	· 본관 외부창의 청결상태 · 외벽의 청결상태(부착물의 무질서한 난립) · 외부 은행간판의 청결상태 · 현관 카펫, 유리문 청결 상태	수작업	분기별	150	최고	S	150	
							우수	A	130	
							양호	B	110	
							보통	C	80	
							불량	D	50	
		행사 주변 환경 정리	· 행사 주변 보도 및 계단의 청결상태 · 행사 주위 및 옥상의 배수로 봉수상태 · 정원 및 주변의 청결상태 · 기타 건물부지 외곽지역 청결상태	수작업	분기별	100	최고	S	100	
							우수	A	80	
							양호	B	60	
							보통	C	40	
							불량	D	20	
설문조사(200)	품질	직원의 설문 조사	· 본점 근무직원 앞 설문조사 결과	수작업	분기별	200	최고	S	200	
							우수	A	180	
							양호	B	160	
							보통	C	140	
							불량	D	120	
합계						1000				

주차부문 관리지표

구분(배점)	항목	지표	산출공식	산출방법	산출주기	배점(점)	비율	등급	배점	점수
주차관리(700)	시간	업무 시간전 청소 및 준비상태	• 영업시간 전에 주차장의 청소 및 정돈 상태 완료 여부	수작업 설문조사	분기별	200	최고	S	200	
							우수	A	160	
							불량	D	40	
	품질	주차장 내부 청결 상태	• 바닥, 배수로, 배수구 청소상태 • 주차장 내·외 장애물 방치 여부 • 주차장의 전반적인 청결상태 유지 • 주차장 바닥 백화 및 주차라인 표시 상태	수작업	분기별	300	최고	S	300	
							우수	A	270	
							양호	B	240	
							보통	C	210	
							불량	D	180	
		주차장 시설물의 관리	• 차량안내 유도등, 스토퍼, 안내문, 표지판 등 유지관리 상태 • 주차장관리 기록부의 배치 및 작성 상태 • 주차시설(기계식 주차 포함)의 점검 및 안전교육 여부	수작업	분기별	200	최고	S	200	
							우수	A	180	
							양호	B	160	
							보통	C	140	
							불량	D	120	
설문조사(200)	품질	직원의 설문조사	• 점포 근무직원 앞 설문조사 결과	수작업	분기별	200	최고	S	200	
							우수	A	180	
							양호	B	160	
							보통	C	120	
							불량	D	40	
효율성(100)	효율	근무자 근무태도 주차장 정리정돈	• 근무자의 복장상태(주차요원 인식이 용이할 것) • 근무자의 근무태도(근무지 이탈/정위치 근무 여부) • 장기주차 방치/무질서 주차 방치 여부 • 주차장관리 비품의 준비 및 정리정돈	수작업	분기별	100	최고	S	100	
							우수	A	90	
							양호	B	80	
							보통	C	70	
							불량	D	60	
합계						1000				

6.7 건물내 재해발생 유형 및 대응요령

6.7.1 개요

건물 재해 상황이 발생했을 때 신속하고 정확하게 대처하는 능력을 갖추어야 한다. 평소 근무시 보고체계에 의한 보고요령, 단계별 조치방법, 직무별 조치방법, 상황전파 등을 현실과 가장 적절한 시나리오를 작성, 반복적 훈련을 통해 조치 능력을 숙지하면 실제 상황에 많은 도움이 될 수 있다. 그러기 위해서는 훈련 내용이 복잡하지 않고 개인의 역할이 다양한 재해 상황에서도 거의 동일하여 혼돈이 없도록 해야 하며, 반복적인 훈련으로 몸에 익히도록 하고 형식적인 훈련은 탈피해야 한다.

6.7.2 재해발생 유형

재해발생 유형은 시설운영과 밀접하게 관련된 사항으로서 시설부문의 재해발생 유형으로는 화재, 정전, 풍수해, 누수, E/L 및 기계식 주차설비, Gas, 지진, 붕괴, 작업자 안전사고 등이 있으며, 운영부문의 재해발생 유형으로는 집회 및 시위, 대테러가 있다. 본 장에서는 실제 발생 빈도가 높고, 발생시 Risk가 큰 화재, 정전, 누수, 집회 및 시위시 대응요령에 대해서 언급하고자 한다.

6.7.3 재해발생 단계별 정의

재해발생은 시간의 경과, 사태의 변화 등에 따라 발생→악화→종결 3단계로 나누며, 단계별 정의는 다음과 같다.

표 6-7 재해단계

단계	정 의
발생	상황발생 초기단계로서 긴급조치로 인한 상황의 조기 종결이 가능한 상황
악화	상황발생 후 상황의 변화 등에 의한 상황 및 피해가 확대되는 상황
종결	상황의 마지막 단계로서 복구 등 사후대책이 필요한 단계

6.7.4 비상대응 체계

1) 사고보고 Process

현장에서 발생하는 모든 사고는 피해 경중에 관계없이 최초 발견자가 관리소장에게 통보하고, 관리소장은 최고안전관리자(CSO) 및 조직장에게 유선으로 즉각 보고하여 신속하고 적정한 지원을 받도록 해야 한다.

- 원칙 : 현장에서 발생하는 모든 사고는 발생 즉시 관리소장, 조직책임자, 최고 안전관리자에게 유선통보
- 보고 프로세스 : 조직책임자, 최고안전관리자는 해당 현장 즉시 출동하여 상황 파악 및 조치

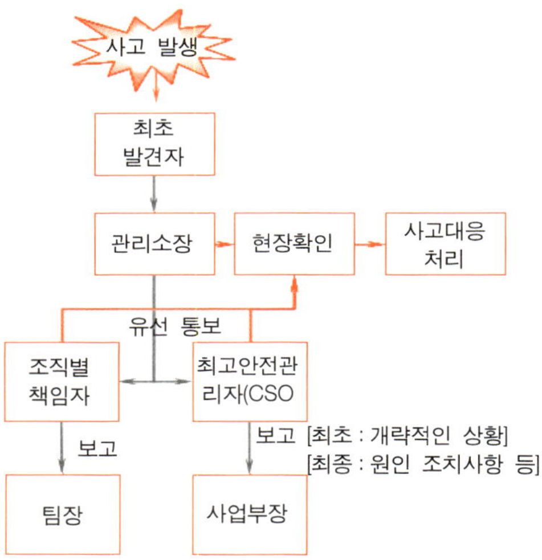

사고등급기준

사고등급	기 준
I (Red)	• 인적 손실 - 사망 • 물적 손실 - 1백만 원 이상 - 관련업 미준수로 벌금/영업 정지 • 기타 피해규모가 미추정중이나 이에 상응하는 수준이 예상되는 경우 • D+1에 1차보고→사고경위만 보고 • 2차 재보고→피해규모 확정 조사 완료시
II (Yellow)	• 물적 손실이 1백만 원 미만이나 인적 손실이 다음과 같은 경우 - 산재처리 및 입원치료 • 기타 피해규모가 미추정중이나 이에 상응하는 수준이 예상되는 경우
III (Green)	• 인적 손실 - 단순치료 • 물적 손실 - 1백만 원 미만 • 기타 피해규모가 미추정중이나 이에 상응하는 수준이 예상되는 경우

그림 6-35 사고보고 Flow

2) 재해발생시 대응 요령

(1) 공통대응 flow

각 재해발생시 대응 업무의 지휘 · 통제 · 보고 등의 획일적인 체계 구축을 위한 공통 Flow을 말한다.

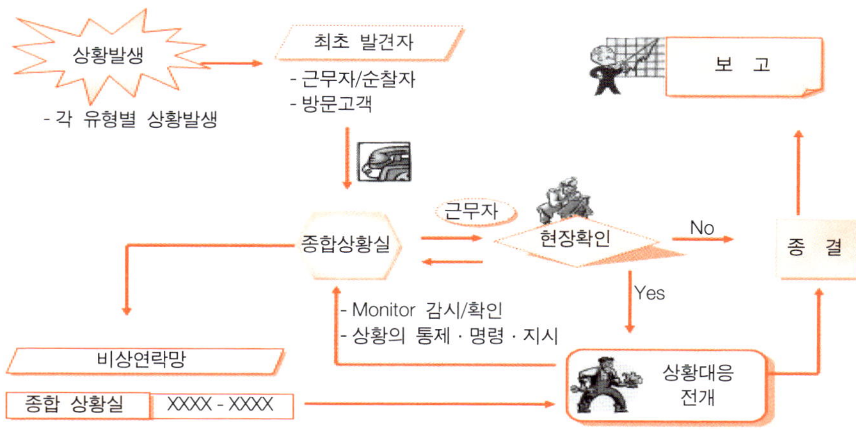

그림 6-36 공통 Flow

(2) 화재시 대응 요령

빌딩내 화재발생 장소는 공사작업장, 식당가 주방, 쓰레기 보관장소 및 처리장, 기계 · 전

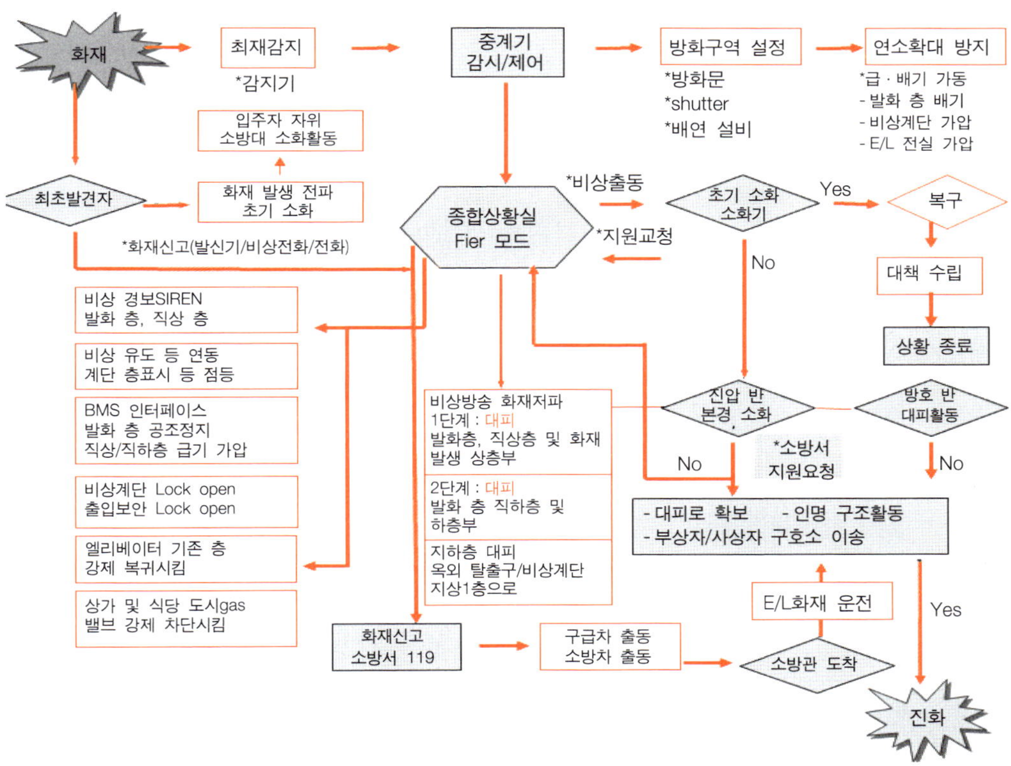

그림 6-37 화재발생시 대응 Flow

기실 등에서 대부분 발화되고 있으며, 화재 원인은 담배꽁초 부주의, 식당가 화기 사용상 미숙, 용접과 같은 화기작업 기본수칙 미준수에 따른 원인이 대다수이다. 따라서 시설물 관리자는 공사작업자에 대한 철저한 안전관리와 취약장소 시설물에 대한 주기적 점검이 필수적이다. 나아가 화재 발생에 대한 사전 예방적인 차원의 건물내 입주사 총무부서와의 긴밀한 협조체계를 통한 종합적인 피난, 소방훈련계획을 매년 수립하고, 대피 가상 Simulation Program을 마련하여 건물내 근무자와도 수시 공유 및 홍보를 통한 경각심 고취와 공동의 반복적인 훈련이 무엇보다 중요하고 필요한 시점이다.

(3) 정전시 대응 요령

정전 발생은 건물의 주요 용도, 기능에 따라 건물주에게는 매우 중요하고 고객에게 미치는 Risk 발생의 규모도 크다. 따라서 정전시에는 무엇보다 정전 원인을 신속하게 파악하고, 단계별 시나리오에 따라 초기 대응과 조치가 무엇보다 중요하다. 이를 위해서는 평소에 정전 원인의 사례와 정기적인 가상조치 대응 훈련과 근무자에 대한 반복적인 교육을 필수로 실시해야 한다.

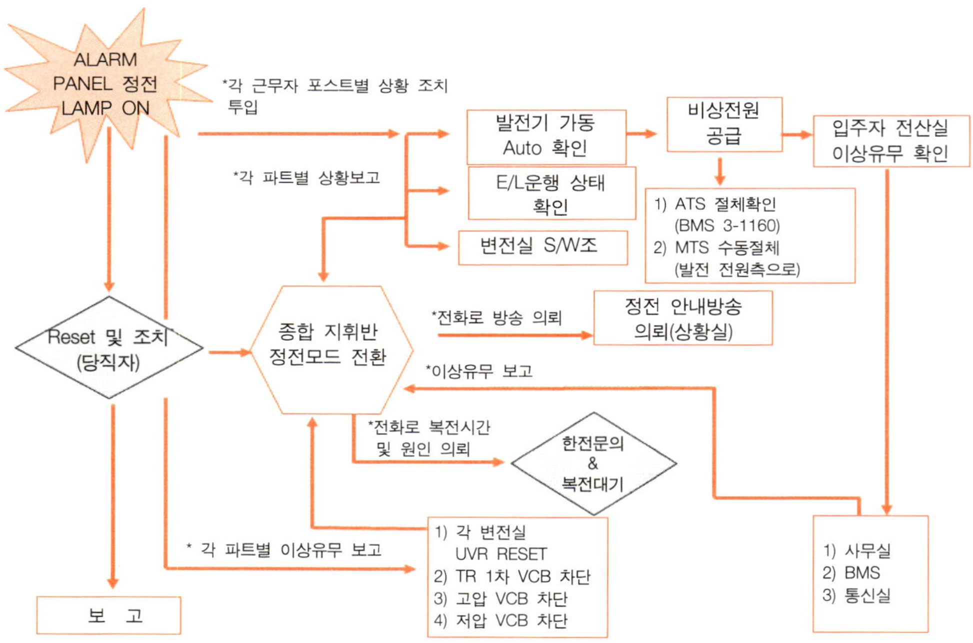

그림 6-38 정전시 대응 Flow

(4) 누수시 대응 요령

건물내 누수 발생은 주로 설비류의 배관 노후 및 Operation 운영 미숙과 물을 사용하는 화장실, 탕비실, 식당 주방에서 이용자의 부주의에 의한 사례가 많다. 누수의 사전 예방을 위해서는 건물내 취약지역과 장비에 대한 정확한 사전 정보를 공유하고 주말, 야간, 연휴기간에는 보다 철저한 점검과 사전예방 활동이 중요하다. 누수시 대응 요령 Process는 다음과 같다.

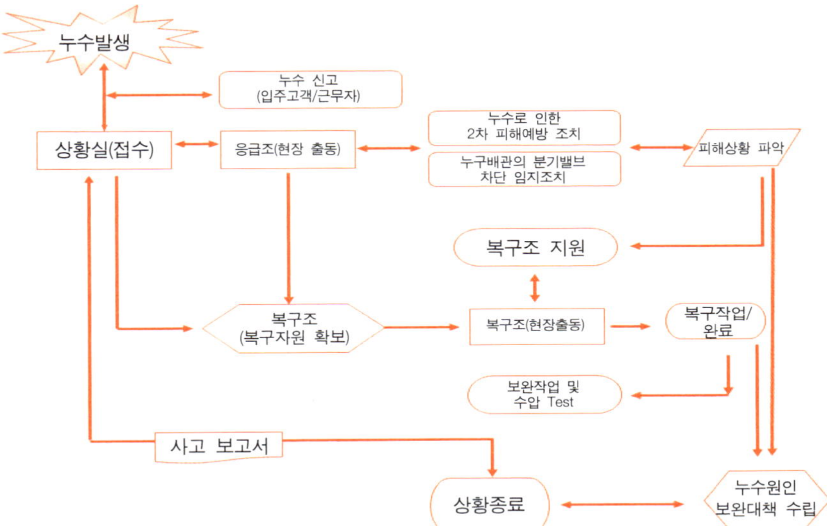

그림 6-39 누수 발생시 대응 Flow

(5) 집회 · 시위시 대응 요령

건물 내 · 외부에서 발생하는 집회 · 시위 유형은 입주 고객사의 노조문제 등의 Issue와 외부인의 거래와 관련된 이해관계 등에 있어서 민원성, 압박성 집회가 있다. 집회신고 후에 실시되는 집회에 대해서 건물관리자는 건물 내에 진입하여 폭력 · 점거농성 등 시위에 대비한 비상시 인력배치 및 건물 출입구 운영방안을 사전에 수립하여 대응할 필요가 있다. 무엇보다 건물관리자는 집회 및 시위를 진행하는 당사자의 정확한 목적과 Needs을 파악하여 건물 내 입주고객 및 근무자들에게 소음 및 출입 동선 등에 업무피해 상황이 발생하지 않도록 해야 한다. 이를 위해서는 이해 관련자와의 적절한 중재를 통하여 장기적인 집회, 시위가 진행되지 않도록 적극적인 사전 정보 파악과 활동이 무엇보다 중요하다.

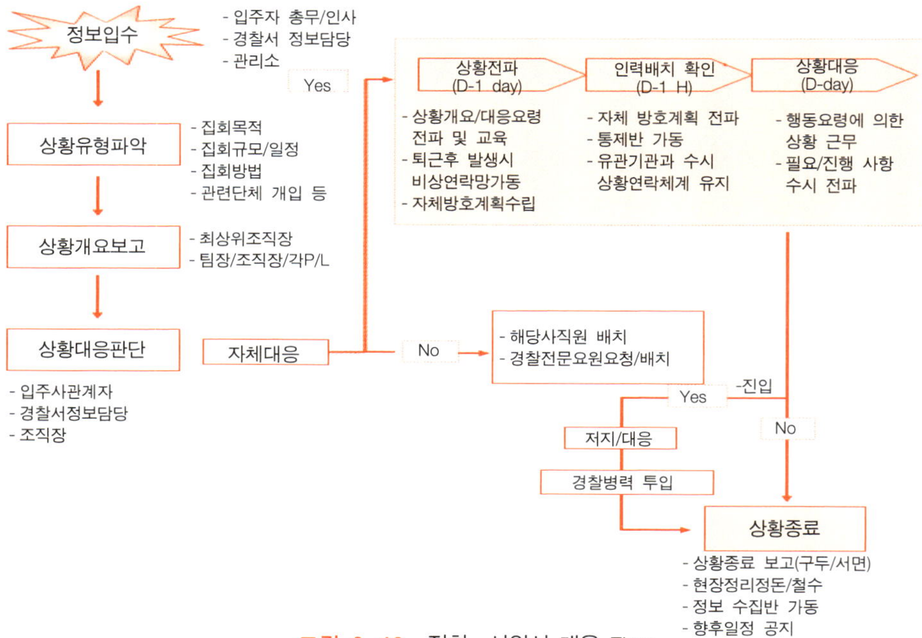

그림 6-40 집회 · 시위시 대응 Flow

6.8 운영 및 유지관리(Operation & Maintenance) 사례

국내 건물관리 전문회사의 CS(Customer Satisfaction)활동, 업무개선 활동, 안전관리 활동, 프로젝트 활동, COP활동(Community of Practice), 건물운영 Report 활동 사례를 간략하게 소개하고자 한다.

6.8.1 CS 활동

1) 임산부 보안게이트 개선서비스

임산부가 X-Ray 보안 게이트 통과시 산모나 태아에게 영향을 주지 않도록 개선한 사례로서 임산부는 X-Ray에 영향을 받지 않도록 별도 통로를 확보하여 출입이 가능하도록 하여 고객의 건강을 최우선으로 하는 개선 사례

그림 6-41 임산부 보안 게이트 통과 개선

2) 공구대여 서비스

가정이나 사무실에서 필요한 공구들을 원하는 고객에게 무료로 대여하는 서비스

그림 6-42 공구 대여 서비스

3) 우산대여 서비스

갑작스런 우천 등에 의해 우산을 준비하지 못한 고객에게 우산을 무료로 대여하는 서비스와 고객의 우산을 고객에게서 전달받아 접어서 우산 비닐에 넣어주는 서비스

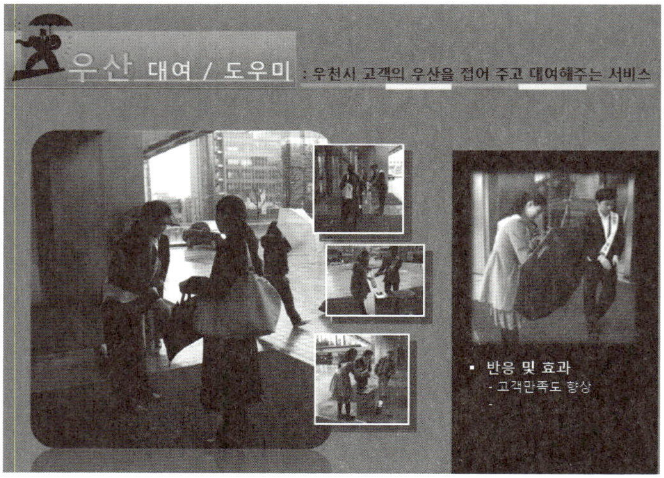

그림 6-43 우산 대여 서비스

4) 개인주택 컨설팅

고객이 새로 신축된 집에 입주하거나 새로운 집으로 이사한 경우 발생하는 여러 가지 주거환경 개선에 따른 인테리어 공사라든지 주택 개·보수 등과 같은 수선공사가 발생할 경우 전문가적 노하우 제공이나 방법을 제공하며 해당 전문업체까지 추가로 소개·연계해 주는 서비스

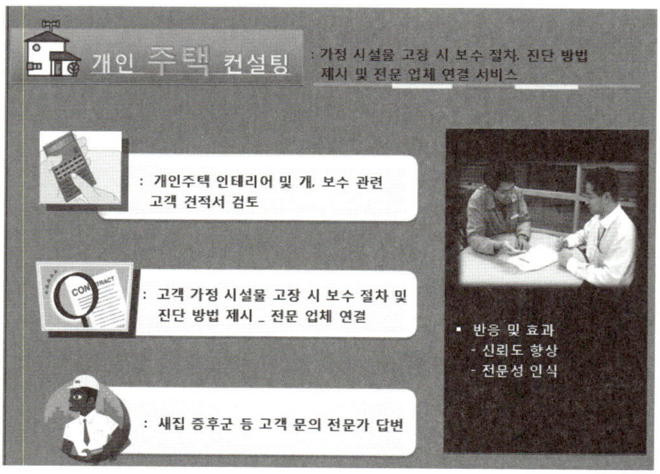

그림 6-44 개인주택 관리 컨설팅

5) 금붕어 분양서비스

관상용 어린 금붕어를 일정기간 동안 기른 후 원하는 고객에게 무료 분양하는 서비스

그림 6-45 금붕어 분양 서비스

6.8.2 업무개선 활동

직원의 문제 해결능력 배양과 개선의 조직문화 구축 등을 목적으로 현장개선 활동 및 낭비제거 활동을 전개하여 관리소 직원뿐만 아니라 협력사원 모두가 적극적으로 참여하여 활동하고 있다. 이러한 활동들이 점진적으로 확대 · 발전하여 모든 관리소에서 따라 할 수 있으며, 이를 통하여 고객에게 매출 확대, 원가절감 등의 서비스 제공으로 만족과 감동을 줄 수 있다.

1) 포켓 테스터기 개선

소형 포켓용 테스터기 사용시 측정값을 보는데 불편함이 있어 포켓용 테스터기 후면에 자

추진 테마 명	포켓 테스터기 사용 시 편리한 작업 환경 추구	
테마 개요	휴대용 포켓 테스터기 자석부착으로 작업환경개선	
활동 내용	▪ 문제 인식 : 포켓용 테스터기로 전압, 저항 측정 시 또는 원거리 단자 통전 시험 시 기존 테스터기로는 정확한 값의 측정에 애로사항이 있거나, 2인 작업을 해야 하는 경우도 발생. ▪ 문제 해결 방법 : 기존 포켓용 테스터기 뒷 편 에 고무자석을 부착함. 각종 측정 시 판 넬 및 기타 철재 구조물에 탈/부착이 가능함으로써, 1인 작업 가능 및 정확한 수치 측정 용이	
	활동 전	활동 후
	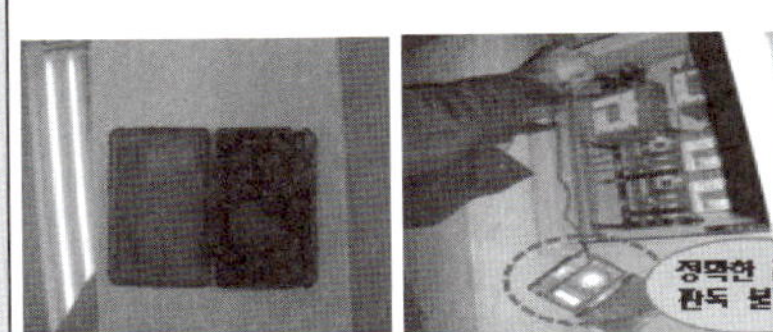 	

그림 6-46 개선 사례

석을 부착하여 분전반 내부에서 테스터기 사용시 테스터기 후면 자석을 이용·고정하여 전압·전류 측정시 측정값을 정확히 보면서 작업할 수 있도록 개선한 사례

2) 공조기를 이용한 소독

소독이 필요한 사무실이나 층에 휴대용 소독기를 휴대하고 이동하면서 소독하는 경우에 이동에 따른 불편이나 시간절약을 위해 공조기와 공조기 덕트를 이용하여 소독함으로써 이동에 따른 불편이나 시간절감, 적소에 소독이 적절하게 될 수 있도록 개선한 사례

<table>
<tr><td>추진 테마 명</td><td colspan="2">공조기를 이용한 건물소독 (연무 작업 시)</td></tr>
<tr><td>테마 개요</td><td colspan="2">• 공조기를 통한 건물소독으로 업무시간 및 인력 낭비 감소</td></tr>
<tr><td rowspan="3">활동 내용</td><td colspan="2">• 문제 인식 : 건물 소독 시 업체인원들과 건물 직원이 전 층 곳곳을 돌아다니면 작업하는 방식으로 소요시간이 길고,
그에 따르는 입주자 불편도 있어 개선 함.

• 문제 해결 방법 : 공조기에 연무를 실시하여 작업시간을 단축 함.

• 활동성과 : 1. 작업시간 단축 및 입주자 통제시간 단축
2. 공조 급 기 덕 트 소독 효과 및 효율성 증가
3. 입주자 pc등 전자기기에 직접 연무되지 않아 사고 위험 낮음.
4. 창고,회의실 등 시건 장치 관련 불편사항 해소.
5. 약품 제조업체 확인 약품에 의한 부 식 성 없음. (공조기 스팀 가습 시 영향과 같음.)</td></tr>
<tr><td>활동 전</td><td>활동 후</td></tr>
<tr><td>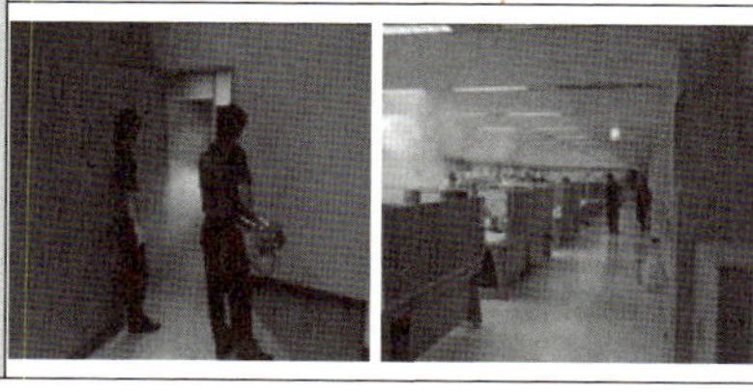</td><td></td></tr>
</table>

그림 6-47 개선 사례

3) 보안검색대 출고물품 검색 개선

보안이 중요시되는 건물의 경우에 근무자가 건물 외부로 나가는 경우, 보안게이트를 통과하면서 금속성 물체는 모두 검색대에 올려놓고 근무자는 X-RAY 게이트를 통과하는 과정이 필수이다. 이때 컨베이어 위에 놓인 물건은 끝까지 이동해야만 보안요원이 내용물을 확인할 수 있는 상황이었는데 보안요원이 확인하기도 전에 근무자가 X-RAY를 통과하면서 동시에 물품도 미리 수취하는 사례가 있어 이를 방지하고자 수취방지용 투명 아크릴을 설치하여 컨베이어 끝까지 물건이 이동하여 검색이 가능하도록 개선한 사례

<table>
<tr><td>추진
테마 명</td><td colspan="2">보안 검 색 대 업무개선</td></tr>
<tr><td>테마 개요</td><td colspan="2">▪ 검 색 대(금속) 컨 베 어 라인에 물품 수취 방지 아크릴 설치하여 출고되는 물품 확인</td></tr>
<tr><td rowspan="3">활동
내용</td><td colspan="2">▪ 문제 인식 : 보안요원 확인 전 물건 수취함
▪ 문제 해결 방법 : 금속탐지기 라인에 투명 아크릴 설치하여 빠른 수취를 할 수 없도록 하여 보안요원 출고 물품 상세 검색 가능토록 함</td></tr>
<tr><td>활동 전</td><td>활동 후</td></tr>
<tr><td>
</td><td>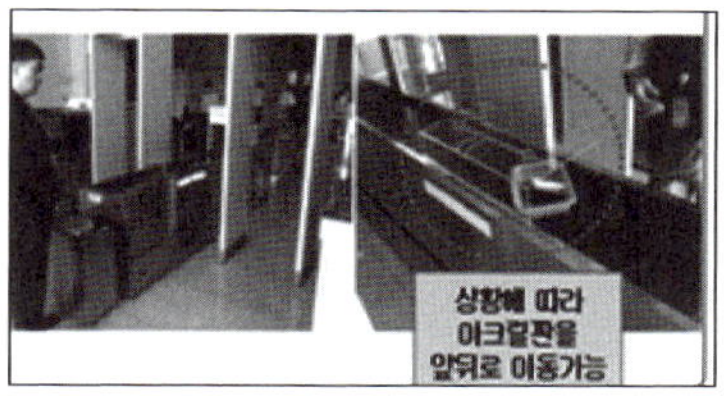
</td></tr>
</table>

그림 6-48 개선 사례

4) 타이머 설치를 통한 에너지 절감

불필요한 전등의 점등으로 인한 에너지가 낭비되는 경우가 많다. 이런 경우 타이머를 설치하여 낭비되는 전기에너지를 줄이고자 하는 개선안으로 사무실의 경우 점심시간에 일정시간 자동 소등함으로써 에너지를 절감하는 사례

<table>
<tr><td>추진
테마 명</td><td colspan="2">사무실 전등 조명 타이머 설치</td></tr>
<tr><td>테마 개요</td><td colspan="2">▪ 전등 조명 타이머 설치로 점심시간 소등으로 요금절감.</td></tr>
<tr><td rowspan="3">활동 내용</td><td colspan="2">- 문제 인식 : 점심시간 (12:00~13:00)에 사무실 전등이 점등되어 있어 에너지 낭비가 됨.
- 문제 해결 방법 : 전등라인에 타이머 설치로 소등 하여 점심시간 에너지 절감 효과를 볼 수 있음.
- 0.032kw x 100개 x 1시간 x 30일 x 12개월 x 100원 =115,200 원/년</td></tr>
<tr><td>활동 전</td><td>활동 후</td></tr>
<tr><td></td><td>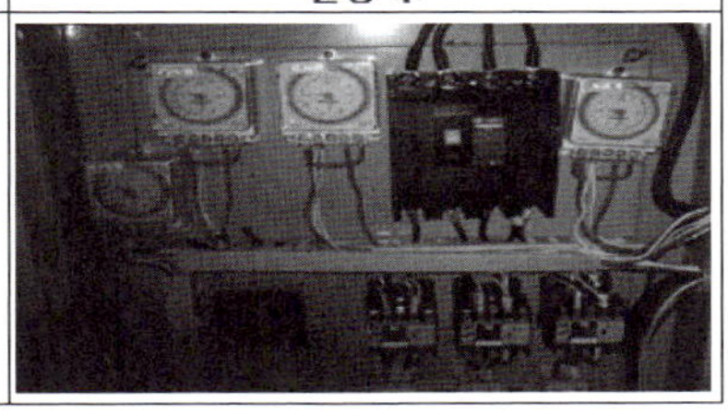</td></tr>
</table>

그림 6-49 개선 사례

6.8.3 안전관리 활동

건물의 시설물 안전점검을 통한 안전사고 예방을 위해 순회 안점점검조를 편성 · 운영하여 안전사고 zero와 시설물의 수명연장, 고객만족도 향상을 위한 안전활동으로 사전위험요소를 찾아내어 개선안을 도출함과 동시에 타 건물에 공유 · 전파하여 함께 할 수 있는 활동이다.

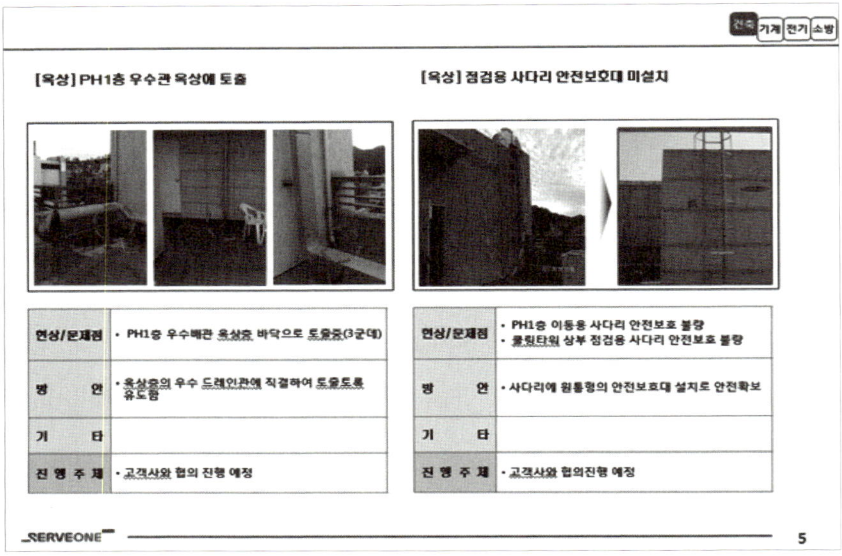

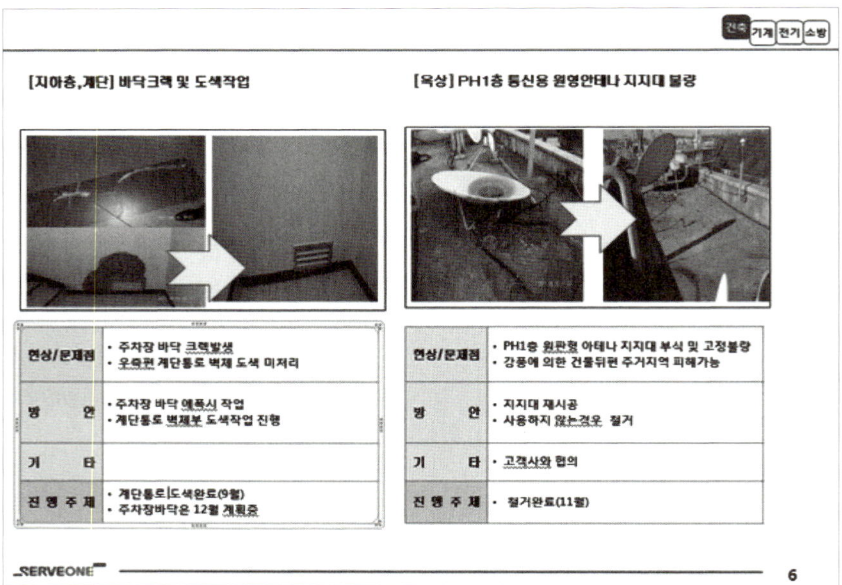

건축 기계 전기 소방

[기계실] 집수정 펌프 소음발생

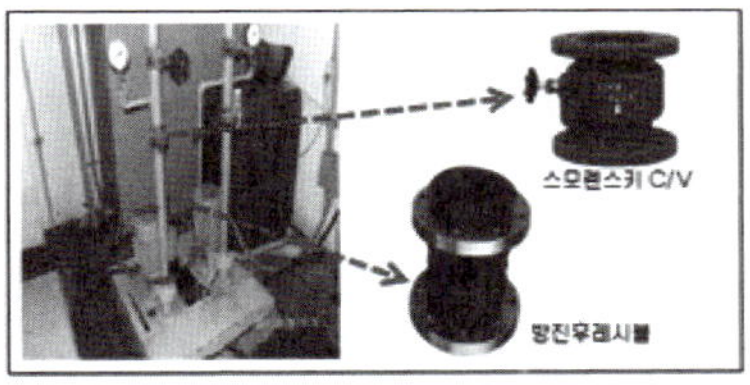

현상/문제점	• 집수정펌프 좌측편 기동시 소음발생
방 안	• 펌프기동시 펌프작동 기능 점검 • 모터베어링 상태 점검
기 타	• 토출배관에 방진용 후렉시블 조인트 설치 권고 (펌프기동/정지시 배관 진동/충격 완화) • 역류방지 및 워터해머링 방지를 위한 스모렌스키 체크밸브 교체권고
진 행 주 체	• 펌프내 베어링교체등(11월 현재 진행중)

[기계실] 밸브 열림/닫힘 표시

현상/문제점	• 밸브의 열림/닫힘이 눈에 보이지 않음
방 안	• 밸브별 열림/닫힘 상태를 알 수 있도록 표시
기 타	
진 행 주 체	• 관리소 처리 완료

SERVEONE 7

적외선 열화상 측정 DATA

건축 기계 전기 소방

▣ 수변전실

장비	열화상 사진	실 사진	판단기준	측정 값 / 상태
PT 애자	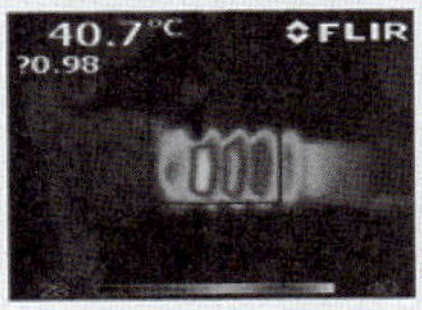		75℃ 이하	40.7℃ 양호
TR1			100~120℃ 이하 철심부	90.1℃ 양호

SERVEONE 12

적외선 열화상 측정 DATA

건축 기계 전기 소방

■ 수변전실

장비	열화상 사진	실 사진	판단기준	측정 값 / 상태
LV/4 MCCB 6번	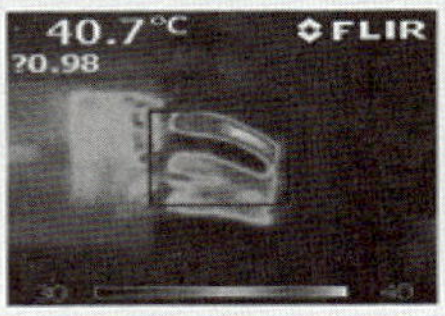	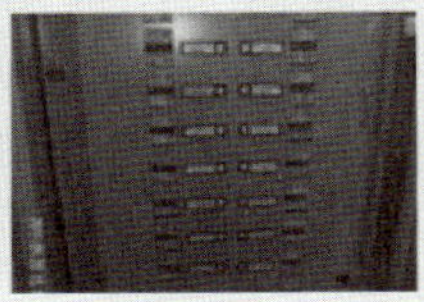	60℃ 이하	40.7℃
LV/4 MCCB 9번	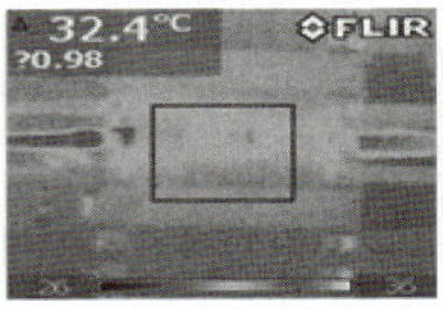	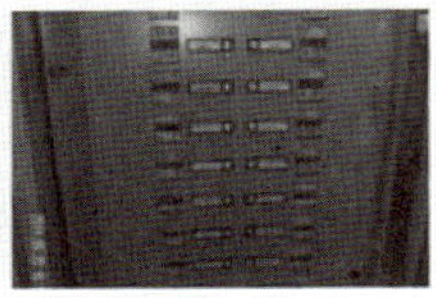	60℃ 이하	32.4℃

SERVEONE 14

첨부: 판단기준_전기설비(한국전력기술인협회 자료)

건축 기계 전기 소방

■ 전력기기별 점검주기 및 교체시기

주요기기	정기점검 주기 년수										정기 점검			교체추천시기
	1	2	3	4	5	6	7	8	9	10	특별	보통	정밀	
가스절연 개폐기						o					이상차단	6년	12년	20~25년
고,저압 배전반	o		o		o		o		o		-	2년	-	15~20년
감시반, 계전기반	o		o		o		o		o		-	2년	-	15~20년
VCB			o			o			o		이상차단	3년	6년	15~20년
ACB			o			o			o		이상차단	3년	6년	15~20년
GCB			o			o			o		이상차단	3년	6년	15~20년
누전차단기	o	o	o	o	o	o	o	o	o	o	-	1년	-	10~15년
특고단로기			o			o			o		-	3년	6년	15~20년
기중부하 개폐기			o			o			o		-	3년	6년	10~15년
전자접촉기			o			o			o		잦은개폐	-	3년	10~15년
배선용 차단기	o	o	o	o	o	o	o	o	o	o	-	1년	-	10~15년
피뢰기	o		o		o		o		o		-	2년	-	10~15년
유입형변성기	o		o		o		o		o		-	2년	-	10~15년
몰드형변성기	o	o	o	o	o	o	o	o	o	o	-	1년	-	15~20년
전력용Fuse	o	o	o	o	o	o	o	o	o	o	차단발생	1년	5년	7~10년
전력용콘덴서	o		o		o		o		o		-	2년	7년	10~15년
유입변압기	o	o	o	o	o	o	o	o	o	o	-	1년	6년	15~20년
몰드변압기	o	o	o	o	o	o	o	o	o	o	-	1년	6년	15~20년
보호계전기		o		o		o		o		o	-	2년	6년	10~15년
특고압모선	o		o		o		o		o		-	2sus	-	15~20년

주) 자료출처 : LS산전(일본 전기전설공업협회/전기학회)

SERVEONE

그림 6-50 안전점검 Report 사례

6.8.4 프로젝트(Project) 활동

건물관리 운영에 있어 개선이 필요한 사항이나 위험요소가 있는 경우 측정과 분석을 통해 문제점을 찾아내고, 문제해결 방법을 제시하여 실제로 개선작업을 실행하는 활동이다. PJT활동은 높은 품질 수준을 확보하고 유지할 수 있는 혁신적이고 과학적인 기준을 제공하여 고객을 만족시키고 기업경영의 탁월성을 이루고자 하는 활동으로 궁극적인 목표는 품질개선운동에 직원 모두가 참여하여 업무과정의 질을 높이고 업무비용을 획기적으로 절감하여 경쟁력을 향상시키는데 그 의미가 있다.

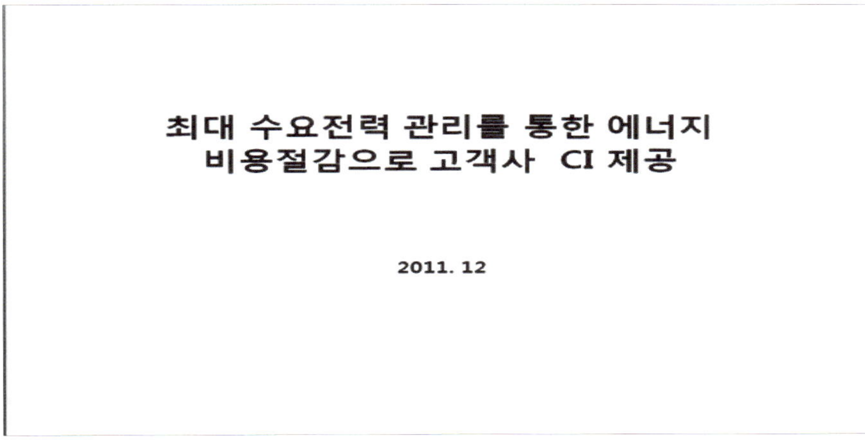

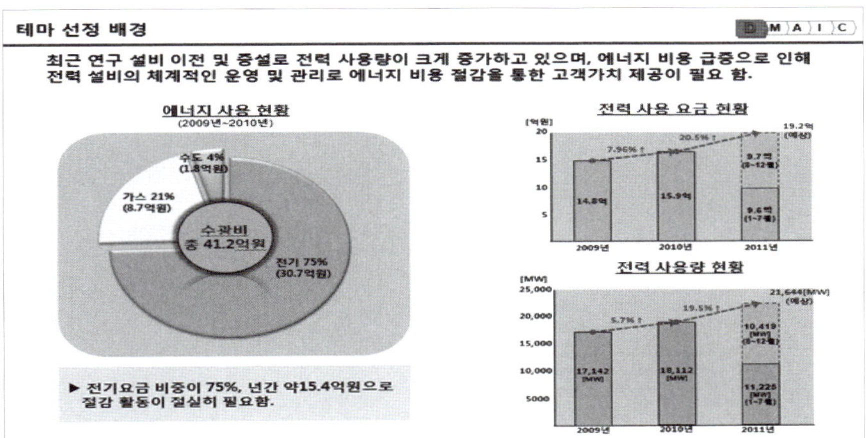

활동 범위

D M A I C

최대수요전력[Peak]에 영향을 주는 주요 장비에 대하여 상황별, 단계별, 종류별로 구분하여 활동범위를 선정하여 Peak-Cut을 실행 하고자 함

Peak-Cut 조정 가능 주요 장비

- 정화조 배기 FAN
- 주차장 배기 FAN
- 공조기 급기, 환기 FAN
- 주차장 급기 FAN
- 연구동 HV, AHV, IAQ
- 실험동 급배기 휀
- 승강기 에어컨
- 연구동 승강기(저, 고 각1대)
- 연구 장비 50KVA 이상 (70대 실험 장비)

→ 건물장비로 적정시간 OFF 가능

→ 실험장비 스케쥴 조정으로 단계별 조정 가능

활동 범위

- 건물 장비 OFF 가능시간 분석 및 장비 제어
- 실험 장비(50KVA)이상 전력량 분석
- Peak상승 원인 분석
- 연구장비 스케쥴 파악 / 조정 (연구원 협의)

CTQ 선정

D M A I C

최대수요전력 관리를 위해 반드시 가동중인 장비의 효율적 운전을 위한 CTQ 로 에너지비용 절감을 본 Project의 핵심 성과 지표로 선정 함.

Big Y: 에너지 비용 절감

CTQ

	y1	건물 장비 제어	y2	연구 장비 제어
	정의	입주 고객의 불편을 최소화 할 수 있는 장비의 제어	정의	연구, 실험에 자질이 없도록 실험장비의 스케쥴을 조정한 장비의 제어
	Defect	Setting 값에 의한 자동 기동	Defect	부하 집중시간 실험 설비 가동

개선 방향 수립

D M A I C

근본 원인 분석 결과를 바탕으로 최대수요 전력의 증가에 대한 개선 활동 방향을 설정함.

근본 원인	핵심인자 분석/검토	개선 활동 방향
외기 온도에 따른 냉.난방 부하 증가	개인 취향에 따른 창문 임의 개방 온도 컨트롤러 설정 변경 실내 온도 관리 기준 인지 미비	자동제어 Demand Control 기능 추가 구현 -. 실내 온도의 제한(에너지 관리공단 규정 준수) -. 공용 공간의 온도 제한(컨트롤러 Holding) -. 온도제한 관련 고객 홍보 강화 -. 주간 순찰자 전등 OFF 실시 강화 -. 미인가 개인 전열기구 회수 강화
인원 추가에 따른 부하 증가	미사용 공용 공간 미소등 미승인 전열기구 사용	
기존 실험 설비의 부하 증가	고객사 경영 악화에 따른 R&D 강화 연구소 분리에 따른 경쟁 심리 강화	실험 스케쥴 조정을 통한 Peak-Cut 실시 -. 실험 스케쥴 분산 조정 협의 및 요청 -. Peak 관리에 대한 내용 홍보 -. 대형 실험장비 가동시 방재실 확인 후 가동
신규 추가 실험 설비의 부하 증가	연구설비 이동 설치 부하증가 수처리 Pilot동 신규 부하 증가	

잠재 해결안 도출[Demand Control 기능 추가 구현] D M A I C

Peak-Cut에 대한 Risk를 최소화 하기 위하여 도출된 방안 1, 2의 적정성을 검토하여 최적의 방안인 2안을 선정함.

추가 장비 Peak-Cut 절감금액

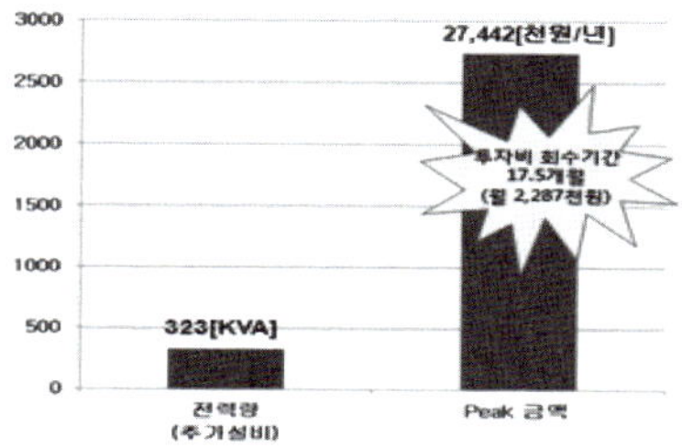

Peak-Cut 추가 설비 현황

설 비 명	부하명	용량[Kw]
연구동 B1층	HV	29.8
연구동 B1층	AHV	14.9
연구동 B2층	AHU	9.7
연구동 4층	AHU	18.6
연구동1층~18층	IAQ	259.3
합계		323.3

최적 방안 도출로 시스템 구축을 고객사에 제안하여 설비 투자 합의

개선방안 실행 및 검증 D M A I C

단계적인 Peak 제어를 통한 절감금액 40백만원과 에너지 절감활동을 통한 절감금액 35백만원을 포함하여 년간 75백만원을 절감하였음.

Peak 목표 설정 및 결과

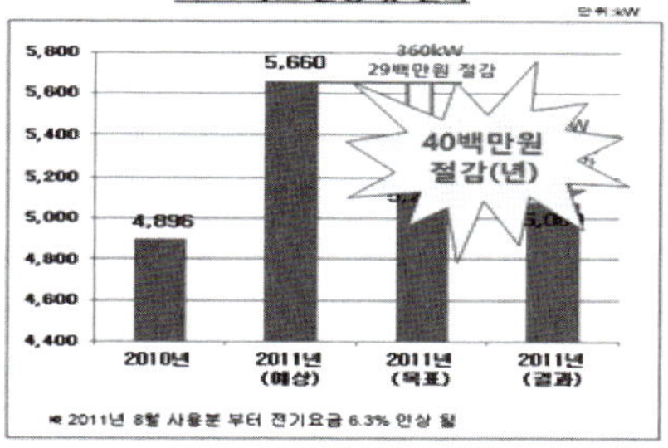

에너지 절감 활동 결과

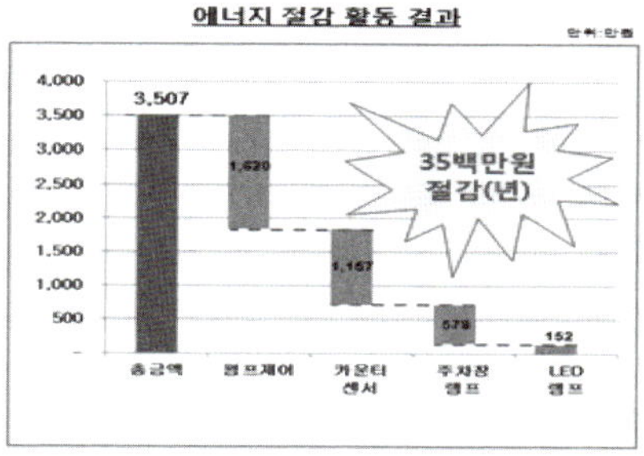

년간 75백만원 에너지 비용 절감

관리계획 D M A I C

Peak 관리를 위한 년간 건물 장비, 대형 연구 설비별 전력사용량 분석 및 계획을 수립함.

관 리 실 행 계 획

과제 Items	실행 항목	기간	담당
상황실 Operating	-. 건물장비 실시간 운전 감시 -. 장비 가동의 적정성 확인	수시	상황실장
운전 Data 집계	-. 월별 설협장비 가동율 집계 -. 월별 장비별 전력사용량 기록	매월	전기P/L
장비 점검	-. 일상점검 실시 -. 년간 보전활동 실시	매월	전기/기계 담당

※계량기 검침 시스템 도입으로 최적의 Data 관리를 위한 고객사 투자 유도(2012년 상반기 내)

그림 6-51 프로젝트 사례

6.8.5 자발적 개선협의체(COP) 활동

1) COP개념

기업은 중·장기 과제를 스스로 연구하고, 해결해 나가는 직원들의 자발적 활동이 무엇보다고 중요하다. 이러한 필요성에 따라 자발적 개선협의체를 COP(Community Of Practice) 『자주개선연구회』 라고 하며, 개념을 정의하면 다음과 같다.

조직 구성원의 다양한 경험 및 역량을 문제해결 중심으로 결집하는 것으로 개인의 관심사와 조직의 핵심 역량에 부합하는 주제에 대하여 관심사를 같이 하는 직원들간에 인적 네트워크를 구성하여 개인의 경험과 역량, 노하우를 공유, 학습함으로써 문제를 해결하고 지식을 창출하는 비공식적인 모임이라 할 수 있다.

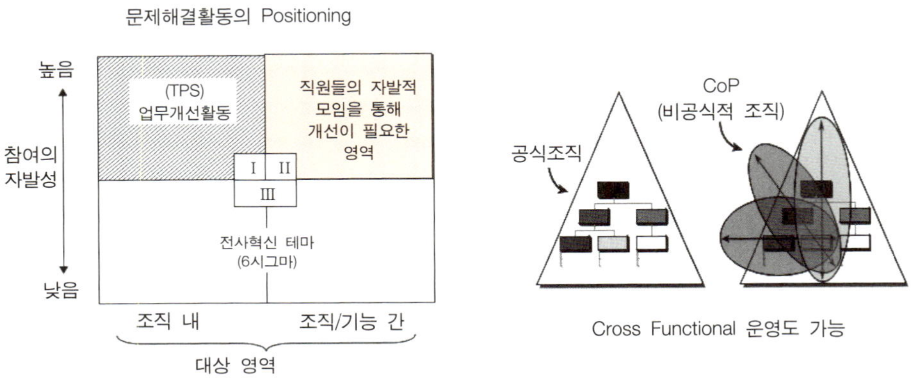

그림 6-52 COP 개념

2) COP활동 사례

관리하는 건물에서 발생되는 난해한 문제점 발생시 이를 모두에게 공유하고 제시하여 문제에 대한 좋은 해결 방안을 서로 간에 제시하면서 가장 좋은 해결 방안을 찾을 수 있다.

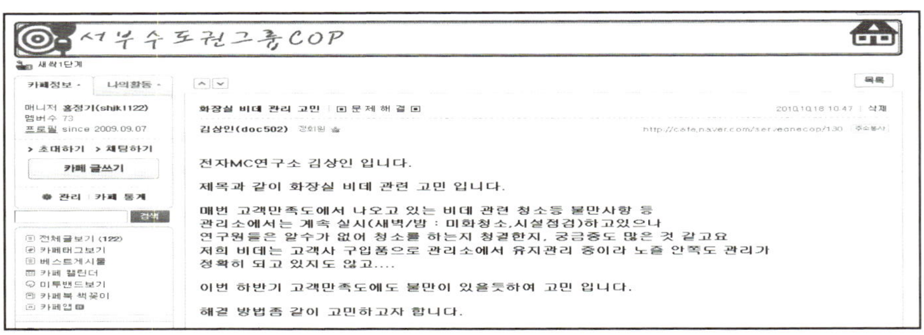

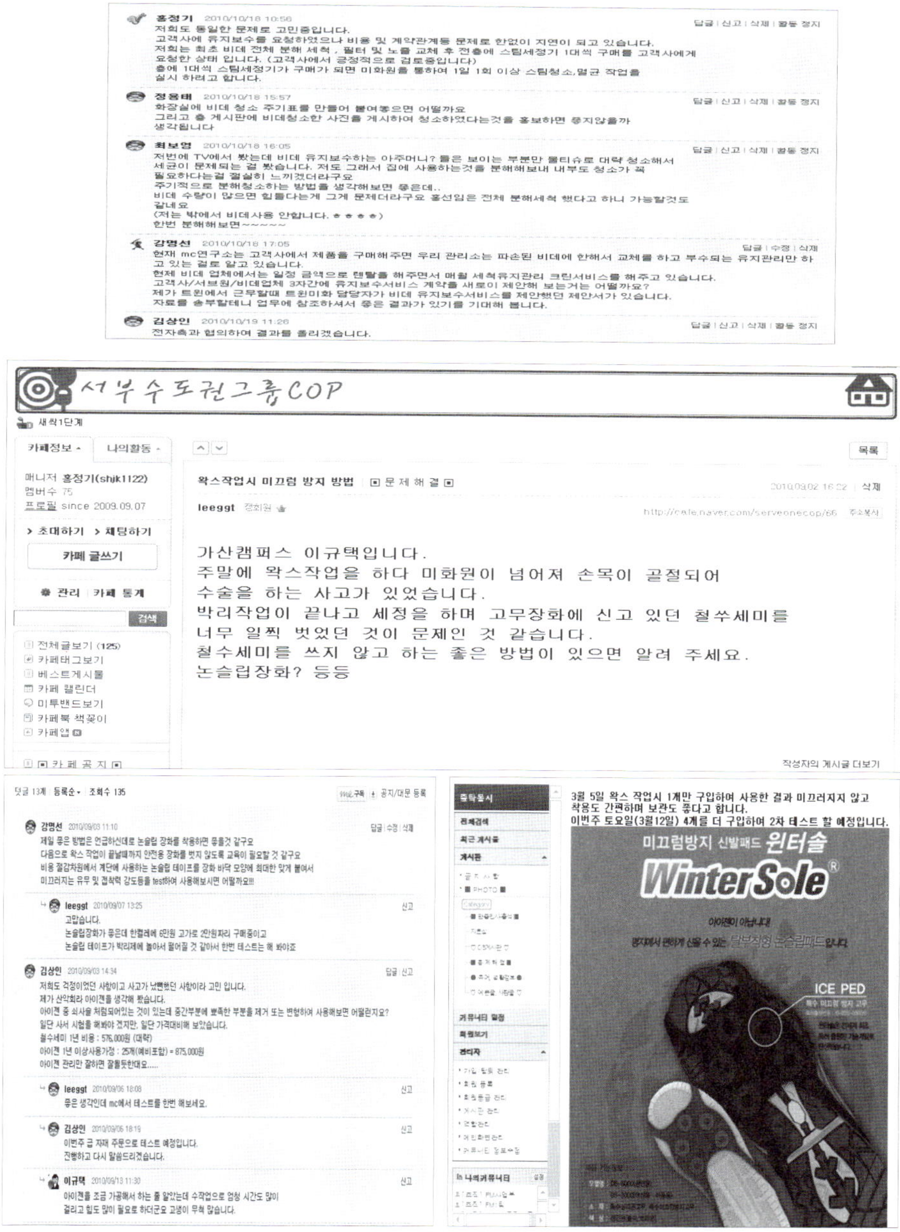

그림 6-53 COP 사례

6.8.6 건물관리 운영보고서 활동

월간 운영보고서는 건물 내에서 발생되는 각 부문별 처리 현황과 행사, 불편사항, 요청사항, 개선사항 등 종합적인 운영보고서로서 고객과 공유하기 위하여 작성·활용된다. 주요 기재항목으로 기술·운영부문 업무사항, 업무개선 사항, 주요행사 및 진행내역, 주요 이슈 사항 등으로 구성하고 있다. 또한 시설관리 공사내역, 입주사 변동내역, 수도광열비 분석, 수선공사 내역·비용, 우수 서비스 개선 사례, 불편사항 집계·분석 등도 포함하여 공유하는 건물관리 종합운영 보고서이다.

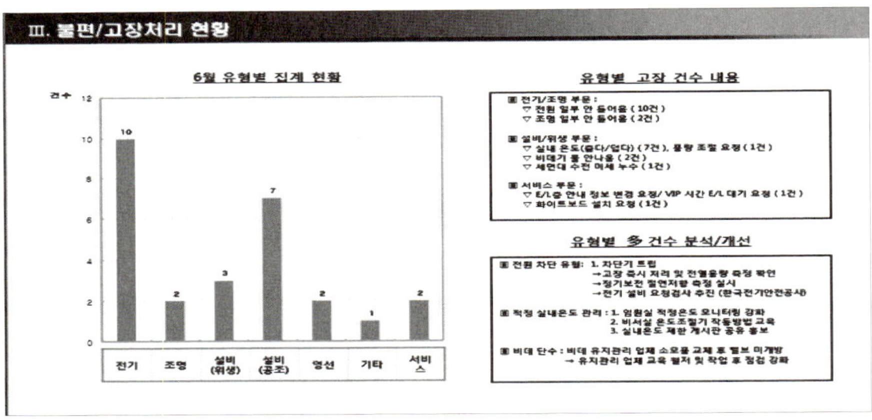

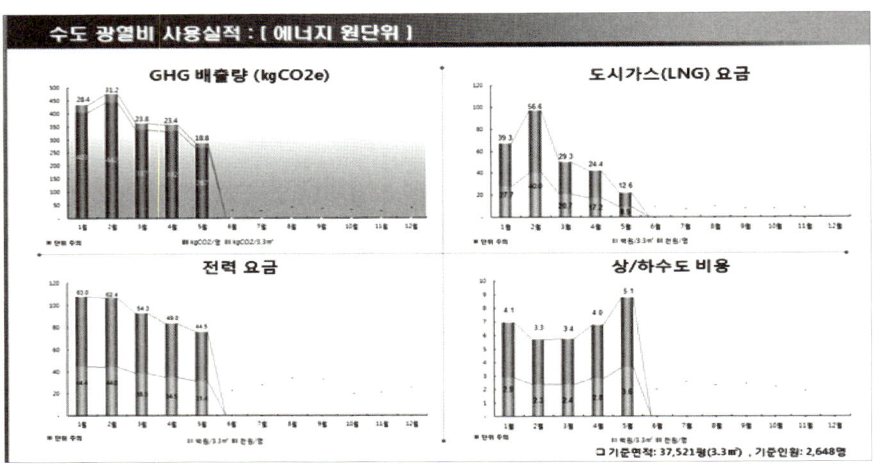

안전 관리 활동

안전/화재 순찰 주요 Issue 현황

구분	상황 내용	지역
사무실 실험실	◐ 야간 보안,안전 활동순찰 실시 → 전원 ON ->4건, 미허가 제품 -> 2건 적발 예방	전층
	◐ IFMS 정기 순찰 실시 → 자율점검 미실시/ 적재물/ 램프불량 발견 조치	전체
	◐ 타워동 1층 PS실 대리석 도어 탈락	1층 A Core
	◐ 타워동 8층 남, 여 화장실 좌변기 비데 누수	8층 A, B Core
	◐ 하랑 열스컬레이터 이물질 끼임 멈춤	지하 1층
	◐ 고층부 엘리베이터 고장	1층
건물 외곽	◐ B4F 주자장 출구램프 벽면 및 셔터 훼손(자행) → HA 디자인 냉장고그룹 (황정연선임)	지하4층
	◐ 타워동 로비 앞 보도 가로등 파손 → 훈련 대비 규정 방사압력 Check	1층 외곽
	◐ 정원 배수 트렌치 부근 점토블럭 침하	1층 정원
방재실 관리제실	◐ 태풍 기상예보 정보 수집 및 선 예방 활동	상시
	◐ 방재실,기계실,전기실 정리정돈 크린데이/사고예방	지하층, 옥상
	◐ 조명제어 모니터링 절전 대응	전층

상황별 조치 사항/결과

◆ 전원 On 상태 적발 -> 경고 스티커 발부 및 해당자 사진촬영

◆ 적재물, 램프불량 발견 조치
→ 소방법 위반 적재물 이동/ 램프 불량 교체 작업 실시

◆ 대리석 도어 이탈 하자 요청
→ 은민 인테리어 하자 처리 및 전체 대리석 문 점검 요청
→ 하자 처리 완료 및 점검 일정 협의중

◆ 화장실 비데 누수
→ 누수 조치 및 전층 점검 완료
→ 관리 인원 교육 철저 / 인원 고정화/ 작업 후 점검 실시 요청
→ 누수 대책 보고서 및 책임 각서 작성 제출 완료

◆ B4F 주자장 파손 개인 보험 처리
→ 자동차 보험사 보상 (셔터레일, 벽체마감 수리 완료)

◆ 보도 가로등 파손
→ 케이블 절단 후 마감 임시 조치 완료
→ 임원세미나 後 조치 진행 중

◆ 정원 점토블럭 침하 개선 실시 완료
→ 배수 배관 우회 연결 및 침하 부분 보수 완료

◆ 태풍 기상예보 정보 수집 및 상황전파 철저 및 점검 강화

역량 향상 교육 활동 현황

활동 내역

구분	교육 내용	일시
서비스	◐ 고객응대 화법 및 직장내 예절 (시설/위생) 강사 진행 : 강미숙 강사	6/7
	◐ 보안 주,야간조 압초근무 동영상 교육 및 CS교육 → 강사 : 윤영만 실장 자체 교육	6/7
	◐ 고객감동 서비스 교육 – 인지, 커뮤니케이션 (보안/안내) 협력업체 강사 : 홍경희 외부조정 강사	6/29
	◐ 보안/시설/위생 CS모닝 실시 → CS를 해야만 하는 이유/ 기본 실습 (인사, 미소) / 바른 존칭어 사용은 서비스 맨의 기본 ☞ 표준매뉴얼 실장 교육	6/14, 16, 30
안전	◐ 불시 소방훈련 실시 → 피트니스 센터 화재 및 인명구조 가상훈련	6/2
	◐ 산소 아세틸렌 용접작업 방법 → 강사: 시설 실장	6/8
	◐ 하절기 안전대책/ 가산IDC 화재사고 공유→강사: 최윤남	6/24
혁신	◐ 업무개선활동 공유회 실시 - 시설, 보안 우수테마 발표 공유	6/2

활동 사진

업무 개선 활동 현황

부문별 제안 건수 / 참여율

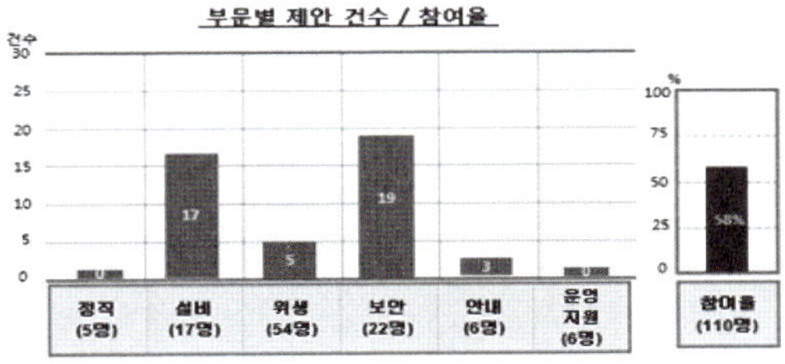

유/무형 개선 효과 현황

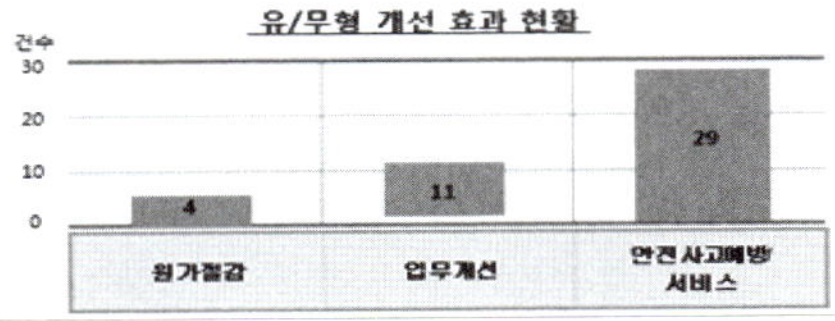

부문별 최우수 달인

구분	테마명	제안자
시설	스피커 일체형 타입 벨 설치	[illegible]
	화재 진압 방화,방열복 출입 ID카드부착	[illegible]
	E/V 모니터 감시반 화면 표기표기	[illegible]
보안	주차장 입,출구 청소 시 안전 안내판 확대	[illegible]
	포디움동 유리 칸막이 적외선 센서 안내문 설치	[illegible]
	고객센터 안내데스크 뒤쪽 미팅장소 이용시 주의사항안내문 설치	[illegible]

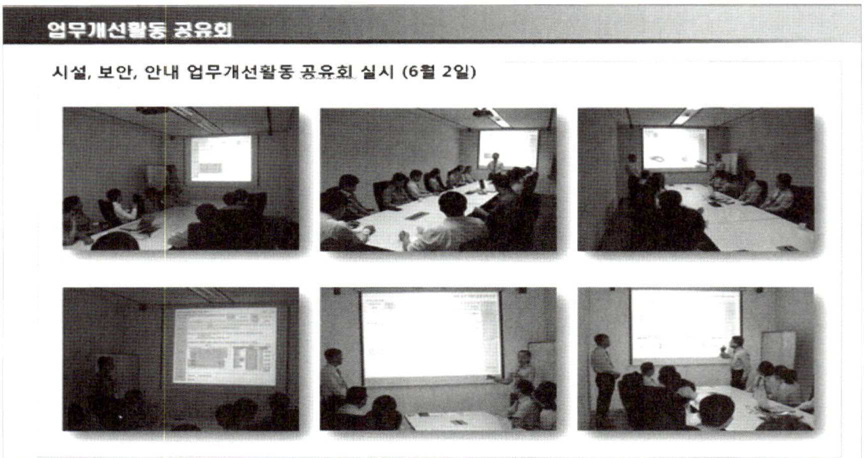

그림 6-54 월간 운영보고서 사례

6.9 운영 및 유지관리 방향

건물에 부속된 시설물 관리 등의 전통적인 FM활동에서 앞으로는 기업부동산을 보유하고 있는 고객사의 기업경영 활동에 공헌하는 경영FM적인 관점으로 관리 Concept이 변화되어야 한다.

경영FM적인 활동은 LCC관리, CO_2 및 에너지관리, 빌딩수익성 분석, 리뉴얼공사의 기획설계, 시공 등의 기획제안 및 프로젝트 영역의 활동 및 역할 수행을 의미한다. 이러한 경영FM적인 활동을 통해 재무적 측면에서는 고객사 비용절감 및 자산가치 극대화에 기여하고, 환경에너지, 안전측면에서는 고객사의 사회적 책임 및 영속성 강화에도 기여해야 한다. 이를 위해 FM의 역할자들이 고객사 기업경영에 깊이 관여하여 보다 다양한 역할 수행을 통해 기업부동산에 대한 전문적이고 차별화된 포괄적 경영FM서비스를 개발 · 제공해야 한다.

Keyword

- LCC(Life Cycle Cost 생애주기 비용) : 건물의 기획, 설계, 검토에서부터 운영, 철거, 소멸에 이르는 건축물의 전 생애에 요구되는 비용의 합계
- IDC(Internet Data Center, 인터넷데이터센터) : 기업의 전산시설을 위탁 관리하는 곳
- SOC(Social Overhead Capital, 사회간접자본) : 생산 활동에 직접적으로 사용되지는 않으나 경제활동을 하기위해 반드시 필요한 사회기반시설로서 항만, 철도, 도로 등
- BTO(Build Transfer Operate 건설 · 양도 후 운영) : 사회간접자본시설의 준공과 동시에 당해 시설의 소유권이 국가 또는 지방자치단체에 귀속되며 사업시행자에게 일정기간의 시설 관리 운영권을 인정함
- BOT(Build Operate Transfer 건설 · 운영 후 양도) : 사회간접자본 시설의 준공 후 일정기간 동안 사업시행자에게 당해 시설의 소유권이 인정되며 그 기간의 만료시 시설소유권이 국가 또는 지방자치단체에 귀속
- BOO(Build Own Operate 건설 · 소유 운영) : 사회간접자본시설의 준공과 동시에 사업시행자에게 당해 시설의 소유권을 인정
- BLT(Build Lease Transfer 건설 · 리스 후 양도) : 사업시행자가 일정기간 주무관청에 리스해 주고 리스 기간이 끝나면 소유권을 관청에 넘기는 방식
- ROT(Rehabilitate Operate Transfer 시설 정비 후 운영권 위탁) : 국가 또는 지방자치단체 소유의 기존시설을 정비한 사업시행자에게 일정기간 동 시설에 대한 운영권을 인정
- ROO(Rehabilitate Own Operate 시설 정비 후 소유권 인정) : 기존시설을 정비한 사업시행자에게 당해 시설의 소유권을 인정
- BTL(Built Transfer Lease 건설 · 임대) : 민간투자자가 공공시설 등을 지어 정부에 빌려준 뒤 임대료를 받는 건설사업방식. 투자금 회수가 끝나면 정부에 소유권을 이전하게 된다.
- VOC(Voice of Customer 고객의 목소리) : 고객의 Needs나 Wants 등
- ISO(International Organization for Standardization 국제표준화기구) : 지적 활동이나 과학, 기술, 경제 분야에서 세계 상호간의 협력을 위해 1946년 설립한 국제기구
- ISO9001 : ISO에서 제정한 품질경영시스템에 관한 국제규격을 의미
- ISO14001 : ISO에서 제정한 환경경영체계에 관한 ISO 14000시리즈 중 하나
- 6Sigma : 모든 프로세스에 적용할 수 있는 전방위 경영혁신 운동으로서 6시그마 품질수준은 3.4PPM(part per million)으로서 100만 개 중 평균 3.4개의 불량발생을 의미한다.
- SLA(Service Level Agreement 서비스 수준합의서) : 수요, 공급기업 상호협업문화를 조성하기 위한 서비스 수준에 대한 가이드 라인으로, 수요, 공급 기업간 이해를 증대하고 양자간 계약 체결의 동의서
- CS(Customer Satisfaction 고객만족)
- KPI(Key Performance Indicator 핵심성과지표) : 조직의 목표달성의 정도를 계량하는 지표
- ATS(Automatic Transfer Switches 자동절체 스위치) : 수 · 변전설비에서 한전정전시 정전을 감지하면 발전기가 가동하여 비상 부하라인과 연결된 ATS가 자동으로 발전쪽으로 절체되어 발전기 전압을 부하에 공급해 주게 되고 한전 정전이 복구되어 한전전기가 공급되면 한전 전기 공급쪽으로 절체되어 한전전기를 비상 부하라인에 공급하게 된다.

- UVR(Under Voltage Relay 부족전압 계전기) : OVR과는 반대로 낮은 전압을 검출하는 장비
- OVR(Over Voltage Relay 과전압 계전기) : 비정상적인 높은 전압을 검출하는 장비
- VCB(Vacuum Circuit Breaker 진공차단기) : 특고압 · 고압 배전선로의 과전류, 단락 및 지락사고 등 이상 전류발생시 외부의 별도 계전기에 의해 차단기 내부의 회로를 차단하여 인명 및 부하기기를 보호하는 장비
- COP(Community of Practice 지식실행공동체, 자주개선협의체) : 조직의 경쟁력을 창출하는 원천으로 지식, 정보, 경험 등 지적자본의 중요성이 커짐에 따라 탄생된 지식경영의 실천 전략으로 일과 학습을 조화시키는 조직내 자발적 발전 모임

참고문헌

- 김일효 (2007), 건물자산관리학개론, 남두도서
- 권영식 (2007), 빌딩관리실무 1, 부연사
- 웹자료 : 서브원 홈페이지 FM Division

7
Chapter
부동산 임대관리

7

부동산 임대관리

과거 빌딩은 주로 소유의 개념으로 취득하고, 이를 자가사용 목적으로 사용하는 것이 일반적이었으나 IMF 이후에는 자산의 개념으로 취득하고 외부임대를 통한 안정적 수익모델로 활용하는 것으로 그 패러다임이 변화됨에 따라 시설 임대차업무는 소유주 입장에서 빌딩의 수익을 극대화하기 위한 매우 중요한 업무가 되었다.

IMF 이후 국내 부동산 자산가치가 하락함에 따라 외국자본이 국내 구조조정 부동산 위주로 유입되고 이러한 부동산 자산을 관리하기 위한 외국계 PMC의 국내 진출로 부동산 시장에는 커다란 변화가 일기 시작했다. 이러한 변화는 ABS, MBS 등의 부동산 유동화 및 REIT'S 등과 같이 부동산과 금융의 결합을 유도함으로써 국내 AMC, PMC, 투자자문회사 등이 출현하게 된 계기가 되었다. 이러한 자산관리회사는 시설관리(FM) 업무범위에서 벗어나 소유주의 수익을 극대화하기 위하여 철저한 사전계획 및 시장조사를 실시하여 이를 데이터화하고 앵커테넌트 유치 등을 통해 공실률을 최소화하여 임대수익을 높이고 계획적이고 합리적인 비용계획을 통해 자산가치 상승 및 소유주의 수익률을 극대화하는 보다 폭넓은 업무를 수행하게 되었다.

7.1 임대차업무의 정의

임대차업무란 임대차 목적물의 소유주인 임대인과 이를 점유하여 사용·수익할 목적으로 소정의 차임을 지급하고 목적물건을 임차하는 임차인 간 체결하는 임대차계약과 관련된 일체의 업무를 말한다.

7.2 임대차업무의 중요성

일반적으로 부동산관리는 크게 취득, 보유, 운영, 처분의 4단계로 구분할 수 있다.

이때 보유, 운영단계에서의 임대차업무는 적정임대가 산출, 공실관리, 우량임차인 유치 및 임차인관리 등으로서 빌딩의 임대수입 극대화를 통한 자산가치 상승과 직결되는 업무이므로 소유주 입장에서 매우 중요한 업무라 할 수 있다.

7.3 임대차계약의 당사자 및 관계인

임대차계약을 체결함에 있어 계약 당사자는 물론 당사자로부터 대리권을 위임받은 대리인, 목적물건을 중개하는 공인중개사(중개인) 또는 소유주로부터 임대업무를 위탁받은 위탁관리자 등의 관계인이 있다.

7.3.1 임대인

임대인은 목적 대상 물건의 소유권자로 등기부등본상의 등기명의인이며 등기권리증을 소유한 사람을 말한다. 우리나라에서는 등기부등본에 대한 공신력이 없으므로 등기부등본상 등기명의인이라도 진정한 소유권자라 확신할 수 없으며, 등기권리증을 소유하고 있어야 진정한 소유권자라 할 수 있다.

임대인은 본인이 소유한 목적물건을 타인에게 대여(점유 이전)하고 그 대가로 소정의 차임을 청구할 권리를 갖는다.

7.3.2 임차인

임차인은 본인의 목적을 위하여 소정의 차임을 임대인에게 지불하고 대상 목적물건을 점유하여 수익 · 사용하는 사람을 말한다.

7.3.3 대리인

대리인은 임대인 또는 임차인으로부터 대리권을 수여받아 위임받은 범위 내에서 임대인 또는 임차인의 권리를 대리하는 사람을 말한다. 진정한 대리인임을 증명하기 위해 대리인은 위임한 사람의 인감도장이 날인된 위임장과 위임자의 인감증명서를 지참해야 하며, 위임장에는 위임내용에 대한 정확한 범위 및 기한이 기재되어 있어야 한다.

7.3.4 중개인

중개인은 공인중개사인 중개인과 일반중개인이 있다. 공인중개사인 중개인은 국가에서 실시하는 공인중개사자격시험에 합격한 사람을 말하며, 중개인은 국가자격시험 시행 이전에 중개업을 영위하던 사람을 말한다.

중개인(공인중개사, 중개인)은 목적물건 부동산을 중개하거나 임차인을 중개하는 업무를 수행하며, 중개 전 목적물건 또는 임차인에 대하여 충분히 인지한 뒤 쌍방에게 이를 설명하여야 한다. 중개인은 임대차계약 체결시 계약서, 확인설명서, 제반 공부(등기부등본, 등기권리증, 건축물대장, 토지이용계획 확인원 등), 기타 필요한 내용을 사전 확인 및 준비하여 쌍방에게 설명한 뒤 제출하여야 한다.

7.3.5 위탁관리자

위탁관리자는 소유주인 임대인으로부터 임대업무를 위탁받아 이를 대신하여 수행하는 사람으로서 대리권을 가지고 임대차계약을 직접 체결할 수 있는 대리인과는 그 위임 범위 및 권한에 있어 큰 차이가 있다.

7.4 임대차업무 절차

임대차업무 절차는 통상적으로 사전관리, 유지관리, 사후관리로 나눌 수 있다.

7.4.1 사전관리

사전관리는 임차인을 효율적으로 유치하기 위하여 사전에 진행해야 할 업무로서 사용계획 수립, 임대면적 산출, 상권조사 및 임대기준 책정, 임대마케팅업무 등이 있다.

1) 사용계획 수립

매입 부동산에 대한 자가 및 임대 비율에 대한 최적화 및 임대전략 수립을 통한 조기 공실 해소 및 임대수입의 극대화를 추구한다.

자가사용에 대한 부분은 우선 입주 대상 부서의 의뢰에 의하여 부서별 소요면적, 적합성 검토를 실시하여 소요면적을 확정하고, 이를 기준으로 자가사용 및 임대 Zone을 구분하고 층별, 부서별 Lay Out을 확정한다.

2) 임대면적 산출

최종 준공도면을 확보하여 이를 기준으로 전용면적 및 공용면적을 확정한다.

전용면적은 임차인이 배타적으로 사용하는 공간을 말하며, 공용면적은 복도, 비상계단, 엘리베이터, 화장실, 기계실 등 불특정다수가 공동으로 사용하는 면적을 말한다.

확정된 전용면적 및 공용면적을 기준으로 임대 가능한 임대면적을 확정한다.

3) 상권조사 및 임대기준 책정

인근지역 및 경쟁빌딩에 대한 상권조사를 실시하고 그 결과를 기준으로 해당 빌딩 및 시장에 적합한 층별 임대기준을 책정한다.

임대기준을 책정하기 위해서는 해당 지역의 경제적 여건 및 동향 파악, 입지여건 조사, 임대시장 현황 등에 대한 자료조사가 선행되어야 하며, 이를 토대로 주변 유사빌딩에 대한 임대가 시세, 투자비용 분석, 임대수입에 기초한 수익률 분석 등을 통하여 층별 기준 임대가를 책정한다.

4) 임대마케팅업무

해당 지역에 대한 임대가 동향, 공실률 추이, 수요 및 공급 현황 등에 대한 시장 분석을 통하여 임대마케팅 전략을 수립하고 이에 대한 타깃을 확정하여 가능 임차인에 대한 마케팅을 실시한다. 임대 담당자는 조기 공실 해소를 위하여 시장 상황에 적합한 다양한 임대마케팅 전략을 수립·실시하여야 한다.

표 7-1 임대마케팅 전략

구 분	고려사항	전 략	비 고
낮은 공실률	임대료 수준	목표임대가 보다 상향 조정	단기
	임대료 면제	제공하지 않음	
높은 공실률	임대료 수준	목표임대가 보다 하향 조정	장기
	임대료 면제	제공 고려	

7.4.2 유지관리

유지관리는 임대차계약이 체결되는 시점부터 진행해야 할 업무로서 계약관리, 임차인관리 등이 있다.

1) 계약관리

신규 임차인과 최초로 계약을 체결하는 신규 임대차계약, 기존 임차인과 계약을 연장하는 갱신계약, 기존 임대차계약의 만료 또는 중도해지에 따른 계약해지 등의 업무가 있다.

임대차계약은 임대인과 임차인의 소유자산과 금전이 직결되는 중요한 사항이므로 임대차계약 체결 전 체크해야 할 부분이 여러 가지가 있다. 이러한 사항에 대하여 사전에 충분히 검토하지 않으면 임대차계약 기간 중 혹은 임대차계약기간 만료 후 예기치 않은 문제가 발생할 수 있다.

(1) 계약 당사자

임대차계약 체결시 임차인이 대리인을 통하여 계약을 체결할 경우 대리인이 진정한 대리권을 수여받았는지에 대하여 반드시 확인하여야 한다. 진정한 대리권을 받지 않은 자와 계약을 체결할 경우 해당 계약은 원인무효로 원천적으로 계약이 성립되지 않으며, 이로 인해 임대인이 피해를 받을 수 있다. 진정한 대리인임을 입증하기 위해 대리인은 위임자의 인감도장이 날인된 위임장과 인감증명서를 첨부하여야 하며, 위임장에는 위임내용과 범위, 위임기간 등이 명확히 기재되어 있어야 한다.

(2) 기본 임대차계약 조건

임대차계약기간 및 개시일, 보증금, 월임대료, 관리비 등에 대한 기본 조건과 간판, 주차장 이용, 인테리어에 대한 제반 협의사항 등을 세부적으로 검토·협의하여야 한다.

(3) 용도 및 인·허가

임대 담당자는 계약 전 해당 부동산의 건축법적 용도를 반드시 확인하여야 한다. 임차인의 임차목적과 건축법상 정해진 용도가 부합되지 않는 경우 해당 용도로 변경신고 또는 변경허가가 가능한지 여부를 해당 구청 건축과에 확인하여야 한다.

용도변경신고 또는 용도변경허가를 하지 않고 임대차계약을 체결하고 인테리어를 했을 경우 적발시 불법 용도변경에 따른 과태료(임대인)가 발생되며, 이에 대해서는 원상복구명령이 내려지므로 임대인 입장에서 과태료를 내지 않으려면 임대차계약을 해지할 수밖에 없으므로 임대인은 불의의 피해를 볼 수밖에 없다.

건축법 제19조 제4항 및 건축법 시행령 제14조 제5항

표 7-2 시설군 및 용도군

시설군	용도군	
자동차관련시설군	자동차관련시설	
산업등시설군	가. 운수시설 다. 공장 마. 분뇨 및 쓰레기처리시설	나. 창고시설 라. 위험물저장 및 처리시설 바. 묘지관련시설
전기통신시설군	가. 방송통신시설	나. 발전시설
문화집회시설군	가. 문화 및 집회시설 다. 위락시설	나. 종교시설 라. 관광휴게시설
영업시설군	가. 판매시설 다. 숙박시설	나. 운동시설
교육 및 복지시설군	가. 의료시설 다. 노유자시설	나. 교육연구시설 라. 수련시설
근린생활시설군	가. 제1종근린생활시설	나. 제2종근린생활시설
주거업무시설군	가. 단독주택 다. 업무시설	나. 공동주택 라. 교정 및 군사시설
그 밖의 시설군	가. 동물 및 식물관련 시설	나. 장례식장

(4) 특약사항

일반적으로 임대차계약서에 명시되는 내용은 거의 대부분 대등소이하지만 이러한 일반적인 조항에서 벗어난 계약조건에 대해서는 반드시 구두상이 아닌 계약서상 특약으로 기재하

여 향후 문제가 없도록 하여야 한다.

(5) 계약서상의 주요 기재사항

임대차계약서상 명시되는 주요 항목들은 다음과 같다.

- 계약 당사자 : 계약 당사자인 소유권자(임대인)와 이를 임차하고자 하는 임차인이 누구인지 기재
- 목적물건 표시 : 임대차 대상 목적물건에 대한 사항으로 통상적으로 주소, 호실, 면적(전용, 임대면적) 등이 기재된다.
- 계약기간 : 해당 임대차계약의 지속기간이 기재된다. 통상적으로 개시 년 월 일과 종료 년 월 일 형태로 기재된다. 계약기간의 개시일자는 계약에 따라 임대차계약 체결일과 상이할 수 있으며, 실질적인 개시일은 계약기간에 명시된 개시일로 한다.
- 임대조건 : 해당 임대차계약과 관련하여 협의된 보증금, 월임대료가 기재된다. 월임대료의 경우 부가세 포함 여부를 반드시 기재하여야 한다. 또한 해당 보증금에 대하여 계약금과 중도금, 잔금의 액수 및 지급일자를 기재하며 보증금 및 임대료를 납부받을 임대인의 계좌번호도 기재한다. 임차인은 해당 계약금, 중도금, 잔금 납부시 이를 증명하기 위하여 영수증을 수령해야 하며 향후 계약만기 도래시 보증금반환과 동시이행으로 임대차계약서와 함께 영수증을 폐기하여야 한다.
- 계약개시일 : 임대차계약 개시일은 임대료와 관리비 부담의 기산일이 되므로 임대차계약 체결일자와 개시일이 상이할 경우 이를 기재하여야 한다. 통상적으로 임대료는 후불로 입금한다.
- 용도 : 임대인이 임차인에게 목적 물건을 어떠한 용도로 임대하는지를 기재한다. 이때 해당 용도는 사용 승인시 정해진 건축물대장상의 용도와 일치하여야 하며, 만약 다를 경우 임차목적에 맞도록 용도변경과 관련된 신고 또는 허가 가능 여부 및 주체와 책임을 명확히 하여야 한다.
- 금지사항 : 임대인 또는 임차인이 임대차기간 중 해서는 안 될 여러 가지 사항에 대하여 기재하며 그 중 차임 연체와 관련된 연체료율, 2기 이상의 연체시 해지조항 등도 기재된다.
- 계약연장 및 해지조항 : 임대차계약 만기 도래시 어떠한 기준에 의하여 연장 또는 해지되는지에 대한 기준이 기재된다. 본 조항은 임대료 인상, 동일 조건의 연장, 해지 등 중요한 사항이므로 명확히 기재하는 것이 바람직하다. 또한 해지시에는 원상복구 의무와 이를 이행하지 않을 경우 보증금 반환 지연 및 필요경비 대체 등의 내용을 기재한다.
- 묵시적(법적) 갱신 : 임대차 기간 만료 도래시까지 쌍방간에 별도의 의사표시가 없을 경

우 해당 임대차계약은 기존의 임대차계약과 동일한 조건 및 기간으로 자동적으로 연장되는 묵시적 갱신이 된다. 묵시적 갱신시 임대인은 이를 해지할 수 없으나 임차인은 해지의사를 임대인에게 통보한 후 3개월이 지나면 그 효력이 발생한다. 이는 주택 및 상가의 임대차계약상 상대적 약자인 임차인의 보호를 위하여 주택임대차보호법 및 상가임대차보호법에서 명시한 사항이다.

- 기타 필요사항 및 특약 : 상기 사항 이외에 해당 임대차계약 조건상 명시해야 할 부분과 일반적 사항이 아닌 해당 계약상 임대인과 임차인이 동의한 사항은 특약으로 반드시 기재한다. 특약사항을 얼마나 세부적으로 기재하였는가에 따라 향후 문제 발생시 원만한 해결을 볼 수 있는가에 대한 여부가 달려 있다 해도 과언이 아니다.

2) 임차인관리

임차인의 불편사항 및 개선요구사항 등에 대한 설문을 통하여 불편사항을 해소함으로써 임차인의 만족도를 높여 임대차계약 연장을 유도함으로써 장기적·안정적 임대수입을 확보한다.

임차인의 만족도 조사는 CS 모니터링 전문업체에 위탁하거나 사내 관련팀에서 소정의 양식을 작성하여 실시할 수 있다. 모니터링시 입주사 만족도를 보다 정확히 체크하기 위해서는 설문지에 임대료, 관리비 등에 대한 의견은 물론 건물내 시설관리, 제반 시설이용상 불편사항, 시설관리직원들의 친절도, 기타 개선요구사항 등 비교적 세밀하고 다양한 설문을 담아야 하며, 설문결과는 데이터베이스화하고 이를 정기적으로 실시하여 향후 임대조건 협상자료로 활용하도록 한다.

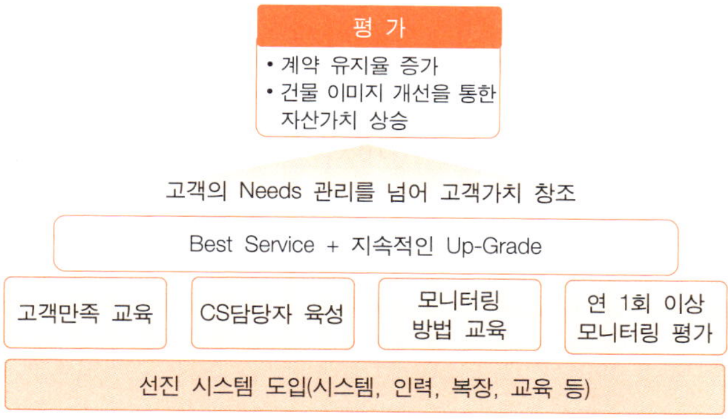

그림 7-1 임차인 만족도 조사(부동산자산경영관리컨설턴트 자료 참조)

7.4.3 사후관리

사후관리는 임대수입관리, 기타 관리업무가 있다.

1) 임대수입관리

임대료 및 관리비 청구업무와 이에 대한 입금 확인 및 미수금에 대한 연체료관리업무로서 특히 미수금에 대한 관리 부분은 소유주 및 건물관리 위탁회사 입장에서는 수익과 직결되는 중요한 업무 중 하나이다. 미수금의 경우 손실가능 입주사와 대손발생 입주사로 구분하여 처리할 수 있다. 손실가능 입주사의 경우 명도소송 등을 통하여 미수금에 대한 회수 및 명도를 진행해야 할 입주사이며, 대손발생 입주사의 경우는 명도소송을 통하여 명도는 하되 미수금 회수가 불가능하여 대손처리할 수도 있는 입주사이다.

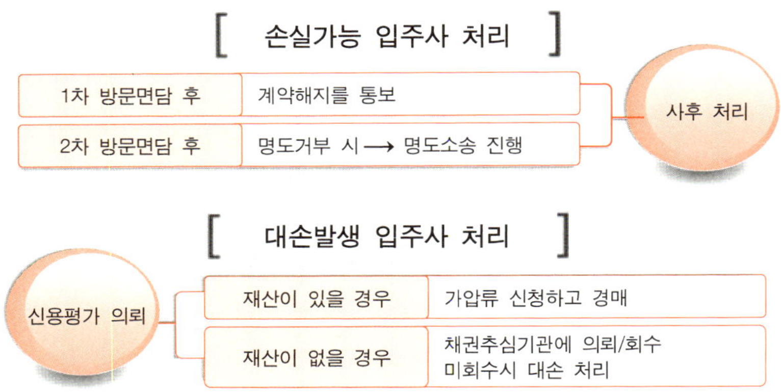

그림 7-2 연체료관리(부동산자산경영관리컨설턴트 자료 참조)

2) 기타 업무

기타 업무로는 공사관리, 광고물관리, 주차관리업무 등이 있으며, 공사관리는 입주시 또는 입주기간 중도에 발생할 수 있으며, 기본설비에 대한 확인 및 타 입주사에 대한 배려가 꼭 필요하다. 또한 광고물의 경우 해당 지역 옥외광고물관리법 및 빌딩 내규에 맞도록 임차인과 협의하여 진행해야 한다. 주차관리업무는 무료주차 배정 및 유료주차에 대한 내규를 사전에 임차인과 협의하고 타 입주사와 형평에 맞도록 객관적인 기준으로 적용해야 한다.

3) 임대차계약 해지 및 원상복구

임대차계약기간 만료시 쌍방이 계약을 연장하지 않기로 합의한 경우 임대담당자는 계약해지와 관련하여 보증금 및 미수금에 대한 정산, 원상복구 및 명도에 대한 업무를 진행해야 한다. 계약서상에 명시된 계약해지 또는 연장과 관련된 의사표시 기한이 도래할 경우 임대 담당자는 임차인의 의사를 타진하여 재계약 또는 해지와 관련된 사항을 확인한다.

이때 임차인이 계약해지를 원할 경우 해지일자, 미수금 및 연체료, 기타 미수채권과 관련된 현황을 파악하고, 원상복구에 대한 협의를 임차인과 진행하여야 한다. 원상복구는 임차인 입주 전 준공도면을 기준으로 원상복구하여야 하며, 공사시 분진, 소음 등 타 입주사에게 피해가 가지 않도록 조치하여야 한다. 임차인이 계약기간 만기 전 원상복구를 완료하였을 경우 원상복구 내용을 확인하고 이상이 없을 때 보증금을 반환하여야 한다.

이때 임차보증금에 대한 채권보전 설정이 있었을 경우 이에 대한 해지서류가 등기소에 접수되었는지 반드시 확인하여야 하며, 보증금 반환과 동시에 임대차계약서를 회수하여야 한다.

4) 제소전화해조서 및 점유이전금지가처분

국가경제나 부동산 시장이 좋지 않을 경우 임대차계약 기간 중 임대인과 임차인 간에 여러 가지 문제가 발생할 수 있다. 예를 들면 많은 금액을 들여 인테리어를 한 임차인이 경기가 좋지 않아 여러 달 임대료를 납부하지 못해 연체하고 있을 경우 임대인이 관련법에 따라 2기 이상의 연체를 사유로 계약을 해지하고 새로운 임차인과 계약하려 할 때 기존 임차인을 명도하기가 결코 쉽지 않다. 기존 임차인의 경우 많은 비용을 들여 인테리어를 하였기 때문에 이를 포기하기가 쉽지 않고, 납부한 보증금을 이유로 버틸 수 있기 때문이다.

이럴 경우 임대인은 민사소송을 통하여 명도를 진행하게 되는데 정상적으로 명도할 때까지 최소 6개월에서 그 이상 걸리는 경우가 다반사이다. 사전에 이러한 문제가 예상되는 임차인과의 임대차계약시 조건으로 제소전화해조서를 받아둔다면 문제 발생시 보다 손쉽게 명도를 진행할 수 있다. 이때 점유이전금지가처분도 같이 받아둔다면 보다 효과적으로 명도를 진행할 수 있을 것이다.

7.5 임대차계약 관련 법규

임대차계약과 관련된 법규는 크게 3가지로 볼 수 있다. 일반적으로 민법에서 정한 임대차 관련 법규와 민법의 특례로 임대차 법규에 우선하는 특별법으로 제정된 상가임대차보호법 및 주택임대차보호법이 그것이다.

7.5.1 민법

민법에 규정된 임대차 법조항은 일반적인 임대차계약에 관하여 규정한 것으로 민법의 특례로 제정된 특별법인 상가임대차보호법 및 주택임대차보호법에서 언급되지 않은 부분에 대하여 민법의 법조항을 준용하며 상가임대차보호법 및 주택임대차보호법에서 정한 규정에 대하여 민법에 우선하여 적용한다.

7.5.2 상가건물 임대차보호법

상가건물 임대차보호법은 민법상 특례로서 국민경제생활의 안정을 보장하고 상가임대차계약에 있어 상대적 약자인 임차인의 권리를 보호하기 위하여 제정되었으며, 민법에서 규정하지 않은 보다 세부적이고 실질적인 법조항으로 구성되어 있다. 상가건물 임대차보호법은 특별법으로 민법에 우선하여 적용한다. 상가 임대차보호법은 지역별로 보증금액 기준으로 일정금액 이내의 상가 임대차계약에 한하여 적용하며, 이때 본 기준에 의해 적용범위에 해당되면 보증금 중 일정액에 대하여 우선변제를 받을 수 있다.

상가건물 임대차보호법 시행령 제2조

표 7-3 상가건물 임대차보호법 적용범위

지 역 구 분	적 용 범 위
서울특별시	3억 원
수도권정비계획법에 따른 과밀억제권역 (서울특별시를 제외한다)	2억 5천만 원
광역시(수도권정비계획법에 따른 과밀억제권역에 포함된 지역과 군지역은 제외한다) 안산시, 용인시, 김포시 및 광주시	1억 8천만 원
그 밖의 지역	1억 5천만 원

상가건물 임대차보호법 시행령 제6조 및 제7조

표 7-4 우선변제 받을 임차인의 범위 및 우선변제 보증금의 범위

지 역 구 분	우선변제 임차인 범위	우선변제 보증금
서울특별시	5천만 원	1천 500만 원
수도권정비계획법에 따른 과밀억제권역(서울특별시를 제외한다)	4천 500만 원	1천 350만 원
광역시(수도권정비계획법에 따른 과밀억권역에 포함된 지역과 군지역은 제외한다) 안산시, 용인시, 김포시 및 광주시	3천만 원	900만 원
그 밖의 지역	2천 500만 원	750만 원

7.6 부동산 취득업무

본 내용에서는 부동산 취득과 관련된 여러 가지 업무 중 중요한 사항에 대하여 기술하고자 한다.

7.6.1 부동산 취득 정의

부동산 취득이란 타인 소유의 부동산을 소정의 금액을 지불하고 본인명의로 소유하는 행위를 말하며, 이렇게 타인의 권리를 승계하는 경우를 승계취득이라 한다.

이와 다르게 독자적으로 소유권을 취득하는 경우가 있는데, 이를 원시취득이라 하며, 예컨대 신축건물에 대한 보존등기로 소유권을 취득하는 경우를 말한다.

7.6.2 부동산 취득 절차

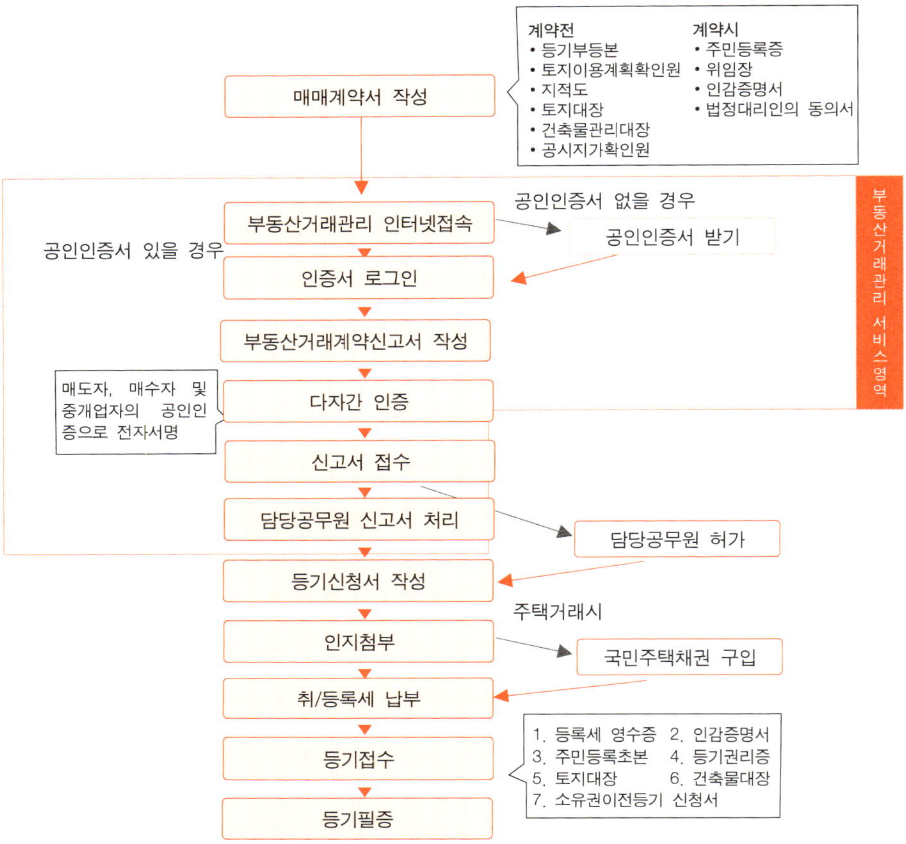

그림 7-3 부동산 취득 절차 (부동산자산경영관리컨설턴트 자료 참조)

7.6.3 부동산 Type별 취득상 특성

부동산 취득에 있어서 부동산 Type별로 취득 시 그 특성이 다른데, 이를 살펴보면 다음과 같다.

1) 토지

토지는 일단 취득하면 처분할 때까지 장시간이 걸릴 가능성이 많아 환금성에 있어서 다른 부동산보다 가장 좋지 않다. 그러나 이러한 단점 대신 해당 토지의 위치에 따라 각종 개발계획 등으로 인해 타 부동산보다 몇 배의 수익을 올릴 수 있는 장점도 있다. 이러한 특성 때문에 토지 취득 시에는 사전에 충분한 검토가 필요하다.

2) 상가 / 오피스

상가 빌딩이나 오피스 빌딩의 경우 대표적인 수익형 부동산으로 토지에 비해 환금성이 좋으며, 토지에 비해 큰 수익을 기대할 수 없지만 보유기간 중 안정적 임대수입을 얻을 수 있다는 장점이 있다.

상가나 오피스 빌딩을 취득하려는 목적은 크게 두 가지로 나눌 수 있다. 첫 번째는 해당 부동산을 취득하여 안정적 임대수익을 얻고자 하는 경우이다. 이런 경우 해당 부동산의 위치 및 주변 빌딩의 임대가, 공실률, 임대수요 등에 대하여 사전에 충분히 조사한 뒤 본인의 요구수익률에 맞는 매입가로 취득하는 것이 바람직하다.

두 번째는 매각차익을 얻고자 하는 경우이다. 이런 경우 해당 부동산이 위치해 있는 지역의 건축법이 완화되어 현재보다 건폐율, 용적률 등이 상향되어 리모델링이나 재건축을 통해 임대수입을 극대화할 수 있는 경우이며, 이때 제반 관련 법규 및 조례 등과 임대시장 및 주변 상권조사 등을 철저히 하고 리모델링이나 재건축에 소요되는 시간, 공사비, 부대비용, 금융비용 등을 감안하여 본인의 요구수익률에 맞는 매입가로 매입하는 것이 바람직하다.

3) 주택

주택은 다른 부동산에 비해 가장 환금성이 좋으며 안정적이다. 과거 주택시장이 좋았던 시기에는 수익성도 매우 좋았으나 2008년 금융 위기 이후 가수요가 사라지고 실수요자 위주로 시장이 재편되면서 주택가격도 하락하고 있는 추세이다. 시장이 소형 평형대 위주의 시장으로 변화하면서 상대적으로 중대형 평형은 소외되는 등 많은 변화가 있지만 아직까지 전반적으로 환금성이나 리스크가 적은 부동산이라 할 수 있다.

주택 취득 시에는 무엇보다도 쾌적한 주변환경, 교통, 교육시설, 편의시설, 층수 등이 중요한 사항이며, 이러한 조건이 충족될 수 있는 위치의 주택을 매입하는 것이 가장 바람직하다.

7.6.4 부동산 취득가격 산정

부동산 매매시 적정한 매매가를 산정하는 것은 매도인이나 매수인 모두에게 매우 중요한 사항이다. 쌍방 모두 매매가를 기준으로 수익률을 산정하기 때문에 어떤 기준에 따라 매매가를 산정하느냐가 수익률을 좌지우지한다. 매매가를 일반적으로 산정하는 방법에는 가치산정기준에 따라 크게 세 가지로 구분할 수 있다.

1) 원가방식

원가방식이란 비용성의 접근원리에 따라 가격시점에 있어 해당 부동산을 재건축하는데 필요한 자원을 기준으로 그 가격을 산정하는 방식이며, 이 방식에 의해 산정된 가격을 복성가라 한다. 원가방식은 주로 재생산이 가능한 자산에 사용되며 평가시 평가자의 주관이 개입될 여지가 적으므로 평가자간 오차범위가 작다. 하지만 평가시 재조달원가나 감가상각액 파악이 어려우며 토지와 같이 재생산이 어려운 자산에는 적용하기 어려운 단점이 있다.

2) 비교방식

시장의 접근성 원리에 따라 해당 부동산과 위치적·성격적으로 유사한 부동산 거래 사례를 기준으로 시점수정 및 사정보정 등을 통하여 가격을 산정하는 방식이며, 이 방식에 의해 산정된 가격을 비준가격이라 한다. 비교방식은 토지나 복성가와 유추가의 차이가 큰 아파트 등의 가격 산정에 사용되며, 현실성이 있고 설득력이 풍부한 방식이다. 하지만 거래 사례가 없는 부동산이나 시장이 안정적이지 못한 경우 가격이 왜곡될 우려가 있으며, 시점수정이나 사정보정이 다소 비합리적인 면이 있다.

3) 수익방식

수익성의 접근원리에 따라 해당 부동산으로부터 장래에 기대되는 순수익을 환원이율로 환원함으로써 가격을 산정하는 방식이다. 수익방식은 임대료가 발생하는 수익형 부동산에 적합한 방식이며 가격산정 세 방식 중 가장 논리적이고 과학적인 방식이다. 수익방식은 비수익성 부동산에는 적용하기 어려우며 시장이 혼란한 상황에서는 적정한 환원이율 파악이 어렵고 신축건물과 구건물의 물리적 상태에 대한 반영이 어려운 점이 있다. 따라서 수익방식을 이용하여 가격을 산정할 경우 물리적 실사를 통하여 건물의 상태를 가격에 반영하여야 보다 합리적인 가격을 산정할 수 있다.

4) 물리적 실사, 경제적 실사

부동산을 취득함에 있어 취득대상 물건이 특정지어졌을 경우 매매가격 합의 이전에 해당 부동산에 대한 물리적·경제적 실사를 실시하는 것이 바람직하다. 물리적 실사를 통해 취득 이후 단기 혹은 중기 내에 예기치 않게 소요될 수 있는 제반 수선비, 공사비 등, 기타 비용이 있는지 여부 확인 및 예상소요 비용과 시기를 예측하여 이를 매매가에 반영하여야 한다. 또한 경제적 실사를 통하여 취득 전 기존 소유주에게 건물명의로 발생된 비용 중 미집행된 비용이 있는지 여부와 있을 경우 이에 대하여 기존 건물주와 사전에 협의하여야 한다.

물리적 실사나 경제적 실사를 하지 않았을 경우 특히 준공된 지 상당기간이 경과된 건물일수록 매매가 외의 추가비용 발생으로 실제 투자되는 금액이 증가할 수 있으며, 이는 수익률과도 직결된다.

7.6.5 부동산 취득시 주요 체크사항

일반적으로 부동산 취득 시에는 비교적 큰 자금이 소요된다. 일단 취득하고 나면 하자가 발생하였더라도 부동산의 특성상 하자를 쉽게 치유할 수 없는 경우가 많다. 따라서 부동산 취득 전 여러 가지 사항에 대하여 면밀히 검토할 필요가 있다. 사전에 검토할 사항을 보면 다음과 같다.

1) 취득목적 / 자금계획

우선 부동산 취득 전 취득하고자 하는 목적을 분명히 할 필요가 있다. 앞서 언급한 바와 같이 부동산은 종류별로 그 특성이 상이하므로 취득목적에 맞는 부동산을 선택하기 위해 그 목적을 분명히 정의해야 한다. 또한 취득 시 예상되는 소요비용에 대한 자금을 어떻게 조달할 것인가에 대한 자금계획도 중요하다.

일반적으로 취득시 많은 비용이 소요되는 부동산은 타인자본(대출) 유입을 통한 Leverage 효과를 이용하는 경우가 대부분이다. 소요비용에 대하여 자기자본과 타인자본(대출)을 어느 비율로 조달하느냐에 따라 타인자본에 대한 금융비용이 달라지며, 이 금융비용이 전체 수익률에 큰 영향을 미치기 때문이다. 지나치게 타인자본에 의존할 경우 경기불황, 금리인상, 해당 부동산으로부터 발생하는 수입 저하시 금융비용에 대한 부담으로 곤경에 처하는 경우가 많아 자기자본과 타인자본을 적절히 구성할 필요가 있다.

2) 권리관계

대상 부동산에 대한 제반 공부(등기부등본, 건축물대장, 토지이용계획확인원, 토지대장 등)를 통하여 제반 권리관계, 건축물 및 토지의 이용현황에 대하여 확인하여야 한다. 특히 매도인의 소유권이 진정한지에 대하여 반드시 확인하여야 한다.

우리나라는 등기부등본에 대한 공신력이 없으므로 비록 등기부등본에 기재된 등기명의인이라도 진정한 소유자가 아닐 수 있으며, 따라서 진정한 소유권자임을 확인하기 위하여 등기권리증을 확인해야 한다.

그리고 소유권자가 다수인 경우(공동명의), 지분소유로 되어 있을 경우에는 해당 소유주 전원의 동의가 필요하다. 또한 종교단체나 종중명의의 부동산은 그 집단에 구성된 구성원 전체가 소유권자이므로 이러한 집단이 소유한 부동산을 취득하고자 할 때에도 반드시 그 구성원 전원의 동의가 필요하다. 이러한 단체의 회장이나 대표와 매매계약을 할 경우 다른 구성원에 의해 계약이 파기되는 경우가 발생할 수 있으며, 이럴 경우 이미 집행된 비용에 대하여 반환받을 수 없거나 본인명의로 소유권을 이전할 수 없는 경우도 있을 수 있다.

표 7-5 공부상 체크사항

관련공부	체크사항	발급관청
토지이용계획확인원	부동산 이용상 법적 제한	시, 군, 구청
건축물관리대장	건축물, 소재, 구조, 용도 등	
토지대장	면적, 지목등	
지적도	지적사항	
개별 공시지가확인서	공시지가	

주) 대법원 홈페이지 및 기타 부동산 포털에서 대부분의 공부 열람 가능

3) 물리실사, 경제적 실사

부동산의 매매가 합의 전 물리적 · 경제적 실사를 통해 가까운 장래에 예상치 못하게 발생할 수 있는 수선비, 공사비 등의 비용 유무와 취득 이후 인수될 수 있는 부채가 있는지 확인하여 이를 매매가에 반영하여야 한다.

4) 상권분석

부동산을 취득하기 전 해당 부동산의 주변 상권분석을 통해 임대시세, 임대수요, 공실률, 매매동향 등에 대한 상권조사를 하여야 한다. 임대시세 및 임대수요는 부동산 취득 후 보유기간 중의 임대수익률을 예측할 수 있는 수단이며, 나아가 매도시 매도가격 결정 및 소요기간을 결정하는 주요 요소이기 때문이다.

5) 거래가격 조사

취득하고자 하는 부동산 인근지역에 해당 부동산과 유사한 위치, 크기의 빌딩 중 최근에 거래된 거래가격 조사를 통해 해당 지역의 부동산 매매동향과 매입가 적정성 여부를 판단할 수 있다. 대부분 매매가 산정시 감정평가의 세 방식을 혼용하여 판단하지만 그 중 가장 설득력 있는 방법은 거래 사례 비교법이라 할 수 있기 때문에 거래가격에 대한 조사는 매우 중요한 업무이다.

6) 세금

부동산을 취득함으로써 일시적 · 지속적으로 발생하는 각종 세금에 대한 검토도 필요한 사항이다. 세금은 금융비용과 더불어 수익성에 영향을 미치는 중요한 요소이기 때문이다. 부동산을 취득함으로써 발생하는 세금으로는 취득세, 등록세('11.1.1부로 취득세로 통합)와 이에 대한 농어촌특별세, 지방교육세 등이 있다. 또한 부동산을 보유함으로써 발생하는 세금으로

는 재산세, 종합부동산세가 있다. 부동산과 관련된 세제는 여러 가지 요인으로 변경될 수 있으므로 해당 사유 발생시 정확한 세액산출을 위해 세무사와 상담하는 것이 바람직하다.

7) 매각 여건 고려

부동산을 취득한 이후 일정기간이 경과하면 다시 해당 부동산을 매각하는 경우가 있다. 따라서 취득 시에는 매각시를 고려하여 부동산을 선정할 필요가 있다. 좋은 입지에 위치하고, 상권도 활성화되어 있으며, 임대수익성도 좋은 물건이라면 매각시 원하는 가격으로 보다 쉽게 매각할 수 있기 때문이다. 또한 취득시 건축법과 도시관리계획 등을 고려하여 취득한다면 보다 좋은 조건에서 매각이 가능하다.

7.6.6 부동산 처분시 주요 체크사항

부동산 취득시와 마찬가지로 부동산 처분시에도 여러 가지 고려할 사항이 있다. 이러한 사항을 살펴보면 다음과 같다.

1) 상권분석

매도시 적정가격을 산정하기 위해서는 주변시장에 대한 상권분석이 중요하다. 주변 상권이 활성화되어 있고, 보유한 부동산이 그 영향하에 있다면 원하는 가격으로 매도가를 책정할 수 있다. 하지만 상권이 활성화되지 않았거나 보유한 부동산이 주변 부동산에 비해 다소 부족하다면 이를 고려한 매도가를 책정해야만 매도가 가능할 것이다. 또한 매도 시기도 중요하다. 경기가 활성화되고 부동산 시장 등 활기를 띄고 있는 상황이라면 쉽게 원하는 가격에 매각할 수 있지만 그렇지 못한 시장에서는 이를 매도가에 반영하지 않을 수 없기 때문이다.

2) 거래가격 조사

적정 매도가를 산정하기 위해서는 상권분석과 더불어 인근지역의 유사빌딩에 대한 거래사례 조사도 필수적이다. 거래 사례는 해당 지역의 부동산 경기를 반영한 결과이므로 적정 매도가 산정에 중대한 지표가 될 수 있다. 거래 사례 조사를 통해 예상되는 적정 매도가가 산정되었을 경우 최초 매입시 투자한 투자비 대비 총 보유기간의 운용수익률과 예상 매도가를 반영한 시세차액을 기준으로 최종 수익률을 확인해 볼 필요가 있다.

만약 계획했던 수익률을 상위한다면 그대로 매각가를 반영해도 무방하지만 그렇지 않을 경우 매도시기 조정, 임대가 조정, 임차인 재구성, 리모델링과 같은 신규 투자 등 매각가를 상향시킬 수 있는 방안을 모색할 필요가 있다.

3) 세금관계

부동산 처분시 일시적으로 부담해야 할 세금에는 양도소득세가 있다. 양도소득세는 취득가와 매도가의 양도차익에 따른 과세로 매도시 비용으로 계상할 수 있는 부분을 최대한 반영하여 양도차익을 줄이고, 기타 절세방안이 없는지 검토할 필요가 있다.

4) 대안

보유하였던 부동산 용도가 자가사용의 경우 보유자산의 매각 전 신규취득 및 임대에 대한 장·단점을 비교해 보아야 한다. 상황에 따라 자가사용을 위해 신규로 부동산을 취득하는 것이 유리할 수도 있고, 때로는 임대로 전환하는 것이 유리할 수도 있기 때문이다.

5) 부동산등기법

국내에서 부동산을 취득하거나 처분할 경우 부동산등기법에 의거하여 등기소에서 등기를 이전해야 하며, 거래일로부터 60일 이내에 물건소재지 관할 구청에 거래 사실을 신고하여야 한다. 이때 중개인을 통하여 매매하였을 경우 중개인이 신고하게 되어 있으며, 당사자간 직접 거래를 하였을 경우 당사자가 신고하여야 한다. 통상적으로 등기이전시에는 소정의 수수료를 지불하고 법무사를 통하여 등기이전을 하는 경우가 많으나 당사자가 직접 등기이전을 할 수도 있다.

7.6.7 부동산 매매계약서 주요 기재사항

일반적으로 부동산 매매계약서에는 다음과 같은 사항이 기재된다.

1) 주요 기재사항

매매계약서에 기본적으로 표시되는 내용으로는 매매대상물의 표시, 매매가, 지급시기 및 방법, 매도인과 매수인의 인적 사항 등이 있다.

또한 일반적인 매매조건 외에 다른 특약사항이 있을 경우 반드시 이를 구체화하여 특약사항에 대해 언급할 필요가 있다. 특약사항의 경우 정해진 기재사항이 있는 것이 아니라 각 계약마다 다양한 내용의 특약사항이 있을 수 있으므로 계약당사자는 이에 해당되는 내용이 있을 경우 사전에 협의할 필요가 있다.

표 7-6 주요 기재사항

구 분	기재사항
기본사항	• 등기부등본 및 토지대장상의 목적물 표시 • 매매가, 지급시기 및 금액 • 매수, 매도인의 인적사항 • 부동산의 명도시기 • 소유권 이전 및 매도인의 제반 책임사항
특약사항	• 공부와 실면적간 차이시 정산방법 • 계약체결 후 잔금일 이전에 발생할 수 있는 추가 저당권 금지 등 • 해약, 위약에 대한 규정 • 계약위반시 손해배상 • 잔금과 동시에 등기이전에 관련된 일체서류 교부 • 잔금일 기준 제세공과금 정리 • 제반 권리제한 사항에 대한 말소 또는 인수에 관한 약정 • 대출금에 대한 인수여부

2) 계약서 작성시 주의사항

계약서상의 금액표시는 한자로 표기하되 여백 없이 기재하며, 특약 부분은 향후 분쟁의 소지를 없애기 위하여 세부적으로 기재한다. 계약금에 대해서는 반드시 영수증을 발급하고 수령한다. 또한, 계약서가 2매 이상인 경우 반드시 간인을 날인하며 매수인, 매도인, 중개인이 각각 1부씩 보관한다.

7.6.8 매매시 단계별 필요서류

부동산 취득시 단계별로 필요한 서류는 다음과 같다.

1) 부동산 매매계약 체결시

매매계약 체결시에는 진정한 등기권리자인지 확인할 수 있는 등기권리증과 신분증이 필요하다. 또한 대리인의 경우에는 위임자의 인감도장이 날인된 위임장과 인감증명서를 첨부하므로서 진정한 대리권자인지 확인해야 하며, 위임내용 및 범위, 기간 등도 확인할 필요가 있다.

표 7-7 계약 체결시 필요서류

계약 당사자	필요서류
본인	주민등록증, 등기권리증
대리인	주민등록증, 위임장, 위임자 인감증명서
미성년자	법정대리인의 동의서

2) 잔금지급시

잔금지급시에 매도자는 등기권리증, 매도용 인감증명서, 주민등록등본, 인감도장, 제세공과금 납부영수증 등이 필요하며, 신분증 및 도장, 검인계약서 등의 서류와 제반 공부를 준비하여야 한다.

표 7-8 잔금지급시 필요서류

매 도 인	매 수 인
1. 등기권리증 2. 매도용 인감증명서 3. 주민등록등본 4. 인감도장 5. 제세공과금납부영수증 6. 기타	1. 등기부등본 2. 토지대장/건축물대장 3. 공시지가확인원 4. 토지이용계획확인원 5. 중개대상물건확인설명서 6. 주민등록등본 및 도장 7. 검인계약서

3) 소유권 이전등기시

소유권 이전등기의 경우 본인이 직접할 수도 있지만 통상적으로는 법무사를 통하는 경우가 대부분이다. 필요서류는 부동산거래계약신고서, 등록세납부필영수증, 매도자 인감증명서, 등기권리증, 제반공부 등이 필요하다.

표 7-9 소유권 이전시 필요서류

서 류 명	필 요 서 류
부동산거래계약신고서/검인계약서	계약에 의한 소유권이전등기 신청시
등록세 영수필 확인서 및 통지서	자진신고납부 영수필 확인서 및 통지서
매도자의 인감증명서	매도자 성명, 주민등록번호, 주소가 기재된 매도용 인감증명서
등기권리증	매도자의 소유권에 관한 등기필증
토지대장/건축물대장	부동산 종류에 따른 대장
주민등록초본	매도자, 매수자 주민등록초본
위임장	등기신청을 타인에게 위임시

Keyword

- ABS : Asset-Backed Securities의 약자를 딴 것으로 자산(Asset)을 근거로(Backed) 발행되는 증권(Securities)이다.
- MBS : Mortgage Backed Securities의 약자를 딴 것으로 주택저당증권. 자산유동화증권(ABS)의 일종으로 주택·토지를 담보물로 발행되는 채권을 말한다.
- AMC : Asset Management Company의 약자를 딴 것으로 법정관리나 화의절차를 밟고 있는 채권이나 부도기업을 넘겨받아 일부는 매각하고, 회생 가능한 기업은 출자전환·신규자금지원·지급보증 등으로 회생시킨 다음 매각하여 채권을 회수하는 부실자산정리 전문회사를 말한다.
- 공신력 : 등기의 공신력이라고도 한다. 실제로는 아무런 권리관계가 없으나, 있는 것으로 보이는 외형적 사실을 믿고 거래한 사람을 보호하기 위하여 권리관계가 있는 것과 같은 법률효과를 부여하는 효력이다.
- 제소전화해조서 : 민사분쟁에 관하여 소의 제기 전에 화해를 원하는 당사자의 신청에 의하여 지방법원 단독판사 앞에서 행하여지는 화해를 말하며, 화해가 성립되면 그 내용은 조서에 기재되고 이 조서는 확정판결과 동일한 효력을 가진다.
- 건폐율 : 대지면적에 대한 건축면적의 비율
- 용적률 : 대지면적에 대한 건축물 연면적의 비율
- 시점수정 : 부동산을 평가할 때, 사례 부동산과 대상 부동산은 가격 시점이 다른 경우가 많다. 시간의 차이를 제거하여 양자의 가치를 동일하게 수정하는 작업을 말한다.
- 사정보정 : 부동산을 감정평가할 때 수집한 거래 사례에 특수한 사정이나 개별적 동기가 개재되어 있거나, 매도인 또는 매수인이 시장사정에 정통하지 못한 등의 이유로 그 가격이 적정하지 못할 때, 그러한 사정이 없을 때의 가격 수준으로 사례 가격을 정상화하는 작업 또는 그에 준하여 하는 작업을 사정보정이라 말한다.
- 환원이율 : 수익환원법의 평가방법으로 대상 부동산을 평가할 때 순수익을 자본환원하여 수익가격을 구하는 이율이다.
- Leverage 효과 : 차입금 등 타인 자본을 지렛대로 삼아 자기자본이익률을 높이는 것으로 '지렛대 효과'라고도 한다.

8
Chapter
정보화 사회의 FM 기술

8

정보화 사회의 FM 기술

8.1 FM 기술의 개념

FM에 필요한 기술은 포괄적 의미에서는 효율적 시설관리를 위한 전략수립으로부터 프로젝트 관리, 그리고 운영 및 유지관리와 평가에 이르는 FM 관련 제반 업무를 수행하는데 필요한 실질적 도구와 기법을 의미한다. 그러나 오늘날의 경영환경은 컴퓨터와 정보통신기술의 발전으로 인하여 물리적 자원의 자동화가 일반화되어 있고, 이들을 관리하는데 있어서도 다양한 첨단기술이 도입되고 있다. 따라서 앞으로의 FM에 있어서 필요한 기술들은 컴퓨터와 정보통신기술을 FM 업무에 적용할 수 있는 방법의 측면에서 접근할 필요가 있다.

8.1.1 지식정보화 사회의 기업경영

21세기를 지식정보화 사회라고 한다. 산업혁명 이후 도시화와 대량생산으로 대표되던 산업화 사회가 아날로그정보를 중심으로 기본으로 하고 있다면 컴퓨터기술을 바탕으로 한 정보통신의 비약적인 발전으로 모든 분야에서 정보화가 이루어진 사회가 정보화 사회이다. 인터넷과 무선통신기술을 기반으로 한 초고속정보통신망에 의해 세계가 하나로 연결되어 있고, 수많은 정보가 디지털화되고 있는 21세기는 보다 성숙된 고도정보화 사회가 될 것이다. 고도정보화 사회가 정보통신 시설과 이용 측면에서 고도화된 사회라면 지식정보사회는 그 기반 위에서 온갖 정보와 창의적인 지식이 융합되어 기술과 산업을 이끄는 사회를 말한다. 21세기에는 지적재산이 정보로 가공 및 상품화되어 초고속정보통신망을 통해 전세계적으로 유통되고 산업 분야도 창의적인 지적재산권이 모든 산업을 견인하며, 사회 또한 지식정보를 중심으로 급격히 이동할 것이다.

1) 지식정보화 사회의 업무

지식정보화 사회에서는 정보통신기술을 충분히 활용하고 높은 전문지식을 갖춘 지식근로자(knowledge worker)들이 중심적 역할을 하게 된다. 그들은 조직의 생산성을 좌우하며 다른 지식근로자들과 정보네트워크를 통하여 정보를 공유하며 새로운 정보와 가치를 창출한다. 지식근로자들은 정형적인 업무스타일을 가진 과거의 근로자와는 달리 가변적이며 창의적 업무스타일을 가진다. 동시에 이들은 시간과 장소에서 벗어나 때로는 원격네트워크가 가능한 개인적 공간에서 자율적인 업무를 진행하기도 한다.

지식근로자는 지식, 즉 경영자원과 자본 소유자이며, 그 조직과 동격이다. 따라서 지식정보화 사회에서는 지식근로자가 조직의 생산성을 좌우하게 되며 우수한 지식근로자와 협동하여 그 능력을 발휘시킬 수 있는 조직이 경쟁에서 승리하게 된다. 그러나 지식정보화 사회에서 지식근로자의 생산성은 지식의 생산성으로 시간이나 작업의 양으로 측정할 수 없다. 오히려 커뮤니케이션과 정보의 공유화를 촉진하는 정보환경을 정비하는 것이 지적 생산성을 좌우할 것이다. 커뮤니케이션은 종래의 대면접촉에 추가하여 시·공간을 초월하는 정보네트워크상에서 이루어지게 되므로 폭넓고 신속한 복합적 정보가 지식근로자에게 집적되도록 해야 한다.

지식근로자의 근무형태가 다양화됨에 따라 그 관리방식에서도 변화가 요구된다. 지식정보화 사회에서는 지식근로자의 가치관이 변화하고 있기 때문에 고용형태, 근무방법, 근무장소 등이 변화하고 있으며 관리에 있어서 패러다임의 전환이 요구되고 있다. 즉 지식정보화 사회에서 지식근로자에 대응한 관리로는 지식정보 일원화와 공유화를 보장할 수 있는 관리와 적재적소에 인재를 배치하고 평가하는 능력관리(competency management)가 중요하다. 기업의 조직은 중간관리직 단계를 축소한 평면화된 형태를 유지하는 것이 바람직하며 동시에 정보가 일방통행되지 않고 공유화할 수 있는 네트워크형으로 협업에 의한 업무수행이 가능한 조직으로 개편될 필요가 있다. 또한 원격근무를 하면서 메인오피스에는 출근하지 않는 지식근로자를 지원하는 제도도 필요하다.

2) 지식정보화 사회의 정보기술과 경영시스템

지식정보화 사회와 관련된 기업의 경영과제로서 중요한 것은 생산, 마케팅, 재무관리와 같은 경영의 일반적인 기능뿐만 아니라 경영에 관련된 정보를 올바르게 관리하느냐 못하느냐에 따라 경쟁력이 좌우된다. 즉 정보기술 도입을 통한 생산성 향상과 원가절감을 이룩함으로써 가격경쟁력 제고, 기술혁신과 마케팅 능력의 시스템화 등을 통한 비가격경쟁력 제고, 그리고 경영혁신과 경영관리 시스템화를 통한 전략적 대응력 제공을 들 수 있다. 기업이 정보기술을 활용함으로써 얻을 수 있는 경쟁력 제고 효과는 표 8-1과 같이 요약할 수 있다.

표 8-1 정보기술의 경쟁력 제고 효과

	경쟁력 제고 효과	정보기술
가격경쟁력	• 인건비 절감 • 원자재, 금융비용 감소 • 물류비용 절감	• 생산공정/사무자동화 • 물류/재고관리 시스템 • 의사결정지원 시스템
비가격경쟁력	• 품질 향상 • 기술혁신 • 디자인, 이미지, 납기개선 • 고객만족/감동	• 데이터베이스 시스템 • CAD/CAM, CIM • ERP • 데이터마이닝
전략적 대응력	• 의사결정과정의 합리화 • 시작대응력/조직의 유연성 향상 • 전략적 기회 포착/위기관리 • 능력향상	• 전략정보 시스템 • 의사결정지원/전문가 시스템 • 경영혁신기법 • 체이터마이닝

경영정보 시스템(Management Information System)은 기업의 경영진이나 조직의 관리진에게 생산, 투자, 판매, 경리, 인사 등 경영관리에 필요한 각종 정보를 신속하고 정확하게 공급함으로써 생산성과 수익성을 높이고자 하는 정보시스템이다. 대부분의 기업조직들은 지금까지 공식적인 MIS로 인식하지는 않더라도 어떠한 형식으로든 경영정보 시스템 형식을 유지해 왔을 것이다.

MIS는 컴퓨터 등의 정보기술만을 의미하는 것이 아니라 인적자원도 포함하는 개념으로 특정과업은 인간에 의해 다른 과업은 컴퓨터에 의해 수행되며, 특히 이들을 결합하여 운용하는데 그 특징이 있다. 그리고 정보이용에 관한 성과적 측면에서 뿐만 아니라 자원 낭비를 방지하기 위한 종합적인 정보시스템 계획을 중심으로 한 종합시스템의 성격을 갖는다. MIS가 종합시스템으로서의 역할을 수행하기 위해서는 자료의 종합관리 및 처리를 가능케 하는 기본적인 데이터베이스가 요구되고, 데이터베이스의 자료를 기초로 하여 경영의사결정 모형을 이용하여 의사결정 업무를 수행하며, 경영자에게 대체안을 제시한다. MIS는 포괄적 의미에서 조직의 기능과 경영과정을 광범위하게 지원하는 것으로서 최고경영자에게는 의사결정 시스템을, 중간관리자에게는 조직관리 시스템을, 세부조직원에게는 재무, 인사, 회계관리 시스템을 지원하며 각종 자료처리 시스템을 포함한다. 최근에는 전략정보 시스템(Strategic Information System) 등 MIS에서 한 단계 더 나아간 경영관련 정보 시스템이 널리 도입되고 있다.

한편, 기업의 정보시스템은 업무프로세스를 보다 단순화하기 위하여 표준화, 간략화를 진행하고 정보기술을 실질적으로 사용할 수 있도록 도와준다. 특히 기업의 자원관리업무를 지원하는 정보통신기술은 자재소요량계획(Material Requirement Planning)이라는 생산에 필요한 제품이나 원재료 소요량 관리에서 시작하여 전사적 자원관리계획(Enterprize Resource Planning)과 공급연쇄관리(Supply Chain Management)로 발전하였다. SCM은 기업 간에 혼재되어 있는 수요정보와 공급정보를 일원화하기 위하여 정보기술을 사용하는 것이다. 여기서는 ERP로서 실현된 기간업무에 더하여 판매계획, 생산계획, 조달계획을 위한 정보기술을 적용하여 공급연계(supply chain) 전체를 최적화한다. SCM은 업무프로세스를 자동화한다는 방향으로 의사결정을 자동화함으로써 인간이 판단해야 할 부분을 최소화하고, 의사결정의 질을 높이며, 재고를 감소시키면서 현금흐름을 높여가는 것이 주된 목적이다.

조직 내부에 대하여 외부고객이나 비즈니스 파트너와의 관계를 시스템화하는 정보기술도 구축되었다. 먼저 SCM에 이어 개발된 고객관계관리(Customer Relationship Management)는 고객에 대한 서비스 레벨을 향상시키고 조직에 대한 평가를 올리는 데 중점을 두고 있다. 또한 최근에는 가치연계네트워크(Value Chain Network)의 최적화를 목표로 사용하고 있는 사례가 많다. 이는 협동적 가치연계관리(Collaborative Value Chain Management)라는 개념에 기초하여 비즈니스 파트너와의 정보공유 및 협력업무를 통합한 프로세스를 최적화한 것이다.

3) 지식정보화 사회에 있어서 FM의 역할

지식정보화 사회의 기업에게 있어서 경영전략은 정보에 대한 전략적인 접근 없이는 불가능하다. 비즈니스 방법과 개인의 업무형태뿐만 아니라 업무공간의 이러한 변화는 대규모 기업에만이 아니라 중소기업에도 기업 생존을 위해 불가피한 상황이 되고 있다. 따라서 FM 전문가들은 정보통신기술 시장의 첨단에 위치하면서 적극적인 대응의 자세를 견지할 필요가 있다. FM에 있어서 정보화시설로서 대상이 되는 것은 기업, 단체에 있어서 정보관련 활동이 행해지는 시설공간과 이러한 시설을 지원하는 각종 설비의 정보화를 포함하여 이해해야 한다.

지식정보화 사회는 지식근로자가 나타나고 작업방식이 다양화되며 고용형태의 변화와 이에 따른 관리형태의 대응이 수반되며 새로운 워크플레이스를 필요로 하고 있다. FM은 지식근로자가 일하는 워크플레이스가 최대의 성과를 창출하도록 효과적인 운용에 깊은 관계를 가진 것이다. 새로운 워크플레이스는 종래와 같이 근무자의 정형적인 업무를 중심으로 한 고정적인 사무환경과는 전혀 상이한 환경을 전제로 한다.

8.1.2 정보통신기술(Information & Communication Technology)과 CAD의 발전

지식정보화 사회에서의 정보기술이 기업경영과 FM에서 가치가 증가하게 된 것은 자체의 필요성뿐만 아니라 컴퓨터를 포함한 정보통신기술과 CAD의 발전에 근거한다. 컴퓨터 하드웨어와 소프트웨어의 급속한 발전은 대용량 정보처리를 가능하게 하였으며, 다양한 업무처리의 자동화에 기여하였다. 특히 정보통신기술은 업무처리에 필요한 시간과 공간의 제한을 극복할 수 있게 하였으며 전세계를 하나로 연결하는 네트워크화를 실현하였다. 설계정보의 시각화를 위하여 고안된 CAD의 발전 역시 컴퓨터기술의 발달을 바탕으로 3차원 비정형 물체의 표현을 넘어서 각종 내재정보의 속성을 포함한 BIM(Building Information Modelling)의 단계로 발전하고 있다. 정보통신기술과 결합된 CAD기술의 발달은 정보화사회의 기업경영과 FM업무에서 필수적인 조건이 되었다.

1) 정보통신기술 발전

정보통신기술은 각종 단말장치 등 컴퓨터 하드웨어와 이를 연결시켜 상호통신이 되도록 하는 네트워크기술 및 각종 소프트웨어기술로 대별할 수 있다. 정보통신기술 발전에서 가장 두드러진 것은 컴퓨터 하드웨어 발전으로 인해 정보처리나 정보통신 능력이 급속하게 증대했다는 점이다. 1970년도의 속도 및 용량단위였던 킬로바이트는 메가를 넘어서 기가, 테라의 단위로까지 확대되었다. 반면에 하드웨어의 크기와 가격은 소규모화와 저가화 경향을 보이고 있으며, 모든 사람들이 개인용 컴퓨터에 쉽게 접근할 수 있는 상황이 되었다.

다음은 네트워크에 접속된 정보환경 출현이다. 단일의 컴퓨터 하드웨어는 네트워크로 연결되어 그룹웨어라는 소프트웨어에 의하여 공동작업이 가능해지도록 맞춰져 있다. 과거에 단독으로 처리되던 컴퓨터기기 사용과 정보 교류는 인터넷을 이용한 네트워크를 통하여 급속히 확대되었다. 정보통신기술은 업무용 데이터, 음성 대화, 사진, 동영상, 멀티미디어는 물론 아직 출현하지 않은 형태의 매체까지 포함하며, 정보를 개발, 저장, 교환하는데 필요한 모든 형태의 기술까지도 망라한다. 정보통신기술은 정보통신산업이 급속도로 발전하면서 '정보혁명'을 주도하였다. 정보통신기술에 관련된 가장 획기적인 사항은 이동통신기술(mobile telecommunication technology)의 발전을 들 수 있다. 1980년대 초부터 국내에 소개되기 시작한 이동통신기술은 세계 최고의 수준으로 발전하였으며 개인의 일상생활뿐만 아니라 산업 전반에 걸쳐 획기적인 변화를 유도하고 있다.

2010년 기준 정보통신기술산업의 화두는 스마트폰과 모바일 서비스 등이 있으며, 이는 애플, 구글, 마이크로소프트 같은 미국 기업이 주도하고 유럽, 한국, 일본 등이 시장에 진입하고 있다. 앞으로의 정보통신기술은 컴퓨터의 성능이나 소프트웨어의 품질 자체만이 아니라

표 8-2 이동통신기술의 발달(이동통신 기술진화 로드맵)

구 분	주요내용
1세대 (1984년~)	• 아날로그방식(AMPS) • 음성중심 • 전송속도 10kbps이하 • 데이터통신 불가능
2세대 (1996년~)	• 디지털방식(CDMA) • 음성, SMS, 저속 데이터 통신 • 전송속도 64kpbs 이하 • 800MB 다운로드 하루 이상
3세대 (2006년~)	• 디지털방식(WCDMA, CDMA2000, Wibro) • 음성, SMS, 고속데이터 통신, 영상통신 • 전송속도 144kbps~2Mbps • 800MB 다운로드 1시간 이하
4세대 (2010년 이후)	• 디지털방식 • 멀티미디어 통신 • 100Mbps~1Gbps • 800MB 다운로드 1분

소비자의 욕구 파악, 적정가격 산정 등 종합적인 서비스로 발전할 것이다. 표 8-2는 이동통신기술의 발달과정을 세대별로 구분한 것이다.

(1) 스마트폰

휴대폰과 개인휴대단말기(PDA, personal digital assistant)의 장점을 결합한 것으로 휴대폰 기능에 일정관리, 팩스 송·수신 및 인터넷 접속 등의 데이터 통신기능을 통합시킨 것이다. 가장 큰 특징은 완제품으로 출시되어 주어진 기능만 사용하던 기존의 휴대폰과는 달리 수백여 종의 다양한 애플리케이션(응용프로그램)을 사용자가 원하는 대로 설치하고 추가·삭제할 수 있다는 점이다. 무선인터넷을 이용하여 인터넷에 직접 접속할 수 있을 뿐만 아니라 여러 가지 브라우징 프로그램을 이용하여 다양한 방법으로 접속할 수 있는 점, 사용자가 원하는 애플리케이션을 직접 제작할 수도 있는 점, 다양한 애플리케이션을 통하여 자신에게 알맞은 인터페이스를 구현할 수 있는 점, 그리고 같은 운영체제(OS)를 가진 스마트폰 간에 애플리케이션을 공유할 수 있는 점 등도 기존 휴대폰이 갖지 못한 장점으로 꼽힌다.

(2) 와이파이와 와이브로

와이파이(Wi-Fi, Wireless Fidelity)는 흔히 '무선 랜'이라고 하는 근거리 무선통신기술이다. 엄밀히 말하면, 와이파이는 IEEE 802.11 무선통신 표준에 입각한 제품임을 표시하는 일종의 상표명이다. 현재 노트북이나 스마트폰, 태블릿 PC 등에 보편적으로 적용되고 있다.

와이브로(Wibro)는 'Wireless Broadband Internet'의 줄임말로 무선 광대역 인터넷 서비스, 무선 광대역 인터넷 등으로 풀이된다. 와이브로의 특징은 휴대폰, 스마트폰의 3G 통신망처럼 언제 어디서나 이동하면서 인터넷을 이용할 수 있다는 점이다. 이론적으로 최대 전송 속도는 10Mbps, 최대 전송 거리는 1km이며, 시속 120km/h로 이동하면서 사용할 수 있다. 와이브로의 평균 속도는 100Mbps급 초고속 인터넷에는 미치지 못하지만, 스마트폰 등의 3G 통신망보다는 빠르다. 넷북이나 노트북으로 인터넷을 사용하는 데 있어 큰 지장은 없을 정도이다.

(3) 인트라넷(intranet)

인트라넷은 인터넷 관련기술과 통신규약을 이용하여 조직 내부 업무를 통합하는 정보시스템을 말한다. 쉽게 말하면 지금까지 사용해 오던 각종 정보시스템을 인터넷을 이용하여 사용할 수 있도록 수정하여 재개발한 정보시스템을 의미한다. 넷(net)이라는 접미어가 붙어 있다고 하여 통신망이나 통신환경의 하나라고 혼동해서는 안 된다. 일반적으로 외부의 인터넷으로 연결된 하나 또는 그 이상의 게이트웨이를 통한 접속이 포함된다.

인트라넷을 사용하게 되면 별도의 통신망을 구축하지 않더라도 세계 어느 곳에서도 자신이 속한 조직의 정보시스템을 사용할 수 있고, 거래관계가 있는 다른 조직과의 자료교환도 쉬워져 상호 정보를 공유할 수 있는 기회가 많아진다. 그러한 이유는 인트라넷이 서로 다른 속성을 가지고 여기저기 흩어져 있는 조직의 정보시스템을 하나로 쉽게 통합할 수 있으며, 인터넷(internet)이라는 전세계적인 기술표준을 이용하여 간단하고도 폭넓게 적용할 수 있고 어떠한 특정 기술이나 특정 컴퓨터에 예속되지 않기 때문이다. 인트라넷은 인터넷 기술을 이용하기 때문에 적은 비용으로 큰 성과를 얻을 수 있고, 차세대 정보기술로 빨리 전환할 수 있으며, 조직 내·외부의 정보를 결합하기 쉽다는 장점과 기회를 제공한다. 반면에 아직은 정보의 보안문제라는 단점도 있다.

(4) 지리정보시스템(Geographic Information System)

GIS는 지리적으로 참조 가능한 모든 형태의 정보를 효과적으로 수집, 저장, 갱신, 조정, 분석, 표현할 수 있도록 설계된 컴퓨터의 하드웨어와 소프트웨어 및 지리적 자료, 그리고 인적 자원의 통합체를 말하며, 지표면에 위치한 장소를 설명하는 자료를 모으고, 이를 이용할 수 있게 하는 컴퓨터 시스템이라고 할 수 있다. 컴퓨터에서 처리되는 대부분의 데이터가 공간 데이터와 밀접한 관련이 있으므로 GIS는 교육, 군사, 일기예보, 판매분석, 인구예측 및 토지이용계획 등 매우 광범위한 분야에 사용된다.

GIS의 이용목적을 FM 관점에서 보면 시설물관리를 목적으로 하는 시설물관리 시스템과 계획지원을 목적으로 하는 의사결정지원 시스템으로 나눌 수 있다. 미국에서는 GIS 중에서도 토지정보를 취급하는 시스템을 토지정보 시스템(LIS ; Land Information System)이라 하고, 또한 시가지에 대한 정보를 취급하는 시스템에 대해서는 도시정보 시스템(UIS ; Urban Information System)이라고 한다. 우리나라에서는 1995년부터 국가지리정보체계(NGIS) 사업을 추진중이며, 2000년 '국가지리정보체계의 구축 및 활용 등에 관한 법률'이 제정되었다.

(5) 소셜 네트워크 서비스(Social Network Service)

웹상에서 친구 · 선후배 · 동료 등 타인과의 인맥관계를 강화시키고 또 새로운 인맥을 쌓으며 폭넓은 인적 네트워크를 형성할 수 있도록 해주는 서비스로서 인터넷에서 개인 정보를 공유할 수 있게 하고 의사소통을 도와주는 1인 미디어, 1인 커뮤니티라 할 수 있다.

개인의 표현 욕구가 강해지면서 사람들 사이의 사회적 관계를 맺게 하고 친분관계를 유지하는 소셜 네트워크 서비스 또한 점점 발달하고 있다. 웹상의 카페, 동호회 등의 커뮤니티 서비스가 특정 주제에 관심을 가진 집단이 그룹화하여 폐쇄적인 서비스를 공유한다면 소셜 네트워크 서비스는 나 자신, 즉 개인이 중심이 되어 자신의 관심사와 개성을 공유한다는 점에서 차이점이 있다.

초기에는 주로 친목도모, 엔터테인먼트 용도로 활용되었으나 이후 비즈니스, 각종 정보공유 등 생산적 용도로 활용하는 경향이 생겨났다. 또 인터넷 검색보다 소셜 네트워크 서비스를 통하여 최신 정보를 찾고 이를 활용하는 경우도 많다. 대부분 아는 사람의 아는 사람으로 연결되어 있는 특성상 일반검색을 통해 찾는 정보보다 친구의 추천으로 공유하는 정보가 신뢰성이 높고 또 간결하게 전달되기 때문이다.

한국의 대표적인 소셜 네트워크 서비스로는 싸이월드를 들 수 있다. 1999년 시작된 미니홈피 싸이월드는 이용자들이 개인의 일상사와 삶을 표현하고 일촌이라는 관계를 통하여 서로 엮이면서 확장되는 서비스이다. 그밖에 트위터, 페이스북, 마이스페이스, 링크드인, 비보 등의 소셜 네트워크 서비스가 있다.

(6) DBMS(Database Management System)

DBMS는 데이터베이스를 관리하기 위해 필요한 수행과정인 데이터 추가, 변경, 삭제, 검색 등의 기능을 집대성한 소프트웨어 패키지이다. DBMS는 계층형과 네트워크형, 그리고 관계형으로 나누어지며 최근에는 관계형이 DBMS의 주류를 이루고 있다. 계층형에서는 이름과 같이 계층구조로 데이터를 보존 · 유지하게 되는데, 데이터를 대분류, 중분류, 소분류 등으로 분류 · 정리할 수 있는 경우에 계층형 DBMS가 적용된다. 네트워크형에서는 데이터끼리의 상호관계를 네트워크로 나타내는데 대규모 데이터베이스에서 많이 사용되고 있으며, 최근에는 객체 지향 기술을 사용한 DBMS도 제품화되어 있다. 관계형에서는 DBMS가 정보계 시스템용으로 업계표준이 되어 있는데, 최근에는 트랜잭션(transaction) 처리를 목적으로 하는 업무의 DBMS로도 사용되게 됐다. 정보계 시스템용 DBMS는 기간 시스템에서 축적한 데이터를 사용자가 자유롭게 검색·가공하도록 하기 위한 시스템으로 영업의 기획 등 여러 면에서 클라이언트·서버 시스템에 대응하기 쉽게 되어 있는 것이 그 특징이다.

2) CAD의 발전

CAD의 발전은 컴퓨터 기술의 발달에 기인하며 각종 설계정보의 시각적 표현을 위하여 개발되기 시작하였다. 전 세계 첫 번째 CAD 시스템은 1950년 중반 미국 공군에서 개발한 SAGE(Semi Automatic Ground Environment)라는 방어 시스템이었다. 이 시스템은 미국 MIT 대학의 링컨(Lincoln)연구소에서 개발했고 레이더 및 여러 데이터를 브라운관에 표시해 주는 역할을 했다. 이후 1960년대에 들면서 컴퓨터 사이언스의 발전과 각종 입출력장치를 포함한 하드웨어 개발이 이루어졌으며, 링컨 연구소에 근무를 하던 Ivan Edward Sutherland는 TX-2 컴퓨터를 이용해서 프로젝트명이 SKETCHPAD라고 하는 1세대 CAD를 개발하였다.

1970년대는 2D Drafting에 중심이 되며 몇몇 회사들이 설계와 도면을 자동으로 그릴 수 있는 상업용 CAD 시스템을 공급하기 시작했다. 그러나 이러한 시스템은 메인프레임이나 워크스테이션에서 작동하는 고가의 시스템인 사태에 머물렀다. 1973년, Auto-col사는 CAD시장에서 선구자적인 Auto-Draft라는 제품을 발표하며, GM, Ford, Chrysler와 같은 자동차 업체와 Lockheed와 같은 항공 분야에서 CAD/CAM에 대한 연구가 활발하게 이루어지게 되었다. 1970년대 중반에는 CAD시스템이 단순한 제도 시스템 역할을 능가하며, 어느 정도의 지적 능력을 가진 도구로 발전하였다. 미국의 M&S Computing사(나중의 Intergraph)는 특히 도면 작업에 적합한 보급형 CAD 시스템을 개발하였는데 이는 순식간에 CAD 시장을 석권하였다. 1970년대 말에는 초기의 솔리드 모델링(Solid Modeling)방식의 소프트웨어가 탄생하기 시작했으며, 이러한 제품들은 기본 형상(Geometry)을 구(sphere), 육면체(block), 원통형(cylinders) 등을 이용한 모델링방식으로 기초 모델링을 하고, 불리언연산(Boolean operation)을 통해 상세 모델링을 했다. 1977년 Avions Marcel Dassault 시스템이 카티아(CATIA, Computer-Aided Three-Dimensional Interactive Application)라고 하는 3D CAD를 개발하였다. 이후 CATIA에는 Solid와 Robotics 기능이 추가되면서 항공 분야 설계의 선두적 위치에 도약하게 된다.

그러나 CAD의 본격적인 발전은 퍼스널컴퓨터가 시장에 등장하기 시작한 1980년대부터 이루어진다. AEC(Architecture, Engineering, Construction) 분야의 CAD 사용 역시 1980년에 접어들면서 가능해지며 중·소규모에서 도면제작 수단으로 도입하기 시작했다. 1982년에 설립

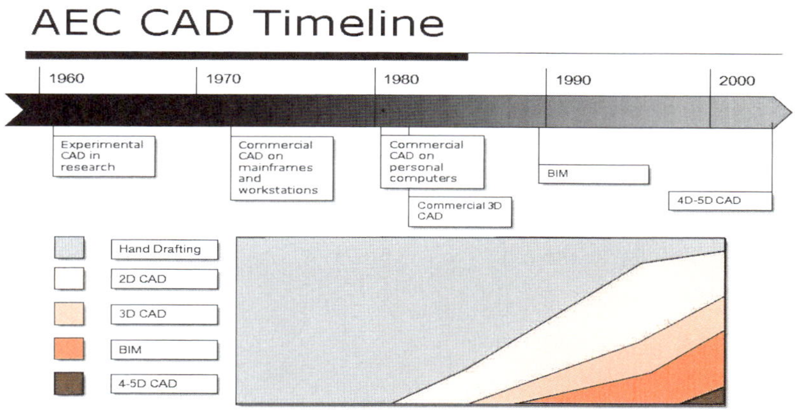

그림 8-1 AEC CAD의 발전(BIM Curriculum Lecture by Graphisoft)

된 오토데스크(Autodesk)사에서 오토캐드(AutoCAD)를 발매하면서 급속히 일반에게 보급되기 시작했다. 한편 아키캐드(ArchiCAD)는 1984년 헝가리 부다페스트에서 건축가에 의하여 개발된 건축·인테리어 전용 CAD프로그램이다. 아키캐드(ArchiCAD)가 타 CAD 시스템과 다른 이유는 GUI(Graphic User Interface) 환경 하에서 개발이 시작되었다는 점이다.

1990년대에 들어오면서 CAD/CAM/CAE 시장은 더욱 활성화되며, 이 기간의 큰 변화 중 하나는 CAD 시스템의 플랫폼이 유닉스(Unix)에서 Windows NT로의 전환이라고 할 수 있다. 2000년에 Charles River Software란 회사가 설립되었고, 이 회사는 곧 혁신적 AEC & BIM 제품인 레빗(Revit)을 출시하게 된다. 이 제품은 AEC 분야에서는 세계 최초로 파라메트릭(Parametric)을 지원하는 제품이다. 2002년에 Autodesk에 의해 인수된 이래로 건축설계를 위한 Revit Architecture와 구조를 위한 Revit Structure, 기계전기설비를 위한 Revit MEP를 개발하였다. 그림 8-1은 1960년대부터 현재까지 AEC CAD의 발전과정을 도식으로 표현한 것이다.

8.1.3 FM업무와 기술

정보통신기술(ICT)과 CAD 시스템은 기업을 운영하는데 있어서 필수적 요소가 되었으며, FM 전문가들은 건물과 관련된 시스템을 도입하고 운영하는데 있어서 핵심적인 역할을 하고 있다. 따라서 FM 전문가들은 시설운용, 부동산, 근무자들의 요구에 부응할 수 있는 제반 사항에 필요한 기술들을 이해하고 있어야만 한다. 여기에는 단순히 정보통신 관련 기기와 CAD나 CAFM(Vomputer Aided Facility Management) 프로그램 사용만이 아니라 프로젝트 매니지먼트, 자산관리, 비용분석과 다양한 하드웨어 및 소프트웨어 사용 등이 포함된다. 더욱

이 FM 전문가들은 기업의 업무적인 목표를 지원하는데 필요한 각종 인프라스트럭처와 기술을 담당할 수 있어야 한다. 이러한 능력은 FM 전문가들이 작업환경에 사용되는 각종 기술을 선택 · 구입 · 제공 · 유지하는 일을 포함한다.

FM기술과 관련된 FMer의 역할은 다음과 같이 요약할 수 있다.

1) FM기술과 전략적 계획에 대한 전반적인 이해

- FM기술의 개념에 대한 공감
- FM기술의 핵심 요소에 대한 규명
- FM기술의 현재 상태에 대한 파악
- 기업의 경영전략에 대한 검토
- FM기술의 전략적 계획요소의 응용

2) FM기술에 대한 평가와 선택

- 기업의 업무과정을 지원하는 과정분석
- 사용자의 요구를 규명할 수 있는 인터뷰 과정
- 취득 및 보유의 중요성에 대한 이해
- CMMS(Computerized Maintenance Management System)/CAFM 시스템을 위한 핵심요소의 규명
- FM 비용분석에 대한 이해
- RFP(Request for Proposal)개발에 대한 이해

3) FM기술의 제공과 실행

- 기술실행계획의 핵심요소 파악
- 데이터베이스 구성요소 파악
- 실행단계에서 발생하는 일반적인 함정 규명
- 재해시를 대비한 백업 시스템 설정
- 기술 업그레이드를 위한 대비

4) 응용과 통합

- 유지 및 관리 시스템 규명
- 예측 가능하고 신뢰할 만한 유지도구 적용

- 다양한 건물자동화 시스템 규정
- 융합적이며 상호작동 가능한 목표 설정
- ERP(Enterprise Resource Planning)와의 연계

8.2 지능형 건물(Intelligent Buildings–Smart Buildings)

정보화 사회에서는 모든 부문에서 필요한 정보가 얼마나 많이 빠르게 입수하여 활용하느냐에 따라 사업의 성패가 좌우될 수 있기 때문에 기업의 생산성을 높이기 위해서는 고부가 가치 정보를 첨단정보 시스템을 통하여 효율적으로 융합시킬 수 있는 환경이 요구되고 있다. 따라서 시설의 효율적 경영을 목표로 하는 FM에서 첨단 정보통신기술을 통합한 새로운 개념의 시설에 대한 이해가 필요하다. 지능형 건물의 개념은 사무소건물을 중심으로 효율적이고 쾌적한 사무환경을 제공할 수 있는 방법으로 시작되었으며, 현재는 모든 건물로 적용이 확산되고 있는 개념이다.

8.2.1 지능형 건물의 개념

스마트 빌딩으로도 불리는 지능형 건물은 무엇보다 첨단정보통신기술을 바탕으로 하고 있다. 건물 내에서 사용자들간의 유기적인 연계와 외부 세계와의 신속한 교류는 조직에서 필수적인 조건이다. 지능형 건물은 사용을 위하여 내부환경을 개선하고 기능을 지원하기 위하여 다양한 기술을 도입하고, 보안 · 방재 · 위생 · 쾌적 · 접근성 등은 생산성을 향상시키며 만족도를 높이는데 기여한다. 지능형건물의 장점은 다음과 같다.

- 건물의 가치를 높일 수 있는 개별 환경조절 능력을 향상
- 시간대별 지역조절을 통하여 에너지 소비 통제
- 표준화된 시스템을 이용하여 간편한 보수교환이 가능
- PC, PDA, 전화 등을 이용하여 건물시스템을 조절
- 비근무시간동안의 재실자 통제
- 개별 지역의 서비스 · 교체를 추적
- 각종 통신장비 교체에 대한 통제

그러나 지능형 건물의 개념에 대해서는 수십년간 논란이 있어 왔다. 사용자의 요구에 반

응하고 혹은 예상할 수 있는 건물의 예는 무수히 많다. 수동적인 조작 없이도 의사결정이 이루어질 수 있는 수준의 하이테크놀로지를 건물이 사용할 수 있게 되었다. 스마트 센서와 컨트롤즈들은 건물의 엔지니어링 서비스를 설계하는데 필수적으로 도입되며, 더욱 효율적으로 에너지를 관리할 수 있게 되었다. 자동제어는 사용자의 안전과 편의를 위한 내부환경을 유지할 수 있을 정도가 되었다. 건물이 스스로 지능적으로 작동한다는 것은 환상적이다. 그리고 이러한 현상은 궁극적으로 더욱 바람직한 환경을 만드는데 기여할 수 있는 생각과 연구를 진행하는 동기가 되고 있다.

지능형 건물의 개념은 2가지 생각, 즉 우리가 지능적으로 설계한다는 점과 사용자들에게 안전하고 건강하며 안락한 환경을 제공한다는 점을 동시에 고려하여야 한다. 이 2가지의 생각은 서로 상충하는 것처럼 보이기도 한다. 그러나 건물에 더 많은 기술을 도입하려고 노력하면서 우리는 지속가능한 개발의 반대방향으로 향하기도 한다. 효율적인 에너지 소비를 강

첨단정보빌딩(Intelligent Building)

건물자동화 시스템

빌딩관리 시스템
- 난방 및 공조설비의 최적 제어
- 온습도 자동조절
- 스케줄에 의한 운영 및 통제
- 외기량 제어
- 엘리베이터군 관리
- 빌딩환경 및 시설감시
- 에너지 사용량 계측 및 요금징수
- 원격제어
- 자동주차관리

시큐리티 시스템
- 오디오 감시
- 출입 통제
- 원격 개폐관리
- 하재감지경보, 전화 및 통제
- 배면제어 및 자동제거
- 가스누출감지 및 경보
- 누수감지
- 화재보호시설의 자동감시
- 전력손실 경보
- 지진경보

에너지절감 시스템
- 조명 자동조정 및 점멸제어
- 블라인드 집중제어
- 에너지수급관리
- 절수 위생시설
- 외기에 의한 냉방
- 태양설비에 의한 골조
- 재열에 의한 공조
- 소단위, 지역별 자동공조 제어
- 에너지절약을 위한 열변환
- 절전설비 제어
- 태양열 에너지 공급

통신 시스템
- 건물 내 전화 시스템과 PBX
- 고속 디지털 데이터 변환
- 메모용 Pad통신
- 전자 메일
- 비디오회의 및 음성 전송
- 그래픽 통신(이동 및 정지화상 등)
- 위성통신
- 텔레포트 시스템
- 임대료 자동산정

사무자동화 시스템
- LAN구축
- 문서처리
- 의사결정처리 지원
- 계획 통제 및 지원
- 안내관리
- 일상적인 사무처리
- 온라인 서비스
- 공중안내 서비스
- CAD 및 CAM
- 소프트웨어 지원
- 외부 DB 이용지원

환경 계획

환경 계획	
유연성 계획	사무공간 이용계획 절차 : 유연성 있는 사무실 배치, 유연성 있는 조명 및 공조계획
사무관리	사무비품 배치절차 : 작업구성절차
인간공학계획	색상고려 및 수목조절, OA 조명구성 및 제저전략, OA 기기소리 고려
쾌적성계획	홀과 라운지, 아트리움, 통풍구 차단계획 : 식당, 커피라운지, 휴식공간계획
유지계획	건물시스템 전략 : 유지보호 전략, 고장 진단절차
생활주기계획	생활주기 비용산정 : 비용절감 평가절차
공용시설 활용계획	사무실 임대차 : 첨단정보빌딩 안내 및 쇼룸서비스(Show room service)

설비 계획

설비 계획	
LAN구성	케이블 샤, PBX 및 노드 종합설비 이용계획
이중마루 배선	언더 카펫 및 세룰리 이중마루 덕트 기술 : OA기기 사용을 위한 이중마루 배치
벽 배선	패널 및 케이블 공구 배선
천장 배선	천장 및 케이블랙 배선 : 광스타형 접속
유연성 있는 공조	사무실 공조 : 분배공조, 환기공조, 다양한 공기량 이용공조
서류 운송	구역별 점등기능 : 내주부/외주부, 사용/비사용구역, 사용자제어/원격제어
지진설계	내진보호 : 지진장비 설비 및 파이프 기술

그림 8-2 지능형 건물의 구성요소

조하는 건물이 자연자원을 훼손하는 재료와 제품들을 소비하고 있다. 건물을 조작하는 기술이 환경에 비용을 부과하면서 만들어지기도 한다.

사무소건물의 경우에 지능형 건물은 건물자동화 시스템, 사무자동화 시스템, 정보통신 시스템 측면으로 분류할 수 있으며, 환경계획과 설비계획이 이러한 시스템을 지원하게 된다.

8.2.2 건물자동화 시스템

건물자동화 시스템은 건물의 재실자가 보다 쾌적한 환경에서 효율적이고 안전하게 근무할 수 있도록 건물관리에 필요한 기능을 집중관리함과 동시에 건물운영, 설비운전, 안전 및 보안 등을 고도로 자동제어하여 건물의 운영효율과 관리수준을 향상시키는 것을 목표로 하고 있다.

1) 건물관리 시스템(Building Management System)

건물관리 시스템은 전력, 공조, 엘리베이터 등의 원격 감시 및 제어, 컴퓨터에 의한 유지보수, 자료관리 및 운용의 최적화를 실현시키는 시스템이다. 건물관리 시스템의 구성요소는 각종 설비의 최적 제어, 엘리베이터군 관리, 설비상태 감시, 설비정보 계측, 주차관리, 위생관리의 자동화를 포함한다.

2) 에너지관리 시스템(Energy Management System)

에너지관리 시스템은 종래의 건물에서 관리하고 있는 냉난방, 조명, 엘리베이터 운전 등의 방식을 최적 제어 시스템으로 전환시킴으로써 에너지 관리의 효율화를 기할 수 있다. 세부적인 사항으로는 전력설비의 효율화 제어, 에너지 절약형 공조 시스템 도입을 통하여 이루어진다.

3) 안전방재 시스템(Security System)

안전방재 시스템은 건물의 안전성을 확보하기 위한 것으로서 방범 · 방화 · 방재 등의 감시 및 제어, CCTV나 각종 센서를 이용하여 자동적으로 위해를 감지하고 경보조치가 가능하도록 하는 시스템이다. 그리고 출입자의 통제와 외부침입을 감시하는 통합보안 시스템을 포함한다.

8.2.3 사무자동화 시스템

지능형 건물의 범주는 모든 유형의 건물로 확대될 수도 있지만 근본적으로는 업무공간의 효율성 향상을 위한 사무자동화 시스템을 기반으로 한다. 사무자동화 시스템이란 지금까지 개인적으로 처리하던 업무를 컴퓨터와 각종 첨단 정보통신기술을 도입하여 정보처리와 업무처리를 보다 능률적이고 경제적으로 수행하는 것을 의미한다. 이러한 사무자동화는 인간과 기계간의 상호작용으로 사무작업시 기계는 인간과 밀착되어 있으며, 작업자의 일상적인 반복작업과 통합되어야 한다는 제약조건을 충족시켜야 한다.

사무자동화에 적용된 접근방식으로는 소위 사회 · 기술시스템(STS : Social · Technical System)방식이다. 이는 사무자동화를 2가지 구성요인으로 인식하는데서 출발한다. 하나는 사무자동화가 다양한 작업과 기술로 이루어지는 기술적 시스템이고, 다른 하나는 다양한 업무와 행동양식을 가지는 사회적 시스템이다. 사무자동화 초기에는 각 시스템의 요구사항을 파악하기 위해 두 시스템을 별개로 추진하고 각 시스템의 요구사항이 파악되면 두 시스템을 유기적으로 결합시켜 최적의 시스템이 되도록 구축한다. 이렇게 구축된 시스템은 사무실, 건물 내는 물론 의사결정 지원, 스케줄 관리, 내방객 관리 등 다양한 서비스를 제공하고, 고객의 요구에 부합하는 소프트웨어를 개발하고 적용시킴으로써 사용자에게 최적의 서비스를 제공할 수 있게 된다. 사무자동화 시스템의 주요 요소는 다음과 같다.

- Computer workstations(PCs)
- Digital storage and archiving
- Office productivity software
- Technical and specialist software
- Scanning and printing equipment

8.2.4 정보통신 시스템

정보통신 시스템은 건물자동화 시스템과 사무자동화 시스템을 통합 · 운용하여 사무실, 회사 및 건물 내를 네트워크함은 물론이고 외부통신망과의 접속에 의한 정보교환이 가능하도록 함으로써 필요한 정보를 얻을 수 있다. 정보통신 시스템은 다기능 전화의 이용이나 전송교환 서비스, 음성메일과 문서메일 등의 전자메일 서비스, 화상회의를 포함한 통신회의 서비스 등을 들 수 있다. 이러한 서비스는 대용량의 초고속 통신망 구축이 가능해짐에 따라 더욱 가속화되고 있다. 최근에 보편적으로 사용되고 있는 정보통신 시스템의 요소들은 다음과 같다.

- Private telephone exchanges
- Voice over internet protocol(VoIP)
- teleconferencing and video-conferencing
- Satellite communications
- Virtual private networks
- Instant messaging, email, intranet and extranets

8.2.5 지능형 건축물 인증제도

지능형 건축물(IB) 인증제도는 건물의 지능화 수준에 대한 객관적인 정보를 제공하며 초기 투자주체, 건설주체, 소유주체, 관리주체 및 사용주체가 쉽게 지능형 건물에 대한 수준을 파악함으로써 기술적 · 경제적 가치를 제고해 줄 수 있을 뿐만 아니라 지식정보화사회에 대응하여 지능형 건축물에 대한 사회적 역할과 기능을 부여하기 위하여 2006년부터 시행되고 있다. 인증평가를 위한 분야와 필수평가 항목으로 구성되어 있다.

표 8-3 지능형 건축물 인증기준

분 야	필수평가 항목	배 점
건축계획 및 환경 분야	• 경제성 및 친환경성 • 쾌적성 • 유연성 및 안정성	100
기계설비 분야	• 열원설비 • 공조설비 • 위생설비 • 제어설비 • TAB	100
전기설비 분야	• 전기관련실 구성 • 전력공급설비 • 부하설비 • 감시제어설비 • 피뢰 및 접지설비	100
정보통신 분야	• 통합배선 • LAN • 방송수신망	150
시스템통합(SI) 분야	• 통합인프라 • 통합연동서비스	100
시설경영관리(FM) 분야	• 시설관리조직 • 시설경영관리 시스템(FMS) • 유지관리매뉴얼	100

8.3 퍼실리티 매니지먼트 시스템(FMS, Facility Management System)

8.3.1 FMS의 정의와 목적

1) 정의

퍼실리티 매니지먼트 시스템(FMS)은 지능형 건물의 건물자동화 시스템 중 건물관리 시스템이 정보통신 시스템과 결합하여 발전한 것을 FM 측면에서 범위를 확대하여 체계화한 것이다. 통상적으로 FMS는 FM기능의 성능을 보조하는 제품이나 과정을 의미한다(Hamer). FMS는 보통 과정, 필요한 정보, 교육과 훈련, 자동화를 필수조건으로 하며 이러한 조건들은 상호보완적 관계를 지닌다. 특히 자동화는 과정, 정보, 교육에 직접적으로 영향을 미치며 특정 응용프로그램, 즉 소위 CAFM(Computer Aided Facility Management)의 형식으로 적용되며 컴퓨터와 정보통신기술 발달로 인해 FM업무에 중요성을 더하고 있다. FMS는 시설물관리를 위하여 시설물이 설치된 환경이나 주변 공간, 설치장비 및 설비, 그리고 이를 운영하거나 유지·보수하기 위한 인력이 기본적으로 상호 유기적 조화를 이룰 수 있도록 지원한다. 그리고 건물의 각 시설을 중심으로 환경·운영인력·운영조직의 활동을 유기적으로 통합·관리함으로써 시설물의 수명을 연장시키고, 각종 장비 및 기기류의 가동상태 파악이나 점검기록, 설계도면 검색 등에 있어 인덱스화된 정보를 신속히 제공함으로써 시설물 통제를 용이하게 할 수 있으며, 궁극적으로 생애주기분석에 의한 유지관리비용 절감을 목적으로 한다. 요즘은

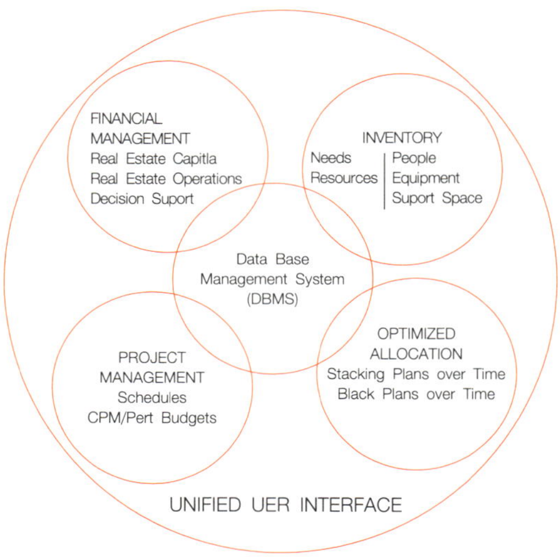

그림 8-3 FMS의 개념적 구성요소(Computer-Aided Design Group)

기존의 시설관리를 포함하면서 더 넓은 방향으로 포괄적이면서 전략적으로 체계적인 관리 행위와 관련 기술을 모두 포함한다.

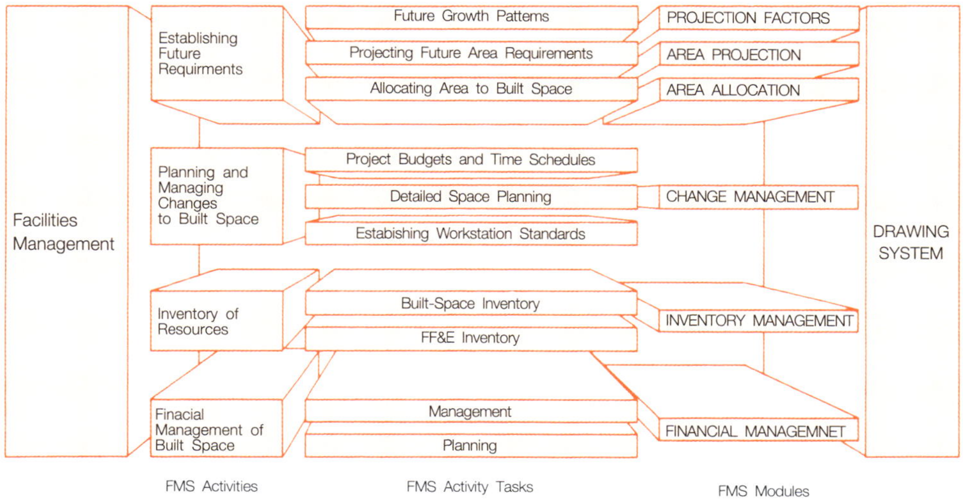

그림 8-4 FM업무와 FMS의 전개(Computer-Aided Design Group)

2) 목적 및 효과

FMS의 목적을 크게 세 가지로 분류하면 다음과 같다. 먼저 사회적 공헌 부분에서는 지역과 조화로운 조합으로 환경보존을 중시하는 건전한 회사의 자산관리와 형성에 있다. 기업면에서 보면 기업의 이념 구현과 경영 목표 달성에 시설물을 안정적으로 지원하며 자산의 효과적인 활용을 지원한다. 그리고 인간과의 관계에서 이용하는 사람이 안전함과 만족감을 느껴 좀 더 나은 창의성을 발휘할 수 있도록 쾌적하며, 기능적인 환경을 만들고 제공하도록 한다.

FMS를 구축하여 활용하는 정보는 조직의 각 부서에 영향을 주어 기능성과 생산성을 크게 향상시켜 준다. FMS 기회평가는 FMS을 적용했을 때 얻을 수 있는 잠재적 이익을 보다 잘 이해하고 최적화할 수 있도록 도와준다. FMS 요구분석은 FMS정보와 시스템의 성공적 사용에 관한 기본정보를 제공한다. FMS 구축에 따른 특징과 기대 효과는 다음과 같다.

- 시설의 설비 투자나 운영에 대한 비용의 최소화
- 설비의 효율성 극대화
- 합리적인 자원 배치(과잉, 유휴, 노후, 부족한 부분이 발생하지 않도록 배치)
- 기능의 극대화(필요한 기능을 최대한 활용하도록 적절하게 배치)

- 생산성 향상(업무의 능률을 높이고 사용이 용이하도록 배치)
- 쾌적한 환경구축(안전하고 쾌적함을 느낄 수 있는 업무 환경)
- 기타로 조직의 이미지에 맞고 고객이 만족을 느낄 수 있는 환경 구성
- 향후 설비나 시설의 발전 방향 및 변화 또는 추가에 대처할 수 있는 유연성
- 사회 및 환경적인 면에서 법규 준수
- 프로젝트 범위에 관한 정확한 이해 제공
- 노력과 목표의 조화로운 발전
- FMS 실행을 위해 필요한 비용과 시간의 감소
- 과잉의 책임, 업무, 정보 시스템 방지
- 효율적, 집중적인 실행
- 총괄적 기능성과 생산성 증가

결론적으로 FMS의 목적은 자산을 전체적으로 최적의 상태를 유지할 수 있도록 경영관리, 회계, 재무, 과학, 환경 등의 광범위한 기술을 배경으로 시설물의 상태를 파악하고, 분석하고, 평가하여 최적의 상태가 될 수 있도록 기획하여 시스템에 적용하는 것이다.

8.3.2 FMS 실행 단계

조직이 일단 통합된 시설관리 정보시스템의 필요를 인식했다면 다음 단계는 성공적인 실행을 위한 방안을 찾는 것이다. 조직 내부의 시설과 자산의 사용을 최적화할 수 있도록 FMS의 초기단계 실행에는 이러한 자원을 고려해야 한다. 성공적인 FMS 솔루션의 실행을 위한 일반적인 단계는 다음과 같다.

1) 1단계－FMS 요구분석 평가

- 예비평가
- FMS 기회분석
- 자원분석
- 데이터 필요 사항
- 데이터 접근, 흐름
- 교육 필요 사항
- 실행계획서 및 분석 리포트

2) 2단계–FMS 솔루션 디자인

- 시스템 디자인
- 표준안 발전
- 소프트웨어 사용자화
- FMS 과정 지침

3) 3단계–FMS 실행

- 소프트웨어 설치
- 데이터 구축 및 통합
- 리포트 산출
- 사용자 교육

4) 4단계–FMS 실행 후 지원

- 기술 지원
- 검토 및 평가
- 시스템 강화
- 사용자 보완 교육

8.3.3 FMS의 구성

FMS의 구성은 기업의 규모와 업무특성에 적합하게 다양한 수준으로 구성된다. 그러나 모든 FMS는 FM의 기본 업무라고 할 수 있는 기획(programming)·운영(operation)·유지(maintenance)·관리(management)업무를 효율적으로 진행할 수 있는 메커니즘을 필수조건으로 하며, 기업의 모든 자산정보에 대한 데이터베이스 매니지먼트 시스템을 기반으로 한다. 그리고 유무선통신기술을 바탕으로 세부 시스템들이 연동·통합되어 실시간으로 작동할 수 있는 통합 시스템(IFMS : Intergrated Facility Management System)으로 구성되는 것이 현재의 상황이다. FMS를 구성하는 대표적인 세부 시스템을 나열하면 다음과 같다.

1) 건물관리 시스템

건물관리 시스템은 업무를 표준화하고 효율성을 높이기 위해 각종 시설 관련 데이터 및 문서, 도면정보에 대한 통합데이터베이스를 구축하고 자동화된 업무프로세스를 적용하여 정보의 생성 · 축적 · 분석 · 자료의 공유를 보다 수월하게 할 수 있는 시스템이다. 시설업무의 표준화에 의한 생산성 향상과 시설물의 점검 및 교체, 보수업무의 자동화를 통해 불만접수 관리를 신속하게 처리함으로써 항상 쾌적하고 안전한 환경을 지원할 수 있다. 주기적인 예방점검과 자재정보 관리의 일원화를 통해 비용을 절감하고 효과적인 시설관리를 동시에 이룰 수 있다.

표 8-4 건물관리 시스템의 세부내용

모 듈	기 능
시설업무관리	지시업무현황, 작업현황관리, 업무일정관리(일간, 주간, 월간), 점검양식관리, 업무성적분석, 일일업무보고서
장비현황관리	장비정보, 장비현황, 장비이력카드
자재관리	자재정보, 자재사용현황, 자재처리사유, 일자별 입출고현황
직원관리	직원정보, 근태등록관리, 근태현황조회
공기구관리	공기구정보, 공기구현황, 공기구사용현황
폐기물관리	폐기물코드, 폐기물보관현황, 폐기물처리현황

2) 임대관리 시스템

임대관리 시스템은 대규모 오피스빌딩 등의 임대관리를 위해 임대계약정보를 데이터베이스화하고 검침정보의 자동등록 및 구역별, 사용량별, 면적별로 세분화하여 사용량을 적용할 수 있는 시스템이다. 또한 임대 및 관리비 과금 및 청구서관리는 물론 수금시 발생할 수 있는 과납, 오납, 일부납 관리뿐만 아니라 청구서 온라인 발급 및 출력기능을 갖추어 과금 및 청구, 수금업무의 효율화 및 임대수익률 향상을 위해 필수적인 시스템이다.

표 8-5 건물관리 시스템의 세부내용

모 듈	기 능
기초정보	부동산정보, 건물정보, 층정보, 호실정보, 비용배분타입, 금액클래스, 금액코드, 휴일정보관리
수납관리	관리비수납, 관리비입금현황, 임대료수납, 임대료입금현황, 주차보증금, 선수관리비관리
입주정보관리	입주자정보관리, 임대계약관리, 구분소유자관리, 선수관리비청구서
청구내역관리	정액부과관리, 미승인내역관리, 청구서발급관리, 청구내역관리, 연체료관리

3) 공간관리 시스템

공간관리 시스템은 기업이 보유하고 있는 공간에 대한 현황을 관리하고 그 목적과 용도에 맞게 배분하고 조정하는 공간관리업무를 효율적으로 수행하기 위해 공간의 특성(위치, 면적,

사용자)을 데이터베이스화하여 공간의 요청 및 승인, 배분업무를 신속하게 처리함으로써 조직의 경쟁력을 강화하는데 도움이 되는 시스템이다.

표 8-6 건물관리 시스템의 세부내용

모 듈	기 능
공간정보관리	건물정보관리, 토지정보관리, 공간현황관리
공간비용관리	기본면적 관리, 부서별 사용면적, 미사용공간현황, 과다사용현황, 비용부과관리, 공간비용실적
공간사용관리	공간사용신청, 공간사용승인, 공간예약관리

4) 안전관리 시스템

안전관리 시스템은 안전관리에 대한 제반 정보를 제공하고 보안상황에 대한 감시와 신고 및 순찰 등의 업무를 포함한다. 그리고 승강기, 주차 등과 같이 입주자의 안전에 관련된 사항과 서비스 제공을 위한 제반 업무 및 안전관리 교육대상자 선정 및 교육관리를 하는 데 효과적인 시스템이다.

표 8-7 건물관리 시스템의 세부내용

모 듈	기 능
보안상황감시	방범시스템 확인 점검, 취약지구 순찰, 공동시설 감시
승강기관리	승강기 정기점검, 승강기 운영실태 조사
주차관리	주차통제관리, 출입안내, 물품반출입관리
출입승인관리	안내데스크 서비스, 비인가자 출입통제, 구역별 출입통제

5) 환경관리 시스템

환경관리 시스템은 건물관리 시스템에 포함되기도 하지만 최소한의 비용으로 최상의 업무환경을 제공하기 위하여 별도의 시스템으로 운영되기도 한다.

표 8-8 건물관리 시스템의 세부내용

모 듈	기 능
에너지관리	일일검침정보, 월간검침정보, 계량기정보, 에너지관리계획
설비관리	전기, 기계, 공조설비의 정기점검, 효율성 유지계획
미화관리	미화업무조사, 일상점검관리, 미화인원 배치, 업무보고 및 평가
친환경관리	친환경자재 사용, 친환경 등급유지

8.3.4 FMS의 구현 - CAFM

FMS의 정의에서 밝힌 바와 같이 FMS는 특정한 응용프로그램, 즉 소위 CAFM(Computer Aided Facility Management)의 형식으로 적용되며 컴퓨터와 정보통신기술 발달로 인해 FM업무에 중요성을 더하고 있다. 이러한 CAFM은 특정한 범용 솔루션이 기업의 특성과 필요에 따라 다양한 모듈로 응용조합되어 나름대로의 통합시스템 형식으로 사용되고 있다. 또한 FM 전문기업들은 자신만의 시스템을 개발하여 운용하기도 한다.

전세계적으로 통용되는 대표적인 CAFM 통합솔루션으로는 ARCHIBUS, CAFM Explorer, FM Interact 등이 있으며, 그 중 국내에서 가장 많이 사용되고 있는 대표적인 솔루션이 ARCHIBUS이다. ARCHIBUS는 1996년 11월 한국퍼실리티매니지먼트학회 제2회 국제심포지엄을 통해 국내에 처음 소개되었으며 이때부터 국내에서도 CAFM 개념이 도입되기 시작했다. 이후 2001년 제7회 국제심포지엄에서는 Aperture(by Emerson Network Power)가 소개되는 등 국내 CAFM 시장은 본격적으로 열리기 시작했다. 이에 따라 CAFM과 관련하여 아키시스템즈의 GENIUS/FM(그림 8-5)와 같이 FMS 개발을 하는 국내 중소개발 회사도 생겨나기 시작했으며, 국내 대형 빌딩관리 회사에서도 자체 개발을 시작하여 (주)서브원은 IFMS(Intergrated

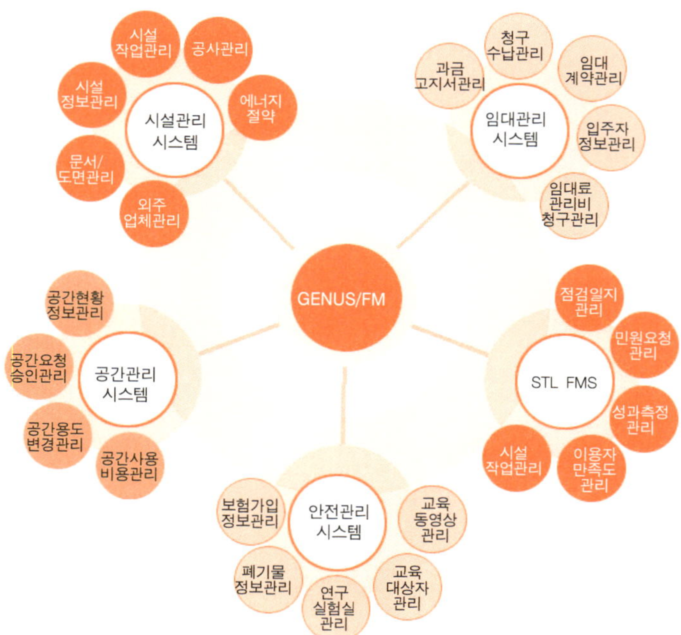

그림 8-5 GENUIS/FM의 시스템 구성

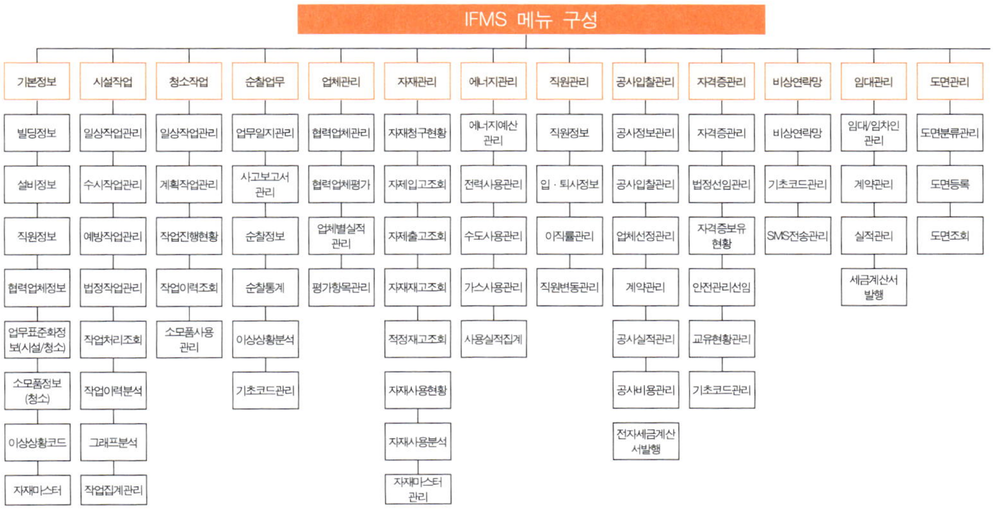

그림 8-6 (주)서브원 IFMS의 메뉴구성

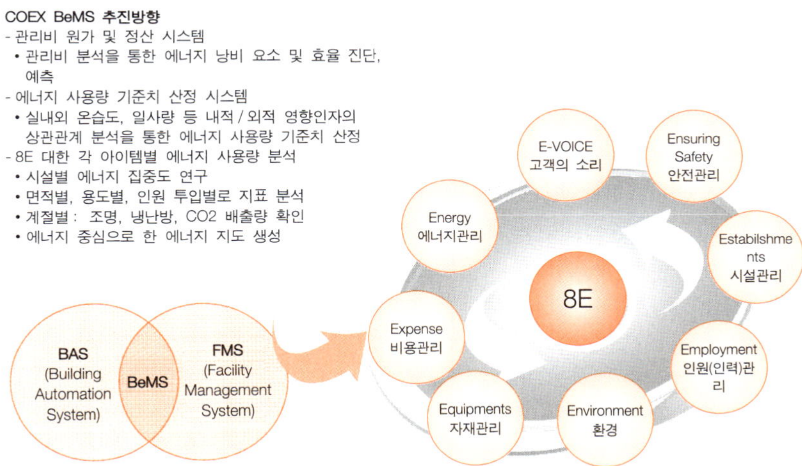

그림 8-7 COEX BeMS의 추진방향

Facility Management System)(그림 8-6), KOEX는 BeMS(Building Energy Management System)(그림 8-7) 등을 개발·운용하고 있다. 현재 여러 중소 개발업체에서는 대학의 공간채산제, BTL민자사업에 의한 관리 시스템 개발 등 다방면의 분야에 진출하고 있다.

ARCHIBUS는 1980년에 Harvard University에서 설립되었으며, 1982년에 세계 최초로 통합 CAFM 시스템을 출시하였다. ARCHIBUS는 기업의 규모나 목적에 따라 다양한 응용모듈들을 선정하여 사용할 수 있다.

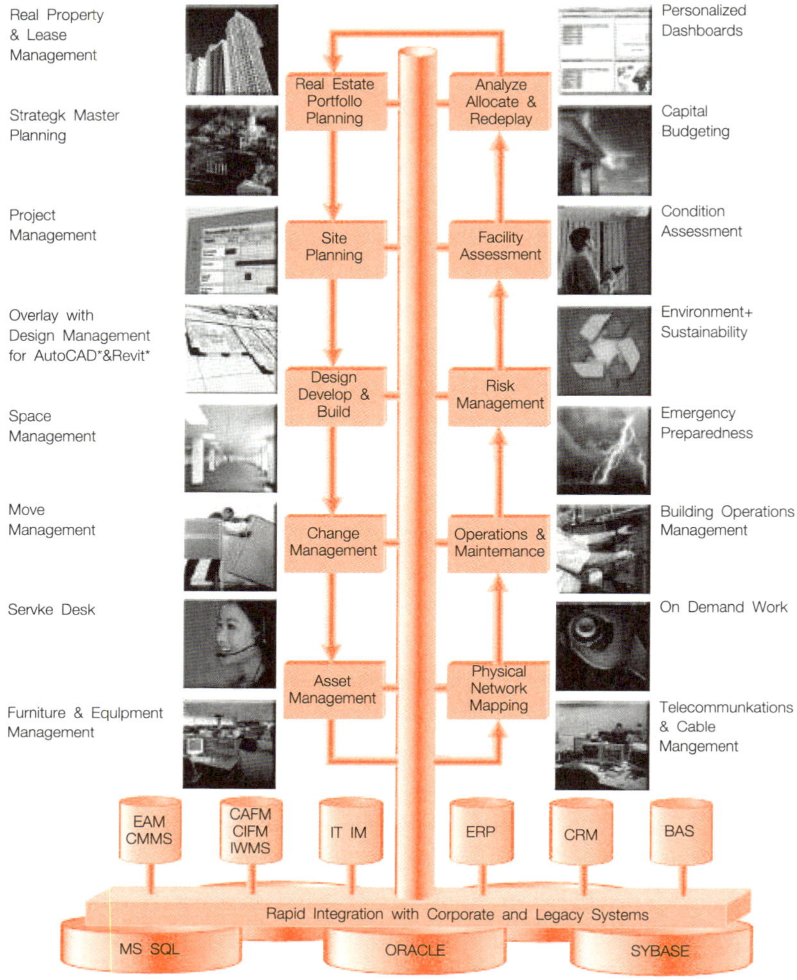

그림 8-8 ARCHIBUS 시스템의 구성(ARCHIBUS Product Overview)

ARCHIBUS에서 현재 사용되고 있는 응용모듈의 예는 다음과 같다.

1) Real Property & Lease Management(부동산 및 임대관리)

부동산은 기업경영에서 최고의 자산이며, 위기와 기회에 대한 주기와 경향을 정확하게 예측하는 것이 중요하다. 부동산 및 임대관리 모듈은 벤치마킹을 통하여 자산의 운용 및 재정성능을 추적하고 평가하며 기회에 대한 예측가 투자위험 규명을 위한 요약보고서를 생성한다. 공간의 사용을 적정화하여 투자수익률을 향사시키는데 기여한다.

2) Capital Budgeting(자본예산)

적정한 자본예산정보는 지나친 시간과 비용으로 실패를 초래하는 위험을 방지할 수 있다. 자본예산모듈은 자본예산의 주기와 전략적인 예산계획을 도모할 수 있는 중앙집중형 계획과 가상시나리오를 설정하는데 기여한다. 자본예산모듈은 모든 자본계획을 일관성 있게 요약하며 예산자원에 적합한 프로젝트를 유지할 수 있도록 도와준다.

3) Project Management(프로젝트 매니지먼트)

리노베이션, 구입, 건설, 이동 등 어떠한 상황에서든 프로젝트를 성공적으로 완성하기 위해서는 잘 짜여진 프로젝트 데이터와 프로젝트 진행과정이 구성되어야 한다. 프로젝트 매니지먼트 모듈은 오너의 관점에서 프로젝트를 관리하고, 예산과 일정 내에 프로젝트를 완료할 수 있도록 하며, 프로젝트에 관련된 모든 참가자들이 통합된 조직 내에서 각자의 역할을 합리적으로 수행할 수 있도록 조정한다.

4) Strategic Master Planning(전략적 마스터 플래닝)

기업의 조직은 계속해서 변화하며 조직의 성장과 위축에 대비하여 공간사용에 대한 효과적인 의사결정이 중요하다. 전략적 마스터 플래닝 모듈은 축적된 데이터를 바탕으로 조직의 요구에 부합하는 장단기에 걸친 시설운용계획을 수립할 수 있도록 하며 조직이 직면한 불가피한 변화를 평가하고 관리할 수 있도록 도와준다.

5) Space Management(공간관리)

공간관리 모듈은 공간사용과 관련된 비용을 평가하여 효율적인 사용을 위한 공간분석과 배분을 가능하게 한다. 공간관리분석의 결과로 도출된 보고서는 최적화된 공간배분과 조정을 위한 대안을 제시할 수 있다. 그리고 도면정보를 바탕으로 항상 정확한 공간정보를 유지하면서 불명확한 공간배분으로 인한 분쟁을 사전에 방지할 수 있을 뿐만 아니라 최적화된 공간성능을 보장할 수 있는 합리적 근거를 제시할 수 있다.

6) Move Management(이전관리)

이전관리 모듈은 공간관리의 일부분으로 간주될 수도 있지만 조직 전반의 측면에서 공간사용의 변화는 이전 · 첨가 · 수정의 복합적 과정을 거치게 된다. 따라서 이전관리 모듈은 이전과 관련된 전과정, 즉 요구, 승인, 갱신 등의 업무를 체계화하여 업무의 혼선을 최소화하며 사용자의 불편을 최소화하여 작업의 능률을 향상시켜 비용절감을 도모할 수 있다. 이전

관리 모듈은 이전을 위한 모의실험과 결과에 대한 사전분석이 가능하며, 인사관리와 재무관리 시스템과 밀접하게 연계된다.

7) Reservations(예약)

예약모듈은 공용공간이나 편의시설에 대한 예약을 가능하게 하는 즉각적이고 통합적인 솔루션을 제공한다. 예약모듈은 이들 공간에 오디오-비디오, 급식 등의 지원하는 내외부 서비스를 합리적으로 조정하며 공간 사용을 위한 계획과 확인작업을 용이하게 도와준다. 예약모듈은 웹기반에서 작동하며 구성원 누구나 손쉽게 접근할 수 있도록 되어 있다.

8) Hoteling(호텔링)

호텔링 모듈은 조직이 기존 공간의 사용성을 극대화하기 위하여 사용되며, 특히 일정기간 특정 프로젝트를 진행하기 위하여 공간을 사용하는 경우에는 필요한 공간소비를 줄일 수 있는 방법이 된다. 기업의 업무조직이나 형태가 단기간에 걸쳐 유동적으로 변화하는 경우에도 호텔링은 유용한 방법이 될 수 있다.

9) Furniture & Equipment Management(가구 및 장비관리)

가구나 장비 같은 물리적인 자산을 효율적으로 관리하는 일은 조직의 재정적 건전성을 유지하기 위해 필수적 조건이다. 가구 및 장비모듈은 변화하는 조직규모에 대응하는 물리적 자산의 비용과 사용성을 조절하고 관리하는 역할을 한다. 또한 가구 및 장비의 내역을 자동으로 관리하면서 조직 내의 재정적 영향을 분석할 수 있다.

10) Telecommunications & Cable Management(통신 및 회선관리)

급속한 정보통신기술 발전과 변화로 인해 조직 내의 복잡한 통신 및 회선목록을 작성하여 관리할 수 있다. 조직화된 통신 및 회선관리는 계획과정을 단축하고 문제발생시 피해를 최소화할 수 있는 방법이 된다. 그리고 통신 및 회선과 관련된 자산들을 목록화하여 효율적인 관리가 용이하도록 한다.

11) Service Desk(서비스 데스크)

서비스 데스크 모듈은 웹기반의 중앙집중적인 서비스처리를 위한 것이다. 이것은 단순하면서도 일상적으로 제기되는 서비스 요구들을 자동적으로 처리하는 방식이며, 비용 절감과 신속한 서비스 처리에 기여할 수 있다. 정형화된 서비스 처리는 구성원의 불만을 최소화할 수 있을 뿐만 아니라 관리비용을 절감하는 효과를 가진다.

12) On Demand Work(작업요청)

유지관리와 관련된 다양한 작업요청을 신속하게 처리하는 일은 요청에 대한 접수에서부터 승인, 처리, 피드백에 이르기까지 일련의 과정으로 단순화·체계화시킬 수 있다. 셀프 서비스가 가능한 작업요청 모듈은 운영비용을 절감하는데 기여하고 작업요청의 처리과정을 예측 가능하게 하여 작업요청자의 신뢰도를 향상시킬 수 있도록 하며, 모든 조직의 서비스를 연결하여 일정한 서비스 수준을 유지하는데 기여한다.

13) Building Operations Management(건물운영관리)

건물의 유지에 관련된 제반 업무의 중요도를 평가·분석하여 성능을 향상시킬 수 있으며, 최소 비용으로 운영에 필요한 인력과 재료를 판단할 수 있디. 또한 이전의 운영관련 정보를 이용하여 예방적 프로그램을 제시할 수 있으며, 향후 작업에 대한 예측과 예산을 가늠할 수 있도록 한다. 건물운영관리 역시 웹기반에서 작동하기 때문에 관련자의 참여가 용이하며, 만족도를 극대화할 수 있다.

14) Work Wizard(작업 마법사)

CAFM 사용자들이 직면하게 되는 시스템의 어려움은 작업 마법사 모듈을 통하여 이상의 작업이 정형화된 프로세스로 진행될 수 있도록 도와준다. 따라서 시스템에 대한 적응력과 사용성이 증가하며, 시스템 전반에 대한 효용성 증대에 기여한다.

15) Emergency Preparedness(위기대응)

조직 내에서 발생하는 자연 및 인위적 사고는 상당부분 반복해서 발생하는 경향이 있으며, 조직의 경쟁력을 지속적으로 하락시키는 요인이 되고 있다. 따라서 예측 가능한 재해에 대한 대비책을 설정하여 정확한 정보를 제공함으로써 재해발생을 줄일 뿐만 아니라 신속한 복구를 통하여 손실을 최소화할 수 있다.

16) Condition Assessment Condition Assessment(여건평가)

다양한 환경에서 조직의 상황을 정확하게 판단하고 평가하는 일이 중요하다. 이를 위해서는 주어진 정보에 대한 공정성이 확보되어야 하며, 예산과 비용에 대한 객관적 평가척도가 설정될 필요가 있다.

17) Environmental Sustainability Assessment(환경적 지속가능성 관리)

환경에 대한 조직의 부정적 영향을 최소화하기 위해서는 소요자원의 절감과 폐기물 배출량을 줄이기 위한 노력이 필요하다. 지속가능성 문제는 기존의 시설에 대한 교체·보수·폐기와 밀접하게 관련 있으며, LEED 프로그램을 위시한 친환경기준에 견주어 현황을 평가할 수 있는 기준을 제시한다. 웹기반의 ARCHJBUS TEAMS(Total Environmental Asset Management System)은 환경적 지속가능성을 확보하기 위한 보조적 시스템이다.

18) Fleet Management(차량관리)

차량관리 모듈은 조직의 운영에 관련된 모든 차량의 사용을 적정화하는데 기여한다. 기업이 보유하고 있는 모든 차량의 사용성, 유용성, 유지관리일정 등을 체계화하여 성능을 적정화하는 일은 비용측면에서 뿐만 아니라 자원의 효율적 이용측면에서도 매우 중요하다.

이상의 응용모듈 외에도 ARCHIBUS에는 AutoCAD로 작성된 시설의 도면 보관과 호환을 위한 기능을 보장하고 있으며, BIM(Building Information Modeling)의 적용이 용이한 AutoCAD Revit 환경에서의 작업을 가능하게 하고 있다. 아울러 ESRI의 지리정보 시스템과 연동시켜 대지와 시설의 관리운영에 관한 의사결정에 지리정보를 이용할 수 있도록 하고 있다.

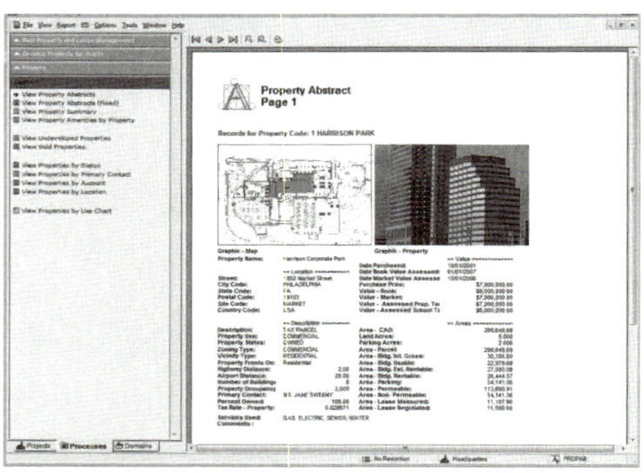

Real Property & Lease Management(부동산 및 임대관리)

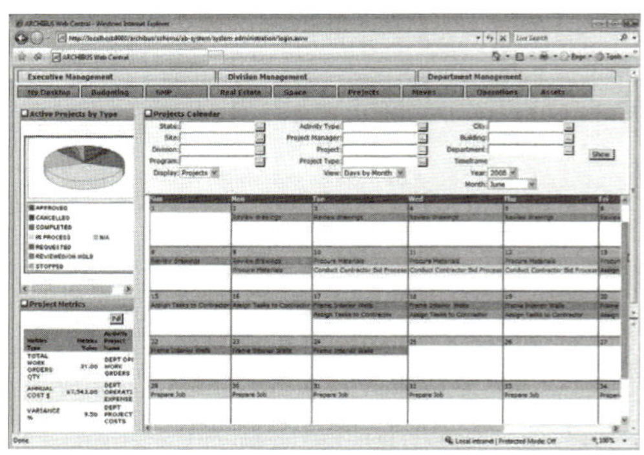

Project Management(프로젝트 매니지먼트)

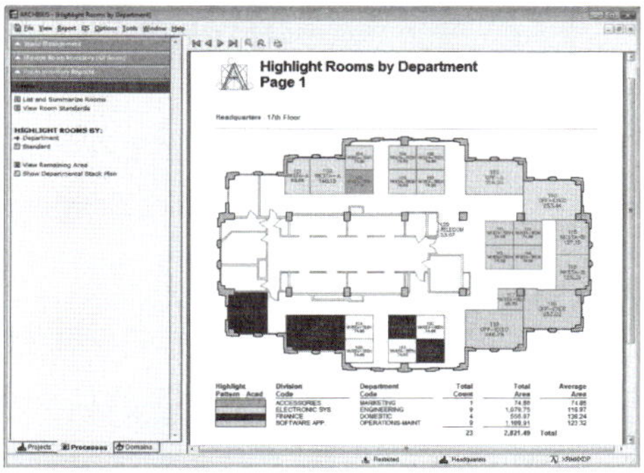

Space Management(공간관리)

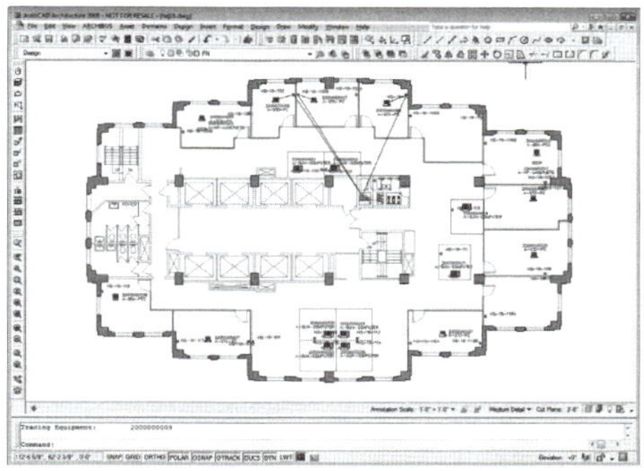

Telecommunications & Cable Management(통신 및 회선관리)

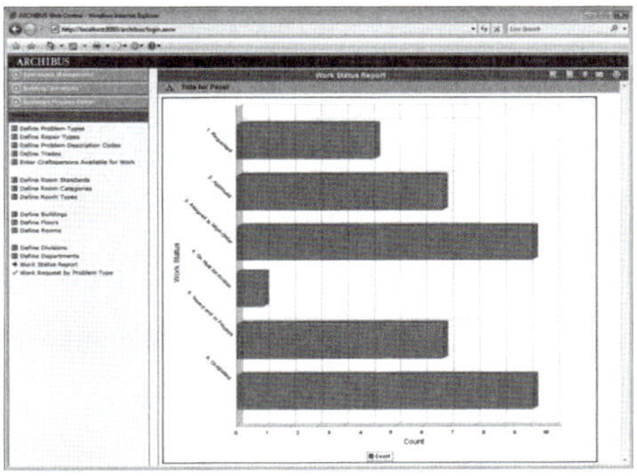

Building Operations Management(건물 운영관리)

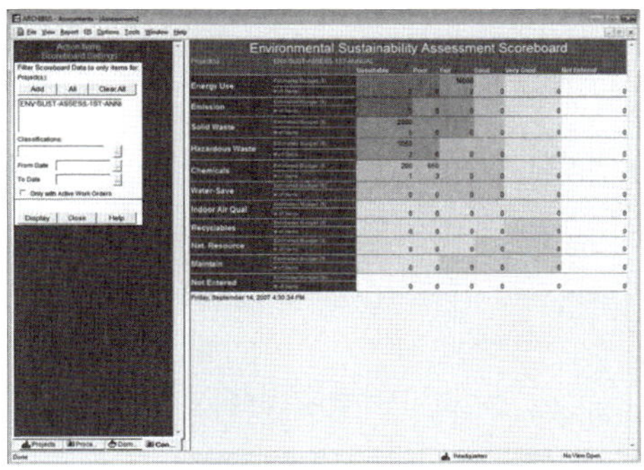

Environmental Sustainability Assessment(환경적 지속가능성 관리)

그림 8-9 Archibus 응용모듈의 주요 사례

8.4 BIM(Building Information Modelling)과 FM기술

8.4.1 BIM의 등장

BIM이란 다차원 가상공간에 기획, 설계, 엔지니어링(구조, 설비, 전기 등), 시공, 유지관리 및 철거까지 가상으로 시설물을 모델링하는 과정을 말한다. BIM은 1970년대부터 개념적으로 완성되어 이해되고 있다. 그 후 1980년대 중반까지 미국에서는 Building Product Models라는 용어를 쓰고 유럽에서는 Products Information Models라는 용어를 쓰면서 BIM의 개념이 완성되게 되었다. 이 시기에 주목할 만한 소프트웨어는 GraphiSoft사의 ArchiCAD, Intergraph사의 Master Architect, 프랑스계역의 Architrion 등이 있다. BIM이란 용어는 1992년에 G.A. van

Neerveen이 게재한 논문에 의하여 처음 사용되었으며, 1994년에 IAI(buildingSMART international)의 결성이 준비되고 이의 국제표준을 개발하기 시작하면서부터이다. IAI는 건설분야의 다차원 가상설계건설을 가능하게 하기 위한 정보표준(IFC)을 개발하여 이를 개방형 BIM 표준으로 제정(ISO/PAS 16739)하였으며, 현재 AEC/FM 분야의 많은 소프트웨어가 이를 지원하고 있다.

건축설계 분야에서의 BIM 도입은 각종 도면의 작성단계에서부터 3차원 모델링에 이르기까지 추상적인 객체로서가 아니라 실존하는 대상으로 간주하고 있으며, 시간 및 물량계산과 비용산정을 동시에 포함할 수 있는 모델링 기법이 각광을 받고 있다.

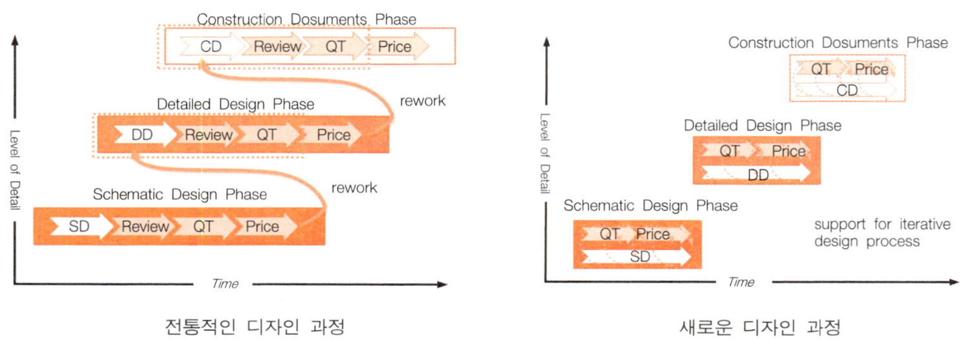

그림 8-10 디자인 과정 변화(BIM Curriculum Lecture by Graphisoft)

1) Revit

Autodesk사의 Revit은 AutoCAD와 전적으로 다른 환경(다른 코드와 다른 파일 구조)으로 만들어진 프로그램이며, Revit Architecture, Revit Structure, Revit MEP를 통합하는 프로그램 군의 명칭으로 현재 국내 건축 설계 BIM 도구 시장을 주도하고 있다. 에너지 시뮬레이션과 하중분석을 위한 gbXML 인터페이스와 구조해석 프로그램인 ROBOT와 RISA에 직접 연결되는 인터페이스를 가지고 있으며, SketchUp과 DXF파일을 지원하는 프로그램으로부터 모델 입력이 가능하다.

Revit은 복잡한 단면을 표현하는 방법으로 2차원 단면을 이용하고 있기 때문에 사용자가 배우기 쉽고 각각의 기능들이 사용자가 쉽게 이해할 수 있도록 잘 설계·배치되어 있으며, 제3의 개발사에서 개발된 다양한 객체 라이브러리를 가지고 있다. 그리고 도면과 모델 사이에 양방향 업데이트가 가능하여 도면과 모델에서 모두 수정과 갱신이 가능하고 한 프로젝트에서 여러 사람이 동시 작업이 가능하다. 그러나 각도와 관련된 파라메트릭 규칙에 한계가 있으며 복잡한 곡면을 지원하지 않으므로 이런 곡면을 가진 건물을 설계하는데 한계가 있다.

2) ArchiCAD

ArchiCAD는 헝가리의 Graphisoft사에서 1980년대 초기에 출시한 가장 오래 전부터 만들어 판매되고 있는 BIM 건축 설계프로그램이며, 애플 매킨토시에서도 구동되는 유일한 객체지향 건축캐드 시스템이다. ArchiCAD는 많은 프로그램과 직접 데이터 호환이 가능(Maxon, ArchiFM, SketchUP, gbXML, Ecotect, Energy+, ARCHiPHISIK, RIUSKA)하고 사용자 정의 파라메트릭 모델은 GDL(파라메트릭 모델구조를 CSG 형식으로 만드는 Basic 언어와 비슷한 스크립팅 언어)를 이용하여 정의할 수 있을 뿐만 아니라 확장 가능한 객체 라이브러리를 가지고 있으며 ODBC와 연결될 수도 있는 장점을 가진다.

그러나 객체 상호간의 관계를 규칙적으로 지정할 수 없고, 객체간의 자동불리언 연산을 지원하지 않는 등 파라메트릭 모델링 기능에 있어서 몇 가지 제약이 있다. 또한 메모리기반 시스템이어서 큰 규모의 프로젝트를 다루는데 문제가 발생할 수 있는 단점을 가진다.

3) Bentley System

건축, 엔지니어링, 시공까지 다양한 분야를 포괄하는 시스템으로서 2004년도에 출시된 Bentley Architecture는 트라이포마(triforma)를 개선한 후속 제품이다. Bentley Architecture와 통합되어 있는 제품으로는 Bentley Structure, Bentley Building, Bentley Mechanical Systems, Bentley Building Electronic Systems, Bentley Facilities, Bentley PowerCivil(배치계획용), Bentley Generative Components 등이 있으며, 파일기반 시스템으로 모델 정보를 파일에 저장하여 적은 메모리 부하를 가진다. 건축·건설 분야의 모든 분야를 포괄하는 다양한 종류의 건축모델링 도구를 가지고 있으며 복잡한 곡면, 예를 들어 Bezier나 NURBS 모델링 기능을 지원한다. 그리고 Parametric Cell Studio, Generative Components 같은 다양한 단계에서 사용자 정의 객체를 만들 수 있는 방법을 제공하므로 복잡한 파라메트릭 형상 조합체를 생성할 수 있도록 해준다. 많은 객체를 가진 큰 규모의 프로젝트에 적용 가능하도록 설계되어 있지만 시스템의 종류가 많고 잘 통합되지 않은 사용자 메뉴 때문에 시스템을 배우고 다루기가 어렵다는 단점이 있다. 또한 비슷한 다른 프로그램보다 조금 덜한 객체 확장능력을 가지고 있으며 다양한 프로그램에 대한 부족한 통합성 때문에 시스템의 가치가 저하되고, 개별 시스템이 제공하는 기능의 활용성을 떨어뜨린다.

8.4.2 BIM과 CAFM

건축설계와 시공 분야에서 BIM의 사용이 증가함에 따라 건물의 운영과 유지관리에 있어서 BIM의 도입은 불가피한 사실이다. 현존하는 FM도구들은 대부분 공간이나 스프레드시트에 입력된 다각형 2차원 정보에 의해 구동된다. FM 관리자 입장에서 BIM에서 이용되는 3차원 정보가 반드시 필요한 것은 아니지만 3차원 건물정보 모델은 시설물의 정보입력 초기 단계에서 중요한 이점을 제공한다. 과거 방법은 설계가 완료된 후 수동식으로 공간정보를 입력하였지만 BIM을 이용함으로써 건축주들은 설계단계에서 3차원상의 공간경계를 정의하는 공간요소를 활용할 수 있으며, 시설물의 데이터베이스를 구축하는데 필요한 시간과 비용을 크게 절감시킬 수 있다. 오늘날 BIM 공간요소의 입력을 설계단계에서 가능하게 하는 프로그램은 아직 많지 않지만 BIM의 보급과 더불어 점차 증가할 것으로 예상된다. BIM과 연계된 FM프로그램의 대표적인 예는 AutoCAD Revit을 위한 Autodesk사의 FMDesktop과 ArchiCAD를 위한 ArchiFM 등을 들 수 있다.

건축물 자산의 가치를 상승시키고, 시설을 효율적으로 운영하기 위해서는 운영 및 유지관리 분야를 집중적으로 관리하여야 하며, 이를 위해 많은 건축주들이 CAFM 시스템을 도입하고 있다. CAFM 시스템 목적을 시설유지관리업무의 지식화와 정보화로 볼 때 시설물유지관리와 관련되어 단계별로 발생하는 데이터를 사업 기초부터 수집하고 이를 유지관리단계에 이양하여 활용하는 것이 중요한 사안으로 부각된다. 현재까지 개발되어 사용되고 있는 CAFM 시스템은 디자인 및 시공단계의 데이터를 시스템에 이양하는 데 많은 비용과 시간이 투입되는 문제가 발생하고 있다.

BIM기반의 CAFM 시스템을 개발하기 위해서는 현재 사용되고 있는 CAFM 시스템 구축절차를 이해하고 사용상의 문제점을 정의해야 하며 이를 개선한 새로운 업무모델을 표준화하여 프로젝트에 참여한 관계자들이 명확히 이해할 수 있도록 문서화해야 한다. 일반적으로 BIM 기반의 소프트웨어를 개발할 때는 국제표준의 방법론인 IDM(Information Delivery Manual)을 활용하여 프로세스를 문서화한다. 개발된 프로세스 모델에는 BIM 환경에서의 시설물 유지관리와 관련 그래픽 정보와 속성 정보의 어플리케이션간 교환방법, 시설유지 관리에 필요한 각종 전자형식의 문서, 보고서, 표준 등의 수집 및 활용방법, 초기단계부터 시설유지관리를 고려한 데이터 생성절차와 BIM 어플리케이션을 사용하여 설계·시공단계에서 생성한 전문 분야별 그래픽 정보, 속성 정보, 텍스트 정보가 상호 연동적으로 운용될 수 있도록 유도하는 절차가 반영되어야 한다.

8.4.3 FMS을 위한 BIM

FMS에 있어서 CAFM은 중간자적 기술로 생각할 수도 있다. 모든 사람들은 자유롭게 그들이 원하는 바에 따라, 그리고 그들이 선택하는 목적하는 바에 따라 사용할 수 있다. 디지털 모델을 만든다는 측면에서 진정한 혁신은 그러한 모델을 정의하는데 사용되는 방식들을 통

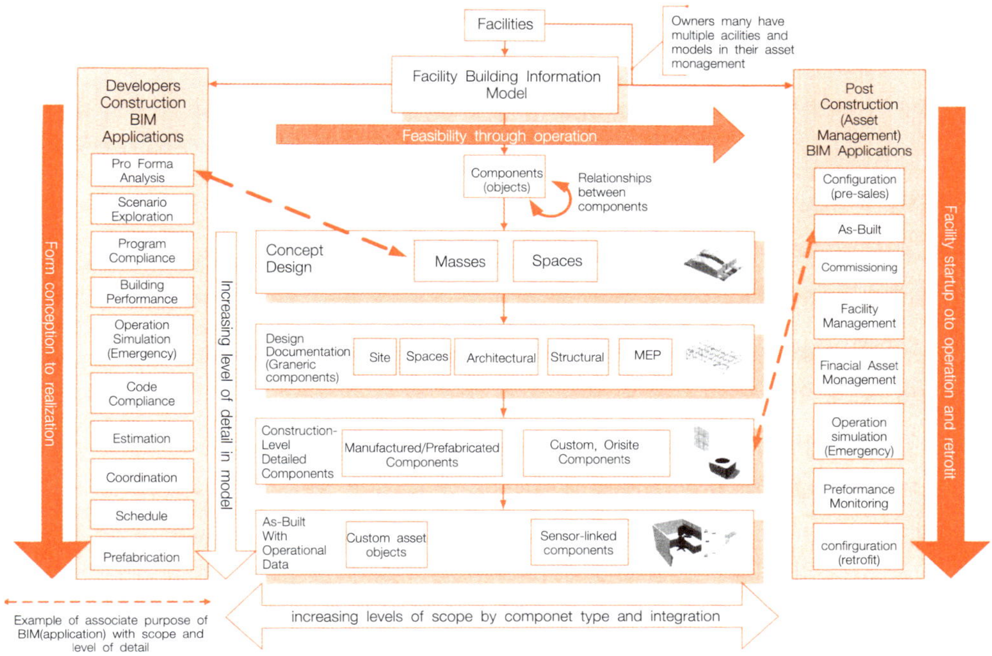

그림 8-11 BIM 적용분야 간의 관계 다이어그램(Eastman)

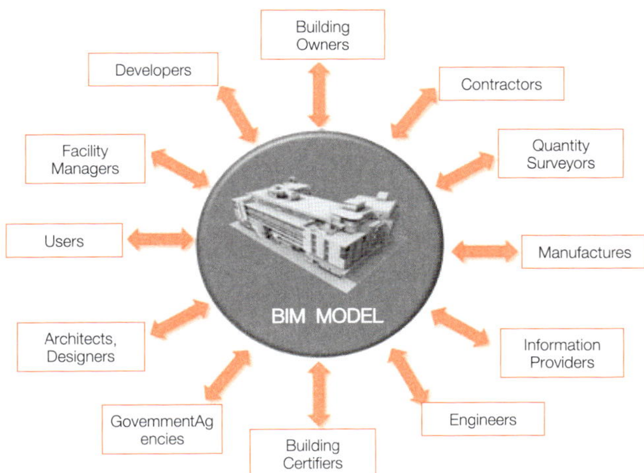

그림 8-12 BIM의 협력관계(BIM Curriculum Lecture by Graphisoft)

일하는 것이다. BIM은 기하학적인 속성, 공간관계, 지리정보, 물량, 요소의 특성을 포함하는 정보 혹은 데이터를 표현하는 것이다. 시스템, 조합, 그리고 순서가 상대적인 스케일로 나타난다. BIM은 시공과 시설운영을 포함한 건물생애주기를 시뮬레이션하는데 사용될 수 있다.

그러한 모델의 구조를 보편적으로 분류함으로써 소유자와 관련된 프로젝트 자재 및 서비스 공급자와 같은 관계자들은 속성을 명확하게 정의할 수 있고, 설계자와 공급자, 시공자와 운영자들 간의 데이터 교환을 용이하게 도와준다. BIM은 지난 30년 이상의 기간동안 여러 가지 형태로 추진되어 왔지만 최근 들어 소유자에 의해 심각하게 인식되기 시작했다.

CAD 시스템 투자자들은 자신들의 정의, 즉 IAI(International Alliance for Interoperability)의 관장하에서 개발된 산업기반 등급(industry foundation class, IFC)에 근거를 두고 자신들의 소프트웨어에 BIM을 통합시키고 있다. 건축, 엔지니어링, 시공(AEC)부문을 위한 IFC모델들은 건물의 생애주기를 통하여 데이터 교환이 가능한 일반형식을 제공한다. 이러한 조짐들은 새로운 건물에 있어서 BIM의 도입을 가속화시키고 있다. 핀란드에서 신축건물은 BIM으로 건립되어야 하며, 더욱 많은 국가에서 BIM의 사용을 의무화하고 있다. 다시 말해서 건물이나 기타 시설은 실행되기 전에 디지털로 건립되어야 한다. 언젠가 모든 건물들은 이러한 조건을 충족시켜야 하며 문제는 그 시점이 언제인가일 뿐이다. 이러한 예상에 의문을 제기하는 사람들은 십여 년 전에 업계에 관련된 모든 사람이 자신의 PC를 갖지 못할 것이라고 주장했던 사람들의 결과를 기억해야 한다. 오늘날 많은 사람들은 하나 이상의 랩탑, PC 혹은 스마트 폰을 가지고 있다. 진정한 도전은 수많은 건물과 시설을 얼마나 값싸게 다룰 수 있는가의 문제일 뿐이다. 의심할 여지없이 기술은 이러한 혁신을 가능하게 도와줄 것이다. 초기 비용 부담이 있더라도 BIM의 사용은 시설의 데이터, 자산의 등록, 유지관리를 위한 데이터, 그리고 서비스 조달을 위한 데이터를 창출하는데 있어서 많은 것을 제공할 것이다.

BIM Project Example－Sydney Opera House

FM과 AM을 응용하는데 있어서 데이터 호환에 BIM기술이 실행 가능한지를 테스트하기 위하여 Sydney Opera House(SOH)가 사용되었다. 시공혁신을 위한 Cooperative Research Center와 호주정부의 FM action Agenda는 SOH를 FM예제 프로젝트의 핵심으로 설정하였고, 산업계, 정부, 그리고 연구집단과 협력하여 다음의 세 가지 분야에서 전략을 개발하였다.

- 디지털 모델링
- 서비스 조달
- 성능 벤치마킹

이 연구의 동기는 SOH가 BIM의 이점을 보여줄 수 있고, 이를 바탕으로 덜 복잡한 새로운 건물 프로젝트에서 사용하는 것이 가능할 것이라는 기대 때문이었다. SOH는 CAD시대 이전에 건립되었기 때문에 SOH의 구조에 대한 디지털 모델은 존재하지 않았다. SOH FM예제프로젝트의 목표는 현존하는 CAAD모델을 만드는 것이었으며, 그리고 건물 내의 공간, 소요실,

가구, 기타 요소에 대한 다양한 속성들을 부가하는 것이었다. 결과적으로 만들어진 IFC 모델은 여러 가지 전략과 시나리오를 테스트하는데 사용되었다.

원래의 설계안에 참여했던 세계적 엔지니어링 회사 Arup에서 만든 구조모델은 IFC 형식으로 Bentley의 MicroStation으로 이전되었다. 그 파일은 데이터의 손상없이 건축모델링 패키지인 Graphisoft사의 ArchiCAD로 import되었다. 사용자들은 문서 정보와 함께 표현된 그래픽으로 표현된 모델과 상호작용하게 되었다. 프로젝트는 다양한 건물과 시설 및 관리대상에 대한 수많은 과제에 대한 정확한 정의를 가질 수 있게 되며 다음과 같은 이슈에 집중할 수 있게 되었다 :

- FM에서 표준화된 BIM의 사용 가능성
- 각기 다른 데이터 정보에 대한 통합 가능성
- 업무관련 데이터에 대한 대처 능력
- 관련 소프트웨어와의 인터페이스

IFC모듈을 통하여 시설관리 어플리케이션이 어떻게 작동하는지를 보여줄 수 있는 시범버전이 개발되었다. 결과적으로 R&D 팀은 기하학적 데이터의 호환은 매우 정확하게 이루어진다는 것을 발견하였고, IFC 기반의 호환이 일반적인 BIM기반 어플리케이션에서 실현 가능하다고 결론지었다. 시범버전은 부분적인 BIM에 불과하지만 IFC기반의 호환성은 광범위한 어플리케이션들로 확대될 수 있음을 증명한 것이다. 이러한 과정을 거쳐 SOH는 소유자와 고객, 즉 최종사용자들의 이익이 적정한 공간 및 에너지 사용을 통하여 확보될 수 있음을 확신하게 되었다(Akin and Brooks).

Keyword

- 지식정보화 사회(Knowledge & Information based Society) : 고도정보사회의 기반 위에서 온갖 정보와 창의적인 지식이 융합되어 기술과 산업을 이끄는 사회를 말한다. 고도정보사회는 초고속정보통신망에 의해 세계가 하나로 연결되고, 수많은 정보가 디지털화되고 있는 21세기의 정보사회를 말한다.
- 정보통신기술(Information & Communication Technologies) : 정보기술(Information Technology)과 통신기술(Communication Technology)의 합성어로 컴퓨터, 미디어, 영상 기기 등과 같은 정보 기기를 운영, 관리하는데 필요한 소프트웨어 기술과 이들 기술을 이용하여 정보를 수집, 생산, 가공, 보존, 전달, 활용하는 모든 방법을 말한다.
- CAD(Computer-Aided Design) : 컴퓨터 지원 설계
- 지능형 건물(Intelligent Building) : 건축, 통신, 오피스 자동화, 빌딩 자동화 등의 4가지 시스템을 유기적으로 통합하여 첨단 서비스 기능을 제공함으로써, 경제성, 효율성, 쾌적성, 기능성, 신뢰성, 안전성을 추구한 지적 생산의 장소에 적합한 빌딩을 말한다. 스마트빌딩(Smart Building)이라고도 한다.
- 퍼실리티 매니지먼트 시스템(FMS, Facility Management System) : 지능형건물의 건물자동화시스템 중 건물관리시스템이 정보통시시스템과 결합하여 발전한 것을 FM의 측면에서 범위를 확대하여 체계화한 것이다. 통상적으로 FMS는 FM기능의 성능을 보조하는 제품이나 과정을 의미한다.
- CAFM(Computer-Aided Facility Management) : 컴퓨터 지원 퍼실리티 매니지먼트
- BIM(Building Information Modelling) : BIM이란 다차원 가상공간에 기획, 설계, 엔지니어링(구조, 설비, 전기 등), 시공, 유지관리 및 철거까지 가상으로 시설물을 모델링하는 과정을 말한다.

참고문헌

- 이 강, 문현준, 권순욱, 이재민, 이진국, 김준하(역) (2009), BIM Handbook, C. Eastman, P. Teicholz, R. Sacks, K. Liston. 서울 : 시공사
- 이경회, 손주선, 황원택 (2002), 인텔리전트빌딩의 건축정보설비시스템, 서울 : 기문당
- 김명근(역) (2011), BIM 건축혁명, Y. Tomohiko. 서울 : 기문당
- 황하진 (2000), e-business 시대의 경영정보시스템, 서울 : 학문사
- IBS Korea (2006), 지능형건축물 인증제도 업무편람, 서울 : IBS Korea
- Atkin, Brian Brooks, Adrian (2009). Total Facility Management, New York : John Wiley & Sons, Inc.
- Computer-Aided Design Group (1985). An Overview of Facility Management, Cal. : Computer-Aided Design Group
- Hamer, Jeffrey M. (1988), Facility Management System, New York : Van Nostrand Reinhold Book
- Teicholz, Eric (1992), Computer-Aided Facility Management, New York : McGraw-Hill, Inc.
- Teicholz, Eric Ikeda, Takehiko (1995), Facility Management Technology, New York : John Wiley & Sons, Inc.
- http : //www.ifmafoundation.org/documents/public/GIS_WP_FINAL.pdf
- http : //www.agendanet.co.kr/zb41pl7/bbs/zboard.php?id=agenda_report&no=1200
- http : //archibus.com/index.cfm/pages.document/template_id/552/
- http : //www.graphisoft.com
- http : //usa.autodesk.com/building-information-modeling/

9
Chapter
FM 실무

9

FM 실무

최근 FM을 실무에 활용하는 업무범위는 급속하게 확장되어 왔다. 개인용 컴퓨터 및 인터넷 보급을 기반으로 다양한 유형의 IT기술들이 융·복합적으로 도입되면서 기존의 시간적·공간적 한계를 극복하는 유용한 서비스를 가능하게 하고 있다. FM 실무의 1차적 대상은 건물, 공간, 시설 등의 물적 자원이지만 단순히 자료를 분석하고, 그 결과를 제공하는 기능뿐만 아니라 기업 및 조직의 인적, 물적 자원과 연계하여 물적 자원을 효율적으로 활용하고, 궁극적으로는 경영을 지원하는 정보와 지식을 창출하는 현장기반형 의사결정 지원 업무라고 할 수 있다.

이러한 FM실무는 관련 분야의 FM 공학기술이 집약된 FMS를 통하여 이루어지므로 다른 시스템과의 연동 및 연계가 필수적으로 요구된다. FMS 구축의 궁극적인 목표는 빌딩운영관리비용을 절감하고 빌딩의 수명을 극대화하는데 있으며, 이러한 빌딩운영관리업무 수행에 있어서 필수적인 경영관련 의사결정지원 정보제공이 얼마나 다양하고 유효한가에 따라 그 성능이 결정된다. 이러한 FMS의 성능은 현장의 실무적 요구에 대응하여 지속적으로 발전하여 왔으며 활용범위가 확장되어가고 있다.

이러한 관점에서 FM 주요 업무의 실무적 특성과 주요 문제를 고찰하고 FM 서비스의 개념을 고찰하였으며, 시설 유형별로 FM기법을 도입하고 다양한 서비스를 활성화하기 위한 주요 문제들을 정리하였다.

9.1 FM 실무적 특성

9.1.1 FM의 주요 업무

1) 장단기 시설계획

기업이 보유하고 있는 자산과 시설은 물리적 개념이지만 경영관리 대상이 이러한 개념에 한정된다면 경영여건 변화, 변화하는 사회적 요구와 같은 새로운 변화요인에 적극적으로 대처하기 어렵다. 기업의 경영여건은 보다 엄격한 자구 노력을 요구하고 있으며, 이에 대응하기 위한 새로운 전략적 개념 정립이 필요한 시점이다. 이와 같은 관점에서 기업의 구성원과 모든 자산을 물질적 개념에 한정하지 않고, 나름대로 효용가치를 지닌 자원으로 보고 인적 자원과 물적 자원을 상관적으로 관리해야 하는 것이다. 인적 자원의 효용가치를 보다 향상시키는 배경으로서, 그리고 구성원의 업무를 원활하게 지원할 수 있도록 물적 자원을 활용하고 관리해야 하는 것이다. 나아가서는 이러한 개념이 시설의 수요예측 및 확충과 관련된 의사결정을 지원하고 기업경영에 유용한 도구가 되어야 한다.

따라서 기업의 경영환경을 고려하여 중장기적인 경영전략에 따라 시설 운영의 구체적 전략이 필요하며, 그러한 전략을 실천하기 위한 실행계획이 요구되는 것이다. 기업이 직면한 현실적 상황을 고려하여 경영환경의 변화에 따른 내부적 구조조정과 실행계획상의 자구노력과 함께 현재 구성된 인적·물적 자원의 효율성을 고려해야 하는 것이다. 기업이 보유하고 있는 다양한 유형의 자산에 대한 효율적 관리 차원에서 접근함으로써 각각의 구성원과 시설을 연계한 통합적 관리 개념이 다음과 같은 관점에서 필요하다.

- 기업 전체 또는 단위 부서 등의 부분적 시설수요 발생시 정확한 수요예측과 확보 방안을 수립함.
- 리노베이션 또는 개·보수를 통한 기존 건물의 재사용과 같이 생애주기비용(life cycle cost) 및 공간용도 변화율(churn rate) 등을 고려한 투자비 최소화의 합리적 의사결정이 가능함.
- 중장기 경영계획 수립 또는 실행과 관련하여 기획예산 편성에 필요한 의사결정 관련 자료를 확보하고 인적·물적 자원을 연계한 보다 효용성 있는 자료의 데이터베이스 구축으로 의사결정을 지원함.
- 시설과 관련한 자료에 대한 자유롭고 다양한 검색과 동시에 자료의 중요도에 따른 접근을 통제함.

이러한 개념은 기업조직과 경영전략 등의 변화에 따른 시설수요를 예측하고, 다양한 유형의 시설에 대한 유지관리체계를 합리화한다. 이와 함께 잉여시설에 대한 효율적 운영계획을 수립하며, 에너지 비용 및 전반적 유지관리 비용 절감을 의미한다. 또한 시설계획에 관련된 기획예산 편성을 위한 합리적이고 신뢰성 있는 자료를 제공하고 시설 활용의 효율성을 극대화하며, 나아가서는 기업이 보유한 전체 자산을 효율적으로 관리하는 것이다.

2) 부동산 및 임대차 관리

부동산 관리의 목적은 기업의 자산관리자, 임대담당자, 빌딩소유자, 입주자 등의 필요에 맞게 부동산 및 임대관리에 관련된 세부자료를 기록하며 통합적 자료분석을 통하여 부동산의 취득과 처분, 관리상황을 최적화하는 것이다. 부동산은 조직의 가장 큰 자산 투자이므로, 재산의 재무효율성에 직접적인 영향을 미치는 경향 및 주기를 파악하여 위험요소와 문제에 대비한 전략적 계획을 수립하는 것이 매우 중요하다. 따라서 보유시설 및 임대현황을 정확히 파악함으로써 기업의 경영진들은 각각 보유시설, 임대차 현황 또는 빌딩이 가져올 이익을 가늠해 볼 수 있고, 다음의 질문에 보다 효과적인 의사결정을 내릴 수 있다. 유지관리비용, 각종 금융 및 세금 등의 부대비용 등을 고려하여 부동산의 보유와 매각, 임대차 조건 등을 합리적으로 개선할 수 있다.

이러한 부동산관리는 재무 및 운영 벤치마킹을 통하여 임대 및 소유 재산의 효율성을 향상시키고, 투자위험을 알려주고 기회를 예측할 수 있도록 하며, 재산의 시장가치를 비교하여 매각 및 임대 의사결정을 최대한 효율적으로 이용한다.

3) 공간관리

공간관리업무는 부동산 및 자산관리업무의 일부로서 인식되고 있지만, 공간은 건물을 구성하는 기본요소로서 인간의 구체적 활동과 그 활동에 수반되는 여러 가지 설비, 기자재, 비품 등을 수용하는 물리적 자원의 대표적 유형으로 개별적 관리의 필요성이 있다. 대부분의 경우에 있어서 공간의 주체는 인간이며 그 속에서 수행되는 인간활동과 필요한 조건을 설정하는 물리적 자원 사이의 상관관계를 규정하는 공간환경은 업무의 효율성 및 생산성에 영향을 미치는 가장 중요한 요소가 된다. 또한 조직 및 기업의 성장 및 축소에 따른 공간수요 증감은 공간을 확보하고 유지하는 비용을 조절하는 가장 기본적인 자료가 되며, 가장 효율적인 공간활용 전략이 요구된다. 즉 인적 자원의 구성이 변화됨에 따라 물적 자원으로서 공간수요가 적절하게 조화를 이루어야 한다.

공간관리는 사용하는 모든 공간의 규모와 위치, 용도, 비치된 설비 및 기자재, 사용자 등에 대한 정확한 최신 정보를 구축하고 관리하는 것으로 일반적으로 시설물 자료를 데이터베이스, CAD도면, 그래프, 사진과 연계하여 통합적으로 관리한다. 또한 이를 바탕으로 각종 보고서를 작성하여 기업의 자산활용을 극대화하고 공간이용의 효율성 판단, 임대차 가능 면적 파악, 사무공간 활용 비용 계산 및 비용 할당, 입주자 및 직원의 사무공간 사용 현황 등을 신속하고 정확하게 파악하여 생산성 향상, 신속한 의사결정에 활용한다.

공간별 사용 현황을 사용하고 있는 업무부서 또는 개인과 연계시키면 각각 어느 정도 사무공간을 사용하고 있는지 즉시 파악이 가능하고 이에 근거하여 공간 비용을 배당할 수 있으며, 건물주는 공유면적을 비례·분배하여 입주자에게 비용을 청구할 수 있다. 이러한 공간비용의 개념은 국내에서도 활용되고 있으며 공간의 효율적 운용을 목적으로 과다점유 및 비효율적인 활용을 방지하기 위하여 공간비용채산제의 형태로 대학캠퍼스에 자주 적용되고 있다. 공간비용채산제는 조직의 구성원이나 구성단위에 기본적으로 점유할 수 있는 면적을 설정하고 그것을 초과하여 점유했을 경우에는 일정한 비용을 부과하는 제도이다. 이러한 제도는 조직이 보유하고 있는 공간규모(면적)가 공적인 기준을 초과함에도 불구하고 공간이 남거나 모자라는 불균형을 해소하기 위한 수단으로 활용되고 있다.

공간관리업무는 최근 공간비용채산제가 도입되면서 시설관리업무에서 그 업무기능이 분화되기 시작하였다. 따라서 공간관리업무의 정보화는 전체적인 시설관리 시스템에서 분화되어 SMS로 구축되는 경향을 보이고 있다. 전체 조직의 종합정보 시스템과 정보의 공유와 통합적 관리가 가능해야 하며, 동시에 공간관리업무에 대한 표준화가 요구된다. 공간관리업무의 주요내용은 공간배정 및 조정, 용도 및 구조변경, 적정기준관리, 운용 및 사용허가를 중심으로 중장기 시설계획, 부지선정, 수요관리 등 다음과 같은 관점에서 연계되고 있다.

- 합리적 기준 및 통합관리에 의한 균등한 공간배분
- 공간 사용자의 편의성 및 관리자의 업무효율 증대
- 공간 활용에 따른 유지관리 효율성 증대
- 조직 및 업무영역 사이의 정보 공유를 통하여 공간수요 예측과 관리가 가능

4) 가구 및 설비관리

가구 및 설비자산은 기업에서 실질적으로 투자하는 부분이므로 생산성에 직접적인 영향을 끼칠 수 있다. 그러므로 이러한 자산의 효율적 관리가 기업의 손익에 중요한 요인이 된다. 가구 및 설비와 관련하여 관리대상이 되는 데이터는 초기 구입가, 잔존가 및 누적 감가상각비, 매각금액 등 자산의 현황 및 손익에 관련된 것들과 사용자, 유지관리 기록, 위치 등 다양한 유형을 포함한다. 효율적인 자산관리를 위해서는 데이터베이스와 CAD도면에서 이러한 정보를 쉽게 검색·조회하여 표준화된 관리업무지침에 따라 규격화된 데이터를 통합적으로 관리해야 한다.

또한 가구 및 설비자산은 상황에 따라 사용자, 위치 등이 변경되는 경우가 많으며, 필요한 경우 이전계획 수립을 위한 다양한 검토가 요구될 수 있다. 이전을 위한 자산활용의 계획과 실제를 비교함으로써 경영 목표에 부합해 나갈 수 있으며, 가구 및 설비 이전에 대한 각종 데이터를 정확히 파악함으로써 이전비용 통제 및 계획적인 작업관리가 가능해지는 것이다.

가구 및 설비와 같은 물리적 자산을 효율적으로 관리하는 것은 기업의 운영비용을 절약하고 경영상태를 건전하게 하는데 필수적이며, 다음과 같은 효과를 기대한다.

- 가구 및 설비관리는 CAD 기반의 솔루션으로 구성되어 이전, 추가, 변경 등에 대한 통제를 용이하게 하고 비용을 최소화하며 생산성을 최대화할 수 있음.
- 이전 및 추가를 효율적으로 함으로써 기업의 생산성에 영향을 미치는 합리적인 활용계획을 가능하게 함.
- 라이프사이클 비용을 줄이고 합리적인 자산 소유범위와 관리방향을 모색할 수 있도록 다양한 자료를 제공함.

5) 시설운영관리

기업이 보유하고 있는 시설의 운영은 물리적 자산으로서의 시설을 활용하여 소유자, 관리자, 입주자들에게 다양한 서비스를 제공하고 유무형의 수익창출을 목적으로 하는 제반 활동을 의미하며, 운영과정에서 유지관리를 수반하게 된다. 이러한 관점에서 시설운영관리는 제공되는 서비스의 질적 수준과 창출되는 수익 가치 문제로 정의될 수 있으며, 유지관리활동은 그들 사이의 균형을 조절하는 변수가 되는 것이다. 유지관리의 구체적 방법은 기업의 모든 부서 및 계층에 있는 사람들에게 영향을 미치게 된다. 작업 요청자로부터 정비보수를 계획하고 승인하는 사람까지, 또 실제로 작업을 수행하는 작업자에게까지 작업방식은 물론 업무처리 프로세스에 영향을 준다. 경영 및 기획담당자 역시 생산성에 미칠 영향을 평가하고 향후 운영상 요구사항을 예측하기 위하여 유지 · 보수 비용과 경향을 파악하게 된다.

빌딩 시스템에 관련된 데이터가 매우 다양하고 방대하며, 서비스 수준을 유지하기 위하여 성능개선 또는 성능에 관련된 의사결정을 하고자 할 때 그러한 데이터를 다양한 측면에서 검토하고 종합할 수 있어야 한다. 이러한 시설 데이터는 서로 공유되고 호환됨으로써 시설 유지관리, 성능평가 및 개선을 비롯한 의사결정의 효율적인 지원수단을 제공하기 위한 것이다. 특히 성능평가 관점에서는 이러한 DBMS를 통하여 성능개선 여부를 결정하기 위한 근거로서 통합적인 데이터를 확보할 수 있을 것이다. 각종 하드웨어적 센서 등을 통하여 1차적인 데이터를 수집하고, 시스템 사이의 단순 상호참조 또는 실시간 연동과 같은 통합 과정에 의하여 가공된 2차, 3차 데이터를 얻게 된다. 통합 과정이 반복될수록 빌딩운영에 관련된 의사결정에 영향을 미치는 중요한 정보가 되는 것이다.

이와 같은 시설운영 과정에서 이루어지는 유지관리 데이터는 일반적으로 시설관리 시스템의 DBMS로 구축되어 활용되며, 다음과 같은 효과가 기대된다.

- 시설의 최적 상태를 유지하고 서비스의 질적 수준 제고
- 유지관리 업무의 우선순위 설정 및 미처리 작업의 최소화를 통하여 작업의 생산성을 향상
- 기존의 데이터를 쉽게 활용하여 작업 예측 및 운영관련 예산 편성 업무를 단순화
- 최근 시설의 성능이 고도화됨에 따라 에너지 관리, 생애주기비용 관리 등의 관점에서 통합적 관리가 가능

9.1.2 시설관리 현장의 실무적 문제

1) 시설관리 업무 및 데이터의 표준화

시설관리 현장에서 가장 쉽게 접할 수 있는 문제는 시설관리 시스템 구축과 운용 문제이다. 시설관리 시스템은 건물의 공간, 설비 및 기타 시설물에 대한 운영 및 유지관리 관련 업무를 표준화하여 데이터 및 정보를 통합·관리함으로써 건물에 대한 지식경영의 구체적 기법을 제공하는 시스템이다. 이러한 시설관리 시스템을 구축하고 운용하기 위해서는 시설관리업무 및 관리 대상 시설의 데이터를 표준화해야 한다.

시설관리업무는 시설을 등록하고 면적, 치수 등 관련 정보를 관리하는 것부터 시작되며, 등록된 시설을 합리적으로 배분하면 개인 또는 공용으로 활용하게 되며, 이러한 과정에서 유지관리가 필연적으로 수반된다. 또한 활용의 결과로서 시설의 과부족을 검토하게 되어 수요관리가 이루어지는 것이다.

- 시설등록/정보관리 : 시설관리를 위한 기본업무로서 시설코드, 면적(용량), 규격(치수), 도면 등 기초자료를 등록
- 시설배분 및 현황관리 : 신·증축 또는 용도 변경시 시설정보를 갱신한 후 새로운 점유자에게 사용권을 부여
- 시설예약 및 활용 : 시설을 점유하고 시설용도에 적합한 일정한 활동을 수행하는 행위로서 공용시설의 예약사용을 통한 활용률의 극대화
- 시설운영 및 유지관리 : 시설 활용과정에서 수반되는 운영 및 유지관리 업무
- 시설수요관리 : 새로운 조직 및 매출 변화를 수용하기 위한 중장기 발전계획의 수정 및 보완, 변경 등에 따라 시설수요예측 및 평가

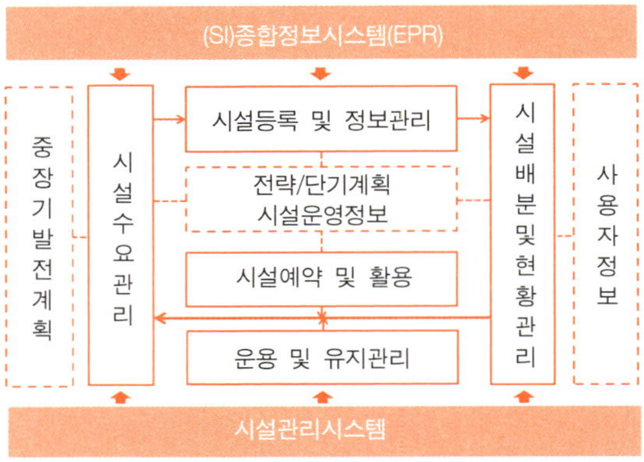

그림 9-1 시설관리 업무의 연속성

이러한 단위업무는 그림 9-1과 같은 일련의 연속성을 가지므로 시스템화가 가능한 것이다. 시설관리시스템을 중심으로 시설 데이터와 공간에 배치된 기자재, 비품, 설비 등을 연계하여 관리하게 되고, 궁극적으로는 사용자, 즉 인적 자원정보와 연계하여 관리하게 된다. 이러한 과정에서 정보의 생산과 유통은 전체적 업무의 효율성을 좌우하게 되고 조직내 또는 조직간 업무처리의 생산성을 분석한 결과 업무처리의 전체시간 중에 단지 10%만이 업무 자체에 소요되고 나머지 90%의 시간은 업무간의 전이 또는 정보 전달시간에 소요된다는 것에 근거하여 업무 프로세스에 대한 생산성 향상 문제를 다루는 조직정보화의 비즈니스 프로세스 관리 기술(Business Process Management, BPM)이 필요하다(김광훈, 2006). 조직별로 차이는 있지만 시설을 사용한다는 것은 공간에 배치된 기자재, 비품, 설비를 함께 활용한다는 의미이며, 이러한 시설의 데이터와 연계되어 관리되어야 하는 것이다. 관련 업무프로세스 또한 상호 연동하여 중장기 발전계획의 실행과 같은 실무적인 의사결정을 지원할 수 있도록 표준화하고, 수업 및 강의 환경, 근무환경에 대한 만족도로서 검증 가능하며, 조직별 상황에 적합하도록 사용자화되어 운용되어야 하는 것이다.

그림 9-1에서 보는 바와 같이 등록된 시설은 조직의 업무일정계획과 수시로 발생하는 행사계획 등에 의하여 활용된다. 시설배분 및 현황은 조직 구성원의 인적 정보가 사용자 정보로 활용되어 초과 점유 여부가 확인 가능해야 하고, 사용자의 실제적인 활용상 편의를 위해 시설예약 시스템과 같은 도구가 도입되어야 한다. 시설 활용과정에서 수반되는 일체의 유지관리 활동은 FMS 또는 SMS로써 관리되어야 하며, 활용 및 운용과정에서 시설 확보량 과부족을 확인하여 시설 수요를 관리할 수 있도록 시설관리업무 시스템이 표준화되어야 한다.

시설관리업무의 표준화는 시설관리 데이터의 표준화를 전제로 하며, 시설관리 데이터의 표준화는 어떠한 데이터를 어떻게 관리하는가에 관련된 데이터 모델링 문제라고 할 수 있다. 표준화 대상이 될 수 있는 데이터의 유형은 표준화 대상 데이터와 표준화를 위한 지원데이터로 구분될 수 있다. 이러한 표준화 대상 데이터와 지원데이터의 상관관계는 서로 다른 업무 영역 사이의 수직적 종속관계가 아니라 상호간의 의사결정을 지원하는 수평적 관계로서 기업 및 조직의 행정정보 시스템에 있어서 데이터 공유와 연동을 의미하며, 업무의 효율성과 신뢰성을 증진하게 된다.

시설의 수요관리는 적정 활용률을 초과할 때 발생되는 신규 수요를 서로 다른 부서들 사이의 공유 및 공동 활용을 통하여 흡수할 수 있다면 전체적 효율성과 경제성을 증진하게 될 것이다. 특히 업무공간의 경우는 부서별 점유공간의 일정 기준을 설정하여 공정하고 합리적으로 공간을 배분하여 활용률과 공유율을 동시에 증진하는 방향으로 운영해야 한다.

또한 현재 시행되고 있는 공간비용채산제는 공간의 균등한 배분을 위한 유용한 수단이지만 점유면적만을 기준으로 초과점유 비용을 부과하기보다는 에너지 사용량, 기업 및 조직의 발전에 대한 기여도 등이 추가로 고려되어야 한다. 에너지 사용량의 경우 공간용도별로 표준 사용량을 설정하고 기자재나 설비 배치로 인하여 표준 사용량을 초과할 때 초과 에너지 비용을 부과하는 것이다. 이에 반하여 초과 점유 및 초과 에너지 사용에 따른 기업 및 조직의 발전에 대한 점유자의 기여도가 분명하다면 인센티브를 부여하는 것도 고려해야 한다. 이러한 시설관리 데이터의 표준화는 정량적 개념을 우선으로 하며, 불가피하게 정성적인 개념을 도입하더라도 상대적 정량화가 가능하도록 해야 한다.

2) FMS의 기능 및 성능

공학기술의 발전으로 인하여 시설의 성능이 고도화됨에 따라 이러한 시설이 집적된 빌딩과 같은 복합적인 시스템을 관리하기 위해서는 적절한 수준의 시설관리 시스템이 요구된다.

FMS의 전체적 기능을 빌딩 서비스라고 할 때 서비스의 주요 대상은 빌딩 소유자와 거주자가 된다. 소유자에 대한 서비스의 주요 내용은 지능형 또는 스마트 빌딩에서 이루어져온 것처럼 빌딩 운영과 관련된 내부 시설 데이터를 통합적으로 관리하고 전체적인 관리업무를 효율적으로 수행하며, 빌딩 경영과 관련된 의사결정을 지원할 수 있는 자료를 제공하는 것이다. 거주자에 대한 서비스는 건물의 용도, 거주자 집단의 특성에 따라 다르겠지만 거주자가 요구하거나 필요로 하는 서비스를 위하여 빌딩 외부의 시설 및 자원을 적극적으로 활용하는 것이다. 여기에는 웹기반 시스템을 활용하여 거주자의 서비스 요구와 외부 서비스 제공자 사이에서 서비스 중개 역할을 하는 것이다. 서비스의 유형은 웹상의 서비스 컨텐츠로 제공되며 사용자(거주자) 중심의 인터페이스가 요구된다.

이러한 빌딩 서비스 수준을 제고하기 위해 필요한 FMS의 기능 및 성능은 다양하게 지속적으로 발전하고 있지만 주요 내용은 표 9-1과 같이 요약할 수 있다. 또한 빌딩 서비스 웹기

표 9-1 FMS 기능 및 성능

구 분		개 념 및 특 성
FMS의 기능	업무 표준화	• FMS는 표준업무 프로세스를 기반으로 운영관리업무를 표준화할 경우에 그 효과가 극대화됨. • 현장의 운영관리업무를 표준화할 수 있는 표준업무 프로세스를 도입하여 시설관리 효율을 극대화함.
	구축된 기능의 다양성	• 시설관리에 필요한 기능의 다양성 • FMS에 의한 업무 FM업무 지원의 다양성
	FMS의 확장성 및 유연성	• 유연한 시스템 구축을 유도하며, 이를 통하여 FMS 확장 및 관리비용을 절약
FMS의 성능	FMS의 호환성 및 이식성	다음경우에 대한 호환성 및 이식성 확보 • 필요에 따라 서버 및 사용자 PC 등 H/W를 교체해야 하거나 • 운영체제 및 DB 또는 시스템(일부 또는 전부)의 구현언어를 다른 언어로 바꿔 재개발해야 하는 경우
	FMS의 통합 및 연동범위	• FMS는 목적으로 하는 기능을 수행하기 위해 여러 목적의 타 시스템과 연동되거나 통합하여 운영 • 얼마나 다양한 시스템과 연동 및 통합하여 복합적이고 입체적인 정보를 제공하거나 관리를 수행
	빌딩경영 관련 의사결정 지원범위	• FMS 구축의 궁극적인 목표는 빌딩운영관리 비용을 절감하고 빌딩의 수명을 극대화함. • 빌딩경영에 관련된 의사결정을 지원하는 정보제공 범위
	에너지 최적관리	• 설비 및 에너지 최적관리 기능 제공
	무선시스템의 활용	• 이동통신 단말기나 RFID, Zigbee 등 표준적인 무선통신 프로토콜을 이용한 Mobile환경을 제공함으로써 빌딩운영관리 업무를 효율적으로 수행할 수 있는 환경을 제공
	예방정비관리	• FMS는 관리대상 설비에 대한 예방점검 주기 제공 • 불요불급한 유지관리비용 지출을 억제 • 해당 설비의 수명을 극대화함.

반의 컨텐츠로 제공됨으로써 접근성을 확대하여 빌딩운영을 통한 수익성 증대에도 기여하며, 그 자체가 부가적 가치를 갖게 된다.

3) 관리 대상

기존의 빌딩 시스템에 대한 진단은 시스템 노후화 정도를 파악함과 동시에 새로운 요구조건 및 가치기준에 대응하는 새로운 빌딩 시스템을 도출하는 것으로 거주자의 만족도를 측정하는 것에서부터 시작하여 새로운 요구조건을 수용하기 위한 일련의 체계적 과정을 거쳐 새로운 빌딩 시스템을 설정하는 것이다.

- 디자인 프로그램에 근거하여 설계대상이 되는 빌딩의 성능에 대한 개념을 명확히 한다. 그 개념은 설계 개념이나 목표에 근거하지만 건축주 및 사용자 또는 사회적인 다양한

요구와 맥락적인 가치 등을 수용

- 성능개선 프로젝트에 주어진 자금, 시간, 공학적 기술 수준과 같은 전반적인 제한 조건을 고려
- 이러한 성능 개념에 근거하여 다양한 대안을 도출하고 평가하여 구체적인 빌딩 시스템을 구성
- 공간 성능과 함께 구체화된 빌딩 시스템은 디자인 개발 과정의 여러 단계에서 재검토되고 필요할 경우 적절한 단계로 피드백함.

이와 같은 과정에서 성능 평가를 위한 기준은 설계에 주어진 제한조건과 인간적, 사회적 요구조건 등을 합리적으로 반영한 것으로 설정되어야 한다. 기준을 적용하는 평가의 개념은 궁극적으로 빌딩 성능의 최대화 문제이지만 소요 비용의 최소화 문제이기도 하다. 일반적으로 비용 최소화가 성능평가의 절대적 기준으로 인식되어 있지만 초기투자비용, 유지관리비용 등을 고려할 때 성능과 비용의 최적화 문제로 인식되어야 할 것이다.

또한 성능개념을 적용하는 하위 시스템이 개별적인 것이 아니라 전체적인 하나의 시스템으로 조직화되므로 각각의 하위 시스템에 대한 평가결과를 종합하는 체계보다는 평가과정에서 다양한 유형의 하위 시스템을 통합적으로 평가하는 체계가 요구된다. 하위 시스템을 구성하는 부분적인 변화가 전체적인 성능에 미치는 영향을 신속하고 정확하게 파악함으로써 관련된 의사결정을 효율적으로 하기 위한 것이다.

각각의 빌딩은 고유의 빌딩 시스템으로 구성되며, 그러한 빌딩 시스템 또한 여러 개의 하위 시스템으로 구성되어 있다. 전체적인 빌딩 시스템은 하위 시스템을 어떻게 설정하는가에 따라서 그 특성과 기본적인 구조가 달라진다고 할 수 있다. 빌딩의 계획단계에서부터 시작되는 빌딩수명주기(building life cycle) 상의 빌딩 시스템을 설정하는 문제는 빌딩을 구성하는 다양한 하위 시스템들을 대상으로 각각의 개별적 성능을 최적화하여 사용자의 활동과 관련된 생산성을 증대하고, 전체적인 빌딩의 자산가치를 극대화하는 것이라고 할 수 있다. 이러한 하위 시스템은 다음과 같이 구분된다(Richard D. Rush, 1986).

- 내부 시스템(interior system) : 업무(작업)의 성격 및 시스템에 따른 단위공간의 규모와 위치, 그룹별 공간배치, 공간용도의 변화율(churn rate), 단위공간 구성 부위별 재료, 각종 다양한 가구 등
- 구조적 시스템(structural system) : 구조공법 및 재료의 특성, 기둥간격을 비롯한 구조부재 배치 등
- 설비시스템(equipment system) : 각종 설비시스템의 물리적 성능, HVAC, 전기조명, 배선 및 배관, 덕트 공간의 크기와 수직 및 수평배치 등

표 9-2 빌딩 시스템에 따른 Facility Data

Building System	Sub-System	주요 Components	주요 Checklists	주요 Facility Data
내부 공간	공간배분	면적, 위치	업무활동의 특성 및 상관관계	기준면적, 사용인원, 조직편제 업무활동의 특성, 업무재설계방향 등
	벽체	마감재, 출입문, 표지판	마감재의 기능적 특성, 색상, 재질, 내구성	
	바닥	마감재		
	천장	마감재		
	가구	규격	점유면적, 색상	
구조	구법	구조법, 재료, 층고, 기둥간격 선적(보, 기둥)요소, 면적(벽체, 바닥)요소, 구성부재의 연결요소	초음파, 주성화, 코어압축강도, 철근배근 및 부식, 염분함유량, 균열 및 변형 측정, 진동 · 기울기 · 처짐	구조부재의 노후도 균열/변형/기울기/처짐의 원인 등
기계	공조	열원설비, 유니트, 공조설비, 열운반설비	에너지원의 효율, 열원설비 효율, 풍량, 덕트누기, 덕트 내부	에너지 비용, 유지관리비용, 설비 및 부위별 노후도, 유지관리 이력 및 업체 등
	급배수	양수펌프, 탱크, 배관, 보일러, 위생기구, 급탕기, 배수통기, 배수처리	보일러 효율, 관수농도, 펌프 회전수, 배관용량, 트랩누기, X-Ray, 열화상	
	전기	수변전, 자가발전, 축전지, 통신선로, 감시제어, 배선, 조명기구설비	전력분석, 전류, 차단기 기능(진공도, 접촉저항, 동작속도), 계전기, 절연저항, 스위치, 열화상, 조도, 발전소음	
	운송	엘리베이터, 에스컬레이터	교통량, 권상기, 쉬브 및 풀리, 조속기, 제어회로, 안전장치, 교통량	
	방재	화재경보, 유도 및 비상등, 피뢰설비, 제어반	배관수압, 펌프모터, 방수압, 방수량, 헤드조사, 피난동선	
외피	외벽	벽체구조, 개구부, 매입설비, 마감재	열화상, 단열성능, 마감재노후도	단열계수, 균열 등
	지붕	지붕구조, 마감재		

- 외피시스템(envelope system) : 빌딩 외벽의 재료 및 두께, 외관 이미지, 개구부 형태 및 재료, 방위에 따른 개구부 배치 등

이러한 하위 시스템은 또 다른 하위 수준의 하위 시스템으로 구성되며, 이러한 하위 시스템의 전체적인 구성은 빌딩의 유형에 따라 달라지고, 공학적 기술 수준의 발달에 따라서 새로운 시스템으로 발전되는 것이다. 이러한 새로운 시스템 발전은 궁극적으로 빌딩의 성능으로 나타난다. 일정한 수준의 공학기술 수준을 기준으로 하더라도 부분적인 하위 시스템을

어떻게 조직하여 전체적인 빌딩 시스템을 구성하는가에 따라 빌딩성능 수준이 결정되고, 그 자체가 하위 시스템 사이의 통합 문제가 된다. 이러한 시스템 통합의 문제는 빌딩성능의 유형에 대하여 각각의 구성 하위 시스템 사이의 상관관계를 설정하는 것이다. 빌딩 시스템별 관리 대상이 되는 주요 Facility Data는 표 9-2와 같다.

4) 퍼실리티 데이터(Facility Data) 활용

FM에 관련되는 데이터가 매우 다양하고 방대하며, FM 또는 빌딩 성능에 관련된 의사결정을 하고자 할 때 그러한 데이터를 다양한 측면에서 검토하고 종합할 수 있어야 한다. 각각의 프로그램 모듈은 데이터베이스 관리 시스템으로 다양하고 방대한 양의 시설관련 데이터를 처리한다. 프로그램에 따라 데이터의 구분과 처리방법이 다르지만 FM의 데이터베이스 관리 시스템의 일반적인 개념은 자본, 사용자 및 시설목록, 건축공간 및 시설배치, 전체적인 프로젝트 관리로 구분된다.

이러한 개념적 영역 사이의 데이터는 서로 공유되고 호환됨으로써 시설유지관리, 성능평가 및 개선을 비롯한 의사결정의 효율적 지원수단을 제공한다. 특히 성능평가 관점에서는 이러한 DBMS를 통하여 성능개선 여부를 결정하기 위한 근거로서 통합적인 데이터를 확보할 수 있을 것이다. 이러한 퍼실리티 데이터는 FMS의 기능적 프로그램 모듈의 형태로 데이터베이스를 구축하게 되고, 그러한 데이터가 구체적인 빌딩 시스템의 평가에 활용될 때 빌딩성능의 개념이 적용되어 평가되는 것이다. 이러한 평가의 결과는 빌딩성능의 최적화를 지향하게 되어 신축이나 리모델링 또는 리노베이션 사업으로 발전되는 것이다. 따라서 FMS 활용함에 있어서 고려해야 할 중요한 사항은 DBMS와 관련한 시스템의 기능적 특성뿐만 아니라 사용자의 데이터베이스 관리능력이며, 그에 따라 시설경영관리업무의 효율성이 결정되는 것이다.

빌딩성능과 관련된 데이터 유형은 매우 다양하며, 그것을 효율적으로 활용하기 위해서 FMS가 필요하다는 것은 이미 알려진 사실이다. FMS의 활용은 물리적 환경을 구성하는 시설에 대한 관리를 유지관리 차원을 넘어서 경영관리 차원에서 수행하는 것이며, 데이터베이스로 구축되어 성능평가를 비롯한 필요한 용도에 적절하게 활용되어야 한다. 이러한 관점에서 빌딩성능평가의 구체적 대상이 되는 빌딩 시스템에 대한 평가에 Facility Data를 활용할 경우 활용 가능한 기능은 업무환경, 시설성능, 자금운용 및 시설운용계획과 관련된 데이터베이스 시스템이라고 할 수 있다.

(1) 업무환경에 대한 평가

개인 또는 집단 사용자 중심의 공간단위에 대하여 사용자의 생산성 증대를 목적으로 하며 기능성, 쾌적성, 안정성, 신뢰성 등을 기준으로 평가한다. 벽체, 바닥, 기둥의 건축적 요소, 전기, 조명, 공기조화 등의 설비적 요소, 칸막이벽, 개구부 등의 빌딩 부재, 가구 및 비품 등을 대상으로 한다. 관련 데이터는 사용자 집단 또는 의사결정의 다양한 수준에서 통합적으로 검색 가능해야 한다.

(2) 시설 성능에 대한 평가

사용자 집단의 변화는 업무공간의 분할 및 통합, 재배치 등을 필요로 한다. 이러한 변화요인에 따른 공간적 재구성이 이루어지면 설비를 비롯한 기존 시설의 성능에 대한 검토가 요구된다. 시설성능에 가장 우선적으로 요구되는 가치기준은 투자효율과 관련된 경제성이며, 다양한 유형의 공학적, 기술적 지원을 필요로 한다. 투자효율 문제는 단순한 비용의 최소화 문제가 아니라 초기투자비, 운영비 등을 포함한 업무환경의 질적인 측면을 고려한 최적화 문제로 인식되어야 한다.

5) 통합관리

통합이란 최적의 효율성으로 여러 가지 시스템과 기능을 모니터하고 제어하는 정보전달 시스템이며, 인과관계를 갖는 일련의 체계적 과정이라고 할 수 있다((사)IBS Korea, 2002). 개별적 시스템의 효율성을 높이고 업무환경의 거주성능을 개선하며, 전체적인 운영경비를 절감하여 경제적인 비용으로 보다 높은 가치를 창조하고 부가하는 시스템인 것이다. 이러한 통합시스템은 다음과 같은 효과를 갖는다.

- 각종 제어 시스템 운용자 인터페이스를 단순화하여 통합함으로써 업무의 생산성을 증대하고 인건비를 절감한다.
- 에너지 사용, 유지관리와 같은 빌딩 시스템 운영과 관련된 정보를 중앙에서 집중적으로 관리함으로써 관련 의사결정의 효율성을 증대시킨다.
- 공간별 업무활동 시간에 따른 각 시스템의 운영시간을 상관적으로 조정함으로써 서로 다른 빌딩 시스템 사이의 경제적 제어가 가능하다.

이러한 효과는 시스템별 자동화기술의 발전에 따라 새로운 통합 요구에 대응하는 범위가 점진적으로 확대되고 있다. 또한 다양한 유형의 자동화 시스템으로 구성된 지능형 빌딩 시스템이 개발되어 상승효과를 촉진하고 있으며, 그러한 시스템에 대한 통합적 관리가 거주자의 만족도 - 기술공학적 수단 - 경제성 상황에 따라 빌딩성능 및 가치를 결정하고 유지하는 중요한 요인이 되는 것이다.

(1) BMS에 의한 통합관리

최근 빌딩자동화기술은 전기 및 기계설비, 환경, 건축요소, 방범, 주차, 물류 설비 등을 종합적으로 관리·제어하는 기능 구축을 최대의 과제로 삼고 있다. 또한 빌딩관리 시스템(BMS)에 의한 일일업무, 연·월간 점검/보수, 공사, 에너지, 자재, 도면 등의 관리와 경영 전반인 인사, 교육, 재무와 연계된 관리 시스템 구축 또한 급속하게 보편화되는 추세이다. 고도화된 지능형 시스템을 사용하는 빌딩에서는 많은 정보화기기 사용, 거주 환경의 질적 향상, 보안 및 네트워크와 같은 24시간 운용되는 기능 등으로 인하여 일반적으로 기존의 에너지 소비량이 증가된다. 또한 건물과 설비의 고도화에 따른 투자비 증가 요인과 함께 효율적인 관리를 위한 요구사항도 증가하는 상황에 적극적인 대응이 필요하다. 따라서 시스템 상호간의 공조, 조명, 방범, 방재 시스템의 상호 연동제어에 의해 최적화 제어가 가능하며 에너지 절약과 건물 사용자의 편의를 최대한 도모할 수 있다. 또한 시스템 종류의 단순화 및 중앙집중제어를 통해 조작 및 운영을 간소화하여 관리요원의 대폭적인 절감을 가능케 하며 각 설비별로 시스템을 통합함으로써 별도의 중앙감시장치에 대한 초기 투자비를 점감할 수 있음은 물론 공간활용의 효율성을 증대할 수도 있을 것이다.

(2) EMS에 의한 통합

실내 거주환경에 대한 만족도에 영향을 미치는 요소는 매우 다양하며 이러한 요소가 조성되는 실내환경은 여러 가지 유형의 에너지 활용과 관련된다. 실내환경의 쾌적성 확보와 함께 에너지 절약을 위한 통합적 관리에 의한 경제성이 전제되어야 하는 것이다. 따라서 우선적으로 다양한 설비 시스템의 에너지원과 시스템 성능을 고려하여 에너지를 절약할 수 있는 시스템이 용도별, 규모별로 적절하게 계획되어야 한다.

또한 EMS는 에너지를 소모하는 설비 시스템의 운영 스케줄을 합리화함으로써 전체적인 에너지 비용을 절감한다. 여기에는 유사한 시스템을 운용하는 다른 빌딩에 대하여 벤치마킹할 수도 있으며, 쾌적한 환경 데이터의 범위를 조정하기도 함으로써 에너지 최적관리 기능을 수행하도록 한다.

지능형 빌딩의 일반적인 에너지 절감대책은 공조 및 전력의 최적제어를 도입하여 고효율 운전, 부하 경감, 외기 에너지 활용, 계약전력 절감 등이며, 이러한 대책은 반드시 빌딩자동화 시스템(Building Automation System)을 기반으로 실현되어 통합적으로 관리되어야 한다.

(3) LCC에 의한 통합

선진국에서는 1990년대부터 건물의 신축보다 기존 건물의 유지관리에 더 큰 비중을 두고, 건물의 건설에서부터 폐기까지 생애주기 전 과정에 투입되는 비용을 LCC개념으로 산정하여 통합·관리할 수 있는 체계를 구축·운영하도록 하고 있다. 그림 9-2(Stephen J. kirk, Alphonso J. dell'Isola(1995) p.9)에서 빌딩의 생애주기 전 과정에서 투입되는 비용을 나타낸 것으로 전체 비용은 초기비용 C1에서부터 폐기비용 C8까지의 총합이라고 할 수 있다. 이러한 비용은 집행 주체에 따라 개별적으로 관리되어온 것이 현실이지만 각각의 시스템별로 통합적으로 관리되어야 하는 것이다.

빌딩의 생애주기에 있어서 각종 시설물이나 설비의 사용년한(C_5), 유지관리 이력 및 비용(C_4), 에너지 비용(C_3) 등이 차지하는 비중이 점차 크게 인식되고 있으며, LCC 관리 시스템, BMS, EMS 등에 의하여 통합적으로 관리되어야 한다. 이러한 데이터에 근거한 LCC 예측이 신뢰성을 확보하려면 가치변동률을 장기간에 걸쳐 예측할 수 있고, 금융관련 자료, 에너지를 중심으로 한 가격변동률을 예측할 수 있는 데이터베이스 구축이 필요하다.

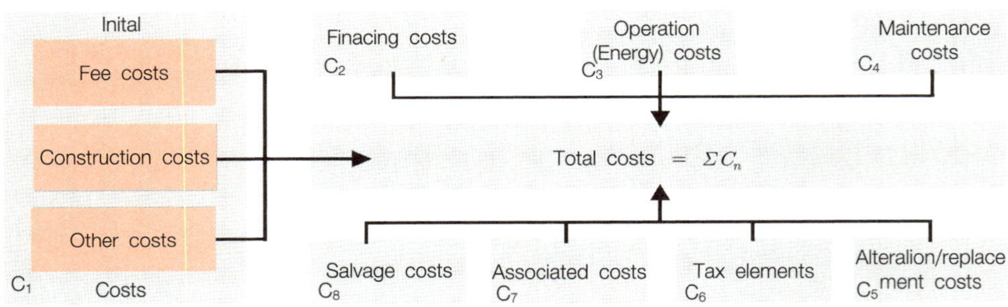

그림 9-2 LCC의 개념

6) 시설성능 관리

빌딩성능 개선과 관련된 의사결정 척도로서 빌딩 시스템별 성능표준화가 반드시 필요하다. 외국의 경우 이러한 성능 표준과 관련된 연구는 오랜 기간 동안 지속되었으나 국내의 현실은 그렇지 못한 상황이다. 외국에서 설정된 성능표준을 활용할 수도 있으나 여기에는 한계가 있고, 성능개선 시장이 점차 확대된 시점에서 성능개선 대상이 되는 빌딩의 성능을 설계하기 위하여 표준화를 전제로 하는 성능 관련 데이터 관리 시스템은 매우 유용할 것이다. 또한 성능관리 시스템 활용은 성능개선 시점의 일시적 성능평가가 아니라 지속적이고 일상적인 성능관리를 통하여 상시적이고 합리적인 데이터에 근거한 효율적인 성능평가를 의미하는 것이라고 할 수 있다.

빌딩 시스템에 관련된 데이터가 매우 다양하고 방대하며, 성능개선 또는 성능에 관련된 의사결정을 하고자 할 때 그러한 데이터를 다양한 측면에서 검토하고 종합할 수 있어야 한다. 각각의 프로그램 모듈은 데이터베이스 관리 시스템으로 다양하고 방대한 양의 시설 관련 데이터를 처리한다. 이러한 개념적 영역 사이의 데이터는 서로 공유되고 호환됨으로써 시설유지관리, 성능평가 및 개선을 비롯한 의사결정의 효율적 지원수단을 제공하기 위한 것이다. 특히 성능평가 관점에서는 이러한 DBMS를 통하여 성능개선 여부를 결정하기 위한 근거로서 통합적 데이터를 확보할 수 있을 것이다. 따라서 이러한 DBMS를 활용함에 있어서 고려해야 할 중요한 사항은 시스템의 기능적 특성뿐만 아니라 사용자의 데이터베이스 관리 능력이며, 그에 따라 성능평가업무의 효율성이 결정되는 것이다.

이러한 의사결정 시스템의 효율성은 합리적인 성능관리 시스템에 의하여 제공되는 성능관련 데이터의 신뢰성에 근거한다. 다양한 유형의 빌딩 데이터를 빌딩 성능과 관련한 정보로 관리하기 위하여 시설경영관리 시스템을 이용하는 것은 통합적 성능평가 시스템의 가장 중요한 필요조건이 된다.

7) Building Service 구현

시설 성능의 고도화와 함께 각종의 센스, 전자테크, KIOSK, RFID, 설비, 네트워크와 같은 각종 기간의 인프라를 거주자들의 일상적 욕구 충족 및 활동의 효율성과 연계된 정보를 이용하여 거주환경의 안전성 확보, 편의성 및 쾌적성 제공, 문화적 욕구 충족 등의 서비스를 제공한다. 이러한 서비스는 빌딩이 구축하고 있는 정보통신 인프라 수준에 따라 서비스 제

표 9-3 빌딩 서비스의 주요 유형과 내용

서비스 유형	서비스 내용
안전성	• 공간별 빌딩안전관리 서비스를 위한 실시간 운영체계 구축 및 전략 • 공간별 빌딩통합관제 정보수집 · 가공 · 분석 · 대응 및 정보 제공의 신속성, 신뢰성 확보 • 공간별 · 부서별 · 사용자별 쾌적하고 환경친화적인 설계
편의성	• 공간별 · 사용자별 요구사항에 적합한 무인안내 서비스 제공 • 유지관리업무의 편리성을 고려한 거주자 중심의 설계 • 표준화를 통한 시스템 확장성 확보 및 향후 확장성을 충분히 고려한 시스템 설계 • 공간별 · 거주자별 인간 중심의 효율성 및 경제성을 고려 • 시스템 장애의 방지 및 신뢰성 있는 시스템 구축 • 공간별 언제 어디서나 24시 업무지원 서비스
쾌적성	• 공간별 · 부서별 · 거주자별 정보 제공 • 빌딩 내 서비스와 관련된 시설관리 상황 정보 제공 • 차별화된 문화적 컨텐츠 제공 • 서비스 컨텐츠에 대한 구체적인 이용 방법 제공
문화적 만족	• 공간별 · 시간별 시설물 사용 현황관리 방안 제시 • 공공시설물 공간활용 현황 및 통합정보 관리 방안 • 신뢰성 있는 공연 및 이벤트 서비스 제공 방안

공 범위가 결정되며 서비스 컨텐츠는 빌딩 서비스 차별화의 핵심적인 요소가 된다. 구체적인 서비스는 빌딩 내의 통합 플랫폼과의 유기적 연계체계를 통하여 다음과 같은 서비스 단위의 각종 시설 및 빌딩 정보, 이벤트 정보를 통합 플랫폼을 통하여 제공받거나 타 서비스 및 운영자에게 제공하기도 한다.

9.2 Facility Management 서비스

9.2.1 환경에 대한 요구조건 충족

인간은 자신을 둘러싼 환경과 끊임없이 상호작용하면서 자신의 욕구를 충족하고 있다. 자신의 욕구를 충족하기 위한 환경조절행위의 결과가 자신의 감정이나 행동을 통제하고 제어하는 새로운 환경적 배경(environmental settings)이 되어 또 다른 욕구를 발생시키는 순환과정이 지속되고 있다. 이러한 과정에서 인간이 가지는 환경에 대한 기본적인 요구조건은 생물학적 안전성(biological safety), 물리적 적합성(physical fitness), 심리적 안정성(psycho-

표 9-4 환경에 대한 인간 요구조건의 개념

구 분	일 반 환 경	유비쿼터스 환경
생물학적 안전성	• 물리적 생체의 유지 • 환경적 저해요소로부터의 보호 • 건전하고 쾌적한 환경 구성 • 생리적 욕구의 만족	• 재해 및 재난을 방지하는 빌딩 안전관리 • 예방 예측 점검 및 통합 관제
물리적 적합성	• 기능적 성능(performance) 및 효율성(efficiency) • 인간의 동작에 따른 물리적 치수의 고려 • 인간의 활동체계에 따른 기능적 배분 및 배치	• 업무의 표준화 • 공간단위의 표준화 • 다양한 정보유형에 대한 개방적 접근성 부여 • 시간적, 공간적 무장애 시스템 구축
심리적 안정성	• 개인적 지각 및 사회적 대인관계에 있어서의 안정성 • 생물학적 기능의 충족이 전제 • 물리적 자극(physical stimuli)에 대한 심리적 반응을 조절	• 물리적 적합성을 포함한 쾌적성 확보 • 필요 시기와 장소를 고려한 맞춤 정보제공 • 웰빙 문화 관련 정보의 제공
미적 즐거움	• 미에 대한 본능적 욕구이며, 인간욕구의 궁극적 만족 • 환경 개선의 문제에 있어서 안정성에 대한 보다 적극적인 목표	• 문화적 욕구의 충족 • 문화적 컨텐츠의 다양성 • 문화적 컨텐츠의 질적 수준
경제성	• 최저비용과 최대효과의 문제 • 비용과 환경의 질의 문제	• 정보 가치의 극대화 • 서비스 효율성 및 수익성 확보

logical comfort), 미적 즐거움(aesthetic pleasantness), 경제성(economy)으로 구분할 수 있으며, 표 9-4와 같이 유비쿼터스 환경에서 재해석되어야 할 것이다.

9.2.2 건물의 성능과 가치

가치(value)는 객관적 또는 절대적 개념이 아니라 바람직한 상태에 대한 개인의 신념을 나타내는 추상적이고 상대적인 개념이다(박일우, 박영기, 2002). 건축에 있어서 가치는 역사적으로 비트루비우스와 헨리워튼 경에 의하여 견고함(firmness), 유용성(commodity), 즐거움(delight)이라는 고전적인 가치개념으로 정의되었다. 이러한 고전적 가치개념은 소유자가 임대료 등의 경제적 이득을 취하는 대신에 제공해야 할 다양한 서비스, 설계자가 사용자에게 제공해야 할 기능성, 전문가가 소유자로 하여금 시공 및 유지관리비용을 최소화할 수 있도록 배려하는 경제성과 같은 현대적 가치개념으로 발전되었다고 할 수 있다.

빌딩의 성능을 평가한다는 것은 빌딩의 가치 척도가 되는 평가기준에 대하여 달성되는 정도를 비교하는 것을 의미한다(Yehuda E. Kalay, 1990). 성능개선을 필요로 하는 빌딩의 가치는 그 빌딩에 관련된 기존의 가치개념으로 구성된 시스템을 근거로 고려되어야 한다. 기존의 빌딩을 구성하는 물리적 시스템뿐만 아니라 관습이나 법규 및 제도 등의 사회적 시스템, 공학적 기술이나 경제적 가치 기준 등이 합리적으로 고려되어 성능개선 시점의 새로운 가치 기준으로 발전되어야 하는 것이다. 그림 9-3은 이러한 현대적 가치개념을 기존 시스템을 근거로 빌딩 소유자, 사용자, 설계자 및 사업시행자의 요구조건을 충족하는 빌딩가치 개념을 표현한 것이며, 이러한 개념에 근거하여 다음과 같은 가치기준이 고려되어야 한다.

1) 경제적 가치

빌딩의 경제적 가치는 토지구입 비용, 건설비용과 같은 초기투자비용에 대한 빌딩 운용으

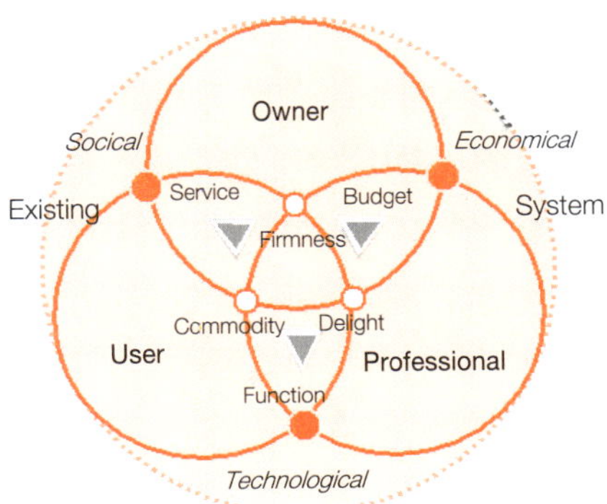

그림 9-3 건물의 가치 개념

로 인한 수익성에서부터 자사 빌딩 사용으로 인한 비용절감에 따른 자산으로서의 가치와 임대수익, 일정한 시점에서 에너지 비용 및 유지관리 비용 절감 등의 운영가치를 통합한 물질적 자산가치를 의미한다.

물질적 자산가치 증대는 빌딩의 시공 및 운영과정에서 발생하는 다양한 유형의 비용을 절감하는 것이 일차적 목표이지만 경우에 따라서는 최첨단의 업무환경을 제공하여 사용자의 효율적인 업무수행을 가능하게 함으로써 보다 높은 수준의 임대료를 받을 수 있다면 다소의 공사비 상승이 있더라도 충분히 고려해 볼 가치가 있다. 이러한 첨단설비에 의한 성능개선이 이루어진다면 업무환경 개선과 함께 빌딩 자체의 수명 연장에도 기여함으로써 물질적 자산가치 증대에 상승효과를 가져올 수도 있다.

2) 사회적 · 미학적 가치

건축의 역사적 발전과정을 고찰하면 건축문화의 지역적 · 시대적 정체성은 언제나 새로운 변화의 요구에 대응하여 왔다. 인간은 스스로를 둘러싼 환경에 적응하게 되면 항상 새로운 변화의 욕구를 가지게 되었고, 그러한 욕구충족을 위하여 끊임없이 노력하여 왔다. 그러한 과정에서 빌딩을 비롯한 물리적 환경에 대한 사회적 가치의 대표적인 유형으로서 미적 가치기준 또한 영속적으로 발전되어 왔다.

사회적 · 미학적 가치기준은 경제적 가치와 달리 새로운 욕구를 충족시키지 못하는 다소 낙후된 빌딩의 가치가 소멸되거나 무시되는 것이 아니라 역사적 유산으로 축적되고, 그 속에 담긴 건축적 맥락은 철학적 가치개념으로 발전되어 필요한 시기에 언제라도 다시 적용 가능한 미적 가치기준으로 인식된다. 이러한 미적 가치 개념은 경우에 따라 주관적 가치기준에 따라서 달라질 수도 있지만 사회적 가치에 근거한 객관적 미의식이 반영되어 빌딩의 독자적 정체성과 함께 객관적 다양성에 대한 조화도 충분히 고려되어야 한다.

3) 기능적 가치

빌딩의 기능적 가치는 거주자의 다양한 욕구 충족을 우선한다. 거주자들의 거주환경에 대한 만족도를 나타내는 거주성능을 평가하는 것은 거주자가 주변의 거주환경에 대하여 어떻게 반응하며, 그것에 대한 질적 만족도를 측정하고 분석하는 문제이다. 사용자는 주변환경에 대하여 정서적 느낌으로 반응한다. 여기에는 긍정적 또는 부정적 가치를 포함하기 때문에 평가적 반응이 된다. 이러한 거주환경 만족도의 개념에 대하여 처음으로 언급한 사람은 Fried, M과 Gleicher, P.이며, 그들은 여러 가지 거주개념과 행태 가운데서 거주자의 만족도가 거주환경의 물리적 · 구조적 특성보다도 거주환경의 질을 평가하는데 가장 적합한 기준이라고 주장하였고, 이것은 거주환경 만족도와 관련한 연구의 출발점이 되어 오늘날 거주 후 평가(Post-Occupancy Evaluation)로 발전하였다(M. Fried, and P. Gleicher, 1961).

이와 같은 가치기준 정립 문제는 설계 - 시공 - 성능개선에 이르는 생애주기에서 생활수준 및 사회적 의식 변화, 공학기술 발전 등에 따라 사회적 · 문화적 가치기준이 변모하게 되므로 신축시점에서 리모델링과 같은 성능개선을 고려하는 설계도 필요하지만 무엇보다 성능개선 시점의 가치기준 정립을 의미한다. 또한 이것은 성능개선 시점에 한정되는 것이 아니라 과거와 현재, 그리고 미래의 가치기준을 예측하는 통시적 관점에서 접근해야 한다.

9.2.3 Facility Management 서비스 개념

1) Facility Management 서비스의 정의

시설물 관리란 건물에 대한 기본개념이 건축가, 개발자, 자본가들에 의해서 결정되고 개별적으로 건물이 운영되었던 과거의 관리방식으로는 각기 다른 시스템 사이의 상이한 요소에 의해 효율적인 운영이 어렵게 되었다. 따라서 건물의 시설과 관련한 모든 활동을 통합하여 관리하는 시설물관리 개념이 건물관리 분야에서 중요한 이슈로 부각되고 있다. 즉 시설물 관리란 건물과 관련된 모든 분야에서의 포괄적 관리를 의미한다. 이를 볼 때 시설관리란 건물의 생애기간 동안 효율을 극대화함으로써 경제적 가치를 높이기 위하여 건설기획, 설계, 시공, 실내디자인으로부터 유지관리에 이르기까지 통합하여 관리하는 것을 의미한다.

특히 유지관리 관점에서 건물의 성능은 설비시스템의 노후화로 인하여 시간이 경과함에 따라 급격히 감소하게 되며, 법정 내용년수가 현저히 짧아져 건물의 생애기간 동안 유지관리 비용이 건설 비용의 3배에 달하며, 유지관리 비용 중 에너지 비용이 약 40%를 차지하고 있다. 따라서 종래의 방식대로 건설계획을 수립하는 과정에서 준공시점의 성능 및 비용만을 중시할 것이 아니라 건물의 전 생애에 걸쳐 성능과 비용의 최적화를 도모할 수 있는 수단으로 시설관리 서비스의 역할이 중요하다.

빌딩이 가지고 있는 성능을 충분히 발휘할 수 있도록 최상의 상태를 유지하면서 경제성 · 효율성 · 기능성을 보장할 수 있도록 시설 · 환경 · 공간을 최대로 활용하여 소유자 · 관리자 · 입주자 · 출입인원 및 사용자에게 각각의 완벽한 서비스와 철저한 관리로 쾌적한 환경을 제공하고 최상의 수익성을 구현할 수 있도록 빌딩을 이용 · 개량 · 운영 · 유지하는 관리를 의미한다. 이러한 부분과 부동산관리의 기술적 측면에서 관리운영 업무 또한 건설된 시설물의 기능을 보존하고 사용자 편의와 안전을 도모하기 위한 목적으로 기존 시설을 일상정비하고 손상된 부분을 원상복구하며, 당초 건설된 상태로 유지하고 경과기간에 따라 요구되는 시설물의 개량과 추가적인 시설을 보완하는 것이다.

2) 시설관리 서비스의 역할

시설관리는 건축물 설비 및 제반 시설, 외부구조, 식재 등의 기능을 항상 적절한 상태로 유지하기 위하여 실시하는 건물의 보존활동 및 관련 업무를 말하며, 건축 본래의 사용목적뿐 아니라 외관, 그밖의 미적 가치, 이용의 효율 및 경제가치 등을 포함하는 폭넓은 관점에서 해소되어야 한다. 또한 건축의 기획 · 설계 시점에서 고려한 내구계획을 기본으로 관리하여야 한다. 즉 시설관리의 목적으로 다음의 6가지를 들 수 있다.

- 건축 각 부위의 기능, 기기의 성능을 유지하여 장기에 걸쳐 사용을 도모함
- 건축환경(거주환경, 작업환경)의 안전하고 위생적인 상태의 유지 및 공해 방지
- 건물의 내부에서 영위되는 여러 가지 작업의 적정화, 능률 및 생산성 향상
- 사고 · 결함 등의 예지, 위험, 재해의 미연 예방
- 마모 · 노후화 및 기능저하 방지, 자원 및 에너지 절약
- 고정자산으로서의 경제 가치 유지

9.2.4 Facility Management 서비스의 유형

FMS(시설경영관리 시스템)의 발전으로 인해 빌딩서비스와 관련된 시스템을 통합 · 관리하면 다음과 같은 빌딩서비스를 구현할 수 있다.

1) 빌딩 소유자에 대한 서비스

- 임대료 및 원격검침, 빌딩자동화 시스템을 FMS와 연동시켜 수도광열비와 추가 냉난방비의 자동 산출로 임 · 관리비 정산 및 세금계산서 발급
- 빌딩의 임대수입 및 빌딩관련 지출을 자동 산출하여 투자수익률을 제공하고, 예산관련 지출내역을 제공
- 다양한 수익 분석
  - 특정시점에서 부동산으로부터 얻을 수 있는 순영업소득을 부동산의 가격으로 나눈 값으로서 총 투자액에 대한 순영업소득 비율
  - 자금조달비용(차입금리 등)을 상회하면 투자로서 유효하다고 판단
  - 임대수익률은 소득수익률, 자본환원율이라고도 하며, 부동산 가격과 수익의 관계를 표시하는 비율이며, 빌딩을 세놓아 얻는 연간 총임대수입에서 경비를 뺀 금액을 건물가격으로 나눈 값
  - 일반적으로 임대수익률은 시중금리 이상의 수익률이 나오면 양호한 편으로서 기업에서는 예금, 주식, 채권 등의 투자수익률과 동등하거나 그 이상이 나오면 부동산수익률

이 상당히 높음.

- 종합수익률 또는 총수익률은 투하자본에 대한 전체수익률로서 매기에서 단일년도의 소득수익률과 자본이득률의 합계를 의미함.
- 경영지원 정보 제공
  - 빌딩자동화 시스템과 자산관리 시스템을 FMS와 연동시켜 빌딩의 수도광열비 사용량 및 요금과 시설자산운영을 분석해 준다.

2) 빌딩 관리자에 대한 서비스

- 해당 업무별 다양한 분석 자료 제공
- 무선 LAN 및 PDA를 활용한 작업관리
  - PDA를 활용하여 빌딩시설물 순찰 중 작업지시를 받거나 작업결과를 입력하고, 그 결과는 작업일지에 전송 · 등록되어 별도의 작업일지 작성이 필요 없음
  - PDA를 활용하여 시설물 점검시 시설물에 부착된 바코드에 PDA로 스캐닝하면 해당 시설물에 대한 점검항목과 점검순서가 PDA화면에 표출되어 점검사항이 누락하지 않을 수 있으며, 이상 여부는 전자펜으로 결과를 기록하여 별도의 점검일지 작성이 필요 없음.
  - 빌딩의 보안 순찰 시에도 PDA를 휴대하고 경비순찰코스에 바코드를 부착하여 PDA로 스캐닝하면 해당 순찰개소의 점검사항이 PDA화면에 표출되고 이상 유무를 전자펜으로 기록하면서 순찰을 수행
  - 보안 순찰이 완료되면 순찰결과가 보안시스템에 전송 · 등록되어 보안일지를 별도로 작성할 필요가 없음.
- 원격검침
  - 원격검침 시스템과 FMS를 연동시켜 현장의 계량기에 가지 않고도 검침할 수 있으며, 각종 통계와 일보를 제공

3) 입주자에 대한 서비스

- 민원처리 : WEB과 FMS를 연동시켜 입주자의 시설물 보수사항과 불편사항을 WEB상에 접수 · 등록하면 실시간으로 빌딩관리자가 FMS상으로 확인하여 작업지시 및 처리를 하고 그 결과를 FMS상에 등록하면 접수한 입주자가 WEB상에서 처리 과정과 결과를 확인할 수 있으며, 처리결과에 대한 만족도를 등록한다.
- 빌딩안내 : 빌딩 내 Kiosk 안내 시스템, 승강기 안내 시스템과 FMS를 연동시켜 빌딩의

공지사항과 안내사항, 비상시 대처사항 등을 안내하고, 주요 뉴스와 일기예보, 빌딩 주변의 외기 온·습도를 제공하며 교통지리정보 등을 서비스한다.

- 냉난방 공조 및 조명 연장신청 : WEB과 FMS, 빌딩자동제어 시스템, 조명자동제어 시스템을 연동시켜 공휴일 및 평일 업무시간대를 벗어나 근무할 때 입주자가 WEB상에서 해당 구역에 대해 냉·난방 공조 및 조명을 연장·예약하면 FMS를 통해 빌딩자동제어 시스템과 조명자동제어 시스템에서 냉·난방 공조 및 조명을 점·소등시켜 주며, 이 데이터는 추가관리비 산정시 활용된다.
- 공용자원 예약 : 그룹웨어와 WEB, FMS를 연동시켜 회의실, 강당, 교육보조재료 등의 공용자원에 대한 사용 현황을 조회할 수 있으며, 비어 있을 때 예약하여 사용할 수 있다.

9.2.5 Facility Management Service의 표준화

기술표준원에서는 한국퍼실리티매니지먼트학회를 중심으로 자문을 받고 토론회를 통하여 업계의 의견을 수렴하는 과정을 거쳐 FM 서비스에 관련하여 용어, 서비스 프로세스, 기반구조를 표준화하였으며, 3000㎡ 이상의 업무용 건물에 적용하는 것으로 규정하였다.

- 용어의 정의는 서비스 제공자와 수요자 사이의 원활한 의사소통을 위해 필요한 용어를 대상으로 하였다. 그 내용은 기본용어, 시설관리 수행업무상 용어, 설비 및 장비 관련 용어, 기반 시설물에 대한 용어로 구분하여 정의함.
- 서비스 프로세스부문은 건물 입주사에 대한 고객 서비스 측면에서 시설관리 운영 서비스 표준화, 입주사 지원업무 표준화, 시설관리 서비스 업무를 대행하는 사업자와 근무자의 수행업무를 표준화함.
- 기반구조서비스 품질 기준을 적합하게 유지하고 관리할 수 있도록 시설물이 설치 및 적용되어야 하는 기준을 확보하여 원활한 시설관리업무가 가능하도록 체계화함.

9.3 시설 유형별 특성

최근 시설경영관리 개념이 다양한 시설 유형으로 확산되고 있다. 여러 가지 유형의 시설관리업무 및 관련 데이터를 표준화하고 모델링하여 업무의 통합성을 신장하면서 경영 지원의 차원에서 활용하기도 한다. 주민의 편의와 복지를 위한 공공시설, 증대되는 의료복지 수요에 대응하는 의료시설, 경영환경의 변화에 민감한 대학 캠퍼스 시설, 임대형 민간투자사업으로 운영관리의 활기를 찾았던 교육시설을 중심으로 시설경영관리의 실무적 특성을 정리하였다.

9.3.1 공공시설

1) 시설관리 최적화의 개념과 필요성

공공시설이란 국가나 지방자치단체 및 기타 이에 준하는 공공단체가 직접 국민이나 주민의 복지를 증진시킬 목적으로 그 이용에 제공하기 위하여 설치 · 관리하는 시설을 말한다(천병태, 1998 p.345). 주민복지를 위하여 건립 · 활용되는 공공시설 유형은 매우 다양하다. 이들 가운데 주민편의와 복지에 직접적으로 관련된 공공청사에 대한 시설관리의 실무적 사항을 정리한다.

앞서 언급한 바와 같이 건물에 적용된 다양한 시스템은 시간이 경과함에 따라 노후화되고 사용자의 새로운 욕구에 적극적으로 대응하지 못하여 그 자체의 성능이 저하된다. 건물을 비롯한 다양한 유형의 시설관리는 시간경과에 따른 노후화를 최대한 억제하여 준공시점의 성능을 가능한 오랜 시간동안 유지함으로써 시설운용 및 유지관리와 관련된 경제성을 확보를 목적으로 한다. 시설물관리란 건물의 생애기간(Life- Cycle) 동안 효율을 극대화함으로써 경제적 가치를 높이기 위하여 건설기획, 설계 및 시공, 실내디자인으로부터 유지관리에 이르기까지 통합하여 관리하는 것을 의미한다. 특히, 유지관리 관점에서 건물의 성능은 설비시스템 노후화로 인하여 시간이 경과함에 따라 급격히 감소하게 되며, 법정내용년수가 현저히 짧아 건물의 생애기간 동안 정기적인 개수 및 보수를 필요로 한다. 이 결과, 건물의 생애기간 동안 유지관리 비용이 건설 비용의 5배에 달하며, 유지관리 비용 중 에너지 비용이 약 40%를 차지하고 있다. 따라서 종래의 방식대로 건설계획을 수립하는 과정에서 준공시점의 성능 및 비용만을 중시할 것이 아니라 건물의 전 생애에 걸쳐 성능과 비용의 최적화를 도모할 수 있는 수단이 절실히 필요하다.

또한 청사에 근무하는 사람들 입장에서 보면 업무환경 수준이 업무 생산성에 미치는 효과가 크고 청사를 이용하는 지역주민이나 기타 방문자들이 느끼는 서비스 만족도에 상당한 영향을 줄 수 있을 것이다. 앞서 3장 및 6장에서 언급된 업무환경에 대한 구체적 사항은 공공청사뿐만 아니라 일반 업무시설에서도 제공되는 다양한 서비스의 유형이면서 동시에 앞으로 제공 가능한 새로운 서비스의 원천이 된다.

2) 공공시설관리 최적화의 기본방향

(1) 업무환경 최적화의 기본방향

가. 공간시스템

- 공공조직의 변화에 따른 단위업무부서 확대 및 축소가 용이하도록 공간배분 및 배치의 유연성을 확보
- 회의실과 같은 공동사용 공간을 효율적으로 활용하기 위하여 공간예약 시스템을 활용
- 공용시설에 대한 사용예약은 온라인으로 가능
- 청사내 임대공간에 대한 관리는 외주관리를 원칙으로 함.

나. 자동제어 시스템

- 열원, 공조설비 등 청사 내의 주요설비를 대상으로 합리적인 자동제어가 가능
- 주요 설비 시스템 운용상황 및 이상 유무는 중앙에서 집중감시하고, 원격제어가 가능
- 자동제어에 따른 설비운용 관련 데이터는 축적하여 시설관리 최적화의 기본 데이터로 활용

다. 방재 시스템

- 방재설비는 관련 규정에 적합해야 하며, 방범설비와 통합하여 청사방재센터에서 운영한다.
- 지진, 피폭, 화재, 누수 등의 비상상황과 전기, 가스, 상수도 등의 단절 상황에도 적절하게 작동 · 가능해야 하며, 청사방재센터는 극복이 불가능한 재난상황에 대비하여 피난통로를 확보함.
- 방재 시스템은 자동 점검 시스템으로 점검업무의 효율성과 작동상태에 대한 신뢰성 확보

라. 보안 시스템

- 공공청사의 개방적 이미지를 고려하여 민원인에게 불편함을 주지 않으면서 완벽한 보안 시스템 구축
- 공공청사내 영역별 보안은 외부공간에서부터 주요 업무부서 및 대외비 자료 보관영역 등의 성격이나 중요성에 따라 보안 등급을 설정하고, 그 등급에 따라 신뢰성 있는 설비를 적절하게 적용

마. 지능형 빌딩 시스템

- 빌딩자동화설비
  - 근무자 및 민원인의 안전을 위한 안전관리 시스템과 에너지절약과 효율적인 자원관리를 위한 에너지 관리 시스템으로 구성
  - 자동제어설비, 방범 및 보안설비, 주차관제설비, 승강설비와 통합된 관리 시스템 구축
- 사무자동화설비
  - 개인용 컴퓨터 등을 이용한 업무처리의 자동화를 기본으로 청사내 네트워크를 적극적으로 활용
  - 개인용 사무기기를 제외한 사무자동화설비는 성능과 사용자 범위를 합리적으로 설정하여 배치공간 확보
- 정보통신설비
  - 공공청사내 전산정보 시스템이나 사무자동화 시스템을 합리적으로 통합하여 행정정보 네트워크를 구축
  - 공공청사 외 통신은 광케이블이나 위성 등을 이용하여 신속한 통신이 가능하게 함.
  - 장래의 조직 확대에 대비하여 배선방식 및 배선 용량을 고려

(2) 시설유지관리 최적화의 기본방향

건물 시설관리의 최적화는 일반적인 유지관리 차원에서 다양한 시스템의 효율적 운용과 관련된 경영관리 개념을 도입하는 것이다. 이와 관련한 기본개념은 생애주기비용(Life-Cycle Cost) 등을 고려한 에너지관리, 빌딩 시스템의 통합관리 측면에서 계획한다.

가. 에너지관리(Energy Management, EM) 개념

- 에너지관리업무는 건물에서 부하 발생요인과 이에 따른 에너지의 흐름을 파악하여 불필요하게 사용하는 에너지를 차단하고, 에너지를 효율적으로 분배
- 공공청사에 사용되는 에너지 유형을 분류하고, 각각의 에너지 절약에 대한 구체적인 계획을 제시
- 각종 설비의 생애주기 비용을 고려한 에너지절감 계획 제시

나. 지능형 Building System의 통합관리

- 최신의 빌딩자동화 및 제어, 통신, 전기, 보안 시스템과 관련된 기술들은 사용자 관점에서 최적의 업무환경을 가장 효율적으로 유지하기 위하여 개발되어 개별적으로 도입되므로 소유자 및 관리자의 관점에서 전체적인 빌딩 시스템의 통합관리를 전제로 함.
- 통합관리란 최적의 효율성으로 여러 가지 시스템과 기능을 모니터하고 제어하는 정보

전달 시스템이며, 인과관계를 갖는 일련의 체계적 과정으로 정의함.

- 개별적 시스템의 효율을 높이고 업무환경의 거주 성능을 개선하며, 전체적인 운영경비를 절감하여 경제적 비용으로 보다 높은 가치를 창조하고 부가시키는 시스템을 의미함.
- 이와 같은 효과를 갖는 통합 관리시스템이 구축은 다음과 같다.
  - 청사에 적용된 각종 시스템 운용자의 인터페이스를 단순화하여 통합함으로써 업무의 생산성을 증대하고 인건비 절감
  - 에너지 사용, 유지관리와 같은 빌딩 시스템의 운영과 관련된 정보를 중앙에서 집중적으로 관리함으로써 관련 업무의 효율성 증대
  - 공간별 업무활동 시간에 따른 각 시스템의 운영시간을 상관적으로 조정함으로써 서로 다른 빌딩 시스템 사이의 경제적 제어가 가능

3) FMS를 활용한 시설관리의 최적화

이상에서 보는 바와 같이 시설관리 시스템은 설비 시스템과 같은 건물을 구성하는 다양한 유형의 빌딩 시스템을 통합적으로 관리함과 동시에 특정의 공공조직을 구성하는 인적 자원과의 연계를 통하여 전체적인 자산을 통합적으로 관리하며 경영을 지원하는 수단이라고 할

표 9-5 공공청사의 시설경영관리업무

주요기능	활 용
자산관리	• 자산관리의 효율성 및 신뢰성 확보 • 기획 예산 설정 및 재무현황 분석
공간관리	• 각 부서가 점유·사용하고 있는 면적과 그 용도에 대한 정확한 최신 정보를 구축하고 관리 • 시설물 자료를 데이터베이스, CAD도면, 그래프, 사진 등과 연계·통합시켜 다양한 방법으로 공간 정보를 편성하고 분석 • 공간이용의 효율성 판단, 사무공간 활용 비용계산 및 비용할당, 직원의 사무공간 사용현황 등을 신속하고 정확하게 파악하여 업무 생산성 향상, 신속한 의사결정에 활용 • 공간 용도 변경 및 확장에 관련된 유용한 자료 확보 • 회의실 등 공용공간의 사용시간 예약 • 주민 복지시설의 온라인 예약
가구 및 설비관리	• 가구와 설비 배치 및 설치, 이전계획 등의 수립 • 설비 시스템 예방 및 예측 점검과 정비 • 다양한 시스템의 생애주기비용을 통합적으로 관리하여 전체적인 유지관리 비용을 절감
빌딩 운용관리	• 컴퓨터를 이용한 유지보수 시스템으로 자동화를 통하여 최소의 운영비로 시설물의 유지 보수 • 필요한 시설물 정보를 빠르고 쉽게 검색·조회하여 유지보수 및 수선작업을 효율적으로 문서화 및 모니터링할 수 있고, 작업처리를 위해 작업자 및 외주업체의 일정을 계획할 수 있으며, 정확한 설비목록 관리 및 비용관리 • 다양한 보고서로 과거 유지보수 내용과 비용을 분석하여 향후 시설물관리 방향 설정

수 있다. 시설경영관리 시스템을 빌딩 시스템에 적용할 경우 단순한 유지·보수 및 관리 개념이 아니라 경영관리 관점에서 최적화를 지향하게 되는 것이다. 공공청사에 활용 가능한 시설경영관리 시스템의 주요 영역은 표 9-5와 같다.

9.3.2 의료시설

1) 의료시설의 일반적 특성

최근 건강에 대한 의식변화, 보다 높은 의료서비스를 제공하기 위한 사회적·제도적 기반 조성, 의료시설 증가로 인하여 의료시설들의 경쟁이 심화되고 있다. 국가에서 제공하는 의료보험 재정의 취약성, 노령인구 증가, 민간병원 증가 등으로 인하여 병원 경영의 합리성이 요구되고 의료서비스의 생산성과 질적 수준에 대한 제고가 필요한 상황이다. 근본적으로 의료분야 또는 자원을 합리화하고 강화하는 구조개선이 필요하므로 의료시설 건축가가 프로젝트를 현실화하고 고객 중심의 서비스를 제공하기 위해서 경제성이 건축기획단계에서부터 매우 중요한 고려요인이 되고 있다(최광석, 2005).

이러한 경제성은 보건의료시장에서의 3가지 측면의 환경변화 요인과 관련 있다.

- 시장 혹은 사회·환경적 측면에서의 요인으로서 인구의 노령화와 평균 수명 증가
- 사업적 측면에서의 요인으로는 병원에서만 진료가 이루어지는 것이 아니므로 언제 어디서나 의료서비스를 제공할 수 있음으로써 의료공급자들에게 새로운 수익창출원이 가능
- 소비자에게도 선택적으로 질병 유무에 관계 없이 의료서비스나 건강정보 이용과 같은 수요가 지속적으로 필요함.
- 기술적 측면에서 빠르게 발전하는 IT기술에 따라 의료공급자뿐만 아니라 환자(소비자)의 Needs를 충족시킬 수 있는 IT기반의 Healthcare 서비스 환경 구축이 가능한 사회로 변화
- 질병 발생 이후에 이루어지는 처치와 치료 중심에서 예방과 건강관리 및 사후관리를 중시하는 방향으로 변화

의료시설은 끊임 없이 지속적으로 성장한다. 시설계획적 측면에서 초기투자 범위를 결정하고 실행 후 운영단계에 들어서면 의료 수요 및 각종 경영환경 변화에 따라서 시설의 확장 및 증축이 필요함을 의미한다. 이러한 성장과정에서 시간의 흐름에 따른 새로운 의료 서비스 수요가 생겨나게 되고 이를 공급하기 위한 기반으로서 의료시설은 복합적인 의료환경으로서 변화·발전하는 것이다. 의료환경의 1차적 변화요소로는 사회환경의 변화, 의료기술의

변화, 의료제도의 변화로 구분할 수 있으며, 이로 인하여 파생되는 2차적 변화요소로서 병원 기능의 변화를 들 수 있다. 의료시설에 있어서 1차 변화요인은 의료 서비스 내용에 영향을 미치는 요소로서 일반적으로 병원의 외부에서 발생하며 시설계획 전반에 영향을 미치고 2차 요인을 발생시킨다. 2차 요인은 의료의 내용을 효과적으로 관리·운영하기 위한 것으로 내부조직의 변화를 촉진시키며, 시설의 변화에 보다 개별적이고 직접적인 영향을 미치는 것이다(한진규, 이특구, 2005).

2) 의료서비스의 고객 지향성

일반적으로 병원조직은 다른 기관과 달리 특수성과 고정관념이 강한 영역으로 인식되어 왔으며, 이로 인하여 수익성과 생산성에 관련된 경영혁신의 장애요인으로 지적되었으나 최근 의료수요 변화 및 의료시장 개방과 더불어 의료 서비스에 대한 소비자의 새로운 가치관이 형성되고 있다. 의료시장은 고객 지향의 서비스와 환자중심의 가치를 실현하는 경영 전략을 필요로 하게 되었으며, 병원조직도 경영혁신과 구조조정에 둔감한 공급자 중심의 가치체계에서 수요자 중심의 맞춤형 서비스 품질 경영과 고객 감동의 가치체계로 변화하게 되었다. 의료서비스가 과거의 공급자 중심에서 소비자 중심으로 전환되면서 의료소비자가 의료기관을 선택하게 되었고, 의료소비자들은 가족이나 친지, 대중매체 등 다양한 정보원을 이용하여 정보를 수집한 후 의료기관을 선택하게 되었다. 현재 급변하는 의료 환경 속에서 병원이 살아남기 위해서는 상대 병원과의 경쟁에서 이길 수 있는 경쟁력을 향상시켜야 한다. 따라서 병원들도 의료소비자의 정보탐색에 관심을 가지고 있고, 의료 소비자의 욕구에 부응하기 위해 노력하고 있다. 의료서비스는 국가 사회적 입장에서 국민에게 미치는 영향을 고려하면 공공재의 성격이 두드러진다. 그러나 의료시장에도 어느 정도 시장기능을 도입하여 경쟁을 활성화시켜야 한다. 경쟁의 결과는 소비자에게 높은 질의 서비스를 공급하는 혜택을 자극함으로써 의료서비스의 질적 개선을 달성할 수 있다. 따라서 의료의 공공성을 고려하면서 어느 정도의 경쟁원리를 도입하는 것이 필요하다. 이와 같은 의료 서비스에 대한 요구에 대한 새로운 양상의 구체적인 요인은 의료 소비자와 공급자로서의 병원 관점에서 다음과 같이 생각할 수 있다(염재광, 강창열, 2007).

(1) 의료소비자 요인

질병구조의 변화는 노인인구 증가로 인한 인구구조 변화, 생활수준 향상, 도시화 등으로 인하여 급성질환은 감소하고, 고혈압성질환, 뇌혈관질환, 당뇨병, 만성간질환 등의 만성퇴행성질환이 증가하고 있는 실정이다. 이러한 만성질환 증가로 인해 질병을 조기에 발견해서 조기에 치료하고, 각종 건강정보를 정확히 제공하여 건강한 생활양식을 조성할 필요성이 커지고 있다. 점점 고령화가 진전됨으로써 노인 의료 이용이 더욱 급속히 증가할 것이다. 이에 따라 종전의 급성질환 치료 중심의 의료서비스는 만성질환 등의 질병구조 변화로 요양·장기이식·건강검진·예방서비스·재활서비스·정신질환치료 등 다양한 의료공급체계로의 변화와 새로운 의료서비스가 요구된다. 또한 급속한 산업화와 복잡하고 다양해진 사회환경의 변화에 따라 건강위해 요인 증가를 가져왔고, 이에 따라 재해, 사고, 중독, 정신질환 등의 증가로 새로운 의료서비스 수요가 요구되고 있다.

(2) 병원 내부적 요인

1980년대 중반 이후 전국민 의료보험 실시 등으로 의료수요가 급격하게 증가함에 따라 병상부족 현상을 가져 왔으며, 이를 해소하기 위하여 정부에서는 많은 병상의 공급계획 아래 금융지원을 하였고, 또한 민간부문의 병상 신·증설 붐(Boom)이 일어나 대기업과 관련된 대형 병원의 개원이나 분원 설립 및 증축이 지속적으로 행해졌다. 최근에 국내 종합병원이 초대형화 경쟁에 본격적으로 나서고 있는 것은 곧 다가오는 의료시장 개방에 대응하기 위해서이다. 현재와 같은 규모로는 외국병원들과의 경쟁에서 이길 수 없다는 판단과 신규환자 유치를 통한 경영수익 증대를 위해 몸집을 부풀리고 있다. 대학병원을 중심으로 한 대형 병원의 신·증축은 갈수록 치열해질 전망이며, 대형 병원에 환자가 집중되는 '부익부 빈익빈' 현상이 가속화될수록 경쟁력이 취약한 중소병원은 경영악화가 심해질 것이다. 따라서 대형 병원을 중심으로 이루어지고 있는 병원규모의 대형화는 기존의 의료체계를 왜곡시킬 우려가 예상된다. 또한 대형 병원의 신·증축이 수도권에 집중되고 있어 지역간 의료 서비스의 불균형이 갈수록 심해질 것이 우려된다. 의약분업 실시 이후의 의료전달체계 변화는 의약분업 시행 시점인 2000년 이후 병원급 의료기관은 증가가 둔화되고, 경영악화로 인한 폐업 증가로 나타났다. 또한 의원 증가와 외래환자의 의원 이용 증가로 인해 종합전문요양기관의 외래환자 집중현상은 주춤하였으나, 노령인구 증가 등으로 인하여 현재 종합전문요양기관의 환자 이용 증가는 계속되고 있다. 현대사회는 무한경쟁시대로서 어느 분야를 막론하고, 변화의 물결 속에서 생존경쟁 시점에 서 있다. 과거에 병원은 병원문만 열어 놓고 찾아오는 환자만을 기다려도 경영에 큰 문제가 없었다. 그러나 의료공급 증가와 여러 가지 환경 변화로 그동안의 의료공급 중심에서 의료수요 중심으로 바뀌면서 의료소비자의 교육수준 향상과 정보화 발달로 건강에 대한 의식 수준이 높아졌다. 이러한 시대적 요구와 관심에 노력하지 않고, 변화하는 의료 환경에 적절히 대응하지 않으면 병원간의 경쟁에서 살아남기 힘들다.

새로운 의료 서비스에 대한 요구는 분명 소비자를 중심으로 한 고객지향적으로 변화하고 있다. 이러한 서비스에 대한 평가 또한 의료 기술적 수준과 함께 의료시설의 다양한 여건과 서비스 능력에 근거하여 다음과 같은 소비자 선택권을 보장하는 정보를 제공하게 되는 것이다(염재광, 강창열, 2007).

가. 의료기술적 서비스

의료서비스는 의사간, 의료기관간, 지역 간에 다양한 차이가 있다. 의료의 질은 의료의 기술적 수준과 진료 내용이 어느 정도 우수한가에 의해 의료의 질이 평가되지만 의료소비자 입장에서는 치료 후의 증세 완화나 회복 정도, 의사와의 의사소통, 의사의 관심과 자세한 설명 등을 중시한다. 의료서비스의 경우 소비자가 질을 평가하기는 다른 재화보다 훨씬 더 어렵지만 정보 발달과 국민의 권리의식 향상 등으로 의료 소비자들이 갈수록 의료정보를 쉽게 접하게 되어 과거의 의료에 대한 정보의 불완전성 현상이 점차 사라져 의료 소비자들이 의료기관을 직접 선택하고 있다. 따라서 의료의 질은 향후 경쟁의 가장 핵심적 요소로 평가되고 있고, 의료 소비자들은 교육수준이나 사회적 지위에 따라 의료기관을 선택하는 기준으로 가장 중요시하고 있다. 그러므로 의료공급자인 병원은 경쟁력 강화를 위해 의료의 질 향상을 위해 노력하고 있다.

나. 의료기술 외적 서비스

의료에서의 접근성은 의료를 필요로 하는 의료소비자들이 원하는 시기에 원하는 장소에서 의료서비스를 받을 수 있는 정도를 의미하고 있다. 첫째로, 거리 · 교통의 접근성과 지역적인 편의성은 물론 대형 병원 선호가 중요한 요건으로 제시되고 있다. 둘째로, 대형 병원을 이용할수록 시간적 적절성이 중요하다. 병원에서는 환자 대기시간의 단축을 위해 예약제도를 통한 환자 대기시간 감축, 신속한 검사시간과 결과 통보, 입 · 퇴원 등의 행정절차 간소화 등 여러 방안을 모색하며, 시간접근성을 높이기 위해 노력하고 있다. 셋째로, 병원과 환자 간에 질병진단 및 치료, 효과 등에 관한 정보에 있어서 의사의 충분한 설명, 새로운 시설 · 장비 및 서비스 등을 전달하기 위한 방법이 필요하다.

또한 병원시설 낙후는 외부고객에게 서비스 질에 대한 불만족을 야기시킬 수 있으므로 시설과 장비의 확충, 온도, 조명, 소음, 음악, 향기, 색상과 같은 환경의 배경적 특성과 공간 배치와 기능성, 안내표시 등에 있어서 병원을 찾은 환자들에게 조금이라도 불편함 없이 서비스를 받을 수 있도록 관심을 가져야 한다. 최근 병원간의 경쟁이 심화되고, 고객의 기대수준 또한 증가하면서 물리적 시설이 의료기관 선택의 중요한 선택기준으로 부각되어 결코 소홀히 할 수 없는 부분으로 더 이상 선택의 문제가 아닌 경쟁력 확보를 위한 방안으로 인식되고 있다. 병원간 경쟁이 심해지면서 병원조직의 목표 달성을 위해 인적 자원의 효율적 활용이 병원의 경쟁력 강화에 중요한 요소이다. 의료서비스는 인적 서비스이기 때문에 의료서비스 인력의 서비스 태도나 행태가 환자의 만족도를 결정하는데 중요한 요소가 될 수 있다. 특히 의료서비스의 핵심적 공급자인 의사, 환자와 밀접한 관련이 있는 간호사, 사무직 직원,

기타 다양한 직종의 의료 인력은 의료서비스의 질과 내용을 결정하는 중요한 요소이다. 이처럼 직원들의 태도나 친절은 의료소비자의 만족도를 결정하는데 중요한 요소이며, 병원 이미지를 대변하게 되어 병원 신뢰도를 좌우할 수 있다.

3) 의료기관 인증제

의료기관에 대한 평가는 보건의료 서비스 향상을 도모하고, 의료 서비스의 질적 수준 보장과 국민의 의료시설 이용 편의를 제공하기 위한 방안의 일환으로 보건복지부 주관으로 시행된 의료기관의 서비스 및 의료의 질을 평가하는 제도이다(한우석, 김재열, 2008). 2004년부터 시행된 현행제도는 주로 종합병원 이상을 대상으로 강제평가방식으로 운영되었으며, 평가제도 시행 이후 의료 서비스에 대한 의료기관의 관심 제고, 서비스 수준 향상, 임상질 지표 도입 등 긍정적 성과가 있었다. 하지만 강제평가, 평가결과 서열화에 따른 병원 간 과잉경쟁 유발, 일시 · 수동적 대응, 전담조직 · 전담 전문인력 부재에 따른 평가의 전문성 · 객관성 미흡, 각종 평가의 중복 등이 문제점으로 지적되기도 하였다. 무엇보다도 평가에 따른 의료기관의 자발적 서비스 질 향상 노력을 유도하기 위한 동기가 부재하였고, 현행 의료기관 평가는 중 · 소병원은 평가대상에서 제외되는 등 평가대상 범위가 협소하고, 전체 의료기관의 품질관리체계에 편입되지 못하고 있는 실정이었다.

의료기관에 대한 평가제에서 인증제로의 개편은 2007년 6월부터 '의료기관 평가제도 선진화 방안'의 일환으로 추진되었으며, 새 정부 출범 후에는 국정과제로 선정되어 추진하게 되었다. 의료기관에 대한 평가의 궁극적인 목적은 의료기관의 모든 분야를 대상으로 의료 서비스를 평가하여 그 질적 수준을 향상시키는 것이다. 인증제의 인증항목은 전체 4개 장, 15개 Chapter, 44개 범주, 109개 기준, 477개 조사 항목으로 구성되어 있다(보건복지부, 2007). 표 9-6에서 보는 바와 같이 시설관리와 관련된 것은 행정관리체계 영역의 안전한 시설관리 및 환경관리의 장에서 법률 규정 준수, 설비시스템 및 보안관리, 의료기기관리, 소방 및 화재안전관리, 시설안전관리, 위험물질관리, 재난관리계획을 인증하게 된다. 전체적인 항목수에 비하여 시설관리에 관련된 항목 수는 많지 않지만 시설의 특성을 고려할 때 의료기관이 제공하는 가장 기본적인 서비스의 질을 좌우할 수 있는 항목이므로 고도의 전문성이 요구되는 분야라고 할 수 있다.

표 9-6 의료기관 인증기준 구성내용

Chapter	Category	Standard	비고
I. 기본(목표)가치체계	5	17	
1. 환자안전	환자안전목표	6	현행 기준 보완
2. 지속적인 질 향상	질 향상과 리더십	2	
	질 향상 프로그램	3	
	환자안전 프로그램	3	
	지표관리 프로그램	3	
II. 환자진료체계	17	51	
3. 진료의 연속성	환자등록절차	2	신규 문항
	원내이동	3	
	퇴원 및 전원	2	
4. 환자평가	환자평가	5	신규 문항
	검사체계	6	현행 보완
5. 환자진료	환자진료체계	11	신규 문항
6. 마취 및 수술관리	수술관리	4	현행 보완
	마취 · 진정관리	4	진정(1)만신규
7. 약물관리	약물관리체계	1	현행기준 보완
	구매선정 및 보관	2	
	처방	2	
	조제	1	
	투약 및 모니터링	2	
8. 환자와 가족의 권리	환자와 가족의 권리	2	현행기준 보완
	사생활 보호	1	
	불만고충처리	1	
	동의서	2	
III. 행정관리체계	19	38	
9. 리더십 및 조직경영관리	병원경영자의 리더십	3	신규 문항
	임상진료진의 리더십	3	
	경영관리	3	
	의료윤리경영	2	
10. 인력관리	인적자원기획	4	현행기준 보완
	직원교육	2	
	의료인력 적정성	1	
11. 감염예방 및 관리	감염관리체계	3	〃
	특수부서 감염관리	5	

(표 계속)

Chapter	Category	Standard	비고
12. 시설 및 의료기기 안전관리	법률 규정준수	2	현행기준 보완
	설비시스템 및 보안관리	1	
	의료기기관리	1	
	소방 및 화재 안전관리	1	
	시설안전관리	1	
	위험물질관리	1	
	재난관리계획	1	
13. 의료정보관리	의료정보 관리체계	2	〃
	의무기록 완결도 관리	1	
	의료정보수집 및 정보공유 활용	1	
IV. 성과관리체계	3	3	
13. 임상질지표	지표관리 프로그램	1	현행기준 보완
14. 만족도관리	환자만족도	1	〃
	직원만족도	1	
총 계	44	109	신규 : 35 보완 : 74

4) 디지털병원

디지털병원이란 병원 내의 각종 의료정보 시스템과 디지털 장비 및 기기를 연동하여 네트워크화함으로써 진료효율을 높여 최상의 의료서비스를 제공하는 시스템을 갖춘 첨단병원을 말한다. 스마트 카드, 무선통신, PDA, RFID 등의 첨단기술을 활용하여 시간적 · 공간적 한계를 초월한 환경을 제공하는 유비쿼터스 솔루션을 병원정보 시스템에 접목하여 의료 서비스의 효율성과 신뢰성을 극대화시키는 시스템이다. 기능적인 면에서 디지털 병원을 설명하면 전자의무기록 시스템(Electronic Medical Record System), 디지털영상정보 시스템, 처방전달 시스템(Order Communication System, OCS), 의사결정지원 시스템, 의료기기 솔루션 등을 갖춘 병원이라고 할 수 있으며, 또한 이러한 시스템이 원활하게 작동할 수 있도록 서버와 안정성을 갖춘 네트워크를 보유한 병원이다(채효근, 이인제, 2009). 이러한 디지털 병원의 시장규모는 급격하게 성장하고 있으며, 관련 기술개발이 활발하게 이루어지고 있다. 주요 기술 개발 현황은 표 9-7과 같다(채효근, 이인제, 2009).

이러한 기술을 바탕으로 구축된 디지털병원은 고도화된 의료기술과 함께 첨단 IT기술을 접목하여 새로운 차원의 의료서비스를 구현하고 있다. 디지털병원의 기반은 병원에서 생산되고 처리되는 다양한 유형의 정보를 통합적으로 처리할 수 있도록 하는 유비쿼터스 네트워

표 9-7 디지털병원 주요 기술 개발 사례

구분	회 사 명	기 술 명	기 술 내 용
국외	HP	Digital Hospital	의료 IT와 건설 및 경영진단 솔루션
	Medicalis	Knowledge for Life	Evidence-Based Decision Support Solution
	GE	Digital Hospital	통신네트워크 및 의료정보 · 의료영상 시스템
	EMC	Network Storage	의료정보 시스템의 원활한 관리
국내	인피니트	의료용 영상저장 · 전송	웹기반 중앙집중형
	인포피아	당뇨관리 (U-Health)	각종 센서를 이용한 원격 측정
	헬스피아		모바일 당뇨관리
	이지케어텍	환자기록관리 (EMR)	병원정보 차세대 가이드라인
	LG CNS 삼성 SDS		공공병원 및 대형병원 차트 전산화

〈자료〉: 전자신문, 한국IT서비스산업협회 재구성

표 9-8 디지털병원의 특성

특 징	주 요 내 용
Paperless	• 의료진에게는 노트북 지급 • 환자에게는 스마트 카드 지급 및 바코드 또는 RFID칩 착용
Non-Stop Service	• 스마트 카드를 위치안내 시스템에 갖다 대면 당일 진료와 접수가 완료 • 각 진료팀마다 코디네이터들이 있어 한자리에서 검사와 예약 · 수납까지 처리 • 키오스크는 무인 진료접수, 처방전 발행, 수납 등이 가능한 시스템으로 원내 곳곳에 설치
Mobile Service	• 의사들에게 지급된 모바일 PDA폰으로 화상진료 가능 • 원격상태의 환자상태를 파악하고 실시간으로 관리
전자 의무기록 (EMR)	• 환자들의 상태, 처방 내용을 저장 • 배설량, 섭취량 등 환자와 관련된 모든 활동이 실시간으로 입력되어 의료진이 인지 가능 • 단문자 서비스(SMS)를 이용하여 검사결과를 환자들에게 알려 줄 수 있고 이를 환자들은 집에서 인터넷을 이용해 확인 가능 • 환자와 의료진은 인터넷을 통해 대화형 커뮤니케이션이 가능
정보의 통합관리	• 신생아의 의무기록부터 개인의 평생 건강정보가 하나의 스마트 카드를 중심으로 지속적이고 통합적으로 업데이트 • 환자에 관련된 모든 정보들을 하나로 통합해 필요한 업무를 위해서 활용하여 진단과 처방 등에 관련된 의사결정을 신속하게 지원

크 환경이라고 할 수 있다. 유비쿼터스는 1988년 미국 제록스사의 팰로알토 연구소의 마크 와이저(Mark Weiser)가 '사용자가 컴퓨터나 네트워크를 의식하지 않고 장소에 상관 없이 자유롭게 네트워크에 접속할 수 있는 정보통신환경'으로 정의하였다(성병욱, 2007). 이와 같은 유비쿼터스 정보 환경을 기반으로 하는 디지털 병원의 특성은 표 9-8과 같다.

표 9-9 주요 병원의 유비쿼터스 환경 구축 사례

병원명	서비스 내용
분당 서울대 병원	• '유비쿼터스 건강관리 시험서비스' 환자가 집에서 혈당과 심전도를 측정하여 그 정보가 무선망을 통해 병원으로 전달 • RFID와 바코드를 이용한 투약관리 시스템 • EMR 7단계 인증
서울 삼성병원	• 'Mobile Hospial' 시스템을 확대 • 원내는 물론 원외, 전국 어디에서든 환자정보를 조회하여 신속하게 처치 • 스마트폰을 통해 PACS 영상 이미지까지 조회할 수 있도록 할 계획 • 종합의료정보 시스템(SMIS), 임상병리 자동화 시스템, 물류자동화 시스템 구축
가천의대 길병원	• 진료, 예약 접수, 입퇴원 수속 등 각종 의료 서비스와 행정업무에서부터 병원 경영 업무 전반에 이르기까지의 모든 절차가 언제, 어디서나 실시간으로 통합·처리 • 혈압, 맥박, 심박동수 등 병원에서 매일 검사하는 환자의 무수한 데이터 가운데 의사의 신속한 판단이 필요한 긴급 정보가 발생하면 무선네트워크로 연결된 PDA를 통해 담당 의사에게 실시간으로 내용이 전달 가능한 시스템 구축 예정
대구의료원	• "RFID 건강검진 효율화 시스템" 프로그램에는 어느 검진실의 대기시간이 가장 짧은지를 자동 분석, 환자에게 알려주는 시스템 구축 • 환자의 대기 시간을 줄이고 담당 의료진의 생산성을 확대
건국대병원	• 처방전달 시스템(OCS), 전자의무기록(K-EMR) 시스템, 전사적 자원관리(ERP) 시스템 등을 컴포넌트 기반개발(CBD) 방법론을 적용하여 웹 기반으로 개발 • 의료영상 전송 시스템(PACS), 진단검사의학 정보화 시스템(LIS), 데이터웨어 하우스(DW), 의무기록 광파일 시스템, 원가계산 시스템(ABC), 그룹웨어, 홈페이지 등 종합의료정보 시스템을 구축
영광종합병원	• 각 층마다 네트워크 액세스 포인트를 설치, 무선환경으로 EMR 시스템을 운영하여 언제, 어디서나 쉽게 원하는 진료기록을 마치 과거 종이 차트에 쓰듯이 편리하게 입력하거나 조회할 수 있는 환경 제공 • 가정간호(방문간호) 사업소에서는 태블릿 PC와 휴대폰을 이용해 EMR 서버에 접속하여 방문한 환자의 가정에서 실시간으로 각종 검사 결과를 검색하고, 차트를 작성 • 병원처방전 전달 시스템(OCS), 의료영상 전달 장치(PACS), 종합의료정보 시스템(HIS), EMR 시스템을 운영

환자는 개인정보가 담긴 스마트 카드를 한 번 발급받으면 병원 내에서 무인안내 시스템을 통해 예약·접수·수납까지 자동으로 처리할 수 있다. 또 외래진료 시에는 병원에 도착해 스마트 카드를 안내 시스템에 갖다 대기만 하면 진료 예약 내용과 시간, 담당 의사가 있는 곳으로 안내한다. 또 병원에 개인의 건강·진료 정보는 물론 먹는 약, 주사 접종 기록 등이 체계적으로 저장되기 때문에 인터넷에 접속해 스마트 카드로 본인 확인 절차를 거치면서 평생 건강기록을 조회할 수 있다. 국내는 물론 외국의 다른 병원에 가서도 혈액이나 병력 등을 반복 검사받을 필요가 없다. 병원 시스템 가운데 가장 중요한 것은 전자의무기록(EMR)으로 환자의 의무기록을 디지털화한 전자차트 시스템으로 기존 종이 차트의 보관과 이동 등 병원 내에서 가장 비효율적으로 꼽히는 문제를 해결해 주는 솔루션이다. 이와 같은 정보통

신환경을 인프라로 갖추어 보다 고객 중심의 서비스를 구현할 수 있도록 하는 구체적인 사례는 표 9-9와 같다.

9.3.3 고등교육(대학) 시설

대학의 아카데미 플랜은 대학의 교육이념을 구현하고 구체적인 경영목표를 달성하기 위하여 대학의 인적 자원과 물적 자원을 효율적으로 관리하고 활용하기 위한 종합적 학사 발전계획이다. 또한 그것은 교육 및 연구, 행정 등과 관련된 학사운영 기본프로그램과 그것을 원활하게 실행 가능하도록 하는 인프라로서 시설계획(facility planning), 재정확충계획(capital improvement plan) 등으로 구성된다.

대학 캠퍼스의 교육 인프라는 그림 9-4에서 보는 바와 같이 대학이 표방하는 교육이념과 교육목표를 근거로 수립된 아카데미 플랜에 제시된 학사 발전의 기본개념을 물리적으로 해석하여 시설수요를 반영한 캠퍼스 마스터 플랜으로 발전되고 구체적인 시설계획으로 전개되는 것이다. 이러한 과정에서 가장 비중있게 다루어야 하는 것은 계획의 실현 가능성을 결정하는 대학의 재정확충계획이며, 시설수요에 대응하는 구체적인 계획이 요구되는 것이다.

아카데미 플랜은 고도의 전문성과 정확한 미래 예측을 필요로 하는 교육기획활동으로 장기계획의 경우 10년을 주기로 수립하여 대학이 지향할 장기적 · 거시적 목표와 방향을 제시하고 있으며, 실행과정에서 새로운 변수가 작용하고 있다. 따라서 대학의 교육 인프라는 10년 주기의 장기적 · 거시적 목표를 바탕으로 4~5년 정도의 중기계획에서 장기계획의 내용을 보다 구체화시켜 실행 가능한 목표를 달성해가야 하며, 또한 1~3년 정도의 단기계획에서 구

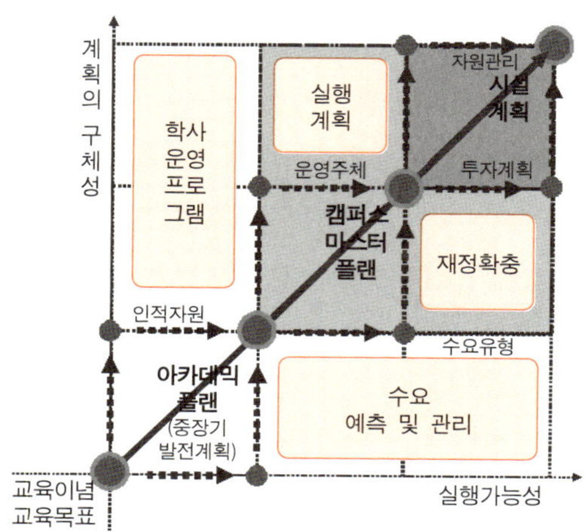

그림 9-4 아카데미 플랜-마스터 플랜-시설계획의 체계성

체적이고 실천 가능한 운영방안이 마련되어 단기적 · 실제적 대학의 목표가 효과적으로 달성되어야 한다(조광제, 1997).

1) 캠퍼스 시설관리의 정보화

지난 50년 동안 우리나라 대학들처럼 팽창일로를 달려온 곳은 세계 어느 나라를 보아도 찾아보기 힘들고, 이제 우리나라는 인구 비례로 세계에서 대학생 수가 가장 많은 나라가 되었다. 사회적으로 대학에 대한 비판도 많으나 그동안 국가의 도움을 별로 받지 못하고도 대학에서 배출한 인력은 지난 30년간 한국경제개발의 주역을 맡아왔던 것도 사실이다. 그러나 지금 우리나라의 대학들은 경영환경의 급격한 변화에 따른 위기를 맞고 있다. 특히 21세기 지식기반 정보화 사회에서 대학의 역할은 막중한데 미래의 변화에 대비하고 있는 대학은 많지 않다. 정보화의 물결은 대학에 엄청난 변화를 요구하고 있으며, 경쟁력 없는 대학은 도태될 위기에 처해 있다.

대학의 구조개혁은 교육 외적인 논리에 의하기 보다는 학생수 감소에 따른 대책 및 대학 경쟁력 강화의 필요 등 주로 교육적 논리에 의해 시작되었다. 대학 구조개혁의 필요성은 이미 사회적 문제점으로 쟁점화되었고, 이에 따라 교육계뿐만 아니라 사회 전반의 공동의제로 인식되었다. 교육과학기술부에서는 2003년도에 향후 대학의 경쟁력 강화를 위한 정보화 방향으로 "대학 ERP 시스템 구축"을 제시하였다.

이후 많은 유수의 기업들이 그랬듯이 많은 대학들이 사회적 문제점을 극복하고 경쟁력 있는 대학으로 새롭게 거듭나기 위하여 대학정보 시스템으로 ERP에 막대한 투자를 선택하였는데, 이는 ERP가 대학에 미치는 영향이 그만큼 크다고 할 수 있다. 그러나 대학들은 ERP 시스템을 성공적으로 도입하기 위한 필수 선행조건인 업무재설계(Business Process Re-engineering, BPR)를 수행하지 않고 "ERP 시스템 구축"만을 선택한 결과 많은 정보화 실패 사례를 경험하고 있고 시스템 도입에 대한 막대한 비용을 지불하고 있다. ERP 시스템의 구축 성공을 위한 가장 중요한 사항은 ERP 구축 개발 업체에 의존적이어서는 성공할 수 없다는 것이며, 대학 자체의 충분한 사전준비 및 업무처리를 위한 혁신이 선행되어 있어야 ERP 구축의 효과를 얻을 수 있고 시스템 도입의 시행착오를 최소화할 수 있다.

이러한 ERP 시스템은 대학의 학사업무, 연구 및 산학협동, 자산관리, 일반행정 등의 업무를 통합 · 관리하는 것이며, 캠퍼스 시설 및 공간관리와 관련된 구축방향은 다음과 같다.

- 캠퍼스 시설 및 공간의 통합관리 업무체계 및 각종 규정 관련 제도 기반 구축
- 캠퍼스 시설 및 공간과 자산관리의 통합관리 방안 수립 및 효과분석
- 공간배정, 공간운용 등 공간 활용 및 관리방안 수립
- 캠퍼스내 시설유지 및 안전관리, 건축물관리, 에너지관리 관련 통합시설관리 시스템 구

축 방안 수립
- 캠퍼스내 건물 관련 각종 도면 관리 방안 수립
- GIS를 활용한 시설공간관리 통합연계 방안 수립 및 효과분석

2) 물적 자원과 인적 자원의 합리적 대응

최근 국내 대학이 직면한 현실적 상황을 고려할 때 대학교육 수요자의 증감에 따른 구조조정과 함께 현재 구성된 인적·물적 자원의 효율성 극대화가 절실한 상황이다. 건물에서부터 실험실습 기자재 및 비품 등으로 구분되는 대학이 보유하고 있는 다양한 유형의 자산에 대한 효율적 관리 차원에서 접근함으로써 각각의 구성원과 시설을 연계한 통합적 관리개념이 다음과 같은 관점에서 필요하다(김치환, 정용환, 정의용, 2006).

- 대학 전체 또는 단과대학 단위 등의 부분적 시설수요 발생시 보다 정확한 수요예측과 확보 방안을 수립
- 신축 또는 개보수를 통한 기존 건물의 재사용 등과 같이 생애주기비용(Life Cycle Cost) 및 공간용도 변화율(Churn Rate) 등을 고려한 투자비 최소화의 합리적 의사결정이 가능
- 대학의 중장기 발전계획 수립 또는 실행과 관련하여 기획예산 편성에 필요한 의사결정 관련 자료를 확보하고 인적·물적 자원을 연계한 보다 효용성 있는 자료의 데이터베이스 구축으로 의사결정을 지원
- 시설 및 기자재와 관련한 자료에 대한 자유롭고 다양한 검색과 동시에 자료의 중요도에 따른 접근을 통제(중요한 의사결정 시스템에 따라 자료에 대한 접근을 통제하여 보안성을 유지)

이러한 개념은 대학 구성조직과 경영전략 등의 변화에 따른 시설수요를 예측하고, 다양한 유형의 시설과 실험실습 기자재 및 비품 유지관리체계를 합리화한다. 이와 함께 잉여시설에 대한 효율적 운영계획을 수립하며, 에너지 비용 및 전반적인 유지관리 비용 절감을 의미한다. 또한 대학 시설계획에 관련된 기획예산 편성을 위한 합리적이고 신뢰성 있는 자료를 제공하고 시설활용의 효율성을 극대화하며, 나아가서는 대학 및 재단이 보유한 전체적인 자산을 효율적으로 관리하기 위한 것이다.

3) 시설운용의 공적 개념과 공간비용채산제

공간비용채산제는 대학의 구성원이나 구성단위에 기본적으로 점유할 수 있는 면적을 설정하고 그것을 초과하여 점유하였을 경우에는 일정 비용을 부과는 제도이다. 이러한 제도는 대학이 보유하고 있는 공간규모(면적)가 공적인 기준을 초과함에도 불구하고 공간이 남거나

모자라는 불균형을 해소하기 위한 수단으로 활용되고 있다.

이상과 같이 공간비용채산제를 도입 · 시행하고 있는 대학에 대하여 세부적으로 분석하면 우선 기본사용공간을 한정하는 단위가 칸(span)과 면적(㎡)으로 구분된다. 일반적으로 기본사용공간을 면적으로 한정하는 것이 합리적이지만 이미 건설된 기존 건물의 모듈 및 스팬이 각기 다르고, 공간분할이 모듈이나 스팬에 의하여 결정되므로 면적보다는 칸으로 한정한 것으로 판단된다. 신축시에는 면적기준을 적용하는 것도 바람직하다. 각 대학들의 공간비용채산제는 초과비용 부과방법과 기준사용면적의 설정방법에서 몇 가지 유형으로 구분된다(김치환, 김경대, 2009).

가. 초과비용 부과방법은 다음과 같은 세 가지로 구분된다.

- 가장 일반적으로 단순히 일정금액을 부과하는 방법
- 계열별로 부과기준을 달리 부과하는 방법
- 건물의 노후 정도에 따라 부과

나. 또한 기본사용기준을 규정하는 방법은 공간의 사용목적, 사용자 등에 따라 대상공간을 세부적으로 규정하기도 하였으며, 다음과 같은 방법으로 구분된다.

- 가장 일반적인 방법으로 일정한 칸 또는 면적 설정
- 초과비용과 마찬가지로 계열별로 차등화하는 방법
- 학생수, 실적 등을 고려한 차등화 방법

다. 그리고 초과비용과 기본사용기준을 따로 정하지 않고 공간관리위원회에서 결정하도록 한 경우도 빈번하게 나타났으며, 공통적인 특징은 다음과 같다.

- 강의실에 대한 초과비용이나 기본사용기준이 설정되지 않은 대학의 경우는 제도상 미비가 아니라 강의실을 대학 전체 공용공간으로 중앙관리하여 특정 학과(전공)의 전용공간 개념을 탈피하도록 하여 공간비용채산제 대상에서 제외한 것으로 예측됨.
- 대학원 연구실의 경우 자연, 공학계열보다는 인문사회, 예체능계열에 초점을 두고 있는데 이는 자연, 공학계열의 경우 실험실습실을 활용할 수 있기 때문으로 판단됨.
- 공간비용채산제를 적용하는 대상공간이 대학별로 상당히 큰 차이가 있고, 초과비용 및 기본사용기준을 설정하는 방법 또한 매우 다양하므로 이에 대한 적절한 수준의 표준화가 필요함.

이러한 표준화가 획일적인 기준을 의미하는 것은 아니며, 대학 특성이나 경영환경을 합리적으로 반영할 수 있는 제도적 장치로서 개발되어야 한다. 원칙적으로 공간비용채산제의 대상이 되는 공간은 전용공간 개념을 내포하는 공간이며, 이들 공간의 유형 및 수량이 적은 것이 전체적인 시설에 대한 합리적인 중앙관리에 더욱 접근하는 것이다. 또한 이러한 중앙관리를 통하여 통합적 관리시스템을 구축하여 공간활용률을 극대화하고 업무의 효율성을 증진시켜야 한다.

4) 시설 수요관리

전체적인 아카데미 프로그램을 구성하는 각각의 단위 프로그램은 대학을 구성하는 인적 자원과 물적 자원에 대한 새로운 수요를 발생시킨다. 캠퍼스 시설의 수요 예측은 특정 단위 프로그램이 어떠한 유형의 시설에 어느 정도의 수요를 발생시키며, 그 수요를 충족하는 방향을 구체화하는 것이 수요관리이다. 이러한 수요예측과 관리는 시설경영관리의 가장 중요한 구체적 내용이며, 시설 확충에 따르는 재정 투자의 효율성을 극대화하는 것을 목표로 한다.

이를 위해서 아카데미 프로그램이 성공적으로 실행되기 위한 필요조건을 캠퍼스계획의 물리적 요인으로 분석하는 다음과 같은 과정이 필요하다.

- 먼저 어떠한 단위 프로그램이 관련된 다른 프로그램과의 위계적 관계를 분석하여 상하위 프로그램 사이의 체계를 규정
- 교수, 학생, 교직원 등 프로그램 주체를 명확히 하고 특성화, 교육개혁, 입시홍보 등과 같은 내용적 유형을 구분
- 프로그램이 발생시키는 수요유형을 구분(여기에는 단순히 행정 시스템을 보완하는 수준에서부터 인적·물적 자원 확충이 요구되는 다양한 유형이 있을 수 있음)
- 인적·물적 자원의 확충에는 구체적인 재정 확보 계획이 요구되며, 물적 자원의 경우 다음 사항을 검토하여 새로운 수요를 예측하고 재정을 확보
  - 수요유형은 우선 공간과 기자재로 구분되는 시설유형에 관계되며, 정량적 또는 정성적 수요로 구분
  - 내역은 프로그램을 주관하는 부서의 요구조건에 근거하여 구체적인 시설내역을 산정
  - 기존 시설의 수요조절은 활용률을 고려한 효율성을 검토하고 가능한 범위에서 신규수요를 억제할 수 있는 대책과 방법을 검토
  - 또한 신규수요에 대한 실행방법을 모색하되 타 영역의 프로그램에 따른 시설 수요와의 중복 여부, 공동 대응 여부 등을 검토하여 불필요한 중복투자를 억제
  - 최종적인 신규 수요는 예측되는 수요에서 기존 시설에서 흡수할 수 있는 수요를 제외하고 확충되어야 할 수요를 의미함.

이러한 수요관리에서 가장 중요한 문제는 시설의 활용률이며, 그것은 신규 수요에 대응하

는 방법을 결정하는 가장 중요한 요소가 된다. 각 시설에 대한 활용률은 신뢰성이 확보되어야 하며 필요시 실시간으로 의사결정을 지원해야 한다. 강의실의 경우 우선 학기별 시간표에 따른 정기적인 활용과 별도의 행사, 보강 등을 위한 비정기적 활용 빈도를 포함한 활용률을 산정한다. 공간의 경우 그 특성에 따라 정기적인 활용률보다 교내·외의 행사에 활용되는 비정기적인 빈도가 더 높을 수도 있다. 기자재의 경우는 앞서 언급한 바와 같이 수업계획서 입력시 매주 필요한 기자재를 예약한다면 정기적인 이용 빈도에 따른 수요 예측이 정확하게 가능하고, 사용 후 점검을 위한 사용일지를 입력하도록 함으로써 보다 정확한 실제 활용률에 근거한 수요관리가 가능할 것이다.

시설 수요관리에 직접적으로 영향을 미치는 것은 개별 시설의 활용률에 관련된 문제이다. 이러한 활용률은 교육 및 연구에 사용되는 단순한 빈도만을 의미하는 것이 아니다. 사용빈도와 함께 유지관리의 경제성, 시설의 성능과 같은 다양한 유형의 시설 데이터가 함께 고려되어야 한다. 구성원의 다양한 요구를 충족시키기 위한 시설 데이터 관리는 수요관리가 요구되는 특정 시점에서 이루어지는 것이 아니라 일관성과 체계성을 가지고 상시적으로 행해져야 한다. 이를 위해서는 대부분의 대학에서 부분적으로 구축·활용하고 있는 D/B 및 시설에 관련된 전산 시스템의 성능 개선과 보완을 통하여 수요예측과 관리가 가능한 시설경영관리 시스템이 구축되어야 한다. 이미 구축된 시스템은 시설관리 업무의 자동화에 초점을 두었으나 그러한 시스템을 바탕으로 시설 확충과 관련된 의사결정을 실시간으로 지원하고 나아가서는 대학경영을 지원하는 시스템으로 발전할 때 합리적인 수요관리가 가능하다.

그림 9-5에서 보면 FMS의 구축은 시설관리업무를 자동화하고 시설관련 의사결정을 지원하며 다양한 유형의 정보를 통합·관리하는 것을 기본 개념 및 목적으로 한다. 구축단계에서는 무엇보다도 인적 자원과 물적 자원의 효율적 관리를 전제로 시설뿐만 아니라 인사, 교육·연구, 재정 등의 업무영역 사이의 정보를 통합 또는 연동 가능한 D/B로 구축하는 것이 필요하다. 이러한 시스템을 활용하는 것은 대학경영환경의 변화 또는 새로운 학사운영 프로그램 도입에 따른 물리적 계획 요인을 분석하여 새로운 수요를 관리하는 것이다. 시설수요의 주체를 명확히 하고 수요유형을 구분하여 기존의 잉여시설을 이용한 수요조절을 검토한 후 수요주체를 고려한 재정운용계획을 수립하는 것이다. 여기에서는 공간 및 기자재 공통적으로 FMS구축 단계에서 이루어지는 통합정보관리에 따른 활용률이 수요조절의 가장 중요한 기준이 된다.

수요조절의 개념은 기존 시설의 활용률에 따라서 잉여시설로서 흡수할 수 있는 신규 수요를 제외하고 신축하거나 신규 구매해야 할 적정 수요를 산정하는 것이다. 시설의 활용률은 별도로 산정하는 것이 아니라 시설경영관리 시스템 모듈을 포함하는 종합정보 시스템에서 자동으로 산정되어 신뢰성이 확보되고 실시간으로 제공 가능한 것이다. 이와 같은 시설의 활용률과 관련된 데이터는 시설경영관리 시스템에 의하여 데이터베이스로 축적될 경우 그에 대한 신뢰성은 더욱 증가할 것이다. 기존의 잉여시설을 이용하여 수요를 조절하는 경우에는 기존 공간의 리노베이션(renovation)을 수반할 수 있다. 이러한 대학 건축공간 리노베이션은 사전에 충분한 타당성 분석이 요구되며 학사운영 프로그램 또는 교육내용 변화에 의한 건축물의 실내요구조건이 달라지므로 실내공간의 디자인 성능이 리노베이션의 요체라고 할 수 있다(김종필, 박근준, 2002).

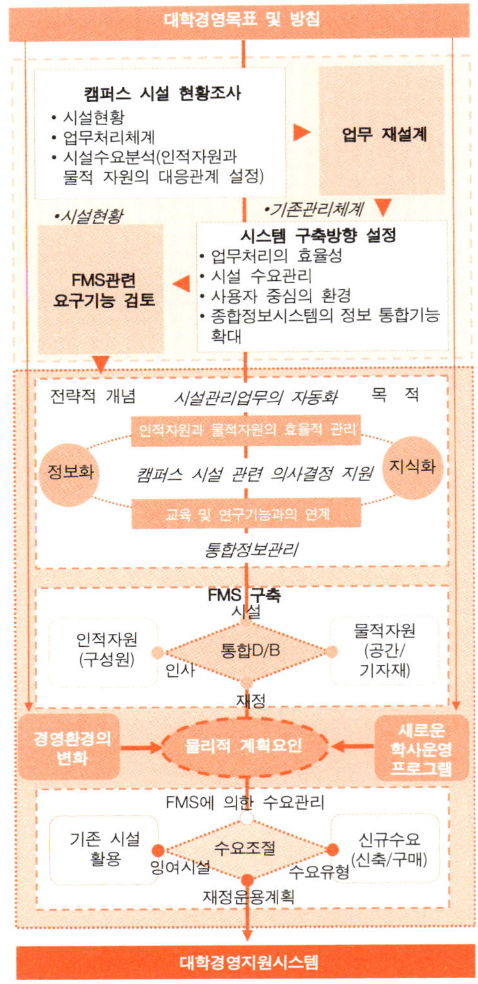

그림 9-5 대학 캠퍼스 시설계획의 전략적 모델

그러나 시설경영관리 시스템을 도입하여 시설관련 데이터베이스를 구축하더라도 그 자체가 시설과 관련된 문제를 자동으로 해결해주지는 않는다. 도입 목적이 명확해야 하고 개별 대학의 업무환경에 적합한 시스템으로 활용하면 시설 기획 및 운용을 합리화하고 그 효율성을 극대화할 수 있을 것이다. 또한 대학의 인적 자원과 물적 자원을 연계한 체계적인 시설관리 시스템 구축하여 새로운 시설수요 발생을 합리적으로 조절하고, 시설투자와 관련된 기획예산을 합리적으로 편성할 수 있으며, 시스템의 적용범위에 따라 전체적인 자산관리의 효율성과 신뢰성을 확보할 수 있을 것이다.

9.3.4 교육시설

1) 지역 사회와의 연계성

교육시설은 지역민들에게 있어서 다른 시설이 지니고 있지 않은 장점을 지니고 있으며, 이는 크게 공익성, 신뢰성, 접근의 편리성, 친숙성을 들 수 있다. 특히 도시지역의 경우 높은 지가로 넓은 옥외공간이 확보되고 있지 않음에도 불구하고 대부분의 교육시설에는 지역사회

표 9-10 학교시설과 지역시설의 연계

구분	연계방법	연계내용
학교 시설 개방	운동장 재방	• 대부분의 지역사회에 위치한 학교는 운동장을 일반인들에게 개방 • 도심의 오픈 스페이스로서 다양한 기능 수행 • 운동장만을 개방하기보다는 여기에 부속되는 옥외화장실, 탈의 및 샤워실, 운동용구 보관실 등의 부수적인 공간배치가 이루어질 때 완벽한 기능을 수행
	운동장, 실내체육관, 수영장의 개방	• 학교 실내 체육관이나 극소수의 학교에 설치된 수영장의 경우 과거 교사동과 분리 · 설치되어 있었기 때문에 가능 • 시설 이용주체의 명확화와 수영장의 경우 풀장을 제외한 여타 공간의 이용에 따른 시설파손 등에 대한 명확한 매뉴얼이 필요 • 수영장은 실내체육관과는 달리 유지관리비가 매우 많이 요구되는 시설로 일반 지역주민들에게 개방할 경우 유지관리비를 줄일 수 있다는 경제적인 측면에서 접근 가능
	지원시설의 개방	• 시설은 비록 직접적인 학습활동이 일어나는 실은 아니지만 학습활동에 부수적으로 필요한 공간들을 개방 • 시청각실이나 도서실, 컴퓨터실 등으로 구성
	예체능 교실 등의 개방	• 건축물의 계획 초기부터 기능적인 혼란을 피하는 방안을 강구 • 지역주민이 시설이용시 학생들의 전용 학습공간을 침범하지 않고 정해진 공간만을 이용하도록 동선상의 엄격한 제한이 필요
지역 문화 시설 이용	외부 운동장을 이용	• 도심지 학교의 경우 지가의 상승, 학생수의 급격한 증가로 인한 교사신축 등으로 운동장의 축소가 불가피하여 인접 학교의 운동장을 이용하거나 공용운동장을 이용 • 운동장은 주변지역민에게 있어서 가장 중요한 역할을 하는 공간이므로 운동장이 없는 학교는 지역중심시설로서의 역할이라는 측면에서 기능적, 상징적인 제한을 초래 • 학생들의 학습활동을 위해서는 운동장을 대체할 수 있는 시설인 실내체육관과 수영장, 체육실 등이 제공되기 때문에 이러한 공간을 이용할 경우 지역민들에게 있어서 더욱 다양한 체육활동 프로그램의 운영이 가능
	미비 시설을 외부에서 이용	• 학습활동에 필수적인 시설임에도 불구하고 유지관리비 등 경제적 · 입지적 요인으로 미비된 시설의 경우 불가피하게 지역문화시설을 이용 • 수영장이 대표적인 사례
	지원시설의 외부시설 이용	• 지원시설은 그 공간이용률 측면에서 학교운영과 학습활동에 필수적인 시설임에도 불구하고 이용률이 매우 낮은 시설 • 외부시설을 이용하는 경우 학생들의 학습할동에 미치는 영향을 최소화하면서 유지관리 등 경제적 부담을 경감
	음악실, 미술실, 체육실 등을 외부에서 이용	• 정규적인 학습활동이 일어나는 교실은 비록 이용률이 낮더라도 외부의 시설을 이용하지 않고 있다. • 최근 신교육과정에 의하여 학생들에게 다양한 특별활동이 요구됨. • 학생들의 높아진 욕구를 충족시키기 위하여 정규교과를 제외한 학습활동의 경우 다양한 시설을 갖추고 있을 뿐만 아니라 높은 질을 유지하고 있는 외부 시설을 적극적으로 활용

에서 갖추지 못한 넓은 운동장과 다양한 시설(공간)을 갖추고 있다. 지역사회와의 연계성을 고려한 학교시설의 다기능화는 이러한 시대적 경향에 대응하여 학교가 학생들의 학습공간뿐

만 아니라 지역주민들의 문화공간으로 발전할 수 있도록 학교의 물리적 환경을 조성하는 것을 의미한다. 특히 지역사회의 열린 학교 정책의 일환으로 지역주민과 학생을 위한 문화공간, 스포츠시설, 학습공간, 정보시설 등이 어우러진 다기능화된 시설을 기존 학교 부지에 신설함으로써 지역사회의 공공시설로서 기능과 지역주민의 평생학습장으로 활용하고, 또 학생들에게는 다양한 학습공간을 제공하고 있다. 이처럼 교육시설은 단지 학생들을 교육시키는 시설이라는 협의의 의미를 떠나 우리나라의 경우 지역의 중심시설로서 재정립되고 있다.

교육시설은 지역사회를 대표하는 공공시설 가운데 하나이며, 지역주민을 위한 공공교육의 장으로 활용되어야 한다. 교육시설의 이용자가 교사나 학생뿐만 아니라 지역주민이 될 수 있으며 지역의 교육, 문화, 복지를 위한 다양한 프로그램을 수용해야 하는 것이다. 일반적으로 학교시설과 지역문화시설의 연계를 위한 연계유형은 표 9-10과 같이 학교시설이 지역민들에게 개방되는 경우와 학교의 교내 학습활동이 외부시설로 연계되는 두 가지 경우를 들 수 있다(김경호, 2004).

2) 교육시설의 복합화

교육시설의 복합화는 학교 개방과 달리 학교의 신축·증축·개축시 지역주민의 평생교육의 필요에 의해 또는 지역주민의 편의를 위해 필요한 여러 종류의 시설을 부지의 효율적 활용이라는 점에서 학교와 일체적으로 또는 동일 부지 내에 설립하는 것이다(류호섭, 1999 p.59). 학교는 기존의 시설 및 자원을 활용하여 지역사회의 공공시설로의 기능 및 프로그램을 적극 개발하여 지역사회와의 연계의 끈을 유지함으로써 교육에 대한 지역주민의 관심을 고취시키고, 지역주민의 문화·교육 기회를 부여함으로써 주민 개인의 능력을 제고시키고 풍요로운 삶을 유지하는데 일조하도록 하는데 학교시설 복합화의 또 다른 목적이 있다(이화룡, 1999). 이러한 교육시설의 복합화 과정은 운동장 등의 소극적인 개방 단계를 거쳐 대지의 효율적 이용과 지역 커뮤니티의 활성화를 촉진하기 위하여 교육시설 부지내 지역시설의 다양한 기능을 수용하는 복합시설 건립 단계에 있으며, 앞으로는 단순한 복합기능을 벗어나 복합교육시설과 지역시설의 기능 분담을 네트워크로 구성하게 된다.

학교시설의 복합화사업은 통상적인 학교시설 사업과는 달리 사업주체와 관리주체가 분산되고, 경영 마인드가 필요하며, 업무 가중으로 교육청과 학교장의 적극적인 자세 없이는 추진이 곤란하며, 교육기본시설 확충과 환경개선사업에도 재원 확보가 어려운 현재정 실정에서 지역사회시설까지 교육자치단체가 추진하기에는 역부족인 것도 사실이다. 이러한 추진상 걸림돌을 제거하기 위해서는 근본적으로 교육재정확충에 지속적인 노력이 필요하며, 그리고 재원을 다양화하고, 학교경영기법을 도입하여 수익사업 위주로 추진하며, 사업추진을 위한 법적 · 제도적 보완이 뒷받침되어야 한다. 학부모나 지역주민의 이용을 전제로 한 시설 · 설비, 공간은 학생들의 수업 또는 시설의 유지관리, 이용자의 원활한 이용을 위해 지역주민 전용 공간, 지역주민과 학생들의 공동이용 공간, 학생들만의 이용 공간 등의 영역구분이 명확해야 한다. 또한 개방을 어느 공간까지 할 것인가에 대한 것도 계획시 전제가 되어야 한다. 또한 개방을 통하여 수익이 발생할 경우 수익 배분과 활용에 대한 구체적인 계획이 제시되어야 한다. 최근 국내 민간투자사업의 경우 시설 운영사의 입장에서 보면 시설 개방에 따른 수익 배분 구조가 원활하지 못하여 오히려 개방을 저해하는 요인이 되기도 한다.

교육시설 복합화에 있어 중요한 것은 복합에 따른 이용자층을 고려해 대상 공간의 질을 향상시켜 지역주민의 적극 활용을 유도하고, 학생들의 수업환경의 질을 제고할 수 있게 되는 것이다. 나아가서는 최근 사회의 다양한 측면에서 고려하는 유비쿼터스 환경이 복합시설에 구축된다면 교육 효과는 물론이고 지역사회의 커뮤니티 기능 또한 획기적으로 발전하게 될 것이다.

3) 민간투자사업

임대형 민간투자사업(Build-Transfer-Lease, BTL)은 공공부문 건설사업에 민간투자를 유도하기 위하여 2005년 5월부터 시행되었다. 공공부문의 시설 신규 수요 및 시설 개선 수요에 대응하여 설계(Design)에서부터 건설(Build), 금융(Finance), 운영(Operate)의 건물 생애 전 과정의 업무를 민간의 재원과 창의 및 효율성을 적극 활용하여 사회가 원하는 시설과 서비스를 조기에 제공하기 위한 공공건축사업의 목적을 가지고 있다(도종광외 6인, 2006). BTL 사업 대상이 되는 시설 유형 가운데 교육시설은 지금까지 시행된 전체 사업 중 가장 높은 비율을 차지하고 있다. 운영단계는 건설계획의 연장선상에서 시설을 운용하고 관리할 수 있는 조직체계 및 전반적인 업무 시스템을 구성하고 주무관청 및 관련 기관들과의 연계 시스템을 구축하는 것이다. 운영계획의 평가요소들은 시설유지관리, 운영관리능력, 운영관리수준, 운영관리계획, 서비스 수준으로 제시되고 있다. 평가요소의 구성은 운영관리 수준과 운영관리 능력을 중심으로 구성된 유형과 시설유지관리와 서비스 수준을 중심으로 구성된 유형으로 구분할 수 있다. 세부평가 요소들은 평가항목을 구성하는 최소단위로서 사업 참여자가 적극적으로 해결해야 할 과제이며, 다음과 같은 세부평가요소를 반영하고 있다.

- 시설유지관리 : 조직 · 인력계획, 유지보수, 환경친화적 계획, 시설안전계획
- 운영관리능력 : 사업수행능력, 유지관리조직 · 인력계획의 적정성, 통합시설관리 시스템의 적정성
- 운영관리수준 : 유지보수 및 교체 계획, 서비스 제공방법 및 실천계획, 사용자 편리성 · 시설안전계획, 모니터링 실시계획, 사용자 만족도 계획, 사용자 욕구 충족계획

- 운영관리계획 : 운영변화 적응 · 시설물 주민개방 관리계획, 최신공법 적용계획 · 창의성 및 효율성
- 서비스 수준 : 서비스 제공 방법, 사용자 편리성 및 안전성, 환경위생 및 청소 등 계획

사업계획서를 작성하여 사업에 참여하고자 할 때 일정한 수준의 계획안을 제시해야 한다. 주관부서에서 제시하는 성과 요구 수준은 사업참여자가 의무적으로 충족해야 할 조건이며, 평가요소 선정 및 평가척도를 설정하는 기준이 되기도 한다. 2005년 5월 BTL사업이 시행될 당시 시설 유형에 관계 없이 통합된 성과 요구 수준서가 고시되었으며, 2006년 9월 그동안의 시행결과를 바탕으로 시설 유형별로 구분된 새로운 성과 요구 수준서가 다시 고시되었다.

2005년 5월 고시된 성과 요구 수준의 경우 시설 유형을 구분하지 않은 일반적인 사항을 명시하는데 비하여 2006년 9월 이후 고시된 성과 요구 수준은 다음과 같은 업무 대상별 세부지침을 명시하고, 특히 운영 업무의 전반을 총괄하는 건물통합관리 시스템 구축에 관하여 명시하고 있다.

- 건축물 유지관리 요구수준 : 건축물 부위별 유지관리
- 건축설비 운전 및 유지관리 요구수준 : 건축설비별 세부점검사항
- 옥외시설 및 조경 유지관리 수준 : 옥외시설물 세부 요구수준
- 청소 및 환경위생관리 요구수준 : 청소주기, 환경위생관리를 위한 점검항목
- 보안경비 · 안전관리 요구수준 : 세부 요구 수준

이와 같은 요구 수준에 대응하여 참여자는 다음과 같은 사항에 대한 구체적인 제안을 명시한 사업계획서를 제출하도록 하고 있다.

- 운영 및 유지관리에 대한 통합시설관리 시스템의 기능 및 성능에 대한 제안
- 업무영역별 운영 및 유지관리계획서, 시설안전관리계획
- 운영 및 유지관리 조직 및 인력 수급계획에 관한 사항
- 업무의 범위 및 한계에 관한 사항 : 청소, 경비, 안내, 영선 · 보수, 안전관리, 설비관리, 실내환경관리, 옥외 및 조경, 정보 · 통신 등 기타
- 점검 및 기록관리, 업무보고에 관한 사항
- 운영관리업무 절차 및 방법에 관한 사항
- 유지관리 서비스 제공방법, 실천계획의 구체적 수준에 관한 사항
- 운영관리 장비 및 공구의 명세에 관한 사항
- 사용자 편리성, 안전성에 관련된 운영관리 서비스 수준을 향상시키기 위한 방안
- 하자발생시 보고 및 조치계획에 관한 사항

- 영선 · 보수 절차, 방법 및 결과 확인 등에 관한 사항
- 비상보고체계 및 응급조치
- 사후처리계획 및 책임한계 등

임대형 민간투자사업의 운영관리는 운영사업자의 조직이 시설관리 시스템과 같은 수단을 활용하여 적절한 서비스를 제공하는 것이다. 그림 9-6에서 보는 바와 같이 이러한 적절한 서비스는 시설관리시스템을 이용한 체계적 시설관리, 합리적 운영조직에 따른 효율적인 인력계획을 바탕으로 최적화된 운영기법 개발을 통한 차별화된 서비스를 제공하는 것을 의미한다. 제공되는 서비스의 다양성과 질적 수준은 지속가능한 개념을 포함해야 하며, 정기적 또는 필요한 적절한 시기에 서비스 만족도를 평가하여 피드백하는 시스템을 필수적으로 갖추어 운영관리 실무에 적극적으로 활용해야 한다.

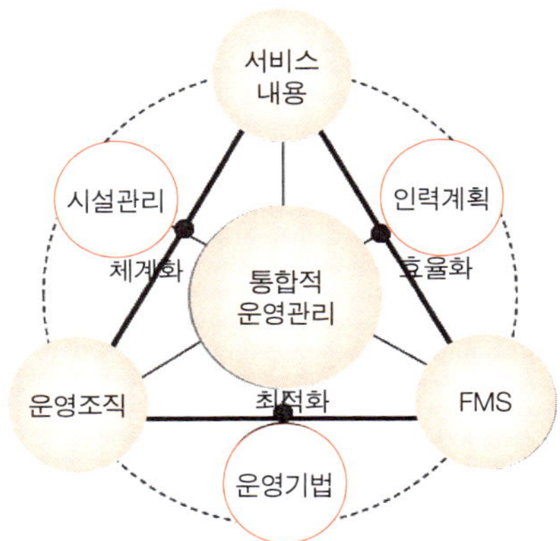

그림 9-6 임대형 민간투자사업의 통합적 운영관리 개념

Keyword

- 시설경영관리시스템(FMS, Facility Management System) : 빌딩운영관리비용을 절감하고 빌딩의 수명을 극대화하며 빌딩운영관리업무 전반에 걸쳐 요구되는 의사결정을 통합적으로 지원하는 시스템
- 시설성능(Facility Performance) : 끊임없이 변화하는 인간적, 사회적 요구에 대응하기 위하여 물리적 환경에 부여된 총체적인 가치
- 빌딩서비스(Building Service) : 점유자의 활동을 효율적으로 지원하고 점유 환경에 대한 만족도를 제고하기 위하여 빌딩 소유자가 직간접적으로 제공하는 일상적이고 체계화된 업무
- 공간비용채산제(Space Chargeback) : 점유공간의 일정 기준을 정하고 초과 점유시 사용료를 부과하는 제도

참고문헌

- M. Fried, and P. Gleicher (1961), Some Sources of Residential Satisfaction in the Urban Slum, Journal of American Institute Planner, Vol 27
- IBS Korea (2002), 지능형 빌딩 시스템의 입문과 응용, 도서출판 기다리, 서울
- Richard D. Rush (1986), The Building Systems Integration Handbook, Butterworth-Heinemann, MA.
- Sten Olaf Hanssen, Indoor Environment in Smart Energy -Efficient Buildings, -A State-of-the-art Report-, A report within the research program Smart Energy -Efficient Buildings at NTNU and SINTEF 2002-2006,
- Stephen J. kirk, Alphonso J. dell'lsola (1995), Life Cycle Costing For Design Professionals, Mcgraw-Hill inc.
- Yehuda E. Kalay (1990), Evaluating and Predicting Design Performance, in Evaluating and Predicting Design Performance, -Proceedings of the SUNY Buffalo 3rd Int'l Symposium on CAD-, John wiley & Sons, Inc., New York
- 김경호 (2004), 지역사회에서 교육시설의 역할 증대에 관한 연구, 부동산학보 23집, 한국부동산학회
- 김광훈 (2006), 대학에서의 BPM 도입을 위한 이해, 한국교육학술정보원
- 김종필, 박근준 (2002), 대학건축물의 리노베이션 수행체계 구축-수행체계 마련을 위한 수행과정의 사례 분석을 중심으로-, 한국실내디자인학회 논문집 32호
- 김치환, 김경대 (2009.2), 대학 캠퍼스 공간관리업무 현황분석에 따른 정보화에 관한 연구, 대한건축학회연합 논문집 제11권 4호
- 김치환, 정용환, 정의용 (2006.3), 대학캠퍼스 시설수요관리를 위한 FMS 활용에 관한 연구, 대한건축학회 논문집 계획계 22권 3호
- 도종광 외 6인 (2006), What's, How to BTL -임대형 민자사업 업무매뉴얼-, 일간 건설신문
- 류호섭 (1999.6), 교육시설 복합화의 개념 및 필요성, 한국교육시설학회지 제6권 제2호, 한국교육시설학회
- 박일우, 박영기 (2002.6), 디자인 참여자의 가치체계에 관한 연구-업무시설을 중심으로-, 대한

건축학회 논문집 계획계 18권6호, 대한건축학회
- 보건복지부 (2007.10), 의료기관인증제 도입 의료법 개정 설명자료(Q&A)
- 성병욱 (2007.Sep-Oct.), 유비쿼터스 병원의 산업현황, 대한병원협회지
- 염재광, 강창열 (2007.3), 의료기관 경쟁력 향상에 영향을 미치는 핵심 요인, 병원경영학회지 12권 1호
- 이화룡 (1999.6.), 학교시설의 복합화, 한국교육시설학회지 제6권 제2호, 한국교육시설학회
- 조광제 (1997), 고등교육의 기획, 학문사
- 채효근, 이인제 (2009.10.7), 디지털 병원의 현황과 향후 전망, 주간기술동향 통권 1417호, 정보통신산업진흥원
- 천병태 (1998), 지방자치법, 삼영사
- 최광석 (2005.3), 병원의 운영형태에 따른 경영실태와 건축적 시사점에 관한 연구, 한국의료복지시설학회지 11권 3호
- 한우석, 김재열 (2008.12), 의료기관 평가가 병원의 경영성과에 미치는 영향, 대한경영학회지 제21권 제6호
- 한진규, 이특구 (2005.3), 한국 병원건축의 발전과정에 관한 연구(1), 한국의료복지시설학회 11권 1호

집필저자

이름	소속/직위/최종학력	집필 부분
이명식	동국대학교 건축학 전공 교수 미시간대학교 공학박사	1장
이소영	중앙대학교 실내환경디자인 전공 교수 미시건주립대학교 박사	2장
김준하	경희대학교 주거환경학과 교수 조지아텍 건축대학 박사	3장
이재석	친절한FM연구원 원장 동경대학교 공학박사	4, 5장
(주)서브원	FM사업부	6장
이완직	미도리얼코 대표 서강대학교 경제학 석사	7장
권종욱	영남대학교 건축학부 교수 텍사스 A&M대학교 건축학 박사	8장
김치환	대구가톨릭대학교 건축학부 교수 영남대학교 공학박사	9장

퍼실리티 매니지먼트의 이해

2012년 8월 15일 1판 1쇄 인쇄
2012년 8월 20일 1판 1쇄 발행

저 자 (사) 한국퍼실리티매니지먼트학회
이명식 외 7인
발 행 인 강 해 작
발 행 처 기 문 당
주 소 서울시 성동구 무학봉 28길 4-1
(왕십리동 966-22)
전 화 02)2295-6171(代)~5
팩 스 02)2296-8188
출판등록 1976. 10. 7(1976-2)
홈페이지 http://기문당
http://www.kimoondang.com
I S B N 978-89-6225-293-4 93540
정 가 28,000원